Kölner Beiträge zur Didaktik der Mathematik

In dieser Reihe werden ausgewählte, hervorragende Forschungsarbeiten zum Lernen und Lehren von Mathematik publiziert. Thematisch wird sich eine breite Spanne von rekonstruktiver Grundlagenforschung bis zu konstruktiver Entwicklungsforschung ergeben. Gemeinsames Anliegen der Arbeiten ist ein tiefgreifendes Verständnis insbesondere mathematischer Lehr- und Lernprozesse, auch um diese weiterentwickeln zu können. Die Mitglieder des Institutes sind in diversen Bereichen der Erforschung und Vermittlung mathematischen Wissens tätig und sorgen entsprechend für einen weiten Gegenstandsbereich: von vorschulischen Erfahrungen bis zu Weiterbildungen nach dem Studium.
Diese Reihe ist die Fortführung der „Kölner Beiträge zur Didaktik der Mathematik und der Naturwissenschaften“.

Weitere Bände in der Reihe http://www.springer.com/series/16272

Michael Meyer

Entdecken und Begründen im Mathematikunterricht

Von der Abduktion zum Argument

2. Auflage

Michael Meyer
Institut für Mathematikdidaktik
Universität zu Köln
Köln, Deutschland

Dissertation an der Westfälischen Wilhelms-Universität Münster, 2007 (2. Auflage)

ISSN 2661-8257 ISSN 2661-8265 (electronic)
Kölner Beiträge zur Didaktik der Mathematik
ISBN 978-3-658-32390-5 ISBN 978-3-658-32391-2 (eBook)
https://doi.org/10.1007/978-3-658-32391-2

Die Deutsche Nationalbibliothek verzeichnet diese Publikation in der Deutschen Nationalbibliografie; detaillierte bibliografische Daten sind im Internet über http://dnb.d-nb.de abrufbar.

Planung/Lektorat: Carina Reibold
Springer Spektrum ist ein Imprint der eingetragenen Gesellschaft Springer Fachmedien Wiesbaden GmbH und ist ein Teil von Springer Nature.
Die Anschrift der Gesellschaft ist: Abraham-Lincoln-Str. 46, 65189 Wiesbaden, Germany

Für Eva und Lina

Vorwort zur zweiten, leicht überarbeiteten Auflage

Aus verschiedenen Gründen wurde eine zweite Auflage notwendig. Eine vollständige Anpassung des Werkes von 2007 an die aktuelle Literaturlage zur Abduktion in der Mathematikdidaktik hätte eine komplette Überarbeitung nach sich gezogen, denn die Nutzung der Abduktion in der Diskussion ist sehr umfangreich geworden. Eine starke Überarbeitung wiederum wäre der Darstellung eines Ursprunges dieser Theorie nicht gerecht worden. Die pragmatische Lösung beinhaltet eine geringfügige Überarbeitung zur Anpassung an den aktuellen Schreibstil. Ein kurzer, skizzenhafter Ausblick auf einige in der Zwischenzeit erfolgten Verwendungen findet sich im Abschnitt 8.3.

Danksagung zur ersten Auflage

Die vorliegende Arbeit entstand am Institut für Didaktik der Mathematik und der Informatik der Westfälischen Wilhelms-Universität Münster. An dieser Stelle möchte ich mich bei allen Personen bedanken, die zum Gelingen der Arbeit beigetragen haben.

Mein besonderer Dank gilt Herrn Prof. Dr. Jörg Voigt, der mein Interesse an der wissenschaftlichen Tätigkeit in der Didaktik der Mathematik geweckt und gefördert hat. Während unserer Zusammenarbeit hat er mich auf vielfältige Weise unterstützt, wobei ich insbesondere seine mir stets eingeräumte Zeit und die vielen konstruktiven Diskussionen hervorheben möchte. Seine wertvollen Anregungen und hilfreichen Ratschläge haben diese Arbeit wesentlich beeinflusst und bereichert.

Weiterhin bedanke ich mich bei Frau Prof. Dr. Marianne Grassmann für ihre Bereitschaft das Zweitgutachten zu übernehmen sowie den Teilnehmern der Doktoranden- und Forschungskolloquien für die anregenden Diskussionen.

Einen entscheidenden Anteil am Zustandekommen dieser Arbeit hatten die Lehrerinnen, Lehrer sowie Schülerinnen und Schüler, deren Unterricht übernommen und beobachtet werden durfte. Ihre nicht selbstverständliche Bereitschaft sei an dieser Stelle dankend erwähnt.

Thomas Micklich gab mir wertvolle philosophische Hinweise. Marita Lüsse sowie Nicole Meyer lasen gewissenhaft Korrektur und unterstützten mich – ebenso wie meine Eltern – während der Studien- und Promotionszeit. Ihnen allen gebührt mein abschließender Dank.

Inhaltsverzeichnis

Abbildungsverzeichnis

1 Einleitung

Das Entdecken und das Begründen im Mathematikunterricht bilden das Thema der vorliegenden Arbeit. Sowohl auf theoretischer als auch auf empirischer Basis werden Zusammenhänge und Unterschiede zwischen diesen beiden Begriffen herausgearbeitet. Die Existenz solcher Zusammenhänge ist der bzw. dem mathematisch Tätigen aus der Erfahrung bekannt. Beispielsweise können bei einem eigenständigen Beweisversuch mathematische Beziehungen entdeckt oder Hypothesen durch den Nachweis mathematischer Beziehungen gerechtfertigt und anschließend mittels eines schlüssigen Beweises begründet werden.

Trotz solcher Erfahrungen fehlen theoretische Begriffe, um die Zusammenhänge genauer erfassen bzw. erklären zu können. Hinsichtlich der Analyse von Begründungen sind solche Begriffe gegeben: Sofern formale Beweise der Hochschulmathematik analysiert werden sollen, kann die mathematische Logik verwendet werden. Für eine eher inhaltliche Analyse von Begründungen bietet sich die mathematikdidaktische Argumentationstheorie (u. a. Schwarzkopf 2000) an.

Für die Analyse von Entdeckungen finden sich jedoch in der wissenschaftlichen Mathematik keine hinreichenden theoretischen Begriffe, die reale Entdeckungsprozesse analysieren lassen. Der Entstehungsprozess mathematischer Ergebnisse wird in Veröffentlichungen auch nur selten wiedergegeben. Abel sagte daher über Gauß: „Er macht es wie der Fuchs, der seine Spuren im Sande mit dem Schwanz auslöscht" (zitiert nach Meschkowski 1990, S. 116). Der „context of discovery" (Reichenbach 1949, S. 6 f.) spielt also im Gegensatz zu dem in mathematischen Publikationen präsentierten „context of justification" (ebd.) eine untergeordnete Rolle. Die Funktion des „Spurenverwischens" liegt auf der Hand: Die Darstellung der potenziellen Komplexität und Verworrenheit der Suche

M. Meyer, *Entdecken und Begründen im Mathematikunterricht*, Kölner Beiträge zur Didaktik der Mathematik, https://doi.org/10.1007/978-3-658-32391-2_1

nach neuen Erkenntnissen könnte das Verständnis der Ergebnisse behindern und trägt zudem in keiner Form zur Gültigkeit eines nachträglichen Beweises bei. Das Aufstellen von Hypothesen wird lediglich mit vagen Begriffen wie dem der „Intuition" verbunden: „An indispensable partner to proof is mathematical intuition. This tells us what to try to prove" (Hersh 1997, S. 7). Entdeckungen basieren aber auf einem inhaltlichen Verständnis des Neuen. Dieses Verständnis zu mystifizieren, indem man es der „Intuition" zuschreibt, ohne diese zu rekonstruieren, scheint eher nicht wissenschaftlich zu sein. Zugespitzt schreibt Peirce: „We have no power of Intuition, but every cognition is determined logically by previous cognitions" (CP 5.265).

Aber auch innerhalb der Mathematikdidaktik fehlen die theoretischen Grundlagen zur Analyse von Entdeckungsprozessen. Obwohl seit mehr als 20 Jahren vehement das „entdeckende Lernen" (auch unter Verwendung anderer Begriffe) für den Schulunterricht gefordert wird (s. KM NRW 1985, S. 26 f.; Winter 1984; Wittmann 1981, S. 34 ff.), bleiben die theoretischen Grundlagen auf pädagogisch-psychologische Aussagen und Hypothesen beschränkt.

Es fehlt also eine mathematikdidaktische Theorie, die sowohl Begründungen als auch Entdeckungen sowie ihre Zusammenhänge im Mathematikunterricht zu analysieren ermöglicht, sodass

- die Kreativität von Hypothesen,
- die Plausibilität von Hypothesen,
- der Begründungsbedarf von Hypothesen,
- die Schlüssigkeit bzw. Überzeugungskraft von Begründungen sowie
- die Interaktionsprozesse zwischen Lehrenden und Lernenden beim Entdecken und Begründen

erfasst werden können. Ziel des theoretischen Teils dieser Arbeit ist das Erstellen eines hierfür adäquaten Begriffsnetzes. Mit diesem Begriffsnetz soll eine logische Analyse von Äußerungen von Lernenden ermöglicht werden. Das Vorgehen erfolgt möglichst theoretisch fundiert und zugleich praxisnah: Einerseits erfolgt im theoretischen Abschnitt dieser Arbeit eine Vertiefung in philosophisch-logische Grundlagen, andererseits werden diese Grundlagen zur Rekonstruktion faktischer Unterrichtsprozesse angewendet.

Im Zentrum des Begriffsnetzes steht die Theorie von Abduktion, Induktion und Deduktion des amerikanischen Philosophen Charles Sanders Peirce. Mit der Schlussform Abduktion und der Klärung ihres erkenntnistheoretischen Gehalts wird versucht, den Begriff „Entdeckung" zu schärfen, ihm eine Struktur zu verleihen und somit Entdeckungen analysierbar zu machen. Mit einem Zusammenspiel von Deduktion und Induktion erklärt Peirce, wie abduktiv gewonnene Hypothesen bestätigt werden können. Dieser von Peirce rekonstruierte Zusammenhang zwischen dem Entdecken und dem Begründen ist für die empirischen Wissenschaften angebracht, jedoch nicht für die Mathematik. Hier hat die Induktion eher eine heuristisch-psychologische, statt eine wahrheitssichernde Funktion. Dieses Problem soll in der Arbeit theoretisch gelöst werden, indem das für die Mathematik spezifische Zusammenspiel der Schlussformen herausgearbeitet wird. Weiterhin werden in diesem Teil der verwendete Argumentationsbegriff und das Analyseschema von Stephen Edelston Toulmin vorgestellt, welches sich in vorhergehenden mathematikdidaktischen Arbeiten bewährt hat (u. a. Knipping 2003; Krummheuer 1995; Schwarzkopf 2000). Dieses Schema wird anschließend den drei Schlussformen gegenübergestellt, sodass auf theoretischer Ebene letztlich ein kohärentes Begriffsnetz zum Entdecken und Begründen entsteht.

Im methodologischen und methodischen Teil wird zunächst der für die empirische Analyse notwendige Blickwinkel auf den Mathematikunterricht dargestellt. Dieser ist durch ethnomethodologische und interaktionistische Ansätze bestimmt. Der empirische Teil dieser Arbeit reiht sich in den Bereich der interpretativen Unterrichtsforschung ein. Die Interpretation der Äußerungen von Lernenden richtet sich im Wesentlichen nach dem von Voigt (1984) beschriebenen Verfahren. Hierbei wird zudem herausgearbeitet, dass die Abduktion sowohl den Forschungsgegenstand als auch die bestimmende Schlussform bei der Interpretation darstellt. Im Anschluss daran erfolgt die Beschreibung des Untersuchungsplans und -verfahrens. Diesen Teil abschließend werden einige Probleme aufgeführt, die sich bei der Analyse von Entdeckungen und Begründungen ergeben können (u. a. implizite Anteile von Äußerungen, Äquivalenzaussagen).

Im empirischen Teil wird die den Äußerungen der Lernenden inhärente Rationalität beim entdeckenden Lernen herausgearbeitet. Analysiert werden mündlich im Unterricht geführte Entdeckungs- und Begründungsprozesse. Als Werkzeug für die Rekonstruktion von Prozessen der Erkenntnisgewinnung wird insbesondere das im theoretischen Teil beschriebene Abduktionsschema erprobt. Die Rekonstruktion von Begründungen erfolgt mit den Schemata der Deduktion, der Induktion und/oder dem Analyseschema von Toulmin. Die oder der Rezipierende soll jedoch nicht erwarten, dass die rekonstruierten Entdeckungen und Begründungen das konkrete Denken der einzelnen Schülerin oder des einzelnen Schülers widerspiegeln. Mit anderen Worten: Das im theoretischen Teil dieser Arbeit entwickelte Begriffsnetz eignet sich nicht zur genauen Erfassung der „Intuition" oder des „Geistesblitzes". Zwar können diese mittels der vorgestellten Theorie etwas genauer beschrieben und gefasst werden, ihre grundsätzliche Mystik bleibt jedoch nach wie vor erhalten. Der Fokus der Analyse liegt vielmehr darauf, die Rationalität von Entdeckungen aufzuzeigen.

Der Unterrichtsversuch, welcher die empirische Grundlage für die vorliegende Studie darstellt, fand in den Klassenstufen 4 (Grundschule), 7 und 10 (Gymnasium) statt. Insgesamt wurde der Mathematikunterricht in sieben Klassen für eine Dauer von jeweils vier bis fünf Schulstunden von einem Wissenschaftler durchgeführt und mittels Audio- und Videotechnik dokumentiert. Da für eine eingehende Analyse auch eine stoffdidaktische Betrachtung notwendig ist, wurde aus Ökonomiegründen mit dem Funktionsbegriff ein thematischer Schwerpunkt gewählt.

Die Analysen lassen u. a. erkennen, welch komplexes argumentatives und abduktives Potenzial Schülerinnen und Schüler entwickeln können. Zudem zeigt sich die Mehrdeutigkeit von Äußerungen (sowohl hinsichtlich der Bedeutung von Worten als auch hinsichtlich der logischen Zusammenhänge), die dann vor dem theoretischen Hintergrund dieser Arbeit als ein entscheidendes und notwendiges Charakteristikum des entdeckenden Lernens herausgearbeitet wird. Weitere Schwerpunkte sind beispielsweise die Notwendigkeit des Vorwissens der Lernenden für tiefergehende Entdeckungen und die Funktion der Lehrpersonenrolle des „Advocatus Diaboli".

Letztlich bedarf es noch einiger Anmerkungen: Die oder der als Mathematikerin bzw. Mathematiker sozialisierte Rezipierende wird wissen, dass der Schluss von einer Aussage zu einer anderen nur bei Kenntnis eines passenden Vermittlungsgesetzes erlaubt ist. Entsprechend werden unter der Bezeichnung „Schluss" nur notwendige und sichere Folgerungen verstanden. Hierbei wenden wir uns bekannte Gesetze an. Wenn aber im Folgenden die Mathematik (bzw. das Wissen allgemein) in ihrem Entstehungsprozess betrachtet werden soll, so ergibt sich ein Problem: Die Gesetze sind uns zuvor nicht bekannt – zumindest nicht hinsichtlich ihrer Anwendbarkeit auf die betrachteten Phänomene. Es bedarf daher eines ausgedehnteren Verständnisses von Begriffen wie „Schluss" oder „Folgerung", sodass es möglich wird, die Rationalität von Entdeckungsprozessen wiederzugeben.

Die Schwerpunkte der vorliegenden Arbeit liegen auf der Entwicklung und Erprobung theoretischer Begriffe für die Mathematikdidaktik. Die Arbeit erhebt dabei keinen Anspruch auf die Entwicklung von Lernarrangements. Generell sind die unterrichtspraktischen Resultate der Arbeit derzeit noch begrenzt. Hier scheint noch Potenzial für weiterführende Studien zu liegen.

Redaktionelle Anmerkungen:

- Hervorhebungen in Zitaten entsprechen dem Original.
- Die Nummerierung der Abbildungen erfolgt nach Kapitelnummern und fortlaufend alphabetisch; z. B.: „Abb. 2c“ kennzeichnet im zweiten Kapitel die dritte Abbildung.
- Alle im Text auftretenden Personen wurden anonymisiert (Pseudonyme).

2 Entdecken und Begründen

Das Entdecken und das Begründen (bzw. die Kreativität und die Argumentation) nehmen in der Mathematik und ihrer Didaktik bedeutende Rollen ein. Entsprechend sind solche Begriffe auch Gegenstand vieler Lernzielkataloge (u. a. Winter 1975, Krauthausen 1998). Im Folgenden wird zunächst das Entdecken und anschließend das Begründen theoretisch reflektiert und entsprechend ausgewählter Aspekte erörtert. Insbesondere wird der Zusammenhang zwischen diesen Tätigkeiten diskutiert.

2.1 Entdeckendes Lernen

Hinsichtlich des Verständnisses von Lehren und Lernen hat sich in den letzten Jahrzehnten interdisziplinär ein Paradigmenwechsel vollzogen (s. im deutschsprachigen Raum insbesondere die Arbeiten von Winter sowie von Wittmann und Müller). Traditionelle Lehrverfahren treten in den Hintergrund. Das „Prinzip der kleinen und kleinsten Schritte“ wurde in den nordrhein-westfälischen Lehrplänen Mitte der achtziger Jahre abgelöst:

> „Den Aufgaben und Zielen des Mathematikunterrichts wird in besonderem Maße eine Konzeption gerecht, in der das Mathematiklernen als ein konstruktiver, entdeckender Prozess aufgefaßt wird. Der Unterricht muß daher so gestaltet werden, daß die Kinder möglichst viele Gelegenheiten zum selbsttätigen Lernen in allen Phasen eines Lernprozesses erhalten […].“ (KM 1985, S. 26; vgl. MSJK 2003, S. 72 f.)

M. Meyer, *Entdecken und Begründen im Mathematikunterricht*,
Kölner Beiträge zur Didaktik der Mathematik,
https://doi.org/10.1007/978-3-658-32391-2_2

Das entsprechende Unterrichtsprinzip wird als „(aktiv) entdeckendes Lernen“ bezeichnet und lässt sich in den Unterrichtsformen des „gelenkten Entdeckens“ (Winter 1991 und 1987) und des „genetischen Unterrichts“ (Wittmann 1981) mit unterschiedlich starken Akzentuierungen der Eigenaktivität der Schülerinnen und Schüler im Mathematikunterricht wiederfinden. Für Bruner, der die Theorie des entdeckenden Lernens wesentlich beeinflusst hat, ist dabei eine

> „[…] Entdeckung ihrem Wesen nach ein Fall des Neuordnens oder Transformierens des Gegebenen […]. Dies so, daß man die Möglichkeit hat, über das Gegebene hinauszugehen, das so zu weiteren neuen Einsichten kombiniert wird.“ (ebd. 1981, S. 16)

Im Folgenden werden nun einzelne Aspekte des Lernens wiedergegeben, wobei das Lernen als konstruktiver, entdeckender Prozess aufgefasst wird. Nach einer kurzen lerntheoretischen Einführung erfolgt die Beschreibung der Auswirkungen des Paradigmenwechsels für Lehrpersonen sowie Schülerinnen und Schüler. Obwohl entdeckendes Lernen als Begriff zunächst vorrangig im Grundschulbereich genutzt wurde, zeigen sich entsprechende Ansätze auch im Rahmen des Unterrichts an weiterführenden Schulen. Dies geschieht auch unter den Schlagwörtern „Problemlösen“ und „(neo-)sokratisches Gespräch“.

2.1.1 Lernen aus Sicht des Konstruktivismus

In der Literatur werden verschiedene theoretische Grundlagen und Prinzipien für das entdeckende Lernen aufgeführt. Hier sollen jedoch nicht die verschiedenen historischen Wurzeln und die unterschiedlichen bildungs- und lerntheoretischen Hintergründe der breiten Bewegung „entdeckendes Lernen“ aufgearbeitet werden (s. Winter 1991). Vielmehr wird die Theorie des (radikalen) Konstruktivismus als eine entscheidende Grundlage für das neue Verständnis von Lehren und Lernen dargestellt, wie sie u. a. Glasersfeld (1991) und Cobb (1992) für das Mathematiklernen ausgearbeitet haben.

Wissen wird aus Sicht des Konstruktivismus prinzipiell nicht als vermittelbar angesehen. Jedes Individuum gilt als eigenständig hinsichtlich seiner Deutungen der Wirklichkeit. Watzlawick (1991) spricht beispielsweise von der „erfundenen Wirklichkeit“. Lernen wird dabei nicht als Aufnahme einzelner isolierter Wissenselemente verstanden, sondern als selbstständige und konstruktive Aufbauleistung des Individuums. Die neuen Wissenselemente werden „[...] an bereits Existierendes *aktiv* und *integrativ* angegliedert [...]“ (Krauthausen 1994, S. 10). Von Glasersfeld (1991) fasst den Paradigmenwechsel wie folgt zusammen:

> „The common conviction is that knowledge cannot simply be transferred ready-made from parent to child or from teacher to student but has to be actively built up by each learner in his or her own mind.“ (ebd., S. xiii)

Piaget beschreibt innerhalb seiner Äquilibrationstheorie den Wissenserwerb des Kindes als Zusammenspiel von „Assimilation“ und „Akkomodation“ und somit als eine konstruktive Tätigkeit (zu Piaget als Konstruktivist s. von Glasersfeld 1998, S. 98 ff.). Entdeckendes Lernen ist demnach als Prozess zu verstehen. Dieser beginnt

> „[...] mit Versuchen, die Situation mit den Schemata, Modellen, Theorien des vorhandenen Repertoires zu *assimilieren*. Dabei wird das Modell nicht etwa Stückchen-für-Stückchen aus den Informationen über die Situation zusammengebaut. Die verfügbaren Instrumente des kognitiven Repertoires sind ja bei früheren Modellbildungen ständig im Zusammenhang gebraucht worden und bilden daher eine *zusammenhängende* Struktur. Jedes Detail der Situation mobilisiert also bereits *größere* Modellteile, so daß wenige Daten der Situation genügen, um ein erstes versuchsweises Modell anzuregen. Wenn Tests zeigen, daß das Modell hier und dort nicht mit der Situation übereinstimmt oder interne Widersprüche auftreten (kognitiver Konflikt!), wird es umgebaut (Akkomodation). Wenn auch die revidierten Modelle nicht passen, muß ein ganz neuer Anlauf versucht werden. Je nach Grad der bei der Modellbildung notwendigen Akkomodation ergibt sich eine Erweiterung des kognitiven Repertoires. Nach erfolgter Auseinandersetzung mit der Situation kann das Modell ganz oder teilweise ins Repertoire aufgenommen werden oder wieder zerfallen.“ (Wittmann 1982, S. 25; vgl. auch Buth und Gebert 1990)

2.1.2 Lernende beim entdeckenden Lernen

Die Differenz zwischen den Prozessen des Entdeckens und des Rezipierens drückt Bruner (1981, S. 17) durch eine Unterscheidung zwischen dem Lernen nach der „darbietenden Methode“ und demjenigen nach der „hypothetischen Methode“ aus. Bei der ersten Methode ist es die Lehrperson, die den Inhalt, das Tempo und den Stil vorgibt. Bei der hypothetischen Methode arbeiten Schülerinnen und Schüler mit Lehrpersonen zusammen:

> „Der Schüler ist kein an die Schulbank gefesselter Zuhörer, sondern übernimmt einen Teil bei der Ausgestaltung und kann ab und zu die Hauptrolle dabei spielen.“ (ebd.)

Entscheidendes Merkmal des entdeckenden Lernens ist, dass der Inhalt des zu Lernenden nicht vorgegeben wird, sondern von den Schülerinnen und Schülern selbst entdeckt werden soll, indem diese „[…] ihre bisherigen Kenntnisse produktiv einsetzen müssen, um neues Wissen zu erwerben“ (Neber 1981a, S. 9). Krauthausen (1994) spricht von einer „Forscherhaltung“, die der oder die Lernende einnehmen soll, um

> „[…] in bislang unerschlossenes Gelände vorzudringen, die Gegebenheiten zu sondieren, Dinge experimentell auszuprobieren und zu sehen, was sich ergeben mag. Sollte etwas nicht gelingen, dann kann er prüfen, woran es gelegen haben, was man übernehmen und was man im weiteren Vorgehen verändern mag.“ (ebd., S. 16 f.)

Der Begriff des „Entdeckens“ und der Terminus „Forscherhaltung“ suggerieren, dass das Lernen als ein Prozess aufgefasst werden kann, der ähnlich den Entwicklungen in den Wissenschaften etwas grundsätzlich „Neues“ hervorbringt. Beim entdeckenden Lernen wird „Neu“ jedoch in Abhängigkeit vom Horizont der jeweiligen Schülerin oder des jeweiligen Schülers verstanden:

> „Ich beschränke Entdeckung nicht auf den Akt, durch den man etwas herausfindet, das der Menschheit vorher unbekannt war, sondern schließe fast alle Formen des Wissenserwerbes mit Hilfe des eigenen Verstandes ein.“ (Bruner 1981, S. 16)

Der Schülerin oder dem Schüler wird beim entdeckenden Lernen mehr Verantwortung für den eigenen Lernerfolg übergeben. Hierbei geht es jedoch nicht nur um das Aneignen von Gesetzen und Zusammenhängen, sondern auch um das Erlernen der „[…] heuristischen Methoden der Entdeckung […]“ (Bruner 1981, S. 26). Zudem wird der Methode des entdeckenden Lernens eine intrinsische Motivationsförderung zugeschrieben:

> „Soweit es Lernen als eine Aufgabe angehen kann, bei der man etwas entdeckt, statt ‚etwas darüber zu lernen‘, wird das Kind dazu neigen, seine Lernaktivitäten mit autonomer Selbstbelohnung durchzuführen; genauer gesagt, mit der Belohnung der Entdeckung selbst.“ (Bruner 1981, S. 22)

2.1.3 Die Rolle der Lehrperson beim entdeckenden Lernen

Entsprechend dem zuvor Gesagten kann die Lehrerperson kaum garantieren, dass eine Schülerin oder ein Schüler etwas lernt. Auch wenn sie daher akzeptieren muss, dass der eigentliche Lernerfolg der einzelnen Schülerin oder dem einzelnen Schüler zuzuschreiben ist, wird ihre Rolle alles andere als überflüssig. Ein Unterricht, in dem sich die Schülerinnen und Schüler den Lernstoff vollkommen frei und selbstständig erarbeiten, ist problemanfällig. Wilde (1982, S. 13 f.) unterscheidet entsprechend zwischen dem selbstentdeckenden Lernen („self discovery learning"), das ohne die eingreifende Hilfe der Lehrperson auskommt, und dem gelenkten entdeckenden Lernen („guided dicovery learning"). Bei Letzterem besteht die Leitungsfunktion der Lehrperson darin, dass sie zwar immer noch die grundlegenden Ideen ihres Faches beherrschen, jedoch in einem großzügigeren Rahmen planen und lenken muss:

> „Wir müssen akzeptieren, dass wir nur das Lernfeld abstecken und Kernideen vermitteln können. Und wir müssen daran glauben, dass die Kinder etwas lernen, wenn wir ihnen *günstige Rahmenbedingungen* schaffen. Über das Was und das Wie im einzelnen haben wir keine Macht." (Gallin und Ruf 1991, S. 111)

Unter konstruktivistischem Blick beschreibt Brügelmann die Anforderungen an die Lehrperson folgendermaßen:

> „Lernen ist nicht bloße Kopie von Modellen, nicht das passive Komplement zur Lehre. Unterricht als zielgerichtete Vermittlung von Erfahrung wird umso wahrscheinlicher Erfolg haben, je angemessener er Lernbedingungen arrangiert (und nicht: je perfekter er ‚Stoff' transportiert). ‚Angemessener' heißt allgemein: Akzeptieren, daß Lernen eigenaktiv und konstruktiv ist, und Gestalten der Bedingungen des Lernens nach diesen Prinzipien als einen ‚Lernraum' mit mehreren Zugängen, nicht als linearen und verbindlich programmierten ‚Lehrgang'." (ebd. 1992, S. 3)

Die Lehrperson kann also das Lernen nicht unmittelbar beeinflussen und somit auch nicht garantieren, dass die Schülerinnen und Schüler etwas lernen. Allerdings hat sie die Möglichkeit, den Prozess der Erkenntnisgewinnung mehr oder weniger zu begünstigen (vgl. Winter 1991, S. 1) bzw. die Wahrscheinlichkeit hierfür zu erhöhen (vgl. Bromme u. a. 1990, S. 22 f.):

> „Trotz der Nicht-Lehrbarkeit des Wissens kommt es weitgehend auf den Lehrer an, was, wie und ob gelernt wird. Der Lehrer gibt der gemeinsamen Stoffentwicklung jeweils eine bestimmte Richtung, und er garantiert vor allem den ‚Sinn' der einzelnen Handlungen beim Umgang mit den Aufgaben. Die Aneignung des neuen Wissens macht – über lange Strecken – oft nur Sinn vom Ergebnis her." (Bromme u. a. 1990, S. 23)

Die Rolle und Funktion der Lehrerin oder des Lehrers ändert sich demnach stark, wie es auch Winter (1984, S. 26 und 1991, S. 4 f.) durch eine Gegenüberstellung des „Lernens durch Entdeckenlassen" und des „Lernens durch Belehrung" verdeutlicht. Als ein entscheidendes Merkmal eines entdeckenden Unterrichts hebt von Glasersfeld (1991, S. xviii) hervor, dass die Lehrperson ihren Schülerinnen und Schülern Probleme aufzeigt, die sowohl sinnvoll als auch herausfordernd und dennoch lösbar sind. Die Erkenntnisprozesse der Lernenden sollen dabei nicht durch Anspruch und die Erwartung der Lehrperson, dass etwas zu lernen sei, ausgelöst werden, sondern von inhaltlichen Problemen ausgehen:

> „Die *Sache* muß reden!" (Wagenschein 1970, S. 72)

Die Aufgaben, die sich für die Lehrperson ergeben, können zum Beispiel folgendermaßen zusammengefasst werden (KM 1985, S. 26):

- die Auswahl herausfordernder, substanzieller Lernsituationen
- die Bereitstellung ergiebiger Arbeitsmittel
- das Angebot produktiver Übungsformen
- der Aufbau und die Aufrechterhaltung der Kommunikation zwischen den Lernenden

Der Einsatz des entdeckenden Lernens im Unterricht bringt jedoch nicht nur Vorteile mit sich. Ausubel u. a. (1981, S. 608 ff.) zeigen verschiedene Probleme auf, die gegen einen ausschließlichen Einsatz dieser Lehrmethode sprechen. Hier sei vor allem auf das historische Problem hingewiesen: Die Lehrenden können von ihren Schülerinnen und Schülern nicht erwarten, all diejenigen Eigenschaften und Zusammenhänge zu entdecken, wofür die Menschheit Jahrhunderte brauchte. Auch wehrt sich Ausubel gegen die starke Polarisierung von entdeckendem Lernen einerseits und rezeptivem Lernen andererseits. So bedeute das Letztere nicht, dass der Unterrichtsinhalt einfach mitgeteilt werde, ebenso wenig wie ein rein entdeckender Unterricht (ohne Anleitung der Lehrperson) kaum realisierbar sei.

Eine etwas relativierende Betrachtung des entdeckenden Lernens kann bei Klafki beobachtet werden:

> „Lernen im Sinne kritisch-konstruktiver Didaktik muß in seinem Kern *entdeckendes* bzw. *nachentdeckendes* und *sinnhaftes, verstehendes Lernen anhand exemplarischer Themen* sein, ein Lernen, dem die reproduktive Übernahme von Kenntnissen und alles Trainieren, Üben, Wiederholen von Fertigkeiten eindeutig nachgeordnet oder besser: eingeordnet werden muß, als zwar notwendige, aber nur vom entdeckenden und/oder verstehenden Lernen her pädagogisch begründbare Momente." (ebd. 1996, S. 129)

2.1.4 Entdecken und Problemlösen

Das Problemlösen spielt sowohl im Unterricht der Grundschule als auch in demjenigen weiterführender Schulen eine große Rolle (s. MSJK 2004, S. 12). Für die Klärung dessen, was als „Problemlösen" bzw. als „Problem" zu verstehen ist, wird häufig die Metapher einer Barriere bzw. eines Hindernisses genutzt, die/das es zu überwinden gilt (s. Mayer 1979, S. 4 ff.; Klix 1976, S. 639 ff.). Zum Beispiel definiert Hussy das Problemlösen als

> „[...] das Bestreben, einen gegebenen Zustand (Ausgangszustand, Ist-Zustand) in einen anderen, gewünschten Zustand (Zielzustand, Soll-Zustand) *überzuführen*, wobei es gilt, eine *Barriere* zu überwinden, die sich zwischen *Ausgangs-* und *Zielzustand* befindet." (ebd. 1984, S. 114)

Das Lösen von Problemen ist demnach darauf gerichtet, ausgehend von einem Anfangszustand einen Zielzustand zu erreichen bzw. zu erzeugen. Die Existenz einer Barriere zwischen diesen Zuständen wird dabei vielfach benutzt, um Problemlöseaufgaben von Routineaufgaben zu unterscheiden (s. Hoffmann, A. 2003, S. 8; Burchartz 2003, S. 19).

Das Verhältnis zwischen dem problemlösenden Lernen und dem entdeckenden Lernen scheint nicht ganz klar zu sein. Einerseits werden die beiden Lernformen als vergleichbar angesehen (u. a. Greeno 1973), andererseits wird zwischen ihnen unterschieden. Kopp schreibt:

> „*Problemlösendes Lernen* steht dem entdeckenden Lernen nahe und kann sich mit ihm decken. Bei ihm erscheint ein Lernziel oder eine Sache für den Schüler so transparent und an einem wichtigen Punkt ungelöst, daß der Schüler sich zu Stellungnahme und Lösungsversuchen gefordert fühlt. Am Anfang einer problembezogenen Aufgabe steht eine ‚Erregung', nicht als beliebige Frage verstanden, sondern als eine Situation, die zwischen Wissen und Nichtwissen liegt und wegen der innewohnenden Konflikte und Spannungen auf Lösungen drängt, die erst in einem organisierenden Denkprozeß gefunden werden können." (ebd. 1980, S. 64)

Der Unterschied zwischen entdeckendem Lernen und Problemlösen kann an den folgenden Beispielen erkannt werden: Einerseits können Schülerinnen und Schüler bei der Bearbeitung einfacher Rechenaufgaben ohne explizite Problemstellung Gesetze entdecken. Die Aufgaben in der nachfolgenden Abbildung (Abb. 2a) könnten beispielsweise Anlass zur Entdeckung der Kommutativität geben. Bei solchen Aufgaben muss keine Barriere explizit vorhanden sein. Andererseits können typische Problemlöseaufgaben wie die Türme von Hanoi oder das Mann/Wolf/Ziege/Kohl-Problem durch ein Versuch-Irrtum-Verfahren gelöst werden, ohne dass ein Zusammenhang oder eine Regelmäßigkeit erkannt werden muss. Findet die Schülerin oder der Schüler im Rückblick jedoch eine Regel oder ein Verfahren, welches über die benutzte Versuch-Irrtum-Methode hinausgeht, so kann durchaus von entdeckendem Lernen gesprochen werden.

Abb. 2a Zur Entdeckung der Kommutativität

$8 + 2 =$
$2 + 8 =$
$4 + 7 =$
$7 + 4 =$

Das Trennungsproblem liegt meiner Ansicht nach an den verschiedenen Umschreibungen des entdeckenden Lernens. Unter „Entdeckung“ versteht Bruner einen Prozess des „Neuordnens“, des „Transformierens des Gegebenen“ (s. o.). Hiernach scheint sich der Begriff „entdeckendes Lernen“ darauf zu beziehen, aus dem gegebenen Wissensvorrat etwas Neues zu bilden bzw. Bekanntes in neuen Zusammenhängen zu erkennen. Die für das Problemlösen notwendigen (produktiven) Denkprozesse werden auf eine vergleichbare Art beschrieben:

> „Für die erfolgreiche Problemlösung ist es notwendig, die gegebenen (häufig wahrnehmungsgebundenen) Strukturen aufzubrechen und eine neue Problemstruktur zu erstellen, die die Lösungseinsicht mit sich bringt. Das für diesen Prozess, d. h. für die Betrachtung des Problems von einem neuen Standpunkt aus, benötigte *produktive* (im Gegensatz zum reproduktiven) *Denken* ist als das neuartige Verknüpfen von Erfahrungen definiert.“ (Hoffmann, A. 2003, S. 12)

Wenn nun beim Problemlösen die Barriere von der Art ist, dass vorhandene Phänomene zunächst nicht erklärbar sind und erklärt werden müssen, kann das Überwinden dieser Barriere als eine Entdeckung bezeichnet werden. Entsprechend erscheinen nicht alle, aber dennoch viele Lösungen von Problemen als Entdeckungen. Andererseits kann die Lösung einer Aufgabe beim entdeckenden Lernen durchaus als Problemlösung beschrieben werden, wenn die den Entdeckungsprozess anregenden Phänomene als zu überwindende Barrieren angesehen werden. So bezeichnet Edelmann (2000, S. 142) das Analysieren der Problemstellung, das Formulieren von Hypothesen und deren anschließende Prüfung auch als „Techniken des Problemlösens“.

Polya (1967) beschäftigte sich mit der Art, wie Probleme zu lösen sind und erstellte eine Heuristik, welche aus den folgenden vier Schritten besteht:

1. Verstehen des Problems
2. Aufstellen eines Plans
3. Ausführen des Plans
4. Rückblick

Unter dem ersten Punkt versteht Polya u. a. das Sammeln von Informationen, die zur Problemlösung beitragen. Anschließend wird versucht, die Daten in einen Zusammenhang zu bringen (Punkt 2). Dies kann zum Beispiel durch die Hilfe vergangener Erfahrung (Analogiebildung) geschehen. Der nun aufgestellte Plan wird im dritten Schritt ausgeführt. Der Rückblick enthält u. a. die Phase der Überprüfung. Mit „Vorbereitung", „Ausbrütung", „Erleuchtung" und „Verifikation" verwendet Winter (1991, S. 170) in Anlehnung an Hadamard vergleichbare Stadien für die Beschreibung des „kreativen Prozesses". Entsprechend solcher Phasen lässt sich das Entdecken und das Begründen relativ deutlich voneinander trennen. Im weiteren Verlauf dieser Arbeit wird sich zeigen, dass Entdeckungen und Begründungen nicht so einfach nach Phasen getrennt dargestellt werden können, sondern dass ein komplizierteres Zusammenspiel betrachtet werden muss.

2.1.5 Entdecken und (neo-)sokratisches Gespräch

Die Grundidee der sokratischen Methode ist,

> „[…] in einem Gespräch Erkenntnisse aus dem Lernenden selbst ‚hervorzulocken', ohne daß dabei der Lehrende ‚belehrt', d. h. selbst Informationen zur Sache gibt." (Loska 1995, S. 11)

Die hierbei anzuwendende Kunst der Gesprächsführung wird „Maieutik" („Hebammen-" bzw. „Geburtshelferkunst") genannt. Der Begriff „sokratische Methode" geht auf Platon zurück. Im *Menon*-Dialog (Platon 1993) führt Sokrates diese Methode vor, indem er mit einem Sklaven die Frage behandelt, wie lang die Seiten eines Quadrates seien, welches den doppelten Flächeninhalt eines bereits gegebenen Quadrates hat.

Im Menon-Dialog bleibt eher fraglich, inwiefern die Lösung des Problems vom Sklaven oder nicht doch von Sokrates stammt. Die größeren Redeanteile in diesem Gespräch liegen eindeutig bei Sokrates. Zudem befinden sich in dessen

Fragen auch die entscheidenden Elemente, die zur Lösung beitragen (Beispiel: „Teilt nun nicht eine Linie von dieser Art, von Winkel zu Winkel, jedes dieser Quadrate in zwei gleiche Teile?" (Platon 1993, S. 47)).

Der Philosoph Nelson (1882–1927) beschreibt eine Methode des Unterrichtsgespräches („neosokratische Methode" genannt), welche auf die sokratische Methode aufbauend ebenfalls das zentrale Merkmal der gezielten Fragestellung beinhaltet. Er entwickelte ein Modell für ein Gruppengespräch, indem sich die Teilnehmenden gegenseitig ergänzen und unterstützen:

> „Das Ziel eines Sokratischen Gesprächs [nach Nelson, M.M.] ist es, innerhalb der Gruppe durch eigenes, gemeinsames Denken und Kommunizieren zu einem Konsens bezüglich aller – im Rahmen der Gruppe denkbaren und betrachtenswerten – Aspekte des Themas zu gelangen." (Höwekamp 1999, S. 18)

Wie das Zitat bereits andeutet, legt Nelson im Unterschied zum Menon-Dialog mehr Wert auf die Eigenständigkeit der Schülerinnen und Schüler:

> „[...] hier hängt alles von der Kunst ab, die Schüler *von Anfang an* auf sich zu stellen, sie das *Selbst*gehen zu lehren, ohne daß sie darum *allein*gehen, und diese Selbständigkeit so zu entwickeln, daß sie eines Tages das Alleingehen wagen dürfen, weil sie die Obacht des Lehrers durch die eigene Obacht ersetzen." (Nelson 2002, S. 46 f.)

Ein eigenständiges Lernen kann mit dieser Methode aber nur dann erreicht werden, wenn sich die Lehrperson (als sokratische Leitung) von jedem belehrenden Eingriff zurückhält. Ihre Aufgabe ist es vielmehr, „Steuerungsfragen" (Loska 1995, S. 161) bzw. „Verfahrensfragen" (Birnbacher und Krohn 2002, S. 10) zu stellen, um damit die Aufmerksamkeit der Schülerinnen und Schüler auf bestimmte Punkte zu lenken. Beispiele für solche Steuerungsfragen sind (Nelson 2002, S. 49 f.):

- „Wer hat verstanden, was eben gesagt worden ist?"
- „Auf welches Wort kommt es Ihnen an?"
- „Wissen Sie selbst noch, was Sie eben gesagt haben?"

Der entscheidende Unterschied zwischen diesen Fragen und denjenigen des Sokrates ist, dass sie frei von inhaltlicher Wertung sind und keine Urteile enthalten. Vielmehr sind sie universell einsetzbar. Die Fragen des Sokrates hingegen können als „Entscheidungs- oder Ergänzungsfragen" (Loska 1995, S. 160) bzw. „Suggestivfragen" (Struve und Voigt 1988, S. 278) angesehen werden, die einen regulierenden Charakter besitzen.

> „Der Vergleich zwischen klassischer sokratischer und neosokratischer Methode hat ergeben, daß bei beiden von den Schülern verlangt wird, ihre tatsächlichen Einstellungen zu äußern. Während bei Sokrates der Gesprächspartner dies jedoch meist nur durch seine als ehrlich vorauszusetzende bloße Zustimmung zu den Argumenten des Sokrates kundtut, obliegt es den Teilnehmern bei Nelson, selbst die Gedanken und Einfälle vorzubringen und sich ihrer Zustimmung resp. Ablehnung gegenseitig zu versichern. Der Leiter hat nunmehr eine neue Rolle. Er ist von den Beiträgen in der Sache selbst entbunden und kann sich ganz auf die Steuerung des Gespräches zwischen den Teilnehmern konzentrieren.“ (Loska 1995, S. 168)

Wegen des kleinschrittigen Herausfragens des Sokrates im Menon-Dialog kann nur eingeschränkt von Entdeckungen seitens des Sklaven gesprochen werden. Es handelt sich bei der Szene eher um ein „gelungenes Beispiel für einen fragend-entwickelnden Unterricht“ (Struve und Voigt 1988, S. 277; vgl. Winter 1991, S. 10 f.). Beim neosokratischen Gespräch nach Nelson stellt der Gesprächsleiter hingegen nur Verfahrensfragen. Inhaltliche Hinweise bleiben aus. Da die Schülerin oder der Schüler somit nahezu auf sich allein gestellt ist, kann durchaus von einem entdeckenden Lernen gesprochen werden.

Heckmann (1898–1996), ein Schüler Nelsons, entwickelte das Sokratische Gespräch für den Schulunterricht weiter (Höwekamp 1999, S. 50). Ihm geht es dabei nicht nur um die Gewinnung neuer Erkenntnisse, sondern auch um „[...] verfahrensbezogene Lernziele wie die Entwicklung argumentativer Kompetenz [...]“ (Birnbacher und Krohn 2002, S. 9):

> „Im sokratischen Gespräch wollen wir über bloß subjektives Meinen hinauskommen. Deswegen prüfen wir, welche Gründe wir für unsere Behauptungen haben und ob diese Gründe von uns allen als zureichend anerkannt werden.“ (Heckmann 2002, S. 77)

Hinsichtlich des Einsatzes (neo-)sokratischer Gespräche in der Unterrichtspraxis schreibt Spiegel:

> „Mathematik ist wie kein anderes Schulfach in besonderem Maße geeignet, das Selbstvertrauen in die Kraft des eigenen Denkens, der eigenen Vernunft zu stärken [...]. Um dieses Potential der Mathematik zur Wirkung zu bringen (aber nicht nur darum), ist es erforderlich, Mathematikunterricht nicht so sehr in den Dienst der Vermittlung eines Fertigproduktes, sondern vielmehr in den Dienst der Entfaltung mathematischer Tätigkeiten der Schüler zu stellen. Das Sokratische Gespräch bietet eine besondere Chance, Mathematik als Prozeß gestaltend mitzuerleben. Dies führt [...] zu einer neuartigen Erfahrung mit Mathematik und in Verbindung damit sowohl zu einem erweiterten Bild von dem, was Mathematik sein kann, als auch zu einer neuen Bewertung der eigenen mathematischen Fähigkeiten.“ (ebd. 1989, S. 169; zur Analyse sokratischer Gespräche aus dem Mathematikunterricht s. Höwekamp 1999)

2.1.6 Rückblick und offene Fragen

Bisher wurde das entdeckende Lernen in seinen Grundzügen dargestellt. In diesem Abschnitt sollen nun gewisse Punkte hinterfragt und kritisch reflektiert werden. Es wird sich zeigen, dass die Beschreibungen des entdeckenden Lernens teilweise unverständlich bzw. uneinheitlich und nur schwer fassbar sind.

Der Denkprozess beim entdeckenden Lernen wurde zuvor als „produktiv" beschrieben. In diesem Zusammenhang erscheinen in der Literatur Ausdrücke wie „Inkubation", „Erleuchtung" (s. o.) oder „Aha-Erlebnis" (Mayer 1979, S. 76), die theoretisch kaum verständlich sind und ihre suggestive Kraft aus Metaphern und dem Ansprechen subjektiver Erfahrung gewinnen. Was verbirgt sich hinter diesen Begriffen? Wie können Bruners Begriffe des „Neuordnens" oder des „Transformierens des Gegebenen" (s. o.) verstanden werden? Was bedeutet „**aktive** Erarbeitung und Aneignung von Wissen" (Wittmann 1994, S. 165) bzw. „das neuartige Verknüpfen von Erfahrung" (Hoffmann, A. 2003, S. 12)? Winter (1984, S. 26) umschreibt das entdeckende Lernen nach unterrichtspraktischen Gesichtspunkten. Hier heißt es an erster Stelle, dass die Lehrkraft ihren Schülerinnen und Schülern „herausfordernde, lebensnahe und relativ reich strukturierte Situationen" (ebd.) anbieten soll. Heißt „lebensnah", dass an der außerschulischen Umwelt der Lernenden angesetzt werden soll? Solche Bezüge finden sich jedoch in den Aufgabensammlungen zum entdeckenden Lernen in Veröffentlichungen (z. B.: Wittmann und Müller 1994a/b) nur selten.

Wenn sich theoretisch-konzeptionell schwer sagen lässt, was entdeckendes Lernen ist, kann man fragen: Was ist entdeckendes Lernen im konkreten Fall? Angenommen die Schülerinnen und Schüler betrachten folgende Rechnungen und sollen Zusammenhänge erkennen:

$$4 \cdot 4 = 16 \qquad 5 \cdot 5 = 25 \qquad 11 \cdot 11 = 121$$
$$3 \cdot 5 = 15 \qquad 4 \cdot 6 = 24 \qquad 10 \cdot 12 = 120$$

Handelt es sich um eine (kreative) Entdeckung, wenn eine Schülerin oder ein Schüler äußert: *In der ersten Spalte ist jeweils von oben nach unten einer weniger, in der zweiten Spalte einer mehr und in der Ergebnisspalte einer weniger*? Handelt es sich um eine solche, wenn Mathematikexperten die dritte binomische Formel erkennt? Was zeichnet also eine (kreative) Entdeckung aus? Wann ist eine Entdeckung eine Entdeckung? In dieser Arbeit wird das entdeckende Lernen von einem philosophischen Standpunkt aus mit Hilfe des Begriffs der Abduktion beschrieben. Ein Ziel ist, die genannten Begriffe genauer fassen zu können, um sie somit in gewisser Weise zu „entmystifizieren". Hierbei wird jedoch nicht der Anspruch erhoben, das entdeckende Lernen insgesamt konzeptionell auf eine theoretische Grundlage zu stellen. Es geht vielmehr um eine mathematikbezogene, philosophisch-logische Schärfung des Begriffs „entdeckendes Lernen“, sodass reale Entdeckungsprozesse analysiert und bewertet werden können.

Bromme u. a. (1990) schreiben, dass das Lernen „oft nur Sinn vom Ergebnis her“ macht (s. o.). Beim „reinen“ entdeckenden Lernen wird es der Schülerin oder dem Schüler überlassen, was sie oder er lernt bzw. entdeckt. Die Schülerin oder der Schüler bestimmt das Ergebnis, zumindest dann, wenn die Aufgabenstellung offen genug ist, um dies zuzulassen. In der Unterrichtspraxis ist aber „kein Lehrer vor der Kreativität seiner Schüler sicher“ (Bauersfeld, zitiert nach Neth und Voigt 1991, S. 108). Was ist, wenn die Schülerin oder der Schüler in ihrer oder seiner Assoziationsfreiheit „Unrelevantes“ oder gar Falsches entdeckt und die Wahrscheinlichkeit gering ist, dass sie oder er es selbst bemerkt? In vielen solcher Situationen ist es für das Subjekt schwer zu entscheiden, ob die Entdeckung für die weitere Entwicklung ihres oder seines Wissens relevant ist bzw. schwer, die falschen Hypothesen zu widerlegen (vgl. Siegler 2001, S. 358). In diesen Fällen bedarf es eines intersubjektiven Austausches. Der Lernprozess sollte also von außen beeinflusst werden: Es bedarf zumindest des Zweifels des Anderen sowie der Unterstützung im Versuch, die Reichweite und Gültigkeit des Entdeckten zu erfassen. Es bedarf der Rolle des (Besser-)Wissenden, sei dies die Lehrkraft oder andere Lernende.

Abb. 2b Die Quadratzahlen als Summen ungerader Zahlen

$$1 + 3 = 4$$
$$1 + 3 + 5 = 9$$
$$1 + 3 + 5 + 7 = 16$$
$$\ldots$$

Wenn in den Rechnungen in Abbildung 2b Zusammenhänge entdeckt werden sollen, so kann auffallen, dass vor dem Gleichheitszeichen Primzahlen dominieren. Das Erkennen der ersten ungeraden Zahlen und der Quadratzahlen erfordert hingegen, dass andere Eigenschaften von Zahlen betrachtet werden. Relevante von unrelevanten Informationen zu trennen, ist für die Lernenden häufig nicht leicht und muss situationsbedingt von außen angeregt werden. Entdecken die Lernenden im Mathematikunterricht jedoch etwas Falsches, kann eine Falsifikation nicht nur durch Einsicht (weitere Entdeckungen), sondern auch durch den Versuch einer Begründung der anfänglichen Entdeckung geschehen (s. Abschn. 2.2). Wenn also davon ausgegangen wird, dass Schülerinnen und Schüler eigenaktiv und konstruktiv lernen, so scheint eine möglichst weitgehende Freiheit beim Lernen angesichts unrelevanter und falscher Entdeckungen problematisch zu sein.

Das Problem der „vollständigen Freiheit" beim entdeckenden Lernen wird auch bei der Betrachtung der Mathematik deutlich: Sätze lassen sich entdecken, aber Definitionen und Axiome beinhalten auch willkürliche Festlegungen, die Konventionen sind bzw. erst beim späteren Überblick über die Theorie sinnvoll erscheinen. In der Schulmathematik – insbesondere der Grundschule – wird zudem nicht klar zwischen Sätzen, Definitionen und Axiomen unterschieden, sodass die schulmathematischen Erkenntnisse in der Mischung auch willkürliche Festlegungen enthalten.

2.2 Beweisen – Begründen – Argumentieren

Das Beweisen gilt als eine grundlegende mathematische Tätigkeit. Im Folgenden soll u. a. aufgezeigt werden, was in dieser Arbeit unter dem Begriff „Beweisen" verstanden wird. Es werden zudem verschiedene Beweistypen aufgezeigt und hinsichtlich ihrer Relevanz für den Schulalltag diskutiert. Hierbei wird auch gefragt, was als Begründung gelten kann.

2.2.1 Begriffsklärung „Beweis"

In dem Buch „Erfahrung Mathematik" (Davis und Hersh 1986a, S. 35 ff.) stellt ein Philosophiestudent einem „idealen" Mathematiker die Frage, was ein mathematischer Beweis sei. Der Versuch einer allgemeinen Definition gelingt dem Mathematiker nicht. Zehn Jahre nach der Veröffentlichung des englischen Originals schreibt Hersh:

> „No philosopher or mathematician has yet taken up the Ideal Mathematician's challenge: ‚If not me, than who?' (Meaning: Who has a better right than I to decide what is a proof?)" (Hersh 1993, S. 389)

Auch Hanna und Jahnke (1996, S. 884) halten fest, dass es, trotz aller Einigkeit über ihre Bedeutung, keine eindeutigen und allgemein akzeptierten Gültigkeitskriterien für Beweise gibt.

Unter dem Begriff „Beweisen" wird im mathematischen Sinn gemeinhin ein Vorgang verstanden, bei dem eine Behauptung in gültiger Weise Schritt für Schritt formal deduktiv aus als bekannt vorausgesetzten Sätzen und Definitionen gefolgert wird. Hierbei wird stillschweigend angenommen, dass dieser Vorgang bis zu den Grundlagen der betreffenden Theorie (etwa den Axiomen) zurückgeführt werden könnte, um somit letztlich die Richtigkeit einer Behauptung zu sichern. Die Problematik eines solchen Beweisverständnisses zeigt sich bei der praktischen Umsetzung. Zum Beispiel besitzt allein der Beweis der Klassifikation der einfachen Gruppen ca. 15 000 Seiten, wobei immer noch anderswo bewiesene Sätze verwendet werden (Dreyfus 2002, S. 16). Hersh (1993, S. 395) behauptet zudem, dass jeder mathematische Beweis, so er nur lang genug ist, mindestens einen Fehler enthält.

Während mit dem Begriff des Beweisens zumeist eine strenge Auffassung logischer Schlüsse verbunden ist, wird dem Begriff des Argumentierens eine andere Bedeutung beigemessen:

> „Man benutzt diesen Terminus [Argumentieren, M.M.] meist im Sinne von ‚begründen' und will damit zum Ausdruck bringen, daß man das Begründen nicht auf die mathematisch eingeengte Form des Beweisens beschränken möchte." (Vollrath 1980, S. 28)

Argumentieren bzw. Argumentation ist ein zentrales Thema des vierten Kapitels dieser Arbeit und soll an dieser Stelle nicht genauer beschrieben werden. Allerdings wird im obigen Zitat bereits deutlich, dass neben den strengen und formellen Beweisen der Hochschulmathematik noch andere Möglichkeiten zur Begründung mathematischer Regelmäßigkeiten existieren. Stein (1986) sowie Wittmann und Müller (1988) haben verschiedene Kategorien bzw. Typen von Beweisen herausgearbeitet. Im Folgenden werden die Beweistypen der letztgenannten Autoren vorgestellt.

2.2.2 Beweistypen

Wittmann und Müller (1988) unterscheiden zwischen formal-deduktiven, experimentellen und inhaltlich-anschaulichen Beweisen:

1. Formal-deduktive Beweise

Die Betonung formal-deduktiver Beweise in der Schule ist an den Ansprüchen des Beweisens in der Hochschule orientiert. Es handelt sich dabei um die bereits beschriebenen Beweise (s. Abschn. 2.2.1), bei denen Schritt für Schritt eine Aussage aus einer anderen auf formaler Basis zwingend abgeleitet wird. Bei solchen

Beweisen hängt die Wahrheitsübertragung im Extremfall nur von der Form ab (vgl. Buth 1996).

2. Experimentelle Beweise

Wenn die Lehrerin oder der Lehrer „[...] Veranschaulichungen, Plausibilitätsbetrachtungen, empirische Verifikationen und an Beispielen erläuterte Regeln, die bestimmte Aufgabenfelder erschließen" (Wittmann und Müller 1988, S. 248), ihren oder seinen Schülerinnen und Schülern bietet, so sprechen die Autoren von experimentellen Beweisen. Die Lehrperson erachtet in diesem Fall den Formalismus des obigen Beweistyps nicht als wichtig und meidet formal-logische Schlussfolgerungen. Auch wenn Schülerinnen und Schüler Beweise dieser Art durchaus akzeptieren (s. Almeida 2001), so verbürgt die Überprüfung einer Regel an Beispielen keine abschließende Sicherheit.

3. Inhaltlich-anschauliche Beweise

Den dritten Beweistyp bilden die inhaltlich-anschaulichen Beweise. Hier wird einerseits dem Formalismus kein hoher Stellenwert beigemessen und andererseits sollen keine Begründungen allein durch das Anführen einzelner positiver Beispiele erfolgen. Die inhaltlich-anschaulichen

> „[...] Beweise stützen sich dagegen auf Konstruktionen und Operationen, von denen intuitiv erkennbar ist, daß sie sich auf eine ganze Klasse von Beispielen anwenden lassen und bestimmte Folgerungen nach sich ziehen." (Wittmann und Müller 1988, S. 249)

Blum und Kirsch beschreiben das Konzept der inhaltlich-anschaulichen Beweise folgendermaßen:

> „In Anlehnung an Semadenis Konzept ‚prämathematischer Beweise' wollen wir hier unter einem inhaltlich-anschaulichen Beweis eine Kette von korrekten Schlüssen verstehen, die auf nicht-formale Prämissen zurückgreifen, d. h. insbesondere auf inhaltlich-anwendungsbezogene Grundideen (wie z. B. Ableitung als lokale Änderungsrate) oder auf intuitiv evidente, ‚allgemein geteilte', ‚psychologisch offenkundige' Aussagen. Die Schlüsse sollen in ihrer ‚psychologisch natürlichen' Ordnung aufeinanderfolgen. Sie müssen vom konkreten, inhaltlich-anschaulichen Fall direkt verallgemeinerbar sein, wobei diese Übertragbarkeit auf den allgemeinen Fall intuitiv erkennbar sein soll, und sie müssen bei Formalisierung der jeweiligen Prämissen korrekten formal-mathematischen Argumenten entsprechen." (Blum und Kirsch 1989, S. 202)

Das folgende Beispiel soll dazu dienen, die drei Beweistypen zu veranschaulichen und voneinander abzugrenzen:

Aufgabe: Betrachte nachfolgende Abbildung (Abb. 2c). Ist eine Regelmäßigkeit zu erkennen? Gilt das immer?

Abb. 2c Die Quadratzahlen als Summen ungerader Zahlen

$1=1^2$
$1+3=2^2$
$1+3+5=3^2$
$1+3+5+7=4^2$
…

Nachdem die Regelmäßigkeit entdeckt wurde, könnten folgende Beweisansätze zu ihrer Sicherung angeführt werden:

1. Die in der Aufgabe herauszufindende Regelmäßigkeit kann auf formal-deduktive Art durch eine vollständige Induktion (über n) bewiesen werden:

$$1 + 3 + 5 + ... + (2n + 1) = (n + 1)^2$$

2. Auf experimentelle Art kann der Nachweis der Regelmäßigkeit darin bestehen, weitere Summen zu berechnen, bis man die Gültigkeit der Vermutung für wahrscheinlich hält:

$$1 + 3 + 5 + 7 + 9 = 25 = 5^2$$
$$1 + 3 + 5 + 7 + 9 + 11 = 36 = 6^2$$

3. Ein inhaltlich-anschaulicher Beweis der herauszufindenden Regelmäßigkeit kann dadurch erfolgen, dass obige Rechenanweisungen in ein geometrisches Muster übersetzt, und die entsprechenden Veränderungen, die von einem „Winkel“ zum anderen stattfinden, markiert werden (s. Abb. 2d; vgl. Winter 2001, Krauthausen 2001).

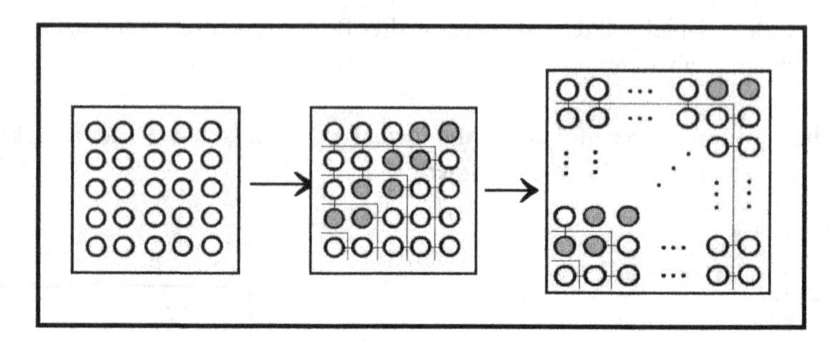

Abb. 2d Die Quadratzahlen als Punktmuster

Durch Aussagen wie: „... und egal wo ich bin, bei jedem neuen Schritt füge ich zum nächstgrößeren Quadrat einen Winkel hinzu, der genau 2 Kreise mehr besitzt als derjenige Winkel, der im vorherigen Schritt angefügt wurde", kann der Induktionsschritt verdeutlicht werden. Der Grad an Strenge eines solchen Beweises kann sich durchaus mit dem formalen Beweis messen, zumal es sich um eine notwendige Folgerung handelt.

2.2.3 Beweise im Mathematikunterricht

Bisher wurden unterschiedliche Beweistypen aufgezeigt. Entscheidend ist nun die Frage, welcher hiervon überhaupt als Beweis angesehen werden kann und welcher für die Schule bevorzugt werden sollte. Hinsichtlich der schulischen Praxis sprechen sich Wittmann und Müller (1988) sowie Krauthausen (2001) für die inhaltlich-anschauliche Variante des Beweisens aus. Die anderen beiden Beweistypen (formal-deduktive und experimentelle Beweise) werden von den Autoren eher abgelehnt, weil diese nur die Reaktion der Lehrerin oder des Lehrers auf den Formalismus der Hochschulmathematik widerspiegeln: Auf der einen Seite würden die Lehrpersonen im Sinne einer „Abbilddidaktik" (Wittmann und Müller 1988, S. 248) den strengen Formalismus übernehmen, auf der anderen Seite lehnen sie diesen strikt ab.

Die Betonung inhaltlich-anschaulicher Beweise soll jedoch nicht darüber hinwegtäuschen, dass diese keine Risiken bärgen. Beispielsweise weist Lakatos (1982, S. 66) darauf hin, dass bei einem anschaulichen Beweis mit Fallunterscheidungen schnell ein Fall übersehen werden kann.

Wesentlich beeinflusst wurde die Diskussion um das Beweisen in der Schule von Hanna. Auch sie betrachtet den strengen Formalismus mathematischer Beweise von einer eher kritischen Seite. Die Autorin misst einem Beweis die Funktionen Wissenssicherung, Wissensentwicklung, Schaffung einer Debattier-Basis und Vermeidung von Fehlern zu. Insbesondere die dritte Funktion können formal-strenge Beweise nur eingeschränkt erfüllen (ebd. 1989, S. 21), weil sie schwer zu verstehen sind:

> „Mathematicians agree [...] that when a proof is valid by virtue of its form only, without regard to its content, it is likely to add very little to an understanding of its subject and ironically may not even be very convincing. [...] the significance of a theorem for mathematics as a whole, and an understanding of its underlying concepts, play a much greater role in creating this acceptance than does the existence of a rigorous proof." (ebd. 1989, S. 20 f.)

Selbst in der Fachwissenschaft wird bestätigt, dass ein Beweis nicht zwangsläufig dann als überzeugend anerkannt wird, wenn in ihm eine Aussage zwingend aus einer langen Kette diffiziler Folgerungen abgeleitet wird, sondern vielmehr dann, wenn er in der betreffenden Gemeinschaft als gültig anerkannt wird. Die Akzeptanz eines Beweises hat daher nicht nur eine formal-logische, sondern auch eine soziologische Dimension:

> „In mathematical practice, in the real life of living mathematicians, proof is *convincing argument, as judged by qualified judges.*" (Hersh 1993, S. 389)

> „[...] we recognize that mathematical argument is addressed to a human audience, which possesses a background knowledge enabling it to understand the intentions of the speaker or author. In stating that mathematical argument is not mechanical or formal, we have also stated implicitly what it is [...] namely, a human interchange based on shared meaning, not all of which are verbal or formulaic." (Davis und Hersh 1986b, S. 73)

Entscheidendes Kriterium für die Annahme oder Ablehnung eines Beweises innerhalb der Fachwissenschaft ist also seine Überzeugungskraft innerhalb der betreffenden Gemeinschaft. Dass hierzu nicht unbedingt ein starker Formalismus notwendig sein muss, zeigt folgendes Beispiel (aus Davis und Hersh 1986a, S. 324; zu anschaulichen Beweisen innerhalb der Fachwissenschaft Mathematik s. auch Nelsen 1993):

Behauptung: „Es ist unmöglich, einen Kreis K mit einer endlichen Zahl von sich nicht überschneidenden kleineren Kreisen, die in K enthalten sind, [lückenlos, M.M.] zu füllen." (ebd.)

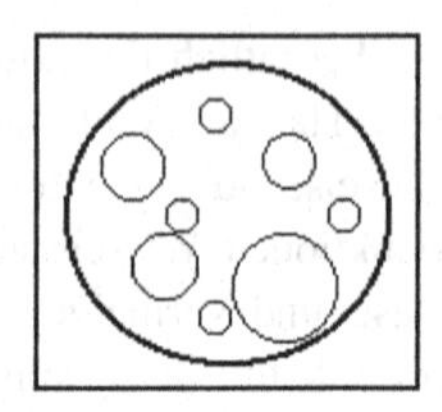

Abb. 2e Ein mit kleineren Kreisen lückenlos zu füllender Kreis? (nach ebd.)

Der anschauliche Beweis dieser Behauptung ist offensichtlich (s. Abb. 2e). Hinsichtlich einer formal-deduktiven Lösung verweisen die Autoren auf einen Beweis von Davis (1965), der den Begriff der linearen Unabhängigkeit nutzt und schreiben:

> „Die analoge [anschauliche, M.M.] Lösung ist so offensichtlich, daß jedes Beharren auf einem Mehr an Beweis ein Stück mathematischer Pedanterie wäre." (ebd.)

Die Ablehnung formal-strenger Beweise soll jedoch nicht heißen, dass Beweise innerhalb der Schulmathematik keine Bedeutung haben sollten. Nicht nur als Mittel zur Wissenssicherung, sondern auch für das Übermitteln eines inhaltlichen Verständnisses ist ein „strenger" Beweis (im Sinne einer schrittweisen Überprüfbarkeit) unverzichtbar. Schülerinnen und Schüler haben so die Möglichkeit ihr Wissen einerseits abzusichern und andererseits argumentativ zu rechtfertigen. Der Grad an Strenge sollte nach Hanna dabei dem Unterricht angepasst sein:

> „Rigour is a question of degree in any case. In the classroom one need provide not absolute rigour, but enough rigour to achieve understanding and to convince." (ebd. 1997, S. 183)

Entsprechend trennt die Autorin zwischen erklärenden Beweisen („proofs that explain why") und grenzt diese gegen nicht-erklärende, lediglich wahrheitssichernde Beweise („proofs that proof") ab. Die erklärende Funktion des Beweisens in der Schule wird auch von Hersh betont:

> „Mathematical proof can convince, and it can explain. In mathematical research, its primary role is convincing. At the high-school or undergraduate level, its primary role is explaining." (ebd. 1993, S. 398; vgl. Hanna 1990)

Entscheidend an der Funktion des Erklärens ist, dass ein Beweis inhaltliche Bezüge verdeutlichen und allgemeine Zusammenhänge aufzeigen soll. Experimentelle Beweise erfüllen diese Funktion nicht (Heinze und Reiss 2002, S. 230).

Hanna (1997) zeigt durch die Differenzierung zwischen formaler und strenger Art eines Beweises, dass auch innerhalb der Schule stichhaltig begründet werden kann (zu dieser Differenz s. auch Schwarzkopf 2000, S. 16 ff.). Zwar richtet die Autorin ihre Studien auf die Sekundarstufe, doch auch in der Grundschule spielen Beweise eine große Rolle. Entsprechend betont Winter: „Die Erziehung zum argumentativen Verhalten beginnt mit dem 1. Schultag!" (ebd. 1983, S. 91). Stein (1999) wies empirisch nach, dass diese Forderung kein unmögliches Unterfangen darstellt. Er konnte zeigen,

> „[…] daß auch jüngere Kinder zu Argumentationen fähig sind, die auch nach sehr strengen Kriterien *Beweis-Charakter* haben." (ebd., S. 3)

Zwar räumt der Autor ein, dass solche Beweise nur relativ sporadisch auftreten, doch hinsichtlich der Notwendigkeit der Folgerungen zwischen einzelnen Beweisschritten sind

> „[a]lle benötigten Fähigkeiten […] bei allen beobachteten Kindern bereits vorhanden." (ebd., S. 25)

Die Ziele, welche mit dem Beweisen verbunden sind, lassen sich folgendermaßen grob zusammenfassen:

- Beweise stellen eine grundlegende mathematische Tätigkeit dar (Beweis als Kulturgut)
- Beweise unterstützen das inhaltliche Verständnis mathematischer Aussagen (Beweis zum Verstehen)
- Beweise erleichtern die mathematische Kommunikation (soziale Funktion)
- Beweise können bereits vollzogene Entdeckungen absichern (Wissenssicherung)
- Beweise bringen bekannte Ergebnisse in einen theoretischen Ordnungszusammenhang (Systematisierung, s. de Villiers 1990)

Im Zuge der Funktion des Verstehens wurde der Einfluss des Begründens (als vor allem formell abgeschwächte Form des Beweisens) zur Bildung mathematischer Begriffe besonders betont (u. a. Meyer 2016). Insbesondere hinsichtlich der sozialen Funktion betont Moll (2019) zudem die Funktion des Begründens zur Überzeugung bzw. zum Überzeugt-Werden.

2.2.4 Begründen von Entdeckungen

Bisher wurden die Begriffe „entdeckendes Lernen" und „Begründen" getrennt voneinander behandelt. Dieser Abschnitt soll nun Beziehungen zwischen ihnen verdeutlichen.

Beim entdeckenden Lernen sollen die Schülerinnen und Schüler Hypothesen aufstellen. Hypothesen allein bergen jedoch keine Sicherheit. Es ist nicht ausgeschlossen, dass die Lernenden etwas Falsches oder Unrelevantes entdecken. Aber auch richtige Hypothesen erscheinen häufig erst dann sinnvoll, wenn sie in einen Zusammenhang mit bereits bekannten Gesetzen gebracht werden können. Theoretisch betrachtet können die Schülerinnen und Schüler vieles konstruieren, jedoch ist der mathematische, stichhaltige Gehalt wichtig. Nicht nur die Wissenskonstruktion, sondern auch die Wissenssicherung ist entscheidend. Von Glasersfeld betont entsprechend, dass sich unsere Theorien zu „bewähren" (ebd. 2003, S. 37) haben und spricht in Anlehnung an Popper von einer „Bekräftigung" bzw. „Bestätigung" (ebd. 1987, S. 142). Hierzu zählt der Autor neben subjektiven Begründungen auch intersubjektive Plausibilitätsbetrachtungen. Den Ausgangspunkt seiner Überlegungen bildet die „Viabilität" subjektiver Wissenskonstrukte:

> „[…] wenn die Modelle, die wir uns von Dingen, Verhältnissen und Vorgängen in der Erlebenswelt aufgebaut haben, sich auch in sprachlichen Interaktionen mit anderen bewähren, dann ist dies eine Steigerung ihrer Viabilität, ähnlich der Steigerung, die sie durch Wiederholung und Koordination mit unterschiedlichen Sinneseindrücken gewinnen." (ebd. 2003, S. 37)

Für die Schülerin oder den Schüler im Mathematikunterricht bieten sich demnach zunächst zwei Möglichkeiten an, einer Entdeckung mehr Sicherheit zu verschaffen: Zum einen, indem sie oder er die Entdeckung äußert, um sie anderen Schülerinnen und Schülern plausibel zu machen und um somit Anerkennung innerhalb des Klassenverbandes zu erhalten. Zum anderen, indem die Schülerin oder der Schüler die Entdeckung begründet. Eine solche Begründung sollte jedoch ebenfalls geäußert werden, um über den von Heckmann beschriebenen subjektiven Wissenscharakter hinauszukommen (s. Abschn. 2.1.5). Es bedarf also eines intersubjektiven Austausches sowohl über die Entdeckung als auch über deren Begründung. Hierbei stellt sich die Frage, was letztlich begründet werden muss bzw. kann: Die Entdeckung selbst? Ihre Konsequenzen? Ihre Passung zur Entdeckungsaufgabe?

Entdeckungen und Begründungen gehören also notwendig zusammen. Einer Entdeckung fehlt es ohne Begründung an Sicherheit. Begründungen ohne Entdeckungen hingegen verfehlen den Kern des aktiv-entdeckenden Lernens. Diese notwendige Verbindung von Strenge und Kreativität betont ebenfalls Bateson:

> „Ich möchte hervorheben, daß wir immer dann, wenn wir uns rühmen, einen neueren, strengeren Weg des Denkens oder der Darstellung gefunden zu haben; wenn wir anfangen, zu stark auf ‚Operationalismus', symbolische Logik oder irgendein anderes dieser sehr wesentlichen Systeme von Denkschienen zu pochen, etwas von der Fähigkeit einbüßen, neue Gedanken zu denken. Und wir verlieren natürlich ebenfalls etwas, wenn wir gegen die sterile Strenge formalen Denkens und formaler Darstellung rebellieren und unsere Ideen wild schweifen lassen. Nach meiner Ansicht kommen die Fortschritte im wissenschaftlichen Denken von einer *Verbindung lockeren und strengen Denkens*, und diese Kombination ist das wertvollste Werkzeug der Wissenschaft." (ebd. 1983, S. 116 f.)

Wie aber kann die von Bateson angesprochene Kombination aussehen? Wie können Entdeckungen begründet werden? Welche Möglichkeiten bieten sich dem Kind, zumal viele Arten von Begründungen denkbar wären? Es kann nicht erwartet werden, dass die Schülerinnen und Schüler ihre Entdeckungen immer formal-deduktiv beweisen: Die Aufgaben, die es den Lernenden ermöglichen sollen, etwas zu entdecken, sind eher in einem für sie nicht völlig vertrauten Bereich angesiedelt. Dass die Schülerinnen und Schüler an der Front ihres Wissens ihre Entdeckungen vollständig und schlüssig begründen können, scheint eher unrealistisch zu sein. Auch hierdurch wird deutlich, dass bei der Analyse des entdeckenden Lernens eine Begründung nicht mit mathematisch-logischen Beweiskriterien rekonstruiert werden sollte. Für die Analyse bedarf es vielmehr eines Modells, das zum einen „unvollständige" oder „ungenaue" Begründungen zu analysieren verhilft und zum anderen dem intersubjektiven Gültigkeitsanspruch einer Begründung gerecht wird.

3 Entdecken und Begründen nach Ch. S. Peirce

In den beiden folgenden Kapiteln werden die philosophischen Grundlagen der vorliegenden Arbeit vorgestellt. Zunächst wird die Theorie von Abduktion, Deduktion und Induktion des amerikanischen Philosophen Ch. S. Peirce (1839–1914) beschrieben. Peirce führte den Begriff der Abduktion, auf dem ein Schwerpunkt dieser Arbeit liegt, in die wissenschaftliche Diskussion ein. Zu seiner Person schreibt Fisch eindrucksvoll:

> „Er war Mathematiker, Astronom, Chemiker, Geodät, Landvermesser, Kartograph, Meteorologe, Spektroskopist, Ingenieur, Erfinder; gleichfalls betätigte er sich als Psychologe, Philologe, Lexikograph, Wissenschaftshistoriker, mathematischer Ökonom, und während seines ganzen Lebens befaßte er sich mit der Medizin; darüber hinaus arbeitete er als Buchrezensent, Dramatiker, Schauspieler, Kurzgeschichtenautor; mit gleichem Recht ist er aber auch als Phänomenologe, Semiotiker, Logiker und Rhetoriker, Metaphysiker und […] als Detektiv zu bezeichnen! […] Seine größte Einzelentdeckung bestand darin, daß dasjenige, was er zuerst *Hypothese* und später *Abduktion* oder *Retroduktion* nannte, eine besondere Art des Arguments darstellt, sich sowohl von der Deduktion als auch von der Induktion unterscheidet und in der Mathematik wie in den Naturwissenschaften unentbehrlich ist." (ebd. 1982, S. 15 und 21)

Die Beschreibungen der Schlussformen Deduktion, Induktion und vor allem Abduktion veränderte sich im Laufe der philosophischen Tätigkeit von Peirce (vgl. Richter 1995, Fann 1970). Zunächst bezeichnete er den Schluss von beobachteten Resultaten auf die sie erklärenden Fälle als „Hypothese", worunter er neben der Abduktion auch die qualitative Induktion fasste, dann als „Retroduktion" und später als „Abduktion". Auch kann differenziert werden zwischen der frühen und der späten Philosophie von Peirce, deren Trennung etwa um die

M. Meyer, *Entdecken und Begründen im Mathematikunterricht*, Kölner Beiträge zur Didaktik der Mathematik, https://doi.org/10.1007/978-3-658-32391-2_3

Jahrhundertwende festzumachen ist (s. Fann 1970, S. 31). Der „frühe Peirce" analysierte Deduktion, Induktion und Abduktion isoliert voneinander. Rohr (1993, S. 86) spricht in diesem Zusammenhang von einer „logischen" Betrachtungsweise der Schlussformen. In seiner späteren „erkenntnistheoretischen" (ebd.) Phase richtete Peirce seine Aufmerksamkeit auf das Zusammenspiel der Schlussformen und rekonstruierte eine Drei-Schritt-Theorie der Erkenntnisgenese. Diesem Ansatz entsprechend befruchten sich die einzelnen Schlüsse wechselseitig zur Entwicklung und Sicherung neuen Wissens.

Mit der Trennung von Abduktion und Induktion verändert sich auch das Verständnis der Induktion. Es wird sich zeigen, dass der Induktion nur die Funktion der Bestätigung oder Falsifizierung einer Hypothese zukommt. Das Aufstellen einer Hypothese bzw. die tentative Verallgemeinerung singulärer Daten zu einem allgemeinen Gesetz, welche(s) bislang als grundlegendes Merkmal einer Induktion angesehen wurde, muss nun vielmehr der Abduktion zugeschrieben werden.

In den folgenden Abschnitten werden zunächst die drei Schlussformen isoliert voneinander dargestellt und analysiert. Daran anschließend erfolgt die Beschreibung ihres Zusammenspiels zur Entwicklung neuer Erkenntnisse. Dieses Zusammenspiel soll zudem hinsichtlich des Faches Mathematik bzw. vorrangig nicht-empirischer, wissenschaftlicher Erkenntnis kritisch diskutiert werden.

3.1 Deduktion

Mit dem Begriff „Deduktion" werden gemeinhin solche Schlüsse bezeichnet, bei denen von einem Fall und einem gegebenen Gesetz auf ein Resultat geschlossen wird (Abb. 3a). Klassenlogisch betrachtet wird im Gesetz die Existenz zweier Klassen postuliert, wobei jedes Element der einen Klasse gleichzeitig auch zur zweiten Klasse gehört. Das Gesetz besitzt also immer einen umfassenderen Charakter als der Fall bzw. das Resultat. Eine Deduktion führt, Korrektheit von Gesetz und Fall sowie richtige Anwendung vorausgesetzt, zu sicheren Resultaten. Sie ist ein denknotwendiger und sicherer Schluss.

Die formale Darstellung soll in der Abbildung 3a zu erkennen geben, dass bei deduktiven Schlüssen Subjekte x_1 und Prädikate F bzw. R miteinander in Beziehung gesetzt werden. Wenn als Fall eine Prädikat F für ein bestimmtes Subjekt x_1 konstatiert wird und ein Gesetz existiert welches für Subjekte dieser Art (x_i), für welche dieses Prädikat F erfüllt ist, den Schluss auf das Prädikat R legitimiert, so ermöglicht die Deduktion die Feststellung, dass das Prädikat R auch für das ursprünglich betrachtete Subjekt erfüllt ist: $R(x_1)$.

Abb. 3a Die allgemeine Form der Deduktion

Fall:	$F(x_1)$
Gesetz:	$\forall i: F(x_i) \Rightarrow R(x_i)$
Resultat:	$R(x_1)$

Innerhalb der Mathematik besitzt dieser Schluss eine zentrale Bedeutung. Durch Deduktionen werden neue Sätze auf bereits bekannte zurückgeführt. Jeder mathematische Beweis kann somit als eine endliche Kette von Deduktionen betrachtet werden (vgl. hierzu die Diskussion in Abschn. 2.2). Aber nicht nur innerhalb der Hochschulmathematik, sondern auch in der Schule kommt diesem Schluss eine bedeutende Rolle zu. Nachdem etwa ein neues Gesetz eingeführt worden ist, vollzieht sich die beispielhafte Anwendung dieses Gesetzes mit Hilfe einer Deduktion. Am Beispiel der Transitivität der Teilbarkeitsrelation stellt sich dies wie in Abbildung 3b präsentiert dar.

Abb. 3b Die Anwendung der Transitivität der Teilbarkeitsrelation – dargestellt mit dem Schema der Deduktion

Fall:	$3 \mid 9 \wedge 9 \mid 99$
Gesetz:	$a \mid b \wedge b \mid c \Rightarrow a \mid c$
Resultat:	$3 \mid 99$

Im Gesetz werden zwei Klassen aufgespannt. Erfüllt der Fall die Bedingungen der einen Klasse ($a|b \wedge b|c$), so gehört er gleichzeitig der zweiten Klasse an ($a|c$). Dementsprechend folgt das Resultat (3|99) notwendig aus dem Fall ($3|9 \wedge 9|99$).

Da das Resultat, die Konklusion eines deduktiven Schlusses, bereits in allgemeiner Form im Gesetz enthalten ist, impliziert es keine Informationen, die über den Gehalt des bekannten Gesetzes hinausgehen. Eine Deduktion kann somit nicht dazu verhelfen, neue Gesetze oder neue Anwendungsbereiche bekannter Gesetze zu gewinnen. Sie ist tautologisch, weil sie eine Aussage *über* eine Aussage macht. Gleichwohl muss angemerkt sein, dass die deduzierten Inhalte subjektiv neu sein können.

Der Vorteil einer Deduktion besteht darin, dass dieser Schluss wahrheitsübertragend ist: Ausgehend von der Wahrheit der Prämissen (Fall und Gesetz) kann auf die Wahrheit der Konklusion (Resultat) geschlossen werden. Die Deduktion geht dabei von Prämissen aus, die nicht selbst erwiesen werden, sondern vorausgesetzt als Grundsätze zur Ableitung anderer Sachverhalte (die so mit dem mathematisch deduktiv abgesicherten System vernetzt werden) dienen. Diese Grundsätze sind also „(Voraus-)Setzungen", die ihrerseits an anderer Stelle bewiesen werden können:

> „Deduction is certain but relates only to ideal objects." (Peirce, Ch. S.: Collected Papers 8.209, im Folgenden abgekürzt als CP 8.209)

3.2 Induktion

Im Gegensatz zur Deduktion wird unter dem Begriff „Induktion" gemeinhin der Schluss von gegebenen Fällen und Resultaten auf ein neues Gesetz verstanden (Abb. 3c). Die Induktion ist demnach kein wahrheitsübertragender Schluss. Das Gesetz folgt nicht notwendig aus Fall und Resultat und kann somit falsch sein. Mit einer Induktion beweist man daher nicht, dass etwas auf eine bestimmte Weise sein muss, sondern dass etwas ein wahrscheinliches Faktum hinsichtlich der vom Schluss unterstellten Regelmäßigkeit ist.

Abb. 3c Die allgemeine Form der Induktion

Fall:	$F(x_1)$
Resultat:	$R(x_1)$
Gesetz:	$\forall i: F(x_i) \Rightarrow R(x_i)$

Das Schema der Induktion mag suggerieren, dass durch diesen Schluss neue Gesetze erschlossen werden können. Diese Betrachtung war und ist gängig in der Mathematikdidaktik (u. a. Winch, 1913; Olander & Robertson, 1973; Pedemonte, 2007). Dieser Anschein trügt, denn das Gesetz besteht lediglich aus der allgemeinen Form von Resultat und Fall. Der (nicht notwendig gültige) Zusammenhang von Fall und Resultat muss jedoch bereits vor der Durchführung dieses Schlusses unterstellt worden sein, damit überhaupt die Idee entsteht, diese beiden Elemente als Prämissen des Schlusses explizit zusammenzufügen. Hierzu sei das bekannte Beispiel der weißen Schwäne (u. a. Stegmüller 1976, S. 399) betrachtet: Entsprechend der gängigen Auffassung der Induktion erfolgte durch eine Induktion der Schluss von drei weißen Schwänen darauf, dass alle Schwäne weiß seien. Das Problem besteht jedoch darin, dass dieses Vorgehen keine Aussage darüber erlaubt, wie die Idee entstanden ist, die Eigenschaft der Tiere „Schwan sein" mit der Eigenschaft der Tiere „weiß sein" zusammenzubringen. Aber gerade hierin liegt ja die Erkenntniserweiterung. Ausgehend von der Unterstellung dieses allgemeinen Zusammenhanges enthält das Gesetz des Schlusses keine weiteren Informationen. Eine Induktion kann daher im Gegensatz zur üblichen Auffassung nicht zur Erkenntniserweiterung beitragen, insofern hiermit keine neuen Gesetze oder Zusammenhänge gewonnen werden können. Erkenntniserweiterung qua Induktion vollzieht sich vielmehr durch Falsifikation (s. unten). Wenn in der Literatur nur zwischen Deduktion und Induktion unterschieden wird, schreibt man dort in der Regel der Induktion auch die Funktion der Erkenntnisgewinnung zu. Sobald aber zwischen Deduktion, Induktion und Abduktion differenziert wird, verliert die Induktion diese Funktion:

> „The only thing that induction accomplishes is to determine the value of a quantity. It sets out with a theory and it measures the degree of concordance of that theory with fact. It never can originate any idea whatever.“ (CP 5.145)

Die „neue“ Funktion der Induktion, welche Peirce etwa um die Jahrhundertwende erkannte, beschreibt Hoffmann in Anlehnung an Hempel als „confirmation“ (ebd. 1999, S. 272). Statt neue Erkenntnisse zu kreieren, ermöglicht eine Induktion also lediglich eine Bestätigung oder Widerlegung bereits bestehender Hypothesen. Eine solche Induktion ergibt sich dann im Dreischritt aus Abduktion (Vermutung eines neuen Zusammenhanges), Deduktion (Ziehen von Konsequenzen aus diesem Zusammenhang), Prüfen der Konsequenzen und Induktion (Bestätigung oder Widerlegung des Zusammenhanges anhand der geprüften Konsequenzen). Dies wird in den kommenden Kapiteln, insbesondere in 3.4, noch eingehend beschrieben werden. Durch induktive Tests kann beispielsweise ein vermutetes Gesetz mittels neuer Anwendungsbeispiele bekräftigt werden (s. 3.4). Um dieses Merkmal der Aufzählung auch terminologisch zu erfassen, sprechen Lauth und Sareiter (2002, S. 75 ff.) von „enumerativen Induktionen“.

Als mathematisches Beispiel für eine Induktion seien die Fermatschen Primzahlen (Pierre de Fermat 1601–1665) herangezogen. Vereinfacht dargestellt könnte Fermat am Beispiel der Zahl 3 vermutet haben, dass alle Zahlen von der Form $2^{2^n}+1 (n \in \mathbb{N})$ Primzahlen sind. Die in Abbildung 3d präsentierte Induktion kann diese Vermutung bekräftigen.

Induktionen dieser Art bergen häufig eine relativ hohe Plausibilität und bestimmen unser alltägliches Denken in weiten Teilen. So glaubte Fermat wohl noch, dass für alle natürlichen Zahlen n die Formel $2^{2^n}+1$ eine Primzahl entstehen ließe (Remmert und Ulrich 1995, S. 41). Doch für $n = 5$ ist $2^{2^n}+1$ durch 641 teilbar, durch die Prüfung kann das Gesetz widerlegt werden (eliminative Induktion, s. unten).

Fall:	Die Zahlen 5, 17, 257, 65537 sind von der Form $2^{2^n}+1$ (mit n = 1,2,3,4).
Resultat:	Die Zahlen 5, 17, 257, 65537 sind Primzahlen.
Gesetz:	Alle Zahlen der Form $2^{2^n}+1$ sind Primzahlen.

Abb. 3d Die Fermatschen Primzahlen

Trotz dieser eingeschränkten Funktion hat die Induktion viele Facetten. Peirce spricht von „crude induction" (CP 2.757) oder „*Pooh-pooh* argument" (CP 2.269) und bezeichnet damit den Schluss, der nach dem „neuen" Verständnis der Induktion lauten könnte: „Etwas ist richtig, weil ich es dreimal bestätigt habe". Andere Autorinnen und Autoren bezeichnen sie auch als „unvollständige Induktion" oder nach Hilbert als „finite Induktion" (Majer 1985, S. 85). Hiermit soll eine begriffliche Trennung zur „vollständigen Induktion" (s. unten) erreicht werden.

Als eine Erweiterung der unvollständigen Induktion kann die „quantitative Induktion" (CP 2.758) oder „Statistical Induction" (CP 7.120) angesehen werden. Diese stellt den in eher empirischen Wissenschaften wichtigen Schluss ausgehend von einer Stichprobe dar. Man arbeitet über endliche Einheiten, indem aus einer gegebenen Gesamtheit eine zufällige, repräsentative Stichprobe gezogen wird, um anschließend das Auftreten einer Eigenschaft innerhalb der Auswahl auf die Grundgesamtheit zu übertragen. Eine entscheidende Rolle spielen dabei bestimmte Wahrscheinlichkeiten. Man spricht von „signifikanten Ergebnissen", sobald die Wahrscheinlichkeit des Auftretens der Eigenschaft innerhalb der Stichprobe ein bestimmtes Maß erreicht (in der Regel bei einer Irrtumswahrscheinlichkeit von $p<0.05$). Hintergrund der Analysen bildet die mathematische Disziplin der induktiven Statistik (vgl. Lienert 1969, Tiede und Voß 1979 und 1982), die selbst deduktive Strukturen aufweist und die Möglichkeit von Fehlschlüssen abzugrenzen versucht.

Zwar ist die statistische Induktion wesentlich sicherer als die einfache unvollständige Induktion, jedoch kann auch sie letztlich nicht vollständig abgesichert werden, solange die Stichprobe nicht der Grundgesamtheit entspricht. Der Grund hierfür liegt darin, dass ein „Induktionsprinzip" existieren müsste. Es bedürfte also einer Formel, die eine logische Analyse von induktiv überprüften Erkenntnissen gestatte (z. B.: *Was n-mal bestätigt wurde, gilt immer*). Hume (1711–1776) konnte zeigen, dass aus noch so umfangreichem empirischem Material nicht notwendig auf die zukünftige Bewährung von Hypothesen geschlossen werden könne. Vorhersagen aus Vergangenheit und Gegenwart auf die Zukunft abzuleiten, ist kein rational einwandfreies Verfahren, wenn als rational nur logische Schlüssigkeit gilt (ebd. 1993).

Im Gegensatz zu den oben genannten Induktionsformen stellt die „eliminative Induktion" (Lauth und Sareiter 2002, S. 77 ff.) einen sicheren Schluss dar. Ausgehend von einer endlichen Anzahl an unterstellten Zusammenhängen wird in Tests nach und nach versucht, einzelne Zusammenhänge zu widerlegen (eliminieren). Dies wird dadurch erreicht, dass das Ergebnis des Tests im Widerspruch zu einer aus dem Zusammenhang deduzierten Vorhersage steht. In diesem Sinne kann eine eliminative Induktion auch als eine fehlgeschlagene enumerative Induktion angesehen werden. Durch deduktive Schlüsse im „modus tollens" können dann diejenigen Hypothesen ausgeschlossen werden, deren Voraussagen nicht eintraten. Hier zeigt sich auch die erkenntniserweiternde Rolle der Induktion sehr deutlich.

Von der quantitativen und der „crude" Induktion unterscheidet Peirce noch die qualitative Induktion (CP 2.755ff.). Während die quantitative Induktion eine Hypothese hinsichtlich Häufigkeiten, Näherungen oder Wahrscheinlichkeiten („real probability", CP 2.758 bzw. „ratio of frequency", CP 7.215) testet, sich also auf quantitative Eigenschaften bezieht, verhilft uns eine qualitative Induktion eine Hypothese hinsichtlich konstitutiver Eigenschaften zu untersuchen. Das Ziel könnte sein, aus einer Vielzahl von Hypothesen diejenige herauszufinden, für die eine statistische Untersuchung (quantitative Induktion) lohnenswert erscheint (CP 2.759):

> „Qualitative Induction consists in the investigator's first deducing from the retroductive hypothesis as great an evidential weight of genuine conditional predictions as he can conveniently undertake to make and to bring to the test, the condition under which he asserts them being that of the retroductive hypothesis having such degree and kind of truth as to assure their truth. In calling them 'predictions', I do not mean that they need relate to future events but that they must antecede the investigator's knowledge of their truth, or at least that they must virtually antecede it." (CP 2.759, 1905)

Die qualitative (intensionale) Induktion zielt auf Wesenseigenschaften von Sachverhalten ab, also Eigenschaften, die einen Sachverhalt als Sachverhalt überhaupt erst definieren. Die quantitative (extensionale) Induktion bezieht sich auf andere „Gegenstände" und somit nicht notwendig auf wesensspezifische Eigenschaften. Peirce beschreibt am Beispiel der Gezeiten die qualitative Induktion als

> „[…] not being quantitative, does not conclude that the probability of the tides rising is 1; but that it raises every half-day without exception" (CP 7.215)

Das Beispiel zeigt, dass die Unterscheidung zwischen den beiden Induktionsformen sehr diffizil sein kann. Im weiteren Verlauf dieser Arbeit wird diese Differenzierung nicht verwendet. Eine andere Unterscheidung, die in Abschnitt 3.4.1 zwischen dem Bootstrap-Modell und dem hypothetisch-deduktiven Ansatz getroffen wird, nimmt eine ähnliche Differenz auf und hat sich in den Fallstudien bewährt.

Letztlich sei noch die vollständige Induktion erwähnt, die für Poincaré die „mathematische Schlussweise in ihrer reinsten Form“ (ebd. 1914, S. 10) darstellt. Mit einer vollständigen Induktion kann eine Aussageform $A(n)$ für alle $n \geq n_0$ $(n, n_0 \in \mathbb{Z})$ bewiesen werden. Hierfür wird zunächst im Induktionsanfang die Richtigkeit von $A(n_0)$ gezeigt. Unter Verwendung der (Induktions-) Voraussetzung, welche besagt, dass die Aussage für eine beliebige Zahl $n \geq n_0$ gelte, wird dann im Induktionsschritt die Richtigkeit der Aussage für das nachfolgende Element $(n + 1)$ bewiesen. Die Aussage kann dann sukzessive für die jeweils nachfolgende Zahl (beginnend beim Induktionsanfang) gefolgert werden. Ausgehend von $n_0 = 1$ lässt sich die vollständige Induktion wie folgt formalisiert darstellen (Abb. 3e).

$$A(1) \wedge \forall n[A(n) \Longrightarrow A(n+1)] \Longrightarrow \forall n[A(n)]$$

Abb. 3e Formalisierung der vollständigen Induktion (nach Leinfellner 1980, S. 83)

Da aber nun n ein Element der Menge der natürlichen Zahlen bezeichnet, wird bereits in einer Prämisse (im Induktionsschritt) die Menge der natürlichen Zahlen durch Aufzählung als ein unendlicher Geltungsbereich vorausgesetzt, der nach dem Schema der Induktion (Abb. 3c) erst in der Konklusion, dem Gesetz, auftreten dürfte. Es handelt sich bei der vollständigen Induktion der Wirkung nach vielmehr um eine Deduktion: Bei der Anwendung des Prinzips der vollständigen Induktion erhält man letztlich eine unendliche Kette von Deduktionen. Das Aufstellen der Induktionsannahme, so diese nicht vorgegeben ist, geschieht hingegen vorrangig qua Abduktion, wie dem folgenden Kapitel entnommen werden kann.

Welche Rolle Induktionen zur Sicherung neuer Erkenntnis spielen, wird im Abschnitt 3.4 genauer beschrieben. Dort wird ebenfalls dargestellt, dass auch enumerative Induktionen, trotz der fehlenden Sicherheit dieses Schlusses, in der Mathematik eine wichtige Funktion haben.

3.3 Abduktion

Innerhalb dieses Kapitels wird der hypothetische Schluss „Abduktion“ beschrieben. Nach einer allgemeinen Einführung erfolgt eine Betrachtung der Unsicherheit des abduktiven Schlusses. Im dritten Abschnitt wird die Rolle der Abduktion innerhalb der Mathematik – insbesondere beim entdeckenden Lernen – thematisiert. Zum Schluss soll die Frage diskutiert werden, wie die Bildung von Abduktionen forciert werden kann.

3.3.1 Einführung der Abduktion

Als „Abduktion“ wird nach Peirce derjenige Schluss verstanden, mit dem von einem Resultat und einem Gesetz auf einen Fall geschlossen wird, der dem Resultat zu Grunde liegen könnte (Abb. 3f, die Position des Striches in der Abbildung wird später noch thematisch).

Abb. 3f Die allgemeine Form der Abduktion

Resultat:	$R(x_1)$
Gesetz:	$\forall i\colon F(x_i) \Rightarrow R(x_i)$
Fall:	$F(x_1)$

Historisch gesehen geht die Abduktion auf das Aristotelische Konzept der Apagogè (Aristoteles 1998, 69a) zurück (s. von Kempski 1988). In Abbildung 3g ist die Beschreibung des Schemas des Schlusses in den späteren Schriften von Peirce dargestellt.

Den Ausgangspunkt einer Abduktion bildet die Beobachtung eines überraschenden Resultats. Dieses Resultat ist nicht notwendig ein empirisches Phänomen, sondern kann eine mathematische Aussage sein. Es ist eine konkrete Folgerung eines allgemeinen Gesetzes. Peirce selbst spricht in dem obigen Zitat nicht von einem Gesetz. Dies formulierten als Bedingung für wissenschaftliche Erklärungen vielmehr die deutschen „Logiker Hempel und Oppenheim:

> „Das Explanans muss mindestens ein allgemeines Gesetz enthalten“, und „das Explanandum muß tatsächlich rein logisch aus dem Explanans ableitbar sein“ (Stegmüller 1976, S. 452).

(Resultat)	*„The surprising fact, C, is observed"*
(Gesetz)	*„But if A were true, C would be a matter of course"*
(Fall)	*„Hence, there is a reason to suspect that A is true"*

Abb. 3g Die Form der Abduktion nach Peirce (CP 5.189, 1903)

In einer älteren Fassung der Abduktion berücksichtigt auch Peirce die Existenz allgemeiner Zusammenhänge (unter dem Begriff „rule"; CP 2.623, 1878).

Der Fall stellt nun eine potenzielle Erklärung des konkret beobachteten Resultats dar. Als Fall werden die Fakten, Vorkommnisse und Ereignisse nicht mehr lediglich konstatiert, wie es noch zur Bildung des Resultats geschah, sondern so verstanden, als handle es sich um einen Fall des Gesetzes, also um das auf das Subjekt x_1 bezogene Element des Antezedens des Gesetzes $(F(x_i))$. Anders formuliert: Es wird nicht nur der Fall, sondern zugleich der Fall als Fall des Gesetzes erkannt und somit als ursächlich für das gegebene Resultat gesehen. Es ist nicht ausgeschlossen, dass das Resultat aufgrund eines anderen Gesetzes bzw. eines anderen Falls entstanden sein könnte. Da das Gesetz nur versuchsweise zur Klärung des Resultats angeführt wird und der Fall abhängig hiervon ist, hat man es nur mit einem sicheren Urteil (dem Resultat) zu tun. Bei der Abduktion handelt es sich entsprechend um einen hypothetischen Schluss, mit dem sich nur plausible, jedoch keinesfalls sichere Hypothesen bilden lassen. Aber gerade solche Folgerungen sind es, die uns die Entwicklung neuer Erkenntnisse ermöglichen:

> „[...] if we are ever to learn anything or to understand phenomena at all, it must be by abduction that this is to be brought about." (CP 5.171)

Das oben angeführte Schema der Abduktion nach Peirce (Abb. 3g) stellt im strengen Sinne natürlich nicht das logische Schema einer Abduktion (Abb. 3f) dar. Die Konklusion (Fall) in Abb. 3g ist keine Hypothese, sondern vielmehr ein Satz über eine bzw. hervorgehend aus einer Hypothese. Frankfurt bezeichnet das Schema in Abb. 3g daher als

> „[...] a kind of argument by which we come to accept a certain proposition *as an hypothesis, or recognize that it is an hypothesis.*" (ebd. 1958, S. 597)

Der Gedankengang Keplers kann als Beispiel für eine Abduktion dienen (vgl. Richter 1995, S. 83 ff.): Entsprechend dem kopernikanischen Weltbild nahm Kepler zunächst an, die Planeten bewegten sich etwa aufgrund der göttlichen Fügung auf Kreisbahnen um die Sonne. Diese Hypothese passte jedoch nicht zu den Beobachtungen von Brahe. Dieser wollte die Hypothese des kopernikanischen Weltbildes widerlegen und konnte hiervon abweichende Positionen des Planeten Mars messen. Kepler stellte daraufhin das Gesetz der elliptischen Umlaufbahnen der Planeten um die Sonne auf. Hiermit gelang es ihm, die Daten von Brahe zu erklären und somit das Problem zu lösen. Keplers Gedankengang kann durch die in Abbildung 3h dargestellte Abduktion beschrieben werden.

Resultat:	Die empirischen Werte der Umlaufbahn des Mars von Brahe.
Gesetz:	Die Planetenbahnen um die Sonne sind elliptisch.
Fall:	Der Mars bewegt sich auf elliptischen Bahnen um die Sonne.

Abb. 3h Keplers Abduktion

Mittels dieser Abduktion nimmt Kepler etwas an, das von dem verschieden ist, was unmittelbar beobachtet wurde. Er führt neue Begriffe ein und schließt auf etwas Prinzipielles.

Wie die bisherige Beschreibung zeigt, stellt die Abduktion eine Methode dar, eine allgemeine Vorhersage zu bilden, ohne ausreichend Sicherheit dafür zu haben, dass sie weder in dem Spezialfall der überraschenden Resultate noch generell erfolgreich sein wird. Mit anderen Worten: Das Gesetz könnte zum einen falsch sein und zum anderen nicht die Resultate erklären, auch wenn es gültig ist. Diese Bildung einer Vorhersage, die bislang der Induktion zugeschrieben wurde, stellt das wesentliche Merkmal der Abduktion dar:

> „Abduction is the process of forming an explanatory hypothesis. It is the only logical operation which introduces any new idea; for induction does nothing but determine a value […].“ (CP 5.171, vgl. CP 5.145)

An einer anderen Stelle schreibt Peirce zur Abgrenzung von Abduktion und Induktion:

> „Abduction makes its start from the facts, without, at the outset, having any particular theory in view, though it is motivated by the feeling that a theory is needed to explain the

surprising facts. Induction makes its start from a hypothesis which seems to recommend itself, without at the outset having any particular facts in view, though it feels the need of facts to support the theory. Abduction seeks a theory. Induction seeks for facts." (CP 7.218)

Neue Hypothesen werden also in Anbetracht von erklärungsbedürftigen Tatsachen abduktiv und nicht induktiv erstellt. Entsprechend stellt die Abduktion nach Peirce die einzige „echt synthetische" Schlussform (CP 2.777) dar. Sie findet nicht nur eine Erklärung für das rätselhafte oder überraschende Resultat, sondern kann eben auch eine neue Theorie entstehen lassen. Den kognitiven Vorgang bei der Durchführung einer Abduktion beschreibt Peirce wie folgt:

„A mass of facts is before us. We go through them. We examine them. We find them a confused snarl, an impenetrable jungle. We are unable to hold them in our minds. We endeavour to set them down upon a paper; but they seem to be so multiplex intricate that we can neither satisfy ourselves that what we have set down represents the facts, nor can we get any clear idea of what it is that we have set down. But suddenly, while we are poring over our digest of the facts and are endeavouring to set them into order, it occurs to us that if we were to assume something to be true that we do not know to be true, these facts would arrange themselves luminously. That is *abduction*." (EP II, S. 531 f.)

Das Zitat von Peirce verdeutlicht, dass die Erklärung bei der Wahrnehmung von Fakten (überraschenden Resultaten) auftaucht und nicht erst in der Konklusion eines Schlusses. Dies lässt sich auch an dem Schema der Abduktion (Abb. 3f.) beobachten. Hier muss innerhalb des ersten Teils des Gesetzes der Fall vollständig gegenwärtig sein. Er wird nicht erst durch die Abduktion erschlossen (CP 5.189). Entsprechend bleibt die Frage offen, wie man die Hypothese überhaupt erhält. Eco zufolge ist es unwichtig, ob zuerst der Fall oder zuerst das Gesetz aufgestellt wird. Das eigentliche Problem besteht vielmehr darin,

„[…] Gesetz und Fall *zugleich* zu erkennen, da sie umgekehrt und in einer Art Chiasmus miteinander verbunden sind […]." (ebd. 1985, S. 295)

Trotzdem muss an dieser Stelle unterschieden werden zwischen der Form abduktiver Schlüsse und der Generierung von Hypothesen. Das Lesen des Schemas von oben nach unten, wodurch die Abduktion wie die naive Umkehrung einer Implikation erscheinen kann, gibt nicht den Gedankengang der Person wieder, die eine Erklärung für ein Resultat findet. Die Generierung der Hypothese selbst mag eher intuitiv bzw. wie ein Geistesblitz geschehen. Trotz dieses Problems ist das Schema der Abduktion sinnvoll: Es ermöglicht uns, die Rationalität unserer Vermutungen darzustellen, um somit einerseits unsere Hypothesen uns selbst plausibel zu machen, und andererseits sie der Öffentlichkeit zu präsentieren, um auch hierdurch Plausibilität für unsere Vermutungen zu erzeugen bzw. zu erhalten.

Die Metapher des Geistesblitzes weist auf ein weiteres Problem hin: Wenn wir unsere Vermutungen „blitzartig" erlangen, so scheint die Annahme des ausschließlichen Gebrauches konditionaler Gesetze („Wenn ..., dann ...") nicht zwangsläufig gerechtfertigt zu sein. Die empirischen Analysen haben jedoch gezeigt, dass sich die potenziell verwendeten Gesetze auf diese Weise darstellen lassen (zur philosophischen Betrachtung der Konditionalität s. Hoffmann 2002, S. 159 ff.).

An Keplers Beispiel wurde die Abduktion als ein Schluss dargestellt, mit dem überraschende Resultate durch ein neu gebildetes Gesetz erklärt werden können. Jedoch stellt bereits jede Wahrnehmung eine Abduktion dar, weil „Dinge" nicht als solche wahrgenommen werden, sondern nur deren Erscheinungen. Ausgehend hiervon wird auf die begriffliche Kategorie geschlossen, zu der das ursprüngliche Phänomen wohlmöglich gehört. Am Beispiel der Wahrnehmung einer Azalee beschreibt Peirce dies folgendermaßen:

> „Looking out of my window this lovely spring morning I see an azalea in full bloom. No, no! I do not see that; though that is the only way I can describe what I see. *That* is a proposition, a sentence, a fact; but what I perceive is not proposition, sentence, fact, but only an image, which I make intelligible in part by means of a statement of fact. This statement is abstract; but what I see is concrete. I perform an abduction when I so much as express in a sentence anything I see. The truth is that the whole fabric of our knowledge is one matted felt of pure hypothesis confirmed and refined by induction. Not the smallest advance can be made in knowledge beyond the stage of vacant staring, without making an abduction at every step." (Peirce, LOS S. 899 f.)

Bei der Betrachtung des Graphen in Abb. 3i könnte eine Mathematikexpertin oder ein Mathematikexperte etwa sagen: „Die Steigung der Funktion nimmt zu." In Abbildung 3j ist eine entsprechende Abduktion präsentiert.

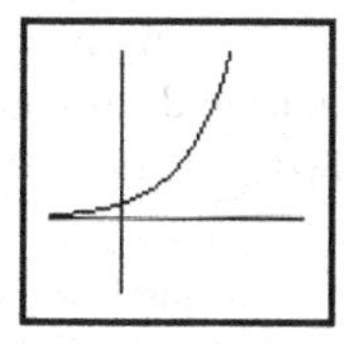

Abb. 3i Der Graph einer steigenden Funktion?

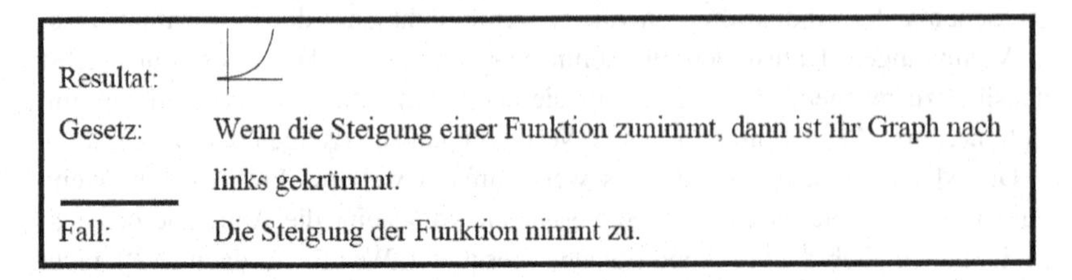

Abb. 3j „Wahrnehmungsabduktion" des Mathematikers bzw. der Mathematikerin

Die Wahrnehmung als Abduktion zu bezeichnen bereitet jedoch gewisse Probleme, weil

> „[…] abductive inference shades into perceptual judgment without any sharp line of demarcation between them; or, in other words, our first premisses, the perceptual judgments, are to be regarded as an extreme case of abductive inferences, from which they differ in being absolutely beyond criticism." (CP 5.181)

Die Bezeichnung des Wahrnehmungsurteils als einen „Grenzfall" des abduktiven Schlusses gründet darin, dass

> „[…] we cannot form the least conception of what it would be to deny the perceptual judgment." (CP 5.186 – für eine genauere Unterscheidung von Abduktion und Wahrnehmung bei Peirce s. Apel 1975, S. 301 ff.)

Während Urteile Subjekte und Prädikate verbinden, verlinken Schlüsse Urteile so, dass sie zu einem weiteren Urteil führen. Wahrnehmungsurteile können als Urteile nur Prämissen für Schlüsse darstellen, wie es bei der Abduktion im Resultat geschieht. Die oben dargestellte Abduktion des Mathematikers lässt beispielsweise offen, wie wir zu der Einsicht gekommen sind, dass der vorgegebene Graph „nach links gekrümmt ist". Dieses Wahrnehmungsurteil mündet in die beschriebene Abduktion. Genau genommen handelt es sich bei dem dargestellten Schluss (Abb. 3j) also um eine verkürzte Darstellung zweier Abduktionen.

Die verschiedenen Darstellungen der Abduktion zeigen ihr breites Anwendungsfeld im täglichen Leben – von der Wahrnehmung über die Lesarten eines Textes (s. Eco 1987) bis hin zur Entwicklung einer neuen Theorie.

> „So gesehen gibt es kein menschliches Denken und Lernen ohne Abduktion." (Hoffmann 2002, S. 258)

Auch wenn es sich bei der Wahrnehmung um einen „Grenzfall" des abduktiven Schlusses handelt, kann festgestellt werden, dass es verschiedene Typen von Abduktionen geben muss. Während das Gesetz der Abduktion zur Entwicklung einer neuen Theorie vorher nicht bekannt sein darf, muss man zur Wahrnehmung einer Azalee wissen, wodurch sich diese Blume auszeichnet. Auch ist der Überraschungsgehalt der Resultate bei der Wahrnehmung, z. B. bei der Wahrnehmung eines „nach links gekrümmten Graphen", nicht zwangsläufig gegeben. Bonfantini und Proni (1985, S. 201) differenzieren zwischen drei Typen von Abduktionen, je nachdem wie (un-)gewöhnlich die Zusammenführung von Resultat und Fall ist oder wie weit ihre semantischen Felder voneinander entfernt sind. Liegen sie relativ dicht beieinander, so liegt ein gerade behandeltes Gesetz jedenfalls nahe (1. Abduktionstyp). Wenn die Resultate ungewöhnlich sind, kann man sich auf die Vergangenheit besinnen und ein bekanntes, aber nicht naheliegendes Gesetz zur Anwendung bringen (2. Abduktionstyp). Wenn diese Möglichkeiten ausgespielt sind, muss letztlich ein neues Gesetz aufgestellt werden (3. Abduktionstyp). Hier mögen ebenfalls semantische Felder naheliegen, doch muss nun eine neue Brücke zwischen ihnen gebildet werden. Eco arbeitet diese Unterscheidung weiter aus und differenziert insgesamt zwischen vier Abduktionstypen:

1. Übercodierte Abduktionen (1. Abduktionstyp)

> „Das Gesetz ergibt sich automatisch oder halbautomatisch. Nennen wir diese Art von Gesetz ein *codiertes* Gesetz. Hierbei ist die Annahme von äußerster Wichtigkeit, daß selbst die Interpretationen durch Codes eine wenn auch noch so schwach ausgeprägte abduktive Leistung voraussetzen." (Eco 1985, S. 299 f.)

Bei übercodierten Abduktionen liegt das benötigte Gesetz quasi auf der Hand. Die Abduktion ist eigentlich klar, nur die Schaltung dahin muss noch (kurzfristig) gelingen. Das Gesetz ist bekannt und damit, was unter dem Gesetz der Fall sein kann und muss. Nun bedarf es noch der quasimechanischen Zuordnung des Resultats unter das Gesetz – also die Identifikation des Resultats als Anwendungsbereich des Gesetzes. Die Situation kann damit verglichen werden, dass im Mathematikunterricht zunächst ein Gesetz eingeführt wurde, und es kurz darauf von der Schülerin oder dem Schüler in einer Aufgabe angewendet werden muss. Ohne dass sich in der Aufgabenstellung ein ausdrücklicher Hinweis auf das zu verwendende Gesetz befindet, ist es für die Schülerin oder den Schüler naheliegend, gerade dieses Gesetz zu benutzen. Auch die beschriebene Abduktion des Mathematikers (Abb. 3j) kann als übercodierte Abduktion bezeichnet werden.

2. Untercodierte Abduktionen (2. Abduktionstyp)

> „Das Gesetz muß aus einer Folge von gleichwahrscheinlichen Gesetzen ausgewählt werden, die uns über die gültige Erkenntnis der Welt (oder semiotische Enzyklopädien [...]) zur Verfügung stehen. [...] Da das Gesetz als das plausibelste unter vielen ausgewählt wird, man aber nicht sicher sein kann, ob es das ‚korrekte' ist oder nicht, wird die Erklärung bis zu weiteren Gültigkeitsproben lediglich *aufrechterhalten*." (Eco 1985, S. 300)

Bei einer untercodierten Abduktion liegt das Gesetz nicht quasi auf der Hand. Es wäre eine Abduktion auf der Basis der Kenntnis eines Gesetzes, wobei bestimmte Resultate diesem Gesetz zuvor noch nicht begrifflich zugeordnet waren. Die Resultate sind nicht als Folgerungen des Gesetzes bekannt und bergen somit einen Überraschungsgehalt.

3. Kreative Abduktionen (3. Abduktionstyp)
Sind die Resultate derart überraschend, dass wir sie nicht mit den uns bekannten Gesetzen erklären können, so muss ein neues Gesetz „[...] ex novo erfunden werden" (Eco 1985, S. 301). Ein mathematisches Beispiel für eine kreative Abduktion wäre die Einführung der Idee des imaginären Zahlbereichs oder der Riemannschen Flächen. Eco führt in diesem Zusammenhang die zur Änderung eines feststehenden wissenschaftlichen Paradigmas notwendigen „revolutionären" Entdeckungen an (vgl. Kuhn 1991). Zum Beispiel stellt die kopernikanische Idee des heliozentrischen Weltbildes eine kreative Abduktion dar.

Kreative Abduktionen können neue Gesetze und (darauf aufbauend) neue Theorien entstehen lassen. Entsprechend wird die erkenntniserweiternde Funktion dieser Schlussform hier besonders deutlich.

4. Meta-Abduktionen

> „Sie liegt in der Unterscheidung darüber, ob das mögliche Universum, das wir mit unseren Abduktionen der ersten Ebene entworfen haben, mit dem Universum unserer Erfahrung übereinstimmt. Bei über- oder untercodierten Abduktionen ist diese Meta-Ebene nicht obligatorisch, da wir unser Gesetz einem Depot bereits geprüfter Welterfahrung entnehmen. Anders ausgedrückt: diese allgemeine Erkenntnis der Welt berechtigt uns zu der Feststellung, daß das Gesetz – vorausgesetzt, es läßt sich hier anwenden – bereits in der Welt unserer Erfahrungen seine Gültigkeit hat. Bei den kreativen Abduktionen fehlt uns diese Art der Gewißheit." (Eco 1985, S. 301)

Innerhalb der empirischen Forschung spielen Meta-Abduktionen eine wichtige Rolle. Sie vereinen die neue Hypothese mit den bisher bekannten Gesetzmäßigkeiten und setzen somit voraus, dass sich die Forscherin oder der Forscher innerhalb ihres oder seines Faches auskennt. Aber nicht nur innerhalb der Forschung, sondern auch im Mathematikunterricht treten solche Abduktionen auf. Jedoch handelt es sich bei Meta-Abduktionen eher um eine übergeordnete Kategorie, die vorrangig auf impliziter Basis abläuft. Das Ziel solcher Abduktionen könnte beispielsweise darin bestehen, diejenige Hypothese auszuwählen, die veröffentlicht werden soll. Zur Klassifizierung öffentlicher Abduktionen wird diese Kategorie im empirischen Teil dieser Arbeit nicht verwendet.

Die Zusammenhänge und Unterschiede zwischen den ersten drei Abduktionstypen (über- bzw. untercodierte und kreative Abduktion) seien nun an einem fiktiven Beispiel veranschaulicht. Die Schülerinnen und Schüler betrachten die folgenden Zahlenpaare und sollen hieran Zusammenhänge erkennen:

$$1 \cdot 1 = 1 \quad 11 \cdot 11 = 121 \quad 21 \cdot 21 = 441$$
$$0 \cdot 2 = 0 \quad 10 \cdot 12 = 120 \quad 20 \cdot 22 = 440$$

Abduktion 1 (Abb. 3k):

Resultat:	In den drei Beispielen ist das Quadrat einer Zahl um 1 größer als das Produkt der beiden benachbarten Zahlen.
Gesetz:	3. binomische Formel: $(a-b)\cdot(a+b)=a^2-b^2$ (Die Formel ist aus dem vorangegangenen Unterricht bekannt.)
Fall:	$10\cdot 12=(11-1)\cdot(11+1)$ etc.

Abb. 3k Produkte von Nachbarzahlen – Beispiel einer unter- bzw. übercodierten Abduktion

Abduktion 2 (Abb. 3l):

Resultat:	In den drei Beispielen ist das Quadrat einer Zahl um 1 größer als das Produkt der beiden benachbarten Zahlen.
Gesetz:	$(x-1)\cdot(x+1)=x^2-1$ (Die Regel wird in diesem Zusammenhang ohne Kenntnis der 3. binomischen Formel neu aufgestellt.)
Fall:	$10\cdot 12=(11-1)\cdot(11+1)$ etc.

Abb. 3l Produkte von Nachbarzahlen – Beispiel einer kreativen Abduktion

Während bei Abduktion 1 (Abb. 3k) das Gesetz (die dritte binomische Formel) als bekannt vorausgesetzt wurde, handelt es sich bei Abduktion 2 (Abb. 3l) um ein neu gebildetes Gesetz. Beide Schlüsse sind insofern hypothetisch, als dass andere Erklärungen nicht notwendigerweise auszuschließen sind. Sicherlich wird die Mathematikexpertin oder der Mathematikexperte den Erfolg beider Abduktionen erkennen, jedoch wäre es für die Schülerin oder den Schüler nicht ausgeschlossen, dass die Regelmäßigkeit der Beobachtungsergebnisse auf einem anderen mathematischen Gesetz (z. B.: *„Immer wenn die Einerstelle einer zu quadrierenden Zahl 1 ist, dann muss die Einerstelle des Produktes der Nachbarzahlen 0 und damit die Differenz der Einerstellen der Produkte 1 sein.*") oder gar auf der Willkür der Lehrperson (*„Die Lehrerin hat die Zahlen derart geschickt gewählt, dass zufällig …*") beruhen könnte. Die Abduktion 1 kann als übercodiert bezeichnet werden, wenn die oder der Lernende noch die gerade im Unterricht behandelte binomische Formel vor Augen hat, jedoch als untercodiert, wenn sie oder er viele andere (auch: nicht passende oder nicht weiterführende) Gesetze assoziierte und die binomische Formel aus all diesen Gesetzen auswählen müsste. Abduktion 2 verdeutlicht die erkenntniserweiternde Funktion der Abduktion. Das zur Erklärung notwendige Gesetz ist nicht von Beginn an bekannt, sondern muss erst neu aufgestellt werden. Es handelt sich entsprechend um eine kreative Abduktion.

Wie das Beispiel zeigt, kann die Unterscheidung zwischen den drei Abduktionstypen im Einzelfall Schwierigkeiten bereiten. Wird ein bekanntes Gesetz in der Abduktion verwendet, so handelt es sich entweder um eine über- oder untercodierte Abduktion. Bei anderen Autorinnen und Autoren taucht diese Trennung (ebenso wie der Typ „Meta-Abduktion") nicht auf. Zum Beispiel unterscheidet Habermas (1968, S. 147 f.) zwischen „innovatorischen" (kreativen) und „explanatorischen" (unter- und übercodierten) Abduktionen. Eberhard (1999, S. 138) führt vergleichbare Kategorien auf, indem er „terminogene" von „subsumierenden" Abduktionen trennt. Im empirischen Teil dieser Arbeit werden jedoch Ecos Abduktionstypen verwendet, weil sie eine feinere Unterscheidung bieten, die auch zur Schärfung des Begriffs „Entdeckung" nutzbar ist.

Die Beschreibungen der drei Abduktionstypen und die beispielhafte Zuordnung machen deutlich, dass die Bezeichnung einer Abduktion als kreativ, unter- oder übercodiert immer relativ zum Horizont des involvierten kognitiven Systems gesehen werden muss, sei dies das System einer Person, einer Gruppe (etwa der Lernenden im Mathematikunterricht), einer Forschungsgemeinschaft oder gar das der gesamten Menschheit.

3.3.2 Zur Unsicherheit der Abduktion

> „Nein, nein, ich rate nie. Raten ist eine abscheuliche Angewohnheit; es zerstört die Fähigkeit, logisch zu denken." (Sherlock Holmes; Doyle 2005, S. 15)

Dass abduktives Schließen überhaupt möglich ist, beschreibt Peirce als das größte Wunder des Universums (CP 8.238). Die Abduktion taucht dann aus dem unkontrollierten Bereich des Geistes auf (CP 5.194). Peirce benutzt zudem häufig die Metapher eines Blitzes, um die Unvermitteltheit des Auftretens einer Hypothese zu beschreiben:

> „The abductive suggestion comes to us like a flash. It is an act of ***insight***, although of extremely fallible insight. It is true that the different elements of the hypothesis were in our minds before; but it is the idea of putting together what we had never before dreamed of putting together which flashes the new suggestion before our contemplation." (CP 5.181)

Bei der Hypothesengenerierung wird ein Sachverhalt zunächst vorausgesetzt, unabhängig davon, was wir von ihm denken mögen. Wir erkennen uns genötigt diesen (mathematischen) Sachverhalt zu unterstellen. Er ist *an sich* ein solcher auch unabhängig von unseren Erkenntnisleistungen. Aber er ist *für uns* nur durch unsere Erkenntnisleistungen und damit durch unsere kognitive Perspektive (re-)präsent.

Wenn man die Abduktion einer logischen Analyse unterzieht, dann zeigen sich viele Probleme. Oben wurde darauf hingewiesen, dass zwischen der kognitiven Generierung einer Hypothese und der schematischen Form der Abduktion unterschieden werden muss. Der Grund hierfür liegt darin, dass der Fall der Abduktion bereits im Gesetz enthalten ist. Die Frage, wie wir zu dem Fall kommen, bleibt insbesondere bei kreativen Abduktionen an dieser Stelle unbeantwortet. So gesehen stellt die Abduktion einen Schluss dar, der lediglich auf einer Prämisse beruht. Ein Element genügt (oder, wenn man das Gesetz bei einer kreativen Abduktion als Prämisse verstehen mag, neue Elemente innerhalb der Prämissen genügen) einer formallogischen Analyse des Schlusses nicht (vgl. CP 5.189ff.).

Ein weiteres logisches Problem zeigt eine Analyse der Implikation des Gesetzes innerhalb des Abduktionsschemas: Eine konditionale Aussage ($F \Rightarrow R$) wird quasi bikonditional interpretiert ($F \Rightarrow R$ im Gesetz und umgekehrt wird in der Abduktion von R auf F geschlossen). Auch dieses Problem zeigt, dass es sich bei einer Abduktion aus formallogischer Sicht nicht um eine gültige Schlussform handelt.

Weiterhin schließt man durch eine kreative Abduktion ausgehend von gegebenen Resultaten auf ein generalisierendes Gesetz und übernimmt somit das logische Problem der Verallgemeinerung, das bisher der Induktion zugesprochen wurde.

Trotz all dieser Probleme, die gegen einen logischen Gehalt der Abduktion sprechen und diesem Schluss eher den Charakter eines „Ratens" (s. CP 7.219) geben, misst Peirce ihr diesen bei (CP 5.171, 2.777). Seine Behauptung gründet u. a. auf folgendem Argument:

> „A man must be downright crazy to deny that science has made many true discoveries. But every single item of scientific theory which stands established today has been due to Abduction. [...] Think of what trillions of trillions of hypotheses might be made of which one only is true; and yet after two or three or at the very most a dozen guesses, the physicist hits pretty nearly on the correct hypothesis." (CP 5.172)

Rescher schreibt hierzu:

> „[...] an evolutionary model of random trial and error with respect to possible hypotheses just cannot operate adequately within the actual (or perhaps even any possible) timespan." (ebd. 1995, S. 321)

Peirce selber pendelt bei der Beantwortung der Frage, warum wir so oft die richtige Hypothese aufstellen, zwischen „[...] ‚Realismus' und ‚objektivem Idealismus' hin und her" (Nagl 1992, S. 117). Entscheidend scheint zu sein, dass es sich bei der Abduktion um eine Art „Hintergrundlogik" handelt (vgl. Hoffmann 1999). Der kognitive Hintergrund, vor dem die Abduktion durchgeführt wird, spielt immer eine entscheidende Rolle:

> „[...] every reasoning involves another reasoning, which in its turn involves another, and so on ***ad infinitum***. Every reasoning connects something that has just been learned with knowledge already acquired so that we thereby learn what has been unknown. It is thus that the present is so welded to what is just past to render what is just coming about inevitable. The consciousness of the present, as the boundary between past and future, involves them both. Reasoning is a new experience which involves something old and something hitherto unknown." (CP 7.536)

Ein vergleichbares Bild vermittelt auch Kuhn bei seiner Charakterisierung der wissenschaftlichen Revolutionen, welche bereits zuvor als kreative Abduktionen eingeordnet wurden. Den Paradigmenwechsel, der nach Kuhn konstitutiv für eine wissenschaftliche Revolution ist, beschreibt der Autor folgendermaßen:

> „Die für die Revolution notwendigen Daten waren schon vorher am Rande des wissenschaftlichen Bewußtseins vorhanden; die Krise rückt sie in den Mittelpunkt der Aufmerksamkeit; und die revolutionäre Neuorientierung ermöglicht es, sie auf neue Weise zu sehen. Was vor der Revolution trotz des geistigen Rüstzeugs undeutlich erkannt wurde, wird nachher wegen des geistigen Rüstzeugs genau erkannt." (Kuhn 1977, S. 350)

Das Vollziehen einer (sinnvollen) Abduktion setzt also voraus, dass sich Forschende in ihrem Gebiet auskennen. Entsprechend schreibt Hoffmann, dass die

> „[…] Entdeckung von Neuem zunächst einmal eine fast sklavische Unterordnung unter die Regeln und Konventionen bereits vorher sicher gewussten Wissens ist. Es gibt kein Wissen ohne vorheriges Wissen, so könnte man knapp sagen." (ebd. 2003b, S. 305)

Diese Art von Wissen bezeichnet der Autor als „implizites Wissen" (ebd. 2002, S. 13 und 273 ff.). Die Notwendigkeit dieser Bedingung macht aber auch deutlich, dass „[…] quite new conceptions cannot be obtained from abduction" (CP 5.190). Es kann also weder im Feyerabendschen Sinne von einem „anything goes" noch von einer „creatio ex nihilo" ausgegangen werden (Hoffmann 2002, S. 271 ff. und 1999, S. 288 f.).

Das Vertrauen in die Abduktion gründet auf der Hoffnung, dass zwischen dem Verstand der Denkenden und der Natur des Denkgegenstandes eine teils angeborene, teils entwickelte Beziehung besteht, die das Raten nicht vollkommen vom Zufall abhängig macht (CP 1.630, 2.754). Die Abduktion ermöglicht uns dabei das zusammenzubringen, „[…] what we had never before dreamed of putting together […]" (CP 5.181). Wir setzen alte Ideen zusammen und kreieren auf diese Weise neue Ideen, die – vermittelt durch die Resultate – einen Anhalt an der Wirklichkeit finden. Zum Beispiel kannte sich Kepler mit den Positionen von Planeten sowie mit geometrischen Formen aus. Die Abduktion ermöglichte es ihm, diese beiden Elemente seines Wissens zu verbinden, um den Begriff der „elliptischen Umlaufbahn" eines Planeten zu kreieren. Die Notwendigkeit des Hintergrundwissens gibt dem abduktiven Schluss also eine gewisse Struktur. Das „Raten" wird durch den rationalen Instinkt (CP 2.753, CP 5.172-4) geleitet und lässt sich vielmehr als ein „informiertes Raten" (Reichertz 2003, S. 88) bezeichnen: „[…] das Glück trifft immer nur den vorbereiteten Geist" (ebd.). Dennoch zeigt die Analyse, dass der eigentlich kreative Akt des Aufstellens einer Hypothese anhand von überraschenden Resultaten ein Prozess ist, der einer logischen Analyse im herkömmlichen Sinn natürlich nicht genügt. Die Abduktion „[…] is mere conjecture, without probative force" (CP 8.209). Zusammenfassend kann das Emergieren von neuen Einsichten als die tentative Verknüpfung gegebener Erkenntnisse beschrieben werden, die eine vorausliegende Sachstruktur im sozialen Medium von uns verwendeter Zeichen zum Ausdruck bringt.

Den in diesem Kapitel dargestellten Zwiespalt von logischen Anteilen einerseits und „mystischer Intuition“ andererseits drückte ein Schüler einer 10. Klasse in den empirischen Studien zu dieser Arbeit sehr treffend aus. Auf die Frage der Lehrperson, wie er zu seiner Erkenntnis gekommen sei, antwortete er:

> „Ich weiß nicht, Logik oder so.“

3.3.3 Entdecken qua Abduktion

Welche Rolle die Abduktion konkret beim Mathematiklernen einnehmen kann, wird im Folgenden anhand der Theorien des entdeckenden Lernens, des Problemlösens und des (neo-)sokratischen Gespräches reflektiert.

Abduktion und entdeckendes Lernen
Wie bereits beschrieben (Abschn. 2.1) bezeichnet Bruner das entdeckende Lernen als einen Prozess des „Neuordnens“, des „Transformierens des Gegebenen“ und als Lernen nach der „hypothetischen Methode“. Hierbei sollen die

> „[...] Schüler aus Einzelfällen und Beispielen auf gesetzmäßige Zusammenhänge schließen, d. h. Regeln zur Ordnung der Zusammenhänge zwischen beobachteten und zwecks weiterer Informationsbeschaffung befragten Sachverhalten [...] induzieren. [...] Die Induktionstätigkeit ermöglicht es, durch Beobachtung aufgenommene Information zu kategorialem Wissen (kognitive Struktur) zu verarbeiten.“ (Neber 1981b, S. 48)

Neber weist weiterhin Beispiele von Untersuchungen auf, die entdeckendes Lernen als induktive Lernstrategie auffassen und diese mit einem deduktiven Vorgehen vergleichen (ebd., S. 51). Wie die bisherigen Betrachtungen jedoch zeigten, ist die Abduktion – und nicht die Induktion – die entscheidende Schlussform für den Prozess des Aufstellens von Hypothesen und somit die entscheidende Schlussform bei entdeckendem Lernen. Nur hiermit ist es möglich, aktiv neues Wissen zu erwerben, indem ausgehend von an Beispielen und Einzelfällen festgestellten (überraschenden) Resultaten neue Gesetze produziert (kreative Abduktion) oder bereits bekannte Gesetze in neuen Zusammenhängen gesehen werden (über- bzw. untercodierte Abduktion). Da Neber nur von Deduktion und Induktion spricht und diese Schlussformen gegenüberstellt, war ihm die Abduktion vermutlich nicht bekannt.

Die Nähe der Theorie der Abduktion zur Praxis des entdeckenden Lernens zeigt sich weiterhin an den Beschreibungen des (produktiven) Denkprozesses. Dieser wurde zuvor „als das neuartige Verknüpfen von Erfahrungen" (Hoffmann, A. 2003, S. 12) beschrieben, wie es auch als Merkmal der Abduktion herausgestellt wurde. Auch in dem folgenden Zitat, in dem Bruner den (produktiven) Denkprozess beschreibt, lässt sich die Abduktion (und nicht die Induktion) als entscheidende Schlussform wiederfinden:

> „Intuitives Denken, das Verfolgen von Vermutungen, ist ein sehr vernachlässigter, wesentlicher Zug des produktiven Denkens, nicht nur in den formalen akademischen Disziplinen, sondern auch im täglichen Leben. Die scharfsinnige Mutmaßung, die fruchtbare Hypothese, der beherzte Sprung zu einer provisorischen Schlussfolgerung, das sind die wertvollsten Trümpfe des am Werke befindlichen Denkers, mit welcher Arbeit er auch immer beschäftigt sein mag." (Bruner 1973, S. 27)

Als ein Problem des Unterrichts wird häufig die Motivation der Lernenden gesehen:

> „If students are not oriented or led towards autonomous intellectual satisfaction, we have no right to blame them for their lack of proper *motivation.*" (von Glasersfeld 1991, S. xviii)

> „*Echtes* Interesse in diesem Sinne läßt sich aber nur dann wecken und v. a. dauerhaft aufrecht erhalten, wenn statt (sich allzu schnell abnutzender) Sekundärmotivationen durch ständig Neues, Spektakuläreres, Bequemeres oder ‚Spielerisches' in der Manier der ‚bunten Hunde' (Wittmann 1990) *die Sache selbst* als Quelle von *Faszination* (vgl. Leonard 1973, Dewey 1976) wirksam werden kann." (Krauthausen 1994, S. 25 f.; vgl. Bruner 1981, S. 22)

Wie aber kann „die Sache selbst" als „Quelle von Faszination" wirksam werden? Welche Merkmale zeichnen die „herausfordernden Probleme" aus, die die Lehrperson ihrer Klasse bieten soll? Eine Lösung kann in den überraschenden Resultaten gesehen werden, die den Ausgangspunkt für eine Abduktion bilden. Das Moment der Überraschung impliziert dabei, dass der Sachverhalt für die Schülerinnen und Schüler nicht vertraut ist:

> „Was wir wissen wollen, wollen wir aus einem bestimmten Grunde wissen. Der Grund ist der, daß es eine Lücke, ein Loch oder einen freien Raum in unserem Verständnis der Dinge, das heißt in dem gedachten Bild der Welt, gibt. [...] Und wenn die Lücke in unserem Verständnis ausgefüllt ist, fühlen wir uns angenehm erleichtert und zufrieden.

> Die Dinge wurden wieder verständlich oder sind jedenfalls verständlicher geworden.“ (Holt 1971, S. 176 f.)

Die überraschenden Resultate stellen etwas Unbekanntes dar bzw. eine Lücke in unserem Verständnis, die es zu füllen gilt (s. Holt). Das Füllen dieser Lücke geschieht wiederum qua Abduktion:

> „Hence, if a given phenomenon looks strange, this only means that the theoretical framework used to interpret this phenomenon must be revisited! The revisiting cognitive process is labelled *abduction*, and its aim is to ‚normalize‘ anomalies.“ (Andreewsky 2000, S. 839)

Um mit Piaget zu sprechen, entsteht durch den Überraschungsgehalt der Resultate bzw. durch die Abweichung von der Normalität der kognitive Konflikt. Dieser wiederum ist bedingt durch den Gehalt des „Neuen“ innerhalb der Resultate, wodurch die Überraschung ausgelöst wird und die „Erregung“ (Kopp 1980, S. 64) bzw. die Motivation für die Entwicklung neuer Erkenntnis entsteht:

> „Abduction makes its start from the facts [Resultate, M. M.], without, at the outset, having any particular theory in view, though it is motivated by the feeling that a theory is needed to explain the surprising facts.“ (CP 7.218)

Wenn die Lehrperson die überraschenden Resultate auf einen vermutlich zugrundeliegenden Fall – qua Unterstellung einer Regelmäßigkeit – zurückgeführt hat, nach Holt die „Lücke“ in ihrem Verständnis geschlossen hat, muss die Entdeckung nicht richtig oder für das Mathematiklernen relevant sein. Sie bleibt als solche zunächst subjektiv. Das Veröffentlichen einer Abduktion mag zwar Plausibilität beim Gegenüber erzeugen können, doch erst weitere Schritte, die im Abschnitt 3.4 beschrieben werden, helfen das subjektive Wissen zu verobjektivieren. Eine erhöhte Sicherheit wird erst dann erreicht, wenn die aufgestellten Hypothesen überprüft bzw. bewiesen werden.

Abduktion und Problemlösen

Wie bereits beschrieben, besteht zwischen dem Problemlösen und dem entdeckenden Lernen eine große Ähnlichkeit. Es kommt auf die Beschaffenheit der Barriere an, die den Zusammenhang zwischen Ausgangs- und Zielzustand bestimmt (Abschn. 2.1.4). Wenn diese von der Art ist, dass vorhandene Phänomene zunächst nicht erklärbar sind und erklärt werden müssen, kann das

Überwinden der Barriere als eine Entdeckung bezeichnet werden. Dies wiederum impliziert eine (oder mehrere) Abduktion(en), mit Hilfe derer Lernende das Hindernis überwinden können.

> „Kann die Barriere nicht so ohne weiteres überwunden werden, muß also die gegebene Information erst durch Analyse, Synthese, Hypothesenbildung, Umordnung usw. umgeformt werden, dann kann man von echtem Problemlösen sprechen." (Zech 2002, S. 308)

Der zweite Schritt in der Heuristik des Problemlösens nach Polya lautet: „Aufstellen eines Plans". Auch hier ist eine Entsprechung mit der Theorie der Abduktion nach Peirce zu beobachten: Zuvor hatte man noch keinen Plan, das Problem zu lösen. Man muss einen Plan finden, z. B. eine neue Regel aufstellen oder zumindest einen Zusammenhang erkennen, der zuvor nicht bekannt war.

> „Die Idee mag langsam auftauchen. Sie kann aber auch nach anscheinend erfolglosen Versuchen und einer langen Periode des Zögerns plötzlich in einer Erleuchtung als ein ‚Geistesblitz' einfallen. Das Beste, was der Lehrer für seine Schüler tun kann, ist, ihnen durch unaufdringliche Hilfe zu einem solchen Geistesblitz zu verhelfen." (Polya 1967, S. 22)

Aber nicht nur in der Metapher des Geistesblitzes zeigt sich eine Verbindung zwischen Polyas Beschreibung des Problemlösens und der Theorie der Abduktion nach Peirce. Zur Beschreibung des Erkenntnisfortschrittes beim Problemlösen spricht Polya (1967, S. 238 ff.; vgl. ebd. 1963) vom „heuristischen" bzw. „plausiblen Schließen" und führt den in Abbildung 3m dargestellten Syllogismus an.

Abb. 3m Der „heuristische Syllogismus" (Polya 1967, S. 248) bzw. „ein Schema plausiblen Schließens" (ebd. 1963, S. 15)

Aus *A* folgt *B*

B wahr

A glaubwürdiger

Obwohl Polya die Bezeichnung „induktives Grundschema" (ebd. 1963, S. 15) wählt, zeigt der Vergleich, dass es sich nach Peirce hierbei um das Schema der Abduktion (Abb. 3g) handelt, wobei die Reihenfolge der Prämissen vertauscht ist.

Abduktion und (neo-)sokratische Methode
Nelson selbst charakterisiert die neosokratische Methode

> „[...] als ein Verfahren der *Regression*, bei dem vom Besonderen auf das Allgemeine geschlossen wird. Er unterscheidet dabei in Anschluß an Fries zwischen der regressiven Methode der ‚Abstraktion' einerseits und der der Induktion, die vor allem in den Naturwissenschaften angewandt wird." (Loska 1995, S. 145)

Die Abstraktion vom Besonderen auf das Allgemeine ist wiederum, wie die Analyse zeigte, der Anwendungsbereich der Abduktion, wo man ausgehend von Resultaten (dem Besonderen) auf ein Gesetz (dem Allgemeinen) kommen muss, um den Fall zu klären bzw. zu finden.

In seinem Buch über das neosokratische Gespräch nutzt Loska (1995, S. 232 ff.) die Abduktion, um Vermutungen von Gesprächsteilnehmerinnen und -teilnehmern schematisch darzustellen. Eines seiner Beispiele sei im Folgenden angeführt:

Problemstellung zu Abbildung 3n: „Was zwingt die dritte Winkelhalbierende im Dreieck, genau durch den Schnittpunkt der beiden anderen Winkelhalbierenden zu gehen?" (ebd.)

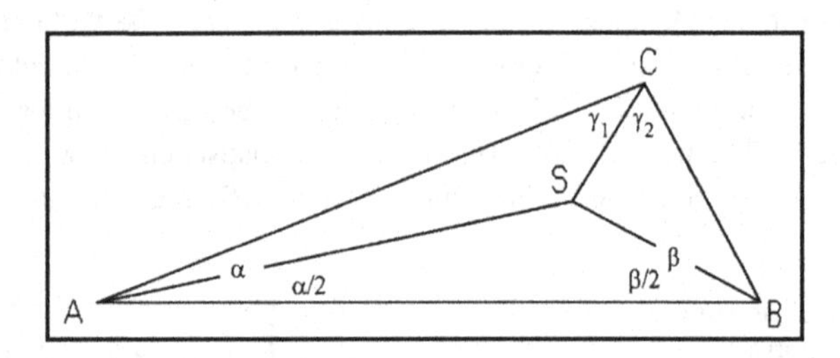

Abb. 3n Schnittpunkt der Winkelhalbierenden (Loska 1995, S. 232)

Auf dem Weg zur Lösung wurde vorgeschlagen,

> „[...] die Gleichheit der Winkel bei C ($\gamma_1 = \gamma_2$) über die Kongruenz der betreffenden Teildreiecke nachzuweisen. Sie wurde rasch verworfen, da die Dreiecke trotz der paarweisen Gleichheit einzelner Größen offenbar nicht zueinander kongruent sind. Auch diesem Versuch liegt eine, wenn auch wieder verworfene Abduktion zugrunde:
>
> Kongruente Dreiecke enthalten paarweise kongruente Größen. (*Regel*)
> Diese Teildreiecke enthalten paarweise kongruente Größen. (*Ergebnis*)

> Diese Teildreiecke sind paarweise kongruent. (*Fall*)“ (ebd., S. 233)

Loska spricht von „Regel“, „Ergebnis“ und „Fall“. Im Gegensatz zum Sprachgebrauch der vorliegenden Arbeit benutzt der Autor also andere Bezeichnungen, welche zudem in einer anderen Reihenfolge aufgeführt sind. Diese Unterschiede beruhen darauf, dass Loska eine ältere Darstellung der Abduktion (damals: „Hypothesis“) von Peirce verwendet (s. CP 2.623, 1878).

Rückblickend wurde in diesem Abschnitt die Abduktion in den Darstellungen des entdeckenden Lernens wiedererkannt. Die Abduktion ist die zentrale Schlussform beim entdeckenden Lernen. Denn wenn es das Ziel des entdeckenden Lernens ist, durch die Betrachtung vorgegebener Daten etwas Neues zu finden, das zuvor noch nicht bekannt war, so kann dies nicht mit Hilfe von Deduktionen oder Induktionen geschehen. Voigt schreibt entsprechend:

> „Wenn man von der modischen und romantischen Auffassung absieht, in der entdeckendes Lernen all das ist, was didaktisch gut gemeint ist, und eine logische Analyse nach Peirce versucht, wird rasch deutlich, daß entdeckendes Lernen im Kern nicht als Induktion, sondern als Abduktion zu beschreiben ist.“ (ebd. 2000, S. 696)

Umgekehrt heißt dies jedoch nicht, dass mit jeder Abduktion eine solche Lernart einhergeht. Auch bei einem kleinschrittigen, programmierten Unterricht vollzieht das Kind Abduktionen, jedoch liegt die Verwendung bestimmter Gesetze, weil diese hier vorgegeben werden, quasi auf der Hand. Die entsprechenden Abduktionen wären übercodiert. Ebenso bedarf es als Auslöser für eine Entdeckung des Überraschungsgehalts der Resultate:

> „Every inquiry whatsoever takes its rise in the observation [...] of some surprising phenomenon [...].“ (CP 6.469)

Dieser Überraschungsgehalt ist bei übercodierten Abduktionen nur eingeschränkt gegeben. Somit scheinen eher untercodierte und vor allem kreative Abduktionen prädestiniert für das entdeckende Lernen zu sein. Dieser Eindruck erhärtet sich bei der Betrachtung der jeweiligen Abduktionstypen: Da bei übercodierten Abduktionen die Zuordnung des bekannten Gesetzes zu dem Resultat quasi automatisch erfolgt, kann nur eingeschränkt von einer entdeckenden Leistung gesprochen werden. Bei untercodierten Abduktionen hingegen waren die Resultate zuvor nicht als Folgerungen eines bestimmten Gesetzes bekannt. Indem das Gesetz zu den Resultaten assoziiert wird, werden neue Zusammenhänge entdeckt. Mit kreativen Abduktionen wird darüber hinaus ein neues Gesetz geschaffen bzw. entdeckt.

Mit anderen Worten: Mit einer Abduktion wird nicht nur ein Fall entdeckt, sondern der Fall nur zusammen, mit und durch die Entdeckung des (bei kreativen Abduktionen zuvor nicht bekannten) Gesetzes.

Die Bezeichnung einer Erkenntnis als „Entdeckung" ist also vom Typ der Abduktion abhängig. Da die Klassifikation einer Abduktion als untercodiert oder kreativ nur relativ zum kognitiven Bezugssystem möglich ist, wird hierdurch die von Bruner beschriebene Subjektabhängigkeit von Entdeckungen deutlich (s. Abschn. 2.1.2). Weiterhin lässt sich die Bedeutung der untercodierten und kreativen Abduktionen auch in anderen Beschreibungen des entdeckenden Lernens wiederfinden. Zum Beispiel sind nach Neber beim entdeckenden Lernen

> „[...] die für eine Lösung der Lernaufgabe relevanten Formeln nicht gegeben – sie müssen entweder unter mehreren möglichen aus dem semantischen Gedächtnis abgerufen oder aber neu erfunden werden." (ebd. 1981b, S. 59)

Neben den kreativen und untercodierten Abduktionen spielen auch Meta-Abduktionen und Begründungen beim entdeckenden Lernen eine entscheidende Rolle. Denn wenn man auf die richtige Entdeckung in der Beliebigkeit der Assoziationen nicht vertrauen will, besteht die Aufgabe der Schülerinnen und Schüler nicht nur darin, überhaupt ein neues Gesetz oder einen neuen Zusammenhang herzustellen. Die potenziell zutreffende Erkenntnis sollte bezweifelt werden (Voigt 2000, S. 697). Es kann kaum erwartet werden, dass die Schülerinnen und Schüler spontan gerade das entdecken, was ihnen die Lehrperson entdecken lassen will. Wollte man dies absichern, wäre man wieder beim kleinschrittigen, programmierten Unterricht.

Wenn Abduktionen von Lernenden im Mathematikunterricht untersucht werden sollen, scheint es sinnvoll zu sein, das Merkmal der „Überraschung", welches die Resultate bei Schülerinnen und Schülern anregen sollen, zu relativieren. Es soll nicht gesagt sein, dass der emotionale Zustand, den die (von den Resultaten ausgelöste) Diskontinuierlichkeit beim entdeckenden Lernen erzeugen mag, ein anderer ist als bei traditionellen Lehrverfahren. Aber auch im traditionellen Unterricht erhalten Lernende ständig neue Informationen bzw. werden mit Fakten konfrontiert, die sie vorher nicht kannten. Es kann nicht davon ausgegangen werden, dass all diese für Schülerinnen und Schüler den Charakter einer besonderen Überraschung bergen. Innerhalb der Psychologie relativiert Shank die Besonderheit der Resultate als überraschende Phänomene:

> „Peirce's ‚surprise' is a specific example of the more general case that we do not know what something [...] means." (ebd. 1998, S. 847)

Die „der Erklärung harrenden“ Phänomene müssen für Entdeckende nicht ein deutliches Überraschungsmoment beinhalten, insbesondere, wenn die Entdeckenden Schülerinnen bzw. Schüler sind, die erwarten, dass die Lehrpersonen sie etwas entdecken lassen will. Hoffmann (2002, S. 262) spricht von „erklärungsbedürftigen Tatsachen“ statt von überraschenden Resultaten. In der vorliegenden Arbeit soll jedoch der Terminus „überraschende Resultate“ beibehalten werden, weil der Terminus „erklärungsbedürftige Tatsache“ mit dem Terminus „begründungsbedürftige Aussage“ interferiert, also Missverständnisse zu befürchten sind. Es soll hier nur deutlich gesagt werden, dass in der vorliegenden Arbeit die „Überraschung“ im relativierten Sinne nach Shank und Hoffmann verstanden wird.

3.3.4 Zum Entstehen von Abduktionen

Die bisherige Analyse ergab, dass die Abduktion eine zentrale Rolle beim entdeckenden Lernen einnimmt. Wie aber kann das Eintreten eines abduktiven Geistesblitzes beeinflusst oder gar forciert werden?

Peirce führt zwei Strategien auf, die sich dazu eignen, abduktive Prozesse anzuregen. Die erste läuft darauf hinaus, dass man sich gleichsam auf Detektivarbeit begibt. Anhand des vorgegebenen Datenmaterials soll der Rateinstinkt mobilisiert werden, damit das Material letztlich entschlüsselt wird. Konstitutiv für solche Situationen ist die Anwesenheit von „[...] *echtem Zweifel* oder *Unsicherheit* oder *Angst* oder *großem Handlungsdruck* [...]“ (Reichertz 2003, S. 85). Man begibt sich demnach in einen Zustand höherer Anspannung. Diese Strategie beruht darauf, dass durch die Zweifel, welche das Datenmaterial auslösen soll, die Motivation zum Lernen angeregt wird.

Die zweite Geistesverfassung, die abduktive Prozesse ermöglichen soll, bezeichnet Peirce als „musement“ (CP 6.460). Dieses „freie Gedankenspiel“ wird auch als „Spiel der Versenkung“ oder „Tagträumerei“ (Reichertz 2003, S. 85) bezeichnet. Der routinemäßig arbeitende Verstand soll, gleichwohl er ständig mit den Resultaten beschäftigt ist, möglichst ausgeschaltet werden. Die Beschreibung des „musement“ nimmt bei Peirce fast poetische Ausmaße an:

> „‚Enter your skiff of Musement, push off into the lake of thought, and leave the breath of heaven to swell your sail. With your eyes open, awake to what is about or within you, and open conversation with yourself; for such is all meditation.‘ It is, however, not a conversation in words alone, but is illustrated, like a lecture, with diagrams and with experience.“ (CP 6.461)

Während der abduktive Prozess bei der ersten Strategie durch ein erhöhtes Erregungspotenzial gefördert werden soll, geschieht dies innerhalb des „musements" eher durch eine Art passiver Kontrolle. Beide Strategien zielen das Einnehmen einer bestimmten Haltung an, welche es ermöglichen soll, neue Zusammenhänge zu erschließen.

Die dargestellten Geistesverfassungen, die mit den „Regeln für Entdeckungen" (Polya 1967, S. 198) vergleichbar sind, mögen zwar die Bildung von Hypothesen forcieren können, doch bezogen auf die Unterrichtsrealität scheinen hier Bedenken angebracht. Zwar ist der Wille zum Lernen bei vielen Schülerinnen und Schülern gegeben, doch scheint die Hoffnung idealistisch, dass sich jede Schülerin und jeder Schüler in Anbetracht mathematischer Begebenheiten Zweifel entwickelnd als Detektivin oder Detektiv betätigt und nicht der Auflösung durch bestimmte Mitschülerinnen und Mitschüler oder die Lehrperson harrt. Es bedarf einer forschenden Einstellung, welche Lernende vielfach erst entwickeln müssen. Auch der Zustand des freien Gedankenspiels stellt nicht zwangsläufig eine Normalsituation im schulischen Mathematikunterricht dar (und könnte von den Lernenden auch missverstanden werden).

3.4 Das Zusammenspiel der Schlussformen

Nachdem die einzelnen Schlussformen vorgestellt wurden, wird nun ihr Zusammenspiel im Rahmen der Erkenntnisentwicklung durch den von Peirce nach der Jahrhundertwende beschriebenen Dreischritt von Abduktion, Deduktion und Induktion aufgezeigt. Dieses Zusammenspiel soll dabei nicht nur theoretisch rezipiert, sondern auch mit Blick auf die Besonderheit der Mathematik diskutiert werden.

3.4.1 Empirische Erkenntniswege nach Peirce (Hypothesenprüfung qua Bootstrap-Modell und qua hypothetisch-deduktiven Ansatz)

Wie neues Wissen entsteht und sich absichern lässt, ist schon seit längerem Gegenstand der wissenschaftlichen Debatte. Mit dem logischen Empirismus und dem kritischen Rationalismus haben sich zwei grundlegende Antwortrichtungen ergeben. Entsprechend des Empirismus, dessen philosophische Vertreter u. a. J. Locke (1632–1704) und F. Bacon (1561–1626) sind, sollen neue Erkenntnisse auf dem Wege der Induktion verifiziert werden. Die methodischen Prinzipien der

Rationalistinnen und Rationalisten, die sich u. a. auf R. Descartes (1596–1650) und G.W. Leibniz (1646–1716) berufen, bestehen vielmehr aus Deduktion und Falsifikation.

Die Rekapitulation des Entdeckungszusammenhanges ordnet der Rationalist Popper eher dem Bereich der Psychologie zu:

> „Wir wollen also scharf zwischen dem Zustandekommen des Einfalls und den Methoden und Ergebnissen seiner logischen Diskussion unterscheiden und daran festhalten, daß wir die Aufgabe der Erkenntnistheorie oder Erkenntnislogik (im Gegensatz zur Erkenntnispsychologie) derart bestimmen, daß sie lediglich die Methoden der systematischen Überprüfung zu untersuchen hat, der jeder Einfall, soll er ernst genommen werden, zu unterwerfen ist.“ (ebd. 2005, S. 7)

Im Gegensatz zu Popper interessiert sich Peirce schon für das Aufstellen neuer Hypothesen und nicht erst für deren Begründung. Der „context of discovery“ (Reichenbach 1949, S. 6 f.), den Popper noch in den Bereich der Psychologie verbannen will, also die Entwicklung einer neuen Hypothese, bildet den Ausgangspunkt seiner Theorie. Peirce bezeichnet die Abduktion als „[…] the first step of scientific reasoning […]“ (CP 7.218):

> „Every inquiry whatsoever takes its rise in the observation […] of some surprising phenomenon […]. The whole series of mental performances between the notice of the wonderful phenomenon and the acceptance of the hypothesis, during which the usually docile understanding seems to hold the bit between its teeth and to have us at its mercy, the search for pertinent circumstances and the laying hold of them, sometimes without our cognizance, the scrutiny of them, the dark laboring, the bursting out of the startling conjecture, the remarking of its smooth fitting to the anomaly, as it is turned back and forth like a key in a lock, and the final estimation of its Plausibility, I reckon as composing the First Stage of Inquiry.“ (CP 6.469)

Peirce beschreibt den Prozess der Erkenntnisgewinnung und -begründung als ein Zusammenspiel der drei Schlussformen. Dieser Prozess beginnt beim Aufstellen neuer Hypothesen anhand überraschender Resultate. Da aber Hypothesen keine Gültigkeit allein aufgrund der Abduktion beanspruchen können, müssen sie getestet werden. Hierzu bedarf es eines Zwischenschrittes, der Deduktion:

> „[…] the first thing that will be done, as soon as a hypothesis has been adopted, will be to trace out its necessary and probable experimental consequences. This step is ***deduction***.“ (CP 7.203)

Nachdem deduktiv notwendige und mögliche Konsequenzen der zu testenden Hypothese vorausgesagt wurden, werden entsprechende Experimente bzw. Beobachtungen durchgeführt. Die daraus resultierenden Ergebnisse sind anschließend mit den Vorhersagen zu vergleichen und es kann mit einer bestimmten Wahrscheinlichkeit auf die Gültigkeit der Hypothese geschlossen werden:

> „This sort of inference it is, from experiments testing predictions based on a hypothesis, that is alone properly entitled to be called ***induction***." (CP 7.206)

Die beschriebene Möglichkeit der Entwicklung und Absicherung neuer Erkenntnisse stellt für Peirce auch die Rechtfertigung der Abduktion dar:

> „Its only justification is that from its suggestions deduction can draw a prediction which can be tested by induction, and that, if we are ever to learn anything or to understand phenomena at all, it must be by abduction that this is to be brought about." (CP 5.171)

Die experimentelle Überprüfbarkeit bildet für Peirce zudem einen Anhaltspunkt für die Auswahl einer Hypothese unter all denjenigen, die aufgestellt wurden. Hypothesen sollten nicht nur die überraschenden Resultate möglichst umfassend erklären, sondern auch (mit möglichst geringem Aufwand) experimentell überprüfbar sein (CP 5.598). Den „Spielraum" zur Absicherung von Abduktionen schränkt Peirce durch gewisse Ökonomieprinzipien ein (CP 7.139 ff., 5.600; s. Fann 1970, S. 43 ff.): Zum einen soll die vorrangig zu testende Hypothese möglichst einfach gehalten werden, indem sie etwa weniger Unterstellungen zu der Beobachtung hinzufügt als eine andere, zum anderen sollen naheliegendere Hypothesen bevorzugt werden (CP 6.477).

Peirce identifiziert den Forschungsprozess also mit einer Abfolge der drei Schlussformen. Nachdem abduktiv eine Hypothese generiert wurde, bieten sich für ihre empirische Überprüfung zwei verschiedene Varianten an (s. Abb. 3o): a) das „Bootstrap-Modell" und b) der „hypothetisch-deduktive Ansatz" (Carrier 2000, S. 44) .

a) *Die empirische Überprüfung einer Hypothese mittels des Bootstrap-Modells*
Dieser Ansatz zur empirischen Prüfung einer Hypothese wurde von Glymour (1980) ausgearbeitet (Carrier 2000, S. 44). Die Grundlage bildet die Auffassung, dass die bei der Generierung der Hypothese betrachteten Phänomene Einzelfälle eines dahinterliegenden, allgemeinen Gesetzes sind (vgl. die „Bootstrap-Philosophy" des Physikers G. F. Chew). Die aufgestellte Hypothese kann demnach dadurch bestätigt oder diskreditiert werden, dass weitere Einzelfälle getestet werden. Hierzu ist es notwendig, dass die zur Prüfung herangezogenen Einzelfälle

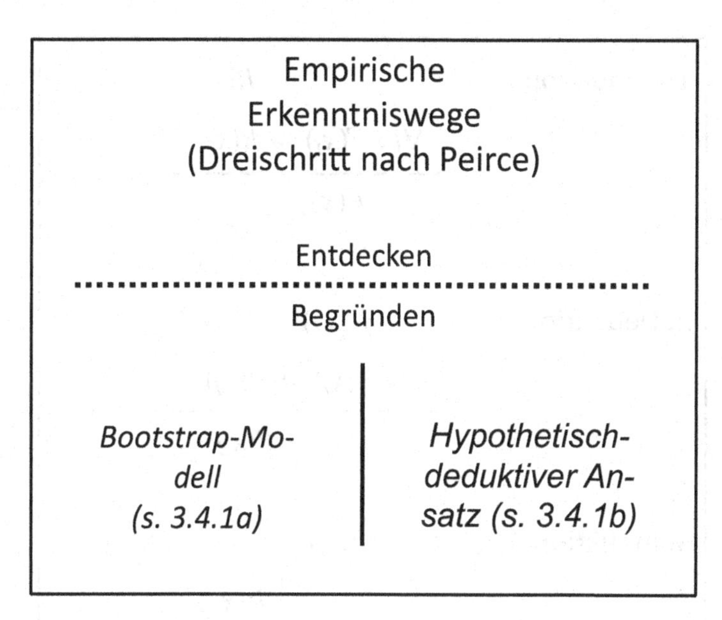

Abb. 3o Empirische Erkenntniswege

mit den Fällen der Abduktion vergleichbar sind. Entsprechend des Peirceschen Dreischritts kann sich die in Abbildung 3p präsentierte schematische Darstellung ergeben.

Der dargestellte Prozess beginnt mit der Beobachtung des Faktums $R(x_1)$. Gemeinsam mit der Unterstellung des allgemeinen Gesetzes $\forall i : F(x_i) \Rightarrow R(x_i)$ wird der erklärende Fall $F(x_1)$ vermutet (Abduktion). Danach wird qua Deduktion aus dem in der Abduktion verwendeten Gesetz und einem neuen Fall $F(x_2)$ ein notwendiges Resultat $R(x_2)$ gefolgert. Es wird also die Vorhersage getroffen, dass, wenn der vergleichbare Fall $F(x_2)$ eintritt, wir das Resultat $R(x_2)$ erhalten müssten. Im Anschluss daran wird ein Experiment bzw. eine Beobachtung durchgeführt. Fällt das Experiment bzw. die Beobachtung positiv aus, deckt sich also das durch die Deduktion vorausgesagte Resultat mit dem (z. B. experimentell) erzeugten Resultat, so wird das hypothetische Gesetz (bei kreativen Abduktionen) bzw. der hypothetische Zusammenhang zwischen dem Gesetz und den Resultaten bestätigt, indem ein weiteres Anwendungsbeispiel gefunden wurde (enumerative Induktion). Entspricht das Ergebnis des Experimentes nicht der deduktiven Voraussage (eliminative Induktion), so ist das Gesetz oder der Zusammenhang

1. Abduktion

$$\frac{R(x_1) \qquad \forall i : F(x_i) \Rightarrow R(x_i)}{F(x_1)}$$

2. Deduktion

$$\frac{F(x_2) \qquad \forall i : F(x_i) \Rightarrow R(x_i)}{R(x_2)}$$

3. Induktion

$$\frac{F(x_2) \qquad R(x_2)}{\forall i : F(x_i) \Rightarrow R(x_i)}$$

Abb. 3p Die Bestätigung einer Hypothese mittels des Bootstrap-Modells dargestellt als Dreischritt nach Peirce

nicht notwendig komplett zu falsifizieren, jedoch bedarf es zumindest einer Umformung. Das Experiment bzw. die Beobachtung kann natürlich auch neue überraschende Resultate erzeugen, die wiederum neue Abduktionen ermöglichen.

Ein Beispiel aus dem empirischen Material der vorliegenden Arbeit soll zur Veranschaulichung dieses Überprüfungsansatzes dienen. An dieser Stelle sei gleich angemerkt, dass dieses Beispiel wohl typisch für den Peirceschen Dreischritt, aber nicht typisch für die mathematische Erkenntnissicherung ist. Diese Diskrepanz wird später im Text aufgelöst.

Die Schülerinnen und Schüler einer vierten Klasse sollen anhand vorgegebener Folgenglieder eine ursächliche Bildungsvorschrift entwickeln. Sie hatten sich zuvor lediglich mit Folgen beschäftigt, bei denen die Nummerierung der Werte keine Rolle spielte. Die nachfolgenden Äußerungen beziehen sich auf folgende Daten (s. Abb. 3q).

	Start-wert	1. Wert	2. Wert	3. Wert	4. Wert	5. Wert	6. Wert
⋮	⋮	⋮	⋮	⋮	⋮	⋮	⋮
Reihe Claus	0	1	4	9	16	25	

Abb. 3q Ausschnitt aus dem Arbeitsblatt (Klasse 4a, Arbeitsblatt C; s. Anhang)

Zunächst betrachteten die Schülerinnen und Schüler zu dieser Folge die Differenzen einander folgender Glieder und summierten die ungeraden Zahlen nacheinander zu den gegebenen Folgengliedern. Der Platz einer Zahl innerhalb der Folge spielte demnach nur hinsichtlich der Vorgänger- und Nachfolgerzahl eine Rolle, aber nicht hinsichtlich der Nummerierung der Werte von Beginn an. Dies ändert sich nun (zu den Transkriptionsregeln s. Abschn. 5.4.3):

Andreas 1 mal 1 sind 1, 2 mal 2 sind 4, 3 mal 3 sind 9, 4 mal 4 sind 16 – 5 mal 5 | sind 25, 6 mal 6 sind 36

SS | 6 mal 6 sind 36

Lehrer [...] prima Andreas ..

Der Schüler Andreas hat einen multiplikativen Zusammenhang erkannt. Sein Erkenntnisweg kann nach Peirce mit dem folgenden Dreischritt von Abduktion (Abb. 3r), Deduktion (Abb. 3s) und Induktion (Abb. 3t) dargestellt werden, wobei jetzt auch über die Überlegungen des Schülers spekuliert wird.

1. Abduktion

Resultat:	$1=1\cdot 1,\ 4=2\cdot 2,\ 9=3\cdot 3,\ 16=4\cdot 4,\ 25=5\cdot 5$
Gesetz:	Das i-te Folgenglied erhält man durch Multiplikation der Nummerierung des Folgengliedes mit sich selbst.
Fall:	Der 1. (2., ...) Wert wird unter Verwendung der Nummerierung „1 (2, ...)“ berechnet.

Abb. 3r Die Abduktion als erster Schritt im Erkenntnisprozess von Andreas

2. Deduktion

Fall:	Der 6. Wert wird unter Verwendung der Nummerierung „6“ berechnet.
Gesetz:	Das i-te Folgenglied erhält man durch Multiplikation der Nummerierung des Folgengliedes mit sich selbst.
Resultat:	$6\cdot 6=36$.

Abb. 3s Die Deduktion als zweiter Schritt im Erkenntnisprozess von Andreas

3. Induktion

Fall:	Der 6. Wert wird unter Verwendung der Nummerierung „6“ berechnet.
Resultat:	Der Lehrer und die Mitschüler bestätigen, der 6. Wert sei $6\cdot 6=36$.
Gesetz:	Das i-te Folgenglied erhält man durch Multiplikation der Nummerierung des Folgengliedes mit sich selbst.

Abb. 3t Die Induktion als dritter Schritt im Erkenntnisprozess von Andreas

Mathematisch ausgedrückt, entdeckt oder assoziiert der Schüler die Bildungsvorschrift der quadratischen Funktion $f(x) = x^2$. Obwohl das Gesetz der Abduktion naheliegend ist, hat es dennoch hypothetischen Charakter, zumal beliebig viele Bildungsvorschriften möglich wären, wenn nur erste Folgenglieder bekannt sind. Durch die nachfolgende Deduktion könnte der Schüler dann die notwendige Implikation aus diesem Gesetz gezogen haben: Wenn die Bildungsvorschrift richtig ist, dann muss an der Stelle des sechsten Wertes auch das Folgenglied „36" erscheinen. Dies ist die deduktive Konsequenz aus dem abduktiv gewonnenen Gesetz. Nachfolgend testet der Schüler die Implikation. Dies geschieht durch seine obige Äußerung („[...] 6 mal 6 sind 36"). Der Schüler erhält durch das Lob des Lehrers (und die ihn im Kanon begleitenden Mitschülerinnen und Mitschüler) seine Bestätigung. Der induktive Schluss am Ende seines Erkenntnisprozesses fällt entsprechend positiv aus und die von ihm entwickelte Bildungsvorschrift erhält einen neuen Anwendungsfall. Es ist auch denkbar, dass der Schüler weniger als vier Beispiele zur Entwicklung seiner Bildungsvorschrift benötigte. Er hätte dann die Möglichkeit gehabt, seine Hypothese an den weiteren vorgegebenen Werten aus der Tabelle zu überprüfen.

Verglichen mit den in Kapitel 2 vorgestellten Beweistypen könnte ein solcher empirischer Erkenntnisweg als ein experimenteller Beweis auf der Basis einer bereits vollzogenen Abduktion angesehen werden. In diesem Zusammenhang sei auch angemerkt, dass die weiteren Beweistypen (formal-deduktive und inhaltlich-anschauliche Beweise) in den noch folgenden Ansätzen zur Überprüfung abduktiver Vermutungen zwar eine Rolle spielen, sich jedoch eine Unterscheidung zwischen diesen Typen in den empirischen Fallstudien als schwierig herausstellte. Einen Grund hierfür bilden die impliziten Anteile von Äußerungen der Lernenden (s. Abschn. 5.4.5).

b) *Die empirische Überprüfung einer Hypothese mittels des hypothetisch-deduktiven Ansatzes*

Die Überprüfung einer abduktiv aufgestellten Hypothese muss nicht durch den Test weiterer Einzelfälle erfolgen, sondern kann auch durch den Test solcher Konsequenzen gelingen, die über den Geltungsbereich des Gesetzes hinausgehen: Nachdem abduktiv die Hypothese aufgestellt wurde, wird zunächst vorausgesagt, „[...] welche Folgen sich für empirisch zugängliche Phänomene ergäben" (Carrier 2000, S. 44). Die deduktiv ermittelten Folgen werden anschließend getestet. Am Beispiel von Newtons Entdeckung (Gravitation) beschreibt Reichenbach diesen Ansatz folgendermaßen:

> „Die Geschichte von Newtons Entdeckung stellt eine überzeugende Illustration der modernen wissenschaftlichen Methode dar. Das Beobachtungsmaterial ist der Ausgangspunkt der Methode, aber Beobachtungen erschöpfen die Methode nicht. Sie werden ergänzt durch eine mathematische Erklärung, die weit über das Beobachtete hinausgeht; dann wird die Erklärung mathematischen Ableitungen unterworfen, die ihre verschiedenen Folgerungen deutlich machen, und erst diese Folgerungen werden durch Beobachtungen geprüft. Diesen Beobachtungen bleibt das ‚Ja' oder ‚Nein' überlassen, und insofern ist die Methode empirisch." (Reichenbach 1968, S. 120)

Der Unterschied zwischen den beiden Ansätzen wird bei der Betrachtung der Hypothese von Fermat deutlich: $2^{2^n} + 1$ ist für $n \in \mathbb{N}$ stets prim (s. Abschn. 3.2). Eine Überprüfung dieser Hypothese qua Bootstrap-Modell würde aus dem Test eines Zahlenbeispiels für n bestehen. Eine Überprüfung qua hypothetisch-deduktivem Ansatz könnte unter der Verwendung einer allgemeinen Primzahlregel geschehen: Wenn x ($x \neq 2$) eine Primzahl ist, dann ist x ungerade. Fermats Hypothese müsste also die Konsequenz aufweisen, dass $2^{2^n} + 1$ ($n \in \mathbb{N}$) ungerade ist ($\forall n \in \mathbb{N}_0$: $2^{2^n} + 1 \neq 2$, somit muss die einzig gerade Primzahl nicht gesondert betrachtet werden).

Während die Überprüfung einer Hypothese mittels des Bootstrap-Modells innerhalb der bereits gezogenen Grenzen eines Zusammenhangs verbleibt, fokussiert die Überprüfung mittels des hypothetisch-deduktiven Ansatzes auf externe Konsequenzen und geht somit über die durch die anfängliche Abduktion gezogenen Grenzlinien hinaus. Vollzieht sich die Hypothesenprüfung mittels des Bootstrap-Modells, so wird – vereinfacht ausgedrückt – in jedem der drei Schritte (Abduktion, Deduktion und Induktion) dasselbe Gesetz verwendet. Beim hypothetisch-deduktiven Ansatz werden innerhalb der Deduktion die Konsequenzen einer abduktiv ermittelten Hypothese (Fall oder Gesetz) durch ein anderes Gesetz als dem aus der Abduktion gefolgert.

Die innerhalb der Deduktion des hypothetisch-deduktiven Ansatzes ermittelten Konsequenzen einer Hypothese sind ebenfalls weitere Fakten, welche die Hypothese induktiv erhärten oder diskreditieren. Die konsequenzenlogische Seite findet sich also in beiden Überprüfungsansätzen; jedoch spielt die Deduktion im systeminternen Bootstrap-Modell eine eher untergeordnete Rolle, weil sie dort nahezu der „umgedrehten" anfänglichen Abduktion – unter Verwendung eines neuen, ähnlichen Falls – entspricht (s. Abb. 3r und 3s).

Die Sicherung einer Hypothese kann auf beiden Wegen viel komplizierter sein, als durch eine einfache Kombination von Deduktion und Induktion dargestellt werden könnte. Einerseits muss ausgehend von der abduktiv gewonnenen Hypothese ein weiteres Gesetz assoziiert werden (beim hypothetisch-deduktiven

Ansatz), andererseits könnte es noch weiterer Schritte bedürfen, die uns erklären, an welchen vergleichbaren Phänomenen die Hypothese überprüfbar ist (beim Bootstrap-Modell). Dass dies nicht selbstverständlich sein muss, wird durch folgendes Zitat deutlich:

> „[...] for thousands of men a falling apple was nothing but a falling apple; and to compare it to the moon would by them be deemed 'fanciful'." (CP 1.46)

Auch wenn es fraglich ist, ob ein Apfel für Newtons Entdeckung ausschlaggebend war, so zeigt sich, dass in einem einzelnen Beispiel einer Erkenntnissicherung nicht nur Deduktionen und Induktionen denkbar sind, sondern auch Abduktionen. Diese dienen dann dazu, mögliche und notwendige Konsequenzen der Ausgangshypothese zu erkennen.

Zusammenfassend kann festgestellt werden, dass Peirce mit seiner Forschungslogik in drei Schritten eine grundlagentheoretisch relevante Differenzierung bietet, die eingefahrene Sichtweisen irritiert: Im Hinblick auf den Grundlagenstreit im Horizont der Unterscheidung zwischen Deduktion und Induktion (kritischer Rationalismus und logischer Empirismus) als entscheidende Schlussform zur Beschreibung von Erkenntnisfortschritten zeigt Peirce das verbindende Moment, die Abduktion. Somit können die Verfahren der Deduktion und Induktion nicht gegeneinander ausgespielt werden, sondern erschließen, fundiert auf der Abduktion, jeweils bestimmte rationale Vorgänge weitergehend.

Mit der beschriebenen Darstellung des Prozesses der Erkenntnisgewinnung und -sicherung kann Peirce auch als Vorgänger der Falsifikationstheorie Poppers angesehen werden. Das Kriterium der Begründung von Theorien wird durch das Kriterium der Überprüfung eben dieser Theorien ersetzt. Ausgangspunkt der Falsifikationstheorie ist die Überlegung, dass es (in den empirischen Wissenschaften) unmöglich ist, neue Theorien, Gesetze oder Fälle als unzweifelhaft wahr zu begründen oder zu bestätigen. Denn wie stark ihre induzierte Evidenz auch erscheinen mag, so bleiben sie doch grundsätzlich widerlegbar. Der Erkenntnisfortschritt kann nur durch das systematische Testen, Verwerfen und Verbessern vorangetrieben werden. Sicherheit wird nur dann erreicht, wenn die Induktion negativ ausfällt (eliminative Induktion).

Exkurs: Diagrammatisches Schließen

Basierend auf dem Dreischritt von Peirce stellt Hoffmann (u. a. 2001, 2002) einen semiotisch-pragmatischen Ansatz zur Beschreibung des Mathematiklernens dar. Dieser Ansatz geht auf die Peircesche Theorie des „diagrammatischen Schließens" zurück:

> „Mit diagrammatischem Schließen meine ich Schließen, welches gemäß einer in allgemeinen Begriffen formulierten Vorschrift ein Diagramm konstruiert, Experimente an diesem Diagramm durchführt, deren Resultate notiert, sich Gewissheit verschafft, dass ähnliche Experimente, die an irgendeinem gemäß der selben Vorschrift konstruierten Diagramm durchgeführt werden, die selben Resultate haben würden, und dieses in allgemeinen Begriffen zum Ausdruck bringt." (Peirce NEM III, S. 41 f.; übersetzt und zitiert von Hoffmann 2001, S. 237)

Der Prozess des diagrammatischen Schließens beginnt mit der Konstruktion eines Diagramms. Der Begriff des „Diagramms" umfasst nicht nur geometrische Figuren, sondern beispielsweise auch algebraische Formeln (Hoffmann 2002, S. 186). Ebenso ist es unerheblich, ob das Diagramm „extern" oder „intern" repräsentiert ist (ebd., S. 183).

Der Dreischritt von Abduktion, Deduktion und Induktion ist zentral beim diagrammatischen Schließen und kann an vielen Stellen auftauchen. Die Abduktion kann uns dazu verhelfen, einerseits das Diagramm zu entwickeln und zu verallgemeinern sowie andererseits hierin gegebene Implikationen zu erkennen (Hoffmann 2003b, S. 306). Die Entwicklung und der anschließende Test der Implikationen erfolgen wiederum durch das Zusammenspiel der Schlussformen Deduktion und Induktion. Da Diagramme durchaus mehrere Implikationen enthalten können, kann der Dreischritt wiederholt auftreten (eine genauere Ausführung des diagrammatischen Schließens sowie Beispiele hierfür finden sich u. a. bei Hoffmann 2002, S. 179 ff.; ebd. 2001; sowie in diversen Beiträgen in Hoffmann 2003a).

3.4.2 Mathematische Erkenntnisentwicklung

Mathematik gilt gemeinhin als logische Wissenschaft, zumindest dann, wenn Logik so verstanden wird, dass die Schlüsse denknotwendig sind. Zum Beispiel werden in der euklidischen Geometrie ausgehend von wenigen Axiomen alle weiteren Aussagen streng deduktiv gefolgert. Dass die Mathematik aber nicht nur deduktive Strukturen aufweist und ihre logischen Grundlagen nur eine relative Stabilität sichern, zeigte Gödel (1931). Am Beispiel der Arithmetik wies der Autor nach, dass sich eine mathematische Theorie nicht innerhalb und mittels der Theorie selbst vollständig und widerspruchsfrei begründen lässt. Dies aber wäre für einen lückenlosen Beweis eines mathematischen Satzes (auch in der euklidischen Geometrie) notwendig. Darüber hinaus weist Lakatos (1982) darauf hin, dass sich solche Probleme nicht nur auf den Ursprung mathematischer Disziplinen beziehen. Der Autor kommt nach seiner Analyse zu dem Schluss, dass

> „[…] der mathematische Empirismus und Induktivismus (nicht nur bezüglich des *Ursprungs* oder der *Methode*, sondern auch der *Begründung* der Mathematik) lebendiger und verbreiteter ist, als viele zu glauben scheinen.“ (ebd., S. 27)

Im Folgenden soll es aber nicht um den Ursprung oder um die Begründung der Mathematik gehen, sondern um die Methode. Die zentrale Fragestellung lautet also: Wie entstehen neue mathematische Erkenntnisse?

In seinem Buch „Beweise und Widerlegungen“ beschreibt Lakatos (1979) die Arbeit von Mathematikerinnen und Mathematikern als „quasi-empirische Wissenschaft“ (Lakatos 1982, S. 29 ff.; vgl. Jahnke 1978, S. 277), die sich wie folgt entwickelt:

> „Es beginnt mit Problemen, für die kühne Lösungen vorgeschlagen werden, dann kommen strenge Prüfungen, Widerlegungen. Vehikel des Fortschritts sind kühne Spekulationen, Kritik, Streit zwischen konkurrierenden Theorien, Problemverschiebungen. Das Augenmerk richtet sich stets auf die undeutlichen Grenzen. Fortschritt und permanente Revolution heißt die Losung, nicht Grundlagenforschung und Ansammlung ewiger Wahrheiten.“ (Lakatos 1982, S. 28)

Kommen wir zurück auf das betrachtete Beispiel der Entwicklung einer Bildungsvorschrift ausgehend von einer gegebenen Zahlenfolge aus dem Mathematikunterricht (Abb. 3r–t). Lernende müssen die Bildungsvorschrift ausgehend von einigen Folgengliedern zunächst abduktiv entwickeln und können sie anschließend nur deduktiv und induktiv prüfen. Sie können aber ihre entdeckte Bildungsvorschrift nicht selbständig als die von der Lehrperson erwartete verifizieren. Eine solche Sicherheit wird in der Unterrichtsrealität oft durch soziale Regeln vermittelt. Die Lehrperson bestätigt oder widerlegt kraft ihrer ihr sozial zugeschriebenen Autorität die Hypothesen der Schülerinnen und Schüler.

Man kann einwenden, das Beispiel von der Zahlenfolge sei bei Angabe einer endlichen Menge von Folgengliedern kein für die Mathematik typisches Beispiel einer Entdeckungsaufgabe, weil die Entdeckung prinzipiell nicht für alle natürlichen Zahlen gelten muss. Jedoch ist es im Mathematikunterricht nicht unüblich, dass Lernende Gesetze entdecken sollen oder dargestellt erhalten und dann diese Gesetze nicht verifiziert werden. Solche Gesetze werden entweder nur durch Beispielrechnungen induktiv überprüft oder es wird eine geometrische Figur zur Begründung genutzt, wie z. B. ein aus Würfeln bestehender Quader für das Assoziativgesetz der Multiplikation. Jedoch ist diese Figur stets eine konkrete Figur. Die oder der mathematisch begabte Schülerin bzw. Schüler mag in der konkreten Figur den algebraischen Zusammenhang erkennen, aber es entspricht durchaus der Unterrichtserfahrung, dass viele Schülerinnen und Schüler die Figur als Veranschaulichung einer konkreten Rechnung sehen und mit diesem empirischen Test des Gesetzes schon zufrieden sind.

Wird Erkenntnis auf dem Weg der drei Schritte Abduktion, Deduktion und Induktion gewonnen und bestätigt, so ergibt sich aus dem bisher Gesagten eine enorme Einschränkung: Die neuen mathematischen Gesetze werden im Dreischritt letztendlich nicht bewiesen und bleiben fraglich. Diese Sichtweise scheint für die Naturwissenschaften angemessen zu sein, wenn es um die passende Paarung zwischen Gesetzen aus der Wissenschaft und Phänomenen aus der Natur geht. Aber gerade für die Mathematik scheint ein anderes Verhältnis der drei Schlussformen von Bedeutung zu sein. Die Mathematik gibt uns das Werkzeug, neue Gesetze auf bereits bestehendes Wissen zurückzuführen und damit zu beweisen. Entsprechend erscheint die Mathematik in den wissenschaftlichen Lehrwerken als ein nach strengen Regeln aufgebautes Gebäude: Die überwiegende Mehrheit der Schlüsse sind deduktiv und nicht abduktiv oder induktiv.

Wie gelingt es, beide Sichtweisen auf Mathematik zu verbinden? Die Sichtweise von Mathematik als ewiges, sicheres Wissen, das durch Deduktionen vernetzt ist und die Sichtweise von Mathematik als quasi-empirische Wissenschaft (s. Lakatos). Es wäre falsch, die Sicherung mathematischen Wissens wie in genuin empirischen Wissenschaften der Induktion zu überlassen. Hume (1711–1776) beschrieb bereits früh die Unterschiede zwischen Erkenntnissen aus der Mathematik und den Naturwissenschaften (Abb. 3u).

Mathematische Erkenntnis	Naturwissenschaftliche Erkenntnis
- Aussagen sind durch „reines Denken" verifizierbar. - Gegenstand: „relations of ideas" - „intuitive" bzw. „demonstrative" Gewissheit - kontradiktorisches Gegenteil impliziert logische Widersprüche	- Aussagen nur durch Erfahrung verifizierbar - Gegenstand: „matters of facts" - nur „moralische" Gewissheit (d.h. Wahrscheinlichkeit) - kontradiktorisches Gegenteil impliziert keine Widersprüche

Abb. 3u Mathematische vs. naturwissenschaftliche Erkenntnis nach Hume (Lauth und Sareiter 2002, S. 87)

Obwohl die Gegenüberstellung ein idealtypischer Vergleich ist, wie spätestens durch den Verweis auf Lakatos deutlich geworden sein sollte, so wird dennoch ersichtlich, dass es die Mathematik mit einem im Vergleich zu den Naturwissenschaften anders aufgebauten Gegenstand zu tun hat. Dieser zeichnet sich durch eine empirisch relativ ungebrochene Rationalität aus, sodass eine Induktionskette, wenn sie denn unter ein Gesetz gefasst zu werden vermag, deduktiv unter Kontrolle gebracht werden kann. Die Induktion wird dabei durch die Deduktion „eingeholt" bzw. aufgehoben und so verfügbar. Entsprechend arbeitet die Mathematik mit Abduktionen, Induktionen und Deduktionen, um deduktive Bereiche, Zonen, Systeme herzustellen sowie zu unter- und erhalten. Oder kurz: Die „fertige" Mathematik konzentriert sich auf die Ergebnisse, nicht so sehr auf den operativen Weg ihrer Herstellung. Bei aller induktiven Konditioniertheit findet sie ihr Zentrum in Deduktionen und ist somit nicht auf Näherungen und auf „Bis-auf-Weiteres-Aussagen" angewiesen. Es ist dabei sicherlich nicht „unmathematisch", zunächst an Beispielen zu überprüfen, ob sich ein Beweisversuch mit möglicherweise schwierigen Deduktionen überhaupt lohnt oder ob nicht durch einen Widerspruch (eliminative Induktion) das neu aufgestellte Gesetz direkt verworfen bzw. abgeändert werden muss. Allerdings hat dies eher eine heuristisch-psychologische Funktion: Wir haben

> „[...] durch die Verifizierung des Satzes in verschiedenen Einzelfällen starke induktive Beweisstützen dafür gesammelt. Die induktive Phase überwand unseren ursprünglichen Verdacht, daß der Satz falsch sei, und vermittelte uns festes Vertrauen zu ihm. Ohne ein solches Vertrauen hätten wir kaum den Mut gefunden, den Beweis, der gar nicht wie eine Aufgabe nach Schema F aussah, in Angriff zu nehmen. ‚Wenn man sich vergewissert hat, daß der Lehrsatz wahr ist, beginne man, ihn zu beweisen' [...]." (Polya 1962, S. 134)

Die Schulmathematik hat wegen ihrer Anwendungsbezüge und didaktischen Aufbereitung einen noch größeren empirischen Anteil als die wissenschaftliche Mathematik. Sie erscheint häufig als ein Wissen über die empirische Wirklichkeit (z. B. Rechengesetze als empirische Eigenschaften von Klötzchen-Bauwerken; zur Schulgeometrie als Naturwissenschaft s. Struve 1990, S. 258). Auch mögen viele Schülerinnen und Schüler empirische bzw. experimentelle Beweise vorziehen, weil sie diese als einsichtiger empfinden (s. Abschn. 2.2). Jedoch sollten induktive Schlüsse wegen der Eigenart der Mathematik, die eben nur eine „quasi-empirische" Wissenschaft ist, nicht die gleiche Bedeutung wie in dem naturwissenschaftlichen Bereich haben. Wenn hier gesagt wird, dass in der Schule Induktionen zur Sicherung mathematischen Wissens genutzt werden, bedeutet das nicht, dass man sich damit begnügen sollte. Es bleibt die Frage, wie ausgehend von Abduktionen letztendlich Gewissheit durch Deduktionen erreicht werden kann. Anders ausgedrückt: Wie vollzieht sich eine „theoretische Erkenntnissicherung"?

3.4.3 Theoretische Erkenntniswege

Wenn abduktiv gewonnene Vermutungen bzw. Hypothesen direkt durch Deduktionen verifiziert werden sollen, dann muss zunächst analysiert werden, was bei den einzelnen Abduktionstypen fragwürdig sein und somit als begründungsbedürftig angesehen werden kann:

1. Unter- und übercodierte Abduktionen
Da bei unter- und übercodierten Abduktionen mit Hilfe eines bereits bekannten Gesetzes auf einen Fall geschlossen wird, ist das Gesetz als solches nicht weiter begründungsbedürftig (Es sei denn, das bekannte Gesetz sei noch nicht begründet worden und würde plötzlich fragwürdig. Dann würden auch die Überlegungen für kreative Abduktionen zutreffen). Vielmehr zeichnen sich über- und untercodierte Abduktionen dadurch aus, dass ein bekanntes Gesetz einen neuen Anwendungsbereich findet, insofern es zu dem beobachteten Resultat assoziiert wird. Insbesondere bei untercodierten Abduktionen ist es somit der Zusammenhang zwischen dem Gesetz und dem überraschenden Resultat, der fraglich bleibt (*Warum erklärt uns gerade dieses Gesetz jene Beobachtungen?*). Entsprechend kann auch fraglich sein, inwiefern der Fall der Abduktion als Fall des angewendeten Gesetzes angesehen werden kann (*Wieso passt dieser Fall zu diesem Gesetz?*). Innerhalb beider Fragestellungen beinhaltet ein solcher Begründungsbedarf auch das metasprachliche Problem, ob die beste Erklärung gerade mit dieser Abduktion herbeigeführt wird. Hierfür eine Begründung abzugeben, fällt Lernenden im Mathematikunterricht sicherlich schwer. Zudem halten Kinder häufig „[…] die vorgefundene Lösung *per se* schon für eine evidente Begründung" (Krauthausen 2001, S. 104). Weiterhin kann auch der Fall an sich fraglich sein (*Ist der Fall gültig?*). Der Begründungsbedarf, der hier befriedigt werden muss, bezieht sich auf die mathematische Gültigkeit des Falls (s. Abb. 3v).

Die dargestellten Zusammenhänge zeigen sich auch an dem Beispiel der „Produkte von Nachbarzahlen" und zwar in der Version der untercodierten Abduktion (Abb. 3k in Abschn. 3.3.1). Die hier benutzte dritte binomische Formel ist bereits aus dem vorangegangenen Unterricht bekannt. Ein erneuter Beweis dieses Gesetzes kann zur Wiederholung oder zur Erinnerung durchgeführt werden, jedoch wird hierdurch keine neue Erkenntnis gesichert. Allerdings erkennen Schülerinnen und Schüler durch seine eine solche Abduktion ein neues Anwendungsbeispiel für

Abb. 3v Ein theoretischer Erkenntnisweg mit der Begründung des abduktiv gewonnenen Falls

Abd.		Ded.
R_1		F_2
G_1		G_2
F_1	=	R_2

das bekannte Gesetz. Somit scheint es sinnvoll zu sein, den Zusammenhang zwischen beiden zu begründen: *Wo verbirgt sich in den Beispielrechnungen die Formel* $(x - b) \cdot (x + b) = x^2 - b^2$*?* Einer Schülerin oder einem Schüler könnte es etwa nicht auf Anhieb gelingen, den Term b^2 in der Differenz der Rechenergebnisse wiederzuerkennen. Der Fall selber ist jedoch leicht einsichtig und somit nur eingeschränkt begründungsbedürftig.

2. Kreative Abduktionen

Entdecken die Schülerinnen und Schüler im Mathematikunterricht qua kreativer Abduktion ein neues Gesetz, so ist nicht nur dessen Verwendung zum Verständnis mathematischer Resultate begründungsbedürftig, sondern vor allem das Gesetz selber. Lernende entdecken ja nicht nur, was in den Resultaten der Fall ist, sondern ebenso das Gesetz. Sie können also unter Zugzwang kommen, auch das Gesetz begründen zu müssen (*Warum gilt dieses Gesetz?*). Eine sich anschließende theoretische Erkenntnissicherung kann die in Abbildung 3w dargestellte Struktur aufweisen.

Abb. 3w Ein theoretischer Erkenntnisweg mit der Begründung des abduktiv gewonnenen Gesetzes

Abd.		Ded.
R_1		F_2
G_1		G_2
F_1	=	R_2

Des Weiteren kann ein potenzieller Begründungsbedarf hinsichtlich derjenigen Zusammenhänge bestehen, die bereits für unter- und übercodierte Abduktionen beschrieben wurden. Allerdings wird bei dem Beweis des Gesetzes der Zusammenhang zu dem konkreten Resultat und dem konkreten Fall oft gleichzeitig berücksichtigt.

In der zweiten Version des Beispiels der „Produkte von Nachbarzahlen" (kreative Abduktion, Abb. 3l in Abschn. 3.3.1) entdecken die Schülerinnen und Schüler eine neue Formel, die es vorrangig zu begründen gilt. Die Lernenden könnten also nun das Gesetz beweisen und somit ihre abduktiv gewonnene Erkenntnis absichern. Dies kann zum Beispiel mit Hilfe von Quadratmustern geschehen. Der Fall selbst ist offensichtlich und bedarf keiner weiteren Begründung.

Während mittels des Dreischritts zur Gewinnung letztendlicher Gewissheit nur die Möglichkeit einer Falsifikation gegeben ist und eine Bekräftigung des Gesetzes nur durch das Überprüfen eines weiteren Anwendungsbeispiels (Bootstrap-Modell) oder durch die Überprüfung weitergehender empirischer Konsequenzen (hypothetisch-deduktiver Ansatz) erfolgen kann (mittels der Schlüsse Deduktion und Induktion), haben wir in der Mathematik die Möglichkeit unsere abduktiv gewonnene Vermutung zu verifizieren (Deduktion). Um diese Verifikation zu ermöglichen, bedarf es eines neuen Schlusses, der die abduktiv gewonnene Erkenntnis als Konklusion (Resultat) enthält (s. Abb. 3v und 3w). Bei dem Dreischritt wird ausgehend von der Abduktion weiter geschlossen. Die empirischen und die theoretischen Wege der Erkenntnissicherung stehen natürlich nicht im Widerspruch zueinander, sondern können sich auch zur Begründung einer einzelnen Abduktion ergänzen (s. o.). Das obige Schema zur Auflistung möglicher Erkenntniswege (Abb. 3o in Abschn. 3.4.1) hat sich wie in Abbildung 3x dargestellt erweitert.

Auch auf einem theoretischen Weg der Erkenntnissicherung kann nicht geklärt werden, ob das Gesetz den Resultaten wirklich zugrunde liegt (s. *Warum erklärt uns gerade dieses Gesetz jene Beobachtungen?*). Es wäre durchaus möglich, dass ein anderes Gesetz dieselben Resultate zur Folge hätte. Eine Plausibilität hinsichtlich dieses Zusammenhanges erlangt man durch den Dreischritt. Betrachten wir hierzu noch einmal die Abduktion Keplers (Abb. 3h in Abschn. 3.3.1): Dieser konnte seine Entdeckung der elliptischen Planetenumlaufbahnen zwar nicht deduktiv begründen, doch anhand der von Tycho Brahe gemessenen Daten erhärten. Der deduktive Beweis des Gesetzes mittels eines gesetzten Modells gelang erst später mit der Theorie Newtons (Massenanziehung). Während also Kepler die Passung seiner Hypothese zu den Phänomenen darlegen konnte (empirische Erkenntnissicherung), gelang es Newton (unabhängig von den Daten Brahes), die Hypothese zu beweisen (theoretische Erkenntnissicherung).

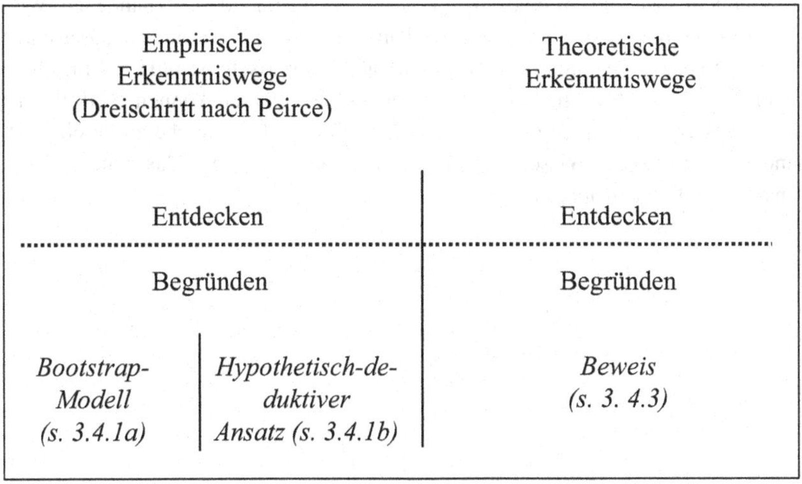

Empirische Erkenntniswege (Dreischritt nach Peirce)		Theoretische Erkenntniswege
Entdecken		Entdecken
Begründen		Begründen
Bootstrap-Modell (s. 3.4.1a)	*Hypothetisch-deduktiver Ansatz (s. 3.4.1b)*	*Beweis (s. 3. 4.3)*

Abb. 3x Empirische und theoretische Erkenntniswege

Sowohl die empirischen als auch die theoretischen Erkenntniswege verbinden Intuition und Logik zur Gewinnung und Sicherung neuer Erkenntnisse. Hinsichtlich der Reichweite der neuen Entdeckung können sie sich unterscheiden. Zwar werden Abduktionen immer vor einem gewissen Erfahrungshintergrund gebildet, doch sind die durch den Dreischritt gebildeten und bestätigten Erkenntnisse nicht abhängig von deduktiven Schlüssen, welche die neue Erkenntnis sicher auf altes Wissen zurückführen würden. Daher besteht mit dem Dreischritt nach Peirce die Möglichkeit, durch kreative Abduktionen neue Gesetze zu kreieren und zu bestätigen, die sich nicht aus dem bestehenden Wissensvorrat deduzieren lassen. Indem Gesetze entstehen können, für deren Ableitung es keine theoretische Grundlage gibt (s. Kepler), wird ein objektiver Erkenntnisfortschritt ermöglicht. Dies ist bei einem theoretischen Erkenntnisweg nur dann möglich, wenn die theoretische Grundlage noch geschaffen wird, also das vermutete Gesetz Anlass zur Bildung einer neuen Theorie gibt. Wenn aber der Beweis des Gesetzes eine Ableitung aus bekanntem Wissen ist, dann hat die Wissenserweiterung eher subjektiven Charakter. Auf empirischen Erkenntniswegen kann ein Wissen geschaffen werden, das sicher ist, bis Phänomene auftreten, die zur Falsifikation Anlass geben. Die theoretischen Erkenntniswege ermöglichen ein Wissen, das sicher ist, bis neue theoretische Grundlagen gewählt werden, aus denen sich dieses Wissen nicht mehr ableiten lässt.

Nachdem also die Abduktion vor dem Hintergrund des vorhandenen Wissens neue Hypothesen entstehen lässt, kann die weitere Abfolge im Dreischritt die Hypothese plausibilisieren. Während aber empirisch bestätigte Einsichten gerade in der Mathematik als unsicher angesehen werden können, verhilft uns eine deduktive Begründung des Gesetzes (oder des Falls), welche an bereits vorhandenes (implizites) Wissen anschließt, die neue Erkenntnis (das neue Wissen) denknotwendig abzusichern.

4 Begründen nach S. E. Toulmin

In Kapitel 2 wurde das Argumentieren als ein wichtiges Lernziel des Mathematikunterrichts herausgestellt. Bereits in der Grundschule sollen Kinder lernen, mathematisch zu argumentieren. Die Analyse von real im Unterricht stattfindenden Argumentationen bildet neben der Rekonstruktion von Entdeckungen den zweiten Schwerpunkt des empirischen Teils dieser Untersuchung. Die Grundlage hierfür stellt die Arbeit von Schwarzkopf (2000) dar.

In diesem Kapitel wird zunächst beschrieben, welche Kommunikationsprozesse als Argumentationen verstanden werden sollen. Im Anschluss daran erfolgt die Darstellung des Analyseschemas. Es handelt sich um das Schema zur Argumentationsanalyse von Toulmin (1996). Dieses wird danach den drei Schlussformen Deduktion, Abduktion und Induktion gegenübergestellt.

4.1 Einführung in die Argumentationsanalyse

Grundsätzlich lassen sich zwei Ansätze unterscheiden, die beschreiben, in welchen Situationen Argumentationen auftreten können. Nach dem „Diskurs-Modell" (Habermas 1999) werden Strittigkeiten unter den Schülerinnen und Schülern als konstitutiv für diesen Prozess angesehen. Die eigentliche Kommunikation wird mit dem Ziel einer rationalen Konsensfindung unterbrochen. Dieser Ansatz ist vor allem in der Linguistik stark verbreitet (u. a. Kopperschmidt 1989, Öhlschläger 1979, Klein 1980). Bereits durchgeführte Analysen (u. a. Schwarzkopf 2000, Krummheuer 1997) belegen jedoch, dass im Mathematikunterricht Strittigkeiten kein entscheidendes Merkmal für das Entstehen von Argumentationen sind. Durch die Anwesenheit und die Fachautorität der Lehrperson sind prinzipiell

M. Meyer, *Entdecken und Begründen im Mathematikunterricht*, Kölner Beiträge zur Didaktik der Mathematik, https://doi.org/10.1007/978-3-658-32391-2_4

andere Möglichkeiten gegeben, als durch eine antagonistische Argumentation eine Konsensfindung anzuzielen (Schwarzkopf 2000, S. 248).

Im Mathematikunterricht muss das Hervorbringen von Argumenten nicht auf einer Strittigkeit beruhen. Wenn die Lehrperson die Schülerinnen und Schüler auffordert zu begründen, warum die Winkelsumme in einem Dreieck 180° beträgt, dann argumentieren die Lernenden zumeist nicht gegeneinander, sondern vielmehr miteinander. Indem sie sich und der Lehrperson die Rationalität ihres Handels anzeigen, tragen die Lernenden zur Entwicklung des Unterrichtsgespräches bei. Hierbei sind sie

> „[…] in der Regel in Interaktionsprozesse eingebunden, die in der Gesamtheit ihrer Handlungen eine Argumentation erzeugen." (Krummheuer und Brandt 2001, S. 18)

Eine solche Argumentation kann nicht als Unterbrechung der Kommunikation aufgefasst werden, sondern vielmehr als einer ihrer wesentlichen Bestandteile.

Ein zweckmäßiger Argumentationsbegriff sollte beide Aspekte des Argumentierens umfassen: die Möglichkeit der rationalen Behebung einer Strittigkeit sowie die Möglichkeit der Begründung unstrittiger Sachverhalte. Um zudem den Besonderheiten des mathematischen Argumentierens (auch im Zusammenhang mit dem Beweisen) gerecht zu werden, sollte der Argumentationsbegriff von anderen Kommunikationsformen (Erzählen, …) unterschieden werden. Das Vorrechnen einer Aufgabe mittels eines Rechenverfahrens sollte zum Beispiel nicht als Argumentation angesehen werden (s. Schwarzkopf 2001, S. 253 ff.). Darüber hinaus zeigte die Analyse im Abschnitt 2.2, dass eine Reduzierung auf die formal-deduktive Logik nicht den Besonderheiten schulischer Begründungen (insbesondere beim entdeckenden Lernen) gerecht wird, sodass ein allgemeineres Beweisverständnis notwendig erscheint.

In dieser Arbeit wird der argumentationstheoretische Ansatz von Schwarzkopf (2000) benutzt. Der Autor unterscheidet in Anlehnung an Klein (1980) zwischen dem Argument und der Argumentation:

> „Der im Unterricht stattfindende *soziale Prozess*, bestehend aus dem Anzeigen eines Begründungsbedarfs und dem Versuch diesen Begründungsbedarf zu befriedigen, wird als *Argumentation* bezeichnet. Die in diesem Prozess hervorgebrachten *Begründungsangebote* werden mathematikspezifisch als *Argumente* analysiert." (Schwarzkopf 2000, S. 240)

Diese Definition von Argumentation ist unabhängig vom Vorliegen einer Strittigkeit: Die Anzeige eines Begründungsbedarfs muss nicht dadurch motiviert sein, dass eine Person die zu begründende Behauptung bezweifelt. So wird kaum eine

Lehrperson daran zweifeln, dass die Winkelsumme in einem Dreieck 180° beträgt. Es ist jedoch nicht überraschend, dass Lernende diese Aussage begründen sollen. Schwarzkopf (2000, S. 428) konnte zeigen, dass Argumentationen häufig von der Lehrperson initiiert werden. Diese stellt einen Begründungsbedarf her, der den Schülerinnen und Schülern befriedigt werden soll.

4.2 Die Struktur eines Arguments

Die Rekonstruktion von Argumenten erfolgt in dieser Arbeit mit dem Schema von Toulmin (1996). Die Eignung dieses Schemas für die Analyse von Mathematikunterricht wurde in der Mathematikdidaktik bereits mehrfach empirisch belegt (vgl. u. a. Knipping 2003, Krummheuer 1997, Krummheuer und Brandt 2001, Schwarzkopf 2000).

Nach Toulmin setzt sich ein Argument aus verschiedenen Bestandteilen zusammen, denen jeweils eine unterschiedliche Funktion zukommt. Diese Bestandteile werden aus den Äußerungen der Argumentierenden rekonstruiert, „[...] unabhängig von ihrer individuellen Intention und Sinngebung [...]" (Krummheuer 2003, S. 248). Kopperschmidt (1989) spricht in diesem Zusammenhang von verschiedenen Rollen bzw. Funktionen, die den einzelnen Teilen eines Arguments zukommen und bezeichnet die Anwendung des Toulmin-Schemas als „Rollenanalyse" bzw. als „funktionale Argumentationsanalyse" (ebd., S. 123).

Den Ausgangspunkt eines Arguments bildet nach Toulmin (1996, S. 88) das „Datum". Dieses beinhaltet unbezweifelte Aussagen, mit deren Hilfe auf eine Behauptung, die „Konklusion" (ebd.), geschlossen werden kann. In verkürzter Form ausgedrückt: „Konklusion, weil Datum" (s. Abb. 4a).

Abb. 4a Entwicklung des Toulmin-Schemas – erster Schritt

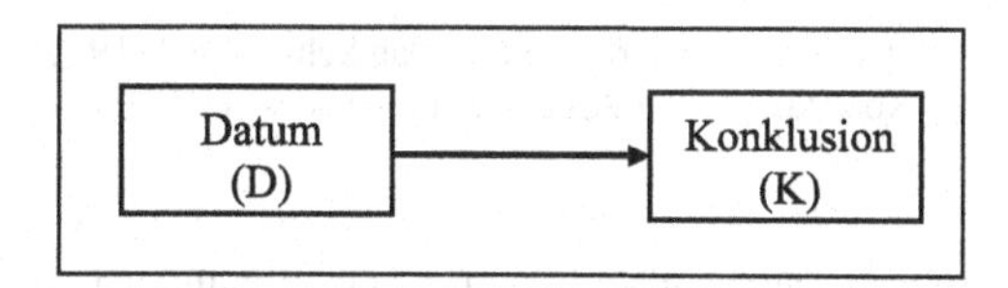

Ein wahres Datum begründet jedoch nicht jede Konklusion. Es bedarf einer Beziehung zwischen diesen Elementen:

> „An dieser Stelle braucht man deshalb allgemeine, hypothetische Aussagen, die als Brücken dienen können und diese Art von Schritten erlauben, zu denen uns unsere bestimmte Argumentation verpflichtet." (Toulmin 1996, S. 89)

Diese Brückenfunktion übernimmt eine Regel (s. Abb. 4b). Diese bildet den Übergang zwischen Datum und Konklusion und legitimiert somit den Schluss. Toulmin selbst nennt die Regel „warrant", welches von Berk übersetzt wurde in „Schlußregel" (Toulmin 1996, S. 89). Wunderlich (1981) wählte den Begriff „Rechtfertigung". Weiterhin existiert noch die Übersetzung „Garant" (u. a. Krummheuer 1997 und Knipping 2003). Nach der Erfahrung des Missverstehens des Wortes „Schlussregel", wählte Schwarzkopf (2001, S. 258) den Begriff „Argumentationsregel". Da hier ebenfalls Missverständnisse zu befürchten sind, soll in dieser Arbeit der allgemeine Begriff „Regel" aushelfen.

Toulmin (1996, S. 89) formuliert die Struktur der Regel folgendermaßen (Abb. 4b):

> „Solche Daten wie D berechtigen uns zu solchen Konklusionen oder Behauptungen wie K."

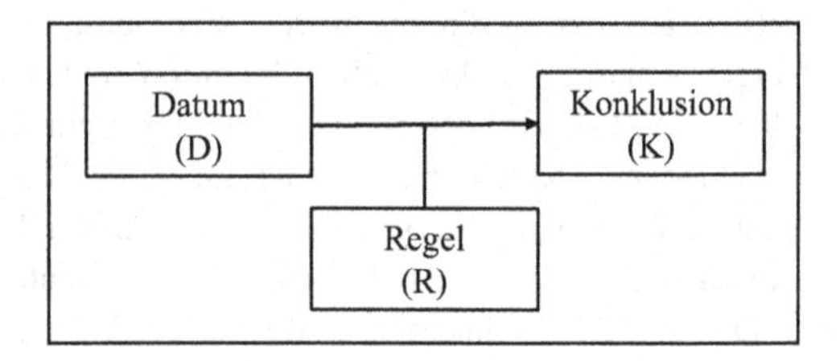

Abb. 4b Entwicklung des Toulmin-Schemas – zweiter Schritt

Entscheidend ist der unterschiedliche Grad des Geltungsbereiches der einzelnen funktionalen Elemente. So

> „[…] kann bemerkt werden, daß Schlußregeln [Regeln, M.M.] allgemein sind und die Korrektheit *aller* Argumentationen des betreffenden Typs feststellen." (Toulmin 1996, S. 91)

Regeln haben also immer einen allgemeineren Charakter als Daten und Konklusionen. Im Mathematikunterricht können Regeln mathematischen Gesetzen entsprechen. Diese überführen eine ganze Klasse von Daten in eine Klasse von Konklusionen.

Die Regel muss im konkreten Fall nicht selbstverständlich sein. Sie kann bezweifelt werden. Argumentierende mögen daher gezwungen sein, die Regel abzusichern. Solche Absicherungen werden als „Stützung" (Toulmin 1996,

S. 93 ff.) erfasst (s. Abb. 4c) und können beispielsweise durch die Angabe desjenigen Bereiches erfolgen, aus dem die Regel stammt.

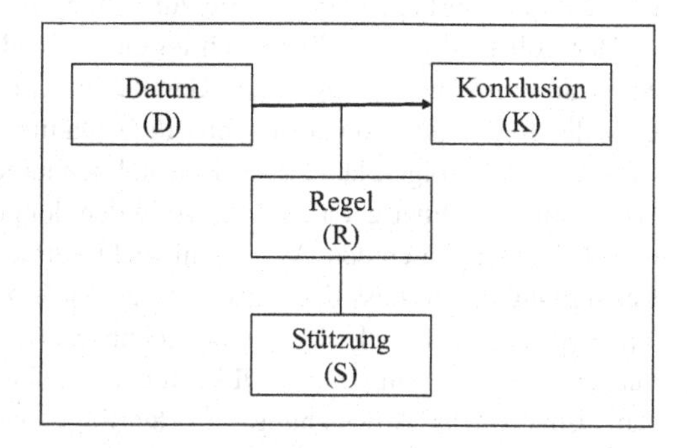

Abb. 4c Entwicklung des Toulmin-Schemas – dritter Schritt

Am Beispiel der Transitivität der Teilbarkeitsrelation nimmt das Schema die in Abbildung 4d präsentierte Gestalt an.

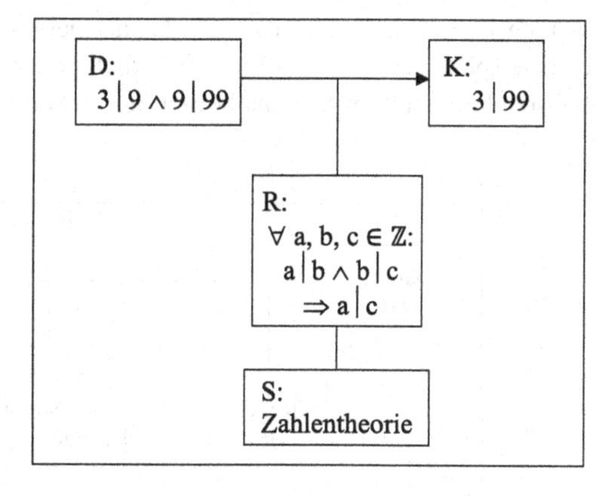

Abb. 4d Beispielhafte Anwendung der Transitivität der Teilbarkeitsrelation dargestellt mit dem Toulmin-Schema

Das Datum und die Konklusion dieses Arguments beinhalten Aussagen über konkrete Zahlenpaare. Bei der Regel handelt es sich um ein allgemeines Gesetz. Mathematische Expertinnen und Experten würden diese Regel ohne Bedenken akzeptieren, stellt sie doch einen mathematischen Gemeinplatz dar. In der Schule – oder bei diesem Beispiel eher im Studium – ist eine solche Selbstverständlichkeit jedoch nicht zwangsläufig zu erwarten. Die Frage nach der

Berechtigung dieser Regel wäre durchaus denkbar. Argumentierende hätten nun die Möglichkeit auf die Zahlentheorie zu verweisen. Sie könnten die Transitivität der Teilbarkeitsrelation auch auf gemeinsam anerkannte Definitionen und Sätze innerhalb der vorliegenden Theorie zurückführen.

Der Vollständigkeit halber seien an dieser Stelle noch zwei weitere Elemente des Toulmin-Schemas angeführt. Gerade in Alltagsargumenten ist es möglich, dass die Regel die Konklusion aus dem Datum nicht notwendig, sondern nur wahrscheinlich folgen lässt. Zum Beispiel behauptet jemand, es sei gerecht, beim Würfelspiel bei einer geraden Augenzahl den doppelten Einsatz zu erhalten, wenn man bei einer ungeraden Augenzahl nichts erhielte. Sie oder er begründet die Behauptung damit, dass der Würfel ebenso viele gerade wie ungerade Augenzahlen zeigt und könnte als Regel eine stochastische Aussage aus dem Mathematikunterricht nennen. Im realen Fall kann der Würfel jedoch ausnahmsweise gezinkt sein. Eine solche Abweichung von der Regel wird als „Ausnahmebedingung" (Toulmin 1996, S. 92) berücksichtigt. In unserem Beispiel folgt die Konklusion entsprechend nur unter eingeschränkten Bedingungen aus dem Datum: Der Würfel muss als idealer Laplace-Würfel betrachtet werden können. Die Ausnahmebedingung lautet folgerichtig: Es sei denn, der Würfel bzw. der Wurf ist ‚gezinkt'. Der Grad an Sicherheit, mit der nun die Konklusion aus dem Datum gefolgert werden kann, wird mit einem „modalen Operator" (ebd.) angegeben. Als einfache Beispiele seien die Terme „vermutlich" oder „wahrscheinlich" genannt. Das vollständige Toulmin-Schema besitzt die in Abbildung 4e präsentierte Gestalt.

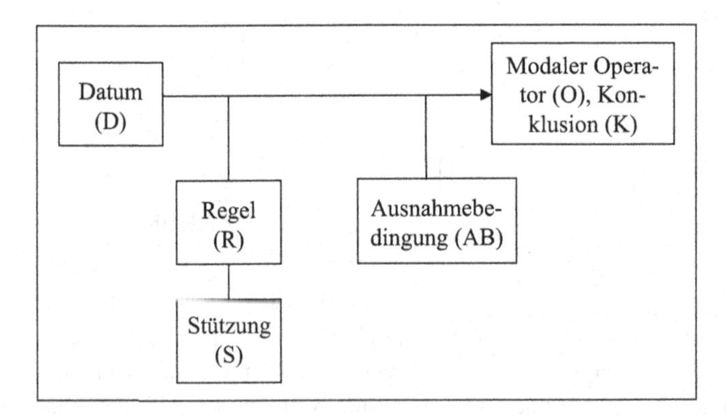

Abb. 4e Das vollständige Toulmin-Schema

Sobald Mathematik auf reale Phänomene angewendet wird, muss man Ausnahmebedingungen und modale Operatoren erwarten. Allerdings sind sie nicht charakteristisch für die theoretische Mathematik. Diese strebt vielmehr nach notwendigen Folgerungen. Schon seit der Entwicklung ihrer Wissenschaft sind die Mathematikerinnen und Mathematiker bemüht, Ausnahmen von Regeln auszuschließen. Durch Veränderungen (Präzisierungen, Theoretisierungen) der Aussagen in Datum und Konklusion sucht die Mathematikerin oder der Mathematiker die Notwendigkeit der Folgerungen zu gewährleisten. Allerdings kann auch der Beweis durch Widerspruch in Zweifel geraten, wenn man als Ausnahmebedingung „tertium datur" berücksichtigt.

Toulmin bietet ein Schema an, das reale Begründungen auf die funktionale Struktur inhaltlicher Aussagen und ihres Zusammenhanges reduziert. Hierdurch wird eine überschaubare Rekonstruktion auch komplexerer Begründungen ermöglicht. Wichtig zu bemerken bleibt, dass sich mit dem Schema von Toulmin, ebenso wie mit den Schemata der Abduktion, Induktion und Deduktion nach Peirce, natürlich keine Prozessdynamik abbilden lässt. Dies geschieht mittels des bereits vorgestellten Begriffs der Argumentation. Das Schema von Toulmin und die Schemata der Schlüsse nach Peirce spiegeln vielmehr eine inhaltliche, rationale Struktur wider.

Mehrgliedrige und mehrschichtige Argumente

In komplexeren Begründungssituationen kann es geschehen, dass zur Begründung einer Behauptung mehrere Folgerungen aufeinander aufbauen, sei es von einer Person oder von mehreren Personen interaktiv hervorgebracht. Die Konklusion eines ersten Schlusses fungiert dann als Datum eines zweiten (usw.). Krummheuer spricht in diesem Zusammenhang von einer „mehrgliedrigen Argumentation" (ebd. 2003, S. 248; s. auch Krummheuer und Brandt 2001, S. 36). Da in dieser Arbeit die begriffliche Unterscheidung von Schwarzkopf zwischen Argument und Argumentation beibehalten werden soll, muss präziser von einem „mehrgliedrigen Argument" gesprochen werden. Die einzelnen Glieder eines mehrgliedrigen Arguments werden „Begründungsschritte" (Schwarzkopf 2000, S. 395) genannt. Ein mehrgliedriges Argument bestehend aus zwei Begründungsschritten besitzt die in Abbildung 4f dargestellte Struktur.

Auch können zu einer bereits gerechtfertigten ersten Konklusion, die das Datum des zweiten Begründungsschrittes bildet, weitere Daten hinzukommen (s. Abb. 4g).

Die Regel wird nach Toulmin prinzipiell durch die Stützung abgesichert. Da eine Stützung jedoch nicht für jede Schülerin oder jeden Schüler der Klasse verständlich sein muss, kann hier ein weiterer Begründungsbedarf herrschen. Dieser

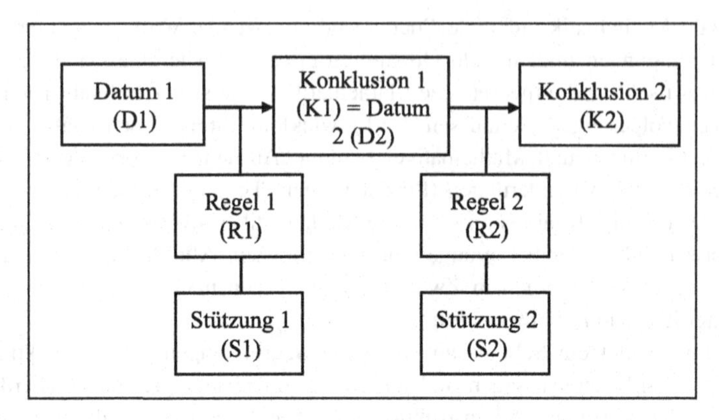

Abb. 4f Die Struktur eines mehrgliedrigen Arguments bestehend aus zwei Begründungsschritten

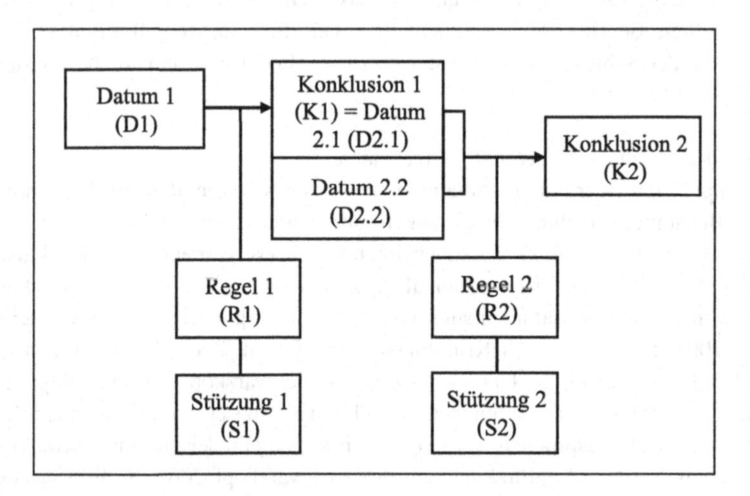

Abb. 4g Die Struktur eines mehrgliedrigen Arguments mit einem zusätzlichen Datum im zweiten Begründungsschritt

Bedarf kann auch von der oder dem Argumentierenden selbst unterstellt werden, wenn sie oder er zum Beispiel Missverständnisse oder Widersprüche hinsichtlich der von ihr oder ihm verwendeten Regel vermutet. Die Regel wird dann zur

Konklusion eines neuen Arguments. In Analogie zum Begriff der „Mehrgliedrigkeit“ wird in solchen Situationen von einem „mehrschichtigen Argument“ (Abb. 4h) gesprochen. Die empirische Arbeit an komplexen Begründungssituationen regte diese Begriffsbildung an.

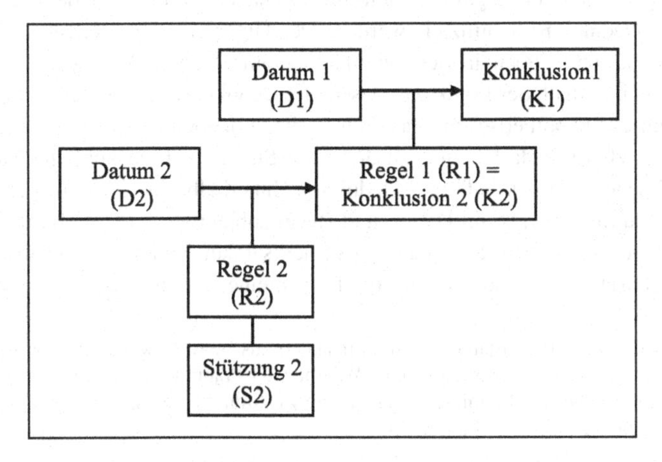

Abb. 4h Die Struktur eines mehrschichtigen Arguments

Insgesamt zeigt sich, dass es sich bei dem Schema von Toulmin um ein auf verschiedene Weisen erweiterbares Modell zur Rekonstruktion von Argumenten handelt. Dies wirkt sich vorteilhaft auf die Analyse von komplexen Äußerungen von Lernenden aus.

4.3 Vergleich von Argumenten (Toulmin) und Schlüssen (Peirce)

Bisher wurden mit dem Argument-Schema und den Schemata der Schlussformen Modelle aufgezeigt, die Analysen von Äußerungen von Lernenden ermöglichen. In diesem Abschnitt werden nun die Schlüsse einzeln mit dem Toulmin-Schema verglichen. Dabei wird zudem begründet, warum das Schema von Toulmin nicht für die Analyse von Entdeckungen geeignet ist.

4.3.1 Argument und Deduktion

Eingeschränkt auf die Elemente Datum, Konklusion und Regel erinnert das Schema von Toulmin an die Deduktion: Ausgehend von einem Fall (Datum) wird mit einem Gesetz (Regel) auf ein Resultat (Konklusion) geschlossen. Insofern kann das Schema zur Argumentationsanalyse nach Toulmin mit dem logischen Ideal der Deduktion identifiziert werden. Der Unterschied zwischen den beiden Ansätzen besteht jedoch in der Qualität der einzelnen funktionalen Elemente. Zwar muss innerhalb der Logik das Gesetz der Deduktion auch allgemein sein und kann ebenfalls hypothetischen Charakter besitzen, jedoch wird es hier als korrekt vorausgesetzt. Es bedarf keiner zusätzlichen Stützung. Eine ähnliche Situation besteht hinsichtlich des Falls der Deduktion. Innerhalb eines Arguments genügt es nach Toulmin aber, wenn Datum und Regel subjektive Relevanz besitzen. Der Autor richtet mit seinem Schema die Aufmerksamkeit von Wissenschaftlerinnen und Wissenschaftlern also auch auf die Inhalte eines Arguments:

> „Denn das Ziel der Argumentation liegt anders als beim Beweis nicht darin, die Wahrheit der Schlussfolgerung von der Wahrheit der Prämissen ausgehend zu beweisen, sondern die den Prämissen eingeräumte Zustimmung auf die Folgerungen zu übertragen." (Perelmann 1980, S. 30)

Mit der Verwendung des Toulmin-Schemas soll daher ein Verständnis von Begründungen betont werden, das nicht nur eine formal-logische Sichtweise beinhaltet, wie es durch die Verwendung des Schemas der Deduktion suggeriert werden würde. Dies wird in Abbildung 4i am Beispiel der Fermatschen Primzahlen (vgl. Abschn. 3.2) verdeutlicht (Abb. 4i).

Bei der Regel dieses Arguments handelt es sich um ein hypothetisches Gesetz, welches zuvor abduktiv gewonnen und induktiv bestätigt wurde. In der Stützung verbirgt sich das „Induktionsprinzip" in der Formulierung „Was 4 mal geprüft wurde, gilt immer" (für $\boldsymbol{n} = 0, 1, 2, 3$ ist $2^{2^n} + 1 = 3, 5, 17, 257$ – diese Zahlen sind tatsächlich Primzahlen).

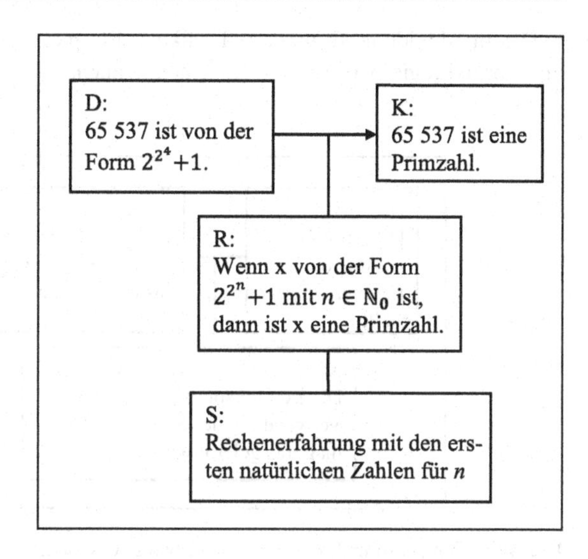

Abb. 4i Fiktives Toulmin-Schema für die fünfte Fermatsche Primzahl

Obiges Argument kann direkt auf die deduktive Form gebracht werden (s. Abb. 4j).

Abb. 4j Das allgemeine Deduktions-Schema

Fall: $F(x_1)$

Gesetz: $\forall i: F(x_i) \Rightarrow R(x_i)$

Resultat: $R(x_1)$

Formal handelt es sich dabei um eine korrekte Deduktion. Eine logische Analyse hilft aber dem inhaltlichen Verständnis nicht weiter, weil durch eine solche Sichtweise der Unterschied von der Gültigkeit eines Arguments zu seiner Ungültigkeit auf die Ebene der formalen Beurteilung der Prämissen (Datum und Regel bzw. Fall und Gesetz) gelegt wird. Wie in diesem Beispiel kann es sein, dass ein formal-logisch korrektes Argument eine falsche Prämisse (hier die Regel) hat.

Da ein im Sinne der formalen Logik korrektes Argument niemals gleichzeitig wahre Prämissen und eine falsche Konklusion haben kann, wird der sichere Übergang von wahren Prämissen zu einer wahren Konklusion gewährleistet. Solche Analysen können als zirkulär bezeichnet werden, weil die Konklusion nur in dem Maße sicher wird, wie es die Prämissen sind.

Das in Abbildung 4k dargestellte fiktive Beispiel zeigt, dass sich Argumente einer formal-logischen Analyse entziehen können.

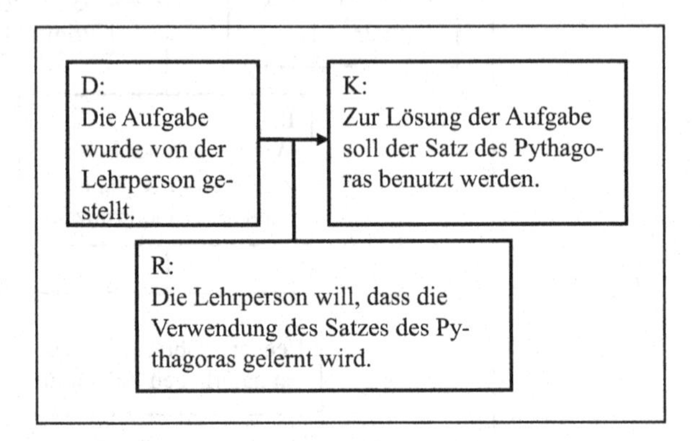

Abb. 4k Ein nicht formal-logisch analysierbares Argument

Während sowohl das Datum als auch die Regel dieses Arguments korrekt sein können, muss die Konklusion hieraus nicht folgen. Es könnte sein, dass die Lehrperson eine Aufgabe wählte, um die Grenzen des Satzes des Pythagoras (z. B. für ein nicht-rechtwinkliges Dreieck) hervorzukehren.

Sollen Argumente des Alltags rekonstruiert werden, so muss also ein anderes, allgemeineres Schema als das der Deduktion angewendet werden, weil wir „[...] in jeder Alltagssituation natürlich weit entfernt von den idealen Bedingungen deduktiven Schließens“ (Bartelborth 1999, S. 12) sind. Dass diese Aussage auch für die Schulmathematik Geltung besitzt, zeigte die Analyse in Abschnitt 2.2. Daher

> „[...] muss auf allgemeinere Argumentationsmodelle zurückgegriffen werden, in denen die Eigenständigkeit der Rationalität von Argumentation außerhalb der Mathematik und außerhalb der formalen Logik angemessen berücksichtigt wird und mathematische Argumente als Spezialfall behandelt werden können.“ (Schwarzkopf 2000, S. 75)

Während die Logik also unter einer formalen Betrachtungsweise die Relevanz aller Prämissen für die Konklusion betrachtet, verschiebt sich im Ansatz von Toulmin die Perspektive. Innerhalb seines Ansatzes wird vielmehr darauf geachtet, wie „[...] die Relevanz der Datenprämissen (D) für die Konklusion (K) begründet

[…]" (Bayer 1999, S. 146) wird. Gerade diese inhaltliche Perspektive erlaubt es, Argumente wie die obigen (Abb. 4i und 4k) sowie inhaltlich-anschauliche und experimentelle Beweise zu analysieren.

4.3.2 Argument und Abduktion

Als Schluss von Beobachtungsdaten zu einem erklärenden Fall kann die Abduktion auch beschrieben werden als „[…] reasoning backwards […] from consequent to antecedent." (CP 6.469, 1.74). Diese Betrachtungsweise ist vor allem in der KI-Forschung üblich (s. Charniak und McDermott 1985; Smith und Hancox 2001). Innerhalb der Mathematikdidaktik analysierte Knipping (2003) Abduktionen auf eine vergleichbare Art. Die Autorin schreibt:

> „Im Unterschied zu *deduktiven* Argumentationen wird in *abduktiven* Argumentationen von der Konklusion her auf ein mögliches Datum zurückgeschlossen." (ebd., S. 133)

Um das Finden von Begründungen für einen Sachverhalt zu beschreiben, schlägt Knipping vor das bekannte Toulmin-Schema umzuwandeln (s. Abb. 4l).

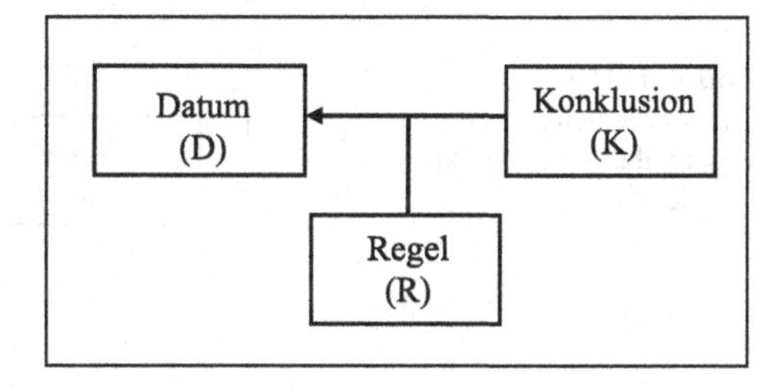

Abb. 4l Das Toulmin-Schema zur Beschreibung der Abduktion (modifiziert nach Knipping 2003, S. 132)

Durch diese Umwandlung wird eine Gleichsetzung von Konklusion und Resultat, von Datum und Fall sowie von Regel und Gesetz erzielt. Entsprechend der Reihenfolge in der Abduktion zeigt der Pfeil im Toulmin-Schema nunmehr auf das Datum. Es wird also nicht mehr auf die Konklusion geschlossen. Eine solche Gleichsetzung kann jedoch Missverständnisse erzeugen: Die Daten, die nach Toulmin als unbezweifelte Aussagen gelten, werden nur noch zu potenziell möglichen Fällen im Sinne der Abduktion. Aus der zuvor noch zu begründenden (und somit fraglichen) Konklusion wird ein gegebenes Resultat, welches nun den Ausgangspunkt darstellt. Bei der Abduktion stellt das überraschende Resultat jedoch nicht einfach eine zu begründende Behauptung dar, sondern bildet vielmehr den Auslöser für den Prozess der Hypothesenfindung. Durch die Gleichsetzung von Abduktionsschema und „Toulmin-Schema rückwärts" verändern sich also die jeweiligen theoretischen Begriffe grundlegend.

Die Umwandlung des Toulmin-Schemas in ein die Abduktion veranschaulichendes Schema hilft daher nicht, die besonderen Eigenschaften der Abduktion zu verdeutlichen. Knipping bezieht sich weder auf die Theorie der Abduktion noch beansprucht sie, primär entdeckende Prozesse im Unterricht zu analysieren. Deshalb ist die Kritik an der Gleichsetzung nicht an die Autorin gerichtet, sondern vielmehr an die verführerische Idee, Begründungs- und Entdeckungsprozesse mit dem gleichen theoretischen Mittel beschreiben zu können.

4.3.3 Argument und Induktion

In der üblichen Betrachtung (d. h. nicht entsprechend der Tradition von Peirce) verhilft eine Induktion dazu, ausgehend von gegebenen Fällen und Resultaten ein allgemeines Gesetz zu erschließen. Die Umwandlung des Induktionsschlusses in das Toulmin-Schema, die eine solche Sichtweise betonen würde, hätte die in Abbildung 4m dargestellte Form.

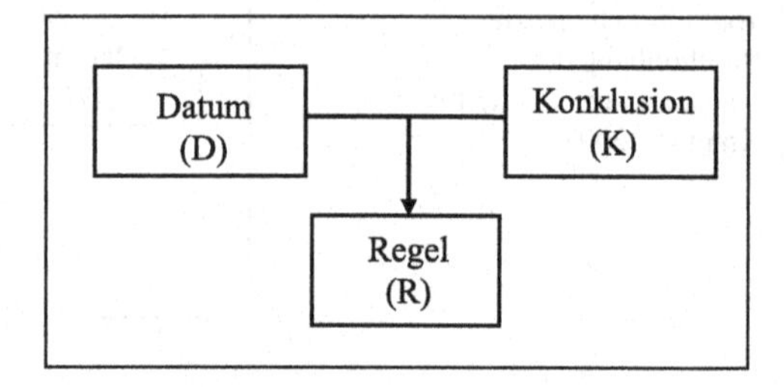

Abb. 4m Das Toulmin-Schema zur Beschreibung der Induktion (Version I)

Bei dieser schematischen Gleichsetzung entfällt die Stützung, weil die Regel erst durch das Zusammenschließen von Datum und Konklusion zu folgern ist. Es könnte wohl von einer „Stützung" in Form des „Induktionsprinzips" (s. Abschn. 3.2) gesprochen werden. Aber diese Stützung ist keine Stützung der Regel, wie nach Toulmin zu fordern wäre, sondern eine Stützung des Schlusses. Die Gleichsetzung hätte ebenfalls zur Folge, dass die nach Toulmin zu begründende Konklusion zu einer gegebenen Aussage wird.

Von einer anderen Seite betrachtet, bildet das Resultat innerhalb der Induktion eine Prämisse und könnte mithin auch als Datum im Sinne Toulmins angesehen werden. Eine solche Betrachtungsweise, welche die obige Problematik vermeiden würde, ließe sich wie in Abbildung 4n präsentiert rekonstruieren.

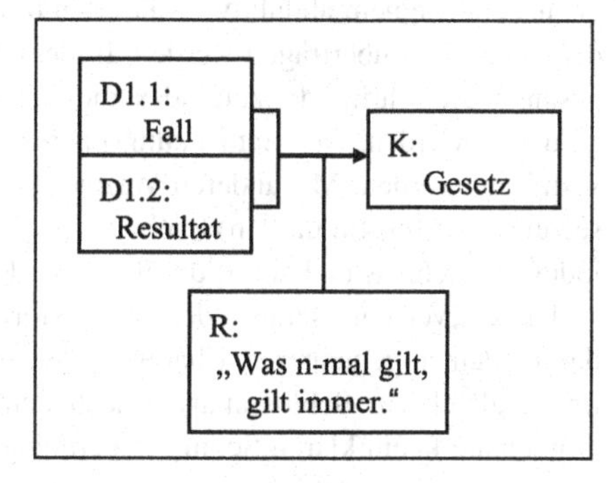

Abb. 4n Das Toulmin-Schema zur Beschreibung der Induktion (Version II)

In dieser Abbildung wird von zwei Daten ausgegangen. Mit Hilfe des allgemeinen „Induktionsprinzips" (oder einer Regel, die sich hierauf beruft,) erfolgt der Schluss auf das Gesetz. An diesem Schema lässt sich erneut die Unsicherheit des Schlusses der Induktion (in der traditionellen Sichtweise) erkennen: Als Schluss vom Besonderen auf das Allgemeine steht eine allgemeine Aussage (Gesetz) auf einer Ebene mit konkreten Fakten (Fall und Resultat). Der Grad der Allgemeinheit innerhalb eines Arguments sollte jedoch nur zwischen verschiedenen Ebenen (Schichten) wechseln.

In der Analyse der Schlussformen nach Peirce wurde erläutert, dass durch die Induktion das Gesetz nicht neu erschlossen wird. Vielmehr wird durch diesen Schluss ein zuvor abduktiv gewonnenes Gesetz bestätigt oder widerlegt. Betrachten wir hierzu erneut das Beispiel der Fermatschen Primzahlen (Abb. 4i). Nehmen wir (vereinfacht) an, Fermat habe am Beispiel der Zahl 3 erkannte, dass diese in der Form $2^{2^n} + 1$ ($n = 0$) darstellbar sei. Er könnte daraufhin die Vermutung aufgestellt haben, dass alle Zahlen dieser Form Primzahlen seien und bestätigte dies durch Testen anhand von $n = 1, 2, 3$. Genau diese Beispiele bilden in dem rekonstruierten Argument die Stützung der Regel. Dies wäre aber insofern problematisch, als dass Beispielrechnungen kaum einen Nachweis für Regeln geben können, was sie als Stützungen jedoch gewährleisten müssten (die Tieferstellung im Schema von Toulmin lässt sich analog zur Tieferstellung der Regel auch als allgemeinere Ebene verstehen). Die Beispiele selbst können aber nicht als Daten eingesetzt werden, weil solche Angaben den Anschluss an eine allgemeine Regel herstellen sollen. Zudem hätte dies zur Folge, dass neben der induktiven auch die abduktive Komponente eines Arguments wegfiele. Argumente der dargestellten Art enthalten, entsprechend der Analyse der Forschungslogik von Peirce, neben dem Schlussverfahren der Induktion, wenn die Konklusion etwa rechnerisch als richtig bestätigt wurde, vor allem das Schlussverfahren der Deduktion, da Konsequenzen aus einem abduktiv generierten bzw. bekannten Gesetz gezogen und auf den neuen Fall übertragen werden. In dem dargestellten Argument kann also der gesamte Dreischritt oder zumindest die Schritte Abduktion und Deduktion wiedergefunden werden. Der Entdeckungsprozess würde mit dem Begründungsprozess vermischt werden. Mit anderen Worten: Wenn man bei einer der obigen Gleichsetzungen (Abb. 4m und 4n) bliebe, „verschmelzen" der abduktive, deduktive und induktive Schluss und somit die Prozesse des Entdeckens und des Begründens.

Diese „Verschmelzung" der Schlussformen beim Argumentieren zeigt wiederum den allgemeineren Charakter der Argumentationsanalyse nach Toulmin im Vergleich zur Schlussanalyse nach Peirce, insofern insbesondere alltägliche Argumente kaum klaren Schlussfolgerungen genügen müssen:

> „Reasoning is of the three elementary kinds; but mixed reasonings are more common." (CP 2.774)

Diese Kritik, Abduktion, Deduktion und Induktion könnten in der Verwendung des Toulmin-Schemas miteinander „verschmelzen", trifft Toulmin selbst nicht. Denn es ging ihm nicht darum, nur Deduktionen zu erfassen, sondern allgemeiner um Rechtfertigungen für fragliche Aussagen. Eine Rechtfertigung kann sehr wohl abduktive und induktive Anteile haben und muss nur plausibel, nicht denknotwendig, sein. Zugespitzt schreibt Kopperschmidt:

> „Doch mehr als Plausibilitäten von Argumentationen zu erwarten heißt nur, den Sinn von Argumentationen zu verfehlen." (ebd. 2000, S. 110)

In der vorliegenden Arbeit sollen sowohl Entdeckungs- als auch Begründungsprozesse analysiert werden. Die Varianten des Toulmin-Schemas erlauben eine solche Analyse zwar, jedoch hätte dies zur Folge, dass es schwierig werden würde, zwischen Entdeckungen und Begründungen zu differenzieren und die wesentlichen Merkmale von Entdeckungen herauszuarbeiten. Die verwendeten Begriffe würden mehrdeutig werden und erst in ihrer Anwendung fallspezifisch klare Funktionen bezeichnen können. Wenn in den Fallstudien die Entdeckung eines Gesetzes oder eines Falls zu analysieren ist, wird daher auf das Abduktionsschema zurückgegriffen.

5 Methodologie und Methoden

In den vorangegangenen Kapiteln wurde auf theoretischer Ebene festgestellt, dass die Abduktion die zentrale Schlussform beim entdeckenden Lernen darstellt. In der zweiten Hälfte dieser Arbeit wird überprüft, ob das Schema der Abduktion auch für die Analyse von Vermutungen geeignet ist, welche Lernende beim entdeckenden Lernen im Mathematikunterricht aufstellen. Zusätzlich wird überprüft, ob sich die theoretisch erörterten Zusammenhänge zwischen Entdeckungen und Begründungen auch empirisch bestätigen lassen. Hierzu kommen neben dem Abduktionsschema die Schemata der Deduktion und der Induktion sowie das erprobte Toulmin-Schema zum Einsatz. Insgesamt wird also versucht, reale Prozesse der Erkenntnisgewinnung und -sicherung zu rekonstruieren.

Eine quantitative Bestimmung dessen, wie viele Abduktionen, Deduktionen und Induktionen im Mathematikunterricht stattfinden, steht nicht im Fokus dieser Untersuchung. Die Arbeit orientiert sich vielmehr an den methodologischen Prinzipien, wie sie aus der interpretativen Unterrichtsforschung innerhalb der Mathematikdidaktik bekannt sind (zur Rechtfertigung dieses Ansatzes s. Voigt 1984). Es wird versucht in einzelnen Unterrichtsszenen im Sinne von Fallstudien Abduktionen, Deduktionen, Induktionen und Argumente zu rekonstruieren. Die bisherige Beschreibung mag suggerieren, dass hierbei vorrangig theoriegeleitet gearbeitet wurde. Tatsächlich beeinflussten sich die theoretische und die empirische Arbeit wechselseitig. Die empirische Arbeit half, geeignete Theorien und Begriffe auszuwählen und sie an die Gegenstände mathematikdidaktischer Forschung anzupassen. Entsprechend kann eher von einem theorieformierenden bzw. theorieauswählenden Vorgehen gesprochen werden. Eine grundsätzlich neue Theorie wurde nicht generiert.

M. Meyer, *Entdecken und Begründen im Mathematikunterricht*, Kölner Beiträge zur Didaktik der Mathematik,
https://doi.org/10.1007/978-3-658-32391-2_5

In diesem Kapitel wird nun die Forschungsmethode dargestellt, nach der das Datenmaterial erhoben und analysiert wurde. Bevor dies geschieht, wird zunächst der Blickwinkel in seinen Grundzügen dargestellt, von dem aus die Unterrichtsrealität betrachtet wird. Es handelt sich um die Theorien des Symbolischen Interaktionismus und der Ethnomethodologie.

5.1 Symbolischer Interaktionismus und Ethnomethodologie

Für die qualitative Forschung ist die Einsicht wesentlich, dass die Wahl der Forschungsmethoden von der grundlagentheoretischen Perspektive auf den zu erforschenden Gegenstand abhängt. Wird die Begründung einer Regel durch eine Schülerin oder einen Schüler als (potenzieller) mathematischer Beweis verstanden, nutzt man Methoden der mathematischen Logik zur Analyse der Begründung. Wird die Begründung der Schülerin oder des Schülers jedoch als kognitive Leistung verstanden, nutzt man hermeneutische Methoden, um von der geäußerten Begründung auf das individuelle Denken der oder des Lernenden schließen zu können. Die Abhängigkeit der Forschungsmethode von der grundlagentheoretischen Sicht auf den Forschungsgegenstand fordert, diese Sicht zu explizieren, wenn man die Forschungsarbeit methodologisch begründen will. Für die vorliegende Arbeit bilden der Symbolische Interaktionismus und die Ethnomethodologie die entscheidende theoretische Grundlage, auf der dann speziellere theoretische Begriffe wie z. B. Abduktion genutzt werden.

Aus der Sicht des Symbolischen Interaktionismus und der Ethnomethodologie wird thematisiert, wie zwischen Menschen Intersubjektivität (und nicht notwendigerweise Objektivität) entsteht. Beide Wissenschaftszweige teilen dabei die grundlagentheoretische Position des Konstruktivismus (s. Mehan 1981).

Die Theorie des Symbolischen Interaktionismus wurde im Wesentlichen von Blumer verbreitet. Dieser geht von drei Prämissen aus:

> „Die erste Prämisse besagt, dass Menschen ‚Dingen' gegenüber auf der Grundlage der Bedeutungen handeln, die diese Dinge für sie besitzen. [...] Die zweite Prämisse besagt, dass die Bedeutung solcher Dinge aus der sozialen Interaktion, die man mit seinen Mitmenschen eingeht, abgeleitet ist oder aus ihr entsteht. Die dritte Prämisse besagt, dass diese Bedeutungen in einem interpretativen Prozess, den die Person in ihrer Auseinandersetzung mit den ihr begegnenden Dingen benutzt, gehandhabt und abgeändert werden." (ebd. 1981, S. 81)

Dem Zitat entsprechend wurzelt die Bedeutung von „Dingen" einerseits in einer je individuellen Anschauung, andererseits ist sie das Produkt einer interaktiven Aushandlung. Die erste Prämisse ist jedoch nicht so zu verstehen, dass Handlungen das Produkt einer fixen Bedeutung sind. Vielmehr stehen Handlungen und Bedeutungen in einer Wechselwirkung zueinander:

> „In Abhängigkeit von der Situation, in die er gestellt ist, sowie der Ausrichtung seiner Handlung sucht der Handelnde die Bedeutungen aus, prüft sie, stellt sie zurück, ordnet sie neu und formt sie um. Demgemäss sollte die Interpretation nicht als eine rein automatische Anwendung bestehender Bedeutungen betrachtet werden, sondern als ein formender Prozess, in dessen Verlauf Bedeutungen als Mittel für die Steuerung und den Aufbau von Handlung gebraucht und abgeändert werden." (ebd., S. 84)

Die Bedeutung von „Dingen" geht auf die Bedeutung der sie beschreibenden Worte zurück. Worte können dabei in unterschiedlichen Sinnzusammenhängen unterschiedliche Bedeutungen aufweisen:

> „Wir kennen die Bedeutung eines Wortes, wenn wir die Handlungszusammenhänge, in denen das Äußern dieses Wortes eine Rolle spielt, beherrschen. Über dieses Handelnkönnen hinaus brauchen wir keinen mentalen oder ‚abstrakten' Gegenstand zu kennen, der als ‚die Bedeutung' des Wortes zu bezeichnen wäre." (Schneider 1978, S. 173; zitiert nach Voigt 1984, S. 7)

Pointiert ausgedrückt:

> „Die Bedeutung eines Wortes ist sein Gebrauch in der Sprache." (Wittgenstein 1971, S. 41)

Zum Beispiel verbinden Lernende mit dem Wort „Element" in einer Chemiestunde eine andere Bedeutung als im Mathematikunterricht. Während dieses Wort in beiden Kontexten noch eine relativ feste Bedeutung hat, muss dies bei anderen Begriffen nicht zwangsläufig gegeben sein. Individuelle Begriffsdefinitionen und Bedeutungszuweisungen sind dann nur dem Kontext der jeweiligen Äußerung zu entnehmen. Aber auch innerhalb eines Kontextes können sich die Bedeutungen von Worten verändern. So kann etwa in der Hochschule das, was zuvor als „Satz" im Mathematikunterricht bewiesen wurde, nach einem anderen Aufbau der Theorie zu einer Definition werden. Auch verändert sich die Bedeutung des Wortes „Zahl": Während ein Kind in der Grundschule hiermit noch vorrangig eine Anzahl von Dingen verbindet, erfolgt in der Hochschule eine axiomatische Festlegung bzw. eine philosophische Erörterung.

Mit dem Begriff der „Situationsdefinition“ wird innerhalb des Symbolischen Interaktionismus derjenige Prozess beschrieben, durch den ein Individuum eine Situation mit einer individuellen Bedeutung versieht (s. Krummheuer 1992, S. 22 ff.; Voigt 1984, S. 31 ff.). Unter diesem Begriff wird gleichermaßen der Deutungsprozess als auch dessen Produkt, die Deutung, gefasst. Entsprechend der dritten Prämisse Blumers handelt es sich um einen subjektiven Prozess fortlaufender Interpretationen. Dieser Prozess ist prinzipiell nie abgeschlossen, sondern kann jederzeit Veränderungen erfahren. Der Zusatz „Situation“ weist zudem auf die Kontextgebundenheit einer Deutungsbeimessung hin. Verschiedene Kontextbedingungen ermöglichen verschiedene Deutungen, auf deren Grundlage wiederum verschiedene Handlungen entstehen können: Wenn eine Deutschlehrkraft eine Schülerin oder einen Schüler darauf hinweist, dass ein Satz falsch sei, wird die Schülerin oder der Schüler andere Fehler suchen als im Mathematikunterricht. Aber auch dieselbe Situation kann von den Beteiligten unterschiedlich gedeutet werden: Negiert eine Schülerin oder ein Schüler zur Durchführung eines Widerspruchbeweises die zu beweisende Aussage, dann könnten die Mitschülerinnen und Mitschüler protestieren, weil sie meinen, sie oder er habe die Behauptung nicht verstanden.

Nicht jede Situation wird immer mit einer neuen Deutung versehen. Vielmehr hat das Individuum in der Regel vor Beginn seiner Deutung ein Raster entwickelt, dass es ihm ermöglicht, Situationen wiederkehrend auf ähnliche Art und Weise zu deuten. Die Situationsdefinition wird also unter einer bestimmten Perspektive, „Rahmung“ genannt, konstruiert. Der Begriff „Rahmung“ geht auf den Goffmanschen Begriff „frame“ (ebd. 1974) zurück und wurde von Krummheuer (u. a. 1992, S. 25 ff.) für die mathematikdidaktische Forschung fruchtbar gemacht. Eine Rahmung stellt eine Standardisierung von Situationsdefinitionen dar, indem sie „Plausibilitäts- und Ordnungsprinzipien [...] für eine bestimmte vorzunehmende Situationsdefinition“ (ebd. 1982, S. 44) beinhaltet. Zum Beispiel kann das Entdecken einerseits ein „Feststellen von Auffälligkeiten“ (Entdecken, dass etwas so ist) oder andererseits ein „Finden von Gründen für Auffälligkeiten“ (Entdecken, warum etwas so ist) sein. Während zum „Feststellen von Auffälligkeiten“ eher vordergründige Abduktionen notwendig sind, erfordert das „Finden von Gründen für Auffälligkeiten“ tiefergehende Abduktionen. Die zugrundeliegende Rahmung kann bei der Entdeckung von Faktischem als „empirische Rahmung“ beschrieben werden. Bei der Entdeckung von Gründen für etwas kann es sich beispielsweise um eine algebraische Rahmung handeln (s. Abb. 31 in Abschn. 3.3.1). Aufgrund der Veränderbarkeit von Situationsdefinitionen stellen auch Rahmungen kein starres Raster dar, sondern können ebenfalls umgeformt werden.

Der Begriff der Rahmung spielt bei der Argumentationsanalyse eine besondere Rolle. Nach Toulmin wird durch die Stützung die inhaltliche Kontextgebundenheit eines Arguments beschrieben. Gibt eine Schülerin oder ein Schüler in ihrer bzw. seinem Argument etwa einen Hinweis auf den inhaltlichen Kontext, aus welchem die benutzte Regel stammt, so kann die von ihr bzw. ihm eingenommene Rahmung leichter rekonstruiert werden. Darüber hinaus können dann Rahmungsdifferenzen zwischen einzelnen Schülerinnen und Schülern einfacher entdeckt werden. In diesem Sinn kann eine Argumentationsanalyse auch als „Rahmungsanalyse" verstanden werden (Schwarzkopf 2000, S. 185). Im Zusammenspiel von Resultat, Gesetz und Fall gibt es bei der Rekonstruktion der Schlussformen nach Peirce keine besondere Kategorie, welche der Stützung innerhalb des Toulmin-Schemas entspricht und somit auch schematisch Hinweise auf die Rahmung der Lernenden geben würde. Im empirischen Teil dieser Arbeit werden vereinzelt auch Rahmungen rekonstruiert, jedoch spielt dies eine eher untergeordnete Rolle.

Bisher wurde betrachtet, auf welche Weise Individuen „Dingen" oder Handlungen eine Bedeutung beimessen. Entscheidend für den Mathematikunterricht ist jedoch nicht nur die Bedeutungszuweisung des Individuums, sondern insbesondere die Herstellung von Intersubjektivität. Für Lehr-Lern-Prozesse ist es charakteristisch, dass zwischen der Lehrkraft und den Lernenden grundsätzliche Rahmungsdifferenzen bestehen: Die Lehrperson will die Schülerinnen und Schüler etwas lernen lassen, was sie nicht wissen. Auch kann man nicht erwarten, dass Schülerinnen und Schüler etwa bei der Bearbeitung einer Mathematikaufgabe vergleichbare Vermutungen aufstellen bzw. gleiche Situationsdefinitionen oder Rahmungen einnehmen. Es stellt sich also die Frage, wie Lernende und Lehrende eine gemeinsame Bedeutungsplattform entwickeln, die von allen akzeptiert wird.

> „Die in einer Interaktion von den Akteuren angestrebte Kooperation von Individuen ist nur zu erreichen durch Abstimmung der individuellen Handlungszüge. Diese Koordination bedingt ein wechselseitiges Abstimmen der jeweiligen Situationsdefinitionen." (Krummheuer 1992, S. 28)

Dieser Prozess der wechselseitigen Abstimmung, welcher auch als „Bedeutungsaushandlung" bezeichnet wird, stellt bestimmte Anforderungen an die Interagierenden:

> „Der einzelne Interaktionsteilnehmer bedenkt in seinem Handeln auch, was das Hintergrundverständnis und die Erwartungen der Gesprächsteilnehmer sein können und welche Wirkung seine Handlung haben könne. Die anderen Gesprächspartner machen

> sich die Handlung des Akteurs auch dadurch sinnhaft, indem sie dem Akteur ein Hintergrundverständnis und Absichten unterstellen, die von ihren eigenen abweichen können. Die folgenden Handlungen der Gesprächspartner werden vom ersten Akteur wiederum interpretiert als Hinweis auf ein Einverständnis oder einen Dissens im Gesprächsthema. Er kann sich veranlaßt sehen, sein Denken zu verändern, und so fort.“ (Voigt 1994, S. 87 f.)

Der Prozess der Bedeutungsaushandlung kann also als ein Prozess fortwährenden Interpretierens der Äußerungen des Gegenübers und als ein gleichzeitiges Einstellen auf dessen Hintergrundwissen beschrieben werden. Sind jedoch die Unterschiede zwischen den einzelnen Rahmungen der Interaktionsteilnehmerinnen und -teilnehmern („Rahmungsdifferenzen“) zu groß, so besteht die Gefahr eines Gesprächsabbruches. Durch „Modulationen“ (Krummheuer 1983, S. 20 ff.) können sich die Rahmungen der Interaktionspartnerinnen und Interaktionspartner einander anpassen. Das Ziel einer Modulation ist die Herstellung eines „Arbeitsinterims“ (Krummheuer 1983, S. 23 ff.). Ein solches Arbeitsinterim ermöglicht ein koordiniertes Handeln, bedeutet aber noch nicht, dass die Situationsdefinitionen oder Rahmungen der Beteiligten übereinstimmen. Die Interaktionspartnerinnen und -partner

> „[…] machen bzw. sagen […] das gleiche, ohne dabei dasselbe denken zu müssen.“ (Krummheuer und Voigt 1991, S. 17)

Bricht die Kommunikation nicht ab, so wird also ein Arbeitsinterim erstellt, welches den Interagierenden wiederum erlaubt, eine geteilt geltende Bedeutung der jeweiligen Situation zu erlangen. Es ist dabei sehr wohl möglich, eine gemeinsame (im Sinn „als gemeinsam geltende“) Bedeutung herzustellen, während die individuelle Deutung hiervon verschieden sein kann.

Bei der Ethnomethodologie handelt es sich um einen von Garfinkel (1967) geprägten Wissenschaftszweig. Dessen

> „Untersuchungsgegenstand […] sind alltägliche Interaktionen, genauer die alltäglichen Methoden, mit Hilfe derer Interaktionsteilnehmer das Alltagswissen ‚sammeln, überprüfen, mit ihm umgehen, es weitergeben usw.‘ […].“ (Voigt 1984, S. 12; Zitat im Zitat von Garfinkel 1973, S. 189)

Auch innerhalb dieses Wissenschaftszweiges wird von individuellen und situationsgebundenen Bedeutungszumessungen ausgegangen, die sich in den Äußerungen der Gesprächsteilnehmerinnen und -teilnehmer wiederfinden:

> „Als ‚Indexikalität' bezeichnet Garfinkel die räumlich-zeitlich-personelle Situationsabhängigkeit der Äußerung. Die Leistung, die die Interpretationsteilnehmer im Vollzug ihrer Alltagspraxis vollbringen müssen, liegt dann in der ‚Entindexikalisierung', d. h. in der Herstellung der Substitution indexikaler durch ‚objektive' Ausdrücke (‚remedying indexical expressions')." (Voigt 1984, S. 18)

Zur vollständigen Entindexikalisierung einer Äußerung müssen wiederum die Kontextbedingungen, die selbst indexikaler Natur sind, entindexikalisiert werden, und so fort. Diese ständige Bezugnahme auf den Kontext einer Äußerung wird auch als „Reflexivität" bezeichnet (für eine genauere Analyse dieses Begriffs s. Voigt 1984, S. 19 ff.).

Cicourel geht von verschiedenen „Basisregeln" aus, welche es den Teilnehmenden ermöglichen, ihrer Interaktion Sinn zu verleihen. Beispielhaft sei die „et-cetera-Regel" (ebd. 1981, S. 177 f.) angeführt:

> „Der Sprecher unterstellt, daß der Hörer auch über die nicht explizierten, aber gemeinten Bedeutungen der Handlungen Entscheidungen trifft, indem er einen umfassenderen Zusammenhang dem Sprecher unterstellt und diesen ‚ausfüllt', sozusagen zwischen den Zeilen liest. Außerdem unterstellt der Hörer, daß der Sprecher zu einem späteren Zeitpunkt mehrdeutige Ausdrücke, denen vorläufig bestimmte Bedeutungen zugeschrieben werden, klären wird." (Voigt 1984, S. 23 f.)

Der erste Aspekt dieser Regel geht von einem „sozial verteiltem Wissen" (Cicourel 1981, S. 177 f.) aus, auf das sich Sprechende und Hörende in ihrer Interaktion beziehen, ohne dass dieses gleichzeitig expliziert wird: Zum einen sind die bei der Interaktion genutzten Regeln bzw. Gesetze allgemeiner Natur (s. Kap. 3 und 4). Sie gelten also für eine Klasse von Fällen und werden entsprechend auch öfter verwendet. Die oder der Sprechende mag daher davon ausgehen, dass die Regeln bzw. Gesetze auch den Hörenden bekannt seien und deshalb nicht expliziert werden müssen. Zum anderen kann der Schülerin oder dem Schüler im Mathematikunterricht auch das Explizieren einer Regel schwer fallen (s. unten). Regeln bzw. Gesetze bleiben also oft implizit. Für die Analyse von Unterrichtsgesprächen ist dies einerseits ein Nachteil, weil zum Beispiel bei der Rekonstruktion eines Arguments die von der Schülerin oder vom Schüler benutzte Regel nicht immer zweifelsfrei erschlossen werden kann. Andererseits ergibt sich hierdurch der Vorteil, dass Rückschlüsse auf die in der Klasse als „sozial verteilt" angenommenen Selbstverständlichkeiten gezogen werden können.

Die ethnomethodologische Perspektive erfordert ein unvoreingenommenes Analysieren des Forschungsfeldes. In dieser Arbeit werden Entdeckungen und Begründungen von Lernenden mit den Schemata der Schlussformen bzw. dem

Argument-Schema von Toulmin rekonstruiert. Da die einzelnen Schemata Normen darstellen, wird von einem rein ethnomethodologischen Vorgehen abgewichen.

Durch die dargestellten Theorien wird hervorgehoben, dass eine gelingende Verständigung zwischen Menschen ein komplizierter Prozess ist, in dem Bedeutungen nicht fix, sondern variabel sind. Es handelt sich um Prozesse fortwährenden Interpretierens bzw. Entindexikalisierens, um ein andauerndes Aufeinanderabstimmen mit der Position des Gegenübers bzw. um ein Einstellen auf dessen Hintergrundwissen und Kontext.

Die Theorien der beiden vorgestellten Wissenschaftszweige können aber nicht nur hinsichtlich der Kommunikation zwischen Lehrenden und Lernenden bzw. unterhalb Lernender angewendet werden. Denn wenn die unterrichtliche Wirklichkeit als kausal indeterminiert und sowohl als kontextuell wie auch situativ bedingt angesehen wird, dann hat dies auch Konsequenzen für Wissenschaftlerinnen oder Wissenschaftler, die diesen Unterricht analysieren wollen. Diese Konsequenzen werden im weiteren Verlauf dieses Kapitels aufgezeigt.

5.2 Das Forschungsinteresse

Voigt (1996, S. 392 f.) unterscheidet zwischen einer mathematischen (objektiven), einer subjektiv gemeinten und einer interaktiv konstruierten Bedeutung. Zur Erfassung der mathematischen Bedeutung einer Lösung von Schülerinnen bzw. Schülern wäre zum Beispiel eine Analyse von Lösungszetteln sinnvoll. Eine Entdeckung wäre u. a. als mathematisch falsch zu bezeichnen oder hinsichtlich ihres Geltungsbereichs einzuschränken. Eine solche Analyse würde jedoch nicht erfassen, was in der Klasse als gemeinsam geteilte Entdeckung bzw. Begründung gilt und wie diese entsteht. Entsprechend würde der Prozesscharakter des Unterrichts nicht in die Analyse einbezogen und nur das Produkt von Entdeckungsprozessen erfasst werden.

Sollen die subjektiv konstruierten Deutungen eines jeden Individuums erfasst werden, so wären vorrangig die Methoden der Individualpsychologie zu wählen (u. a. Einzelinterviews). Es könnte zum Beispiel analysiert werden, inwiefern eine Entdeckung subjektiv überzeugend ist. Ein solcher Ansatz hat jedoch auch Nachteile: Entsprechend des interaktionistischen und ethnomethodologischen Ansatzes entwickeln Lernende zwar individuell ihre subjektiven Deutungen, doch sind ihre Äußerungen stets auch auf die Interaktionspartnerin oder den Interaktionspartner bezogen (s. obiges Zitat von Voigt). Es gibt keine direkte Verbindung zwischen den subjektiven Deutungen und den nach außen gerichteten und somit öffentlichen

Handlungen eines Individuums, weil letztere auch das Produkt von Aushandlungs- bzw. Modulationsprozessen sind. Die Analyse von subjektiv konstruierten Deutungen würde diesem Aspekt von Unterricht nicht Rechnung tragen. Zudem kann mit dem Schema der Abduktion die Rationalität einer Entdeckung und nicht deren Generierung rekonstruiert werden (s. Abschn. 3.3).

Wird die Bedeutung von „Dingen" als interaktiv konstruiert angesehen, so werden hermeneutische Methoden zur Analyse der Unterrichtsgespräche herangezogen. Entsprechend dieser Perspektive können Abduktionen nicht als individuelle Konstrukte eines Deutungsprozesses rekonstruiert werden. Eine Entdeckung wäre demnach etwa dann als „plausibel" zu bezeichnen, wenn auch andere Schülerinnen und Schüler sie zu begründen versuchen. Der Schwerpunkt der empirischen Analysen in dieser Arbeit liegt auf der Rekonstruktion der interaktiv konstruierten Bedeutungen. Zusätzlich werden aber auch mathematische und subjektiv gemeinte Bedeutungen betrachtet. Entsprechend beinhaltet die Analyse nicht nur deskriptive, sondern ebenfalls normative Anteile.

Da die Abduktionsanalysen an der Oberfläche des gesprochenen Wortes behaftet sind, kann bei der Analyse von Unterrichtsgesprächen nicht widerspruchsfrei belegt werden, welche Abduktion Schülerin oder Schüler x in Situation y bei der Bearbeitung der Aufgabe z subjektiv vollzogen hat (oder welche Rahmung er subjektiv eingenommen hat). Dies entspricht auch nicht dem hier vorliegenden Forschungsansatz. Von Interesse sind vielmehr öffentliche Entdeckungen und Begründungen. Diese werden nicht als Verhalten betrachtet, sondern als Handlungen, als auf subjektiven Deutungen basierend, aber wie gesagt, nicht darauf reduzierbar. Zum Beispiel mag für die Schülerin oder den Schüler eine vordergründige Entdeckung (im Sinne von: „was dreimal gilt, gilt immer") überzeugend sein. Sie oder er veröffentlicht aber eine Deduktion, weil sie oder er erwartet, dass die Lehrperson dies wünsche. Darüber hinaus kann der subjektive Erkenntnisweg, der die Schülerin oder den Schüler zu ihrer oder seiner Äußerung brachte, im Einzelfall viel komplizierter sein, als der öffentlich dargestellte.

Aufgrund der Abstraktion der konkreten Schülerin bzw. Schülers lautet die zentrale Fragestellung dieser Arbeit: Welche Abduktionen, Argumente etc. werden öffentlich? Es soll die Rationalität des öffentlichen Entdeckens und Begründens rekonstruiert werden. Die konkrete Äußerung wird entsprechend hinsichtlich ihres erkenntnistheoretischen Inhalts im Rahmen einer Bedeutungsaushandlung untersucht. Entscheidend ist also nicht die individuelle Komponente, sondern vielmehr die interaktive: Welche Anlässe gibt die Sprecherin oder der Sprecher den anderen Unterrichtsteilnehmenden, Abduktionen zu vollziehen, bzw. welche Abduktionen stellt die Sprecherin oder der Sprecher öffentlich dar, damit andere

Personen diese nachvollziehen? Hinzu kommen die bereits angesprochenen Fragestellungen, die nicht nur einer individualpsychologischen Analyse, sondern auch einer formallogischen Analyse entgegenstehen: Was gilt in der Klasse als Entdeckung bzw. Begründung? Wie entsteht eine als gemeinsam geteilte Entdeckung bzw. Begründung? Welche Interaktionen sind dabei wichtig, und wie sieht die Rolle der Lehrperson aus?

Diesen Forschungsfragen entsprechend müsste innerhalb der empirischen Abduktionsanalysen statt von „die Abduktion der Schülerin oder des Schülers x" eher von „die von der Schülerin oder vom Schüler x öffentlich dargestellte Abduktion" gesprochen werden. Zu Gunsten einer besseren Lesbarkeit wird hierauf jedoch verzichtet.

5.3 Die Interpretation – Abduktionen über Abduktionen

Entsprechend der ethnomethodologischen Perspektive sind Äußerungen prinzipiell indexikaler Natur. Sie müssen daher nicht nur von den Unterrichtsteilnehmenden entindexikalisiert werden, sondern auch von der Forscherin oder vom Forscher. Indem sich die Lernenden und die Lehrperson gegenseitig ihre Deutungen anzeigen, zeigen sie diese auch der oder dem Forschenden an und ermöglichen ihr oder ihm dadurch die Analyse:

> „Die Äußerungen und Handlungen sind indexikaler Natur, d. h. prinzipiell vage und mehrdeutig […]. Der Beobachter/Interpret interpretiert sie nach der gleichen Methode wie die Beteiligten, nach der *dokumentarischen Methode der Interpretation:* Er faßt bestimmte Ausdrücke als Dokumente eines dahinterliegenden Musters [hier: eines Schlusses; M.M.] auf, bezieht sich dabei auf den situativen Kontext, in dem die Ausdrücke eingebettet sind." (Voigt 1984, S. 81)

Die Aufgabe der Forscherin oder des Forschers besteht also darin, die Wirklichkeit des Mathematikunterrichts zu interpretieren. Da diese Wirklichkeit entsprechend des hier verfolgten Ansatzes keine objektive, sondern eine von den Unterrichtsbeteiligten bereits interpretierte Wirklichkeit darstellt, ist es die Aufgabe der Wissenschaftlerin oder des Wissenschaftlers, „Interpretationen von immer schon interpretierten Wirklichkeiten" (ebd., S. 81) zu vollziehen. Schütz drückt dies folgendermaßen aus:

> „Die gedanklichen Gegenstände, die von Sozialwissenschaftlern gebildet werden, beziehen und gründen sich auf gedankliche Gegenstände, die im Verständnis des im

> Alltag unter seinen Mitmenschen lebenden Menschen gebildet werden. Die Konstruktionen, die der Sozialwissenschaftler benutzt, sind daher sozusagen Konstruktionen zweiten Grades: es sind Konstruktionen jener Konstruktionen, die im Sozialfeld von den Handelnden gebildet werden […]." (Schütz 1971, S. 6 f.)

Um es in der Terminologie dieser Arbeit zu halten: Forschende leisten „Abduktionen über Abduktionen". Zur Unterscheidung der Abduktionen der Forschenden von den rekonstruierten Abduktionen der Beobachteten, werden im Folgenden die Abduktionen der Forschenden in Anlehnung an das obige Zitat von Schütz auch „Abduktionen zweiten Grades" genannt.

Im Zitat von Voigt wird der situative Kontext angesprochen, welchen Interpretierende bei dem Vollzug einer Abduktion zweiten Grades berücksichtigen müssen. Hierzu zählen u. a. die Vorgeschichte einer Unterrichtsszene, die typischen Motive und Einstellungen der Lernenden und vieles andere. All dies ist als Hintergrundwissen für den Vollzug einer passenden Abduktion zweiten Grades relevant. Hierbei ist den Interpretierenden eine möglichst vielfältige Erfahrung mit dem Mathematikunterricht hilfreich. Das Unterrichtsgeschehen ist also nicht allein mit Blick auf äußere Randbedingungen verständlich, sondern es bedarf auch der Berücksichtigung des situativen Kontextes. Forschungspraktisch hat dies zur Konsequenz, dass die Wissenschaftlerin oder der Wissenschaftler bei der Untersuchung anwesend sein sollte (Methode der teilnehmenden Beobachtung).

Da die Abduktion als grundlegende Schlussform die Interpretation bestimmt (s. Abschn. 3.3; sowie Voigt 1984, S. 83 ff.; Beck und Jungwirth 1999; Krummheuer und Brandt 2001, S. 80 f.), hat dies für den Forschungsprozess zur Konsequenz, dass es prinzipiell nicht *die* Bedeutung oder *die* Interpretation einer Szene geben kann.

Die Abduktion zweiten Grades stellt keinen sicheren Schluss dar. Sie kann von Forschenden selbst nur über den Dreischritt (s. Abschn. 3.4.1) verbunden mit der Deduktion und der Induktion etwa an Folgeäußerungen überprüft werden. Dies ist dann möglich, wenn die oder der nachfolgende Sprechende das rekonstruierte, abduktiv gewonnene Gesetz begründet oder sich auf eine andere Art erkennbar auf eine solche Abduktion bezieht. Eine deduktive Begründung der Interpretation der Forschenden (theoretische Erkenntnissicherung, s. Abschn. 3.4.3) würde bedeuten, dass die Gedanken der Schülerinnen und Schüler durchschaubar wären. In Abschnitt 3.3 wurde bereits beschrieben, dass die Darstellung ihrer Abduktion einer Schülerin oder einem Schüler zur Plausibilisierung ihrer oder seiner Entdeckung dient. Sie gibt nicht den kognitiven Weg der Generierung wieder. Ebenso dienen die in der vorliegenden Arbeit rekonstruierten Abduktionsschemata und deren Beschreibungen zur Rechtfertigung der Abduktionen der Wissenschaftlerin oder des Wissenschaftlers (Abduktionen zweiten Grades) vor den Rezipienten.

Im theoretischen Teil der vorliegenden Arbeit konnte gezeigt werden, dass es sich bei der Abduktion nicht um einen notwendigen Schluss handelt. Zu jeder Unterrichtsszene sind prinzipiell mehrere (auch differente) Abduktionen denkbar. Entsprechend schlägt Voigt (1984, S. 112 ff.) vor, möglichst viele alternative Interpretationen zu bilden. Um aus allen möglichen Interpretationen die Deutungshypothese (diejenige Interpretation, die letztlich dargestellt wird) auszuwählen, werden in der Literatur vielfach Kriterien genannt, die an die Peirceschen Kriterien zur Auswahl einer vorrangig zu testenden Hypothese erinnern (s. Abschn. 3.4.1). Die Deutungshypothese soll einerseits ein möglichst umfassendes Verständnis der Unterrichtsszene ermöglichen und andererseits für die Forschungsfrage einen maximalen Erkenntnisgewinn versprechen (Voigt 1984, S. 114). Bei anderen Autorinnen und Autoren wird zudem das Kriterium der Einfachheit angeführt, welches u. a. den Gebrauch von möglichst wenig Kontextwissen impliziert (Jungwirth 2003, S. 194).

5.4 Untersuchungsplan und -verfahren

Nachdem das Ziel der vorliegenden Untersuchung bereits vorgestellt wurde, soll in diesem Abschnitt ihre konkrete Durchführung dargestellt werden. Zunächst wird der Unterrichtsversuch beschrieben, welcher die Materialgrundlage für die empirischen Analysen bot. Im Anschluss erfolgt die Darstellung des Untersuchungsverfahrens. Dieses umfasst die Erhebung, die Aufbereitung und die Auswertung des Datenmaterials.

5.4.1 Der Ablauf des Unterrichtsversuchs

Um das Material für die vorliegende Arbeit zu erhalten, wurden zunächst Aufgaben ausgewählt und entwickelt, die das Entdecken und Begründen funktionaler Zusammenhänge ermöglichen sollten. Diese Aufgaben waren nicht mit Erwartungen auf bestimmte Reaktionen der Lernenden verbunden. Es wurden also vor dem Unterricht keine theoriegeleiteten Hypothesen gebildet, die dann anhand des Unterrichts überprüft werden sollten. Vor Beginn des Unterrichtsversuchs war die Theorie noch nicht derart ausgearbeitet, dass schon zu testende wissenschaftliche Hypothesen hätten formuliert werden können.

In insgesamt sieben Klassen wurden die ausgewählten und entwickelten Aufgaben eingesetzt. Der entsprechende Mathematikunterricht wurde mittels Audio- und Videotechnik dokumentiert (Abb. 5a).

Klassenstufe	Klassen	Schulart	Dauer der Studie	mathematische Inhalte
4	4a, 4b	Grundschule	5h	Bildungsvorschriften von Folgen, Grenzwertbetrachtungen, ...
7	7a, 7b, 7c	Gymnasium	5h	Proportionale und antiproportionale Funktionen, Bruchrechnung, ...
10	10a, 10b	Gymnasium	4h	Potenzfunktionen höheren Grades, ...

„h" bedeutet hier Unterrichtsstunde von jeweils 45 Minuten Dauer

Abb. 5a Informationen zu den besuchten Klassen

Die besuchten Schulen befanden sich in einer Stadt mit ca. 300.000 Einwohnerinnen und Einwohnern (Klassen 4 und 7) bzw. in ihrem näheren Umland (Klassen 10). Die Anzahl der Klassen je Stufe richtete sich nach den Bedürfnissen der Studie. Wenn sich bestimmte Aufgaben als eher ungeeignet herausstellen sollten, bestand durch die weitere(n) Klasse(n) die Möglichkeit, mit veränderten Aufgabenstellungen bzw. anderen Aufgaben zu arbeiten. Dies erwies sich auch als notwendig: Einige Aufgaben waren den Schülerinnen und Schülern derart vertraut, dass eine Diskussion der aufgestellten Vermutungen für sie nicht in Frage kam. Bei anderen Aufgaben (zum Beispiel bei einer Problemlöseaufgabe; s. Arbeitsblatt B der Klasse 4a im Anhang) argumentierten die Lernenden eher vom Ergebnis her und berücksichtigten nicht den Weg der Ergebnisfindung. Auch war den Forschenden bei der Konstruktion der Aufgaben noch nicht die Bedeutung des Überraschungsgehaltes der Resultate für die Auslösung von Abduktionen bewusst. Durch die jeweils weitere(n) Klasse(n) bestand zudem prinzipiell die Möglichkeit, die Entdeckungs- und Begründungsprozesse zwischen den Klassen nachträglich zu vergleichen.

Um auf potenziell auftretende Probleme reagieren zu können, wurde der Unterricht in den Klassen einer Stufe zeitlich versetzt durchgeführt. In der Klassenstufe

7 wurde zudem eine dritte Klasse besucht. Dies entsprach dem Wunsch der dortigen Lehrperson und hatte keine untersuchungsrelevanten Gründe. Die Wahl der weiterführenden Schulform fiel auf das Gymnasium. Es wurde vermutet, dass die Schülerinnen und Schüler dieser Schulform eher mit entdeckenden Übungen vertraut waren und es ihnen zudem leichter fallen würde, ihre Gedanken zu explizieren.

Grundsätzlich ist es vorteilhaft, alltäglichen und nicht experimentellen Mathematikunterricht zu untersuchen: Folgerungen aus der Analyse experimentellen Unterrichts für alltäglichen Unterricht sind unsicher. Deshalb fanden die Untersuchungsstunden auch während der regulären Mathematikstunden statt und es wurden in etwa die Inhalte behandelt, die auch regulär thematisiert worden wären. Allerdings gab es forschungspraktische Gründe, die das Ideal der Untersuchung alltäglichen Unterrichts nicht vollständig verwirklichen ließen: Zum einen wurden die Lernenden durch die beobachtenden Personen und durch die Aufnahmegeräte beeinflusst, zum anderen sollte der Unterricht von einem Wissenschaftler durchgeführt werden. Die erste Einschränkung des Ideals der Alltäglichkeit ist unvermeidbar. Für die zweite gab es mehrere Gründe:

1. Im regulären Unterricht führten die Lernenden nach Auskunft der Lehrkräfte wohl auch entdeckende Übungen durch, jedoch trat dies eher sporadisch auf. Der als Lehrer fungierende Wissenschaftler konzentrierte den Unterricht auf Entdeckungen und Begründungen. Der Umfang der Unterrichtsbeobachtungen konnte somit reduziert werden.
2. Da den Schülerinnen und Schülern der Wissenschaftler nicht vertraut war, hatten sich manche der sonst üblichen Routinen bzw. implizit bleibenden Kontexte, welche Lernende und Lehrende wie selbstverständlich nutzen, noch nicht eingespielt. Die Schülerinnen und Schüler waren daher gezwungen, ihre Entdeckungen und Begründungen expliziter als üblich zu formulieren.
3. Der unterrichtende Wissenschaftler war mit den Forschungszielen der Studie vertraut und konnte u. a. darauf achten, dass die Lernenden ihre Entdeckungen und Begründungen möglichst ausführlich formulierten. Das Abduktionsschema und Begriffe wie theoretischer Erkenntnisweg etc. wurden jedoch nicht zur Planung des Unterrichts oder zur Orientierung der Reaktionen des Wissenschaftlers auf Äußerungen der Klasse genutzt.

Neben dem als Lehrer fungierenden Wissenschaftler befand sich noch der Autor dieser Arbeit im Raum. Dieser kontrollierte die Aufnahmegeräte und notierte die Tafelbilder sowie weitere Kontextinformationen. Er nahm also die Rolle eines teilnehmenden Beobachters ein. Die reguläre Lehrperson der jeweiligen Klasse war während der Durchführung des Unterrichtsversuchs zumeist auch anwesend und konnte weitere wertvolle Kontextinformationen liefern.

Zu den jeweils fünf Untersuchungsstunden kam in jeder Klasse noch eine Stunde hinzu, die zur Vorstellung der Forschenden, zur Platzierung der Audio- und Videogeräte und zur Gewöhnung der Schülerinnen und Schüler an diese diente. Der Unterricht in dieser Stunde wurde von der regulären Lehrperson durchgeführt. Die hierbei angefertigten Aufzeichnungen wurden nach einer kurzen Sichtung der Aufnahmequalität gelöscht und gingen nicht in die Analyse ein.

Die in der Studie eingesetzten Arbeitsblätter wurden für die einzelnen Klassen themenspezifisch konstruiert. Die entwickelten Aufgaben sollten zum einen an dem Vorwissen der Klasse ansetzen und zum anderen die Lernenden zu neuen Erkenntnissen herausfordern. Zudem sollte grob der Stoff berücksichtigt werden, der normalerweise im Unterricht behandelt worden wäre.

Der Zeitpunkt der Untersuchung richtete sich nach den Bedingungen der jeweiligen Schule und den mathematischen Kenntnissen der Schülerinnen und Schüler. In der Klassenstufe 7 begann der Unterrichtsbesuch nach den Herbstferien des Schuljahres 2003/2004. Die Lehrkräfte hatten gerade die proportionalen und antiproportionalen Zuordnungen unter Verwendung des Schulbuches „Lambacher-Schweizer“ (Schmidt und Weidig 1994) eingeführt. Dieses Thema wurde im Versuch aufgegriffen und weitergeführt, indem die Klasse u. a. ausgehend von proportionalen und antiproportionalen Funktionsvorschriften die dazugehörigen Funktionsgraphen identifizieren sollte. Zusätzlich wurde mit der Bruchrechnung ein Thema aufgegriffen, welches den Lernenden aus dem Unterricht der vorangegangenen Klassenstufe (auf der Grundlage des Buches „Mathematik plus“, Pohlmann und Stoye 2000) bekannt war. In der Klassenstufe 4 setzte der Unterrichtsbesuch zu Beginn des zweiten Schulhalbjahres 2003/2004 ein. Die Schülerinnen und Schüler beschäftigten sich zu diesem Zeitpunkt mit der Einführung der halbschriftlichen Division (Schulbuch: „Der Nussknacker“, Leininger u. a. 2001). Zwar wurde dieses Thema auch aufgegriffen, jedoch kam es im Verlauf des Versuchs zu inhaltlichen Erweiterungen (u. a. Bruchrechnung). Ein Schwerpunkt innerhalb dieser Klassenstufe war das Erkennen von Bildungsvorschriften anhand vorgegebener Folgenglieder. Nach den Herbstferien des Schuljahres 2004/2005 begann der Unterrichtsbesuch in der Klassenstufe 10 (Schulbuch: „Elemente der Mathematik“, Griesel und Postel 1995). Als nächstes Thema des regulären Mathematikunterrichts wären die Potenzfunktionen höheren Grades eingeführt worden. Diese Einführung war auch Gegenstand des Unterrichtsversuchs in dieser Klassenstufe.

Die Bearbeitung der Aufgaben durch die Lernenden fand zum Teil in Heimarbeit, zum Teil im Unterricht statt (in Gruppen-/Partnerarbeit oder im Frontalunterricht). Inhaltlich fokussierten sich die Aufgaben um den Funktionsbegriff. Da für die Analyse auch eine stoffdidaktische Betrachtung notwendig ist, konnte durch diese Schwerpunktsetzung der entsprechende Aufwand gemindert werden. Der Funktionsbegriff erwies sich als geeignet, weil er in allen Klassenstufen in einer großen Bandbreite relevant ist (s. Kap. 6). Alle in der Studie eingesetzten Arbeitsblätter sind im Anhang dieser Arbeit aufgeführt.

5.4.2 Die Erhebung des Datenmaterials

Zur Dokumentation des Unterrichts wurden zwei Videokameras und vier Mikrophone eingesetzt. Eine Videokamera war jeweils im hinteren Bereich des Klassenzimmers aufgebaut. Ihr vornehmlicher Zweck lag in der Erfassung des Tafelbildes und der Handlungen der Lehrperson sowie der Schülerinnen und Schüler vor der Klasse. Die Kamera wurde so eingestellt, dass zusätzlich möglichst viele Lernende aufgenommen werden konnten. Die zweite Kamera befand sich im vorderen Bereich des Klassenzimmers und war auf die Schülerinnen und Schüler gerichtet. Mit Hilfe der Kameras konnte ein Großteil des jeweiligen Klassenraumes erfasst werden. In die Bereiche außerhalb des Kamerafokus wurden die Lernenden platziert, für deren Videobeobachtung keine schriftlichen Einverständniserklärungen der Eltern vorlagen. Beide Kameras arbeiteten mit internen Mikrophonen. Um die Qualität der Audioaufnahmen zu erhöhen, wurden zusätzlich zwei Galgenmikrophone im Klassenzimmer aufgestellt. Ihre Position richtete sich nach den Gegebenheiten des jeweiligen Raumes. Zumeist wurden sie rechts und links neben der Tafel aufgestellt und auf die Lernenden gerichtet.

Um den Unterricht möglichst detailgenau wiedergeben zu können, hätte die Anzahl der Kameras und Mikrophone erhöht werden müssen. Auf diese Weise hätten die einzelnen Schülerinnen und Schüler aus unterschiedlichen Perspektiven heraus erfasst bzw. die Diskussionen zwischen den Lernenden aufgezeichnet werden können (vgl. Voigt 1984, S. 95 ff.). Aus Ökonomiegründen wurde hierauf verzichtet. Für die späteren Analysen ergab sich daraus die Konsequenz, dass nur die Gespräche während der Phasen des frontal geführten Unterrichts untersucht werden konnten.

5.4.3 Die Szenenauswahl und die Transkription

Eine erste Auswahl der Szenen erfolgte unter forschungspraktischen Gesichtspunkten: In einigen Szenen konnte beobachtet werden, dass Lernende Entdeckungen und Begründungen äußerten und es zur Aushandlung neuen mathematischen Wissens kam. In anderen Szenen konnte erkannt werden, dass sich ein Klassenmitglied an der Grenze seines Wissens befand und für die ihm vorliegende Aufgabe scheinbar nur plausible, aber keine sicheren Lösungen anbieten konnte. Diese Beispiele deuten bereits an, dass es keine festen Kriterien für die Auswahl einer bestimmten Szene gab. Sie beruhte vielmehr auf der Intuition der Forschenden. Teilweise stellten sich vorläufige Interpretationen bereits bei der ersten Betrachtung einer Szene ein.

Entsprechend der ethnomethodologischen Perspektive auf das Unterrichtsgeschehen erfolgte die Auswahl der Szenen nicht nach normativen Gesichtspunkten. Daher wurden auch Entdeckungen und Begründungen in die Analyse einbezogen, die falsch oder nicht stichhaltig waren.

Bei der nachfolgenden Transkription der ausgewählten Szenen wurde darauf geachtet, alle für das Verständnis der Szene relevanten nonverbalen Aktivitäten wiederzugeben. Dies konnte jedoch nur geschehen, sofern sie von der Kamera dokumentiert wurden. Hauptsächlich handelt es sich dabei um jene Aktivitäten, welche die Lehrperson bzw. die Lernenden an der Tafel durchführten. Dabei ist zu bemerken, dass die Transkription selbst eine bereits interpretierte Wirklichkeit darstellt: Erstens kann in dem Videodokument nicht alles eingefangen werden, was für eine vollständige Kontexterfassung notwendig wäre (z. B. die Vorgeschichte des Unterrichts). Zweitens kann nicht sicher und vollständig erkannt werden, was als situative Kontextinformation für die Äußerung der einzelnen Schülerin oder des einzelnen Schülers bedeutsam war und somit transkribiert werden muss (s. Maier 1991, S. 146; Voigt 1991b, S. 158). Drittens wird durch das Aufnahmeverfahren das öffentliche Geschehen in den Vordergrund gestellt, sodass z. B. leise Gespräche zwischen den Lernenden außer Acht gelassen werden, auch wenn in ihnen Plausibilitäten auftreten sollten, die von den Schülerinnen und Schülern später nicht mehr öffentlich geäußert wurden, weil sie ihnen etwa als mathematisch unerwünscht erschienen.

Bei der Transkription wurden die in den Abbildungen 5b und 5c präsentierten Regeln (s. Abb. 5b und 5c) verwendet (Schwarzkopf 2000, S. 264 f.; Voigt 1984, S. 106 ff.).

1. Linguistische Zeichen

1.1 Identifizierung des Sprechers:

L Lehrkraft

S nicht identifizierte Schülerin oder nicht identifizierter Schüler

S_1, S_2 Kennzeichnung der Schülerinnen und/ oder Schüler durch Zahlenindex, um verschiedene nicht identifizierte Schülerinnen und/ oder Schüler in einer Äußerungsfolge unterscheiden zu können

Ss mehrere Schülerinnen und/ oder Schüler zugleich

1.2 Charakterisierung der Äußerungsfolge

a) Ein Strich vor mehreren Äußerungen:

Untereinander Geschriebenes wurde jeweils gleichzeitig gesagt, z.B.

M | aber dann

F | wieso denn

b) Eine Zeile beginnt genau nach dem letzten Wort aus der vorigen Äußerung:

Auffällig schneller Anschluss, z.B.

M aber dann

F wieso denn

Abb. 5b Transkriptionsregeln (1. Teil)

2. Paralinguistische Zeichen

,	kurzes Absetzen innerhalb einer Äußerung, max. eine Sekunde
..	kurze Pause, max. zwei Sekunden
...	mittlere Pause, max. drei Sekunden
(*4 sec*)	Sprechpause, Länge in Sekunden
genau.	Senken der Stimme am Ende eines Wortes oder einer Äußerung
und du–	Stimme in der Schwebe am Ende eines Wortes oder einer Äußerung
was'	Heben der Stimme, Angabe am Ende des entsprechenden Wortes
<u>sicher</u>	auffällige Betonung
dreißig (gestrichelt unterstrichen)	gedehnte Aussprache

3. weitere Charakterisierungen

(*lauter*), (*leiser*), u.ä.	Charakterisierung von Tonfall und Sprechweise
(*zeigen*), u.ä.	Charakterisierung von Mimik und Gestik
(*Gemurmel*), (*Ruhe*), u.ä.	Charakterisierung von atmosphärischen Anteilen

Die Charakterisierung steht vor der entsprechenden Stelle und gilt bis zum Äußerungsende, zu einer neuen Charakterisierung oder bis zu einem „+".

(..), (...), (? *4 sec*)	undeutliche Äußerung von 2, 3 oder mehr Sekunden
(mal?)	undeutliche, aber vermutete Äußerung

Abb. 5c Transkriptionsregeln (2. Teil)

Transkriptionsregeln
Allgemeine Hinweise:
- Bei den Analysebeispielen werden vorwiegend Transkriptionsausschnitte wiedergegeben und analysiert. Die ausführlichen Transkripte befinden sich im Anhang dieser Arbeit.
- Bei kürzeren Transkripten (max. 2 Seiten) wurden die Äußerungen durchgängig nummeriert. Bei längeren Transkripten erfolgte die Nummerierung seitenweise, zum Beispiel bedeutet [4/1]: Seite 4, Äußerung 1.

5.4.4 Die Interpretation der einzelnen Unterrichtsszene

Bevor Abduktionen, Induktionen, Deduktionen und Argumente rekonstruiert werden können, muss die Szene zunächst noch ohne Blick auf die logischen Zusammenhänge zwischen den einzelnen dokumentierten Aussagen interpretiert werden. Denn während die abduktive Hypothesengenerierung noch eine primär individuelle Leistung ist, wird der Anstoß hierzu häufig von außen gegeben. Dies geschieht zumeist von den Mitschülerinnen und Mitschülern oder von der Lehrperson (von dieser auch indirekt durch die Aufgabenstellung). Ebenso wie die Argumentation kann also auch die Abduktion als ein kollektiver Prozess angesehen werden, der zum Beispiel in wechselseitiger Abhängigkeit von der Lehrperson und den Lernenden erzeugt wird. Der Rekonstruktion von Abduktionen, Induktionen, Deduktionen und Argumenten geht somit notwendig eine Analyse der Unterrichtsszene voraus. Ziel dieser Analyse ist, sich das Unterrichtsgeschehen in mehrfacher Hinsicht verständlich zu machen: Welche fachlichen Hintergründe haben die Aufgabenstellung der Lehrperson und die Aussage der einzelnen Lernenden? Was berücksichtigt und meint die Schülerin, der Schüler oder die Lehrperson? Wie beeinflussen sich Lehrende und Lernende bzw. Lernende untereinander? Welche Rolle spielt die Vorgeschichte des Unterrichts in der Szene? Usf.

Bisher wurde die Abduktion zweiten Grades als entscheidende Schlussform des Interpretationsprozesses herausgestellt. Die Entstehung von Abduktionen ist generell nicht kontrollierbar. Zwar mag es Strategien geben, die das Aufkommen eines abduktiven Geistesblitzes forcieren können, jedoch zeigte die Analyse, dass ein regelgeleitetes Methodisieren dieser Schlussform nicht möglich ist. Bei dem hier angewendeten Interpretationsverfahren handelt es sich um die Methode der „primär gedanklichen Vergleiche" (Jungwirth 2003, S. 193), die im Rahmen der Rekonstruktion von Interaktionsmustern zunächst von Voigt (1984, S. 92 ff.) beschrieben wurde. Die Interpretation einer einzelnen Unterrichtsszene vollzieht sich in mehreren Schritten. Die Schrittfolge wird im Folgenden idealisiert dargestellt. Innerhalb der Interpretationspraxis von Wissenschaftlerinnen bzw. Wissenschaftlern stellen die Schritte eher zu beachtende Gesichtspunkte dar, die im Einzelfall auch in einer anderen Reihenfolge Berücksichtigung finden.

Zu Beginn versucht die oder der Interpretierende die Unterrichtsszene mit ihrem oder seinem „gesunden Menschenverstand" (Voigt 1984, S. 111) zu beschreiben. Dies geschieht zur Kontrolle der subjektiven Voreinstellung der oder des Interpretierenden. Da eine solche Person beim Unterrichtsversuch anwesend war, besteht hierin die Möglichkeit, die eigenen Erfahrungen unter Kontrolle zu bringen. Durch die Szene können zum Beispiel Assoziationen an die eigene Schulerfahrung hervorgerufen werden, die möglicherweise unbewusst in die

Interpretation einfließen (Wahrnehmungsverzerrung). Die oder der Forschende interpretiert die Szene explizit mit ihren oder seinem „gesunden Menschenverstand", um sich davon kontrolliert distanzieren zu können. Die alltäglichen Denkgewohnheiten der Interpretin oder des Interpreten könnten sich ohne dieses Vorgehen in vorschnellen über- bzw. untercodierten Abduktionen wiederfinden.

Die extensive Interpretation (Oevermann u. a. 1979, S. 393 ff.) der ersten Äußerung, der Aufgabenstellung bzw. der Frage der Lehrperson etc. bildet den nachfolgenden Analyseschritt. Der Begriff „extensiv" soll zweierlei andeuten: Zum einen wird versucht, die subjektiven Deutungen der Schülerinnen und Schüler zu erfassen, zum anderen wird zudem versucht, den objektiven Sinnzusammenhang zu rekonstruieren, d. h.

> „[...] das, was die Äußerung im System Sprache einschließlich seiner Pragmatik ‚noch' bedeuten kann. Es geht also darum, den Gebrauch von Ausdrücken systematisch zu explizieren." (Jungwirth 2003, S. 194)

Hierbei wird insbesondere darauf geachtet, welche Funktion die Aussage bzw. ein bestimmter Teil der Aussage im Rahmen von Erkenntnisgewinnung und -sicherung haben kann: Handelt es sich um die Aufforderung zu einem oder um einen hypothetischen Schluss? Oder handelt es sich eher um die Weckung eines Begründungsbedarfs bzw. um eine argumentative Begründung? Usf.

Um diese Sinnzusammenhänge zu erfassen, werden von der Interpretin oder vom Interpreten abduktiv Hypothesen generiert. Jedoch besteht auch hier die Gefahr, vorschnell unter- bzw. übercodierte Abduktionen zweiten Grades zu vollziehen:

> „Da der Interpret wie der alltagsweltlich Handelnde verleitet ist, die Handlung im Sinne eines unreflektierten Analogieschlusses auf der Basis eines geteilten Lebenszusammenhanges zu verstehen, muß er sich an eine gewisse Disziplin gewöhnen, will er das selbstverständliche Verstehen vermeiden [...]. Prinzip der Interpretation ist der Zweifel. Der Interpret versucht, die Handlungen mit den Augen eines Fremden zu sehen und sich in seiner Vorstellung das Geschehen als Gedankenexperiment zu verfremden [...]." (Voigt 1984, S. 112)

In der Terminologie dieser Arbeit bedeutet dies nichts anderes, als dass die Interpretin oder der Interpret grundsätzlich versuchen sollte, kreative Abduktionen zweiten Grades zu vollziehen (vgl. Beck und Jungwirth 1999, S. 244 ff.). Sie oder er sollte die ihr bzw. ihm bekannten Regeln, die für den Analogieschluss (unter- oder übercodierte Abduktion zweiten Grades) notwendig wären, nicht vorschnell berücksichtigen. Zur Verfremdung des Geschehens als Gedankenexperiment überlegt sich die oder der Interpretierende

> „[...] möglichst viele Alternativen zu der beobachteten Handlung, die unabhängig von dem situativen Kontext möglich wären, d. h. unabhängig von der Institution Schule, der Vorgeschichte, den unterstellten Absichten und unabhängig von der Sachlogik des behandelten Themas – und das letztere ist für einen als Mathematiker sozialisierten Interpreten besonders schwierig." (Voigt 1984, S. 112)

Die Hypothesen der Interpretin oder des Interpreten über den im Sinne Oevermanns objektiven Sinnzusammenhang und den subjektiv gemeinten Sinn erlauben Vorhersagen über den weiteren Verlauf der Unterrichtsszene. Diese Vorhersagen werden im nachfolgenden Interpretationsschritt auf die Folgeäußerungen bezogen. An diesen kann überprüft werden, welche Deutungen die Mitschülerinnen und Mitschüler den vorangehenden Sprechenden unterstellen. Indem sie oder er die Folgeäußerungen in die Interpretation der ersten Äußerung einbezieht, trägt die oder der Interpretierende dem interaktiven Charakter des Mathematiklernens Rechnung. Dieses Verfahren entspringt der Konversationsanalytik und wird als „turn-by-turn-Analyse" (Voigt 1984, S. 113) bezeichnet.

In dem nächsten Schritt wird auch die Folgeäußerung extensiv interpretiert und an den dann nachfolgenden Äußerungen getestet. Dieser empirische Erkenntnisweg mit hypothetisch-deduktiver Hypothesenprüfung bestehend aus durch extensive Analyse emergierender Abduktionen zweiten Grades, deduktiven Erschließens potenzieller Konsequenzen für den weiteren Verlauf des Unterrichtsgespräches und überprüfender Induktionen an der/den Folgeäußerung/en, wird bis zum Ende der Unterrichtsszene durchgeführt.

Im letzten Analyseschritt werden die Entdeckungen und Begründungen der Schülerinnen und Schüler als Abduktionen, Induktionen, Deduktionen und/oder Argumente rekonstruiert. Insbesondere wird ihr Zusammenspiel analysiert. Die als Begründungen interpretierten Äußerungen der Lernenden werden u. a. nach Toulmin einer „funktionalen Argumentationsanalyse" (Schwarzkopf 2000, S. 266) unterzogen. Die als Entdeckungen interpretierten Äußerungen der Schülerinnen und Schüler werden nach Peirce strukturiert. Insgesamt ergibt sich im Zusammenspiel der Analysen eine „funktionale Erkenntnisanalyse". Das Erkennen einer Funktion wie z. B. Resultat, Datum etc. richtet sich nach den theoretischen Definitionen der einzelnen Funktionsträger (s. Kap. 3 und 4). Gibt eine Schülerin oder ein Schüler beispielsweise eine Aussage als Erklärung für ein vorgegebenes Resultat bzw. für eine vorgegebene Konklusion an, die hinsichtlich ihres Geltungsbereiches nicht allgemeiner als das Resultat bzw. die Konklusion ist, so wird bei einem Argument ein Datum (nicht eine Regel) und bei einer Abduktion ein Fall (nicht ein Gesetz) rekonstruiert.

Um zunächst diejenige Hypothese zu überprüfen, die besonders plausibel erscheint, wird sowohl das Transkript als auch das Audio- und Videomaterial erneut hinsichtlich der rekonstruierten Schemata durchgesehen. Durch die Betrachtung des Transkriptes in größeren Einheiten können sich zudem auch neue Erkenntnisse ergeben.

Die Erfahrung mit der Rekonstruktion hat gezeigt, dass es sich hierbei um einen langwierigen Prozess handelt, innerhalb dessen wiederholt alternative Schemata erstellt werden, bis sich letztlich solche ergeben, die sowohl den theoretischen Definitionen der Schemata und ihrer jeweiligen funktionalen Bestandteile genügen, als auch keine oder wenige Widersprüche zu den empirischen Details des Transkriptes offen lassen. In der frühen Phase der Interpretationsarbeit, in der die theoretischen Begriffe noch nicht fixiert waren, zumal sie noch am empirischen Material hinsichtlich ihrer Brauchbarkeit erprobt wurden und die philosophische Bezugsliteratur selbst teilweise kontroverse Definitionen der Begriffe anbot, waren die Rekonstruktionen noch schwieriger.

5.4.5 Probleme bei der Rekonstruktion

Die Zuordnung der einzelnen Funktionsträger bei einer funktionalen Erkenntnisanalyse kann im Einzelfall Probleme bereiten. Auch die Zuordnung einer Schlussform zu einer Schüleräußerung geschieht nicht immer zweifelsfrei. Diese Rekonstruktionsprobleme sollen im Folgenden thematisiert werden:

Zur Rekonstruktion einzelner Funktionsträger

Sollen alltägliche Abduktionen, Deduktionen, Induktionen und Argumente rekonstruiert und analysiert werden, so helfen zunächst vor allem Modalterme die Funktion einer Aussage zu identifizieren. Am Beispiel der Rekonstruktion von Argumenten sei dies im Folgenden verdeutlicht. Indikatoren für ein Datum wären nach Bayer (1999, S. 94) u. a. die Modalterme: „weil", „da", „als", „denn", „ja", „doch", „in Anbetracht der Tatsache, dass", „unter Berücksichtigung des Umstandes, dass". Als Indikatoren für eine Konklusion nennt der Autor u. a. folgende Beispiele: „folglich", „deshalb", „also", „ergo", „infolgedessen", „daher", „eben", „daraus folgt, dass", „daraus ergibt sich, dass", „muss", „kann es gar nicht anders sein, als", „zwingt zu der Annahme, dass" (ebd.). Solche Modalterme liegen in den zu analysierenden Szenen natürlich nicht immer vor und werden teilweise auch von den Argumentierenden anders genutzt. Auch werden die verschiedenen funktionalen Bestandteile im Alltag häufig nicht klar voneinander getrennt. Daraus ergibt sich, dass die Herausstellung der Funktion einer Aussage innerhalb des hervorgebrachten Arguments erst durch eine tiefergehende Analyse erfolgen kann:

> „Die verschiedenen argumentativen Funktionsträger sind freilich nur selten an der Oberflächenstruktur ihrer sprachlichen Formulierung erkennbar; sie müssen meistens erst durch eine entsprechende Rollenanalyse als solche identifiziert werden." (Kopperschmidt 1989, S. 130)

Implizite Bestandteile
Alltägliche Argumente zeichnen sich gegenüber formalisierten Argumenten dadurch aus, dass die Funktionen der Aussagen interpretativ erschlossen werden müssen. Darüber hinaus werden im Alltag sogar funktionale Elemente oder einzelne Begründungsschritte u. a. auf Grund der „et-cetera-Regel" (s. Abschn. 5.1) nicht expliziert, obwohl sie formal notwendig wären. Auch kommt es vor, dass eine Abduktion nicht öffentlich wird und die Schülerin oder der Schüler lediglich die generierte Gesetzmäßigkeit argumentativ begründet. Es ist also nicht zu erwarten, dass stets alle Funktionsträger, Begründungsschritte oder Schlüsse in den Äußerungen identifiziert werden können. Dieses Problem bzw. diese Herausforderung für die Analyse betrifft bei der Rekonstruktion von Argumenten insbesondere die formal notwendigen Regeln:

> „Man kann an dieser Stelle einwerfen, daß das Vorhandensein einer solchen Schlußregel [Regel, M.M.] trivial ist und keiner weiteren Beachtung bedarf. Tatsächlich werden diese Regeln in der Praxis des Argumentierens zunächst implizit verwendet und nicht explizit angeführt: Man verwendet sie, ohne sie zu thematisieren." (Schwarzkopf 2000, S. 102)

Dass Regeln nicht expliziert werden, kann vielfältige Gründe haben: Im Sinne einer rhetorischen Finesse können sie bewusst ausgelassen werden, um die Hörerin oder den Hörer zum Nachdenken anzuregen (u. a. Ironie). Andererseits können die verwendeten Regeln selbstverständlich sein oder von Zuhörenden aus dem Kontext leicht erschlossen werden. In solchen Situationen tauschen sich die Beteiligten für gewöhnlich nur über die Beschreibungen der Daten aus, die gemeinsame Anerkennung der Regel steht außer Frage. Möglicherweise ist sich die oder der Argumentierende der benutzten Regel nicht bewusst oder beherrscht deren genaue Formulierung nicht und hofft, dass die andere Seite mitdenkt. Denn beim Erlernen einer Regel

> „[…] lernt man normalerweise auch nur, nach ihr vorzugehen, sie anzuwenden, aber nicht, sie zu formulieren." (Öhlschläger 1979, S. 25)

Im schulischen Alltag kann dies häufig ein Grund für die Unvollständigkeit eines Arguments sein. Denn beim Erlernen neuer Sachverhalte ist oft auch deren Darstellung zu erlernen. An der Front des Wissens drückt man sich aber oft unbeholfen oder falsch aus, auch wenn man intuitiv von der Regel überzeugt ist. Als Beispiel soll eine fiktive Begründung aus der zweiten Klasse dienen: „$43 + 4 = 47$, denn $3 + 4 = 7$“. Die Formulierung der allgemeinen Regel bzw. ihre ikonische Darstellung ist für Lernende dieses Alters keineswegs trivial.

Die Gründe, Regeln nicht zu nennen, sind also vielfältig, dennoch benutzen wir sie:

> „Entscheidend dafür, daß man sagen kann, daß jemand eine Regel kennt oder beherrscht, daß er bei seinen Handlungen diese Regel befolgt, ist allein die Anwendung, die er von der Regel macht, d. h., wie er nach dieser Regel vorgeht, wie er handelt, ob er Befolgungen der Regel von Abweichungen und Fehlern unterscheiden kann usw., ob es ‚im Zusammenhang mit dem, was er tut, einen Sinn ergibt, wenn man zwischen einer richtigen und einer falschen Weise, etwas zu tun, unterscheidet.‘“ (Öhlschläger 1979, S. 26; Zitat im Zitat von Winch 1966, S. 77)

Wenn analysiert werden soll, was für die Beteiligten im Unterricht Argumente bzw. Schlüsse sind, dann ist es bei solchen Enthymemen notwendig, auch diejenigen Funktionsträger zu rekonstruieren, die nicht expliziert werden. Hierbei wird stets von einer Rationalität in den Äußerungen der Lernenden ausgegangen. Dies geschieht vor dem ethnomethodologischen Hintergrund der vorliegenden Arbeit: Es wird angenommen, dass die an einer Interaktion Beteiligten die Rationalität ihres Handelns stets mitkonstituieren, indem sie sich die Rationalität ihrer Redebeiträge gegenseitig anzeigen (s. Garfinkel 1967, S. 280 ff.). Krummheuer (2003, S. 249) bzw. Krummheuer und Fetzer (2005, S. 30 f.) sprechen in diesem Zusammenhang von einer „Rationalisierungspraxis“ der Schülerinnen und Schüler im Unterricht.

> „Jeder, der argumentiert, muss für seine eigenen Argumente Überzeugungskraft beanspruchen, weil dieser Anspruch zum originären Sinn argumentativen Redens gehört. Argumentieren heißt zugleich auch immer, den Anspruch zu erheben, die vorgebrachten Argumente müssten andere rational davon überzeugen können, dass ein Geltungsanspruch rechtens bzw. legitimerweise erhoben worden ist.“ (Kopperschmidt 2000, S. 52 f.)

In jeder Äußerung von Lernenden rationale Argumente erkennen zu wollen, wäre aber blauäugig. Es gehört zur Lebenserfahrung, dass sich Schülerinnen und Schüler auch taktisch im Versuch-Irrtum-Verfahren äußern, ohne die mathematischen Zusammenhänge zu durchschauen und die Hoffnung haben, die Lehrperson würde daraus Vernünftiges herstellen. Die oder der Analysierende steht also vor der Frage, ob sie oder er unvollständige oder mehrdeutige Äußerungen von Lernenden optimistisch („richtig gemeint") oder pessimistisch („falsch oder nicht verstanden") interpretiert. Im Einzelfall kann die Frage an zusätzlichen Merkmalen in den Dokumenten entschieden werden, oft bleibt sie jedoch offen. Die grundsätzliche Entscheidung den Unterricht als Rationalisierungspraxis zu betrachten, ist eine Entscheidung für die optimistische Interpretationsweise. Hierbei wird in Kauf genommen, die Rationalität des Unterrichts tendenziell zu beschönigen, jedoch hat es einen großen Vorteil für die Didaktik: Man zeigt das argumentative Potenzial des Unterrichts, auch wenn es von den Beteiligten in der Situation faktisch nicht kognitiv mitvollzogen wird.

Verglichen mit der Rekonstruktion von Argumenten kommen bei der Rekonstruktion von Abduktionen die Probleme impliziter Anteile noch gravierender zum Vorschein. Während die Abduktion selbst einen geistigen Vorgang darstellt, kann das Äußern der Entdeckung als ein kognitives bzw. sprachliches Problem angesehen werden: Wenn bereits erlerntes begriffliches Wissen schon Schwierigkeiten hinsichtlich dessen Verbalisierung bereitet, so ist erst entstehendes Wissen ungleich schwieriger zu explizieren. Mit anderen Worten: Nach dem kognitiven Vollzug einer Entdeckung fällt es der Schülerin oder dem Schüler oft schwer, das frisch Gedachte oder auch nur das Erahnte begrifflich so zu fassen, dass es klar verbalisierbar wird. An der Front des Wissens fehlen der Schülerin oder dem Schüler häufig die Worte, um ihr bzw. sein Denken mitzuteilen.

Die rekonstruierten Abduktionen, Induktionen, Deduktionen und Argumente, welche (Teilen von) Äußerungen beigemessen werden, müssen also von den Lernenden nicht zwangsläufig subjektiv bewusst realisiert worden sein. Da diese weder die einzelnen Schlussschemata noch das Toulmin-Schema kannten, kann in Anlehnung an Oevermann von „latenten Sinnstrukturen" (s. Oevermann u. a. 1979) gesprochen werden.

Unter der Rationalitätsannahme erfolgt die funktionale Erkenntnisanalyse in dieser Arbeit mathematikspezifisch: Bei der impliziten Verwendung eines (neu kreierten) Gesetzes wird angenommen, dass das Gesetz in seiner mathematisch korrekten Richtung verwendet wird. Der Forscher nimmt dazu die Position des mathematischen Experten ein und vervollständigt das Argument bzw. den Schluss derart, dass die Aussage korrekt wiedergegeben wird. Daher würde bei einer falschen Folgerung auch eine Regel rekonstruiert werden, welche diese Folgerung ermöglicht, unabhängig von ihrer mathematischen Korrektheit. Gleichzeitig wird darauf geachtet, genügend Hinweise für die Interpretation in dem Transkript zu finden.

Abduktion oder Deduktion?
Die Unterscheidung von Abduktionen und Deduktionen kann problematisch werden, wenn Lernende mental eine Abduktion vollziehen und diese dann im Unterrichtsgespräch in Form einer Deduktion hervorbringen. In ihren Äußerungen gehen sie entsprechend von dem abduktiv gewonnenen Fall aus und schließen hiervon auf das Resultat, welches ihnen aber bereits zu Beginn gegeben war. Statt ihren ursprünglichen Gedankengang wiederzugeben, benutzten die Schülerinnen und Schüler also diejenige Richtung, welche durch das Gesetz erlaubt ist. In solchen Situationen ist es notwendig zu rekonstruieren, welche Abduktion(en) den Äußerungen ursprünglich zugrunde gelegen haben könnte(n) bzw. zu welchen Abduktionen die Mitschülerinnen und Mitschüler durch die Äußerung potenziell angeregt werden.

Ob in der einzelnen Äußerung eher eine Abduktion oder ein Argument öffentlich wird, kann im Allgemeinen daran erkannt werden, ob von der Ursache auf die Wirkung (Deduktion) oder von der Wirkung auf die Ursache (Abduktion) geschlossen wird. In der Mathematik sind Ursache und Wirkung jedoch nicht immer eindeutig identifizierbar; wenn das verwendete Gesetz bikonditional (eine Äquivalenzaussage) ist, sind Ursache und Wirkung vertauschbar. Entsprechend bedarf es einer Kontextanalyse: Was war der Schülerin oder dem Schüler zu Beginn ihrer bzw. seiner Äußerung gegeben? Welche Richtung des Gesetzes ist der Schülerin oder dem Schüler bekannt, wenn es aus Sicht von Expertinnen und Experten bikonditional ist? Auf Grund dieser Informationen kann zwischen einer Abduktion und einer Deduktion unterschieden werden.

Die Probleme zusammenfassend kann man frei nach Peirce, der jedes Denken als Form schlussfolgernden Interpretierens von Zeichen versteht, sagen:

Wir denken zwar in Schlussformen, aber so sprechen wir nicht.

5.4.6 Die Darstellung der Interpretationsergebnisse

In die vorliegende Arbeit gehen nicht alle ausgewählten und analysierten Unterrichtsszenen ein, sondern nur solche, die hinsichtlich der Theorie charakteristische Merkmale und solche, die hinsichtlich der empirischen Erfahrung typische Merkmale von Erkenntnisgewinnungs- und/oder Erkenntnisbegründungsprozessen darstellen lassen. Auch werden bei einer Szene nicht alle entwickelten Interpretationen aufgeführt, sondern nur diejenigen Abduktionen, Induktionen, Deduktionen und Argumente, die dem Forscher am zutreffendsten erscheinen. Die Rekonstruktionen werden dabei im Einzelnen begründet. Sofern eine alternative, ebenso zutreffende Interpretation gewonnen werden konnte, wird auch diese dargestellt.

Nicht bei jeder Unterrichtsszene wird jeder vollzogene Schluss rekonstruiert. Vielmehr werden nur die Schlüsse rekonstruiert, die mathematikdidaktisch bedeutsam erscheinen, z. B. weil sie eine besondere Leistung im Unterricht darstellen. Selbstverständliche Schlüsse werden nur zum Zweck der Theoriepassung aufgeführt. Es wird also situativ entschieden, welche Schlüsse rekonstruiert werden. Durch die Rekonstruktion aller Schlüsse würde nicht nur der Umfang einer Szene den Rahmen dieses Buches sprengen, es würde auch zu viel Belangloses dargestellt werden.

Bei einigen Szenen wird das argumentative Hervorbringen einer abduktiven Vermutung nicht nur als Abduktion, sondern auch als Argument rekonstruiert. Hierdurch soll eine Vergleichbarkeit der beiden Analysewerkzeuge verdeutlicht werden. Begründungen werden entweder mit dem Argument-Schema nach Toulmin oder mit den Schemata der Schlussformen nach Peirce rekonstruiert.

Die rekonstruierten Abduktionen werden entsprechend den Kategorien von Eco als kreativ, unter- oder übercodiert bezeichnet. Diese Typen haben allerdings nur Modellcharakter – eine exakte Zuordnung von empirisch rekonstruierten Abduktionen in eine dieser Kategorien ist nicht immer möglich, weil Aussagen über den Bekanntheitsgrad des Gesetzes nur hypothetisch sein können: Die Codiertheit des Gesetzes der Abduktion beruht auf der schulischen und lebensweltlichen Praxis der Schülerinnen und Schüler, die nicht vollständig bekannt ist. Zur Einordnung der Abduktionen in die Kategorien Ecos wurden daher verschiedene Kriterien herangezogen. Einerseits sind dies die Kontextinformationen der regulären Lehrperson, andererseits die von den Lernenden verwendeten Schulbücher. Da kaum rekonstruiert werden kann, aus wie vielen (gleichwahrscheinlichen) Gesetzen die Schülerin oder der Schüler das Gesetz ihrer bzw. seiner Abduktion ausgewählt haben mag, bildet das „Naheliegen" bzw. die „Einsehbarkeit" des Gesetzes das entscheidende Kriterium zur Trennung zwischen unter- und übercodierten Abduktionen. Mit anderen Worten: Wie naheliegend mag es für eine Schülerin oder einen Schüler mit dem vermuteten Hintergrundwissen sein, gerade dieses Gesetz zu bilden bzw. zu benutzen? Ist das Gesetz für die Lernenden leicht oder eher schwer einsehbar? Die Kennzeichnung von Abduktionen als kreativ, über- und untercodiert ist also unsicher. Mit den verwendeten drei Kategorien soll herausgestellt werden, dass es Unterschiede in der Art von Entdeckungen gibt. Prinzipiell könnte auch ein anderes Kategoriensystem (zum Beispiel das von Habermas) verwendet werden.

Exkurs: Der Funktionsbegriff 6

Den mathematischen Schwerpunkt des empirischen Teils dieser Arbeit stellt der Funktionsbegriff dar. In diesem Abschnitt soll zunächst die zentrale Rolle, die dieser Begriff im Mathematikunterricht einnimmt, reflektiert werden. Es wird sich zeigen, dass der Funktionsbegriff in allen Schulstufen Bedeutung hat. Diesen Exkurs abschließend erfolgt eine kurze Situationsanalyse, in der thematisiert wird, wie Schülerinnen und Schüler mit den verschiedenen Darstellungsformen von Funktionen umgehen und zwischen ihnen wechseln können.

6.1 Der Funktionsbegriff im Mathematikunterricht

Insbesondere seit den Meraner Beschlüssen von 1905, die auch als „Klein'sche Reformen" bezeichnet werden (Blum und Törner 1983, S. 182), stellt der Funktionsbegriff einen zentralen Inhalt des Mathematikunterrichts dar. Vollrath bezeichnet ihn auch als einen potenziellen „*Leitbegriff* […] an dem sich der Unterricht orientieren kann" (Vollrath 2003, S. 142; s. auch Blum und Törner 1983, S. 18). Im Lehrplan Mathematik (Sekundarstufe 1, NRW) heißt es:

> „Dem Funktionsbegriff kommt sowohl unter Aspekten der Anwendung wie auch aus innermathematischen Gründen eine zentrale Bedeutung zu. Zuordnungen und Funktionen sollten den gesamten Algebraunterricht durchziehen […]." (MSWWF 1993, S. 34)

M. Meyer, *Entdecken und Begründen im Mathematikunterricht*, Kölner Beiträge zur Didaktik der Mathematik,
https://doi.org/10.1007/978-3-658-32391-2_6

In den Kernlehrplänen NRW (MSJK 2004) wird der Funktionsbegriff darüber hinaus neben Arithmetik/Algebra, Geometrie und Stochastik als eigenständige „inhaltsbezogene Kompetenz“ (ebd., S. 12) angesehen.

Eine einheitliche Definition des Funktionsbegriffs gibt es in der Mathematik nicht. Zum Beispiel könnte eine Funktion aus mengentheoretischer Sicht als eine linkstotale und rechtseindeutige Relation definiert werden. In den heutigen Schulbüchern finden sich häufig Varianten des Dirichletschen Funktionsbegriffs, den Hankel prägte:

> „Eine Funktion heißt y von x, wenn jedem Wert der veränderlichen Größe x innerhalb eines gewissen Intervalls ein bestimmter Wert von y entspricht; gleichviel, ob y in dem ganzen Intervalle nach demselben Gesetze von x abhängt oder nicht; ob die Abhängigkeit durch mathematische Operationen ausgedrückt werden kann oder nicht.“ (zitiert nach Steiner 1969, S. 19)

Die Lernenden sollen im Unterricht nicht nur den Funktionsbegriff im Sinne einer Definition erlernen, sondern vielmehr zum funktionalen Denken angeregt werden, womit der methodologische Aspekt des Funktionsbegriffs betont wird (Müller-Philipp 1994, S. 16). Vollrath beschreibt das funktionale Denken als „[…] eine Denkweise, die typisch für den Umgang mit Funktionen ist“ (ebd. 1989, S. 6) und betont in diesem Zusammenhang die folgenden Aspekte:

> **„(1) Zuordnungscharakter**
>
> Durch Funktionen beschreibt oder stiftet man Zusammenhänge zwischen Größen: einer Größe ist dann eine andere zugeordnet, sodass die eine Größe als abhängig von der anderen gesehen wird. […]
>
> **(2) Änderungsverhalten**
>
> Durch Funktionen erfasst man, wie sich Änderungen einer Größe auf die abhängige auswirken. […]
>
> **(3) Sicht als Ganzes**
>
> Mit Funktionen betrachtet man einen gegebenen oder gestifteten Zusammenhang als Ganzes.“ (Vollrath 2003, S. 129 f.)

Ausgehend von seiner „Stufenfolge des Begriffsverständnisses“ (Vollrath 1974, S. 51 ff.; s. auch ebd. 1982, S. 25 f.; ebd. 2003, S. 141 f.; Blum und Törner 1983, S. 53 ff.) beschreibt Vollrath Unterrichtssequenzen für das Lehren und Lernen des Funktionsbegriffs (ebd. 2003, S. 142 ff.; s. auch ebd. 1974, S. 54 ff.):

(1) Vermitteln von Grunderfahrung
(2) Entdecken von Funktionseigenschaften
(3) Aufdecken von Zusammenhängen
(4) Entdecken neuer Funktionstypen
(5) Das Problem der Umkehrfunktion
(6) Funktionen und Relationen
(7) Mit Funktionen operieren
(8) Von den Funktionen zu den Folgen
(9) Erweiterungen
(10) Funktionen und Verknüpfungen

Für die vorliegende Arbeit erscheint es nicht wichtig, dass Vollrath mit dieser Unterteilung und unter dem Begriff „Stufenfolge" Modelle für die Entwicklung und Vermittlung des Funktionsbegriffs anbietet. Die Unterscheidungen sollen im empirischen Teil dieser Arbeit lediglich genutzt werden, um die Themen der analysierten Unterrichtsstunden mathematikdidaktisch einordnen zu können. Dort soll u. a. erkennbar werden, welchen Beitrag die einzelnen konkreten Aufgabenstellungen und Entdeckungen für das Verständnis des Funktionsbegriffs haben. In diesem Kapitel wird die Unterteilung Vollraths genutzt, um in dem weiten Feld des Funktionsbegriffs einzelne Aspekte herausgreifen zu können. Um jedoch den empirischen Kontext der vorliegenden Studie zu skizzieren, soll die Beschreibung nicht genau entlang des Phasenmodells erfolgen. Es wird ebenso auf die nordrhein-westfälischen Lehrpläne und diejenigen Schulbücher eingegangen, welche innerhalb der besuchten Klassen verwendet wurden.

Beim Lernen des Funktionsbegriffs handelt es sich um einen langfristigen Prozess, für den verschiedene Vorübungen bzw. Grunderfahrungen notwendig sind. Die Schülerinnen und Schüler sollen in der ersten Phase („Vermitteln von Grunderfahrung") zunächst eine eher inhaltliche bzw. intuitive und weniger eine formale Kenntnis des Funktionsbegriffs entwickeln. Diese

> „[...] ‚implizite Phase' liefert oft das ‚Material', das nach der expliziten Einführung des Begriffs geordnet, strukturiert und unter einem anderen, allgemeineren Gesichtspunkt betrachtet wird." (Kronfellner 1987, S. 91)

Im Rahmen einer Propädeutik des Funktionsbegriffs sammeln die Lernenden in den Klassenstufen 1 bis 6 verschiedene Vorstellungen von Funktionen. Dies

> „[...] umfaßt Operatoren (z. B. ‚Strecker'), Maschinen, Tabellen, Pfeildiagramme, graphische Darstellungen, einfache geometrische Abbildungen. Auch Beispiele für

Relationen, die keine Funktionen sind (aus der Umwelt oder ‚≤'), und zugehörige Diagramme treten auf." (Blum und Törner 1983, S. 35; vgl. auch Vollrath 1974, S. 54)

Bereits in der Grundschule werden beispielsweise Bildungsvorschriften anhand vorgegebener Folgenglieder entwickelt (z. B. im verwendeten Schulbuch: Leininger u. a. 2001, S. 15, Aufgabe 2). Vollrath betont vor allem solche Aufgaben, bei „[...] denen eine Beziehung zwischen Größen zugrunde liegt." (ebd. 2003, S. 144). Dies ist zum Beispiel bei Ware-Preis-Zuordnungen der Fall. Ebenso wie bei der Behandlung von Einmaleinsreihen nutzen die Lernenden hierbei bereichsspezifisch Eigenschaften proportionaler Zuordnungen, ohne die Proportionalität formal zu erfassen. Vollrath verweist auf Untersuchungen zur Entwicklung funktionalen Denkens, die erwarten lassen, dass „[...] Kinder dieser Altersstufe Schwierigkeiten im Erfassen der Proportionalität [...]" (ebd. S. 144) haben.

In den Klassenstufen 5 und 6 werden ebenfalls Abhängigkeiten zwischen Größen in unterschiedlichen Darstellungen betrachtet, sodass die Schülerinnen und Schüler auch hier „[...] erste Erfahrungen mit dem Zuordnungs- und Funktionsbegriff" (MSWWF 1993, S. 38) sammeln können. Dies geschieht zunächst noch implizit u. a. bei Aufgaben zur Multiplikation und Division (s. Pohlmann und Stoye 2000, S. 54 ff.), „[...] bei denen man von ‚einer Einheit zur Vielheit' oder ‚von der Vielheit zur Einheit' übergeht [...]" (Vollrath 2003, S. 144). Auch die Einführung bzw. Behandlung der Bruchrechnung nach dem Operatorkonzept beinhaltet funktionale Betrachtungsweisen, die zum Beispiel mit „Maschinen" konkretisiert werden können (Padberg 2002, S. 24).

In der Klassenstufe 7 werden Abhängigkeiten zwischen Größen (z. B. Ware und Preis) explizit und formal als Zuordnungen thematisiert (s. Schmidt und Weidig 1994, S. 6 ff.). Hierbei suchen die Schülerinnen und Schüler entweder zu einer gegebenen ersten Größe eine zugeordnete zweite Größe oder umgekehrt. Dies geschieht über die Darstellungsformen Tabelle, Graph und Funktionsterm und auch zu Themen, die den Kindern aus dem alltäglichen Leben vertraut sind (MSWWF 1993, S. 46; MSJK 2004, S. 33; für Beispiele s. Vollrath 2003, S. 144 ff.).

In den nächsten beiden Phasen (Entdecken von Funktionseigenschaften und Aufdecken von Zusammenhängen) ändert sich die Sicht der Lernenden auf den Funktionsbegriff grundlegend. Nun wird nicht mehr lediglich ein funktionaler Zusammenhang betrachtet, sondern die Funktion steht vielmehr selbst als ein mathematisches Objekt im Mittelpunkt des Unterrichts (s. Griesel und Postel 2000, S. 114 ff.). Zunächst wird die Proportionalität als Eigenschaft einer Funktion explizit thematisiert (s. ebd., S. 120 ff.). Anschließend werden lineare

Funktionen eingeführt und neben den proportionalen Funktionen behandelt (s. ebd., S. 126 ff.; vgl. MSWWF 1993, S. 46; MSJK 2004, S. 33).

Für die Fallstudien in der vorliegenden Arbeit sind zusätzlich noch die Phasen 4 und 9 interessant. Innerhalb der Phase „Entdeckung neuer Funktionstypen" schlägt Vollrath (2003, S. 159 ff.) vor, die Betrags- und Treppenfunktionen sowie die quadratischen Funktionen zu behandeln. In der Phase „Erweiterungen" werden dann die Potenzfunktionen eingeführt, die sich im Fall natürlicher Exponenten „[...] unmittelbar als Verallgemeinerung von linearen und quadratischen Funktionen ergeben" (Vollrath 1982, S. 23). Den Übergang von den quadratischen zu den Potenzfunktionen beschreibt Vollrath als eine der „wichtigsten Grenzüberschreitungen" (ebd. 2003, S. 140). In der hier relevanten Schulbuchreihe werden die Potenzfunktionen in der Klasse 10 eingeführt (s. Griesel und Postel 1995, S. 32 ff.; vgl. MSWWF 1993, S. 53 f.).

6.2 Darstellungsformen von Funktionen

Funktionsgleichung bzw. -vorschrift, Wertetabelle und Funktionsgraph stellen die geläufigsten Darstellungsformen funktionaler Zusammenhänge dar. Zusätzlich gibt es noch die Darstellung über Pfeildiagramme und die verbale Beschreibung einer Funktion. Die einzelnen Darstellungsformen heben unterschiedliche Aspekte einer Funktion hervor. Während zum Beispiel die Wertetabelle eine eher statische Betrachtung vermittelt (dem bestimmten Wert x wird ein bestimmter Wert y zugeordnet), bietet der Graph eine eher dynamische Sicht auf die Funktion an (wenn der x-Wert vergrößert wird, dann vergrößert sich der y-Wert, u. ä.). Auch lassen sich verschiedene Eigenschaften von Funktionen an bestimmten Darstellungsformen besser ablesen als an anderen. Zum Beispiel kann an einer Wertetabelle kaum erkannt werden, ob eine Funktion stetig ist oder nicht. Hierfür ist eher die Termdarstellung von Nutzen.

In dem nun folgenden Abschnitt werden einige empirische Studien angeführt, die zeigen, wie Lernende mit den verschiedenen Darstellungsformen von Funktionen umgehen bzw. wie sie zwischen diesen wechseln können. Hierbei erfolgt eine Beschränkung auf die wichtigsten Darstellungsformen: Funktionsgleichung bzw. -term, Wertetabelle und Funktionsgraph. Der Vorgang des Wechselns zwischen verschiedenen Darstellungen wird in Anlehnung an Janvier als „Übersetzungsprozess" verstanden:

> „By a translation process, we mean the psychological processes involved in going from one mode of representation to another, for example, from an equation to a graph." (ebd. 1987, S. 27)

6.2.1 Lesen von Darstellungen

Die Situationsanalyse von Müller-Philipp (1994, S. 27 ff.), die u. a. Ergebnisse empirischer Studien zusammenfasst, zeigt hinsichtlich des Umgangs der Lernenden mit den einzelnen Darstellungsformen ein differenziertes Bild. In vielen empirischen Studien gelang es den meisten Schülerinnen und Schülern, Graphen punktweise zu interpretieren (u. a. Kerslake 1982). Sie sollten hierzu u. a. mit Hilfe eines Graphen, in dem die Körpergröße (y-Achse) und der Taillenumfang (x-Achse) von fünf Kindern eingetragen waren, das Erscheinungsbild dieser Kinder beschreiben.

Von einer punktweisen Interpretation eines Graphen ist dessen globale Betrachtung zu unterscheiden. Hierbei geht es u. a. um das Aufspüren von Intervallen, in denen die Funktion eine bestimmte Bedingung erfüllt. Zum Beispiel beschreibt der Graph in Abbildung 6a den altersabhängigen Gewichtsverlauf von Jungen und Mädchen. Eine globale Betrachtung des Graphen wäre zur Beantwortung der Frage notwendig, in welchem Alter Mädchen durchschnittlich mehr wiegen als Jungen. Müller-Philipp belegt an vielen Studien, dass eine solche Betrachtungsweise Schülerinnen und Schülern in der Regel deutlich schwerer fällt. Mit Bezug auf Janvier (1978) berichtet Weigand zudem, dass „[...] das 'relative Lesen', d. h. die Beziehung zwischen einzelnen absoluten Werten zu sehen, wie es z. B. beim Bestimmen von Steigungen eines Funktionsgraphen notwendig ist [...]" (ebd. 1988, S. 294), Lernenden ebenfalls Probleme bereitet.

Dreyfus und Eisenberg (1982) konnten beobachten, dass die Lösungsquoten von eher leistungsstarken Schülerinnen und Schülern beim Lesen einer graphischen Funktionsdarstellung höher als bei einer gegebenen Wertetabelle waren. Eher Leistungsschwächere konnten hingegen besser mit einer Wertetabelle umgehen (jeweils bezogen auf die Begriffe: Bild, Urbild, Wachstum, Extrema und Steigung). Für alle in der Studie getesteten Schülerinnen und Schüler der Klassenstufen 6–9 galt, dass ihnen der Umgang mit einem Funktionsgraphen und einer Wertetabelle leichter fiel als der Umgang mit einem Pfeildiagramm. Hierbei ist anzumerken, dass solche Unterschiede auch von den Vorkenntnissen der Kinder und dem konkreten Problemkontext abhängen (Weigand 1988, S. 295).

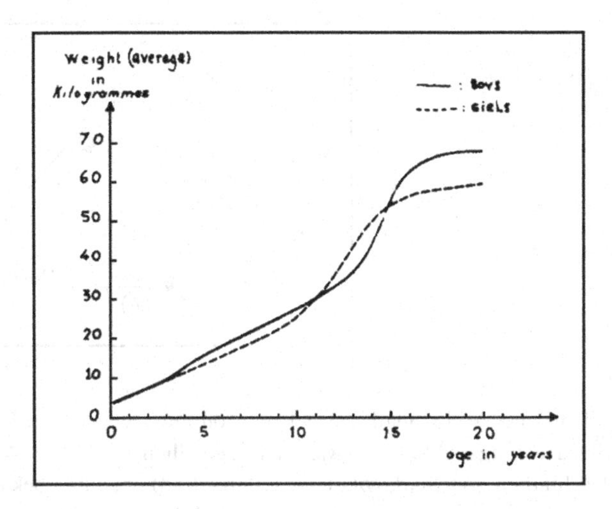

Abb. 6a Altersabhängiger Gewichtsverlauf von Jungen und Mädchen (Bell und Janvier 1981, S. 37)

6.2.2 Übersetzungen zwischen Darstellungsformen

Kognitionspsychologisch betrachtet erfordern die Übertragungsprozesse zwischen verschiedenen Darstellungsformen, die in der Literatur zumeist als „Übersetzungsprozesse" bezeichnet werden, unterschiedliche Fähigkeiten (Müller-Philipp 1994, S. 78 ff.). Da bei den verschiedenen Übersetzungsrichtungen (Abb. 6b) demnach kaum mit gleichbleibenden Leistungen von Schülerinnen und Schülern zu rechnen ist, sollen diese nun diskutiert werden.

Hinsichtlich der Übersetzungsrichtung 1 (Tabelle → Graph) zeigten die Lernenden in vielen Studien, dass sie das Einsetzen von Wertepaaren in ein gegebenes Koordinatensystem beherrschten (Müller-Philipp 1994, S. 79). Das Erstellen eines geeigneten Koordinatensystems zum Eintragen vorgegebener Punkte bereitete den Lernenden (Alter: 13–15 Jahre) in der Untersuchung von Kerslake (1982) jedoch größere Probleme. Weiterhin konnte die Autorin in der gleichen Studie feststellen, dass den Lernenden die Übersetzung von einem gegebenen Graphen zur Wertetabelle nicht schwer fiel (Übersetzungsrichtung 2). Diese Übersetzungsprozesse wurden bereits oben unter dem Aspekt „Lesen von Darstellungen" erfasst, zumal die Fähigkeit einen Funktionsgraphen zu lesen auch das Identifizieren bestimmter Punkte beinhaltet (Müller-Philipp 1994, S. 79).

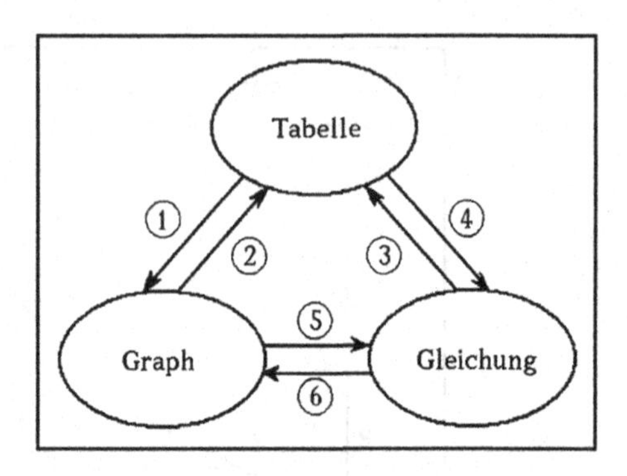

Abb. 6b
Übersetzungsrichtungen
(Müller-Philipp 1994, S. 88)

Das Erstellen einer Wertetabelle ausgehend von einer gegebenen Funktionsgleichung (Übersetzungsrichtung 3) war den Jugendlichen (Alter: 14–15 bzw. 14–16) in den Studien von Markovits u. a. (1986, 1988) ebenfalls bekannt. Probleme tauchten allenfalls bei der Berechnung von Urbildern auf. Dies wird jedoch auf eher technische Gründe zurückgeführt:

> „When the function was given in algebraic form, the students could find the image for a given preimage, but had some difficulty when they were asked to find the preimage for a given image, apparently due to the technical manipulations required, since success decreased with the complexity of the calculations." (ebd. 1986, S. 22)

Oberflächlich betrachtet ergaben sich in den Studien von Swan (1982; Alter der Jugendlichen: 16 Jahre) und Herscovics (1982; Alter der Lernenden: 13–17 Jahre) entgegengesetzte Ergebnisse. In der Studie von Herscovics sollten die Schülerinnen und Schüler u. a. das Bild der Zahl 5 unter der Funktionsvorschrift $f(a) = a + 7$ angeben. Dies gelang nur wenigen. Die Lösungsquote stieg jedoch deutlich an, als die Frage verändert wurde. So konnten mindestens 70 % der Schülerinnen und Schüler die Frage „what is the value of $a + 7$ when $a = 5$" (ebd., S. 72) richtig beantworten. Das Problem der Übersetzung kann demnach darauf zurückgeführt werden, dass die Lernenden im Umgang mit der funktionalen Schreibweise nicht geübt waren (Müller-Philipp 1994, S. 80).

Die Übersetzungsrichtung 4 beinhaltet das Aufstellen einer Funktionsgleichung anhand vorgegebener Wertepaare. Lernende kommen hiermit bereits in der Grundschule in Kontakt, wenn sie ausgehend von Folgengliedern eine Bildungsvorschrift bestimmen sollen. Aufgrund seiner Erfahrungen mit solchen Aufgaben berichtet Davis:

> „Extensive trials with children have convinced us [...] that nearly all children have a highly-effective capability of generalizing from instances. Typical school mathematics makes relatively little use of this capability." (ebd. 1982, S. 49)

In den Studien von Herscovics (1982), Swan (1982) und Stoye (1990) zeigten die Lernenden, dass sie anhand einer gegebenen Wertetabelle eine Rechenvorschrift aufstellen und hiermit die fehlenden Glieder der Tabelle berechnen konnten (wobei sie auch Übersetzungsrichtung 3 berücksichtigen mussten). Eine Bildungsvorschrift als Funktionswert von „n" in einer Tabelle anzugeben, gelang in den Studien jedoch nur wenigen Schülerinnen und Schülern. Entsprechend scheint auch hier deutlich zu werden, dass die Lernenden wohl Rechenvorschriften entwickeln und nach ihnen vorgehen konnten, jedoch Probleme mit der formalen Schreibweise hatten.

Hinsichtlich der Übersetzungsrichtungen 5 (Graph → Gleichung) und 6 (Gleichung → Graph) wurden die Fähigkeiten der Schülerinnen und Schüler in den meisten empirischen Untersuchungen durch Multiple-Choice-Aufgaben überprüft. Hierzu wurde u. a. ein Funktionsgraph vorgegeben, zu dem aus einer geringen Anzahl vorgegebener Funktionsgleichungen eine passende herausgesucht werden sollte (Müller-Philipp 1994, S. 78). Zur Lösung solcher Aufgaben sind prinzipiell beide Übersetzungsrichtungen denkbar: Einerseits können die Lernenden zu dem Graphen eine passende Funktionsgleichung aufstellen (Übersetzungsrichtung 5), andererseits besteht die Möglichkeit die Richtung Gleichung → Graph (Übersetzungsrichtung 6) zu verwenden, wobei die Lernenden zusätzlich zu jeder Gleichung eine Wertetabelle aufstellen können (Übersetzungsrichtung 3), um die Wertepaare anschließend mit dem Graphen zu vergleichen (Übersetzungsrichtung 1). Die direkte Übersetzung Gleichung → Graph kann also durch einen Umweg ersetzt werden. Die Ergebnisse aus der Situationsanalyse von Müller-Philipp (ebd., S. 82 ff.) und diejenigen ihrer eigenen Studie (ebd., S. 248 f.) zeigen jedoch, dass beide Übersetzungsprozesse den Schülerinnen und Schülern große Probleme bereiteten. Auch wenn die Lernenden scheinbar die Richtung Gleichung → Graph bevorzugten und diese Übersetzung zudem durch den Umweg über die Tabelle leisten konnten (d. h.: mittels der Teilübersetzungen Gleichung → Tabelle und Tabelle → Graph), so

> „[...] reichen die Leistungen bei der Übersetzung Gleichung → Graph bei weitem nicht an die Leistungen bei den beiden genannten Teilübersetzungen heran." (Müller-Philipp 1994, S. 89)

7 Ausgewählte Analysebeispiele

In den folgenden Abschnitten werden einige Analysen von Unterrichtsszenen vorgestellt. Um den Rezipierenden einen Überblick zu ermöglichen, werden die Schwerpunkte der einzelnen Unterrichtsanalysen zunächst grob tabellarisch (Abb. 7a) und anschließend ausführlicher in der Abfolge der Analysen aufgeführt.

Nr.	Klasse	Mathematischer Inhalt	Analyseschwerpunkte
1	7	Bruchrechnung	Verschiedene Wege der Erkenntnissicherung (deduktive Begründung des Gesetzes einer Abduktion, Hypothesenprüfung qua Bootstrap-Modell)
2	4	Funktionale Zusammenhänge bei einer Spielaufgabe	Mehrdeutigkeit von Äußerungen (vordergründige oder tiefergehende Abduktionen)
3	4	Bruchrechnung	Funktion des Hintergrundwissens (vordergründige und tiefergehende Abduktionen), Begründung des Falls einer untercodierten Abduktion, Lehrerrolle des „Advocatus Diaboli"
4	10	Einführung der Potenzfunktionen	Mehrdeutigkeit und Komplexität des Zusammenhanges zwischen Entdecken und Begründen (theoretische und empirische Begründungen einer kreativen Abduktion)
5	7 / 10	Übersetzung: Graph $\rightarrow$ Funktionsvorschrift (Klasse 7), Symmetrieregeln von Potenzfunktionen (Klasse 10)	Abduktionen mit Äquivalenzaussagen (bikonditionale Gesetze)

Abb. 7a Tabellarischer Szenenüberblick

M. Meyer, *Entdecken und Begründen im Mathematikunterricht*, Kölner Beiträge zur Didaktik der Mathematik, https://doi.org/10.1007/978-3-658-32391-2_7

Analysebeispiel 1: Die Lernenden einer siebten Klasse beschäftigen sich mit der Bruchrechnung. Die funktionalen Inhalte der Aufgabe sind gering und auch die Prozesse der Erkenntnisgewinnung bleiben eher verborgen. Jedoch konnte in dieser Szene ein relativ einfaches Beispiel einer Erkenntnissicherung auf dem theoretischen Erkenntnisweg rekonstruiert werden. Dazu wird eine Schüleräußerung zunächst aus argumentationstheoretischer Sicht diskutiert. Anschließend werden Abduktionen rekonstruiert, welche für eine derartige Äußerung naheliegend sein könnten. Der Fall einer ersten Abduktion geht in eine weiterführende zweite Abduktion über. Das Gesetz der zweiten Abduktion wird im Unterricht von einem anderen Schüler begründet. Neben dieser theoretischen Erkenntnissicherung kann im folgenden Unterrichtsverlauf eine empirische Hypothesenprüfung mittels des Bootstrap-Modells beobachtet werden. Insgesamt gesehen bildet die Rekonstruktion von Argumenten den Analyseschwerpunkt in diesem Abschnitt.

Analysebeispiel 2: Eine vierte Klasse beschäftigt sich mit funktionalen Zusammenhängen, die in eine Spielaufgabe eingekleidet sind. Die Diskrepanz zwischen „privaten" und „öffentlichen" Abduktionen stellt einen inhaltlichen Schwerpunkt der Analyse dar. Zu einer mehrdeutigen Äußerung werden verschiedene Interpretationen angeboten. Im Zusammenhang mit einer vordergründigen Abduktion (erste Interpretation) wird auch ein Dreischritt nach Peirce (die empirische Begründung der Hypothese erfolgt mittels des Bootstrap-Modells) rekonstruiert. Zwei weitere Interpretationen gehen von einer tiefergehenden Entdeckung aus. Vor dem Hintergrund dieser Abduktionen erscheint die zunächst als empirische Begründung betrachtete Erkenntnissicherung eher als eine Theoretische: Sie kann als Begründungsversuch des Falls angesehen werden. Die rekonstruierten tiefergehenden Abduktionen zeigen zudem, dass die Kategorien Ecos (s. Abschn. 3.3.1) für eine qualitative Typisierung von Entdeckungen nicht ausreichen. An weiteren Äußerungen von Lernenden wird deutlich, dass das deduktive Hervorbringen einer Abduktion nicht zwangsläufig problematisch sein muss. Dieses Analysebeispiel abschließend wird die Mehrdeutigkeit als ein notwendiges und vorteilhaftes Charakteristikum des entdeckenden Lernens herausgearbeitet.

Analysebeispiel 3: Hier werden Entdeckungen und Begründungen von Lernenden einer vierten Klasse zu zwei einander folgenden Aufgaben zur Bruchrechnung rekonstruiert. Die funktionalen Anteile dieser Aufgaben sind im Vergleich zu denjenigen des ersten Analysebeispiels deutlich größer. Zur Lösung der ersten Aufgabe entdecken und begründen die Lernenden eine Vereinfachungsstrategie. Die Begründungen werden einerseits als arbeitsökonomisch, andererseits als tiefergehend mathematisch gerahmt interpretiert. Im Zusammenhang mit der tiefergehenden Erkenntnis wird zudem ein theoretischer Erkenntnisweg rekonstruiert, bei dem der Fall einer untercodierten Abduktion begründet wird. Des Weiteren wird die Rolle der Lehrperson als „Advocatus Diaboli" hinsichtlich ihrer abduktions- und argumentationstheoretischen Bedeutung thematisiert. Die Notwendigkeit von Hintergrundwissen für den Vollzug tiefergehender Entdeckungen wird bei der Analyse der zweiten Aufgabe besonders deutlich: Nur ein Schüler äußert tiefergehende Erkenntnisse. Es werden potenzielle Analogieschlüsse rekonstruiert, die den Schüler zu seiner Einsicht geführt haben könnten. Dem mathematisch stichhaltigen, jedoch komplexen Argument des Schülers messen die übrigen Schülerinnen und Schüler im Unterricht scheinbar keine Überzeugungskraft bei.

Analysebeispiel 4: Die Einführung der Potenzfunktionen in einer zehnten Klasse bildet den mathematischen Inhalt dieses Beispiels. Die Analyse der Unterrichtsszene erfolgt in drei Abschnitten. Zunächst wird ausgehend von der Äußerung einer Schülerin eine kreative Abduktion und die theoretische Erkenntnissicherung des entdeckten Gesetzes rekonstruiert. Zudem werden mehrere Möglichkeiten aufgezeigt, inwiefern der übrige Teil ihrer Äußerung zur Begründung des Falls der Abduktion eintreten kann. Die Analyse der logischen bzw. erkenntnistheoretischen Zusammenhänge in diesem Abschnitt ist sehr diffizil. Hierdurch soll deutlich werden, wie komplex und mehrdeutig die Zusammenhänge zwischen dem Entdecken und dem Begründen sein können. Im weiteren Verlauf der Unterrichtsszene wird das abduktiv generierte Gesetz zudem empirisch bestätigt. Aus dem Zusammenspiel der Äußerungen der Lehrperson und der Schülerin wird eine Überprüfung der gewonnenen Hypothese mittels des Bootstrap-Modells rekonstruiert. Abschließend erfolgt die Rekonstruktion eines hypothetisch-deduktiven Ansatzes, mit dem ein weiterer Schüler die anfängliche Hypothese bestätigt.

Analysebeispiel 5: In diesem Abschnitt wird das Problem bikonditionaler Gesetze thematisiert (s. Abschn. 5.4.5). Wenn das verwendete Gesetz eine Äquivalenzaussage ist, kann eine Unterscheidung zwischen Abduktion und Deduktion schwer sein. An der Analyse zweier Unterrichtsszenen (Klasse 7 und 10) wird diese Herausforderung an die Rekonstruktion zunächst empirisch verdeutlicht und anschließend theoretisch erörtert. Inhaltlich beschäftigen sich die Schülerinnen und Schüler der siebten Klasse mit der Übersetzung Graph → Funktionsvorschrift. Die Lernenden der zehnten Klasse sollen die Achsensymmetrieregel der Potenzfunktionen der Form $x \mapsto x^n (n = 2k; k \in \mathbb{N})$ begründen.

7.1 Analysebeispiel 1

Nachdem sich die Schülerinnen und Schüler der Klasse 7a in den ersten beiden Stunden des Unterrichtsversuchs mit Graphen und Funktionsvorschriften proportionaler und antiproportionaler Zuordnungen beschäftigt hatten, kam es in der dritten Stunde zu einem Themenwechsel. Mit der Bruchrechnung wurde ein Thema aufgegriffen, dessen Einführung bereits im vorherigen Schuljahr erfolgte. Zur Auffrischung dieses Themas erhielten die Lernenden das Arbeitsblatt B (s. Anhang) als Hausaufgabe. Die zu analysierende Unterrichtsszene beinhaltet die Besprechung des Arbeitsblattes C (Abb. 7.1a), dessen Bearbeitung ebenfalls Hausaufgabe war.

Das Arbeitsblatt besteht aus zwei Teilen. In Aufgabe 1 sollen die Schülerinnen und Schüler zunächst eine Rechnung durchführen. Im zweiten Teil geht es darum, eine potenzielle Entdeckung aus dem ersten Teil zunächst niederzuschreiben und anschließend zu begründen.

Innerhalb dieses Arbeitsblattes spielt die Äquivalenz von fortgesetzter Addition und Multiplikation eine große Rolle. Eine mathematische Expertin bzw. ein mathematischer Experte würde die Lösung der Aufgabe 1 ohne Rechnung niederschreiben können. Der Ergebnisbruch gleicht dem Ausgangsbruch, weil durch eine solche synchrone Veränderung von Zähler und Nenner die durch den anfänglich gewählten gemeinen Bruch benannte Bruchzahl nicht verändert wird. Lernende, deren Bruchrechenunterricht ein Jahr zurückliegt, können mit einer solchen Identifikation jedoch Probleme haben. Da zudem in der Aufgabenstellung eine schrittweise Rechnung gefordert wird, kann angenommen werden, dass die Schülerinnen und Schüler zur Lösung des Problems ebenfalls schrittweise vorgehen.

Arbeitsblatt C IVa

1 Zuerst ist der Bruch $\frac{3}{5}$ gewählt. Berechne und kürze: $\frac{3+3+3+3}{5+5+5+5}$

Zuerst ist der Bruch $\frac{2}{7}$ gewählt. Berechne und kürze: $\frac{2+2+2+2}{7+7+7+7}$

Zuerst ist der Bruch $\frac{99}{100}$ gewählt. Berechne und kürze: $\frac{99+99+99+99}{100+100+100+100}$

2 Was fällt dir auf?

Überprüfe das an Brüchen, die du selbst wählst.

Begründe in mehreren Sätzen, warum das immer so sein muss.

Abb. 7.1a Arbeitsblatt C (Klasse 7a)

7.1.1 Rechenbericht, Argument oder Abduktion?

Nach der Besprechung des Arbeitsblattes B lenkt der Lehrer die Aufmerksamkeit auf das Arbeitsblatt C. Folgendes Unterrichtsgespräch setzt ein:

1	L	nehmen wir jetzt das Aufgabenblatt C (*4 sec*) bei wem gab es so ein Aha' .. bei wem gab es so ein Aha', eine Entdeckung' (*reibt die Hände aneinander*) .. mh Alex .. bitte'
2	Alex	bei mir gabs n Aha
3	L	ja dann sag mal
4	Alex	ja also, nein (d– dass?) hab ich ja nix, ehm ich habs nicht aufgeschrieben aber– das is so (..)
5	L	sags Alex
6	Alex	(*spricht schnell*) aber ich wusste halt nicht wie ich es aufschreiben sollte ich hab da– also ich sach jetzt mal frei +, da is ja immer– irgend ne Zahl im– ehm Zähler, die wird dann immer–, ehm .. ja mal 4 genommen sozusagen .. und die im Nenner wird auch mal 4 genommen, und das Ergebnis– ist dann so .. das ist dann so dass ehm, ja dass man das dann durch 4 teilen soll und dann kommt– .. da kommen ehm, kommen die Zahlen raus da kommt– die Zahl raus die im Nenner und äh im Zähler und im Nenner is.
7	Ss	hä'
8	L	und warum, warum hast du das nicht aufgeschrieben'
9	Alex	ja weil ich nicht weiß obs richtig is.
10	L	oh, ihr sollt das ruhig aufschreiben wenn ihr auch nicht ganz sicher seid. .. ich find das vernünftig, so wie du das gesagt hast. .. vorhin war– ehm Ivo

Nachdem der Lehrer die Aufmerksamkeit der Lernenden auf das Arbeitsblatt C gelenkt hat, fordert er eine Entdeckung ein („bei wem gab es so ein Aha'.. bei wem gab es so ein Aha', eine Entdeckung'"). Der Lehrer thematisiert also nicht die Lösung der ersten Aufgabe, sondern geht direkt zur zweiten Aufgabe über.

Alex antwortet auf die Frage, indem er zunächst nur bestätigt, eine Entdeckung vollzogen zu haben („bei mir gabs n Aha"). Der Hinweis des Schülers, seine Entdeckung nicht aufgeschrieben zu haben [4], und auch seine nachfolgende Bemerkung („ich wusste halt nicht wie ich es aufschreiben sollte") könnten als Zeichen darauf gedeutet werden, dass der Schüler einerseits noch keine Erfahrung im Umgang mit solchen Aufgabentypen hat oder sich andererseits seiner Lösung nicht sicher ist.

Im Folgenden wird zunächst die Äußerung 6 von Alex aus verschiedenen Richtungen analysiert und interpretiert. Während sich seine Formulierung vordergründig noch als Rechenanweisung liest, ergibt sich hintergründig eine Rationalität gemäß Toulmins. Letztlich werden Abduktionen herausgearbeitet, welche naheliegend für die Lernenden der Klasse sind, der sich so äußert wie Alex. Auf der Grundlage dieser Abduktionen erweist sich der zunächst angenommene Rechenbericht eher als eine Darstellung der Rationalität des Entdeckungsprozesses.

Rechenbericht oder Argument?
Im Verlauf von Äußerung 6 beschreibt Alex die fortgesetzte Addition in Zähler und Nenner als Multiplikation. Das geforderte Kürzen benennt er als Teilen. Letztlich behauptet er, dass sich im Zähler und im Nenner des Ergebnisbruches wieder Zähler und Nenner des Ausgangsbruches ergeben. Oberflächlich betrachtet gibt Alex mit diesem Vorgehen einen Bericht über seine Rechnungen, also eine Anleitung zur schrittweisen Lösung der Aufgabe, wieder.

Es wäre aber zu vordergründig, die Äußerung von Alex als Rechenbericht aufzufassen. Der Grund hierfür liegt darin, dass er andere Anweisungen als diejenigen der Aufgabenstellung wiedergibt. Statt von Addition spricht er von Multiplikation, statt von Kürzen von Teilen („durch 4“). Diese Umformulierungen weisen den Interpreten darauf hin, Alex deute einen strukturellen mathematischen Zusammenhang argumentativ an.

Obwohl weder der Lehrer noch der Schüler explizit einen Begründungsbedarf äußern, kann ein solcher dennoch angenommen werden: Zum einen fordert das Arbeitsblatt am Ende des zweiten Teils eine Begründung, sodass ein solcher Bedarf zumindest im Horizont der Unterrichtsepisode steht. Zum anderen scheint sich Alex seiner Entdeckung bzw. deren Formulierung nicht sicher zu sein, will sie aber offensichtlich äußern. Insofern schafft sich Alex selbst einen Begründungsbedarf. Die Rationalität seiner Behauptung ergibt sich, wenn man die Multiplikation und die Division als Umkehroperationen erkennt. Entsprechend verbirgt sich etwa das Argument in Abbildung 7.1b hinter dem Rechenbericht von Alex.

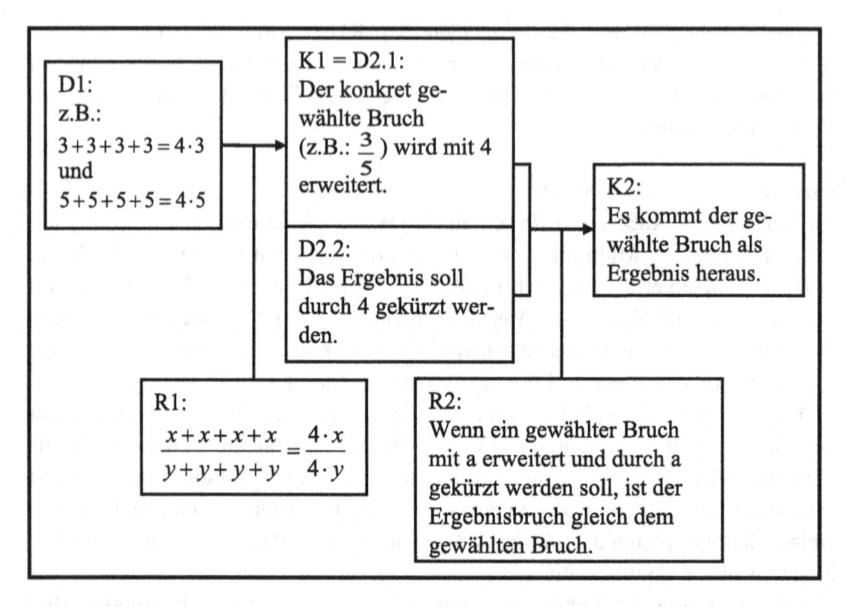

Abb. 7.1b Der „Rechenbericht" von Alex als Argument rekonstruiert

Die Äquivalenz von fortgesetzter Addition und Multiplikation bildet den Ausgangspunkt dieses Arguments (D1). Um von diesem auf das Ergebnis (Konklusion 2 – „die Zahl raus die im Nenner und äh im Zähler und im Nenner is") schließen zu können, braucht der Schüler noch einen Zwischenschritt. Dies gelingt nur, wenn er den Bruch als Ganzes betrachtet. Weiterhin muss das Zwischenergebnis gekürzt werden („durch 4 teilen soll"), weil sich sonst das gewünschte Resultat nicht einstellt.

Ein solches Argument äußert Alex lediglich in Fragmenten. Das Datum des ersten Begründungsschrittes benennt Alex noch explizit („da is ja immer– irgend ne Zahl [...] die wird dann immer–, ehm.. ja mal 4 genommen"). Der Schüler bezieht sich hiermit zwar noch auf die vorgegebene Aufgabe, jedoch erkennt er eine allgemeine Gesetzmäßigkeit, die sich hinter der Rechnung verbirgt.

Im Folgenden spricht Alex nicht von Brüchen, sondern bleibt vielmehr bei seiner Unterteilung des Bruches in Zähler und Nenner. Allerdings spricht er von einem Ergebnis („das Ergebnis–"). Daher kann durchaus angenommen werden, dass ihm die unterstellte Betrachtung des Bruches als Ganzes (R1 und D2.1) zumindest nicht fremd ist. Datum 2.2 wird von ihm wiederum explizit genannt

(„dass man das dann durch 4 teilen soll"). Dieses Datum gibt dabei nicht die Formulierung des Arbeitsblattes (Kürzen) wieder, sondern präzisiert die Forderung mit der Angabe „durch 4". Diese Umformulierung scheint für Alex nicht problematisch zu sein.

Der Entdeckungsprozess

Alex spricht von einem Aha-Erlebnis („bei mir gabs n Aha"). Diese Aussage wird derart interpretiert, dass Alex in der ersten Aufgabe mehr erkannt hat, als dort explizit gefordert war. Weiterhin gibt er in Äußerung 9 auf gezielte Nachfrage des Lehrers zu, nicht von der Richtigkeit seiner Lösung überzeugt gewesen zu sein („ja weil ich nicht weiß obs richtig is."). Alex misst seiner Entdeckung also nur einen hypothetischen Charakter zu. Hierfür sprechen auch die Füllwörter „ja" und „sozusagen" im ersten Teil seiner Äußerung, mit denen Alex an die Zustimmung seiner Mitschülerinnen und Mitschüler appelliert, ohne dafür ersichtliche Gründe zu liefern. Aufgrund dieser Interpretation des Sprachgebrauches lässt sich vermuten, dass der Schüler nicht nur deduktive Schlussfolgerungen vollzogen hat. Diese Vermutung wird zudem dadurch bestärkt, dass der Schüler die fortgesetzte Addition als Multiplikation betrachtet. Da der Schüler die Aufmerksamkeit somit auf etwas nicht Offensichtliches richtet, muss er eine Abduktion vollzogen haben.

Welchen Ausgangspunkt die Abduktion von Alex hat, kann nicht genau bestimmt werden. Jedoch scheint es naheliegend, dass ein Schüler dieser Klasse, die kaum Erfahrung mit dem entdeckenden Lernen hat, zunächst die konkreten Rechenanweisungen des Arbeitsblattes befolgt, bevor er sie umdeutet. Es ist dann naheliegend, dass dieser Schüler erst nach einer solchen Durchführung die Addition als Multiplikation und das Kürzen als Teilen im Sinne der Umkehroperation der Multiplikation erkennt. Wir betrachten Alex im Folgenden als einen solchen Schüler. Den Ausgangspunkt seines Entdeckungsprozesses bildet demzufolge sein letzter Rechenschritt: Nachdem Alex das Zwischenresultat gekürzt hatte, tauchte der Ausgangsbruch als Endergebnis wieder auf. Dieses überraschende Resultat war für ihn dann der Anlass nach dem Grund hierfür zu suchen. Diese Überlegung führte den Schüler zu der zunächst noch hypothetischen Vermutung, der Bruch könnte zuvor erweitert worden sein (s. Abb. 7.1c).

Der Schüler schließt durch diese Abduktion auf eine Ursache, welche das Kürzen ermöglicht. Die einfachste Variante ist eine potenzielle Erweiterung mit dem gleichen Faktor. Das Gesetz dieser Abduktion wird vermutlich im Unterricht nicht explizit in dieser Form dargestellt worden sein, jedoch werden vergleichbare Gesetze bei der Behandlung der Bruchrechnung in der sechsten Klasse thematisiert. Somit kann die Abduktion als untercodiert bezeichnet werden. Der Fall bleibt fraglich: In der Aufgabenstellung wird ein „Erweitern" nicht erwähnt.

Resultat:	Jeweils wurde durch 4 gekürzt und es kam der gewählte Bruch als Ergebnis heraus.
Gesetz:	Wenn ein gewählter Bruch mit a erweitert wird und gekürzt werden soll, wird er durch a gekürzt und der Ergebnisbruch ist gleich dem gewählten Bruch.
Fall:	Jeweils wurde der gewählte Bruch vor dem Kürzen mit 4 erweitert.

Abb. 7.1c Rekonstruktion einer ersten Abduktion von Alex

Entsprechend dieser Interpretation muss sich Alex zur Absicherung seiner Abduktion Klarheit über den fraglichen Fall in Bezug auf die Aufgabenstellung verschaffen. Der Fall wird nun zum Ausgangspunkt (Resultat) einer neuen Abduktion. Denn wenn die Möglichkeit der Erweiterung besteht, dann muss auch festgestellt werden, an welcher Stelle dies geschieht (s. Abb. 7.1d).

Resultat:	Der konkret gewählte Bruch (z.B.: $\frac{3}{5}$) wird mit 4 erweitert.
Gesetz:	$\frac{x+x+x+x}{y+y+y+y} = \frac{4 \cdot x}{4 \cdot y}$
Fall:	z.B.: $3+3+3+3 = 4 \cdot 3$ und $5+5+5+5 = 4 \cdot 5$

Abb. 7.1d Rekonstruktion einer zweiten Abduktion von Alex

Durch diese Abduktion erkennt Alex den Grund für die Erweiterung: die Multiplikation taucht als fortgesetzte Addition im Zähler und Nenner auf. Die Lösung des Problems, welche in dem Argument des Schülers als Datum rekonstruiert wurde und den Ausgangspunkt seiner Äußerung bildet, ergibt sich in dem rekonstruierten Entdeckungsprozess erst am Schluss.

Das Gesetz innerhalb dieser Rekonstruktion setzt sich aus zwei einzelnen zusammen: Zum einen muss der Schüler die fortgesetzte Addition als Multiplikation erkennen und dies zum anderen auf Zähler und Nenner übertragen. Eine solch kleinschrittige Analyse erscheint dem Interpreten an dieser Stelle jedoch unnötig komplex zu sein.

Der Schüler expliziert das Gesetz nicht. Vielmehr bezieht er sich auf den Fall, welchen er auch explizit thematisiert („da is ja immer– irgend ne Zahl im– ehm Zähler, die wird dann immer–, ehm.. ja mal 4 genommen"). Dieses Gesetz (die Übersetzung der fortgesetzten Addition in die Multiplikation) kennen die Lernenden insofern nicht, als dass es sich sowohl auf den Zähler als auch auf den Nenner eines Bruches bezieht.

Gemäß dieser Interpretation des potenziellen Gedankenganges von Alex erscheint der Rechenbericht als Darstellung der Rationalität seiner Entdeckung und nicht als Bericht des Entdeckungsprozesses.

7.1.2 Theoretische Begründung eines Gesetzes

Nachdem Alex seine Entdeckung geäußert hat, meldet sich Ivo zu Wort. Die Unterrichtsepisode setzt sich folgendermaßen fort:

11	Ivo	da muss man halt jede– jeden Bruch mal 4 erweitern und auch halt– deswegen auch durch 4 kürzen. das kann man mit jedem Bruch machen.
12	L	ändert sich die Bruchzahl nicht. aber wo wird denn hier erweitert' ... du hast gesagt man kann jeden Bruch erweitern und wieder kürzen aber wo wird denn hier erweitert'
13	Ivo	ja dasis ja– praktisch also da wird ja 4 mal äh plus gerechnet, also halt mal 4. deswegen–
14	Alex	Nachsager
15	Ivo	ja deswegen wirds ja, mal 4 erweitert

Bezieht man Ivos erste Äußerung [11] auf diejenige von Alex [6], so können hier eine Bestätigung und sprachliche Fixierung feststellt werden. Während Alex noch vorrangig Zähler und Nenner getrennt betrachtet, sieht Ivo den Bruch als Ganzes. Auch spricht Alex von Multiplikation und Division, während Ivo die Rechnungen mit „kürzen" und „erweitern" benennt. Entsprechend kann bei Ivos Äußerung eine sprachliche Zusammenfassung und inhaltliche Stabilisierung derjenigen von Alex beobachtet werden, wobei jetzt durch die Worte „Bruch" und „kürzen" eine engere Verbindung zum Arbeitsblatt entsteht. Während sich Alex zudem auf konkrete, aber beliebige Zahlen bezieht, spricht Ivo direkt von „jedem Bruch". Er äußert sich somit auf einer etwas allgemeineren Ebene.

Der Lehrer bestätigt zunächst [12], dass in Folge der von Ivo erwähnten Rechnung im Ergebnis wieder der Ausgangsbruch (genauer: die Bruchzahl) erscheint.

Seine Frage („wo wird denn hier erweitert'") bezieht sich auf bisher implizit Gebliebenes: die Äquivalenz von fortgesetzter Addition und Multiplikation im Zähler und im Nenner. Der Lehrer stellt also einen Begründungsbedarf her, der sich auf das implizite Gesetz der zweiten Abduktion von Alex bezieht.

Ivo kommt der Begründungsaufforderung des Lehrers nach [13]. Dies geschieht auch explizit, wie der Modalterm „deswegen" erkennen lässt. Ivo bringt den Beitrag von Alex somit sprachlich in die Form eines (nun jedoch allgemeineren) Arguments, welches sich wie in Abbildung 7.1e dargestellt rekonstruieren lässt.

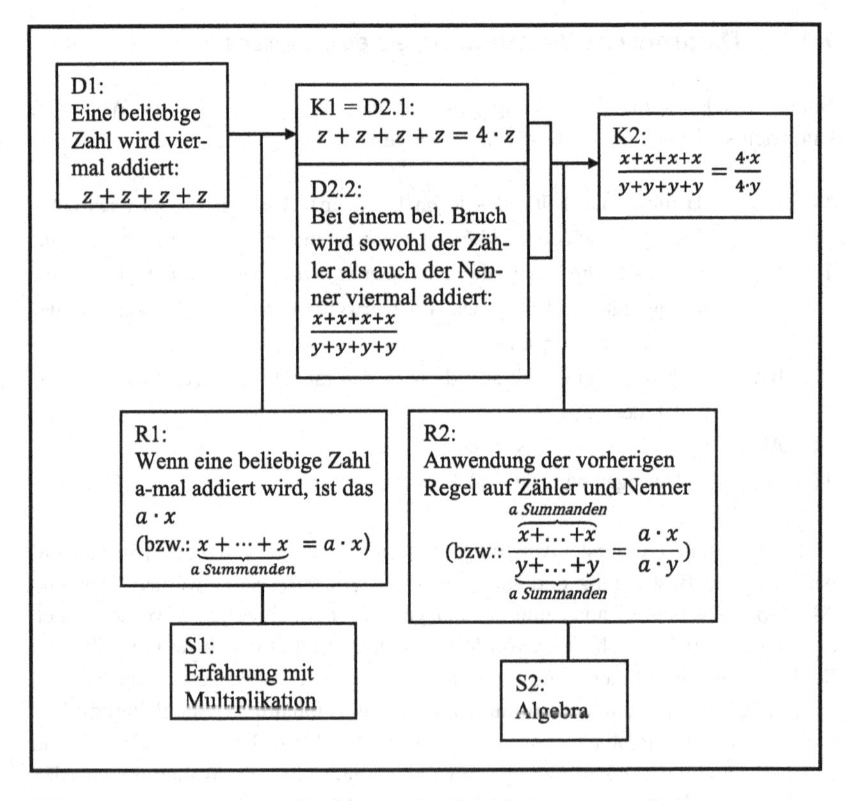

Abb. 7.1e Ivos Argument zur Begründung des abduktiv gewonnenen Gesetzes

Den Ausgangspunkt für dieses mehrgliedrige Argument bildet die vierfache Addition („da wird ja 4 mal äh plus gerechnet“). Ausgehend von diesem Datum schließt Ivo auf die Äquivalenz dieser Rechnung zur Multiplikation („halt mal 4“). Der Schüler nennt die allgemeine Regel (R1) nicht explizit. Allerdings kennen die Lernenden ein solches Gesetz aus dem Unterricht zur Einführung der Multiplikation. Entsprechend kann dessen Verwendung angenommen werden. Die Aussage „also halt“ wird dabei so interpretiert, dass Ivo hier keinen weiteren Klärungsbedarf vermutet. Im zweiten Begründungsschritt muss diese Äquivalenz nun auf Zähler und Nenner der zu berechnenden Brüche aus dem Arbeitsblatt übertragen werden. Auch dieser Schluss scheint für den Schüler weder problematisch noch schwierig zu sein („deswegen wirds ja, mal 4 erweitert“). Während Regel 1 noch eher der Erfahrung der Lernenden mit der Multiplikation entspringt, handelt es sich bei Regel 2 um eine Art Termumformung, die ihre Wurzeln in der Algebra hat.

Im Zusammenspiel der Äußerung des Lehrers („ich find das vernünftig, so wie du das gesagt hast.“) und derjenigen von Ivo wird die Entdeckung von Alex zunehmend zu geteilt geltendem Wissen. Dadurch, dass die Argumentation des Lehrers und von Ivo intersubjektiv aufgebaut werden, wird das von Alex offenbarte subjektive Wissen jetzt zu einem Intersubjektiven. Die deduktive Begründung verobjektiviert das durch die Abduktion gewonnene neue Gesetz.

7.1.3 Zusammenspiel von Argument und Abduktion

Entsprechend obiger Rekonstruktion gibt Ivo eine deduktive Begründung für das implizite Gesetz aus der zweiten Abduktion von Alex. Dass Ivos Schlussfolgerung prinzipiell auch im Erkenntnishorizont von Alex lag, zeigt dessen Einwurf („Nachsager“). Somit erhält die Annahme der impliziten Verwendung des Gesetzes durch Alex in seiner zweiten Abduktion zusätzliches Gewicht. Zusammengefasst ergibt sich das in Abbildung 7.1f dargestellte Gesamtschema für die vorliegende Unterrichtsszene.

Oberflächlich betrachtet handelt es sich hierbei um zwei nacheinander geschaltete Abduktionen. Der Fall, auf den in der ersten Abduktion geschlossen wird, bildet den Ausgangspunkt für eine neue Abduktion. Nachträglich wird das Gesetz der zweiten Abduktion durch ein mehrgliedriges Argument begründet.

Bei der ersten Abduktion handelt es sich um eine untercodierte. Daher sollte hier der Fall begründet werden. Das Gesetz selbst, welches zur Rückführung des Resultats auf den Fall benötigt wird, ist leicht einsichtig und bedarf keiner weiteren Erklärung. Für Alex würde dies bedeuten, dass er herausfinden sollte, ob und

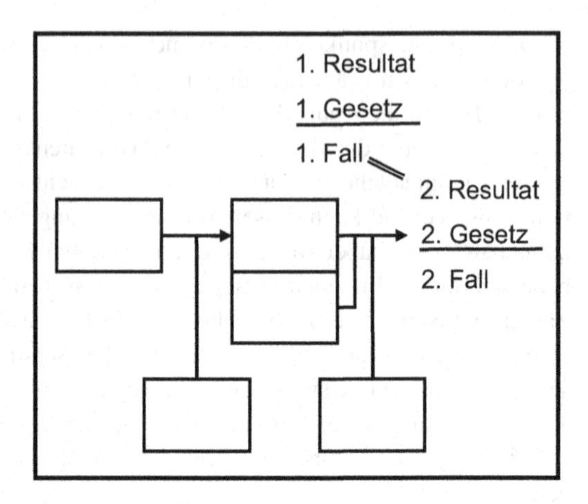

Abb. 7.1f Schematische Darstellung des Zusammenspiels von Abduktion und Argument

wo erweitert wird. Diese Feststellung erfolgt abduktiv. Somit wandelt sich der fragliche (hypothetische) Fall in ein überraschendes Resultat. Diese Umwandlung ist insofern nicht problematisch, weil sich der hypothetische Fall als das den Schüler überraschende Resultat seiner Überlegungen betrachten lässt.

Bei der nun folgenden zweiten Abduktion handelt es sich um eine kreative Abduktion, insofern die Multiplikation als fortgesetzte Addition sowohl für den Zähler als auch für den Nenner formuliert sein muss. Die Bezeichnung dieser Abduktion als „kreativ" erscheint problematisch, weil das Gesetz lediglich darin besteht, ein bekanntes Gesetz zweimal anzuwenden. Gleichwohl entsteht in der Unterrichtsszene durch den Lehrer ein Begründungsbedarf für das Gesetz, sodass sich ein theoretischer Erkenntnisweg ergibt. Es ist also nun erforderlich, das Gesetz zu begründen. Der Fall dieser zweiten Abduktion scheint hingegen nicht problematisch zu sein (vgl. Ivos ersten Begründungsschritt in Abb. 7.1e). Ivo folgert dieses Gesetz ausgehend von der Betrachtung der fortgesetzten Addition.

Die argumentative Struktur der bisherigen Schüleräußerungen lässt sich erkennen, wenn man die Äußerung von Alex als Argument auffasst und mit demjenigen von Ivo verbindet (s. Abb. 7.1g).

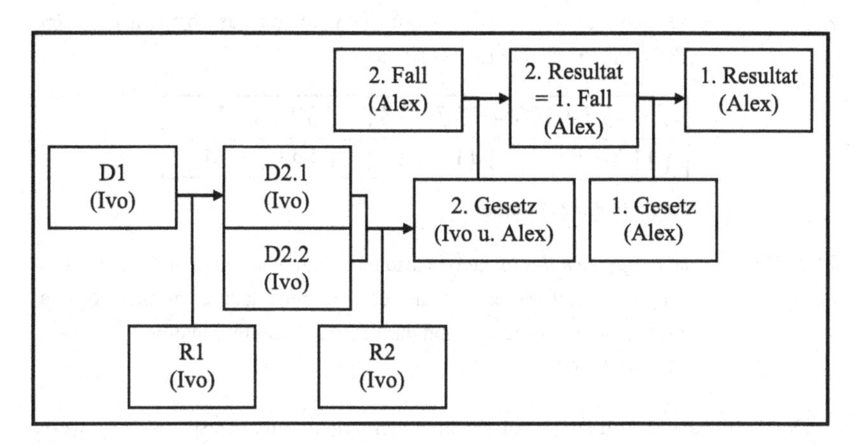

Abb. 7.1g Die argumentative Struktur der bisherigen Unterrichtsszene

7.1.4 Empirische Begründung eines Gesetzes

Den Abschluss der Unterrichtsszene zu Arbeitsblatt C bilden die Äußerungen von Tim und Lena. Im Gegensatz zum bisherigen Vorgehen sollen diese Äußerungen nur kurz analysiert werden. Zunächst meldet sich Tim zu Wort:

17	Tim	ich wollt noch sagen das kann man ja nicht nur mit 4 machen das kann man auch mit 3 oder so machen. oder mit 6.
18	L	aha
19	Tim	da muss ja irgendwie auch wieder mit 6 kürzen .. also wenn das jetzt, also der Zähler ma– ehm mal 6 und den Nenner mal 6 dann kann man hinterher das Ergebnis durch 6 kürzen dann– (kommt wieder das?) erste raus.

Tims Leistung lässt sich als Anwendung der impliziten Regel im zweiten Begründungsschritt von Ivo (Abb. 7.1e) verstehen. Die Verwendung der Zahlen legt die Vermutung nahe, der Schüler habe den Sachverhalt konkret, nicht allgemein gedeutet. Dass Tim aber auch einen allgemeinen Zusammenhang erkennt, deuten die Worte „oder so“ an. Wegen der Nennung konkreter Zahlenbeispiele kann seine Äußerung auch als empirische Bestätigung der oben genannten Regel mittels des Bootstrap-Modells verstanden werden: Die Zahlen 3 und 6 (Tim) stellen ebenso wie die Zahl 4 (Alex) Einzelfälle der allgemeinen Regel (Ivo) dar. Im Folgenden wird Tims Behauptung am Beispiel des Bruches 137/1412 interaktiv getestet:

20 L ich schreib mal Folgendes auf, Tim, ob du das so meinst (*fertigt Tafelbild an, 15 sec*) meinst du das so'

$$\frac{137+137+137+137+137+137}{1412+1412+1412+1412+1412+1412}$$

Tafelbild der 3. Stunde

21 Tim ja, (*einige Schüler lachen*) ja also man könnte ja ehm man kann ma, das kann man jetzt ausrechnen und das Ergebnis dann eben mit 6 kü–, ja mit 6 kürzen. ... aber dat und das gibt dann kommt hinterher eben dann 137/1412 raus

Der Test des von Tim zuvor vorgeschlagenen allgemeinen Gesetzes mit jeweils sechs Summanden in Zähler und Nenner erfolgt wiederum durch die Überprüfung eines Einzelfalls und somit qua Bootstrap-Modell. Diese Anwendung lässt sich unter Rückgriff auf die bisherigen Schülerargumente mit dem Toulmin-Schema verkürzt beschreiben (s. Abb. 7.1h).

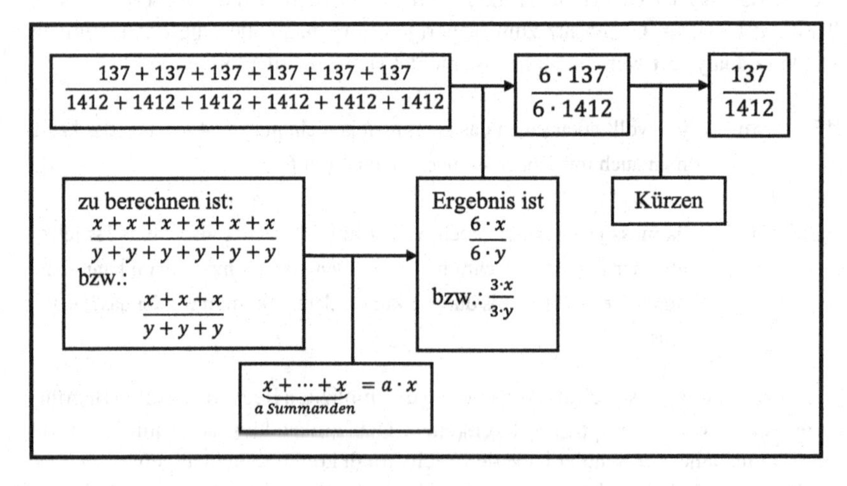

Abb. 7.1h Die beispielhafte Anwendung als Argument rekonstruiert (Der Kürze halber sind z. T. nur Terme statt Aussagen aufgeführt.)

Die Unterrichtsepisode abschließend meldet sich Lena zu Wort:

23	Lena	man kann auch gleich nachzählen äh ob bei beiden gleichviel eh multi–ach ehm ehm dividiert wird
24	L	Summanden (..)
25	Lena	ja genau, was auch immer, ehm dann– braucht man auch nur sechs 137/1412 hinschreiben. ..

Mit ihrer Aussage bezieht sich Lena vermutlich – wie zuvor auch Tim – auf die implizit bleibende Regel von Ivo (die beispielhafte Anwendung „sechs 137/1412“ wird als „$\frac{(6 \cdot 137)}{(6 \cdot 1412)}$“ interpretiert), denn diese ist nur dann anwendbar, wenn sich die gleiche Anzahl von Summanden in Zähler und Nenner befindet.

Die Äußerungen von Tim und Lena zeigen, dass in dieser Unterrichtsszene ausgehend von der Entdeckung von Alex ein geteilt geltendes Wissen entsteht. Hierbei wird nachträglich auf implizit bleibende Regeln explizit Bezug genommen, womit die Unterstellung deren Verwendung zusätzlich gestützt wird.

7.2 Analysebeispiel 2

Die nachfolgende Unterrichtsszene stammt aus der fünften und damit letzten Stunde des Unterrichtsversuchs in der Klasse 4b. In den vorangegangenen Stunden wurden bereits einige Aufgaben zur Behandlung funktionaler Zusammenhänge eingesetzt: Die Lernenden betrachteten Brüche als Operatoren und ermittelten Bildungsvorschriften von Zahlenfolgen. Das Arbeitsblatt E (Abb. 7.2a) wurde am Ende der vierten Untersuchungsstunde verteilt und sollte von den Lernenden ohne weitere Vorbereitung als Hausaufgabe gelöst werden. Die nachfolgende Unterrichtsszene handelt von der Besprechung des Arbeitsblattes zu Beginn der fünften Stunde.

Die Analyse des Arbeitsblattes besteht aus zwei Teilen. Zunächst erfolgt eine Beschreibung des Spiels aus didaktischer Sicht. Anschließend werden die funktionalen Inhalte herausgearbeitet. Die Darstellung beschränkt sich auf die Aufgaben 1 und 3, weil nur diese für die spätere Analyse der Äußerungen der Lernenden relevant sind.

Das Spiel aus didaktischer Sicht

Das vorliegende Arbeitsblatt handelt von einem fiktiven Rechenspiel der beiden Personen Tanja und Oliver. Die Schülerinnen und Schüler der Klasse spielen also

Arbeitsblatt E 4b

Einer wählt die Rechnung, der andere wählt die Zahl.

1. Oliver und Tanja spielen ein Rechenspiel. Wer das höhere Ergebnis erzielt, hat gewonnen.

30 + ☐ =

100 – ☐ =

Oliver darf sich von den beiden Rechnungen eine aussuchen. Tanja muss dann die andere Rechnung übernehmen. Tanja darf sich aber die gemeinsame Zahl aussuchen, mit der beide Schüler rechnen müssen.

Oliver wählt die erste Rechnung: 30 + ☐ =

Tanja muss die zweite Rechnung übernehmen: 100 – ☐ =

Tanja wählt als gemeinsame Zahl 40.

Oliver rechnet dann: 30 + 40 = 70

Tanja rechnet dann: 100 – 40 = 60

Tanja hat verloren.

Welche Zahl hätte Tanja als gemeinsame Zahl wählen sollen?

Die Zahl ist zum Beispiel ______.

2. Nun wird mit diesen beiden Rechnungen gespielt:

150 • ☐ =

600 : ☐ =

Oliver wählt die erste Rechnung. Welche Zahl kann Tanja wählen, so dass sie gewinnt?

Die Zahl ist ______.

3. Jetzt lauten die Rechnungen:

☐ • ☐ =

10 • ☐ =

Wenn Oliver die erste Rechnung wählt, soll Tanja zum Beispiel die Zahl ____ wählen.

Wenn Oliver die zweite Rechnung wählt, soll Tanja zum Beispiel die Zahl ____ wählen.

Abb. 7.2a Arbeitsblatt E (Klasse 4b)

nicht selbst, sondern werden durch die Aufgabenstellung (z. B.: „Welche Zahl hätte Tanja als gemeinsame Zahl wählen sollen?“) dazu angehalten, sich in die Spielerin Tanja hineinzuversetzen, um ihr zum Gewinn zu verhelfen. Somit sollen die Lernenden dieses Spiel nachvollziehen. Da dieses Spiel „[...] auf Grund einer bestimmten Strategie zum Erfolg [...]“ (Lauter 1991, S. 198) führt, gehört es im Bereich der Lernspiele zu den Strategiespielen. Zweck solcher Spiele ist vor allem

> „[...] die Weckung und Förderung kognitiver Fähigkeiten wie vorausschauendes und schlußfolgerndes Denken, Analysieren, Kombinieren [...].“ (ebd.)

Es werden Abduktionen ermöglicht und gefördert, über die Strategien zur Lösung der Aufgabe (dem Gewinn des Spiels) entdeckt werden können.

In den Aufgaben 2 und 3 wird das Spiel mit anderen Gleichungen durchgeführt. Es kommt somit zu Wiederholungen. Hierdurch erhält die entwickelte Strategie Stabilität und einen allgemeinen Charakter bzw. vielfältige Einsatzmöglichkeiten. Weiterhin erlauben die Variationen des Spiels eine Entwicklung der Argumentation über die Strategie. Diese mag zunächst noch vorbewusst sein, kann aber durch mehrfache Verwendung bewusster und formulierbarer werden.

Letztlich ist mit der Einkleidung der Aufgabe als Spiel noch ein weiterer Vorteil verbunden: Die Motivationsfunktion des Lernspiels. Heckhausen (1964, S. 230 ff.) unterscheidet die vier Spielmotivationen „Neuigkeit bzw. Wechsel“, „Überraschungsgehalt“, „Verwickeltheit“ und „Ungewissheit bzw. Konflikt“. Im Rahmen der vorliegenden Arbeit ist vor allem die Spielmotivation „Neuigkeit“ ausschlaggebend. Der Unterricht wird durch die Spielsituation nicht nur aufgelockert, sondern es sind vor allem die neuen, den Lernenden noch unbekannten Strategien bzw. Gesetze, die entdeckt werden müssen und damit Kreativität erfordern. Dies entspricht der dritten Lernchance, die Radatz und Schipper mathematischen Lernspielen zuordnen:

> „Mit mathematischen Lernspielen kann in neue Inhalte des Mathematikunterrichts eingeführt werden.“ (ebd. 1983, S. 172)

Das Spiel aus funktionaler Sicht

Aus mathematischer Sicht betrachten die Lernenden in der vorliegenden Situation mehrere Funktionsgleichungen. Die Variable x wird dabei durch ein Kästchen als Platzhalter ersetzt. In Aufgabe 1 werden zwei lineare Funktionen dargestellt, in Aufgabe 3 eine lineare und eine quadratische. Um das Spiel für sich zu entscheiden, ist es vorteilhaft herauszufinden, bei welcher Zahl beide Terme denselben

Wert erzeugen. Graphisch ausgedrückt wäre also zunächst der Schnittpunkt der beiden Funktionsgraphen herauszufinden. Hiervon ausgehend kann leicht ermittelt werden, in welchem Bereich welche Spielerin oder welcher Spieler mit ihrem bzw. seinem Term den höheren Wert erzielt und gewinnt. In Aufgabe 1 liegt der Schnittpunkt bei $\square = 35$, in Aufgabe 3 bei $\square = 10$. Eine solche Betrachtung der Aufgabe liegt den Schülerinnen und Schülern einer Grundschule jedoch fern. Vielmehr ist zu vermuten, dass sie zunächst beliebige Zahlen (genauer: Zahlnamen) in den Platzhalter einsetzen und anschließend die Ergebnisse der beiden Rechnungen vergleichen. Malle (1993, S. 46) bezeichnet diesen Aspekt des Variablenbegriffs als „Einsetzungsaspekt" und unterscheidet ihn von dem „Gegenstandsaspekt", bei dem die Variable als nicht näher bestimmte oder gar unbekannte Zahl angesehen wird, und dem „Kalkülaspekt", bei dem die Variable ein formales Zeichen darstellt, mit dem nach Regeln operiert werden darf.

Im Sinne einer Propädeutik des Funktionsbegriffs (Phase 1: „Vermitteln von Grunderfahrung"; s. Kap. 6) hat das Einsetzen von Zahlen in Platzhalter mehrere Aspekte. Zunächst wird der Kritik entgegengewirkt, dass Variablen erst im Zusammenhang mit der Explizierung des Funktionsbegriffs (, der in diesem Arbeitsblatt nur implizit behandelt wird,) erörtert werden (s. Wäsche 1961, S. 27 f.; nach von Harten und Otte 1986, S. 132). Zudem können die Lernenden durch das Einsetzen mehrerer Zahlen zumindest erahnen, wie sich die Änderung einer Größe (die Variable) auf eine andere Größe (das Ergebnis) auswirkt. Sie erkennen dann die Kovariation zwischen den beiden Größen und entwickeln ihr funktionales Denken. Damit eine Schülerin oder ein Schüler rasch den Bereich der „Gewinnzahlen" überschauen kann, müssen zusätzlich die beiden Gleichungen bzw. Funktionen miteinander verglichen werden, wie es zum Beispiel durch die Gleichsetzung beider Terme geschehen würde. Auch muss das Verhalten im Unendlichen durch den Vergleich der Steigungen erfasst werden. Das Aufgabenblatt bietet also das Potenzial für weitreichende funktionale Betrachtungen. Dies geschieht in nicht formaler, kindgerechter Einkleidung, wie es u. a. Brüning und Spallek (1978 und 1979) vorschlagen.

7.2.1 Vordergründige oder tiefergehende Abduktion?

Die folgende Unterrichtsszene setzt bei der Bearbeitung der ersten Aufgabe ein. Bisher schlugen die Lernenden die Zahlen 40, 30, 20 und 10 als „Gewinnzahlen" für Tanja vor. Die ersten drei Vorschläge wurden bereits an den Rechnungen überprüft, wobei der Vorschlag „40" berichtigt wurde. Es ist bisher nicht ersichtlich, dass die Lernenden funktionale Zusammenhänge für einen Bereich von Zahlen erkannten.

1. Oliver	30 + □ =	2. Oliver	150 · □ =	3.	□ · □ =
Tanja	100 - □ =	Tanja	600 : □ =		10 · □ =
	~~40~~ 30 20				

Das Tafelbild zu Beginn der Unterrichtsszene

2/13	L	ach du meinst hier eine 10.
2/14	Lisa	ja (*L trägt „10" unter „20" ein*)
2/15	L	ah so, 90 und hier gibt 40– (*zeigt jeweils auf die Rechnungen*) prima, und äh Lars'
2/16	Lars	man kann auch alle Zahlen unter 30 nehmen
2/17	L	alle Zahlen unter 30'
2/18	Yvonne	ja kann man
2/19	L	warum das denn' Yvonne
2/20	Yvonne	weil nämlich ehm alle Zahlen unter 30 sind ja niedriger– und wenn man minus 20 und rechnet sind ja 80, und äh 30 plus 20 sind 50, da könnte man genauso gut auch ehm minus 1 rechnen, und plus 1 das– also–, (*L trägt „1" unter „10" ein*) das wäre dann 99 und oben wäre es dann 31, (*L zeigt jeweils auf die Rechnungen, welche die Schülerin anspricht*) dann hätte Tanja gewonnen.
3/1	L	aha, prima, was ist denn die höchste Zahl die Tanja einsetzen kann', ist da jemand drauf gekommen', Frank

Nachdem die Zahl „10" als Gewinnzahl für die Spielerin Tanja berechnet wurde, äußert Lars, Tanja könne „alle Zahlen unter 30" zum Gewinnen nehmen. Der Schüler erweitert somit die Vorschläge konkreter Zahlen auf einen Bereich von Zahlen. Während seine Mitschülerinnen und Mitschüler die Variable bisher unter dem „Einzelzahlaspekt" betrachtet haben, thematisiert Lars also einen „Bereichsaspekt" (Malle 1993, S. 80 ff.).

Da Lars seine Vermutung jedoch nicht begründet bzw. erklärt, sollen im Folgenden die Äußerungen von Yvonne analysiert werden. Nachdem diese zunächst die Richtigkeit des Vorschlages von Lars bestätigt, zeigt der Lehrer einen Begründungsbedarf an. Dargestellt mit dem Schema von Toulmin könnte Yvonnes Begründung wie in Abbildung 7.2b dargestellt rekonstruiert werden.

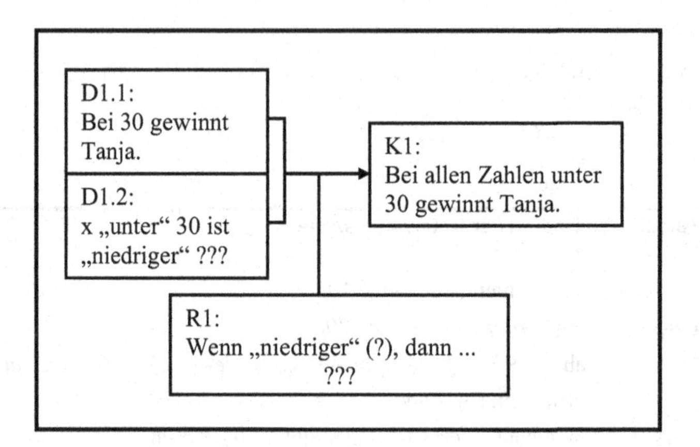

Abb. 7.2b Yvonnes Begründung

Den Ausgangspunkt für dieses Argument bildet die bereits bestätigte Rechnung, dass Tanja mit der Zahl 30 gewinnt (D1.1). Die übrigen Zahlen, welche von der Schülerin in ihre Betrachtung einbezogen werden, werden im zweiten Datum (D1.2) zusammengefasst. Mit Hilfe einer implizit bleibenden Regel schließt sie auf die von Lars explizit genannte Konklusion („man kann auch alle Zahlen unter 30 nehmen“).

Entscheidend für ein Verstehen dieses Arguments ist die Bedeutung von „niedriger“. Der Modalterm „weil“ in Yvonnes Äußerung deutet auf ein folgendes Datum hin. Dieses wird von der Schülerin mit „alle Zahlen unter 30 sind ja niedriger“ bezeichnet (D1.2). Die genaue Bedeutung von „niedriger“ bleibt jedoch fraglich, sodass mehrere Interpretationen möglich sind. Eine erste Interpretation besteht darin, aufgrund der Nennung konkreter Zahlen anzunehmen, die Schülerin habe den Sachverhalt eher „vordergründig“ gedeutet. Es wird eine Abduktion rekonstruiert, bei der die Erkenntnis „an der Oberfläche des Wahrnehmbaren behaftet“ bleibt. Zwei weitere Interpretationen von Yvonnes Äußerung unterstellen, dass ihre Erkenntnis tiefer in ein mathematisches Beziehungsgefüge eindringt und die Schülerin dies nur sprachlich an konkreten Zahlenbeispielen ausdrückt. Sie könnte also auch eine „tiefergehende“ Entdeckung vollzogen haben.

Es wird in der Analyse letztlich nicht entschieden, ob Yvonnes Entdeckung vordergründig oder tiefergehender ist. Dies ist kein Mangel der Analyse oder des vorliegenden Dokuments. Denn in Unterrichtssituationen, in denen an konkreten Zahlen allgemeine mathematische Zusammenhänge erfasst werden können, für die noch keine formale Sprache zur Verfügung steht, ist es typisch, dass sich hinter einer vordergründigen Darstellung eine tiefergehende Einsicht verbirgt oder zumindest mit Hilfe der Lehrperson herausgearbeitet werden kann.

Die erste Interpretation

Interpretiert man „niedriger" als Umformulierung von „unter 30", so wird der Schülerin eine vordergründige Entdeckung unterstellt. Diese Interpretation bereitet insofern Probleme, als dass es sich hierbei um eine zirkuläre Definition handelt. Dies wiederum würde wahrscheinlich eine deutliche Unterschätzung der Rationalität einer Schülerin der 4. Klasse bedeuten, denn Yvonne nutzt den Modalterm „weil". Es ist aber nicht ausgeschlossen, dass die Schülerin, ohne eine mathematische Einsicht zu haben, nur den Anschein einer Begründung liefern will (zumal das Kriterium für „Tanja gewinnt" eine Relation zwischen den Zahltermen ist und keine bestimmte Zahlgrenze). Entsprechend dieser Interpretation kann die in Abbildung 7.2c dargestellte Abduktion rekonstruiert werden.

Resultat:	Tanja gewinnt mit den Zahlen 30, 20 und 10 (Zeilen bis [3/1]).
Gesetz:	Bei „allen" Zahlen „niedriger" oder gleich 30 gewinnt Tanja.
Fall:	10, 20 und 30 sind „niedriger" als oder gleich 30.

Abb. 7.2c Abduktion zur 1. Interpretation von Yvonnes Äußerung

Von den konkreten Rechenbeispielen ihrer Mitschülerinnen und Mitschüler ausgehend erkennt Yvonne entsprechend dieser Interpretation die Ursache für das Resultat (Tanja gewinnt) darin, dass die betreffenden Zahlen „niedriger" als 30 sind. Das Gesetz der Abduktion, welches aus der tentativen Verallgemeinerung von den konkreten Beispielen zu einem Bereich von Zahlen besteht, ist den Lernenden zuvor nicht bekannt gewesen. Dies liegt vor allem daran, dass es sich um ein sehr spezielles Gesetz handelt. Gleichwohl lässt diese Abduktion eine geringe mathematische Einsicht vermuten. Aus diesem Grund kann von einer kreativen, vordergründigen Abduktion gesprochen werden.

Der von Lars und Yvonne betrachtete Bereich von Zahlen erstreckt sich von 1 bis 30. Möglicherweise um ihr Gesetz für die untere Grenze zu bestätigen, führt die Schülerin das (bisher nicht thematisierte) Zahlenbeispiel „1" an. Hierbei handelt es sich um einen Einzelfall des Gesetzes und somit um eine Überprüfung desselben mittels des Bootstrap-Modells. Entsprechend des Dreischritts schließen sich an die bereits rekonstruierte Abduktion die Schlüsse Deduktion (Abb. 7.2d) und Induktion (Abb. 7.2e) an.

2. Deduktion

Fall:	Die Zahl 1 ist „niedriger" als 30.
Gesetz:	Bei „allen" Zahlen „niedriger" oder gleich 30 gewinnt Tanja.
Resultat:	Tanja müsste mit der Zahl 1 gewinnen.

Abb. 7.2d Deduktion zur 1. Interpretation von Yvonnes Äußerung

3. Induktion

Fall:	Die Zahl 1 ist „niedriger" als 30.
Resultat:	Tanja gewinnt mit der Zahl 1.
Gesetz:	Bei „allen" Zahlen „niedriger" oder gleich 30 gewinnt Tanja.

Abb. 7.2e Induktion zur 1. Interpretation von Yvonnes Äußerung

Im Anschluss an die Abduktion wird aus dem Gesetz deduktiv die notwendige Konsequenz für die Zahl 1 gefolgert: Wenn das aufgestellte Gesetz gültig ist, dann muss Tanja gegenüber Oliver das höhere Ergebnis haben. Diese Implikation des Gesetzes wird anschließend getestet, um die Sicherheit über die Gültigkeit der Gesetzesaussage zu erhöhen. Hierzu wird die Zahl in die Rechnungen der Aufgabenstellung eingesetzt („da könnte man genauso gut auch ehm minus 1 rechnen, und plus 1 das– also–, das wäre dann 99 und oben wäre es dann 31"), woraufhin sich das Resultat der Induktion ergibt („dann hätte Tanja gewonnen").

Die Entdeckung des abduktiv gewonnenen Gesetzes durch Yvonne setzt nicht zwingend die Betrachtung aller drei zuvor genannten Zahlenbeispiele voraus. Es ist durchaus denkbar, dass das Gesetz lediglich durch die Zahlen 30 und 10 nahe gelegt wurde. Ebenso wie dann in der obigen Darstellung die Zahl 1 erst durch die Kombination aller drei Schritte erschlossen wurde, wäre dieses Vorgehen bei einer anderen Zahl (in diesem Beispiel die 20) vorstellbar. Für die Zahl 1 erscheint die vorgenommene Trennung zwischen Entdeckung und (empirischer) Begründung insofern als notwendig, weil diese Zahl zuvor im Unterrichtsgespräch nicht genannt wurde. Sie war also nicht Teil des Resultats der öffentlichen Abduktion. Zudem führt Yvonne den Test zur Bestätigung ihrer Vermutung explizit durch.

Entsprechend dieser Interpretation lautet Yvonnes Argument zur Begründung des abduktiv gewonnenen Gesetzes wie in Abbildung 7.2f dargestellt.

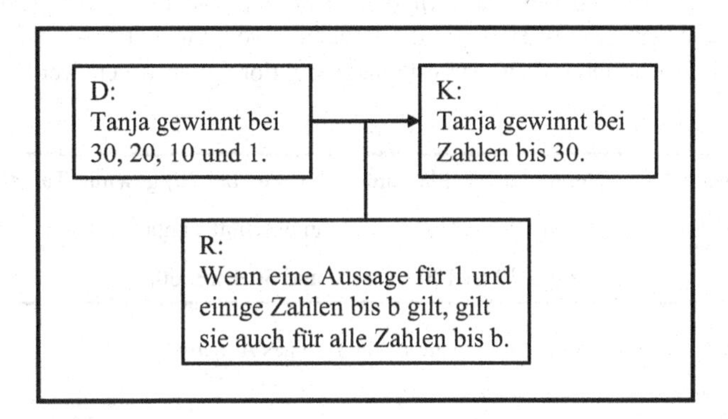

Abb. 7.2f Potenzielle Begründung des Gesetzes der Abduktion

Die Regel dieses Arguments erinnert an das vormalige „Induktionsprinzip" („was dreimal gilt, gilt immer"). Da in der vorliegenden Unterrichtsszene für die Zahl 40 bereits erkannt wurde, dass Tanja nicht immer gewinnt, muss die tentative Verallgemeinerung singulärer Daten zu einem neuen Gesetz in diesem speziellen Beispiel eingeschränkt werden. Die höchste Zahl, welche zuvor als passend erkannt wurde, war die 30. Dies wiederum verdeutlicht die Unsicherheit des abduktiv gewonnenen Gesetzes. In dieser Unsicherheit ist es nicht ausgeschlossen, dass eine spezielle Zahl unter 30 als Gewinnzahl für Oliver in Frage käme. Yvonne hat nach dieser Interpretation und Bewertung zwar ein richtiges Gesetz gefunden, es jedoch nicht mathematisch eingesehen.

Der Unterschied zwischen den beiden rekonstruierten Argumenten (Abb. 7.2b und 7.2f.) wird bei dem Vergleich der beiden Stützungen deutlich. Während die Regel beim letzten Argument (Abb. 7.2f.) auf die „Alltagserfahrung" der Schülerin zurückgeführt werden könnte, handelt es sich bei dem zuvor rekonstruierten Argument (Abb. 7.2b) eher um eine mathematische Rahmung (und somit auch um eine mathematische Stützung des Arguments), die jedoch nicht näher bestimmt werden kann.

Wie bereits beschrieben, lässt Yvonnes Äußerung einen großen Interpretationsspielraum zu. Im Folgenden soll dieser Spielraum optimistischer genutzt werden. Hierzu werden zwei weitere Interpretationen aufgeführt, mit denen der Schülerin tiefergehendere Entdeckungen unterstellt werden sollen. Es werden also zwei tiefergehende Abduktionen rekonstruiert.

Die zweite Interpretation

Interpretiert man „niedriger" dadurch, dass das Ergebnis der Rechnung von Oliver ($30 + \square =$) geringer als dasjenige der Rechnung von Tanja ($100 - \square =$) ist, so könnte die in Abbildung 7.2g dargestellte Abduktion rekonstruiert werden.

Resultat:	**Bei einigen Zahlen unter 30 (bzw. bei 30) gewinnt Tanja.**
Gesetz:	Wenn $100 - x > 30 + x$, dann gewinnt Tanja.
Fall:	Für $x \leq 30$ ist $100 - x \geq 70$ und $30 + x \leq 60$.

Abb. 7.2g Abduktion zur 2. Interpretation von Yvonnes Äußerung

Die Grundlage für diese Abduktion bilden wiederum die zuvor überprüften Zahlenbeispiele. Der erste Teil des implizit bleibenden Gesetzes stellt keine Rechnung dar, sondern entspricht der Aufgabenstellung (die Gewinnbedingung für Tanja). Die entscheidende Einsicht bei dieser Abduktion ist die Erkenntnis des Falls: Man muss erkennen, dass für $x \leq 30$ die Bedingung des Gesetzes erfüllt ist. Ob Yvonne den Fall durchschaut, bleibt allerdings fraglich. Im Transkript finden sich dafür nur wenige Indizien. Allerdings könnten ihre Rechenbeispiele als Begründungsversuch des Falls ansehen werden.

Wie bereits erwähnt, stellt das Gesetz die Gewinnbedingung für Tanja dar. Da dieses Gesetz durch die Spielregeln vorgegeben war, könnte nach Eco von einer übercodierten Abduktion gesprochen werden. Gleichwohl wird durch diese Abduktion eine Entdeckung hervorgebracht: Das Erkennen des Falls als Fall des Gesetzes.

Die dritte Interpretation

„Niedriger" soll nun auf den Abstand bezogen interpretiert werden: Je kleiner die eingesetzten Zahlen unter 30 werden, umso niedriger wird die Ergebniszahl von Oliver verglichen mit Tanja. Wenn Yvonnes Äußerung auf diese Weise verstanden wird, lässt sich eine neue Abduktion rekonstruieren (s. Abb. 7.2h).

Den Ausgangspunkt und somit das Resultat dieser Abduktion bilden wiederum die Äußerungen von Yvonnes Mitschülerinnen und Mitschülern. Entscheidend für die Bildung dieser Abduktion ist nun aber das genaue Verstehen der von den Mitlernenden durchgeführten Rechnungen in zweifacher Hinsicht: Zunächst muss die

Resultat:	Bei einigen Zahlen unter 30 (bzw. bei 30) gewinnt Tanja.
Gesetz:	Wenn der Eine mit Abstand gegenüber dem Anderen gewinnt und dieser Abstand vergrößert wird, dann gewinnt der Eine erst recht.
Fall:	Je weiter die gewählte Zahl unter 30 liegt, desto größer wird der Abstand zwischen Tanja und Oliver.

Abb. 7.2h Abduktion zur 3. Interpretation von Yvonnes Äußerung

Schülerin verstanden haben, dass es sich bei den genannten Zahlenbeispielen um Gewinnzahlen für Tanja handelt. Hierdurch wird das Resultat gebildet. Weiterhin ist es für die Durchführung dieser Abduktion notwendig, die Abstände innerhalb der einzelnen Rechnungen und die Entwicklung dieser Abstände bei der Wahl anderer Zahlen zu beachten.

Gesetze, die mit dem rekonstruierten vergleichbar sind, kennen die Lernenden aus diversen Spielsituationen, die sie selbst durchführen bzw. im Fernsehen (Sportberichterstattung, ...) verfolgen. Zwar stellt die Aufgabe eine nachzuvollziehende Spielsituation dar, jedoch wird das Gesetz nicht wie bei der zuvor rekonstruierten Abduktion (Abb. 7.2g) bereits durch die Aufgabenstellung nahegelegt. Entsprechend kann die Abduktion als untercodiert bezeichnet werden. Ebenso wie bei der zweiten Interpretation befindet sich die entscheidende Erkenntnis im Fall. Eine Begründung des Falls erfolgt in der vorliegenden Unterrichtsszene nicht. Dies wäre auch schwer, weil hierzu eine tiefe mathematische Einsicht notwendig wäre. Die Schülerin müsste eine Strategie derart entwickelt haben, dass „wenn x Gewinnzahl für Tanja ist, dann ist auch jede Zahl y mit $y<x$ Gewinnzahl für Tanja“. Hierzu wäre ein funktionaler Vergleich der Steigungen, des Monotonieverhaltens, etc. erforderlich, etwa über eine Anschauung an Graphen oder Tabellen. Den Schülerinnen und Schülern fehlt jedoch die notwendige Sprache (Meyer und Tiedemann 2017), um solche Gedanken explizieren zu können. Wie bei der vorherigen Interpretation könnten die genannten Rechenbeispiele als Begründungsversuch des Falls angesehen werden.

Bevor Lars und Yvonne ihre Vermutung äußerten, wurden Funktionen nur als „punktweise Zuordnungen“ betrachtet. Hierbei traten unterschiedliche Variablenaspekte auf. Zu Beginn der Unterrichtsszene dominierte noch der Einzelzahlaspekt durch die Betrachtung des „Funktionswertes“ an einer bestimmten Stelle □. Lars und Yvonne lösen sich von dieser Betrachtungsweise und betonen den Bereichsaspekt. Den ersten beiden Interpretationen folgend betrachtet Yvonne alle □ aus einem bestimmten Bereich gleichzeitig, sodass die Klassifizierung auf den „Simultanaspekt“ (Malle 1993, S. 80) spezifiziert werden kann. Mit der dritten

Interpretation wird hingegen ein dynamisches Verständnis unterstellt, bei dem die „Funktion" implizit als „Zuordnung von Änderungen" (ebd., S. 264 f.) betrachtet wird. Jede Änderung der eingesetzten Zahl hat eine Änderung des Ergebnisses zur Folge (insbesondere insofern hier konstante Funktionen keine Rolle spielten), man spricht auch von einem Kovariationsaspekt. Die dazugehörige Sicht auf die Variable bzw. den Platzhalter wird innerhalb des Bereichsaspektes als „Veränderlichenaspekt" bezeichnet (ebd., S. 80).

7.2.2 Argumentatives Hervorbringen einer Abduktion

Zur Besprechung der dritten Aufgabe des vorliegenden Arbeitsblattes lenkt die Lehrkraft die Aufmerksamkeit zunächst auf potenzielle Gewinnzahlen, welche Tanja wählen könnte, wenn sich Oliver für die erste Rechnung ($\square \cdot \square =$) entscheidet. Gemeinsam mit den Schülerinnen und Schülern werden die Zahlen von 1 bis 9 nacheinander als vorteilhaft für die Spielerin ($10 \cdot \square =$) herausgestellt. Die Zahl 10 wird von den Lernenden zunächst noch vorgeschlagen, dann aber nachdrücklich von mehreren Schülerinnen und Schülern abgelehnt. Auch den Vorschlag der Lehrperson, Tanja könnte zum Gewinnen eine große Zahl wählen, lehnen die Schülerinnen und Schüler ab. An dieser Stelle setzt der folgende Transkriptausschnitt ein:

5/13	L	halt .. ihr habt Recht, Tanja kann nicht gewinnen wenn sie jetzt eine ganz große– ganz große Zahl wählt. <u>warum</u> nicht', warum nicht', Niko
5/14	Niko	weil bei Oliver, ehm äh die Anfangszahl– wenn man da jetzt 13 nehmen würde, (*L zeigt auf den ersten Platzhalter in der oberen Rechnung*) ist ja ist ja höher als die 10 bei <u>Tanja</u>, also würde dann Oliver gewinnen, weil Tanja schon die erste Zahl stehen hat und das is ne 10 bei Tanja, und dann 13 mal 13 ist ja höher als 10 mal 13.
5/15	L	aha, also 13 kann sie nicht wählen– aber vielleicht noch eine ganz große', 5798933. Frank
5/16	Frank	ne das geht ja auch nicht, weil– der nimmt ja– ja die Zahl so oft mal wie da auch die Anfangszahl steht. der nimmt– und Tanja nimmt ja nur 10 mal dann–

Zur Befriedigung des vom Lehrer aufgestellten Begründungsbedarfs (wenn Tanja die erste Rechnung hat, sollte sie keine „ganz große Zahl“ nehmen) verweisen Niko und Frank auf die „Anfangszahlen“ der jeweiligen Rechnungen. Während diese „Anfangszahl“ bei Oliver frei wählbar ist, steht sie bei Tanja hingegen fest. Zur Verdeutlichung seiner Einsicht führt Niko die Rechnung am Beispiel der Zahl 13 durch. Das Argument der beiden Lernenden wird in Abbildung 7.2i rekonstruiert.

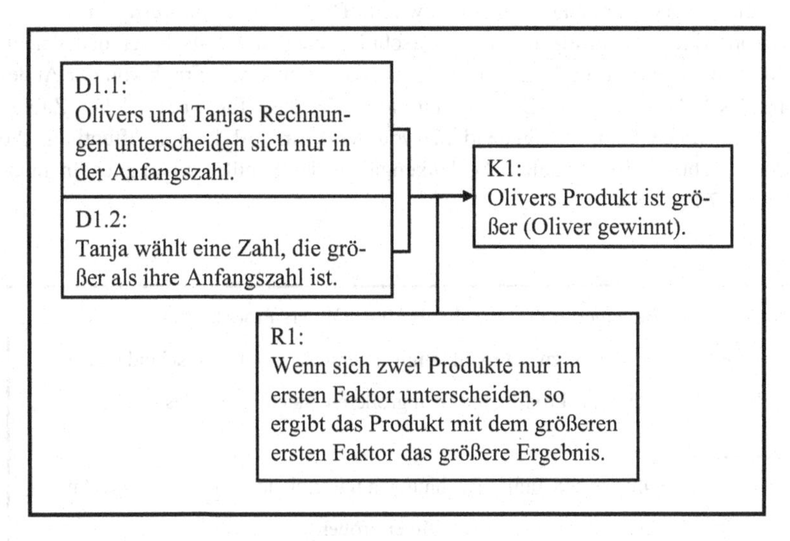

Abb. 7.2i Argument von Niko und Frank

Das Datum 1.1 wird sowohl von Niko („bei Oliver, ehm äh die Anfangzahl – […] ist ja höher als die 10 bei Tanja“) als auch von Frank („der nimmt ja – ja die Zahl so oft mal wie da auch die Anfangszahl steht.“) geäußert. Datum 1.2 setzt sich zusammen aus der Äußerung des Lehrers („wenn sie jetzt eine ganz große – ganz große Zahl wählt“) und derjenigen von Niko, der die 13 als Beispiel für eine Zahl über 10 nimmt. Ausgehend von diesen Daten wird auf die Konklusion geschlossen, die zum einen von Niko („also würde dann Oliver gewinnen“) geäußert, zum anderen aber auch durch den Lehrer („Tanja kann nicht gewinnen“) vorgegeben wird. Die Regel bleibt implizit. Insofern die Abhängigkeit von dem zweiten Faktor zu keinem Zeitpunkt in der Interaktion thematisiert wird (wäre dieser negativ, so würde die Regel nicht gelten), bleibt dieser unberücksichtigt.

Die Schüler bezeichnen den ersten Platzhalter in Tanjas Rechnung als „Anfangszahl“. Hierdurch heben sie sich von der naheliegenden und bisher dominierenden Betrachtung des Platzhalters unter dem Einsetzungsaspekt ab. Vielmehr erkennen die Lernenden den Platzhalter als eine nicht näher bestimmte natürliche Zahl, womit der Gegenstandsaspekt betont wird.

Im Folgenden wird versucht zu rekonstruieren, welche Abduktion in der Szene öffentlich wird. Hierzu sind zwei Ausgangspunkte (Resultate) denkbar. Einerseits könnte Niko zunächst die Rechnung mit der Zahl 13 durchgeführt haben und hieran erkennen, dass Oliver gewinnt. Diese Vorgehensweise wird durch die vorherigen Äußerungen seiner Mitschülerinnen und Mitschüler nahegelegt. Andererseits besteht die Möglichkeit, dass Niko ebenso wie Frank von der Äußerung des Lehrers ausgeht. Diese bestätigte zuvor, dass Tanja bei solchen Zahlen nicht gewinnen kann. Ausgehend hiervon wird eine Abduktion öffentlich, die jedoch nicht die individuellen Gedankengänge der Schüler widerspiegeln muss (s. Abb. 7.2j).

Resultat:	Bei einer größeren Zahl als 10 ist Olivers Produkt größer.
Gesetz:	Wenn sich zwei Produkte nur im ersten Faktor unterscheiden, dann ergibt das Produkt mit dem größeren ersten Faktor das größere Ergebnis.
Fall:	Olivers und Tanjas Rechnungen unterscheiden sich nur in der Anfangszahl. Diese ist bei Oliver größer.

Abb. 7.2j Abduktion von Niko und Frank

Durch diese Abduktion könnten die Schüler den Grund dafür erkannt haben, dass Tanja bei der Wahl größerer Zahlen nicht gewinnt: Sie hätte dann die geringere Anfangszahl in ihrer Rechnung. Das Gesetz ist den Lernenden auf eine vergleichbare Weise aus ihrem bisherigen Unterricht bekannt. Da es jedoch nicht quasi auf der Hand liegt, kann die Abduktion als untercodiert bezeichnet werden. Demzufolge müsste nun der Fall begründet werden. Dieser ist jedoch leicht einsichtig und bedarf keiner weiteren Erklärung.

In dieser Darstellung entsprechen sich Abduktion und Argument. Dies ist insofern auch notwendig, als dass die Lernenden durch ihre Äußerungen Plausibilität für ihre Vermutung schaffen wollen. Eine solche erlangt man durch die argumentative Darstellung seiner abduktiv gewonnenen Hypothese. Da zudem das Gesetz bekannt und der Fall leicht einsichtig ist, kann die Abduktion unmittelbar in ein Argument überführt werden, ohne dass ein weiterer Bedarf an (theoretischer) Erkenntnissicherung bestehen muss. In solchen Situationen besteht jedoch die Gefahr, alternative Erklärungen zu übersehen.

7.2.3 Zur Mehrdeutigkeit von Äußerungen

Yvonnes Äußerung stellte sich in der Analyse als mehrdeutig heraus, sodass mehrere Abduktionen rekonstruiert und mehrere Erkenntniswege beschrieben werden konnten. Im Folgenden soll die Mehrdeutigkeit von Äußerungen theoretisch reflektiert werden. Zunächst wird aus interaktionistischer Perspektive erklärt, warum die Mehrdeutigkeit von Yvonnes Äußerung in dieser Szene keinen Mangel des Forschungsgegenstandes darstellt (a). Anschließend werden „gute Gründe“ für solche Mehrdeutigkeiten im (entdeckenden) Unterricht aufgeführt (b). Es wird sich herausstellen, dass die Mehrdeutigkeit nicht einfach als Mangel, sondern auch als nützliches Potenzial zu verstehen ist.

(a) Yvonnes Beitrag zur Entwicklung des Unterrichtsthemas
Zur Analyse der Interaktion soll nun der Begriff des „Unterrichtsthemas“ verwendet werden. Neth und Voigt (1991) beschreiben das Unterrichtsthema im Gegensatz zum konventionellen Gebrauch des Wortes im schulpädagogischen Bereich, wonach das Wort „Thema“ (als Unterrichtsthema) das bezeichnet, was die Lehrperson behandeln will, als

> „[...] den in der sozialen Interaktion konstituierten Zusammenhang zwischen Aussagen.“ (ebd., S. 84; s. auch Voigt 1991a)

Das Thema muss also nicht mit der individuellen Erwartung der Lehrperson und auch nicht mit der im Unterricht entstehenden Vorstellung der einzelnen Schülerin oder des einzelnen Schülers übereinstimmen. Vielmehr bezeichnet es den in der Interaktion gemeinsam hervorgebrachten Gesprächsgegenstand, auf den sich die weiteren Äußerungen beziehen und der jeweils durch das Hinzukommende verändert wird. An der Entwicklung des Themas nehmen sowohl Lehrperson, sofern die Lernenden ihre Äußerungen akzeptieren und verstehen, wie auch Lernende teil, so lange die Lehrkraft deren Äußerung bestätigt oder zumindest zulässt und nicht durch negative Bewertungen aus dem „offiziellen“ Schulwissen ausgrenzt.

Stabilisiert und routiniert sich ein Thema, so entstehen „thematische Prozeduren“ (s. Voigt 1994, S. 93 ff.; ebd., 1989; Neth und Voigt 1991). Hiermit wird

> „[…] empirisch rekonstruiert, welche Entwicklung ein Thema unter Ausschluß anderer Möglichkeiten wiederholt nimmt und zur Selbstverständlichkeit wird und welchen Part dabei jeweils Lehrer und Schüler einnehmen.“ (Neth und Voigt, 1991, S. 86)

Eine thematische Prozedur kann auch in der vorliegenden Unterrichtsszene gefunden werden: Zunächst werden auf empirischem Wege Zahlen herausgearbeitet, welche als Gewinnzahlen für die entsprechende Person, welche die Schülerin oder der Schüler laut Aufgabenstellung vertreten soll, in Frage kommen. Anschließend werden ganze Bereiche von Zahlen aufgeführt, aus denen sich die Gewinnzahlen dieser Person ergeben.

In der vorliegenden Unterrichtsszene wird der Schritt in der thematischen Prozedur durch Yvonne eingeführt. Ihre Leistung lässt sich daher durch das „Umlenken“ in der thematischen Prozedur beschreiben. Sie setzt den Lehrer unter „Zugzwang“ (s. Voigt 1984, S. 55 ff.), von der isolierten Betrachtung einzelner Zahlen abzuweichen und eine Begründung für den gesamten Bereich von Zahlen einzufordern. Zusätzlich erlaubt die Schülerin dem Lehrer den Blick auf die Grenze des Bereiches der Gewinnzahlen für Tanja (zunächst noch die Zahl 30) zu lenken. Im weiteren Verlauf der vorliegenden Stunde festigt sich die thematische Prozedur. Während es bei den weiteren Aufgaben des Arbeitsblattes zunächst noch der Lehrer ist, welche zur Betrachtung eines Bereichs umlenkt und den Schwerpunkt der Argumentation auf die Bereichsgrenzen legt, zeigen im weiteren Unterrichtsverlauf (, in dem das Spiel wiederholt mit anderen Rechnungen durchgeführt wird – hier nicht dargestellt,) immer mehr Lernende Einsicht in die Strategie und die funktionalen Zusammenhänge.

Statt individualpsychologisch zu fragen, welche mathematische Bedeutung Yvonne ihrem Beitrag selbst zumisst, ist es für eine Unterrichtsanalyse wichtiger zu fragen, welche mathematische Bedeutung in diesem sich entwickelnden Unterricht öffentlich hervorgebracht und stabilisiert wird. Denn gerade dies ist wesentlich für den mathematischen Lehr-Lern-Prozess (s. Voigt 1994). Es geht dabei nicht in erster Linie darum, dass Lehrender und Lernende Yvonne genau verstehen, sondern dass sie den mathematischen Gehalt ihrer Äußerung verstehen. Es geht um das Erreichen eines „geteilt geltenden Wissens“. Dieses Wissen muss nicht mit der subjektiven Sicht einer Interaktionsteilnehmerin oder -teilnehmers übereinstimmen (s. Abschn. 5.1).

Wenn in der vorliegenden Szene der geteilt geltende Bedeutungszusammenhang auch implizit bleibt, wird durch die vorangegangenen Überlegungen die Leistung der Schülerin deutlich. Für die soziale Interaktion ist es eben nicht entscheidend, welche Abduktion Yvonne wirklich vollzog. Von ihrer Äußerung ging eine interaktive Dynamik aus, denn ihr Beitrag enthielt ein Potenzial von Einsicht, das in folgenden Spielsituationen von zwei Schülern, gelenkt von dem Lehrer, genutzt wurde. Entscheidend ist, dass die Klasse aus einem Beitrag lernt, unabhängig davon, was auch immer damit subjektiv verbunden wurde.

Welche Interpretation einer Äußerung in der Klasse genutzt wird, kann zumeist an den Folgeäußerungen erkannt werden. Entsprechend stellt die Mehrdeutigkeit einer Äußerung auch einen Grund dafür dar, die Rekonstruktion von Abduktionen mit der Interaktionsanalyse zu verbinden. Die Mehrdeutigkeit muss also nicht durch individualpsychologische Methoden wie Interviews reduziert werden.

(b) Potenzielle Ursachen mehrdeutiger Äußerungen

Als eine Ursache für die prinzipielle Mehrdeutigkeit von Äußerungen nennt Voigt (1984, S. 28 ff.) die Indexikalität (s. Abschn. 5.1) von Äußerungen. Zudem wurde aus ethnomethodologischer Sicht die „et-cetera-Regel" (s. Abschn. 5.1) angeführt, die erklärt, warum in der zwischenmenschlichen Interaktion vieles implizit bleibt: Sprechende drücken nicht alles explizit aus, weil sie erwarten, dass ihre Gesprächspartnerinnen oder Gesprächspartner mitdenken und sich einen „Reim auf das Gesagte machen".

Eine öffentliche Äußerung (hier die der Schülerin Yvonne) stellt für die am Unterricht Beteiligten ein Resultat dar, welches es zu interpretieren gilt: Sie müssen sich die gemeinten, aber nicht erwähnten oder andere zur Äußerung passende inhaltliche Zusammenhänge subjektiv aus ihren Erfahrungen erschließen bzw. mit ihren eigenen Hypothesen in Verbindung bringen. Die zur Interpretation notwendigen Abduktionen sind auf Hintergrundwissen angewiesen, welches wiederum individuell verschieden ist. Hierdurch sind einerseits Missverständnisse bzw. Mehrdeutigkeiten vorprogrammiert. Andererseits ermöglicht die oder der Sprechende jedoch auf diese Weise ein Verstehen ihrer bzw. seiner Äußerung, welches über das eigene hinausgeht. Während etwa eine Schülerin oder ein Schüler eine tiefergehende Entdeckung vorziehen mag, gibt sich die oder der andere schon mit einer vordergründigen Entdeckung zufrieden. Die Mehrdeutigkeit von Äußerungen kann sich also auch positiv auf den Unterrichtsverlauf auswirken. Hinsichtlich der Entwicklung des Themas schreibt Voigt:

> „Die Vagheit und Ambiguität bilden eine Grundlage des subjektiven Verständnisses und der kooperativen Themenentwicklung im Unterricht." (ebd. 1984, S. 31)

Eine durch implizite Äußerungsanteile bedingte Mehrdeutigkeit muss jedoch nicht bewusst erzeugt worden sein. Insbesondere beim entdeckenden Lernen befindet sich die Schülerin oder der Schüler häufig an der „Front ihres bzw. seines Wissens“. In solchen Situationen fällt es ihr bzw. ihm schwer, die eigenen Gedanken auszudrücken bzw. diese entsprechend den vermuteten Erwartungen der Lehrkraft oder der Mitschülerinnen und Mitschüler zu formulieren. Häufig sind zudem auch die Begriffe, die eine sprachliche Formulierbarkeit ermöglichen würden, unbekannt oder unklar. Weiterhin ist es auch möglich, dass die oder der Sprechende mehrere Abduktionen vollzogen hat und sich nicht für eine entscheiden kann, die sie oder er öffentlich präsentieren will. Ihre bzw. seine Äußerung könnte dann eine Mischung aus diesen Erkenntnissen beinhalten. Wenn es aber beim entdeckenden Lernen schwer fällt, Hypothesen zu formulieren bzw. zwischen ihnen zu wählen, so ist auch das Verstehen der Äußerung für Interpretierende (sei dies eine Mitschülerin, ein Mitschüler, eine Wissenschaftlerin oder ein Wissenschaftler) schwierig, wenn sie bzw. er die Lernende oder den Lernenden und – möglicherweise einfacher – den potenziellen mathematischen Gehalt der Äußerung verstehen will.

Wollte man Mehrdeutigkeiten vermeiden, so müssten sowohl die zur Lösung der Aufgabe als auch (darauf aufbauend) die zum Verstehen einer Äußerung notwendigen Abduktionen möglichst übercodiert sein. Da die Lösung einer Aufgabe somit jedoch quasi auf der Hand liegen würde, handelt es sich kaum noch um „Entdeckungen“. Statt Mehrdeutigkeiten einfach als Mängel anzusehen, kann vielmehr von einem notwendigen Charakteristikum des entdeckenden Lernens gesprochen werden.

7.3 Analysebeispiel 3

Die vorliegende Unterrichtsszene stammt aus der fünften Untersuchungsstunde in der Klasse 4a. Im bisherigen Verlauf des Versuchs beschäftigten sich die Lernenden mit Funktionen ohne Bezug zu Brüchen. Zur Vorbereitung auf diese Stunde erhielten die Schülerinnen und Schüler das Arbeitsblatt F (Abb. 7.3a) als Hausaufgabe. Gegenstand der Analyse ist eine Diskussion um dieses Arbeitsblatt und die Besprechung einer weiterführenden Aufgabe.

Arbeitsblatt F 4a

Berechne die fehlenden Zahlen und trage sie in die Kästchen ein.

1.

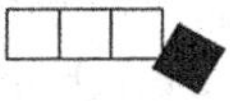

Ein Viertel von 12 Stücken sind	3	Stücke.
Ein Viertel von 20 Stücken sind		Stücke.
Ein Viertel von 200 Stücken sind		Stücke.
Ein Viertel von 2 000 Stücken sind		Stücke.
Ein Viertel von 4 000 Stücken sind		Stücke.

500 1 000 5 50

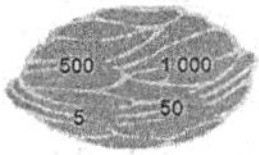

2.

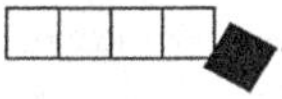

Ein Fünftel von 60 Stücken sind	12	Stücke.
Ein Fünftel von 100 Stücken sind		Stücke.
Ein Fünftel von 1 000 Stücken sind		Stücke.
Ein Fünftel von 2 000 Stücken sind		Stücke.
Ein Fünftel von 4 000 Stücken sind		Stücke.

200 20 400 800

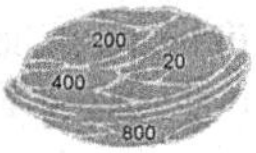

3. Wenn 100 um ein Viertel vergrößert werden soll, addiert man zu 100 die Zahl 25.

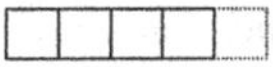

100 um ein Viertel <u>vergrößert</u> sind	125
160 um ein Viertel <u>vergrößert</u> sind	200
80 um ein Viertel <u>vergrößert</u> sind	
4 000 um ein Viertel <u>vergrößert</u> sind	
1 000 um ein Viertel <u>vergrößert</u> sind	
24 um ein Viertel <u>vergrößert</u> sind	

5 000 100 1 250 30

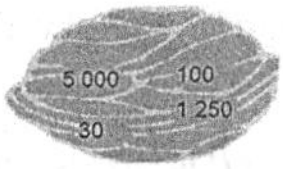

4.

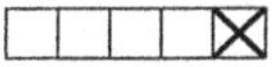

125 um ein Fünftel <u>verkleinert</u> sind	100
200 um ein Fünftel <u>verkleinert</u> sind	160
100 um ein Fünftel <u>verkleinert</u> sind	
5 000 um ein Fünftel <u>verkleinert</u> sind	
1 250 um ein Fünftel <u>verkleinert</u> sind	
30 um ein Fünftel <u>verkleinert</u> sind	

1 000 24 80 4 000

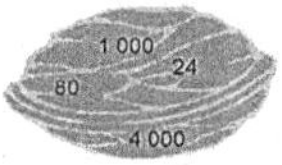

Abb. 7.3a Arbeitsblatt F (Klasse 4a)

7.3.1 Arbeitsökonomische und mathematische Betrachtung von Vereinfachungsstrategien

Das Arbeitsblatt war konstruiert worden, um mit den Lernenden die Funktionen $x \mapsto \frac{x}{4}$ bzw. $x \mapsto \frac{x}{5}$ sowie $x \mapsto x + \frac{x}{4}$ bzw. $x \mapsto x - \frac{x}{5}$ zu betrachten. Dies geschieht allerdings nicht in der Form solcher Funktionsvorschriften.

Die Lernenden rechnen zur Lösung der Aufgaben implizit mit Brüchen. Es wurde jedoch nicht eine Vorwegnahme der Bruchrechnung oder die Einführung eines abstrakten Zahlbegriffs angestrebt. Die Brüche müssen nicht als Objekte bestehend aus Zähler und Nenner angesehen werden. In ihrem vorangegangenen Unterricht haben die Schülerinnen und Schüler Ausdrücke wie „$\frac{1}{2}km$" bzw. „$\frac{1}{4}km$" kennengelernt und in die nächstkleinere Einheit umgerechnet (z. B.: Leininger u. a. 2001, S. 25, Aufgabe 4). Hierbei handelt es sich jedoch um konkrete Brüche, welche die Aufgabe haben, eine bestimmte Größe verkürzt zu beschreiben (Padberg 2002, S. 35). Statt der Darstellung „$\frac{m}{n}E$" (E = Einheit) betrachten die Lernenden nun „$\frac{m}{n}$ *von* E". Den Lernenden bietet sich also die Möglichkeit den Bruch als Operator zu betrachten. Im Sinne einer Propädeutik des Funktionsbegriffs kann die Aufgabe in die Phase „Vermitteln von Grunderfahrung" eingeordnet werden. Die Zeichnungen am linken Rand des Arbeitsblattes erlauben den Lernenden zusätzlich, den Bruch in Verbindung mit einer Bezugsgröße zu sehen. Unabhängig von ihrer Interpretation der Aufgabe sind den Lernenden durch die angeführten Lösungen und die bereits berechneten Aufgaben Kontrollmöglichkeiten gegeben.

Arbeitsökonomische Betrachtung von Vereinfachungsstrategien

Die Unterrichtsstunde beginnt mit der Besprechung der Hausaufgabe (Arbeitsblatt F). Nach dem schlichten Vergleich der Ergebnisse, meldet sich Simon zu Wort:

1/1	Simon	man konnte ja auch bei der <u>ersten</u> Aufgabe abgucken
1/2	S	bei der dritten
1/3	Simon	also bei der hier. (*zeigt auf das Arbeitsblatt seines Nachbarn*) weil ich hab ja jetzt mein Heft nicht dabei deswegen, also bei der <u>dritten</u> Aufgabe mein ich, da konnte man das ja auch abgucken, weil–
1/4	L	warum konnte man das denn abgucken'
1/5	Simon	(...)
1/6	L	ja Simon– sag mal
1/7	Simon	kann ich das hier zeigen'
1/8	L	<u>ja</u> .. dann komm ruhig nach vorne (*bittet den Schüler durch Bewegung des Zeigefingers herbei*) und–, wollen wir sehen worauf du zeigen willst
1/9	Simon	(*stellt sich mit dem Arbeitsblatt des Nachbarn vor die Schultafel*) weil, hier steht ja– die 100. und da ja die 125 (*deutet zur Aufgabe 3 auf dem zum Lehrer gerichteten Arbeitsblatt*)
1/10	L	zeig es mal so– dass das alle so sehen. (*dreht das Arbeitsblatt des Schülers in Richtung der Klasse um und hilft dem Schüler im Folgenden dieses festzuhalten*)
1/11	Simon	ja, also da steht ja die 100. (*zeigt auf das ausgefüllte Ergebniskästchen in der ersten Zeile von Aufgabe 3*) da die 125. (*zeigt auf den ersten Wert bei Aufgabe 4*) steht da dann– also dann kann man, ehm da die 125 hinschreiben und da 100 (*zeigt auf die Lösung „100" in der ersten Zeile von Aufgabe 4*) und das ist dasselbe bei diesen Aufgaben hier unten. wenn da die 80 steht und da die 100– (*deutet auf die Werte bei Aufgabe 3*) und bei, ehm der vierten Aufgabe ist das halt umgekehrt, dass da dann die 80 steht und da die 100. (*zeigt auf die Werte bei Aufgabe 4*) .. konnte man auch abgucken

Im Anschluss an den Vergleich der einzelnen Ergebnisse der Aufgaben äußert Simon, dass ein anderer Lösungsweg möglich gewesen wäre. Er hat entdeckt, dass die Aufgabe 4 durch einfaches „Abgucken" aus der dritten Aufgabe gelöst werden konnte. Zur Begründung führt der Schüler Beispielrechnungen bzw. deren Ergebnisse an („hier steht ja – die 100. und da ja die 125"). Es ist nicht ausgeschlossen, dass Simon die Arbeitsanweisung „um ein Fünftel verkleinert" mathematisch-funktional als Umkehrung der Anweisung „um ein Viertel vergrößert" begriffen hat. Da es hierfür aber kein Indiz in seinen Äußerungen gibt, wird im Folgenden darauf abgehoben, dass Simon mit seinem Beitrag nur vordergründig die Zahlen vergleicht.

Wann Simon die Abduktion vollzogen hat, die ihn zu seiner Entdeckung führte, kann nicht eindeutig festgestellt werden. Er könnte die Möglichkeit des Abschauens der Ergebnisse bzw. Startzahlen erst erkannt haben, nachdem das Aufgabenblatt vollständig ausgefüllt war. Ebenso könnte er sie schon nach der Bearbeitung einiger weniger Aufgaben entdeckt und dann bei den restlichen Aufgaben verwendet haben. Simon sagt lediglich: „man konnte […] abgucken“. Einerseits kann er hiermit andeuten, dass er die Aufgabe auf eine einfache Art gelöst hat, andererseits kann er auch rückblickend die Aufgabe betrachten. Das „konnte“ würde dann die Bedeutung von „hätte können“ haben. Im Folgenden soll Simons Aussage zunächst dahingehend als Argument rekonstruiert werden, dass der Schüler erst nach der vollständigen Bearbeitung des Aufgabenblattes den „Geistesblitz“ erfährt.

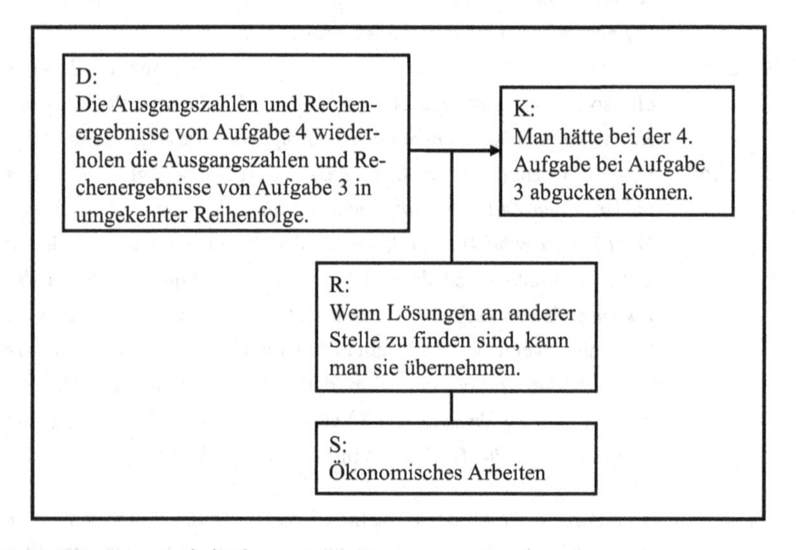

Abb. 7.3b Simons arbeitsökonomische Betrachtung

Die Konklusion des Arguments in Abbildung 7.3b stellt Simons Behauptung dar, die Lösung der vierten Aufgabe bei der dritten Aufgabe „abgucken“ zu können. Simon begründet diese Behauptung mit einem Vergleich der Zahlen innerhalb der jeweiligen Aufgaben ([1/9] bzw. [1/11]). Die einzelnen Vergleiche bilden das Datum. Entscheidend hierbei ist, dass dieses Datum alle Startzahlen bzw. Ergebnisse der Rechnungen beinhaltet („und das ist dasselbe bei diesen Aufgaben hier unten"). Die Regel wird von dem Schüler nur implizit verwendet: Wenn man die Lösungen einer Aufgabe an einer anderen Stelle findet, dann können diese übernommen werden. Diese Regel bedarf keiner Explizierung oder weiteren Begründung, weil sie für die anderen Schülerinnen und Schüler leicht einsichtig ist. Während Simon entsprechend dieser Interpretation bei der Bearbeitung der vierten Aufgabe die Lösungen noch berechnete, nimmt er anschließend einen Rahmungswechsel vor und betrachtet die Aufgabe nun rückwirkend aus einem eher arbeitsökonomischen Blickwinkel.

Das dargestellte Argument stellt nur eine nachträgliche Betrachtung dar: Man hätte abschauen können. Hätte Simon – das ist eine zweite Interpretation – die Vereinfachungsstrategie bereits während der Bearbeitung der vierten Aufgabe bemerkt, so könnte seine Aussage nahezu analog rekonstruiert werden. Jedoch würde den einzelnen Elementen des Arguments eine andere Bedeutung zukommen. Während es sich beim Datum des obigen Arguments gemäß der ersten Interpretation noch um eine empirische Erkenntnis im Sinne eines Faktums handelt, würde dies gemäß der zweiten Interpretation den Charakter einer Vorhersage bzw. Vermutung annehmen, die zuvor abduktiv aufgestellt und möglicherweise auf die nächste Rechnung übertragen wurde. Bei der Verwendung der Konklusion eines Arguments gemäß dieser Interpretation hätte der Schüler die weiteren Ergebnisse der vierten Aufgabe aus den Startzahlen der dritten Aufgabe abgeschrieben.

Der Lehrer als „Advocatus Diaboli"

Nachdem Simon seine Vereinfachungsstrategie geäußert hat, erwidert der Lehrer:

1/12 L wer hat das gemerkt' (*hebt den Zeigefinger*) dass man das so– abgucken konnte, bei der dritten Aufgabe. (*mehrere Schüler melden sich*) .. prima .. aber, wieso' (*kratzt sich am Hinterkopf*) da steht doch bei der dritten Aufgabe, 100 wird um ein Viertel vergrößert– sind 125, und 125 wird um ein Fünftel verkleinert sind 100 da steht doch Fünftel und nicht Viertel (*4 sec, unterstützt seine wörtlichen Betonungen durch Handbewegungen*) was ist denn damit los' (*schaut sich fragend um*) .. bei der Aufgabe 3 gehts doch immer um ein Viertel, vergrößert und bei Aufgabe 4 wird um ein Fünftel verkleinert', David (*auffordernde Handbewegung zu David*)

Der Lehrer bestätigt zunächst die aufgestellte Hypothese von Simon. Anschließend fordert er die Schüler zu einer weitergehenden Begründung auf („aber, wieso'"). Die Rekonstruktion seiner Aussage erfolgt in Abbildung 7.3c.

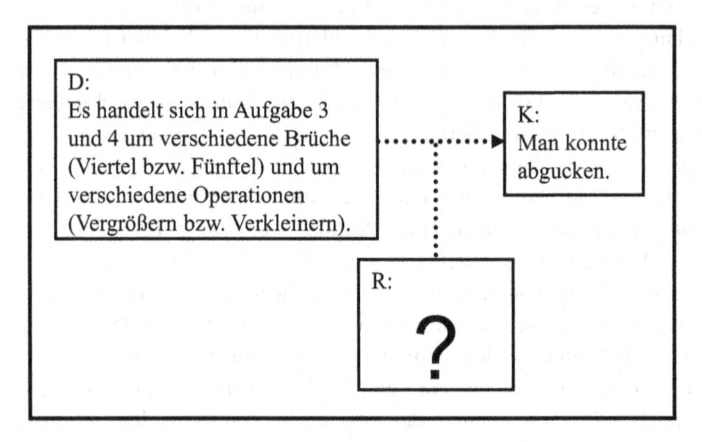

Abb. 7.3c Unvollständiges Argument des Lehrers

Simons Behauptung bildet die Konklusion dieses Arguments: Man konnte abgucken bzw.: Die Ausgangszahlen und Rechenergebnisse von Aufgabe 3 und 4 wiederholen sich in umgekehrter Reihenfolge. Das Datum wird nun aber nicht wie zuvor von den offensichtlichen Ergebnissen der Rechnungen gebildet. Vielmehr richtet der Lehrer die Aufmerksamkeit auf die Formulierung der Aufgabe: „da steht doch bei der dritten Aufgabe, 100 wird um ein Viertel vergrößert– sind 125, und 125 wird um ein Fünftel verkleinert". Der Lehrer problematisiert die Unterschiede innerhalb der Aufgabenstellung. Die Regel wird nicht expliziert. Es kann als die Aufgabe der Schülerinnen und Schüler angesehen werden den Zusammenhang zwischen Datum und Konklusion anzugeben.

Die Äußerung des Lehrers kann analog auch als Forderung nach einer Abduktion verstanden werden. Simons Behauptung und die vom Lehrer aufgeworfene Problematik bilden dann das überraschende und sich vordergründig widersprechende Resultat der Abduktion (s. Abb. 7.3d).

Die Äußerung des Lehrers beinhaltet aber auch eine weitere Komponente: Einerseits kann seine Aussage als Forderung zur Durchführung einer Abduktion

Resultat:	Obwohl verschiedene Brüche (Viertel bzw. Fünftel) und verschiedene Operationen (Vergrößern bzw. Verkleinern) in den Aufgaben stehen, konnte man abgucken.
Gesetz:	?
Fall:	?

Abb. 7.3d Abduktionsforderung des Lehrers

bzw. zur Vervollständigung eines Arguments angesehen werden (s. o.), andererseits kann hintergründig auch ein anderes Argument rekonstruiert werden (s. Abb. 7.3e).

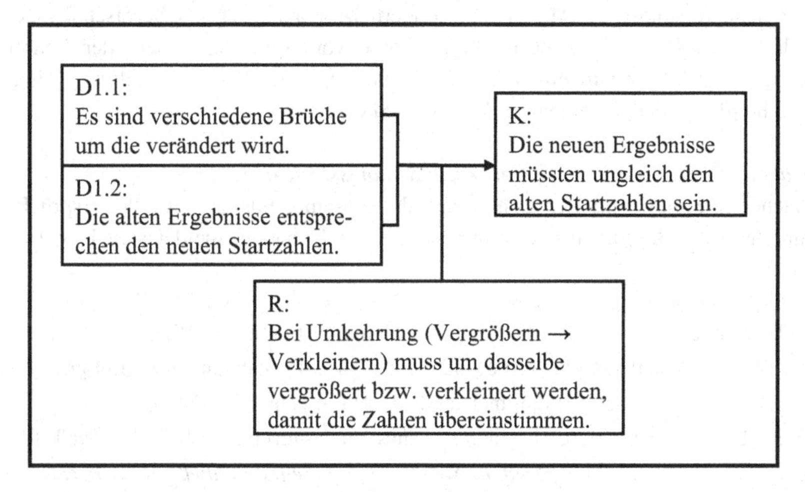

Abb. 7.3e Hintergründiges Argument des Lehrers

Durch dieses Argument wird der entscheidende Punkt innerhalb der Aussage des Lehrers deutlich: Wenn zunächst verkleinert und anschließend vergrößert wird und die alten Ergebnisse (aus Aufgabe 3) den neuen Startzahlen (aus Aufgabe 4) entsprechen (D1.2), dann müssen die Veränderungen um denselben Teil erfolgen, damit letztendlich die neuen Ergebnisse (aus Aufgabe 4) gleich den alten

Startzahlen (aus Aufgabe 3) sind. Da dies in der Aufgabenstellung jedoch vordergründig nicht geschieht (D1.1), dürften die neuen Ergebnisse der vierten Aufgabe nicht den Startzahlen der dritten Aufgabe entsprechen (K). Offensichtlich wird durch dieses Argument ein Widerspruch formuliert. In der implizit bleibenden Regel versteckt sich ein Lösungshinweis: Damit die Ergebnisse der vierten Aufgabe gleich den Startzahlen der dritten Aufgabe sind (wie der Lehrer zuvor bestätigte), muss die gleiche Menge von Stücken wieder weggenommen werden. Entsprechend muss das Viertel gleich dem Fünftel sein.

Der Lehrer nimmt in dieser Szene eine den Schülerinnen und Schülern entgegengesetzte Position ein und thematisiert einen scheinbaren Widerspruch. Er nimmt somit die Rolle des „Advocatus Diaboli“ ein und weckt Zweifel. Aus argumentationstheoretischer Sicht wird hierdurch der „Begründungsbedarf für die Schüler verschärft“ (Schwarzkopf 2000, S. 245) und „eine antagonistische Argumentation ‚simuliert‘“ (ebd.). Abduktionstheoretisch betrachtet gibt der Lehrer durch die eingenommene Haltung des „Advocatus Diaboli“ den Lernenden nicht nur neue Resultate (s. Abb. 7.3d), sondern hebt auch deren Überraschungsgehalt hervor. Dies geschieht in dieser Szene vordergründig, indem der Lehrer Simons Entdeckung in einen Zusammenhang mit der Aufgabenstellung bringt und hierdurch den scheinbaren Widerspruch erzeugt.

Mathematische Betrachtung von Vereinfachungsstrategien

Nachdem Simon und der Lehrer auf die Zusammenhänge und Widersprüche innerhalb des Arbeitsblattes aufmerksam gemacht haben, meldet sich David zu Wort:

2/1	David	aber weil bei bei Fünftel verkleinern ist es um ein Viertel, und bei bei der Aufgabe 3 ist es hier bei Aufgabe 4 genau um ein Viertel größer– (das ist ja?) fünf mal das Teil. also ist ja hier das Fünfte. ..
2/2	L	aha', versteh ich nicht. .. kannst du das uns mal vielleicht an der Tafel zeigen' (*zeigt auf die Schultafel und greift anschließend zur Kreide*)
2/3	David	(*schüttelt den Kopf*)
2/4	L	ne' .. okay .. ist jemand sonst noch etwas aufgefallen auf dem Aufgabenblatt'

Der erste Teil von Davids Äußerung kann mit dem in Abbildung 7.3f dargestellten Argument rekonstruiert werden.

In diesem Begründungsschritt schließt David ausgehend von der Aufgabenstellung der dritten Aufgabe (eine Zahl bzw. eine bestimmte Anzahl von Stücken

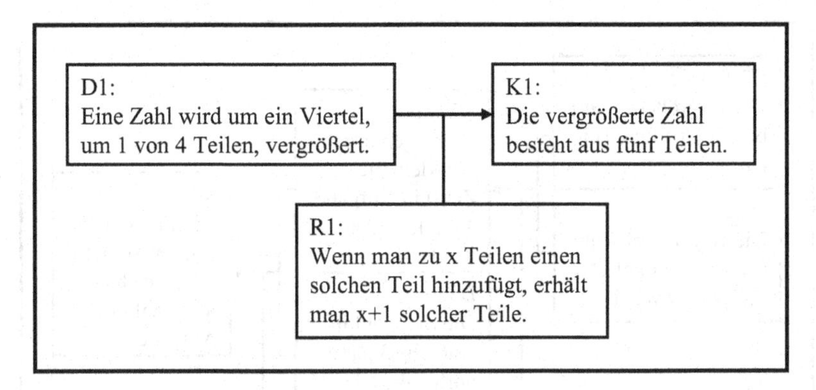

Abb. 7.3f Davids mathematische Betrachtung

wird um ein Viertel vergrößert) darauf, dass die vergrößerte Zahl bzw. die vergrößerte Anzahl von Stücken aus fünf gleichen Teilen besteht („(das ist ja?) fünf mal das Teil. also ist ja hier das Fünfte"). Die benötigte Regel wird nicht explizit genannt. Die Rahmung, die der Schüler in dieser Situation einzunehmen scheint, beruht auf einer mathematischen Anschauung der Zahl als Menge von Teilen.

Mit seiner Äußerung antwortet der Schüler auf die vom Lehrer aufgeworfene Problematik bzw. dessen hintergründige Aussage, dass die abgezogenen bzw. hinzugefügten Teile sich ausgleichen müssen. Folgende in Abbildung 7.3g präsentierten Begründungsschritte würden Davids Äußerung als Reaktion auf den Beitrag des „Advocatus Diaboli" vervollständigen.

Im zweiten Begründungsschritt muss David von der Formulierung der dritten Aufgabe ausgegangen sein, um dann darauf schließen zu können, dass die Ergebniszahl letztlich wieder vier gleichgroße Teile hat. Die Regel stellt nun den Unterschied zwischen der vordergründigen Haltung des Advocatus Diaboli und der tiefergehenden Rahmung Davids dar. Letzterer betrachtet den Bruch bzw. denjenigen Teil um den verkleinert werden soll, als einen relationalen Begriff. David hat vermutlich ein Viertel zu einer fiktiven Größe bzw. Zahl hinzugefügt und so erkannt, dass sich nun insgesamt fünf der vorherigen Viertel ergeben („fünf mal das Teil"). Dieses fünfte „Teil" muss in der vierten Aufgabe als Fünftel wieder abgezogen werden (D2.2). Im dritten Begründungsschritt wird die Start- und die Ergebniszahl verglichen (R3). Da sich wieder die anfängliche Anzahl (D3.2) der „Viertel" ergibt (D3.1), bestätigt sich die Behauptung Simons (K3).

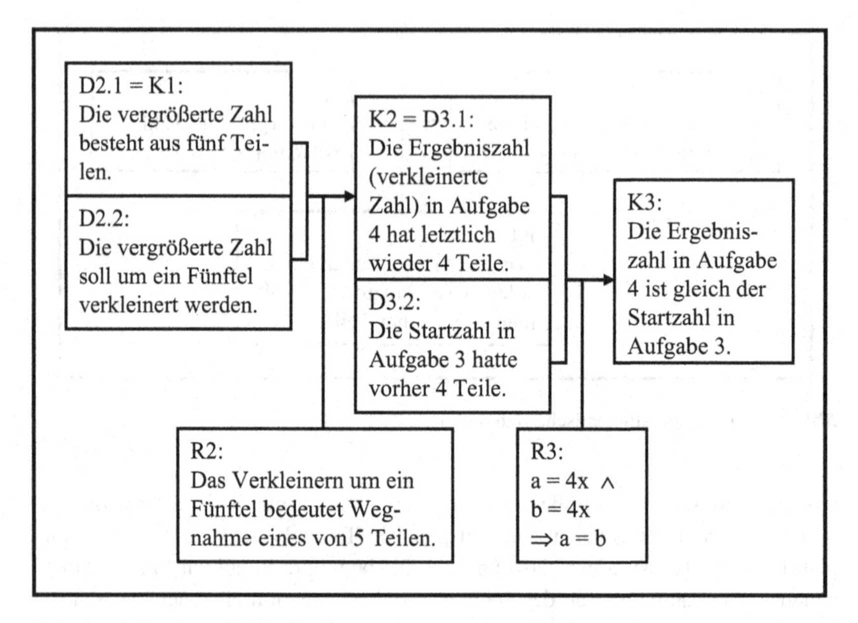

Abb. 7.3g Zu Davids mathematischer Betrachtung passende (implizite) Begründungsschritte

David kann mit Hilfe verschiedener Abduktionen zu einer solchen Äußerung gelangen. Die in Abbildung 7.3h rekonstruierte, öffentlich werdende Abduktion mag ihm seine tiefergehende mathematische bzw. funktionale Betrachtung ermöglicht haben.

Resultat:	Das Endergebnis ist wieder gleich der Startzahl.
Gesetz:	Verkleinern um ein y-tel bedeutet Verkleinern um eines von y Teilen.
Fall:	Die um das Teil „ein Viertel" vergrößerte Zahl besteht aus 5 solcher Teile.

Abb. 7.3h Davids Abduktion mit Blick auf den Bruchzahlbegriff

Die vom Lehrer problematisierte Aussage Simons führt David durch eine solche Abduktion auf einen erklärenden Fall zurück: Die vergrößerte Zahl besteht aus insgesamt fünf gleichgroßen Teilen. Das Gesetz dieser Abduktion ist den Lernenden aus der Bearbeitung des Arbeitsblattes F bekannt. Die Leistung des Schülers besteht darin, dieses Gesetz mit der Gleichheit von Start- und Ergebniszahl zusammenzubringen („weil bei bei Fünftel verkleinern ist es um ein Viertel"). Es handelt sich entsprechend um eine untercodierte Abduktion. Das Entscheidende an ihr ist nun der Fall: *Warum besteht die vergrößerte Zahl aus 5 Teilen*? Dieser Punkt („fünf mal das Teil") wird von David explizit begründet und bildet die Konklusion in seinem zuvor rekonstruierten Argument (erster Begründungsschritt). Mit seiner Begründung (Abb. 7.3f) kann David dieser Interpretation folgend den Fall klären, womit er einer spezifischen Anforderung jeder untercodierten Abduktion nachkommen würde. Es kommt damit zur Gewinnung und (theoretischen) Sicherung einer Erkenntnis, die einen eher speziellen Charakter hat, zumal sie auf die konkrete Aufgabe bezogen ist.

7.3.2 Bruch – relationaler Begriff oder empirischer Gegenstand?

Als Reaktion auf die letzte Äußerung des Lehrers [2/4] kam die Frage nach der Bedeutung der Zeichnungen am linken Rand des Aufgabenblattes F auf. Die einzelne Zeichnung wurde jeweils als Veranschaulichung der Rechenoperationen thematisiert, ohne dass Verbindungen zwischen den Zeichnungen angesprochen wurden. Bei der Bearbeitung dieser Frage wurde zusätzlich die Bedeutung von „um ein Drittel vergrößern" geklärt und zeichnerisch umgesetzt. Im Anschluss daran wird eine neue Aufgabe betrachtet:

3/1 L so, machen wir was Anderes– äh nicht was Anderes, was Ähnliches (*unterstützt seine Worte durch Bewegung des erhobenen Zeigefingers*) .. und zwar (*entfernt altes Tafelbild, 4 sec*) eine .. Tafel .. Schokolade ... wird .. um ein– Viertel .. vergrößert (*fertigt Tafelbild an*) ... (*dreht sich zur Klasse um*) so in der Schokoladenfabrik, die können das. .. dann ... wird .. diese größere .. Tafel, um ein Viertel verkleinert. (*schreibt wieder zeitgleich an die Schultafel*) ...

Eine Tafel Schokolade wird um ein Viertel vergrößert. Dann wird diese größere Tafel um ein Viertel verkleinert.

Das Tafelbild des Lehrers (die Schokoladenaufgabe)

Die „Schokoladenaufgabe" stellt eine Weiterführung des Arbeitsblattes F dar. Dort war es bei jeder einzelnen Rechenaufgabe noch möglich, sich den Bruch als ein feststehendes empirisches Stück eines fixen Ganzen vorzustellen. Die Schokoladenaufgabe erfordert eine Betrachtung des Bruches als Operator, der innerhalb einer Aufgabe auf verschiedene Grundgesamtheiten angewandt wird. Auch bei Arbeitsblatt F hatte der Bruch die Funktion eines Operators (z. B.: „ein Viertel von 100"). Dort änderte sich auch von Zeile zu Zeile die Grundmenge. Bei der Schokoladenaufgabe liegt jetzt ein Problem darin, dass der Operator zweimal hintereinander verwendet wird. Mit anderen Worten: Die Verkettung (Hintereinanderausführung) zweier Funktionen wird thematisch. Die Hintereinanderausführung zweier Operatoren muss nun innerhalb einer Aufgabe bzw. eines Sachkontextes berücksichtigt werden. Bei David kann eine solche Betrachtung des Bruchs bereits zur Beantwortung der Lehrerfrage zu Simons Entdeckung, warum der Ausgleich zwischen den Startzahlen und den Ergebnissen erfolgt, beobachtet werden. Der Zusammenhang zwischen den Operatoren in der Schokoladenaufgabe ist nicht, wie es zunächst erscheinen mag, ein Additiver („vergrößern", „verkleinern"), sondern ein Multiplikativer („· 4/5" bzw. „· 5/4").

Ein weiteres Problem der Schokoladenaufgabe stellt die Bedeutung des Ausdrucks „um ein Viertel verkleinert" dar. Es bleibt unklar, ob hiermit das zuvor hinzugefügte Viertel oder ein Viertel von der bereits vergrößerten Schokolade gemeint ist. Dies ist einerseits als begriffliches Problem und andererseits als Sprachproblem zu sehen.

Die Analyse der Äußerungen zur Schokoladenaufgabe erfolgt in vier Teilen. Zunächst wird der Lösungsvorschlag des Schülers David vorgestellt und als Argument rekonstruiert (a). Anschließend erfolgt die Analyse der Äußerung eines weiteren Schülers (Mark). Dieser wird beispielhaft für alle Schülerinnen und Schüler der Klasse (außer David) behandelt, die sich zur Schokoladenaufgabe äußern (b). Auf mehrere solcher Lösungen reagiert David nahezu im gleichen Wortlaut. Ein solcher Einspruch wird beispielhaft aufgeführt und hinsichtlich seiner argumentativen Bestandteile untersucht (c). Abschießend werden zu Davids Äußerung passende Abduktionen herausgearbeitet (d).

(a) Davids Argument zur Lösung der Schokoladenaufgabe

Nachdem der Lehrer die Aufgabe an die Tafel geschrieben hat, setzt folgendes Unterrichtsgespräch ein:

3/2	Ss	(...)
3/3	David	ja ist genauso wie am Anfang.
3/4	L	so, David (*auffordernde Handbewegung zu David*) .. du hast eben was gesagt
3/5	David	dann ist die Tafel doch wieder wie beim Anfang. ..
3/6	L	wer ist der Meinung, dass David Recht hat– die Tafel ist dann wieder wie am Anfang'
3/7	David	ich nicht ich nicht
3/8	L	(*lächelnd*) doch nicht', also dann sag noch mal David
3/9	David	soll ich es an der Tafel machen'
3/10	L	ja male mal an– (*bewegt sich von der Schultafel weg*) wie du es– …
3/11	David	(*läuft zur Schultafel*) die Tafel Schokolade … (*zeichnet ein Viereck*) ein Teil, ein Teil, (*unterteilt dabei das gezeichnete Viereck und zählt die letzten Stücke mit Hilfe des Fingers ab*) drei vier. jetzt um ein Viertel vergrößert, ist sie so groß (*fügt ein weiteres Kästchen dran*)
4/1	L	so machen wir das vielleicht auch mal gestrichelt damit man sieht, was das Viertel da–
4/2	David	(..) (*beginnt die Trennstriche zu entfernen*)
4/3	L	halt (*spricht schnell*) halt halt halt +, lass mal erst mal stehen (*zeichnet Striche nach*)
4/4	David	stimmt doch
4/5	L	ja .. aber ich will damit das jeder– das so erkennt, das ist so gestrichelt ne', das ist dann hinzugekommen das Viertel (*strichelt das hinzugekommene Stück der Schokolade*) .. und jetzt sag es mal nur wie du es meinst. ..

4/6	David	wie– kann ich es jetzt zeigen oder nicht'
4/7	L	versuche es mal mit nur in Worten zu sagen, damit wir nicht alles so (*deutet in Richtung der Zeichnung*) durcheinander– (*lächelnd*) dann zeichne es, dann zeichne es
4/8	David	ehm ist ja die Schokolade jetzt wieder normal groß (*wischt die Unterteilungen weg*), aber–
4/9	L	das ist ja jetzt die größere Tafel ne'
4/10	David	nein jetzt kommen ja wieder normale Stücke dabei. (*unterteilt die vergrößerte Schokoladentafel in Viertel*)
4/11	Ss	hä'
4/12	David	eins zwei ... drei vier. (*zählt die neuen Stücke mit Hilfe der Finger ab*) jetzt stehen ja keine 5– eben waren es ja 5 Teile jetzt sind ja wieder nur 4 Teile ..
4/13	L	aha
4/14	David	hier abgemacht dann ist sie ja kleiner als vorher. (*deutet auf den rechten Unterteilungsstrich*)
4/15	L	streich es durch
4/16	David	ist sie kleiner als vorher.
4/17	L	streich es durch was abgemacht wird. ..
5/1	David	ja, jetzt ist sie kleiner als vorher. (*streicht dabei das letzte Viertel durch*) das ist so (*zeigt mit seinen Händen die Breite der neuen Schokolade*) (größere?) am Anfang war sie so groß (*deutet die Größe der Anfangstafel an*) .. jetzt ist sie so (*zeigt wiederum die Breite der neuen Schokoladentafel*)
5/2	L	also da will ich noch mal abstimmen– bei euch, wer ist der Meinung– dass die Tafel die alte Tafel ist' .. wer ist der Meinung– die Tafel ist größer als die alte' .. wer ist der Meinung die Tafel ist kleiner als die alte' .. (*jeweils melden sich mehrere Schüler*) aha, also ihr seid euch völlig uneins ... hm .. Mark.

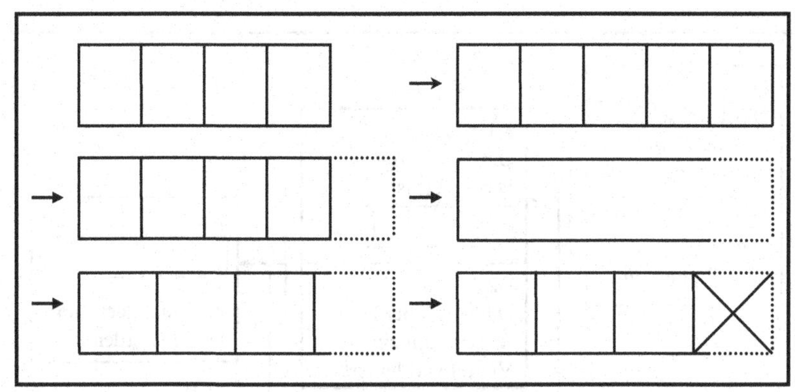

Entwicklung von Davids Tafelbild (die Pfeile markieren die einander folgenden Veränderungen seiner Zeichnung)

In der vorliegenden Unterrichtsszene entscheidet sich David zunächst dafür, dass die vorzunehmenden Veränderungen letztlich keine Auswirkung auf die Größe der Tafel haben würden ([3/3] bzw. [3/5]). Nachdem der Lehrer die Klasse zu einer Wertung dieses Vorschlags aufgerufen hat („wer ist der Meinung, dass David Recht hat"), weicht der Schüler plötzlich von seinem ersten Vorschlag ab („ich nicht ich nicht"). Während sich David bei der Bearbeitung des Arbeitsblattes F noch weigerte, seine Vorstellung an der Tafel darzustellen, will er nun seine Lösung vor der Klasse präsentieren. Sein Lösungsweg, der an dieser Stelle nur kurz analysiert werden soll, lässt sich als Argument mit fünf Begründungsschritten rekonstruieren (s. Abb. 7.3i, 7.3j und 7.3k).

Die Aufgabenstellung („jetzt um ein Viertel vergrößert" [3/11]) bildet den Ausgangspunkt für dieses Argument (D1.1). Der Schüler zeichnet zunächst die in Viertel unterteilte Tafel (D1.2 – „die Tafel Schokolade … ein Teil, ein Teil, drei vier" [3/11]). Die Regel dieses Begründungsschrittes (R1) beinhaltet eine anschauliche Vorstellung dessen, was es bedeutet, ein Viertel anzufügen. Mit ihrer Hilfe wird die Bruchrechnung in eine anschauliche Repräsentation übersetzt. Der Schüler bildet hiermit die um ein Viertel vergrößerte Tafel (K1 – „ist sie so groß" [3/11]). Mit Hilfe dieser neuen Repräsentation der Schokolade (D2.1) und des zweiten Teiles der Aufgabenstellung (D2.2) schließt der Schüler zunächst darauf, dass die vergrößerte Tafel neu eingeteilt werden muss (K2 – „jetzt kommen ja wieder normale Stücke dabei" [4/10]). Entsprechend verändert er die Einteilung (K3 – „jetzt stehen ja keine 5– eben waren es ja 5 Teile jetzt sind ja wieder nur 4 Teile" [4/12]). Ausgehend von dieser neuen Unterteilung bildet der Schüler nun die um ein Viertel verkleinerte Zwischentafel (K4 – „hier abgemacht" [4/14]).

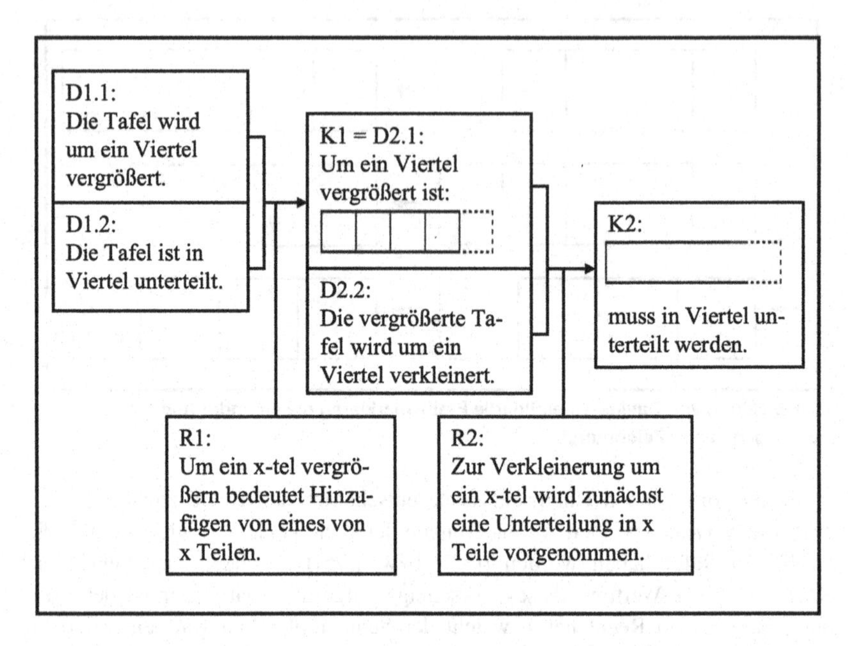

Abb. 7.3i Davids Lösungsweg (Begründungsschritte 1 und 2)

Durch einen anschaulichen Vergleich (R5) der Endtafel (D5.1) mit der Starttafel (D5.2) erkennt David im letzten Begründungsschritt, dass die Schokolade durch die durchgeführten Veränderungen kleiner geworden ist (K5 – „dann ist sie ja kleiner als vorher“ [4/14]).

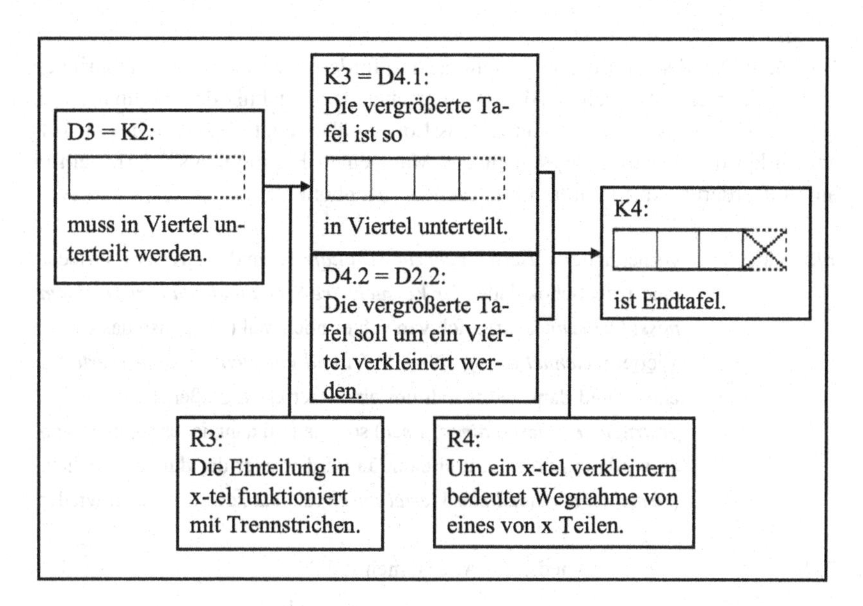

Abb. 7.3j Davids Lösungsweg (Begründungsschritte 3 und 4)

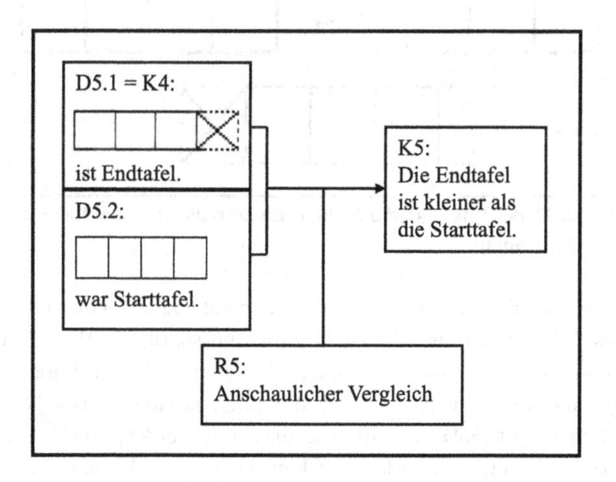

Abb. 7.3k Davids Lösungsweg (Begründungsschritt 5)

(b) Mark

Nachdem David seine Lösung präsentiert hat, fordert der Lehrer die Schülerinnen und Schüler erneut zu einer Abstimmung über das Ergebnis der Rechnung auf. Es zeigt sich, dass nicht alle von Davids Lösung überzeugt sind. Durch sein Aufzeigen bei der Abstimmung signalisiert Mark einen Begründungsbedarf, dem er auf Aufforderung des Lehrers im Folgenden nachkommt:

5/3	Mark	vorher hatte es Viertel (*geht zur Schultafel*) ... und dann (ist es?) wieder eine Tafel Schokolade (*der Versuch eine Schokoladentafel zu zeichnen missglückt zunächst*) .. ich versuch es noch mal (..), ja also das ist ein Viertel (*zeichnet eine größere Tafel und unterteilt diese in Viertel*) .. ehm .. und dann wirds– äh um ein– Viertel vergrößert (*zeichnet ein gestricheltes Viertel hinzu, 4 sec*) so. .. ja und dann ist es so, und dann äh wirds ja normal .. und dann äh wird wieder der durchgestrichen. (*streicht das zusätzliche Viertel durch*) also äh, der wird dann wieder weg.
5/4	L	so dass es wieder das Alte ist meinst du'
5/5	Mark	ja.

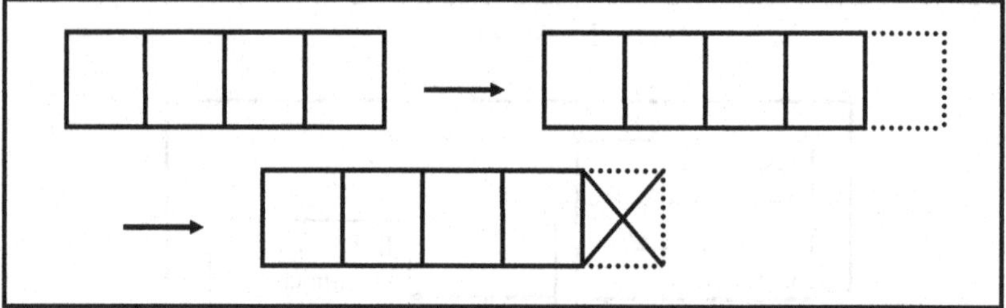

Entwicklung von Marks Tafelbild (die Pfeile markieren die einander folgenden Veränderungen seiner Zeichnung)

Verglichen mit dem rekonstruierten Argument Davids kommt es nun zum „Kurzschluss“ des ersten und vierten Begründungsschrittes. „Viertel“ wird dabei nicht als relationaler Begriff verstanden. In einer Rekonstruktion von Marks Begründung müsste dementsprechend die „Schokolade“ verglichen mit dem Argument von David (K4) in fünf Teile unterteilt werden. Auch verändert sich die Regel (R2), die nun lauten könnte: Um ein x-tel verkleinern bedeutet Wegnahme des zuvor hinzugefügten x-ten Teils. Während in der Rekonstruktion von Davids Argument in den Begründungsschritten 2 und 3 die Auffassung des Bruches als relationaler Begriff deutlich wird und daher eine neue Einteilung der vergrößerten Tafel entsteht, bleiben diese Begründungsschritte bei Mark aus.

Mark steht in dieser Analyse beispielhaft für alle Schülerinnen und Schüler außer David, die sich zur Schokoladenaufgabe äußern. Sie identifizieren das Viertel, welches abgezogen werden soll, als das zuvor hinzugefügte Viertel und betrachten den Bruch somit als ein feststehendes empirisches Stück, dessen Größe nicht veränderlich ist. Der Bruch wird also nicht als Bestandteil *von etwas* gesehen, jedenfalls nicht innerhalb einer Aufgabenstellung. Entsprechend folgern die Lernenden eine letztlich unveränderte Größe der Schokolade. Diese einfache Lösung kann mehrere Gründe haben: So könnte das oben beschriebene sprachliche Problem der Aufgabenstellung ursächlich gewesen sein. Auch kann das Problem auf der Verkettung der Operatoren beruhen oder darin bestehen, dass die Schülerinnen und Schüler in ihrem vorherigen Mathematikunterricht vornehmlich konkrete Brüche behandelt haben. Der Unterschied zwischen den Lösungen der einzelnen Parteien kann jedenfalls nicht auf eine mathematische bzw. unmathematische Rahmung reduziert werden. Vielmehr unterscheiden sich die Argumente hinsichtlich der Grundvorstellung des Bruches.

(c) Davids „Knackpunkt"

Nach der Äußerung von Mark ruft der Lehrer zwei weitere Lernende an die Tafel. Diese plädieren ebenfalls für eine Endtafel, die der Ausgangstafel entspricht. Nachdem der zweite Schüler das zuvor hinzugefügte „Viertel" durchgestrichen hat, wirft David protestierend ein:

8/2	**David**	**dann hast du aber ein <u>Fünftel</u> weggenommen .. du hast jetzt ein Fünftel weggenommen. ..**

David scheint an dieser Stelle seinen „Knackpunkt" vorzustellen, den er auch schon bei der Präsentation seiner Lösung andeutete (s. [4/12]) und der ebenfalls bei seiner Äußerung zu Arbeitsblatt F erkennbar war: Das zuvor hinzugefügte Viertel der Starttafel stellt ein Fünftel der neuen Tafel dar. Unter Berücksichtigung der angebotenen Lösungen seiner Mitschülerinnen und Mitschüler lässt sich das Argument in Abbildung 7.31 rekonstruieren.

Mit seinem Einspruch setzt David stets an derjenigen Stelle ein, als seine Mitschülerinnen und Mitschüler den zweiten Teil der Aufgabenstellung durchführen wollen und somit vorhaben, das hinzugefügte „Viertel" der Zwischentafel zu entfernen. David weist darauf hin, dass die Lösung „Starttafel = Endtafel" nicht richtig sei. Er argumentiert also nicht für seine Lösung, sondern gegen die Lösungen seiner Mitschülerinnen und Mitschüler. Entscheidend für dieses Argument bzw. die Aussage des Schülers ist das bereits erwähnte relationale Verständnis des Viertels *von*, wie es zum Beispiel bei der Einführung der Bruchrechnung

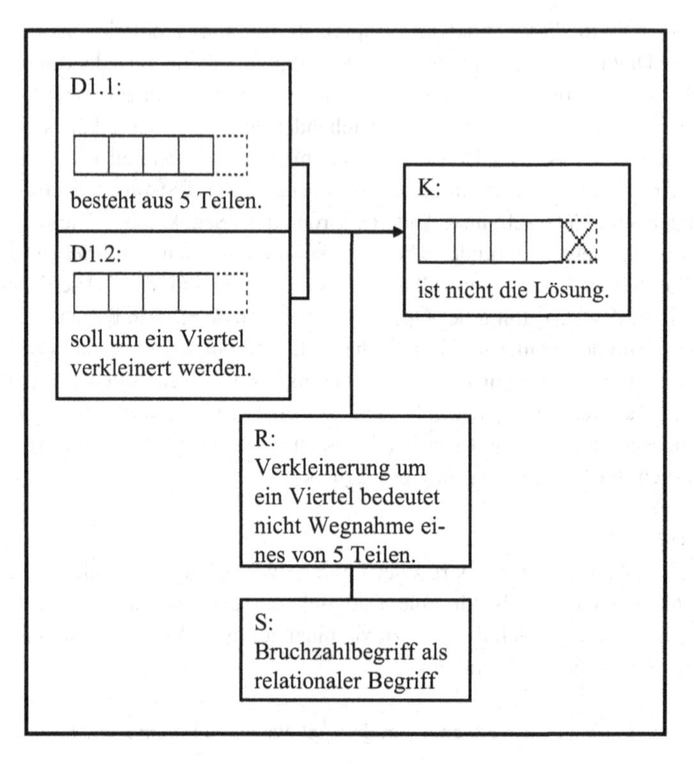

Abb. 7.31 Davids „Knackpunkt"

nach dem Operatorkonzept oder der Behandlung der Multiplikation von Brüchen nach dem „Von-Ansatz" (s. Padberg 2002, S. 129 ff.) deutlich wird. Dieses bildet die Stützung des rekonstruierten Arguments.

Während die anderen Lernenden eine eher vordergründige Deutung der Aufgabe vornehmen, kann bei David eine tiefergehende, funktionale Betrachtung derselben beobachtet werden. Von ihrer Situationsdefinition werden die einzelnen Lernenden im weiteren Verlauf der Unterrichtsszene nicht abweichen. Trotz wiederholter Versuche Davids, seine Mitschülerinnen und Mitschüler von ihrem Fehler zu überzeugen, wird sich kein Konsens und auch kein Arbeitsinterim einstellen. Die übrigen Schülerinnen und Schüler scheinen Davids Lösungsweg und auch seinen Einsprüchen keine Überzeugungskraft beizumessen. Eine Modulation ihrer Rahmung im Sinne einer Aufhebung der Deutungsdifferenz kommt für sie nicht in Betracht. Dieselbe Fragestellung wird daraufhin am Beispiel der Uhr behandelt. Der Unterschied bestand lediglich darin, dass eine Stunde nicht um ein „Viertel“, sondern um die Hälfte verringert bzw. erhöht wird. Auch solche Schülerinnen und Schüler, die sich ähnlich wie Mark zur Schokoladenaufgabe geäußert hatten, können nun das Problem lösen (indem sie „45 Minuten“ als Ergebnis angeben) und lassen in diesem Kontext somit ein relationales Bruchzahlverständnis erkennen. Dennoch schaffen sie, mit Ausnahme Davids, den Übertrag auf die Schokoladenaufgabe nicht. Der Lehrer gibt daraufhin bekannt, was die Lösung sein soll. Er vertritt Davids Lösung.

Die unterschiedlichen Lösungen in den verschiedenen Kontexten können darin begründet sein, dass es sich um unterschiedliche „subjektive Erfahrungsbereiche“ (Bauersfeld 1983) handelt. In der vorliegenden Unterrichtsszene kommen drei subjektive Erfahrungsbereiche (SEB) zum Ausdruck: Zahlen, Flächen und Zeitspannen. Das „Teil“ (die Hälfte bzw. ein Viertel) ist im SEB „Zeitspannen“ eher das Ergebnis einer Division, während es im SEB „Flächen“ eher dem Ergebnis einer graphischen Operation entspricht.

(d) Davids Erkenntnisprozess

Die Überlegungen, die David dazu bewogen haben, von seiner anfänglichen Vermutung einer letztlich unveränderten Tafel Schokolade abzuweichen, bleiben in der vorliegenden Szene verborgen. Aus dem Verlauf der Interaktion und im Zusammenhang mit der zuvor bearbeiteten Aufgabe (Arbeitsblatt F) lassen sich jedoch potenzielle Abduktionen herausarbeiten. Zu Beginn stimmt der Lehrer der ersten Lösung Davids nicht sofort zu, sondern fragt erst nach der Meinung der übrigen Klasse [3/6]. Diese fehlende Zustimmung mag David bewogen haben, die in Abbildung 7.3m dargestellte Abduktion zu vollziehen.

Resultat:	Der Lehrer akzeptiert die vermeintlich einfache Lösung nicht sofort.
Gesetz:	Wenn die Lösung falsch ist, dann akzeptiert der Lehrer sie nicht.
Fall:	Die Lösung (Starttafel = Endtafel) ist falsch.

Abb. 7.3m Davids „soziale Abduktion“

Gerade bei einer vermeintlich leichten Aufgabe kann es überraschen, dass der Lehrer die Lösung nicht sofort akzeptiert. Von diesem Resultat ausgehend könnte der Schüler dann auf das mögliche Fehlschlagen seines Lösungsvorschlages [3/7] geschlossen haben. Die Verwendung des dargestellten Gesetzes lässt sich im Schulalltag sicherlich häufig beobachten, weshalb die Abduktion auch als übercodiert bezeichnet werden kann.

Statt diese Abduktion zu vollziehen, könnte sich David auch direkt überlegt haben, welche Auswirkungen die Veränderungen auf eine konkrete Tafel Schokolade (möglicherweise sogar mit einer bestimmten Anzahl von Stücken) haben würden. Mittels einer eliminativen Induktion kann der Schüler dann seinen ersten Lösungsvorschlag widerlegt haben. Gegen die Durchführung einer solchen Überlegung spricht hingegen die Kürze der Zeitspanne, innerhalb derer David seine Meinung ändert.

Unabhängig davon, welche Schlüsse der Schüler anfänglich vollzogen hat, kann er sich überlegt haben, weshalb die Schokoladentafel nicht ihre alte Größe erlangt. Die in Abbildung 7.3n präsentierte Abduktion wäre aufgrund der Äußerungen Davids denkbar (vor allem hinsichtlich seines „Knackpunktes").

Resultat:	Die vermeintliche Lösung „Starttafel = Endtafel" ist falsch.
Gesetz:	Etwas, das aus 5 (4+1) gleichen Teilen besteht, muss um ein Fünftel verkleinert werden, damit sich wieder das Alte, aus 4 Teilen Bestehende ergibt.
Fall:	Die vergrößerte Tafel besteht aus 5 gleichen Teilen und wird um ein Viertel verkleinert.

Abb. 7.3n Davids zweite Abduktion

Den Ausgangspunkt und somit das Resultat dieser Abduktion bildet die Erkenntnis, dass sich die Größe der Tafel nach den Operationen aus der Aufgabenstellung verändert. Mit einer solchen Abduktion wäre der Schüler nun in der Lage, sich den entscheidenden Fall zu erschließen: Die vergrößerte Tafel hat fünf Stücke und nicht lediglich vier (vgl. Abb. 7.3l). Das verwendete Gesetz ist den Lernenden aus dem Unterricht nicht vertraut. Die Abduktion kann daher als kreativ und tiefergehend bezeichnet werden.

David hätte auf Grund obiger Abduktion erkennen können, warum sich Start- und Endtafel nicht gleichen. Es handelt sich allerdings um eine grobe Darstellung eines potenziellen Schlusses. Die rekonstruierte Abduktion zeigt zum Beispiel nicht, aufgrund welcher Informationen der Schüler diesen Schluss gezogen haben mag. Einerseits könnte er sich die Veränderungen der Tafel bildlich vorgestellt haben. Andererseits wäre aber auch eine Analogie zum Arbeitsblatt F (Abb. 7.3a) denkbar. Im Folgenden werden potenzielle Analogieschlüsse rekonstruiert. Da auf dem Arbeitsblatt gegebene Zahlen zunächst um ein Viertel vergrößert und anschließend um ein Fünftel verkleinert wurden, könnte dies den Ausgangspunkt für eine Abduktion bilden (s. Abb. 7.3o).

Resultat:	Auf Arbeitsblatt F wurden die um ein Viertel vergrößerten Zahlen um den „5. Teil" verkleinert.
Gesetz:	Was in der Geometrie für Flächen gilt, gilt in der Arithmetik auch für Zahlen.
Fall:	Das hinzugekommene Viertel der Tafel ist ein geometrisches Fünftel der vergrößerten Tafel.

Abb. 7.3o Analogieschluss zur Schokoladenaufgabe (erste Rekonstruktion)

Ausgehend von den Veränderungen im Arbeitsblatt F schließt der Schüler auf die Lösung der Schokoladenaufgabe. Der obige Schluss ist dabei unabhängig von der zuvor dargestellten sozialen Abduktion (Abb. 7.3m). Entsprechend wäre diese nicht notwendig um die Ungleichheit von Start- und Endtafel zu erkennen. Geht eine Schülerin bzw. ein Schüler, die bzw. der eine „Analogieabduktion" vollzieht, von dieser Ungleichheit aus (als Resultat der „sozialen" oder einer alternativen Abduktion) und schließt auf die Veränderungen bzw. Übereinstimmungen zum Arbeitsblatt F, so wäre die in Abbildung 7.3p dargestellte, alternative Abduktion denkbar.

Im Gesetz beider Abduktionen wird der Wechsel zwischen den Erfahrungsbereichen „Zahlen" und „Mengen" deutlich. Dies wiederum spricht dafür, dass David bei der Bearbeitung des Arbeitsblattes noch nicht geometrisch dachte. Zu diesem Zeitpunkt wollte er weder seine Lösung zur Entdeckung Simons an die Tafel zeichnen, noch meldete er sich, als der Lehrer nach der Bedeutung der Zeichnungen auf der linken Seite des Arbeitsblattes fragte.

Bei beiden Abduktionen besteht die Leistung der Lernenden darin, eine Verbindung zwischen der Schokoladenaufgabe und der zuvor bearbeiteten Aufgabe zu sehen. Da schon in der Grundschule Zahlenverhältnisse geometrisch veranschaulicht werden, können die verwendeten Gesetze den Lernenden vertraut sein. Entsprechend würde es sich um zwei untercodierte Abduktionen handeln. Zur

Resultat:	Die Starttafel ist nicht gleich der Endtafel.
Gesetz:	Was in der Arithmetik für Zahlen gilt, gilt in der Geometrie für Flächen.
Fall:	Die Vergrößerung einer Zahl um ein Viertel wurde durch die Verkleinerung um ein Fünftel rückgängig gemacht.

Abb. 7.3p Analogieschluss zur Schokoladenaufgabe (zweite Rekonstruktion)

Lösung der Schokoladenaufgabe muss jetzt jedoch die Geometrie mit Einsichten in Zahlen verstanden werden, sodass es sich zumindest um einen unvertrauten Weg für die Schülerin oder den Schüler handelt, die bzw. der eine solche Abduktion vollzieht.

Die Rekonstruktionen verdeutlichen, dass mit Hilfe des Abduktionsschemas nur die öffentliche Rationalität einer Äußerung und nicht die individuelle Hypothesengenerierung rekonstruiert werden kann: Mehrfach wurden alternative und/oder zusätzliche Beobachtungen etc. aufgeführt, die ebenfalls zur Hypothesengenerierung hätten beitragen können. Es scheint plausibel zu sein, dass die Hypothese einer Mischung all dieser Beobachtungen etc. entspringt. Für das Lernen der Klasse ist vielmehr entscheidend, in welchem Zusammenhang die Hypothese öffentlich wird.

In der vorliegenden Unterrichtsszene standen verschiedene Betrachtungsweisen des Begriffs „Viertel" im Mittelpunkt. Arbeitsblatt F konnte noch gelöst werden, ohne von der Identifikation des Bruches als einen empirischen Gegenstand abzuweichen. Dies gelang bei der „Schokoladenaufgabe" nicht mehr. Während sich die Brüche zunächst (Arbeitsblatt F) noch in einem direkten Zusammenhang mit einer festen Größe befanden, mussten die Lernenden hiervon abstrahieren und den Bruch, bezogen auf eine veränderbare Größe, im Sinne einer Verkettung von Funktionen bzw. Operatoren, erkennen. Möglicherweise bedingt durch sprachliche Probleme gelang dies in der analysierten Unterrichtsstunde nur wenigen Lernenden. Auch im weiteren Verlauf der Unterrichtsszene bleibt fraglich, inwiefern die Lernenden, die sich für eine Verkleinerung der Tafel entschieden haben, dies nachvollziehen konnten. Ihr Aufzeigen kann auch lediglich durch das Ansehen Davids bedingt sein, welcher im Fach Mathematik der beste Schüler seiner Klasse ist.

Viele Lernende stimmen gegen die Behauptung und Begründung Davids und plädieren für eine letztlich unveränderte Tafel. Dies geschieht, obwohl David seine Lösung ausführlich darstellt und durch mehrmalige Zwischenrufe den Fehler seiner Mitschülerinnen und Mitschüler korrigieren will. Somit wird deutlich, dass Argumente im Mathematikunterricht, trotz ihrer mathematischen Richtigkeit und gründlichen Darstellung nicht zwangsläufig auch Überzeugungskraft implizieren. Die Überzeugungskraft ist jedoch entscheidend für die Annahme oder Ablehnung eines mathematischen Beweises innerhalb einer bestimmten Gemeinschaft (s. Abschn. 2.2.3). Möglicherweise erhielt Marks Lösung aufgrund ihrer Einfachheit mehr Zustimmung.

7.4 Analysebeispiel 4

Die 10. Klasse eines Gymnasiums beschäftigte sich vor den Herbstferien des Schuljahres 2004/2005 mit der Potenzrechnung. Dies erfolgte auf der Grundlage des Schulbuches „Elemente der Mathematik 10“ (Griesel und Postel 1995). Nachdem die Potenzrechnung zunächst mit einer Klassenarbeit abgeschlossen wurde, begann der Unterrichtsversuch mit einer Doppelstunde zum Thema Potenzfunktionen. In der ersten Stunde wurde das Arbeitsblatt A (Abb. 7.4a) an die Lernenden verteilt und von diesen bearbeitet. In der zweiten Stunde wurde dieses Arbeitsblatt besprochen.

Mit dem Arbeitsblatt A sollten die Potenzfunktionen mit natürlichen Exponenten der Form $n = 2k (k \in \mathbb{N})$ ausgehend von der Normalparabel eingeführt werden. Nach Vollrath handelt es sich innerhalb der Phase „Erweiterungen“ um eine der „wichtigsten Grenzüberschreitungen“ (s. Kap. 6). Auf dem Arbeitsblatt werden den Lernenden die Graphen der Potenzfunktionen $x \mapsto x^6$ und $x \mapsto x^2$ vorgelegt. Der Term x^6 ist auf dem Arbeitsblatt nicht vermerkt. Die Achsen des Koordinatensystems weisen keine Unterteilung auf, sodass eine exakte Bestimmung der Funktionsvorschrift zu dem gestrichelten Graphen (bzw. exakte Übersetzung Graph $\rightarrow$ Funktionsvorschrift) nicht möglich ist und eher qualitative Eigenschaften des Graphen beachtet werden müssen. In Aufgabe 1 wird die Aufmerksamkeit der Lernenden auf den Verlauf der Graphen nahe dem Ursprung und weit davon entfernt gerichtet. In den Aufgaben 2 und 3 sollen die Schülerinnen und Schüler eigene Hypothesen zur gesuchten Funktionsvorschrift aufstellen und begründen.

Das Vorgehen zur Einführung der Potenzfunktionen unterscheidet sich von der in vielen Schulbüchern gängigen Art. Dort werden häufig zunächst Wertetabellen vorgegeben oder sollen von den Lernenden erstellt werden. Anhand dieser

Arbeitsblatt A

10A

Bitte auch den Platz auf der Rückseite verwenden.

1 Axel und Vanessa sind sich nicht darüber einig, zu welcher Funktion der gestrichelte Graph gehören kann. Der durchgezogen gezeichnete Graph ist die Normalparabel.

Axel meint: $x \longmapsto 10 \cdot x^2$

Vanessa meint: $x \longmapsto 0{,}1 \cdot x^2$

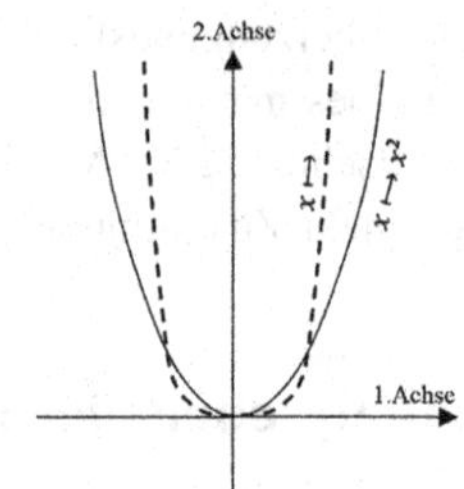

Was spricht für Axels Vorschlag?
Was spricht für Vanessas Vorschlag?
Bitte formuliere die Gründe so ausführlich wie möglich:

2 Zu welchen Funktionen kann der gestrichelte Graph gehören?
Probiere verschiedene Ideen aus.

3 Begründe, warum der gestrichelte Graph zu einer der von dir gefundenen Funktionen gehören kann. Vergleiche dazu den gestrichelten Graphen mit der Normalparabel
-für den Bereich nahe am Ursprung des Koordinatensystems und
-für den Bereich weit entfernt vom Ursprung.

Abb. 7.4a Arbeitsblatt A (Klasse 10a)

Wertetabellen werden dann die Graphen der Potenzfunktionen gezeichnet. Die Funktionsvorschrift (z. B.: $x \mapsto x^3$) wird den Lernenden dabei oft vorgegeben (s. Griesel und Postel 1995, S. 32 ff.; Schmid und Weidig 1996, S. 32 ff.). Eine solche Vorgehensweise wäre aber stärker gelenkt, weil die Rechenanweisung nicht von den Lernenden entdeckt werden muss. Auch ist es dort nicht notwendig, die Entdeckung, warum die beiden Graphen einen derart unterschiedlichen Verlauf haben, algebraisch (fortgesetzte Multiplikation) zu vertiefen, weil sich dies als rechnerisches Faktum aus den Wertetabellen ergeben würde.

7.4.1 Theoretische Erkenntniswege und Mehrdeutigkeit der logischen Zusammenhänge

Bei der Besprechung der ersten Aufgabe wurden zur Bestimmung des gestrichelten Graphen die Funktionsvorschriften $x \mapsto 10 \cdot x^2$ und $x \mapsto 0,1 \cdot x^2$ argumentativ ausgeschlossen. Die Bearbeitung der zweiten Aufgabe des Arbeitsblattes bereitete vielen Lernenden der Klasse Probleme. Daher erhielten sie zusätzlich folgende Funktionsvorschriften zur Diskussion: $x \mapsto x^2 + 10$, $x \mapsto x^5$ und $x \mapsto 2^x$. Der nachfolgende Transkriptausschnitt setzt zu dem Zeitpunkt ein, als die Schülerinnen und Schüler $x \mapsto x^2 + 10$ als gesuchte Funktionsvorschrift ausgeschlossen haben:

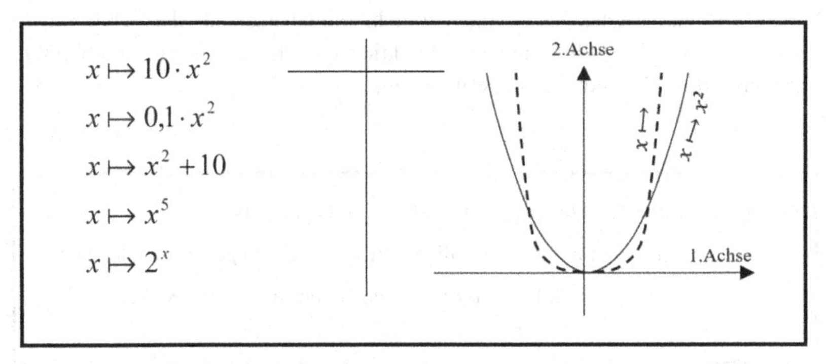

Das Tafelbild zu Beginn der 2. Stunde

1/1 L also das, können wir vergessen. (*streicht die Funktionsvorschrift „ $x \mapsto x^2 + 10$ " durch*) … hast du ne andere Idee was es sein könnte Eva'

1/2	Eva	ja vielleicht könnte das ja irgendwas mit ähm, wegen meiner x^4 oder so sein weil, äh der, der äh .. (leise) ne ist Quatsch (..) x^4 (*L schreibt „ $x \mapsto x^4$ " an die Tafel, Eva spricht wieder lauter*) also x^4 weil äh, wenn man dann äh, bei x ne Minuszahl einsetzt–, äh kommt ja trotzdem noch was äh positives bei äh, bei dem– bei der Funktion raus also ähm, auf der, x-Achse äh also wenn man jetzt da äh vom Ursprung aus rechts ist, (*L zeigt auf den Ursprung*) dann muss es ja trotzdem noch ne ähm, noch ähm, also noch positiven äh Wert ergeben damit man überhaupt hoch kann sonst würde man ja runter gehen wenns äh wenn da– x^5 wegen meiner steht da kann– also Minus mal Minus ist ja Plus, dann noch Mal Minus mal Minus ist wieder Plus und dann– noch Mal mal Minus ist ja äh Minus, also würde man ja im Minusbereich landen und dann würd der Graph nach unten hin wegfallen.
1/3	L	mhm ... du sagtest wenn man hier rechts geht auf der– ersten Achse' (*fährt den Graph mit dem Finger im positiven Bereich der x-Achse nach*)
1/4	Eva	nee wenn man links geht
1/5	L	links
2/1	Eva	ja, links

Zu Beginn äußert Eva, dass es sich bei dem vorliegenden Graphen um denjenigen der Potenzfunktion $x \mapsto x^4$ handeln könnte. Sie führt ihre Hypothese auf den Verlauf des linken Astes des Graphen zurück. Die Übersetzung der Schülerin von der graphischen Darstellung hin zum Funktionsterm lässt sich wie in Abbildung 7.4b dargestellt als Abduktion rekonstruieren.

Resultat:	Der Graph verläuft für negative x-Werte nach oben.
Gesetz:	Wenn der Funktionsterm die Form x^n mit einem geraden Exponenten hat, dann verläuft der dazugehörige Graph für negative x-Werte nach oben.
Fall:	Der Funktionsterm zu diesem Graphen könnte „*ja irgendwas mit*" x^4 sein (n gerade).

Abb. 7.4b Evas Abduktion

Da Eva ein neues Gesetz aufstellt, lässt sich ihre Abduktion als kreativ bezeichnen. Aus dem vorangegangenen Unterricht kennen die Schülerinnen und Schüler nur die quadratischen Funktionen. Dies lag ca. 6 Monate zurück. Die Unsicherheit, mit der ein solcher Schluss vollzogen wird, ist bei der Schülerin gut erkennbar. Sie bewertet ihren eigenen Vorschlag mit „ne ist Quatsch" und auch weitere Indizien innerhalb ihrer Äußerung sprechen dafür, dass Eva eine für sie wagemutige Hypothese vorschlägt. Hierzu zählen ihr leises Sprechen sowie die Worte „vielleicht" und „irgendetwas mit" (s. auch Evas spätere Äußerung [2/7]). Den Anlass zu Evas Abduktion gab möglicherweise das Beispiel $x \mapsto x^5$, welches der zuvor ausgeschlossenen Funktionsvorschrift ($x \mapsto x^2 + 10$) auf der Tafel folgt. Die Schülerin hat hieran vermutlich erkannt, dass der zu dieser Vorschrift passende Graph im Gegensatz zu dem vorgegebenen Graphen für negative x-Werte nach unten verläuft. Dieser entscheidende Unterschied bildet nun das auffällige und zu klärende Resultat ihrer Abduktion (Wie muss man den Funktionsterm verändern, damit der dazugehörige Graph den offensichtlichen Verlauf erhält?). Ausgehend von diesem Resultat kann sich die Schülerin dann überlegt haben, mit welchen Veränderungen innerhalb der Funktionsvorschrift eine Annäherung an den gegebenen Graph erreicht wird. Entsprechend schließt die Schülerin auf einen geraden Exponenten innerhalb der Vorschrift $x \mapsto x^n$. Die von ihr genannte Potenz stellt dabei lediglich ein Beispiel dar („wegen meiner x^4 oder so" – interpretiert als „meinetwegen x^4 oder so"). Die Zahl „2", die als Exponent im Funktionsterm der Normalparabel vorgegeben ist, scheint Eva jedoch auszuschließen. Nach dieser Interpretation wird die „Grenzüberschreitung" (Vollrath) der Schülerin also durch die Aufgabenstellung angeregt.

Im Folgenden soll nun Evas Begründung analysiert werden. Hierzu werden zwei Argumente rekonstruiert und auf ihre Funktion hinsichtlich der Rechtfertigung der abduktiv gewonnenen Hypothese untersucht. Es wird sich herausstellen, dass der erste Teil von Evas Äußerung als Beweis des Gesetzes angesehen werden kann, während der zweite Teil eher den Fall der Abduktion stützt. Unter gewissen Bedingungen kann man alternativ das Gesetz in Evas Abduktion auch als eine Äquivalenzaussage verstehen. Der Fall der vermeintlichen Abduktion ergibt sich dann deduktiv aus dem Resultat und müsste nun nicht mehr zusätzlich begründet werden, wie es bei einer kreativen Abduktion prinzipiell notwendig wäre. Kurz gesagt: Statt einer Abduktion hätte Eva dann eine Deduktion vollzogen.

Innerhalb des ersten Teils von Evas Äußerung kann das in Abbildung 7.4c dargestellte Argument nach Toulmin rekonstruiert werden.

Mit diesem sowohl mehrschichtigen als auch mehrgliedrigen Argument begründet Eva das Gesetz ihrer kreativen Abduktion: Wenn der Graph zu der

Funktionsvorschrift $x \mapsto x^n$ eine gerade Potenz hat, dann muss dieser für negative x-Werte nach oben verlaufen („wenn man dann äh, bei x ne Minuszahl einsetzt–, äh kommt ja trotzdem noch was äh positives bei äh, bei dem– bei der Funktion raus also ähm, auf der, x-Achse äh also wenn man jetzt da äh vom Ursprung aus rechts ist“). Während die Schülerin ausgehend von dem vorgegebenen Graphen einen potenziellen Funktionsterm erkannte, folgert sie innerhalb der Begründung des kreierten Gesetzes auf einer allgemeinen Ebene ausgehend von dem Funktionsterm den notwendigen Verlauf eines dazugehörigen Graphen unter Einbeziehung von Überlegungen an einer Wertetabelle. Bei der Abduktion erfolgt also eine Übersetzung von dem konkreten Funktionsgraphen (Resultat) zu der Funktionsvorschrift (Fall), bei der Begründung des Gesetzes hingegen wird

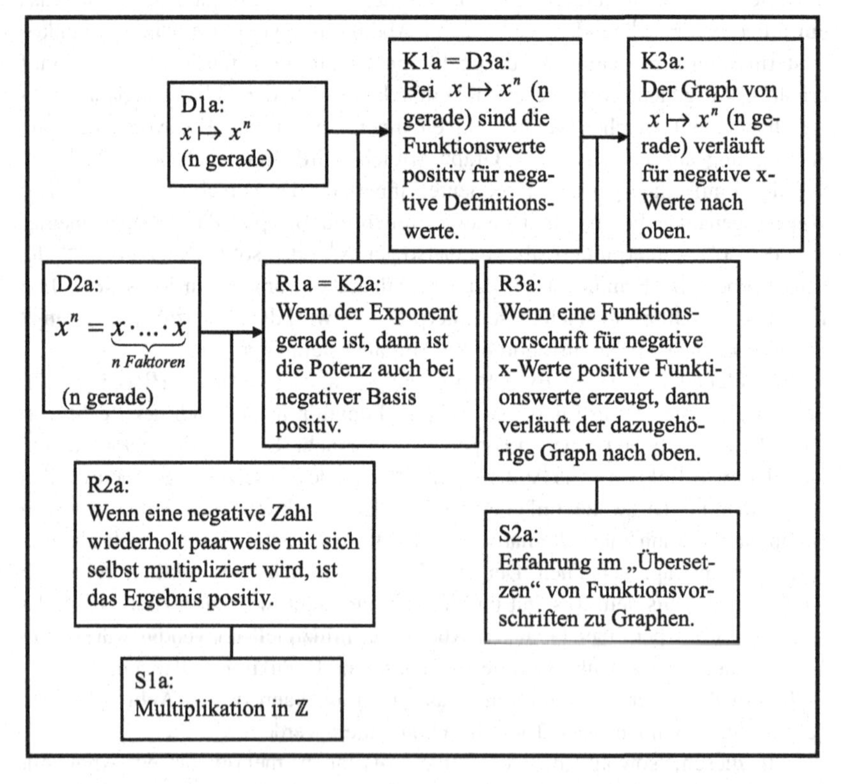

Abb. 7.4c Evas erstes Argument ($x \mapsto x^n$ mit geradem n verläuft für negative x-Werte nach oben)

die durch das Gesetz vorgeschriebene Richtung (von der Funktionsvorschrift zum Graph) beachtet und die Folgerung bewiesen.

Hinsichtlich des oben rekonstruierten Arguments bezieht sich Eva explizit nur auf die obere, konkrete Ebene (Schicht). Dass die Schülerin eine allgemeinere Ebene implizit nutzt, wird bei der Betrachtung des nachfolgenden Teils ihrer Äußerung deutlich. Als Argument rekonstruiert, stellt sich dieser Teil wie in Abbildung 7.4d präsentiert dar.

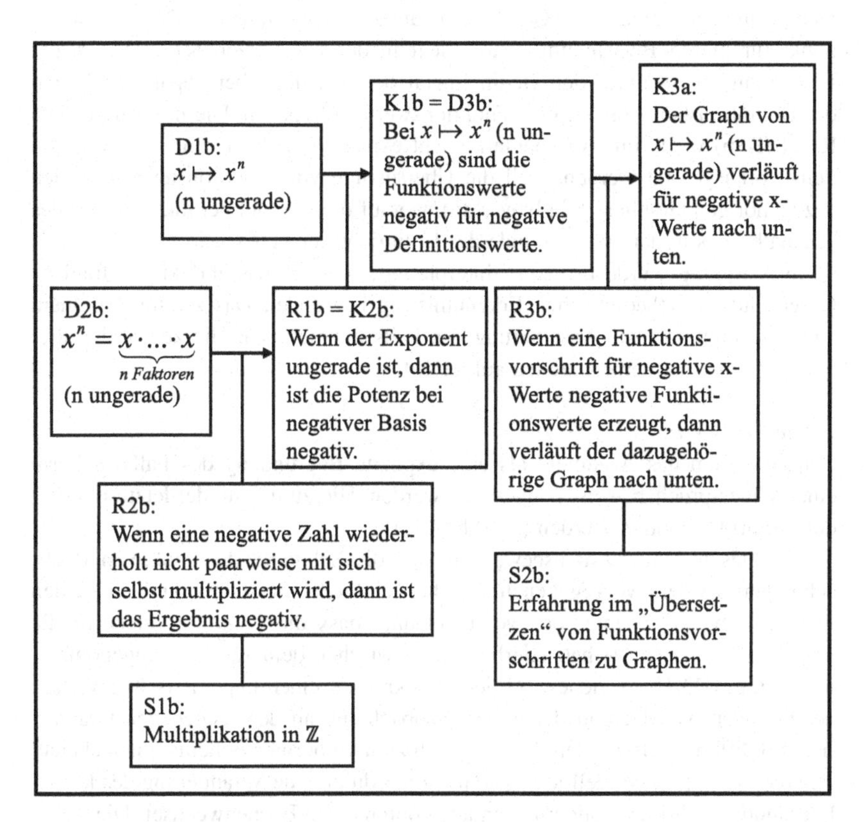

Abb. 7.4d Evas zweites Argument ($x \mapsto x^n$ mit ungeradem n verläuft für negative x-Werte nach unten)

In diesem zweiten Argument schließt Eva im ersten Begründungsschritt von der Annahme, in $x \mapsto x^n$ sei das n ungerade (D1b: „wenn da– x^5 wegen meiner steht“), auf negative Funktionswerte für negative Werte des Definitionsbereichs (K1b: „würde man ja im Minusbereich landen“). Die Regel (R1b) wird von der Schülerin nur implizit verwendet. Gleichwohl expliziert sie eine Begründung für diese, indem sie wiederholt Pärchen negativer Zahlen bildet und diese multipliziert (R2b: „Minus mal Minus ist ja Plus [...]“). Hierzu wiederum muss die Schülerin von der Bedeutung der Kurzschreibweise x^n ausgehen (D2b). Im nächsten Teil ihres Arguments bezieht sich die Schülerin auf den graphischen Verlauf der angenommenen Funktionsvorschrift („also würde man ja im Minusbereich landen und dann würd der Graph nach unten hin wegfallen“). Der Ausgangspunkt für diesen Begründungsschritt liegt in der Konklusion K1b, also in der Feststellung, dass unter den Bedingungen der Annahme bei negativen Werten des Definitionsbereichs negative Funktionswerte auftauchen. Die nun verwendete Regel (R3b) wird von Eva ebenfalls nicht expliziert. Jedoch kann ihre Verwendung vorausgesetzt werden, weil die Übersetzung von Funktionstermen zu den dazugehörigen Graphen (S2a bzw. S2b), worauf diese Regel beruht, ein zentrales Thema bereits in der ersten Stunde des Unterrichtsversuches war.

Evas Beitrag wurde bisher so interpretiert, dass sie das abduktiv gefundene Gesetz auf dem theoretischen Erkenntnisweg begründet. Das zweite Argument kann die Funktion der Absicherung des Falls übernehmen. Hierzu werden drei unterschiedliche Interpretationen aufgeführt:

1. Interpretation:
Zunächst kann das Argument als eine explizite Begründung des Falls in Form eines Widerspruchsbeweises angesehen werden. Hierzu müsste der letzte Begründungsschritt verändert werden (s. Abb. 7.4e).

Mit diesem Widerspruchsbeweis, in den die Schülerin die konkreten Beobachtungen an dem vorgegebenen Graphen einfließen lässt, begründet Eva den Fall der Abduktion unter der Voraussetzung, dass die Funktionsvorschrift die Form $x \mapsto x^n (n \in \mathbb{N})$ hat. Hierbei muss zwischen dem zunächst angenommenen Datum (D3.1b), welches sich jetzt konkret auf einen hypothetischen Verlauf des Graphen bezieht, und der reinen Beobachtung an dem gegebenen Graphen (D3.2b) differenziert werden. Im Vergleich zum vorherigen Schema unterscheidet sich das veränderte Modell jetzt also nicht nur durch eine Veränderung des letzten Begründungsschrittes, sondern eben auch durch einen Ebenenwechsel: Die Argumentation bezieht sich nun auf den konkreten Graph und kann kein allgemeines Gesetz mehr folgern.

Da der Widerspruchsbeweis darin besteht, ausgehend von einer Annahme deren notwendige Konsequenz zu folgern und diese mit dem vorgegebenen Graphen zu vergleichen, handelt es sich um einen empirischen Erkenntnisweg. In dem

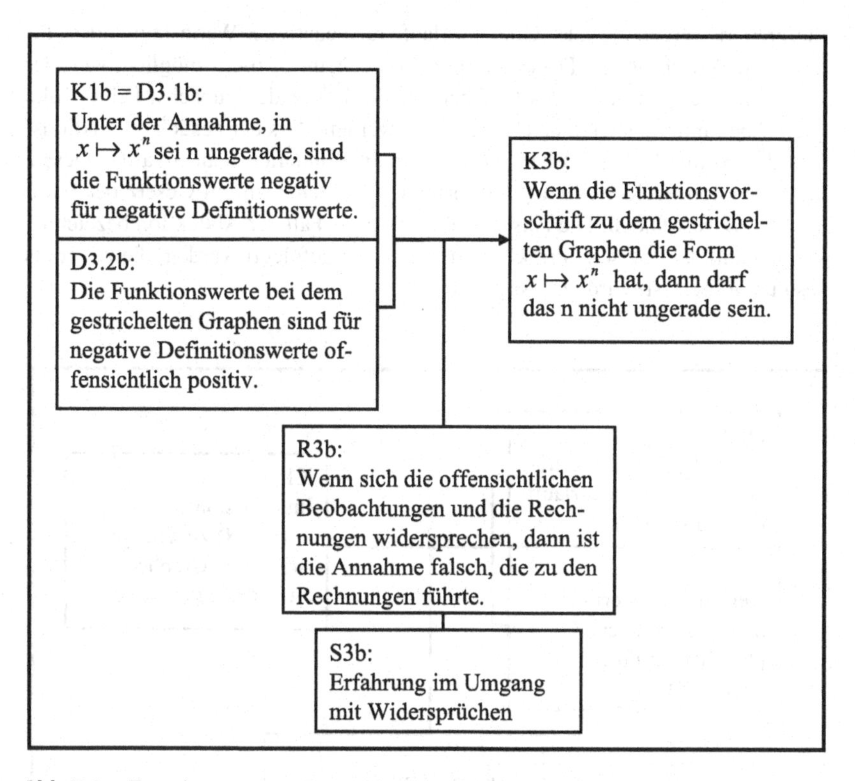

Abb. 7.4e Evas Argument zur Begründung des Falls ihrer Abduktion (1. Interpretation)

rekonstruierten Argument verbirgt sich also der gesamte Dreischritt (mit einer eliminativen Induktion).

2. Interpretation
Eine andere Rolle des zweiten Arguments erscheint, wenn man das Gesetz der Abduktion genauer betrachtet. In diesem Gesetz wird von der Form des Funktionsterms auf den Verlauf des dazugehörigen Graphen geschlossen. Von einer Aussage der Form $A \Rightarrow B$ kann auf eine Aussage der Form $\neg B \Rightarrow \neg A$ übergegangen werden. Bezogen auf Eva könnte ihr zweites Argument als Versuch angesehen werden, eine solche Kontraposition der „Rückrichtung" der eigentlichen Folgerung zu begründen. Hierzu wiederum müsste Evas Aussage „also würde man ja im Minusbereich landen und dann würd der Graph nach unten hin wegfallen"

interpretiert werden als „der Graph verläuft für negative x-Werte (zumindest für einen) nicht nach oben“. Diese Interpretation scheint insofern möglich, weil der Verlauf des rechten Astes des Graphen für die Lernenden zunächst keine Rolle spielt. Zudem muss auch hier vorausgesetzt werden, dass der gesuchte Funktionsterm die Form x^n ($n \in \mathbb{N}$) hat. Nach dieser Interpretation hätte Eva das Gesetz der Abduktion, welches zuvor die Form $A \Rightarrow B$ hatte, in ein Gesetz der Form $A \Longleftrightarrow B$ verwandelt. Die Aussage, die zuvor als Fall der Abduktion bezeichnet wurde, kann nun logisch korrekt aus der Aussage gefolgert werden, die zuvor als Resultat aufgefasst wurde (s. Abb. 7.4f).

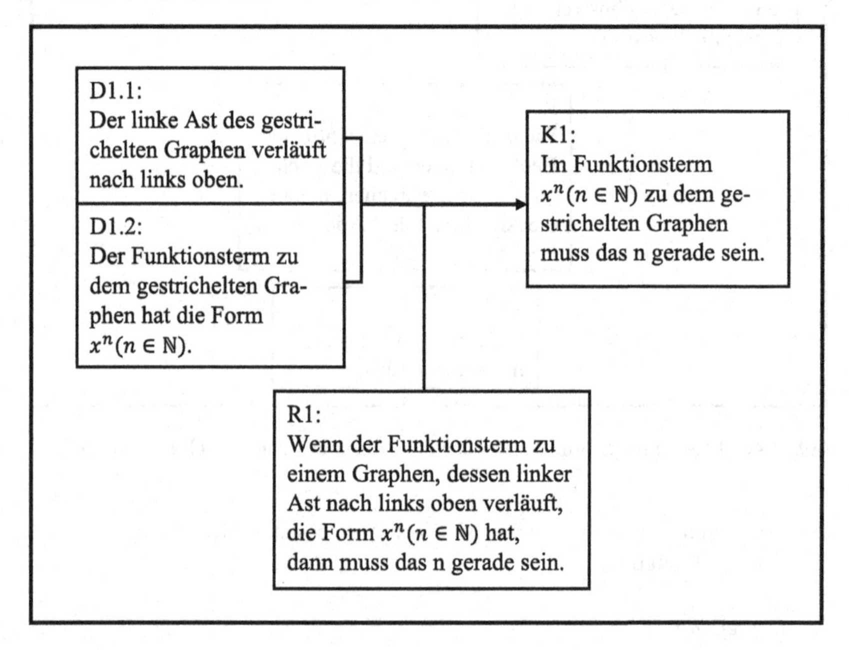

Abb. 7.4f Evas Argument zur Begründung des Falls ihrer Abduktion (2. Interpretation)

Die Regel dieses Arguments stellt nun die „Rückrichtung“ des Gesetzes der Abduktion dar. Die Schülerin hätte somit das abduktive Schema in ein deduktives verändert und kann nun vom Resultat der vermeintlichen Abduktion (hier D1.1) auf den Fall derselben (hier K1) sicher schließen. Während sich in der Abduktion erst ergab, dass der Funktionsterm die Form $x^n (n \in \mathbb{N})$ haben könnte, muss dies in der Deduktion vorausgesetzt werden.

3. Interpretation
Ohne die beschriebene Transformation ergibt sich eine dritte Möglichkeit zur Stützung des Falls. Diese unterscheidet sich von der vorangegangenen dadurch, dass der Schülerin eine vollständige Fallunterscheidung unterstellt wird (s. Abb. 7.4g).

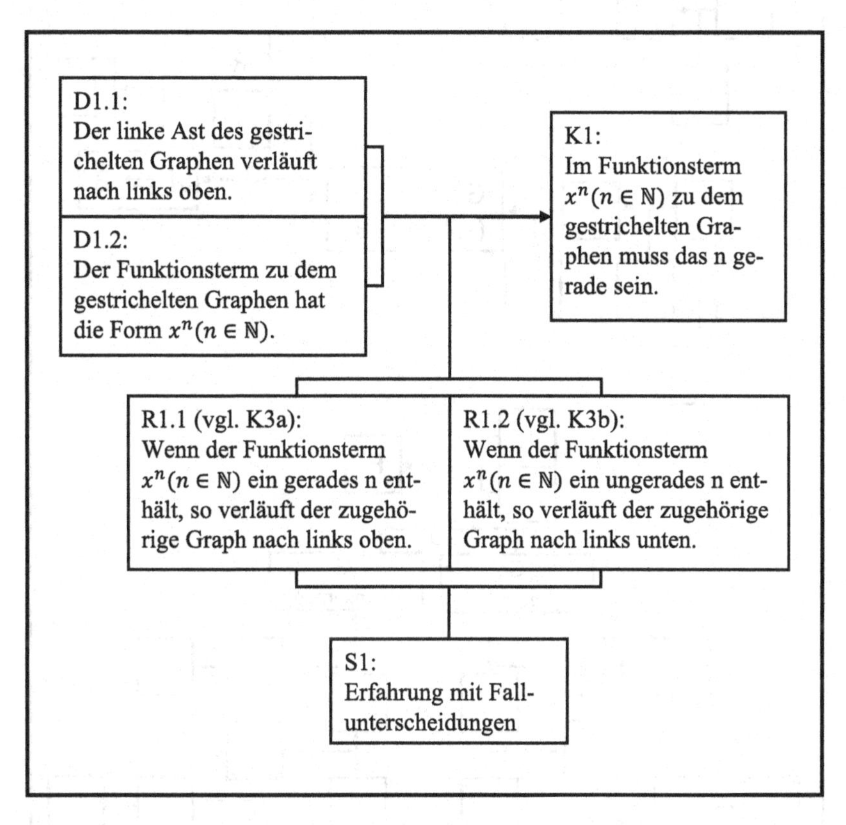

Abb. 7.4g Evas Argument zur Begründung des Falls ihrer Abduktion (3. Interpretation)

Evas Äußerung wurde bisher auf verschiedene Weisen interpretiert. Zur Übersicht seien die letzten beiden Interpretationen in Abbildung 7.4h grob schematisch zusammengestellt.

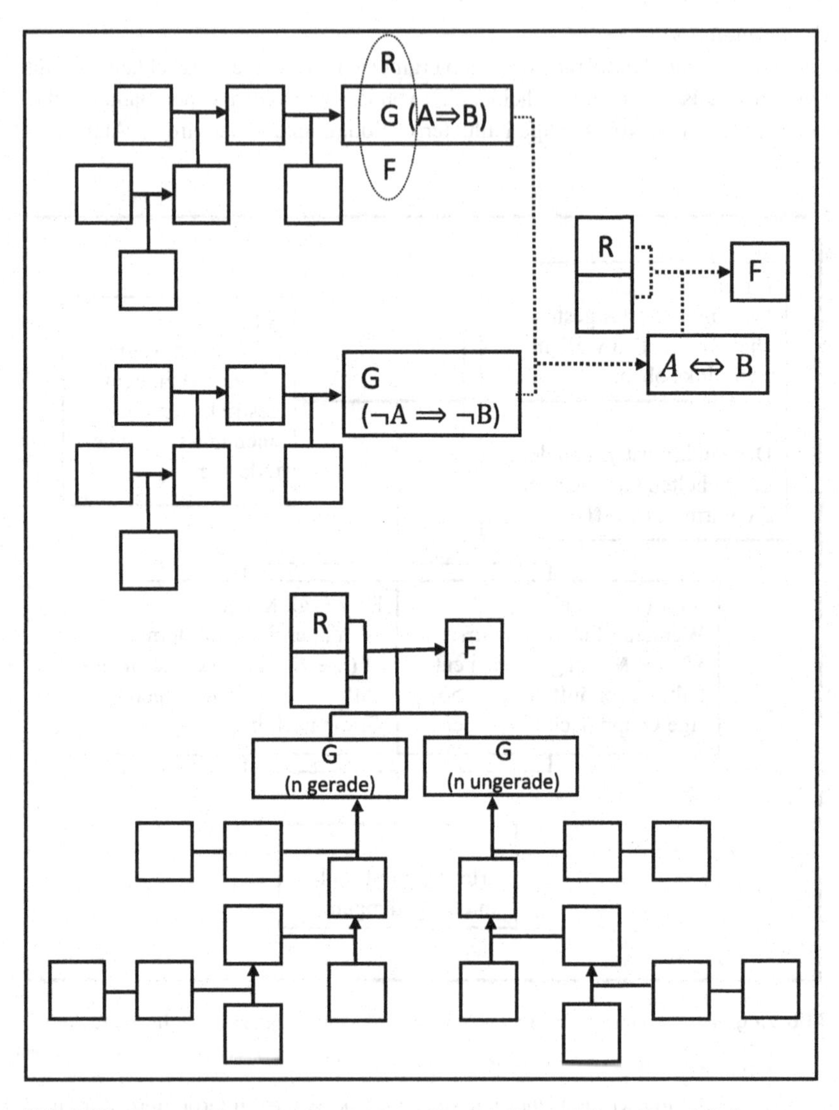

Abb. 7.4h Gesamtschema zur Begründung des abduktiven Falls – 2. und 3. Interpretation (mit den Bezeichnungen der Abduktion – der gestrichelte Teil ist eine sehr spekulative Rekonstruktion, für die sich kaum Indizien im Transkript finden)

Abschließend lässt sich feststellen, dass in Evas Äußerung ein großes argumentatives Potenzial steckt, mit dem auf vielfältige Weise die von ihr aufgestellten Vermutungen begründet werden bzw. werden können. Es zeigt sich, dass auch die logischen Zusammenhänge zwischen dem Entdecken und Begründen mehrdeutig sein können (vgl. Abschn. 7.2). Durch ihre Argumente konzentriert sich Eva nur darauf, dass der linke Ast des Graphen für negative x-Werte nach oben verläuft. Sie setzt dabei voraus, dass der gesuchte Funktionsterm die Form $x^n (n \in \mathbb{N})$ hat und zieht andere Funktionsterme nicht in Betracht. Eva begründet also das Gesetz und den Fall der Abduktion und erhält somit eine vertiefte Einsicht in die mathematischen Zusammenhänge und Hintergründe von Potenzfunktionen. Die Schülerin löst die Aufgabe jedoch nicht tiefergehender, indem sie etwa thematisiert, warum der gestrichelte Graph ober- bzw. unterhalb der Normalparabel verläuft. Folglich kann sich Eva ihrer Hypothese auch nicht sicher sein, wie auch ihrer Äußerung entnommen werden kann.

7.4.2 Empirische Erkenntnissicherung

Im weiteren Unterrichtsverlauf wird Evas Abduktion auf zwei empirischen Erkenntniswegen überprüft. Zunächst wird eine Überprüfung des Gesetzes mittels des Bootstrap-Modells rekonstruiert (a). Anschließend erfolgt die Rekonstruktion einer Überprüfung des Falls mittels des hypothetisch-deduktiven Ansatzes (b).

(a) Empirische Erkenntnissicherung mittels des Bootstrap-Modells
Zur Bestimmung des Funktionsterms nannte Eva beispielhaft die Potenz „4". Diesen Einzelfall greift der Lehrer auf:

2/2	L	ja, sag mal einfach ne Zahl die du zum Beispiel nehmen würdest
2/3	Eva	-1
2/4	L	-1, ich trag das mal hier ein–, (*trägt „-1" in die linke Spalte der Wertetabelle ein*) und du hattest jetzt vorgeschlagen x^4 (*trägt „x^4" über die rechte Spalte in die Wertetabelle ein*)
2/5	Eva	ja, (*L zeigt auf die Wertetabelle*) ja -1 mal -1 ist 1, und äh noch mal -1 mal -1 ist wieder 1, also 1. (*L trägt „1" in die rechte Spalte der Wertetabelle ein*)
2/6	L	also wenn ich– .. hier nach links gehe auf der x-Achse, auf der ersten Achse .. Funktionswerte, müssen hier oben irgendwo liegen ... also das passt zu dem wie das hier links aussieht. ... [...]

Während zuvor noch das Gesetz der Abduktion auf dem theoretischen Weg bestätigt wurde, erfolgt nun eine empirische Überprüfung, indem ein potenzieller Exponent in den Funktionsterm eingesetzt wird. Entsprechend des Dreischritts nach Peirce kann die in Abbildung 7.4i dargestellte Deduktion rekonstruiert werden.

Fall:	In dem Funktionsterm x^4 ist der Exponent gerade.
Gesetz:	Wenn der Funktionsterm die Form x^n mit einem geraden Exponenten hat, dann verläuft der dazugehörige Graph für negative x-Werte nach oben.
Resultat:	Der zum Funktionsterm x^4 zugehörige Graph müsste für negative x-Werte nach oben verlaufen.

Abb. 7.4i Deduktion im Rahmen einer empirischen Erkenntnisgewinnung

Im Fall von Evas Abduktion und in ihrer Begründung des abduktiv aufgestellten Gesetzes war es zunächst unerheblich, um welchen Funktionsterm es sich handelt. Es bestand lediglich die Einschränkung, dass in x^n der Exponent gerade sein muss. Dies wird nun im Fall der Deduktion konkretisiert. Entsprechend des Bootstrap-Modells wird ein spezieller Wert („4") herausgegriffen, um hiermit das Gesetz aus Evas Abduktion für einen Einzelfall zu überprüfen. Nachdem Eva also ihre Abduktion aufgestellt und begründet hat, greift der Lehrer auf eine solche Deduktion zurück und fordert die Schülerin auf, ein Zahlenbeispiel zu nennen. Mit Hilfe der von der Schülerin genannten Zahl „-1" kann nun wiederum diese Folgerung (für ein Zahlenbeispiel) empirisch geprüft werden. Durch die nachfolgende Rechnung von Eva und der Aussage des Lehrers wird das Gesetz somit induktiv bestätigt (s. Abb. 7.4j).

Die bisherige Rekonstruktion schließt die Hypothesenprüfung nicht ab. Denn innerhalb des Exempels $n = 4$ wird x mit dem Beispiel „-1" konkretisiert. Die Reduktion auf eine Zahl zeigt, dass zur Überprüfung der Hypothese noch weitere Schlüsse herangezogen werden. Hierauf soll jedoch nicht weiter eingegangen werden.

Durch die rekonstruierte empirische Bestätigung bietet der Lehrer den übrigen Schülerinnen und Schülern, für die Evas Argument nicht einsichtig war, eine alternative Begründung von Evas Abduktion an. Diese Lernenden können sich nun die zuvor genannten Zusammenhänge auch mit Hilfe weiterer Deduktionen und Induktionen verständlich machen (zunächst betreffend des Verlaufs

Fall:	In dem Funktionsterm x^4 ist der Exponent gerade.
Resultat:	Die Rechnung und der Lehrer bestätigen, dass der Graph zu dem Funktionsterm x^4 (zumindest für einen negativen x-Wert) nach oben verläuft.
Gesetz:	Wenn der Funktionsterm die Form x^n mit einem geraden Exponenten hat, dann verläuft der dazugehörige Graph für negative x-Werte nach oben.

Abb. 7.4j Induktion im Rahmen einer empirischen Erkenntnisgewinnung (Lehrer und Eva)

des Funktionsgraphen zu $x \mapsto x^4$ für andere Werte aus dem Definitionsbereich sowie hinsichtlich anderer Exponenten im Funktionsterm). Ein solcher empirischer Erkenntnisweg mag dabei den Lernenden eher vertraut sein als der Theoretische. Schülerinnen und Schüler lernen oft, Zahlen aus Wertetabellen auf Graphen zu übertragen. Vor diesem Hintergrund wird den Lernenden nun mit der empirischen Bestätigung die Möglichkeit geboten, selbst auf vertraute Weise die Potenzfunktion zu verstehen. Vereinfacht gesagt: Lernende, die Evas Beitrag auf theoretische Weise nicht (ausreichend) verstanden haben, können ihn nun auf empirische Weise nachvollziehen.

In diesem Unterrichtsbeispiel zeigt sich der Unterschied zwischen dem theoretischen Erkenntnisweg gemäß der für das Fach Mathematik spezifischen Verbindung von Peirce und Toulmin und dem empirischen Erkenntnisweg mit Hilfe der Dreischritts nach Peirce. Innerhalb der Begründungen wird bei beiden Wegen vorausgesetzt, dass dem Graphen eine Funktionsvorschrift der Form $x \mapsto x^n$ ($n = 2k$; $n, k \in \mathbb{N}$) zu Grunde liegt. Der Dreischritt nach Peirce lässt prinzipiell auch zu, dass Gegenbeispiele gefunden werden, welche die Abduktion insofern falsifizieren würden, als dass der Graph zu dem betreffenden Funktionsterm nicht für alle negativen x-Werte nach oben verläuft. Diese Möglichkeit wird durch Evas Begründung auf dem theoretischen Erkenntnisweg nach der hier vorgenommenen Rekonstruktion ausgeschlossen.

(b) Empirische Erkenntnissicherung mittels des hypothetisch-deduktiven Ansatzes

Die oben dargestellte Begründung von Eva (s. Abschn. 7.4.1) ist insofern unvollständig, als dass sie den genannten Funktionsterm nur hinsichtlich eines Merkmales untersucht. Es fehlt der genauere Vergleich des gestrichelten Graphen zu der Normalparabel:

2/6	L	[…] aber wieso sollte x^4 denn– zu dem Gestrichelten passen'
2/7	Eva	ja das hab ich ja nicht gesagt dass das direkt dazu passt aber, äh weil der der Graph da unten ja wieder ähm (*L zeigt auf den unteren Teil des Graphen*) gestau– gestaucht ist, deswegen–
2/8	L	da muss es flacher sein
2/9	Eva	ja eben
2/10	L	kann man das irgendwie begründen auch mit Hilfe der Wertetabelle' .. was spricht für x^{4}' (*8 sec*) wenn ich .. jetzt einen x-Wert wähle der in diesem Bereich liegt hier (*zeigt auf den Bereich des Graphen nahe am Ursprung*) … was ist dann bei x^{4}' … nehmen wir zum Beispiel– .. 1/2 (*trägt „1/2" in die linke Spalte der Wertetabelle ein*) … was wäre der Funktionswert' ja, ähm mal schauen Nadja'
2/11	Nadja	dann kommt man auf 0,06.
2/12	L	0,06 ich rechne es mal mit Brüchen .. auf, 1/2 mal 1/2 mal 1/2 mal 1/2, .. 1/16 ne' (*trägt „1/16" in die rechte Spalte der Wertetabelle ein*) … und das ist 0,06. … also wenn ich hier (*zeigt auf die entsprechende Stelle des gestrichelten Graphen*) 1/2 eintrage, bekomme ich als Funktionswert bei x^4, einen, sehr– eine sehr kleine Zahl. .. die ja auf jeden Fall unterhalb– der Punkt liegt dann unterhalb der Normalparabel. da würde bei x 1/2 eingesetzt 1/4 herauskommen … Timo
3/1	Timo	je öfter man eine Zahl kleiner als mit sich selbst– kleiner 1 mit sich selbst multipliziert desto kleiner wird sie, und auch extremer je öfter man es tut– bei Zahlen größer 1 wird die Zahl immer größer und auch extremer je öfter man das tut, und äh, und zum Beispiel x^4, da multipliziert man die Zahl ja öfter mit sich selbst als bei x^2, also muss das irgendein Exponent sein der größer ist als x^2. bei dieser äh gestrichelten Funktion.

Mit seiner Aussage („aber wieso sollte x^4 denn– zu dem Gestrichelten passen") stellt der Lehrer einen Begründungsbedarf auf, den Eva nicht vollständig befriedigt hat. Nachfolgend gibt der Lehrer einen empirischen Hinweis, indem er „1/2" in die Funktionsvorschrift einsetzt. Darauf lässt Timo erkennen, dass er den Zusammenhang zwischen den beiden Graphen und den Funktionsvorschriften verstanden hat. Es ist im Transkript nicht erkennbar, welche Abduktion Timo tatsächlich vollzieht. Die Abduktion in Abbildung 7.4k wird hingegen öffentlich und erscheint zudem naheliegend, wenn man unterstellt, dass Timo nur positive x-Werte bedenkt.

Resultat:	$\left(\frac{1}{2}\right)^2 = \frac{1}{4}$, $\left(\frac{1}{2}\right)^4 = \frac{1}{16}$, $\frac{1}{16} < \frac{1}{4}$
Gesetz:	Wenn eine Zahl kleiner 1 ist, dann gilt: Je öfter die Zahl mit sich selbst multipliziert wird, umso kleiner wird das Ergebnis.
Fall:	$\left(\frac{1}{2}\right) < 1$

Abb. 7.4k Timos Abduktion

Entsprechend dieser Rekonstruktion gibt der Lehrer durch die Rechnungen einen Teil des Resultats vor. Der Schüler erkennt anhand der vorgerechneten Ergebnisse, dass diese bei einer größeren Potenz kleiner werden. Das Gesetz formuliert Timo zu Beginn seiner Äußerung („je öfter man eine Zahl kleiner als mit sich selbst– kleiner 1 mit sich selbst multipliziert desto kleiner wird sie, und auch extremer je öfter man es tut"). Da in dem Unterricht der vorangegangenen Wochen die Potenzrechnung behandelt wurde, ist das Gesetz den Lernenden, wenn auch nicht zwangsläufig in dieser Formulierung, bekannt. Zudem formuliert Timo das Gesetz auch analog für „Zahlen größer 1". Daher lässt sich die Abduktion als untercodiert bezeichnen. Entsprechend wird in der Interpretation auch davon ausgegangen, dass Timo die Einschränkung $0 < x < 1$ kennt.

Mittels des abduktiv erschlossenen Gesetzes kann Timo nun die vom Lehrer aufgeworfene Behauptung („aber wieso sollte x^4 denn– zu dem Gestrichelten passen'") begründen. Sein Argument kann nach Toulmin wie in Abbildung 7.4l dargestellt rekonstruiert werden (für $x > 1$ ergibt es sich nahezu analog).

Zur Rekonstruktion des Arguments wurde bereits vorausgesetzt, dass Timo nur gerade Exponenten betrachtet. Unter Verwendung seines abduktiv assoziierten Gesetzes schließt der Schüler von Evas hypothetischen Fall darauf, dass bei wiederholter Multiplikation einer Zahl kleiner 1 das Ergebnis kleiner wird („desto kleiner wird sie"). Hierbei fordert Timo explizit nur einen Exponenten, der größer als 2 ist. Die Zahl 4 wird von ihm nur beispielhaft angeführt. Im weiteren (hier nicht dargestellten) Verlauf der Unterrichtsszene spezifiziert Timo auf Nachfrage des Lehrers den „größeren" Exponenten als „größer und gerade", wobei seine Begründung hierfür vergleichbar mit derjenigen von Eva ist. Im zweiten Schritt des Arguments erfolgt eine Übersetzung der arithmetischen Betrachtung zu deren geometrischer Konsequenz. Auf diesen Begründungsschritt geht Timo nicht explizit ein. Falls seine Überlegung mit dem obigen Schema richtig rekonstruiert ist,

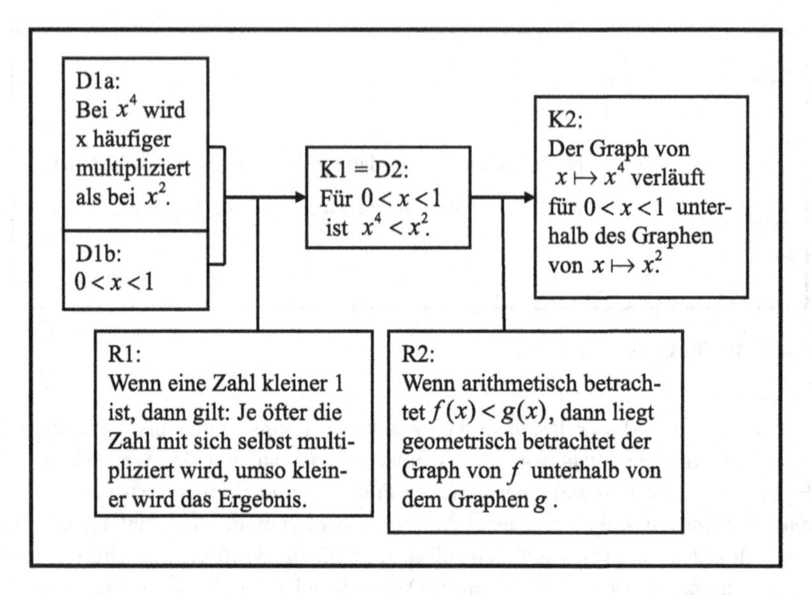

Abb. 7.41 Timos vollständiges Argument zur Begründung der Behauptung des Lehrers

überspringt er diesen Teil in seiner Äußerung und überprüft die Konsequenz (K2) direkt am Graphen.

Erkenntnistheoretisch betrachtet beginnt Timos Begründung mit der Annahme, dass Evas hypothetisch aufgeworfener Fall richtig ist, also dass eine Funktionsvorschrift der Form $x \mapsto x^n (n = 2k; n, k \in \mathbb{N})$ zu dem gestrichelten Graphen passt. Auf einer arithmetischen Ebene werden notwendige Konsequenzen aus dieser Überlegung deduziert. Diese Konsequenzen werden dann wieder per Übersetzung auf den Graphen übertragen und induktiv überprüft (für $x < 1$ muss der gestrichelte Graph unterhalb und für $x > 1$ oberhalb der Normalparabel verlaufen). Timo expliziert in seiner Äußerung weder die Deduktion noch die Induktion vollständig. Dennoch scheint er diese Schritte vollzogen zu haben, zumal er das Ergebnis, die induktive Bestätigung, nennt: „also muss das irgendein Exponent sein der größer ist als x^2“. Bei Timo kann also ein hypothetisch-deduktiver Ansatz beobachtet werden, mit dem der Fall aus Evas Abduktion überprüft und bestätigt wird. Zum Erkennen der notwendigen Konsequenz der anfänglichen Hypothese war eine weitere Abduktion notwendig. Die Hypothesenprüfung erfolgte also nicht allein durch ein Zusammenspiel von Deduktion und Induktion.

Durch seinen Vergleich der Graphen nahe und entfernt vom Ursprung bringt Timo möglicherweise den Teil hervor, der Eva zu einer sichereren Stellungnahme fehlte. Aber auch Timos Bestätigung stellt keine endgültige Verifikation des Zusammenhanges von obigem Funktionsterm und dem vorgegebenen Graphen dar. So äußern die Lernenden zwar notwendige, aber keine hinreichenden Bedingungen. Ihre Begründungen gehen jeweils von der Annahme aus, dass der Funktionsterm zu dem gestrichelten Graphen die Form $x^n (n \in \mathbb{N})$ hat. Andere Funktionsterme werden nicht in Betracht gezogen.

Zusammenfassend betrachtet zeigte die Analyse, wie Lernende auf verschiedenartige Weise qualitative Zusammenhänge zwischen Funktionstermen und dazugehörigen Graphen ziehen können. Es wurde eine Hypothese aufgestellt und anschließend sowohl theoretisch als auch empirisch bestätigt. Die empirische Bekräftigung der ersten Hypothese erfolgte auch mittels einer neuen Hypothese. Hierbei nahmen die Lernenden ausschließlich mathematische Rahmungen (theoretische und/oder empirische) ein, die neben dem Aufrufen bekannter Gesetze auch logische Komponenten (u. a.: Widerspruchsbeweis) enthielten. Die sowohl mehrschichtigen als auch mehrgliedrigen Argumente der Lernenden und auch die von ihnen aufgestellten Vermutungen zeigen, welch beachtliches argumentatives und abduktives Potenzial Lernende dieser Klassenstufe entwickeln können.

Die unterschiedlichen theoretischen und empirischen Begründungen, die in dieser Szene rekonstruiert werden konnten, sind für den Unterricht vorteilhaft, weil sie eine Differenzierung für Theoretiker und Empiriker unter den Lernenden bieten. Welcher der aufgezeigten Begründungen von den Schülerinnen und Schülern der Klasse präferiert wurde, kann an dieser kurzen Szene nicht belegt werden.

Die Mehrdeutigkeit hinsichtlich der logischen Struktur der Erkenntnisprozesse, welche in dieser Szene bei Evas Äußerung beobachtet werden konnte, stellt eine Schwierigkeit sowohl für Interpretierende als auch für Lernende dar. Es kann etwa nicht gezeigt werden, ob auch andere Lernende die Äußerungen von Eva und Timo vollständig verstehen bzw. deren Ausdrücke gänzlich entindexikalisieren konnten. Aus interaktionistischer und ethnomethodologischer Sicht geht es jedoch nicht ausschließlich um ein genaues Verständnis dessen, was Eva meinte, sondern auch darum, die latenten Sinnstrukturen zu erfassen. Die Zusammenhänge scheinen den übrigen Schülerinnen und Schülern letztlich deutlich geworden zu sein. Von ihnen werden weitere Beispiele von potenziellen Funktionstermen für den gestrichelten Graphen genannt (s. [3/13]) und auch die Bearbeitung des nachfolgenden Arbeitsblattes B, in dem die Aufgabe nahezu analog für Potenzfunktionen mit ungeraden natürlichen Exponenten gestellt wurde, bereitete vielen Lernenden keine Schwierigkeiten mehr. Sie bearbeiteten die analoge Situation in sehr viel kürzerer Zeit. Somit kann das in dieser Szene aufgestellte neue Wissen als geteilt geltend bezeichnet werden.

7.5 Analysebeispiel 5

Bei den vorangegangenen Unterrichtsbeispielen konnten die Entdeckungen der Schülerinnen und Schüler mit dem Schema der Abduktion rekonstruiert werden. Die bisherige Darstellung soll aber nicht suggerieren, dass sich bei der Analyse keine Schwierigkeiten ergaben. Dieser Abschnitt dient nun zur Illustration solcher Rekonstruktionsprobleme anhand zweier Unterrichtsbeispiele, welche im Gegensatz zum bisherigen Vorgehen nur kurz beschrieben und analysiert werden sollen.

7.5.1 Das Problem bikonditionaler Gesetze (Beispiel 1)

Die Klasse 7b beschäftigt sich in der zweiten Stunde des Unterrichtsversuches mit der linearen Funktion $x \mapsto 0,8 \cdot x$. Die Bestimmung des Koeffizienten innerhalb des Funktionsterms erfolgte bereits in der vorangegangenen Stunde anhand vorgegebener Werte aus einer Tabelle. Der zu dieser Funktionsvorschrift passende Graph wurde daraufhin aus einer Vielzahl vorgegebener Graphen herausgesucht. Anschließend wollte der Lehrer den Graphen an die Tafel zeichnen, wobei die Lernenden den Verlauf des Graphen beschreiben sollten, ohne konkrete Wertepaare zu nennen. Zur Abschätzung des Verlaufs nutzten die Lernenden die Winkelhalbierende des ersten Quadranten. Im Anschluss daran wurden die graphischen Auswirkungen einer Änderung des Koeffizienten im Funktionsterm von „0,8“ auf „0,1“ behandelt. Der Lehrer lenkt nun die Aufmerksamkeit auf ein neues Problem:

1/1	L	so, und wenn der Strahl jetzt immer näher zur zweiten Achse geht (*„verschiebt“ einen gedachten Strahl mit der Hand*) … also– ganz dicht hier da dran– (*zeichnet einen Strahl und beschreibt diesen mit „ $x \mapsto \quad \cdot x$ “*) ich habe es ein bisschen krumm gezeichnet, aber es soll ein Strahl sein. .. was steht denn da wohl für eine Zahl’ .. so ungefähr, ungefähr braucht ihr es ja auch nur sagen– ich habe ja auch nur ungefähr gezeichnet, äh Stefan

Während sich die Lernenden zuvor noch mit der Übersetzung Funktionsvorschrift → Graph beschäftigt haben, müssen sie nun die umgekehrte Richtung betrachten. Zur Lösung des Problems schlägt Stefan im Folgenden vor, die freie Stelle innerhalb des Funktionsterms mit „100“ auszufüllen. Während der Lehrer diesen Vorschlag durchaus positiv bewertet, sind gleich mehrere Schülerinnen und Schüler der Klasse anderer Meinung. Im weiteren Verlauf werden zur Bestimmung des Funktionsterms die Zahlen „1,0“, „1,5“, „größer als 0,8“ und „größer als 1,0“ vorgeschlagen und die Winkelhalbierende innerhalb des ersten und dritten Quadranten als Graph zu der Funktionsvorschrift $x \mapsto 1 \cdot x$ bestimmt. An dieser Stelle setzt das folgende Unterrichtsgespräch ein:

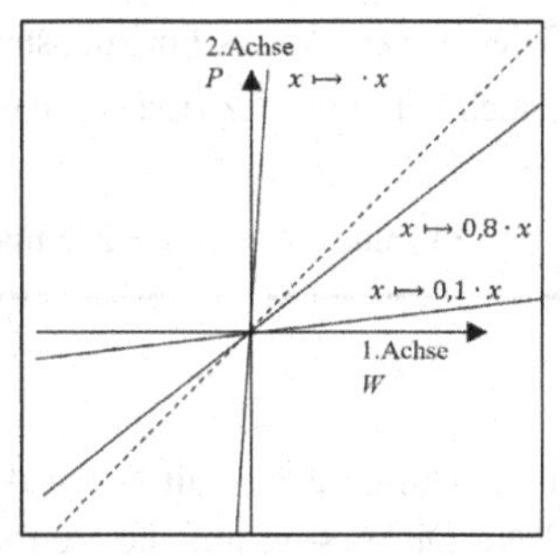

Das Tafelbild zu Beginn der Unterrichtsszene

2/19	L	die gestrichelte Linie– die Winkelhalbierende ist das. .. warum ist denn die gestrichelte Linie die Winkelhalbierende' .. der <u>Graph</u> für $x \mapsto 1 \cdot x$', ich schreib das mal hier drüber ... $1 \cdot x$, (*schreibt die Funktionsvorschrift an den gestrichelten Graph*) oder man wird ja auch einfach nur x schreiben können. ... Oliver'
3/1	Oliver	vielleicht weil da 45° sind' ...
3/2	L	<u>ja</u>, hier sind 45°– zwischen der ersten Achse und der gestrichelten Linie. (*zeigt auf den Winkel*) ... Stefan
3/3	Stefan	muss das– muss das dann nicht weniger als 2 sein', weil das Doppelte dann müsste dann ja 2 sein, das ist ja genau die 90er– (..)
3/4	L	| die 90er ist genau x wird zugeordnet
3/5	Stefan	| also das muss weniger als 2 sein, so– 1,9 oder so
3/6	S_1	| ja 1,7
3/7	L	aha
3/8	S_2	| 1,9, 1,8
3/9	Ss	| (..)

Während Stefan mit der Zahl 100 zunächst noch eine mathematisch passende Bestimmung des Koeffizienten vornahm, scheint ihn der Widerspruch der anderen Schülerinnen und Schüler irritiert zu haben. Er stellt nachfolgend die Hypothese auf, dass sich die Zahl innerhalb des Funktionsterms bei der Verdopplung des

Winkels zwischen der ersten Achse und dem Graphen auch verdoppelt. Abbildung 7.5a verdeutlicht, wie diese Hypothese als Abduktion dargestellt werden kann.

Resultat:	Der Winkel zwischen dem Graphen und der ersten Achse ist bei $x \mapsto \quad \cdot x$ nahezu doppelt so groß wie bei $x \mapsto 1 \cdot x$.
Gesetz:	Wenn sich der Koeffizient innerhalb des Funktionsterms verdoppelt, dann verdoppelt sich auch der Winkel zwischen dem dazugehörigen Graphen und der ersten Achse.
Fall:	Als Koeffizient bei $x \mapsto \quad \cdot x$ muss etwa $2 \cdot 1 = 2$ eingesetzt werden.

Abb. 7.5a Stefans Abduktion

Einen entscheidenden Anteil zur Bildung des Resultats hat die Äußerung von Oliver. Durch seinen Beitrag wird die Diskussion auf die Betrachtung des Winkels zwischen den Graphen und der ersten Achse gelenkt. Stefan bemerkt, dass sich dieser Winkel bei dem zu bestimmenden Graphen im Vergleich zur Winkelhalbierenden nahezu verdoppelt. In der rekonstruierten Abduktion überträgt er die Größe des Winkels („das ist ja genau die 90er–"), die zuvor nur zur Definition der Winkelhalbierenden benutzt wurde (Oliver), auf die Bestimmung des gesuchten Koeffizienten. Der Schüler expliziert das Gesetz der rekonstruierten Abduktion nicht, sondern deutet es nur an („weil das Doppelte dann müsste dann ja 2 sein"). Da dieses aus dem vorangegangenen Unterricht nicht bekannt ist, wäre die Abduktion als kreativ einzuordnen. Dem Gesetz folgend kann der Schüler auf die vermeintliche und nicht offensichtliche Lösung des Problems schließen: Der gesuchte Koeffizient innerhalb des Funktionsterms hat im Vergleich zu demjenigen des Funktionsterms zu der Winkelhalbierenden fast den doppelten Wert („muss das nicht weniger als 2 sein'").

Bei der obigen Analyse handelt es sich um eine „grobe" Rekonstruktion der Äußerung. Statt von einer Abduktion zu sprechen, könnte es sich ebenso um die Kombination einer Abduktion und eines Arguments handeln. Die Abduktion dieser „feineren" Rekonstruktion würde ausgehen von der Feststellung, dass der Winkel zwischen der ersten und der zweiten Achse doppelt so groß ist, wie derjenige zwischen der ersten Achse und der Winkelhalbierenden (Resultat). Mit dem obigen Gesetz würde nun der zweiten Achse die Funktionsvorschrift $x \mapsto 2 \cdot x$ zugeordnet werden (Fall). Der Fall dieser Abduktion würde dann zum Datum eines Arguments werden. Als zweites Datum kommt hinzu, dass der Winkel zwischen der ersten Achse und dem Graphen zu der gesuchten Funktionsvorschrift geringer ist, als derjenige zwischen der ersten und der zweiten Achse. Die Regel dieses Arguments besteht aus einer Abschätzung (wenn der Graph flacher verläuft, dann verringert sich der Koeffizient des Funktionsterms), welche bereits zur Bestimmung des Verlaufs des Graphen zu der Funktionsvorschrift $x \mapsto 0,8 \cdot x$ benutzt wurde. Hiermit kann der Schüler auf die Konklusion schließen: Der Koeffizient des gesuchten Funktionsterms ist etwas kleiner als 2. Entsprechend dieser feineren Rekonstruktion testet Stefan mit seiner Frage die deduktive Konsequenz des Falls seiner Abduktion. Die Hypothesenprüfung erfolgt dabei mittels des hypothetisch-deduktiven Ansatzes.

Da die Lernenden das Gesetz der dargestellten Abduktion nicht kennen, muss dieses zuvor abduktiv erschlossen worden sein. Jedoch expliziert der Schüler ein solches Gesetz nicht. Es ist daher nicht möglich zu rekonstruieren, in welcher Richtung er es benutzt. Es wäre ebenso denkbar, dass Stefan von der Verdopplung des Winkels auf eine Verdopplung des Koeffizienten innerhalb des Funktionsterms schließt. Nach Toulmin rekonstruiert hätte dann die Abduktion als Argument aufgefasst die in Abbildung 7.5b präsentierte Gestalt.

Den entscheidenden Unterschied zwischen beiden (groben) Rekonstruktionen (Abduktion vs. Argument) bildet die verwendete Richtung des Gesetzes. Welche Richtung der Äußerung des Schülers zugrunde liegt, kann nicht eindeutig geklärt werden. Mit anderen Worten: Auch wenn das Gesetz abduktiv erschlossen wurde, kann aus der Äußerung nicht entnommen werden, ob es sich nun um eine Deduktion, die als notwendiger Schluss lediglich auf einem falschen Gesetz basiert, oder um die Schaffung von Plausibilität für eine Abduktion handelt.

Da Stefan seine Antwort als Frage formuliert, mag dies ein Hinweis darauf sein, dass er selbst eher eine Abduktion veröffentlicht. Gleichwohl scheint seine Aussage für die anderen Lernenden eine hohe Plausibilität zu beinhalten. Sie schließen sich der Meinung Stefans an und plädieren für Zahlen wie „1,9“, „1,7“ oder „1,8“. Auch sie vermuten, dass der Graph zu der Funktionsvorschrift $x \mapsto 2 \cdot x$ der zweiten Achse entspricht. Der Graph zu dieser Funktionsvorschrift wird daraufhin durch das Einfügen eines konkreten Wertepaares bestimmt (eliminative Induktion). Die Bestimmung der gesuchten Funktionsvorschrift erfolgt letztlich über das versuchsweise Einsetzen von Zahlen als Koeffizienten in den Funktionsterm. Die notwendigen Verläufe der Graphen zu den auf diese Weise gebildeten Funktionsvorschriften werden anschließend mit dem gegebenen Graphen abgeglichen.

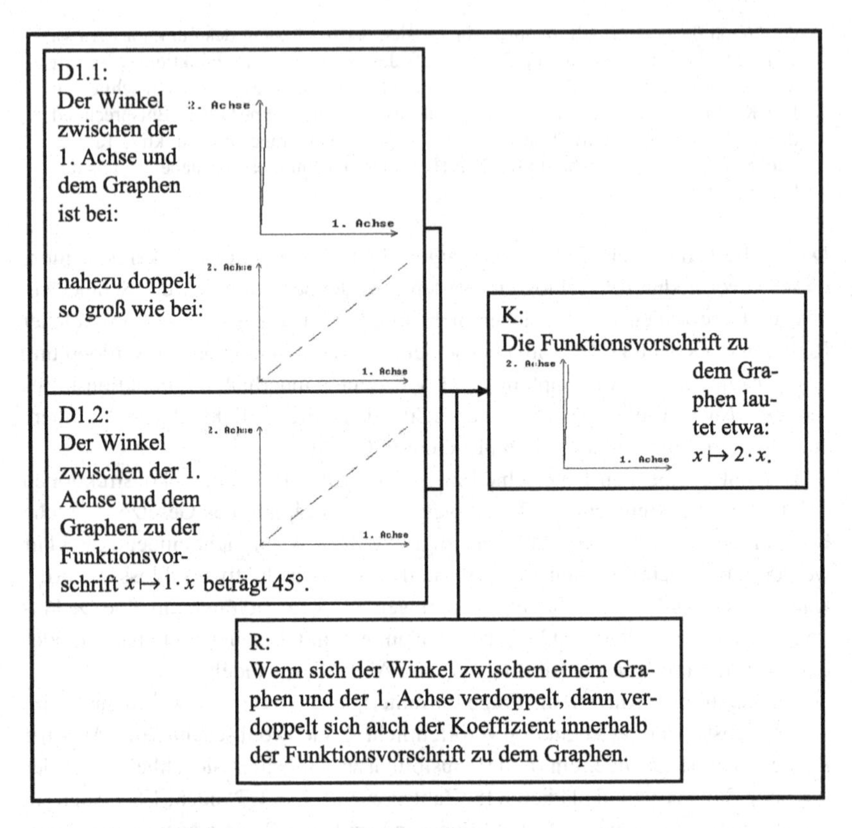

Abb. 7.5b Stefans Äußerung rekonstruiert als Argument

7.5.2 Das Problem bikonditionaler Gesetze (Beispiel 2)

Die zweite Szene stammt aus der dritten Stunde des Unterrichtsversuchs in der Klasse 10a. In den vorangegangenen Unterrichtsstunden behandelten die Lernenden die Potenzfunktionen höheren Grades mit positiven und geraden Exponenten. In dieser dritten Stunde sind bereits solche Potenzfunktionen eingeführt worden, deren Exponenten negativ bzw. positiv und ungerade sind. In Abhängigkeit vom Exponenten wurden verschiedene Symmetrien festgestellt.

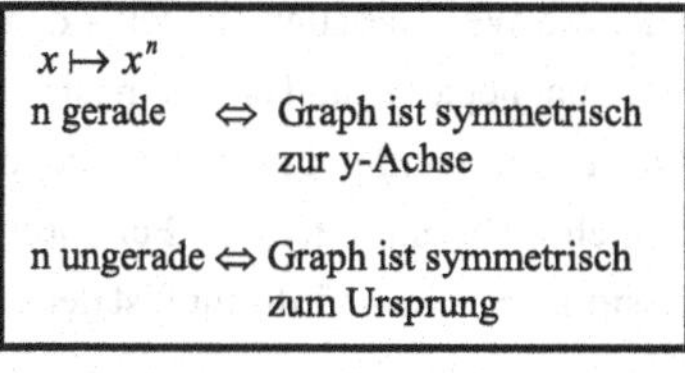

Symmetrieregeln (linke Seite des Tafelbildes)

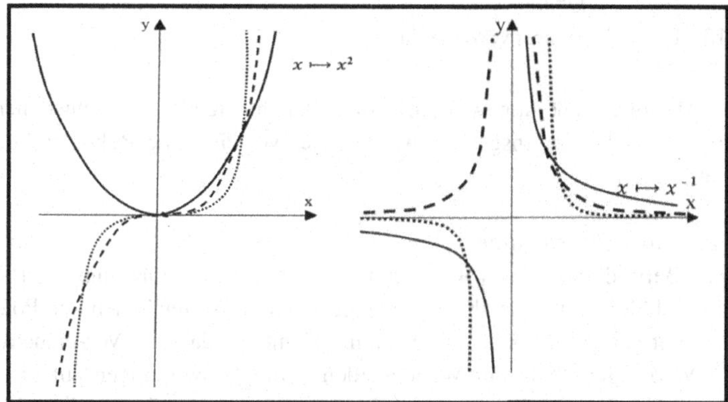

Graphen von Potenzfunktionen (rechte Seite des Tafelbildes)

1 L so .. jetzt, möchte ich jetzt zum Schluss gerne– wissen warum das (*zeigt auf die Symmetrieregeln*) gilt. .. man kann das– wenn man sich das jetzt genau anschaut an den Graphen (*zeigt auf die Graphen der Potenzfunktionen*) die wir hier gezeichnet haben– überprüfen, ob das für die gezeichneten Graphen gilt. dann ist man sich ja als Mathematiker aber noch nicht sicher, dass das (*zeigt auf die Symmetrieregeln*) allgemein gilt– egal für welches n (*zeigt auf „ $x \mapsto x^n$ " im linken Tafelbild*) man betrachtet. deshalb wäre es gut, sich zu überlegen– warum ist das so', unabhängig von so konkreten Bildern. (*zeigt unbestimmt auf die Graphen an der Tafel, 5 sec*) warum ist das so', wenn n (*zeigt auf „ $x \mapsto x^n$ " im linken Tafelbild*) gerade ist– dass der Graph dann– symmetrisch ist zur y-Achse. Eva'

Der Lehrer fordert die Schülerinnen und Schüler auf zu begründen, weshalb die Symmetrieregeln gelten. Diese wurden zuvor an den Beispielgraphen (s. Tafelbild) festgestellt. Der Lehrer gibt sich also mit dieser anschaulichen Begründung der Regeln nicht zufrieden. Die von ihm aufgerufene Schülerin Eva thematisiert, dass der Graph einer Funktion wie $x \mapsto x^4$ auch für negative Werte im positiven Bereich verläuft. Etwas später kommt Marion zu Wort, die zuvor für verschiedene Potenzen von x Wertetabellen angefertigt hatte:

12	Marion	ja– wenn man sich wieder die Wertetabellen anguckt– dann müsste das (immer halt nur?) bei x einmal negative und einmal positive Werte– und zwar, (..) dieselben Werte nur einmal positiv einmal negativ, (und dann–?) bei der Funktion ehm bei einer geraden Funktion, dann ist das so dass die Werte gleich sind. bei minus fünf– fünf ist der Funktionswert gleich.
13	L	ja, hast völlig recht

Marions Äußerung wird im Folgenden hinsichtlich verschiedener Gesichtspunkte analysiert. Insgesamt werden vier verschiedene Rekonstruktionen angeboten.

Die erste Rekonstruktion

Zur Befriedigung des vom Lehrer aufgestellten Begründungsbedarfs betrachtet die Schülerin die von ihr zuvor angefertigten Wertetabellen für Potenzfunktionen mit geraden Exponenten. Hieran erkennt sie, dass ein Vorzeichenwechsel der „x-Werte" innerhalb der Wertetabellen keine Auswirkungen auf die Funktionswerte hat. Hinsichtlich des vom Lehrer aufgestellten Begründungsbedarfs kann das in Abbildung 7.5c präsentierte Argument nach Toulmin rekonstruiert werden.

In ihrer Äußerung bezieht sich Marion lediglich auf eine oder mehrere konkrete Wertetabelle(n) und verallgemeinert auf Potenzfunktionen mit geraden Exponenten („gerade Funktionen"). Es kann jedoch angenommen werden, dass die Schülerin den gesetzmäßigen Zusammenhang erkennt, denn dieser war bereits in der vorherigen Stunde des Unterrichtsversuches ein zentrales Thema. Marions Erwähnung der Werte „5" und „−5" wird als beispielhaft für die weiteren Werte ihrer Tabelle(n) interpretiert.

Die zweite Rekonstruktion

Welche Erkenntnisprozesse Marion vollzogen hat bleibt letztlich offen. Einerseits kann sie von den Symmetrieregeln auf der linken Seite des Tafelbildes ausgegangen sein und suchte dann getrennt nach Begründungen für Funktionen mit geraden und ungeraden Exponenten. Dies könnte sie dann zu dem oben dargestellten Argument geführt haben. Andererseits wäre es auch möglich, dass Marion nicht ein deduktives Argument hervorbringt, sondern vielmehr Plausibilität für ihre Abduktion schaffen will. Die Äußerung des Lehrers stellt dann das Resultat dieser Abduktion dar. Hiervon ausgehend versucht die Schülerin eine Erklärung

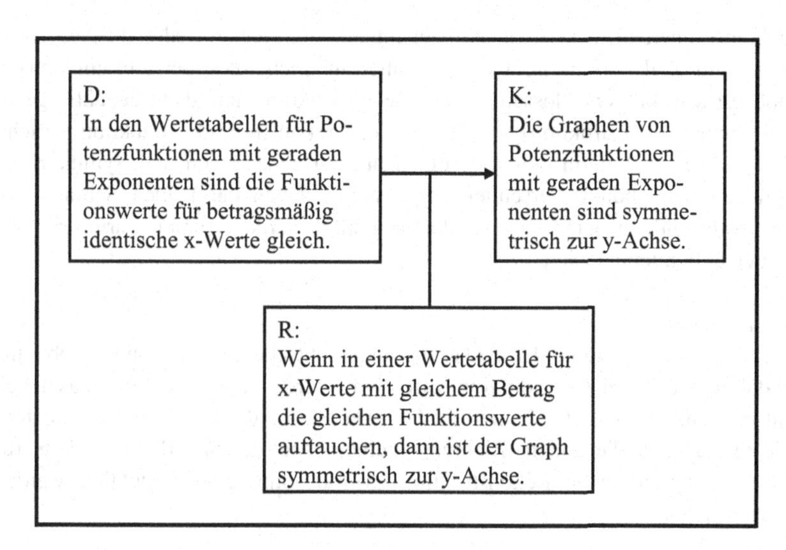

Abb. 7.5c Marions Argument

für das Phänomen der Symmetrie zu finden. Eine mögliche Erklärung bieten ihr die Werte innerhalb der Tabellen (s. Abb. 7.5d).

Resultat:	Die Graphen von Potenzfunktionen mit geraden Exponenten sind symmetrisch zur y-Achse.
Gesetz:	Wenn in einer Wertetabelle für x-Werte mit gleichem Betrag die gleichen Funktionswerte auftauchen, dann ist der Graph symmetrisch zur y-Achse.
Fall:	In den Wertetabellen für Potenzfunktionen mit geraden Exponenten sind die Funktionswerte für betragsmäßig identische x-Werte gleich.

Abb. 7.5d Marions Abduktion

Während die Äußerung als deduktives Argument rekonstruiert den Fall der Abduktion als Datum enthält, geht die rekonstruierte Abduktion von der Konklusion des Arguments aus. In der Rekonstruktion wird also die verwendete

Richtung innerhalb des Gesetzes nicht umgedreht, sondern lediglich Ausgangspunkt und Ziel vertauscht. Es wäre daher möglich, dass der Zusammenhang zunächst abduktiv erschlossen (zweite Rekonstruktion) und dann deduktiv geäußert (erste Rekonstruktion) wurde. Für die rekonstruierte Abduktion spricht, dass sich die Schülerin den Zusammenhang ausgehend von den Symmetrieregeln zunächst abduktiv erschließen musste. Welchen der beiden Schlüsse sie aber veröffentlicht, kann nicht eindeutig geklärt werden, zumal Marion nur die Wertetabellen thematisiert.

Die dritte Rekonstruktion

Das Problem, aufgrund der Äußerung nicht entscheiden zu können, ob eine Abduktion oder eine Deduktion öffentlich wird, verschärft sich zusätzlich dadurch, dass das Gesetz bikonditional ist. Da Marion das Gesetz nicht expliziert, könnte sie auch die andere Richtung meinen. Aus dem zu Beginn rekonstruierten Argument (erste Rekonstruktion) würde somit eine Abduktion werden (s. Abb. 7.5e).

Resultat:	In den Wertetabellen für Potenzfunktionen mit geraden Exponenten sind die Funktionswerte für betragsmäßig identische x-Werte gleich.
Gesetz:	Wenn ein Graph symmetrisch zur y-Achse ist, dann tauchen in der Wertetabelle für x-Werte mit gleichem Betrag die gleichen Funktionswerte auf.
Fall:	Die Graphen von Potenzfunktionen mit geraden Exponenten sind symmetrisch zur y-Achse.

Abb. 7.5e Marions alternative Abduktion

Die vierte Rekonstruktion

Wie bei der dritten Rekonstruktion könnte Marion im Gesetz die Richtung „Symmetrie → gleiche Funktionswerte“ beachtet, jedoch eine Deduktion vollzogen haben (s. Abb. 7.5f).

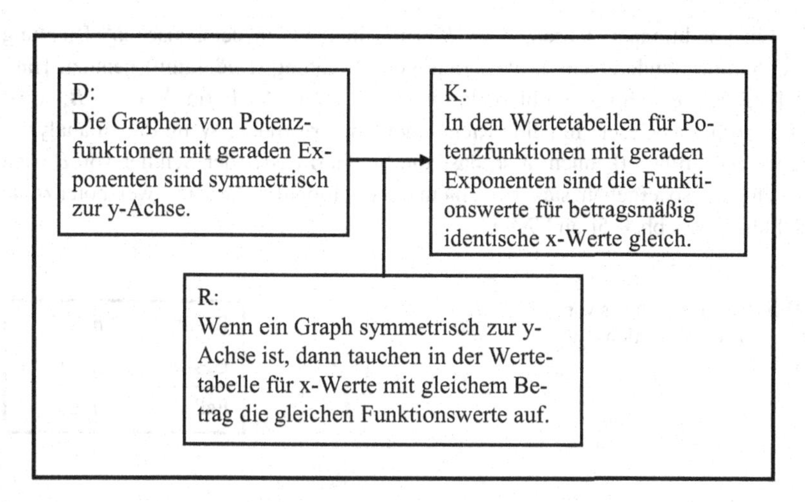

Abb. 7.5f Marions alternatives Argument

7.5.3 Theoretische Reflexion des Analyseproblems

Zur theoretischen Reflexion der Problemstellung seien zunächst die Schemata der Abduktion (Abb 7.5g) sowie der Deduktion (Abb. 7.5h) dargestellt.

Abb. 7.5g Das Schema der Abduktion (grobe Darstellung)

Resultat:	$b \in B$
Gesetz:	$A \Rightarrow B$
Fall:	$a \in A$

Abb. 7.5h Das Schema der Deduktion (grobe Darstellung)

Fall:	$a \in A$
Gesetz:	$A \Rightarrow B$
Resultat:	$b \in B$

Ein konditionales Gesetz $A \Rightarrow B$ wird einerseits in der „falschen" Richtung (Abduktion), andererseits in der „richtigen" Richtung (Deduktion) genutzt. Handelt es sich jedoch um ein bikonditionales Gesetz in der Form $A \iff B$, so ist es legitim, das Gesetz in beide Richtungen zu verwenden. Wenn die zu analysierende Äußerung erkennen lässt, dass die Schülerin oder der Schüler von b nach a schließt, so ergeben sich bei einem bikonditionalen Gesetz zwei potenzielle Schlüsse (s. Abb. 7.5i und 7.5j).

Abb. 7.5i Der Schluss von b nach a als Abduktion

Resultat:	$b \in B$
Gesetz:	$A \Rightarrow B$
Fall:	$a \in A$

Abb. 7.5j Der Schluss von b nach a als Deduktion

Fall:	$b \in B$
Gesetz:	$B \Rightarrow A$
Resultat:	$a \in A$

Dass zwischen dem unsicheren Schluss einer Abduktion und dem notwendigen Schluss der Deduktion nicht unterschieden werden kann, beruht darauf, dass wir beim Sprechen die verwendeten Regeln bzw. Gesetze häufig nicht äußern (s. Abschn. 5.4.5) und entsprechend auch nicht die Richtung angeben, in der wir das Gesetz nutzen.

Ist der Äußerung zudem nicht zu entnehmen, wovon die Schülerin oder der Schüler ausgeht und worauf sie bzw. er schließt (s. Marion), so kommen neben den obigen zwei Schlüssen noch zwei weitere in Frage (s. Abb. 7.5k und 7.5l).

Abb. 7.5k Der Schluss von a nach b als Abduktion

Resultat:	$a \in A$
Gesetz:	$B \Rightarrow A$
Fall:	$b \in B$

Abb. 7.5l Der Schluss von a nach b als Deduktion

Fall:	$a \in A$
Gesetz:	$A \Longrightarrow B$
Resultat:	$b \in B$

Bei bikonditionalen Gesetzen können also aufgrund der beiden Verwendungsrichtungen des Gesetzes und der impliziten Äußerungsanteile im Extremfall vier Schlüsse rekonstruiert werden, ohne zwischen ihnen entscheiden zu können. Einerseits handelt es sich um sichere, andererseits um hypothetische Schlüsse. Dieses Problem entsteht aber nicht nur aufgrund der Bikonditionalität oder fehlender expliziter Anteile, sondern auch aufgrund des Forschungsansatzes: Es soll die öffentliche Kommunikation untersucht werden. So ist im Beispiel von Stefan zwar sicher, dass dieser subjektiv das Gesetz abduktiv aufgestellt haben muss, doch bleibt unklar, ob der Schüler eine Abduktion oder eine Deduktion öffentlich darstellt.

Zusammenfassend betrachtet stellen bikonditionale Gesetze ein Analyseproblem dar, welches sich durch fehlende Explizierungen verstärken kann. Es ist dann möglich, verschiedene Schlüsse zu rekonstruieren. Die aufgezeigte Nähe zwischen Abduktion und Deduktion stellt wiederum einen Grund dafür dar, Entdecken und Begründen auch thematisch zu verbinden. Bei der ausschließlichen Rekonstruktion einer der beiden Aktivitäten besteht die Gefahr, Entdeckungen mit Begründungen zu verwechseln.

Die Vielfalt der Interpretationsmöglichkeiten, die sich offensichtlich problematisch auf die wissenschaftliche Analyse auswirkt, birgt jedoch nicht zu verachtende Chancen für die Interaktionsprozesse innerhalb der Klasse: Den Mitschülerinnen und Mitschülern werden verschiedene Möglichkeiten geboten, die geäußerte Mitteilung nachzuvollziehen, um somit zu einem geteilt geltenden Wissen zu gelangen. Von diesem interaktionistischen Standpunkt aus gesehen ist es eher zweitrangig, ob die oder der Sprechende die Äußerung als Abduktion oder als Deduktion subjektiv meint. Es ist entscheidender, welche Bedeutung eine Äußerung durch die Reaktionen der anderen am Unterricht Teilnehmenden erhält – welche „geteilt geltende“ Bedeutung interaktiv hervorgebracht wird.

Zusammenfassung und Ausblick

8

In diesem Kapitel werden die theoretischen und die empirischen Ergebnisse der vorliegenden Arbeit zusammengefasst. Im Anschluss werden einige Folgerungen für die (Hoch-)Schulpraxis angeboten. Die Arbeit schließt mit einem kurzen Ausblick auf weiterführende Studien.

8.1 Zusammenfassung der theoretischen und der empirischen Studien

In dieser Arbeit wurden das Entdecken und das Begründen mittels philosophischer Ansätze theoretisch betrachtet und empirisch rekonstruiert. Zunächst wurde im theoretischen Teil ein Begriffsnetz zur Analyse von Entdeckungen und Begründungen erarbeitet. Dieses Begriffsnetz diente im empirischen Teil zur Rekonstruktion von Äußerungen aus dem Mathematikunterricht. Diese wurden mittels einer funktionalen Erkenntnisanalyse mathematikspezifisch daraufhin untersucht, welche Abduktionen, Deduktionen, Induktionen und Argumente die Lernenden hervorbrachten.

Im Folgenden wird zunächst beschrieben, inwiefern der Begriff „entdeckendes Lernen“ geschärft werden konnte. Anschließend werden die Verbindungen zwischen dem Entdecken und dem Begründen reflektiert. Die theoretischen und empirischen Analysen weisen auf Probleme sowohl beim entdeckenden Lernen selbst als auch bei dessen Rekonstruktion hin.

M. Meyer, *Entdecken und Begründen im Mathematikunterricht*,
Kölner Beiträge zur Didaktik der Mathematik,
https://doi.org/10.1007/978-3-658-32391-2_8

8.1.1 Die Bedeutung der Abduktion für die Beschreibung und die Analyse des entdeckenden Lernens

Im theoretischen Teil dieser Arbeit wurde die Abduktion als die entscheidende Schlussform der Erkenntnisgenese herausgestellt. Im Gegensatz zur verbreiteten Auffassung ist die Abduktion – und nicht die Induktion – für die Gewinnung neuer Erkenntnisse notwendig. Eine logische Beschreibung entdeckenden Lernens kann daher nur mit dieser Schlussform gelingen.

Mit Ecos Unterscheidung von kreativen, unter- und übercodierten Abduktionen (Abschn. 3.3.1) ist es möglich, das entdeckende Lernen durch bestimmte Typen von Abduktionen zu charakterisieren. Übercodierte Abduktionen treten in nahezu jeder Lebenslage und auch bei einem kleinschrittigen, programmierten Unterricht auf. Vielmehr scheinen eher untercodierte und kreative Abduktionen für die Beschreibung des entdeckenden Lernens prädestiniert zu sein: Für Entdeckungen benötigt es Abduktionen,

a) die auf der Basis der Kenntnis eines Gesetzes ablaufen, wobei bestimmte Resultate noch nicht begrifflich dem Gesetz zugeordnet waren, oder
b) bei denen das Gesetz vorher nicht bekannt war.

Entsprechend kann beim entdeckenden Lernen sowohl ein (konkreter) Fall (a und b), als auch ein (allgemeines) Gesetz (b) neu gebildet werden und somit hypothetischen Charakter besitzen. Letzteres gilt auch für den Zusammenhang zwischen Gesetz und Resultat, der bei beiden Abduktionstypen entdeckt wird.

Mit der Identifizierung von kreativen und untercodierten Abduktionen als entscheidende Schlussformen beim entdeckenden Lernen konnte im theoretischen Teil dieser Arbeit noch eine relativ plausible Differenzierung angeboten werden. Die Rekonstruktion von Abduktionen weist jedoch auf eine diffizilere Unterscheidung hin: In Abschnitt 7.2 wurde eine Abduktion rekonstruiert, bei der das Gesetz aus interpretativer Sicht quasi auf der Hand lag (übercodierte Abduktion). Die entscheidende Einsicht bei dieser Abduktion bezog sich jedoch auf den Fall. Diesen Fall als Fall des Gesetzes zu erkennen, war für die Schülerin keineswegs leicht. Damit die theoretische Unterscheidung zwischen kreativen, unter- und übercodierten Abduktionen zur Beschreibung des entdeckenden Lernens ein genügend scharfes Werkzeug bleibt, wird vorgeschlagen, den Begriff „untercodierte Abduktion“ zu erweitern: Eine Abduktion gilt nicht nur dann als untercodiert, wenn das Gesetz fernliegt, sondern auch dann, wenn der Fall fernliegt.

Die Abduktionstypen Ecos lassen prinzipielle Unterschiede in der Art von Entdeckungen erfassen. Jedoch kann hiermit nicht immer die Qualität einer

Abduktion beschrieben werden. Im empirischen Teil der Arbeit konnten untercodierte Abduktionen rekonstruiert werden, die eine tiefere mathematische Einsicht vermuten ließen als kreative Abduktionen. Zur feineren qualitativen Differenzierung zwischen verschiedenen Abduktionen bzw. Entdeckungen wurden diese auch als „tiefergehend" oder „vordergründig" bezeichnet. Insgesamt wurden somit die folgenden Kriterien zur Charakterisierung einer Abduktion verwendet:

1. *Ist das Gesetz der Abduktion bekannt oder nicht bekannt?*
   Dieses Kriterium dient zur Differenzierung zwischen unter- bzw. übercodierten Abduktionen (bei denen das Gesetz bekannt ist) und kreativen Abduktionen (bei denen das Gesetz nicht bekannt ist). Ob ein Gesetz bekannt ist oder nicht, hängt vom kognitiven Horizont des Individuums (genauer: vom Horizont des involvierten kognitiven Systems) ab.
2. *Liegt das bekannte Gesetz quasi auf der Hand oder nicht?*
   Mit diesem Kriterium kann zwischen übercodierten Abduktionen (bei denen sich das Gesetz quasi automatisch ergibt) und untercodierten (bei denen das Gesetz nicht quasi auf der Hand liegt) unterschieden werden. Dieses Kriterium des „Naheliegens" des Gesetzes muss natürlich ebenfalls relativ zum Horizont des betreffenden Individuums gesehen werden. Wenn das Gesetz scheinbar quasi auf der Hand liegt, der Fall jedoch nicht leicht als Fall des Gesetzes angesehen werden kann, wird vorgeschlagen, ebenfalls von untercodierten Abduktionen zu sprechen (s. o.).
3. *Bleibt die gewonnene Erkenntnis an der Oberfläche des Wahrnehmbaren behaftet oder dringt sie tief in ein mathematisches Beziehungsgefüge ein?*
   Dieses Kriterium dient zur mathematisch-qualitativen Beschreibung einer Abduktion und ist unabhängig von den obigen Kriterien. Bei „vordergründigen" Abduktionen bleibt die Erkenntnis ausgehend von den gegebenen Resultaten an der „Oberfläche des Wahrnehmbaren" behaftet. „Tiefergehende" Abduktionen dringen hingegen tiefer in ein mathematisches Beziehungsgefüge ein. In den Fallstudien wurde dieses Kriterium in erster Linie relativ genutzt, um beispielsweise tiefergehende mathematische Einsichten von der tentativen Verallgemeinerung singulärer Daten zu einem neuen Gesetz zu trennen (s. Abschn. 7.2 und 7.3).

8.1.2 Zum Zusammenhang von Entdecken und Begründen

Die Betrachtung der Abduktion und die Abduktionsanalysen in dieser Arbeit verdeutlichen, was bei einer Entdeckung sowohl theoretisch potenziell als auch empirisch konkret fraglich bleibt und an welchen Stellen ein Begründungsbedarf auftreten kann. Mit den empirischen (Abschn. 3.4.1) und den theoretischen Erkenntniswegen (Abschn. 3.4.3) wurden Möglichkeiten aufgezeigt, wie ausgehend von einer Abduktion die hypothetische Vermutung prinzipiell bestätigt bzw. bewiesen werden kann. Da auf theoretischen Erkenntniswegen u. a. das abduktiv gewonnene Gesetz deduktiv begründet werden kann, können diese die Funktion des innerhalb der Hochschulmathematik typischen „Spurenverwischens" (s. Einleitung) übernehmen. Für den Bereich der Mathematik, in dem die Induktion keine hinreichende Funktion in der Geltungsbegründung einnimmt, ist dieser Erkenntnisweg prominent. Deshalb erhielt er in der vorliegenden Arbeit besondere Aufmerksamkeit. Diese Verbindung von Abduktion und Deduktion bzw. Argument konnte innerhalb der empirischen Studien sowohl bei Lernenden weiterführender Schulen (Abschn. 7.1 und 7.4), als auch bei Schülerinnen und Schülern der Grundschule rekonstruiert werden (Abschn. 7.2 und 7.3).

Mit dem Dreischritt von Abduktion, Deduktion und Induktion nach Peirce und der weiteren Differenzierung zwischen dem Bootstrap-Modell und dem hypothetisch-deduktiven Ansatz (Abschn. 3.4.1) wurden empirische Erkenntniswege herausgearbeitet. Der Dreischritt, bei dem die Hypothesenprüfung mittels des Bootstrap-Modells erfolgt, ermöglicht es, das bisherige Paradigma der Induktion differenzierter wiederzugeben, indem die Entdeckung von ihrer Überprüfung mittels weiterer Einzelfälle getrennt wird. Der hypothetisch-deduktive Ansatz zur Überprüfung einer anfänglichen Abduktion fokussiert hingegen auf externe Konsequenzen. Zum Erkennen solcher Konsequenzen bedarf es weiterer Schlüsse. Entsprechend wird hier besonders deutlich, dass Abduktionen auch im Kontext des Begründens einer anfänglichen Entdeckung notwendig sind. In den Fallstudien waren die Überprüfungen durch hypothetisch-deduktive Ansätze tiefergehender als die nach dem Bootstrap-Modell (u. a. Abschn. 7.4.2).

Durch den theoretischen Erkenntnisweg wird der Unterschied zwischen den vorrangig theoretischen und den vorrangig empirischen Wissenschaften deutlich. Während sich auf diesem Weg die abduktive Vermutung begründen bzw. beweisen lässt, wird jedoch nicht weitergehend ihr Zusammenhang zu den beobachteten Phänomenen (dem Resultat) geklärt. Diesen Zusammenhang zu plausibilisieren, gelingt nur auf einem empirischen Erkenntnisweg. Einschränkend muss für den Bereich der Mathematik angemerkt werden, dass die besonderen, konkreten Phänomene aus der Aufgabenstellung nur Abduktionen veranlassen und Erkenntnisse für eine Klasse von Phänomenen gewonnen werden sollen. Beispielsweise muss die Idee, wie man geschickt die Summe der ersten natürlichen Zahlen bis 100 berechnet, nicht auf diese besondere Menge von Zahlen beschränkt bleiben. Der

Vorteil der empirischen Erkenntniswege besteht darin, dass hiermit die Überprüfung solcher Hypothesen möglich ist, die sich nicht direkt aus dem bestehenden Wissensvorrat deduzieren lassen.

Wie komplex die logischen Zusammenhänge zwischen dem Entdecken und dem Begründen sein können, wurde am Beispiel der Einführung der Potenzfunktionen gezeigt (Abschn. 7.4). Selbst ausführliche Begründungen auf theoretischen Erkenntniswegen wurden durch empirische ergänzt. Sowohl in dieser wie auch in den übrigen Analysebeispielen zeigte sich, wie vielseitig das interaktive Zusammenspiel der Lernenden zur Aushandlung neuen mathematischen Wissens sein kann: Während eine Schülerin oder ein Schüler eine Vermutung hervorbrachte, wurden eine oder auch mehrere alternative Begründungen derselben nicht selten von anderen Lernenden durchgeführt. Die dabei rekonstruierten Abduktionen und sowohl mehrschichtigen wie auch mehrgliedrigen Argumente lassen ein hohes argumentatives und abduktives Potenzial bei Lernenden verschiedener Altersstufen erkennen.

Ein interaktives Zusammenspiel fand in den Fallstudien nicht nur zur Begründung einer Entdeckung statt. Auch die Bildung einer Abduktion stellt einen interaktiven Prozess dar: Während die kognitive Generierung einer Hypothese ein individueller Vorgang ist, werden die ausschlaggebenden Resultate häufig von außen vorgegeben. In den Fallstudien geschah dies zumeist durch den Lehrer. Er gab den Lernenden u. a. durch die Aufgabenstellung neue (überraschende) Resultate oder ermöglichte es ihnen, diese zu erkennen. Da die Resultate wiederum Abduktionen auslösten, trug der Lehrer wesentlich zum Entdecken der Lernenden bei. Als „Advocatus Diaboli“ erzeugte er in einer Fallstudie (Abschn. 7.3.1) nicht nur neue Resultate, sondern hob durch den scheinbaren Widerspruch auch deren Überraschungsgehalt hervor.

Dem Lehrer kam nicht nur zur Erkenntnisgewinnung, sondern auch zur Erkenntnissicherung eine entscheidende Rolle zu. Zumeist zeigte er den Begründungsbedarf an, der von den Lernenden dann argumentativ befriedigt wurde. Als „Advocatus Diaboli“ konnte er zudem einen bereits bestehenden Begründungsbedarf verschärfen und somit die Erkenntnissicherung forcieren. Aber auch Abduktionen können Begründungsprozesse auslösen: Nach dem Veröffentlichen einer abduktiven Vermutung wurde diese teilweise direkt von der betreffenden Schülerin oder dem betreffenden Schüler begründet, ohne dass von außen ein Begründungsbedarf angezeigt worden war (u. a. Abschn. 7.4.1). Möglicherweise bedingt durch die Unsicherheit des abduktiven Schlusses (s. Abschn. 3.3.2) wurde dieser Bedarf subjektiv vermutet.

8.1.3 Zur Rekonstruktion von Entdeckungen und Begründungen

In der vorliegenden Arbeit konnte durch die Theorie der Abduktion der Begriff der Entdeckung geschärft und mit dem Schema der Abduktion ein Werkzeug für die interpretative Analyse von Entdeckungen angeboten werden. Die Analyse der Abduktion und des Abduktionsschemas (Abschn. 3.3) zeigte, dass die Generierung einer Hypothese (der „Geistesblitz") nicht kontrollierbar ist, weil die Abduktion lediglich auf einer Prämisse (dem Resultat) beruht. Das Schema der Abduktion verhilft uns nur dazu, die Hypothese uns selbst und anderen plausibel zu machen. Der Prozess der Generierung bleibt indes verborgen. Der Einsatzbereich der Analyse mit dem Abduktionsschema ist also darauf beschränkt, die öffentliche Rationalität von Entdeckungen aufzuzeigen bzw. zu verdeutlichen. Entsprechend wurde in dieser Arbeit darauf Wert gelegt, nicht den individuellen Gedankengang einer Schülerin oder eines Schülers zum Beispiel bei der Lösung einer Aufgabe zu rekonstruieren. Aus interaktionistischer und ethnomethodologischer Sicht wurden vielmehr öffentliche Entdeckungen hinsichtlich ihrer inhärenten Rationalität rekonstruiert. Dabei stand die interaktive Aushandlung mathematischer Bedeutung im Mittelpunkt der empirischen Analysen.

In der Forschungspraxis hat sich gezeigt, dass die Handhabung des Abduktionsschemas als Analyseinstrument Probleme bereiten kann, die deutlich größer als bei der Argumentationsanalyse sind:

a) Diejenigen Hypothesen, die öffentlich werden, bergen für die Sprecherin oder den Sprecher häufig bereits eine relativ hohe Plausibilität. Dies kann dazu führen, dass nicht die abduktive Rationalität, sondern die Abduktion umkehrend eine Deduktion hervorgebracht wird. Das Phänomen (Resultat) wird also nicht begründet, sondern ausgehend von der Hypothese erklärt. Die Abduktion zeigt sich „im Gewand" der Deduktion.
b) Zusätzliche Schwierigkeiten sind bedingt durch die nicht explizierten Bestandteile bei der Äußerung einer Hypothese. Die empirische Analyse zeigte, dass nicht nur die verwendeten Gesetze häufig implizit bleiben (vgl. Abschn. 5.4.5), sondern auch die ausschlaggebenden Resultate. Der Fall einer Abduktion wird hingegen oft expliziert.
c) Bei der Verwendung bikonditionaler Gesetze ist es schwierig, zwischen Entdeckungen und Begründungen zu unterscheiden (s. Abschn. 7.5).

Um diese Probleme in den empirischen Analysen angemessen zu berücksichtigen, wurden in der Regel verschiedene Abduktionen und weitergehend verschiedene Schlussformen rekonstruiert und zwischen ihnen abgewogen.

Die Abduktion und ihre Theorie ermöglicht nicht nur ein differenzierteres Verständnis der Erkenntnisgewinnung der Klasse beim entdeckenden Lernen, sondern auch von der Person, welche die Äußerungen der Lernenden rekonstruiert. Unter den Begriffen „Abduktionen über Abduktionen" bzw. „Abduktionen zweiten Grades" wurden im methodologischen und methodischen Teil dieser Arbeit Folgerungen für die Interpretationen aufgezeigt. Zum Beispiel stellen die Rekonstruktionen der Äußerungen nur Hypothesen dar, die auf empirischen Erkenntniswegen höchstens plausibler werden können (u. a. durch die Analyse der Folgeäußerungen), sich jedoch nicht auf theoretischen Erkenntniswegen beweisen lassen.

8.1.4 Probleme beim entdeckenden Lernen

Die Probleme, die bei der Realisierung eines entdeckenden Unterrichts auftreten können, sind zahlreich. In Kapitel 2 wurde bereits auf die veränderte Rolle der Lehrperson und die damit einhergehenden Anforderungen aufmerksam gemacht: Die Lernenden zu sinnvollen Erkenntnisse zu führen, ist nicht immer einfach. Die Abduktion stellt eine Schlussform dar, die anders als die Deduktion nicht als Methode einsetzbar und somit kontrollierbar ist.

Darüber hinaus ist eine hypothetische Vermutung prinzipiell unsicher: Wie hoch auch der Plausibilitätsgrad der Hypothese ist, ohne eine anschließende Begründung kann kein sicheres Wissen entstehen. Sobald die beobachteten Schülerinnen und Schüler in den Fallstudien aber mittels Abduktionen Erklärungen für Phänomene fanden, sahen sie oft keinen weiteren Begründungsbedarf mehr. Es bedurfte der Kritik von Mitschülerinnen und Mitschülern oder der Lehrkraft (auch als „Advocatus Diaboli") um den Lernenden zu verdeutlichen, dass eine (abduktive) Erklärung keine Begründung ist.

Abduktionen entstehen aus dem bestehenden Wissensvorrat (s. Abschn. 3.3.2). Sie werden nicht „blind erraten". Insbesondere für tiefergehende Entdeckungen bedarf es eines gut ausgebildeten Vorwissens, damit Lernende überhaupt sinnvolle Hypothesen bilden bzw. Plausibilität für diese erlangen und absichern können. In den Fallstudien konnte beobachtet werden, dass tiefergehende Entdeckungen vorrangig von solchen Lernenden vollzogen wurden, die sich auch zuvor in einem Unterricht auszeichneten, der nicht nur auf Entdeckungen ausgerichtet war. In einer dargestellten Unterrichtsszene (Abschn. 7.3) trat dieses Problem sehr deutlich hervor: Nur ein Schüler äußerte und begründete tiefergehende Entdeckungen. Trotz mehrfacher Versuche konnte er die Mitschülerinnen und Mitschüler nicht von seiner Position überzeugen und sie von ihren vordergründigen Abduktionen abbringen, die in einer fachlich falschen Hypothese mündeten. Die sogenannte „Kraft des besseren Arguments" muss also nicht von der mathematischen Stichhaltigkeit abhängen, wenn das Vorwissen dafür nicht hinreichend geteilt ist. Es zeigte sich, dass auch vordergründige Abduktionen sehr plausibel sein können.

Innerhalb der empirischen Analyse konnte herausgearbeitet werden, dass die öffentlichen Darstellungen von Entdeckungen im Unterricht nicht eindeutig sein müssen. In Abschnitt 7.2 wurden zu der Äußerung einer Schülerin drei verschiedene (eine vordergründige und zwei tiefergehende) Abduktionen rekonstruiert. Welche Entdeckung die Schülerin veröffentlichen wollte, konnte nicht geklärt werden. Mehrdeutigkeiten wurden jedoch nicht nur hinsichtlich der Darstellung einer Hypothese, sondern auch hinsichtlich der logischen Zusammenhänge zwischen dem Entdecken und dem Begründen beobachtet. In den Abschnitten 7.2 und 7.4 konnte nicht eindeutig festgestellt werden, inwiefern bestimmte Aussagen als Begründung für eine Abduktion eintraten. Anhand der Äußerungen konnte sowohl zwischen verschiedenen theoretischen Erkenntniswegen (Abschn. 7.4), als auch zwischen theoretischen und empirischen Erkenntniswegen (Abschn. 7.2) nicht eindeutig unterschieden werden. In Abschnitt 7.2 wurde herausgearbeitet, warum Mehrdeutigkeiten charakteristisch für das entdeckende Lernen sind und nicht einfach nur Mängel darstellen: Die verschiedenen Interpretationsmöglichkeiten bergen das Potenzial für ein Verständnis, welches über dasjenige der Sprecherin oder des Sprechers hinausgeht. Wenn man unter dem Anspruch der Klärung von mathematischen Begriffen, Regeln und Strukturen erwartet, dass Äußerungen von Lernenden im entdeckenden Unterricht möglichst eindeutig sein bzw. geklärt werden sollten, bevor der Unterricht thematisch weitergeht, verkennt man die Eigentümlichkeit der Erkenntnisgewinnung an der Front des eigenen Wissens und an der Front des Wissens anderer. Es ist die Aufgabe der Lehrkraft eine Balance zu finden zwischen dem „Ertragen" von Mehrdeutigkeiten einerseits und der Eindeutigkeitsfixierung andererseits, damit die unterrichtliche Kommunikation letztlich weder ein „Aneinandervorbeireden" bleibt, noch der Raum für tentative Ausgriffe ins Unbekannte verengt wird.

8.2 Folgerungen für die (Hoch-)Schulpraxis

Die vorliegende Arbeit soll die didaktische Erforschung von Mathematikunterricht unterstützen und weiterführen. Sie richtet sich in erster Linie an die Wissenschaft. Aus der theoretischen Betrachtung und der empirischen Analyse ergeben sich dennoch einige Folgerungen für die (Hoch-)Schulpraxis.

Die Abduktion stellt eine für die Mathematikerin oder den Mathematiker ungewohnte Schlussform dar, wenn sie bzw. er betont, dass in der Mathematik nur sichere und notwendige Schlüsse gezogen werden. Hypothetische Schlüsse widersprechen dem logisch-deduktiven Aufbau mathematischer Theorien. Auch die Lehramtsstudierenden erfahren die Mathematik in fachlichen Veranstaltungen oft als logisch-deduktiv aufgebaut. Zum Beispiel erkennen sie an der axiomatischen Geometrie oder der Stochastik ausgehend von den Kolmogoroff-Axiomen die der veröffentlichten Mathematik eigene, logische Gestalt. Die Schulmathematik ist jedoch nicht allein logisch-deduktiv aufgebaut, wie es an vielen Einführungen neuer mathematischer Begriffe und Regeln in Schulbüchern erkennbar ist (u. a.: Satz des Pythagoras als Dachkonstruktion; vgl. auch Abschn. 3.4.2). In der veröffentlichten Schulmathematik erfahren die Lehramtsstudierenden also eine Mathematik, die sich im Unterrichtsprozess oder in den Schulbüchern erst aufbaut. Die Kenntnis der Schlussformen und ihres Zusammenspiels würde dem Verständnis des hier zugrundeliegenden logisch-abduktiven Prozesses helfen. Wenn in der Ausbildung von Lehrpersonen nicht nur die Logik der fertigen Mathematik, sondern auch die Logik der Mathematik im Prozess gelehrt werden soll, dann bietet die in dieser Arbeit vorgestellte Erkenntnisanalyse (insbesondere die Abduktionsanalyse) einen Ansatzpunkt.

Nicht nur in der Aus-, sondern auch in der Fortbildung von Lehrpersonen kann erörtert werden, worin der Kern des entdeckenden Lernens liegt. Insbesondere die mit dem (aktiv) entdeckenden Lernen einhergehende Unsicherheit der kreativen Hypothesengenerierung kann verdeutlicht werden. Durch die Rekonstruktion der implizit bleibenden Bestandteile einer Abduktion ist es möglich, zwischen vordergründigen und tiefergehenden Abduktionen etc. zu unterscheiden. Des Weiteren können die notwendigen Verbindungen zwischen Entdeckungen und anschließenden Begründungen hervorgehoben werden. Die Abduktionsanalyse könnte verdeutlichen, wo ausgehend von einer Abduktion ein potenzieller Begründungsbedarf besteht (s. Abschn. 3.4.3). Die Erkenntnisanalyse vermag zudem potenzielle Begründungswege (theoretische und/ oder empirische) aufzuzeigen. Dies könnte sowohl bei der Aufgabenselektion, als auch bei der Aufgabenkonstruktion hilfreich und somit nützlich zur Unterrichtsvorbereitung und -gestaltung sein. Wenn die Abduktionsanalyse verstanden und angewendet werden soll, wären zunächst fiktive, einfach konstruierte Beispiele hilfreich.

Die Theorie der Abduktion gibt konkrete Hinweise für die Konstruktion von Entdeckungsaufgaben: Die Aufgabenstellung sollte der Schülerin oder dem Schüler Resultate bieten oder ihr bzw. ihm zumindest ermöglichen, diese leicht zu erkennen (für Aufgabenbeispiele s. u. a. Wittmann und Müller 1994a/b). Vor allem der Überraschungsgehalt der Resultate scheint eine wichtige Bedeutung für den Entdeckungsprozess zu haben, weil dieser hierdurch häufig erst angeregt wird.

In der Schule kommt es vor, dass Lernende konditionale Gesetze ($A \Rightarrow B$) „umkehren" und somit von B nach A schließen. Das Gesetz wird in der falschen Richtung verwendet. Eine mögliche Ursache hierfür bietet das Schema der Abduktion, weil auch hier das Gesetz auf diese Weise interpretiert wird. Die Schülerin oder der Schüler könnte ihre bzw. seine im Kontext des öffentlichen Darstellens einer Entdeckung gesammelte Erfahrung mit der Umkehrung von Gesetzen auf das Begründen übertragen haben. Die „falsche" Verwendung eines Gesetzes könnte jedoch auch einen anderen Grund haben: Statt (wie von der Lehrperson gewünscht) eine Begründung für etwas anzugeben, versucht die Schülerin oder der Schüler eine mögliche Ursache dafür zu finden. Statt zu deduzieren abduziert sie bzw. er.

Insbesondere in der Ausbildung von Lehrpersonen kann mit der Abduktion ein für das Problemlösen und das Beweisen wesentliches Hilfsmittel behandelt werden: das „Rückwärtsarbeiten". Zur Begründung einer Behauptung wird nicht selten von der Behauptung ausgegangen, um dann durch Modifikationen herauszufinden, auf welches bestehende Wissen die Behauptung zurückgeführt werden kann. Es werden also Ansatzpunkte für den nachfolgenden deduktiven Aufbau eines Beweises gesucht. Diese Durcharbeitung kann durch das Umkehren des abduktiven Schlusses geschehen: Ausgehend von dem Fall der Abduktion wird deduktiv auf das zeitlich, aber nicht mehr logisch vorausgehende Resultat der Abduktion geschlossen.

8.3 Ausblick auf weiterführende Studien

Will man die Entdeckungs- und Begründungsprozesse einer einzelnen Schülerin oder eines einzelnen Schülers analysieren, so können individualpsychologische Studien (Einzelinterviews, ...) einen tieferen Einblick ermöglichen. Jedoch vermag die Abduktionsanalyse auch bei diesem Vorgehen nicht, das konkrete Denken der Schülerin oder des Schülers wiederzugeben. Zwar ist die Abduktion die entscheidende Schlussform für die Hypothesengenerierung, aber mittels des Schemas der Abduktion kann nur die Rationalität des öffentlichen Entdeckungsprozesses und nicht die Hypothesengenerierung selbst rekonstruiert werden (s. Meyer 2010).

Mit dem Abduktionsschema wurde in dieser Arbeit ein Werkzeug für die Rekonstruktion von Entdeckungen bereitgestellt. Die Praktikabilität dieses Werkzeuges wird sich in kommenden Studien noch weiter bewähren müssen. Insbesondere im Zusammenhang mit der mathematikdidaktischen Entwicklungsforschung scheint noch Potenzial der Abduktions- bzw. Erkenntnisanalyse zu liegen. Die getroffenen Unterscheidungen (Fall, Gesetz und Resultat; vordergründige, tiefergehende, kreative, unter- und übercodierte Abduktion; empirischer und theoretischer Erkenntnisweg, etc.) könnten zur Konstruktion und Rekonstruktion von entdeckenden Übungen oder entdeckenden Wegen bei Einführungen in Schulbüchern nützlich sein (z. B.: Wie sollten die Resultate beschaffen sein, damit bestimmten Lernenden tiefergehende Erkenntnisse eher ermöglicht werden?). Entsprechend könnte auch analysiert werden, welche Mathematik Lernende in der Schule erfahren (eine eher empirische oder eine eher theoretische?).

In der Zwischenzeit (von der ersten zur zweiten Auflage) konnte die Abduktion und ihr schematische Darstellung gewinnbringend für die hier präsentierten und weitere Fragestellungen eingesetzt werden. Meyer und Voigt (2010) rekonstruierten Modellierungsprozesse mit dem Schema der Abduktion und differenzieren beispielsweise routinierte von nicht routinierten Prozessen. Meyer und Voigt (2009) konnten hiermit Erarbeitungswege von Merksätzen in Schulbüchern rekonstruieren und somit die Vielfalt möglicher Wege präsentieren. Die aus erkenntnistheoretischer Sicht sinnvollste Option, das Entdecken mit latenter Beweisidee, wurde auch separat präsentiert (Meyer und Voigt 2008). Krumsdorf (2017) nutze das Schema, um beispielgebundene Beweise als Prozesse zwischen subjektiver Realisierung und latenter Sinnstruktur zu rekonstruieren.

Philipp (2013) sowie Philipp und Leuders (2012) nutzten bereits die Schlussformen zur theoretischen Beschreibung des innermathematischen Experimentierens und zum Herausarbeiten von Teilkompetenzen (z. B. Philipp 2013, S. 89 ff.).

In den Abschnitten 2.1.4 und 3.3.3 wurde bereits der Zusammenhang zwischen dem Problemlösen und dem abduktiven Schluss beschrieben. Söhling (2017) arbeitet dies weitergehend aus, indem sie etwa die Prozesse vom Irrtum zu dessen Korrekt beim Problemlösen rekonstruiert. Kunsteller (2018) betrachtete Familienähnlichkeiten und ihre Nutzung im Mathematikunterricht und konnte durch das Schema der Abduktion ein allgemeines Schema zur Beschreibung von Analogieschlüssen und deren Rekonstruktion aufzeigen. Maisano (2019) analysierte hiermit den Zusammenhang zwischen dem Beschreiben und dem Erklären als mündliche Sprachhandlungen mehrsprachiger Grundschulkinder.

Die wenigen Beispiele zeigen bereits, dass die hier vorliegende Arbeit zur Aufbereitung der Abduktion für die mathematikdidaktische Forschung eine breite Anwendung gefunden hat. Aktuell wird die Theorie der Abduktion und des Zusammenspiels der Schlussformen in zwei Perspektiven verwendet: Zum einen um den Nutzen naturwissenschaftlicher Methoden, insbesondere der experimentellen Methode, für den Mathematikunterricht zu klären. Die ersten Arbeiten zeigen dabei ein interessantes Zusammenspiel zwischen theoretischen und empirischen Anteilen und Herausforderungen für die Lernenden bei der Nutzung dieser Methode (z. B. Rey und Meyer 2019) bzw. bereiten Förderkonzepte auf. Zum anderen rekonstruieren wir (Körner und Meyer) aktuell die Prozesse des Abstrahierens, Verallgemeinerns und Generalisierens: Wie lassen sich diese sinnvoll im Rahmen mathematischer Lehrprozesse unterstützen und welche Hürden lassen sich im Vorfeld aus rein rationaler Perspektive erkennen?

Anhang

M. Meyer, *Entdecken und Begründen im Mathematikunterricht*,
Kölner Beiträge zur Didaktik der Mathematik,
https://doi.org/10.1007/978-3-658-32391-2

Transkripte zu den Analysebeispielen

Transkript zu Analysebeispiel 1 (Klasse 7a, 3. Stunde)

Zeit	Nr.	Name	Äußerung
12:09	1	L	nehmen wir jetzt das Aufgabenblatt C *(4 sec)* bei wem gab es so ein Aha' .. bei wem gab es so ein Aha', eine Entdeckung' (*reibt die Hände aneinander*) .. mh Alex .. bitte'
	2	Alex	bei mir gabs n Aha
	3	L	ja dann sag mal
	4	Alex	ja also, nein (d– dass?) hab ich ja nix, ehm ich habs nicht aufgeschrieben aber– das is so (..)
	5	L	sags Alex
12:10	6	Alex	(*spricht schnell*) aber ich wusste halt nicht wie ich es aufschreiben sollte ich hab da– also ich sach jetzt mal frei +, da is ja immer– irgend ne Zahl im– ehm Zähler, die wird dann immer–, ehm .. ja mal 4 genommen sozusagen .. und die im Nenner wird auch mal vier genommen, und das Ergebnis– ist dann so .. das ist dann so dass ehm, ja dass man das dann durch 4 teilen soll und dann kommt– .. da kommen ehm, kommen die Zahlen raus da kommt– die Zahl raus die im Nenner und äh im Zähler und im Nenner is.
	7	Ss	hä'
	8	L	und warum, warum hast du das nicht aufgeschrieben'
	9	Alex	ja weil ich nicht weiß obs richtig is.
	10	L	oh, ihr sollt das ruhig aufschreiben wenn ihr auch nicht ganz sicher seid. .. ich find das vernünftig, so wie du das gesagt hast. .. vorhin war– ehm Ivo
	11	Ivo	da muss man halt jede– jeden Bruch mal 4 erweitern und auch halt– deswegen auch durch 4 kürzen. das kann man mit jedem Bruch machen.
	12	L	ändert sich die Bruchzahl nicht. aber wo wird denn hier erweitert' ... du hast gesagt man kann jeden Bruch erweitern und wieder kürzen aber wo wird denn hier erweitert'
	13	Ivo	ja dasis ja– praktisch also da wird ja 4 mal äh plus gerechnet, also halt mal 4. deswegen–
	14	Alex	Nachsager

Zeit	Nr.	Sprecher	Äußerung
	15	Ivo	ja deswegen wirds ja, mal 4 erweitert
12:11	16	L	genau. und Alex du sagst jetzt Nachsager, natürlich, es geht ja um die selbe Gesetzmäßigkeit aber–, da bekommst du jetzt auch n Hinweis wie mans sagt und aufschreibt, ne', Tim
	17	Tim	ich wollt noch sagen das kann man ja nicht nur mit 4 machen das kann man auch mit 3 oder so machen. oder mit 6.
	18	L	aha
	19	Tim	da muss ja irgendwie auch wieder mit 6 kürzen .. also wenn das jetzt, also der Zähler ma– ehm mal 6 und den Nenner mal 6 dann kann man hinterher das Ergebnis durch 6 kürzen dann– (kommt wieder das?) erste raus.
	20	L	ich schreib mal Folgendes auf, Tim, ob du das so meinst (*fertigt Tafelbild an, 15 sec*) meinst du das so'

$$\frac{137+137+137+137+137+137}{1412+1412+1412+1412+1412+1412}$$

Das Tafelbild der 3. Stunde

Zeit	Nr.	Sprecher	Äußerung
12:12	21	Tim	ja, (*einige Schüler lachen*) ja also man könnte ja ehm man kann ma, das kann man jetzt ausrechnen und das Ergebnis dann eben mit 6 kü–, ja mit 6 kürzen. … aber dat und das gibt dann kommt hinterher eben dann 137/1412 raus
	22	L	Lena
	23	Lena	man kann auch gleich nachzählen äh ob bei beiden gleichviel eh multi– ach ehm ehm dividiert wird
	24	L	Summanden (..)
	25	Lena	ja genau, was auch immer, ehm dann– braucht man auch nur sechs 137/1412 hinschreiben. ..
	26	L	ja, man braucht erst mal die großen Zahlen gar nicht rechnen wenn man es verstanden hat. ... okay ... soll ich euch mal sagen wie der
12:13			Mathematiker so was aufschreibt'

Transkript zu Analysebeispiel 2 (Klasse 4b, 5. Stunde)

1. Oliver	30 + □ =	2. Oliver	150 · □ =	3.	□ · □ =
Tanja	100 - □ =	Tanja	600 : □ =		10 · □ =

Das Tafelbild zu Beginn der Stunde

Zeit	Nr.	Name	Äußerung
09:57	1	L	wollen wir zuerst äh die Hausaufgaben besprechen, also das Arbeitsblatt E, und ich habe noch mal kurz–, die Rechnungen hier auf die Tafel geschrieben. zuerst zur Aufgabe 1, der Oliver hatte sich ja die Rechnung ausgesucht. (*zeigt auf „30 + □ =“*) .. die Tanja muss dann die andere Rechnung nehmen (*zeigt auf „100 – □ =“*) .. und Tanja durfte dann– die Zahl sagen, die hier in beide Kästchen einzutragen ist. (*zeigt dabei abwechselnd auf die Kästchen*) .. äh– Paolo, was hattest du dir gedacht, welche Zahl sollte Tanja wählen’ (*zeigt auf das Kästchen bei Tanja*)
	2	Paolo	äh 40 ..
09:58	3	L	40, schreibe ich die mal hier– da drunter (*schreibt „40“ unter das Kästchen von Tanja, s. Tafelbild unten*) … und warum 40’ … Paolo’
	4	Paolo	weil– weil das steht auch hier unten. …
	5	L	oh– ja, man muss doch– äh Tanja will doch gewinnen .. und da müsstest du jetzt ja begründen können, warum die Tanja, wenn sie die Zahl 40 wählt, gewinnt .. warum’, wenn man es hier einträgt und hier (*zeigt jeweils auf die Kästchen der Rechnungen*) einträgt Tanja jetzt gewinnt.
	6	Paolo	die 30
	7	L	lieber 30’
	8	Ss	ja (5 sec, *L schreibt „30“ unter „40“*)
	9	L	aha, wollen wir mal fragen– mh .. wie ist das Dino’, was meinst du, sollte Tanja 40 wählen’, sollte Tanja 30 wählen’ (*zeigt jeweils auf „30“ und „40“*)

	10	Dino	äh lieber die 30, weil 100 minus 30 sind 70 und wenn du 100 minus 40 sind das 60 also– 70 ist ja mehr als 60. und dann passt das jeweils– 30
	1	L	aha, was wäre wenn Tanja 40 wählt' (*lässt Zeigefinger neben „40"*)
	2	Dino	nein dann wären das 60 und nicht 70, dann hätte ke– dann hätte sie verloren.
09:59	3	L	dann hätte Tanja verloren ne'
	4	Dino	(*zustimmend*) mh
	5	L	und äh fragen wir mal Sandra–
	6	Sandra	ich würde auch sagen dann verliert Tanja, weil ehm 70 ist ja mehr als 60 deswegen würde ich auch 30 nehmen
	7	L	aha, also 40 wäre nicht so gut (*streicht „40" durch*) und– prima Paolo dass du dich verbessert hast und hast dann 30 gewählt. (*zeigt auf „30"*) das klappt. ja andere Lösungen' ehm wie ist das Fabian', weißt du noch eine andere Zahl die Tanja wählen könnte' … oder Iris hast du noch eine andere Zahl' .. oder Mark'
	8	Mark	ja, man kann da eigentlich auch 20 nehmen, (*L schreibt „20" unter „30"*) weil is– is ja eigentlich egal weil– 100 minus 20 sind 80 und 30 plus 20 sind 50 und dann (..) hat Tanja immer noch– schon wieder gewonnen– (*L zeigt dabei auf die jeweiligen Rechnungen die der Schüler anspricht*)
	9	L	aha .. Lisa
	10	Lisa	man kann auch minus 10 ..
	11	L	Minuszahl
	12	Lisa	sind doch 90 und wenn du Oliver (geht– dann?) 30 plus 10 sind plus 40.
	13	L	ach du meinst hier eine 10.
	14	Lisa	ja (*L trägt „10" unter „20" ein*)
10:00	15	L	ah so, 90 und hier gibt 40– (*zeigt jeweils auf die Rechnungen*) prima, und äh Lars'
	16	Lars	man kann auch alle Zahlen unter 30 nehmen
	17	L	alle Zahlen unter 30'

	18	Yvonne	ja kann man
	19	L	warum das denn' Yvonne
	20	Yvonne	weil nämlich ehm alle Zahlen unter 30 sind ja niedriger– und wenn man minus 20 und rechnet sind ja 80, und äh 30 plus 20 sind 50, da könnte man genauso gut auch ehm minus 1 rechnen, und plus 1 das– also–, (*L trägt „1" unter „10" ein*) das wäre dann 99 und oben wäre es dann 31, (*L zeigt jeweils auf die Rechnungen, welche die Schülerin anspricht*) dann hätte Tanja gewonnen.
	1	L	aha, prima, was ist denn die höchste Zahl die Tanja einsetzen kann', ist da jemand drauf gekommen', Frank
	2	Frank	die 1 .. äh ich mein– die höchste Zahl'
	3	L	die höchste Zahl
	4	Frank	29
	5	L	29– ah die 30 (*zeigt auf „30"*) haben wir aber schon besprochen, 30 klappt auch schon. 30 also die höchste'
	6	Ss	ja, ja ...
10:01	7	L	wie ist das Jens'
	8	Jens	39 glaube ich
	9	L	39' (*L trägt „39" unter „1" ein*)
	10	Ss	nein ..
	11	L	kommt hier 69 heraus und hier' (*zeigt jeweils auf die dazugehörigen Rechnungen*)
	12	S	61
	13	L	also 39 klappt nicht (*streicht „39" durch*) ... Dominik'
	14	Dominik	34
	15	Ss	(*Gelächter*)
	16	L	34, ich schreibe die mal daneben. (*schreibt „34" neben „30"*) oben kommt 64 heraus, unten kommt– .. 66 heraus– (*zeigt jeweils auf die dazugehörigen Rechnungen*) 34 klappt. 35 klappt das auch'
	17	Ss	nein nein
	18	L	dann sind beide gleich, 65 und hier hier gibt es auch 65. also alle Zahlen zwischen 1 und 34.

1. Oliver	30 + □ =	2. Oliver	150 · □ =	3.	□ · □ =
Tanja	100 − □ = ~~40~~ 30 34 20 10 1 ~~39~~	Tanja	600 : □ =		10 · □ =

Das Tafelbild nach der Bearbeitung der ersten Aufgabe

Die nächste Szene setzt bei der Besprechung der Aufgabe 3 des Arbeitsblattes ein.

10:04	1	L	was ist wenn Oliver die erste Rechnung wählt', (*zeigt auf die obere Rechnung unter Punkt 3*) was sollte Tanja dann tun', also Oliver– (*4 sec*) wählt erste Rechnung. (*5 sec*) dann sollte .. Tanja (5 sec, *schreibt an die Tafel: „Oliver wählt 1. Rechnung. Dann sollte Tanja die Zahl“*) die Zahl– ja welche', wenn Oliver die erste Rechnung wählt (*4 sec*) mh Nasser
	2	Nasser	ich würde die 1 nehmen.
	3	L	würdest die 1 wählen (*schreibt „1“ neben „Zahl“*) ..
	4	S	1 mal 1 ist gleich 1
	5	L	1 mal 1 ist 1, 10 mal 1 ist 10, dann hat Tanja mit der zweiten Rechnung ja gewonnen. und Yvonne'
	6		(*23 sec Unterbrechung, eine Schülerin hatte die Aufgabenstellung nicht verstanden*)
10:05	7	L	könnte Tanja noch eine andere Zahl wählen' .. mh, Janine könntest du dir eine Zahl noch denken die– Tanja wählen könnte' ...
	8	Janine	(..)
	9	L	was meinst du'
	10	Janine	(..)
	11	L	du sagst die 2 (*trägt „2“ neben „1“ ein*) .. klappt auch, 2 mal 2 ist 4, 10 mal 2 ist 20, (*fährt entsprechend die Rechnungen mit dem Zeigefinger nach*) dann hat die Tanja auch mit der 2 gewonnen. und Jessika'

	12	Jessika	man kann auch 5 eintragen– 5 mal 5 ist 25 und 10 mal 5 ist ehm 50.
	13	L	aha, also ich kann es auch verraten, die 3 und 4 kann man eintragen, die 5 (*schreibt „3, 4, 5" neben „2"*) kann man eintragen. …
	1	S	die 9
	2	S	die 6
	3	L	die 6, die 7
	4	L+Ss	die 8
	5	Ss	die 9
	6	S	die 10
10:06	7	L	9– (*schreibt jeweils die Zahlen auf*) kommt oben 81 raus, unten 90, die ze– (*setzt zum Schreiben an*)
	8	Ss	(*durcheinander*) die zehn nicht, ne ne
	9	L	warum nicht' .. Iris
	10	Iris	is gleich
	11	L	dann ist es gleich, 10 mal 10 sind 100, hier steht auch 10 mal 10. und gibt es vielleicht eine ganz große die Tanja noch wählen kann' (*fährt die Rechnungen mit dem Finger nach*)
	12	Ss	ne, höher geht es nicht
	13	L	halt .. ihr habt Recht, Tanja kann nicht gewinnen wenn sie jetzt eine ganz große– ganz große Zahl wählt. warum nicht', warum nicht', Niko
	14	Niko	weil bei Oliver, ehm äh die Anfangszahl– wenn man da jetzt 13 nehmen würde, (*L zeigt auf den ersten Platzhalter in der oberen Rechnung*) ist ja ist ja höher als die 10 bei Tanja, also würde dann Oliver gewinnen, weil Tanja schon die erste Zahl stehen hat und das is ne 10 bei Tanja, und dann 13 mal 13 ist ja höher als 10 mal 13.
10:07	15	L	aha, also 13 kann sie nicht wählen– aber vielleicht noch eine ganz große', 5798933. Frank

Zeit	Nr.	Sprecher	Äußerung
	16	Frank	ne das geht ja auch nicht, weil– der nimmt ja– ja die Zahl so oft mal wie da auch die Anfangszahl steht. der nimmt– und Tanja nimmt ja nur 10 mal dann–
	17	L	genau. also wunderbar– man kann nur noch die 9 wählen (*schreibt „wählen" neben „9"*) … so .. und was ist wenn–, Oliver die zweite Rechnung wählt' (10 sec, *schreibt „Oliver wählt die 2. Rechnung. Dann …" an die Tafel*) dann– Pünktchen Pünktchen– ich mache einfach nur Pünktchen noch– ne', einfach die Zahlen eintragen für Tanja– ... was ist wenn Oliver die zweite wählt, mh Mark
	1	Mark	dann kann man oben auch eine größere Zahl nehmen, weil dann ehm dann muss man zum Beispiel ja 20 mal 20. und das ist dann
10:08			höher wie unten 10 mal 20– und dann geht das auch wieder
	2	L	ah ja, hast recht. also die 20 geht, (*trägt „20" neben „ … " ein*) gehen auch auch andere Zahlen' .. Paolo
	3	Paolo	es geht auch 11 oder 13, 14
	4	L	die 11 geht auch .. und so weiter– also bis 20 gehen die auf jeden Fall (*schreibt „11, …," vor „20"*) .. gehen noch– andere' .. Kai'
	5	Kai	ehm 100
	6	L	100 geht auch .. und so weiter, es gehen alle Zahlen– die größer sind als 11 (*zeigt auf „11"*) .. warum', warum gehen alle– sind alles Gewinnzahlen für Tanja die größer sind als 11 .. äh oder gleich 11 .. warum', äh Berit
	7	Berit	bei ehm 10 (…) 10 mal zum Beispiel 20 .. und dann oben 20 mal 20 da muss man ja immer die Zahl die man mal gerechnet hat bei
10:09			der unteren Aufgabe und dann äh kommt da immer mehr hin. ..
	8	L	ja du hast Recht, für die 20 das stimmt, Natalie'
	9	Natalie	ehm du kannst die 10 nicht mehr nehmen weil dann ehm die– also ehm, dann nimmt Tanja auch die 10, und dann 10 mal 10 und du hast ja denn oben auch 10 mal 10– bei Oliver dann auf jeden Fall
	10	L	bei 10 ist Gleichstand

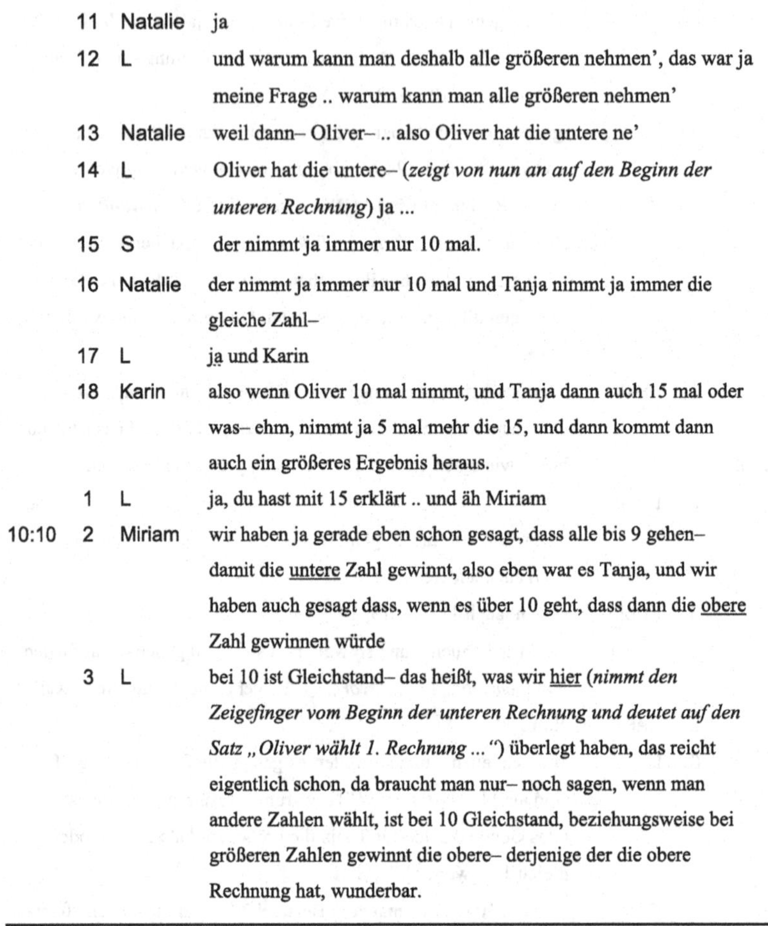

	11	Natalie	ja
	12	L	und warum kann man deshalb alle größeren nehmen', das war ja meine Frage .. warum kann man alle größeren nehmen'
	13	Natalie	weil dann– Oliver– .. also Oliver hat die untere ne'
	14	L	Oliver hat die untere– (*zeigt von nun an auf den Beginn der unteren Rechnung*) ja ...
	15	S	der nimmt ja immer nur 10 mal.
	16	Natalie	der nimmt ja immer nur 10 mal und Tanja nimmt ja immer die gleiche Zahl–
	17	L	ja und Karin
	18	Karin	also wenn Oliver 10 mal nimmt, und Tanja dann auch 15 mal oder was– ehm, nimmt ja 5 mal mehr die 15, und dann kommt dann auch ein größeres Ergebnis heraus.
	1	L	ja, du hast mit 15 erklärt .. und äh Miriam
10:10	2	Miriam	wir haben ja gerade eben schon gesagt, dass alle bis 9 gehen– damit die untere Zahl gewinnt, also eben war es Tanja, und wir haben auch gesagt dass, wenn es über 10 geht, dass dann die obere Zahl gewinnen würde
	3	L	bei 10 ist Gleichstand– das heißt, was wir hier (*nimmt den Zeigefinger vom Beginn der unteren Rechnung und deutet auf den Satz „Oliver wählt 1. Rechnung ...“*) überlegt haben, das reicht eigentlich schon, da braucht man nur– noch sagen, wenn man andere Zahlen wählt, ist bei 10 Gleichstand, beziehungsweise bei größeren Zahlen gewinnt die obere– derjenige der die obere Rechnung hat, wunderbar.

1. Oliver	30 + □ =	2. Oliver	150 · □ =	3.	□ · □ =
Tanja	100 − □ =	Tanja	600 : □ =		10 · □ =

~~40~~
30 34
20
10
1
~~39~~

Oliver wählt 1. Rechnung. Dann sollte Tanja die Zahl 1, 2, 3, 4, 5, 6, 7, 8, 9 wählen.

Oliver wählt 2. Rechnung. Dann ...
...... 11, ..., 20, ...

Das Tafelbild am Ende der Unterrichtsszene

Transkript zu Analysebeispiel 3 (Klasse 4a, 5. Stunde)

Zeit	Nr.	Name	Äußerung
10:45	1	Simon	man konnte ja auch bei der ersten Aufgabe abgucken
	2	S	bei der dritten
	3	Simon	also bei der hier. (*zeigt auf das Arbeitsblatt seines Nachbarn*) weil ich hab ja jetzt mein Heft nicht dabei deswegen, also bei der dritten Aufgabe mein ich, da konnte man das ja auch abgucken, weil–
	4	L	warum konnte man das denn abgucken'
	5	Simon	(...)
	6	L	ja Simon– sag mal
	7	Simon	kann ich das hier zeigen'
	8	L	ja .. dann komm ruhig nach vorne (*bittet den Schüler durch Bewegung des Zeigefingers herbei*) und–, wollen wir sehen worauf du zeigen willst
	9	Simon	(*stellt sich mit dem Arbeitsblatt des Nachbarn vor die Schultafel*) weil, hier steht ja– die 100. und da ja die 125 (*deutet zur Aufgabe 3 auf dem zum Lehrer gerichteten Arbeitsblatt*)
	10	L	zeig es mal so– dass das alle so sehen. (*dreht das Arbeitsblatt des Schülers in Richtung der Klasse um und hilft dem Schüler im Folgenden dieses festzuhalten*)
	11	Simon	ja, also da steht ja die 100. (*zeigt auf das ausgefüllte Ergebniskästchen in der ersten Zeile von Aufgabe 3*) da die 125.
10:46			(*zeigt auf den ersten Wert bei Aufgabe 4*) steht da dann– also dann kann man, ehm da die 125 hinschreiben und da 100 (*zeigt auf die Lösung „100" in der ersten Zeile von Aufgabe 4*) und das ist dasselbe bei diesen Aufgaben hier unten. wenn da die 80 steht und da die 100– (*deutet auf die Werte bei Aufgabe 3*) und bei, ehm der vierten Aufgabe ist das halt umgekehrt, dass da dann die 80 steht und da die 100. (*zeigt auf die Werte bei Aufgabe 4*) .. konnte man auch abgucken

	12	L	wer hat das gemerkt' (*hebt den Zeigefinger*) dass man das so– abgucken konnte, bei der dritten Aufgabe. (*mehrere Schüler melden sich*) .. prima .. aber, wieso' (*kratzt sich am Hinterkopf*) da steht doch bei der dritten Aufgabe, 100 wird um ein Viertel vergrößert– sind 125, und 125 wird um ein Fünftel verkleinert sind 100 da steht doch Fünftel und nicht Viertel (*4 sec, unterstützt seine wörtlichen Betonungen durch Handbewegungen*) was ist denn damit los' (*schaut sich fragend um*) .. bei der Aufgabe 3 gehts doch immer um ein Viertel, vergrößert und bei Aufgabe 4 wird um ein Fünftel verkleinert', David (*auffordernde Handbewegung zu David*)
10:47	1	David	aber weil bei bei Fünftel verkleinern ist es um ein Viertel, und bei bei der Aufgabe 3 ist es hier bei Aufgabe 4 genau um ein Viertel größer– (das ist ja?) fünf mal das Teil. also ist ja hier das Fünfte. ..
	2	L	aha'`, versteh ich nicht. .. kannst du das uns mal vielleicht an der Tafel zeigen' (*zeigt auf die Schultafel und greift anschließend zur Kreide*)
	3	David	(*schüttelt den Kopf*)
	4	L	ne' .. okay .. ist jemand sonst noch etwas aufgefallen auf dem Aufgabenblatt'

Auf die letzte Äußerung des Lehrers kam die Frage nach der Bedeutung der Zeichnungen bzw. Kästchen am linken Rand des Aufgabenblattes auf. Jeweils wurde die einzelne Zeichnung zur Veranschaulichung der Rechenweise thematisiert; Verbindungen zwischen den Zeichnungen wurden nicht angesprochen. Bei der Bearbeitung dieser Frage wurde zusätzlich die Bedeutung von „um ein Drittel vergrößern" geklärt und zeichnerisch umgesetzt. Im Anschluss daran lenkt der Lehrer die Aufmerksamkeit auf eine neue Aufgabe:

Zeit	Nr.	Name	Äußerung
10:57	1	L	so, machen wir was Anderes– äh nicht was Anderes, was Ähnliches (*unterstützt seine Worte durch Bewegung des erhobenen Zeigefingers*) .. und zwar (*entfernt altes Tafelbild, 4 sec*) eine .. Tafel .. Schokolade ... wird .. um ein– Viertel .. vergrößert (*fertigt Tafelbild an*) ... (*dreht sich zur Klasse um*) so in der Schokoladenfabrik, die können das. .. dann ... wird .. diese größere .. Tafel, um ein Viertel verkleinert. (*schreibt wieder zeitgleich an die Schultafel*) ...

Eine Tafel Schokolade wird um ein Viertel vergrößert. Dann wird diese größere Tafel um ein Viertel verkleinert.

Das Tafelbild des Lehrers (die Schokoladenaufgabe)

Zeit	Nr.	Name	Äußerung
	2	Ss	(...)
	3	David	ja ist genauso wie am Anfang.
	4	L	so, David (*auffordernde Handbewegung zu David*) .. du hast eben was gesagt
	5	David	dann ist die Tafel doch wieder wie beim Anfang. ..
	6	L	wer ist der Meinung, dass David Recht hat– die Tafel ist dann wieder wie am Anfang'
10:58	7	David	ich nicht ich nicht
	8	L	(*lächelnd*) doch nicht', also dann sag noch mal David
	9	David	soll ich es an der Tafel machen'
	10	L	ja male mal an– (*bewegt sich von der Schultafel weg*) wie du es– ...
	11	David	(*läuft zur Schultafel*) die Tafel Schokolade ... (*zeichnet ein Viereck*) ein Teil, ein Teil (*unterteilt dabei das gezeichnete Viereck und zählt die letzten Stücke mit Hilfe des Fingers ab*) drei vier. jetzt um ein Viertel vergrößert, ist sie so groß (*fügt ein weiteres Kästchen dran*)

	1	L	so machen wir das vielleicht auch mal gestrichelt damit man sieht, was das Viertel da–
	2	David	(..) (*beginnt die Trennstriche zu entfernen*)
	3	L	halt (*spricht schnell*) halt halt halt +, lass mal erst mal stehen (*zeichnet Striche nach*)
	4	David	stimmt doch
	5	L	ja .. aber ich will damit das jeder– das so erkennt, das ist so gestrichelt ne', das ist dann hinzugekommen das Viertel (*strichelt das hinzugekommene Stück der Schokolade*) .. und jetzt sag es mal nur wie du es meinst. ..
	6	David	wie– kann ich es jetzt zeigen oder nicht'
	7	L	versuche es mal mit nur in Worten zu sagen, damit wir nicht alles so (*deutet in Richtung der Zeichnung*) durcheinander– (*lächelnd*) dann zeichne es, dann zeichne es. +
	8	David	ehm ist ja die Schokolade jetzt wieder normal groß (*wischt die Unterteilungen weg*), aber–
10:59	9	L	das ist ja jetzt die größere Tafel ne'
	10	David	nein jetzt kommen ja wieder normale Stücke dabei. (*unterteilt die vergrößerte Schokoladentafel in Viertel*)
	11	Ss	hä'
	12	David	eins zwei ... drei vier. (*zählt die neuen Stücke mit Hilfe der Finger ab*) jetzt stehen ja keine 5– eben waren es ja 5 Teile jetzt sind ja wieder nur 4 Teile ..
	13	L	aha
	14	David	hier abgemacht dann ist sie ja kleiner als vorher. (*deutet auf den rechten Unterteilungsstrich*)
	15	L	streich es durch
	16	David	ist sie kleiner als vorher.
	17	L	streich es durch was abgemacht wird. ..

	1	David	ja, jetzt ist sie kleiner als vorher. (*streicht dabei das letzte Viertel durch*) das ist so (*zeigt mit seinen Händen die Breite der neuen Schokolade*) (größere?) am Anfang war sie so groß (*deutet die Größe der Anfangstafel an*) .. jetzt ist sie so (*zeigt wiederum die Breite der neuen Schokoladentafel*)

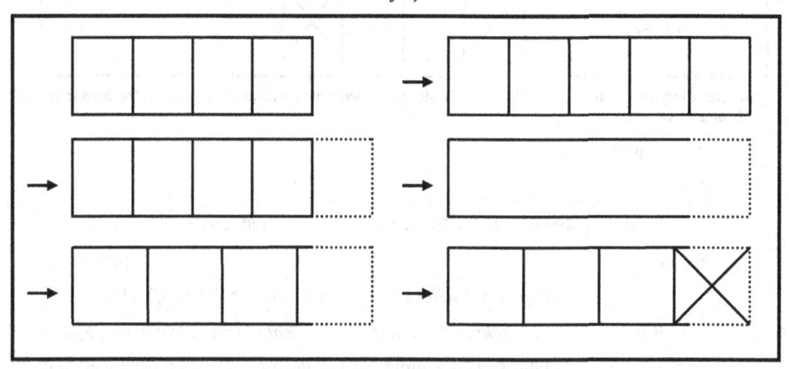

Entwicklung von Davids Tafelbild (die Pfeile markieren die einander folgenden Veränderungen seiner Zeichnung)

	2	L	also da will ich noch mal abstimmen– bei euch, wer ist der Meinung– dass die Tafel die alte Tafel ist' .. wer ist der Meinung– die Tafel ist größer als die alte' .. wer ist der Meinung die Tafel ist kleiner als die alte' .. (*jeweils melden sich mehrere Schüler*) aha, also ihr seid euch völlig uneins ... hm .. Mark.
11:00	3	Mark	vorher hatte es Viertel (*geht zur Schultafel*) ... und dann (ist es?) wieder eine Tafel Schokolade (*der Versuch eine Schokoladentafel zu zeichnen missglückt zunächst*) .. ich versuch es noch mal (..), ja also das ist ein Viertel (*zeichnet eine größere Tafel und unterteilt diese in Viertel*) .. ehm .. und dann wirds– äh um ein– Viertel vergrößert (*zeichnet ein gestricheltes Viertel hinzu, 4 sec*) so. .. ja und dann ist es so, und dann äh wirds ja normal .. und dann äh wird wieder der durchgestrichen. (*streicht das zusätzliche Viertel durch*) also äh, der wird dann wieder weg.
	4	L	so dass es wieder das Alte ist meinst du'
	5	Mark	ja.

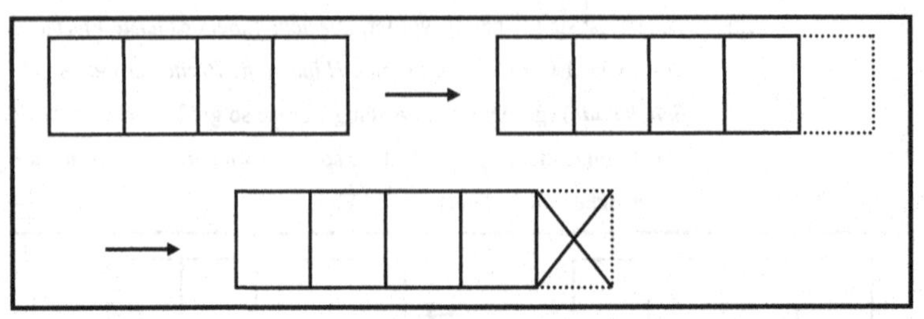

Entwicklung von Marks Tafelbild (die Pfeile markieren die einander folgenden Veränderungen seiner Zeichnung)

	1	David	eh eh
	2	L	aha
	3	David	aber da sch– da (*zeigt zur Schultafel*) sind jetzt noch 5 Stücke
	4	L	psch psch (*fordert den Schüler auch durch Gestik zur Ruhe auf*) .. Kai
11:01	5	Kai	(*14 sec, geht zur Schultafel und wischt Marks Zeichnung weg*) das ist jetzt die Tafel die vorher ist. (*zeichnet ein Viereck*) und die mh teilt man dann in Viertel, (*Schüler unterteilt seine Zeichnung*) und hat 4 Viertel, und dann wirds so ehm vergrößert. (*zeichnet zusätzliches Viertel*) und dann ist das ja ein Größeres und dann wird das auch wieder ehm mh dann wird das auch– kleinere Viertel wieder (*deutet neue Unterteilung der Zeichnung an*) und dann wenn man dann wieder ein Viertel wegnimmt (ist es ein?) größer, also– dann dann ehm kommt– man hat doch, dann ist das so (*entfernt seine bisherige Unterteilung*) .. so dass jetzt hier die Viertel (*unterteilt Schokoladentafel in 6 Teile*) .. so und dann wenn man ein Viertel
	6	L	oh da hast du Augenblick, eins zwei drei vier fünf sechs Teile der Tafel
	7	Kai	so (*entfernt den Strich, der das letzte Schokoladenstück trennt*)
	8	L	jetzt hat du eins zwei drei vier fünf Teile der Tafel.
	9	Kai	ja und vorher waren es vier und dann äh, wenn man eins dann wegnimmt (*deutet mit dem Handrücken auf das neue Ende der Schokolade*) ist das größer (..) (*streicht letztes Stück durch*)
11:02	10	L	aber wenn du von den fünf Teilen eines wegnimmst, (*zeigt auf den durchgestrichenen Teil*) um wie viel verkleinerst du die denn dann'

1 Kai um ein.

2 L um einen Teil'

3 Kai ja. (*wischt seine Zeichnung weg*)

4 L aber wenn es 5 Teile sind, die gleichgroß sind ist es eine Verkleinerung um ein Fünftel. ...

5 Kai ja. ..

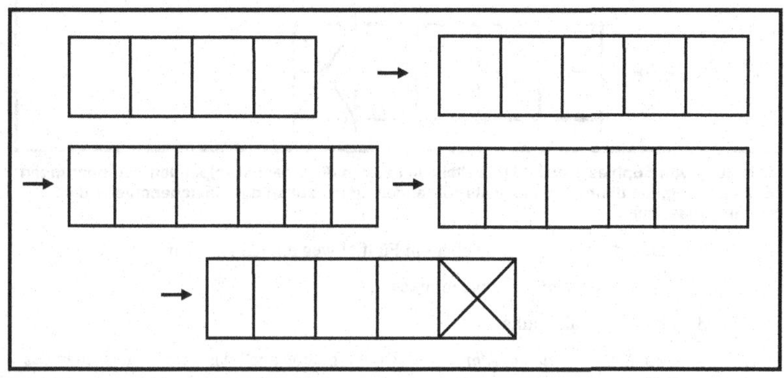

Entwicklung von Kais Tafelbild (die Pfeile markieren die einander folgenden Veränderungen seiner Zeichnung)

6 L (*lächelnd*) ja ehm + ... Sophie'

7 Sophie (*6 sec, geht zur Schultafel und zieht diese nach unten*) also du hast ja die Schokolade (*zeichnet eine Schokoladentafel mit einer Größe von 2x4 Kästchen auf einem noch freien Bereich der Schultafel mit Kästchenunterteilung, 7 sec*)

8 L geschickt die Kästchen genutzt.

9 Sophie und das sind jetzt 4 Viertel, (*zählt die Viertel mit der Hand ab*) da nimmst du ein Viertel dazu (*zeichnet ein Viertel dazu*)

10 L ich mach da wieder gestrichelt damit man sieht, was dazu gekommen ist. (*strichelt das hinzugekommene Viertel*) .. ja

11 Sophie und dann ehm weil da ja steht dann nimmst du wieder ein Viertel weg, dann nehme ich das Viertel auch wieder weg (*hinzugekommenes Viertel wird durchgestrichen*)

11:03 12 David boh

1	Sophie	was dazugekommen ist wird auch wieder weggenommen.

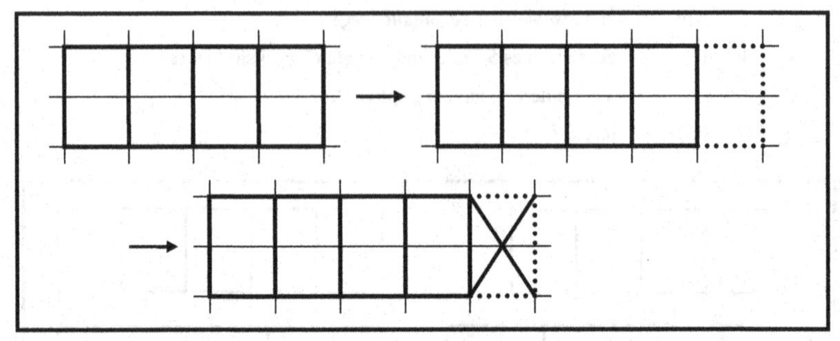

Entwicklung von Sophies Tafelbild (die Pfeile markieren die einander folgenden Veränderungen ihrer Zeichnung, die dünneren und weiterführenden Linien sollen das Kästchenmuster der Schultafel andeuten)

2	David	dann hast du aber ein Fünftel weggenommen .. du hast jetzt ein Fünftel weggenommen. ..
3	L	aha, Julia
4	Julia	(*geht zur Schultafel*) also ich glaube auch dass das, äh dass man das so machen muss– weil, man hat ja vier Viertel, (*zeigt unbestimmt auf die Zeichnung von Sophie*) ja also ja, und dann ehm wird da einer noch dazu getan, (*zeigt auf das hinzugekommene Stück bei dieser Schokoladentafel*) und dann ehm steht da ja noch ein (...) und dann ist es ja– gleich wie vorher.
5	L	aha, also ich will mal– versuchen das– so mit Zahlen zu machen.
6	David	(ich habe ganze Zahlen?)
7	L	wenn ihr mal guckt, (*wischt bei Sophies Schokoladentafel das durchgestrichene Stück weg*) das war die alte Tafel Schokolade die hat wie viele Stücke' (*zählt die Stücke der Schokoladentafel mit dem Finger*) eins zwei drei vier fünf sechs sieben acht Stücke. .. das war die alte Tafel. .. ich schreib mal hin ein– hier die 8 drüber .. (*schreibt im Satz der Aufgabenstellung „Eine Tafel wird ...“ die „8“ zwischen den ersten beiden Worten*) und jetzt wird es um ein Viertel vergrößert und da seid ihr euch ja einig das macht man so .. (*zeichnet ein zusätzliches, gestricheltes Viertel an die Schokoladentafel*) da hat man insgesamt– zehn Stücke, schreib ich mal hierhin, (*schreibt im*
11:04		

weiteren Satzverlauf der Aufgabenstellung die „10“ hinter „um ein Viertel vergrößert.“) die <u>vergrößerte</u> Tafel hat 10 Stücke .. (*zeichnet jeweils einen Kreis um die „8“ und die „10“*) Tina' ..

Eine (8) Tafel Schokolade wird um ein
Viertel vergrößert (10) Dann wird
diese größere Tafel um ein Viertel verkleinert.

Das veränderte Tafelbild des Lehrers

1 Tina (*geht zur Schultafel*) wenn– das ist jetzt ein Viertel ne' (*zeigt auf das gestrichelte Stück in der Zeichnung von Sophie*)

2 L ja

3 Tina so und wenn nachher– (ist dann nicht mehr?) das Gleiche weil man dann so viel isst, nimmt man ja das dann wieder <u>weg</u>, dann ist das ja <u>mehr</u> als die alte Schokolade weil dann– ist es ja (*zieht vom hinzugekommenen Viertel die Hälfte ab*) ... <u>so</u> nachher.

4 L aha, aber, ein solches Stück, (*zeigt auf den verbleibenden Zusatz*) wenn insgesamt die alte Tafel 8 Stücke hat, (*zeigt auf die „alte Tafel“*) ist ein solches Stück, (*zeigt auf den verbleibenden Zusatz*) ein Achtel. ..

5 Tina dann muss man da noch (aber?) ..

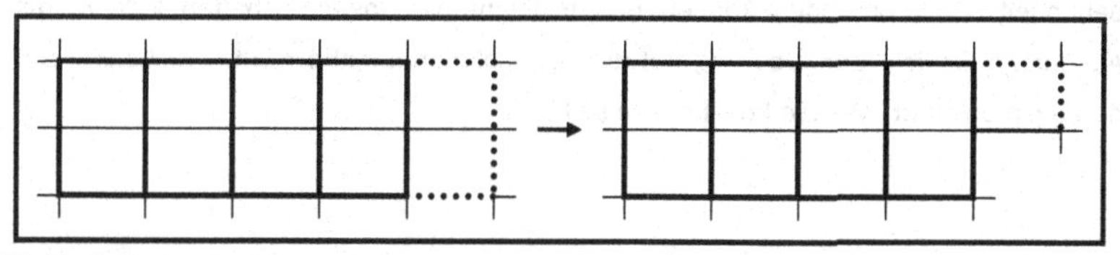

Die Veränderung des Tafelbildes durch Tina (der Pfeil markiert die vorgenommene Veränderung an der Zeichnung, die dünneren und weiterführenden Linien sollen das Kästchenmuster der Schultafel andeuten)

6 L ah so– .. klappt das nicht. wir haben jetzt hier noch mal die alte Tafel mit 8 Stücken, (*wischt das neunte, rechte obere Kästchen weg*) David ...

11:05	1	David	(*geht zur Schultafel*) jetzt äh jetzt sind es ja wieder 10 Stücke. (*vergrößert die Zeichnung zu einer Schokoladentafel mit 10 Stücken*) aber wenn du dann wieder sowas abnimmst (*zeigt auf das hinzugekommene Viertel*), dann nimmst du ja ein Fünftel ab.

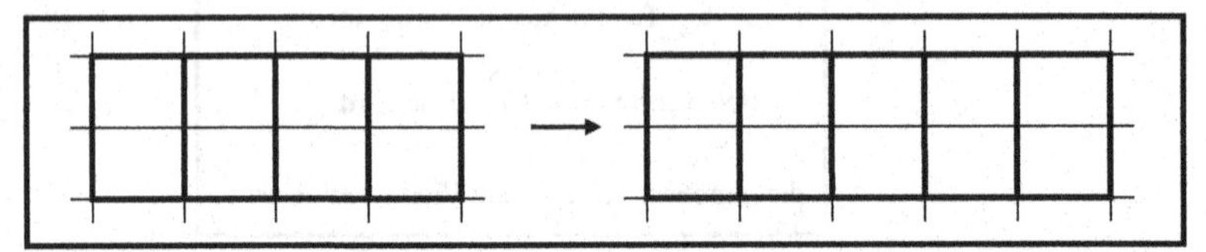

Veränderungen des Tafelbildes durch David (der Pfeil markiert die vorgenommene Veränderung an der Zeichnung, die dünneren und weiterführenden Linien sollen das Kästchenmuster der Schultafel andeuten)

	2	L	warum ein Fünftel'
	3	David	weil 5 mal 2 sind 10, aber das ist ja kein Viertel. dann sind das ja auch 5 Stücke (*zeichnet die Unterteilungslinien mit dem Finger nach*) dann muss man die Viertelstriche auch wieder wo anders hin machen weil die Tafel ja vergrößert wird .. muss man die Striche vom Viertel auch wieder wo anders hin machen. sind jetzt wohl immer hier so. (...) (*deutet neue Unterteilungslinien an, die ungefähr zu einer Einteilung in Viertel passen*)
	4	L	aha ... okay David. ich will mal eine andere Frage stellen

Anschließend wird dieselbe Fragestellung (nur mit 1/2 statt 1/4) am Beispiel der Uhr behandelt. Die Lernenden können das Problem hier lösen, schaffen jedoch, mit Ausnahme Davids, den Übertrag auf die Schokoladenaufgabe nicht. Der Lehrer gibt daraufhin bekannt, was die Lösung sein soll.

Transkript zu Analysebeispiel 4 (Klasse 10a, 2. Stunde)

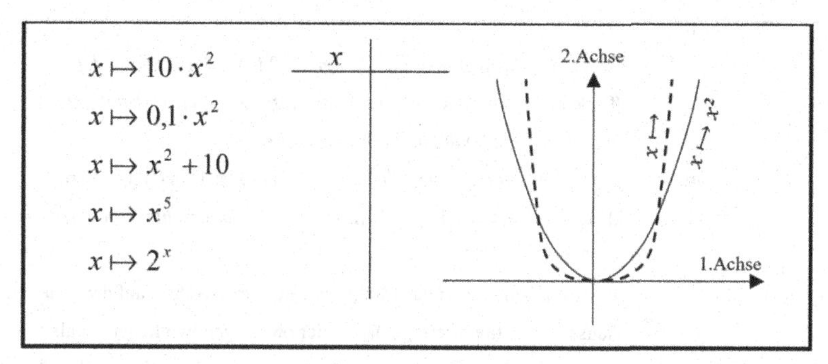

Das Tafelbild zu Beginn der 2. Stunde

Zeit	Nr.	Name	Äußerung
10:08	1	L	also das, können wir vergessen. (*streicht die Funktionsvorschrift „ $x \mapsto x^2 + 10$ “ durch*) … hast du ne andere Idee was es sein könnte Eva’
	2	Eva	ja vielleicht könnte das ja irgendwas mit ähm, wegen meiner x^4 oder so sein weil, äh der, der äh .. (leise) ne ist Quatsch (..) x^4 (*L schreibt „ $x \mapsto x^4$ “ an die Tafel, Eva spricht wieder lauter*) also x^4 weil äh, wenn man dann äh, bei x ne Minuszahl einsetzt–, äh kommt ja trotzdem noch was äh positives bei äh, bei dem– bei der Funktion raus also ähm, auf der, x-Achse äh also wenn man jetzt da äh vom Ursprung aus <u>rechts</u> ist, (*L zeigt auf den Ursprung*) dann muss es ja trotzdem noch ne ähm, noch ähm, also noch positiven äh Wert ergeben damit man überhaupt hoch kann sonst würde man ja runter gehen wenns äh wenn da– x^5 wegen meiner steht da kann– also Minus mal Minus ist ja Plus, dann noch Mal Minus mal Minus ist
10:09			wieder Plus und dann– noch Mal mal Minus ist ja äh Minus, also würde man ja im Minusbereich landen und dann würd der Graph nach unten hin wegfallen.
	3	L	mhm … du sagtest wenn man hier rechts geht auf der– ersten Achse’ (*fährt den Graph mit dem Finger im positiven Bereich der x-Achse nach*)
	4	Eva	nee wenn man links geht
	5	L	links

	1	Eva	ja, links
	2	L	ja, sag mal einfach ne Zahl die du zum Beispiel nehmen würdest
	3	Eva	-1
	4	L	-1, ich trag das mal hier ein–, (*trägt „-1" in die linke Spalte der Wertetabelle ein*) und du hattest jetzt vorgeschlagen x^4 (*trägt „x^4" über die rechte Spalte in die Wertetabelle ein*)
	5	Eva	ja, (*L zeigt auf die Wertetabelle*) ja -1 mal -1 ist <u>1</u>, und äh noch mal -1 mal -1 ist wieder 1, also 1. (*L trägt „1" in die rechte Spalte der Wertetabelle ein*)
	6	L	also wenn ich– .. hier nach <u>links</u> gehe auf der x-Achse, auf der ersten Achse .. Funktionswerte, müssen hier oben irgendwo liegen … also das passt zu dem wie das hier links aussieht. … aber wieso sollte x^4 denn– zu dem Gestrichelten passen' (*zeigt jeweils das Gesagte an dem Graphen*)
10:10	7	Eva	ja das hab ich ja nicht gesagt dass das direkt dazu passt aber, äh weil der der Graph da unten ja wieder ähm (*L zeigt auf den unteren Teil des Graphen*) gestau– gestaucht ist, deswegen–
	8	L	da muss es flacher sein
	9	Eva	ja eben
	10	L	kann man das irgendwie begründen auch mit Hilfe der Wertetabelle' .. was spricht für x^4' (*8 sec*) wenn ich .. jetzt einen x-Wert wähle der in diesem Bereich liegt hier (*zeigt auf den Bereich des Graphen nahe am Ursprung*) … was ist dann bei x^4' … nehmen wir zum Beispiel– .. <u>1/2</u> (*trägt „1/2" in die linke Spalte der Wertetabelle ein*) … was wäre der Funktionswert' ja, ähm mal schauen Nadja'
10:11	11	Nadja	dann kommt man auf 0,06.
	12	L	0,06 ich rechne es mal mit Brüchen .. auf, 1/2 mal 1/2 mal 1/2 mal 1/2, .. 1/16 ne' (*trägt „1/16" in die rechte Spalte der Wertetabelle ein*) … und das ist 0,06. … also wenn ich hier (*zeigt auf die entsprechende Stelle des gestrichelten Graphen*) 1/2 eintrage, bekomme ich als Funktionswert bei <u>x^4</u>, einen, sehr– eine sehr kleine Zahl. .. die ja auf jeden Fall unterhalb– der Punkt liegt dann

			unterhalb der Normalparabel. da würde bei x 1/2 eingesetzt 1/4 herauskommen … Timo
10:12	1	Timo	je öfter man eine Zahl kleiner als mit sich selbst– kleiner 1 mit sich selbst multipliziert desto kleiner wird sie, und auch extremer je öfter man es tut– bei Zahlen größer 1 wird die Zahl immer größer und auch extremer je öfter man das tut, und äh, und zum Beispiel x^4, da multipliziert man die Zahl ja öfter mit sich selbst als bei x^2, also muss das irgendein Exponent sein der größer ist als x^2. bei dieser äh gestrichelten Funktion.
	2	L	ja, was wäre .. also zum Beispiel x^5 (*zeigt auf die Funktionsvorschrift „ $x \mapsto x^5$ “*)
	3	Timo	nee dann der Exponent muss gerade sein
	4	L	da ist der Exponent ja größer
	5	Timo	weil sonst geht das bei äh Zahlen für x kleiner 1, geht das äh, wird der Funktionswert negativ
	6	L	bei Zahlen kleiner 1– wie zum Beispiel 1/2, meinst du jetzt'
	7	Timo	äh kleiner Null mein ich
	8	L	bei Zahlen kleiner Null. also wenn ich zum Beispiel -1 einsetze hier (*schreibt unter „x“ in der Funktionsvorschrift „ $x \mapsto x^5$ “ die Zahl „-1“*) .. gibt es bei x^5'
	9	Ss	-1
	10	L	-1, (*schreibt „-1“ unter „x^5“ der Funktionsvorschrift „ $x \mapsto x^5$ “*) das kann zu diesem Graphen auf keinen Fall gehören ne, also x^5 ist nicht richtig– (*streicht die Funktionsvorschrift „ $x \mapsto x^5$ “ durch*) du sagst aber der Exponent soll größer sein– Timo
	11	Timo	x^6 zum Beispiel oder x^4 (..)
10:13	12	L	aha … x^6, (*schreibt „ $x \mapsto x^6$ “ unter die anderen Funktionsvorschriften*) noch weitere Beispiele jetzt frag ich mal nicht den Timo– andere
	13	Ss	x^8
	14	L	x^8, x^{10} … aha … das ist völlig richtig, das sind mögliche Lösungen und dann noch x^8 x^{10}, x^{12} und so weiter … warum, noch mal, ist das

		so', der Timo hat das recht gut erklärt–, aber ich weiß nicht ob das jeder verstanden hat weil das ja nicht ganz so einfach ist .. warum sind das, (*zeigt auf die Funktionsvorschriften „ $x \mapsto x^4$ " und „ $x \mapsto x^6$ "*) Funktionen– … die zu dem gestrichelten Graphen passen' … Timo hat das gut damit erklärt wie das so nah am Ursprung aussieht– ..
10:14		
1	Timo	auch umgekehrt, also auch weit vom– .. hab ich auch erklärt.
2	L	hast du auch erklärt
3	Timo	ja dass es bei Werten größer 1 auch immer extremer wird

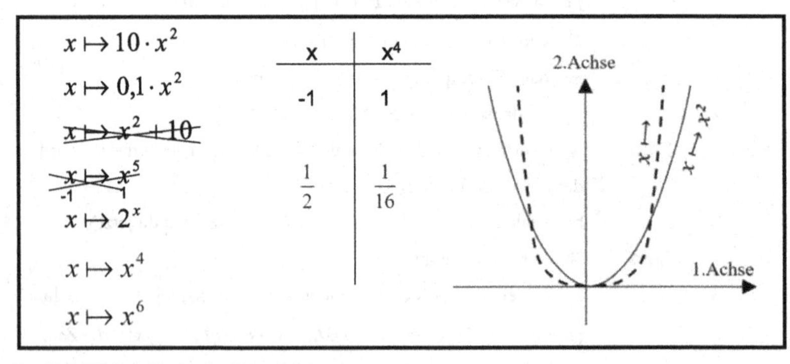

Das Tafelbild am Ende der Unterrichtsszene

Transkripte zu Analysebeispiel 5

Transkript zur ersten Unterrichtsszene (Klasse 7b, 2. Stunde)

Zeit	Nr.	Name	Äußerung
10:07	1	L	so, und wenn der Strahl jetzt immer näher zur zweiten Achse geht (*„verschiebt" einen gedachten Strahl mit der Hand*) … also– ganz dicht hier da dran– (*zeichnet einen Strahl und beschreibt diesen mit „* $x \mapsto \ \cdot x$ *"*) ich habe es ein bisschen krumm gezeichnet, aber es soll ein Strahl sein. .. was steht denn da wohl für eine Zahl' .. so ungefähr, ungefähr braucht ihr es ja auch nur sagen– ich habe ja auch nur ungefähr gezeichnet, äh Stefan

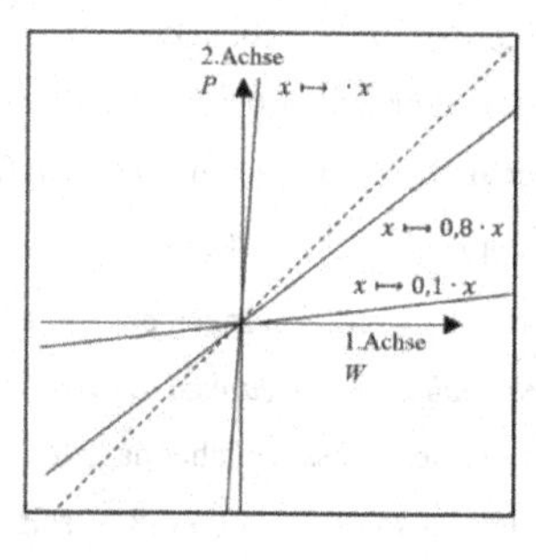

Das Tafelbild zu Beginn der Unterrichtsszene

Zeit	Nr.	Name	Äußerung
	2	Stefan	äh 100– oder mehr'
	3	Ss	hundert'
	4	L	ja, vielleicht– ich schreib mal 100 hin (*trägt „100" in den Funktionsterm ein*)
	5	S_1	äh, hundert'
10:08	6	L	nicht hundert'
	7	Ss	ne, nein (..)
	8	L	nein', Mark
	9	Mark	1,0 oder'
	10	S_1	ja
	11	L	1,0' (*zeigt auf die Funktionsvorschrift*)
	12	S_2	voll nicht
	13	S_3	mehr, mehr (..)

	1	L	wenn ich hier (*zeigt auf „ $x \mapsto 100 \cdot x$ “*) 100 durch 100 geschrieben hätte, dann wäre es hier 1,0, aber hier steht 100 mal x .. das wäre– 10000 durch 100. (*5 sec*) Sven’
	2	Sven	ehm, ach so, ich wollte eigentlich so 1,5 oder so was ..
	3	L	1,5’
	4	Ss	(? 7 sec)
	5	L	also 100 (*zeigt auf „ $x \mapsto 100 \cdot x$ “*) ist für diesen Strahl– (*fährt den Graph nach*) die Zahl etwas zu groß, aber auf jeden Fall muss die Zahl (*zeigt auf die Funktionsvorschrift*) größer sein als’ .. größer sein als’ .. ehm Mark
10:09	6	Mark	größer als 0,8 auf jeden Fall
	7	L	größer als 0,8 .. und wie– vergleichst du es mal mit der gestrichelten Linie’ .. Stefan
	8	Stefan	vielleicht größer als 1,0’
	9	L	größer als 1,0’, wo ist denn der Graph für $x \mapsto 1{,}0x$ ’ .. wo ist der Graph $x \mapsto 1{,}0x$ ’ .. Lena’ ..
	10	Lena	ehm das is– würde ich sagen ehm ehm b (..) (*die Schülerin bezieht sich auf die Graphen des Arbeitsblattes B*)
	11	L	ja .. d würdest du sagen, aber da hatten wir uns ja schon darauf geeinigt das sollte– ... $x \mapsto 0{,}8 \cdot x$ sein.
	12	S	b
	13	L	b meint ihr’
	14	S	hat sie doch gerade gesagt
	15	L	ach so, Lena– da habe ich dich– verkehrt verstanden, du meintest– du meintest b
	16	Lena	b meinte ich, aber das geht auch nicht, darum meine ich– so ungefähr ist doch
	17	L	ungefähr– wer kann es denn hier mit dem– sagen was hier (*zeigt unbestimmt auf das Tafelbild*) steht’ .. Alina
	18	Alina	die gestrichelte Linie.
10:10	19	L	die gestrichelte Linie– die Winkelhalbierende ist das. .. warum

Zeit	Nr.	Sprecher	Äußerung
			ist denn die gestrichelte Linie die Winkelhalbierende' .. der Graph für $x \mapsto 1 \cdot x$', ich schreib das mal hier drüber ... $1 \cdot x$, (*schreibt die Funktionsvorschrift an den gestrichelten Graph*) oder man wird ja auch einfach nur x schreiben können. ... Oliver'
	1	Oliver	vielleicht weil da 45° sind' ...
	2	L	ja, hier sind 45°– zwischen der ersten Achse und der gestrichelten Linie. (*zeigt auf den Winkel*) ... Stefan
	3	Stefan	muss das– muss das dann nicht weniger als 2 sein', weil das Doppelte dann müsste dann ja 2 sein, das ist ja genau die 90er– (..)
	4	L	die 90er ist genau x wird zugeordnet
	5	Stefan	also das muss weniger als 2 sein, so–
10:11			1,9 oder so
	6	S_1	ja 1,7
	7	L	aha
	8	S_2	1,9, 1,8
	9	Ss	(..)
	10	L	dieses soll die 1,7 sein' (*zeigt auf den Funktionsterm des zu bestimmenden Graphen*)
	11	S_2	1,9
	12	L	1,9 .. und wo ist $x \mapsto 2 \cdot x$' ..
	13	S_3	hä' ..
	14	S_4	ganz am– ..
	15	L	Vera
	16	Vera	ganz an dem P Strich
	17	L	hier auf der Achse', (*zeigt auf die zweite Achse*) $x \mapsto 2 \cdot x$'
	18	Ss	ja ...
	19	L	wer ist dagegen' (*kein Schüler meldet sich*) .. ich bin dagegen
	20	S	hä', dann bin ich auch dagegen

Im weiteren Verlauf der Unterrichtsszene wird der Graph zu der Funktionsvorschrift $x \mapsto 2 \cdot x$ durch das Einsetzen eines konkreten Wertepaares bestimmt. Die Bestimmung der gesuchten Funktionsvorschrift erfolgt letztlich über das probeweise Einsetzen konkreter Zahlen als Koeffizienten.

Transkript zur zweiten Unterrichtsszene (Klasse 10a, 3. Stunde)

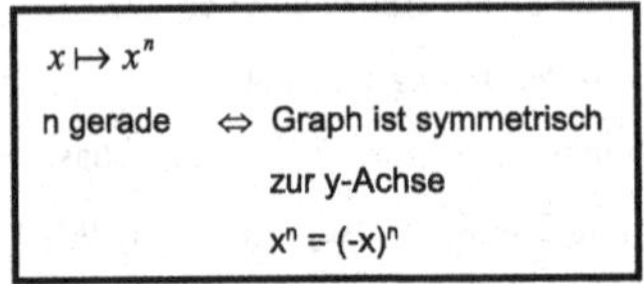

Symmetrieregeln (linke Seite des Tafelbildes)

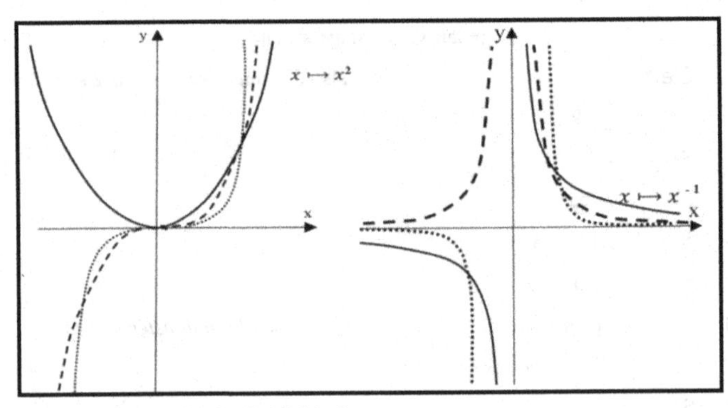

Graphen (rechte Seite des Tafelbildes)

Zeit	Nr.	Name	Äußerung
09:26	1	L	so .. jetzt, möchte ich jetzt zum Schluss gerne– wissen warum das (*zeigt auf die Symmetrieregeln*) gilt. .. man kann das– wenn man sich das jetzt genau anschaut an den Graphen (*zeigt auf die Graphen der Potenzfunktionen*) die wir hier gezeichnet haben– überprüfen, ob das für die gezeichneten Graphen gilt. dann ist man sich ja als Mathematiker aber noch nicht sicher, dass das (*zeigt auf die Symmetrieregeln*) allgemein gilt– egal für welches n (*zeigt auf „ $x \mapsto x^n$ " im linken Tafelbild*) man betrachtet. deshalb wäre es gut,
09:27			sich zu überlegen– warum ist das so', unabhängig von so konkreten Bildern. (*zeigt unbestimmt auf die Graphen an der Tafel, 5 sec*) warum ist das so', wenn n (*zeigt auf „ $x \mapsto x^n$ " im linken Tafelbild*)

			gerade ist– dass der Graph dann– symmetrisch ist zur y-Achse. Eva’
	2	Eva	ja also wenn ich jetzt ähm zum Beispiel– keine Ahnung irgend ein ehm–, wegen meiner x hoch– 4 oder so, dann ehm kann es ja quasi– ehm muss es ja im positiven ehm Bereich liegen– also kann ja gar nicht minus werden, weil es ja halt– der– weil der Exponent ja gerade ist, und ehm, dann kann ich’s ja an der y-Achse ehm spiegeln– ja weil ja–, halt
	3	L	ja’
	4	Eva	weil der Exponent halt, aber das kann ja gar nicht minus werden. ..
	5	L	ja’ .. is klar, das sehen wir zum Beispiel hier an dem gestrichelten Graphen– (*zeigt auf die Graphen rechts an der Tafel*) oder an der Normalparabel, (*zeigt auf die Graphen links an der Tafel*) da waren die geraden– Exponenten gerade
	6	Eva	genau
	7	L	deshalb liegen die Graphen oberhalb der x-Achse.
	8	Eva	ja ..
09:28	9	L	aber, damit haben wir noch nicht bewiesen dass sie achsensymmetrisch zur y-Achse sind– es könnte ja sein dass der Graph einmal so aussieht– sehr steil auf der einen Seite, (*zeigt den Verlauf des Graphen zu* $x \mapsto x^3$ *im positiven Definitionsbereich*) auf der anderen Seite aber sehr flach. (*zeigt den Verlauf des Graphen zu* $x \mapsto x^{-2}$ *im positiven Definitionsbereich*) ... ja’ also ist– Eva du hast recht, das ist sozusagen eine Idee um das einzugrenzen– aber es ist noch keine vollständige Begründung. … Daniel’
	10	Daniel	ne, das war keine Meldung.
	11	L	ne .. war keine Meldung’ .. Marion’

12	Marion	ja– wenn man sich wieder die Wertetabellen anguckt– dann müsste das (immer halt nur?) bei x einmal negative und einmal positive Werte– und zwar, (..) dieselben Werte nur einmal positiv einmal negativ, (und dann–?) bei der Funktion ehm bei einer geraden Funktion, dann ist das so dass die Werte gleich sind. bei minus fünf– fünf ist der Funktionswert gleich.
13	L	ja, hast völlig recht

Arbeitsblätter

Klasse 4a

Arbeitsblatt A 4a

Wer denkt und geschickt ist,
braucht weniger zu rechnen.

1

800 : 2 =
8 000 : 2 =
80 : 2 =
160 : 2 =
16 : 2 =
8 : 2 =
80 : 20 =
800 : 200 =
8 000 : 2 000 =

2

400 · 2 =
4 000 · 2 =
40 · 2 =
80 · 2 =
8 · 2 =
4 · 2 =
4 · 20 =
4 · 200 =
2 000 · 4 =

3

92 : 1 =
184 : 2 =
184 : = 46
1 840 : = 92
: 200 = 92
: 40 = 92

4

96 · 1 =
32 · 3 =
16 · = 96
8 · = 96
· 30 = 960
· 60 = 960

5

12 440 : 4 =
24 880 : 8 =

6

8 640 : 6 =
4 320 : 3 =

Arbeitsblatt B

4a

H

Dalmatiner

Dackel

STOP

Kreuzung

Ein Dackel schnuppert an einer Telefonzelle. Plötzlich sieht er einen Dalmatiner 30m entfernt an einer Bushaltestelle. Der Dackel läuft davon. Er kann 3m in jeder Sekunde laufen.
Der Dalmatiner läuft hinterher und kann 6m in jeder Sekunde laufen. An der Kreuzung hat der Dalmatiner den Dackel eingeholt und will mit ihm spielen.

1 Wie weit ist die Kreuzung von der Telefonzelle entfernt?
Deine Antwort:

2 Versuche bitte deine Antwort zu begründen. Du kannst Sätze schreiben, eine Rechnung machen oder eine Zeichnung anfertigen. Nutze auch die Rückseite dieses Blattes.

3 Mike, Uta und Julian lösen die Aufgabe. Bitte helfe ihnen weiter.

Mike: Vielleicht muss ich so überlegen: Das Doppelte von 30m ist 60m. Oder?
Mike, du hast richtig überlegt. Denn:

Uta: Der Abstand zwischen Telefonzelle und Kreuzung ist genauso groß wie der Abstand zwischen Bushaltestelle und Telefonzelle. Aber ich frage mich: Warum?
Uta, du hast richtig überlegt. Denn:

Julian: Ich habe überlegt, um wie viele Meter der Dalmatiner dem Dackel in jeder Sekunde näher kommt. Aber da habe ich mich verrechnet.
Julia, du hast richtig überlegt. Deine Rechnung und deine Lösung lauten:

4 Wie viele Meter muss der Dalmatiner laufen, wenn der Dackel 120m Vorsprung hat?

Arbeitsblatt C

4a

Klein anfangen und groß werden /// Groß anfangen und klein werden

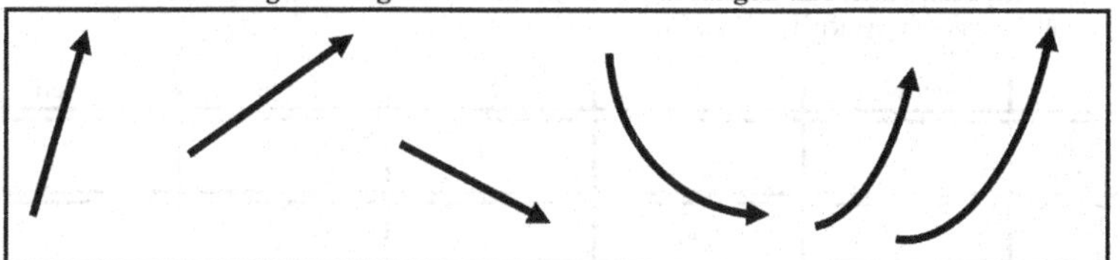

1. Mehrere Kinder bekommen einen Startwert. Jedes Kind wählt sich eine Regel, nach der sich die Zahl verändert. Fülle die Tabelle der Kinder aus.

	Start-wert	1. Wert	2. Wert	3. Wert	4. Wert	5. Wert	6. Wert	......	**20. Wert**
Reihe Anton	0	150	300	450				......	
Reihe Berta	2 380	2 480	2 580	2 680	2 780			......	
Reihe Claus	0	1	4	9	16	25		......	
Reihe Dora	9 000	8 999	8 998	8 997				......	
Reihe Emil		60 000	30 000	20 000	15 000	12 000		......	
Reihe Friedrich	1	2	4	8	16			......	

2. Ohne zu rechnen!

a) Schätze in welcher Reihe der 437. Wert am größten ist.

Antwort: Reihe des Kindes

b) Schätze in welcher Reihe der 437. Wert am zweitgrößten ist.

Antwort: Reihe des Kindes

c) Schätze in welcher Reihe der 437. Wert am drittgrößten ist.

Antwort: Reihe des Kindes

d) Schätze in welcher Reihe der 437. Wert am kleinsten ist.

Antwort: Reihe des Kindes

Arbeitsblatt E

4a

1. Die Regeln der Kinder vom Arbeitsblatt C bleiben bestehen, allerdings müssen nun alle Kinder mit dem Startwert 100 beginnen.
Fülle die neuen Reihen der Kinder aus:

	Startwert	1. Wert	2. Wert	3. Wert	4. Wert
Reihe Anton	100	250	400		
Reihe Berta	100	200			
Reihe Claus	100	101	104		
Reihe Dora	100				

2. Ohne zu rechnen!
a) Schätze in welcher der neuen Reihen der 1000. Wert am größten ist.

Antwort: Reihe des Kindes

b) Schätze in welcher der neuen Reihen der 1000. Wert am zweitgrößten ist.

Antwort: Reihe des Kindes

c) Schätze in welcher der neuen Reihen der 1000. Wert am drittgrößten ist.

Antwort: Reihe des Kindes

3. Friedrich betrachtet die 1000. Werte der anderen Kinder und behauptet, dass der 1000. Wert seiner alten Reihe am höchsten ist.

	Startwert	1. Wert	2. Wert	3. Wert	4. Wert
Reihe Friedrich	1	2	4	8	16

Richtig oder Falsch? Deine Antwort:

Deine Begründung:

Arbeitsblatt E 4a

1 Oliver wählt die Zahl (10).

Tanja sieht Olivers Zahl und darf sich eine eigene Zahl □ ausdenken.

Oliver muss rechnen: (10) · □ =
Tanja muss rechnen: □ · □ =

Wer von beiden das größte Ergebnis erhält, hat gewonnen.

a) Welche Zahl □ soll sich Tanja ausdenken, damit sie gewinnt?
Antwort:

b) Tanjas und Olivers Ergebnisse waren jedoch gleich.
Welche Zahl □ hat sich Tanja ausgedacht?
Antwort:

2 Oliver wählt nun die Zahl (493).

a) Welche Zahl □ soll sich Tanja ausdenken, damit sie gewinnt?
Antwort:

3 Angenommen, du spielst mehrmals gegen Oliver. Wenn Oliver sich eine Zahl wählt, denkst du dir eine Zahl □ aus, um zu gewinnen.

a) Wie denkst du dir bei jedem Spiel die Zahl □ aus?

b) Wie denkst du dir die kleinstmögliche Zahl □ aus, um zu gewinnen?
Begründe bitte auch, warum deine Strategie erfolgreich ist.

Arbeitsblatt F

4a

Berechne die fehlenden Zahlen und trage sie in die Kästchen ein.

1.

Ein Viertel von 12 Stücken sind	3	Stücke.
Ein Viertel von 20 Stücken sind		Stücke.
Ein Viertel von 200 Stücken sind		Stücke.
Ein Viertel von 2 000 Stücken sind		Stücke.
Ein Viertel von 4 000 Stücken sind		Stücke.

2.

Ein Fünftel von 60 Stücken sind	12	Stücke.
Ein Fünftel von 100 Stücken sind		Stücke.
Ein Fünftel von 1 000 Stücken sind		Stücke.
Ein Fünftel von 2 000 Stücken sind		Stücke.
Ein Fünftel von 4 000 Stücken sind		Stücke.

3. Wenn 100 um ein Viertel vergrößert werden soll, addiert man zu 100 die Zahl 25.

100 um ein Viertel vergrößert sind	125
160 um ein Viertel vergrößert sind	200
80 um ein Viertel vergrößert sind	
4 000 um ein Viertel vergrößert sind	
1 000 um ein Viertel vergrößert sind	
24 um ein Viertel vergrößert sind	

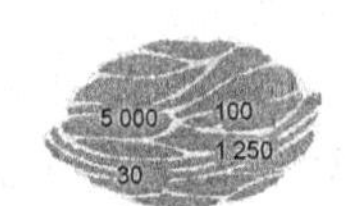

4.

125 um ein Fünftel verkleinert sind	100
200 um ein Fünftel verkleinert sind	160
100 um ein Fünftel verkleinert sind	
5 000 um ein Fünftel verkleinert sind	
1 250 um ein Fünftel verkleinert sind	
30 um ein Fünftel verkleinert sind	

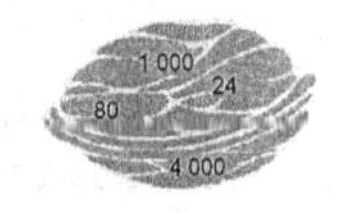

Klasse 4b

Arbeitsblatt A 4b

1. Die Aufgabe 395 766 : 567 = ______ wurde von Axel mit dem Taschenrechner gelöst: 395 766 : 567 = 698

Axel sagt zu Ute: *Wenn in der Aufgabe statt 567 eine größere Zahl steht, wird das Ergebnis größer.*

Ute erwidert: *Nein, das Ergebnis wird dann kleiner.*

Axel protestiert: *Das kann nicht sein.*

Wer hat Recht?

Deine Antwort:

2. 193 401 : 741 = 261

Leo: *Ich habe mir überlegt: Wenn 193 401 vergrößert wird, wird das Ergebnis größer. Habe ich Recht?*

Deine Antwort:

3. 3 804 636 : 8 569 = 444

Evrim: *Das Ergebnis soll kleiner werden. Muss dann die Zahl 3 804 636 verkleinert oder vergrößert werden?*

Deine Antwort: Die Zahl 3 804 636 muss ______________________________ .

Arbeitsblatt B

4b

Berechne die fehlenden Zahlen und trage sie in die Kästchen ein.

1.

Ein Viertel von 12 Stücken sind	3	Stücke.
Ein Viertel von 20 Stücken sind	5	Stücke.
Ein Viertel von 200 Stücken sind		Stücke.
Ein Viertel von 2 000 Stücken sind		Stücke.
Ein Viertel von 4 000 Stücken sind		Stücke.

1 000 500 50

2.

Ein Fünftel von 60 Stücken sind	12	Stücke.
Ein Fünftel von 100 Stücken sind	20	Stücke.
Ein Fünftel von 1 000 Stücken sind		Stücke.
Ein Fünftel von 2 000 Stücken sind		Stücke.
Ein Fünftel von 4 000 Stücken sind		Stücke.

400 200 800

3. Wenn 100 um ein Viertel vergrößert werden soll, addiert man zu 100 die Zahl 25.

100 um ein Viertel vergrößert sind	125
160 um ein Viertel vergrößert sind	200
80 um ein Viertel vergrößert sind	
4 000 um ein Viertel vergrößert sind	
1 000 um ein Viertel vergrößert sind	
24 um ein Viertel vergrößert sind	

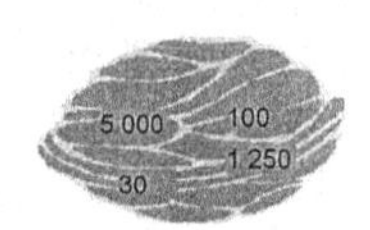

4.

125 um ein Fünftel verkleinert sind	100
200 um ein Fünftel verkleinert sind	160
100 um ein Fünftel verkleinert sind	
5 000 um ein Fünftel verkleinert sind	
1 250 um ein Fünftel verkleinert sind	
30 um ein Fünftel verkleinert sind	

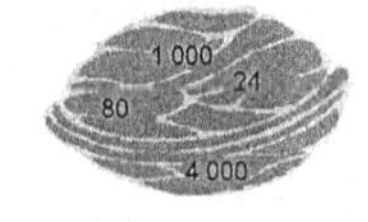

Extrablatt zu Arbeitsblatt B

4b

1. a) 60 um ein Drittel vergrößert ist ______.

Das Ergebnis ______ um ein Zehntel verkleinert ist ______.

b) 12 000 um ein Viertel vergrößert ist ______.

Das Ergebnis ______ um ein Drittel verkleinert ist ______.

2. Anfangs wird eine Tafel Schokolade um ein Viertel vergrößert.
Die vergrößerte Tafel wird danach um ein Viertel verkleinert.

Dieter: *Das ist doch megaeinfach. Die Endtafel ist genauso groß wie die Anfangstafel.*

Daniel: *You drive me crazy. Die Endtafel ist größer als die Anfangstafel.*

Gracia: *I don't think so. Die Endtafel ist kleiner als die Anfangstafel.*

Wer hat Recht?

Deine Entscheidung:

Begründe deine Entscheidung:

3. Das Taschengeld eines Kindes wird für den Monat April um ein Drittel erhöht.
Das erhöhte Taschengeld wird danach für ein Jahr um ein Drittel verringert.
Ist das günstig für das Kind?

Deine Antwort:

Deine Begründung

Arbeitsblatt C

4b

Klein anfangen und groß werden /// Groß anfangen und klein werden

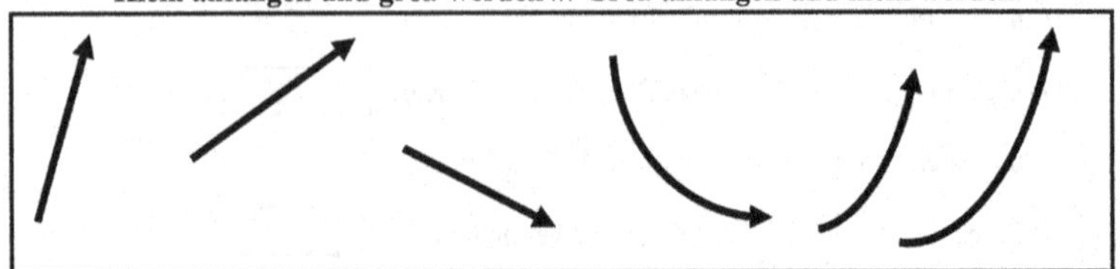

1. Mehrere Kinder bekommen einen Startwert. Jedes Kind wählt sich eine Regel, nach der sich die Zahl verändert. Entdecke bei jedem Kind die Regel und trage die weiteren Zahlen ein.

	Start-wert	1. Wert	2. Wert	3. Wert	4. Wert	5. Wert	6. Wert	......	**20. Wert**
Reihe Anton	0	150	300	450				......	
Reihe Berta	2 380	2 480	2 580	2 680	2 780			......	
Reihe Claus	0	1	4	9	16	25		......	
Reihe Dora	9 000	8 999	8 998	8 997				......	
Reihe Emil		60 000	30 000	20 000	15 000	12 000		......	
Reihe Friedrich	1	2	4	8	16			......	

2. Ohne zu rechnen!

a) Schätze in welcher Reihe der 437. Wert am größten ist.

Antwort: Reihe des Kindes

b) Schätze in welcher Reihe der 437. Wert am zweitgrößten ist.

Antwort: Reihe des Kindes

c) Schätze in welcher Reihe der 437. Wert am drittgrößten ist.

Antwort: Reihe des Kindes

d) Schätze in welcher Reihe der 437. Wert am kleinsten ist.

Antwort: Reihe des Kindes

Arbeitsblatt D

4b

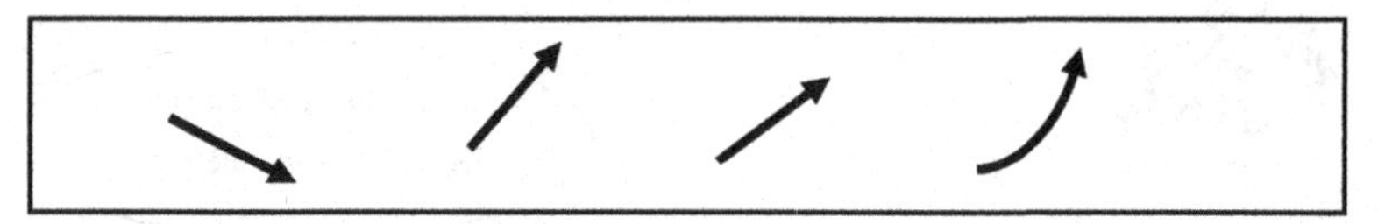

1. Die Regeln der Kinder vom Arbeitsblatt C bleiben bestehen, allerdings müssen nun alle Kinder mit dem Startwert 100 beginnen.
Fülle die neuen Reihen der Kinder aus.

	Startwert	1. Wert	2. Wert	3. Wert	4. Wert
Reihe Anton	100	250	400		
Reihe Berta	100	200			
Reihe Claus	100	101	104		
Reihe Dora	100				

2. Ohne zu rechnen!

a) Schätze in welcher der neuen Reihen der 1000. Wert am größten ist.

Antwort: Reihe des Kindes

b) Schätze in welcher der neuen Reihen der 1000. Wert am zweitgrößten ist.

Antwort: Reihe des Kindes

c) Schätze in welcher der neuen Reihen der 1000. Wert am drittgrößten ist.

Antwort: Reihe des Kindes

3. Wettbewerb: Wer hat den größten 1000. Wert in der Klasse? Du kannst dir jetzt eine eigene Regel für deine Reihe ausdenken. Trage die ersten Werte ein. Der Startwert muss allerdings 100 sein.

	Startwert	1. Wert	2. Wert	3. Wert	4. Wert
Meine Reihe	100				

Wie lautet deine Regel? Versuche die Regel zu beschreiben.

Arbeitsblatt E 4b

Einer wählt die Rechnung, der andere wählt die Zahl.

1. Oliver und Tanja spielen ein Rechenspiel. Wer das höhere Ergebnis erzielt, hat gewonnen.

30 + ☐ =

100 – ☐ =

Oliver darf sich von den beiden Rechnungen eine aussuchen. Tanja muss dann die andere Rechnung übernehmen. Tanja darf sich aber die gemeinsame Zahl aussuchen, mit der beide Schüler rechnen müssen.

Oliver wählt die erste Rechnung: 30 + ☐ =

Tanja muss die zweite Rechnung übernehmen: 100 – ☐ =

Tanja wählt als gemeinsame Zahl 40.

Oliver rechnet dann: 30 + 40 = 70

Tanja rechnet dann: 100 – 40 = 60

Tanja hat verloren.

Welche Zahl hätte Tanja als gemeinsame Zahl wählen sollen?

Die Zahl ist zum Beispiel ________.

2. Nun wird mit diesen beiden Rechnungen gespielt:

150 • ☐ =

600 : ☐ =

Oliver wählt die erste Rechnung. Welche Zahl kann Tanja wählen, so dass sie gewinnt?

Die Zahl ist ________.

3. Jetzt lauten die Rechnungen:

☐ • ☐ =

10 • ☐ =

Wenn Oliver die erste Rechnung wählt, soll Tanja zum Beispiel die Zahl _____ wählen.

Wenn Oliver die zweite Rechnung wählt, soll Tanja zum Beispiel die Zahl _____ wählen.

Arbeitsblatt F

4b

1.

42 024 : 4 =

42 024 : 8 =

84 048 : 8 =

84 048 : 4 =

2.

8 421 : 7 =

78 421 : 7 =

4 280 : 5 =

34 280 : 5 =

34 250 : 5 =

3 425 : 5 =

3. Ein Wanderer legt eine Strecke von 14 768 m zurück. Die Hälfte der Strecke verläuft durch Wälder. Ein Viertel der Strecke verläuft über Wiesen. Der Rest der Strecke liegt an einem Fluss. Wie lang ist die Strecke am Fluss?

Deine Rechnung:

Kannst Du das auch auf eine andere Weise rechnen?

4. Schreibe weitere Aufgaben mit dem Ergebnis 25.

1 000 : 40 = 25

100 : 4 = 25

:

:

:

5. Schreibe weitere Aufgaben mit dem Ergebnis 48 000.

24 • 2 000 = 48 000

•

•

•

Klasse 7a

Arbeitsblatt A

IVa

1 Fülle die Tabellen aus.

Zuordnungsvorschrift Ⓐ $x \mapsto 3 \cdot x$

1. Wert	2. Wert
2	
3	
5	

Zuordnungsvorschrift Ⓑ $x \mapsto \frac{30}{x}$

1. Wert	2. Wert
2	
3	
5	

Zuordnungsvorschrift Ⓒ $x \mapsto x + 10$

1. Wert	2. Wert
2	
3	
5	

2 Welche Zuordnung ist proportional? Welche Zuordnung ist antiproportional?
Deine Antworten:

3

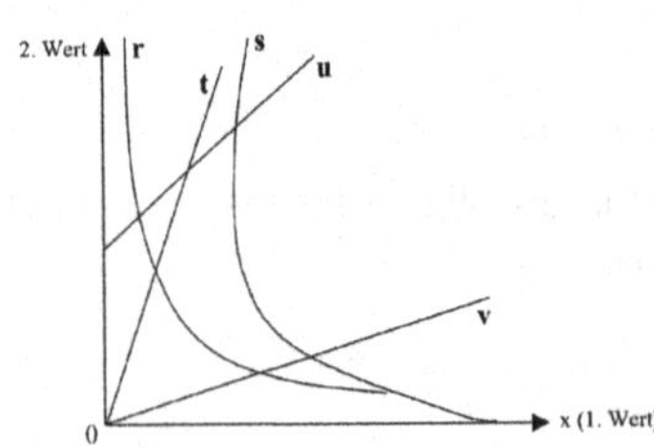

Einige Kinder überlegen, welcher Graph zu der Zuordnungsvorschrift Ⓐ, Ⓑ oder Ⓒ gehört.
Die Kinder sind etwas verwirrt. Was meinst Du zu den Überlegungen der Kinder? Begründe deine Antworten.

Guido: „Zu Ⓐ $x \mapsto 3 \cdot x$ gehört der Graph **u**, weil Ⓐ $x \mapsto 3 \cdot x$ wachsend ist und weil der Graph eine Gerade ist, die nach oben geht."
Was meinst Du dazu? Warum?

Oskar: „Zu Ⓐ $x \mapsto 3 \cdot x$ gehört der Graph **v**. Denn zum Doppelten, … des 1. Wertes gehört das Doppelte, … des zweiten Wertes."
Was meinst Du dazu? Warum?

Gerhard: „Zu Ⓑ $x \mapsto \frac{30}{x}$ gehört der Graph **s**, weil die Zuordnung fallend ist."
Was meinst Du dazu? Warum?

Joschka: „Zu Ⓑ $x \mapsto \frac{30}{x}$ gehört der Graph **s**, weil dieser Graph gleichmäßig rund ist."
Was meinst Du dazu? Warum?

Angela: „Zu Ⓑ $x \mapsto \frac{30}{x}$ gehört der Graph **r** oder **s**, weil diese Graphen zu fallenden Zuordnungen gehören.
Aber einer der Graphen sieht so komisch aus. Der ist es nicht."
Was meinst Du dazu? Warum?

Arbeitsblatt B

IVa

1 Kürze so weit wie möglich.

a) $\frac{32}{44}$

b) $\frac{21}{56}$

c) $\frac{45}{30}$

2 Welcher Bruch ist größer?

a) $\frac{3}{8}$ oder $\frac{3}{5}$

b) $\frac{3}{4}$ oder $\frac{5}{8}$

c) $\frac{3}{4}$ oder $\frac{6}{8}$

3 Zeichne einen Zahlenstrahl und trage die Brüche ein.

$\frac{4}{5}$ $\frac{3}{4}$ $\frac{5}{2}$ $\frac{5}{8}$

4 Berechne.

a) $\frac{3}{4} \cdot \frac{2}{10}$

b) $\frac{3}{4} : \frac{2}{10}$

c) $\frac{3}{4} + \frac{2}{10}$

d) $\frac{3}{4} - \frac{2}{10}$

Arbeitsblatt C

IVa

1 Zuerst ist der Bruch $\frac{3}{5}$ gewählt. Berechne und kürze: $\frac{3+3+3+3}{5+5+5+5}$

Zuerst ist der Bruch $\frac{2}{7}$ gewählt. Berechne und kürze: $\frac{2+2+2+2}{7+7+7+7}$

Zuerst ist der Bruch $\frac{99}{100}$ gewählt. Berechne und kürze: $\frac{99+99+99+99}{100+100+100+100}$

2 Was fällt dir auf?

Überprüfe das an Brüchen, die du selbst wählst.

Begründe in mehreren Sätzen, warum das immer so sein muss.

Arbeitsblatt D

IVa

1 Berechne.

$\frac{2}{5} \cdot \frac{2}{5}$

$\frac{4}{3} \cdot \frac{4}{3}$

$\frac{5}{7} \cdot \frac{5}{7}$

$\frac{9}{10} \cdot \frac{9}{10}$

$\frac{3}{2} \cdot \frac{3}{2}$

2 Es soll gelten: $\frac{}{1346} \cdot \frac{}{1346} < 1$

Welche natürliche Zahl ist die größte Zahl, die im Zähler eingetragen werden kann?
In beiden Zählern soll dieselbe Zahl stehen.

Deine Antwort:

Begründe deine Antwort in mehreren Sätzen:

3 Fülle die Zuordnungstabelle aus.

$x \longmapsto x \cdot x$

1. Wert	2. Wert
0	
$\frac{1}{3}$	
$\frac{1}{2}$	
$\frac{3}{4}$	
$\frac{11}{10}$	
$\frac{3}{2}$	

4 Zeichne den Graphen der Zuordnung.

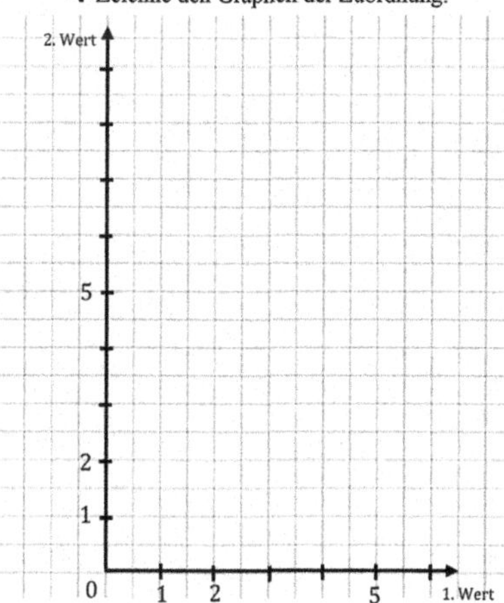

Arbeitsblatt E

IVa

1 a) Vergrößere 60 um $\frac{1}{3}$. Verkleinere das Ergebnis um $\frac{1}{10}$.

b) Vergrößere 200 um $\frac{1}{5}$. Verkleinere das Ergebnis um $\frac{1}{3}$.

2 Eine Tafel Schokolade wird zunächst um $\frac{1}{4}$ vergrößert.

Dann wird die vergrößerte Tafel um $\frac{1}{4}$ verkleinert.

Alexander: „Was soll das? Die Vergrößerung und die Verkleinerung gleichen sich aus. Die Endtafel ist genauso groß wie die Starttafel.“

Gracia: „Nein! Die Endtafel ist kleiner als die Starttafel.“

Daniel: „Was? You drive me crazy. Begründet mir, was richtig ist. Wer das kann, bekommt ein Stück Schokolade. Das gibt positive Energie.“

Wer hat Recht? Begründe Deine Entscheidung so ausführlich, dass Daniel es versteht:

Arbeitsblatt F

IVa

1 Ohne eine Miene zu verziehen, bietet Kevin seinen Eltern an:
Eine Woche lang übernehme ich 50% mehr Arbeiten im Haus. Dann wird für die nächsten Jahre der vergrößerte Arbeitsaufwand um 50% verringert. Einverstanden?

Wenn die Eltern darauf hereinfallen würden, könnte Kevin sein Angebot noch verbessern.
Welches Angebot wäre für Kevin noch besser? Warum?

2 Fülle die Tabelle aus.

Startwert	Vergrößerung um $\frac{1}{4}$ ergibt	Verkleinerung um $\frac{1}{5}$ ergibt
80	100	80
16		
48		
64		

Was fällt Dir auf?
Begründe auf zwei Weisen, warum das bei jedem denkbaren Startwert so sein muss.

1. Stelle Dir einen Streifen des Zahlenstrahls vor, zu dem $\frac{1}{4}$ hinzugefügt wird.
   Was stellst Du Dir dann vor? Du kannst schreiben oder zeichnen:

2. Vergrößerung um $\frac{1}{4}$ bedeutet „mal $\frac{5}{4}$"

   Verkleinerung um $\frac{1}{5}$ bedeutet „mal $\frac{4}{5}$"

   Deine Begründung:

Klasse 7b

Arbeitsblatt A IVb

1 Die Tabelle gehört zu der Zuordnungsvorschrift $x \longmapsto \frac{\square}{100} \cdot x$
Vervollständige die Zuordnungsvorschrift.

1. Wert G	2. Wert P
2	1,6
5	4
1,5	
	$\frac{4}{15}$

2 Fülle die Tabelle weiter aus.

3 Welcher Graph gehört zu der Zuordnungsvorschrift?
Deine Vermutung:

Begründe deine Vermutung:

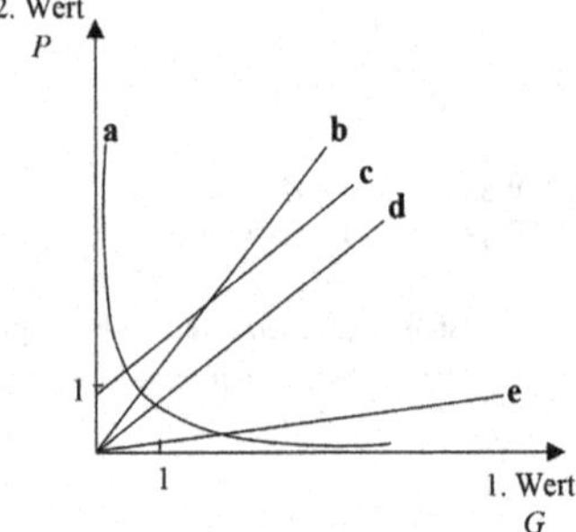

4 Welcher Sachverhalte passen zu der Zuordnungsvorschrift? Kreuze die passenden Sachverhalte an.

☐ Schmuck: Ein besonderes Schmuckstück enthält 8% Gold.

☐ Müll: Ein Entsorgungsunternehmen kann den Hausmüll bis auf 20% der Gesamtmenge recyceln.

☐ Fernsehgeräte: Auf 600 Einwohner kommen durchschnittlich 480 Fernsehgeräte.

☐ Geld: Ein Geldbetrag wird zunächst durch 5 geteilt. Dann wird der Bruchteil mit 4 multipliziert.

☐ Verkehr: Jedes 8. Auto fährt deutlich zu schnell.

Arbeitsblatt B

IVb

Bearbeite auch die Aufgabe auf der Rückseite!

1 Zeichne die Graphen.

a) 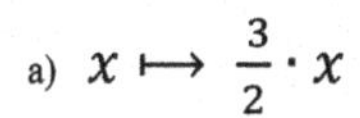

$x \longmapsto \frac{3}{2} \cdot x$

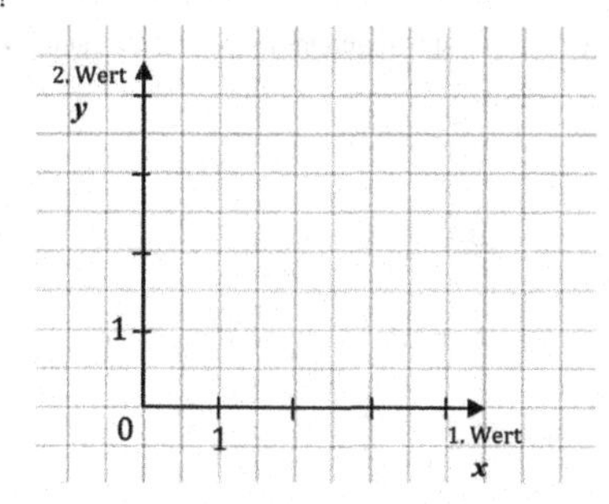

b) $x \longmapsto \frac{3}{2 \cdot x}$

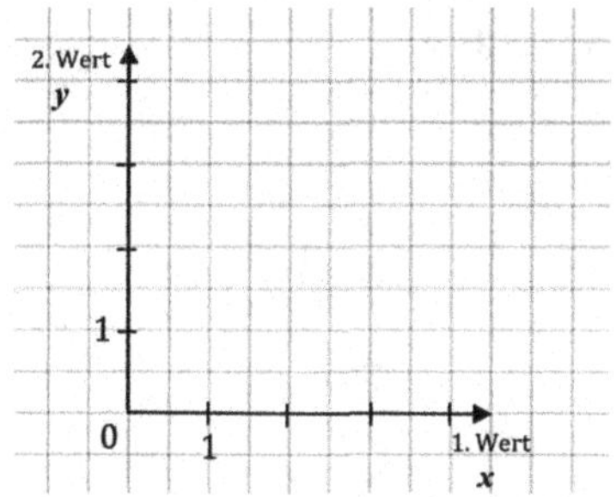

c) $x \longmapsto x + \frac{3}{2}$

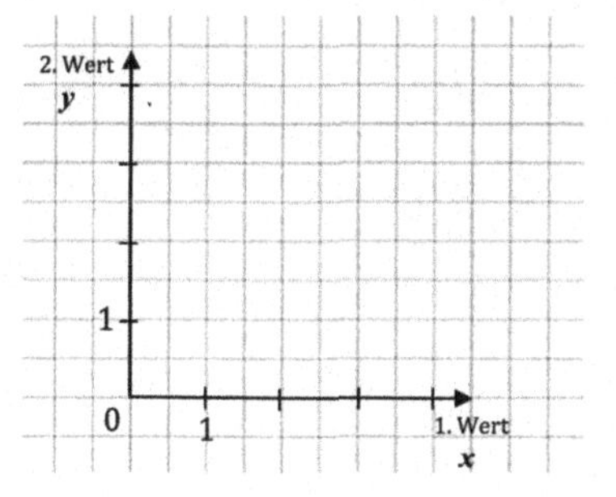

2

a) Welche der Zuordnungen ist proportional? Antwort:

b) Welche der Zuordnungen ist antiproportional? Antwort:

c) Welche der Zuordnungen ist wachsend? Antwort:

d) Welche der Zuordnungen ist fallend? Antwort:

bitte umblättern!

Rückseite von Arbeitsblatt B

IVb

3 Welche der Graphen gehören zu den Zuordnungsvorschriften?

a) $x \longmapsto \frac{30}{x}$

b) $x \longmapsto 3 \cdot x$

c) $x \longmapsto x + 10$

d) $x \longmapsto \frac{x}{3}$

e) $x \longmapsto 3 \cdot x \cdot x$

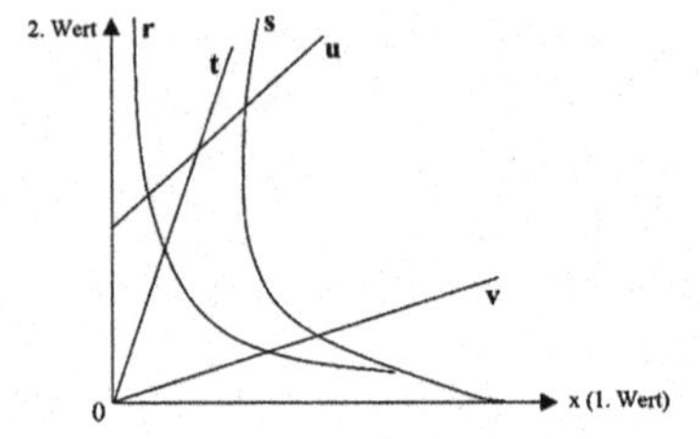

Arbeitsblatt C

IVb

Überlege, für welche der Zuordnungsvorschriften Ⓐ bis Ⓔ die Aussagen a) bis f) richtig sind.

	1.Wert		2.Wert
Ⓐ	x	$\mapsto$	$7 \cdot x$
Ⓑ	x	$\mapsto$	$\frac{10}{x}$
Ⓒ	x	$\mapsto$	$\frac{x}{8}$
Ⓓ	x	$\mapsto$	$x + 5$
Ⓔ	x	$\mapsto$	$x \cdot x$

a) Wenn der 1. Wert größer wird, wird der 2. Wert kleiner.
Das gilt für die Zuordnungsvorschriften:

b) Wenn der 1. Wert größer wird, wird der 2. Wert größer.
Das gilt für die Zuordnungsvorschriften:

c) Wenn der 1. Wert nahe an 0 geht, wird der 2. Wert sehr groß.
Das gilt für die Zuordnungsvorschriften:

d) Wenn der 1. Wert nahe an 0 geht, geht auch der 2. Wert nahe an 0.
Das gilt für die Zuordnungsvorschriften:

e) Wenn der 1. Wert immer größer wird, kommt der Graph der 1. Achse so nahe, wie man will, ohne die 1. Achse zu treffen.
Das gilt für die Zuordnungsvorschriften:

f) Wenn der 1. Wert immer größer wird, krümmt sich der Graph immer weiter nach oben.
Das gilt für die Zuordnungsvorschriften:

Arbeitsblatt D IVb

1 Kürze so weit wie möglich.

a) $\frac{32}{44}$

b) $\frac{21}{56}$

c) $\frac{45}{30}$

2 Welcher Bruch ist größer?

a) $\frac{3}{8}$ oder $\frac{3}{5}$

b) $\frac{3}{4}$ oder $\frac{5}{8}$

c) $\frac{3}{4}$ oder $\frac{6}{8}$

3 Zeichne einen Zahlenstrahl und trage die Brüche ein.

$\frac{4}{5}$ $\frac{3}{4}$ $\frac{5}{2}$ $\frac{5}{8}$

4 Berechne.

a) $\frac{3}{4} \cdot \frac{2}{10}$

b) $\frac{3}{4} : \frac{2}{10}$

c) $\frac{3}{4} + \frac{2}{10}$

d) $\frac{3}{4} - \frac{2}{10}$

Arbeitsblatt E IVb

1 Zuerst ist der Bruch $\frac{3}{5}$ gewählt. Berechne und kürze: $\frac{3+3+3+3}{5+5+5+5}$

Zuerst ist der Bruch $\frac{2}{7}$ gewählt. Berechne und kürze: $\frac{2+2+2+2}{7+7+7+7}$

Zuerst ist der Bruch $\frac{99}{100}$ gewählt. Berechne und kürze: $\frac{99+99+99+99}{100+100+100+100}$

2 Was fällt Dir auf?

Begründe in mehreren Sätzen, warum das immer so sein muss.

3 Alexander wählte zuerst den Bruch $\frac{14}{35}$. Alexander fand heraus, dass in der Rechnung ein anderes Ergebnis herauskam. Er hat Recht. Was meinst Du dazu?

Arbeitsblatt F

IVb

1 Die Quarta c eurer Schule überlegte:
Welche natürlichen Zahlen darf man für x und y einsetzen, sodass
$\frac{x}{y} + \frac{x}{y} > 1$ <u>richtig</u> ist.

Die Quarta c machte mehrere Entdeckungen.
Welche Entdeckung ist nach deinem Verständnis eine gute Entdeckung?

Entdeckung 1: y sollte am besten 1 sein.

Entdeckung 2: Der Bruch $\frac{x}{y}$ muss größer als $\frac{1}{2}$ sein.

Entdeckung 3: y muss kleiner als $2 \cdot x$ sein.

Entdeckung 4: x muss größer als die Hälfte von y sein.

Eine gute Entdeckung ist nach meinem Verständnis:

Diese Entdeckung ist richtig, weil (Bitte ausführlich begründen):

Arbeitsblatt G IVb

1 a) Vergrößere 60 um $\frac{1}{3}$. Verkleinere das Ergebnis um $\frac{1}{10}$.

b) Vergrößere 200 um $\frac{1}{5}$. Verkleinere das Ergebnis um $\frac{1}{3}$.

2 Eine Tafel Schokolade wird zunächst um $\frac{1}{4}$ vergrößert.
Dann wird die vergrößerte Tafel um $\frac{1}{4}$ verkleinert.

Dieter: „Das ist doch megaeinfach. Die Vergrößerung und die Verkleinerung gleichen sich aus. Die Endtafel ist ebenso groß wie die Starttafel.“

Gracia: „ I don´t think so! Die Endtafel ist kleiner als die Starttafel.“

Daniel: „You drive me crazy. Begründet mir, was richtig ist. Wer das kann, bekommt ein Stück Schokolade. Das gibt positive Energie.“

Wer hat Recht? Begründe Deine Entscheidung so ausführlich, dass Daniel es versteht.

Die Rückseite von Arbeitsblatt G

2

3 Ohne eine Miene zu verziehen, bietet Kevin seinen Eltern an:

„Eine Woche lang übernehme ich 50% mehr Arbeiten im Haus. Dann wird für die nächsten Jahre der vergrößerte Arbeitsaufwand um 50% verringert. Einverstanden?"

Wenn die Eltern darauf hereinfallen würden, könnte Kevin sein Angebot noch verbessern. Welches Angebot wäre für Kevin noch besser? Warum?

4 Ein Biologielehrer untersucht einen Regenwurm, der anfangs 64 mm lang war. Es wurde festgestellt, dass der Regenwurm danach in der ersten Woche um 16 mm wuchs, in der zweiten Woche um 20 mm.
Eine Schülergruppe überlegt, wie lang der Regenwurm wohl nach 10 Wochen ist:

Oskar: In der 3. Woche wird der Regenwurm dann um 24 mm gewachsen sein.

Gerhard: Am Ende der dritten Woche ist der Regenwurm dann 88 mm lang.

Guido: Nein, er ist dann 64 + 16 + 20 + 24 = 124 mm lang.

Angela: Da kann man auch anders denken. In der ersten Woche ist der Regenwurm um 25% gewachsen, weil $\frac{16}{64} = 25\%$. In der zweiten Woche ist er ebenso um 25% gewachsen, weil $\frac{20}{80} = 25\%$. Also kann man vermuten, dass der Regenwurm in der dritten Woche auch um 25% wächst. Dann ist der Regenwurm am Ende der dritten Woche 125mm lang.

Joschka: Ich habe 64mm 10mal um 25% mit dem Taschenrechner erhöht. Ich habe herausbekommen, dass der Regenwurm nach 10 Wochen 596,05mm lang ist.

Was wird der Biologielehrer wohl dazu sagen?

5 (Extraaufgabe für Überflieger)

Eine Zahl wird im ersten Schritt um 60% vergrößert. Dann wird diese vergrößerte Zahl im zweiten Schritt um 25% vergrößert. Die Gesamtvergrößerung beträgt 100%. Welche anderen Prozentzahlen sind für den 1. Schritt und für den 2. Schritt denkbar, sodass auch die Gesamtvergrößerung ungefähr 100% beträgt?

Arbeitsblatt H

IVb

1 Fülle die Tabelle aus.

Startwert	Vergrößerung um $\frac{1}{4}$ ergibt	Verkleinerung um $\frac{1}{5}$ ergibt
80	100	80
16		
48		
64		

Was fällt Dir auf?

Begründe auf zwei Weisen, warum das bei jedem denkbaren Startwert so sein muss.

1. Stelle Dir einen Streifen des Zahlenstrahls vor, zu dem $\frac{1}{4}$ hinzugefügt wird.
   Was stellst Du Dir dann vor? Du kannst schreiben oder zeichnen:

2. Vergrößerung um $\frac{1}{4}$ bedeutet „mal $\frac{5}{4}$"

   Verkleinerung um $\frac{1}{5}$ bedeutet „mal $\frac{4}{5}$"

   Deine Begründung:

2 Herr Schmidt möchte 1000€ bei einer Bank einzahlen.
Die Bank A bietet ihm an, dass er pro Jahr 5% Zinsen erhält. Nach dem ersten Jahr hätte er 1050 €, nach dem zweiten Jahr 1050€ + 1050€ · $\frac{5}{100}$ = 1.102,50€

Die Bank B bietet Herrn Schmidt an, dass er keine jährlichen Zinsen erhält, jedoch nach 4 Jahren zu seinen 1000€ einen Zuschlag von 210€ bekommt.

Welches Angebot sollte Herr Schmidt wählen, wenn er sein Geld erst nach 4 Jahren braucht?

Klasse 7c

Arbeitsblatt A IVc

Anna, Britta und Christian spielen mehrmals ein Computerspiel.
Sie streiten sich darüber, wer das Spiel besser beherrscht.
Anna hat in 5 Spielen 40 Punkte erreicht.
Britta hat in 8 Spielen 56 Punkte erreicht.
Christian hat in 12 Spielen 96 Punkte erreicht.

Britta behauptet: „Ich bin die Beste, weil meine Bruchzahl $\frac{8}{56}$ ist. $\frac{8}{56}$ ist gleich $\frac{1}{7}$. Und $\frac{1}{7}$ ist größer als $\frac{1}{8}$."

Anna erwidert: „Da hast du einen Denkfehler gemacht."

Wer hat Recht?
a) Deine Entscheidung:

b) Deine ausführliche Begründung:

c) Begründe deine Entscheidung auf eine andere Weise. Man kann z. B. eine Zuordnungstabelle anfertigen, einen Graphen zeichnen oder Brüche vergleichen:

Arbeitsblatt B IVc

a) Berechne.

$\frac{1}{5}+\frac{1}{5}$

$\frac{3}{7}+\frac{3}{7}$

$\frac{4}{3}+\frac{4}{3}$

$\frac{7}{8}+\frac{7}{8}$

b) Nun kann im Bruch $\frac{x}{y}$ der Zähler x eine beliebige Zahl sein.
Der Zähler x ist also unbekannt.
Es gilt: $\frac{x}{y}+\frac{x}{y}>1$

Was kann y dann nur sein?
Antwort: y muss

c) Begründe deine Antwort ausführlich:

Arbeitsblatt C IVc

a) Zuerst ist der Bruch $\frac{3}{5}$ gewählt. Berechne und kürze: $\frac{3+3}{5+5}$

Zuerst ist der Bruch $\frac{2}{7}$ gewählt. Berechne und kürze: $\frac{2+2}{7+7}$

Zuerst ist der Bruch $\frac{99}{100}$ gewählt. Berechne und kürze: $\frac{99+99}{100+100}$

b) Was fällt dir auf?

Überprüfe das an Brüchen, die du selbst wählst.

Begründe in mehreren Sätzen, warum das immer so sein muss.

Arbeitsblatt D

IVc

1 a) Vergrößere 60 um $\frac{1}{3}$. Verkleinere das Ergebnis um $\frac{1}{10}$.

b) Vergrößere 200 um $\frac{1}{5}$. Verkleinere das Ergebnis um $\frac{1}{3}$.

2 a) Auf Rechnungen erscheinen die Preise vieler Waren um $\frac{16}{100}$ erhöht (16 % Mehrwertsteuer).
Ist die Zuordnung *Warenpreis* ⟼ *um* $\frac{16}{100}$ *erhöhter Warenpreis* proportional?
Begründe deine Antwort.

b) Ein Fahrradhändler bietet Rennräder, Tandems und andere Fahrräder an. Er montiert an jedes Fahrrad ein Schloss, dessen Gewicht $\frac{1}{2}$ kg beträgt.
Ist die Zuordnung *Fahrradgewicht* ⟼ *um* $\frac{1}{2}$ *kg erhöhts Fahrradgewicht* proportional?
Begründe deine Antwort.

3 Verschiedene Tafeln Schokolade werden vergrößert und später wieder verkleinert.

Jede Tafel wird zunächst um $\frac{1}{4}$ vergrößert.
Später wird aber **diese vergrößerte Tafel** wieder um $\frac{1}{4}$ verkleinert.
Nun wird der Unterschied zwischen der Starttafel und der Endtafel betrachtet.

a) Fülle die Tabelle weiter aus:

Vergrößerung um $\frac{1}{4}$ (Starttafel → Zwischentafel); Verkleinerung um $\frac{1}{4}$ (Zwischentafel → Endtafel)

Starttafel	Zwischentafel	Endtafel	Unterschied zwischen Starttafel und Endtafel
80 Stücke	100 Stücke	75 Stücke	5 Stücke
16 Stücke	Stücke	Stücke	Stücke
48 Stücke	Stücke	Stücke	Stücke
64 Stücke	Stücke	Stücke	Stücke

b) Ist eine Starttafel mit mehreren Stücken denkbar, die gleich der Endtafel ist?
Deine Antwort:

Deine ausführliche Begründung:

Rückseite von Arbeitsblatt D

2

c) Um welchen Bruchteil muss die vergrößerte Tafel verkleinert werden, damit der Unterschied immer 0 Stücke beträgt?

Deine Antwort:

Deine Begründung:

4 Ohne eine Miene zu verziehen, bietet Kevin seinen Eltern an:
Eine Woche lang übernehme ich 50 % mehr Arbeiten im Haus. Dann wird für die nächsten Jahre der vergrößerte Arbeitsaufwand um 50 % verringert. Einverstanden?
Wenn die Eltern darauf hereinfallen würden, könnte Kevin sein Angebot noch verbessern. Welches Angebot wäre für Kevin noch besser?

Klasse 10a

Arbeitsblatt A

10A

Bitte auch den Platz auf der Rückseite verwenden.

1 Axel und Vanessa sind sich nicht darüber einig, zu welcher Funktion der gestrichelte Graph gehören kann. Der durchgezogen gezeichnete Graph ist die Normalparabel.
Axel meint: $x \longmapsto 10 \cdot x^2$
Vanessa meint: $x \longmapsto 0{,}1 \cdot x^2$

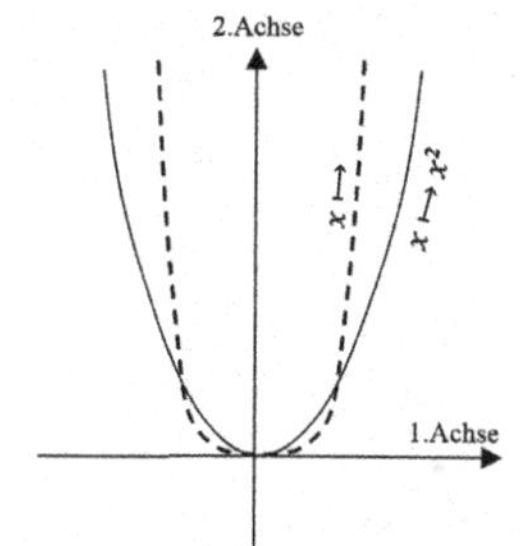

Was spricht für Axels Vorschlag?
Was spricht für Vanessas Vorschlag?
Bitte formuliere die Gründe so ausführlich wie möglich:

2 Zu welchen Funktionen kann der gestrichelte Graph gehören?
Probiere verschiedene Ideen aus.

3 Begründe, warum der gestrichelte Graph zu einer der von dir gefundenen Funktionen gehören kann. Vergleiche dazu den gestrichelten Graphen mit der Normalparabel
-für den Bereich nahe am Ursprung des Koordinatensystems und
-für den Bereich weit entfernt vom Ursprung.

Arbeitsblatt B 10A

1 Zu welchen Funktionen können der gestrichelte und der gepunktete Graph gehören?

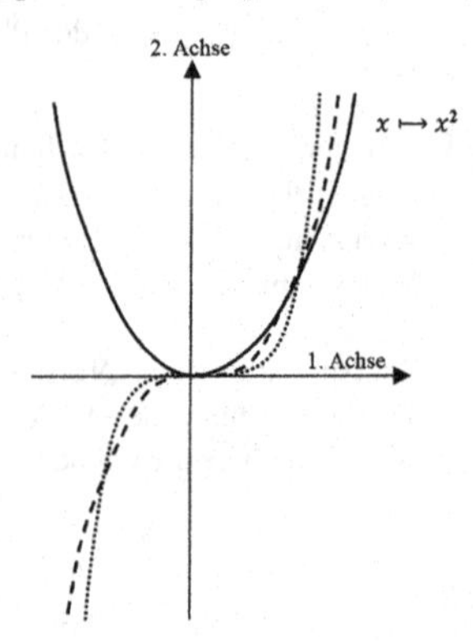

2 Begründe deine obigen Antworten.

Arbeitsblatt C 10A

1 Zu welchen Funktionen können der gestrichelte und der gepunktete Graph gehören?

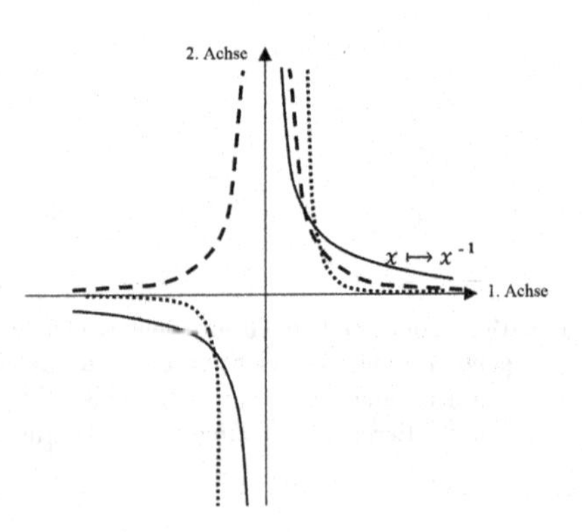

2 Begründe deine obigen Antworten.

Arbeitsblatt D 10A

1 Trage die fehlenden Worte ein:

Definition
Eine Funktion $x \mapsto x^n$ mit $n \in \mathbb{Z}\setminus\{0\}$ heißt ....

Grundtypen von Potenzfunktionen mit ganzzahligen Exponenten

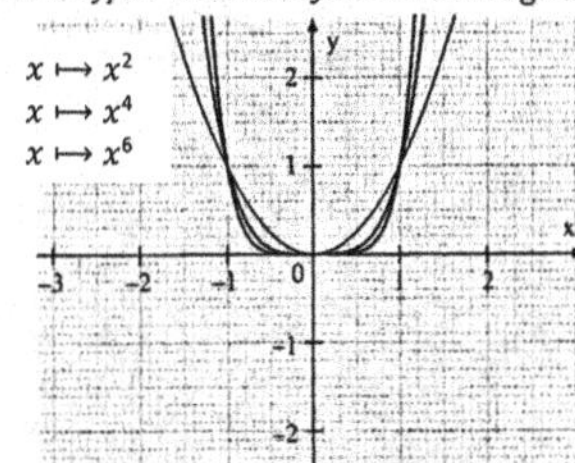

Die Exponenten sind .... und ....

Die gemeinsamen Punkte der Graphen sind:

Symmetrieeigenschaft:
....
....

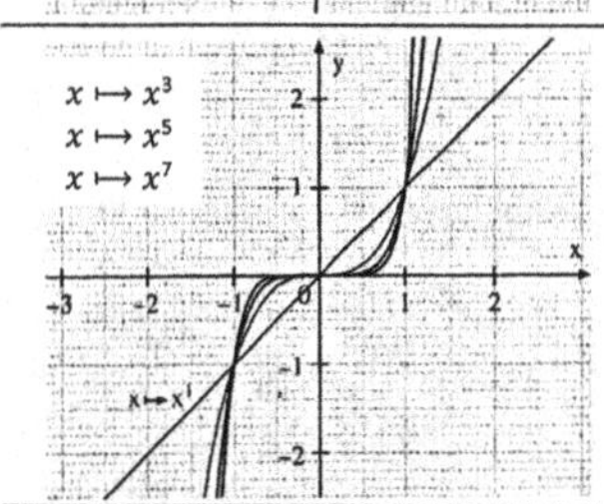

Die Exponenten sind .... und ....

Die gemeinsamen Punkte der Graphen sind:

Symmetrieeigenschaft:
....
....

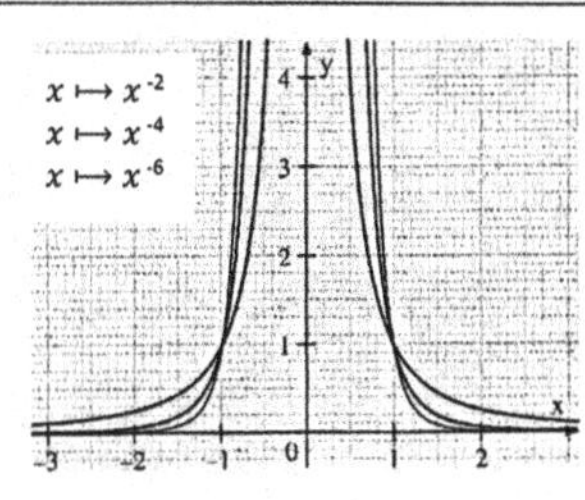

Die Exponenten sind .... und ....

Die gemeinsamen Punkte der Graphen sind:

Symmetrieeigenschaft:
....
....

Die Funktion ist für $x = \ldots$ nicht definiert.

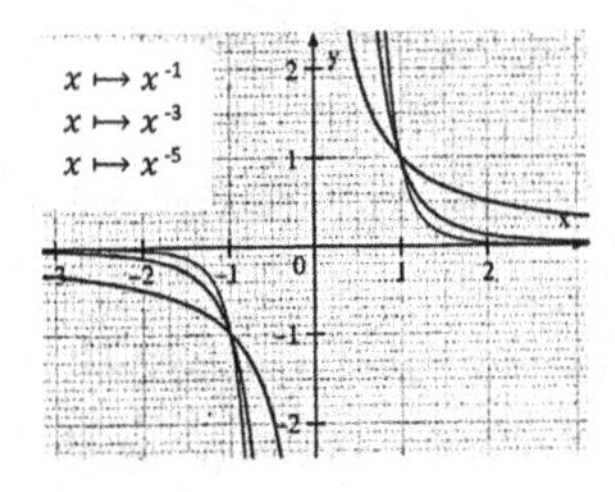

Die Exponenten sind .... und ....

Die gemeinsamen Punkte der Graphen sind:

Symmetrieeigenschaft:
....
....

Die Funktion ist für $x = \ldots$ nicht definiert.

Arbeitsblatt E 10A

1 a) Zu welchen Funktionen kann der Graph gehören?

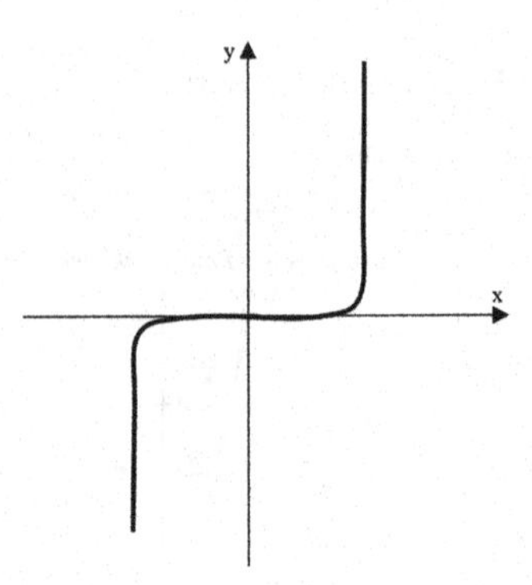

b) Begründe deine Antwort.

2 a) Zu welchen Funktionen kann der gestrichelte Graph gehören, der nur den Punkt (0/0) mit dem anderen Graphen gemeinsam hat?

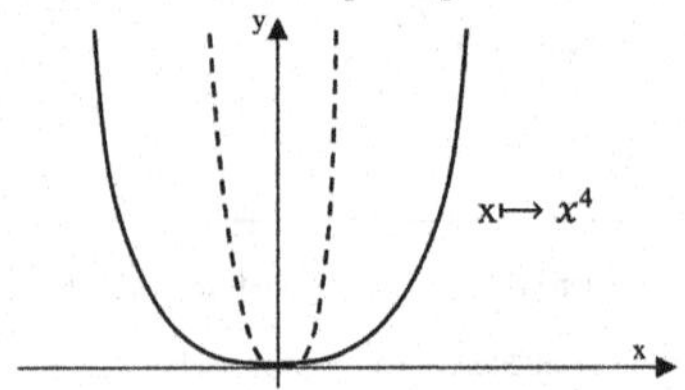

b) Begründe deine Antwort.

3 a) Welches Volumen hat ein Würfel mit der Kantenlänge von 2 Zentimeter?

b) Welche Kantenlänge hat ein Würfel mit dem Volumen von 64 Kubikzentimeter?

c) Zeichne ungefähr den Graphen der Funktion *Kantenlänge* ⟼ *Volumen des Würfels.*

d) Zeichne ungefähr den Graphen der Funktion *Volumen* ⟼ *Kantenlänge des Würfels.*

Klasse 10b

Arbeitsblatt A

10B

1 Begründe, warum der gestrichelte Graph zu der Funktion $x \longmapsto x^6$ gehören kann.
Vergleiche dazu den gestrichelten Graphen mit der Normalparabel
-für den Bereich nahe am Ursprung des Koordinatensystems und
-für den Bereich weit entfernt vom Ursprung.

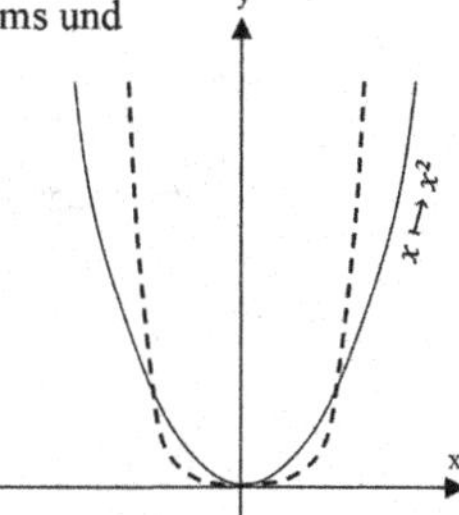

Arbeitsblatt B

10B

1 Zu welchen Funktionen können der gestrichelte und der gepunktete Graph gehören?

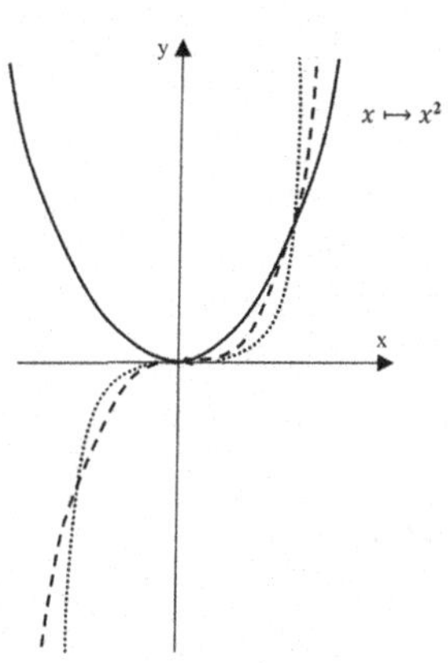

2 Begründe deine obigen Antworten.

Arbeitsblatt C 10B

1 Zu welchen Funktionen können der gestrichelte und der gepunktete Graph gehören?

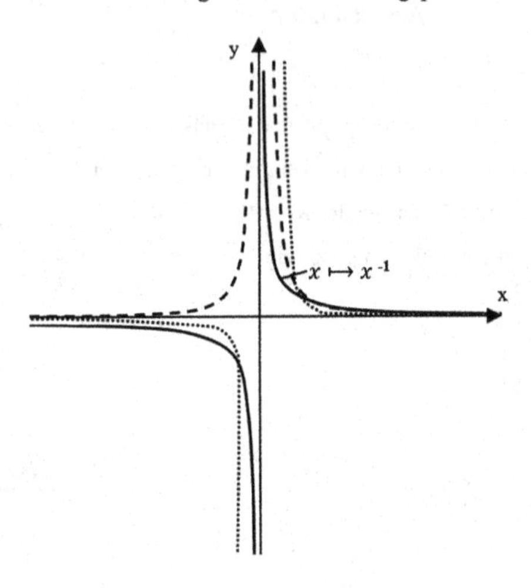

2 Begründe deine obigen Antworten.

Arbeitsblatt D

10B

1 Trage die fehlenden Worte ein:

Definition
Eine Funktion $x \mapsto x^n$ mit $n \in \mathbb{Z}\setminus\{0\}$ heißt ....

Grundtypen von Potenzfunktionen mit ganzzahligen Exponenten

Die Exponenten sind .... und ....

Die gemeinsamen Punkte der Graphen sind:

Symmetrieeigenschaft:
....
....

Die Exponenten sind .... und ....

Die gemeinsamen Punkte der Graphen sind:

Symmetrieeigenschaft:
....
....

Die Exponenten sind .... und ....

Die gemeinsamen Punkte der Graphen sind:

Symmetrieeigenschaft:
....
....

Die Funktion ist für x = ... nicht definiert.

Die Exponenten sind .... und ....

Die gemeinsamen Punkte der Graphen sind:

Symmetrieeigenschaft:
....
....

Die Funktion ist für x = ... nicht definiert.

Arbeitsblatt E 10B

1 a) Zu welchen Funktionen kann der Graph gehören?

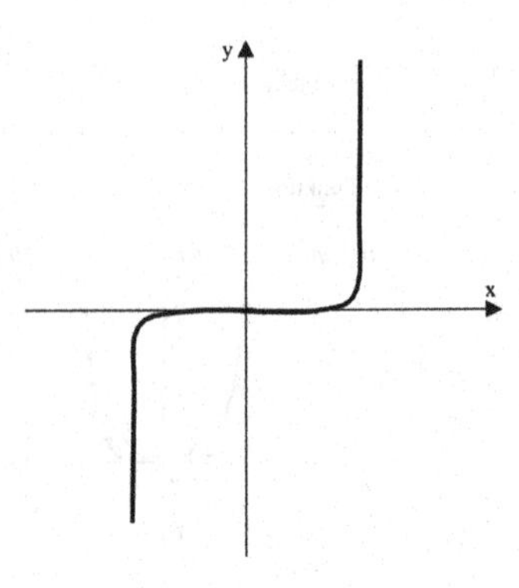

b) Begründe deine Antwort.

2 a) Zu welchen Funktionen kann der gestrichelte Graph gehören, der nur den Punkt (0/0) mit dem anderen Graphen gemeinsam hat?

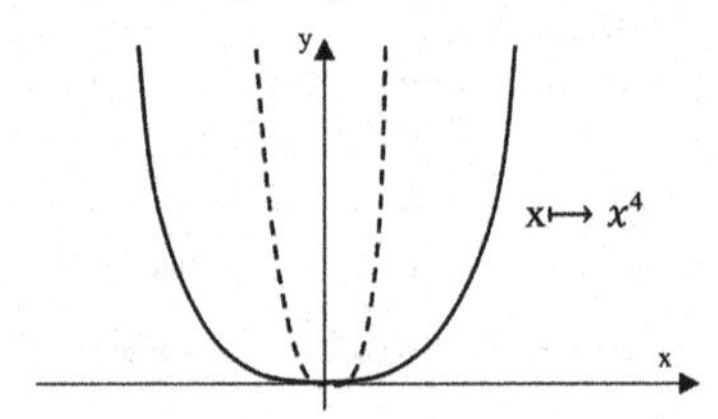

b) Begründe deine Antwort.

3 a) Welches Volumen hat ein Würfel mit der Kantenlänge von 2 Zentimeter?

b) Welche Kantenlänge hat ein Würfel mit dem Volumen von 64 Kubikzentimeter?

c) Zeichne ungefähr den Graphen der Funktion *Kantenlänge* ⟼ *Volumen des Würfels.*

d) Zeichne ungefähr den Graphen der Funktion *Volumen* ⟼ *Kantenlänge des Würfels.*

Literatur

Almeida, D. (2001): Pupils' proof potential. In: Int. J. Math. Edu. Sci. Technol., 32(1), S. 53–60.

Andreewsky, E. (2000): Abduction in language interpretation and law making. In: Kybernetes, 29(7–8), S. 836–845.

Apel, K.-O. (1975): Der Denkweg von Charles S. Peirce – Eine Einführung in den amerikanischen Pragmatismus. Frankfurt a. M.: Suhrkamp.

Aristoteles (1998): Organon 3/4. Erste Analytik. Zweite Analytik. Hrsg. von H.G. Zekl. Hamburg: Meiner.

Ausubel, D.P.; J.D. Novak und H. Hanesian (1981): Psychologie des Unterrichts. Band 2. 2. Auflage. Weinheim: Beltz.

Bartelborth, T. (1999): Perspektiven der Argumentationstheorie. In: Dialektik 1999/1, S. 9–24.

Bateson, G. (1983): Ökologie des Geistes. Anthropologische, psychologische, biologische und epistemologische Perspektiven. 2. Auflage. Frankfurt a. M.: Suhrkamp.

Bauersfeld, H. (1983): Subjektive Erfahrungsbereiche als Grundlage einer Interaktionstheorie des Mathematiklernens und -lehrens. In: Bauersfeld, H. (Hrsg.): Lernen und Lehren von Mathematik. Köln: Aulis, S. 1–56.

Bayer, K. (1999): Argument und Argumentation. Logische Grundlagen der Argumentationsanalyse. Opladen: Westdeutscher Verlag.

Beck, C. und H. Jungwirth (1999): Deutungshypothesen in der interpretativen Forschung. In: Journal für Mathematikdidaktik, 20(4), S. 231–259.

Bell, A. und C. Janvier (1981): The interpretation of graphs representing situations. In: For the Learning of Mathematics, 2(1), S. 34–42.

Birnbacher, D. und D. Krohn (2002): Einleitung. In: ebd. (Hrsg.): Das sokratische Gespräch. Stuttgart: Reclam, S. 7–14.

Blum, W. und A. Kirsch (1989): Warum haben nicht-triviale Lösungen von f' = f keine Nullstellen? Beobachtungen und Bemerkungen zum 'inhaltlich-anschaulichen' Beweisen. In: Kautschitsch, H. und W. Metzler (Hrsg.): Anschauliches Beweisen. Wien: Verlag Hölder-Pichler-Tempsky, S. 199–209.

Blum, W. und G. Törner (1983): Didaktik der Analysis. Göttingen: Vandenhoeck und Ruprecht.

M. Meyer, *Entdecken und Begründen im Mathematikunterricht*, Kölner Beiträge zur Didaktik der Mathematik, https://doi.org/10.1007/978-3-658-32391-2

Blumer, H. (1981): Der methodologische Standpunkt des Symbolischen Interaktionismus. In: Arbeitsgruppe Bielefelder Soziologen (Hrsg.): Alltagswissen, Interaktion und gesellschaftliche Wirklichkeit. Band I. 5. Auflage. Reinbek: Rowohlt, S. 80–146.

Bonfantini, M. und G. Proni (1985): Raten oder nicht raten? In: Eco, U. und T.A. Sebeok (Hrsg.): Der Zirkel oder im Zeichen der Drei – Dupin, Holmes, Peirce. München: Fink, S. 180–202.

Brandt, B. und G. Krummheuer (2000): Das Prinzip der Komparation im Rahmen der interpretativen Unterrichtsforschung. In: Journal für Mathematikdidaktik, 21(3/4), S. 193–226.

Bromme, R.; F. Seeger und H. Steinbring (1990): Aufgaben, Fehler und Aufgabensysteme. In: ebd. (Hrsg.): Aufgaben als Anforderungen an Lehrer und Schüler. Köln: Aulis, S. 1–30.

Brügelmann, H. (1992): Geschlossene Gehirne und offener Unterricht. In: Die Grundschulzeitschrift, 6(54), S. 2–3.

Brüning, A. und K. Spallek (1978): Eine inhaltliche Gestaltung der Gleichungslehre: Terme oder Abbildungen und Funktionen. In: Mathematisch-physikalische Semesterberichte, 25, S. 236–271.

Brüning, A. und K. Spallek (1979): Analysis und geometrisch anschauliches Denken im Schulunterricht. In: Der Mathematikunterricht, 25(2), S. 45–69.

Bruner, J.S. (1973): Der Prozeß der Erziehung. 3. Auflage. Berlin: Berlin-Verlag.

Bruner, J.S. (1981): Der Akt der Entdeckung. In Neber, H. (Hrsg.): Entdeckendes Lernen. 3. Auflage. Weinheim: Beltz, S. 15–29. (Original: The act of discovery. Harvard Educ. Rev. 1961, 31, S. 21–32)

Burchartz, B. (2003): Problemlöseverhalten von Schülern beim Bearbeiten unlösbarer Probleme. Hildesheim: Franzbecker.

Buth, M. (1996): Einführung in die formale Logik unter der besonderen Fragestellung: Was ist die Wahrheit allein aufgrund der Form. Frankfurt: Lang.

Buth, M. und H. Gebert (1990): Der Beitrag der Piagetschen Psychologie für das Problemlösen und das entdeckende Lernen im Mathematikunterricht. In: mathematica didactica, 13(1), S. 3–10.

CP: s. Peirce, Ch. S.: Collected Papers.

Carrier, M. (2000): Empirische Hypothesenprüfung ohne Felsengrund, oder: Über die Fähigkeit, sich am eigenen Schopf aus dem Sumpf zu ziehen. In: Stadler, F. (Hrsg.): Elemente moderner Wissenschaftstheorie: Zur Interaktion von Philosophie, Geschichte und Theorie der Wissenschaften. Berlin: Springer, S. 43–56.

Charniak, E. und McDermott, D. (1985): A semantics for probalistic quantifier-free first-order languages, with particular application to story understanding. In: Proceedings of the 11th International Joint Conference on Artificial intelligence (IJCAI-89), Detroit: Morgan Kaufmann, S.1074–1079.

Cicourel, A.V. (1981): Basisregeln und normative Regeln im Prozess des Aushandelns von Status und Rolle. In: Arbeitsgruppe Bielefelder Soziologen (Hrsg.): Alltagswissen, Interaktion und gesellschaftliche Wirklichkeit. Band I. 5. Auflage. Reinbeck: Rowohlt, S. 147–188.

Cobb, P.; E. Yackel und T. Wood (1992): A constructivist alternative to the re-presentational view of mind in mathematics education. In: Journal for Research in Mathematics Education, 23(1), S. 2–33.

Davis, P.J. (1965): Simple quadratures in the complex plane. In: Pacific Journal of Mathematics, 15(3), S. 813–824.

Davis, P.J. und R. Hersh (1986a): Erfahrung Mathematik. Basel: Birkhauser.
Davis, P.J. und R. Hersh (1986b): Descartes' dream. New York: HBJ Publishers.
Davis, R.B. (1982): Teaching the concept of function: method and reasons. In: Barneveld, G. van und H. Krabbendam (Hrsg.): Proceedings of the Conference on Functions. Enschede, S. 47–55.
Doyle, A.C. (2005): Das Zeichen der Vier. Zürich: Klein & Aber.
Dreyfus, T. (2002): Was gilt im Mathematikunterricht als Beweis? In: Beiträge zum Mathematikunterricht. Hildesheim: Franzbecker, S. 15–22.
Dreyfus, T. und T. Eisenberg (1982): Intuitiv functional concepts: A baseline study on intuitions. In: Journal for Reasearch in Mathematics Education, 13(5), S. 360–380.
Eberhard, K. (1999): Einführung in die Erkenntnis- und Wissenschaftstheorie. Geschichte und Praxis der konkurrierenden Erkenntniswege. 2. Auflage. Stuttgart: Kohlhammer.
Eco, U. (1985): Hörner, Hufe, Sohlen. Einige Hypothesen zu drei Abduk-tionstypen. In: Eco, U. und T.A. Sebeok (Hrsg.): Der Zirkel oder im Zeichen der Drei – Dupin, Holmes, Peirce. München: Fink, S. 288–320.
Eco, U. (1987): Der Streit der Interpretationen. München: Hanser.
Edelmann, W. (2000): Lernpsychologie. 6. Auflage. Weinheim: Beltz.
Fann, K.T. (1970): Peirce's theory of abduction. Den Haag: Nijhoff.
Fisch, M.H. (1982): Vorwort. In: Sebeok, T.A. und J. Umiker-Sebeok (Hrsg.): ‚Du kennst meine Methode' – Charles S. Peirce und Sherlock Holmes. Frankfurt a. M.: Suhrkamp Verlag, S. 15–23.
Frankfurt, H.-G. (1958): Peirce's notion of abduction. In: Journal of Philosophy, 55, S. 593–597.
Gallin, P. und U. Ruf (1991): Sprache und Mathematik in der Schule. 2. Auflage. Weinfelden: Wolfau-Druck.
Garfinkel, H. (1967): Studies in ethnomethodology. New-York: Prentices Hall.
Garfinkel, H. (1973): Das Alltagswissen über soziale und innerhalb sozialer Strukturen. In: Arbeitsgruppe Bielefelder Soziologen (Hrsg.): Alltagswissen, Interaktion und gesellschaftliche Wirklichkeit. Band I. Reinbek: Rowohlt, S. 189–209.
Glasersfeld, E. von (1987): Wissen, Sprache und Wirklichkeit. Braunschweig: Vieweg.
Glasersfeld, E. von (1991): Radical constructivism in mathematics education. Dodrecht: Kluwer.
Glasersfeld, E. von (1998): Radikaler Konstruktivismus. Ideen, Ergebnisse, Probleme. 2. Auflage. Frankfurt a. M.: Suhrkamp.
Glasersfeld, E. von (2003): Konstruktion der Wirklichkeit und des Begriffs der Objektivität. In: Gumin, H. und H. Meier (Hrsg.): Einführung in den Konstruktivismus. 7. Auflage. München: Piper, S. 9–39.
Glymour, C. (1980): Theory and evidence. Princeton: Princeton University Press.
Gödel, K. (1931): Über formal unentscheidbare Sätze der Principia Mathematica und verwandter Systeme I. In: Monatsh. Math. Phys. 38, S. 173–198.
Goffman, E. (1974): Frame analysis. An essay on the organization of experience. Cambridge: Harvard University Press.
Greeno, J.G. (1973): The structure of memory and the process of solving problems. In: Solso, R.L. (Hrsg.): Contemporary issues in cognitive psychology. Washington: Winston & Sons, S. 103–133.

Griesel, H. und Postel, H. (1995): Elemente der Mathematik 10. 1. Auflage. Hannover: Schroedel.
Griesel, H. und H. Postel (2000): Elemente der Mathematik 8. 1. Auflage. Hannover: Schroedel.
Habermas, J. (1968): Erkenntnis und Interesse. Frankfurt a. M.: Suhrkamp.
Habermas, J. (1999): Theorie des kommunikativen Handelns. Frankfurt a. M.: Suhrkamp.
Hanna, G. (1989): More than a formal proof. In: For the Learning of Mathematics, 9(1), S. 20–23.
Hanna, G. (1990): Some pedagogical aspects of proof. In: Interchange, 21(1), S. 6–13.
Hanna, G. (1997): The ongoing value of proof. In: Journal für Mathematikdidaktik, 18(2/3), S. 171–185.
Hanna, G. und H.N. Jahnke (1996): Proof and proofing. In: Bishop, A. u. a. (Hrsg.): International handbook of mathematics education. Dodrecht: Kluwer, S. 877–908.
Harten, G. von und M. Otte (1986): Gleichungen. In: Harten, G. von u. a. (Hrsg.): Funktionsbegriff und funktionales Denken. Köln: Aulis, S. 131–180.
Heckhausen, H. (1964): Entwurf einer Psychologie des Spiels. In: Psychologische Forschung, 27, S. 225–243.
Heckmann (2002): Lenkungsaufgaben des sokratischen Leiters. In: Birnbacher, D. und D. Krohn (Hrsg.): Das sokratische Gespräch. Stuttgart: Reclam, S. 73–91.
Heinze, A. und K. Reiss (2002): Dialoge in Klagenfurt II – Perspektiven empirischer Forschung zum Beweisen, Begründen und Argumentieren im Mathematikunterricht. In: Beiträge zum Mathematikunterricht. Hildes-heim: Franzbecker, S. 227–230.
Herscovics, N. (1982): Problems related to the understanding of functions. In: van Barneveld, G. und H. Krabbendam (Hrsg.): Proceedings of the Conference on Functions. Enschede, S. 67–84.
Hersh, R. (1993): Proving is convincing and explaining. In: Educational Studies in Mathematics 24(4), S. 389–399.
Hersh, R. (1997): What is mathematics, really? New York: Oxford University Press.
Höwekamp, G.A. (1999): Sokratische Gespräche als Lehr- und Forschungsmethode im Fach Mathematik. Wermelskirchen: Hackenberg.
Hoffmann, A. (2003): Elementare Bausteine der kombinatorischen Problemlösefähigkeit. Hildesheim: Franzbecker.
Hoffmann, M. (1998): Erkenntnistheoretische Grundlagen des Lernens. In: Beiträge zum Mathematikunterricht, Hildesheim: Franzbecker, S. 311–314.
Hoffmann, M. (1999): Problems with Peirce's concept of abduction. In: Foundations of Science 4(3), S. 271–305.
Hoffmann, M. (2001): Skizze einer semiotischen Theorie des Lernens. In: Journal für Mathematikdidaktik, 22(3/4), S. 231–251.
Hoffmann, M. (2002): Erkenntnisentwicklung. Ein semiotisch-pragmatischer Ansatz. Dresden: Philosophische Fakultät der Technischen Universität.
Hoffmann, M. (2003a): Mathematik verstehen – semiotische Perspektiven. Hildesheim: Franzbecker.
Hoffmann, M. (2003b): „Entdeckendes Lernen" – semiotisch gefasst. In: Beiträge zum Mathematikunterricht. Hildesheim: Franzbecker, S. 305–308.
Holt, J. (1971): Wie Kinder lernen. Weinheim: Beltz.

Hume, D. (1993/1748): Eine Untersuchung über den menschlichen Verstand. 12. Auflage. Hrsg. von J. Kulenkampff. Hamburg: Meiner.
Hussy, W. (1984): Denkpsychologie. Ein Lehrbuch. Band I: Geschichte, Be-griffs- und Problemlöseforschung, Intelligenz. Stuttgart: Kohlhammer.
Jahnke, H.N. (1978): Zum Verhältnis von Wissensentwicklung und Begründung in der Mathematik. Beweisen als didaktisches Problem. Bielefeld: Kramer-Druck.
Janvier, C. (1978): The interpretation of complex Cartesian graphs representing situations. Studies and Teaching Experiments. Unveröffentlichte Doktorarbeit. Universität Nottingham.
Janvier, C. (1987): Translation processes in mathematics education. In: Janvier, C. (Hrsg.): Problems of Representation in the Teaching and Learning of Mathematics. Hillsdale: Lawrence Erlbaum Associates, S. 27–32.
Jungwirth, H. (2003): Interpretative Forschung in der Mathematikdidaktik – ein Überblick für Irrgäste, Teilzieher und Standvögel. In: ZDM, 35(5), S. 189–200.
Kempski, J. von (1988): Charles S. Peirce zu Aristoteles Analytica Priora II 23, 25. In: Claussen, R. und R. Daube-Schackat (Hrsg.): Gedankenzeichen. Festschrift für K. Oehler. Tübingen: Stauffenburg, S. 263–265.
Kerslake, D. (1982): Graphs. In: Hart, K. (Hrsg.): Children's understanding of mathematics: 11–16. London: Murray, S. 120–136.
Klafki, W. (1996): Neue Studien zur Bildungstheorie und Didaktik. Zeitgemäße Allgemeinbildung und kritisch-konstruktive Didaktik. 5. Auflage. Weinheim: Beltz.
Klix, F. (1976): Information und Verhalten. Kybernetische Aspekte der organismischen Informationsverarbeitung. Einführung in naturwissenschaftliche Grundlagen der allgemeinen Psychologie. Bern: Huber.
Klein, W. (1980): Argumentation und Argument. In. Zeitschrift für Literaturwissenschaften, 38/39, S. 9–57.
KM, Der Kultusminister des Landes NRW (1985): Richtlinien und Lehrpläne für die Grundschule in Nordrhein-Westfalen: Mathematik. Frechen: Ritterbach.
Knipping, Ch. (2003): Beweisprozesse in der Unterrichtspraxis. Vergleichende Analysen von Mathematikunterricht in Deutschland und Frankreich. Hildesheim: Franzbecker.
Kopp, F. (1980): Schülerorientierter Unterricht. In: Geppert, K. und E. Preuß (Hrsg.): Selbständiges Lernen: Zur Methode des Schülers im Unterricht. Bad Heilbrunn: Klinkhardt, S. 56–69.
Kopperschmidt, J. (1989): Methodik der Argumentationsanalyse. Stuttgart-Bad Cannstadt: Frommann-Holzboog.
Kopperschmidt, J. (2000): Argumentationsanalyse zur Einführung. Hamburg: Junius.
Krauthausen, G. (1994): Arithmetische Fähigkeiten von Schulanfängern: Eine Computersimulation als Forschungsinstrument und als Baustein eines Softwarekonzeptes für die Grundschule. Hrsg. von E. Ch. Wittmann. Wiesbaden: Dt. Univ.-Verlag.
Krauthausen, G. (1998): Allgemeine Lernziele im Mathematikunterricht der Grundschule. In: Die Grundschulzeitschrift, 119, S. 54–61.
Krauthausen, G. (2001): Wann fängt das Beweisen an? Jedenfalls ehe es einen Namen hat. In: Weiser, W. und B. Wollring (Hrsg.): Beiträge zur Didaktik der Mathematik für die Primarstufe. Festschrift für Siegbert Schmidt. Hamburg: Verlag Dr. Kovac, S. 99–113.
Kronfellner, M. (1987): Ein genetischer Zugang zum Funktionsbegriff. In: mathematica didactica, 10(1), S. 81–100.

Krummheuer, G. (1982): Rahmenanalyse zum Unterricht einer achten Klasse über „Termumformungen". In: Bauersfeld, H. u. a.: Analysen zum Unterrichtshandeln. Köln: Aulis, S. 41–103.

Krummheuer, G. (1983): Das Arbeitsinterim im Mathematikunterricht. In: Bauersfeld, H. u. a. (Hrsg.): Lernen und Lehren von Mathematik. Köln: Aulis, S. 57–106.

Krummheuer, G. (1992): Lernen mit ‚Format'. Elemente einer interaktionistischen Lerntheorie – diskutiert an Beispielen mathematischen Unterrichts. Weinheim: Beltz.

Krummheuer, G. (1995): The ethnography of argumentation. In: Cobb, P. und H. Bauersfeld (Hrsg.): The emergence of mathematical meaning: Interaction in classroom cultures. Hillshale: Erlbaum, S. 229–270.

Krummheuer, G. (1997): Narrativität und Lernen. Mikrosoziologische Studien zur sozialen Konstitution schulischen Lernens. Weinheim: Deutscher Studien Verlag.

Krummheuer, G. (2003): Argumentationsanalyse in der mathematikdidaktischen Unterrichtsforschung. In: ZDM, 35(6), S. 247–256.

Krummheuer, G. und B. Brandt (2001): Paraphrase und Traduktion. Partizipationstheoretische Elemente einer Interaktionstheorie des Mathematiklernens in der Grundschule. Weinheim: Beltz.

Krummheuer, G. und M. Fetzer (2005): Der Alltag im Mathematikunterricht. Beobachten – Verstehen – Gestalten. München: Elsevier.

Krummheuer, G. und J. Voigt (1991): Interaktionsanalysen im Mathematikunterricht. Ein Überblick über Bielefelder Arbeiten. In: Maier, H. und J. Voigt (Hrsg.): Interpretative Unterrichtsforschung. Köln: Aulis, S. 13–32.

Kuhn, T.S. (1977): Eine Funktion für ein Gedankenexperiment. In: Krüger, L. (Hrsg.): Die Entstehung des Neuen. Studien zur Struktur der Wissenschaftsgeschichte. Frankfurt a. M.: Suhrkamp, S. 327–356.

Kuhn, T.S. (1991/1962): Die Struktur wissenschaftlicher Revolutionen. 11. Auflage. Frankfurt a. M.: Suhrkamp.

Kunsteller, J. (2018): Ähnlichkeiten und ihre Bedeutung beim Entdecken und Begründen. Sprachspielphilosophische und mikrosoziologische Analysen von Mathematikunterricht. Wiesbaden: Springer.

Krumsdorf, J. (2017): Beispielgebundenes Beweisen. Münster: WTM.

Lakatos, I. (1979): Beweise und Widerlegungen: Die Logik mathematischer Entdeckungen. Hrsg. von J. Worrall und E. Zahar. Braunschweig: Vieweg.

Lakatos, I. (1982): Mathematik, empirische Wissenschaft und Erkenntnistheorie. Hrsg. von J. Worrall und G. Currie. Braunschweig: Vieweg.

Lauter, J. (1991): Fundament der Grundschulmathematik. Donauwörth: Auer.

Lauth, B. und J. Sareiter (2002): Wissenschaftliche Erkenntnis. Eine ideengeschichtliche Einführung in die Wissenschaftstheorie. Paderborn: Mentis.

Leininger, P., G. Ernst; A. Kistella und H. Wallrabenstein (2001): Nussknacker. Unser Rechenbuch. 4. Schuljahr. Ausgabe C. Leipzig: Klett.

Leinfellner, W. (1980): Einführung in die Erkenntnis- und Wissenschaftstheorie. 3. Auflage. Mannheim: Bibliographisches Institut.

Lienert, G.A. (1969): Testaufbau und Testanalyse. 3. Auflage. Weinheim: Beltz.

Loska, R. (1995): Lehren ohne Belehrung. Leonard Nelsons sokratische Methode der Gesprächsführung. Bad Heilbrunn: Klinkhardt.

Maier, H. (1991): Analyse von Schülerverstehen im Unterrichtsgeschehen – Fragestellungen, Verfahren und Beispiele. In: Maier, H. und J. Voigt (Hrsg.): Interpretative Unterrichtsforschung. Köln: Aulis, S. 117–151.

Maisano, M.-L. (2019): Beschreiben und Erklären beim Lernen von Mathematik. Rekonstruktion mündlicher Sprachhandlungen von mehrsprachigen Grundschulkindern. Wiesbaden: Springer.

Majer, U. (1994): Mechanisches Rechnen und reflektierendes Denken in der Mathematik. In: Dialektik, 3, S. 75–88.

Malle, G. (1993): Didaktische Probleme der elementaren Algebra. Braunschweig: Vieweg.

Markovits, Z.; B.S. Eylon und M. Bruckheimer (1986): Functions today and yesterday. In: For the Learning of Mathematics, 6(2), S. 18–24.

Markovits, Z.; B.S. Eylon und M. Bruckheimer (1988): Difficulties students have with the function concept. In Coxford, A.F. und A.P. Shulte (Hrsg.): The ideas of algebra. K-12. Reston: NCTM Yearbook, S. 43–60.

Mayer, R.E. (1979): Denken und Problemlösen. Eine Einführung in menschliches Denken und Lernen. Berlin: Springer.

Mehan, H. (1981): Social constructivism in psychology and sociology. In: The Quarterly Newsletter of the Laboratory of Comparative Human Cognition, 3(4), S. 71–74.

Meschkowski, H. (1990): Denkweisen großer Mathematiker. Ein Weg zur Geschichte der Mathematik. Erw. Auflage. Braunschweig: Vieweg.

Meyer, M. (2005): Entdecken und Begründen. Unterrichtsanalysen. In: Beiträge zum Mathematikunterricht, Bad Salzdetfurth: Franzbecker, S. 388–391.

Meyer, M. (2016): Concept formation as a rule based use of words. In: The Philosophy of Mathematics Education Journal, 31.

Meyer, M. und K. Tiedemann (2017): Sprache im Fach Mathematik. Wiesbaden: Springer.

Meyer, M. und J. Voigt (2008): Entdecken mit latenter Beweisidee. Analyse von Schulbuchseiten. In: Journal für Mathematikdidaktik, 29(2), S. 124–151.

Meyer, M. und J. Voigt (2009): Entdecken, Prüfen und Begründen. Gestaltung von Aufgaben zur Erarbeitung mathematischer Sätze. In: mathematica didactica, 32, S. 31–66.

Moll, M. (2019): Überzeugung im Werden. Begründetes Fürwahrhalten im Mathematikunterricht. Wiesbaden: Springer.

Müller-Philipp, S. (1994): Der Funktionsbegriff im Mathematikunterricht. Eine Analyse für die Sekundarstufe I unter Berücksichtigung lernpsychologischer Erkenntnisse und der Einbeziehung des Computers als Lernhilfe. Münster: Waxmann.

MSJK (2003) – Ministerium für Schule, Jugend und Kinder: Richtlinien und Lehrpläne zur Erprobung für die Grundschule in Nordrhein-Westfalen. Frechen: Ritterbach.

MSJK (2004) – Ministerium für Schule, Jugend und Kinder: Kernlehrplan Mathematik für das Gymnasium – Sekundarstufe I in Nordrhein-Westfalen. Frechen: Ritterbach.

MSWWF (1993) – Ministerium für Schule und Weiterbildung, Wissenschaft und Forschung: Richtlinien und Lehrpläne Mathematik für das Gymnasium – Sekundarstufe I – in Nordrhein-Westfalen. Frechen: Ritterbach.

Nagl, L. (1992): Charles Sanders Peirce. Frankfurt a. M.: Campus Verlag.

Neber, H. (1981a): Einleitung. In: Neber, H. (Hrsg.): Entdeckendes Lernen. 3. Auflage. Weinheim: Beltz, S. 9–12.

Neber, H. (1981b): Neuere Entwicklungen zum entdeckenden Lernen. In: Neber, H. (Hrsg.): Entdeckendes Lernen. 3. Auflage. Weinheim: Beltz, S. 45–92.

Nelsen, R. B. (1993): Proofs without words. Exercises in visual thinking. Washington: The Mathematical Association of America.

Nelson, L. (2002/1922): Die sokratische Methode. In: Birnbacher, D. und D. Krohn (Hrsg.): Das sokratische Gespräch. Stuttgart: Reclam, S. 21–72.

Neth, A. und J. Voigt (1991): Lebensweltliche Inszenierungen. Die Aushandlung schulmathematischer Bedeutung an Sachaufgaben. In: Maier, H. und J. Voigt (Hrsg.): Interpretative Unterrichtsforschung. Köln: Aulis, S. 79–116.

Öhlschläger, G. (1979): Linguistische Überlegungen zu einer Theorie der Argumentation. Tübingen: Max Niemeyer.

Oevermann, U.; T. Allert; E. Konau und J. Krambeck (1979): Die Methodologie einer objektiven Hermeneutik und ihre allgemeine forschungslogische Bedeutung in den Sozialwissenschaften. In: Soeffner, H.G. (Hrsg.): Interpretative Verfahren in den Sozial- und Textwissenschaften. Stuttgart: Metzler, S. 352–432.

Olander, H.T. und H.C. Robertson (1973): The effectiveness of discovery and expository methods in the teaching of fourth-grade mathematics. In: Journal for Research in Mathematics Education, 4(1), S. 33–44.

Padberg, F. (2002): Didaktik der Bruchrechnung. 3. Auflage. Heidelberg: Spektrum.

Pedemonte, B. (2007): How can the relationship between argumentation and proof be analysed? Educational Studies in Mathematics, 66, S. 23–41.

Peirce, Ch. S., CP: Collected Papers of Charles Sanders Peirce (Band I–VI hrsg. von C. Hartshorne und P. Weiß, 1931–1935, Band VII–VIII hrsg. von A.W. Burks 1985), Cambridge: Harvard University Press (Zitiert wird hierbei nach der üblichen Form: *w.xyz* – *w* gibt dabei die Bandnummer, *xyz* die Nummer des Paragraphen an).

Peirce, Ch. S., NEM (1976): The new elements of mathematics. Hrsg: C. Eisele. Bloomington: Indiana University Press.

Peirce, Ch. S., LOS (1986): Historical perspectives on Peirces logic of science: A history of science. Band 2. Hrsg. von C. Eisele. Berlin: Mouton.

Peirce, Ch. S., EP (1998): The Essential Peirce. Selected Philosophical Writings. Band 2 (1893–1913). Hrsg. von N. Houser u. a. Bloomington: Indiana University Press.

Perelmann, C. (1980): Das Reich der Rhetorik. München: Beck.

Philipp, K. (2013): Experimentelles Denken. Theoretische und empirische Konkretisierung einer mathematischen Kompetenz. Wiesbaden: Springer.

Philipp, K. und T. Leuders (2012): Innermathematisches Experimentieren – empiriegestütze Entwicklung eines Kompetenzmodells und Evaluation eines Förderkonzeptes. In: W. Rieß, M. Wirtz, B. Barzel und A. Schulz (Hrsg.): Experimentieren im mathematisch-naturwissenschaftlichen Unterricht. Schüler lernen wissenschaftlich denken und arbeiten. Münster: Waxmann, 285–300.

Platon (1993): Menon. 3. Auflage. Hrsg. von K. Reich. Hamburg: Meiner.

Pohlmann, D. und W. Stoye (2000): Mathematik plus. Gymnasium Klasse 6. Nordrhein-Westfalen. Berlin: Volk und Wissen.

Poincaré, H. (1914/1901): Wissenschaft und Hypothese. 3. Auflage. Hrsg. von F. Lindemann. Leipzig: Teubner.

Polya, G. (1962): Mathematik und Plausibles Schliessen. Band 1. Induktion und Analogie in der Mathematik. Basel: Birkhäuser.

Polya, G. (1963): Mathematik und Plausibles Schliessen. Band 2. Typen und Strukturen plausibler Folgerungen. Basel: Birkhäuser.

Polya, G. (1967): Schule des Denkens. 2. Auflage. Bern: Francke.
Popper, K.R. (2005/1934): Logik der Forschung. 11. Auflage. Hrsg. von H. Keuth. Tübingen: Mohr Siebeck.
Radatz, H. und W. Schipper (1983): Handbuch für den Mathematikunterricht an Grundschulen. Hannover: Schroedel.
Reichenbach, H. (1949): Experience and Prediction. Chicago: University of Chicago Press.
Reichenbach, H. (1968): Der Aufstieg der wissenschaftlichen Philosophie. Hrsg. von S. Moser und S.J. Schmidt. Braunschweig: Vieweg.
Reichertz, J. (2003): Die Abduktion in der qualitativen Sozialforschung. Opladen: Leske und Budrich.
Remmert, R. und P. Ullrich (1995): Elementare Zahlentheorie. 2. Auflage. Basel: Birkhäuser.
Rey, J. und M. Meyer (2019): Experimental work in mathematical teaching. In: M. Graven, H. Venkat, A. Essien und P. Vale (Hrsg.): Proceedings of the 43rd Conference of the International Group for the Psychology of Mathematics Education (Vol. 4). Pretoria, South Africa: PME.
Rescher, N. (1995): Peirce on abduction, plausibility, and the efficiency of scientific inquiry. In: ebd. (Hrsg.): Essays in the History of Philosophy. Aldershot: Avebury, S. 309–326.
Richter, A. (1995): Der Begriff der Abduktion bei Charles Sanders Peirce. Frankfurt a. M.: Lang.
Rohr, S. (1993): Über die Schönheit des Findens. Die Binnenstruktur menschlichen Verstehens nach Charles S. Peirce: Abduktionslogik und Kreativität. Stuttgart: M&P.
Schmidt, A. und I. Weidig (1994): Lambacher Schweizer 7. Mathematisches Unterrichtswerk für das Gymnasium. Ausgabe Nordrhein-Westfalen. 2. Auflage. Stuttgart: Klett.
Schmidt, A. und I. Weidig (1996): Lambacher Schweizer 10. Mathematisches Unterrichtswerk für das Gymnasium. Ausgabe Nordrhein-Westfalen. 2. Auflage. Stuttgart: Klett.
Schneider, H.J. (1978): Sprachtheorie auf pragmatischer Grundlage. In: Arbeitsgruppe Semiotik (Hrsg.): Die Einheiten der semiotischen Dimension. Tübingen: Narr, S. 171–189.
Schütz, A. (1971): Gesammelte Aufsätze. Band 1. Das Problem der sozialen Wirklichkeit. Den Haag: Nijhoff.
Schwarzkopf, R. (2000): Argumentationsprozesse im Mathematikunterricht. Theoretische Grundlagen und Fallstudien. Hildesheim: Franzbecker.
Schwarzkopf, R. (2001): Argumentationsanalysen im Unterricht der frühen Jahrgangsstufen – eigenständiges Schließen mit Ausnahmen. In: Journal für Mathematikdidaktik, 3(4), S. 253–276.
Shank, G. (1998): The extraordinary ordinary powers of abductive reasoning. In: Theory & Psychology, 8(6), S. 841–860.
Siegler, R.S. (2001): Das Denken von Kindern. 3. Auflage. München: Oldenbourg.
Smith, E. und Hancox, P. (2001): Representation, coherence and inference. In: Artificial Intelligence Reviews, 15(4), S. 295–323.
Söhling, A.-C. (2017): Problemlösen und Mathematiklernen. Vom Nutzen des Probierens und des Irrtums. Wiesbaden: Springer.
Spiegel, H. (1989): Sokratische Gespräche in der Mathematiklehrerausbildung. In: Krohn, D. (Hrsg.): Das sokratische Gespräch – ein Symposium. Hamburg: Junius, S. 167–171.
Stegmüller, W. (1976): Hauptströmungen der Gegenwartsphilosophie. Eine kritische Einführung. Stuttgart: Körner.
Stein, M. (1986): Beweisen. Bad Salzdetfurth: Franzbecker.

Stein, M. (1999): Elementare Bausteine der Problemlösefähigkeit: logisches Denken und Argumentieren. In: Journal für Mathematik-Didaktik, 20(1), S. 3–27.

Steiner, H.-G. (1969): Aus der Geschichte des Funktionsbegriffs. In: Der Mathematikunterricht, 15(4), S. 13–39.

Stoye, W. (1990): Befragungen von Schülern zum Funktionsbegriff. Ergebnisse im Vergleich. In: Mathematik in der Schule, 28(11), S. 766–777.

Struve, H. (1990): Grundlagen einer Geometriedidaktik. Lehrbücher und Monographien zur Didaktik der Mathematik. Mannheim: BI Wissenschaftsverlag.

Struve, R. und J. Voigt (1988): Die Unterrichtsszene im Menon-Dialog. Analyse und Kritik auf dem Hintergrund von Interaktionsanalysen des heutigen Mathematikunterrichts. In: Journal für Mathematikdidaktik, 9(4), S. 259–285.

Swan, M. (1982): The teaching of functions and graphs. In: Barneveld, G. van und H. Krabbendam (Hrsg.): Proceedings of the Conference on Functions. Enschede, S. 151–165.

Tiede, M. und W. Voß (1979): Induktive Statistik – Teil 2. Köln: Bund-Verlag.

Tiede, M. und W. Voß (1982): Induktive Statistik – Teil 1. 2. Auflage. Bochum: Brock-meyer.

Toulmin, S.E. (1996/1958): Der Gebrauch von Argumenten. 2. Auflage. Weinheim: Beltz.

Villiers, M. de (1990): The role and function of proof in mathematics. In: Pythagoras, 24, S. 17–24.

Voigt, J. (1984): Interaktionsmuster und Routinen im Mathematikunterricht. Theoretische Grundlagen und mikroethnographische Falluntersuchungen. Weinheim: Beltz.

Voigt, J. (1989): Thematische Prozeduren im Unterrichtsalltag. In: Beiträge zum Mathematikunterricht. Bad Salzdetfurth: Franzbecker, S. 378–381.

Voigt, J. (1991a): Das Thema im Unterrichtsprozess. In: Beiträge zum Mathematikunterricht. Bad Salzdetfurth: Franzbecker, S. 469–472.

Voigt, J. (1991b): Die mikroethnographische Erkundung von Mathematikunterricht – Interpretative Methoden der Interaktionsanalyse. In: Maier, H. und J. Voigt (Hrsg.): Interpretative Unterrichtsforschung. Köln: Aulis, S. 152–175.

Voigt, J. (1994): Entwicklung mathematischer Themen und Normen im Unterricht. In: Maier, H. und J. Voigt (Hrsg.): Verstehen und Verständigung – Arbeiten zur interpretativen Unterrichtsforschung. Köln: Aulis, S. 77–111.

Voigt, J. (1996): Empirische Unterrichtsforschung in der Mathematikdidaktik. In: Kadunz, G. u. a. (Hrsg.): Trends und Perspektiven. Schriftenreihe Didaktik der Mathematik. Wien: Hölder-Pichler-Tempsky, S. 383–398.

Voigt, J. (2000): Abduktion. In: Beiträge zum Mathematikunterricht, Hildesheim: Franzbecker, S. 694–697.

Vollrath, H.-J. (1974): Didaktik der Algebra. Stuttgart: Klett.

Vollrath, H.-J. (1980): Eine Thematisierung des Argumentierens in der Hauptschule. In: Journal für Mathematikdidaktik, 1(1/2), S. 28–41.

Vollrath, H.-J. (1982): Funktionsbetrachtungen als Ansatz zum Mathematisieren in der Algebra. In: Der Mathematikunterricht, 28(3), S. 5–27.

Vollrath, H.-J. (1989): Funktionales Denken. In: Journal für Mathematikdidaktik, 10(1), S. 3–37.

Vollrath, H.-J. (2003): Algebra in der Sekundarstufe. 2. Auflage. Mannheim: BI-Wissenschaftsverlag.

Wäsche, H. (1961): Logische Probleme der Lehre von den Gleichungen und Ungleichungen. In: Der Mathematikunterricht, 2, S. 7–37.

Wagenschein, M. (1970): Ursprüngliches Verstehen und exaktes Denken. Band 2. Stuttgart: Klett.
Watzlawick, P. (1991): Die erfundene Wirklichkeit: Wie wissen wir, was wir zu wissen glauben? München: Piper.
Weigand, H.-G. (1988): Zur Bedeutung der Darstellungsform für das Entdecken von Funktionseigenschaften. In: Journal für Mathematikdidaktik, 9(4), S. 287–325.
Wilde, G. (1982): Förderung der Selbsttätigkeit durch entdeckendes Lernen und problemlösenden Unterricht. In: Lange, O. (Hrsg.): Problemlösender Unterricht und selbstständiges Arbeiten von Schülern. Oldenburg: Köhler und Foltmer, S. 11–21.
Winch, P. (1966/1958): Die Idee der Sozialwissenschaft und ihr Verhältnis zur Philosophie. Frankfurt: Suhrkamp.
Winch, W.A. (1913). Inductive versus deductive methods of teaching. Baltimore: Warwick.
Winter, H. (1975): Allgemeine Lernziele für den Mathematikunterricht? In: Zentralblatt für Didaktik der Mathematik, 7(3), S. 106–116.
Winter, H. (1983): Zur Problematik des Beweisbedürfnisses. In: Journal für Mathematikdidaktik, 4(1), S. 59–95.
Winter, H. (1984): Entdeckendes Lernen im Mathematikunterricht. In: Grundschule 16 (4), S. 26–29.
Winter, H. (1987): Mathematik entdecken: Neue Aufsätze für den Unterricht in der Grundschule. Hrsg. von E. Ch. Wittmann. Frankfurt a. M.: Scriptor.
Winter, H. (1991): Entdeckendes Lernen im Mathematikunterricht: Einblicke in die Ideengeschichte und ihre Bedeutung für die Pädagogik. 2. Auflage. Hrsg. von E. Ch. Wittmann. Braunschweig: Vieweg.
Winter, H. (2001): Die Summenformel für Quadratzahlen. In: mathematik lehren, 105, S. 60–64.
Wittgenstein, L. (1971): Philosophische Untersuchungen. Frankfurt a. M.: Suhrkamp.
Wittmann, E. Ch. (1981): Grundfragen des Mathematikunterrichts. 6. Auflage. Braunschweig: Vieweg.
Wittmann, E. Ch. (1982): Mathematisches Denken bei Vor- und Grundschulkindern: Eine Einführung in psychologisch-didaktische Experimente. Braunschweig: Vieweg.
Wittmann, E. Ch. (1994): Wider die Flut der „bunten Hunde“ und der „grauen Päckchen“: Die Konzeption des aktiv-entdeckenden Lernens und des produktiven Übens. In: ebd. und G. N. Müller: Handbuch produktiver Rechenübungen. Band 1. Vom Einspluseins zum Einmaleins. 2. Auflage. Stuttgart: Klett, S. 157–171.
Wittmann, E. Ch. und G. N. Müller (1988): Wann ist ein Beweis ein Beweis? In: Bender, P. (Hrsg.): Mathematikdidaktik – Theorie und Praxis. Festschrift für Heinrich Winter. Berlin: Cornelsen, S. 237–258.
Wittmann, E. Ch. und G. N. Müller (1994a): Handbuch produktiver Rechenübungen. Band 1. Vom Einspluseins zum Einmaleins. 2. Auflage. Stuttgart: Klett.
Wittmann, E. Ch. und G. N. Müller (1994b): Handbuch produktiver Rechenübungen. Band 2. Vom halbschriftlichen zum schriftlichen Rechnen. Stuttgart: Klett.
Wunderlich, D. (1981): Grundlagen der Linguistik. Opladen: Westdeutscher Verlag.
Zech, F. (2002): Grundkurs Mathematikdidaktik. 10. Auflage. Weinheim: Beltz.

Printed in the United States
by Baker & Taylor Publisher Services

Food Engineering Series

Springer's *Food Engineering Series* is essential to the Food Engineering profession, providing exceptional texts in areas that are necessary for the understanding and development of this constantly evolving discipline. The titles are primarily reference-oriented, targeted to a wide audience including food, mechanical, chemical, and electrical engineers, as well as food scientists and technologists working in the food industry, academia, regulatory industry, or in the design of food manufacturing plants or specialized equipment.

More information about this series at http://www.springer.com/series/5996

Lucas Louzada Pereira • Taís Rizzo Moreira
Editors

Quality Determinants In Coffee Production

Editors
Lucas Louzada Pereira
Coffee Analysis and Research Laboratory
Federal Institute of Espírito Santo
Venda Nova do Imigrante, ES, Brazil

Taís Rizzo Moreira
Department of Forest and Wood Science
Federal University of Espirito Santo
Jerônimo Monteiro, ES, Brazil

ISSN 1571-0297
Food Engineering Series
ISBN 978-3-030-54439-3 ISBN 978-3-030-54437-9 (eBook)
https://doi.org/10.1007/978-3-030-54437-9

This Springer imprint is published by the registered company Springer Nature Switzerland AG
The registered company address is: Gewerbestrasse 11, 6330 Cham, Switzerland

This book is dedicated to my family, parents, brothers, sisters, and my wife. Thanks Mrs. Márcia Roberta da Silva Louzada, your passion of literature is a personal motivation to me.
By Lucas Louzada Pereira

Series Preface

Coffee is one of the most complex food chains in the world, involving $15 billion in a global market. Spanning the path from planting to production to final consumption through industrialization.

During the elaboration of this book, several authors gathered around the central theme, the quality, seeking to understand how diverse coffee can be. Also, many complex factors in the eyes of science could be explained, decoded, and applied to society. Whether in the improvement of production processes or in the form of final extraction of the product.

One thing is for sure, a broad collaborative network has remained solid over this period, generating new hypotheses, shared understanding of new knowledge and skills. Thus, this work presents the reader with a new perspective on areas that are closely intertwined with the final quality of coffee.

We do not expect to clarify all doubts in this first approach, this will be immature on our part, but we understand that we highlight the fundamental points for a broader understanding of the determinants of quality, because of this, that is, we prepare for the reader a scientific and technical presentation of parameters that are strongly inclined to final quality.

Considering a proportionality relationship, the tacit parameter is that 40% of the quality is formed between pre-harvest factors and the remaining 60% is formed by post-harvest procedures. In the authors' view, this relationship does not exist and in this first approach we discuss a little of both phenomena, trying to explain to the reader, whether academic or technical, how the two lines are blurred. In this new perspective, we propose a relationship of equality or multiple correlation between various phenomena.

This way, *Quality Determinants in Coffee Production* initially presents a perspective on harvesting and processing operations phenomena. And then, indicating how climate factors may impact the production scenario, with a critical view on how we understand such phenomena, and focusing on the state of Espírito Santo as a zone of Robusta and Arabica coffee production in Brazil.

The authors then present the relationship of soil microorganisms, and their relationship with various factors that will corroborate the understanding of biochemical interaction in the fourth chapter, where we try to explain in a simplified way the complex relationships that are formed during coffee processing. Proximity and microbiology form and complement each other; however, in this first approach we seek to focus on the primary aspects of microbial action in soil, the basic and essential source of life for coffee production.

In the fifth chapter, we give the reader an approach to the coffee chemical composition, focusing on volatile compounds and how these compounds can shape the final quality of coffee, then discussing the relationship of coffee processing and fermentation techniques. Indicating the mechanisms that form during the post-harvest strategies.

In a complementary way, the seventh chapter deals with roasting, focusing on routine, procedures, understanding the procedures that should be adopted for maximum extraction of coffee quality. Thus, presenting a scientific and technical perspective to the end users of these procedures.

As a conclusion of the work, the authors present the routine of physical classification of coffee, focusing on the Brazilian methodology and present the sensory indications that are commonly adopted around the world.

Finally, the book's closure brings a perspective on future quality trends, focusing on the Asian public, especially the Chinese and Japanese markets. Indicating referrals on what consumers and producers around the world need to do to deliver specialty special coffee to the market.

As stated in this brief presentation, we do not have a complete review of all phenomena and quality parameters here; however, we seek to provide an indication of key points in this first version, so that the reader can understand the real determinants of coffee quality.

Preface

New horizons, new perspectives, and especially the trust growth to the activity that involves thousands of people around the world, which is a source of income for more than 8 million jobs in Brazil, with 78,000 coffee-producing families in the state of Espírito Santo.

In the last 20 years of which I am involved in the technical activity and especially in the commercial area of coffee growing in Brazil and worldwide, I could witness a true revolution. We came out of an unsustainable reality for farmers, where the prospect of better remuneration, social and environmental sustainability, and especially recognition were minimal!

Small actions were emerging along with associations, cooperatives, technical institutes, organization of the public sector, professionals, and researchers, taking small steps towards a new direction, although unknown. However, with the purpose of understanding the conditions of the production of special coffees, in one of the regions where were produced the worst coffee in Brazil, consequently in the world.

Understanding the microclimate, soil management, altitude, post-harvest techniques, and other technological factors, which are conditioning factors to produce a good fruit and a good drink, were basic. And in the past, the productive chain was focused on higher productivity and not on having a superior drink.

Much of the understanding of this was based on a localized culture of the largest producing regions of Brazil, such as the South and Cerrado Mineiro, so the inevitable comparison brought doubt. Does the state of Espírito Santo really have the potential to produce special coffee?

The answer began to be written in the late 1990s and early 2000s, the production of Arabica coffee from Espírito Santo was almost entirely intended to supply low-quality coffee markets because information and technology was something far from the reality of the producers. But with much persistence, studies, testing and implementation of new methods, which consequently came to break paradigms, of a culture that was dealing with a rich potential raw material in an obsolete and inadequate manner, made possible a new scenario, with a horizon of new perspectives for the production of special coffees.

Nowadays, the coffee produced in the Espírito Santo Mountains (Caparaó and Serrana Region) are in the best coffee shops and roasters in the world, sharing the shelves with the most expensive and worthy coffees on the planet. But why is that? Let's see, after two decades, the persistent work of these movements and people like the authors of this book took the coffee from Espírito Santo to a new direction and understanding, bringing real sustainability to the culture that produces the most consumed beverage after water.

I invite you to understand this route and the technical paths tested and developed by people who really cared about the surrounding coffee culture.

Good reading,
Rafael Marques Cotta
Coffee Specialist

Venda Nova do Imigrante, ES, Brazil Lucas Louzada Pereira
Jerônimo Monteiro, ES, Brazil Taís Rizzo Moreira

Contents

About the Editors

Lucas Louzada Pereira is a professor at the Federal Institute of Education, Science and Technology of Espírito Santo, a Q-Grader licensed by the Coffee Quality Institute and creator of the Coffee Analysis and Research Laboratory—LAPC. As a researcher, he works on the understanding of coffee quality, focusing on the study of processing, with emphasis on fermentation, and on the triple relationship, microorganisms, volatile compounds, and coffee sensory analysis. In addition to research work, he teaches disciplines focused on process control, production management, and quality management. He has dedicated his professional life to the academic education of students and the transfer of technology and knowledge to improve the quality of coffees produced in Brazil.

Taís Rizzo Moreira, MSc is currently a PhD student in the Postgraduate Program in Forest Sciences at the Center for Agricultural Sciences and Engineering, conducting research on the climate influence on coffee production in Brazil. She holds a degree in Forestry Engineering from the Federal University of Espírito Santo and a master's degree in Forestry from the same University. She works in the area of Environment and Water Resources, with emphasis on Environmental Geotechnology, applying Geoprocessing as a tool to assist scientific and technological development.

Contributors

Bárbara Zani Agnoletti Department of Chemistry, Federal University of Espírito Santo, Vitoria, ES, Brazil

Alice Dela Costa Caliman Coffee Analysis and Research Laboratory, Federal Institute of Espírito Santo, Venda Nova do Imigrante, ES, Brazil

Wilton Soares Cardoso Campus Venda Nova do Imigrante, Federal Institute of Espírito Santo, Venda Nova do Imigrante, ES, Brazil

José Maria Rodrigues da Luz Department of Microbiology, Federal University of Viçosa, Viçosa, MG, Brazil

Nathan Bruno da Silva Department of Forest and Wood Science, Federal University of Espírito Santo, Jerônimo Monteiro, ES, Brazil

Samuel Ferreira da Silva Department of Agronomy, Federal University of Espírito Santo, Alegre, ES, Brazil

Flávia de Abreu Pinheiro Department of Food Science and Technology, Federal Institute of Espírito Santo, Venda Nova do Imigrante, ES, Brazil

Danieli Grancieri Debona Coffee Analysis and Research Laboratory, Federal Institute of Espírito Santo, Venda Nova do Imigrante, ES, Brazil

Marliane de Cássia Soares da Silva Department of Microbiology, Federal University of Viçosa, Viçosa, MG, Brazil

Rosângela de Freitas Department of Food Technology, Federal University of Viçosa, Viçosa, MG, Brazil

Gustavo Falquetto de Oliveira Coffee Analysis and Research Laboratory, Federal Institute of Espírito Santo, Venda Nova do Imigrante, ES, Brazil

Juarez de Sousa e Silva Department of Agronomy, Federal University of Viçosa, Viçosa, MG, Brazil

Luiz Henrique Bozzi Pimenta de Sousa Coffee Analysis and Research Laboratory, Federal Institute of Espírito Santo, Venda Nova do Imigrante, ES, Brazil

Sergio Mauricio L. Donzeles Agricultural Research Company of Minas Gerais, Viçosa, MG, Brazil

Willian dos Santos Gomes Coffee Analysis and Research Laboratory, Federal Institute of Espírito Santo, Venda Nova do Imigrante, ES, Brazil

Alexandre Rosa dos Santos Department of Rural Engineering, Federal University of Espírito Santo, Alegre, ES, Brazil

Gleissy Mary Amaral Dino Alves dos Santos Department of Chemistry, Federal University of Viçosa, Viçosa, MG, Brazil

Rogério Carvalho Guarçoni Department of Statistics, Capixaba Institute for Technical Assistance, Research and Extension, Vitória, ES, Brazil

Dério Brioschi Júnior Coffee Analysis and Research Laboratory, Federal Institute of Espírito Santo, Venda Nova do Imigrante, ES, Brazil

Paulo Prates Júnior Department of Microbiology, Federal University of Viçosa, Viçosa, MG, Brazil

Maria Catarina Megumi Kasuya Department of Microbiology, Federal University of Viçosa, Viçosa, MG, Brazil

Anna V. Kopanina Laboratory of Plant ecology and Geoecology, Center of collective sharing, Institute of Marine geology and Geophysics, Yuzhno-Sakhalinsk, Russia

Natalia Li Ingenuity Coffee, Canton, Guangdong, China

João Paulo Pereira Marcate Coffee Analysis and Research Laboratory, Federal Institute of Espírito Santo, Venda Nova do Imigrante, ES, Brazil

Valentina Moksunova Hummingbird Coffee LLC, Moscow, Russia

Taís Rizzo Moreira Department of Forest and Wood Science, Federal University of Espírito Santo, Jerônimo Monteiro, ES, Brazil

Aldemar Polonini Moreli Coffee Analysis and Research Laboratory, Federal Institute of Espírito Santo, Venda Nova do Imigrante, ES, Brazil

Sabrina Feliciano Oliveira Department of Microbiology, Federal University of Viçosa, Viçosa, MG, Brazil

Vanessa Moreira Osório Department of Physics and Chemistry, Federal University of Espírito Santo, Alegre, ES, Brazil

Lucas Louzada Pereira Coffee Analysis and Research Laboratory, Federal Institute of Espírito Santo, Venda Nova do Imigrante, ES, Brazil

Carlos Alexandre Pinheiro Department of Physics and Chemistry, Federal University of Espírito Santo, Alegre, ES, Brazil

Patrícia Fontes Pinheiro Department of Physics and Chemistry, Federal University of Espírito Santo, Alegre, ES, Brazil

Yoshiharu Sakamoto Act Coffee Planning, Yokohama, City Hall de Kanagawa, Japan

Sammy Fernandes Soares Department of Research and Development, Brazilian Agricultural Research Corporation, Viçosa, MG, Brazil

Anastasiaya I. Talskikh Laboratory of Plant ecology and Geoecology, Institute of Marine geology and Geophysics, Yuzhno-Sakhalinsk, Russia

Carla Schwengber ten Caten Department of Production Engineering, Federal University of Rio Grande do Sul, Porto Alegre, RS, Brazil

Tomás Gomes Reis Veloso Department of Microbiology, Federal University of Viçosa, Viçosa, MG, Brazil

Douglas Gonzaga Vitor Agricultural Research Company of Minas Gerais, Viçosa, MG, Brazil

Inna I. Vlasova Laboratory of Plant ecology and Geoecology, Institute of Marine Geology and Geophysics, Yuzhno-Sakhalinsk, Russia

Hisashi Yamamoto Unir/Hisashi Yamamoto Coffee Inc., Nagaoka, Japan

Chapter 1
Harvesting, Drying and Storage of Coffee

Juarez de Sousa e Silva, Aldemar P. Moreli, Sergio Mauricio L. Donzeles, Sammy Fernandes Soares, and Douglas Gonzaga Vitor

1 General Introduction

Historically, Brazil is recognized as the major producer and exporter of coffee in the international market. In 1961, the Brazilian exportation reached 37% of world exports of coffee beans, while in 1995 it accounted for only 20% of these exports. Despite of this decrease, Brazil produced 27 million bags (60 kg each bag) of coffee in 1997, 30 million bags for the 98/99 crop and 45 million bags for the 2016/17 crop which represented around 30% of the international market.

With the current production techniques, Brazilian coffee became one of the best in the world. In addition to being the largest exporter, Brazil is also one of the major consumers behind only of the United States, which is the world's largest coffee consumer. Although the Brazilian "cerrado" has the most professionally coffee plantations, due to the appropriated topography, mechanization and the ideal climate for harvesting. Excellent coffee plantations, with an ideal climate for production of fine coffees are spread throughout the mountain forests of Espírito Santo and

J. de Sousa e Silva (✉)
Department of Agronomy, Federal University of Viçosa, Viçosa, MG, Brazil
e-mail: juarez@ufv.br

A. P. Moreli
Coffee Analysis and Research Laboratory, Federal Institute of Espírito Santo,
Venda Nova do Imigrante, ES, Brazil

S. M. L. Donzeles · D. G. Vitor
Agricultural Research Company of Minas Gerais, Viçosa, MG, Brazil
e-mail: slopes@ufv.br; douglas.vitor@ufv.br

S. F. Soares
Department of Research and Development, Brazilian Agricultural Research Corporation,
Viçosa, MG, Brazil
e-mail: sammy.soares@embrapa.br

L. Louzada Pereira, T. Rizzo Moreira (eds.), *Quality Determinants in Coffee Production*, Food Engineering Series, https://doi.org/10.1007/978-3-030-54437-9_1

Minas Gerais, São Paulo, Bahia and Paraná. According to CONAB, the 2020 coffee harvest in the State of Minas Gerais showed a record of 30.7 million bags and reached almost 60% of the Brazilian production, which was 51.3 million bags produced.

For the sustainability of coffee-growing, all the producing countries have to follow a quality standard. Coffee is one of the few agricultural products whose price is based on qualitative parameters, varying significantly the value with the improvement of its quality. Details about the quality of coffee are seen in Chap. 3 (soil microorganisms and quality of the coffee beverage). Thus, extensive knowledge of high-quality coffee production techniques is indispensable for modern coffee growing. Therefore, quality with sustainability will be the main subjects discussed in this chapter.

Coffee quality, which is related to grain characteristics, such as color, appearance, number of defects, aroma and taste of the beverage. These characteristics depend on several factors, among them can mentioned:

(a) Preparation and storage process;
(b) Roasting; and,
(c) Beverage preparation.

The first topic is the purpose of this chapter and it is, with the ripe fruit, at the ideal harvest point, the ideal raw material to obtain good quality coffee. To maintain this quality, it is necessary to use special and careful techniques throughout the preparation steps. From harvesting to storage, the coffee goes through a series of operations that well executed, will provide a product within consumer standards.

2 Harvesting and Cleaning Coffee Beans

In this topic we will talk about harvesting and cleaning the coffee beans. The reader may question: why cleaning if the fruits come straight from the plant? It turns out that when you take the fruits out of the plant, even with the greatest care, other materials such as leaf, peduncles and pieces of branches can come together with the fruits. If these materials are not removed, they make the drying and peeling hulling processes more difficult.

Harvesting coffee is a complex operation, it has several stages and demands around 30% of the production cost. Besides 40% of the labor employed in the coffee plantations is concentrated in a relatively short period of time on the coffee farm.

In the last few years, there is a great mechanization expansion of the harvesting operations and is becoming an irreversible process, which aims, above all, the valorization of the labor and the maximization of the harvest results. The traditional mechanization methods have only been possible to be applied in land with slopes of up to 20%. Which combined with other operational and economic restrictions show that coffee farm mechanization always depends on human labor.

In addition, the machines require operators, maintenance staff and technical assistance, which is provide by skilled labor. Also, coffee harvesting is comparatively more difficult to execute than other products, due to the height and architecture of the plant, the uneven maturity and the fruits moisture content.

As previously mentioned, coffee harvesting takes place in a short period of time, no more than three consecutive months. In Brazil, generally starting in April and May in regions with higher temperatures. Other regions such as Araponga—MG and Venda Nova do Imigrante—ES the harvesting may extend until October and November for properties located at high altitudes.

The quantity of fruits in the plant, the number of fruits fallen in the soil, and the harvest season duration are factors to be considered to start the coffee harvesting. It is important that all production factors are suitable according to the requirement of the crop, because the price of the coffee beans is based on qualitative parameters, therefore, farmers will not reach good results, if they do not fit all parameters, even using good harvesting practices.

The coffee harvesting should be started when most fruits (90%) are ripe and before fruits drop begins. Normally, the harvest period occurs, on average, 7 months after flowering and that happens with the first rains (September to November in Brazil).

In a single coffee crop, several blooms can occur and this fact does not result in a harvest with homogeneous maturation (Table 1.1). The general rule is that the coffee harvest period varies from region to region and four basic harvesting systems are used: (1) single-pass stripping: all branches bearing fruit are harvested at once, thus collecting unripe, ripe and overripe cherries altogether and it is the most common practice in Brazil; (2) multi-pass stripping: only branches bearing mainly ripe cherries are harvested; a method that relies mainly on the ability of the worker; (3) multi-pass selective picking (finger picking): only ripe cherries are harvested; and (4) mechanical harvesting: different types of machines are used to harvest all fruits at once. Therefore, it is important to have knowledge about all harvest operations, such as: cleaning under the tree, manual or selective harvesting, manual or mechanized single-pass stripping, handpicking, dirt sieving and winnowing, and transportation.

Once started, the harvest can be completed in a few weeks or up to 3 months, depending on the conditions of flowering, fruit growth and maturation. However, these conditions depend on altitude, latitude and climate. The longer the coffee

Table 1.1 Moisture content of different types of fruits during coffee harvest

Types of fruits	Moisture content (% w.b.)
Unripe	60–70
Cherry	45–55
Over ripe	30–40
Partially dry	20–30
After pulped	50–55

remains in the tree or on the ground, after maturation, the greater the incidence of black and burned grains, and they are considered, together with unripe fruits, the worst coffee defects.

2.1 Cleaning Around and Under the Tree

The cleaning operation consists of removing loose soil, weeds and debris that must be heaped between the rows of coffee trees. It should be done before the fruits begin to fall on the ground and can be carried out basically in three ways (manual, mechanical and chemical) or an association between them. Manual cleaning and heaping are done using appropriate tools. It has as advantage the good quality of the service and disadvantage the low work performance and high operational cost.

The mechanical cleaning and heaping consist of the use of machines coupled to the tractor. These machines may have blades or blowers, or even an association of these equipment's. The advantage of mechanical heaping is the high yield, low operating cost and good quality of service and the disadvantage is the damages of the coffee root system.

2.2 Single-Pass Stripping

Harvesting by Single-pass stripping for the production of natural coffee should begin when part of the fruit has passed from the mature stage and with a small amount of unripe fruits. At this point, fruits that are relatively dry on the surface are easy to handle. However, a good proportion of partially dried fruits, depending on the weather conditions, fall on the soil.

In order to solve this problem, the soil under the coffee tree must be previously cleaned by any operation previously described and in such a way that the fruit fallen on the ground can be easily collected after the first harvest. In the case of the marketing of freshly harvested and unprocessed coffee (fresh fruit), it may be considered that 480 L of clean fruits (cherry) will result in 60 kg of green or processed coffee. At the end, a careful harvesting of remaining fruits in the tree or soil should be done to avoid the proliferation of the insect known as the coffee borer.

Harvesting by the Single-pass stripping system, usually part of the coffee is partially dry, a significant amount is unripe, ripe or over-ripe. The proportions change as the harvest progresses. Although most farmers harvest in a single pass stripping, they should perform the harvest in two or more passes in each tree, as a matter of quality and avoiding damages to the coffee trees.

Appropriate facilities and techniques (clean water, canals, tanks and pulping machine), can reduce defects from inadequate harvesting, which can be done by separation in water.

Colombia has climate conditions more propitious for harvesting by hand-picking, the period extends for more than 6 months during the year and basically 100% of the coffee produced is washed coffee.

In the manual striping, the workers run their hands, partially closed, along the branches collecting all types of fruits and avoiding leaves of being removed. Although, some leaves are removed, it is unavoidable, the worker should be trained or receive a prize in order to remove as few leaves as possible. The stripping of the coffee cherries can be done on the soil, previously prepared, or on plastic or cloth sheets placed under the coffee trees. Even if you have a well-built structure, the stripping on soil should never be recommended, because it demands a lot of strength from the workers.

If the harvested coffee is mixed with dirt, leaves and branches, as usually happen during the stripping on the soil process, it must be pre-cleaned before being packed for transportation and volume checking. The farmer should provide some training, especially for young workers, so they can develop skills to gain efficiency and productivity in the pre-cleaning process.

To increase yield, avoid excessive leaf withdrawal and facilitate the stripping operation, the worker should begin harvesting the fruits by the end of the branch and not at the beginning, also avoiding any insertion point of the branch.

2.3 Sweep and Collect

Stripping and the collection are very important operations in the Brazilian coffee farms. Sweeping is the operation of piling up and picking up coffee that has fallen on the soil, this operation is not recommended when quality is a priority. Sweeping is done first to separate the fallen coffee from the stripped coffee. For stripping on the cloth, sweeping is done later. Sweeping can be done manually or mechanically. There are also mechanical blowers, which can facilitate the coffee harvesting, minimizing the physical work.

2.4 Winnowing

When coffee beans are not handpicked, they should be as quickly as possible, transported to the separation processes before further operations. Separation of unwanted foreign material can be achieved by sieving—manual winnowing. Coffee cleaning can also be done with a tractor-powered machine or hand-powered machines.

The aim of pre-cleaning is to pack clean coffee and leave the organic waste in the field. A good shaking eliminates most of the problems in the post-harvest operations, avoiding contamination by microorganisms and their consequences.

The elimination of unwanted materials will avoid constant interruptions in the drying, storage and processing operations. Consequently, preventing excessive energy consumption, extra labor and unnecessary use of the equipment involved in these operations.

If the coffee beans have not been pre-cleaned in the field, they must go through the leaf separator and the sieve system, located upstream of the coffee washer machine. The rest of the unwanted materials are separated and directed into an appropriate open tube and eliminated, by a proper device of each coffee washer, as it will be seen further on.

Manual pre-cleaning with sieves, as shown in Fig. 1.1. Different ways of cleaning, and bagged clean coffee waiting for transportis a low-yielding, exhausting and unhealthy operation in case of coffee being harvested by Single-pass stripping on the soil or when the swept coffee is collected. Another drawback is the lack of natural ventilation, which assists in the elimination of leaves and light foreign materials, barks, branches and lights. Regardless of whether it is performed by a man or a woman, traditional sieving is painful work: in addition to physical endurance, also requires a lot of skill to execute it. The machines used to separate the unwanted materials in the field, greatly facilitate the work that comes after the harvest operation. Pre-cleaning prior to the washing system can result in a significant reduction in water consumption by the coffee washer. Also, increasing the separation efficiency of the washer or hydraulic separator.

In selective harvesting especially finger picking, some of the previous problems are eliminated. In these harvesting systems, the coffee is practically clean before entering the pre-processing unit.

Fig. 1.1 Different ways of cleaning, and bagged clean coffee waiting for transport. Source: Silva et al. (2018)

2.4.1 Motorized Pre-Cleaning Coffee Machine

Due to the difficulties pointed out and the need to increase worker productivity by manual harvest, a hand powered machine was developed to shake and separate the fruits from foreign materials. The machine is portable, low cost, and easy to operate. In the case of a larger coffee-growing, one machine can be used by ten workers. For big coffee farms, there are excellent motorized equipment produced by the Brazilian industry (Fig. 1.2).

The manual coffee pre-cleaning machine (Fig. 1.3) is an equipment consisting of two oscillating sieves and a fixed one (optional), arranged to separate larger impurities (leaves and sticks) and very small fruits from high qualities coffee fruits.

The sieves vibration is created by a crank or an electric motor and a set of pulleys. Charging is done in the hopper located on the top of the machine. From the hopper, the material (coffee + unwanted materials) passes through the upper sieve, where larger materials (leaves, sticks, etc.) are retained. Then they are directed towards the channel, located at the end of the sieves. The waste (small fruit) can be collected in the fixed screen (optional) located on the bottom of the machine.

Fig. 1.2 Motorized Pre-cleaning coffee machine produced by Pinhalense. Source: Pinhalense (2013)

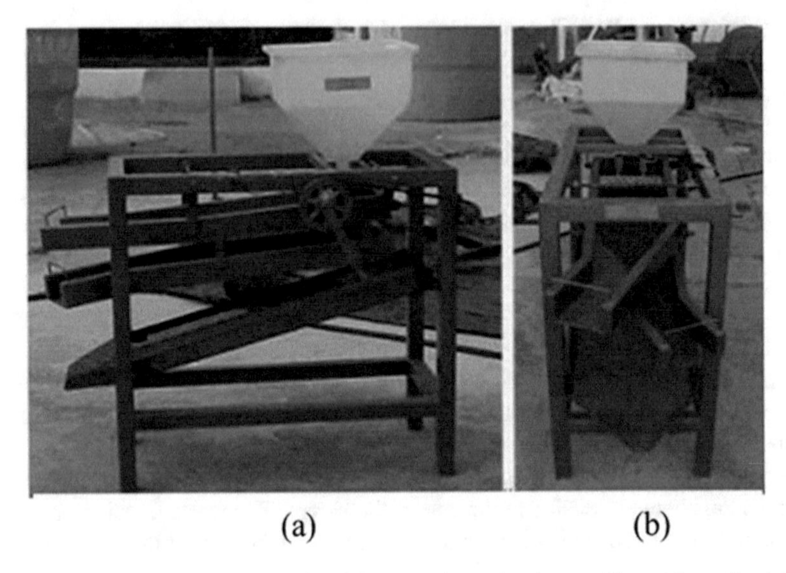

Fig. 1.3 Side view (**a**) e frontal view (**b**) of the manual pre-cleaning machine with one fixed sieve. Source: Silva et al. (2018)

2.5 Selective Harvest or Finger picking

At picking or selective harvesting, only the ripe fruits are collected, and can be placed in a basket, sieve screen or cloth under the coffee tree. This harvesting technique is common in places where fruit maturation occurs in more than 6 months in a year (in the range close to the equator).

As the demand for special coffee (higher quality coffee) is growing, many Brazilian farmers, mainly family farmers, have been adopting this harvest system with great success. With better price and special market, it is worth the appropriate technology, despite the great need of manpower.

As previously mentioned, it is important to harvest and collect all coffee, because the fruit remaining in the soil until the next harvest season facilitates the propagation of pests and diseases, particularly the coffee borer that significantly changes the final type and quality of the beverage.

Whatever the harvesting process, the coffee must finally be measured, bagged and transported to the pre-processing unit. It is extremely important to transport the coffee in the same day of its harvest. When for some reason the transportation cannot be done in the same day, avoid air-tight containers such as plastic bag. If the pre-processing has to be started in the next day, the coffee should be placed in the hopper or reception tank and submerged in running water to avoid heating due to both the breathing and the beginning of the fermentation process.

2.6 Mechanized Harvesting

Mechanized harvest (Fig. 1.4), despite being developed and applied in regions with flat topography, it is a good option only for big coffee producers. Even using rental machines, the high yield during harvesting season do not fit with small producers pre-processing system. Which means, this technology is used only for a few farms in Brazil, where most of the harvesting is done by the hand striping system, due to the farm size and mountain topography.

Nowadays, with the difficulty of hiring labor (less problematic in family coffee-growing), the natural tendency is the expansion of the mixed system, which is, a balanced amount of labor and small machines, especially in mountain regions, due to a lack of appropriate technology for these areas.

2.7 Coffee Transportation to the Pre-Processing Unit

The transport of coffee beans is the conducing operation of the fruits already harvested and collected from the field to the pre-processing unit, where the post-harvest operations must be continued. Whenever is possible, the production should be transported at the same day of harvesting. If the farm manager needs to wait until the next day to transport the production, the coffee beans should be bagged in open containers so they can breathe, avoiding fermentation, then the transportation can be done with appropriate bags or in bulk.

Fig. 1.4 Mechanized harvesting details. Source: Authors

As previously said, occurring failure to start the pre-processing operation, on the same day of harvesting, the production must be stored in clean and cold water or with forced ventilation system. The adoption of a small sprinkler over the receiving hopper with a drainage system is a good solution to keep the coffee fruits cool overnight. The following photos (Fig. 1.5) illustrate how to hold, transport, unload and maintain coffee in clean water in the pre-processing unit.

3 Pre-Processing of the Coffee Beans

In Brazil, because of the harvest method used, the production is composed of a mixture of unripe, ripe (cherry and greenish), and dried fruits, leaves and branches. Also, when coffee beans are harvested directly on the ground, they can contain soil and stones, which must be cleaned and separated into their various fractions so they can be dried separately. All these operations are called pre-processing and they can be performed by a dry way or drying the entire fruit, this way the final product will be called natural coffee. The fruits can also be processed by the wet way, which consists of drying the fruits without the pericarp or without pericarp and mucilage. In this case, the final product is called "Peeled Cherry" and "pulped coffee" or washed coffee, respectively. Regardless of the harvest techniques or pre-processing, all coffee beans should pass through the washing system and also by the density separation system.

Fig. 1.5 Waiting periods for the transport, unloading and maintenance of the coffee beans before pre-processing. Source: Authors

3.1 Washing and Separation of Coffee

The coffee grower who intends to produce high quality coffee should never forget that, even removing all impurities (sticks, dirt, stones, leaves, etc.) during the pre-cleaning process in the field, the coffee must necessarily pass through the coffee washer to separate fine material stuck to the coffee beans surface and the separation of coffee beans from unwanted materials by density difference (Fig. 1.6).

It is in the hydraulic separator that, depending on the density of the coffee beans, separates them. The fruits called floats (dried, brocaded, malformed and immature) floating in the water are separated from the perfect fruits (ripe and greenish), after that, they must be pre-processed, dried and stored separately.

Even using the pre-cleaning operation in the field, it is desirable that before entering the coffee washer, a cleaning machine will improve the overall pre-processing system and subsequent operations, such as pulping, drying and hulling as it will be seen later, in this chapter.

If it is possible, it would be desirable that after passing through the cleaning system, a size sorter be adapted so that after washing, the coffee can be processed into, at least, two more homogeneous batches.

Even producer that does not want to produce peeled coffee must adopt a coffee washer machine for technical and economic reasons. With this equipment, the size of the drying system and manpower will be reduced and above all, it will produce

Fig. 1.6 Mechanical system for coffee washing and separation. Source: Silva et al. (2011)

two differentiated portions (high density coffees and float coffee). It will require a smaller terrace dryer and it is estimated that farmers will earn more money during the commercialization of the differentiated coffee portions, an additional over 10% to the value that would earn for the coffee that did not go through washing and separation processes.

Considering that a farm has produced 2100 bags and got an additional average of $7.00 per bag, due to the segregation of portions (cherries, floats and unripe fruits), the profit from this operation would be a total of $15,700 above the sale price of the mixed coffee. Currently, in just one harvest season, the farmer pays off the investment made in a good washing and separation system, which can be done with the money earned through the graded coffee.

Nowadays, the Brazilian industry provides excellent medium to large capacity coffee washing machines. However, it is very difficult to find a coffee washing machine that fits family coffee production. There are few models, despite the size, that may fit family farmers (power 1 HP and 2000 L/H capacity). This model has the advantage of having a pre-cleaning system, which later on will facilitate subsequent work.

For those who are unable to purchase a mechanized coffee washer or for those who have the ability and the conditions to build their own equipment, we suggest the models illustrated in Fig. 1.7.

Fig. 1.7 Mobile coffee washer with tilting system to unload high density coffee beans. Source: Silva et al. (2014)

The two models can be easily constructed in a small metallurgical industry or on the farm itself. They are ideal for small productions and consist simply of two tanks, the first one holding the washing water. They can be constructed of metal sheet and fixed on wheels (portable coffee washer), or with the water tank built in masonry and fixed on the ground (fixed coffee washer). In both models, the second tank is tilting and constructed with perforated plate, which is used to retain the high-density coffee beans.

After the low-density coffee beans are withdrawn, by a common sieve, the heavy coffee beans are unloaded by the tilting system and transported to the next operation.

Ideally for the operation in this type of coffee washer is to have continuous feed (½ inch tubing) with clean water. If there is insufficient running water for continuous renewal of the coffee washing water, the water in the tank must be changed at each wash of 500 L of coffee beans (1 L of water per liter of coffee would be reasonable).

Another relatively well-functioning coffee washing system, though a bit more demanding is the box washer shown in Fig. 1.8. This system seems to be the best option for a small farmer who wants to improve coffee production.

Some models can be replaced by the tilt system with an endless thread with perforated sheet conductor tube to facilitate water flow. Remember that the bottom of the water tank is tilted to facilitate the heavy removal of coffee. Due to the price of the auger, it must be adapted to be withdrawn after the harvest season.

One type of coffee washer that can be built on the farm is the traditional "Maravilha" (Brazilian name for the coffee washer). The "Maravilha" basically consists of a tank and a metal gutter with branched outlet in which is adapted a pressure-injected water system to separate the heavy fruits from the stones and to direct the cherry coffee to the appropriate gutter. The dry fruits and light material

Fig. 1.8 Rustic homemade coffee washer using water box and shade screen to separate the high-density coffee. Source: Silva et al. (2014)

pass freely over the false bottom and are unloaded at the end of the floats gutter. This gutter is nothing more than the continuity of the main one it came out from the hopper.

In the past, it was used when clean water was not a limiting factor, this kind of equipment was gradually being replaced by mechanical models. The great disadvantage of the "Maravilha" coffee washer is the excessive consumption of water, which depending on the construction form and coffee beans dirtiness may exceed 10 L of water for each liter of cleaned coffee. The high-water consumption of the coffee washer is due to the fact that much of the water is used to transport the coffee through the separation gutters.

If water is available and everything is taken care of to avoid compromising the environment, the "Maravilha" can be built to wash up to 10,000 L of coffee beans per hour. To save water, the washer can be built with a total or partial recirculation system for the washing water. In this case, after each day worked, the water must be used for irrigation or sent to infiltration ponds.

The "Maravilha" coffee washer with water recirculation consists of a hopper tank, a receiving tank (washer/separator) and recirculating tank with chicanes for decantation of the waste from washing water. A semi-open rotor pump for effluent recirculation and outflow is used to supply water for transportation in the gutters.

In addition to the lower water consumption and less use of hand labor, mechanical coffee washers are compact, require less space and can be rearranged or marketed in case of withdrawal from coffee activity. On the other hand, the "Maravilha" has the same characteristics as the mechanical washer, if mobility is not considered.

After cleaning and washing, regardless of the type of coffee washer, the coffee can be sent to the dry process, which consists of drying the whole fruit "natural coffee". If the wet process will be used, the coffee must be subjected to the peeling, with removal of the mucilage or not and washing (optional) before the drying process, which is referred to "peeled" or "washed" coffees.

3.2 Pre-processing by "Dry Way"

In the "dry way" coffee processing, the grower must prepare the coffee beans to dry the fruits in their integral form and separated from the unwanted materials, and optionally separated by density right after harvesting.

In order to save time, energy and improve coffee quality, the farmer who wishes to process his coffee through the dry way process should be advised to do so by separating the low-density materials, such as unripe, malformed and brocaded from high density materials, ripe and greenish fruits. Coffee beans with high density have better quality characteristics. After being separated, fruits with high and low densities, they must be dried, stored, processed and marketed separately.

Although the process discussed is referred to as a "dry way", the first operation after pre-cleaning is to separate the production by density in the coffee washer. The coffee washer, besides removing fine dirt adhered to the fruits, simultaneously performs the separation between floats from high density coffee beans. Therefore, the coffee washer/separator is an essential equipment in the coffee pre-processing.

With the well-separated and high-density fruits, in the washing process, they must be brought in their entire form to the drying process in isolated batches and forming what we call natural coffee. It is expected that if the drying process is executed correctly, the high-density fruits will produce a great coffee highly appreciated in the special coffee market.

For the floating fruits, this expectation does not prevail. The producer must make analysis and hope that the product that originated the floats is also of good quality. In fact, due to the incidence of many brocaded, unripe and fermented fruits, it is extremely hard to produce good quality coffee. In order to improve the commercialization, it is recommended that the coffee beans, once they have been processed, they should be submitted to a reprocessing operation and after that an electronic selection to eliminate defects. Therefore, the transformation of ripe cherry fruits, in their entire form into dry fruit, is called "dry way" processing.

Although produced according to good harvesting and preparation methods, it produces a coffee with the true natural taste and highly desired by the consumer. When the production is harvested by stripping on the soil, hardly provides a higher quality coffee.

Drying, storage and processing of dried coffee beans require a longer drying time, greater energy consumption, more space for storage and greater machines maintenance. The "dry way" is, based on the mentioned facts, the most expensive process of coffee processing.

Although the coffee has been washed and separated in water, the process has been called the 'dry way" to differentiate the process that received the name "wet way" due to the fact that after passing by the same operations previously seen, the coffee beans, before being sent to the drying operation, must go through up to four operations that uses water intensely.

The differentiation from the "dry way" process is that the coffee beans that pass through the wet way process are taken to the drying process in the form of seeds with parchment, after that, the fruits are subjected to the peeling or pulping, which is made by machines that use water to facilitate the outer skin removal and separation.

Although it is known as a coffee producer using the "dry way" process, there is good conditions in Brazil for washed coffee production, mainly in the mountainous regions where it is easy to find family work and plenty of clean water supply. However, nowadays the production of only peeled coffee has grown steadily, showing a well prepared, full bodied and naturally flavored coffee as its advantage.

To facilitate the understanding of the 'wet way" process without going into detail, it must consider that coffee fruits are composed simply of the following parts: outer skin, pulp, parchment, silver film and seeds.

The coffee seeds, also known as coffee beans or "green coffee beans", are exported or sold directly to the domestic roasting industry. Therefore, it is not possible to mistake the unroasted coffee beans, which they are greenish in color, with the immature fruits (green and low-density fruits). They are separated in the coffee washing machine and together with the partially dried or brocaded coffees are called buoy or floats coffees. Another type of fruit that is not fully ripe and termed as greenish fruits are separated from the ripe ones during peeling.

The coffee pulping operation consists in removing the outer skin from the ripe fruits by a mechanical peeler and, optionally, subsequent mucilage fermentation and grain washing. Peeled coffee has the advantage of requiring considerably less drying terrace area and less drying time. The required volumes of dryers, silos and bag storage can also be reduced by up to 50% if compared with coffee processed by the "dry way". These advantages are due to the uniformity and the low moisture content, around 50% w.b., when compared to the drying of the integral fruit. In the same way, we can also obtain the simply peeled coffee, which differs from the pulped ones because it does not go through the fermentation step and remains with a good part of the mucilage during and after the drying process.

The removal of mucilage by natural fermentation is a process of solubilization and digestion of the product by microorganisms present in the environment. If poorly conducted it may jeopardize the quality and acceptance of coffee in the international market. The ideal fermentation time is very variable and depends on the environment temperature. The type and degree of tanks hygiene, the maturation stage of the fruits, the quality of the water used, the time elapsed between harvesting, peeling and beginning of the pulping operation. Generally, it varies between 15 and 20 h.

To speed up the mucilage removal process, the farmers may choose to add small amounts of special enzymes, which under environment conditions can complete the mucilage digestion in approximately 7 h. The ideal fermentation process for high quality coffee can be seen in Chap. 6.

Peeled coffees when well prepared are always classified as high-value commercial drinks. The mucilage is considered by farmers as a deterrent to the initial drying process and can be mechanically removed with great success. For this operation, the Brazilian market offers excellent machines that consume small volume of water per litter of peeled coffee.

In the mucilage remove machine (optional), the wet parchment coffee enters the base in a cylinder with a helicoid and an internal axis with nozzles that raise the grains to the top, where they leave practically without the mucilage. During this operation, the shaft and nozzles must be closed by a cylinder made of perforated metal sheet where the mucilage is discarded.

The first image of Fig. 1.9a, shows a traditional machine without the cap and with part of the cylinder being opened to show the helicoid and the nozzle system. During displacement, the mucilage is removed by water passing between the perforated cylinder and the shaft.

The processed coffee in this form is called Peeled Cherry. This traditional fermentation and washing processes are widely used in Colombia and Central American countries, grains are kept in a reservoir, immersed in water. In the fermentation tank (Fig. 1.9b) the coffee remains, for an enough period of time, so the microorganisms can consume the mucilage. After biological mucilage removal the coffee should be washed with clean water and sent to one of the drying processes. Coffee processed this way, receives the commercial name of "washed coffee".

Fig. 1.9 Mucilage extractor machine (**a**) in detail and in operation and part (**b**), Peeled Coffee, fermentation tank and wash channels after fermentation. Source: Authors

3.3 *Reuse and Application of Processing Waters*

Regardless of the process of preparing the coffee by "dry way" or, especially, by "wet way" a great amount of water is used.

If the option is for the traditional peeled cherry coffee process, a high-water consumption is required, about 3–5 L of water per liter of processed fruits. Also, during the washing, peeling and mucilage removal processes, fragments of leaves, branches, fruits, mucilage and many other wastes that had adhered to the so-called " field coffee", join the water of pre-processing forming the coffee processing water.

Due to the nutritional potential of these waste the coffee processing water cannot be released into the rivers or lakes without proper treatment. Therefore, that meets the conditions and standards for discharging effluents, as provided in Resolution 430, of May 2011, of CONAMA (Brazil 2011).

4 Drying

Knowing the techniques and equipment for coffee pre-processing that can be bought in the commerce or built in the farm (see equipment construction manual). In the same way, the next step is to know how to maintain or to minimize the reduction of coffee quality during the drying process.

As there are several possibilities to perform coffee drying, the coffee grower, in order to implement a project should be aware of the possibilities to choose the best option in each situation. The farmer must decide to purchase an industrialized equipment or build a drying system where efficiency, economy and quality are priorities.

As will be seen later on this topic, not always the most used technology means the best option; the reader will conclude that coffee drying is comparatively harder to perform than other products. In addition to the high sugar content in the mucilage and the initial moisture content, generally around 62% w.b., the deterioration rate shortly after harvesting is high.

If the aim is high quality coffee, the coffee grower needs to know that only in the first 3 days are possible to avoid a reduction in the quality obtained during the harvest, since the maximum quality is with the ripe fruit in the plant. Thus, whatever the drying system used; the following aspects are emphasized for the success of the coffee processing:

(a) Avoid undesirable fermentations before harvesting, pre-processing and during drying;
(b) Excessively high temperatures should be avoided. Coffee tolerates 40 °C for 1 or 2 days, 50 °C for a few hours and 60 °C for less than 1 h, without damage;
(c) Dry the fruits or the peeled cherry, avoiding the harmful effects of temperature, in the shortest time up to the moisture content of 18% w.b. (below this moisture content coffee is less susceptible to rapid deterioration); and
(d) Find a way to obtain a product with uniform color, size and density.

To understand how drying takes place and how to control the process, the coffee grower and his coworkers need to be trained to properly perform all post-harvest operations. It is fundamental that they understand the relationships between the environment air and the coffee that is under the drying and storage processes. They should be aware of how the changes in environment air (dry and humid) and improper management of drying system affect coffee quality. The coffee grower must understand that, as in nature the environment conditions (dry or humid) influence the drying process.

In nature, the coffee fruit, when ripe, dries on the plant, falls on the ground and germinates. Good drying does not damage the seed germination. The speed at where drying takes place will depend on the air conditions. The drier the air, faster the drying process. If there is no time control, the coffee may dry more than necessary, depending on air temperature and humidity. In face of that, causing damage during grain processing and unnecessary energy, labor and coffee weight loss.

For a better understanding of the drying process, one can start with a series of questions:

1. To what extent should the coffee grower dry his coffee?

   (a) The drying or removal of excess moisture must be done in such a way that the product enters in equilibrium (does not lose or gain water) with the environment air where it will be stored; and.
   (b) It must be made in such a way as to preserve the appearance, the organoleptic quality in case of roasting grains, and seed viability for new coffee plantations.

2. What to do to better understand the drying process?

   (a) To understand how drying takes place, it is essential to understand the relationship between the drying air conditions (temperature and relative humidity) and the coffee. As in nature, it is the environment air conditions (dry or humid) that cause drying or damage.

(b) Drying in the plant may or may not damage seeds germination. The drying time will depend on the air conditions. The drier and hotter the air, faster the drying process and greater the chances of damage to the product and equipment.

3. What is relative humidity?

   The air that naturally dries out the coffee is the same air we breathe and is composed, roughly, of Nitrogen, Oxygen, Carbon Gas and also Water Vapor. Humidity is important because it humidify our nasal mucous membranes and lungs. For each temperature condition, the air may contain a maximum amount of water vapor. When this happens, we say that the air is saturated or with 100% Relative Humidity. When the air is saturated, any small temperature dropping leads to the condensation of the air humidity or the steam passing to the water liquid form. As the saturated air cannot receive more moisture, it is not able to dry any product.

   If the system operators do not fully understand what Relative Humidity means, they will have difficult to understand the drying process. For example, at 22 °C, 1 kg of air may contain a maximum of 17 g of water vapor. If the air contains only 8.5 g of water vapor, we say that the relative humidity is 50%. The relative humidity equals the amount of water the air contains, divided by the maximum amount of water it could contain multiplied per 100. Therefore, the relative humidity of our example would be: $(8.5/17) \times 100 = 50\%$.

   If it is difficult to understand the theoretical meaning, they should try to understand through sensitivity. Very dry air makes breathing difficult because of dryness of the nasal mucous membranes. On the other hand, very humid air hinders perspiration (much sweat) on the skin. Generally, the ideal environment air is the one where we feel comfortable and we say that the climate is pleasant. In this situation, the air temperature is around 20 °C and the relative humidity, around 62%. In general, relative humidity is lower during the day and higher at night. It can also be said that during the day the air is drier and at night it is more humid. In an environment with an average relative humidity of 62% and an average temperature of 22 °C, the coffee will dry up to 12.5% moisture and remain at that value for as long as it is exposed to that air. On the other hand, if the average conditions are 50% relative humidity and 22 °C temperature, the coffee will dry up to 11% moisture. If the relative humidity is 40%, the coffee will dry up to 9.5% moisture. In another scenario, if the average relative humidity is 80%, the coffee will only dry up to 16% moisture. This happens a lot with the coffee dried in table dryer or suspended terrace in mountain regions. If the conditions above remain unchanged, the coffee will equilibrate with the air and will not lose or gain moisture.

4. Why do the mechanical dryers dry faster than the solar terrace drying?

The coffee grower and his assistants should be instructed to understand a little bit more about the drying process and the relationship between Relative Humidity and Drying Air Temperature.

To facilitate, first let's understand how the drying process in terrace dryer happens. Drying occurs with the terrace surface heating by solar rays and natural ventilation to facilitate the removal of steam. Only after heating, at about nine o'clock in the morning the coffee should be spread in the terrace, with a coffee layer about 4 cm thick. Then, with a suitable tool, small lines should be made in the direction of the operator's shade and should be changed its position once the exposed part of the terrace has heated up again. The coffee lines should be changed each hour, preferably.

After the fourth or fifth day of drying, the coffee should be piled up at three o'clock in the afternoon. The coffee yet heated needs to be covered with a system of tarpaulin with thermal insulation to avoid getting humidification at night. The next day, at nine o'clock in the morning, the coffee should be spread and stirred as explained above and repeated until the end of drying process.

The exclusive use of solar terrace drying by many coffee growers is mainly because of the non-care with the product qualitative characteristics after drying or because of economic and technical level of the property. Therefore, sunny and windy areas should be chosen for the solar terrace dryer construction.

In most producing regions, drying in solar terrace facilitates the development of microorganisms on the surface of the fruits, fruit breathing and temperature increasing, which are factors that accelerate the fermentation process. Despite these risks, small and medium-size producers intensively use solar terrace drying as the only step for coffee drying.

If the climate conditions are propitious and the drying operation is done within the technical recommendations, the natural coffee will be dry in 15–20 days and the parchment coffee between 10 and 15 days.

Coffee drying in solar terrace drier is influenced by environment conditions (insolation, ventilation and rainfall) and by handling operations. In the other hand, coffee drying in the drier mechanized system has other influences, because of that, the operator must understand that every time he heats the air (by furnaces or burners), the heat will reduce the relative humidity of that air. Therefore, at the entrance of the dryer it will be blowing warmer and drier air. With hot and dry conditions, the air will have a greater capacity to remove water from the coffee, even in unfavorable environmental conditions. So, artificial drying substantially reduces the drying time.

The coffee drying process with hot air dryers is very similar to what happens with hair drying, and in both of this cases, coffee and human hair, great care must be taken with the air and temperature. Thus, if the air has a greater capacity of drying, observing the maximum temperature that the product can support, less time will be necessary to remove the extra water and leave the coffee with the ideal humidity for commercialization.

5. What is the purpose of stirring the layer of coffee during the drying process?

This issue is like the previous ones, very important, not only for coffee, but for cocoa and many other types of "grains". To be realistic about the subject, the only way to dry coffee fruit without proper stirring is when it is in the plant. In this case, the drying is characterized as field drying and has its disadvantages.

One way to work with drying in the plant would be to spread properly the coffee on a suspended screen. In this case, the height of the layer would be equivalent to the diameter of the coffee fruits. The suspended screen must have natural ventilation as in the field. On the other hand, a lack of homogeneity in drying will be noticed in some way by a professional grader.

To simplify the drying theory, we can say that a layer of coffee dries as if it were composed by a superposition of several thin layers. Also, a thin layer of coffee can be considered to be one whose thickness corresponds to the diameter of the coffee fruit or the grain thickness of the coffee parchment.

Assuming that the cherry coffee has a diameter of 1.0 cm and the coffee parchment a thickness of 0.5 cm, a "Fixed bed " type dryer containing a 50 cm layer of the product should be analyzed as if was composed of 50 thin layers of coffee fruit or approximately 100 thin layers of parchment coffee.

In this "drying layer", the drying air (heated or at environment temperature) enters the lower part through the first thin layer, which is on the false floor (perforated plate) and is released into the environment (exhaust) after passing through the thin layer (layer 50 for coffee fruits or layer 100 for parchment grain, in the given example).

When drying in a "fixed or stationary layer" dryer, the air enters hot and dry, then is exhausted cold (less hot) and moist from the upper surface of the coffee layer. Simplifying a little bit more, the air goes through the entire layer of coffee and passes through each thin layer, this way the air is cooled and humidified by the water released from the grains of the previous thin layer.

If you understood what it was exposed so far, you may think that it is not necessary to stir the coffee inside a dryer, since all the coffee is dry with the same moisture content. This statement is the big problem; all the coffee hit the equilibrium moisture with drying air at high temperature and low relative humidity, therefore with very dry air. To better understand what happens when we heat or cool the air, we accept that natural or heated air is the medium for drying grain. The natural air consists of a mixture of gases (nitrogen, oxygen, carbon dioxide, etc.), steam and a number of contaminants such as solid particulate matter and other gases.

Dry air exists when the natural air removes all steam water and contaminants. The dry air composition is relatively constant, despite small variations due to geographic location and altitude. Knowing about air humidity conditions is extremely important to many sections of human activity.

Preservation of products such as fruits, vegetables, eggs and others in refrigeration systems depends on mainly in an appropriate blend (dry air/water vapor). Storage and handling of grains, including coffee, are also limited by atmospheric conditions.

Sometimes the thermal comfort index of an atmosphere depends more on the amount of steam present in the air than on the temperature itself. Thus, an air conditioning apparatus promotes greater humidity control and only minor variations in the environment temperature value. For those reasons, the detailed study of the dry air mixture (N_2 + O_2 + CO_2 + others) and water steam became a discipline, called psychometry, which studies the relationships, from measurements of specific parameters, atmospheric behavior, mainly in reference to the mixture of dry air and water steam or moist air. A study on psychometry is recommended.

For a better understanding, suppose that in a coffee farm, during the drying season, using fixed bed dryer with the following conditions: environment temperature and relative humidity are 22 °C and 62%, respectively. If the air in this condition is passed through a 50 cm coffee layer for 250 h, for example, all coffee would be dried at moisture of 12.5%. It turns out that a moist coffee, even spending 250 h to dry, may have suffered some fermentation in the upper layers and damaged the final product quality. To speed up the drying process, the best solution is to increase the drying air temperature.

Now imagine that the coffee grower decided to raise the drying temperature to 40 °C. In this case, the relative humidity of the drying air becomes 25%. This way, after a certain time, the mass of coffee will be dried and reached a final moisture content humidity of 7%. All the coffee mass is homogeneous in temperature and moisture content; however, in this situation the coffee beans are very dry and they may break while processing, causing great financial loss due to the loss of weight and energy consumption.

To solve part of the fixed bed drying problem, the engineer must plan the size of the maximum height of the grain layer equal to the thickness of the drying front and tolerating gradients of temperature and moisture content for a particular grain. The most common grain, allowing a gradual variation in the moisture content is field corn and higher than three percentage points between the driest and the wettest layers for an average final moisture content of 14% w.b.

Unfortunately, for a quality coffee, the maximum tolerance is an average 0.5 percentage points from an average moisture content of 12% w.b. and can be measured by a good moisture meter. If the moisture variation between the grains increases, the coffee will present one of the most serious defects, which is the "bad roast".

Thus, it is almost impossible to dry coffee and some types of grains without the proper stirring of the layers, especially if the temperature of the drying air is 5 °C above environment temperature and the relative humidity is well below 50%. Therefore, the coffee must be continuously stirred in special dryers or depending on the temperature and airflow, every 2 h in the maximum.

For a better understanding, assume that the "fixed bed" dryer is operated with air at 40 °C in environment conditions (22 °C and 62% relative humidity). At 40 °C, the relative humidity of the drying air will be 25%. After a period of time (10 h for instance), the coffee in the first thin layer will have reached a final moisture of 7% and in this time the upper thin layers will still be drying.

If the operator stops the dryer for samples withdrawn because the upper layers have reached 12% moisture, it will discharge the dryer with the coffee mass having an average moisture content of 9.5% under a moisture gradient of five points between the first and last thin layer.

Now imagine that the operator takes samples from different layers of the coffee bed and stops drying when the average moisture content reaches 12%. In this case, the upper layers may be more than 17% w.b. e and the first layer 7%. Drying is a physical process, and, in that way, it cannot be simplified without something wrong happening.

We must remember that the grains moisture content classification does not measure the moisture of each grain, individually. It provides the average value of the sample. Inadequate drying will only be noticed during the processing and, especially, in the coffee roasting for beverage classification.

Depending on the drying air temperature, airflow, initial moisture and the height of the layer inside the drying chamber, the process takes place on a band or front that moves from the bottom upwards. The dryer designers call this band as drying front, indicating that, after several hours of drying, the drying front has formed and it has already moved. Below the drying front, the entire product is dry and in equilibrium with the drying air and below the front there is no more drying.

As drying time passes (50 h, for example), the drying front will have passed through the entire grain layer and the whole product will be dried with the same moisture content or at equilibrium with the drying air. Therefore, to avoid overdrying of the grain bed or to avoid large gradients of moisture, it is necessary that the grain layer is not too deep or that a stirring is done every 3 h of drying at least.

In Brazil, according to technological aspects involved, basically two methods are used to dry coffee: in terrace drying, the product is spread on floors, which can be built with cement, brick, and asphalt or similar; in mechanical drying, the heated air is forced to pass through the mass of grains.

For drying, with most of the traditional coffee dryers, the initial moisture and exudation of the mucilage by the fruits stop the operation of stirring the product inside the dryer. To solve this problem, a pre-drying in solar terrace pre-dryers is necessary.

More recently, drying in combination (pre-dryer/dryer and silo-dryer) has been studied and applied in specific locations of the Zona da Mata in Minas Gerais (Brazil). In those drying combination, the coffee it is pre-dried in solar terrace pre-dryers and the complementary drying in silo with natural ventilation or with the slightly heated air. All these systems will be detailed, later, in order to serve as alternatives to be adopted in different regions.

It must be remembered that at harvesting time, coffee presents 100% of its quality potential and that it is during the first 3 days after harvest that special care must be taken. If the harvested coffee is well maintained until the third day after harvesting and further operations have been carried out correctly, it will maintain high quality until it reaches the consumer. On the other hand, coffee where in the third or fourth day after harvest, had reduced its potential quality in 15%, continues to deteriorate until the product reaches safe storage moisture content. From the point of drying, the two types of coffee had proportionally, the same variation in quality reduction. Therefore, if the coffee is dried to a safe moisture level by the third day after harvesting, the coffee grower can deliver a quality product to the final costumer. A safe humidity is 18% w.b. at this moisture level coffee can be dried slowly with air and at low temperatures during the storage period in the farm.

In most coffee producing regions, drying in solar terrace facilitates the development of microorganisms, increasing temperature and breathing of the product, which accelerates the fermentation process. Despite of these risks, small and medium-sized coffee producers intensively use solar terrace drying as the only drying technique.

However, if the climate conditions are suitable and the operation of the terrace is done within the technical recommendations, the natural coffee will be dry in 15–20 days and the peeled cherry coffee between 10 and 15 days. Therefore, drying systems that safely dry the product at 18% moisture content, within 3 days or 50 h of drying, must be adopted.

Drying with efficient techniques presents the following advantages:

(a) Allows better harvest control;
(b) Allows storage for longer periods, without the danger of deterioration or quality loss;
(c) In case of coffee seed production, low temperature drying keeps the germination for longer periods of time;
(d) Prevents the development of microorganisms and insects; and,
(e) Minimizes the loss of the product on the trees or in solar terraces during rainy days.

As we know drying affects the product and is a process involving the heat transferring and moisture between the coffee and drying air. The reader should review the basic elements of psychometry, grain water content, equilibrium moisture content, air flow rate, drying speed, grading and coffee quality, in order to take full advantage of drying techniques and reduce production costs.

Because is too difficult to address all the points above in a single chapter, we will deal with some of the most important:

5 Coffee Moisture Content

The concept of moisture content (water content) is due to the fact that both fruits and grains are composed of solid substances and a certain amount of water, under many forms. For harvesting, drying and storage operations, the product is considered to consist only of dry matter and water. Thus, water or moisture content is the amount of water present in the coffee or grain in general.

The water content is considered the most important factor that acts in the deterioration process of stored grains. It is necessary to know the moisture content of coffee beans since harvest until the final processing. We must know that, with the removal of the protective layers, the coffee is very susceptible to the absorption of odors. As the drying air in the coffee dryers is generally heated by wood burning, the removal of excess water from the pre-processed coffee is an operation that can contaminate the product with smoke. Also, because of the necessity to obtain a homogeneous product, it is not possible to mix coffees with different moisture content in same dryers and at the same time. Thus, the operator needs to be careful to dry the coffee only till the needed moisture content level. Otherwise, excess of water removal will cause breakage problems in the hulling process.

It is very important to know the coffee moisture content before hulling. If the product has excess of moisture, it must be dried to approximately 12% w.b. In case of over drying, the product should go through a ventilation by a vented bin at night to absorb water until moisture content of 12% w.b.

Therefore, from the harvest until the final processing, knowing the water content of the coffee is extremely important. The purchase of a product with excess moisture content represents losses for the buyer, who will be paying for excess water and in possible danger for the final quality of the product during storage. Selling below ideal moisture will cause losses for seller as he experiences unnecessary energy costs and equipment use, also affecting coffee quality.

As a process applied to biologically active materials, coffee drying can be defined as a universal method of conditioning the product (coffee or grains in general) by removing the water to a level that keeps them in balance with the storage environment. In the same way preserving the appearance and quality for the roasting industry, and the viability as seed.

As a hygroscopic material, the coffee beans contain liquid water, which is in direct contact with the cellular structure, but is easily evaporated in the presence of air with low relative humidity. This water is known as "free water". Another portion of water, called water of constitution, also composing the cellular structure, is chemically attached to the material.

During drying, most of the evaporated water is "free water." To make it easy to understand, it will be considered here that the coffee beans are composed only of dry matter and free water.

The grains moisture content is expressed by the ratio between the quantities of water and dry matter that form the product. Lower moisture content is the most important factor in preventing the deterioration of stored coffee. Keeping the water or moisture content and coffee temperature low, it will prevent microorganism attacks and breathing will have their effects minimized.

The operator must always be aware that at the end of drying the product does not lose excess water, causing problems in handling, processing and marketing.

Ideally, moisture content should be determined prior to each subsequent drying operation. If there is problem with moisture content when starting a new operation, use the solutions previously advised.

5.1 Coffee Moisture Content Calculation

As said earlier, the amount of water contained in the grains is designated based on the weight of the water and is generally expressed as a percentage. There are two ways to express the moisture contained in a product, that is, wet basis (w.b.) and dry basis (d.b.).

The grain moisture contained in the wet basis is the ratio of the water weight (Pa) present in the sample to the total weight (Pt) of this sample:

$$\mathrm{U} = 100(\mathrm{Pa} / \mathrm{Pt}) \tag{1.1}$$

$$\mathrm{Pt} = (\mathrm{Pms} + \mathrm{Pa}) = \text{total weight} \tag{1.2}$$

Where:

U = moisture content. % w.b.
Pa = Water weight;
Pt = Total weight of the sample;
Pms = Dry matter weight.

The percentage of the moisture content in dry basis is determined by the ratio of water weight (Pa) and dry matter weight (Pms):

$$\mathrm{U}' = 100(\mathrm{Pa} / \mathrm{Pms}) \tag{1.3}$$

$$\mathrm{U}' = \text{Moisture content on dry basis (d.b.)}$$

From the equations, it is clear that the moisture content expressed in dry basis is numerically higher than the moisture content on the wet basis (U′ > U). This is because in the second case (U′), with only Pms, the denominator is lower than in the first case (U), where it represents the total grain weight (Pa + Pms), and in both cases, the numerator remains constant (the water weight).

Usually, the wet basis percentage is used in commercial designations and pricing. On the other hand, the moisture content in dry basis (decimal) is commonly used in research and in specific calculations.

5.1.1 Moisture Content Base Changing

A conversion table is useful and precise when it is desired to change from the dry base to the wet base and vice versa. The table can be constructed using the following equations:

(a) Changing from w.b. for d.b.

$$\mathrm{U}' = [\mathrm{U} / (100 - \mathrm{U})]100 \tag{1.4}$$

Where:

$$U = \%\text{w.b. and } U' = \%\text{d.b.}$$

Example: if U = 13% w.b., what will be the value of U′?

$$U' = \left[13/\left(100-13\right)\right]100 = 14.9\% \text{ or } 0.149 \text{ d.b.}$$

(b) Changing from d.b. to w.b.

$$U = \left[U'/\left(100+U'\right)\right]100 \quad (1.5)$$

Example: if U′ = 0.13 or 13% d.b., what is the value of U?

$$U = \left[13/\left(100+13\right)\right]100 = 11.5\% \text{w.b.}$$

5.2 *Moisture Content Determination methods*

There are two methods group for grain moisture content determination: (a) direct or basic (oven, distillation, evaporation, infrared radiation) and (b) indirect (electrical methods, calibrated according to standard oven method or other direct method).

5.2.1 Direct or Basic Methods

By direct methods, the mass of water extracted from the product is related to the mass of dry matter (moisture content, dry basis) or to the total mass of the original material (moisture content, wet basis). Although they are considered standard methods, the direct methods require a longer time and meticulous work for their execution. Commonly used in quality control laboratory analysis the main ones are the oven, distillation, evaporation (dweob) and infrared methods.

Oven

The determination of the moisture content by the oven method (under atmospheric pressure or vacuum) is done by drying a sample of grains of known mass, calculating the moisture content through the mass lost during drying. The ratio between the sample mass loss taken from the oven and its original mass, multiplied by 100, gives the moisture content in percentage, wet basis (Eq. 1.1).

The drying time and the oven temperature are variable and depend on the type and product conditions and the type of oven. To use of the standard method, the reader should consult the manual "Rules for Seed Analysis", which should be edited by the responsible departments of each producing country.

Distillation

The grain moisture is removed by boiling a small sample in a vegetable oil bath or in toluene, whose boiling temperature is much higher than the water. The water steam from the sample is condensed, collected, and its weight or volume determined. There are two distillation methods: Toluene and Brown-Duvel. The Brown-Duvel is the most common, it will be described below and is one of the standard methods in the United States of America. The equipment can be made of several modules and the moisture is determined by the distillation process.

Sample size, temperature and exposure time change with grain type. It is therefore it is advised to consult the equipment manual before performing the moisture determination.

The water is removed by heating a mixture of grains and vegetable oil until to the boiling point. The boiling temperature of the oil is a lot higher than the water. The water steam from the sample distillation is condensed and its volume determined.

Considering the water density as 1.0 g/cm^3, the mass of the water withdrawn is equal to the volume measured by a graduated cylinder. Commercial Brown Duvel has a thermometric system that automatically shuts down the heating source when the oil reaches a specific temperature for each type of product.

Despite the many types of moisture meters (direct or indirect) available in the market, they are relatively expensive and often suppliers do not provide appropriate technical assistance. Due to this fact the DWEOB (Direct water Evaporation in Oil Bath) was developed. This method is nothing more than a simplification of Brown Duvel. It is inexpensive and has the same precision of the standard method. Figure 1.10 shows a simplified scheme of the DWEOB method, which can be built with regular and laboratory tools such as thermometer and a scale with a capacity of 500 g with an accuracy of 0.5 g, or better, and actually putting together the DWEOB system.

In order to determine humidity through DWEOB, the operator needs to follow the following steps according to the next examples:

Example 1: Determine the moisture content of a coffee sample using the DWEOB. Procedures:

(a) Sampling the coffee production correctly;
(b) Weigh 100 g of the coffee and place it in a high temperature resistant container with 10 cm diameter and 20 cm high, and a perforated lid (screen type) with a larger hole to insert a graduated thermometer up to 200 °C;
(c) Add soybean oil until it covers the coffee layer;
(d) Weigh the container + product (coffee sample) + oil + thermometer and take a note of the initial mass (Mi);

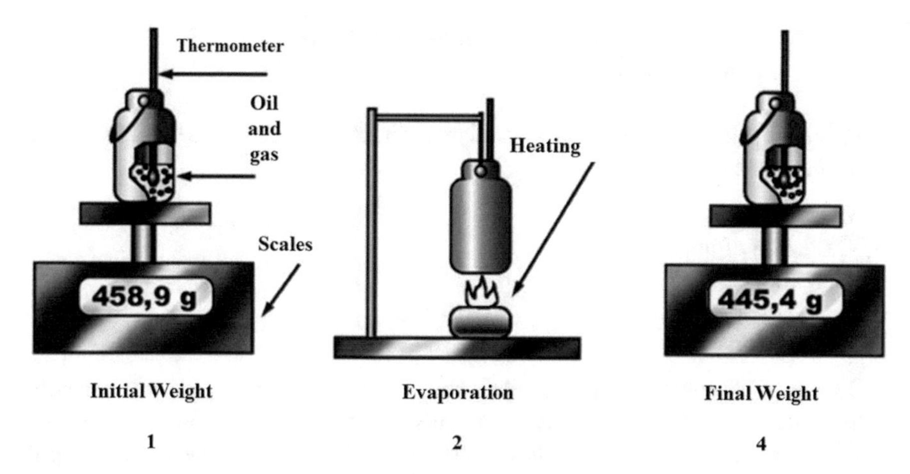

Fig. 1.10 Schematic of a DWEOB (moisture meter) with gas flame. Source: Authors

Table 1.2 Temperature for moisture content determination by the DWEOB method

Product	Temp. (°C)	Product	Temp. (°C)
Beans	175	Corn	195
Rougth rice	200	Soybean	135
Hulled rice	195	Sorghum	195
Dry coffee fruit	200	Wheat	190
Hulled coffee	190		

(e) Heat the container for approximately 15 min until it reaches the temperature indicated in Table 1.2 (in the case of the hulled coffee, 190 °C). Then remove the heat source, wait for the bubbling to cease and perform the weighing to obtain the final mass (Mf); and.

(f) The result of Mi – Mf is the moisture content in percentage, wet basis. For example, if Mi = 458.9 g and M f = 445.4 g;

$$\mathrm{Ma} = \mathrm{Mi} - \mathrm{Mf} = 13.5\,\mathrm{g}.$$

i.e., the moisture content of the coffee batch is 13.5% w.b.

Example 2: represent, in decimal dry basis (d.b.), the moisture content found in wet basis percentage (w.b.) in the previous problem.

Solution: According to Eq. (1.4):

$$\mathrm{U}'(\%) = ?$$

$$\mathrm{U}(\%) = 13.5\%.$$

$$\mathrm{U}'(\%) = \left[13.5/(100-13.5)\right].100 = 15.6\%\,\mathrm{or}\,0.156\,\mathrm{d.b.}$$

5.2.2 Sources of Error with Direct Methods of Moisture Content Determination

Considered primary or secondary standards, direct methods are subject to errors. The main ones are:

- Incomplete drying;
- Oxidation of the material;
- Sampling errors;
- Weighing errors; and.
- Observation errors.

Figure 1.11 shows the weight variation of the sample using a direct method. Three phases are identified to illustrate the first two types of errors. In the first stage, the grains gradually lose water, while in the second drying phase (the sample weight remains constant) because all the "free water" has been removed.

Prolonging the time after the second phase, new weight loss begins to occur due to sample oxidation. If the process is interrupted in the first or third phase, an error will happen. Therefore, the interruption needs to take place in the second phase, when there is no change in the sample weight.

Sampling Errors: The purpose of a sample is to represent a population or a big amount of certain product. If sampling is not performed according to proper techniques, the value obtained will be not reliable even using the most reliable method.

Weighing errors: The use of inappropriate or inaccurate scales leads to errors while determining moisture. The weighing of samples yet hot, causes convection currents and really affect the final result.

In order to better characterize the product moisture content, the samples weighing and the reading in the equipment must be made by a single person. Depending on the equipment type, a reading between two known values done by different people will hardly have the same value.

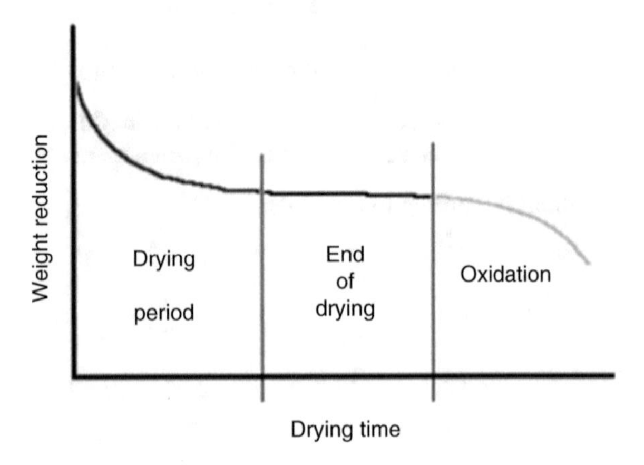

Fig. 1.11 Sample weight variation, in function of the time, by direct methods. Source: Authors

5.3 *Indirect Methods for Moisture Content Determination*

The most important are the electrical methods. The equipment classified in this category uses a grain property that varies with its moisture content and is always calibrated according to a direct method adopted as the official standard.

Because of high speed of the moisture content measurement, electrical or electronic moisture meters are used in the control of drying, storage and in commercial transactions. This equipment provides the value of the moisture content on a wet basis. It shows the percentage relation between the amount of water and the total mass of the sample, according to Eq. (1.1).

5.3.1 Electrical Resistance Method

The electrical conductivity of a biological material varies with its moisture content. In the case of grains, the moisture content (U) is inversely proportional to the logarithm of the resistance they offer to the passage of an electric flowing. In a given moisture range, the moisture contained in a grain sample can be given by Eq. (1.6).

$$U = K\left(1/\log R\right) \tag{1.6}$$

On what:
U = moisture content;
K = constant depending on the material; and.
R = electrical resistance.

It is known that the electrical resistance of a material varies according to its temperature and that, unlike metals, an increase in temperature promotes a decrease in electrical resistance in the carbon. Since the grains are basically composed of carbon, measuring with equipment based on the principle of electrical resistance, the operator needs to take care of the sample temperatures. High temperatures can induce errors (high temperature results in a low electrical resistance, which in turn means high humidity). Therefore, it is necessary to make the temperature correction.

The electrical resistance also depends on the pressure made by the electrodes on the grain sample. The higher the pressure over sample, the lower the electrical resistance, which will influence the correct value of the moisture content. That way, each type of grain, using the same moisture meter, must be subjected to a specific pressure (read the equipment catalog).

Usually, commercial tools show better results for samples with low moisture content (10–20% w.b.).

When using equipment based on electrical resistance, the following points should be observed:

1. Refer to the equipment manual. Each type of grain requires a specific technique and the reading cannot be repeated with the same sample. Once passed by measuring it is damaged by the compression system.

2. Sampling techniques must be followed.
3. At each determination the electrodes must go thorough cleaning.
4. Periodically adjust the compression system. It is subject to relatively high efforts and may suffer serious malfunctions.
5. Beware of hot samples. To avoid errors, it is important to keep the samples in repose for some time (homogenizing the moisture inside the beans) and wait until their temperature is close to the moisture meter temperature.
6. In case of grains with wet surface by condensation or rain, it will have moisture content above the real value.
7. Moisture meters shall be periodically evaluated and, if necessary, re-calibrated using a direct method.

5.3.2 Dielectric Method

The dielectric properties of biological materials depend on their moisture content. The capacitance of a capacitor is influenced by the dielectric properties of the materials placed between its plates. Thus, by determining the variations of the capacitor electric capacitance, whose dielectric is represented by a mass of grains, one can indirectly determine its moisture content.

The variation of the dielectric capacity (D) and the moisture content (U) of the grains are given by Eq. (1.7).

$$U = D \times C \tag{1.7}$$

On what
D = dielectric;
C = constant depending on the equipment, material etc.; and,
U = moisture content.

The moisture meter based on this principle are quick and easy to operate. Unlike electrical resistance systems, they do not damage grain samples.

To properly use a dielectric or capacitive moisture meter, the operator must pay attention to the following recommendations:

1. Since some moisture meters also measure a small electrical resistance, they are considered more accurate in the determination of lower moisture contents. This method allows measuring the samples moisture content, even hot, due to the effect of temperature is lower than that observed in the electric resistance method.
2. Sampling techniques must be followed.
3. Proper sample temperature correction is required.
4. Damping the sample into the moisture meter chamber must be made from the same height and with care. There are moisture meters that have automatic devices for weighing and loading samples.
5. Voltage fluctuations can harm the operation and the equipment should be standardized frequently according to the equipment manual.

6. Moisture meters shall be periodically evaluated and, if necessary, calibrated by a direct method.
7. For each type of grain there is a specific table for moisture content evaluation.
8. The manufacturer's instructions must be followed correctly.

6 Equilibrium Moisture Content

The concept of Equilibrium Moisture content is important because it is directly related to the coffee drying and storage also other agricultural products. It is useful in order to know if the coffee will gain or lose moisture, depending on the temperature and relative humidity of the drying air or the environment where it is stored. When the rate of moisture loss from the product to the environment is equal the grain to the environment, it is said that the product is in equilibrium with the air. The moisture of the product, when in equilibrium with the environment, is called equilibrium moisture content or hygroscopic equilibrium. The equilibrium moisture is, therefore, the moisture that is observed after the grains are exposed for long period of time to a certain environmental condition.

The equilibrium moisture content of a coffee sample is a function of temperature, relative humidity and the physical conditions of the product. For example, the dried coffee fruit, parchment coffee and hulled coffee have different equilibrium moisture contents for the same environmental conditions.

The relationship between the moisture of a given product and the corresponding equilibrium relative humidity for a given temperature can be expressed by the curves (Fig. 1.12a). In Fig. 1.12b, we can observe the representation of the hysteresis phenomenon, where it is verified that the values of the equilibrium moisture content are not equal when the coffee gain water (adsorption) and when water is lost (desorption).

The rate of adsorption of water by the coffee is a lot slower than the rate of desorption, which causes the phenomenon of hysteresis to happen between the drying curve and the product rewetting.

The mathematical relation most used to represent the equilibrium isotherms is given by Eq. (1.8):

$$1 - \mathrm{UR} = \exp.\left(-\mathrm{C}\,\mathrm{T}\left(\mathrm{Ue}\right)\mathrm{n}\right) \quad (1.8)$$

Where:

UR—relative humidity, decimal;
exp. – ln base = 2718;
T—Absolute temperature, K;
Ue—equilibrium moisture % d.b.; and,
C and n—constants that depend on the material.

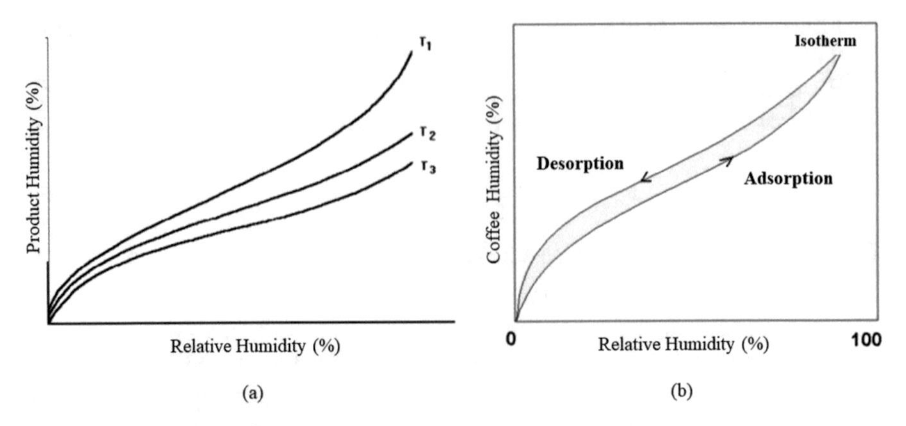

Fig. 1.12 Equilibrium isotherms with T1 < T2 < T3 (**a**) and Hysteresis phenomenon (**b**). Source: Authors

From Eq. (1.8) and Fig. 1.12a it is observed that:

- The equilibrium "moisture content" is zero for relative humidity equal to zero;
- The equilibrium "relative humidity" is close to 100% when the product moisture content increases to 100%; and.
- The slope of the curve tends to infinity when the humidity tends to 100%.

The relation between the Ueq value and the air conditions (temperature and relative humidity) can also be represented by the following Equation:

$$\mathrm{Ueq} = \mathrm{a} - \mathrm{b}\left\{\ln\left[-\left(\mathrm{T}+\mathrm{c}\right)\ln \mathrm{RH}\right]\right\} \tag{1.9}$$

Where:

a, b and c = constants that depend on the product (Table 1.3);
T = air temperature (°C);
RH = relative humidity (decimal); and,
Ueq = equilibrium moisture content (decimal, d.b.).

7 Airflow

When the grains lose moisture during the drying process, the water, in form of steam, is carried by the airflow that passes through the grains layer. To properly design and operate a coffee drying system, the fundamental principles of air movement need to be understood, especially those related to static pressure, fan characteristics and system operating conditions.

Table 1.3 Constants a, b and c for the calculation of grain moisture content equilibrium, according to Eq. (1.9)

Product	a	b	c
Coffee	0.3	0.05	50.55
Corn	0.339	0.059	30,205
Paddy rice	0.294	0.046	35,703
Soybean	0.416	0.072	100,288
Wheat (hard)	0.356	0.057	50,998

Table 1.4 Constant (a) and (b) for Eq. (1.10)

Product	a	b
Dry coffee fruit	0.017	3.9
Parchment coffee	For lack of data, use soybean values	
Shelled corn	0.583	0.512
Rougth rice	0.722	0.197
Soybean	0.333	0.302
Wheat	0.825	0.164

7.1 Static Pressure

The static pressure of a grain drying system is related to the resistance of the grains to the passage of air. Generally, the static pressure variation (PV) per unit height of the grain layer (mmca/m) is expressed, and can be calculated according to the following Eq. (1.10).

$$PV = \left(a Q 2\right) / \ln\left(1 + bQ\right) \tag{1.10}$$

Where (a) and (b) are constants that depend on the product and Q is the airflow in m^3 per minute per m^2 area of the grain layer. Values of the constants (a) and (b) for some grain types are shown in Table 1.4. In a well-designed grain drying system, more than 90% of the airflow resistance happens in the grain layer and less than 10% in the distribution channels of air and perforated floor. The characteristic curve of the system is a graph showing the variation of the total static pressure of the system as a function of the airflow.

8 Fans

During drying and grain aeration forced ventilation systems are required. Also, other systems such as separation, cleaning and transportation machines require a component to create an energy gradient that promotes air movement through the elements of the system and the product. In grain drying, the air carries the product evaporated water out of the dryer. In the aeration, the purpose of air is to only cool the grains mass, although sometimes carrying small amounts of evaporated water.

Fans are machines that work by rotating a rotor provided with properly distributed blades and motor driven, enable the mechanical energy of the rotor to be converted into potential energy forms of pressure and electric energy. Due to the energy produced, the air becomes capable of overcoming the resistances offered by the distribution system and by the grain mass, so that it can be dried, cooled, separated, cleaned and transported.

8.1 Fans Classification

There are different criteria that can be used to classify fans. It will be mentioned the most used in the subjects included in this chapter. Also, which ones are the most used for drying and storage of agricultural products such as coffee:

According to the energy level of pressure that they reach, the fans can be:

- Low pressure: up to 2.0 kPa (200 mmwc) and are widely used in aeration of small and medium silos;
- Medium pressure: between 2.0 and 8.0 kPa (200–800 mmwc) used for aeration in taller silos and also in high temperature dryers;
- High pressure: between 8.0 and 25 kPa (800–2500 mmwc). Widely used for pneumatic conveying.

Above 25 kPa the fans are classified as compressors. Except for pneumatic conveying that must be from medium to high pressure, the fans used in the operations of drying, cleaning, separating, sorting and coffee aeration and other types of grain are usually done by most medium pressure.

According to the constructive modality they can be classified as:

- Axial: the rotor resembles a propeller. Air enters and exits the fan parallel to the fan axis;
- Centrifugal: In this fan type, the air enters the casing or volute, parallel to the drive shaft then is unloaded perpendicular to the air inlet direction. The rotor can be produced and have backward, forward or radial options with straight blades.

The characteristics of a fan can be obtained either in tables or by the characteristic curves provided by the factories.

Axial flow fans normally have a higher airflow than centrifugal fans of the same power for static pressures below 1 kPa (10 mbar). If a coffee ventilation system has to operate at static pressures greater than 1.2 kPa, a centrifugal fan will provide a higher airflow. An axial flow fan, although it is less expensive than an equivalent centrifugal fan, it has a higher noise pollution index.

8.2 The Use of Fans for Drying

The drying rate of a batch of coffee depends on the drying system and drying characteristics of each grain, individually. In general, the drying rate for small grains is higher than for large ones. Peeled Cherry coffee dries faster than natural coffee fruits. Because of the protective layer, grains of rice in the husk, dry out more slowly than the grains of wheat. In the same way, comparisons can be made with the coffee beans. If not properly separated by maturation stage such as size and the same physical conditions, it will be difficult to obtain a final product with homogeneous drying and the same roast point.

There are two ways to reduce the agricultural products drying time:

(a) Increasing the airflow passing through the product increases the amount of evaporated water. The drying rate is, to a certain extent, proportional to the airflow; and.
(b) Increasing the temperature of the drying air increases its drying potential.

In drying systems using low temperatures, the drying must take place in a time that it does not predispose the upper layers of the grain mass to deteriorate. The use of an auxiliary heat source can make low temperature drying systems economically impracticable, as well as causing the product to be over dried. This way, calculating the airflow and using the proper fan are the most practical and efficient ways to control the drying time.

9 Coffee Dryers

As will be discussed along this topic, not always the most used technology means the best option for coffee drying, especially, for a certain coffee grower. Also, that coffee drying is comparatively harder to perform than other agricultural products. In addition to the high sugar content in the mucilage, the initial moisture content, generally above 65% w.b., causes the rate of deterioration to be quite high shortly after harvesting.

For quality coffee, the farmers should follow some practices already mentioned in this chapter. The careful coffee grower will only have the first 3 days to avoid a large reduction in the quality achieved during the harvest operation. As already mentioned, the maximum quality is with the ripe fruit in the plant. Therefore, whatever the drying methods used, as it will be discussed ahead, we must emphasize that "Good Practices" need to be followed throughout the coffee production chain.

9.1 Terrace Coffee Drying

First, the drying in terrace happens with the heating of the terrace surface by the sun. Natural ventilation will facilitate the removal of water steam. Only after the sun's rays have warmed up the terrace at about nine o'clock in the morning, the coffee should be spread with a layer of approximately 4 cm thick. Then, with proper equipment, small heaps should form in the direction of the operator's shadow.

These heaps lines should be changed as soon as the uncovered part of the terrace is heated again. The operation of forming and changing the heaps should be done hourly, preferably.

After the fourth or fifth day of drying, the operator should follow the operating sequence as seen in item 4 and question 4 (Why do mechanical dryers dry faster than the terrace drying?).

The exclusive use of terrace drying by many coffee growers is mainly because of non-concern with the qualitative characteristics of the product after drying, or due to the financial capacity or even the low technical level of the farm.

In most producing regions, terrace drying facilitates the development of microorganisms, increasing respiration and fruit temperature, which are factors that accelerate deterioration. Despite these risks, small and medium-sized producers intensively use the terrace drying as the only step to dry coffee.

If the climate conditions are appropriate and with correct terrace management, the natural coffee will be dried in 15–20 days and the peeled cherry between 10 and 15 days.

9.1.1 Location of the Drying Terrace

A good drying terrace should be located in a flat, well drained, sunny and ventilated area. When possible, the terrace should be located at a lower level than the reception and initial preparation facilities, and superior to the storage and processing facilities.

Concrete-paved terraces provide better results, are more durable, easier to handle and have better sanitation characteristics. It is not conceivable nowadays to continue to see a large part of coffee farmers using terrace drying without proper lining. In addition to the lack of hygiene, drying is slow and usually humidifying coffee, because it does not facilitate the heating of its drying surface, which allows the translocation of soil water to coffee.

9.1.2 Types of Drying Terrace

It is very common in Brazil to see drying terrace made with asphalt technology. When used for large areas and allowing a good job of machines and the correct application of asphalt, the only inconvenience is the high temperature, which can cause serious damage to the peeled cherry coffee.

Unfortunately, there is an inadequate dissemination of a technology that, when not properly performed, leads to financial problems, frequent repairs, and quality problems due to contamination of the product. In this type of terrace, while using asphalts mud some problems were observed such as: problems such as: Asphalt layer adhesion, mechanical strength, surface unevenness, high porosity and appearance of vegetation.

Regardless of the type of pavement, one of the restrictions on the terrace drying process refers to climate problems.

Because it is considered a bottleneck for many producing regions, the conventional terrace has been considered inadequate because it exposes the product to adverse weather conditions, presents low drying efficiency and requires too much human labor.

Disregarding the high implantation costs and the labor-intensive requirement, the inconstancy of solar radiation and the possibility of rainy periods during the harvest season, make the drying terrace unfeasible for the production of quality coffees in regions of altitudes, very common in Zona da Mata de Minas, Serra do Espírito Santo, Planalto da Conquista and Chapada Diamantina (Bahia). For all this, terrace drying is considered one of the highest cost operations in coffee production. To succeed with the technique, it is mandatory periodic maintenance, such as:

Correction and rectification of the terrace floor;
Correction of the drainage system;
Correct management of the terrace, and,
Daily sanitation of the entire system.

9.1.3 Required Area for Terrace Drying

The paved area required for the terrace dryer should be calculated according to the average production of thousand trees, the total number of coffee trees and the region climate conditions.

If only the terrace is used for drying, the area calculation can be done according to Eq. (1.11).

$$S = 0.055\ QT \tag{1.11}$$

In the equation, S equals the terrace area in square meters for the production of 1000 trees, Q is equal to the average annual production of cherry coffee or the quantity of liters/1000 trees and T is the average drying time in the region, in days. When using the terrace for pre-drying to reduce the initial fruit moisture content to approximately 30% w.b, and with the additional drying being performed in mechanical dryers, the terrace area may be reduced to 1/3 of the calculated value for terrace drying only.

Whenever possible, the terrace should be divided into blocks, in order to facilitate the drying of the lots according to their origin, moisture content and quality (Fig. 1.13). Pre-drying in conventional terrace takes place in a period of 6 days.

If the use of drying terrace is mandatory, the recommended one is a good concrete paved terrace. It must be able to withstand loads and be fenced in order to prevent the entrance of animals and must be built with walls that facilitate the gathering of the coffee also allowing a good cleaning.

If it is used for coffees from different pre-processing days or different types of coffees, the terrace must have also movable partitions, when it is necessary to place different batches in a same area limited by the fixed walls. It is extremely importance that the terrace drying be done correctly, and that the daily sanitation of the system be maintained.

To protect coffee at night or in rainy days, circular or semicircular barriers can be built inside the terrace. These barriers are small walls with a triangular cross-section of 5 cm in height and 3 m in diameter, which serves as a place to pile the coffee, avoiding the entry of rainwater under the tarpaulin covering the coffee partially dried (Fig. 1.14).

Construction of terraces should be avoided in humid places near dams, in shaded places by trees or buildings and on the east and west faces. For the south hemisphere, buildings located near the north side of the terrace should also be avoided. This orientation is very difficult in mountain regions such as "Matas de Minas Gerais" and "Serra do Espírito Santo".

Fig. 1.13 Terrace with concrete pavement, sanitized, fenced and divided into blocks. Source: Silva et al. (2018)

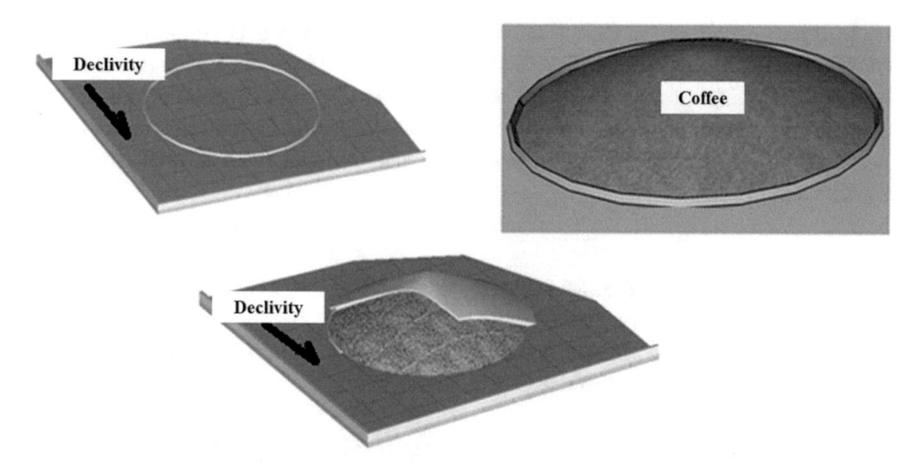

Fig. 1.14 Circular barriers to protect the partially dried coffee in rainy days. Source: Adapted from Silva et al. (2018)

9.1.4 Drying Terrace Management

As mentioned, the coffee is dried by the action of the solar rays and by the natural ventilation. It is advisable to work with homogeneous lots during the drying season, considering both the day of harvest and the maturation stage, in order to obtain a uniform final product of good quality.

At the beginning of drying, when the coffee is still wet or when it is removed from the coffee wash machine, the surface of the terrace also gets wet. If part of the terrace surface is not exposed to the immediate drying of excess water, the product becomes highly susceptible to contamination due to the high humidity in the lower part of the layer.

To do this, the coffee layer should be opened, for at least the first 5 days, to form small heaps. The heaps should be broken and redone continuously at regular periods of time, never exceeding 1 h and must be done following the shadow of the worker.

The open lanes can be made with the aid of a scraper blade or with a leaf blower after the coffee surface water has been removed. In all cases the open lanes will be dried and heated by the sunrays that indirectly will speed the coffee drying in the next turn.

As drying progresses, the product should be dried in bigger heaps during the last 5 days of drying. In this case, a more appropriate tool should be used.

After the first 5 days of drying with normal solar incidence, when the coffee is partially dry, at approximately 3 O'clock in the afternoon, it is necessary to heap the coffee in big heaps, in the direction of the terrace greater slope, which must be covered with a jute blanket and on top of it with plastic tarpaulins.

The cover, thus formed, will allow the conservation of heat absorbed by the coffee during the exposure to the solar rays, guaranteeing better uniformity and distribution of the moisture inside the coffee fruit or the peeled coffee.

In the morning of the following day, at approximately 9 O'clock, the blanket must be removed, and the coffee heaps moved from the overnight place to a dry area. Afterwards, the product should be spread over the terrace, repeating the operations made in previous days, until the ideal moisture content for storage (12% w.b.), or until the point of half-dry (35% w.b.), which is ideal to start final drying in mechanical dryers.

9.1.5 Drying Terrace Disadvantages

In order to maintain a competitive coffee production in certain aspects such as: productivity, quality and economically sustainable, the knowledge of modern production techniques is required.

For the international market it is very important that the coffee has desirable organoleptic and chemical properties and they depend on the efficiency of preprocessing operation. As mentioned before, the drying method used is the operation that has the greatest influence on the final quality of the coffee and it is during the first 3 days after harvesting that coffee growers are able to maintain the quality of the harvested product, to achieve quality standard. In an effort to reach this aim it is sufficient that, after being properly prepared, the coffee is dried to 18% before 50 h after washing or peeling.

To solve problems with quality loss in a guaranteed way and within the coffee growers' possibilities, furnaces were designed, and they will be discussed later. Also, some technologies such as "Hybrid Terrace or Terrace Dryer" are more efficient and economically correct.

Up until recently, no coffee drying system had been developed to satisfy the majority of producers, especially those producing coffee in the mountainous regions.

Terrace drying is considered a bottleneck for many producing regions; If the terrace is inadequate, it will expose the product to adverse weather conditions, it will have low drying efficiency and it will use too much labor.

Commercial mechanical dryers, as we will see later, require maintenance and energy availability, pre-drying, and if the quality is deteriorated during pre-drying, we cannot expect good qualities from mechanical drying.

A well-designed system, equipped with loading, stirring, unloading, heating and ventilation systems will produce a quality coffee if the output from pre-drying (natural or artificial), is of quality. Thus, the quality of a product in the mechanical dryer cannot be improved if it came deteriorated from the terrace pre-drying. Therefore, depending on the environmental conditions, if coffee moisture content does not reach safe levels until the third day after harvesting, a higher quality coffee cannot be expected even when the farmer uses an excellent system for complementary drying. Also, drying coffee in terraces is near to impossible to get good quality coffee, because of the high implantation and labor costs, inconstancy of solar radiation and the possibility of rainfall during harvesting.

9.1.6 Problems with the Use of Solar Energy for Coffee Drying

In terrace drying, the energy used to remove moisture from the coffee beans comes from the solar radiation and the enthalpy of the natural ventilation that carries the moisture released from the product out. Although, it is widely used by family farmers around the world to dry rice, corn and beans. Solar drying on terraces and platforms are especially used to dry coffee and cocoa, yet, there are some concerns about the product quality when talking about disadvantages of drying in terrace.

Even so, there has been great interest in the possibility of using solar energy for mechanical drying and in other applications. However, the amount of solar energy that fall in a surface perpendicular to the sun's rays is relatively diluted. In a completely clear day at a medium latitude of Brazil is approximately 20,000 kJ/day, for square meter of collecting area. That means, an absorber surface of 2.5 m^2 could, in a best scenario, only intercept a quantity of solar energy equivalent to 1 kg of diesel oil or 3 kg of charcoal per day. For a medium-sized coffee dryer, approximately 40 m^2 of collector area would be needed.

Unfortunately, the sun does not shine every day and in the absence of solar radiation, it would be necessary to use a furnace coupled to the dryer. Therefore, the use of a mixed system (furnace plus solar collector) should be taken in an economic base.

Although, there are several types of dryers that use solar energy, such as those used for small coffee production, two systems were built and tested at the Federal University of Viçosa. One of these driers resembles a horizontal fixed bed drier, having a sunroof (solar collector), a blower, a connecting duct and a drying chamber as shown in the second image.

The second is a rotary solar dryer, which is an improvement of the solar table dryer. This dryer consists only of a box formed by wooden sides, with front and backs in steel screen with square mesh of 4 mm. The box has a central axis, which is supported by two small wooden pillars, to allow easy rotation. Natural ventilation is the method that takes away heat absorbed along with moisture, as it does in traditional terrace or table dryer.

The small coffee grower or the one who wants to participate in a quality contest may opt to dry the coffee in mobile suspended table dryers, which consists of several perforated trays to retain the grains. The trays with appropriate dimensions, are constructed on a railing system. The tray set, when not exposed to the sun, is sheltered under a fixed cover to protect the product from rain or nocturnal condensation. The dryer operator has to pull the trays out to expose them under solar radiation and stir the coffee periodically. The system must be oriented in such a way that it can receive the solar incidence in the longest possible time.

Because table dryers do not contain the coffee in direct contact with the floor, they do not present cleaning and disinfection difficulties and, therefore, the product is less exposed to the contamination by undesirable microorganisms. In addition, the table dryer or suspended terrace brings some advantages, like natural ventilation and less coffee stirring operation.

A big drawback of the table dryer is at the end of drying, which is greatly influenced by dew and wet night winds. One solution that many coffee growers have found is to cover the dryers with a transparent plastic cover that allows solar radiation and protects the coffee from rain. Even with this improvement, the table dryer has slowed final drying, because of nocturnal high relative humidity of the air.

A solution would be to completely close the system around the table dryer. As Table dryers for big productions are relatively expensive, another option would be to transform the table dryer into a forced air dryer heated by an indirect heating furnace. To do this, simply build a wall with small axial fans around the table dryer. The furnace and the heat exchanger should be adapted under the dryer's floor.

The heat exchanger, formed by a 50 cm in diameter metal pipe, connects the furnace to the chimney. The function of the small fans is to remove heat from the heat exchanger and force it through the coffee layer, which must be stirred periodically.

Still using the advantage of solar radiation, as in the original model, this dryer improvement allows drying during rainy periods and in the absence of solar radiation. Based on cost, the small axial fans can be replaced by a centrifugal fan of equivalent power and forcing the air to enter the same points where the small fans would be installed.

9.2 *High Temperature Drying in Mechanical Dryers*

Although the modifications shown in the previous item will be classified with drying at high temperatures, they will be kept with the drying systems in terraces and table dryers for didactic reasons. The reader will understand that, in many cases, the producer will encounter problems due to the climate conditions, with consequent qualities reduction if he does not use a system that guarantees the drying even in bad climate conditions.

To obtain good quality coffee, it is necessary to use mechanical dryers to speed up the process. On the other hand, special care is also required to control the temperature of the grain mass, especially when the moisture content is <25% w.b.

For moisture contents lower than this value, depending on the drying system used, there is a tendency for the temperature of the grain mass to equal the temperature of the drying air. This tendency is caused by the difficulty of moisture migration from the innermost layers to the periphery of the grains. The maximum air temperature the coffee should be dried in a conventional crossflow or fixed bed dryer is 60 °C.

The drying operation with air at high temperatures is detrimental because coffee does not flow easily inside the dryer, primarily at the beginning of drying. While part of the product is dried in excess, the other part may not reach the ideal moisture content (11–12% w.b.). This fact brings difficulties during roasting process and the end result.

In addition to accelerating post-harvest operations, drying in mechanical dryers help the coffee grower to be less dependent on climate conditions and to have better control of the drying process.

In the Brazilian market a large variety of industrialized dryers can be found and the literature provides models that can be built on the farm.

For the proper functioning of the mechanical dryers, the mass of coffee should not have excess water, to facilitate the flow inside the dryer or to avoid blocking the perforated plates. Therefore, before bringing the coffee to the dryer, it needs to go through cleaning after pre-drying, which is usually done in conventional terrace or in pre-dryers such as the fixed bed and the hybrid terrace, as it will be seen later.

With the exception of concurrent flow dryers whose grain flow has the same airflow direction, the air temperature can be close to 120 °C. However, for conventional dryers, the drying air temperature should not exceed 65 °C. The coffee mass temperature cannot exceed 45 °C for periods exceeding 2 h, in any dryer type.

9.2.1 Fixed Bed or Fixed Layer Dryers

The fixed bed dryer has been widely used in pre-drying or in coffee drying. In this case, the recommended air temperature is 50 °C. The coffee layer, depending on the conditions of the product, can vary from a few centimeters up to 50 cm thick. In the dryer, model UFV (Fig. 1.15), the product should be stirred to homogenize the drying at each 3 h period. For a dryer with a diameter of 5.0 m, the operator must carefully stir the product and attempt to perform the operation in a time no <30 min.

Studies with the dryer, UFV model, showed that coffee drying with a 40 cm thick layer, drying air temperature of 55 °C, 120 min of stirring interval, what comes to an average 32 h of drying time to reduce the moisture content from 60% to 12% w.b.

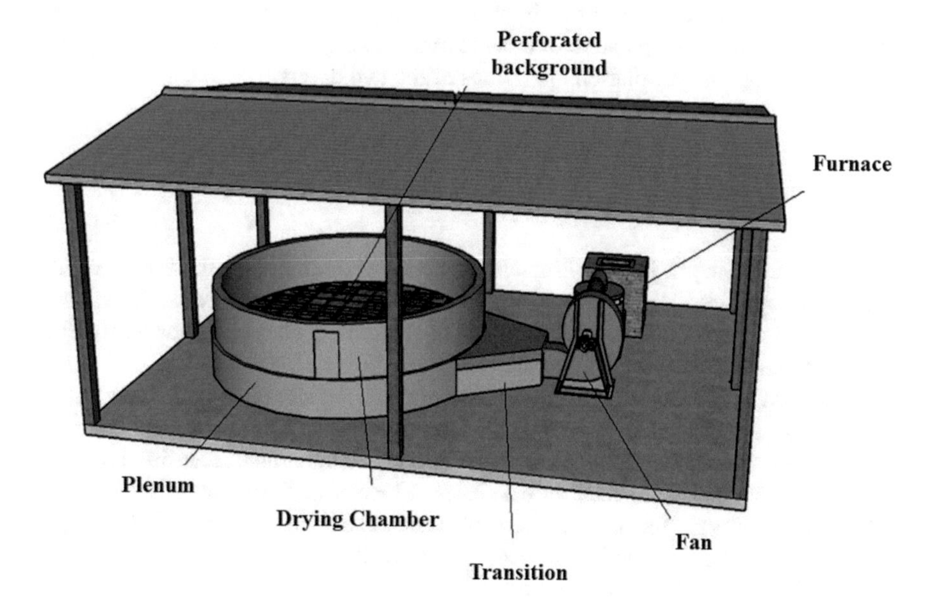

Fig. 1.15 Fixed bed dryer (UFV model). Source: Silva et al. (2018)

Under these conditions, the drying operation does not compromise the beverage quality and the type of coffee obtained is, generally, superior to the same coffee dried in conventional drying terrace. Unlike most mechanical dryers, the fixed-bed drier can dispense pre-drying in terrace when weather conditions are not favorable and can be used as a pre-dryer in more complex systems.

9.3 Concurrent Flow Dryers

Studies made at UFV, on coffee drying using concurrent flows dryer or in dryers where the drying air and the product flow in the same direction (parallel flows), using temperatures of 80, 100 and 120 °C with initial coffee moisture content of 25% w.b., showed that it is possible to obtain lower consumption of energy using the highest temperatures.

It has been found that, although the recommended temperature is 80 °C, it was possible to dry coffee with the drying air up to 120 °C, without damaging the final quality of the beverage. In order to do this, a lot of care must be taken to increase the speed of the product inside the dryer and make sure that the product is flowing evenly.

The first image of Fig. 1.16 shows the details of a concurrent flow dryer were coffee is loaded, revolved and unloaded by a bucket elevator. The second image shows a similar dryer where the above operations are performed by a pneumatic conveyor. In this dryer the stirring of the product is performed every 3 h during 5 min. For greater drying efficiency, a hybrid terrace (pre-dryer), which will be discussed later, is coupled to the dryer, and works with the same drying fan when the product is not being stirred. In this system, the single fan does the loading, stirring, unloading and ventilation operations of the two dryers.

9.4 Rotary Dryers

Coffee drying systems in Brazil remain practically the same since the first mechanical dryers appeared and even with the technological advances available in other activities, it does not appear that there will be substantial changes in the way coffee is pre-processed and dried around the world.

The traditional rotary dryer is formed by a horizontal tubular cylinder that rotates about its longitudinal axis at an angular velocity of up to 15 rpm. A very common type and used as a pre-dryer or batch coffee dryer is a horizontal, non-tilted drum in which the drying air is injected into a chamber located in the center of the cylinder and passes through the coffee mass perpendicularly to the axis of the dryer. Regardless of how they work, the rotary dryers available in the Brazilian market are very similar and have the same drying characteristics.

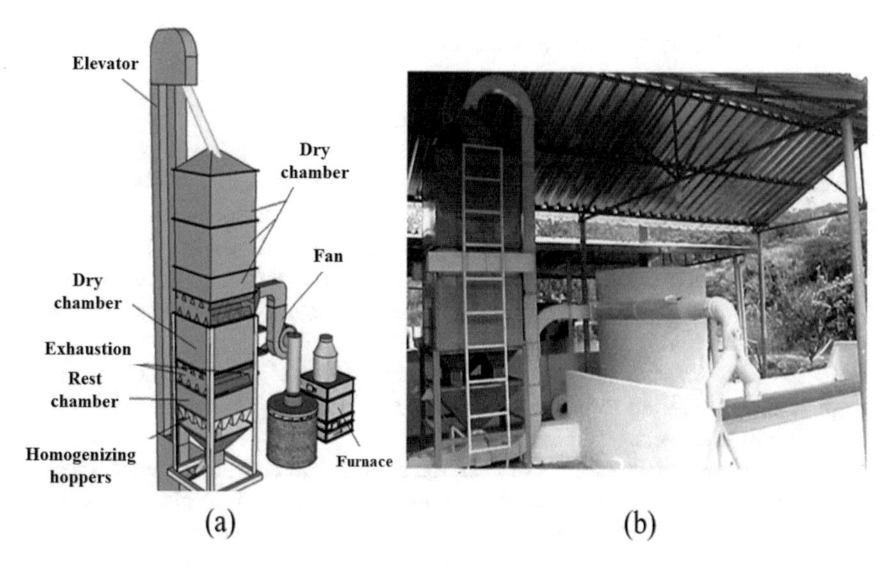

Fig. 1.16 Concurrent flow dryers (**a**) with bucket elevator and with pneumatic system (**b**). Source: Adapted from Silva et al. (2018)

As advantages, products such as pre dried coffee fruits, favoring cleaning and have good drying uniformity, when working with homogeneous products. As disadvantages, they present high energy consumption at the end of drying. Generally, they have high initial cost and, depending on the operation form can cause loss of the parchment of the peeled cherry coffee, resulting in non-uniform drying of the coffee mass. To solve this problem, it should work at a lower rpm for parchment coffee.

An alternative model for coffee drying is the intermittent rotary dryer developed at UFV. If necessary, it can be used for wet fruits or parchment coffee without passing by the terrace. The new model can also be used as a pre-dryer without the problems of closing the perforated plate holes.

Unlike the traditional model, it has airflow directed from the center to the periphery, only at the bottom. By being rotated at predetermined times and having the cylinder drilled only at the bottom, the dryer can work with half the load. The stirring or turning system of the dryer should be activated for at least 2 min every 2–3 h. For this reason, it has a very low power consumption compared to the traditional model. With simple work the traditional rotary dryer can be transformed into an intermittent rotary dryer.

9.5 Hybrid Terrace or Terrace Dryer

As the coffee quality cannot be improved in mechanical dryers, if the product was already deteriorated during pre-drying in the terrace. The solution is to adopt artificial pre-dryers to solve the problem. Therefore, a higher quality coffee cannot be expected even when the farm has an excellent system for complementary drying. As mentioned in the topic about terrace drying, the costs of construction and labor, the inconstancy of solar radiation and the possibility of rainfall during harvesting, make impossible the production of high-quality coffees, mainly in regions of altitude where in terrace drying is problematic.

To solve these problems, researchers from UFV and EPAMIG analyzed the adaptation of a ventilation system with hot air to improve performance and reduce the drying time of a conventional terrace.

Despite the use of any source of heat, the authors had chosen to heat the system with a charcoal furnace to transform a conventional terrace into high temperature dryer during the night, rainy days or in the absence of solar radiation.

The hybrid terrace occupies a small part of the conventional terrace, and for each thousand square meters of terrace, it is necessary to adapt 60 square meters in drying area at high temperatures. The hybrid terrace could have some elements such as fan, distribution channels, air inputs and walls to separate different batches of coffee, for simultaneous drying.

As the hybrid terrace is an adaptation of the conventional terrace, the coffee grower can make this adaptation in order to obtain success with the lowest possible cost.

Although slightly more expensive, it is recommended to cover the hybrid terrace area containing the ventilation system (furnace, fan, ducts and gutters) with a permanent roof. However, to reduce costs, the system can be covered with plastic cover overnight or in rainy periods. The hybrid terrace was built above the conventional terrace floor, which avoids problems with heavy rains that can get the coffee wet. If it is decided to build on the same level, it would be ideal to build a wall.

With the conventional terrace, the energy used to remove the moisture content from the coffee comes from the solar radiation and the enthalpy of the air. It has been seen that one of the terrace disadvantages is the lack of product quality assurance. Also, it was argued that solar energy has low potential to be used in high temperature driers.

For a medium-sized coffee dryer, only 40 square meters of collection area would be needed. Unfortunately, the sun does not shine every day and in the absence of solar radiation, a furnace coupled to the system is required. Therefore, the adoption of a mixed system (furnace + solar collector) should be taken based on economic analysis.

If it is convenient, a roof solar collector can be used. In this case, it is more economical and practical to leave the product enclose during periods of solar incidence, turn off the heating source and use only the energy supplied by the roof solar collector to dry the product.

Since the roof of a hybrid terrace is approximately 100 square meters, it has the potential to produce, on sunny days, the equivalent of 12 kg of firewood per hour, which is the amount of heat that should be supplied by the furnace in the absence of solar radiation.

9.6 Drying with Natural Air in Silos and Combination Drying

In box drying in silos or drying in a deep layer (layer over a meter high) should be kept in mind that it is a slow process, requires special care, and consumes electricity for a long period of time. The cost per ton of dried coffee is inversely proportional to the size of the box and, as a limiting factor; each box can only receive a certain type of coffee. Thus, in box drying with natural air, which will be detailed later, should only be adopted if the producer chooses the production of quality coffee (Peeled Cherry). In order to achieve this goal, it is necessary, in addition to wet pre-processing equipment, efficient dryers, box or silo with perforated floor, which is an important component to complete the desired infrastructure.

Unlike corn, rice and soybeans, the coffee mass due to its high initial moisture content, part of the mucilage and fruit fragments adhered to the grains, cannot easily flow through the transport system and into the dryers during the drying period. To solve this problem, the coffee must first be passed through a pre-drying system to allow the necessary fluidity to be homogeneously dried before being transferred to the mechanical dryers. With rare exceptions and as mentioned, the traditional terraces, regardless of their form of paving, do not safely serve as pre-drying for high quality coffee.

Depending on the handling techniques applied to the fresh peeled cherry, coffee may be subject to quality loss if its moisture content is not reduced to 18% w.b. within the first 3 days after harvesting. Therefore, the use of efficient pre-dryers is the technology required to replace conventional terraces that are dependent on optimum climate conditions to produce higher quality coffees.

Thus, in addition to facilitating the flow of the coffee mass inside the mechanical dryers and allowing a homogeneous drying, the fast reduction of the initial moisture content avoids the possibilities of deterioration by microorganisms and guarantees the production of coffee with desirable commercial quality.

A pre-dryer should be used to improve the performance of the mechanical dryer (productivity with lower energy consumption) and, when all previous operations were performed using Good Practices, ensuring hygienically produced coffee with high quality and cost competitive.

A set (pre-dryer/dryer) ideal for parchment coffee should enable the reduction of the initial moisture content to 20% in 40 h or less, avoiding mechanical damages, being energy efficient and allowing the correct use of temperature and drying time.

A pre-dryer that can be successfully used is the Hybrid-Terrace described above. It is simple technology, easy to manufacture/assemble and, when conveniently installed/operated, can double the output of traditional coffee dryers.

Unlike traditional dryers where the drying air is heated to temperatures up to 70 °C with a drying time near to 50 h, the in box drying with natural air is carried out at temperatures of 3 °C above environment temperature due to the heating caused by the fan. Therefore, drying with air at low temperatures is a slow process and would not finish the coffee drying with high initial moisture content, without intense deterioration in the upper layers of the box.

With these considerations, it is suggested, as it will be seen later, one of the drying technologies in combination with in box drying, which consists of using pre-dryers and dryers at high temperatures while the product has a higher moisture content that is easy to be removed. When the moisture content of the peeled cherry coffee reaches 20% w.b., the coffee must be transferred for additional drying in the silo with natural air. In addition to the substantial fuel reduction required for drying, the combined system (Pre-dryer/dryer/in box drying) can double the dynamic capacity of conventional dryers and improve the drying thermal efficiency. The main reasons for better efficiency are:

(a) Pre-dryers and dryers will operate in a moisture range where the withdrawal of water from the product is relatively easy; and,
(b) The cooling period is eliminated; the product must be transferred for in box drying with the residual heat from the partial drying. Optionally, the ventilation system can be activated between 4 and 6 h after the addition of the coffee batch into silo.

As mentioned, drying in mixed systems reduces the total energy required by conventional drying methods and increases the dynamic capacity of the dryers and the low drying rate in the silo is due to the small air flow and the small potential of natural air drying in mountain regions. As the permissible time for storage of parchment coffee, at 18% moisture is long, it is possible to use smaller fans than in the drying of cereal grains.

Due to silo drying be a complementary process it is also understood as drying during storage, because even after drying, the product will continue to be stored in the same silo until the point of commercialization. The dryer-storage silo presents some special features that are not required for silos used for storage only: for uniform drying, the floor must be of perforated metal sheets with at least 20% perforated area. The fan should provide enough air to dry the entire grain mass without deterioration in any added layer.

The dimensions of the silo (diameter and height) and the type of product that will be stored define the power of the fan to be used. As the small amount of air per unit mass of coffee makes the process slow and low air temperatures decrease the ability to evaporate water from the product, the process may present difficulties in regions with average high relative humidity. To fix the problem, the operator should use a supplementary heating source that is reliable and with low cost. The adaptation of a humidistat and a thermostat to the silo plenum, will control the heating source operation.

In drying with natural air, the drying potential of the air and the small amount of heating caused by the fan (3 °C above room temperature) are enough to provide the recommended final moisture content for safe storage in the wide majority of coffee producing regions. Drying systems with natural or slightly heated air (maximum 10 °C above the environment temperature) properly designed and managed are economical and technically efficient methods.

In the proposed system, silo-drier without the stirring device, the drying starts in the lower layer and progresses until reaching the last layer, in the upper part of the silo. After a drying time, three layers or bands of moisture are distinguished.

The first band, which is formed by dry grains, has already reached equilibrium with drying air and all grains in this band have the same moisture content, which is known as equilibrium moisture (for most coffee producers' regions, around 12%). Values of average relative humidity below 50% are very frequent in the Cerrado regions, during coffee harvesting. However, solutions to avoid excess in coffee drying are of low cost and easily manageable.

In the second band, called "drying front" and that moves slowly during the drying process, the moisture transferred from product to the drying air is still happening. The thickness of this band varies around 3 cm and depends on the conditions established for the project such as airflow, environmental conditions, type of product and its moisture content when added into the silo.

The grains that are not in drying process form the third band. The coffee moisture content in this band is equivalent to the initial one, when it was added into silo and by going through this layer the air had its drying capacity depleted in the "drying front". As the drying progresses the dry product depth grows and the wet product wide decreases. When the base of the drying front reaches the top of the last layer, the process is finished and the coffee is ready for commercialization or may remain stored in the silo with the ventilation turned off.

Calculation of the drying airflow rate and the choice of equipment should be made carefully. The flow rate must allow the base of the drying front to reach the last layers in a time set by calculations. For Peeled cherry coffee it should be provided that the base of the drying front reaches the last layer no more than one week after the end of harvest.

For coffee drying in a combined system (pre-drying at high temperatures and silo-dryer, with natural air), proceed as follows:

- Peeled cherries or parchment coffee should be transferred to the partial drying system (pre-dryer/dryer) as soon as possible and have their water content reduced to a pre-set value, according to temperature and relative humidity during harvesting); in the most common cases, for a moisture content of 18%;
- During the operations with the pre-dryer/dryer, the coffee mass temperature should not be exceeded 40 °C;
- Optionally, 4–6 h after the transfer of the first coffee lot into the silo, the ventilation system must be started and kept on. Finally, the fan will only be turned off when the product on the top of the last layer added in the silo reaches moisture content of about 16% w.b.; below this value, the fan will remain on, only during periods when the relative humidity is between 60 and 70%. The ideal would be to couple a controller to the ventilation system, so that it is automatically triggered for the established relative humidity range; and.

- Ventilation should be avoided when moisture in the last layer reaches equilibrium moisture content (close to 12% w.b.).

When in silo drying is performed with the air at high temperatures or when the average relative humidity of the drying air is below 50%, one of the following options must be adopted:

(a) Work with batch drying with a fixed layer of 0.6 m in height (Fig. 1.17) and, after drying, transport the product for drying in silos with natural air. Drying with high temperature without coffee stirring should not be used. To reduce costs, the silo-dryer should be used as a storage unit at the end of harvest season. As with any high temperature dryer, it is possible to adopt additional drying during storage at low temperatures, if necessary;
(b) Work with the full silo (load completed in up to 5 days). In order to avoid the formation of the drying front and consequently with excess drying of the lower layers, the silo must be equipped with a stirring system similar to the "STIRRING DEVICE" system. In addition to revolving the entire grain layer, the equipment facilitates the passage of the drying air stream (Silva and Lacerda Filho 1990).

The "STIRRING DEVICE" mixing equipment can be constructed with one or more vertical helicoids, which move radially from the center to the silo wall and vice versa, mixing the product vertically. Besides the high cost and losing part of the static capacity of the silo, due to adaptation of the mixer the system, depending on the type of energy for heating the air, results in high drying cost when the product is dried to 12% w.b. (Silva and Lacerda Filho 1990).

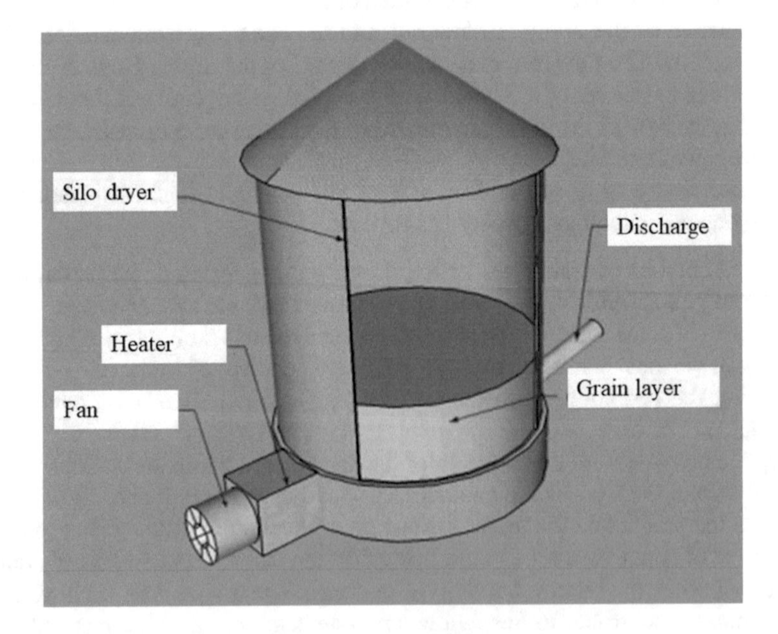

Fig. 1.17 In silo drying with air at high temperatures. Source: Authors

9.6.1 Coffee Drying with Seven Silos System

The system consists in the adoption of seven silos-dryers or ventilated boxes (metal, wood or masonry), which will be weekly charged with a layer of coffee. The silos should be planned to receive, each week, a certain amount of product with a preset initial moisture content.

Each silo shall have until the end of harvest, its loading capacity completed. When the last layer is added to the last silo, it means that all the others will be dried and in equilibrium with the environment. The moisture content on the upper surface of the last coffee load should monitor the end of drying. From this point on, the ventilation system can be switched off. The silo 7 should be considered a reserve, so it should always be empty to solve eventual problems during the harvest period (Silva, 2008).

For simplicity, imagine the first harvest day happens on a Monday. Thus, the coffee, after being pre-processed and pre-dried at 18% moisture content (w.b.), should be immediately dumped into silo 1 and the ventilation system turned on. On Tuesday, the second day of harvest, the product must be taken to silo 2, with the same treatment. With this routine, we will arrive at the Saturday, the sixth day of harvest, which must be placed in silo 6.

So, in the second week of harvest, which will begin on Monday, silo 1, which received the coffee from the first harvesting day, will have dried the first layer and will be ready to receive the coffee from the seventh day of harvest. Therefore, the eighth day of harvest should go to silo 2 and so on, successively, until the harvest is over. Thus, it can be concluded that, one week after the end of the harvest, all the peeled cherries will be dry and can remain stored until commercialization.

9.7 Combination of Drying Systems

Now that the different types of coffee drying have been shown, the reader can from now on analyze and combine different dryers to take advantage of the advantages of each dryer.

The combination of systems consists basically of using two or more drying systems to perform coffee drying with quality and energy efficiency. As said before, if part of the drying is performed in silos, dryers are used at high temperatures while the product has higher moisture content and, from the point of safe moisture, transfer the coffee to have final drying during storage.

In addition to the substantial energy reduction required for drying, the combination of dryers can facilitate the process and also increase the thermal efficiency and dynamic capacity of each dryer. The main reasons for this increased efficiency are: dryers operate with products in a range of humidity where is more recommended for each coffee type and using less energy, time and labor.

9.7.1 Combination (Conventional Terrace and Mechanical Dryers)

Because coffee drying is quite different from the drying of other grains, we can use different possibilities for an efficient combination for coffee drying. Even disconsidering the normal combination for other types of grain, most of coffee growers use the combination, conventional terrace and mechanical dryers.

For coffee, the combination, Terrace/Mechanical dryer, is the inverse of the combination established for other types of grains where the combination drying starts with high temperature and ends with low temperature. This fact happens because coffee is a fruit with a high moisture content, it exudes honey during handling and has little or no fluidity.

With the advent of the hybrid terrace and the intermittent rotary dryer (UFV model), which can receive the coffee directly from the coffee washer or from the peeler, it is possible to make several combinations to finish coffee drying in silos as it is made for other types of grains.

9.7.2 Combination (Terrace with Dryer Silo)

A second possible combination would be to pre-dry the parchment coffee in conventional concrete terrace and complete the drying during storage in a silo dryer.

Although the drying of parchment coffee in silos does not suffer any greater problems due to unfavorable climate conditions, they are however, very unfavorable to pre-drying in the terrace. Therefore, the combination, conventional terrace and dryer silo (Fig. 1.18a), can only be made if the weather is favorable. In this case, with 5 days of pre-drying in the sun, the coffee can be dumped into the drying silo. The variation in the coffee quality dried in the terrace during the harvesting season is a bottleneck that prevents different coffee lots from being placed into the same silo. If the above combination is adopted, the producer must be convinced that the product has the same quality or that the silo is planned to contain only one batch.

Fig. 1.18 Combination (**a**)—concreted terrace with silo-dryer—for peeled cherry coffee drying and (**b**) combination—Hybrid terrace with conventional mechanical dryer. Source: Adapted from Silva et al. (2018)

9.7.3 Combination (Hybrid Terrace with Conventional Mechanical Dryer)

A third option to combined drying would be high temperature pre-drying in hybrid terrace and final drying in mechanical dryers (rotary or flow driers).

This option is very interesting when you want high drying productivity and when working mainly with parchment coffee. This combination greatly reduces the need for mechanical dryers since the product can be transferred with a slightly lower humidity.

After 20 h of pre-drying in the Hybrid Terrace, the coffee can be transferred to the mechanical dryer (Fig. 1.18b). The total drying time will be approximately 50 h and there would be no need to use conventional terraces.

9.7.4 Combination (Hybrid Terrace with Silo-Dryer)

The combination of hybrid terrace with silo-dryer is one of the most economical options to dry peeled or parchment coffee. This combination avoids or reduce the need for large areas of conventional terrace and the coffee grower can reduce investing in additional dryers to increase drying capacity.

As the drying will be completed with natural air in the silo, there is no need for a rigid moisture content control during pre-drying. The great advantage of the in-silo drying is that all grains will have the same moisture content at the end of drying.

10 Coffee Storage in the Farm

Despite being less attacked by insects than products such as corn, wheat and beans, coffee also suffers from storage damage. In this case, the coffee grower must take into account the economic losses due to the reduction in quality and remember that the equivalent of a unit of 60 kg of coffee can occupy the same space as a product like corn. However, for the same weight, the value of the coffee is more than twenty (20) times the corn value and special care should be devoted to the coffee storage in the farm.

As most of the time coffee is sold after processing, it stays, after drying, for some time stored in the producing farm. In the case of natural or parchment coffee, the product must be stored in suitable places to avoid qualities losses.

Because natural coffee requires more storage space, it is usually packaged in 30 kg jute bags. Off season, these bags are stored in piles according to their pre-classification, preparation or origin. The storage location should be clean, well ventilated and sheltered from the sun and rain. The use of jute bags is advantageous because they are resistant and facilitate the sealing of openings made at the time of sampling.

Because of the large volume to be stored and the high cost of the storage operation, natural coffee can also be stored in bulk in labeled bins. In bin storage, despite the protection of the outer skin, there is the possibility of physical and chemical changes, especially in the upper layers of the bins. A forced ventilation system protects the product against environment humidity and rainfall problems.

For the storage of parchment coffee, preference should be given to bins or silos with ventilation or adopting the complementary drying technique during storage, in metal or masonry silos as seen in item 9.6.

11 Coffee Processing of Coffee (Hulling and Classification)

Coffee processing is a post-harvest operation that transforms the dried coffee fruit or parchment coffee into coffee beans (green coffee), by removing the dry pericarp or the grain parchment. The processing operation must be done as close as possible to the coffee marketing season, so that the product can maintain its original characteristics.

Depending on the conditions in which the coffee has been dried or even due to the changes that may happen during storage, it is advisable to carefully pass the product through a high temperature dryer to ensure a homogenization of the moisture content to an ideal value for processing. Also, care must be taken for not processing the hot product. Natural cooling prevents the incidence of broken coffee beans.

A coffee processing unit, at farm level, should have the following equipment:

(a) Vibratory cleaner:
It is formed by a group of sieves with different types of holes, to separate the coffee from light foreign materials (big and small). This machine (Fig. 1.19a) should be located between the entrance pit and the stones and metals separator machine; this machine is not necessary if there is a good pre-cleaning system before and after the dryer.

(b) Stones and metals separator machine:
Usually coupled with a ventilation system, the machine is used to separate the heaviest foreign materials, including heavy hulled coffee from light ones and the husks. The system has a magnetic device that retrieves metallic material (Fig. 1.19b);

(c) Coffee huller:
Coupled with a ventilation system, the huller consists of a group of regulated rotary metallic razors and a fixed one. The machine removes the peel and the parchment (Fig. 1.19c). Husks are removed by the ventilation system, and the coffee bean goes down to a pan, where the clean coffee is separated from non-hulled coffee. The clean coffee may pass to the polisher and, the non-hulled coffee returns to the huller;

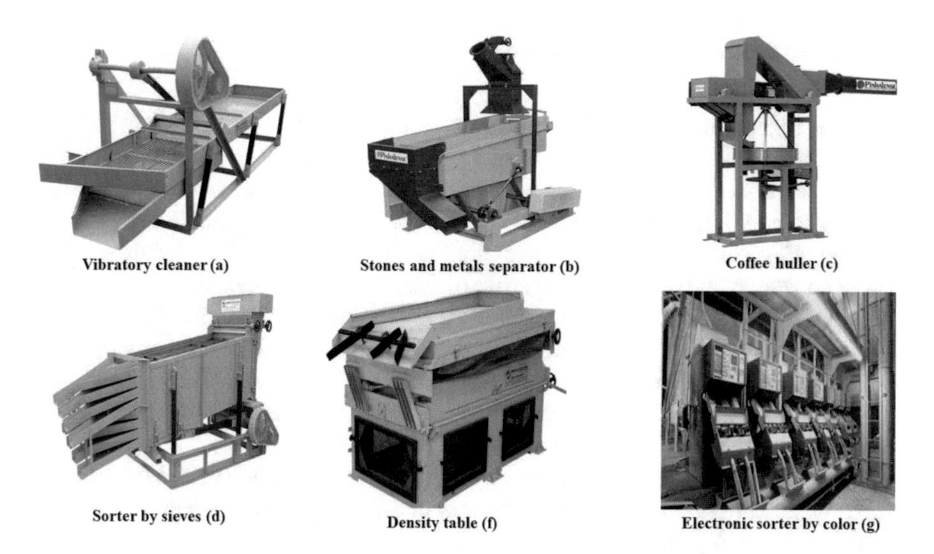

Fig. 1.19 Vibratory cleaner (**a**), Stones and metals separator (**b**). Coffee huller (**c**). Sorter by sieves (**d**), Density table (**e**) and Electronic sorter by color (**f**). Source: Pinhalense (2013)

(d) Classifying machine:
It is a system used to separate coffee beans by size, format and densities. It is constituted by a group of sieves with different sizes and types of holes. The system has a regulated air column that separates the light foreign material or poorly formed coffees beans (Fig. 1.19d).

(e) Reprocessing machines:
More sophisticated processing units also have reprocessing machines, such as the separator by density (Fig. 1.19e) and electronic sorter (Fig. 1.19f), which have the purpose of improving the coffee type, according to the market interest. The density table, besides being essential in the coffee reprocessing, greatly assists the work of the electronic sorter. Other equipment such as scales, bagging, sewing and conveyors should compose an ideal coffee processing unit.

(f) Coffee processing for small producers:
Like most small and medium-sized coffee growers, they do not have the conditions to invest in their own machines. Without the availability of the cooperative service, they generally use the mobile external service. Another processing machine for small coffee growers. In any case, some practices must be observed to avoid quality loss during coffee processing such as: Keep the beans, parchment and husks completely separate; Separately transport green coffee, parchment coffee, and natural coffee; Avoid re-wetting and; when appropriate, clean the transportation system.

12 Storing the Hulled Coffee

In producing countries, hulled coffee or green coffee beans are traditionally stored in bags instead of bulk storage. Despite the many disadvantages, the bag storage allows batch segregation. This is very important in stock assessment and quality testing. In addition to easy access to coffee lots, the natural circulation of air over the bag piles, easy inspection and sampling are important factors to consider when using conventional bag storage. Despite of little or no environmental control, it is possible to keep the product stored for relatively long periods (for more than 2 years) without the risk of serious losses, as with products such as corn or wheat.

Although the wide majority of coffee is kept in bag storage, Big Bags storage and silos with controlled ventilation are already in use. In the latter case, the product has already been classified and transformed in a large batch.

An objection to the bulk storage of coffee is the difficulties of doing accurate inventories. Any small variation in apparent density or grain mass compaction can cause large errors in the inventory evaluation, which does not happen when the coffee is maintained in bag storage.

The importance of accurate inventories of the amount stored is because coffee has a higher value than most grains. The main advantage of bulk storage is the use of mechanization that allows a large reduction in the required labor and brings good economic results due to the actual cost of the jute bag.

It can be said that: the main disadvantages of the conventional bag storage of hulled coffee are: intensive use of labor, high cost of bags and difficulties associated with pest control.

Bleaching and density reduction are other problems related to traditional bag storage. Depending on the amount of damage during storage, product price reductions can happen and go up to 40%.

Finally, during storage of bagged coffee, the amount of light incident on the bags should be carefully controlled. Under certain wavelengths, the coffee beans may suffer changes (bleaching) in the desired commercial coloration. The grain color is considered as indicative of the coffee quality. However, bag storage offers some advantages such as:

(a) It allows manipulating lots that vary in type, moisture content and product quantity;
(b) Bag storage does not require sophisticated techniques and equipment to handle the product;
(c) Storage problems that occur in one or more bags can be solved without the need of removal of all pile;
(d) Low initial cost of installation.

In the conventional bag storage, it should be taken into account some points that can increase the efficiency and the protection that the warehouse can offer to the coffee:

(a) Excess light should be avoided because it can cause changes in coffee color (bleaching);
(b) Provide the roof and floor of the warehouse walls with controllable openings protected for natural air renewal;
(c) Install fans, if possible;
(d) Waterproof the floor or build suspended floors.

13 Energy Use for Coffee Drying

The main objective of this topic is to know the systems and practice the rational use of energy in the drying operation. This will contribute to fuel economy and, obviously, to reduce the coffee drying costs. Additionally, alert for a reduction in energy availability for coffee drying. The concern is due to the shortage of natural resources used as sources of energy and the frequent increase in the GLP costs, which is also used for coffee drying.

13.1 Energy from the Biomass

Understanding and correctly managing a heating system designed to dry the coffee will cause some coffee growers to stop using heavily consumed, incorrectly sized wood burned in furnaces without proper maintenance and excessive heat loss. Most wood-fired furnaces do not have a combustion control mechanism; they are poorly operated and producing air pollution in the field, roads and in the urban centers near the coffee farms. These facts are some concerns and they make the Public Ministry and the Environmental Police close down some drying units due to the amount of pollution caused, mainly by burning the coffee husk as energy source.

To avoid problems during the harvest operation, coffee growers should stock, in advance, the heat source for their dryers. If wood will be used, it must be properly cut, dried and stored. Whenever possible keep a certain amount of prepared firewood under cover. Wet firewood decreases dryer efficiency.

If the option is the heating by charcoal, this fuel should be like the firewood, be properly prepared and stored. Although it costs more than wood the choice of charcoal is more practical and saves manpower in the operation of the drying system.

With the difficulty of using conventional fuels to heat the air, the wood has been the most important heat source. Currently the wide majority of coffee dryers are operating with this type of fuel. However, most wood-burning furnaces in use, have high energy consumption and require a lot of manpower.

Because they are not encouraged to produce firewood for coffee drying, many growers use natural wood as firewood or use coffee straw as fuel. They ignore that, with this attitude, they are against the good principles of environment conservation and still paying high cost for this option.

In order to solve part of the problems discussed, four (4) types of furnaces were designed and tested in the Department of Agricultural Engineering (Federal University of Viçosa): the first is a wood-burning furnace for indirect heating of the drying air and by the use of the chimney is thermally less efficient. The second furnace designed for direct air heating, does not have chimney and needs dry firewood and of good quality to dry peeled cherry coffee. It has lower cost of construction and high energy efficiency.

The third furnace is a boiler type under environment pressure. It consists of a small pump for recirculating water, a heat radiator and a ventilation system to draw hot air. It can work with water for drying air temperature lower than 40 °C or with thermal fluid for higher temperatures. Finally, the fourth furnace has charcoal as heat source and direct heating type. Depending on the drying temperature, the load of this furnace can last up to 10 h of operation without replenishment and without having to regulate the pre-set temperature.

All of these furnaces were designed taking into account the initial cost, the possibility of being built on the farm, the low consumption of charcoal or firewood and the preservation of the environment. It is suggested to the reader to look for some extra knowledge about fuel and combustion to obtain a good performance of a particular furnace model.

For furnaces design, combustion control and equipment design using the heat generated, it is necessary to know the supply rate of the combustion air and the characteristics of the gases generated (composition, volume, temperature, etc.). Otherwise, the drying system will consume excess fuel, need furnaces of unnecessary size, have poor heat transfer rate, require more frequent maintenance and cleaning and, above all, will produce a lot of pollution.

14 Furnaces for the Drying Air Heating

Furnaces are devices designed to ensure complete burning of the fuel, in an efficient and continuous way to allow the use of the released thermal energy to obtain the greater thermal yield. The design of a furnace for coffee drying should be based on the 3Ts of the combustion: temperature, turbulence and time. The furnace size and shape depend on the type of fuel, the device used to burn it, and the amount of energy to be released over a period of time. For complete fuel combustion to happen, a homogeneous air-fuel mixture must be done at optimum dosage and at the correct time. This results in fuel heating to its self-sustaining ignition.

14.1 Furnace Types for Coffee Drying

Depending on the way coffee fruits were pre-processed (dry way or wet way) and the quality of the combustion, two types of furnace can be used:

Furnace with direct air heating - In this type of furnace, the thermal energy from the gases resulting from the combustion are mixed with the environment air, and then they are used directly to dry the coffee. However, the mixing of part natural air with the gases resulting from the combustion may become undesirable in cases where the combustion process is incomplete, generating contaminating compounds such as carbon monoxide and smoke. With the direct use of the thermal energy of the combustion gases, the furnaces with direct heating, when under complete combustion, present a greater yield. In these furnaces, a tangential decanter or cyclone needs to be coupled, which the particles, especially the incandescent ones, they go into spiral motion and are separated from the gaseous stream by the action of the centrifugal force.

Indirect heat Furnaces - In furnaces with indirect heat system, the thermal energy from the combustion gases is fed to a heat exchanger, which is intended to indirectly heat the drying air or a second substance, for example, in a steam generator. In this category, there is loss of thermal energy by the chimney and to the system, resulting in a lower efficiency when compared to the furnace with direct heating. Furnaces with indirect heating are intended for agricultural products, which require controlled temperature during drying, such as drying seeds, cocoa and peeled cherry coffee.

Talking about firewood, it is observed that furnaces with indirect heating generally present excessive heat loss, consume large amounts of fuel, do not have precise mechanisms to control combustion and temperature of drying air and, despite of that, are the most used in conventional coffee dryers. Also, the furnace with indirect heating, when the wood has poor quality and is not adequately dried, produces smoke while is burning, causing discomfort and leaving a smell or taste in the product when the heat exchanger or one of the elements connecting the fan is damaged by the thermochemical corrosion process.

Although it is a widely used fuel, wood requires well-planned furnaces, built with durable materials and well-defined criteria for its use (size, quality, wood moisture content, etc.).

However, furnaces with indirect heating when using heat exchangers with thermal fluids have, besides other advantages, the easy temperature control of the drying air. Currently, in the coffee drying, steam boilers have been used for the indirect air heating. Although it is a technology available and results in good quality product, boilers are only accessible to large coffee growers and are recommended for those who operate two or more dryers simultaneously. The high implementation cost of a conventional boiler and the small volume of coffee produced does not allow small producers to use this technology as one of the options for improving coffee quality.

The lack of interest of the traditional industries in developing systems compatible with the production volume of small farmers is easily understood because they are equipment whose economic return is not advantageous in comparison to the big coffee processing systems. Thus, the small regional industries are that can have better conditions to serve this segment of the coffee chain.

14.2 Furnaces Use Recommendations

(a) Use wood efficiently. The use of moist firewood in furnaces is an obstacle to the production of heat. Evaporation of the water during the combustion of the wood removes heat during the firing, resulting in less energy to heat the drying air. As drier and denser is the wood, the better its use to dry. It is suggested that the extension worker or the furnace manufacturer instructs the coffee grower to provide good and dry firewood in advance and to store it in a place protected from rain. The moisture content of wood to burn in furnaces must be less than 30%.
(b) During operation, the furnace must be constantly supplied at predetermined intervals with firewood of uniform length and diameter. Although it is laborious, it should be avoided that the fire goes down too much to feed the furnace again with a lot of firewood. Since indirect heat firewood furnaces has little control, careful feeding helps maintain temperatures close to those recommended for efficient drying.
(c) The firewood shall be separated into homogeneous lots of length and diameter. The use of firewood of the same class will facilitate the combustion and better performance of the furnace.
(d) Avoid throwing wood into the combustion chamber, as this may cause cracking and contribute to reduce the furnace's life.
(e) During furnace feeding for indirect heating, the door promotes the entrance of a large excess of air, which decreases the flame temperature, reducing the availability of energy and causing great loss of sensible heat by the chimney. Therefore, avoiding unnecessarily opening of the furnace door.
(f) For efficient combustion and proper gases circulation, maintain a daily schedule for cleaning all components of the furnace and dryer.
(g) A furnace model of great interest for indirect heating of the drying air has a radiator, combustion chamber and thermal fluid heater. Cold air, when entering the radiator is heated by the circulating fluid in the fins of the radiator. The maximum temperature of the drying air is determined by the equilibrium with the boiling temperature of the circulating hot fluid and the size of the radiator. Therefore, the temperature of the drying air will never reach the boiling temperature of the hot fluid, which means, if the circulating fluid is water, it will be difficult to achieve temperatures in excess of 70 °C.
(h) The maximum drying temperature is determined by the airflow, the size of the system and the boiling temperature of the hot fluid. Besides the great durability,

by working with thermal fluid under relatively low temperatures, the furnace in question has the advantage of non-contamination of the drying air. By not working at high temperatures, the radiator will hardly be damaged. This aspect is of special attention in the coffee drying that, if it smells smoke, will be discarded by some buyers.

14.2.1 Furnaces with Direct Heating

Furnaces for direct heating can be classified, according to the flow of gases from combustion, into up flow furnaces and down flow furnaces. In the first case, the oxidizing substance enters the lower part of the combustion chamber, crosses the grate, comes into contact with the firewood, and mixes with the volatile gases. This movement of the gases inside the furnace is in ascending form. Depending on how the combustion occurs it may or may not produce smoke. In the second case, the oxidizing substance enters the upper part of the furnace, comes in contact with the firewood, crosses the grate and, mixing with the volatile gases, forming a downward flow inside the furnace. In this case, the flame resulting from the oxidation of the volatile gases is formed under the grate and, if the firewood is of good quality, it does not produce smoke.

The combustion chamber in the direct heating furnaces is confused with the furnace itself and can be divided into three distinct parts. The first is intended for loading, fuel ignition and combustion air intake. The second part comprises the space where the flame develops and where the combustion of the volatile compounds is completed. Finally, the third part of the furnace has the function of interconnecting the furnace to the cyclone and increasing the residence time of the gases in the furnace.

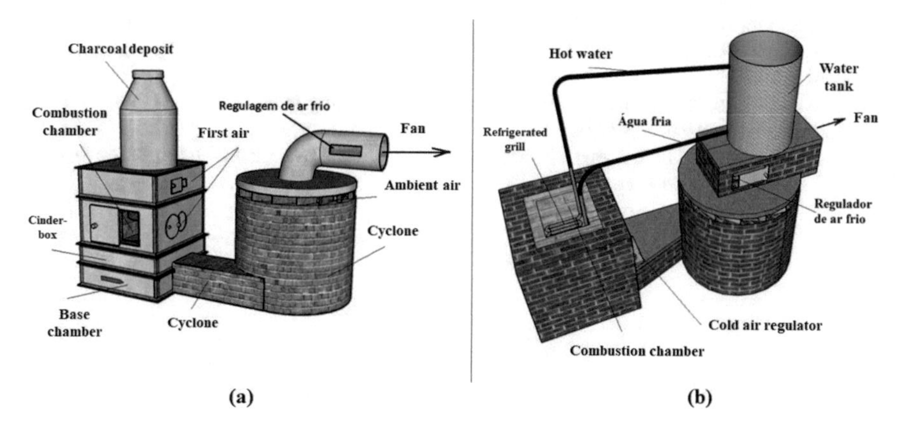

Fig. 1.20 Direct heating furnace having firewood as fuel (**a**) and Direct heating furnace with charcoal as fuel—part (**b**). Source: Adapted from Silva et al. (2018)

Below are two types of direct heating furnaces that can be built in local stores. It is recommended, however, the most common or easily found material on the farm. With this, the cost of construction or adaptation will be greatly reduced. In both types of furnaces combustion gases are mixed with ambient air and sucked by the fan and injected directly into the grain mass (Fig. 1.20a, b).

If the dryer does not have a system that can suck the air through the furnace, the proposed models cannot be executed. In this case, farmer should opt for another furnace type.

The option for direct heating is due to the fact that there is no need to build chimneys and heat exchangers that turn indirect heat furnaces inefficient and more expensive.

As the purpose of the current chapter is general information, the reader is advised to consult for constructive details of furnaces (Silva 2008).

Finally, as coffee drying is part of the coffee chain production that requires the greatest amount of energy and is responsible for maintaining the product quality after harvesting, it is advisable, especially for the extension worker, to adopt guidelines for the producer and the operator of the coffee drying system. Good practices will reduce energy and maintenance costs in an important and costly system.

References

Brazil (2011). Ministry of the Environment. CONAMA Resolution N° 430, May 13, 2011, Adopts provisions and standards for the disposal of wastewater, complements and alters Resolution N° 357, March 17, 2005, of the National Council for the Environment. Diário Oficial da União, Brazil.

CONAB (2020). Acompanhamento da safra brasileira. v.6, n.1. 2020.

Pinhalense (2013). https://www.pinhalense.com.br/cafe/beneficio-umido/abanadores/ab

Silva, J. S. (2008). *Secagem e armazenagem de produtos agrícolas*. Viçosa: Aprenda Fácil.

Silva, J. S., Berbert, P. A., & Lopes, R. P. (2011). *Hygienic coffee processing and technologies*.

Silva, J. S., Donzeles, S. M. L., Moreli, A. P., Soares, F. S., Lopes, R. P., & Vitor, D. G. (2018). *Manual de construção e manejo de equipamentos pós-colheita do café*. Viçosa: Biblioteca Central UFV.

Silva, J. S., & Lacerda Filho, A. F. (1990). *Construção e operação de secador de grãos*. Viçosa: Imprensa Universitaria da UFV.

Silva, J. S., Lopes, S. M., Soares, S. F., Moreli, A. P., & Vitor, D. G. (2014). *Lavadores e Sistema de Reúso da Água no Preparo do Café*.

Chapter 2
Global Warming and the Effects of Climate Change on Coffee Production

Taís Rizzo Moreira, Samuel Ferreira da Silva, Nathan Bruno da Silva, Gleissy Mary Amaral Dino Alves dos Santos, and Alexandre Rosa dos Santos

1 General Introduction

This chapter discusses the main consequences of global warming and its direct effects on climate change and agriculture, especially with regard to coffee production (*Coffea* sp.). Using data from the scenarios of the Intergovernmental Panel on Climate Change (IPCC), the effect of climate change and the impact on areas that are currently considered suitable for coffee crop production were analyzed in a technical-scientific manner and an extensive edaphoclimate database. The results obtained and presented throughout this chapter are, at the very least, impressive and give us a macroscale view of future changes in the world's agricultural landscape, since such data are expansive for diagnosis in other regions of the world with predominance of tropical and subtropical climate.

T. R. Moreira (✉) · N. B. da Silva
Department of Forest and Wood Science, Federal University of Espírito Santo, Jerônimo Monteiro, ES, Brazil

S. F. da Silva
Department of Agronomy, Federal University of Espírito Santo, Alegre, ES, Brazil

G. M. A. D. A. dos Santos
Department of Chemistry, Federal University of Viçosa, Viçosa, MG, Brazil

A. R. dos Santos
Department of Rural Engineering, Federal University of Espírito Santo, Alegre, ES, Brazil

L. Louzada Pereira, T. Rizzo Moreira (eds.), *Quality Determinants in Coffee Production*, Food Engineering Series, https://doi.org/10.1007/978-3-030-54437-9_2

2 Global Warming in the Field of Agriculture

Global warming is caused by increased amounts of greenhouse gases in the Earth's atmosphere, and it can lead to changes in terrestrial ecosystems and global vegetation patterns.

The phenomenon known as the greenhouse effect happens when solar radiation, that reaches Earth as short waves, comes through the atmosphere, warms the Earth's surface, and reflects back part of that radiation as heat, in the infrared wave-lengths. At the moment this effect happens, the heat is blocked by some gaseous chemical components of the atmosphere, therefore, the retention of heat is intensified in the lower layers of the atmosphere. This natural phenomenon is important to maintain a balanced temperature, considered within acceptable limits to life on planet Earth (Cordeiro et al. 2012).

Recent studies show that, unlike most human activities, natural ecosystems do not have a high capacity of adaptation (except successful migration) to climate change of a significant magnitude if they happen within a short time period, for example decades. Natural ecosystems can usually migrate or adapt to climate changes that occur on a timeline of many centuries to millennia.

In regard to global warming and vegetation changes resulting from changes in land use, especially deforestation in tropical forests and savannas, it is almost certain that important transitions will happen in ecosystems and even redistribution of biomes will occur. These changes are happening rapidly when compared to normal natural processes in ecosystems. It brings a serious threat to the massive diversity of fauna and flora species in ecosystems, especially in the Amazon, resulting in a significant biological lost (Nobre et al. 2005).

In this scenario, agricultural crops are also being influenced by climate change. The elaboration of climate zoning for agriculture helps to define which regions have the most suitable climate to cultivate certain species. According to the Intergovernmental Panel on Climate Change (IPCC), projections of temperature increase assist in projection of a new agricultural production scene, which may change significantly over the next few years (IPCC 2014).

Some crops will suffer a decrease in their favorable planting regions, such as cotton, rice, coffee, beans, sunflowers, and corn, excepting sugarcane and cassava. The areas that are now the largest grain producers may not be able to grow grains by the end of the century, which means the conditions that create successful crops will migrate to regions where they are not cultivated today.

The Northeast region will suffer significant losses in production of corn, rice, beans and cotton. The survival rate for coffee crops will be less favorable in the Southeast. On the other hand, the South will become favorable for planting cassava and sugarcane, due to increased temperatures and reduced risk of frost.

Soybean crops will be the most affected by climate change, reducing cultivatable land by up to 41% in the whole country by 2070. Because of increasing droughts and more intense summers, this will cause billions in losses, which could lead to projected losses for half of all Brazilian farmers.

Greenhouse effect intensification indicates that the tropical region of South America (i.e. almost exclusively the region of Brazil) will be the most affected in terms of temperature, increasing by around 2–6 °C. When it comes to rainfall in South America, the most affected areas would be the Amazon and the Brazilian Northeast, especially processes related to intensity and position of the Intertropical Convergence Zone (Giorgi and Francisco 2000; IPCC 2014; Oyama 2002).

Among these processes, it is important to highlight the atmospheric steam concentration in the equatorial region is increasing. However, there is a big disagreement between researchers; while some models point to positive anomalies of precipitation over the Amazon and Northeast Brazil, others point to negative anomalies (Giorgi and Francisco 2000; Oyama 2002), although both regions are relatively believed to be areas of great climate predictability (Moura and Hastenrath 2004).

Some researchers point out that the geographic distribution of vegetation communities and their relation to the climate have been examined with biogeographic models or biome models. These models use as a central thesis that the climate has dominant control over vegetation distribution. Biogeographic models can simulate potential vegetation (without the effects of land and soil use) based on some climate parameters, such as, temperature and precipitation. Due to the simplicity of these models and the existence of global empirical rules between natural vegetation and climate, these models have been used to estimate the impacts of climate changes on vegetation cover (Claussen and Esch 1994; Moura et al. 2019; Nobre et al. 2004).

Along the lines of this research, Oyama and Nobre (2004) developed a model of potential vegetation that can represent the global distribution of different biomes. In South America, looking at the regional level, other model widely used such as the Biome model (Prentice et al. 2009) and BIOME3 (Haxeltine and Prentice 1996) have some shortcomings.

These models aid in studies related to temperature rises caused by the high concentration of greenhouse gases, which have the potential to negatively impact agriculture around the globe. The warming temperatures will bring some advantage only for cultivation in high latitude regions. Becoming less cold than they are today, these areas in the future may benefit from the cultivation of plants that cannot tolerate the cold.

However, predicted damages can be far more significant. The Organization of the United Nations for Food and Agriculture (FAO) says that food security can be jeopardized in three ways: availability, access, and supply stability (FAO 2018).

The melting of Himalayan glaciers, for example, could damage water supplies to China and India, compromising their agriculture and aggravating food insecurity in the world's two most populous countries. The same must happen in African countries, because they depend on rains to irrigate agriculture. In Africa, the loss of agricultural production could reach 50% in 2020, according to IPCC projections.

Another study addressed by Moura et al. (2019) demonstrated the melting process of glaciers in the Andes mountains can raise the water levels of the Amazon basin in Brazil. Directly affecting the pluviometric regime of the region, as well as changes and occurrences from El Niño and La Niña phenomena in atypical times.

The panel also estimates that the rainfall level of the tropics will be reduced, because of warming, as well as arable farmland. Even a slight temperature rise (1–2 °C) may reduce crop productivity, says the panel, which would increase the risk of starvation for populations.

The 2007/2008 Human Development Report by the United Nations Development Program (UNDP) projected an increase of 600 million undernourished people by 2080. Some changes already occurring worldwide, like higher number of crop failures and livestock death, highlights the 2008 World Development Report, from World's Bank (UNDP 2018).

For this reason, the IPCC predicts that several crops will lose productivity, bringing some concerns and consequences related to food security. Some of these projections were confirmed by studies made by several research and teaching institutions in Brazil and around the world. As results, it is clear to see that most Brazilian crops will suffer from a temperature elevation (Filho et al. 2016; Garcia and von Sperling 2010; Marengo and Valverde 2007; Pinto et al. 2004).

2.1 Main Consequences of Global Warming and Climate Change on Agriculture

It is a common consensus that agriculture is strongly dependent on climate conditions since farming activities are developed in natural environments, transformed into production land (agro-ecosystems), in which there is plant cultivation on soil with direct exposure to meteorological elements (light, temperature, humidity, precipitation, winds, atmospheric gases, and atmospheric pressure). Therefore, climate changes can affect agricultural production and bring negative and unpredictable consequences to this industry, for the following reasons, studies developed by Iamaguti et al. (2015), MAPA (2017), Molion (2008), Silva and Paula (2009).

- An increase in CO_2 concentration = increase in photosynthetic activity and its effect on plant growth, but not always with increased productivity (creating an imbalance in the source-drain relation); and results in higher water consumption for plants.
- Increased soil and air temperature = increased productivity of C4 metabolism plants (photosynthetically more efficient plants using light and CO_2 to produce sugars in conditions with high luminosity and temperature, similar to tropical grass species such as, corn, sorghum, sugar cane, and *brachiaria*, among others) depending on the concomitant water relations (which means higher water consumption); increased evapotranspiration (emptying out the soil reservoir); crop cycle reduction (accelerating senescence, meaning plant death); increasing respiratory rates due to elevated night temperatures and energy consumption, leading to a reduction in productivity; and changing pest and disease dynamics by modifying their biological cycle (which can increase the severity of those already existing or transform harmless organisms into new pests or diseases).

- Heat waves = maximum daily temperatures above 32 °C are responsible for losses in agricultural production, since they interfere in the phenological cycle phases of the crops and in the development of plants' vital systems. It is expected that by the year 2050 the productivity of most agricultural crops in Brazil will suffer a significant decrease, because of excess heat.
- Increased droughts and torrential rains (and other extreme situations) = delays in planting and a shortened growing season because of extensive droughts; failures in germination/emergence and establishment of crops due to a lack of rainfall; water deficits in the vegetative and reproductive phases when plant productivity is compromised; more intense, more frequent and/or erosive rains and a higher occurrence of erosion; excessive soil waterlogging with a decreased nutrient absorption and low root growth; changing of the chemical, physical and biological properties of soils making them less productive; increased weed infestation; and excessive rainfall during harvest season, causing economic losses.
- Summery = a period of drought, followed by heat, strong sunshine, and low relative humidity in the middle of the rainy season or in the middle of winter, which may result in a higher need for irrigation. Growing soybeans may become increasingly difficult in the South, and some Northeastern states may lose acreage significantly.
- Intense rains and winds = Increasing the frequency of heavy rains and storms in the South can cause problems for agricultural mechanization due to flooding of cultivated areas. Plantations of sugarcane, wheat, and rice can also suffer losses because of strong winds, which lead these crops to lay down. Spraying pesticides against pests and diseases will be hampered by strong winds or heavy rain.

As a general consequence, climate change may be so intense in the coming decades that it will change the geography of agricultural production in Brazil and in the world. Thus, municipalities that today are big producers could lose this status by 2020 or 2050, for example. There are also predictions that negative impacts will be higher in tropical and subtropical regions than in temperate regions (Cordeiro et al. 2012).

A study developed by Assad and Pinto (2008), shows that the increase in temperature can cause, in general, a reduction of suitable regions for grain cultivation. Excepting sugarcane and cassava, all crops would suffer a fall in the low-risk area and, consequently in the value of production, which could cause losses in grain crops of R$7.4 billion by 2020 (this number may rise to R$14 billion in 2070). Therefore, it can be affirmed that there is a sensible connection between climate conditions and the viability of agricultural production, and of these characteristics with the atmospheric concentrations of greenhouse gases. The balance between these factors is influenced by the dynamics of carbon compounds in the nature.

3 The Importance of Coffee for Brazil and the Effect of Global Warming on the Production of This Cultivar

Global warming is one of the major challenges that Brazil and the world are facing today. It will impact agriculture in many ways and on many scales, some positive and some negative. Among the main dangers is the appearance of uncertain and extreme weather conditions, affecting areas that are currently favorable for agriculture.

For example, higher temperatures increase the energy of the Earth's climate system, intensifying droughts and catalyzing forest fires, also creating heavier storms and rains, making them potentially more destructive, causing losses and costs for farmers (Mendonça 2003; Mendonça and Danni-Oliveira 2007).

The consequences in Brazil have been higher temperatures in the Northeast, Southeast and Central-West. The situation in the South has been disasters caused by the intense and constant rains. The IPCC warns, in order to ensure the conservation of life on the planet as it is known today, it is necessary to keep the temperature rise below 2 °C by 2100. This goal will require drastic habit changes and reductions in greenhouse gases emissions by several countries and sectors (IPCC 2014).

It is worth highlighting that climate change has received special attention from the segments of agriculture on the planet, generally speaking, given its potential to cause losses and/or to promote displacement of cultivated areas. Specifically relating to coffee production, in recent decades scientists' and coffee growers' attention have also been focused on global warming, whose effects can reduce or even substantially affect areas considered traditionally suitable for coffee cultivation in many parts of the world (Assad and Pinto 2008).

In the context of climate change, the International Report on Coffee Trends highlights a new report on climate change impacts in the coffee industry. According to this study by The Climate Institute, under current conditions, rising temperatures could reduce by half the traditional coffee-growing area in the next three decades. In addition, the wild coffee that still exists in native African forests would be at risk of extinction in the next 70 years (Castro Junior et al. 2016). The report also points out that this risk is a real concern to scientists, since native coffee plants may contain valuable genetic information that would allow, for example, the development of new cultivars more resistant to global warming.

In addition to this analysis, it is important to highlight coffee is a plant of the *Rubiacea* family, whose central origin is in the mountainous regions of the formerly known as Abyssinia, which today is the Southwest region of Ethiopia, Southeast of Sudan and North of Kenya. Moreover, it is worth noting that global warming would also increase the area of pest and disease infestation, such as the case of the rust outbreak in Central America and the coffee borer in Africa, which has affected coffee plantations in altitudes originally considered free from this pest (Trigo 2010).

Faced with these climate uncertainties, one of the possibilities for coffee growers to mitigate these problems would be to shift coffee cultivation to higher areas; on the other hand, this emphasizes the fact that many producers do not have the resources to do so. Another important obstacle in this case would be the need for coffee growers to promote deforestation in new, higher altitude areas, leading to a number of problems related to the permanent preservation of areas (Assad et al. 2004; Bragança et al. 2016).

One way to mitigate such problems is to apply genetic improvement to coffee crops, directly contributing to reduce the effects of climate change on coffee cultivation, through the development of cultivars more adapted to the new climate characteristics and preserving high productivity, multiple resistances, and drinking quality, compatible with the Brazilian reality. In this sense, genetic improvement programs have been concentrated in the regions considered marginal or unsuitable for coffee cultivation in the rainforest. Currently, several research projects have been done in laboratories, greenhouses, and in the field, by private properties, research institutions, and universities (Venturin et al. 2013).

According to these authors, the first research programs with genetic improvement for this purpose were started in the 1990s, having as a reference several studies carried out in the South, Triângulo Mineiro, and Alto Paranaíba regions. The superior genotypes were taken to regions considered marginal for be monitoring and selection. Recent research has shown that arabica coffee, under irrigated cultivation, presents acceptable acclimatization capacity at high temperatures and low relative humidity in semi-arid regions, showing up to 90% of well-grained fruits, which is considered satisfactory (Silva et al. 2012).

Although the initial viability of coffee trees was confirmed in semi-arid climate, with high temperatures and low relative humidity, these conditions facilitated the occurrence of scald and infestations of the bicho-mineiro (*Leucoptera coffeella*). These alterations in the plants happens due to higher hours of sunshine; therefore, the irradiance observed in these regions may be higher than those required to saturate the photosynthesis, leading to photoinhibition and oxidative stress. Wind is another factor that facilitates the bicho mineiro (*Leucoptera coffeella*) entry and the beginning of infestation in the crops, which causes the dispersion of the adult insects to a crop (Silva et al. 2012). In addition, the higher water evaporation in the leaves provides favorable conditions for the insect larvae development. In face of that, in order to have a positive economic return in these semi-arid regions, it is essential to apply genetic improvement techniques to the development of cultivars adapted to these conditions (Venturin et al. 2013).

In Espírito Santo specifically, Capixaba Institute for Research, Technical Assistance and Rural Extension (INCAPER) develops several coffee breeding programs, launching different varieties with adaptive characteristics for the most variable climate conditions possible, from mountain regions with cold climate to low altitude regions, predominantly hot weather (INCAPER 2018).

One of these programs is the Coffee Quality Enhancement Campaign, specific to robusta coffee, which has been increasingly used in mixtures with arabica coffee (blends). In Espírito Santo, researches and technology transfer work with robusta coffee were mainly focused on increasing productivity. As of 2007, efforts have been directed towards improving the final quality of the product. In order to produce an excellent coffee in the state, INCAPER operates the quality improvement program.

The campaign consists of several educational, technological, training and structuring actions: training technicians and coffee growers through different training methodologies; dissemination of technologies for quality improvement; awareness about the importance of harvesting mature coffee; elaboration and dissemination of the 10 commandments for quality coffee production, and the expansion of scientific research, among other actions (INCAPER 2018).

Due to the importance of coffee culture, these programs are extremely necessary, because they aim towards the non-extinction of this culture, which has an appeal not only economically, but also socially.

3.1 Economic and Social Importance of Coffee Culture

Coffee cultivation in Brazil began in 1727 and the first seedlings were brought by Major Sergeant Francisco de Mello Palheta from French Guiana to the city of Belém, where they were planted. In its trajectory, the coffee passed through Maranhão, Bahia, until reaching Rio de Janeiro in 1774 and later, it spread, through São Paulo, Minas Gerais, Espírito Santo and Paraná (Fassio and da Silva 2007; Matiello 1991).

After its diffusion through these states, coffee became an important agricultural activity, playing a crucial role for the social and economic development of Brazil, creating wealth as well as jobs. It also was an important factor in the establishment of labor in the countryside as well as the creation of taxes, contributing to the formation of the Brazilian foreign exchange rate (Fassio and da Silva 2007; Matiello 1991).

Currently, the coffee industry continues to be an important source of employment and income for Brazil. For both family agricultural businesses and medium to large-scale agricultural businesses, attracting international investments, including infrastructure, also leading to higher industrialization of the country (Castro Junior et al. 2016).

The productive coffee network has a big influence in other sectors of the economy, because it is a consumer of raw materials, such as fertilizers, agricultural pesticides, machinery and equipment. Additionally, it is a supplier for many industries, with medicinal and pharmaceutical products, sweets and candies, foods and beverages, and so on (Santos et al. 2009).

The coffee industry, for creating millions of jobs and income to the country, has given workers and their families, mainly in rural areas, access to health care, education, and even digital inclusion programs (MAPA 2017).

It is worth mentioning that more than being just an agricultural crop, coffee has a social aspect, because it is present in the daily lives of countless families, representing social and cultural character. In this sense, climate change can cause not only economic losses but also cultural changes in several places due to a change in the supply and distribution of different crops, mainly coffee, which will be produced in smaller quantity, reducing supply and raising prices, failing to be an easy access product to lower income families.

*3.2 Production of Coffee Crop (*Coffea *sp.)*

The coffee production throughout the world and Brazil was concentrated only in the *Coffea arabica* species and only in the late nineteenth century did the *Coffea canephora* species start to be cultivated commercially (Fassio and da Silva 2007).

According to the US Department of Agriculture (USDA 2016), the world coffee production for 2016 was 153.3 million bags of 60 kg, and of that total, 61.85% of the production comes from the species *Coffea arabica* while 38.15% was the *Coffea canephora* species.

Currently, the three largest coffee producers in the world are Brazil, which represents 32% of production, followed by Vietnam and Colombia with 19% and 9%, respectively (ABIC 2018; USDA 2016).

The species *Coffea canephora*, includes several varieties, but in Brazil the most cultivated is Kouilou, popularly known as robusta. Because it contains less acidity and more soluble solids, it is widely used in the manufacture of soluble coffee and in mixtures with the Arabica coffee, to balance the acidity of the coffee and to give body to the industrialized product (Ferrão et al. 2007).

Brazil is considered the world's largest producer and exporter of coffee, and the second largest market consumer of the product. Currently, there is an estimated 2.22 million hectares of coffee plantations, of which 1,759,730 hectares (79.13%) are devoted to planting Arabica coffee and 463,734 hectares (20.87%) to robusta coffee. The Brazilian coffee production in 2016 was 51.37 million bags processed representing a growth of 18.8%, when compared to the previous cycle. With this in mind, 84.4% of the total production refers to Arabica coffee and 15.6% to robusta coffee production (CONAB 2018).

According to the survey conducted by the National Supply Company in Brazil, the production of arabica coffee is concentrated in the states of Minas Gerais, São Paulo, Paraná, Bahia and part of Espírito Santo, while Robusta coffee is planted mainly in the states of Espírito Santo and Rondônia (CONAB 2018).

In the state of Espírito Santo, coffee cultivation is the main agricultural activity, developed in all municipalities of the state (except Vitória). It generates around 400 thousand direct and indirect jobs and it is present in 60,000 of the 90,000 agricultural properties in the state. Altogether, 73% of the Capixabas producers are family-based and the average size of properties are 8 hectares. There are 131,000 families working on coffee crops in the state of Espírito Santo (INCAPER 2018).

Still, according to INCAPER, Espírito Santo is the second largest Brazilian coffee producer, with massive production of arabica and robusta. It is responsible for 22% of Brazilian production. Currently, there are 435,000 hectares producing coffee in this state. Coffee activity is responsible for 35% of the Agricultural Gross Domestic Product (AGDP) in this state.

Coffee cultivation is in all regions of the Espírito Santo state in a very diversified way. Diversity begins with the species *Coffea arabica* and *Coffea canephora* cultivated in the state. In addition, coffee cultivation is present at different altitudes, the technological level of the producers is varied, the size of the properties is diverse (small producers are the majority, but there are also large rural companies in the coffee industry of Espírito Santo), and the quality of coffee produced in this state is also varied. Arabica is most cultivated in regions with lower temperatures and altitudes above 500 m. The robusta is from warmer regions, usually planted in altitudes below 500 m (INCAPER 2018).

Regarding coffee production by species in the state of Espírito Santo, INCAPER highlights the following information:

- Espírito Santo is the largest producer of Robusta coffee in Brazil, responsible for between 75% and 78% of the national production. It accounts for up to 20% of the world's robusta coffee production. Robusta coffee is the main source of income in 80% of Capixaba rural properties located in hot climates. It is responsible for 35% of Agricultural GDP. Currently, there are 283,000 hectares planted with Conilon in the state. There are 40,000 rural properties in 63 municipalities, with 78,000 families producing this species. The robusta coffee generates 250,000 direct and indirect jobs.
- The state of Espírito Santo is a Brazilian and world reference in the development of Robusta coffee, with an average productivity that has already reached 35 bags per hectare (bg/ha). Many producers with a high level of technology have managed to harvest more than 100 bg/ha. Productivity has evolved a lot in the last 25 years, thanks to the technologies developed by the Capixaba Institute of Research, Technical Assistance and Rural Extension (INCAPER) in partnership with several institutions.
- Arabica coffee is the main source of income in 80% of Capixabas rural properties located in cold temperatures and mountainous lands. Espírito Santo is the third largest producer of arabica coffee in Brazil, behind of Minas Gerais and São Paulo. Currently, there are 150,000 hectares of Arabica coffee producing in Espírito Santo, 48 municipalities, with 53,000 families in the business. Arabica coffee production creates about 150,000 direct and indirect jobs.
- In Espírito Santo, more than 95% of arabica coffee plantations are conducted without irrigation. The crops are about 6.4 hectares in size, and are managed by the families themselves. The plantations have been renewed under a new technology base at 5.0% per year. Producers who use INCAPER's technical recommendations have achieved productivity of 40–80 bags of coffee per hectare, as well as a final product with higher quality. The improvement of the final product's quality has been growing considerably—more than 20% of the Arabica coffee produced in the state is considered by specialists to be a superior beverage.

According to Ferrão et al. (2007) and Souza et al. (2004), more than 90 species of coffee have been described. However, the two main species of agricultural and economic interest, with emphasis on Brazil and the world, are *Coffea arabica*, known as Arabica coffee, and *Coffea canephora*, known as Robusta coffee. The main differences between these two species are presented in Table 2.1.

Table 2.1 Main differences between arabica and robusta coffee

Characteristics	*Coffea arabica*	*Coffea canephora*
Source	Restricted (Ethiopia)	Broad (Congo Basin)
Rusticity	Smaller	Bigger
Fertilization	Self-propelled	Alogama
Ploidia	Tetraploid	Diploid
Stalk	Monocaule	Policaule
Pruning	Less frequent	Most frequently
Presence	Lower	Higher
Spacing	Closed	Open
Propagation	Seed	Seed and clone
Ripening period	240 days average	300 days average
Leaf and flower	Minors	Largest
Fruit color	Lighter	Darker
Ripe grains	Fall on the floor	Stay in the plant
Soluble solids	Low content	Higher content
Beverage	Soft Taste	Differential taste
Caffeine	Smaller	Bigger
Drying	Longest time	Shorter time
Industrialization	Toasted and ground	Soluble and Blends

Source: Adapted from Ferrão et al. (2007), Santos et al. (2016) and Souza et al. (2004)

3.3 *Influence of Precipitation and Temperature on Coffee Quality*

Coffee as well as any other crop is directly influenced by weather conditions, especially precipitation and temperature. These changes can be positive or negative regarding agricultural production. In this sense, Camargo (2010) reports that rainfall distribution is one of the elements that provides the greatest interference in coffee phenology, since water stress after fertilization impairs fruit growth, resulting in lower yield, besides the formation of defective grains.

It is important to note that only a good water supply, whether rain or irrigation can increase grain size and quality, as water is responsible for fruit expansion and volume. Associated with water supply, solar radiation and temperature condition the energy for the realization of photosynthesis, of great importance for the transpiration and metabolic processes of the culture (Angelocci et al. 2008; Oliveira et al. 2012).

In a study developed by Martins et al. (2015), it was evaluated the influence of climate conditions on the productivity and quality of coffee produced in the southern region of Minas Gerais. In this study, it was found that water deficit and air temperature were the climate variables that most influenced the productivity of coffee. The authors also observed that the younger coffee crops were more sensitive to climate conditions, presenting lower yield and higher number of grain defects.

Due to the importance of precipitation for the sensory quality of coffee, Silva et al. (2005) studied during six harvests different irrigation depths in arabica coffee cultivation and concluded that there was a tendency of larger grain size when applying a larger irrigation depth in the sieve classifications.

Grain quality can also be influenced by shading, in this sense, DaMatta et al. (2007) observed a high percentage of rattle in coffee plantations exposed to full sun, what explains the malformation of the grains due to proven physiological stresses in the crop. In addition, climate stresses can lead to accelerated fruit ripening, impairing the development of the organoleptic properties of the fruit, with a negative effect on the beverage quality.

According to Souza et al. (2011), one way to mitigate such damage to the crop is the realization of afforestation of adequate density, because besides acting as a stress reduction measure caused by accelerated ripening, it also provides a production of well-formed fruits with superior quality.

Therefore, it can be said that the absence of water in the critical period of grain development, as well as high temperatures, reduce the quality of coffee beans. Some actions such as irrigation and shading emerge as tools to mitigate the impact of these climate variables on crops conditioning quality and quantity yield economically profitable for producers (Pereira et al. 2017).

4 Edaphoclimate Zoning for Conilon and Arabica Coffee

Arabica coffee is a plant from a humid tropical climate, mild temperatures, cultivated in regions of altitude above 500 m. It is more sensitive to the changes of climate, not able to withstand high temperatures or extended periods of drought. The average annual temperatures for its development are in the range of 19–22 °C, with annual rainfall above 1200 mm and an annual water deficiency of <100 mm (Matiello 2002; Omena 2014; Pezzopane et al. 2012; Santos et al. 2015).

Temperatures below 18 °C are unfit for the development of Arabica coffee, causing damage to leaf and trunk tissues, mainly as a result of the formation of frost. Temperatures above 22 °C are also considered inapt and may cause damage to the plant's flowering process, compromising fruit production (Tomaz et al. 2012).

Robusta coffee, on the other hand, is less sensitive to weather changes, being resistant to high temperatures and dry seasons. The average annual temperatures for good growth of the plant are in the range of 22–26 °C, annual precipitations above 1000 mm and annual water deficiency of <150 mm (Matiello 2002; Omena 2014; Pezzopane et al. 2012; Santos et al. 2015).

The soil-plant-atmosphere interaction has a huge influence on the physiological and biochemical plant processes, it also influences the excess water or water deficit of the system, nutrient uptake by the plant, and interferes in the quality and productivity of the coffee produced (Malavolta 2008).

The characteristics and conditions of soil and climate for coffee planting should also be considered, as they directly influence agricultural production and productivity.

While selecting the best soil types, the physical conditions (color, texture, structure, density, porosity and depth) should be prioritized, as they cannot be modified. However, the chemical properties (specific surface area, electric charges, ion absorption and exchange, soil acidity and nutrient content) can be managed aiming to improve soil characteristics, with emphasis on liming and fertilization practices (Santos et al. 2016).

While choosing locations for coffee planting, preference should be given to areas that may favor mechanization, soil conservation and crop management. As known already, coffee is a plant that requires a lot of solar exposure, it should be planted preferably on the north or west face of a relief, avoiding southern exposure due to the cold winds and in zones subject to frost phenomenon; low ground with difficult air circulation should be avoided as well (Ferrão et al. 2007; Ferrão 2004).

In addition, soils suitable for coffee cultivation should have the following characteristics: (a) effective depth ranging from 1 m (areas without water shortage) to 1.5 m (areas with water shortage), (b) be well drained and porous, (c) clay content ranging from 20 to 50% and (d) a supply of water, air, and nutrients available to plants (Matiello 1991; Omena 2014).

As for the water balance, the objective is to quantify the inputs and outputs of water in the system at the macro (hydrological cycle), intermediate (hydrographic sub-basin) and local (crop) scale (Omena 2014; Pezzopane et al. 2012).

According to these authors, in general, the inputs of water in the system are represented by rainfall, dew, surface runoff, subsurface runoff and capillary rise. The outflows of water are represented by evapotranspiration, deep drainage, surface runoff, and subsurface runoff. With the input and output parameters of the system, it is possible to quantify the variation of water availability in the soil.

In order to elaborate the Climatological Water Balance it is necessary to determine the Available Water Capacity, which means the maximum storage of water in the soil, also to the measure of rainfall and the Potential Evapotranspiration estimate in each period. With this information, the Climatological Water Balance provides estimates of Soil Water Storage, Real Evapotranspiration, Water Deficiency, and Water Surplus on a daily to monthly scale (Pezzopane et al. 2012).

Among the many applications of the Climatological Water Balance in Agrometeorology, it highlights its use to determine the best sowing times, regional water availability characterizing droughts or periods with excessive rainfall. Moreover, planning and elaborating the soil-climate zoning in order to indicate areas of soil and climate suitable for agricultural crops (Pezzopane et al. 2012).

It is also important to point out that agricultural zoning has as a main objective to delimit the regions with adequate agricultural potential, climate and soil that allow the exploration of a certain crops. In other words, it is a technique that allows the spatialization and determination of suitable, restricted and unsuitable areas for the development of agricultural crops. According to Santos et al. (2015) zoning for agricultural use can be divided into four categories:

- Category 1: Agroclimate zoning—Delimitation of the regions capability for agricultural cultivation, regarding climate factor, in macroclimate and regional scales (Ometto 1981).
- Category 2: Agricultural zoning—It takes into consideration not just the elements of the climate, but also the association of factors or criteria, such as soil (edaphic zoning), parameter socioeconomic, in order to organize a rational distribution of economically profitable crops, respecting the social and cultural characteristics of each region (Ometto 1981; Pereira et al. 2002).
- Category 3: Agroecological or edaphoclimate zoning—It is considered a study to complement the natural potential of a certain region for a specific crop, which, in addition to climate, edaphic or pedological aspects are incorporated in the study; in general, on the same analysis scale of agroclimate zoning (Ometto 1981).
- Category 4: Climate risk zoning—In this category, besides the variables analyzed (climate, soil, and plant), mathematical and statistical functions (frequentist and probabilistic) are applied in order to quantify the loss risk of crops based on history of adverse climate events, mainly drought (MAPA 2017).

Furthermore, four methodological steps are required to elaborate agroclimate zoning (Zolnier 1994):

- The study of the climate requirements of the crop;
- The study of the climate characteristics of the region considered for zoning;
- The selection of the climate indexes on which the zoning will be based; and,
- The elaboration of the agroclimate zoning map, delimiting areas where there is agreement or not, or restrictions between crop climate requirements and the permissible limits of the climate indexes for this crop.

The suitable climate classes normally used for crops and their characteristics are presented in Table 2.2.

In the state of Espírito Santo, several agricultural zoning studies for coffee cultivation have already been developed, considering, for the most part, climate variables such as temperature and water deficiency (Pezzopane et al. 2012; Santos et al. 2016).

It is worth mentioning that zoning is a guidance tool and technical support for decision-making in agriculture. Although it is widely used by public and private

Table 2.2 Suitable climate classes for agricultural crops

Class	Characteristic
Apt	When the thermal and water conditions of the area are favorable for good development and production of the crop on a commercial scale.
Restricted	When the area presents water or thermal restrictions, or both, that can eventually undermine the development stages of the crop, negatively affecting its production.
Inapt	When the normal characteristics of the climate are not suitable for crop commercial exploitation, because they have severe limitations on water or thermal factors, or both, with a significant impact on their production, requiring correction of expensive agricultural practices.

Source: Adapted from Zolnier (1994)

managers, as well as researchers, it must be constantly updated to allow new study methodologies, aiming to obtain more information on the climate variables of the selected crops and, above all, to provide a higher return on investment in the medium and long term (Santos et al. 2015).

When properly used, crop climate zoning can be used successfully to aid and enhance the development and productivity of a certain crop.

4.1 Edaphoclimatic Zoning for Conilon and Arabica Coffee in the State of Espírito Santo

Below are the four steps and seven sub steps necessary to elaborate the edaphoclimate zoning for coffee Conilon and Arabica in the state of Espírito Santo:

Step 1: Climate Requirements for Conilon and Arabica Coffee
This first step consisted of studying the climate requirements of the conilon and arabica coffee regarding their aptitude, restriction and inaptitude classes in specialized literature (Matiello 1991, 2002; Omena 2014; Santinato et al. 2008; Santos 1999), with adaptations of temperature classes, water deficit and edaphic characteristics (Tables 2.3, 2.4 and 2.5).

Step 2: Climate and Edaphic Characteristics of the State of Espírito Santo
The meteorological data required for the elaboration of edaphoclimate zoning for conilon and arabica coffee were obtained from the National Institute of Meteorology (INMET), Hydrological Information Systems (HidroWeb) of the National Water Agency (ANA) and Capixaba Research Institute, Technical Assistance and Rural Extension (INCAPER) representative of a 30-year meteorological series and 109 stations referring to the state of Espírito Santo and bordering states to the north (Bahia), south (Rio de Janeiro) and west (Minas Gerais).

The meteorological database, because it contains gross errors (mistake in reading), systematic errors (of the instrument) and accidental errors (random and only statistically detected) was initially corrected by fault-filling techniques (de Oliveira et al. 2010) in Microsoft Office Excel® computer application, version 2016.

After database generation and correction (critical) weather, still in the Microsoft Office Excel® computer application, multiple linear regression was applied using the altitude and the UTM X and Y coordinates of the s weather stations as independent variables and temperature as the dependent variable, as shown in Eq. (2.1) (Ribeiro Junior 2011).

$$T = \beta_0 + \beta_1 ALT + \beta_2 X + \beta_3 Y \qquad (2.1)$$

Where T is the temperature (°C); ALT is the altitude (meters); X is the UTM coordinate X (meters); Y is the UTM coordinate Y (meters); β_0 is the regression constant; and β_1, β_2 and β_3 are the regression coefficients for the variables ALT, X Y.

Subsequently, the acquisition of the Digital Elevation Model (DEM) of the state of Espírito Santo, representing the continuous variation of altitude, was performed.

Table 2.3 Thermal suitability ranges for Conilon (*Coffea canephora* Pierre ex Froehner) and Arabica (*Coffea arabica* L.) coffee crops

	Temperature (°C)	
Aptitude	Robusta coffee	Arabica coffee
Apt	22–26	19–22
Restricted	21–22	18–19 and 22–23
Inapt	<21 and > 26	<18 and > 23

Source: Adapted from Matiello (1991, 2002), Omena (2014), Santinato et al. (2008) and Santos (1999)

Table 2.4 Water deficit suitability ranges for the cultivation of Conilon (*Coffea canephora* Pierre ex Froehner) and Arabica (*Coffea arabica* L.) coffee

	Water deficit (mm)	
Aptitude	Robusta coffee	Arabica coffee
Apt Without Irrigation (AWI)	<150	<100
Apt With Occasional Irrigation (AWOCI)	150–200	100–150
Apt With Complementary Irrigation (AWCI)	200–400	150–200
Apt With Obligatory Irrigation (AWOBI)	>400	>200

Source: Adapted from Matiello (1991, 2002), Omena (2014), Santinato et al. (2008) and Santos (1999)

Table 2.5 Edaphic suitability ranges for conilon (*Coffea canephora* Pierre ex Froehner) and arabica (*Coffea arabica* L.) coffee crops

Aptitude	Soils (conilon and arabica coffee)
Apt	Argisol
	Cambisol
	Chernosol
	Latosol
	Fluvic neosol
	Litholic neosol
	Red litosol
	Haplic organosol
Inapt	Rock outcrop
	Spodosol
	Gleysol
	Quartzarenic neosol
	Indiscriminate soils

Source: Adapted from Matiello (1991, 2002), Omena (2014), Santinato et al. (2008) and Santos (1999)

The DEM was purchased from the Shuttle Radar Topography Mission (SRTM) project, available for free on the Brazilian Agricultural Research Corporation (EMBRAPA) portal at a scale of 1:250,000 in the WGS 84 cartographic projection (Miranda 2005).

With the UTM X and Y coordinates of the 109 stations exported from Microsoft Office Excel® to ArcGIS®, version 10.3, the "trend spatial interpolation" function was applied to obtain the matrix images of the UTM X and Y coordinates for the state of Espírito Santo.

After obtaining the constants and regression coefficients and altitude matrix images (DEM) and UTM X and Y coordinates (independent variables), in the ArcGIS® computational application, the "map algebra" function was applied with the final objective of generate the matrix image of annual average temperature (dependent variable) for the state of Espírito Santo.

The Climate Water Balance (CWB) proposed by Thornthwaite and Mathier (1955) was processed in the Microsoft Office Excel® computational application using an automatic macro (water balance processing routines) courtesy of Rolim and Sentelhas (2014). It is noteworthy that several BHC have already been processed for the state of Espírito Santo in recent years (Bragança 2012; Omena 2014; Pezzopane et al. 2012; Santos 1999). However, as weather observations are performed continuously each day, at predefined times by the World Meteorological Organization (WMO) (conventional weather stations—12:00 h/18:00 h/00:00 h and automatic—hourly Greenwich Mean Time (GMT), a new water balance has been updated for the year 2016.

CWB data was exported to the computational application ArcGIS®, with the objective of generating a point vector map of soil water deficiency for the 109 weather stations. Therefore, the function "spatial interpolation by spherical kriging" was applied (Mazzini and Schettini 2009), with adjustment of the semivariogram (Cressie 1991), aiming to generate the matrix image of annual water deficit for the state of Espírito Santo.

In possession of polygonal vector map of soil surveys of the Espírito Santo State, in a 1:400,000 scale, available free of charge on the website of the Integrated System of Geospatial Bases of the State of Espírito Santo (GEOBASES), this was edited with the purpose of demonstrating the main soil types of the state of Espírito Santo. Subsequently, the "polygon to raster conversion" function was applied in order to generate the matrix image of soil types for the state of Espírito Santo.

The final objective of this step was to generate the matrix images of average annual temperature, annual water deficit and soil types for the state of Espírito Santo necessary for the reclassification of climate and soil indexes for conilon and arabica coffee (Step 3).

Step 3: Reclassification of Climate and Soil Indexes for Conilon and Arabica Coffee

With the matrix images of annual average temperature, annual water deficiency and soil types (Step 2) in the application computational analysis, the function of "spatial reclassification" was applied based on the aptitude, restriction and inaptitude classes

(Tables 2.3, 2.4 and 2.5 of Step 1) in order to generate the reclassified matrix images of climate and edaphic indices for Conilon and Arabica coffee in the state of Espírito Santo.

Step 4: Edaphoclimate Zoning for Conilon and Arabica Coffee in the State of Espírito Santo

In this last stage, in the ArcGIS® computational application, the "tabular crossing" function was applied to the reclassified matrix images of climate and edaphic indexes for conilon and arabica coffee (Step 3) in order to generate edaphoclimate zoning for crops of conilon and arabica coffee in the state of Espírito Santo.

Representative matrix images of edaphoclimate zoning for conilon and arabica coffee were converted to polygonal vector format using the "raster to polygons" function. Due to the high number of polygons obtained after the vector conversion process, the "polygonal dissolution" function was applied, with the output of a new vector image with attributes table containing aptitude classes, restricted and inaptitude.

In the attribute table of the dissolved polygonal vector image three new fields were created, with actual data types, titled Area, Perimeter, and Percent. In the state of editing, using the function "geometric calculation" was calculated the areas (km^2) and perimeters (km) for the referred aptitude classes.

Finally, using the field calculator function, the percentage of the aptitude classes was calculated, culminating in the edaphoclimate zoning maps for the conilon and arabica coffee crops in the state of Espírito Santo.

The preliminary mappings necessary for the elaboration of edaphoclimate zoning for conilon and arabica coffee in the state of Espírito Santo regarding the edaphoclimate variables for the state, edaphoclimate aptitude ranges for conilon and arabica coffee culture are presented in Figs. 2.1, 2.2 and 2.3, respectively.

The edaphoclimatic zoning for conilon and arabica coffee in the state of Espírito Santo is shown in Fig. 2.4. According to the results, it was observed that the areas suitable for conilon (Fig. 2.4a) and arabica (Fig. 2.4b) corresponded, respectively, to 26.55 and 16.59%. Suitable areas with some kind of restriction amounted to 38.99% for robusta coffee and 0.66% for arabica coffee. While the areas unfit for conilon (Fig. 2.4a) and arabica (Fig. 2.4b) coffee corresponded, respectively at 22.43 and 67.61%.

According to the results related to the edaphoclimate zoning for the conilon and arabica coffee crop in Espírito Santo state (Fig. 2.4), it was verified that the meteorological variables temperature and water deficit have a strong influence on the areas apt, restricted and inapt because they are related to the speed of cellular chemical reactions that control plant growth and photosynthetic development dependent on both soil water availability and the measurement of the energy level of the water-soil-plant-atmosphere system (Cockshull 1992; Santos et al. 2015, 2016; Vianello and Alves 2004).

Areas considered suitable, for both, robusta coffee and arabica coffee, are related to the high relief amplitude characterized by lower altitudes in much of the state and high altitudes mainly in the South and Southwest Mountain Region (Fig. 2.1a, b). In this sense, due to the fact that the average air temperature decreases in relation to the increase in altitude (Cockshull 1992; Santos et al. 2015, 2016; Vianello and Alves 2004), the main municipalities producing Arabica coffee are located in the Mountain Region, while those of conilon in the flat and gently undulating relief of the state of Espírito Santo.

Regarding the soil types of the state of Espírito Santo, the soils considered unfit (Rock outcrops, Spodosol, Gleysol, Quartzaric soil, Indiscriminate soils) for development for both conilon and arabica coffee are mostly located in the lower areas near the Atlantic Ocean shoreline (Figs. 2.1c, 2.2c and 2.3c). These soils have low chemical characteristics that prevent the full development of both crops.

Manrique (1993) and Santos et al. (2016) point out the importance of genetic improvement on crop development. It is noteworthy that even with the edaphoclimate zoning, techniques of genetic improvement and biotechnology may favor the expansion of new agricultural areas (areas currently considered unfit or restricted) to the detriment of cultivars more resistant to climatic, edaphic and, above all, to pest attack and disease.

5 Scenarios of the Intergovernmental Panel on Climate Change (IPCC)

The Intergovernmental Panel on Climate Change (IPCC) is a scientific-political organization established in 1988 within the United Nations (UN) by the initiative of the United Nations Environment Program (UNEP) and the World Meteorological Organization (WMO).

The main objective of this organization is to synthesize and disseminate the most advanced knowledge on climate change affecting the world today, specifically global warming, pointing out its causes, effects and risks for humanity and the environment, and also suggesting ways to combat climate change problems (TRS 2018).

It is worth highlighting, the IPCC does not produce original research, but it gathers and summarizes the knowledge produced by scientists, researchers and specialists in the field. The IPCC selects who are references in their research, presenting high-level results, whether independent, associated with private organizations, public and/or governmental institutions.

Moreover, the IPCC is considered the world's leading authority on global warming issues and has been the main basis for the establishment of global and national climate policies. Since its foundation, the IPCC has produced five major reports and a few other documents. The first report came out in 1990 and the most recent was published in 2014. The quality and seriousness of its work, involving thousands of the most respected and renowned scientists, allowed this organization to be awarded the Nobel Prize for Peace in 2007 (AIP 2018; TNP 2007; TRS 2018; UN 2018).

It is important to point out, the problem of global warming has been predicted theoretically since the nineteenth century (Hawkings 2013), and since then studies have begun to appear on the basis of precise observations. In the 1970s the subject

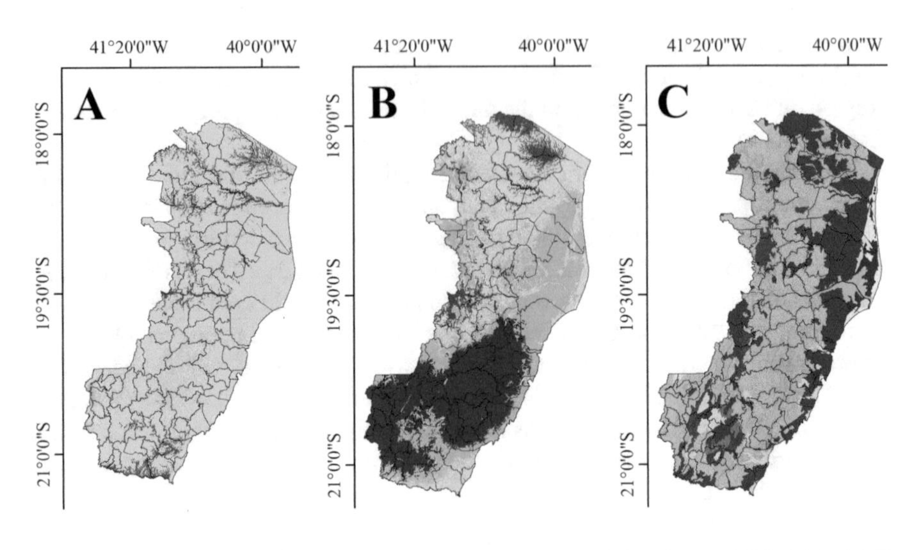

Edaphoclimatic variables for the Espirito Santo State, Brazil			
Legend	**(A) Temperature (°C)**	**Legend**	**(B) Water Deficit (mm)**
	6.4 - 10		0 - 50
	10 - 15		50 - 150
	15 - 20		150 - 200
	20 - 25		200 - 300
	25 - 26		300 - 565
Legend	**(C) Soil Types**		
	Rock outcrop		Fluvic neosol
	Argisol		Litholic neosol
	Cambisol		Quartzarenic neosol
	Chernosol		Red litosol
	Spodosol		Haplic organosol
	Gleysol		Indiscriminate soils
	Latosol		

N

0 50 100 km

Geographic Coordinate System
Datum: WGS 84

Fig. 2.1 Edaphoclimatic variables for the state of Espírito Santo, Brazil. (**a**) Average annual temperature (°C); (**b**) annual water deficit (mm); and (**c**) soil types. Source: Adapted from Santos (2017)

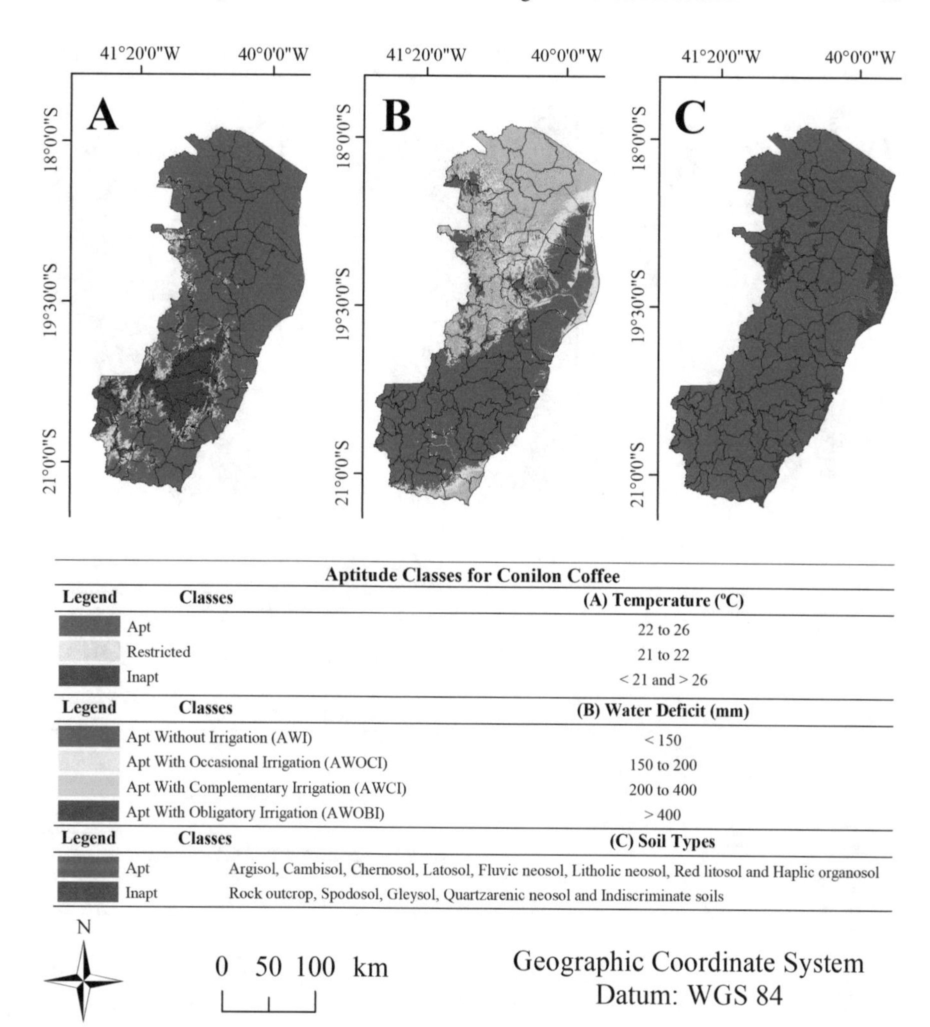

Aptitude Classes for Conilon Coffee

Legend	Classes	(A) Temperature (°C)
	Apt	22 to 26
	Restricted	21 to 22
	Inapt	< 21 and > 26

Legend	Classes	(B) Water Deficit (mm)
	Apt Without Irrigation (AWI)	< 150
	Apt With Occasional Irrigation (AWOCI)	150 to 200
	Apt With Complementary Irrigation (AWCI)	200 to 400
	Apt With Obligatory Irrigation (AWOBI)	> 400

Legend	Classes	(C) Soil Types
	Apt	Argisol, Cambisol, Chernosol, Latosol, Fluvic neosol, Litholic neosol, Red litosol and Haplic organosol
	Inapt	Rock outcrop, Spodosol, Gleysol, Quartzarenic neosol and Indiscriminate soils

Fig. 2.2 Aptitude ranges for robusta coffee crop (*Coffea canephora* Pierre ex Froehner) for the state of Espírito Santo, Brazil. (**a**) Average annual temperature (°C); (**b**) annual water deficit (mm); and (**c**) soil types. Source: Adapted from Santos (2017)

was already being studied on a large scale, multiplying the specialized literature, but climate scientists and environmentalists faced problems putting their conclusions in the agenda of political negotiations.

In order to reverse this scenario, in 1986, the Toronto Conference was the first to put climate among the topics under discussion. This conference was attended by a group working on the topic of greenhouse gases that are directly responsible for global warming (AIP 2018).

According to the Network of African Science Academies (NASAC 2007) and the Royal Society (2018), since its creation, the IPCC has been gaining increasing

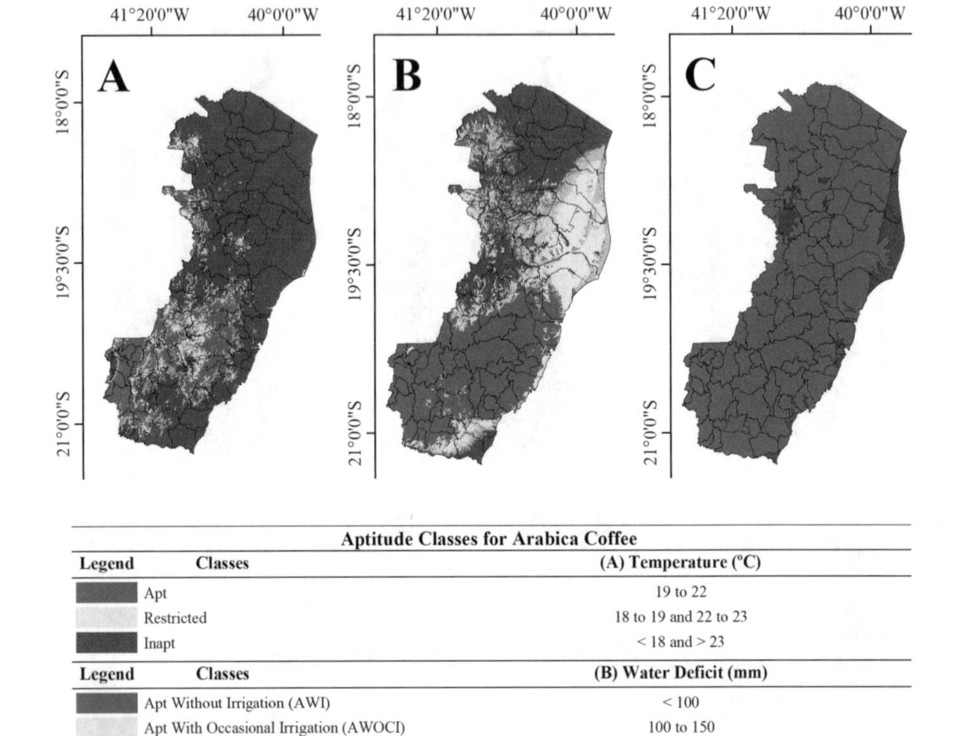

Aptitude Classes for Arabica Coffee		
Legend	**Classes**	**(A) Temperature (ºC)**
	Apt	19 to 22
	Restricted	18 to 19 and 22 to 23
	Inapt	< 18 and > 23
Legend	**Classes**	**(B) Water Deficit (mm)**
	Apt Without Irrigation (AWI)	< 100
	Apt With Occasional Irrigation (AWOCI)	100 to 150
	Apt With Complementary Irrigation (AWCI)	150 to 200
	Apt With Obligatory Irrigation (AWOBI)	> 200
Legend	**Classes**	**(C) Soil Types**
	Apt	Argisol, Cambisol, Chernosol, Latosol, Fluvic neosol, Litholic neosol, Red litosol and Haplic organosol
	Inapt	Rock outcrop, Spodosol, Gleysol, Quartzarenic neosol and Indiscriminate soils

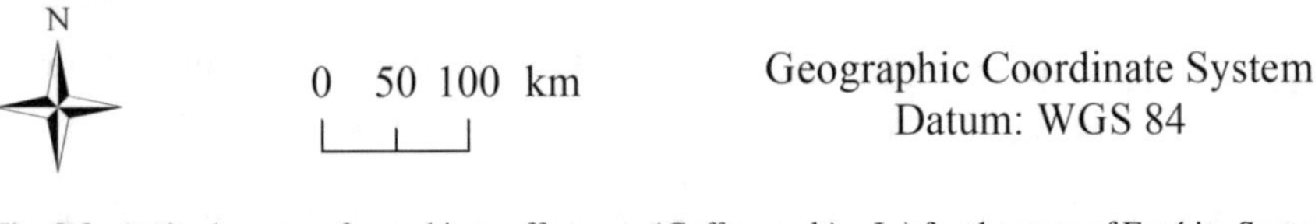

Fig. 2.3 Aptitude ranges for arabica coffee crop (*Coffea arabica* L.) for the state of Espírito Santo, Brazil. (**a**) Average annual temperature (°C); (**b**) annual water deficit (mm); and (**c**) soil types. Source: Adapted from Santos (2017)

respectability and the support of many other scientific organizations in the world. Among these organizations, the International Council for Science stands out, representing 119 national scientific organizations and 30 international organizations, the Royal Meteorological Society of the United Kingdom, Network of African Science Academies, with 13 African countries participating with national academies, the Joint Report of the scientific academies of 11 countries, the United States National Oceanic and Atmospheric Administration, and the European Geosciences Union.

In addition, other important international scientific syntheses are also accepting conclusions from IPCC reports, including the UN Millennium Ecosystem

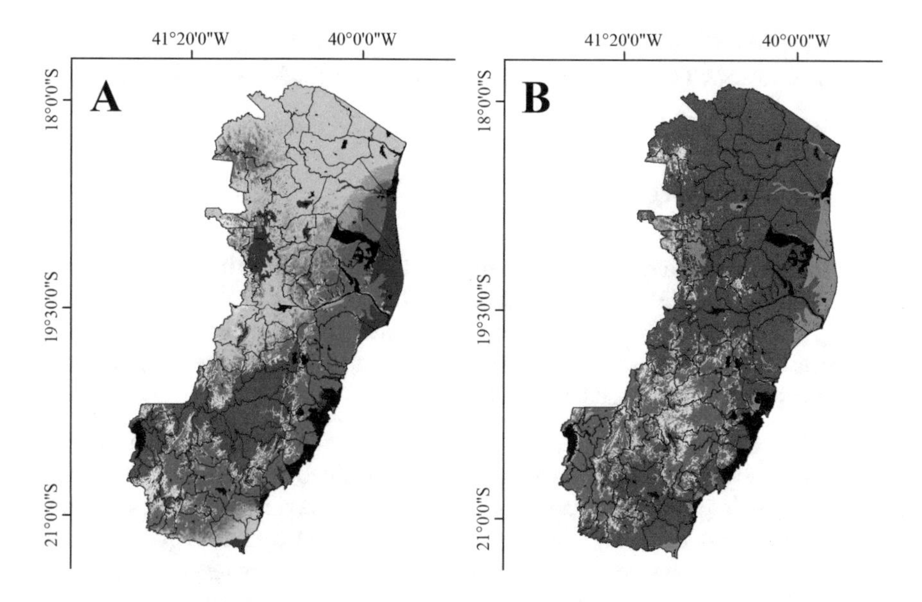

Legend	Aptitude classes	(A) Conilon Coffee		(B) Arabic Coffee	
		Area (km²)	%	Area (km²)	%
	Apt	12,208.07	26.55	7,630.13	16.58
	Apt with occasional irrigation	4,971.06	10.81	247.43	0.54
	Apt with complementary irrigation	12,809.07	27.86	35.87	0.08
	Apt with obligatory irrigation	152.82	0.33	21.39	0.05
	Thermic restriction	2,795.49	6.08	3,438.97	7.48
	Thermic restriction with occasional irrigation	21.08	0.05	545.90	1.19
	Thermic restriction with complementary irrigation	15.44	0.03	210.12	0.46
	Thermic restriction with obligatory irrigation	-	-	66.95	0.15
	Inapt by thermic deficiency	7,363.03	16.01	28,139.30	61.18
	Inapt by thermic deficiency and soil type	9.90	0.02	2,771.31	6.03
	Inapt by soil type	2,939.55	6.39	178.14	0.39
	Improper areas	2,699.85	5.87	2,699.85	5.87
	Total	**45,985.36**	**100.00**	**45,985.36**	**100.00**

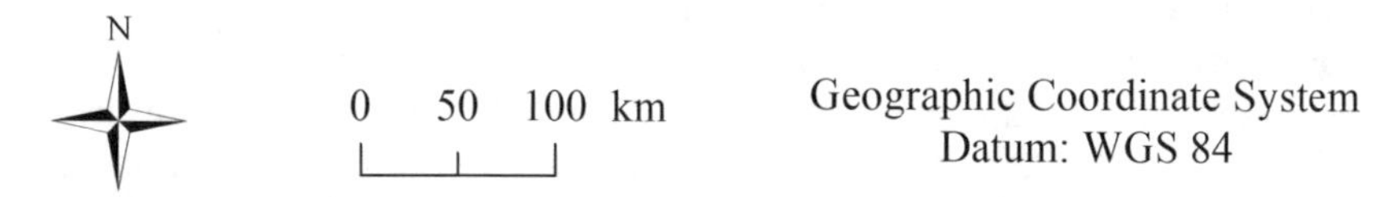

Fig. 2.4 Edaphoclimatic zoning for (**a**) conilon (*Coffea canephora* Pierre ex Froehner) and (**b**) arabica (*Coffea arabica* L.) coffee in the state of Espírito Santo. Source: Adapted from Santos (2017)

Assessment, the Global Environment Outlook series and Vital Forest Graphics, written and reviewed by a huge number of experts in the field (MEA 2005).

5.1 IPCC Working Groups

As for the IPCC structure, this organization is divided basically into three working groups, task forces, and technical support units. Each group or unit has a specific and important role for the compilation, development, revision and final editing of the reports before they are released. A summarized report of each one of these structures is presented below, based on the IPCC (2018).

- **Working Group I**: The scientific aspects of the climate system and climate change are evaluated in this working group. The main topics studied in this group are changes in greenhouse gases and aerosols, glaciers, precipitation, sea level, atmosphere and earth and ocean temperatures. It also studies paleoclimate records, the carbon cycle, climate models in use, biochemistry related to changes, data analysis from satellites and other sources, as well as unveiling causes and origins of climate change.
- **Working Group II**: In this working group, vulnerabilities associated with socio-economic and natural systems in face of climate change are evaluated, and their negative effects are discussed, as well as the possibilities of adapting from a sustainability perspective. These aspects are studied by region and topic—for example, water resources, ecosystems, food and forests, coastal systems, industry and health.
- **Working Group III**: This group evaluates options to reduce or avoid greenhouse gas emissions and the possible options that could be used to remove gases from the atmosphere, taking into account the main economic systems in the short and long term. It also includes energy, industry, agriculture, forest and waste management, and the cost-benefit ratio of each area, analyzing the real possibilities and the political conditions involved in these scenarios.
- **Task Force**: This unit compiles national inventories of greenhouse gases emissions, developing and refining internationally accepted methods and software to calculate and describe the emissions of each country, encouraging its use by participating nations of the IPCC and the Framework Convention United Nations Conference on Climate Change.
- **Technical Support Unit**: In this unit, the activities of the working groups are coordinated, and assist each working group (Groups I, II and III) in the report preparation as well. Each group creates a chapter of the final report, summaries for policymakers, with sections of the report developed to be used by governments and non-experts, allowing these reports to be accessible to the general public.

According to The Royal Society (2018), each working group has two presidents, one from a developed country and the other from a developing country, as well as a technical support unit. The three groups prepare the analysis reports on the following topics:

- Scientific information related to climate change;
- Environmental and socioeconomic impacts of climate change; and,
- Formulation of response strategies to these climate changes (mitigation and adaptation).

The IPCC also produces special reports on specific topics, and methodological reports, guiding the creating inventories of greenhouse gases emissions (IPCC 2018).

In addition, the IPCC defines climate change as a statistically significant variation in an average climate parameter, including its natural variability, that persists over an extended period, typically decades or longer. In abstract terms, climate change can be caused by natural processes, and indeed in the past there were important variations in the climate, such as the glacial periods (TNEAA 2010). The reports prepared by the IPCC take into consideration all possible aspects of climate change, whether natural or anthropogenic.

5.2 *The Fifth and Most Recent IPCC Report*

The sequence of IPCC reports has been reinforced by an increasing amount of evidence pointed out since its first publication. The main conclusions summarized in the fifth report, are:

(a) The human influence on the climate is clear. Therefore, greenhouse gases emissions produced by human activities such as industry, burning fossil fuels, fertilizer use, food waste and deforestation, are the main causes of the problem. Emissions have been growing non-stop and currently are at the highest levels ever recorded in history. The negative effects of global warming on human society and nature are vast and widespread globally.
(b) Warming of the climate system is unequivocal, and many of the changes observed since the 1950s are unprecedented. The atmosphere and oceans have warmed, snow and ice have declined, and the sea level has risen.
(c) Significant changes have been observed in many climate indicators since 1950. The average minimum temperatures have been rising, the average temperature of the atmosphere has been rising, high tides have been more intense, and the amount of torrential rain has increased in several regions.
(d) All the theoretical models used project an increase in the average surface temperature of the Earth. The temperature increased 0.78 °C between the average of the periods 1850–1900 and 2003–2012. The last three decades have been the hottest since 1850. If emissions continue within current trends, heating can reach 4.80 °C by 2100. As a result, more frequent and longer extreme heat waves are likely to occur, and torrential rains could become more intense and frequent.

(e) The sea level increased by 19 cm between 1901 and 2010 due to thermal expansion of the waters and the melting of glacial ice. In the most pessimistic scenario, the elevation may reach 82 cm by 2100. The oceans will continue to warm up and their level will continue to rise throughout the twenty-first century and beyond.
(f) Continued greenhouse gases emissions will cause even more warming in the future, with long-term effects on all components of the climate system, which are all interrelated. Large-scale negative effects on humans, wildlife, and on all ecosystems are likely to occur.
(g) Global warming will amplify the risks of environmental problems that already exist and will create other problems. Poor countries and coastal communities would be the most penalized. In addition to the purely climate effects, far-reaching secondary negative effects on food production, social security, economy, health, and biodiversity, etc., are expected.
(h) Atmospheric and maritime warming and rising sea levels will continue for centuries even if the concentration of greenhouse gases ceases immediately, due to continuing climate change repercussions and the delayed effects happening on a global scale.
(i) Adaptation measures can reduce risks, but alone they will be insufficient, and a simple stabilization in the current level of emissions will not be sufficient either. Because, if this can delay the production of negative effects, it will not prevent them, instead, they will continue being amplified by the incessant accumulation of greenhouse gases in the atmosphere, where they will remain for a long time due to their slow process of natural recycling. Therefore, effective emission reduction measures should be taken to a level close to zero.

5.3 Scenarios of the Fifth Report of the IPCC

In the fifth IPCC report, four possible different greenhouse gases concentrations scenarios were simulated that could happen until the year 2100, ranging from scenario 1 (considered the most optimistic), scenarios 2 and 3 (considered intermediate) and scenario 4 (considered to be the most pessimistic). A summarized report of each one of these scenarios is found below, based on the fifth IPCC (2014):

Scenario 1: This is the most optimistic scenario and predicts that the terrestrial system will store additional 2.6 watts per square meter (W/m^2). In that case, the increase in ground temperature could range between 0.30 °C and 1.70 °C from 2010 to 2100 and the sea level could rise by 26–55 cm over the course of this century. In order to make this scenario happening, it would be necessary to stabilize concentrations of greenhouse gases in the next 10 years and act on their removal from the atmosphere. Even so, the models indicate an additional increase of almost 2 °C in temperature, in addition to the 0.90 °C that our planet has already warmed since the year 1750.

Scenario 2: The second scenario predicts storage of 4.50 W/m^2. In this case, the increase in ground temperature would be between 1.10 and 2.60 °C and the sea level would rise between 32 and 63 cm.

Scenario 3: In this scenario a storage of 6.0 W/m^2 is expected; the temperature increase would be between 1.40 and 3.10 °C and the sea level would rise between 33 and 63 cm.

Scenario 4: This is the most pessimistic scenario, in which emissions continue to grow at an accelerated level, predicting for an additional storage of 8.5 W/m^2. In such situation, according to the IPCC, the surface of the Earth could heat between 2.60 and 4.80 °C throughout the twenty-first century, causing the sea level to increase between 45 and 82 cm.

According to previous IPCC reports (reports 1–4), ocean levels have already risen an average of 20 cm between 1900 and 2012. If another 60 cm rise with the tides, the result will be severe erosion in coastal areas around the world. Rivers such as the Amazon, for example, will suffer strong salt backwaters, which will affect the entire local ecosystem.

According to this fifth IPCC report, in all scenarios it is very likely (a 90% probability) that the rising rate of the oceans during the twenty-first century will exceed the number observed between 1971 and 2010. The thermal expansion resulting from the increase in temperatures and melting would be the main cause.

Ocean warming, the report says, will continue to happen for centuries, even if greenhouse gases emissions fall or remain constant. The Arctic region is the one that will warm up the most, according to the IPCC.

It is important to emphasize that due to the potential effects on human health, economy and the environment, global warming has been a source of great concern. Some important environmental changes have been observed and have been associated with global warming. Examples of secondary evidence mentioned below (decreased ice cover, rising sea levels, changes in climate patterns) are examples of global warming consequences that may influence not only human activities but also ecosystems.

Increasing global temperature allows an ecosystem to change; some species may be forced out of their habitats due to changing conditions while others may spread, invading other ecosystems.

However, global warming can also have positive effects, since the temperature and CO_2 concentration increases can improve ecosystem productivity. Satellite observations have showed that productivity in the Northern Hemisphere has increased since 1982. On the other hand, the total amount of biomass produced is not necessarily very good, because a large production can harm some promising species, since biodiversity may decrease to a smaller number of thriving species.

Another cause of great concern is the rising sea levels. Sea levels have been rising in recent decades, and in some countries in the Pacific Ocean it is worrisome, as global warming causes seas to rise primarily because of the thermal expansion of ocean water. But some scientists are concerned that in the future, polar ice and the glaciers will continue to melt, and increase the level raised by many meters.

However, at the moment scientists do not expect further melting in the next 100 years (IPCC 2014).

As the climate gets warmer, evaporation will increase. This will cause heavy downpours and more erosion. Many people think this may cause more extreme results in the climate as global warming progresses.

Global warming may also have less obvious effects. The North Atlantic Current, for example, caused by differences in temperature between seas, apparently is diminishing as global temperature averages increase. That means that areas such as Scandinavia and England that are heated by the currents will have colder climates, despite the increase in global heat (IPCC 2014).

5.4 *Criticism About IPCC*

According to the Netherlands Environmental Assessment Agency (TNEAA 2010), IPCC reports occasionally bring some errors, which is difficult to avoid in any scientific research. Successive reports have sought to remedy these errors as knowledge improves and the methods used to collect and analyze raw data are improved. However, one of the main criticisms the work has been getting in recent years is that they are excessively conservative in the presented results.

In this sense, the IPCC has been characterized by the prudence and caution with which it establishes its arguments, and this is due to its great credibility. However, political influence cannot be entirely eliminated, since the reports require the approval of state representatives. This may be the reason behind smoothing the description of the impacts (established scenarios) for future projections (AIP 2018; Rosenthal and Kanter 2007).

A large number of independent studies point to the fact that the recent evolution of global warming approaches the most pessimistic scenario projected by the IPCC. It highlights, on the other hand, the importance of IPCC reports' alert about the problem's severity and the need of radical and urgent actions to mitigate the progress of climate change (Cook et al. 2012; Katzav 2014; Mastrandrea et al. 2011; Menzel et al. 2006).

5.5 *Impact of Temperature Increase in Areas Suitable for Coffee Production in Espírito Santo*

According to scenario 4 of the IPCC's fifth report, which is the most pessimistic scenario, in which emissions continue to grow at an accelerated level, providing for an additional 8.5 W/m^2 storage. In such a situation, according to the IPCC, the Earth's surface could heat between 2.60 and 4.80 °C over the twenty-first century.

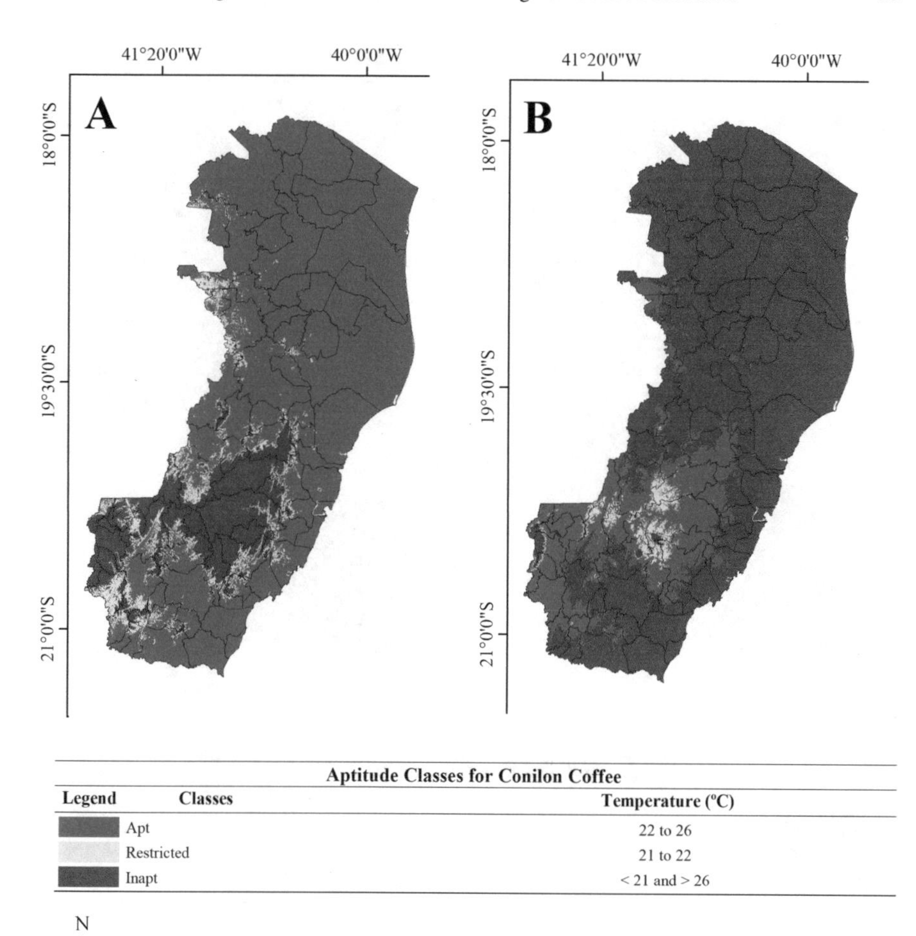

Fig. 2.5 Temperature suitability class for robusta coffee (*Coffea canephora* Pierre ex Froehner) for the state of Espírito Santo, Brazil. (**a**) Current annual average temperature (°C) and (**b**) average annual temperature with increase of 3.7 °C. Source: Authors

As shown in the methodology of item 3.1, step 2, the current annual average temperature was calculated for the state of Espírito Santo. After obtaining the current temperature using the ArcGIS application it was necessary to simulate the increasing temperature effect of +3.7 °C, obtained by the average temperature increment proposed by the scenario 4 of the IPCC's fifth report.

With the matrix images of annual average temperature (Step 2) in the application computational analysis, the function of "spatial reclassification" was applied based on the aptitude, restriction and inaptitude classes (Table 2.3) in order to generate the

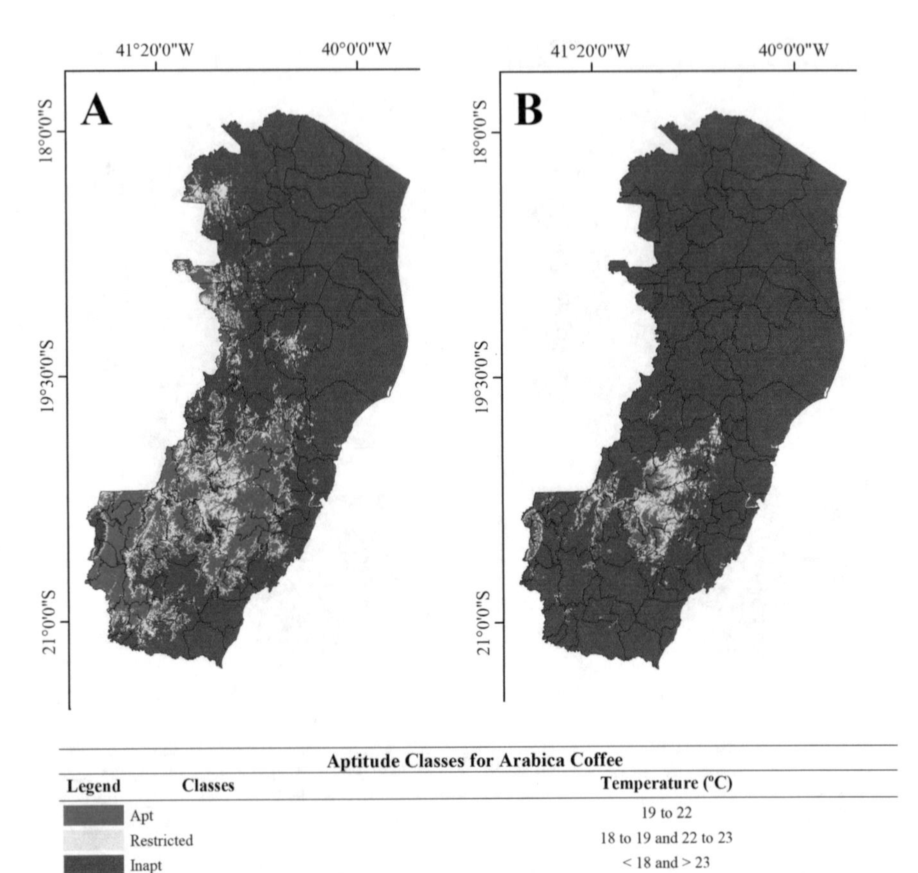

Aptitude Classes for Arabica Coffee		
Legend	Classes	Temperature (°C)
	Apt	19 to 22
	Restricted	18 to 19 and 22 to 23
	Inapt	< 18 and > 23

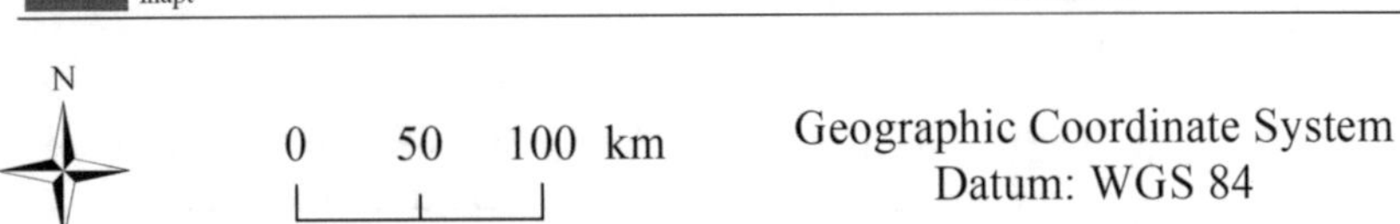

Fig. 2.6 Temperature suitability class for arabica (*Coffea arabica* L.) for the state of Espírito Santo, Brazil. (**a**) Current annual average temperature (°C) and (**b**) average annual temperature with increase of 3.7 °C. Source: Authors

reclassified matrix images of temperature indices for Robusta coffee (Fig. 2.5) and Arabica coffee (Fig. 2.6) in the state of Espírito Santo.

As shown in Fig. 2.5, it can be seen that there was a reduction in the Robusta coffee growing area according to the current temperature (Fig. 2.5a) compared to the future area based on an increase of 3.7 °C (Fig. 2.5b). The same trend can be observed for Arabica coffee, as shown in Fig. 2.6, it can be seen that there was a reduction in the Arabica coffee growing area according to the current temperature (Fig. 2.6a) compared to the future area based on an increase of 3.7 °C (Fig. 2.6b).

Genetic improvement and adaptability of species may change this scenario. However, the change in the area apt to produce coffee varieties has already been noted by coffee growers in the state of Espírito Santo.

6 Final Considerations

Considerations about the development of this research can be found below:

- The IPCC reports are an important source of knowledge, drawing attention to concerns about possible future changes on our planet. Despite some criticism of the reports, for the most part the information released is well accepted by the scientific community and governments worldwide. Forecasts published in the reports are confirmed through scientific research conducted by experts, institutions, and organizations around the world.
- The IPCC's predictions on climate change, especially regarding temperature increases, may lead to a shift in farming areas that are currently suitable for different crop production, which will make the production process more expansive and reduce the supply of products on the market. Additionally, deforestation of preserved areas to create new agricultural poles will occur.
- Some foods considered to be food security products by FAO, such as rice, can be directly affected by climate change, thereby reducing supply, which may lead to direct conflict due to food shortages, especially in developing countries.
- Coffee crops will suffer directly in this process of climate change, with a drastic reduction in areas suitable for cultivation and with a possible extinction of native species of this crop.
- The study of climate change in regards to soil-climate zoning is an alternative to predicting possible damages to the environment and with this, drawing plans and goals to mitigate negative impacts to the environment.
- However, the best way to mitigate the environmental impacts of climate change is undoubtedly the reduction of greenhouse gases emissions, mainly CO_2, so that crops and humans can adapt to only natural changes in the climate.

References

ABIC (2018). *Associação Brasileira da Indústria de Café. Produção mundial de café* [WWW Document]. Retrieved October 15 , 2018, from http://www.abic.com.br/publique/cgi/cgilua.exe/sys/start.htm?sid=48#2810

AIP (2018). American Institute of Physics. *The Discovery of global warming* [WWW Document]. Retrieved September 11, 2018, from https://history.aip.org/history/climate/internat.htm#S10

Angelocci, L. R., Marin, F. R., Pilau, F. G., Righi, E. Z., & Favarin, J. L. (2008). Radiation balance of coffee hedgerows. *Revista Brasileira de Engenharia Agricola e Ambiental, 12*, 274–281. https://doi.org/10.1590/S1415-43662008000300008

Assad, E., & Pinto, H. S. (2008). *Aquecimento Global e a nova geografia da produção Agrícola no Brasil*. São Paulo: Embaixada Britânica do Brasil.

Assad, E. D., Pinto, H. S., Zullo, J., & Helminsk Ávila, A. M. (2004). Impacto das mudanças climáticas no zoneamento agroclimático do café no Brasil. *Pesquisa Agropecuaria Brasileira, 39*, 1057–1064. https://doi.org/10.1590/s0100-204x2004001100001

Bragança, R. (2012). *Mapeamento da área plantada e impactos das mudanças climáticas no zoneamento agroclimatológico para as culturas do café conilon (Coffea canephora Pierre ex Froehner) e arábica (Coffea arabica L.) no estado do Espírito Santo*. Thesis (Doctorate in Plant Production)—Federal University of Norte Fluminense.

Bragança, R., Dos Santos, A. R., De Souza, E. F., De Carvalho, A. J. C., Luppi, A. S. L., & Da Silva, R. G. (2016). Impactos das mudanças climáticas no zoneamento agroclimatológico do café arábica no Espírito Santo. *Revista Agro@mbiente On-line, 10*, 77–82. https://doi.org/10.18227/1982-8470ragro.v10i1.2809

Camargo, A. P. (2010). The impact of climatic variability and climate change on arabic coffee crop in Brazil. *Bragantia, 69*, 239–247.

Castro Junior, L. G., Silva, E. C., Guimarães, E. R., Azevedo, A. S., Oliveira, D. H., Souza, G. N., … Carvalho, J. M. (2016). Relatório Internacional de Tendências do Café. *Bureau de Inteligência competitiva do café, 5*, 14.

Claussen, M., & Esch, M. (1994). Biomes computed from simulated climatologies. *Climate Dynamics, 9*, 235–243. https://doi.org/10.1007/BF00208255

Cockshull, K. E. (1992). Crop environments. *Acta Horticulturae*, 77–86. https://doi.org/10.17660/ActaHortic.1992.312.9

CONAB. (2018). *Companhia Nacional de Abastecimento. Acompanhamento da safra brasileira*. [WWW Document]. Retrieved October 20, 2018, from http://www.conab.gov.br/OlalaCMS/uploads/arquivos/16_12_27_16_26_51_boletim_cafe_portugues_-_4o_lev_-_dez.pdf

Cook, B. I., Wolkovich, E. M., Davies, T. J., Ault, T. R., Betancourt, J. L., Allen, J. M., … Travers, S. E. (2012). Sensitivity of spring phenology to warming across temporal and spatial climate gradients in two independent databases. *Ecosystems, 15*, 1283–1294. https://doi.org/10.1007/s10021-012-9584-5

Cordeiro, L. A. M., Assad, E. D., Franchini, J. C., Sá, J. C., Landers, J. N., Amado, T. J. C., … Ralisch, R. (2012). *O Aquecimento Global e a Agricultura de Baixa Emissão de Carbono*. Brasilia: Mapa.

Cressie, N. (1991). *Statistics for spatial data*. New York, EUA: Wiley.

DaMatta, F. M., Ronchi, C. P., Maestri, M., & Barros, R. S. (2007). Ecophysiology of coffee growth and production. *Brazilian Journal of Plant Physiology, 19*, 485–510. https://doi.org/10.1590/S1677-04202007000400014

de Oliveira, L. F. C., Fioreze, A. P., Medeiros, A. M. M., & Silva, M. A. S. (2010). Comparação de metodologias de preenchimento de falhas de séries históricas de precipitação pluvial anual. *Revista Brasileira de Engenharia Agrícola e Ambiental, 14*, 1186–1192. https://doi.org/10.1590/S1415-43662010001100008

FAO. (2018). *Organização das Nações Unidas para a Agricultura e Alimentos* [WWW Document]. Retrieved October 20, 2018, from http://www.fao.org/home/en.

Fassio, L. H., & da Silva, A. E. S. (2007). *Importância econômica e social do café conilon*. Vitória: Café Conilon.

Ferrão, M. A. G., da Fonseca, A. F. A., Verdin Filho, A. C., & Volpi, P. S. (2007). *Origem, dispersão geográfica, taxonomia e diversidade genética de Coffea canephora*. Vitória: Incaper.

Ferrão, R. G. (2004). *Biometria aplicada ao melhoramento genético do café conilon*. Thesis (Doctor Scientiaec in Genetics)—Universidade Federal de Viçosa.

Filho, H. M., Moraes, C., Bennati, P., Rodrigues, R. D., Guilles, M., Rocha, P., … Vasconcelos, I. (2016). *Mudança do clima e os impactos na agricultura familiar no Norte e Nordeste do Brasil*. Brasilia: Centro Internacional de Políticas para o Crescimento Inclusivo e Programa das Nações Unidas para o desenvolvimento.

Garcia, J. C. C., & von Sperling, E. (2010). Emissão de gases de efeito estufa no ciclo de vida do etanol: Estimativa nas fases de agricultura e industrialização em Minas Gerais. *Engenharia Sanitaria e Ambiental, 15*, 217–222. https://doi.org/10.1590/s1413-41522010000300003

Giorgi, F., & Francisco, R. (2000). Evaluating uncertainties in the prediction of regional climate. *Geophysical Research Letters, 27*, 1295–1298.

Hawkings, E. (2013). *Global temperatures: 75 years after Callendar*. National Centre for Atmospheric Science-Climate. Climate Lab Book.

Haxeltine, A., & Prentice, I. C. (1996). BIOME3: An equilibrium terrestrial biosphere model based on ecophysiological constraints, resource availability, and competition among plant funtional types. *Global Biogeochemical Cycles, 10*, 693–709.

Iamaguti, J. L., Moitinho, M. R., Teixeira, D. D. B., Bicalho, E. S., Panosso, A. R., & La Scala Junior, N. (2015). Preparo do solo e emissão de CO_2, temperatura e umidade do solo em área canavieira. *Revista Brasileira de Engenharia Agrícola e Ambiental, 19*, 497–504. https://doi.org/10.1590/1807-1929/agriambi.v19n5p497-504

INCAPER. (2018). *Instituto Capixaba de Pesquisa, Assistência Técnica e Extensão Rural Cafeicultura* [WWW Document]. Retrieved November 2, 2018, from https://incaper.es.gov.br/cafeicultura

IPCC. (2014). *Climate change 2014: Synthesis report. contribution of working groups I, II and III to the fifth assessment report of the intergovernmental panel on climate change* (5th ed.). Geneva: Intergovernmental Panel on Climate Change. WMO.

IPCC, 2018. *Intergovernmental Panel on Climate Change. Working Groups/Task Force* [WWW Document]. Retrieved from http://www.ipcc.ch/working_groups/working_groups.shtml

Katzav, J. (2014). The epistemology of climate models and some of its implications for climate science and the philosophy of science. *Studies in History and Philosophy of Science Part B: Studies in History and Philosophy of Modern Physics, 46*, 228–238. https://doi.org/10.1016/j.shpsb.2014.03.001

Malavolta, E. (2008) *O futuro da nutricao de plantas tendo em vista aspectos agronomicos, economicos e ambientais* (pp. 1–10). Ipni.

Manrique, L. A. (1993). Greenhouse crops: A review. *Journal of Plant Nutrition, 16*, 2411–2477. https://doi.org/10.1080/01904169309364697

MAPA. (2017). *Café do Brasi*l [WWW Document]. Ministério da Agricultura Pecuária e Abastecimento. Retrieved January 11, 2018, from http://www.agricultura.gov.br/assuntos/politica-agricola/cafe/cafeicultura-brasileira.

Marengo, J. A., & Valverde, M. C. (2007). Caracterização do clima no Século XX e Cenário de Mudanças de clima para o Brasil no Século XXI usando os modelos do IPCC-AR4. *Revista Multiciência, 8*, 5–28.

Martins, E., Aparecido, L. E. O., Santos, L. P. S., Mendonça, J. M. A., & Souza, P. S. (2015). Influência das condições climáticas na produtividade e qualidade do cafeeiro produzido na Região do Sul de Minas Gerais. *Coffee Science, 10*, 293–305.

Mastrandrea, M. D., Mach, K. J., Plattner, G. K., Edenhofer, O., Stocker, T. F., Field, C. B., … Matschoss, P. R. (2011). The IPCC AR5 guidance note on consistent treatment of uncertainties: A common approach across the working groups. *Climatic Change, 108*, 675–691. https://doi.org/10.1007/s10584-011-0178-6

Matiello, J. B. (2002). *Cultura de café no Brasil: novo manual de recomendações*. Rio de Janeiro: Fundação Procafé.

Matiello, J. B. O. (1991). *O café: do cultivo ao consumo*. São Paulo: Globo.

Mazzini, P. L. F., & Schettini, C. A. F. (2009). Avaliação de metodologias de interpolação espacial aplicadas a dados hidrográficos costeiros quase-sinóticos. *Brazilian Journal of Aquatic Science and Technology, 13*, 53. https://doi.org/10.14210/bjast.v13n1.p53-64

MEA. (2005). *Millennium ecosystem assessment. Ecosystems and human well-being: synthesis*. Washington, DC: Island Press.

Mendonça, F. (2003). Aquecimento global e saúde: uma perspectiva geográfica–notas introdutórias. *Terra Livre I, 1*(20), 205–221.

Mendonça, F., & Danni-Oliveira, I. M. (2007). *Climatologia: noções básicas e climas do Brasil* (1st ed.). São Paulo: Oficina de Textos.

Menzel, A., Sparks, T. H., Estrella, N., Koch, E., Aaasa, A., Ahas, R., … Zust, A. (2006). European phenological response to climate change matches the warming pattern. *Global Change Biology, 12*, 1969–1976. https://doi.org/10.1111/j.1365-2486.2006.01193.x

Miranda, E. E. (2005). *Brasil em Relevo*. WWW.

Molion, L. C. B. (2008). Aquecimento Global: Uma Visão Crítica. *Revista Brasileira de Climatologia, 3*, 24. https://doi.org/10.5380/abclima.v3i0.25404

Moura, A. D., & Hastenrath, S. (2004). Climate prediction for Brazil's Nordeste: Performance of empirical and numerical modeling methods. *Journal of Climate, 17*, 2667–2672. https://doi.org/10.1175/1520-0442(2004)017<2667:CPFBNP>2.0.CO;2

Moura, M. M., dos Santos, A. R., Pezzopane, J. E. M., Alexandre, R. S., da Silva, S. F., Pimentel, S. M., … de Carvalho, J. R. (2019). Relation of El Niño and La Niña phenomena to precipitation, evapotranspiration and temperature in the Amazon basin. *Science of the Total Environment, 651*, 1639–1651. https://doi.org/10.1016/j.scitotenv.2018.09.242

NASAC. (2007). N*etwork of African Science Academies. Joint statement by the Network of African Science Academies (NASAC) to the G8 on sustainability, energy efficiency and climate change*. [WWW Document]. Retrieved November 8, 2018, from file:///C:/Users/Gilvan Galito/Downloads/NASAC G8 statement 07 - low res.pdf.

Nobre, C., Assad, E. D., & Oyama, M. D. (2005). *Mudança ambiental no Brasil* (Special. ed.). São Paulo: Scientific American Brazil.

Nobre, C. A., Oyama, M. D., Oliveira, G. S., Marengo, J. A., & Salati, E. (2004). Impacts of climate change scenarios for 2091-2100 on the biomes of South America. *Internationl Conference*, 21–25.

Oliveira, K. M. G., De Carvalho, L. G., Lima, L. A., & Gomes, R. C. C. (2012). Modelagem para a estimativa da orientação de linhas de plantio de cafeeiros. *Engenharia Agricola, 32*, 293–305. https://doi.org/10.1590/S0100-69162012000200009

Omena, M. S. (2014). *Conjunto de ferramentas computacionais para análises agroclimáticas*. Thesis (Master in Plant Production)—North Fluminense State University.

Ometto, J. C. (1981). *Bioclimatologia Vegetal*. São Paulo: Agronômica Ceres Ltda.

Oyama, M. D. (2002). *Conseqüências Climáticas Da Mudança De Vegetação Do Nordeste Brasileiro: Um Estudo De Modelagem*. Thesis (PhD in Meteorology)—National Institute for Space Research.

Oyama, M. D., & Nobre, C. A. (2004). A simple potential vegetation model for coupling with the Simple Biosphere Model (SiB). *Revista Brasileira de Meteorologia, 19*, 203–216.

Pereira, A. R., Angelocci, L. R., & Sentelhas, P. C. (2002). *Agrometeorologia fundamentos e aplicações práticas*. Porto Alegre, RS: Guaíba Agropecuaria.

Pereira, L.R., Alvarez Cabanez, P., Ferreira Da Silva, S., Martins De Souza, J., De Oliveira Hott, M., & De Oliveira Bernardes, C., (2017). *Influência da água e da temperatura sobre a qualidade do café conilon: uma revisão de literatura*. Paraíba.

Pezzopane, J. E. M., Cecilio, R. A., Pezzopane, J. R. M., Castro, F. S., Jesus Junior, W. C., Xavier, A. C., … Guariz, H. R. (2012). *Zoneamento agroclimático, in: Agrometeorologia: Aplicações Para o Espírito Santo* (pp. 99–134). Alegre: CAUFES.

Pinto, H. S., Assad, E. D., Zullo, J. B., & Brunini, O. (2004). O aquecimento global e a agricultura. *Revista Eletrônica do Jornalismo Científico, 1*, 34–37.

Prentice, I. C., Cramer, W., Harrison, S. P., Leemans, R., Robert, A., & Solomon, A. M. (2009). A global biome model based on plant physiology and dominance, soil properties and climate. *Journal of Biogeography, 19*, 117–134.

Ribeiro Junior, J. I. (2011). *Análises estatísticas no Excel: guia prático*. Viçosa: UFV.

Rolim, G. S., & Sentelhas, P. C. (2014). *Balanço hídrico normal por Thornthwaite e Mather* (1955).

Rosenthal, E., & Kanter, J. (2007). Alarming UN report on climate change too rosy, many say. *New York Times*.

Royal Society (2018). *The Royal Society* [WWW Document]. Retrieved from https://royalsociety.org/

Santinato, R., Fernandes, A. L. T., & Fernandes, D. R. (2008). *Irrigação na cultura do café* (2nd ed.). Ubereba: O Lutador.

Santos, A. R. (1999). *Zoneamento agroclimatológico para a cultura do café conilon (Coffea canephora L.) e arábica (Coffea arabica L.), na bacia do rio Itapemirim, ES*. Thesis (Master in Agricultural Meteorology)—University Federal of Viçosa.

Santos, A. R., Ribeiro, C. A. A. S., Sediyama, G. C., Peluzio, J. B. E., Pezzopane, J. E. M., & Bragança, R. (2015). *Zoneamento Agroclimático no ArcGIS: Passo a Passo*. Alegre: CAUFES.

Santos, G.M.A.D.A. Dos (2017). *Espacialização do risco de lixiviação de agrotóxico em áreas de cafeicultura no estado do Espírito Santo*. Thesis (PhD in Agrochemical)—Federal University of Viçosa.

Santos, G. M. A. D. A., dos Santos, A. R., Teixeira, L. J. Q., Saraiva, S. H., Freitas, D. F., dos Santos Pereira, O., Jr., ... Scherer, R. (2016). GIS applied to agriclimatological zoning and agrotoxin residue monitoring in tomatoes: A case study in Espírito Santo state, Brazil. *Journal of Environmental Management, 166*, 429–439. https://doi.org/10.1016/j.jenvman.2015.10.040

Santos, V. E., Gomes, M. F. M., Braga, M. J., & Silveira, S. F. R. (2009). Análise do setor de produção e processamento de café em Minas Gerais: Uma abordagem matriz insumo-produto. *Revista de Economia e Sociologia Rural, 47*, 363–388. https://doi.org/10.1590/S0103-20032009000200003

Silva, M. O., Faria, M. A., Mattioli, W., & Andrade, G. P. C. (2005). Qualidade do café produzido pelo cafeeiro (Coffea arábica L.) em seis safras, submetido a diferentes lâminas de irrigação. In: *Simpósio Brasileiro de Pesquisa em Cafeicultura Irrigada*.

Silva, R. W. C., & Paula, B. L. (2009). Causa do aquecimento global : Antropogênica versus natural. *Universidade Estadual Paulista UNESP/Rio Claro, 5*, 42–49.

Silva, V. A., Lima, L. A., Andrade, F. T., Ferreira, E. A., Júnior, E. A. S., Colares, M. F. B., & Moreira, L. L. Q. (2012). Sistemas intercalares com abacaxizeiro como alternativa de renda durante a formação de cafezais irrigados. *Pesquisa Agropecuaria Brasileira, 47*, 1471–1479. https://doi.org/10.1590/S0100_204X2012001000009

Souza, F. D. F., Santos, J. C. F., Costa, J. N. M., & Santos, M. M. D. (2004). Características das principais variedades de café cultivadas em Rondônia. *Embrapa Rondônia. Documentos, 93*, 21.

Souza, G. P., Candido, A. O., Morais, W. B., & Jesus Junior, W. C. (2011). Influência da arborização em café conilon sobre o rendimento em peneira. In: *Encontro Latino Americano de Iniciação Centífica e encontro latino americano de pós graduação*.

Thornthwaite, C. W., & Mathier, J. R. (1955). *The water balance: Publications in climatology*. Centerton: Drexel Institute of Technology.

TNEAA. (2010). The Netherlands Environmental Assessment Agency. In *Assessing an IPCC assessment: An analysis of statements on projected regional impacts in the 2007 report*. The Hague: Bilthoven.

TNP (2007). *The Nobel Prize. The Nobel Peace Prize for 2007* [WWW Document]. Retrieved November 8, 2018, from https://www.nobelprize.org/nobel_prizes/peace/laureates/2007/press.htm

Tomaz, M. A., Amaral, J. F. T., Jesus Junior, W. C., Fonseca, A. F. A., Ferão, R. G., Ferão, M. A. G., ... Rodrigues, W. N. (2012). *Inovação, difusão e integração: bases para a sustentabilidade da cafeicultura*. Alegre: Caufes.

Trigo, M. D. F. I. Q. (2010). *Distribuição espacial da qualidade fisiológica e sanitária de sementes de Coffea arabica L*. Thesis (Master in Plant Production)—Federal University of Espirito Santo.

TRS (2018). The Royal Society. *The United Kingdom Parliament* [WWW Document]. Retrieved November 8, 2018, from https://publications.parliament.uk/pa/ld200506/ldselect/ldeconaf/12/12we24.htm

UN (2018). United Nations. *First steps to a safer future: Introducing The United Nations Framework Convention on Climate Change* [WWW Document]. Retrieved November 8, 2018, from https://web.archive.org/web/20140108192827/http://unfccc.int/essential_background/convention/items/6036.php.

UNDP (2018). *Human development indices and indicators: 2018 Statistical update* [WWW Document]. United Nations Development Programme. Retrieved August 11 2018, from http://report2017.archive.s3-website-us-east-1.amazonaws.com/

USDA (2016). *United States Department of Agriculture. Coffee: world markets and trade*. EUA: Foreign Agricultural Service/USDA [WWW Document]. Retrieved October 25, 2018, from https://apps.fas.usda.gov/psdonline/circulars/coffee.pdf

Venturin, R. P., Silva, V. A., Cunha, R. L., Volpato, M. M. L., Chalfoun, S. M., Carvalho, G. R., & Carvalho, V. L. (2013). A pesquisa e as mudanças climáticas na cafeicultura. *Informe Agropecuário, 34*, 34–43.

Vianello, R. L., & Alves, A. R. (2004). *Meteorologia Básica e Aplicações*. Viçosa, MG: UFV.

Zolnier, S. (1994). *Zoneamento Climático*. Viçosa: UFV.

Chapter 3
Soil Microorganisms and Quality of the Coffee Beverage

Paulo Prates Júnior, Tomás Gomes Reis Veloso, Marliane de Cássia Soares da Silva, José Maria Rodrigues da Luz, Sabrina Feliciano Oliveira, and Maria Catarina Megumi Kasuya

1 General Introduction

The food production must grow 70% until 2050 to solve the world food demand which is growing fast, reaching the number of 7.7 bilious people in 2019 (FAO 2009). In order to fit this reality, the agricultural sector requires technological innovations to increase productivity, income distribution and to reduce the environmental impact of important monocultures, for instance, the crop coffee. In addition to increasing the production using social and environmental low-cost, is also important that production be cheap and healthy. In this context, one way of innovations in this sector is taking into account the biological component, since it is closely interrelated with physical and chemical components. These three components together will influence the productivity and sustainability of agricultural systems. The focus should not be only in increasing production and productivity, but recognize the role of technological activity aiming to produce better and favoring the quality the health, sovereignty and food security (Prates Júnior et al. 2019).

The soil is the basis of the agricultural production. Historically, the study of soil quality has underestimated the role of biota in many soil functions, focusing mainly on chemical and physical attributes. However, the majority of these abiotic factors are affected directly by the biotic processes (Lee 1994), with a highlight to the role of microorganisms and their processes in the sustainable functioning of ecosystems. The soil microbiota plays an active role in the properties on soil attributes, such as: (1) physical attributes; (2) nutrient availability for plants due to participation in geochemical processes like biological nitrogen fixation, phosphorus cycling; (3) reduction of toxic levels of agrochemicals and heavy metals; (4) increasing the

P. Prates Júnior · T. G. R. Veloso · M. de Cássia Soares da Silva · J. M. R. da Luz · S. F. Oliveira · M. C. M. Kasuya (✉)
Department of Microbiology, Federal University of Viçosa, Viçosa, MG, Brazil

L. Louzada Pereira, T. Rizzo Moreira (eds.), *Quality Determinants in Coffee Production*, Food Engineering Series, https://doi.org/10.1007/978-3-030-54437-9_3

tolerance of plant against biotic and abiotic stress. All these features together provide a better development of vegetal community (Moreira and Siqueira 2006; Tate and Klein 1985).

The soil microbiology and biochemistry become a wide field for investigation following the molecular biology progress, using DNA sequencing platforms, which has been able to study of microbial community independent of cultivation. Besides, soil microorganisms present high biotechnological potential, since many of them, are able to improve the agricultural productivity, favoring the strategies for getting food with higher quality, using lower fertilizer, by using adequate inoculation and inducing appropriate fermentation of coffee grains.

The consumption of coffee is increasing in the world, demanding an increase in production and productivity by the coffee, and coffee quality beverage, food security and environmental conservation. The coffee quality goes beyond stimulating and antioxidant properties such as caffeine, chocolate, caramel, walnut and/or vanilla flavors, of the sweet, fruity or tannic flavors that please the most demanding palates (Pimenta et al. 2018). It also includes socio-environmental and human health aspects. Thus, the food with low risk of toxicity by chemical or biological agents, with greater durability and added nutritional value, which promotes biodiversity conservation and local development, is highlighted worldwide.

The objective of this chapter is to show that soil microorganisms make up the coffee microbiome and the groups that most promote coffee plant growth and health (Fig. 3.1), as well as discuss how they can act in the final quality of the beverage. Thus, it is necessary to understand the microbiome composition in plant, and indicators that determine the coffee quality, which are multifactorial, involving soil conditions, climate, altitude, genetic variability and the production management.

Coffee beverage quality is also a determining factor for marketing. Therefore, our intention is to help readers to understand how important soil microorganisms are for obtaining this final quality, as what is the main microorganism's contribution (Table 3.1). The rhizosphere communicates with microorganisms and allows them to colonize externally and internal plant tissues, which can reach fruits and resulting in changes in sensorial characteristics. Besides rhizospheric, epiphytic and endophytic microorganisms can promote plant growth and health, being of broad interest for biotechnological applications, others interesting includes all the coffee chain production, including the pre-harvest phase, seedling production, plant growth and health, as well as fertilization, until post-harvesting, from storage to fermentation and beverage preparation.

Microorganisms are ubiquitous and are present in all stages of coffee production, from planting to post-harvest, providing nutrients, degrading compounds and excreting metabolites that modulate the final quality of coffee beverage (Fig. 3.1). Thus, they are extremely important in soil management, environmental quality, biological control and agricultural production, contributing to give regional identity to coffee (terroir), because their activities, due to the direct effect and production of secondary metabolites, imply in differences in nutrient availability, food safety, aroma and taste of coffee.

Experimentally, quality is not an easy issue to demonstrate because there are complex factors in the interaction between plant and soil microorganisms, along

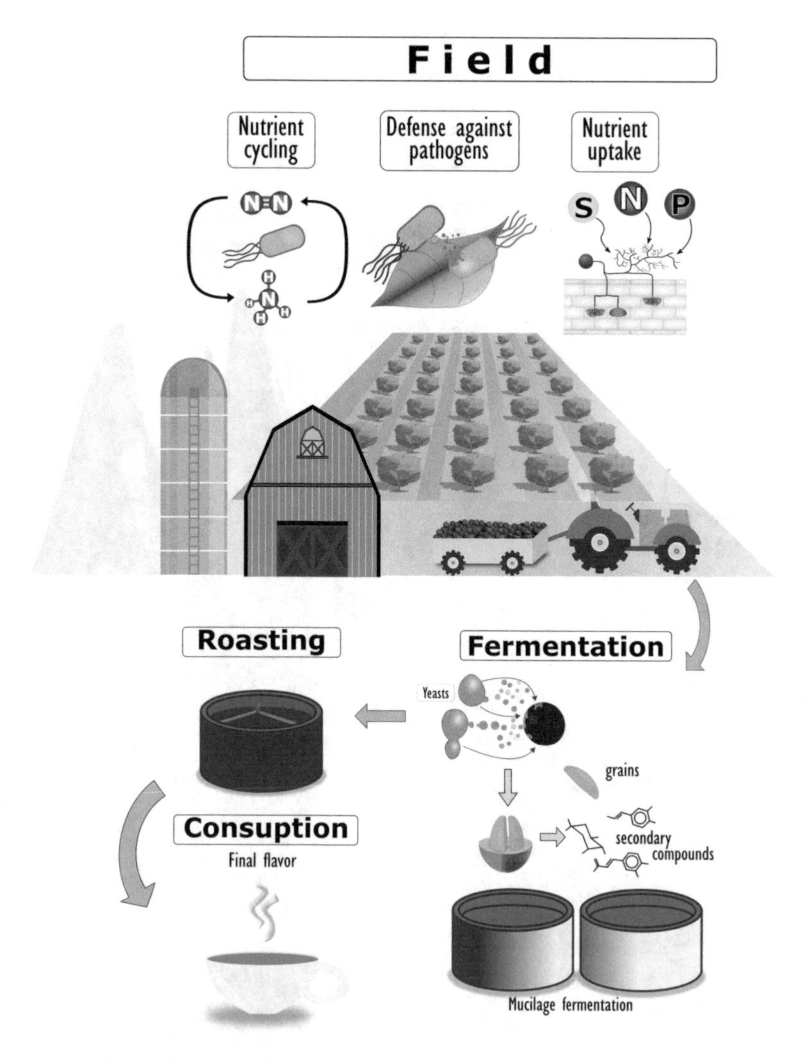

Fig. 3.1 Role of soil microbiota in the coffee beverage. In the field, soil microorganisms support the growth of coffee plants by favoring the uptake of nutrients, as well as protecting them against biotic and abiotic stress. Art: Tomas Gomes Reis Veloso. Source: Authors

with consumer perceptions. First, quality is a broad concept that can relate to agronomic aspects such as: (a) fruit maturation and availability of soluble solids; (b) nutritional, in terms of nutrient availability or caffeine content; (c) organoleptic, including perception of fruity aromas, acidity and coffee bitterness. In addition, quality may also be referred to in terms of socio-environmental or human health. In this case, agroecosystems that increase sustainability through proper management of the microbiota can promote increased coffee quality.

Food and food processing have become extremely industrialized, driving consumers away from the beneficial microorganisms that make up the microbiome (= the set

Table 3.1 Functional groups of microorganisms and their main contributions to the healthy development of the coffee plant. The positive sign (+) shows the function performed by the microorganism group

	Soil microorganisms			
Benefit for plant	Plant growth-promoting rhizobacteria (PGPR)	Nitrogen Fixing Bacteria	Plant Growth promoters fungi (PGPF)	Arbuscular Mycorrhizal fungi (AMF)
Soil structuration			+	+
Control of soil pH				+
Degradation/Mineralization of soil organic matter	+	+	+	+
Antibiotic production	+		+	
Plant hormone production	+		+	
Phosphorus availability	+		+	+
Water availability			+	+
Nitrogen availability	+	+		
Systemic resistance induction	+	+	+	+
Control of pathogens	+	+	+	+
Protection against heavy metals and toxin			+	+
Protection against toxic compounds			+	+

of microorganisms that inhabit our bodies) that are critical to our well-being. Plants also have a microbiome that is essential for keeping them healthy, capable of overcoming adverse conditions and producing high quality food (Fig. 3.1 and Table 3.1). The microorganisms act together with the host plant, forming a metaorganism (holobionte), with a multitude of genes that enable a large amount of functions.

Curiously, the coffee microbiome is a determinant of beverage quality, but also coffee consumption and beverage quality can directly influence our microbiome (Nishitsuji et al. 2018). Thus, the quality of coffee can contribute to our well-being due to the availability of nutrients such as phosphorus, magnesium and potassium (Mussatto et al. 2011), as well as beneficial molecules, such as polyphenols that diminish the effect of free radicals.

Microorganisms play an important role in plant nutrition by solubilizing and mineralizing nutrients and making them available to plants from inorganic and organic sources, respectively (Table 3.1). The availability of nitrogen, for example, can imply in caffeine and protein synthesis, which are of great importance in the taste of the drink. There are microorganisms that act on soil nitrogen dynamics, including ammonification, biological nitrogen fixation nitrification, and denitrification, being important in the availability of this nutrient, which influences the coffee quality (Fig. 3.1 and Table 3.1). In weathered soils, phosphorus limits coffee production and beverage quality, however arbuscular mycorrhizal fungi and phosphate solubilizing microorganisms may help to make better use of phosphate fertilization.

Microorganisms can promote plant growth through the production of phytohormones and their analogues, nitrogen fixation, and increased nutrient availability, such as phosphate solubilization and by organic matter mineralization (Table 3.1). Proper nutrition balances protein synthesis, leading to increased metabolic capacity, including secondary compounds such as caffeine, as well as increasing resistance to attack by pathogens and parasites. Plant disease control mechanisms are known to include competition between microorganisms for space and nutrients, antimicrobial production, and induction of systemic resistance.

Microorganisms play a role in the secondary metabolism of plants either by direct production of compounds or by improving nutritional status and controlling pathogens that hinder plant growth and drink quality (Fig. 3.2). The high quality of coffee is related to the secondary compounds especially produced by the plants that are responsible for the flavor and aroma of the beverage, such as caffeine, proteins, phenolic and volatile compounds.

During coffee production, management has direct effects on soil microbiota and on the quality of products such as coffee and wine. For example, microbial activity/diversity in organic farming systems is higher when compared to conventional systems (Velmourougane 2016). This is because organic matter is an important source of nutrients for microorganisms, as well as improving the physicochemical conditions of the soil and consequently the colonization and abundance of a diversity of microbial groups.

Soil, including its physicochemical and biological properties has an effect on coffee quality (Avelino et al. 2005; Haile and Kang 2019) and that long-term monoculture alters the chemical properties and microbial composition of the soil, decreas-

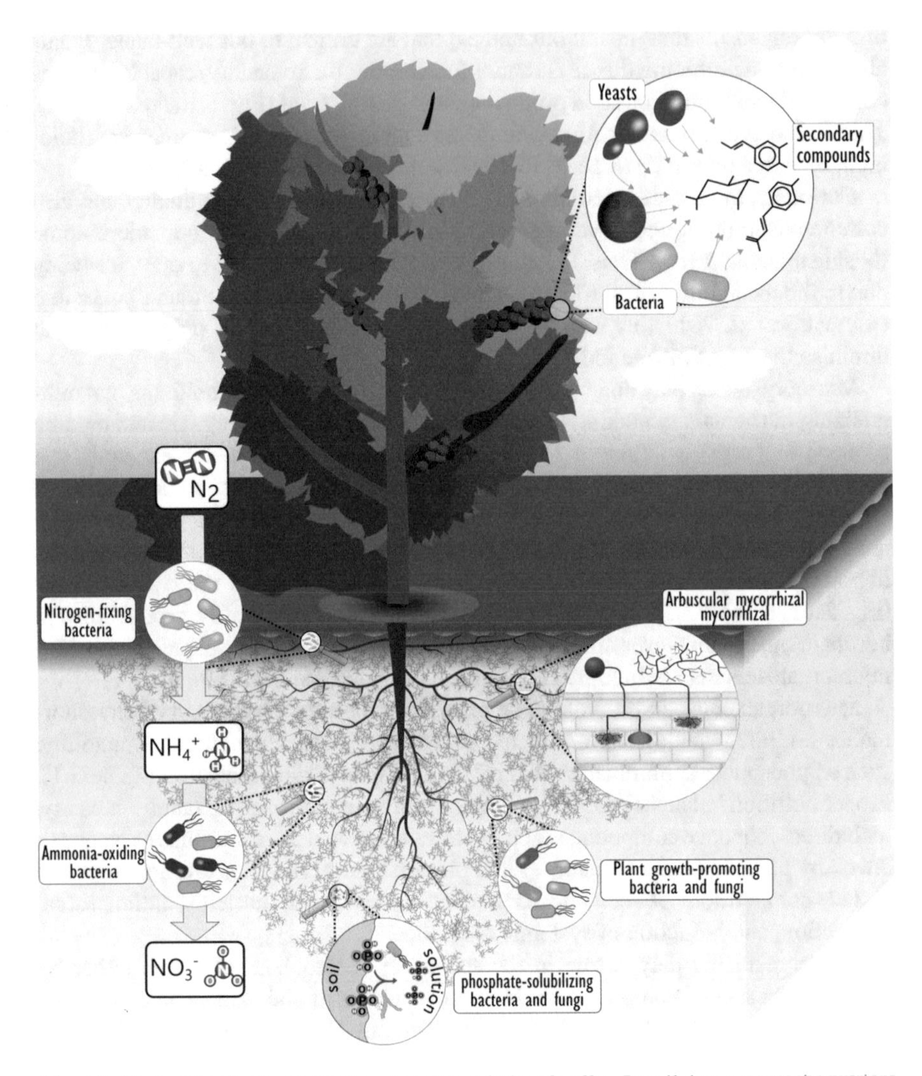

Fig. 3.2 Main roles of microorganisms in soil and fruits of coffee. In soil they support the nutrient cycling, such as nitrogen and phosphorus. Arbuscular Mycorrhizal Fungi (AMF) increases nutrients and water uptaking. Art: Tomas Gomes Reis Veloso. Source: Authors

ing bacterial diversity, as well as the abundance of plant growth-beneficial microorganisms such as *Nitrospira sp.* and *Trichoderma sp.* (Zhao et al. 2018). These changes may affect the quality of the final product, especially in terms of complexity of aromas and flavors and sustainability of production systems.

Plant density, for example, implies soil cover level, amount of light on fruits, root biomass and competition between plants. This will entail complementary management strategies such as fertilizer use, frequency of pruning, crop residue management, need for spontaneous plant control, pest and disease incidence. It is necessary to favor management practices that allow the maintenance of organic matter, contributing to the improvement of soil quality, stimulating microbial communities, including increase of biomass, microbial diversity, enzymatic activity and performance of important functional groups, such as solubilizes phosphate and nitrogen fixators. Under favorable conditions, the microbiota acts on the decomposition of organic waste, promoting nutrient cycling, reducing the need for fertilization and protecting the plant from opportunistic agents.

The climate is one of the protagonists in the production of coffee with high quality drink. In this case, it is necessary to understand that the climate acts directly on the plant physiology and selects the associated microbiota, which plays an important role in improving the quality of the drink. Associated microbiota improving the plant's nutrition, stimulating the production of secondary compounds or even by the fermentation of the grains. The regulation of the microclimate can be by shading the coffee trees by means of consortia or agroforestry systems, which can favor the coffee quality either directly by the effect of light intensity, but also by the modulation of the microbiota.

Changes in soil physical-chemical characteristics could affect plant physiology and associated microbiota composition. Winegrowers, for example, recognize the influence that soil type has on grape production and hence on wine quality (Wang et al. 2015). Thus, we can assure that it is important to keep the microbiota active and balanced, capable of providing essential nutrients to coffee plant, transmitting desirable characteristics for its quality.

Management practices greatly influence soil microbiota, so it is reasonable to assume that techniques such as harvesting, postharvest and processing have implications for microbiota and coffee quality. In addition, management strategies that minimize the impact of productive systems due to consortium use and local input use are growing, both in number of farmers and in acreage, resulting in differentiated niche markets that add quality and value to coffee.

In this chapter, we will describe the direct and indirect actions of microorganisms that promote soil improvement and plant health and nutrition. Furthermore, management system, microclimate and proper fermentation of beans to obtain high quality coffee. It can be said that the plant outsources activities, requiring microorganisms in the processes of nutrient absorption and protection against pathogens. Therefore, it is a matter of recognizing the synergisms between soil-plants-microorganisms, in a more holistic view of the productive systems.

Next are presented the main groups of soil microorganisms, such as plant growth-promoting rhizobacteria (PGPR), diazotrophic (nitrogen-fixing) bacteria, plant growth-promoting fungi (PGPF), and arbuscular mycorrhizal fungi, as well as the crop management that contribute to plant development and nutrition and beverage quality of coffee.

2 Soil Microorganisms in Coffee Crop Management

2.1 Plant Growth Promoting Rhizobacteria (PGPR)

Plant-growth promoting rhizobacteria (PGPR) constitute a very broad group of microorganisms, since under this designation any bacteria living in the rhizosphere beneficially influence the growth and health of plant. Some mechanisms of action of these bacteria have been elucidated and there are tests carried out in culture medium that allow the evaluation of phytohormones production, biological control of phytopathogens, assimbiotic or symbiotic nitrogen fixation and phosphate solubilization (Fig. 3.1 and Table 3.1).

Induction of plant growth promotion by PGPR may occur through direct and/or indirect mechanisms, including the production of phytohormones and volatile substances, such as ethylene, solubilization and increasing the availability of low mobile nutrients in the soil (e.g. P and Zn), and biological nitrogen fixation. Indirect effects include control of pathogenic organisms, increased tolerance to abiotic stress, such as weather, water, xenobiotic compounds and heavy metal, in nature.

Phytohormones production is beneficial at low concentrations, but can be detrimental at high concentrations, so its role in promoting growth may be a little more complex. Biological control, in turn, usually occurs through the production of antibiotics, bacteriocins, competition for space and nutrients, parasitism, production of Fe^{+3} chelators, as well as resistance induction. The production of siderophores, for example, allows the chelation of ferric ions (Fe^{3+}) produced by microorganisms under conditions of deficiency of this element.

Some genera stand out as PGPR, including *Pseudomonas*, *Agrobacterium*, *Enterobacter*, *Rhizobium*, *Burkholderia*, *Bradyrhizobium*, *Azospirillum*, *Streptomyces*, *Herbaspirillum*, *Acetobacter* and *Bacillus* can occur abundantly in the rhizosphere, which can influence positively the coffee quality.

Despite the potential benefits promoted by PGPR, the use of growth promoting bacteria as inoculants is still lead-off and the results are diverse. The main cause of inconsistent results is due to variation in root colonization by bacteria. However, PGPR associated with coffee plants can solubilize phosphate (Muleta 2007) and reduce the need for phosphate fertilizer and increase productivity by making more phosphorus available to the roots, since strains are capable of solubilizing organic and inorganic phosphate. It is possible obtain isolates and develop commercial PGPR-based products that support the sustainability and quality of coffee.

2.1.1 Diazotrophic Bacteria

The major limitation for biological nitrogen fixation (BNF) in non-symbiotic systems is the availability of carbon sources to prokaryotes and, consequently, to obtain energy, since the process demands a large amount of ATP. This limitation may be offset by the plant's closest location to the diazotrophic bacteria, around or within the roots, as endophytes. Thus, diazotrophic bacteria from non-leguminous plants can be grouped into three categories: rhizospheric organisms, facultative endolytic organisms and obligatory endophytic organisms (Baldani et al. 1997; Franche et al. 2009). In the first category are all species that colonize the roots superficially. The facultative endophytic microorganisms are those capable of colonizing roots internally and externally and the third group, considered of greater importance, those that colonize the interior of roots and the aerial part of non-leguminous plants.

Once inside the plant, endophytic diazotrophic bacteria are located mainly in the intercellular spaces, between the root cortex cells, in the stretching region; however, some bacteria can also colonize the plants intracellularly, being present in the cortex cells and less frequently in the conducting vessels of the xylem. Endophytic diazotrophic bacteria are favored because the interior of the plant represents a habitat more protected from other microorganisms, in addition to greater access to nutrients provided by plants.

Generally, these bacteria cannot fully meet the plant N demand for NFB alone, as is the case with rhizobia that establish a binding symbiosis with leguminous plants. However, they can strongly influence the nitrogen nutrition of the crops to which they are associated, increasing N assimilation capacity, indirectly, with the increase of the root system, or directly, stimulating the plant N transport system (Table 3.1). Research suggests that inoculation promotes better absorption and utilization of available N.

Nitrogen fixing bacteria (NFB) can be used to reduce costs and optimize coffee plant growth (Mendonça et al. 2017). Stimulation of NFB in soil can be done by several methods, such as the addition of coffee residues (coffee grounds), as well as by the addition of intercropping plants such as *Crotalaria spp.* that favors microbiota and nitrogen cycling (Mendonça et al. 2017).

2.1.2 Microorganisms in Biological Control and Pathogen Suppression

Antagonism and disease suppression can occur by the action of various functional groups of microorganisms that increases nutritional safety and drink quality, for example PGPR, which have potential antagonists. These bacteria are able to reduce disease incidence due to siderophores production, antibiotics, enzyme production as well as resistance induction, competition due to root colonization (Table 3.1). The use of PGPR with potential antagonist can reduce the intensive use of pesticides to control pests and diseases that promote social and environmental problems resulting from contamination of soil, food and consumers.

For example, rust, caused by the fungus *Hemileia vastatrix*, is one of the main coffee diseases, being the control performed mainly with fungicides. However, it is known that the market is increasingly demanding, restricting the use of pesticides, which leads to search for alternatives such as biological control. There are microorganisms, among which *Beauveria bassiana*, *Pseudomonas* sp. and *Bacillus* spp. capable of producing antimicrobial substances inhibiting the incidence of coffee rust (Barra-Bucarei et al. 2019).

Fungal species may act as antagonists and/or hyperparasites of *Hemileia vastatrix*, such as fungi *Lecanicillium lecanii*, *Acremonium* sp. e *Cladosporium* sp. (Cacefo et al. 2016; Haddad et al. 2014; Jackson et al. 2012), contributing to minimize the severity of the disease and, consequently, the use of pesticides reducing waste in the production chain.

Therefore, it must be recognized that cultural practices and crop management systems create an environment that favors antagonists, induces plant resistance or disadvantages environment for the pathogen. Considering that pathogen can be spread by soil or the equipment used during the management, attention is needed to reduce this kind of contamination, paying attention to what is happening around. Strategies of inoculation has also been needing to guarantee the antagonistic population in these areas.

2.2 Plant Growth Promoting Fungi (PGPF)

Plant growth promoting fungi (PGPF) can colonize plant rhizosphere, promoting growth promotion and protecting against pathogens. Among these species, the genus Trichoderma deserve to be highlighted for their role in disease control due to their ability to secrete antifungals, as well as their role in promoting plant growth (Shaw et al. 2016). Species of the genus *Aspergillus* are able to act as pathogen biocontrollers and solubilize organic and inorganic phosphate, contributing to increase nutrient availability to plants.

The dark septate fungi (Ascomycota), such as *Heteroconium*, *Darksidea* and *Phialophora*, forming septate and melanized hyphae. They can promote plant growth and health by reducing stress abiotic and biotic and increasing the absorption of nutrients.

Piriformospora indica (Basidiomycota, Sebacinaceae, Sebacinales) is considered a PGPF and is capable of promoting the growth of a variety of plants of agronomic and forest interest (Zuccaro et al. 2009). This is because it increases the volume of soil explored and allows for increased nutrient uptake, such as phosphorus and nitrogen, as well as assisting plant survival under water or saline stress conditions (Oelmüller et al. 2009; Varma et al. 2012; Waller et al. 2005). It can be used in biological control against *Fusarium subglutinans* f. sp. *ananas* on pineapple (Moreira et al. 2016), or *Rhizoctonia solani* in rice plants (Nassimi and Taheri 2017). They can be used for *in vitro* seedling promotion and in the acclimatization process of seedlings.

2.3 Arbuscular Mycorrhizal Fungi (AMF)

Arbuscular mycorrhizal fungi (AMFs) belong to the phylum glomeromycota, are considered ancestral fungi and capable of forming mycorrhizal with various plant species (Parniske 2008; Schüßler et al. 2001) They are obligate biotrophic microorganisms that colonize 85% of terrestrial plants (Brundrett and Tedersoo 2018). The term mycorrhiza refers to a variety of symbiotic associations between plants and fungi that colonize root cortical tissues during the period of active plant growth (Fig. 3.3). In general, mycorrhizal fungi benefit plants by increasing the effective surface area for nutrient and soil water absorption (Brundrett and Tedersoo 2018; Smith and Read 2008).

Arbuscular mycorrhizal fungi (AMF) reproduce asexually with the formation of spores that are also used in their taxonomy (Fig. 3.4). The hyphae explore areas beyond the root depletion zone, as well as the fact that they are smaller in diameter than the roots (Helgason and Fitter 2005). Thus, hyphae are more efficient in absorption and can exploit non-plant accessible microsites. In addition, mycorrhizal fungi provide nutrients previously unavailable to plants, either through solubilization, such as phosphorus and through the mineralization of organic matter. Thus, plants with mycorrhizal association are often more competitive and are better able to tolerate

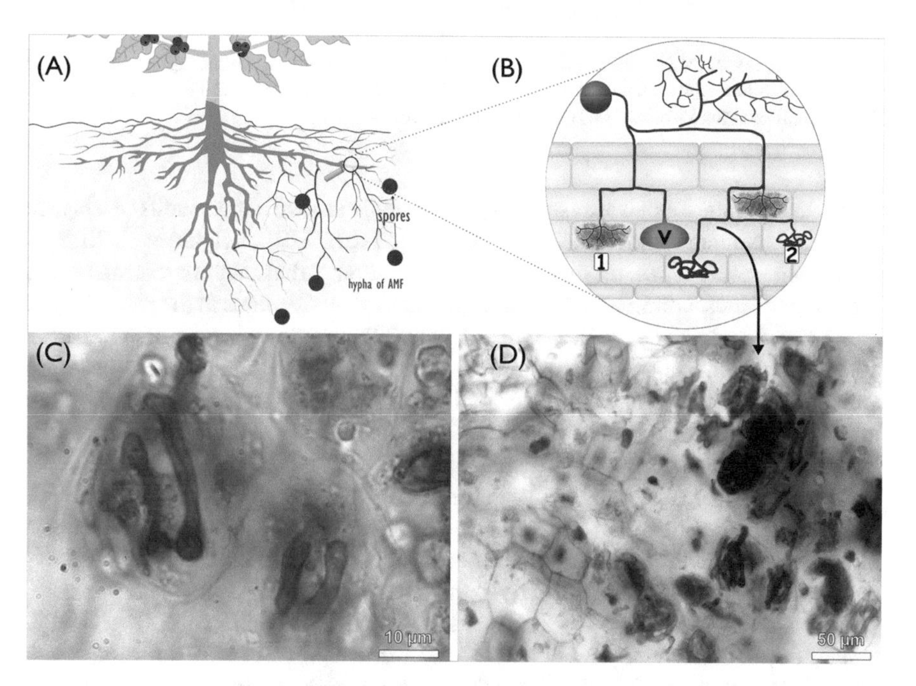

Fig. 3.3 (**a**) Roots of arabica coffee plants colonized by arbuscular mycrrhizal fungi. (**b**) In this association are formed arbuscules (1 and 2) and vesicles (V). (**c**, **d**) Arbuscules type Paris. Art: Tomas Gomes Reis Veloso. Pictures Marliane de C. S. da Silva. Source: Authors

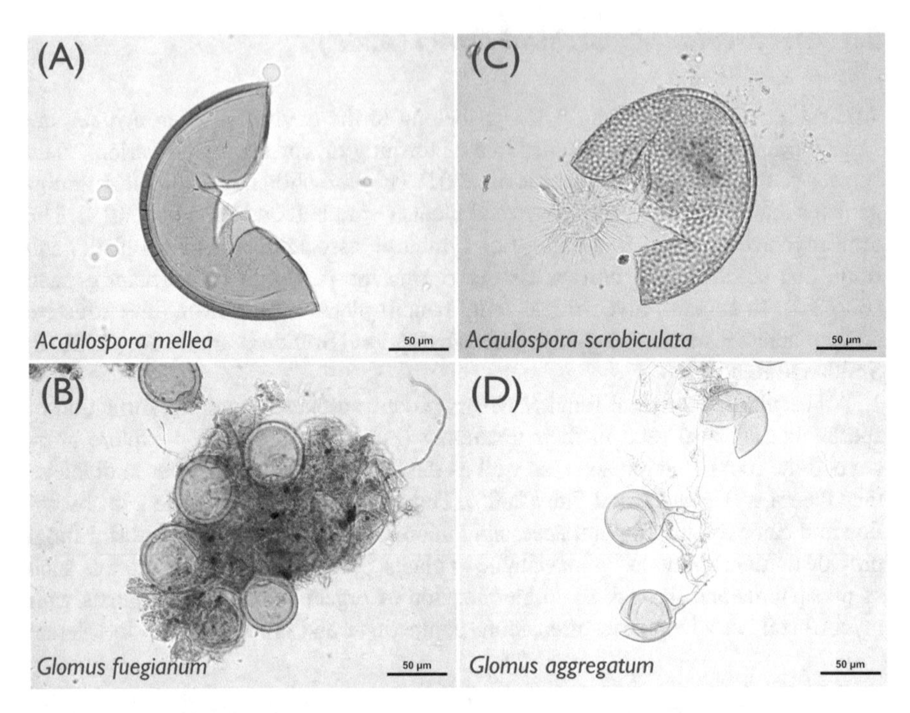

Fig. 3.4 Spores of AMF, collected in arabica coffee plantation: (**a**) *Acaulospora mellea*, (**b**) *Glomus fuegianum*, (**c**) *Acaulospora scrobiculata*, (**d**) *Glomus aggregatum* (Prates Júnior et al. 2019). Pictures: Paulo Prates Junior and Karl Kemmelmeier

environmental stresses, such as surviving in low moisture and nutrient soils (Arriagada et al. 2009; Bonfante and Anca 2009; Sanders and Croll 2010; Vergara et al. 2019).

Among seven types of mycorrhizal association, arbuscular mycorrhizae are probably the most common and most abundant in all ecosystems in the most diverse regions of the planet (Brundrett and Tedersoo 2018). This mycorrhizal association are characterized by the formation of non-septate hyphae external to the roots, intra and intercellular hyphae in the cortex cell layers, as well as intracellular shrubs and intra and intercellular vesicles (Fig. 3.4). The development of this symbiosis results in the formation of branched structures within plant cells, which appear to be the main nutrient exchange point between fungi and plants (Smith and Read 2008).

The beneficial effects of arbuscular mycorrhizae are most apparent under conditions of limited nutrient availability. Root colonization is found to be significantly reduced under conditions of nutrient abundance. However, these regulatory mechanisms have not yet been fully elucidated. From the agronomic point of view, the greater development and productivity of mycorrhized plants is the most important effect. Plants colonized by AMF have their nutritional requirements reduced by half or even 1/10 when compared to non-mycorrhized plants (Siqueira et al. 1998). These effects are most pronounced for nutrients that have low soil mobility, such as P, Zn and Cu for most plants, and N for legumes. In this case, although mycorrhizae do not have the ability to fix atmospheric N_2, they favor N_2 nodulation and biological fixation, especially under suboptimal P conditions (Pacovsky 1989). Thus, the use of nutrients of the soil solution, mineralized or supplied by fertilization will be increased by AMF and the fertilizer requirement may be decreased in the same proportion (Silveira 1992). The higher absorption of nutrients such as phosphorus is due to the carriers that absorb inorganic P of the soil and transfer it to the plant (Bonfante and Anca 2009; Helgason and Fitter 2005). In the tropical regions with light and temperature in favorable conditions to plant growth, there are areas with serious restrictions to commercial crops due to low rainfall, high acidity and a low fertility soil. In the Brazilian Cerrado that is an important area of coffee growing, it has adverse conditions to plant growth. In these areas, the mycorrhization is important because it helps to reduce negative pressure from the unfavorable environment on plants.

The mycorrhizae are widespread in roots of coffee tree, since of initial phase of seedling formation (Cardoso 1978) to adult plants (Cardoso et al. 2003; Siqueira et al. 1998). Coffee is highly dependent on mycorrhization in the seedling phase (Siqueira and Colozzi-Filho 1986), since the roots are very rudimentary and poor in root hairs.

Coffee are mainly cultivated in monocultures, which select AMF species that are more environmentally friendly but with low efficiency in promoting the benefits of mycorrhization (Johnson et al. 1992). Efficient AMF are generally exotic and have difficulty staying in the field after transplantation due to low adaptation to new edaphoclimatic conditions.

The AMF, such as *Claroideoglomus etunicatum* and *Dentiscutata heterogama*, provide an increase in the competitiveness of coffee plants in relation to weeds (França et al. 2016). It is necessary to recognize that mycorrhizal fungi affect the sustainability and quality of coffee, and its diversity and abundance are influenced by management systems (Prates Júnior et al. 2019), efforts should be made to favor the benefits from them.

3 Effect of Soil Physicochemical and Microbiological Characteristics on Coffee Quality

The nutritional aspect of a coffee tree directly reflects on the quality of their fruits and, consequently, the beverage quality of coffee. This occurs because a nutritionally balanced plant is more efficient in producing photoassimilate, which can be allocated as an energy source for metabolism and defense against pathogens (Huber et al. 2012). Biochemically the synthesis of photoassimilates required water (H_2O), carbon dioxide (CO_2) e minerals. Among these, the CO_2 does not limit the production once it is abundant in the atmosphere, and, except in cases of low rainfall rates, the availability of H_2O in soil is normally enough for growing coffee trees. Thus, in soil the limiting factor for production is the availability of minerals in soil, including the dynamics of the microbial community.

The soil natural fertility depends directly on the activity of soil microorganisms, which mineralize the insoluble and indigestible organic compounds, making them available for plants. In that way, the presence of microorganisms in soil is an important aspect to ensure nutrient availability in soil. For example, the association with phosphate solubilizing fungi (*Aspergillus niger* and *Penicillium brevicompactum*) increases the phosphorus availability and vegetative growth (Rojas et al. 2019).

Although the tropical soils, which are the main coffee producers, have usually good physical attributes, with appropriate drainage capacity and water storage, they are chemically weathered, with low phosphorus availability. Intending to increase the productivity, many crops have displayed nutritional imbalance due to unsuitable fertilization, which in many cases uses NPK fertilizers, culminating in the depletion of other minerals that are not present in this type of fertilizer (Nziguheba et al. 2009).

The presence in soil of arbuscular mycorrhizal fungi (AMF) is an alternative to supply nutrients to the coffee trees, especially a little mobile in soil, like P and Zn. The importance of mutual association between AMF and the majority of plants was described by Smith and Read (2008), where the exchange of carbohydrates and other products produced by plants and mineral nutrients absorbed by AMF is the main process. Plants, as well as fungi that participate in the symbiotic process, allowing the best distribution of essential nutrients such as nitrogen, phosphorus and zinc.

In addition to the role of AMF in nutrient supply for plants some aspects related to physical stability of soil have been reported (Barbosa et al. 2019). Extra-radial mycelia of AMF are able to join soil microaggregates (<0.25 mm) to form larger aggregates (>0.25 mm), that helps to keep the overall soil structure and increase the capacity of water storage. Studies, demonstrated that, overall, the AMF increase soil aggregation (Leifheit et al. 2015), due to hyphal net and exopolysaccharide production such as glomalin which aid in the aggregate formation.

A good distribution and size of aggregates also influences the oxygen diffusion through soil, which can influence the carbon cycling, since cycling is regulated by the activity of soil microorganisms which relies on variation of biotic and abiotic factors, such as temperature and humidity, influencing the production of secondary metabolites.

In addition to physical quality indexes of soil, climate change in micro-scale also can influence the microbiota activity in soil, including AMF, due to fluctuation of climatic factors, such as altitude, temperature, rainfall, oxygen availability and others. Next, it will be evidenced that soil microbial activity is directly related to soil nutrient dynamics, coffee nutrition and beverage quality.

3.1 The Importance of Soil Microorganisms in Soil Fertility and Coffee Quality

The microbiota develops an essential role in the ecosystems functioning of coffee soil, through the decomposition and cycling of nutrients, acting on the microbial conversion of complex organic compounds into simple inorganic compounds, increasing their productive capacity (Evizal et al. 2012). In addition, microorganisms act directly on the biogeochemical cycle and nutrient availability to plants. In this way, it favors adequate nutrition and, consequently, the quality of agricultural products, such as coffee.

Agricultural production in highly weathered soils of the tropics may result in the addition of large amounts of mineral fertilizers, however, the costs are significant and the socio-environmental liabilities are large. The growth of the organic products market and the demand for products with social and environmental responsibility seal result in the need to establish strategies to promote soil fertility and decrease the use of mineral fertilizers. The development of biofertilizers that use the potential of microorganisms to increase the productivity and safety of agricultural products such as coffee is booming. Bacterial (PGPR) and fungal (PGPF) isolates have the potential to solubilize phosphate, fix nitrogen and produce plant hormones capable of stimulating coffee growth and increasing grain quality.

There is a large stock of phosphorus in the soil that is not readily available to plants, but functional groups of microorganisms are able to associate with plants and make them available. There is phosphate solubilizing rhizobacteria associated with coffee that have potential as a biofertilizer due to the production capacity of organic acids, such as Pseudomonas spp. and Erwinia (Muleta et al. 2013). Phosphorus is one of the most limiting macronutrients in agricultural production. In addition, the coffee tree produces various organic acids (citric acid, malic acid), which are important in the quality of the drink, among them phosphoric acid, which contributes a lot to acidity, giving a special terroir to high altitude. The availability of mineral nutrients are components of many organic molecules, such as proteins and secondary metabolism compounds that contribute to the aroma and flavor of the drink. All this highlights the importance the coffee growers understand the subtle role developed by bacteria in the transformation of chemical elements, such as nitrogen, sulfur and phosphorus, biodegradation, neutralization of toxic residues, biological control agents and many others functions.

The application low-molecular-weight organic acids have been promoted the increase of productivity the quality of coffee beverage (Lemos 2015). Many microorganisms present in soil can produce low-molecular-weight organic acids, such as citric acid, phosphoric acid, malic acid, which might modulate the final quality of coffee beverage. In addition, the organic acids produced by these microorganisms transform inorganic phosphorus (Pi) of rocks in forms more bioavailable for a suitable fertilization with phosphate.

The implementation of sustainable agriculture encompasses practices that improve the activity of beneficial soil microorganisms, capable of modulating soil biogeochemical cycles and affecting soil fertility. AMF play a prominent role in coffee nutrition, since has a high degree of mycorrhizal dependence, especially in weathered soils with low fertility.

Some efforts to better understand the benefits of AMF inoculation in seedlings, associated with seedling substrate composition and phosphate fertilizer doses combined with AMF species pre-inoculation in coffee development and production are recognized (Siqueira et al. 1998). In this context, it is important to discuss aspects of AMF-coffee symbiosis, seeking to understand the mechanisms and processes that influence plant growth and yield results, as well as the pattern of occurrence of these microorganisms.

3.2 Effect of AMF on Coffee Growth, Yield and Quality

Mycorrhizal colonization has several positive effects related to nutrient absorption, particularly P, being able to favor the increase of coffee growth (Siqueira et al. 1998). For example, inoculation with *Gigaspora margarita* in seedlings of *C. arabica* 140 days after inoculation resulted in higher dry matter production (7.4 times), as well as higher K and P concentration in the shoot (Siqueira et al. 1994).

The inoculation of arabica coffee seedlings with *Glomus clarum*, *Gigaspora margarita* and indigenous species favored seedling growth, with increased survival after transplantation, and yield on average 100% higher than treatment without inoculation during the first year of harvest (Collozi-Filho et al. 1994). The evaluation of yield and development of coffee plants for six years, with mixed inoculation of *Gigaspora margarita*, *Glomus clarum* and 5 isolates of *Glomus etunicatum*, demonstrated the positive influence on height, crown formation and stem diameter (Siqueira et al. 1998).

Inoculation of AMF may also favor biomass production and shoot growth of coffee seedlings subjected to certain concentrations of toxic compounds (Andrade et al. 2009). This role played by the AMF opens up possibilities for coffee cultivation in marginal regions facing problems with salinity or metal contamination (Andrade et al. 2010), or with restrictions on commercial crops such as low rainfall, acidic and poorly fertile soil, characteristic of Cerrado areas (Collozi-Filho and Nogueira 2007). Higher growth in height and survival of plants in the field, when associated with a larger number of AMF species in the field, may occur because of management practices such as partial shading of coffee, non-use of pesticides and reduced mineral fertilization (Retama-Ortiz et al. 2017).

Although AMF may favor plant growth, effects vary depending on the interaction between fungal species, plant species and environment (Bhattacharya and Bagyaraj 2002), associated with diverse cultural practices (Andrade et al. 2009) that make further generalizations difficult. It is noteworthy that variations in mycorrhizal colonization are also related to the conditions for obtaining data that are quite uneven in different studies (Collozi-Filho and Nogueira 2007), which can explore soil layers with distinct physicochemical and biological dynamics.

The best performance of mycorrhized plants is related to the increase in the volume of soil explored, due to the extension of the extra-root hyphal network that contributes to a higher absorption of water and nutrients (Andrade et al. 2009), because the length of FMA hyphae can reach 100 m per cubic centimeter of soil (Miller et al. 1995). This feature leads to improvements in nutritional status compared to P (Siqueira et al. 1998); P and Zn (Bhattacharya and Bagyaraj 2002); P and K (Siqueira et al. 1994); N, Ca and Mg (Vaast and Zasoski 1992), with inoculated seedlings presenting higher concentrations of these nutrients than those not inoculated.

Arbuscular mycorrhizal association increase the tolerance to drought, salinity, pathogens and high metal concentration (Andrade et al. 2009). It is also related to the volume of soil exploited and the improvement of the nutritional status of the plants (Fig. 3.5). In addition, from a multifunctionality perspective, AMF promote improvements in physical, chemical and biological attributes, compounding to soil fertility (Cardoso et al. 2010) that is able to favor the best performance of the coffee trees. In this case, it is emphasized that glomalin production and hyphal network greatly contribute to the stability of the aggregates and soil water retention (Moreira and Siqueira 2006).

Furthermore, mycorrhiza becomes plant able to use nutrient sources by solubilizing inorganic nutrients and mineralizing organic matter. Crop management and cultural practices, such as liming, intercropping with legumes, monoculture, among others, may alter the physicochemical and biological characteristics of the soil and

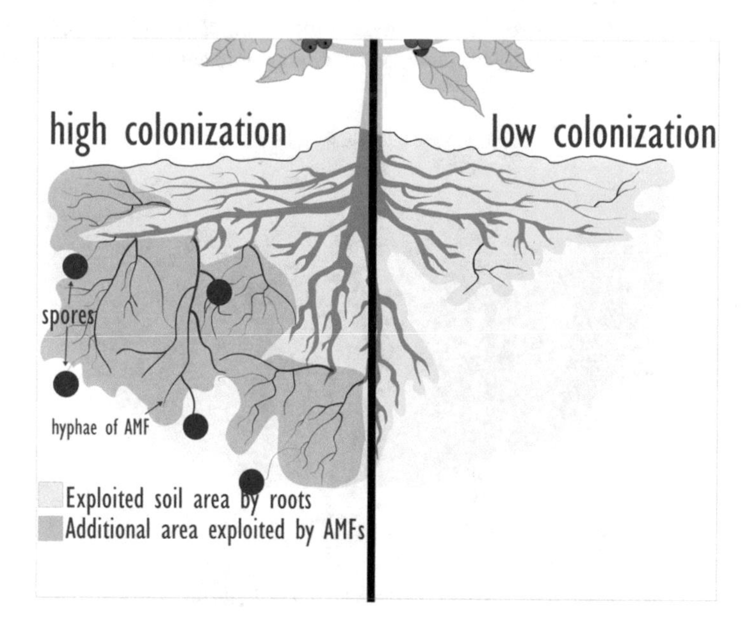

Fig. 3.5 The association with mycorrhizal fungi increases the exploited area of soil around the roots. The high input of phosphorus can inhibit the mycorrhizal colonization, therefore decreasing the exploited volume of soil. Art: Tomas Gomes Reis Veloso. Source: Authors

influence the diversity and abundance of AMF (Andrade et al. 2009). Therefore, it is important to recognize the various factors that affect the occurrence and diversity of these organisms and their biotechnological use.

Soil chemical factors such as pH and Ca and Mg availability have been recognized as important aspects for AMF in relation to spore germination and plant colonization (Siqueira and Colozzi-Filho 1986). Phosphate concentration affects plant mycorrhizal dependence and symbiotic effectiveness of the fungus (Collozi-Filho et al. 1994). It is known that higher availability of P in the soil may contribute to the reduction in the percentage of mycorrhizal colonization. However, small applications in poor soils may favor this colonization (Moreira and Siqueira 2006; Siqueira and Colozzi-Filho 1986), as shown in Fig. 3.6. However, the effect of increased P availability may vary by AMF species. For example, while higher P availability increased *Glomus clarum* colonization, it resulted in lower *Acaulospora mellea* colonization in in vitro propagated plants (Vaast et al. 1996). There may also be differences in colonization due to nitrogen sources, with ammonium resulting in lower percentage of colonization compared to ammonium nitrate and nitrate (Vaast and Zasoski 1992).

The liming practice can eliminate fungistatic factors that act on spore germination and composition of AMF populations (Siqueira and Colozzi-Filho 1986) and may positively affect the number of spores between coffee rows, perhaps due to the occurrence of other plant species that act by stimulating different AMF species. There are levels of phenotypic plasticity, with evidence of good adaptability of certain species to pH conditions, as the presence of *Glomus diaphanum*, traditionally referred to as low acidity tolerance, was recorded at pH 3.9 in the coffee rhizosphere (Collozi-Filho and Cardoso 2000). These fungi can also induce pH increase, decrease exchangeable acidity and increase exchangeable cation values in the rhizo-

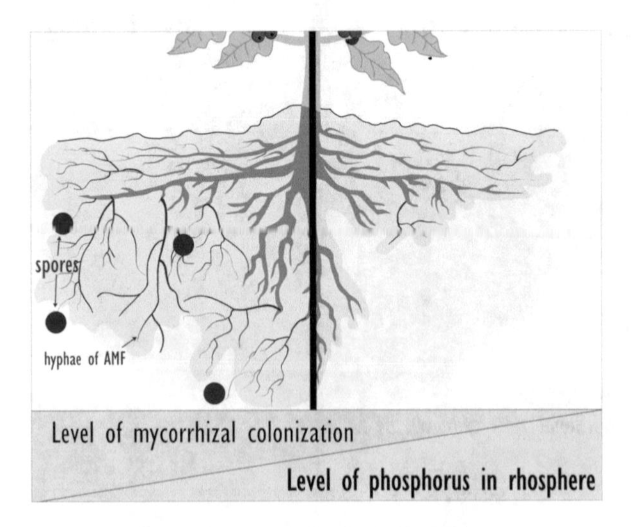

Fig. 3.6 Association between the level of phosphorus in rhizosphere and mycorrhizal colonization. Increasing levels of phosphorus inhibit the association, whereas low level content might increase it. AMF = Arbuscular mycorrhizal fungi. Art: Tomas Gomes. Source: Authors

sphere (Vaast and Zasoski 1992), contributing to reduce Al toxicity and allow the colonization of species of microorganisms and plants.

3.2.1 Mineral Fertilizers

The level of fertilizers in soil is one of the main factors that must be adjusted, because fertilization with phosphate might suppress mycorrhizal colonization (Balota and Lopes 1996). For example, 26 months after replanting reduction in mycorrhizal colonization was observed due to P application (Siqueira et al. 1998). Fertilization with phosphate might reduce mycorrhizal colonization, depending on the quantity of P applied, application frequency and the phosphorus content already present in soil (Theodoro et al. 2003). However, the inhibitory levels vary according to the AMF species involved in the symbiosis and soil conditions.

3.2.2 Organic Fertilizers

Addition of organic fertilizers influences the activity of a great variety of soil microorganisms, including AMF. In the organic production systems, the use of rich substrates might become impossible the mycorrhizal colonization and the system management to take advantage of mycorrhizal benefits (Trindade et al. 2010). These authors recognized the use of manure in substrates for coffee seedlings supports the mycorrhizal association due to stimulus of radicular growth, but can disadvantage due to greater availability of phosphorus to plants.

In field conditions, the occurrence of AMF spores is reported to be greater in organic systems than in conventional or systems using pruning, independently of the season (Teixeira et al. 2010). The species diversity is greater in system of organic cultivation than in conventional system and some species might sporulate more in the conventional (Prates Júnior et al. 2019; Ricci et al. 1999). Nevertheless, it is worth highlighting that high number of spores not always indicates the level of mycorrhizal colonization, because environment stress can stimulate sporulation in some species to increase the possibility of survivor (Stürmer and Siqueira 2011).

The variety of organic inputs is large; therefore, the plant responsiveness depends on input source, fungal species and plant genetics (Trindade et al. 2010). In overall, the coffee seedlings do not display decrease in colonization when growth on substrates with at least 25% of animal manure (Siqueira et al. 1994). In that way, a balanced fertilization using less sources of soluble fertilizers balanced with organic sources, which have slow release over time, might contribute to keep the mycorrhizal association, although the substitution of mineral fertilizers by organic do to ensure the mycorrhizal colonization.

3.2.3 Green Manure and Other Intercropping or Multiple Crops in Coffee Nutrition, Microbiota and Quality

Green manure is an important strategy in availability of nitrogen and other nutrients for coffee and soil microbiota, in order of importance: nitrogen (N), potassium (K), calcium (Ca), magnesium (Mg) and phosphorus (P). This management technique is mainly performed with legumes (Fabaceae), as the ability to associate with noduliferous nitrogen-fixing bacteria called rhizobia (Fig. 3.7). However, green manure can be performed with spontaneous plants, many of which are abundant in coffee crops.

It is important to recognize that green manure without proper management can result in competition between plants and coffee for water, light and nutrients. The identification of the type of weeds is very important for the choice of the appropriate management allowing opting for more adequate management practices, aiming at the highest efficiency and the lowest cost. It is necessary to manage the plants to minimize competition, while the plants used as green manure must cover the soil, avoiding direct radiation, moisture loss and nutrients (Fig. 3.8). This favors microbiota, soil conservation and the sustainability of coffee production.

Coffee production in less intensive systems using green manure favors the diversity of arbuscular mycorrhizal fungi (Prates Júnior et al. 2019). Studies on the benefits of green manure for coffee production by stimulating AMF populations are scarce (Rivera 2010). However, it is known that there are species of green manure with high mycorrhizal dependence that are capable of increasing the inoculum

Fig. 3.7 Germination of *Canavalia ensiformis* (L.) DC, Fabaceae, after application of green manure in arabica coffee cultivation, in Araponga—Minas Gerais, Brazil. Picture: Paulo Prates Júnior. Source: Authours

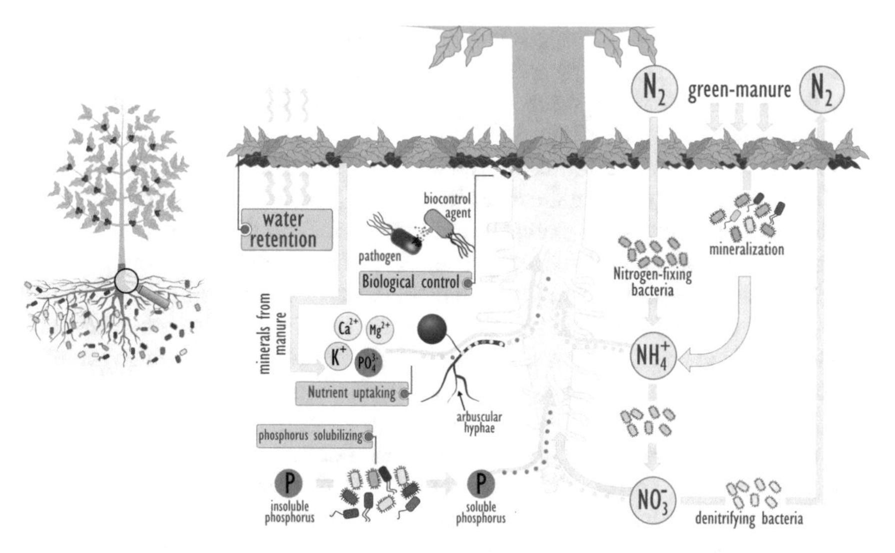

Fig. 3.8 Green manure supports better water retention in soil and increase microbial diversity, allows the presence of antagonistic microorganisms, which produce compounds able to inhibit pathogens and help nutrient absorption. Art: Tomas Gomes Reis Veloso. Source: Authors

potential in cultivated and neighboring areas, becoming an important practice in permanent monocultures, such as coffee cultivation (Collozi-Filho and Cardoso 2000).

The coffee consortium with *Crotalaria breviflora* was able to increase the number of spores and different plant species stimulated different AMF species (Collozi-Filho and Cardoso 2000). The use of crotalaria, sorghum and bean (*Canavalia ensiformis*) in Cambisol stimulated native AMF activity, with nutritional benefits for seedlings via *Glomus intraradices* (Rivera 2010). However, the use of *G. intraradices* together with the above-mentioned green manures in weathered Red Ferralitic soil (Nitosol in the Brazilian Classification System) did not guarantee effective mycorrhization (Rivera 2010). It is noteworthy that the varied effects certainly relate to both types of soil, either through the associated microbiota or the physicochemical soil characteristics.

In agroforestry systems of Arabica coffee, compared to monoculture systems, they may present a higher number of spores in the upper layers and lower number in the deepest layers, possibly due to the greater abundance of roots in these soil layers (Cardoso et al. 2003). Similarly, in coffee plantation in agroforestry system AMF spores were higher than when fully sun exposure (Bonfim et al. 2010).

There are seasonal differences in spore abundance between shaded coffee cultivation and non-shaded monoculture (Arias et al. 2012), less sporulation in the rainy season, when there is greater vegetative growth of the plant (Bonfim et al. 2010). However, a distinct seasonal pattern occurs between species, for example *Scutellospora* spp. and *Gigaspora* spp. became more numerous during the dry season, while species of *Acaulospora* and *Glomus* decreased during this period (Tchabi et al. 2008).

In Brazil, coffee plants are generally cultivated as a monoculture. However, the use of agroforestry systems in coffee crop has been increased. Agroforestry system also favors association with AMF, which are considered key elements to the productivity (Prates Júnior et al. 2019).

Green manure and agroforestry systems are complementary in increasing the quality of coffee production areas, as it favors soil microbiota (Colmenares et al. 2016) due to the release of exudates and litter formation that allows an extensive hyphal network of saprophytic fungi (Fig. 3.9). The diversification of coffee production systems contributes to favoring biodiversity and enhancing ecosystem services such as nutrient cycling, soil and water conservation. It also promotes coffee productivity and soil and climate conditions (Moreira et al. 2018), which is a major factor for the production of coffees with organoleptic and socio-environmental quality.

Coffee production in shading conditions can not only allow the occupation of marginal areas for coffee cultivation and protect frost areas, but also affect the decomposition capacity, as well as the competition between microorganisms, including pathogens and microorganisms beneficial to coffee quality.

Fig. 3.9 Extensive and abundant fungal mycelium, growing just below the litter layer of the arabica coffee agroforest system in Araponga—Minas Gerais, Brazil. Source: Authors

4 The Role of Soil Microbiota in Biological Control and Healthy of Coffee

Metabolites produced by beneficial microorganisms present in soil and rhizosphere can control of phytopathogens and could involve in physiological changes in plant (Ortíz-Castro et al. 2009) and, consequently, changes in the final quality of the coffee beverage. There is an incredible diversity of microorganisms that integrate the coffee microbiome and colonize its rhizosphere (Caldwell et al. 2015; Vaughan et al. 2015; Velmourougane 2016), and they are capable of modulating plant growth and health, as well as producing compounds that integrate the quality, aroma and taste of the beverage.

There are misconceptions that microorganisms are harmful, only causing disease in plants and animals. Most of rhizosphere microorganisms establish harmonic or neutral ecological relationships (e.g. mutualism) with coffee roots, and the minority act as pathogenic or antagonistic organisms. It should be clarified that the majority of microorganisms contribute to healthy crops, for example by controlling harmful microorganisms. Thus, it is necessary to establish management strategies that allow greater use of the biological potential of agroecosystems (Cardoso and Kuyper 2006). Example of intercropping coffee is a strategy for conservative biological control (Rezende 2010) because it allows a favorable microclimate by providing shelter and alternative foods (Fig. 3.10) and increased diversity of AMF (Prates Júnior et al. 2019), favoring the organoleptic and socioenvironmental quality of the drink.

The microbiota from rhizosphere of coffee plants and/or the use of soil, endophytic microorganisms and their metabolites may control the coffee phytopathogens such as *Colletotrichum, Fusarium, Hemileia vastatrix* and *Pseudomonas syringae* (Botrel et al. 2018; Muleta 2007; Shiomi et al. 2006). The mechanisms of disease suppression are diverse and include competition, antibiosis, nutrient availability, and resistance induction.

Soil microorganisms produce many volatile and nonvolatile substances that allow interactions with other organisms and the environment (Leff and Fierer 2008), that have potential in biocontrol (Monteiro et al. 2017) and in the composition of the characteristic aroma and flavor of coffee. This is because microorganisms produce metabolites that diffuse through plant tissues (Ortíz-Castro et al. 2009), reaching the beans, directly influencing the final quality of the drink. For example, actinobacteria are recognized for their ability to produce metabolites that inhibit pathogen growth, promote plant growth (Shimizu 2011), and may produce lipases and proteases that impart special flavors. Some yeasts present in soil have potential for biocontrol (de Souza et al. 2017) and in the later stages can colonize coffee grain, acting on fermentation that will result in special aromas and flavors (Bressani et al. 2018), like chocolate, fruity or caramel.

The fungus *Cladosporium cladosporioides*, for example, can be used to protect coffee, including biocontrol of seed rot and mycotoxin producing by other fungi, as well as to improve coffee beverage (Chalfoun 2010). Control of pathogens, such as species of *Penicillium*, *Fusarium*, *Alternaria* are important because they determine

Fig. 3.10 Arabica coffee production in agroforestry system with banana's trees and native forest tree species, in Araponga, Minas Gerais, Brazil. Source: Authors

the nutritional value of coffee, the aroma and flavor, giving it a smell of wet earth or mold (Iamanaka et al. 2014), as well as release mycotoxins (Pimenta et al. 2018). These substances, such as ochratoxin A, aflotoxin B1 and sterigmatocystin are hepatotoxic, nephrotoxic and carcinogenic (Joosten et al. 2001), being produced by hyphae and excreted. These substances are stable and resistant to different forms of storage and processing conditions (Scott et al. 1992).

The mycotoxin reduces the score on the coffee classification, causing economic losses. Some markets set acceptable legal limits for mycotoxins in processed coffee, due to the health risks of the consumer. In order to minimize and control mycotoxin-producing fungi, fungicides, physical control such as temperature and humidity are tested. However, it may pose health risks due to the use of pesticides and increase operational costs for controlling storage conditions. Promising studies involve biological control, including plant and microorganism metabolites. Plant secondary metabolites such as caffeine content may decrease the incidence of mycotoxin-producing fungi. Microorganisms modulate the production of plant secondary metabolites and act as antagonists of mycotoxin-producing fungi. Non-mycotoxin producing strains may be employed to compete with mycotoxin producers as well as other groups of microorganisms capable of producing antifungal molecules (Dalié et al. 2010).

Adequate levels of control of mycotoxin-producing fungi and other pathogens that decreases the coffee drink quality can be achieved by symbiotic microorganisms such as AMF (Ismail et al. 2011, 2013).

Arbuscular mycorrhizal fungi are the most common plant symbionts and play an important role in promoting growth and better use of fertilizers (Siqueira et al. 1998) and increasing the resistance and protection of coffee against pathogens, reducing the use of pesticides (Akhtar and Siddiqui 2008).

The management of microbiota and the use of beneficial microorganisms are an important alternative to the use of pesticides, contributing to increase the health and food safety of the drink, being a quality factor that worries more and more consumers (Kejela et al. 2016). Thus, the food market without the use of pesticides or with seals and traceability ensures that these products have been used properly.

Pesticides in contact with the soil can cause microbiota selection pressure, alter the species composition and biochemical processes of this environment, with consequent changes in nutrient availability and therefore soil fertility. The microbiota is essential for soil fertility, because through its primary metabolism acts in the transformation of organic and inorganic compounds.

The effects of pesticides on AMF may vary depending on the amount, frequency and mode of action of the product used, as well as the type of soil or associated microbiota (Perrin and Plenchette 1993). Herbicides generally affect mycorrhizal colonization, total and active extraradicular mycelium, spore density and diversity (Carvalho et al. 2014; Silve 2011). More sustainable farming models, such as agroecological production systems favor the diversity of AMF (Prates Júnior et al. 2019). The need to reduce the use of pesticides and agricultural models that favor the use of biological soil potential and encourage the use of more sustainable practices is recognized. In addition, there are demanding market niches, such as those that advocate natural farming, to which Japanese consumers have joined.

It must be recognized that the environment including management, climate and soil directly influences all stages of pathogen-host interaction. Climatic factors such as radiation, humidity, temperature are important in plant physiology, pathogens and their antagonists.

Climate change may alter the composition, diversity and dynamics of the microbial community, influencing the onset of disease. Climate change results in changes in soil level such as nutrient availability, depending on the moisture level and oxygen saturation, temperature. Climate change changes soil quality, for example, if the temperature of a given region increases by two or three degrees, the concentration of CO_2 and O_2 will increase, with variation in humidity, pH and temperature. These factors have an important effect on soil and soil microbiota and the ecophysiology of coffee plants, implying differences in the quality of the beverage.

5 Effects of Topographic and Microclimatic Factors on Microbiota and Coffee Quality

The studies of parameters that affect coffee quality has increased in recent years (Chalfoun et al. 2018). This quality depends on several factors biological, topographic and microcline, such as soil microorganisms, altitude, sunlight exposure and slope (Avelino et al. 2005; Haile and Kang 2019). The use of starter of microbial cultures can produce a coffee beverage with distinct aroma (Pereira et al. 2014). In Brazil, the coffee processing occurs mainly by the natural method, which provides the high microbial diversity (Chalfoun et al. 2018). In beginning of fermentation, there is a predominance of bacteria and in the end of yeast (Vilela et al. 2010). Microorganisms have been isolated and inoculated to obtain new flavors and help control and standardize the fermentation process and produce coffee beverage with new and desirable flavor profiles (Pereira et al. 2014). Yeast plays a complementary role when associated with coffee quality by the synthesis of yeast-specific volatile constituents (Pereira et al. 2014).

Ho1wever, little emphasis is given to soil microbiota that aids the growth and quality of coffee plants (Fig. 3.2). Furthermore, the topographical and microclimatic factors may be directly involved in the ecology of soil microbial communities. By affecting the microbial community, it is suggested that they also affect the quality of coffee, since microorganisms play a fundamental role in the bean fermentation process (Neto et al. 2017; Pereira et al. 2014).

The coffee plant is natural from Afromontane forest of Ethiopia, between 1000 and 2000 m of altitude, with abundant rainfall and optimal temperature for plant growth (Daba et al. 2019). It is recognized that climate is one of the factors that directly affect the harvest and final quality of the beverage. This is because the climate causes physiological changes in the plant, due to changes in water balance, radiation, and air temperature (Camargo 2010). Acidity, fruity character and quality are typical characteristics of coffees produced in cold climates. The volatile compounds such as ethanol and acetone are indicators of these temperatures and, among the volatiles detected, most of alcohols, aldehydes, hydrocarbons and ketones appeared to be positively linked to high temperatures and high solar radiation (Bertrand et al. 2012). Climate change, which generally involves a rise in average temperatures in tropical mountainous regions, can have a negative impact on coffee quality (Bertrand et al. 2012).

Climate and microclimate changes directly influence the coffee-associated microbiota. For example, the structure of the bacterial community may vary as a function of slope, since topographic factors cause differences in microclimate, especially soil temperature, which correlates with soil carbon and nitrogen content (Yuan et al. 2015). Soil microbial activity is also influenced by temperature, moisture, and litter leaching, with changes in heterotrophic respiration and differences in the dominance of bacterial and fungal groups (Qiu et al. 2005). The reduction in growth and yield of coffee plants grown over long periods in monocultures may be linked to changes in chemical properties and soil microbial community, such as organic matter and reduced microbial diversity and potentially beneficial microorganisms (Zhao et al. 2018). While the highest carbon values of microbial biomass (C-BMS) were verified in Coffee systems in consortium with tree species and *Urochloa* cv. *decumbens* and coffee in consortium only with *Urochloa* cv. *decumbens*, greater plant diversification in agricultural systems positively stimulates microbial biomass, probably because these systems provide favorable conditions for their development, generating favorable microhabitats and places of refuge (Guimarães et al. 2017).

Light intensity, temperature and electrical conductivity of the soil are influenced by mountain slope elevation, cropping system and/or an interaction of the two, and these factors affect soil macrofauna in coffee plantations (Karungi et al. 2018). So, the soil microbiota is also affected as they are more sensitive to environmental changes. Like shown in Fig. 3.11, where it shows the composition of soil bacteria and fungi at different altitudes obtained by the new generation sequencing technique (llumina Miseq). The bioclimatic characteristics of a region can influence the dynamics of soil microorganisms (Criquet et al. 2004; Srivastava et al. 2014). Even coffee monoculture for long years can reduce the richness of soil bacteria and fungi (Zhao et al. 2018), including arbuscular mycorrhizal fungi (Prates Júnior et al. 2019).

High altitudes and annual precipitation less than 1500 mm are favorable for coffee quality (Decazy et al. 2003). Grain filling is more critical in lower altitude conditions, as the plant completes this process in a shorter time and may suffer greater

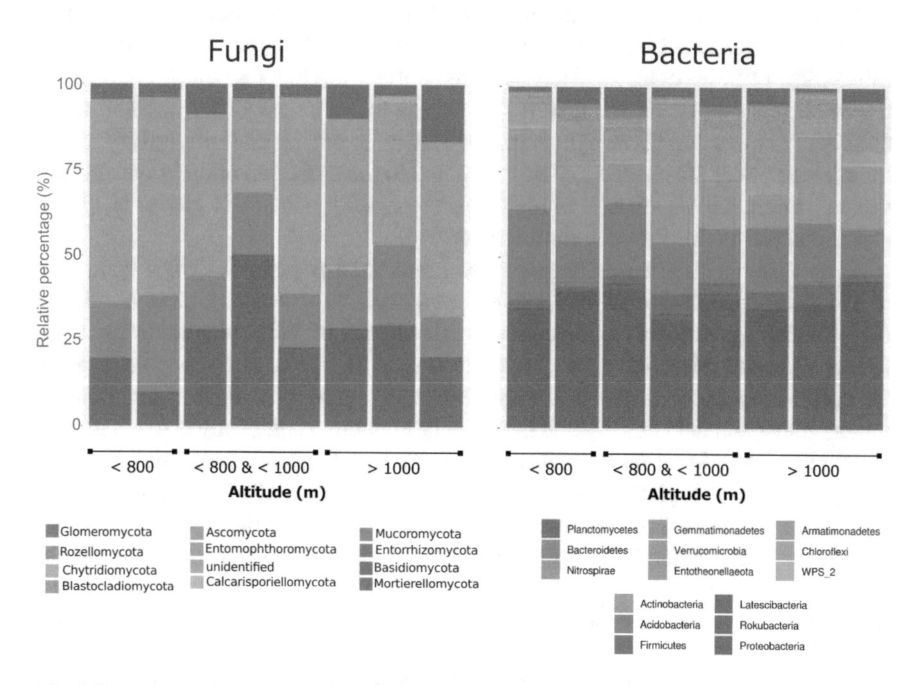

Fig. 3.11 Taxonomic composition of fungi and bacteria in soil of arabica coffee crops throughout altitude gradient (700–1100 m) in Espírito Santo, Brazil. Source: Authors

wear, because it presents shorter fruit formation period and in situations with some stress, the plant may not have time for recovery, with damage to the final fruit formation (Laviola et al. 2007).

In locations with milder temperatures, usually found with elevation, there is an influence on the allocation phase of photoassimilates in coffee fruits and leaves and the prolongation of these phases is directly related to the final quality of coffee, leading to a higher accumulation of chemical constituents that are related to the better quality of the coffee beverage, while the shortening of this phase caused by higher temperatures, is related to the decrease in the final quality of the product (Laviola et al. 2007). High temperatures induce the accumulation of foreign flavor compounds even after roasting (Bertrand et al. 2012). Increased caffeine content and decreased fat content according to altitude have also been reported (Guyot et al. 1996).

Higher altitude coffees with open or medium shading have superior grain quality, these growing conditions also favored the production of beans with lower content of caffeine (Tolessa et al. 2017). Increases in fresh weight of fruits regularly collected from flowering to maturity, significant reduction in sucrose content and an increase in reducing sugars were observed in shade-grown coffees (Geromel et al. 2008). Shadow and altitude, delaying maturity, allow, from a physiological point of view, an improvement in quality, which translates into an increase in acidity and sugar content, important compounds for aroma formation (Guyot et al. 1996). Quality score changes driven by altitude, shade and harvest period are small, although they can induce drastic changes in fraction Q1 (specialty 1) $\geq$ 85 versus coffee Q2 (80–84.75) (Tolessa et al. 2017). Shade-free coffees are bitterer, which emphasizes the importance of shade for quality; an excess of bitterness is detrimental to the quality of arabica coffees (Guyot et al. 1996). Coffee quality and soil fertility can be maintained under the shaded system compared to the unshaded or open system, and the soil microbial population is higher in areas where coffee is grown at higher elevations and in shade (Velmourougane 2017).

Crop systems also cause changes in soil microbial populations when compared to the natural condition of the native forest environment (Ferreira et al. 2018). Agroforestry systems for example increase the quality of coffee plantation areas due to increased soil microbial activity (Colmenares et al. 2016). Macauba trees modify the coffee crop microclimate in the agroforestry system, reducing the maximum air temperatures and the intensity and availability of photosynthetically active radiation and can be considered an adaptation strategy under future climate variability and changes related to high and low temperatures (Moreira et al. 2018). Molecular analyzes have shown that the agroecological management system maintains a greater diversity of arbuscular mycorrhizal fungi, even being similar to the diversity of natural forest compared to conventional systems, showing that agroecology is a management system applicable to sustainable coffee production (Prates Júnior et al. 2019).

Among the soil microorganisms that actively participate in the growth and development of coffee plants are AMF. Among the factors that affect the community and the potential for inoculation of AMF, there is soil revolving, which promotes fragmentation of the hyphae network, exposing them to the incidence of solar radiation, high temperatures, humidity variations and predators (Carenho et al. 2010). Thus, it is noteworthy that the use of brush cutters and no weeding for control of spontaneous plants showed conservative character for mycorrhizal colonization, total and active extraradicular mycelium, density, and diversity (Silve 2011).

Factors, such as sunlight exposure (Gehring 2003), water availability, and temperature (Entry et al. 2002) may increase or reduce the occurrence of AMF, given the ability to modulate physiological aspects of fungi and plants. Altitude is an important parameter that can modify the structure the AMF community as showed by denaturing gradient gel electrophoresis (DGGE) technique (Fig. 3.12). However, there is a lack of studies that allow discussions at the level of symbiotic mechanisms. Thus, it is necessary to evaluate, for example microclimatic implications associated with litter and spontaneous vegetation that may favor the higher occurrence of AMF species in coffee plantations (Arias et al. 2012). In addition, the coffee species may favor a certain microbial population, such as Arabica coffee houses more AMF species, bacteria, N-fixing bacteria, P solubilizers and cellulose decomposers while Robusta coffee, fungi and actinomycetes (Bagyaraj et al. 2015). And also, the locality and sampling period affect the composition of the AMF community, showing the importance of considering plant phenology and spatial scale for sampling (Prates Júnior et al. 2019).

Species occurrence, number of spores and percentage of mycorrhizal colonization are known to be affected by crop age, where adult crops commonly have a higher percentage of colonization, perhaps due to higher soil shading (Prates Júnior et al. 2019), implying the study of microclimatic factors. In addition, it is expected that during the coffee bean filling phase there may be a decrease in mycorrhizal colonization (Silve 2011), since the photoassimilate consumption during this phase is large, causing lower aliquots for the roots (Bonfim et al. 2010), which may restrict colonization. It is recommended to carry out works focused on the dynamics of interaction throughout the year and to evaluate the possibility of selecting coffee

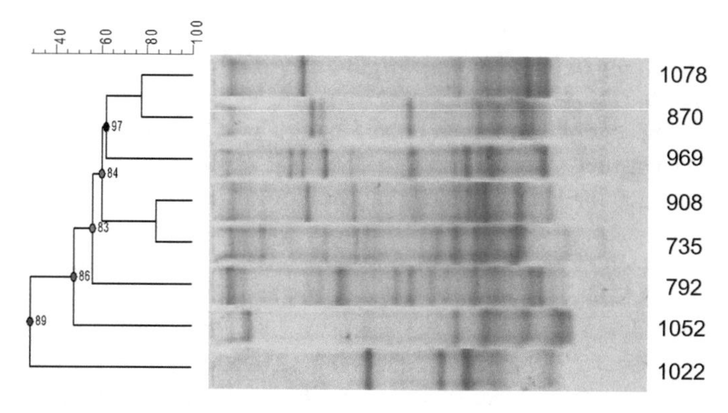

Fig. 3.12 Dendrogram following the DICE WARD analysis obtained from the DGGE band patterns of the AMF community in soil of arabica coffee crops, at different altitudes (735–1078 m), in Espírito Santo, Brazil. Source: Authors

varieties to originate genotypes more or less receptive to AMF, or to develop breeding work for better use of symbiosis.

Topographic and microclimatic factors may also influence the phytosanitary aspect of the crop. Changing crops from low to higher altitudes may contribute to higher yields due to the lower impact of coffee rust epidemics (Daba et al. 2019). Research has also been done on endophytic microorganisms isolated from coffee tissues, as plant growth promoters and coffee rust biocontrol agents (Silva et al. 2012).

Thus, it is possible to understand the importance of topographical and microclimate factors in soil microbiota and consequently in coffee quality. Producing healthy fruits also involves the production of healthy plants, and these are directly linked to the soil microbial community.

6 Microbial Compounds That Influence Plant Growth and Quality of the Coffee

A large part of the world's coffee production is performed in the Tropical soils (De Beenhouwer et al. 2015). In these soils, the mycorrhizal associations (Figs. 3.2 and 3.3) decrease the negative pressure of the environment on the plants, such as acidity, salinity and water availability (Cruz et al. 1983; Van Der Heyde et al. 2017) Mycorrhizae are very common in coffee plantations and colonize the roots from early adulthood (Balota and Lopes 1996; Cardoso et al. 2003; Siqueira and Colozzi-Filho 1986). The coffee plant has a high dependence on mycorrhizae in the seedling phase (Siqueira and Colozzi-Filho 1986). Furthermore, coffee is perennial plant and has been produced by monoculture for several years (Nunes et al. 2009). Thus, this mutualistic symbiosis with AMF is very important for coffee plant, so to bean quality.

The symbiosis between roots and mycorrhizal fungi is one of the most important biological interactions (Allen 1996). It is a nutritional interaction with the bidirectional supply of photoassimilates, nutrients, and water (Berbara et al. 2006). Thus, this interaction increases nutrient absorption, competitiveness, and productivity of the fungus and plant (Moreira and Siqueira 2006). Communication between plant and fungal cells occurs through chemical compounds that modulate the growth, reproduction, and metabolism of symbiotics (Nunes et al. 2009). Thus, the bi-directional sharing of substances between plant and fungus (Fig. 3.13) can directly or indirectly influence the quality, aroma, and taste of coffee beans.

The beneficial effects of mycorrhizae on plant nutrition contribute to the sustainability of agricultural production (Berbara et al. 2006; Moreira and Siqueira 2006). The positive effects of mycorrhizal fungi on growth and yield of a variety of agronomic crops (e.g. coffee, rice, soybeans, maize, cassava, yerba mate, and, sugar cane) have been observed (Bernaola et al. 2018; De Beenhouwer et al. 2015; Van Der Heyde et al. 2017; Silvana et al. 2018).

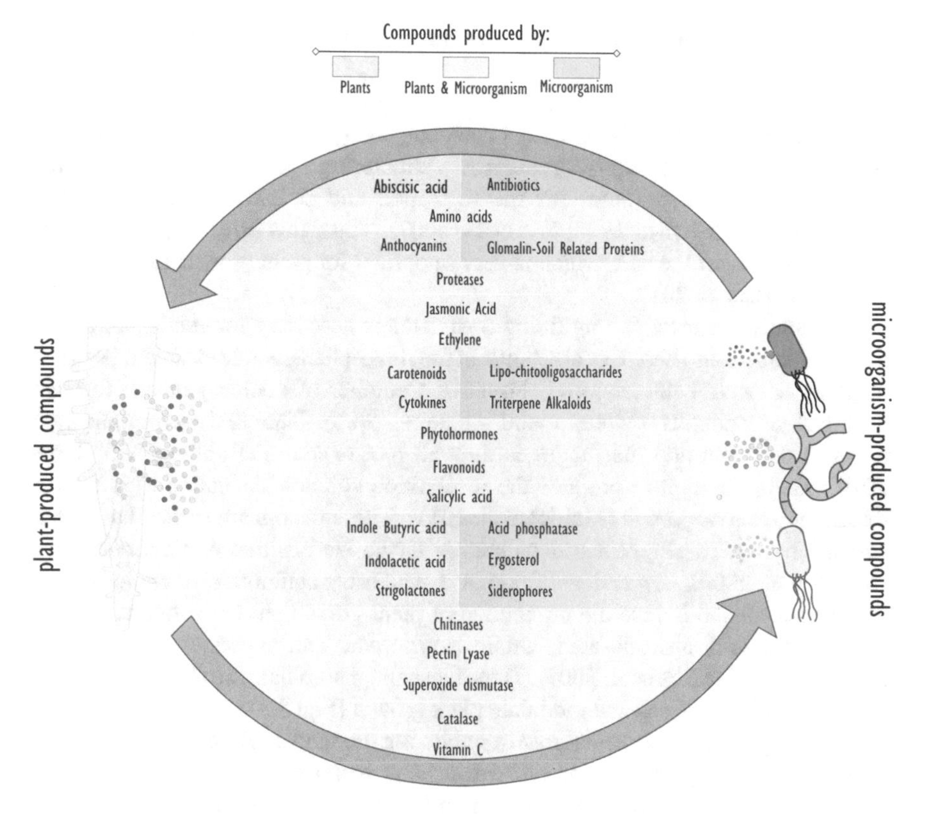

Fig. 3.13 The bi-directional sharing of metabolites between plants and soil microorganisms. Source: Authors

Nutrient uptake and translocation to roots are one of the most important roles of extra-root hyphae (Nunes et al. 2009). According to this author, the expression of acid phosphatase genes that intensifies the organic phosphorus mineralization is activated by the symbiosis action (Fig. 3.13). These fungi also increase the absorption of other nutrients, such as phosphorus, zinc, molybdenum, copper, cobalt, iron and nitrogen (Berbara et al. 2006) (Cruz et al. 1983; Akond et al. 2008; Lambers et al. 2009). In this case, coffee beans can accumulate these essential elements for human health. Furthermore, mycorrhiza stimulates acid phosphatase synthesis for organic phosphorus mineralization (Kiriachek et al. 2009).

Mycorrhizal association induces the synthesis of metabolites that plant growth-promoting and synergistic interactions among other beneficial microorganisms, such as, PGPR (Fig. 3.1) and nitrogen-fixing bacteria (Akhtar and Siddiqui 2008; Cwala et al. 2010). Increasing photosynthesis rate and drought tolerance, salinity, and pH values are the main fungal factors that contribute to plant growth. Furthermore, root protection against microbial pathogens and nematodes and resistance to heavy metals and toxic compounds promoted by symbiosis aid in plant development and yield and quality of the grains (Ferreira et al. 2018; Metwally and Abdelhameed 2018).

Extra-root hyphae are also responsible for the production of glomalin-soil related proteins (GSRPs, Fig. 3.13) and other chelating compounds of nutrient and mineral (Leake et al. 2004). This glycoprotein is a structuring agent that promotes stable bonds between soil particles for the formation and stabilization of aggregates (Wright and Upadhyaya 1998; Wu et al. 2007). Thus, this protein influences the physical quality of the soil, which is very important for plant growth and grain formation (Silva et al. 2012).

Information sharing among living organisms is necessary for establishing ecological interactions (Nunes et al. 2009). In the rhizosphere, plants establish positive, negative or neutral interactions with a large number of microorganisms through chemical compounds (Moreira and Siqueira 2006). The first communication between the plant and the fungus is through root exudates (Bonfante and Genre 2010). Then, the hyphae produce the recognition compounds, called Myc factors that stimulate root growth (Maillet et al. 2011). These factors are sulfated and non-sulfated lipo-quito-oligossacarídeos similar to the Nod factors of *Rhodobium* sp. (Nunes et al. 2009). Mycorrhizal fungi also synthesize antibiotics, phytohormones, and ergosterol and induce the production of plant growth phytoregulators, such as indoleacetic acid, abscisic acid, indole butyric acid and cytokines (Niemi et al. 2002; Herrera-Medina et al. 2007). Thus, these fungi stimulate the formation of new mycorrhizal interactions and modulate plant growth (Fig. 3.3).

Ergosterol plays an essential role in stabilizing the fungal cell membrane (Mohan et al. 2014). This compound is present in plant pathogenic and symbiotic fungi. However, plant ergosterol receptors may differentiate them (Granado et al. 1995; Mohan et al. 2014). This sterol contributes to increasing in plant resistance to pathogens. Furthermore, the presence of ergosterol in coffee beans is a source of pro-vitamin D.

Bidirectional communication between plants and fungi may also be involved in the synthesis and accumulation of aromatic and alkaloid compounds responsible for taste in coffee beans (Fig. 3.13). In addition, plant nutrition directly contributes to grain quality. Mycorrhizal plants have higher photosynthetic rate, enzymatic activity, and phytoregulatory production than other plants (Bernaola et al. 2018; De Beenhouwer et al. 2015; Van Der Heyde et al. 2017).

According to Wright (2009), soil quality and agricultural production depend on the management of the microbial community with an emphasis on inorganic phosphate solubilizing bacteria and fungi (Gyaneshwar et al. 2002; Mendes et al. 2013). The soil microbial community also plays an important role in maintaining soil moisture due to the translocation of water from soil particles to roots and the release of water by metabolic pathways (Moratelli et al. 2007; Moreira and Siqueira 2006). According to Costa (2010), maintaining soil moisture ensures better productivity and quality of beans and beverages of coffee.

Rhizobacteria and soil phytopathogenic fungi establish competition for space, nutrients, and water (Whipps 2000). Under iron-limiting conditions, rhizobacteria produce siderophores that remove iron from the soil and render it unavailable to phytopathogenic fungi (Loper and Henkels 1999). Rhizobacteria also inhibit the growth of these fungi by spore degradation (El-Tarabilyif et al. 1997). According to Chernin et al. (1995), the production of chitinolytic enzymes and bacterial proteases is involved in the control of spore germination and mycelial growth of phytopathogenic fungi in the rhizosphere. Furthermore, studies have shown the occurrence of resistance induced by PGPR. This resistance is achieved by signaling pathways sensitive to ethylene and jasmonic acid (Knoester et al. 1999; Mauch-Mani and Métraux 1998). In this resistance, the plant strengthens the physiological barriers against the invasion of microbial pathogens. Thus, these bacteria contribute positively to plant health and fruit quality.

Plants with mycorrhizal associations also produce defense signals against microbial pathogens and nematodes (Song et al. 2010). According to these authors, these signals that are characterized by foliar production of jasmonic and salicylic acid are transmitted in the soil by hyphae to induce resistance in healthy plants. In tomato study, it was observed fat droplet movements with these chemical mediators in hyphae (Ritter et al. 2017; Song et al. 2010). In addition, the emission of volatile compounds (e.g. ethylene, jasmonic acid, and salicylic acid) is a way of signaling the presence of herbivorous predators, such as wasps and caterpillars (Farha-Rehman et al. 2010; Mccormick 2016).

Studies have shown that phosphorus-deficient plants contain more active compounds than plants without this deficit due to the formation of mycorrhizal associations (Kiriachek et al. 2009; Tawaraya et al. 1998). The plants also produce compounds to promote growth and branching of the hyphae, such as strigolactones which are derived from the biosynthetic pathways of carotenoids (Matsubara et al. 2009) and flavonoids (Akiyama et al. 2002). In this case, carotenoids and flavonoids may also be transferred to the fruits (Fig. 3.13). Furthermore, auxins, cytokines, gibberellins, ethylene, abscisic acid, jasmonic acid, and salicylic acid are also involved in the control and development of mycorrhizae (Kiriachek et al. 2009).

The process of communication between symbiotics also involves fungal molecules (Kiriachek et al. 2009). Thus, chemical signal sharing between the fungus and the plant plays a key role in the selectivity and distinction between beneficial and harmful microorganisms (Gianinazzi-Pearson 1996). Also, plant phytoregulators play different roles in plant development, including cell division, ethylene biosynthesis, tissue vascularization, tissue differentiation, apical dominance, fruit and flower development, photo and geotropism, and response to abiotic and biotic stresses (Campanella et al. 2004; Lu et al. 2010). These stresses may be mitigated by the induction or synthesis of phytoregulator by AMF (Kiriachek et al. 2009).

Despite the enormous economic importance of coffee, there is very limited knowledge about the association of AMF with the roots of this plant (De Beenhouwer et al. 2015). These authors described the AMF communities in the roots of Arabica coffee cultivated in Ethiopia by pyrosequencing. In this study, they showed that phosphorus availability decreases AMF diversity. In addition, they identified 207 operating taxonomic units (OTU) of AMF in the rhizosphere, being approximately 70% classified in the Glomeraceae family. Coffee plants (cultivar Catuaí Vermelho IAC 99) inoculated with AMF (*Glomus clarum*, *Glomus etunicatum* and

Scutellospora heterogama) are resistant to water stress that shows the benefit of the fungi for the adaptation and development of the plant (Freitas et al. 2015). Strawberry plants with mycorrhizal associations also showed the highest specific activities of superoxide dismutase and catalase, which shows the benefits of this symbiosis during oxidative stress and the elimination of toxic forms of oxygen (Meira 2004).

We did not find studies that correlate the accumulation of flavonoids, alkaloids, carotenoids and other compounds responsible for the aroma and taste of coffee drink with the presence of mycorrhizae in the roots of the coffee plant. However, this relationship has been observed in other cultures (Castellanos-Morales et al. 2010; Cecatto 2014; Lingua et al. 2013). Cecatto (2014) related the quality of strawberry fruits to mycorrhizal fungi inoculation. According to this author, AMF provide better nutrient absorption, higher production of phenolic compounds and anthocyanins than the controls, stimulate the defense system and increase dry mass productivity. It also shows that the *Rhizophagus clarus* fungus acts positively on strawberry crop providing higher yield and higher accumulation of vitamin C and phenolic compounds than in control. These compounds contribute to the aromas, taste and nutritional and medicinal properties of strawberries. The isolates of *Acaulospora morrowiae* and *Scutelospora heterogama* stimulate anthocyanins synthesis by the plant (Cecatto 2014). Furthermore, AMF have an effective action in the synthesis of bioactive compounds and amino acids (asparagine, glutamic acid, glycine, citrulline, GABA and arginine) in plant fruits (Castellanos-Morales et al. 2010; Lingua et al. 2013; Matsubara et al. 2009; Moe 2013; Okada and Matsubara 2012). The induction of amino acid synthesis by mycorrhizal fungi may influence caffeine production which is a purine alkaloid derived of glycine, L-aspartic acid and L-glutamine (Peres 2004). Thus, we suggest that AMF also contribute to the productivity and accumulation of these functional compounds in coffee fruit.

The inoculation of AMF in medicinal and aromatic plants favors the biosynthesis of secondary metabolites that are the active principles of these plants, including quality of the essential oils (Freitas et al. 2004). In addition, AMF-inoculated Manihot plants have higher levels of sulfur, manganese, and zinc and proteins than uninoculated plants.

The production of triterpene alkaloids by *Scloroderma* sp. that establish mycorrhizal association with pine and eucalyptus was observed through mycelial growth in Petri dish (Morandini 2013). These results are important because they show the ability of the fungus to produce bioactive compounds. These alkaloids also contribute to the aroma and taste of foods and beverages and have anti-cancer, anti-inflammatory, antiviral and antimicrobial activity (Morandini 2013). Also, caffeine is a type of alkaloids (Fig. 3.13). Thus, fungal alkaloids may aid in caffeine production.

Santos (2008) studied the diversity of endophytic bacteria associated with coffee fruits (*Coffea arabica* L.) to establish a relationship between coffee drink quality and the presence of certain bacterial species. He concluded that the populations of endophytic bacteria has a high diversity and comprise different phyla. However, the functional role of these bacteria in coffee fruits was left unanswered in this study. In a study similar, Cordero (2008) concludes that the existence of a diversity of endophytic bacteria in coffee beans highlights the urgency of functional studies, especially with precursor compounds of aroma, taste, and acidity. Unlike these two studies, Nunes (2004) showed that endophytic bacteria of coffee beans, *Pseudomonas putida*, can degrade caffeine. This author has also identified bacterial species that produce cellulase, protease, chitinase, and pectin lyase. In a more recent study, Miguel (2011) evaluated the diversity of endophytic bacteria at different stages of *Coffea canephora* bean maturation. In this study, the highest and lowest diversity was observed in green and ripe fruits. According to the author, the lowest microbial diversity in ripe fruit may be due to the highest concentration of caffeine and sugars. In addition, he observed that the diversity of gram-positive bacteria was greater than that of gram-negative bacteria in green fruit and ripe fruit there is no difference between these microbial groups.

The results by Nunes (2004) and Miguel (2011) show that endophytic microorganisms modulate chemical composition at different stages of fruit maturation and may have a positive influence on the aroma and taste of the drink.

Therefore, soil microorganisms, mycorrhizal fungi and diazotrophic bacteria, including fruit endophytic bacteria, favor the growth, resistance to pathogens and water stress of the coffee plant and contribute to the production and accumulation of compounds responsible for the aroma and taste of the beverage.

7 Final Considerations

Soil microorganisms are of great importance in coffee quality, including organoleptic attributes (e.g. aroma, flavor and soluble solids) and aspects of the healthy human and environmental. These microorganisms can modulate plant physiology and directly or indirectly influence the biochemical composition of the beverage of coffee. This is because they provide essential nutrients for plant growth that can ensure size and homogeneity in fruit ripening. They are responsible for releasing some volatile and nonvolatile compounds that affect the final quality of the beverage. However, it is necessary for the greatest success in increasing the productivity and quality of coffee drink to establish strategies for the use and management of soil microorganisms capable of promoting growth and nutrition of plant, control of diseases and substances harmful to the environment and human health, such as mycotoxins and pesticides.

However, to increase grain yield and coffee drink quality, the development of strategies for the use and management of soil microorganisms is required. These strategies can promote plant growth and nutrition by controlling diseases and substances harmful to the environment and human health, such as mycotoxins and pesticides. In this case, there are two challenges to be overcome. In this case, the inclusion of agricultural management using microorganisms and microbial products to increase coffee quality may be a viable strategy.

It has long been recognized that more effective durable forms of disease control might be devised if we had a better knowledge of both the dynamics of the pathogen populations and the factors that determine host resistance or susceptibility.

Climate and microclimate, including insolation, humidity and temperature are of great importance in the composition and diversity of microbial communities, as well as in the quality of coffee. This implies assessing the effects of microclimate on the microbiota and managing coffee crops to favor beneficial interactions that promote coffee quality.

Finally, it is necessary to establish the influence of endophytic microorganisms and soil in the production and accumulation of substances that give aroma, flavor and proper health to the drink. Molecular biology tools have broadened and facilitated the study of the structure and function of microbial communities, making it possible to make better decisions about more sustainable coffee management.

References

Akhtar, M. S., & Siddiqui, Z. A. (2008). Arbuscular mycorrhizal fungi as potential bioprotectants against plant pathogens. In *Mycorrhizae: Sustainable agriculture and forestry* (pp. 61–97). Netherlands: Springer. https://doi.org/10.1007/978-1-4020-8770-7_3

Akiyama, K., Matsuoka, H., & Hayashi, H. (2002). Isolation and identification of a phosphate deficiency-induced C-glycosylflavonoid that stimulates arbuscular mycorrhiza formation in melon roots. *Molecular Plant-Microbe Interactions MPMI, 15*, 334–340.

Akond, M. A., Mubassara, S., Rahman, M. M., Alam, S., & Khan, Z. U. M. (2008). Status of vesicular-arbuscular (VA) mycorrhizae in vegetable crop plants of Bangladesh. *World Journal of Agricultural Sciences, 7*, 704–708.

Allen, M. F. (1996). The ecology of arbuscular mycorrhizas: A look back into the 20th century and a peek into the 21st. *Mycological Research, 100*, 769–782. https://doi.org/10.1016/S0953-7562(96)80021-9

Alves, E. P., da Silva, M. L., de Oliveira Neto, S. N., Barrella, T. P., & Santos, R. H. S. (2015). Análise econômica de um sistema com cafeeiros e bananeiras em agricultura familiar na Zona da Mata, Brasil. *Ciencia e Agrotecnologia, 39*, 232–239. https://doi.org/10.1590/S1413-70542015000300004

Andrade, S. A. L., Mazzafera, P., Schiavinato, M. A., & Silveira, A. P. D. (2009). Arbuscular mycorrhizal association in coffee. *Journal of Agricultural Science, 147*, 105–115. https://doi.org/10.1017/S0021859608008344

Andrade, S. A. L., Silveira, A. P. D., & Mazzafera, P. (2010). Arbuscular mycorrhiza alters metal uptake and the physiological response of Coffea arabica seedlings to increasing Zn and Cu concentrations in soil. *Science of the Total Environment, 408*, 5381–5391. https://doi.org/10.1016/j.scitotenv.2010.07.064

Arias, R. M., Heredia-Abarca, G., Sosa, V. J., & Fuentes-Ramírez, L. E. (2012). Diversity and abundance of arbuscular mycorrhizal fungi spores under different coffee production systems and in a tropical montane cloud forest patch in Veracruz, Mexico. *Agroforestry Systems, 85*, 179–193. https://doi.org/10.1007/s10457-011-9414-3

Arriagada, C., Aranda, E., Sampedro, I., Garcia-Romera, I., & Ocampo, J. A. (2009). Interactions of Trametes versicolor, Coriolopsis rigida and the arbuscular mycorrhizal fungus Glomus deserticola on the copper tolerance of Eucalyptus globulus. *Chemosphere, 77*, 273–278. https://doi.org/10.1016/j.chemosphere.2009.07.042

Avelino, J., Barboza, B., Araya, J. C., Fonseca, C., Davrieux, F., Guyot, B., & Cilas, C. (2005). Effects of slope exposure, altitude and yield on coffee quality in two altitude terroirs of Costa Rica, Orosi and Santa María de Dota. *Journal of the Science of Food and Agriculture, 85*, 1869–1876. https://doi.org/10.1002/jsfa.2188

Bagyaraj, D. J., Thilagar, G., Ravisha, C., Kushalappa, C. G., Krishnamurthy, K. N., & Vaast, P. (2015). Below ground microbial diversity as influenced by coffee agroforestry systems in the Western Ghats, India. *Agriculture, Ecosystems and Environment, 202*, 198–202. https://doi.org/10.1016/j.agee.2015.01.015

Baldani, J. I., Caruso, L., Baldani, V. L. D., Goi, S. R., & Dobereiner, J. (1997). Recent advances in BNF with non-legume plants. *Soil Biology and Biochemistry, 29*, 911–922. https://doi.org/10.1016/S0038-0717(96)00218-0

Balota, E. L., & Lopes, E. S. (1996). Introdução de fungo micorrizico arbuscular no cafeeiro em condições de campo: persistência e interação com espécies nativas. *Revista Brasileira de Ciência do Solo, 20*, 217–223.

Barbosa, M. V., Pedroso, D. D. F., Curi, N., & Carneiro, M. A. C. (2019). Do different arbuscular mycorrhizal fungi affect the formation and stability of soil aggregates? Diferentes fungos micorrízicos arbusculares afetam a formação e estabilidade de agregados do solo? *Agricultural Sciences, 43*, 9. https://doi.org/10.1590/1413-7054201943003519

Barra-Bucarei, L., France Iglesias, A., Gerding González, M., Silva Aguayo, G., Carrasco-Fernández, J., Castro, J. F., & Ortiz Campos, J. (2019). Antifungal Activity of Beauveria bassiana Endophyte against Botrytis cinerea in two solanaceae crops. *Microorganisms, 8*, 65. https://doi.org/10.3390/microorganisms8010065

Berbara, R. L. L., Souza, F. A., & Fonseca, H. M. A. C. (2006). *III - Fungos micorrízicos arbusculares: muito além da nutrição*. MG: Viçosa.

Bernaola, L., Cange, G., Way, M. O., Gore, J., Hardke, J., & Stout, M. (2018). Natural Colonization of Rice by Arbuscular Mycorrhizal Fungi in Different Production Areas. *Rice Science, 25*, 169–174. https://doi.org/10.1016/j.rsci.2018.02.006

Bertrand, B., Boulanger, R., Dussert, S., Ribeyre, F., Berthiot, L., Descroix, F., & Joët, T. (2012). Climatic factors directly impact the volatile organic compound fingerprint in green Arabica coffee bean as well as coffee beverage quality. *Food Chemistry, 135*, 2575–2583. https://doi.org/10.1016/j.foodchem.2012.06.060

Bhattacharya, S., & Bagyaraj, D. J. (2002). Effectiveness of Arbuscular Mycorrhizal Fungal Isolates on Arabica Coffee (Coffea arabica L.). *Biological Agriculture & Horticulture, 20*, 125–131. https://doi.org/10.1080/01448765.2002.9754956

Bonfante, P., & Anca, I.-A. (2009). Plants, mycorrhizal fungi, and bacteria: A network of interactions. *Annual Review of Microbiology, 63*, 363–383. https://doi.org/10.1146/annurev.micro.091208.073504

Bonfante, P., & Genre, A. (2010). Mechanisms underlying benefi cial plant-fungus interactions in mycorrhizal symbiosis. *Nature Communications, 1*, 1–11. https://doi.org/10.1038/ncomms1046

Bonfim, J. A., Matsumoto, S. N., Lima, J. M., César, F. R. C. F., & Santos, M. A. F. (2010). Fungos micorrízicos arbusculares e aspectos fisiológicos em cafeeiros cultivados em sistema agroflorestal e a pleno sol. *Bragantia, 69*, 201–206.

Botrel, D. A., Laborde, M. C. F., Medeiros, F. H. V., Resende, M. L. V., Ribeiro Junior, P. M., Pascholati, S. F., & Gusmão, L. F. P. (2018). Saprobic fungi aS biocontrol agents of halo blight (Pseudomonas syringae pv. garcae) in coffee cloneS. *Coffee Science, 13*, 283–291.

Bressani, A. P. P., Martinez, S. J., Evangelista, S. R., Dias, D. R., & Schwan, R. F. (2018). Characteristics of fermented coffee inoculated with yeast starter cultures using different inoculation methods. *LWT—Food Science and Technology, 92*, 212–219. https://doi.org/10.1016/j.lwt.2018.02.029

Brundrett, M. C., & Tedersoo, L. (2018). Evolutionary history of mycorrhizal symbioses and global host plant diversity. *New Phytologist*, 1–8. https://doi.org/10.1111/nph.14976

Cacefo, V., Fernando De Araújo, F., & Pacheco, A. C. (2016). Biological control of Hemileia vastatrix Berk. & Broome with Bacillus subtilis Cohn and biochemical changes in the coffee. *Coffee Science, 11*, 567–574.

Caldwell, A. C., Silva, L. C. F., Da Silva, C. C., & Ouverney, C. C. (2015). Prokaryotic diversity in the rhizosphere of organic, intensive, and transitional coffee farms in Brazil. *PLoS One, 10*. https://doi.org/10.1371/journal.pone.0106355

Camargo, M. B. P. (2010). The impact of climatic variability and climate change on arabica coffee crop in Brazil. *Bragantia, 69*, 239–247.

Campanella, J. J., Olajide, A. F., Magnus, V., & Ludwig-Mü, J. (2004). A Novel auxin conjugate hydrolase from wheat with substrate specificity for longer side-chain auxin amide conjugates 1. *Plant Physiology, 135*, 2230–2240. https://doi.org/10.1104/pp.104.043398

Cardoso, E.J.B.N., 1978. Ocorrência de micorrizas em café. Summa Phytopathologica.

Cardoso, E. J. B. N., Cardoso, I. M., Nogueira, M. A., Bareta, C. R. D. M., & Paula, A. M. (2010). Micorrizas arbusculares na aquisição de nutrientes pelas plantas. In J. O. Siqueira, F. A. De Souza, E. J. B. N. Cardoso, & S. M. Tsai (Eds.), *Micorrizas: 30 anos de pesquisa no Brasil*. Lavras: UFLA.

Cardoso, I. M., Boddington, C., Janssen, B. H., Oenema, O., & Kuyper, T. W. (2003). Distribution of mycorrhizal fungal spores in soils under agroforestry and monocultural coffee systems in Brazil. *Agroforestry Systems, 58*, 33–43.

Cardoso, I. M., & Kuyper, T. W. (2006). Mycorrhizas and tropical soil fertility. *Agriculture, Ecosystems & Environment, 116*, 72–84. https://doi.org/10.1016/J.AGEE.2006.03.011

Carenho, R., Gomes-da-Costa, S. M., Balota, E. L., & Colozzi-Filho, A. (2010). Fungos micorrízicos arbusculares em agrossistemas brasileiros. In J. O. Siqueira, F. A. D. de Souza, E. J. B. N. Cardoso, & S. M. Tsai (Eds.), *Micorrizas: 30 anos de pesquisa no Brasil*. Lavras: UFLA.

Carvalho, F. P., Souza, B. P., França, A. C., Ferreira, E. A., Franco, M. H. R., Kasuya, M. C. M., & Ferreira, F. A. (2014). Glyphosate drift affects arbuscular mycorrhizal association in coffee. *Planta Daninha, 32*, 783–789.

Castellanos-Morales, V., Villegas, J., Wendelin, S., Vierheilig, H., Eder, R., & Ul, R. C. (2010). Root colonisation by the arbuscular mycorrhizal fungus Glomus intraradices alters the quality of strawberry fruits (Fragaria × ananassa Duch.) at different nitrogen levels. *Journal of the Science of Food and Agriculture, 90*(11), 1774–1782. https://doi.org/10.1002/jsfa.3998

Cecatto, A. P. (2014). *Mycorrizal inoculation: Consequences in metabolism and interference in strawberry fruit production and quality in soilless culture in Brazil and Spain*. Thesis (Doctorate in Agronomy)—University of Passo Fundo.

Chalfoun, S. M. (2010). Biological control and bioactive microbial metabolites: a coffee quality perspective. *Ciência e Agrotecnologia, 34*, 1071–1085.

Chalfoun, S. M., Angélico, C. L., & Resende, M. L. V. (2018). Brazilian coffee quality: Cultural, microbiological and bioactivity aspects. *World Journal of Research and Review, 6*(1).

Chernin, L., Ismailov, Z., Haran, S., & Chet, I. (1995). Chitinolytic enterobacter agglomerans antagonistic to fungal plant pathogens. *Applied and Environmental Microbiology, 61*, 1720–1726.

Collozi-Filho, A., & Cardoso, E. J. B. N. (2000). Detecção de fungos micorrízicos arbusculares em raízes de cafeeiro e de crotalária cultivada na entrelinha. *Pesquisa Agropecuária Brasileira, 35*, 2033–2042. https://doi.org/10.1590/S0100-204X2000001000015

Collozi-Filho, A., & Nogueira, M. A. (2007). Micorrizas Arbusculares em Plantas Tropicais: Café, Mandioca e Cana-de-Açúcar. In A. P. D. Silveira & S. S. Sueli dos Santos Freitas (Eds.), *Microbiota do solo e qualidade ambiental*. Campinas: Instituto Agronômico.

Collozi-Filho, A., Siqueira, J. O., Saggin Júnior, O. J., Guimarães, P. T. J., & Oliveira, E. (1994). Efetividade de diferentes fungos micorrízicos arbusculares na formação de mudas, crescimento e pós-transplante e produção do cafeeiro. *Pesquisa Agropecuaria Brasileira, 29*, 1397–1406.

Colmenares, P. C. H., Paiva, A. S., & Ortiz, A. M. M. (2016). Impacts of different coffee systems on soil microbial populations at different altitudes in Villavicencio (Colombia). *Agronomia Colombiana, 34*, 285–291.

Cordero, A. F. P. (2008). *Diversity of endophytic bacteria in coffee cheries*. Federal University of Viçosa.
Costa, E. L. (2010). Irrigation. In P. R. Reis & R. L. Cunha (Eds.), *Café Arábica do plantio à colheita*. Lavras: Unidade Regional EPAMIG Sul de Minas.
Criquet, S., Ferre, E., Farnet, A., & Le petit, J. (2004). Annual dynamics of phosphatase activities in an evergreen oak litter: Influence of biotic and abiotic factors. *Soil Biology and Biochemistry, 36*, 1111–1118. https://doi.org/10.1016/J.SOILBIO.2004.02.021
Cruz, C., Egsgaard, H., Trujillo, C., Requena, N., Martins-Louc, M. A., & Jakobsen, I. (1983). Frey and Schü epp. *Plant Physiology, 144*, 782–792. https://doi.org/10.1104/pp.106.090522
Cwala, Y., Laubscher, C. P., Ndakidemi, P. A., & Meyer, A. H. (2010). Mycorrhizal root colonisation and the subsequent host plant response of soil less grown tomato plants in the presence and absence of the mycorrhizal stimulant, Mycotech. *African Journal of Microbiology Research, 4*, 414–419.
Daba, G., Helsen, K., Berecha, G., Lievens, B., Debela, A., & Honnay, O. (2019). Seasonal and altitudinal differences in coffee leaf rust epidemics on coffee berry disease-resistant varieties in Southwest Ethiopia. *Tropical Plant Pathology, 44*, 244–250. https://doi.org/10.1007/s40858-018-0271-8
Dalié, D. K. D., Deschamps, A. M., & Richard-Forget, F. (2010). Lactic acid bacteria: Potential for control of mould growth and mycotoxins: A review. *Food Control, 21*, 370–380. https://doi.org/10.1016/J.FOODCONT.2009.07.011
De Beenhouwer, M., Van Geel, M., Ceulemans, T., Muleta, D., Lievens, B., & Honnay, O. (2015). Changing soil characteristics alter the arbuscular mycorrhizal fungi communities of Arabica coffee (Coffea arabica) in Ethiopia across a management intensity gradient. *Soil Biology and Biochemistry, 91*, 133–139. https://doi.org/10.1016/j.soilbio.2015.08.037
de Souza, M. L., Passamani, F. R. F., Ávila, C. L. S., Batista, L. R., Schwan, R. F., & Silva, C. F. (2017). Use of wild yeasts as a biocontrol agent against toxigenic fungi and OTA production. *Acta Scientiarum—Agronomy, 39*, 349–358. https://doi.org/10.4025/actasciagron.v39i3.32659
Decazy, F., Avelino, J., Guyot, B., Perriot, J. J., Pineda, C., & Cilas, C. (2003). Quality of different Honduran coffees in relation to several environments. *Journal of Food Science, 68*, 2356–2361. https://doi.org/10.1111/j.1365-2621.2003.tb05772.x
El-Tarabilyif, K. A., Giles, E., Hardy, S. J., Sivasithamparam, K., Hussein, A. M., & Kurtboke, D. I. (1997). The potential for the biological control of cavity-spot disease of carrots, caused by Pythium coloratum, by streptomycete and non-streptomycete actinomycetes. *New Phytologist, 137*, 495–507.
Entry, J. A., Rygiewicz, P. T., Watrud, L. S., & Donnelly, P. K. (2002). Influence of adverse soil conditions on the formation and function of Arbuscular mycorrhizas. *Advances in Environmental Research, 7*, 123138.
Evizal, R., Dwidja Prijambada, I., Widada, J., & Widianto, D. (2012). Soil bacterial diversity and productivity of coffee-shade tree agro-ecosystems. *Journal of Tropical Soils, 17*, 181–187. https://doi.org/10.5400/jts.2012.17.2.181
FAO. (2009). *How to feed the world in 2050*. Roma: High level expert forum Convened at FAO Headquarters.
Farha-Rehman, K. F. A., Anis S. B., & Badruddin S. M. A. (2010). Plant defenses against insect herbivory. In: Ciancio A., Mukerji K. (eds) Integrated management of arthropod pests and insect borne diseases. Integrated Management of Plant Pests and Diseases, vol 5. Springer, Dordrecht. https://doi.org/10.1007/978-90-481-8606-8_8
Ferreira, B. S., Santana, M. V., Macedo, R. S., Silva, J. O., Carneiro, M. A. C., & Rocha, M. R. (2018). Co-occurrence patterns between plant-parasitic nematodes and arbuscular mycorrhizal fungi are driven by environmental factors. *Agriculture, Ecosystems and Environment, 265*, 54–61. https://doi.org/10.1016/j.agee.2018.05.020
França, A. C., de Freitas, A. F., dos Santos, E. A., Grazziotti, P. H., & de Andrade Júnior, V. C. (2016). Mycorrhizal fungi increase coffee plants competitiveness against

Bidens pilosa interference. *Pesquisa Agropecuária Tropical, 46*, 132–139. https://doi.org/10.1590/1983-40632016v4639485
Franche, C., Lindström, K., & Elmerich, C. (2009). Nitrogen-fixing bacteria associated with leguminous and non-leguminous plants. *Plant and Soil, 321*, 35–39. https://doi.org/10.1007/s11104-008-9833-8
Freitas, A. F., Moreira, S. D., Tibães, E. S. R., Leal, F. D. S., Monteiro, H. C., & França, A.C. (2015). *Colonization of arbuscular mycorrhizal fungi and root growth of coffee in soils with different moisture*. Anais do XXXXV congresso Brasileiro de Ciência do solo.
Freitas, M. S. M., Martins, M. A., & Vieira, I. J. C. (2004). Produção e qualidade de óleos essenciais de Mentha arvensis em resposta à inoculação de fungos micorrízicos arbusculares. *Pesquisa Agropecuária Brasileira, 39*, 887–894. https://doi.org/10.1590/S0100-204X2004000900008
Gehring, C. A. (2003). Growth responses to arbuscular mycorrhizae by rain forest seedlings vary with light intensity and tree species. *Plant Ecology, 167*, 127–139.
Geromel, C., Ferreira, P., Davrieux, F., Guyot, B., Ribeyre, F., Brígida, M., … Marraccini, P. (2008). Effects of shade on the development and sugar metabolism of coffee (Coffea arabica L.) fruits. *Plant Physiology and Biochemistry, 46*(5–6), 569–579. https://doi.org/10.1016/j.plaphy.2008.02.006
Gianinazzi-Pearson, V. (1996). Plant cell responses to arbuscular mycorrhizal fungi: Getting to the roots of the symbiosis. *The Plant Cell, 8*, 1871–1883.
Granado, J., Felix, G., & Boller, T. (1995). Wei et al. 1992 and endogenous elicitors. *Plant Physiology*. Dixon and Lamb.
Guimarães, N. F., Gallo, A. S., Fontanetti, A., Meneghin, S. P., Souza, M. D. B., Morinigo, K. P. G., & Silva, R. F. (2017). Biomassa e atividade microbiana do solo em diferentes sistemas de cultivo do cafeeiro Biomass and soil microbial activity in different systems of coffee cultivation. *Revista de Ciências Agrárias, 40*, 34–44. https://doi.org/10.19084/RCA16041
Guyot, B., Gueule, D., Manez, J. C., Perriot, J. J., Giron, J., & Villain, L. (1996). Influence de l'altitude et de l'ombrage sur la qualité des cafés arabica. lantations. *Recherche, Développement, 3*, 272–283.
Gyaneshwar, P., Naresh Kumar, G., Parekh, L. J., & Poole, P. S. (2002). Role of soil microorganisms in improving P nutrition of plants. *Plant and Soil, 245*, 83–93.
Haddad, F., Saraiva, R. M., Mizubuti, E. S. G., Romeiro, R. S., & Maffia, L. A. (2014). Isolation and selection of Hemileia Vastatrix antagonists. *European Journal of Plant Pathology, 139*, 763–772. https://doi.org/10.1007/s10658-014-0430-9
Haile, M., & Kang, W. H. (2019). The role of microbes in coffee fermentation and their impact on coffee quality. *Journal of Food Quality, 6*. https://doi.org/10.1155/2019/4836709
Helgason, T., & Fitter, A. H. (2005). The ecology and evolution of the arbuscular mycorrhizal fungi. *Mycologist, 19*, 96–101. https://doi.org/10.1017/S0269-915X(05)00302-2
Herrera-Medina, M. J., Steinkellner, S., Vierheilig, H., Ocampo Bote, J. A., & García Garrido, J. M. (2007). Abscisic acid determines arbuscule development and functionality in the tomato arbuscular mycorrhiza. *New Phytologist, 175*, 554–564. https://doi.org/10.1111/j.1469-8137.2007.02107.x
Huber, D., Römheld, V., & Weinmann, M. (2012). Relationship between nutrition, plant diseases and pests. In *Marschner's mineral nutrition of higher plants* (pp. 283–298). Elsevier. https://doi.org/10.1016/B978-0-12-384905-2.00010-8
Iamanaka, B. T., Teixeira, A. A., Teixeira, A. R. R., Copetti, M. V., Bragagnolo, N., & Taniwaki, M. H. (2014). Reprint of "The mycobiota of coffee beans and its influence on the coffee beverage". *Food Research International, 61*, 33–38. https://doi.org/10.1016/J.FOODRES.2014.05.023
Ismail, Y., Mccormick, S., & Hijri, M. (2011). A fungal symbiont of plant-roots modulates mycotoxin gene expression in the pathogen Fusarium sambucinum. *PLoS One, 6*, 17990. https://doi.org/10.1371/journal.pone.0017990
Ismail, Y., Mccormick, S., & Hijri, M. (2013). The arbuscular mycorrhizal fungus, glomus irregulare, controls the mycotoxin production of fusarium sambucinum in the pathogenesis of potato. *FEMS Microbiology Letters, 348*, 46–51. https://doi.org/10.1111/1574-6968.12236

Jackson, D., Skillman, J., & Vandermeer, J. (2012). Indirect biological control of the coffee leaf rust, Hemileia vastatrix, by the entomogenous fungus Lecanicillium lecanii in a complex coffee agroecosystem. *Biological Control, 61*, 89–97. https://doi.org/10.1016/J.BIOCONTROL.2012.01.004

Johnson, N. C., Copeland, P. J., Crookston, R. K., & Pfleger, F. L. (1992). Mycorrhizae: possible explanation for yield decline with continuous corn and soybean. *Agronomy Journal, 84*, 387. https://doi.org/10.2134/agronj1992.00021962008400030007x

Joosten, H. M. L., Goetz, J., Pittet, A., Schellenberg, M., & Bucheli, P. (2001). Production of ochratoxin A by Aspergillus carbonarius on coffee cherries. *International Journal of Food Microbiology, 65*, 39–44. https://doi.org/10.1016/S0168-1605(00)00506-7

Karungi, J., Cherukut, S., Ijala, A. R., Tumuhairwe, J. B., Bonabana-Wabbi, J., Nuppenau, E. A., … Otte, A. (2018). Elevation and cropping system as drivers of microclimate and abundance of soil macrofauna in coffee farmlands in mountainous ecologies. *Applied Soil Ecology, 132*, 126–134. https://doi.org/10.1016/J.APSOIL.2018.08.003

Kejela, T., Thakkar, V. R., & Thakor, P. (2016). Bacillus species (BT42) isolated from Coffea arabica L. rhizosphere antagonizes Colletotrichum gloeosporioides and Fusarium oxysporum and also exhibits multiple plant growth promoting activity. *BMC Microbiology, 16*(1), 277. https://doi.org/10.1186/s12866-016-0897-y

Kiriachek, S. G., de Azevedo, L. C. B., Lambais, M. R., & Peres, L. E. P. (2009). Regulation of arbuscular mycorrhizae development. *Revista Brasileira de Ciencia do Solo, 33*, 1–16. https://doi.org/10.1590/S0100-06832009000100001

Knoester, M., Pieterse, C. M. J., Bol, J. F., & Van Loon, L. C. (1999). Systemic resistance in arabidopsis induced by rhizobacteria requires ethylene-dependent signaling at the site of application. *Molecular Plant-Microbe Interactions MPMI, 12*, 720–727.

Lambers, H., Mougel, C., Jaillard, B., & Hinsinger, P. (2009). Plant-microbe-soil interactions in the rhizosphere: an evolutionary perspective. *Plant and Soil, 321*, 83–115. https://doi.org/10.1007/s11104-009-0042-x

Laviola, B. G., Martinez, H. E. P., Salomão, L. C. C., Cruz, C. D., Mendonça, S. M., & Neto, A. P. (2007). Alocação de fotoassimilados em folhas e frutos de cafeeiro cultivado em duas altitudes. *Pesquisa Agropecuária Brasileira, 42*, 1521–1530. https://doi.org/10.1590/S0100-204X2007001100002

Leake, J., Johnson, D., Donnelly, D., Muckle, G., Boddy, L., Read, D., … Boddy, L. (2004). Networks of power and influence: The role of mycorrhizal mycelium in controlling plant communities and agroecosystem functioning 1. *Canadian Journal of Botany, 82*, 1016–1045. https://doi.org/10.1139/B04-060

Lee, K. E. (1994). The functional significance of biodiversity in soils. *International Society of Soil Science, 15*, 168–182.

Leff, J. W., & Fierer, N. (2008). Volatile organic compound (VOC) emissions from soil and litter samples. *Soil Biology and Biochemistry, 40*, 1629–1636. https://doi.org/10.1016/J.SOILBIO.2008.01.018

Leifheit, E. F., Verbruggen, E., & Rillig, M. C. (2015). Arbuscular mycorrhizal fungi reduce decomposition of woody plant litter while increasing soil aggregation. *Soil Biology and Biochemistry, 81*, 323–328. https://doi.org/10.1016/J.SOILBIO.2014.12.003

Lemos, V. T. (2015). *Ácido Cítrico Via Solo E Seus Efeitos Na Nutrição Do Cafeeiro*. Thesis (Doctorate in Plant Production)—Federal University of Lavras.

Lingua, G., Bona, E., Manassero, P., Marsano, F., Todeschini, V., Cantamessa, S., … Berta, G. (2013). Arbuscular mycorrhizal fungi and plant growth-promoting pseudomonads increases anthocyanin concentration in strawberry fruits (Fragaria x ananassa var. Selva) in conditions of reduced fertilization. *International Journal of Molecular Sciences, 14*, 16207–16225. https://doi.org/10.3390/ijms140816207

Loper, J. E., & Henkels, M. D. (1999). Utilization of heterologous siderophores enhances levels of iron available to pseudomonas putida in the rhizosphere. *Applied and Environmental Microbiology, 65*, 5357–5363.

Lu, Q., Chen, L., Lu, M., Chen, G., & Zhang, L. (2010). Extraction and analysis of auxins in plants using dispersive liquid–liquid microextraction followed by high-performance liquid chromatography with fluorescence detection. *Journal of Agricultural and Food Chemistry, 58*, 2763–2770. https://doi.org/10.1021/jf903274z

Maillet, F., Poinsot, V., André, O., Puech-Pagè, V., Haouy, A., Gueunier, M., … Dénarié, J. (2011). Fungal lipochitooligosaccharide symbiotic signals in arbuscular mycorrhiza. *Nature, 469*. https://doi.org/10.1038/nature09622

Matsubara, Y., Ishigaki, T., & Koshikawa, K. (2009). Changes in free amino acid concentrations in mycorrhizal strawberry plants. *Scientia Horticulturae, 119*, 392–396. https://doi.org/10.1016/J.SCIENTA.2008.08.025

Mauch-Mani, B., & Métraux, J. (1998). Salicylic acid and systemic acquired resistance to pathogen attack. *Annals of Botany, 82*, 535–540. https://doi.org/10.1006/ANBO.1998.0726

Mccormick, A. C. (2016). Can plant-natural enemy communication withstand disruption by biotic and abiotic factors? *Ecology and Evolution, 6*, 8569–8582. https://doi.org/10.1002/ece3.2567

Meira, L. S. (2004). *Activity of oxidative stress enzymes of in micropropagated strawberry plantlets inoculated with arbuscular mycorrhizal fungi during the acclimatization.*

Mendes, G. O., Dias, C. S., Silva, I. R., Junior, J. I. R., Pereira, O. L., & Costa, M. D. (2013). Fungal rock phosphate solubilization using sugarcane bagasse. *World Journal of Microbiology and Biotechnology, 29*, 43–50. https://doi.org/10.1007/s11274-012-1156-5

Mendonça, E. S., Lima, P. C., Guimarães, G. P., Moura, W. M., & Andrade, F. V. (2017). Biological nitrogen fixation by legumes and N uptake by coffee plants. *Revista Brasileira de Ciência do Solo, 41*, 160178. https://doi.org/10.1590/18069657rbcs20160178

Metwally, R. A., & Abdelhameed, R. E. (2018). Synergistic effect of arbuscular mycorrhizal fungi on growth and physiology of salt-stressed Trigonella foenum-graecum plants. *Biocatalysis and Agricultural Biotechnology, 16*, 538–544. https://doi.org/10.1016/j.bcab.2018.08.018

Miguel, P. S. B. (2011). *Endophytic bacterial diversity in Coffea canephora fruits in three maturation stages*. Thesis—Federal University of Viçosa.

Miller, R. M., Reinhardt, D. R., & Jastrow, J. D. (1995). External hyphal production of vesicular-arbuscular mycorrhizal fungi in pasture and tallgrass prairie communities. *Oecologia, 103*, 17–23.

Moe, L. A. (2013). Amino acids in the rhizosphere: From plants to microbes. *American Journal of Botany, 100*, 1692–1705.

Mohan, J. E., Cowden, C. C., Baas, P., Dawadi, A., Frankson, P. T., Helmick, K., … Witt, C. A. (2014). Mycorrhizal fungi mediation of terrestrial ecosystem responses to global change: mini-review. *Fungal Ecology, 10*, 3–19. https://doi.org/10.1016/J.FUNECO.2014.01.005

Monteiro, M. C. P., Alves, N. M., de Queiroz, M. V., Pinho, D. B., Pereira, O. L., de Souza, S. M. C., & Cardoso, P. G. (2017). Antimicrobial activity of endophytic fungi from coffee plants. *Bioscience Journal, 33*, 381–389. https://doi.org/10.14393/BJ-v33n2-34494

Morandini, L. M. B. (2013). *Isolation, structural determination and microbiological activity of bioactive molecules in the ectomicorrhizal fungus Scleroderma UFSMSc1*. Thesis (PhD)—Federal University of Santa Maria.

Moratelli, E. M., Costa, M. D., Lovato, P. E., Santos, M., & Paulilo, M. T. S. (2007). Efeito da disponibilidade de água e de luz na colonização micorrízica e no crescimento de Tabebuia avellanedae Lorentz ex Griseb. (Bignoniaceae). *Revista Árvore, 31*, 555–566. https://doi.org/10.1590/S0100-67622007000300021

Moreira, B. C., Prates Junior, P., Jordão, T. C., de Cássia Soares da Silva, M., Stürmer, S. L., Salomão, L. C. C., … Kasuya, M. C. M. (2016). Effect of inoculation of symbiotic fungi on the growth and antioxidant enzymes' activities in the presence of Fusarium subglutinans f. sp. ananas in pineapple plantlets. *Acta Physiologiae Plantarum, 38*, 235. https://doi.org/10.1007/s11738-016-2247-y

Moreira, F. M. S., & Siqueira, J. O. (2006). *Microbiologia e Bioquímica do Solo* (2nd ed.). Lavras: UFLA.

Moreira, S. L. S., Pires, C. V., Marcatti, G. E., Santos, R. H. S., Imbuzeiro, H. M. A., & Fernandes, R. B. A. (2018). Intercropping of coffee with the palm tree, macauba, can mitigate climate change effects. *Agricultural and Forest Meteorology, 256–257*, 379–390. https://doi.org/10.1016/J.AGRFORMET.2018.03.026

Muleta, D. (2007). Microbial inputs in coffee (Coffea arabica L.) production systems. *Southwestern Ethiopia: Implications for promotion of biofertilizers and biocontrol agents, Uppsala.*

Muleta, D., Assefa, F., Börjesson, E., & Granhall, U. (2013). Phosphate-solubilising rhizobacteria associated with Coffea arabica L. in natural coffee forests of southwestern Ethiopia. *Journal of the Saudi Society of Agricultural Sciences, 12*, 73–84. https://doi.org/10.1016/J.JSSAS.2012.07.002

Mussatto, S. I., Carneiro, L. M., Silva, J. P. A., Roberto, I. C., & Teixeira, J. A. (2011). A study on chemical constituents and sugars extraction from spent coffee grounds. *Carbohydrate Polymers, 83*, 368–374. https://doi.org/10.1016/J.CARBPOL.2010.07.063

Nassimi, Z., & Taheri, P. (2017). Endophytic fungus Piriformospora indica induced systemic resistance against rice sheath blight via affecting hydrogen peroxide and antioxidants. *Biocontrol Science and Technology, 27*, 252–267. https://doi.org/10.1080/09583157.2016.1277690

Neto, D. P. C., Pereira, G. V. M., Tanobe, V. O. A., Soccol, V. T., Silva, B. J. G., Rodrigues, C., & Soccol, C. R. (2017). Yeast diversity and physicochemical characteristics associated with coffee bean fermentation from the Brazilian Cerrado Mineiro Region. *Fermentation, 3*, 1–11. https://doi.org/10.3390/fermentation3010011

Niemi, K., Vuorinen, T., Ernstsen, A., & Haggman, H. (2002). Ectomycorrhizal fungi and exogenous auxins influence root and mycorrhiza formation of Scots pine hypocotyl cuttings in vitro. *Tree Physiology, 17*, 1231–1239.

Nishitsuji, K., Watanabe, S., Xiao, J., Nagatomo, R., Ogawa, H., Tsunematsu, T., … Tsuneyama, K. (2018). Effect of coffee or coffee components on gut microbiome and short-chain fatty acids in a mouse model of metabolic syndrome OPEN. *Scientific Reports, 8*, 10. https://doi.org/10.1038/s41598-018-34571-9

Nunes, F. V. (2004). *Isolation and identification of coffee endophytic bacteria (Coffea arabica and Coffea robusta) and their biotechnological applications*. Thesis—University of São Paulo (USP)—Institute of Biomedical Sciences.

Nunes, L. A. P. L., Dias, L. E., Jucksch, I., Barros, N. F., Kasuya, M. C. M., & Correia, M. E. F. (2009). Impacto do monocultivo de café sobre os indicadores biológicos do solo na zona da mata mineira. *Ciência Rural, 39*, 2467–2474. https://doi.org/10.1590/S0103-84782009005000216

Nziguheba, G., Tossah, B. K., Diels, J., Franke, A. C., Aihou, K., Iwuafor, E. N. O., & Merckx, R. (2009). Assessment of nutrient deficiencies in maize in nutrient omission trials and long-term field experiments in the West African Savanna. *Plant and Soil, 314*, 143–157. https://doi.org/10.1007/s11104-008-9714-1

Oelmüller, R., Sherameti, I., Tripathi, S., & Varma, A. (2009). Piriformospora indica, a cultivable root endophyte with multiple biotechnological applications. *Symbiosis, 49*, 1–17. https://doi.org/10.1007/s13199-009-0009-y

Okada, T., & Matsubara, Y. I. (2012). Tolerance to fusarium root rot and the changes in free amino acid contents in mycorrhizal asparagus plants. *HortScience, 47*, 751–754. https://doi.org/10.21273/hortsci.47.6.751

Ortíz-Castro, R., Contreras-Cornejo, H. A., Macías-Rodríguez, L., & López-Bucio, J. (2009). The role of microbial signals in plant growth and development. *Plant Signaling and Behavior, 4*, 701–712. https://doi.org/10.4161/psb.4.8.9047

Pacovsky, R. S. (1989). Carbohydrate, protein and amino acid status of Glycine-Glomus-Bradyrhizobium symbioses. *Physiologia Plantarum, 75*, 346–354. https://doi.org/10.1111/j.1399-3054.1989.tb04637.x

Parniske, M. (2008). Arbuscular mycorrhiza: the mother of plant root endosymbioses. *Microbiology, 6*, 763–775. https://doi.org/10.1038/nrmicro1987

Pereira, G. V. M., Soccol, V. T., Pandey, A., Medeiros, A. B. P., Lara, J. M. R. A., Gollo, A. L., & Soccol, C. R. (2014). Isolation, selection and evaluation of yeasts for use in fermentation of coffee beans by the wet process. *International Journal of Food Microbiology, 188*, 60–66. https://doi.org/10.1016/J.IJFOODMICRO.2014.07.008

Peres, L. E. P. (2004). *Secondary metabolism*. Escola Superior de Agricultura Luiz de Queroiz.

Perrin, R., & Plenchette, C. (1993). Effect of some fungicides applied as soil drenches on the mycorrhizal infectivity of two cultivated soils and their receptiveness to Glomus intraradices. *Crop Protection, 12*, 127–133. https://doi.org/10.1016/0261-2194(93)90139-A

Pimenta, C. J., Lima Angélico, C., & Chalfoun, S. M. (2018). Challengs in coffee quality: Cultural, chemical and microbiological aspects. *Ciência e Agrotecnologia, 42*, 337–349. https://doi.org/10.1590/1413-70542018424000118

Prates Júnior, P., Moreira, B. C., da Silva, M. C. S., Veloso, T. G. R., Stürmer, S. L., Fernandes, R. B. A., … Kasuya, M. C. M. (2019). Agroecological coffee management increases arbuscular mycorrhizal fungi diversity. *PLoS One, 14*, e0209093. https://doi.org/10.1371/journal.pone.0209093

Qiu, S., Mccomb, A. J., Bell, R. W., & Davis, J. A. (2005). Response of soil microbial activity to temperature, moisture, and litter leaching on a wetland transect during seasonal refilling. *Wetlands Ecology and Management, 13*, 43–54.

Retama-Ortiz, Y., Ávila-Bello, C. H., Alarcón, A., & Ferrera-Cerrato, R. (2017). Effectiveness of native arbuscular mycorrhiza on the growth of four tree forest species from the Santa Marta Mountain, Veracruz (Mexico). *Forest Systems, 26*. https://doi.org/10.5424/fs/2017261-09636

Rezende, M. Q. (2010). *Etnoecologia e controle biológico conservativo em cafeeiros sob sistemas agroflorestais*. Thesis (Master in Entomology)—Federal University of Espírito Santo.

Ricci, M. S. F., Aquino, A. M., Silva, E. M. R., Pereira, J. C., & Reis, V. M. (1999). Transformações biológicas e microbiológicas ocorridas no solo de um cafezal convencional em conversão para orgânico. Seropédica.

Ritter, C. Y. S., Dhein, M., Barichello, E. C., Ritter, A. F. S., Mühl, F. R., & Feldmann, N. A. (2017). Systems involved in plant communication. *4o Simpósio de Agronomia e Tecnologia em Alimentos, 21*, 1–135.

Rivera, C. R. (2010). Abonos verdes e inoculación micorrízica de posturas de cafeto sobre suelos Fersialíticos Rojos Lixiviados. *Cultivos Tropicales, 31*(3).

Rojas, Y. D. C. P., Arias, R. M., Ortiz, R. M., Aguilar, D. T., Heredia, G., & Yon, Y. R. (2019). Effects of native arbuscular mycorrhizal and phosphate-solubilizing fungi on coffee plants. *Agroforestry Systems, 93*, 961–972. https://doi.org/10.1007/s10457-018-0190-1

Sanders, I. R., & Croll, D. (2010). Arbuscular mycorrhiza: The challenge to understand the genetics of the fungal partner. *Annual Review of Genetics, 44*, 271–292. https://doi.org/10.1146/annurev-genet-102108-134239

Santos, T. M. A. (2008). *Genetic diversity of endophytic bacteria associated with coffee cherries (Coffea arabica L.)*. Federal University of Viçosa.

Schüßler, A., Schwarzott, D., & Walker, C. (2001). A new fungal phylum, the glomeromycota: Phylogeny and evolution. *Mycological Research, 105*, 1413–1421. https://doi.org/10.1017/S0953756201005196

Scott, P. M., Lombaert, G. A., Pellaers, P., Bacler, S., & Lappi, J. (1992). Ergot alaloids in grain foods sold in Canada. *Journal of the Association of Official Analytical Chemists International, 75*, 773–779.

Shaw, S., Le Cocq, K., Paszkiewicz, K., Moore, K., Winsbury, R., De Torres Zabala, M., … Grant, M. R. (2016). Transcriptional reprogramming underpins enhanced plant growth promotion by the biocontrol fungus Trichoderma hamatum gd12 during antagonistic interactions with Sclerotinia sclerotiorum in soil. *Molecular Plant Pathology, 17*, 1425–1441. https://doi.org/10.1111/mpp.12429

Shimizu, M. (2011). Endophytic actinomycetes: Biocontrol agents and growth promoters. In *Bacteria in agrobiology: Plant growth responses* (pp. 201–220). Berlin, Heidelberg: Springer. https://doi.org/10.1007/978-3-642-20332-9_10

Shiomi, H. F., Silva, H. S. A., De Melo, I. S., Nunes, F. V., & Bettiol, W. (2006). Bioprospecting endophytic bacteria for biological control of coffee leaf rust. *Scientia Agricola, 63*, 32–39. https://doi.org/10.1590/s0103-90162006000100006

Silva, H. S. A., Tozzi, J. P. L., Terrasan, C. R. F., & Bettiol, W. (2012). Endophytic microorganisms from coffee tissues as plant growth promoters and biocontrol agents of coffee leaf rust. *Biological Control, 63*, 62–67. https://doi.org/10.1016/j.biocontrol.2012.06.005

Silvana, V. M., Carlos, F. J., Lucía, A. C., Natalia, A., & Marta, C. (2018). Colonization dynamics of arbuscular mycorrhizal fungi (AMF) in Ilex paraguariensis crops: Seasonality and influence of management practices. *Journal of King Saud University: Science*. https://doi.org/10.1016/j.jksus.2018.03.017

Silve, E. M. (2011). *Ocorrência e diversidade de fungos micorrízicos arbusculares em um ecossistema cafeeiro submetido a diferentes métodos de controle de plantas daninhas*. Thesis (Master in Environmental Sciences and Water Resources)—Federal University of Itajubá.

Silveira, A. P. D. (1992). *Micorrizas*. Campinas: Sociedade Brasileira de Ciência do Solo.

Siqueira, J. O., Collozi-Filho, A., & Saggin-Junior, O. J. (1994). Efeitos da infecção de plântulas de cafeeiro com quantidades crescentes de esporos de fungos endomicorrízicos Gigaspora margarita. *Pesquisa Agropecuária Brasileira, 29*, 875–883.

Siqueira, J. O., & Colozzi-Filho, A. (1986). Vesicular-arbuscular mycorrhizae in coffee plantlets: II. Phosphorus effect in the establishment and functioning of symbiosis. *Revista Brasileira de Ciência do Solo, 10*, 207–211.

Siqueira, J. O., Saggin-Júnior, O. J., Flores-Aylas, W. W., & Guimarães, P. T. G. (1998). Arbuscular mycorrhizal inoculation and superphosphate application influence plant development and yield of coffee in Brazil. *Mycorrhiza, 7*, 293–300. https://doi.org/10.1007/s005720050195

Smith, S. E., & Read, D. J. (2008). *Mycorrhizal symbiosis* (3rd ed.). London: Academic.

Song, Y. Y., Zeng, R. S., Xu, J. F., Li, J., Shen, X., & Yihdego, W. G. (2010). Interplant communication of tomato plants through underground common mycorrhizal networks. *PLoS One, 5*, e13324. https://doi.org/10.1371/journal.pone.0013324

Srivastava, A. K., Velmourougane, K., Bhattacharyya, T., Sarkar, D., Pal, D. K., Prasad, J., … Thakre, S. (2014). Impacts of agro-climates and land use systems on culturable microbial population in soils of the Indo-Gangetic Plains, India. *Current Science, 107*, 1464–1469.

Stürmer, S. L., & Siqueira, J. O. (2011). Species richness and spore abundance of arbuscular mycorrhizal fungi across distinct land uses in Western Brazilian Amazon. *Mycorrhiza, 21*, 255–267. https://doi.org/10.1007/s00572-010-0330-6

Tate, R. L., & Klein, D. A. (1985). *Soil reclamation processes: Microbiological analyses and applications*. New York: Marcel Dekker.

Tawaraya, K., Hashimoto, K., & Wagatsuma, T. (1998). Effect of root exudate fractions from P-deficient and P-sufficient onion plants on root colonisation by the arbuscular mycorrhizal fungus Gigaspora margarita. *Mycorrhiza, 8*, 67–70. https://doi.org/10.1007/s005720050214

Tchabi, A., Coyne, D., Hountondji, F., Lawouin, L., Wiemken, A., & Oehl, F. (2008). Arbuscular mycorrhizal fungal communities in sub-Saharan Savannas of Benin, West Africa, as affected by agricultural land use intensity and ecological zone. *Mycorrhiza, 18*, 181–195. https://doi.org/10.1007/s00572-008-0171-8

Teixeira, E. M., Rocha, L. C. D., Machado, T. F., Pereira, J. M., Chohfi, F. M., & Morais, V. S. P. (2010). Ocorrência de fungos micorrízicos arbusculares, nematóides e ácaros em solos sob diferentes sistemas de cultivo cafeeiro no sul de Minas Gerais. *Revista Agrogeoambiental, 2*(1). https://doi.org/10.18406/2316-1817v2n12010258

Theodoro, V. C. A., Alvarenga, M. I. N., Guimarães, R. J., & Mourão Júnior, M. (2003). Carbono da biomassa microbiana e micorriza em solo sob mata nativa e agroecossistemas cafeeiros. *Acta Scientiarum Agronomy, 25*, 147–153. https://doi.org/10.4025/actasciagron.v25i1.2468

Tolessa, K., D'heer, J., Duchateau, L., & Boeckx, P. (2017). Influence of growing altitude, shade and harvest period on quality and biochemical composition of Ethiopian specialty coffee. *Journal of the Science of Food and Agriculture, 97*, 2849–2857. https://doi.org/10.1002/jsfa.8114

Trindade, A. V., Saggin-Júnior, O. J., & Silveira, A. P. D. (2010). Micorrizas arbusculares na produção de mudas de plantas frutíferas e café. In J. O. Siqueira, F. A. de Souza, E. J. B. N. Cardoso, & S. M. Tsai (Eds.), *Micorrizas: 30 anos de pesquisa no Brasil*. Lavras: UFLA.

Vaast, P., & Zasoski, R. J. (1992). Effects of VA-mycorrhizae and nitrogen sources on rhizosphere soil characteristics, growth and nutrient acquisition of coffee seedlings (*Coffea arabica* L.). *Plant and Soil, 147*, 31–39. https://doi.org/10.1007/BF00009368

Vaast, P., Zasoski, R. J., & Bledsoe, C. S. (1996). Effects of vesicular-arbuscular mycorrhizal inoculation at different soil P availabilities on growth and nutrient uptake of in vitro propagated coffee (Coffea arabica L.) plants. *Mycorrhiza, 6*, 493–497. https://doi.org/10.1007/s005720050153

Van Der Heyde, M., Bennett, J. A., Pither, J., & Hart, M. (2017). Longterm effects of grazing on arbuscular mycorrhizal fungi. *Agriculture, Ecosystems and Environment, 243*, 27–33. https://doi.org/10.1016/j.agee.2017.04.003

Varma, A., Bakshi, M., Lou, B., Hartmann, A., & Oelmueller, R. (2012). Piriformospora indica: A novel plant growth-promoting mycorrhizal fungus. *Agricultural Research*. https://doi.org/10.1007/s40003-012-0019-5

Vaughan, M. J., Mitchell, T., & McSpadden Gardener, B. B. (2015). What's inside that seed we brew? A new approach to mining the coffee microbiome. *Applied and Environmental Microbiology, 81*, 6518–6527. https://doi.org/10.1128/AEM.01933-15

Velmourougane, K. (2016). Impact of organic and conventional systems of coffee farming on soil properties and culturable microbial diversity. *Scientifica, 2016*. https://doi.org/10.1155/2016/3604026

Velmourougane, K. (2017). Shade trees improve soil biological and microbial diversity in coffee based system in Western Ghats of India. *Proceedings of the National Academy of Sciences India Section B: Biological Sciences, 87*, 489–497. https://doi.org/10.1007/s40011-015-0598-6

Vergara, C., Araujo, K. E. C., de Souza, S. R., Schultz, N., Jaggin Júnior, O. J., Sperandio, M. V. L., & Zilli, J. É. (2019). Plant-mycorrhizal fungi interaction and response to inoculation with different growth-promoting fungi. *Pesquisa Agropecuaria Brasileira*. https://doi.org/10.1590/S1678-3921.pab2019.v54.25140

Vilela, D. M., Pereira, G. V. M., Silva, C. F., Batista, L. R., & Schwan, R. F. (2010). Molecular ecology and polyphasic characterization of the microbiota associated with semi-dry processed coffee (Coffea arabica L.). *Food Microbiology, 27*, 1128–1135. https://doi.org/10.1016/j.fm.2010.07.024

Waller, F., Achatz, B., Baltruschat, H., Fodor, J., Becker, K., Fischer, M., … Kogel, K.-H. (2005). The endophytic fungus Piriformospora indica reprograms barley to salt-stress tolerance, disease resistance, and higher yield. *Proceedings of the National Academy of Sciences, 102*, 13386–13391. https://doi.org/10.1073/pnas.0504423102

Wang, R., Sun, Q., & Chang, Q. (2015). Soil types effect on grape and wine composition in Helan Mountain Area of Ningxia. *PLoS One, 10*, e0116690. https://doi.org/10.1371/journal.pone.0116690

Whipps, J. M. (2000). Microbial interactions and biocontrol in the rhizosphere. *Journal of Experimental Botany, 52*, 487–511.

Wright, A. L. (2009). Phosphorus sequestration in soil aggregates after long-term tillage and cropping. *Soil and Tillage Research, 103*, 406–411. https://doi.org/10.1016/j.still.2008.12.008

Wright, S. F., & Upadhyaya, A. (1998). A survey of soils for aggregate stability and glomalin, a glycoprotein produced by hyphae of arbuscular mycorrhizal fungi. *Plant and Soil, 198*, 97–107. https://doi.org/10.1023/A:1004347701584

Wu, B., Hogetsu, T., Isobe, K., & Ishii, R. (2007). Community structure of arbuscular mycorrhizal fungi in a primary successional volcanic desert on the southeast slope of Mount Fuji. *Mycorrhiza, 17*, 495–506. https://doi.org/10.1007/s00572-007-0114-9

Yuan, Y. L., Si, G. C., Wang, J., Han, C. H., & Zhang, G. X. (2015). Effects of microclimate on soil bacterial communities across two contrasting timberline ecotones in southeast Tibet. *European Journal of Soil Science, 66*, 1033–1043. https://doi.org/10.1111/ejss.12292

Zhao, Q., Xiong, W., Xing, Y., Sun, Y., Lin, X., & Dong, Y. (2018). Long-term coffee monoculture alters soil chemical properties and microbial communities. *Scientific Reports, 8*. https://doi.org/10.1038/s41598-018-24537-2

Zuccaro, A., Basiewicz, M., Zurawska, M., Biedenkopf, D., & Kogel, K. H. (2009). Karyotype analysis, genome organization, and stable genetic transformation of the root colonizing fungus Piriformospora indica. *Fungal Genetics and Biology, 46*, 543–550. https://doi.org/10.1016/j.fgb.2009.03.009

Chapter 4
Biochemical Aspects of Coffee Fermentation

Wilton Soares Cardoso, Bárbara Zani Agnoletti, Rosângela de Freitas, Flávia de Abreu Pinheiro, and Lucas Louzada Pereira

1 General Introduction

The sensory properties of coffee are studied for many years and with the increase in world consumption, the interest for the flavor and aroma of the coffee has gained strength from the industry and the scientists.

The search for aromas and flavors in coffee has become the subject of numerous research and technologies. In the intense existing debate, it is believed that much of the quality, sensory level, comes from the chemical properties of the beans, related to genetics, edaphoclimatic conditions, crop management and postharvest. The intrinsic quality of coffee beans, such as their chemical composition, will determine the differentiated quality of a specialty coffee (Giomo and Borém 2011). After the roasting process, the chemical compounds present in the raw beans are considered as precursors of the quality, because the flavors and aromas that will characterize the quality of the final beverage will result from them (Farah et al. 2005).

The quality of the beverage, or coffee, has broad concepts and can be understood according to its contextualization. From the point of view of "quality of the coffee product", contrary to the concept related to "consumer preference", is necessary to

W. S. Cardoso (✉) · F. de Abreu Pinheiro
Campus Venda Nova do Imigrante, Federal Institute of Espírito Santo,
Venda Nova do Imigrante, ES, Brazil

B. Z. Agnoletti
Department of Chemistry, Federal University of Espírito Santo, Vitoria, ES, Brazil

R. de Freitas
Department of Food Technology, Federal University of Viçosa, Viçosa, MG, Brazil
e-mail: rosangela.freitas@ufv.br

L. L. Pereira
Coffee Analysis and Research Laboratory, Federal Institute of Espírito Santo,
Venda Nova do Imigrante, ES, Brazil

L. Louzada Pereira, T. Rizzo Moreira (eds.), *Quality Determinants in Coffee Production*, Food Engineering Series, https://doi.org/10.1007/978-3-030-54437-9_4

understand that its intrinsic quality matches all the properties that a normal and healthy bean may have, whether related to the chemical composition or to the physical and physiological characteristics. In literature, it is recorded that the intrinsic properties of the beans vary according to the genetics constitution of the plant which originated said beans in interaction with the environment, as well as by the processing method of the recently harvested fruit (Bertrand et al. 2006; Bytof et al. 2005). This means that, as a final product, these properties are manifested in the form of sensory attributes after the roasting of the raw beans and beverage preparation.

By evaluating these sensory attributes and the concept of quality, you can assign, or not, quality to some particular coffee. There are coffee classification agencies or associations, such as the Specialty Coffee Association—SCA, which through standardized methodologies assist buyers and producers in evaluating the sensory quality of their product, especially for fair and more attractive trade.

For the SCA, the definition of quality beverage comes from specialty coffees, which are characterized for not having any kind of defect in the beverage, getting at least 80 points in the rating scale for specialty coffees, in addition to presenting differentiated quality and high potential for aroma and taste expression. The aroma and flavor of coffee should stand out within certain attributes, must be pleasing and perceptive at the same time. This quality of the coffee beverage is considered a consolidated criterion to reach the markets that best remunerate the product (SCAA 2013).

In the world market, the demand for specialty coffees is growing in much larger proportions than common coffees (SCAA 2013). However, obtaining specialty coffees that produce a sensory quality beverage of relevant aroma and taste cannot be explained by a single process or variable, or just by a particular chemical characteristic of the bean. The quality of the coffee as a beverage is strictly related to the chemical constituents of the roasted beans, which depends on the green coffee (or raw bean, refers to the dry unroasted bean) composition. These, in turn, contain a wide range of different chemical compounds, the so-called flavor precursors (Fig. 4.1), which react and interact with each other in all roasting phases of coffee, resulting in final products further diversified (Ribeiro et al. 2011).

About 50% of the final compounds of aroma and flavor of the coffee is displayed only after roasting, the other 50% are remnants of the green coffee bean. These 50% of new flavors and aromas are produced from what we call flavor precursors (Fig. 4.1). The chemical composition of the raw bean brings in its constitution the entire genetic load, crop management, edaphoclimatic conditions, but also the biochemical transformation which happens between harvest and drying, during postharvest.

The quality of the coffee is closely linked to postharvest, where different processes of processing are used and thus, we have different products. In Brazil three processing methods are used for coffee production: dry, semi-dry and wet process (Esquivel and Jiménez 2012; Pimenta et al. 2018). In the dry processing method, the whole fruit freshly picked, after harvest and removal of leaves, soil, and twigs, is dried on platforms and then the coffee beans are subjected to hulling and polishing (removing the husk layer which covers dried coffee beans) (Lee et al. 2015). In the semi-dry method, hull, part of the pulp and mucilage are removed mechanically and then the beans are conducted to drying. The amount of mucilage removed depends

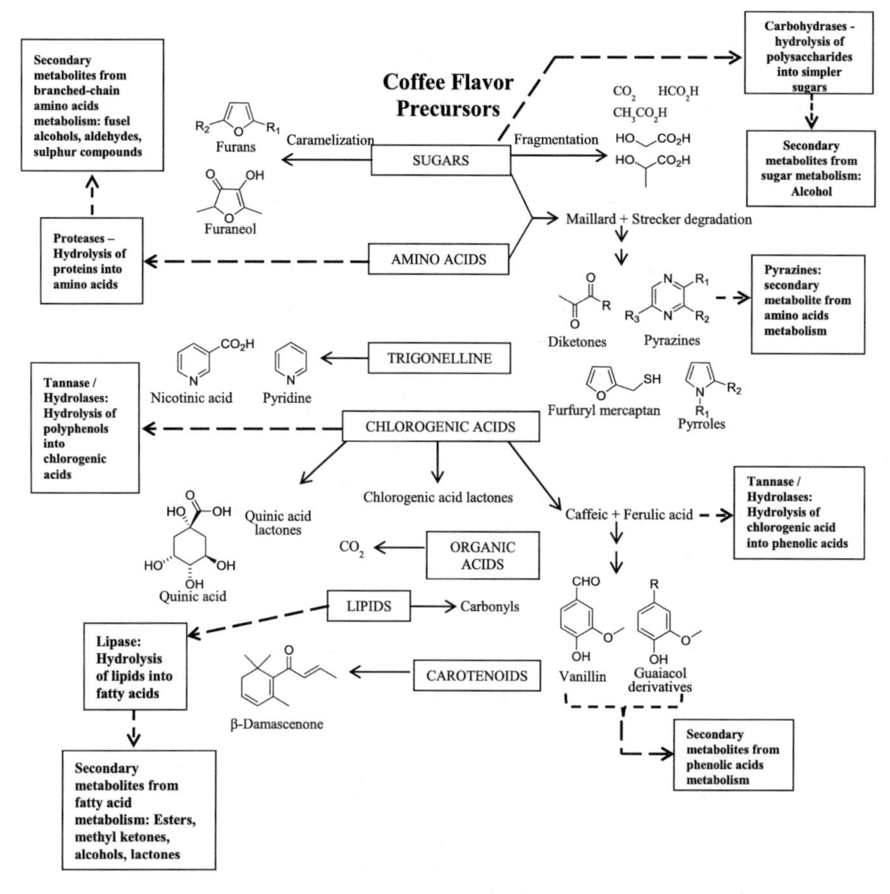

Fig. 4.1 Green coffee beans compounds (flavor and aroma precursors) and final compounds in roasted beans. Source: Lee et al. (2015)

on the characteristic of the machine used. In the wet process, pulp and husks are mechanically removed, leaving the mucilage adhering to the beans (Lee et al. 2015). These coffees beans are transferred to water tanks where transformations occur for a period of time considered optimal (0–48 h), depending on the temperature. During this process, the remaining mucilage is transformed and solubilized. The beans are then removed from the tanks and dried (Silva 2014a, b).

Dry processing is relatively simple and requires little machinery because pulping is natural (Silva et al. 2000). In this process the removal of mucilage occurs without the use of fermentation tanks, that is, it occurs directly on a platform (Vilela et al. 2010). The sun drying process is carried out in approximately four weeks, until the beans reach 12% humidity (Matiello et al. 2010). If drying is required in a shorter time, the beans may be subjected to mechanical dryers after exposure to the sun (Silva et al. 2000, Matiello et al. 2010).

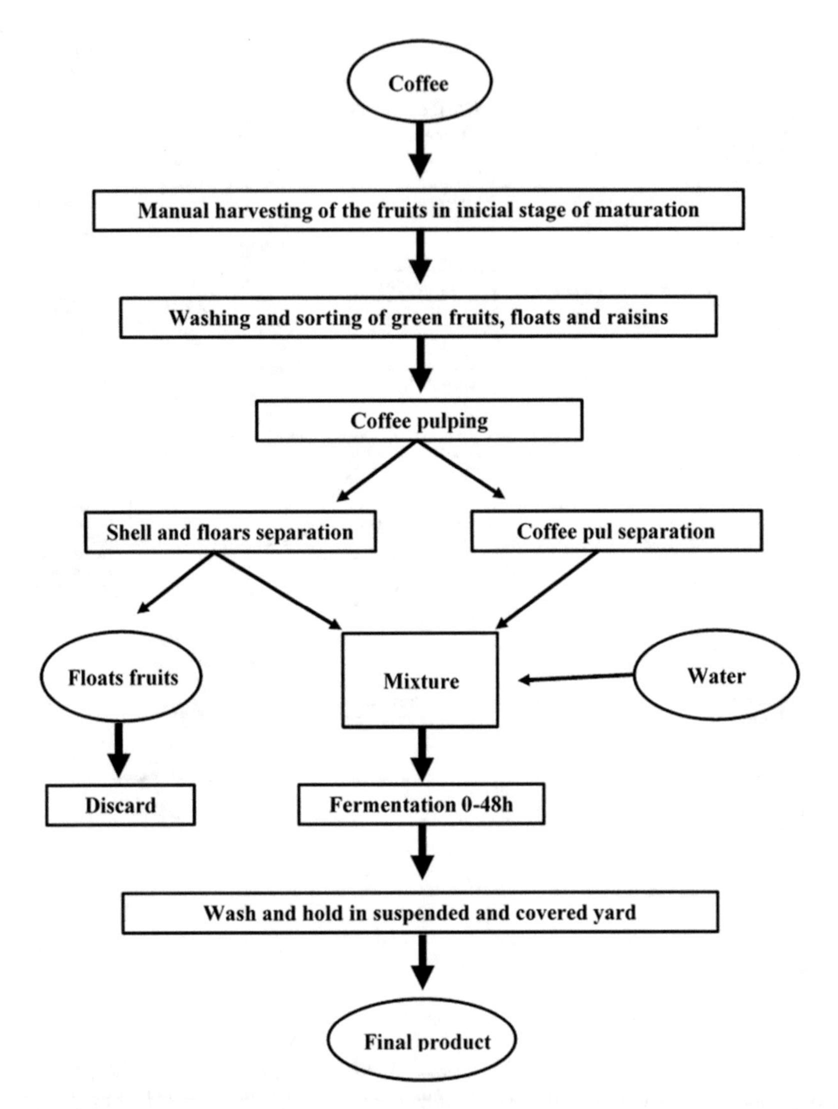

Fig. 4.2 Flowchart overview of coffee processing by the wet method. Source: Adapted from Freitas (2018)

The wet processing (Fig. 4.2) includes the steps of coffee fruit (also called berry or cherry) harvesting; washing and sorting of floating beans, which will be processed separately; hulling, pulping or mucilage removal of the fruits; fermentation or use of commercial enzymes or chemicals to remove mucilage adhering to the grain; washing to remove the remaining mucilage and drying (Borém et al. 2016).

Wet coffee processing was a practical necessity, it did not emerge as an alternative to modifying the coffee beverage. As arabica coffee, originating from subtropical climate, started to be planted in tropical areas, there was an intense fermentation process of cherries immediately after harvesting, with negative impact on the quality of the final product. In order to prevent the occurrence of this type of fermentation, the removal of the sugar-rich mesocarp began to be performed (Borém et al. 2016). Thus, oriented coffee fermentation in this process has as its original objective to facilitate the removal of the seed's mucilage layer (Brando 2004).

Within the wet processing, there are still different processing options, pulped, hulled, washed, not washed, fermented, not fermented, etc. So, one can imagine that it is possible to obtain different final products, due to different ways to obtain of the green coffee bean.

Accordingly, considering the diversity of products obtained from the wet process, this chapter intends to exploit fermentations (with or without starter cultures) as a principle of improving the beverage, being a unit operation having the potential to alter the chemical composition of green coffee beans to obtain different beverages.

Fermentation is no news in the coffee processing and can be applied in different ways. Variations in the fermentation process within the wet system can involve wet and dry fermentation. At first, water is added to submerge the hulled coffee beans in the fermentation tank, while in the second, the hulled coffee beans ferment in a tank without water (Jackels et al. 2005). In Kenya, the coffee fermentation is commonly done through dry or wet fermentation. The wet fermentation process is commonly used when the conditions are very hot and need to be controlled. Similarly, the coffee processors may use different equipment during coffee fermentation (Gitonga 2004). These variations in method and equipment used can cause changes in the parameters responsible for the final quality of the coffee (Kinyua et al. 2017).

The wet processing, predominantly used in Colombia, Central America and Hawaii, basically for Arabica coffee, is characterized by fermentation/degradation of the mucilage by enzymes and microorganisms form the coffee. In this method, the cherry coffee is peeled and mechanically pulped and fermented in tanks for 24–48 h until the mucilage layer is removed. Traditionally, producers determine that the fermentation of mucilage is "complete" by manual inspection. After fermentation is done, the beans are rinsed thoroughly. Some studies indicate that prolonged fermentation "Over-fermentation" is usually considered detrimental to the quality of coffee (Castelein and Verachtert 1981; Lopez et al. 1990; Puerta-Quintero 1999, 2001), and its control is usually a component from quality and consistency improvement programs aimed at gaining access to specialized markets.

This text intends to extend this process and above the mucilage removal, for the generation of aroma and flavors for a beverage of sensorial quality or differentiated by the metabolism of selected microorganisms or the environment itself, through concepts, characteristics, differentiations and/or attributes of quality of fermented coffees by the addition of starter cultures or spontaneous fermentation (performed only by the addition of water and the pulp/hull to the pulped beans).

However, it should be noted that the modifications provided by the fermentation are biochemicals, the result of the metabolism of the bean itself (subject to various postharvest conditions) and microbial community added or pre-existing. Furthermore, as stated earlier, the beverage quality cannot be associated only with fermentation, but also to the conditions of production and processing of the coffee itself, such as genetics, edaphoclimatic conditions in cultivation, management, unit operations postharvest (harvesting, drying, etc.) and roasting.

2 Fermentation

Fermentation can be described as a process in which microorganisms alter the sensory and functional properties of a food producing a final product with desirable characteristics for the consumer (Guizani and Mothershaw 2007). Additionally, it is an important technology in extending the lifespan of the perishable product, as well as making food more digestible, nutritious and safe. According to Campbell-Platt (1987), fermented foods are food products subjected to the action of microorganisms or enzymes, so that desirable biochemical changes cause significant changes in the final product. The term fermentation is also related to microbial metabolism, in which an organic substrate, usually a carbohydrate, is incompletely oxidized for energy generation (Adams 1998).

The ancient populations may have discovered the fermentation by accident, as they observed that food stored under specific conditions turned into products with different organoleptic profiles, but with pleasant aspects to the palate. In this sense, fermentation became, together with drying and salting, one of the first methods used by populations from various regions of the world to extend the storage time of food (Swain et al. 2014). As a method of food preservation, fermentation was developed as a low energy consumption technique used to keep food fit for consumption longer. Perhaps the best-known examples are the application of Lactic Acid Bacteria (LAB) in the manufacture of dairy products and the use of yeast in the production of alcoholic beverages. However, it was only in the mid-nineteenth century that it was discovered that the agents responsible for fermentation were microorganisms (Gest 2004). This was the milestone for the use of fermentation in much broader biotechnological applications, such as antibiotics production. Today, fermentation is used in many areas, including the production of food ingredients such as artificial flavors and sweeteners, enzymes, industrial chemicals, pharmaceutical products and cosmetic ingredients.

2.1 *Fermentation as a Method of Food Preservation*

Food preservation methods are technologies developed to ensure that products available for consumption have the desired/determined quality aspects. The main technologies used to preserve the quality and microbiological safety of foods are based on practices to prevent access of microorganisms in products, inactivate existing microorganisms and/or prevent or retard their development (Prokopov and Tanchev 2007).

Fermentation is a food preservation methodology which uses the multiplication and activity of desirable microorganisms in the transformation of food raw materials, promoting the microbial stability of the end products (Anal 2019). The development of fermenting agents delays or prevents the multiplication of undesirable microorganisms in food, as metabolites generated during metabolism create an unfavorable environment (Di Cagno et al. 2013). This preservative action is attributed to the combined action of a variety of antimicrobial metabolites produced during fermentation (Ross et al. 2002). These include organic acids, especially lactic acid, developed as end products of metabolism. Acid compounds provide an unfavorable environment for the development of food contaminating microorganisms by reducing the pH of the product. As a consequence, there is also a reduction in the cytoplasmic pH of undesirable/sensitive microorganisms, which is probably the main cause of multiplication inhibition (Savard et al. 2002).

In addition to acids, fermenting strains can produce a variety of other antimicrobial metabolites, such as ethanol, hydrogen peroxide, diacetyl, bacteriocin, and related protein compounds and antibiotics (Höltzel et al. 2000; Atrih et al. 2001). There are several studies on the conservative capacity of bacteriocins, which have been shown to be potential for use in food biopreservation. They are ribosomally synthesized antimicrobial compounds produced by many different bacterial species, including many members of LAB. The nisin is currently the only bacteriocin with GRAS status (Generally Regarded as Safe) for use in specific foods (Bourdichon et al. 2012).

Since a microorganism can produce several inhibitory substances simultaneously, its antimicrobial potential is defined by the joint action of its metabolic products on undesirable bacteria. Thus, each antimicrobial compound produced during fermentation provides an additional barrier to the pathogenic and spoilage bacteria present in food.

In addition to extending the shelf life of perishable foods, fermentation gives the food a distinctive aroma, flavor and texture. During the fermentation of coffee beans, for example, several studies have identified that in addition to physiological changes in the fruit leading to reduced water content and simple sugars, there is the development of important aroma and taste precursors in the differentiation of specialty coffees (Bertrand et al. 2006). However, for any fermented product, the amount and diversity of compounds produced depends on the microbial strains involved, the substrate and the food processing condition such as the fermentation temperature. Aromatic compounds are formed through various metabolic ways, such as those responsible for carbohydrate, lipid and protein metabolism (Van kranenburg et al. 2002). Although carbohydrates present in most part of fermentable raw material such as milk and meat, are mainly converted to lactic acid by LAB, a fraction of pyruvate (the intermediate product of the fermentation of disaccharide) may alternatively be transformed into various aromatic compounds, as diacetyl, acetoin, acetaldehyde or acetic acid (Pastink et al. 2008). On the other hand, in cocoa fermentation, yeasts are primarily responsible for producing ethanol from the sugar in it. Only after approximately 12 h of fermentation, LAB can multiply and produce lactic acid in the environment.

During the fermentation of foods, free fatty acids, ketones, lactones, among other products are formed by the enzymatic degradation of lipids. Lipolysis products and secondary reactions are responsible for specific organoleptic characteristics, with filamentous fungi being the microorganisms responsible for these reactions (Hassan et al. 2012). In addition, proteolysis also plays an important role in flavor and texture formation in many fermented foods, such as high-ripened cheeses. The metabolism of amino acids by microorganisms in aldehydes, alcohols, acids and sulfur compounds is responsible for the development of specific flavors and odors in this type of product (Sousa-Gallagher and Ardö 2001).

Although fermentation has as main objective the preservation of perishable food, this technique is used to provide diversification of food, as well as ensuring the improvement of palatability and nutritional quality of food.

2.2 *Main Groups of Microorganisms Used in Food Fermentation*

A variety of microorganisms are often used in the preparation of fermented foods. Among them, LAB, acetic acid bacteria, yeast and filamentous fungi stand out. Microorganisms associated with fermented foods can be classified as starter (starters) or secondary (adjuncts) cultures. Traditionally, a starter culture is added to a feedstock to drive the fermentation process, ensuring lactic acid production during the early stages of food preparation. In this case, LAB plays a central role and has a long and safe history of application and consumption in the production of fermented foods, being the genera Lactococcus and Streptococcus the most used (Holzapfel and Wood 2014). Contrarily, adjunct cultures are involved in secondary reactions of metabolism, being responsible for the organoleptic characterization of foods. In most cases, these crops belong to the dominant microbiota of matured products (Beresford and Williams 2004). Several non-starter LAB (NSLAB) genera are identified as part of the microbiota of fermented foods such as *Lactobacillus*, *Enterococcus* and *Pediococcus*, as well as filamentous fungi and yeast. Examples of fermented products in Table 4.1.

The production of fermented foods can be done in artisanal or industrial form. Artisanal food production is characterized by the development of the microbiota naturally present in the raw material, added to the microorganisms normally incorporated by the addition of a small amount of the fermented product from previous production. In this type of methodology, the quality of the final product depends on the initial microbial load, the characteristics of the raw material, as well as the processing conditions (Montel et al. 2014). However, microbial ecology and population dynamics (successions in the microbial population) during fermentation are not well known. This production method is used in the fermentation of coffee beans (Haile and Kang 2019; Schwan et al. 2012) and cocoa (Schwan and Wheals 2010) as well as in the production of artisanal cheeses, fermented vegetables, such as

Table 4.1 Fermented industrial products

Main ingredient	Microbial group	Foods
Milk	LAB	Yogurt cheese and buttermilk
Milk	LAB + Yeast	Kefir, kumys
Cucumber	LAB + Yeast	Pickles
Cabbage	LAB	Sauerkraut
Beef	LAB + filamentous fungi	Meat sausages
Barley	Yeast	Beer
Grape	Yeast	Wine
Cocoa	LAB + Acetic Acid Bacteria + Yeast	Chocolate
Coffee	LAB + Bacillus + yeast and filamentous fungi	Brewed coffee

sauerkraut and meat sausages; this type of product being highly appreciated by consumers, especially for its sensory characteristics (Yang and Lee 2019).

Nevertheless, industrial production of fermented foods is based on the addition of starter cultures as a way of ensuring a high degree of control over fermentation and standardization of the final product. Controlled use of microbial cultures reduces the risks of fermentation failure and undesirable variations in sensory, nutritional and rheological properties of products (Di Cagno et al. 2013, Ross et al. 2002). However, the diversity of compounds formed during metabolism and present in the end products may be reduced.

2.3 *Fermentation and Health*

Fermentation has long been used to preserve and improve the shelf life, taste, texture and functional properties of foods (Hutkins 2018). However, the consumption of fermented foods has been associated with beneficial health effects (Marco et al. 2017). The beneficial effects can be direct when foods carry live and active microbial cells, which are identified as probiotic. According to FAO/WHO, probiotic microorganisms are defined as living organisms which, when administered in adequate amounts, confer health benefits to its host (Vaughan et al. 2005). Currently, dairy products are the main foods marketed with probiotic claim (probiotic microorganism vehicles), with fermented milks, cheeses and infant formulas being the main products available on the market. Among the main LAB species associated with these foods are *Lactobacillus acidophilus*, *Lb. helveticus*, *Lb. johnsonii*, *Lb. casei*, *Lb. reuteri*, *Lb. plantarum*, *Lb. rhamnosus* and *Lb. fermentum*. Additionally, strains of the genus *Bifidobacterium* are also widely used (Anadón et al. 2016).

The fact that a food is produced by fermentation does not necessarily indicate that it contains living microorganisms. In breadmaking, yeasts that are added for fermentation to occur are inactivated in sequence by heat when the product is baked. Similarly, other fermented foods are heat treated after fermentation, but with the aim of increasing food security or extending shelf life. It is the case of soy sauce and some fermented vegetables that become more stable to storage after heat treatment. However, even if there are no active microorganisms, the final product contains the compounds produced by the cultures used (Rezac et al. 2018). It is the case of coffee, the most consumed beverage in the world, which can contain antioxidants, polyphenols and flavonoids produced by yeast during fermentation of green coffee beans (Kwak et al. 2018).

In this sense, the consumption of fermented foods can have indirect effects on health. These are related to the fact that the products contain secondary metabolites of microbial metabolism that present health promoting properties (Hayes et al. 2007). In this case, several bioactive compounds have been associated with fermentation by members of the genera Lactobacillus and Bifidobacterium. Several studies in in vitro and animal models have indicated that some metabolites, such as bioactive peptides (Castellano et al. 2013; Torino et al. 2013), exopolysaccharides (Wang et al. 2014), short-chain fatty acids (Ruijschop et al. 2008), and the antioxidant capacity of bioactive phytochemicals such as polyphenols and carotenoids (Landete et al. 2015) can contribute significantly to the health-promoting attributes of fermented foods. Among the positive aspects associated with the consumption of fermented products, there is the reduction of symptoms of lactose intolerance, stimulation of the immune system, reduction of cholesterol level (Guzel-Seydim et al. 2011; Wang et al. 2014). Moreover, some substances contained in this food group have also displayed properties immunomodulatory, antibacterial, antihypertensive (Ai et al. 2016), antimutagenic and anticancer (Guzel-Seydim et al. 2011), obesity, aging and anti-constipation (Kim et al. 2011); besides influencing liver function (Wang et al. 2014), and prevention of cardiovascular and inflammatory diseases (Carvalho et al. 2018; Saini et al. 2010).

The publication of studies demonstrating the relationship between the consumption of certain foods and disease prevention, coupled with aging and the increase in population income, has boosted the consumption of foods associated with digestibility and well-being. There are several consumer segments that are emerging from these trends, including the demand for functional foods and the growth of a new generation of natural products. In this sense, food industries have invested in innovations in fermented products, especially of milk origin, based in the increased natural aspect (less processed) that the products elaborated by this technique can provide.

2.4 Fermentation and Coffee Sensory Quality

The fermentation of coffee, spontaneous (performed by the microbiota in the beans) or through cultures of introduced microorganism, is set as being the reactions performed by microorganisms in order to degrade, consume and at the same time produce other compounds that may, or not, add differential to the coffee, be it of biochemical, chemical, sensory and/or commercial interest. Unlike the original concept of fermentation, defined previously, which is a special type of metabolism carried out by microorganisms or cells for energy production, in the absence of oxygen, through the consumption of glucose and mainly lactic acid or ethanol production.

The fermentation that happens in coffee is the result of catabolism (destruction) or anabolism (production) reactions that take place during postharvest, in the presence or absence of oxygen, where substrates (consumption) or products are somewhat interesting (and not harmful to the final beverage). The contribution of these microbiological reactions are not limited to producing only ethanol or lactic acid, with glucose consumption, but also amino acid degradation, polysaccharides, production of other acids, decrease/increase of phenolic compounds, decreased caffeine content, etc.

The coffee fermentation occurs, predominantly, with the presence of environmental microorganisms present in the fruit, leaves, air and soil or in structures and equipment. The fermentative activity of microbiota naturally present in coffee fruits has been discussed by some authors (Lee et al. 2015; Masoud et al. 2004; Masoud and Jespersen 2006; Silva et al. 2000, 2013; Wang et al. 2019).

It should also be noted that the presence of microorganisms is not required so that biochemical reactions that produce different products occur: the bean itself, through its cellular activity, can perform different catabolism and anabolism reactions after harvest (Selmar et al. 2005, 2006), only during the storage period the seed (bean) dies (Couturon 1980). The fermentation acts as an increment to the biological processes that occur in the endosperm of the bean.

Undesirable fermentations can also occur, but what we want to approach is the fermentation technique for improvement and process control, as when performed in a controlled manner with microorganisms added or desirable overlaps the deleterious microorganisms, capable of generating compounds harmful to the final beverage, as occurs with Rio type coffee.

The fermentation in coffee proposed to be discussed (Fig. 4.3), being it in the spontaneous process or with starter cultures, is not controlled in relation to factors such as temperature, pH, or other microorganisms.

Fermentation technology is complex due to the large number of microorganisms and enzymes types on one hand, and to the diversity of food systems on the other. In order to control fermentation in food, it is necessary to control the factors that influence the growth and metabolism of microorganisms. The most common control methods include: acidity (and pH), alcohol content, use of starter cultures, temperature, presence of oxygen and salt content. For coffee fermentation, ambient temperature which is basically determined by the location, is one of the main fermentation control factors, either by selecting the microorganisms present in the environment which will then be the cultures present in the fermentation of beans or allow the use of selected starter cultures.

Basically, it will be the microorganism which will maximize biochemical reactions to obtain a differentiated product. Some studies indicate that during the postharvest process the microorganisms are fundamental, that the final quality of coffee is due to the relevant colonization of environmental microbiota, and some are better than others, because of microbial types installed in that process environment.

Fig. 4.3 Hulled Catuaí coffee being prepared for fermentation along with husks/pulp. Source: Authors

Evangelista et al. (2014a) evaluating the improvement of the coffee beverage quality using selected yeast strains during fermentation in the dry process, concluded that it is possible to use selected yeast for fermentation in the dry process, and that the inoculated yeasts persisted throughout the fermentation and resulted in a beverage with a characteristic flavor (caramel and fruity) with good sensory quality. Further research should focus on the choice of selected strains or improvements of the fermentation by wet processing, in order to increase the pleasant feelings obtained for the coffee. The use of starter cultures in coffee fermentation is an economically viable alternative to get a differentiated coffee, add value to the product and standardize the production process (Evangelista et al. 2014a).

Producers and some researchers indicate fermentation for mucilage removal only, and do not evaluate the impact on aroma and flavor. In fermented green coffee, the process of mucilage removal must be effective, but can also contribute to the quality due to the biochemical changes resulting from their degradation. Besides the impact in the beverage quality, there are other benefits in the process of fermentation, as decrease in fungi contamination, and thus the production of aflatoxin, and the possibility of standardization of flavors and aromas in batches or micro-lots.

Coffee flavor and aroma are the result of the generation of volatile compounds (through precursors) or the degradation/production of acids/sugars/phenols, and these are generated through the inherent grain compounds and microbial metabolites formed/transformed during fermentation (Yeretzian et al. 2002).

Aromas, flavors and all compounds involved are very variable and dependent on the regions of the coffee production, the genetics, types of microorganisms, postharvest conditions, etc. Especially the composition and concentration of volatiles can be influenced by the environment, variety of the plant, soil chemistry, altitude and even the storage conditions (Yeretzian et al. 2002). As stated, there are numerous factors that influence the final beverage, being the action of microorganisms (Esquivel and Jiménez 2012; Gonzalez-Rios et al. 2007), a potential differential of quality.

Fermentation acts to promote flavor and aroma, and it is noteworthy that in different experiments carried out, its impacts on these characteristics are positive. The score of coffees has been improved from 1 to 5 points, using SCA score as a reference. Another point is that in some coffees, although not scoring higher, it was possible to differentiate the flavor and aroma of the final beverage.

Some studies indicate that fermentation has greater potential on beans from lower quality coffees, where the improvement in sensory quality is more pronounced or more noticeable, such as low altitude coffees. Coffees with higher quality potential, especially of higher regions, get less improved in relation to the score (unpublished data), although there are sensory changes.

Fermentation (with starter cultures or spontaneous) should be viewed as a post-harvest process of improvement, not transformation. To illustrate that, through some results, as in Fig. 4.4, fermented beans analyzed by gas chromatography with mass spectrometry, chemical substances that comprise the flavor the samples coffee were observed. The aromatic role of volatiles in coffee is a balance between all compounds and their perception threshold as a function of concentration.

In these chromatograms there are these profiles of volatiles chemical compounds from a coffee Catuaí fermented by yeast and a commercial Colombian coffee (unfermented). The profile of volatile compounds determined in fermented Catuai coffee is represented by the green line and the commercial coffee in samples of Quindío by the dark line. It is observed that, in general, aromas had the same compounds (similarity between the peaks) but in the coffee is Catuai these compounds were more concentrated (higher peak area) (Fig. 4.4).

These differences should not only be sustained by fermentation, since coffees are of different origins, however, they serve to exemplify the existence of subtle differences between coffees, and that fermentation has the potential to make these differences after roasting, either by the concentration or decrease of some compounds, or by the incorporation of others.

Another example of the relationship of volatile compounds and the fermented coffee aroma profile is shown in Fig. 4.5. The chromatogram represents the volatile compounds of coffee fermented by a starter culture of lactic acid bacteria (pink line) and its control, unfermented coffee (black line). As showed, basically coffee have the same aroma profile, characterized by the same volatile peaks, however, it is possible to realize a different peak for fermented coffee (near 46 min of elution), indicating a different volatile compound (not present in the control), which may possibly have been produced after fermentation, by the metabolism of the bacteria, which changed the composition of the green coffee beans as compared with the control (unpublished data).

Although new volatile compounds are potentially formed during coffee fermentation, the transformations are generally subtle and a new compound will not represent alone improvement in the aroma, because the aroma results from the interaction

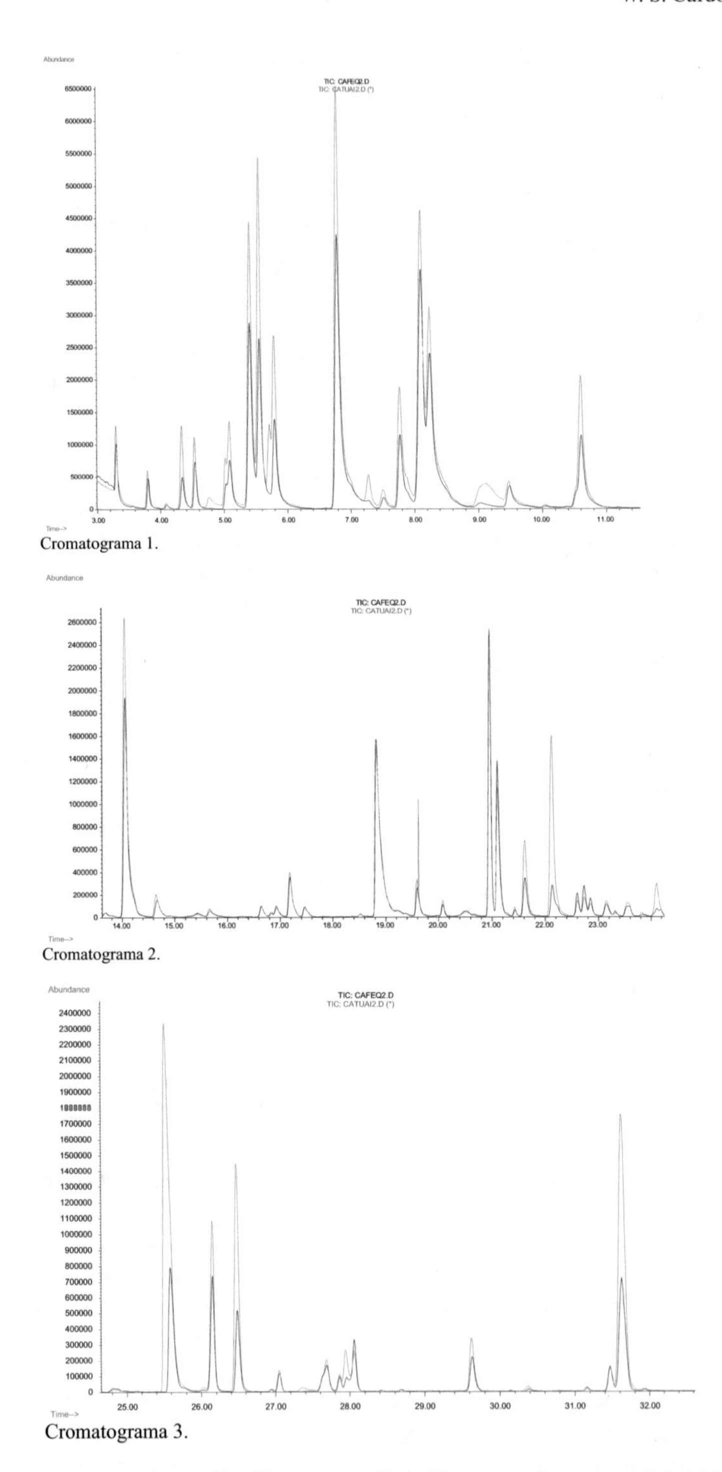

Fig. 4.4 Chromatographic profile of fermented coffee with starter culture versus Colombian coffee. Source: Cardoso et al. (2017)

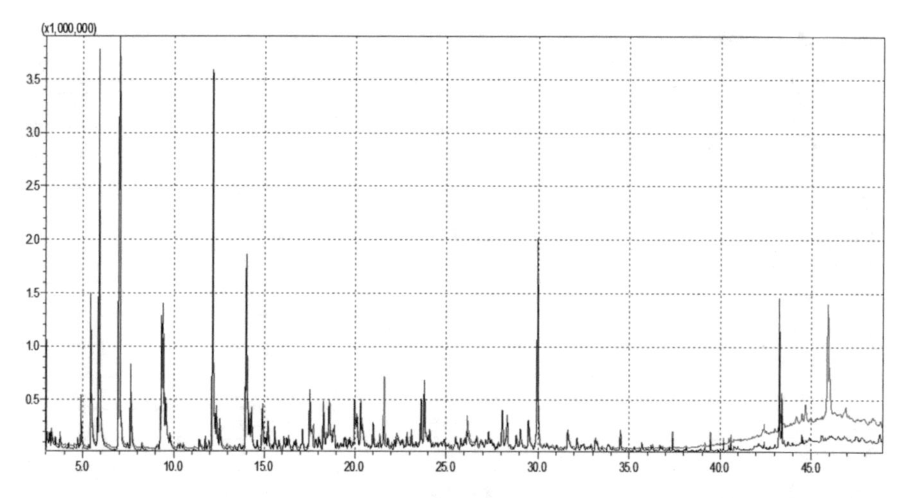

Fig. 4.5 Chromatographic profile of fermented coffee samples versus control coffee (not-fermented). Source: Authors

of thousands of compounds simultaneously, generated during roasting over a green coffee bean matrix. Therefore, fermentation should not be seen as a correction process for the generation of high sensory quality drinks, but as another processing option for quality improvement, remembering that improvement also implies the existence of intrinsic quality.

Fermentation as a quality improvement process is being carried out by several researchers and producers. Some studies seek to determine the best conditions or prospect of potential microorganisms or to understand the biochemical steps of transformation from cherry to green coffee (processed) bean.

Biochemically, it should be thought of fermentation as the use of certain substrate and generation of a product. The agents are the enzymes of the beans itself, bacteria, yeast and different fungi. The chemical composition of the bean is comprised of volatile and nonvolatile components formed by aldehydes, ketones, sugars, proteins, amino acids, fatty acids, phenolic compounds, among others (Agresti et al. 2008; Bandeira et al. 2009; Clifford 1999).

Analyzing Table 4.2 below, it is noticeable the ranges of constituents of the green coffee bean and roasted coffee. This table shows average values, subject to different changes in levels due to culture conditions, location, genetics, postharvest, roasting and preparation of the beverage.

Physicochemical analyzes indicate that different organic compounds present in coffee bean samples may be derived from microbial metabolism during the fermentation process (Yeretzian et al. 2002). Fermentation/degradation of mucilage also reflects in the endosperm of beans, where high concentrations of final metabolites of microorganisms (for example, lactic acid, acetic acid, ethanol, glycerol and mannitol) occur (De Bruyn et al. 2017).

On one hand, submersion anoxia in beans triggers endosperm germination, resulting in a more intense anaerobic carbohydrate consumption response during prolonged

Table 4.2 Composition of green coffee, roasted and ground beans and the final beverage

Composition	Green coffee (%)	Roasted and ground coffee
Total polysaccharides	50–55	24–39
Reducing sugars (glucose, fructose)	0.1–1.2	0.3
Sucrose	6.0–10.51	0–3.5
Triglyelin	0.6–2.0	0.2–1.2
Caffeine	0.9–1.3	1.1–1.3
Chlorogenic acid	4.1–7.9	1.9–2.5
Citric acid	0.3–1.57	
Malic acid	0.44–0.57	
Protein	11.0–13.0	13–15
Amino acids	0.1–2.0	0.0
Lipids	12.0–18.0	14.5–20.0
Minerals	3.0–4.2	3.5–4.5

Source: Clarke and Macrae (2003), Borém et al. (2016), Moon et al. (2009)

fermentation of pulped coffee beans (Bytof et al. 2005; Selmar et al. 2008; Waters et al. 2015) the coffee beans under anoxic continuously consume carbohydrates resources through glycolysis, decreasing the sucrose concentration in the endosperm. On the other hand, during immersion, osmotic pressure facilitates the loss of monosaccharides and microbial metabolites accumulated during fermentation. Thus, the soaking step performed on the fermented coffee beans facilitates a significant washing of these compounds, which may impact the coffee quality due to a lower degree of acidity and will lead to a smoother taste. It is well known that dry matter loss is associated with fermentation and immersion due to endogenous metabolism and exosmosis, thus influencing the quality of the coffee cup (Brando and Brando 2014).

All of these processing steps contribute to differences in concentrations of specific coffee compounds (Bytof et al. 2005; Knopp et al. 2006). Consequently, technological aspects (especially the duration of fermentation, soaking and drying) may be decisive for endosperm composition, since the accumulation of microbial metabolites and endogenous mobilization of macromolecules resources may alter the overall composition of the green coffee.

The complex taste and aroma of the coffee beverage result from the combined presence of various volatile and nonvolatile chemical constituents (Chalfoun and Fernandes 2013). The main aromatic compounds active in the coffee beverage, such as furans, pyrazines and pyrroles, are not found in raw coffee beans.

Variations in chemical composition are believed to be due to degradation mechanisms, in other words, free glucose and fructose resulting from hydrolysis of polysaccharides, quinic acid from breakdown of chlorogenic acids and phosphoric acid from phospholipid degradation (Ribeiro 2017).

Thus, the quality of raw coffee beans is determined by the main nonvolatile constituents present in the raw material, such as sugar, amino acids, lipids, trigonelline and phenolics. These aroma precursors will still suffer changes in postharvest processing steps due to the process of seed germination and lipid oxidation. Between the different steps in processing postharvest coffee, removal of mucilage by microorganisms has great influence on volatile composition of processed beans (Pereira et al., 2018b).

In this sense, fermentation is potentially beneficial in coffee processing, not only to remove mucilage, but also to create essential sensory quality characteristics in the degradation/formation of compounds from precursor macromolecules, carbohydrates, proteins, lipids and phenolic compounds (Haile and Kang 2019). During the fermentation of the grain different biochemical processes occur by which enzymes produced by yeasts and bacteria degrade sugars, lipids, proteins and acids present in the mucilage, transforming them into alcohols, acids, esters and ketones (Fig. 4.6). These formed substances are responsible for the characteristics of aroma, taste, color, pH and the final composition of roasted coffee beans (Puerta-Quintero and Echeverry-Molina 2015).

Lee et al. (2015) concluded that improvements in the quality of aroma coffee are caused during fermentation and are probably attributed to the modifications of the aroma precursors composition, such as proteins, carbohydrates and chlorogenic acids in green coffee beans observed after fermentation.

Although the role of fermentation in processing can improve coffee quality, poor process control can negatively impact sensory attributes. When performed under

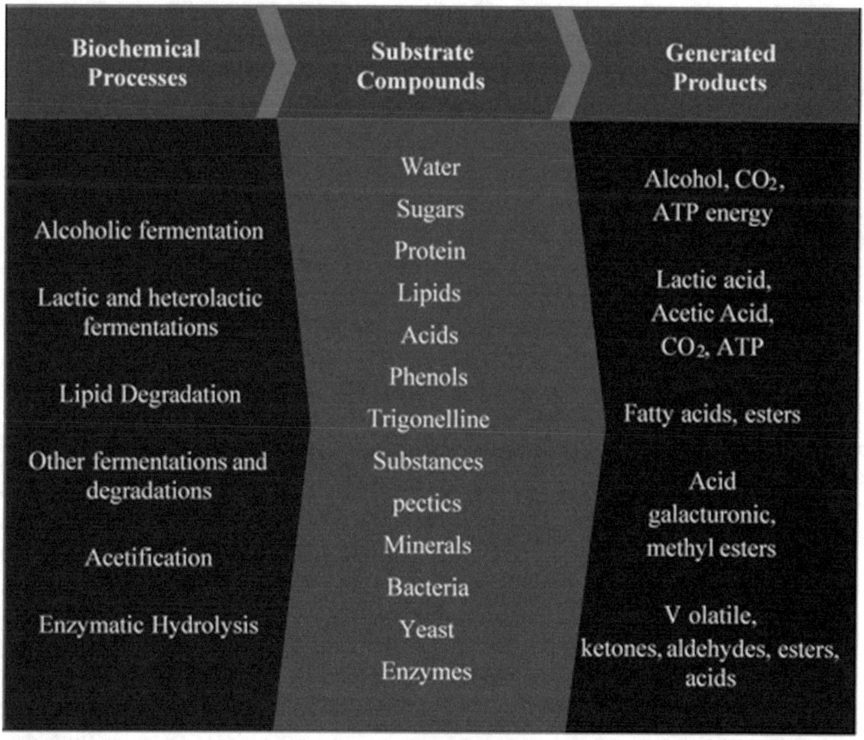

Biochemical Processes
Alcoholic fermentation
Lactic and heterolactic fermentations
Lipid Degradation
Other fermentations and degradations
Acetification
Enzymatic Hydrolysis

Substrate Compounds
Water
Sugars
Protein
Lipids
Acids
Phenols
Trigonelline
Substances pectics
Minerals
Bacteria
Yeast
Enzymes

Generated Products
Alcohol, CO_2, ATP energy
Lactic acid, Acetic Acid, CO_2, ATP
Fatty acids, esters
Acid galacturonic, methyl esters
V olatile, ketones, aldehydes, esters, acids

Fig. 4.6 List of biochemical processes, substrates and final products responsible for the flavors and aromas of coffee. Source: Authors

improper conditions, fermentation can impart unpleasant stains and flavors to the raw bean (Lee et al. 2015; Petracco 2001). In case of incomplete fermentation, mucilage remnants can cause secondary fermentation during drying and storage, resulting in an abnormal coffee flavor. On the other hand, excessive fermentation with high production of butyrate and propionate would be responsible for bitter flavors (Lopez et al. 1990).

3 Fermentation and Precursing Compounds

3.1 Organic Acids

All of the following observations on fermented arabica coffees attempt to explain how this process affects the final beverage, from the precursors to the flavors and aromas after roasting. However, the coffee bean is greatly influenced by genetics, crop conditions and other points already discussed. So, not all explanations can apply to all coffees. What was sought was to create discussion topics on the biochemical impact of fermentation of the beans, which allow knowledge on the delicate and complex process of generating flavor and aroma on the final beverage.

The primary taste sensation in the coffee beverage is the acidity. The acidity of coffee, along with the aroma and bitterness, is a key factor for sensory impact (Ribeiro 2017). In general, the acids present in coffee account for about 11% of the weight of raw beans and about 6% of the weight of roasted coffee beans. Citric, malic, quinic and chlorogenic acids are considered the main acids of raw coffee beans, which contribute to the formation of the sensory characteristics of the drink (Ginz et al. 2000; Bressani et al. 2018).

The concentration and type of acid present in the green coffee bean is related to the sensory perceptions of the roasted grain, identified mainly through the aroma. For example, citric acid confers lemon flavor, the lactic acid a buttery flavor and malic acid confers an apple flavor. Organic acids are also responsible for contributing to the formation of acidity, as they tend to produce higher amounts of hydrogen ions (Lingle 2011).

Organic acids are characterized by having carbon atoms. Of these, the largest group is carboxylic acids (Damodaran et al. 2010). Carboxylic acids have important organoleptic properties. The characteristic sour taste was the first criterion for the classification of these compounds. Formic (methane) and acetic (ethane) acids have an intense, irritating smell and sour taste. Acids of four to eight carbon atoms have unpleasant odors. However, in small concentrations, carboxylic acids are responsible for many fragrances. Although not the largest in volume among acids, organic acids tend to produce more hydrogen ions. This increase in hydrogen ion concentrations, as measured by the medium pH, is associated with acidity. The order of intensity of these acids present in coffee is generally given as tartaric, citric, malic, lactic and acetic acid. Higher acid concentrations have also been shown to significantly impact the perception of other basic flavors, particularly sweet (Lingle 2011).

During fermentation, various organic acids are produced, being acetic and lactic acids dominant; butyric acids, especially propionic acids, develop in the later stages of fermentation (Clarke 1985). Lactic acid is an important organic compound for coffee fermentation that assists in pulp acidification without interfering with the quality of the final product (Pereira et al. 2017). In contrast, high production of butyric, acetic and propionic acid may indicate excessive fermentation, which leads to reduction of the quality of the beverage, off-flavor (unpleasant taste or smell) when present in concentrations greater than 1 mg mL^{-1} (Lopez et al. 1990; Silva et al. 2013).

A recent study (Ribeiro et al. 2018) identified and quantified the main acids involved in coffee fermentation (citric, malic, succinic and acetic acid). Three varieties of arabica coffee were fermented separately in concrete tanks filled with water. The results showed that citric acid occurred in higher concentration, increasing from the beginning of fermentation until after drying of the fermented bean. The maximum concentration of citric acid in the fermented dry grain was 8.94 mg g^{-1} in one of the varieties. The same behavior was observed for malic acid, reaching the final concentration of 1.24 mg g^{-1}. Succinic acid, unlike citric acid, showed a decrease in fermentation for drying. Similar behavior was observed for acetic acid. Lactic acids, butyric, propionic, oxalic and tartaric acids were not detected in any of the coffee varieties.

The use of starter cultures in the fermentation process in addition to sensory quality reduces processing time and standardizes coffee quality. Inoculation of *Pichia fermentans* YC5.2 yeast influenced the low lactic acid production in the system and, consequently, higher final pH values. The coffee beverage produced presented velvety body perception, caramel flavor and intense perception of lactic, citric and phosphoric acids (Pereira et al. 2015).

Other studies have pointed to increased acidification in fermentation systems (16 and 36 h) due to the accumulation of lactic acid and acetic acid during the processes. After fermentation, higher concentrations of citric acid and lower caffeic acid and certain isomers of chlorogenic acid (3-caffeoylquinic and 4-caffeoylquinic acid) in fermented beans were observed in relation to fresh beans (De Bruyn et al. 2017).

Acetic and lactic acid production throughout fermentation was also verified by Evangelista et al. (2015) when studying the microbial diversity involved in arabica coffee fermentation in two main producing regions of Brazil, with distinct environmental characteristics. The authors identified a reduction in concentrations of malic and citric acids during fermentation, while the succinate acid showed a slight increase in end of the process. The sensory results showed that the coffee from one region presented citrus and herbaceous flavor, and from the other presented, besides these flavors, nutty sensation characteristics.

Furans and ketones are the volatile compounds that contribute to the formation of citrus and herbaceous attributes, while pyrazines and pyrroles may give nutty notes (Evangelista et al. 2015; Pereira et al. 2018b). The latter are mainly formed by the degradation of nonvolatile acids, such as citric and malic, and volatile acids, such as acetic (Pereira et al. 2018b).

As can be noticed, there is a difference in the production of acids mainly on the acid type which is related with the presence of microorganisms during fermentation. Silva et al. (2013) points out that the selection of microorganisms for the fermentation of the coffee must be based on the production of pectinase and acidic compounds and other metabolic compounds, since these factors affect the final quality of the beverage.

Other flavor precursor acids are chlorogenic acids, the main representatives of the phenolic fraction found in the coffee seed (Farah and Donangelo 2006). Such compounds have antioxidant action and have several health benefits due to their functional properties (Paula et al. 2016). Previous studies report higher levels of these compounds in fermented coffees (Duarte et al. 2010; Arruda et al. 2012). According to Arruda et al. (2012), the content of chlorogenic acids in the husk and pulp of mature coffee beans is low in relation to the seed; however, during the fermentation there is loss of ions and low molecular weight molecules, which could explain the increase of these compounds.

From another perspective, more recent studies suggest that the fermentation process promotes a reduction in chlorogenic acid content (Lee et al. 2016a, b; 2017), which may explain the superiority of coffees processed by wet processing, since these compounds are degraded during roasting resulting in the formation of a series of low-molar mass phenolic compounds that have widely varying sensory characteristics, including bitterness and astringency in the beverage (Pereira et al. 2017; Toci et al. 2006).

3.2 Sugars

The free sugars in coffee beans are one of the main precursors of aroma and taste of the coffee beverage. Glucose, fructose and sucrose are the main sugars present in coffee (Bressani et al. 2018), they are produced and accumulated in the pulp and endosperm of the cherry bean during the development of the grain.

In general, in the early stages of development, until half the maturation, glucose and fructose are the main free sugars, with glucose concentration consistently twice the concentration of fructose (Rogers et al. 1999). At the end of grain development, concentration of glucose and fructose diminish for both species to 0.03 and 0.04% in dry weight, respectively, while sucrose, 5–12% of dry weight, was essentially 100% of total free sugars in mature grains (Redgwell and Fischer 2006). The metabolic state of the grains in the steps of maturing/processing will affect the final chemical composition of the mature coffee cherries and the influences that modulate this metabolic state are factors that affect the quality of the coffee bean (Redgwell and Fischer 2006).

Sucrose and reducing sugars are involved in the fragmentation and caramelization reactions in roasting as well as in the Maillard reaction.

The main way of coffee aroma formation is the Maillard reaction and Strecker degradation, responsible for the generation of various classes of compounds such as pyrazines, pyrroles, thiols, furans, furanones, pyridines and thiophenes. Reducing amino acids and sugars generated from extensive protein and sucrose hydrolysis during roasting are precursors of key attributes that participate in the production of the characteristic roasted coffee aroma (Lee et al. 2015; Zhang et al. 2019). High correlation between total sugars parameters and volatile nitrogen (pyridines, pyrazines, pyrroles and aldehydes) was observed by Arruda et al. (2012).

Postharvest alters the content of sugars in the green coffee, especially in the fermentation process, where microorganisms act on the degradation of sugars present in the pulp and mucilage, creating different metabolic pathways and sensory patterns (Pereira et al. 2018b).

Ribeiro et al. (2018) observed a reduction in fructose and glucose concentrations at the end of the fermentation process, while sucrose contents increased throughout the process. The authors related this increase in sucrose concentration to the action of enzymes involved in sucrose synthesis, such as sucrose phosphate synthase, present in coffee beans.

In addition, Lin (2010) identified a higher content of reducing sugars after fermentation, presumably due to the degradation of the mucilaginous layer, which had a positive impact on coffee aroma. The increase in the concentration of reducing sugars (glucose and fructose) after fermentation may be attributed to sucrose hydrolysis by the action of invertase enzyme from yeasts present in the medium (Carvalho Neto et al. 2018).

Reduction in sugars is suggested by some studies as a result of spontaneous fermentation to remove mucilage. During fermentation the decrease in sugar content is linked to the consumption of sugars by microorganisms and also to the metabolism of the grain (Bytof et al. 2005; Knopp et al. 2006), which even in anaerobic process (submersion of beans) leads to the consumption of reducing sugars and endosperm sucrose. Alternatively, during immersion, the osmotic pressure facilitates the loss of monosaccharides.

As mentioned earlier, during the process of fermentation, the coffee beans under anoxic continuously consume carbohydrates resources through is glycolysis, decreasing sugars concentration in the endosperm. It is well known that in the wet processing under anoxic conditions, plant tissues are able to change their respiration to alcoholic or lactic fermentation (Knopp et al. 2006).

In contrast to the wet process, the coffee dry processed remains in a well-ventilated environment during treatment, wherein the respiratory metabolism can be kept until the reduction of water content take it to a virtual standstill of metabolic activity. Compared with respiration, fermentation processes consume much more hexose molecules for the generation of the same number of ATP molecules. The decrease of glucose and fructose in green coffee processed through wet processing is a consequence of consumption of glucose intensified by fermentation due to anaerobic fermentation in the endosperm of the coffee (Knopp et al. 2006).

Some authors relate decreasing of the content of glucose and fructose to metabolic events which occurred during drying in the wet processing (Wootton 1973;

Kleinwächter and Selmar 2010). But with the use of prolonged fermentation with starter microorganisms, the decrease of sugars is more pronounced. In some processes of fermentation approximately 60% of the sugars are utilized as substrate for microbial growth which produces significant amounts of ethanol and acetic and lactic acids, resulting in lowered pH (from 5.5–6.0 to 3.5–4.0) (Avallone et al. 2001; Jackels et al. 2005).

Some experiments made with natural or fermentation with bacteria or yeast showed green coffee beans with a lower content of reducing sugars (unpublished data), a reduction of up to 70% compared to controls. De Bruyn et al. (2017) also related that after fermentation, the concentrations of fructose, glucose and sucrose in the endosperm diminished significantly. Ordinary (unfermented) coffees have up to 1.2% fructose, 0.8 to 1% glucose and 2–8% sucrose (Table 4.2—Composition of green coffee, roasted and ground beans and the final beverage Table 4.2).

The consequence of the lower sugar content in the endosperm of green coffee beans can lead to changes in the generation of aroma and flavor during roasting, especially in the degradation processes of sugars for the production of organic acids, on the caramelization and the Maillard reaction.

All degradation reactions continue to occur, however, there may be changes in reaction dynamics, given the types and quantities of sugars available. Once the reducing sugars glucose and fructose are mainly from sucrose hydrolysis, both participate in the Maillard reaction, but come with different ways and possibly different end products. Generally, an excess of reducing sugar to that of an amino compound accelerates Maillard reaction (O'Brien and Morrissey 1989).

In Maillard's reaction, the darkening reaction with fructose occurs at a faster rate than with glucose (Maillard 1912). Another example is that the degradation of fructose produces furfural, and glucose produces hydroxymethylfurfural. Besides the Maillard reactions, sugars are also involved in other reactions such as degradation with acid production, pyrolysis and caramelization, and other aromatic compounding producing reactions.

Sugars, particularly sucrose as the most abundant, act as aromatic precursors, originating various substances (furans, aldehydes, carboxylic acids, etc.) that will affect both the taste and aroma of the beverage (Farah et al. 2005). A small amount of sucrose is pyrolyzed and caramelized (parts of non - enzymatic darkening reaction), while another considerable fraction is hydrolyzed into glucose and fructose. The decrease in sucrose level can be as high as 98% during roasting (Mauron 1981; Trugo and Macrae 1984).

During roasting of the coffee, the compounds of low molecular weight are considered more reactive than high molecular weight compounds. As such, aldopentoses are generally more reactive than aldohexoses (Spark 1969), and monosaccharides are more reactive than di- or oligosaccharides. Aldoses more reactive than ketoses (O'brien and Morrissey 1989). Lewis and Lea (1959) reported that sugars, when placed in decreasing order of reactivity, have the following sequence: xylose> arabinose > glucose> lactose> maltose> fructose.

Thus, decreasing sugars from reducing sugars can change the dynamics of reactions within the endosperm, requiring hydrolysis of sucrose to generate reducing sugars. Still it may be expected changes in the compounds generated, for example, organic acids which are attached to the sensory profile of the beverage.

Some studies indicate the increase of organic acids, due to the absence of reducing sugars. Wang et al. (2019), evaluating the organic acid fermented and roasted beans, realized a significant increase of organic acids in roasted beans from fermented green beans, where the concentration of reducing sugars was practically zero. Being that the roasted beans of fermented green coffee that were supplemented with glucose, presented low concentration of organic acids similar to the control, without fermentation. Indicating that sucrose plays a fundamental role in the origin of these acids and thus in the final acidity. The content of sucrose has also been positively associated with coffees with higher acidity (Bertrand et al. 2006; Decazy et al. 2003).

The sugars in the endosperm during roasting, either sucrose, or fructose and glucose, lead to the formation of organic acids by fragmentation of molecules, reaction that is concurrent with the formation of color, indicating that they are probably produced from similar reaction pathways (Buffo and Cardelli-Freire 2004). This fraction of acidity generated during the roasting of the coffee can be attributed to the formation of the four acids aliphatic formic, acetic, glycolic and lactic. The addition of sucrose, glucose or fructose to green coffee beans, resulted, in comparison to untreated beans, in significant increases in the yields of the four acids subsequent to roasting (Ginz et al. 2000).

Although some authors indicate that the fermentation favors the reduction of reducing sugars and prevalence of sucrose in the endosperm, and thus higher production of volatile organic acids, other studies indicate that there is no increased production of organic acids in the presence/absence of reducing sugars (Evangelista et al. 2014a, b; Lee et al. 2016a). In any case, fermentation was not able to reduce the acidity resulting from the degradation of sugars and may contribute to its increase.

Another sensory modification which can be linked to the metabolism of reducing sugars in the endosperm is the concentration of funans (mainly furfural) in the beverage, which in beverages from fermented coffees appear in lower concentration, which can be connected to lower reducing sugars concentration, and/or also a lower capacity of sucrose to generate these compounds. In some studies, it is suggested that sucrose may produce less furans than reducing sugars such as glucose and fructose (Nie et al. 2013).

Furans are among the most abundant volatile groups present in coffee, being described as responsible for the caramel, burnt sugar and malt aromas in roasted coffee. These substances are predominantly produced by pyrolysis of sugars. However, there is evidence that furans would also be formed from organic acids and fatty acids. Furanones are produced by the Maillard reaction after aldol condensation and are part of the furan formation pathways, being associated with the sweet and caramel aroma formation in roasted coffee. The large number of furan derivatives indicates the important role that carbohydrates and free sugars, such as sucrose, play in the final quality of the beverage (Crews and Castle 2007; De Maria et al. 1999; Getachew and Chun 2019; Ribeiro et al. 2009; Sunarharum et al. 2014).

Works by Evangelista et al. (2014b), with fermentation with up to 720 h, showed lower levels of furfural on roasted beans (an average of 20% lower than the control).

A study conducted on modulation of the coffee aroma by fermentation of arabica coffee beans, the total levels of furanones in fermented roasted coffees, of medium and dark intensity, was 50% lower than the respective unfermented coffee (Lee et al. 2016b). The authors of the present study suggested that the decrease in furanones levels may be attributed to the metabolism of reducing sugars during fermentation, which led to decreased concentrations of sugar aroma precursors.

Wang et al. (2019) working with coffee fermentation supplemented or not with glucose, found a significant reduction of furans related to the concentration of the reducing sugars in the fermented green coffee without supplementation. For green coffee fermented and supplemented with more glucose in their constitution, there was an increase in the production of furans, reaching three times more than the control (unfermented and not supplemented), depending on the type of roasting.

As stated above, furans have been proposed as responsible for burnt sugar and caramel aromas in the roasted coffee (Leino et al. 1992) as well as the caramel flavor in the coffee beverage (Flament 2001). Despite being a characteristic aroma in coffee, the decrease in its content may allow the perception of other aromas. Aromas produced possessed by these compounds in the positive and negative sensory evaluation of coffee, depending on the concentration in the roasted coffee (De Maria et al. 1999).

The production of less furans in the beverage of fermented beans is only an inference about the fact of lower sucrose content and other reducing sugars, but also can be connected to chemical conditions of given fermented green coffee, as well as the roasting process because it is worth remembering that there are numerous interactions and other compounds that contribute to the formation of furan (Fig. 4.7).

Furans detected in the roasted coffees consisted mostly of furfurals, which are formed through the 3-deoxyosone route in a Maillard reaction and a similar pathway in caramelization. In coffee roasting, the carbohydrates that are more accessible for pyrolytic reactions would be hexoses, including glucose and fructose, both in the free form and from sucrose hydrolysis. With the hexoses, the 3-deoxyosone route in the Maillard reaction leads to the production of 5-hydroxymethylfurfural, which is degraded into furfural and 5-methylfurfural (Mariscal et al. 2016; Parker 2015).

Figure 4.7 illustrates the different paths for the formation of furans such as thermal degradation of carbohydrates only or in the presence of amino acids, thermal degradation of some amino acids, oxidation of ascorbic acid at elevated temperatures and oxidation of polyunsaturated fatty acids (PUFA) and carotenoids (Gruczyńska et al. 2018; Peres-Locas and Yaylayan 2004). The possibility of furan formation by different ways indicates that a lower sugar concentration is not a guarantee of low levels of furans in the beverage.

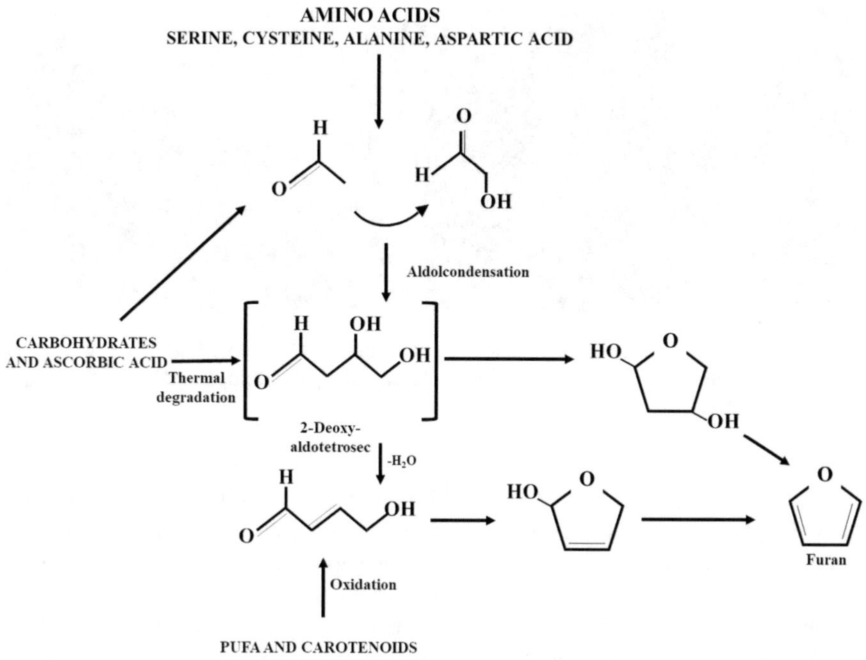

Fig. 4.7 Ways of furan formation in food. Source: Adapted from Peres-Locas and Yaylayan (2004)

3.3 Free Amino Acids and Proteins

Amino acids and proteins are important suppliers of the free amino group which, combined with the carbonyl group of reducing sugar, through the Maillard reaction, are responsible for the aroma, taste and color of heat-treated foods (Francisquini et al. 2017).

The biochemical reactions that happen on the postharvest of coffee beans interfere significantly with the quality and quantity of free amino acids (Bytof 2003; Bytof et al. 2005; Selmar et al. 2002). Arnold and Ludwig (1996) evaluating the fermentation in the wet processing without considering the drying process, found changes in the free amino acids profile in the coffee (before drying). Free amino acids contents such as aspartate, glutamate and alanine were quantified in fermented coffee (wet processed). The accumulation of these amino acids is associated to the hydrolysis of proteins in order to generate raw material for the germinating process (Knopp et al. 2006).

For Nigam and Singh (2014) the free amino acids could be released in the beans after the protein degradation during the process of fermentation of coffee. During postharvest, in the fermentation, there may be protein degradation, in addition to the consumption and production of amino acids during the microbial metabolism.

In the famous Kopi Luwak coffees, Marcone (2004) found evidence of protein hydrolysis that was attributed to the permeation of digestive enzymes and gastric

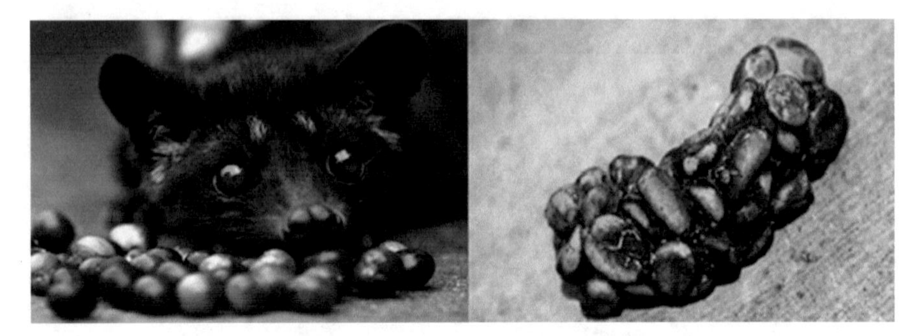

Fig. 4.8 (**a**) Civet and cherry coffee that are part of its diet. (**b**) Coffees from the digestive systems of the civet, bioprocessed. Source: http://juliafleck.com.br/wp-content/uploads/2016/10/civeta.jpg

juices through the coffee cherries endocarp and the bean surface as they cross the animal's gastrointestinal tract. Changes in amino acid composition would in turn have a significant impact on coffee aroma, since amino acids are important precursors of aroma in roasting. Protein hydrolysis would also be responsible for decreasing the bitter taste in the final fermentation, while tasting results also revealed that the Kopi Luwak beverage has low body and acidity. Marcone (2004) also suggested that the characteristic taste of Kopi Luwak could be assigned to a unique way of wet processing, given the similarity in the acidification and fermentation processes occurring in the digestive bioprocessing of civet (Fig. 4.8) and traditional wet processing.

Lee et al. (2016a) performing solid state fermentation (SSF) of coffee with a fungus, found a significant increase of free amino acids and ammonia in the coffee green bean. However, in another study from the same team (Lee et al. 2017), using SSF with one yeast, found a different amino acid profile in fermented beans, with a decrease in free amino acid contents. It is clear the importance of the microorganisms used in the fermentation, and how they will modulate the compounds of the green coffee, ranging from the production of acids and other metabolites in consumption or liberation of sugars and free amino acids.

The free amino acid, present even in small quantities, can produce significant changes in the organolithium quality of the beverage (Kaanane and Labuza 1989). The amount and kinds of amino acids affect the strength and quality of aroma, by roasting, during the Maillard reaction and Strecker degradation (Dills 1993).

In the roasting process many chemical reactions occur simultaneously within the grain, with amino acids being key compounds for the end result. The chemical processes that occur in the first part of the heating cycle appear to be mainly hydrolytic reactions involving the simple saccharides present in green coffee bean, giving rise to glucose, fructose, mannose and galactose.

Cellulose, polysaccharide that composes the coffee grain structure, also begins to hydrolyze in the mildly acidic environment of the bean, increasing the glucose concentration and decreasing the hardness of the grain structure. To the extent that the temperature exceeds 100 °C, water that is not strongly linked to organic molecules starts vaporizing. When the vapor pressure is sufficiently high, some of the weakened cellulose walls start to crack, leading to the first cracking sound in the roaster of coffee beans that by expanding releases excess of pressure. As the temperature continues to rise, a number of amino acid sugar ring-opening reactions (Maillard reactions) begin to occur.

The aldosamine (glucose plus amino acid) and ketosamine (fructose plus amino acid) compounds formed in these initial reactions may cyclize or may also react with other compounds (and then cyclize). As the temperature rises to 160 °C, another reaction (Strecker Degradation) begins. These reactions involve the condensation of dicarbonyl compounds (formed from activated sugar molecules oxidation) with amino acids. These initial linear condensation products degrade, emitting CO_2, to form amino ketones and aldehydes, which can then cyclize (Yeretzian et al. 2002; Wang 2012, 2014).

Whatever the mechanism of reaction of these compounds, the synthesis involves mainly sugar molecules which react with several free amino acids (17 of which were identified in the green coffee bean), forming a wide variety of organolithium compounds by the Maillard reactions and Strecker Degradation, mainly (Lyman et al. 2003) (Fig. 4.9).

In sensory perspective, these chemical compounds generated by the reaction of amino acids, during Maillard reaction through the Strecker degradation produces flavor diversity. Aromas formed from carbohydrates and amino acids can be divided into: a specific amino acid pathway and a non-specific amino acid pathway. For the non-specific amino acid pathway, α-dicarbonyl reacts with most types of amino

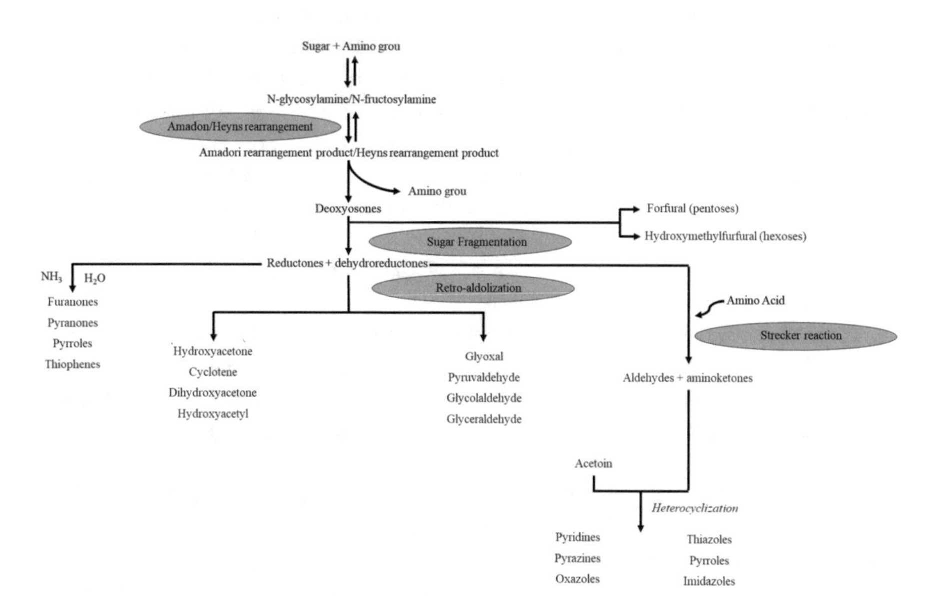

Fig. 4.9 Overview of Maillard reaction showing flavoring compounds and end products. Source: Ho (1996)

acids by forming α-aminoketone via Strecker degradation, which leads to the formation of alkylpyrazines, oxazoles and oxazolines. In the specific amino acid pathway, amino acids such as cysteine and proline, α-aminoketone or α-dicarbonyl are involved in the generation of thiazoles, thiazolines, pyrrolines and pyridines.

Amino acids with sulfur, cystine, cysteine and methionine in green coffee (mostly bound to proteins), degrades in roasting and interact with reducing and intermediate sugars of Maillard to form volatile intensively aromatic, for example, furfurylthiol, strong aroma with a very low threshold perception (threshold value), and thiophenes and thiazoles. Hydroxy amino acids such as serine and threonine react with sucrose to yield volatile heterocyclic compounds and alkylpyrazines. Proline and hydroxyproline react with the intermediate of Maillard to give pyrroles, pyrrolizines, pyridines, alkyl-, acyl- and furfurylpyrrols.

Other work from Wong et al. (2008) on the aromatic potential of amino acids in the Maillard reaction under acidic conditions, in relation to glucose–amino acids (individually and in combination) to 100 °C, where the produced aromas were determined and compared by trained tasters. Proline produced a pleasant, flowery, fragrant aroma. Phenylalanine and tyrosine produced dried rose aroma. Alanine produced a fruity, flowery odor, while aspartic acid and serine produced a pleasant, fruity aroma. Arginine, produced a pleasant, fruity and sour aroma. Glycine, lysine, threonine and valine produced a pleasant caramel odor. Isoleucine and leucine produced a burnt caramel aroma. Methionine has developed fries odor. Cysteine and methionine produced salty, fleshy, soy sauce-like flavors. A combination of these free amino acids produced different types of aroma.

The free amino acids are essential for Strecker degradation, which can produce different aromatic compounds, especially aldehydes. Although Strecker degradation has been delegated to a category of "underreaction" in Maillard's reaction scheme, however, in its broadest definition, it may play a more critical role than is currently assumed by shifting to direction of the Maillard reaction for an aromatic (aroma and flavor) and non-aromatic way (color) (Fig. 4.10) (Yaylayan 2003).

Strecker degradation is considered a significant source of flavor compounds. If the Maillard reaction can be seen as amino-catalyzed sugar degradation, from another point of view, Strecker degradation can be taken as the degradation of the amino acids initiated by the reactive carbonyl species produced in the first phase of the Maillard reaction.

In Strecker degradation dicarbonyl compounds (formed in Amadori rearrangement) react with amino acids to produce carbon dioxide, aldehydes (Strecker aldehydes) with a carbon atom and α-aminoketone which are key precursors of heterocyclic flavor compounds, such as pyrazines, pyrazines, oxazoles and thiazoles (Fig. 4.11) (Yaylayan 2003).

Common Strecker aldehydes include ethanal (sweet and fruity aroma), methylpropanal (malted) and 2-phenylethylanal (floral/honey aroma) (Flament 2001). The condensation of two aminoketones can produce pyrazine derivatives which are also powerful aromatic compounds (Yaylayan 2003).

With peptides and proteins, and in the absence of free amino acids, the Strecker degradation cannot occur, and this has consequences for generating flavor. In principle, the free amino acids may be generated during heating from proteins or

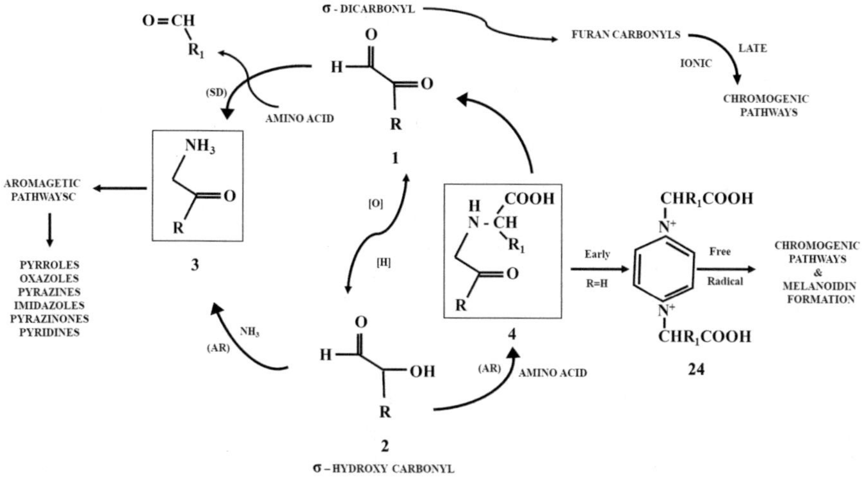

Fig. 4.10 Relationship of Strecker degradation (SR) and Amadori rearrangement (AR) to aromagenic and chromogenic pathways of Maillard reaction. [O] oxidation, [H] reduction. Source: Yaylayan (2003)

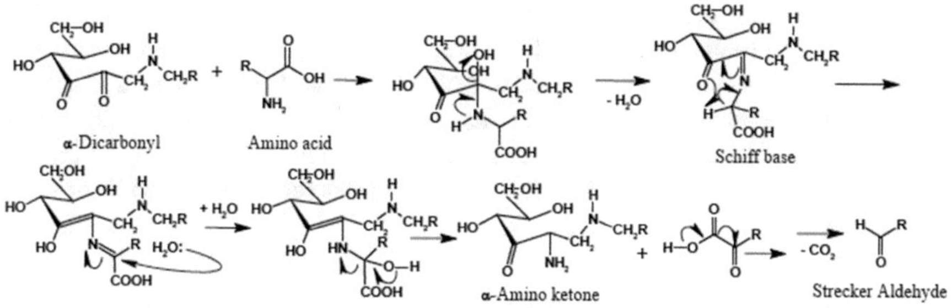

Fig. 4.11 Strecker degradation, with formation of Strecker aldehyde and an α-aminoketone. Source: Dias 2009

peptides if hydrolysis occurs, but this is limited to the same thermal treatments as roasting. What remains is that sugar degradation products may react with the side chain amino groups of lysine, arginine and tryptophan residues.

An example of the importance of Strecker degradation is the alkylpyrazine formations. These are the second largest group of aromatic compounds in roasted coffee after furans. It has aromatic notes that contribute to the good quality of the coffee beverage. Pyrazines are characteristic volatile aromatic compounds of heat-treated foods (De Maria et al. 1999). These compounds contribute to the formation of numerous sensory attributes present in roasted coffee, such as walnuts, hazelnuts, sweet, pungent, earthy, walnut, among others, according to the type of substance formed (Pereira et al. 2018b).

Elevated levels of pyrazine derivatives were detected in samples of fermented and roasted coffee and can be attributed to increased concentrations of amino acids such as phenylalanine, aspartic and glutamic acids in green coffee after fermentation. Studies indicate that the production and types of pyrazines formed during the Maillard reaction will be influenced by the type of nitrogen source (free ammonia or amino acids linked to nitrogen) (Lee et al. 2016b).

Evaluating some studies, the increase in the concentration of different pyrazine isomers with increase in free amino acids of the green coffee bean is dependent on the reducing sugar levels.

Table 4.3 shows the results of two studies conducted by Lee et al. (2016b, 2017). Evaluating the fermentation of green coffee beans rehydrated, the fungus *Rhizopus oligosporus* and the yeast *Yarrowia lipolytica.* It can be noticed in Table 4.3 that there is a relationship between amino acids, reducing sugars and production of pyrazines. That is, the guarantee of higher concentration of pyrazines is dependent on free amino acids and reducing sugar content. Possibly, Strecker degradation needs the reactive carbonyls coming from the Amadori or Heizn rearrangement (reaction of a sugar and amino acid) that together with free amino acids will produce pyrazines.

Wang et al. (2019), working with coffee fermentation (supplemented or not with glucose) found that the majority of amino acids analyzed was significantly reduced in both fermentations, and various amino acids (i.e., leucine, isoleucine and methionine) were reduced to levels lower than detection limit, and this reflected in the content of pyrazines of fermented and roasted bean. And even the coffee fermented and supplemented with glucose, showed about 20 times less pyrazines, after roasting, than control.

All these results and discussion demonstrate that even the production of aromas and flavors characteristic of coffee is a complex system and very dependent of free amino acids.

Table 4.3 Evaluation of the production of pyrazines during roasting of fermented green coffee beans by *R. oligosporus* and *Y. lipolytica*. Source: Lee et al., 2016a, b; 2017

Fermentation by *Rhizopus oligosporus* fungus			Light roasting	Medium	Dark
	Total concentration of free amino acids (mg/g dry wt)	Total concentration of reducing sugars (mg/g dry wt)	Total pyrazine (ppb dry wt)		
Green coffee beans fermented for 5 days	1911 ± 47	7.7 ± 0.42	21,621 ± 1385	15,682 ± 2012	12,198 ± 988
Control	1659 ± 202	11.13 ± 1.00	17,507 ± 2390	11,863 ± 647	9410 ± 685
Fermentation by the *Yarrowia lipolytica* yeast					
Green coffee beans fermented for 4 days	2981 ± 209	1.99 ± 0.15	8049 ± 584	5140 ± 708	5877 ± 694
Control	3738 ± 119	1.61 ± 0.16	8397 ± 804	4787 ± 810	6205 ± 495

3.4 Phenolic Compounds

Besides having nutritional and antioxidant properties, phenolic compounds influence multiple sensory food properties, such as taste, astringency and color. Phenolic compounds contribute to the aroma and taste of many plant foods. In coffee, phenolic compounds contribute significantly to the taste and aroma of the final product (Pimenta and Vilela 2002). Highlight for the chlorogenic acid (Fig. 4.12) and its products generated during roasting, which are the most characteristic flavor and aroma compounds of coffee.

These phenolic compounds, chlorogenic acid, caffeine, and others, are macro elements, its existence is associated with fruit and seed, being required correct bean maturation to keep these compounds in the optimal range, and avoiding the presence of other compounds such as quinine acid, which gives off flavor to the beverage (Rogers et al. 1999). Several authors have described the high content of these polyphenols in coffee fruits and in particular of chlorogenic acid. In the ideal maturation, chlorogenic acids (CGA) are major phenolic of the coffee bean (including the green hue of the grains being the result of these compounds) (Fig. 4.13).

Chlorogenic acid is responsible for 5–10% of coffee beans, which is much larger than caffeine (1–2%). It is thermally unstable and is easily decomposed into quinic acid and caffeic acid. And strongly influences the taste of coffee, as astringent, sweet and sour flavors, which change with concentration (Pimenta and Vilela 2002).

CGAs are a family of esters formed between certain phenolic acids (trans-cinnamic acids) and quinic acid (Parras et al. 2007). The main subgroups of CGA found in green coffee beans are the caffeoylquinic acids (CQA), dicaffeoylquinic acids (diCQA) and feruloylquinic acid (AQF), each group having at least three isomers (Farah and Donangelo 2006), like CQA isomers (Fig 4.14), among which 5-CQA (Fig. 4.14) is the predominant species (Oestreich-Janzen 2010).

Thus, as the sugars, proteins and amino acids, phenolic compounds, represented mainly by chlorogenic acid, quinine acid and caffeic acid, are important precursors present in the green coffee beans, which play an essential role in the formation of aroma and taste of coffee (Variyar et al. 2003). During roasting, the thermal degradation of polysaccharides and simple sugars is responsible for the formation of caramelization products. Sugars, proteins, amino acids participate in the Maillard reaction. Similarly, chlorogenic acids along with other nonvolatile phenolic derivatives are hydrolysed to hydroxycinnamic acid derivatives. Furthermore,

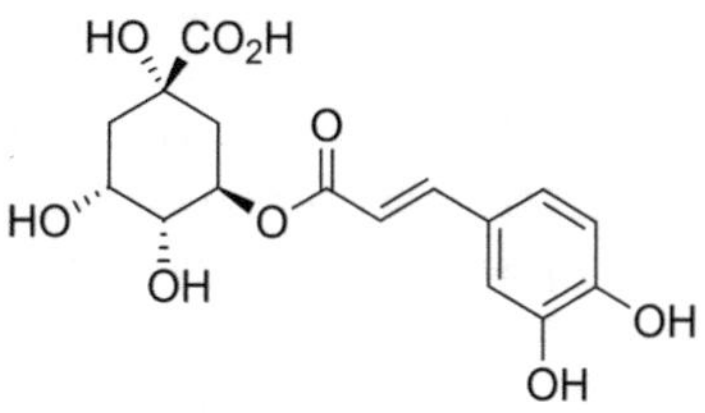

Fig. 4.12 Chlorogenic acid. Source: https://upload.wikimedia.org/wikipedia/commons/5/57/Chlorogenic-acid-2D.svg

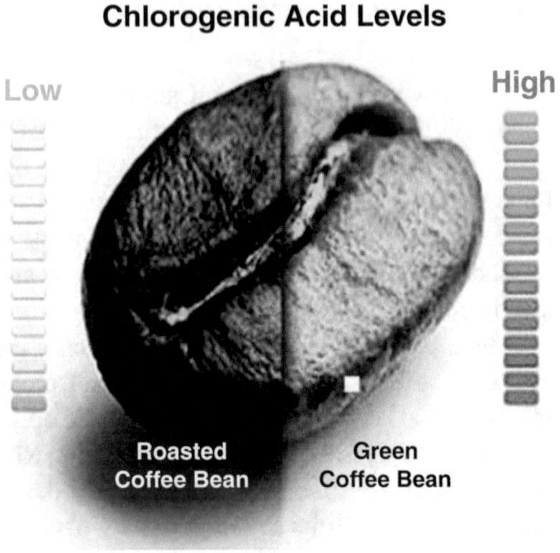

Fig. 4.13 Representation of acid chlorogenic levels in the green coffee bean. Source: https://www.cebm.net/2014/07/can-chlorogenic-acids-green-coffee-help-blood-pressure-management/

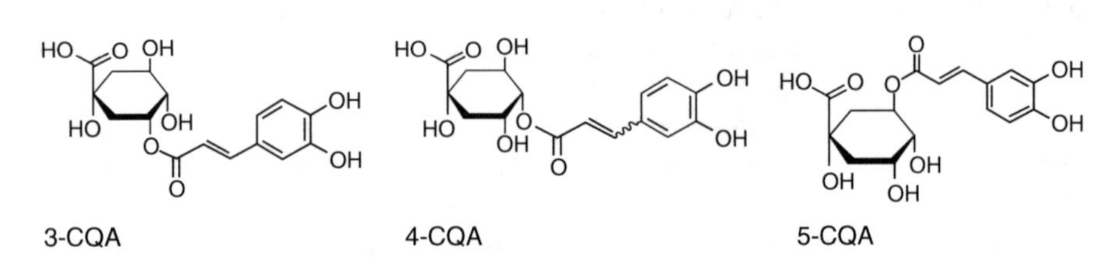

Fig. 4.14 Molecular Structures of isomers 3-caffeoylquinic acid (3-CQA), 4-O-caffeoylquinic acid (4-CQA) and 5-caffeoylquinic acid (5-CQA). Source: Wong et al 2014

hydroxycinnamic acids such as ferulic acid, caffeic, quinine, still suffer more decarboxylation and other chemical reactions resulting in the formation of potent volatile phenolic compounds such as guaiacol, p-vinylguaiacol and phenols (Dorfner et al. 2003).

The main route of formation of volatile phenolic compounds seems to be the degradation of free phenolic acids (p-coumaric, ferulic, caffeic, quinic acids) during coffee roasting (Dart and Nursten 1985; Trugo and Macrae 1984) being that most free phenolic acids co-produced by CGA undergo degradation during roasting.

Studying the effect of roasting on the composition of these acids, a loss of 60.9% and 59.7% was determined for arabica and robust respectively, after mild roasting (205 °C–7 min). Under more severe conditions there is increased degradation of chlorogenic acids, but there is a decrease in related volatile phenolic compounds (Trugo and Macrae 1984).

Volatile phenolic compounds, in general, have very varied sensory characteristics, being responsible for the smell of burnt matter, spices, cloves, smoke and also the feeling of bitterness and astringency found in coffee. Phenol is often observed in the volatile fraction of roasted coffee, along with methyl phenols (or cresols). The phenols most commonly found in roasted coffee are 4-vinyl-guaiacol, guaiacol or methoxy phenol and phenol. In addition to these three components, cresol isomers (o-, m-, p-) are also part of the group of major roasted coffee phenols (Moreira et al. 2000).

In relation to the flavor and potential odor of these components, the guaiacol and 4-vinyl-guaiacol were considered potent odorants for roasted coffee, since they have lower limits of detection, besides being present in relatively high concentrations in the bean toasted (Trugo and Macrae 1984; Moreira et al. 2000).

In addition to volatile compounds, the taste ratio of phenolic compounds has a contribution of chlorogenic acid (CGA) and its decomposition during roasting in the production of quinic and caffeic acid.

Caffeic acid and quinic acid are nonvolatile phenolics (some are not degraded to volatile compounds). They are often formed as by-products of different CQAs, which can further degrade into phenol and catechols, among almost 30 other chemical compounds (Moon and Shibamoto 2009).

Caffeic acid and quinine acid may remain in roasted beans, but some of them will inevitably become volatile and lost compounds (Moreira et al. 2000). Another study suggested they react with Maillard reaction products (Perrone et al. 2012). This means that the decomposition of these CQAs can lead to a series of other reactions linked to the taste of the coffee.

Chemically, both caffeic and quinic acids are considered phenolic acids and are typically associated with astringency as found in a wide variety of beverages. In coffee, these effects can be seen when moving from a light to a dark roasting, with corresponding levels of increased bitterness. The sheer presence of these phenolic compounds not only affects tactile sensations such as astringency, but over time also changes the acidity level of the drink.

These two acids are also present in the green coffee and may, like chlorogenic acid, be affected by the postharvest process. It was observed that different types of coffee processing methods led to significant differences in the concentrations of free amino acids, reducing sugars and phenolic compounds present in green coffee beans of the same variety (Arruda et al. 2012).

Postharvest process the fermentation has decreased chlorogenic acid content in green coffee and these beans have produced higher levels of volatile phenolic compounds, mainly phenol, guaicol and vinylguaiacol (Fig. 4.15) (Lee et al. 2016a; Wang et al. 2019).

Some authors point out this reduction of chlorogenics in fermented green coffee as a result of microorganism metabolism. The significant decrease in the concentra-

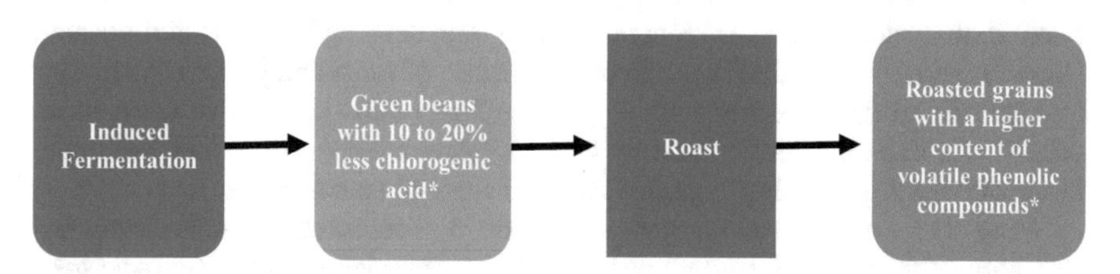

Fig. 4.15 Chlorogenic acids in fermented coffees. Source: Lee et al. (2016a, b) and Wang et al. (2019)

tion of total phenolic compounds after fermentation pointed to the metabolism of these compounds by *Y. lipolytica* (Lee et al. 2017). The detection of cinnamoyl esterase in other yeast species such as *S. cerevisiae* (Coghe et al. 2004) explain the decrease in chlorogenic acid concentration after fermentation by *Y. lipolytica*. However, the hydrolysis of chlorogenic acid did not correspond to an increase in the concentrations of hydrolytic, caffeine and quinic products. This can be explained by the higher catabolization rate (Lee et al. 2017).

For nonvolatile phenolic compounds of roasted fermented coffee, there is no reduction in the concentration of residual chlorogenic acids relative to unfermented roasted beans, but there is a reduction in the concentration of quinine acid in the fermented roasted bean.

This reduction in the amount of quinic acid comes from the reduction of green coffee quinine acid itself during fermentation. Lee et al. (2016a) indicated that fungal metabolism may be linked to degradation and consumption of quinine acid during fermentation but there is also loss of this acid during immersion of the beans for fermentation. De Bruyn et al. (2017), also indicated that the concentrations of citric acids, quinic acid, caffeine, trigonelline decreased after the soaking step.

During coffee fermentation, potentially lactic bacteria can decompose phenolic compounds through metabolism illustrated in Fig. 4.16. The metabolism of hydroxycinnamic acids through the activities of the enzymes, acid phenol decarboxylases and reductases (Fig. 4.16) was confirmed after 24 h of fermentation (Filannino et al. 2014). In particular, caffeic, p-coumaric and ferulic acids may be reduced to dihydroileic, floretic and dihydroferric acids, respectively (Fig. 4.16, pathway A), or decarboxylated to the corresponding vinylic derivatives (vinyl catechol, p-vinyl phenol and vinyl guaiacol, respectively) (Fig. 4.16, pathway B). Subsequently, the vinyl derivatives may be reduced to their corresponding ethyl derivatives (ethylcatechol, ethylphenol and ethylguaiacol, respectively) (Fig. 4.16, pathway C) (Filannino et al. 2014; Rodrìguez et al. 2009).

Quinic acid concentration in fermented green coffee beans is not influenced by the decrease of chlorogenic acid concentration. The decrease in the concentration of the latter would probably be attributed to the hydrolysis catalyzed by microorganism actions. According to Lee et al. (2016a), in fermentation it is plausible that quinic acid metabolism by *R. oligosporus* may have canceled the increase in concentration caused by hydrolysis of chlorogenic acid. The same can be repeated for caffeic acid.

According to Lee et al. (2016a), this observation can be attributed to numerous ways of biotransformation involving caffeic acid which were reported. It was discovered that caffeic acid is generated from the demethylation of ferulic acid (Mathew and Abraham 2006), while others species of fungi and yeasts convert caffeic acid in volatile phenols such as guaiacols and ethyl phenols (Cabrita et al. 2012). This latter metabolic pathway would explain the significant increase in the levels of volatile phenolic compounds in fermented green coffee beans.

Wang et al. (2019), also reported a reduction in phenolic compounds during fermentation with the use of starter cultures. 5-CQA degradation and caffeic acid generation occurred during fermentation of green coffee beans. However, the increase in caffeic acid was not sufficient to stoichiometrically balance the loss of 5-CQA.

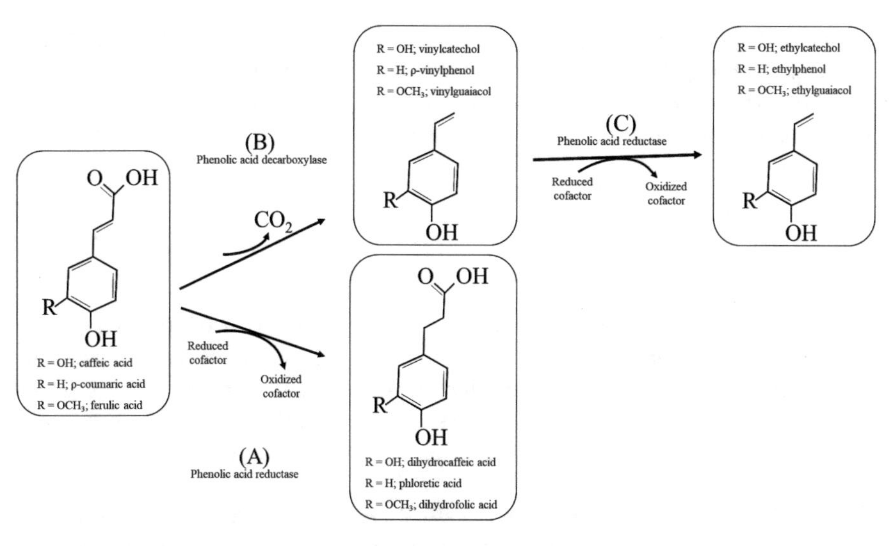

Fig. 4.16 Metabolic pathways (**a**, **b**, and **c**) of caffeic, p-coumaric, and ferulic acids by lactic acid bacteria. Source: Filannino et al. (2014)

A large proportion of green coffee CQAs disappear through Maillard-like reactions on more complex macromolecules, i.e. melanoidins, and partially decompose to quinic acid and caffeic acid to form quinides and to be incorporated into melanoidins. Another transformation leads from decarboxylation and cyclization to phenylindanes, identified as a strongly bitter component of coffee (Oestreich-Janzen 2010).

Phenylindanes are formed from hydroxylated cinnamates such as caffeic acid (4), during roasting of coffee beans (Frank et al. 2007). Higher concentrations of phenylindans are found in dark roasted coffees (longer roasting times) such as espresso, and are largely responsible for the bitter taste of dark roasted coffee blends (Frank et al. 2007).

Another compound altered by fermentation was the ferulic acid concentration decreased significantly after fermentation. This was supported by evidence of fungal mediated biotransformation in the literature (Mathew and Abraham 2006; Filannino et al. 2014). Non-oxidative decarboxylation of ferulic acid and elimination of the unsaturated side chain acetate portion of ferulic acid were two major metabolic pathways of ferulic acid observed in many fungal species that resulted in the generation of volatile compounds such as guaiacols, p-vinylguaiacol and vanillin (Mathew and Abraham 2006). This was again consistent with the observations obtained from the volatile profiles of green coffee beans after fermentation.

In summary, the main change resulting from fermentation in relation to phenolic compounds is the decrease of chlorogenic acids and quinine/caffeic acid (improvement of quinine/chlorogenic acids, as happens in grains with correct or late maturation) in grains as effect of metabolism of microorganisms. In the degradation of chlorogenic acids smaller phenols are generated that will alter the chemical route of volatile generation, and there is a higher production of aromatic compounds such as guaiacol and vinylguaiacol as the main aromatic phenols. During roasting chlorogenic acids are hydrolyzed to form mainly quinic acid, being that part of these quinic acids will remain as part of the final taste of the beverage, however, on a lower concentration than in non-fermented coffee.

3.5 Lipids

The lipid fraction of green coffee beans is mainly composed of triacylglycerols, sterols, tocopherols and diterpenes of the caurine family. Fatty acids are found in the combined state, most of which are esterified with glycerol in triglycerides; about 20% are esterified with diterpenes and a small proportion is found in sterol esters. Coffee lipids contribute to the texture and feel of the beverage in the mouth (Oestreich-Janzen 2010).

A study conducted by Arruda et al. (2012) revealed that postharvest techniques (wet, semi-wet and dry) do not affect the fatty acid profile of coffee. On the other hand, Lee et al. (2015) detected the presence of methyl palmitate methyl ester in fermented coffees, attributing its formation to transesterification of triglycerides containing palmitic acid with ethanol or direct esterification of free palmitic acid with ethanol. According to the authors, ethyl palmitate contributes to the formation of fruity aromatic notes.

Esters play a key role in the sensory quality of fermented beverages and constitute the most important set of active yeast aroma compounds derived from Saccharomyces cerevisiae yeast. There are two main categories of flavoring esters in fermented beverages. The first group is represented by acetate esters (the acid group is acetate, the alcohol group is ethanol or a complex alcohol derived from amino acid metabolism), such as ethyl acetate (solvent aroma), isoamyl acetate (banana aroma), isobutyl acetate (fruity aroma) and ethyl phenylacetate (roses, honey). The second group comprises the medium chain fatty acid ethyl esters (the alcohol group is ethanol, the acid is a medium chain fatty acid), which includes ethyl hexanoate (anise, apple aroma) and ethyl octanoate (sour apple aroma) (Saerens et al. 2010).

Short chain fatty acids and their esters, such as 2-methyl butanoic acid ethyl ester, 3-methyl butanoic acid ethyl ester and cyclohexanoic acid ethyl ester, may be produced when excess fermentation occurs and may cause damage to the quality of the product if present in concentrations above 1.8, 13.9 and 14 mg kg^{-1}, respectively (Bade-Wegner et al. 1997).

4 Biochemical Coffee Fermentation Routes

As stated above in the definition of fermentation that occurs in coffees as a set of metabolisms of various microorganisms, thus, it is expected to occur beyond the fermentation, metabolic pathways of respiration, especially the glycolytic pathways

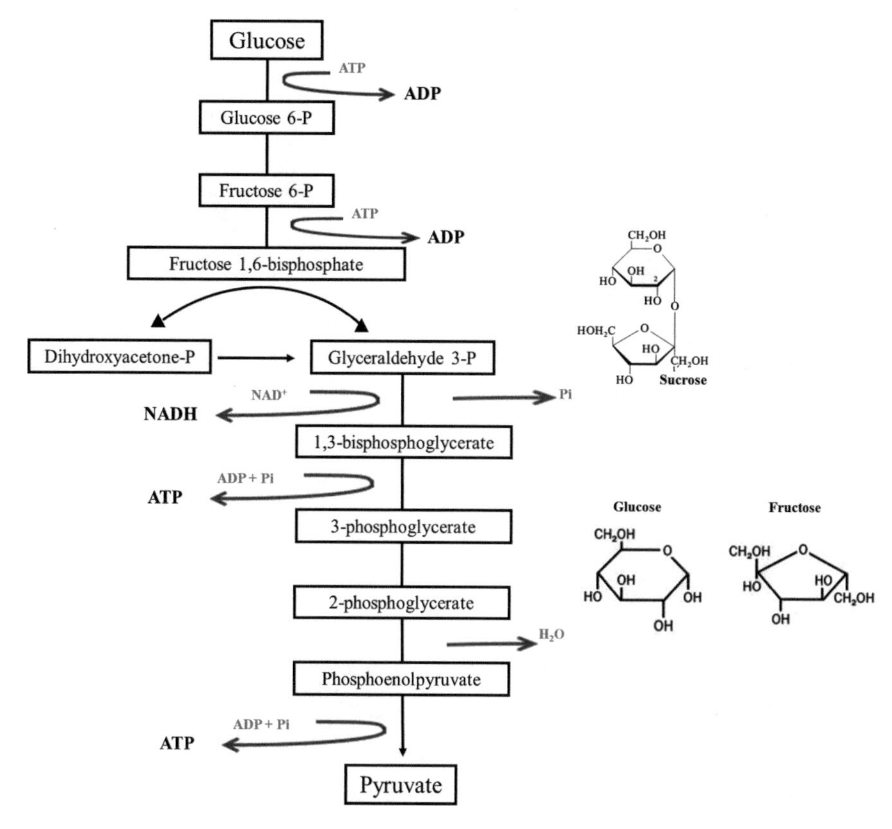

Fig. 4.17 Glycolytic pathway and the main sugars of the coffee used in the pathway. Sucrose is hydrolyzed to fructose and glucose. Source Authors

followed by the citric acid cycle, with degradation/release of different metabolites (Figs. 4.17 and 4.18).

The glycolysis in Fig. 4.17 is also called the Embden-Meyerhof pathway, from the pyruvate it follows to the citric acid cycle (Fig. 4.18) for oxidation of the pyruvate molecule to CO_2 and thus production of more ATPs (energy). Biochemically, both respiration and fermentation begin with glucose or fructose. Use of sucrose requires the sucrase enzyme, which hydrolyzes sucrose into glucose and fructose, which enter the pathway. The glycolysis pathway for glucose dissimilation (Fig. 4.17), as well as the TCA cycle discussed below (Fig. 4.18) are two pathways that are at the center of metabolism in almost all bacteria and eukaryotes. These routes not only dissimulate organic compounds and provide energy, but also provide the precursors for the biosynthesis of life-making macromolecules. These are legitimately called amphibolic pathways, as they have an anabolic and catabolic function.

In bacterial (prokaryotic) fermentation processes there are three major glycolysis pathways: the classical Embden-Meyerhof (Glycolysis) pathway (Fig. 4.19a), which is also used by most eukaryotes: phosphoketolase or a heterolactic pathway related to

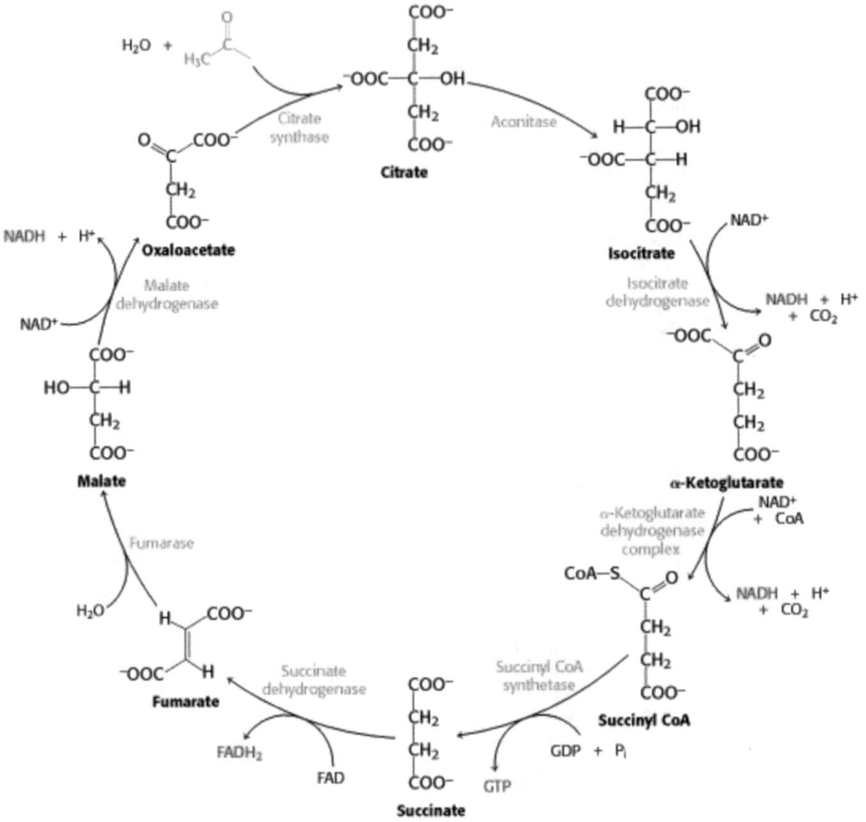

Fig. 4.18 TCA Cycle. Source: Berg et al. 2002

hexose-pentose derivation (Fig. 4.19b); and the Entner-Doudoroff pathway. Bacteria, whether fermenting or not, will utilize sugars through one or more of these pathways.

Fermentation process using the Embden-Meyrhof pathway can produce ethanol or lactic acid. Homofermetative microorganisms generally use these pathways, as do animal cells. Lactic acid bacteria reduce the pyruvate to lactic acid (lactate); yeast reduce the pyruvate to alcohol (ethanol) and CO_2 as shown in Fig. 4.19a below.

The phosphoketolase pathway or heterolactic pathway is shown in Fig. 4.19b, this pathway is used by heterofermentative microorganisms, and leads to the production of ethanol, acetic and lactic acid and carbon dioxide.

As you can see, fermentation for lactic acid production can occur in two pathways: homolactic (or homofermentative), if lactic acid is the only product formed; and heterolactic (or heterofermentative), when products other than lactic acid such as acetic acid, ethanol, CO_2, etc. are formed. (Caplice and Fitzgerald 1999) In addition, the lactic acid bacteria can produce, even though in smaller amounts, other organic compounds responsible for flavor and taste to the fermented product, such as diacetyl, acetoin, secondary alcohols, aldehydes, organic acids, etc. (Caplice and Fitzgerald 1999).

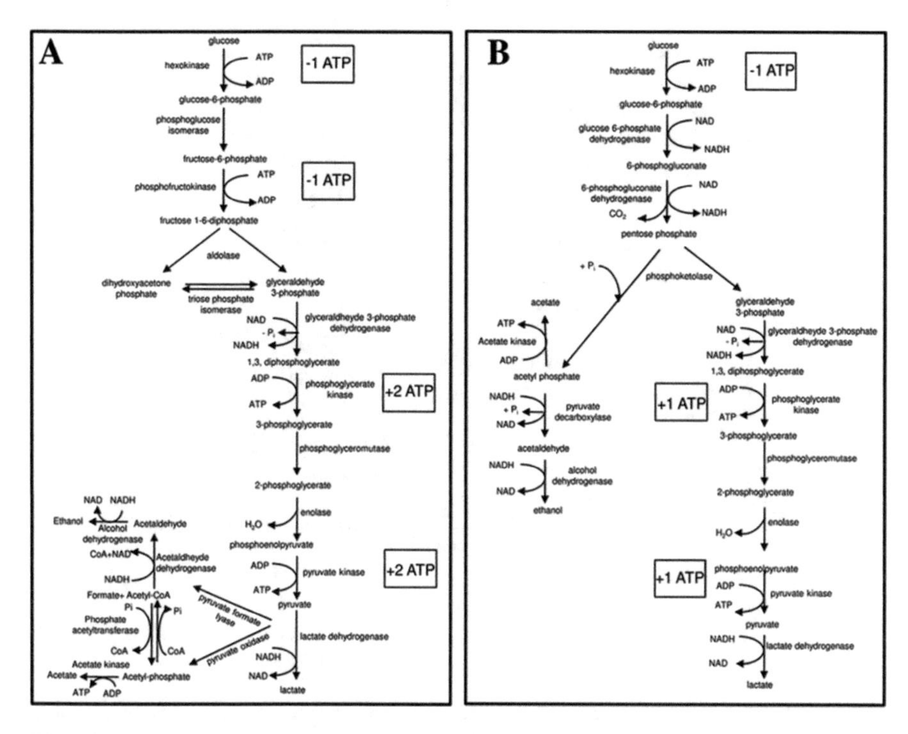

Fig. 4.19 (**a**) The Embden Meyerhof pathway of homofermetative microorganisms and (**b**) the Phosphoketolase pathway of heterofermentative microorganisms. Source Pessione et al. 2010

Embden-Meyerhof bacterial fermentations may in addition to lactic acid lead to a wide range of end products, depending on the pathways taken in the reducing steps after formation of pyruvic acid. Figure 4.20 below shows some of the pathways from pyruvic acid in certain bacteria. Typically, these bacterial fermentations are distinguished by their end products in the following groups (Todar, 2015).

1. **Homolactic Fermentation**. Lactic acid is the only end product. Pathway of homolactic acid bacteria (*Lactobacillus*, *Lactococcus* and most *streptococci*).
2. **Acid mixture fermentations**. Mainly the path of Enterobacteriaceae. The end products are a mixture of lactic acid, acetic acid, formic acid, succinate and ethanol, with the possibility of gas formation (CO_2–H_2).

   2a. Butanediol fermentation. Forms mixed acids and gases as above, but, moreover, 2,3 butanediol from the 2 pyruvate condensation. The use of the pathway decreases acid formation (butanediol is neutral) and causes the formation of a distinct intermediate, acetoin. Examples of *Klebsiella* and *Enterobacter* bacteria
3. **Butyric acid fermentations** are performed by clostridia, the masters of fermentation. In addition to butyric acid, clostridia form acetic acid, CO_2 and H_2 from sugars fermentation. Small amounts of ethanol and isopropanol may also be formed.

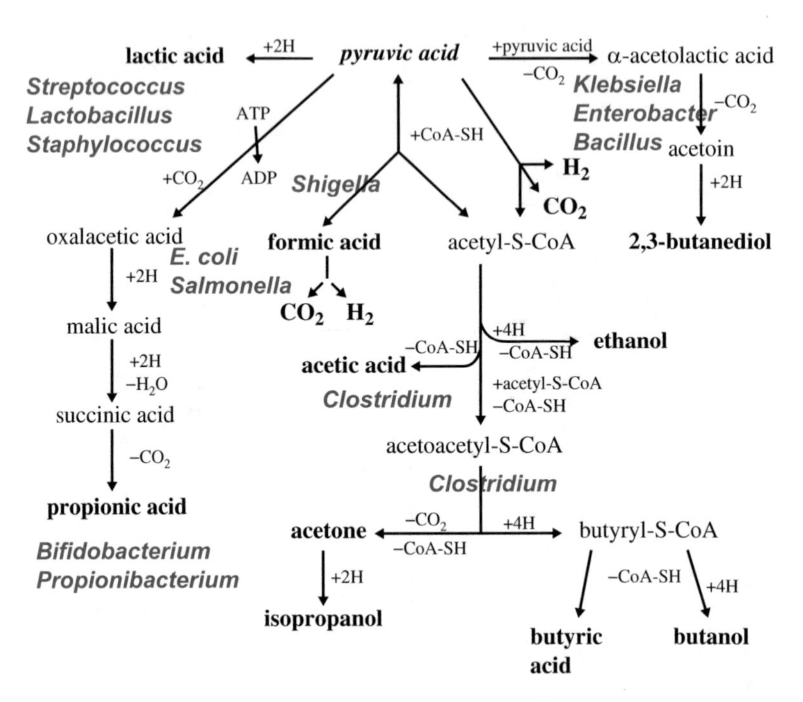

Fig. 4.20 Fermentations in bacteria that proceed through the Embden-Meyerhof pathway. Source: Todar 2015

3a. Butanol-acetone fermentation. Butanol and acetone are the main end products of *Clostridium acetobutylicum* fermentation.

4. **Propionic fermentation**. This is an unusual fermentation performed by propanoic acid bacteria, which includes *Propionibacterium* and *Bifidobacterium*. Although sugars can be fermented directly to propionate, propionic acid bacteria will ferment lactate (the end product of lactic acid fermentation) to acetic acid, succinic acid, CO_2 and propionic acid. Propionate formation is a complex and indirect process involving 5 or 6 reactions. In total, 3 moles of lactate are converted to 2 moles of propionate +1 mole of acetate +1 mole of CO_2, and 1 mole of ATP is generated in the process.

The heterolatic (Phosphoquetolase) pathway (Fig. 4.19b) as a fermentation pathway is mainly employed by the heterolactic bacteria, which include some species of *Lactobacillus* and *Leuconostoc*. Heterologous species of bacteria are occasionally used in the fermentation industry. For example, kefir, a type of yoghurt-fermented milk, is produced by a heterologous species of *Lactobacillus*. Similarly, sauerkraut fermentations use Leuconostoc, a heterolactic bacteria, to complete the fermentation.

The Entner-Doudoroff Pathway (Fig. 4.21) is used by few bacteria, especially the *Zymomonas*, which employ this pathway as a strictly fermentative way of life. However, many bacteria, especially those clustered around pseudomonas, use the pathway as a way to degrade carbohydrates for respiratory metabolism. The Entner-

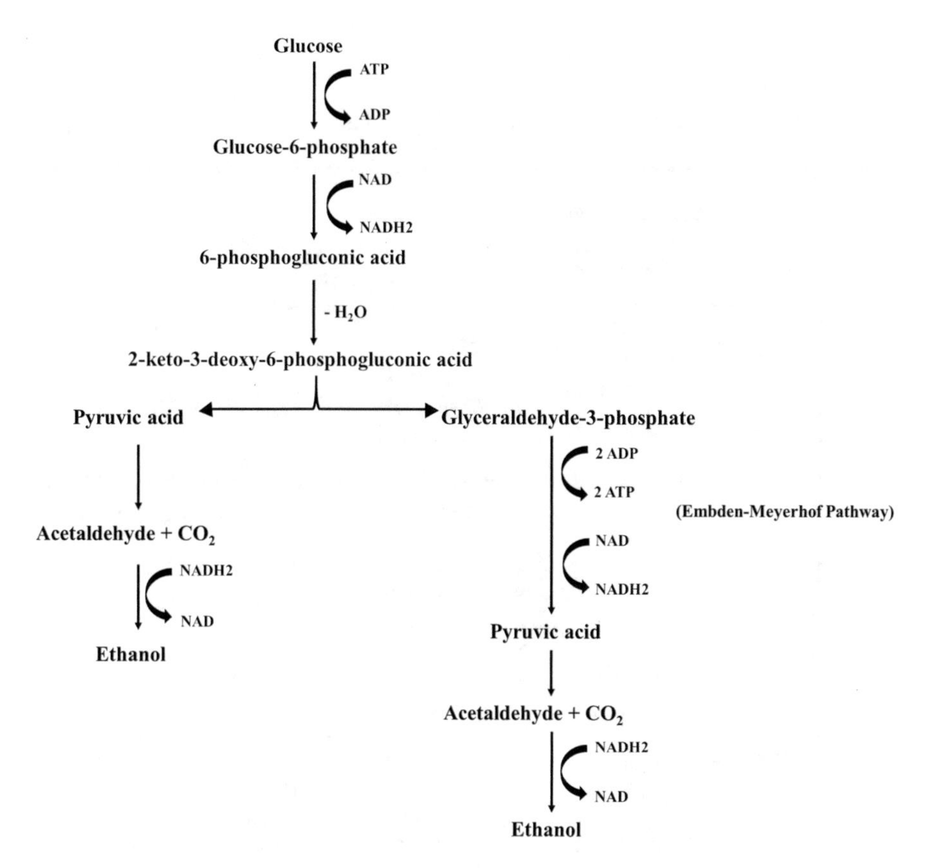

Fig. 4.21 The Entner-Doudoroff Pathway of Fermentation. The overall reaction is Glucose → > 2 ethanol +2 CO_2 + 1 ATP (net). Source: Todar 2015

Doudoroff pathway produces 2 pyruvic acid from glucose (same as the Embden-Meyerhof pathway), but like the phoscoquetolase pathway, oxidation occurs before cleavage, and the net energy yield is 1 mole ATP per mole of glucose used.

In addition to the metabolites in highlights in the above pathways, other important biochemical metabolites are acetic and citric acids.

Acetic acid is produced by the transformation of ethanol into acid, which occurs in the presence of oxygen and bacteria of the genus *Acetobacter*. Acetic acid production occurs from an aerobic metabolic process that may be of bacterial origin or product of the oxidation of ethanol produced by yeast (Silva et al. 2008). A recent study indicates that ethanol may originate from endogenous grain metabolism (Zhang et al. 2019).

The citric acid is produced with the use of citric acid pathways (Fig. 4.22) for some microorganisms.

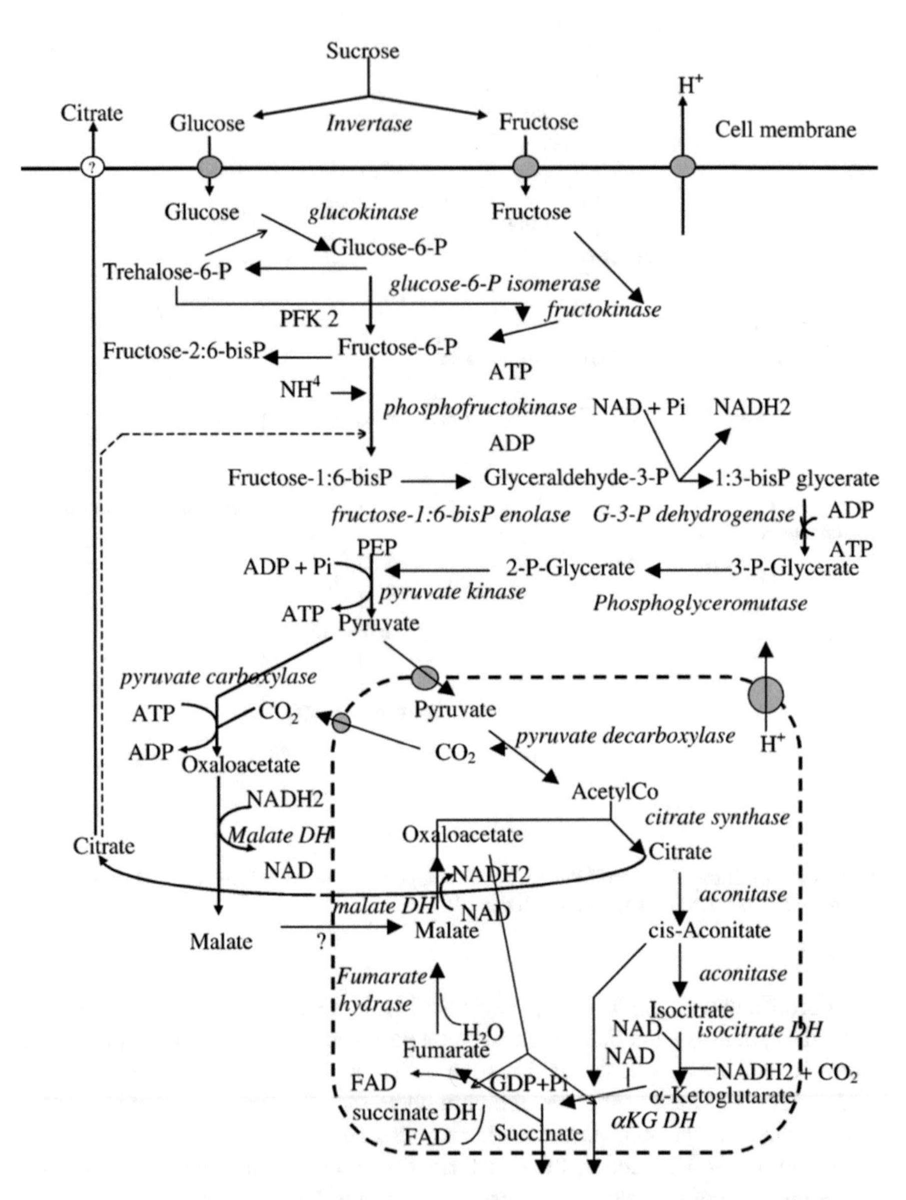

Fig. 4.22 Schematic representation of the metabolic reactions involved in citric acid production, the enzymes (italics), the known feedback loops (dashed lines) and their locations within the cellular structure of *Aspergillus niger.* Source: Papagianni (2007)

5 Microbiota in Coffee Fermentation

Microorganisms are microscopic species found on land surface, sea and underground. We often associate its existence with adverse factors such as infections, disorders, diseases and spoiled foods. However, most microorganisms assist in maintaining the balance of life in our environment. Marine and freshwater microorganisms form the basis of the food chain in oceans, lakes and rivers. Those present in soil are responsible for the degradation of waste and incorporation of air nitrogen gas into organic compounds, promoting the recycling of chemical elements from soil, water, living organisms and air (Tortora et al. 2016).

There are still microorganisms that live inside plants and generally inhabit their aerial parts, such as leaves and stems, but apparently do not cause any damage to their hosts, they are called endophytic. Fungi and bacteria are the main endophytic microorganisms. Studies have shown that these microorganisms have important functions for their hosts, as they have symbiotic interactions with them, and are able to protect plants from insect attack, diseases and herbivorous mammals attack through toxin production (Azevedo et al. 1998; Santos and Varavallo 2011).

The study of coffee microbiota has sought to promote better survival conditions for coffee diseases and growth, production practices and quality of the beverage (Shiomi 2004; Sette et al. 2006; Vaughan et al. 2015). The microorganisms involved in these studies may be naturally present in the plant, endophytic or epiphytic, present on the surface; or they can be added, as occurs, in some cases, during wet processing of the fruit to obtain the processed coffee.

Coffee seedlings are colonized by seed endophytes, with some microorganisms attached to the parchment and others present in the germination substrate. In the field, seedlings are exposed to prevailing environmental conditions, providing additional microbial colonization from a variety of sources. At the harvest stage, the sources of microbial agents to which the fruits are exposed may come from equipment or from humans. The main microorganisms associated with coffee seeds are bacteria belonging to the genera *Enterobacter, Bacillus, Lactobacillus, Lactococcus, Leuconostoc, Weissella*; and the *Aspergillus, Penicillium, Fusarium, Pichia, Saccharomyces* fungi. (Vaughan et al. 2015). During processing, the processes used remove fruit fragments, allow microbial growth and promote fermentation, which can alter the physical, chemical and biological properties of seeds.

The presence of environmental microorganisms in coffee beans invariably leads to the fermentation process. This fermentative activity of the naturally occurring microbiota in coffee fruits and its role in coffee quality have been discussed by some authors (Esquivel and Jiménez 2012; Vilela et al. 2010. Silva et al. 2000; Silva et al. 2013).

These microorganisms are naturally present in coffee and may also be introduced as inoculant cultures and the various compounds present in the pulp and mucilage are consumed as nutrients during respiration and or metabolic fermentation (Silva 2014a, b; Pereira et al. 2017). Microorganisms (e.g. yeast and lactic acid bacteria in addition to degrading mucilage (pectinolytic activity), have the potential to inhibit the growth of mycotoxin-producing fungi and perform fermentation with production of flavoring components (Pereira et al. 2017), with beneficial or harmful effects on the beverage (Gaime-Perrat et al. 1993).

There are different types of coffee beverage characterized by different nuances in terms of body, aroma, acidity and astringency. Among the factors that influence the final beverage, the action of microorganisms is one of them (Esquivel and Jiménez 2012). Microbial metabolites produced during the postharvest period might diffuse into the beans and influence the final quality. The microbial diversity in this process is high and several species of bacteria, yeast, filamentous fungi that have already been identified (Silva et al. 2008).

In an effort to better understand coffee fermentation, a number of studies have examined the microbial diversity of coffee seeds during the use of different coffee processing methods. Other studies have looked beyond the fermentation process and have monitored microbes throughout the processing chain, from endophytic communities of coffee seeds and fruit to epiphytic communities present during green coffee storage (Vaughan et al. 2015).

More than eighty bacterial genera in spontaneous fermentation have recently been identified, many of which were first detected during coffee fermentation, including *Fructobacillus, Pseudonocardia, Pedobacter, Sphingomo*nas and *Hymenobacter*. The presence of *Fructobacillus* suggests an influence of these bacteria on fructose metabolism during coffee fermentation. *Leuconostoc* and *Lactococcus* bacteria were identified as the main representatives of lactic bacteria at the end of fermentation. The metabolism of lactic acid bacteria was associated with high lactic acid formation during fermentation (Carvalho Neto et al. 2018). The acidic environment of the fermentation process is caused by microbial metabolism, which causes pectinase to degrade mucilage pectin into organic acids (Feng et al. 2016).

The use of lactic acid bacteria keeps the pH as close as possible to natural fermentation, where acidification is important. This practice standardizes the coffee fermentation microflora and, consequently, enables the quality control of the final product (Avallone et al. 2002). Avallone et al. (2001) observed an increase in lactic acid bacteria and yeast during fermentation.

As the fermentation process occurs, pectinolytic microorganisms produce alcohols, acids and other metabolic compounds capable of interfering with the final quality of the beverage. The growth of microorganisms during the processing stages may confer additional flavor notes due to the metabolites produced by fermentation, and their subsequent potential to migrate to the seed (Evangelista et al. 2014a, b).

Fermentative changes in mucilage were reflected in the beans, in which high concentrations of microbial metabolites were found (e.g., acetic acid, ethanol, glycerol, lactic acid and mannitol). However, it was found that during immersion, osmotic pressure facilitated the loss of monosaccharides and microbial metabolites accumulated during fermentation. Immersion of the fermented coffee beans causes the leaching of these compounds, which may impact the quality of the coffee resulting in a lower acidity score, giving a smoother flavor. In dry processing, a small accumulation of microbial metabolites such as gluconic acid, glycerol and mannitol occurred in the bean. These results support the relationship between the effect of microorganisms on the chemical profile of dry processed coffee beans and may imply a slow but observable migration of microbial metabolites to the seed (De Bruyn et al. 2017).

A study on bacterial diversity during spontaneous fermentation in arabica coffee has shown distinct characteristics among different coffee varieties, especially in relation to the total population of bacteria, volatile compounds and sensory profile. Thirty-six mesophilic bacteria and six lactic acid bacteria were identified, among which *Lactobacillus plantarum* and *Leuconostoc mesenteroides* were found in all varieties. The volatile profile of fresh coffee beans changed during fermentation, but more significantly during the roasting process. The main volatiles produced belonged to the classes of acids, alcohols, aldehydes and hydrocarbons (Ribeiro et al. 2018).

The presence of *Bacillus licheniformis* bacteria during the fermentation of arabica coffee of the Yellow Gold variety was associated with the highest sensory acidity score, described as similar to citric acid (Ribeiro et al. 2018). These microorganisms are known producers of citric acid (Vandenberghe et al. 1999).

The inoculation of *Pichia fermentans* YC5.2 yeast in the arabica coffee fermentation process increased the production of specific volatile aromatic compounds (ethanol, acetaldehyde, ethyl acetate and isoamyl acetate) and decreased the production of lactic acid during the fermentation process. These metabolites, derived from yeast, were identified in roasted beans from inoculated treatments, suggesting their diffusion to the seed during fermentation. The presence of these compounds in roasted beans contributes to the presence of fruity, floral and sweet notes to the food. (Pereira et al. 2015).

Potential use of lactic acid bacteria in the wet process promoted accelerated acidification of coffee pulp. The *Lactobacillus plantarum* LPBR01 strain used also significantly increased the formation of volatile aromatic compounds during the fermentation process (such as ethyl acetate, ethyl isobutyrate and acetaldehyde) and enabled the production of beverages with distinct sensory notes and a noticeable increase in quality in relation to the spontaneous conventional process (Pereira et al. 2016). Stimulation of lactic acid bacteria growth and consequently the production of lactic acid and volatile organic compounds (1-hexanol, nonanal, 2-phenethyl acetate, 2-methyl butanoic acid) positively influence the final quality of the beverage.

Although the purpose of fermentation is to disintegrate the thick mucilage layer over the parchment, it has been reported that in coffee "natural or spontaneous fermentation" (wet process fermentation) is imperative for flavor development and a high standard of quality (Velmourougane et al. 2000). Recent studies on the wet process fermentation process have observed that during fermentation, various strains of aerobic bacteria, lactic bacteria and yeasts increased in number (Avallone et al. 2001). This microflora consumed simple mucilage sugars and produced significant amounts of acetic and lactic acids, resulting in reduced pH. Only low levels of ethanol (produced by yeast) and other organic acids were detected, and the yeast population grew to significant numbers only after 10–15 h of fermentation. It has been suggested that yeast and ethanol generated by them may play some role in coffee aroma and taste degradation due to excess fermentation (Castelein and Verachtert 1981).

Bacterial yeasts and filamentous fungi have been reported during wet process fermentation (Avallone et al. 2001). The microbiota involved in dry processing is much more varied and complex than that found during wet process fermentation, but the actual role of each group of microorganisms during natural processing coffee fermentation is still unknown.

Silva et al. (2008) investigated the natural microbial fermentation of coffee cherries, isolated and characterized the microorganisms in addition to the biochemical alterations of coffee involved during fermentation, drying and storage. Several strains of bacteria, yeast and filamentous fungi were isolated during natural coffee processing. Bacteria were isolated in large numbers at the beginning of fermentation, when the moisture in coffee beans was about 68%. Gram-positive bacteria accounted for 85.5% of all isolated bacteria, and the *Bacillus* genus was predominant (51%). Gram-negative species of the genus *Serratia*, *Enterobacter* and *Acinetobacter* were also found. Approximately 22% of the 940 randomly selected isolated microorganisms were yeast. *Debaryomyces* (27%), *Pichia* (18.9%) and *Candida* (8.0%) were the most commonly found genera.

Nasanit and Satayawut (2015) investigated microbial communities during the fermentation of arabica coffee in wet processing. Bacteria were the most abundant microorganisms throughout the process, with Enterobacteriaceae such as *Enterobacter agglomerans*, *Erwinia dissolvens*, *Escherichia coli* and *Klebsiella pneumonia* being common. In addition, lactic bacteria were frequently found throughout fermentation and included *Leuconostoc mesenteroides*, *Lactobacillus brevis*, *Lactococcus plantarum* and *Enterococcus casseliflavus*. Spores forming gram-positive bacteria such as Bacillus subtilis and *B. cereus* were also found during fermentation. The number of yeasts increased after 24 h of fermentation. *Candida*, *Pichia*, *Debaryomyces*, *Kluyveromyces* and *Saccharomyces* were the most common yeast genera. Filamentous fungi were minimal during fermentation, especially *Penicillium*, the most common fungi. The genera and species identified include members known to have pectinolytic activity.

In the wet fermentation process, the main groups of microorganisms involved are mesophilic bacteria and lactic acid (Evangelista et al. 2015). The microorganisms responsible for fermentation are native species that originate as natural process contaminants, including yeast, bacteria and filamentous fungi. Research has shown that the most frequently occurring yeast species during coffee fermentation are *Pichia kluyveri*, *Pichia anomalous*, *Hanseniaspora uvarum*, *Saccharomyces cerevisiae*, *Debaryomyces hanseniie* and *Torulaspora delbrueckii*. In addition, bacteria with pectinolytic activity belonging to the genera *Erwinia*, *Klebsiella*, *Aerobacter*, *Escherichia* and *Bacillus*, and a variety of filamentous fungi are also frequently isolated (Pereira et al. 2015).

The introduction of starter cultures in the coffee fermentation process aims to select microorganism for pectin degradation efficiency, alcohol production, sugar, organic acids and metabolites rate produced during fermentation. The use of starter cultures in coffee fermentation is an economically viable alternative to get a differentiated coffee by adding value to the product and standardizing the process of production (Evangelista et al. 2014a, b).

Consortia of *Saccharomyces cerevisiae*, *Lactobacillus plantarum* and *Bacillus sphaericus* (1,1,1) at 10% inoculum concentration showed significance in coffee bean mucilage removal with noticeable improvement in alcohol production (70.26 mg/mL), sugar (5.5 mg/mL) and pectinase (11.66 U/mL) compared to natural fermentation (Havare et al. 2019). Evangelista et al. (2014a, b) evaluated the improvement of coffee beverage quality using selected yeast strains during dry process fermentation, it was concluded that it is possible to use selected yeasts for dry process fermentation, and that inoculated yeasts persisted throughout fermentation and resulted in a drink with a characteristic flavor (caramel and fruity) with good sensory quality.

An important feature of microbial control during coffee fermentation concerns the promotion of beverage quality, as a wide variety of microbial metabolites during the fermentation process can diffuse into coffee beans and act as aromatic precursors of coffee roasting process (Carvalho Neto et al. 2018).

6 Natural Fermentation or Fermentation with Cultures Starters

In the food industry, in order to obtain fermented products, such as cheese and sausages, the use of starter cultures in the fermentation process improves food quality, providing control and standardization of the final product (Tamang 2014). Starter cultures in coffee fermentation are pre-selected microorganism, basically composed of single or multiple microbial cultures with high cell concentration, to excel the microorganisms naturally present in the medium. The use of starter cultures is a promising alternative and an economically viable approach to improving the sensory quality of the coffee beverage and increasing the final value of the product (Bressani et al. 2018; Evangelista et al. 2014a, b). Based on this technique the fermentation of coffee for soft beverage production was structured.

During coffee fermentation, bacteria, yeast and enzymes act on mucilage degradation, turning pectic compounds and sugars into alcohols and organic acids. It is evident that fermentation is a complex process that involves factors with the action of different microorganisms that can act in both improvement and quality loss. Hence the importance of better understanding the action of microbiota and fermentation processes during the production of specialty coffee.

The flowchart of the *Saccharomyces cerevisiae* starter culture fermentation process is described in Fig. 4.23.

In the application of fermentation, higher quality products can be obtained. However, different flavors and classifications at the end are the result of variations in the application of the referred method and the environmental differences of the production sites and the moment of fermentation. As examples, different location

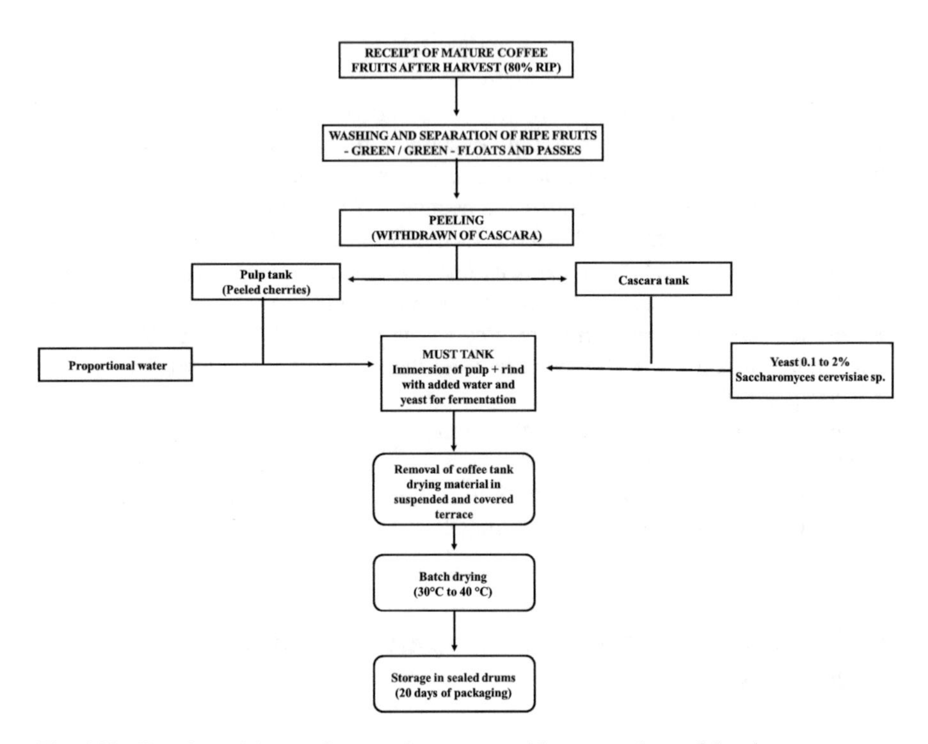

Fig. 4.23 Flowchart of the wet fermentation process with starter culture of *Saccharomyces cerevisiae*. Source: Authors

and ambient temperature, allow the existence of an intrinsic microbiota that, combined with starter microorganisms, provide different results. The microbial diversity present in coffee beans depends on environmental factors of the cultivation region, such as humidity, temperature, time of year, soil microbiota, variety of cultivated coffee and management. Variations obtained in the process also result from the quality of the bean/cherry and changes made by the producer.

In fermentation, a large amount of yeast is added that will ferment the wort sugars from the pulp/husk and mucilage, producing compounds that may promote the development of bacteria and other yeasts from the environment. The microorganisms of the environment will develop together and thus may alter the final organoleptic properties of fermented coffee. The added yeast will also help to inhibit spoilage microorganisms that may develop in the grain. Fermentation, in addition to the production of various substances during sugar breakage and microorganism control, provides a direct microbiological action on the degradation of mucilage.

To perform the wet fermentation process, one of the most important steps in the production process is the harvesting of cherry coffee, which must be performed by selective harvesting, when the branches are more than 80% mature. In the case of Brazil, which does not have a selective harvest, the cherries must be selected during the washing and conduction of the coffee for hulling. After harvesting, the fruits should be processed on the same day, with an interval of 8–10 h after the fruits have been removed from the plant.

The coffee must be washed, floated, to separate the fruits: greens, cane greens, greenish, raisins, hollow or buoys. In order to avoid batch contamination or quality reduction with imperfect fruits.

Hulling takes place on the automatic machinery and is set to the same execution, the hulled beans are separated in one tank, while the pulp/husk will be collected in another. At the end of hulling, the beans will be mixed with pulp/husk and water for fermentation wort formation. For the formation of the wort the beans and their pulp/husk must be mixed with water, in the proportion of 20–100% of water on the weight of the beans and pulp/husk. The amount of water to be selected is not an individual choice of each property, based on the producer's experience and the type of final coffee he intends to get.

Addition of yeasts should be performed slowly, followed by stirring/mixing for about 5 min to ensure homogeneous distribution of microorganisms and at the same time to avoid lump formation. 0.1–2.0% of yeast *Saccharomyces cerevisiae* sp., in the form of powder (lyophilized) or tablet (pressed) in relation to the weight of the beans, pulp/husk, must be added. Again, the amount of yeast goes from the producer's experience related to the type of final coffee it prefers.

Fermentation should take place in drums or masonry tanks, always well cleaned and sanitized. They should be kept closed throughout the fermentation. The wort should be stirred occasionally with a wooden shovel (or stainless steel) to ensure movement of microorganisms and enzymes throughout the wort and at the same time prevent niches of spoiling microorganisms from developing.

Fermentation time will vary, recommending at least 36 h and a maximum of 96 h. This time will be given by the producer's experience and preference with the use of fermentation and the desired type of coffee. The temperature of the days during fermentation can influence the process duration, cold days require longer times, with a minimum of 48 h. On hot days, fermentation may be faster, around 36 h.

Once fermented, the coffee beans will be separated into batches of each fermentation for drying. In this process there is no need to wash the beans, which when removed from the fermentation tanks, must be drained on steel sieves and taken directly to drying on suspended terraces with thickness of 1.5 cm (layer). Batch sorting allows quality monitoring after the drying process.

Drying can also be performed by industrial dryers if the producer has such equipment on the property. The drying temperature should be between 30 °C and 40 °C in the coffee mass. Higher temperatures shorten the drying time, however, may reduce the quality of the coffee.

The dry coffee bean water content should be between 11 and 12%, thus stopping the fermentation action. Lower contents than these may impair the quality of the coffee, leaving it brittle at the time of processing. Higher values reduce coffee quality, allowing microbiological action (fungal and bacterial proliferation), such as mold action, bean whitening and may compromise sensory quality at the time of tasting.

After drying, the green coffee beans should be stored for at least 20 days protected from light and humidity, being fit, after this period, for tasting, roasting and/or commercialization.

7 Final Considerations

Coffee fermentation and quality, although we now realize that are associated, have been relativized for years basically for the degradation of mucilage and thus to facilitate the drying of coffee, either by wet (in tanks) or dry process. It was still believed that fermentation was bad for coffee quality, as some spontaneous or natural fermentations do not always provide the best results.

However, in recent years much has been studied about fermentation as a factor for improving the sensory quality of coffee, with positive and encouraging results. The themes of fermentation process, starter cultures, wild microbiota and new microorganisms, among others, are new sources of study, in a new gap of opportunities to improve the final quality of the coffee beverage.

The coffee beverage is known to be the second most consumed in the world, only behind water. Quality is a major factor in the price balance of the product, because the value is dictated by the quality delivered by the coffee producer. Thus, the fermentation method is a sustainable alternative to enhance quality and enable the producer to add more value to their coffee.

References

Adams, M. R. (1998). Vinegar. In B. J. B. Wood (Ed.), *Microbiology of fermented foods* (Vol. 1, 2nd ed.). London: Blackie Academic & Professional.

Agresti, P. D. C. M., Franca, A. S., Oliveira, L. S., & Augusti, R. (2008). Discrimination between defective and non-defective Brazilian coffee beans by their volatile profile. *Food Chemistry, Oxford, 106*(2), 787–796.

Ai, C., Ma, N., Zhang, Q., Wang, G., Liu, X., Tian, F., … Chen, W. (2016). Immunomodulatory effects of different lactic acid bacteria on allergic response and its relationship with in vitro properties. *PLoS One, 11*(10), e0164697.

Anadón, A., Martínez-Larrañaga, M. R., Arés, I., & Martínez, M. A. (2016). Prebiotics and probiotics: An assessment of their safety and health benefits. In R. R. Watson & V. R. Preedy (Eds.), *Probiotics, prebiotics, and synbiotics: Bioactive foods in health promotion* (pp. 1–24). Elsevier.

Anal, A. K. (2019). Quality ingredients and safety concerns for traditional fermented foods and beverages from Asia: A review. *Fermentation, 5*, 1–12.

Arnold, U., & Ludwig, E. (1996). Analysis of free amino acids in green coffee beans. II. Changes of the amino acid content in arabica coffees in connection with post-harvest model treatment. *Zeitschrift für Lebensmittel-Untersuchung und -Forschung, 203*(4), 379–384.

Arruda, N. P., Hovell, A. M., Rezende, C. M., Freitas, S. P., Couri, S., & Bizzo, H. R. (2012). Correlação entre precursores e voláteis em café arábica brasileiro processado pelas vias seca, semiúmida e úmida e discriminação através da análise por componentes principais. *Química Nova, 35*(10), 2044–2051.

Atrih, A., Rekhif, N., Moir, A. J. G., Lebrihi, A., & Lefebvre, G. (2001). Mode of action, purification and amino acid sequence of plantaricin C19, an anti-Listeria bacteriocin produced by Lactobacillus plantarum C19. *International Journal of Food Microbiology, 68*, 93–104.

Avallone, S., Brillouet, J. M., Guyot, B., Olguin, E., & Guiraud, J. P. (2002). Involvement of pectolytic micro-organisms in coffee fermentation. *International Journal of Food Science & Technology, 37*(2), 191–198.

Avallone, S., Guyot, B., Brillouet, J. M., Olguin, E., & Guiraud, J. P. (2001). Microbiological and biochemical study of coffee fermentation. *Current Microbiology, 42*(4), 252–256.

Azevedo, J. L. (1998). Microrganismos endofíticos. In I. S. Melo & J. L. Azevedo (Eds.), *Ecologia microbiana* (pp. 117–137). Jaguariúna: Embrapa.

Bade-Wegner, H., Bendig, I., Holscher, W., & Wollmann, R. (1997, January). Volatile compounds associated with the over-fermented flavour defect. In *Proceedings of 17th International Scientific Colloqium on Coffee* (pp. 176–182). Nairobi, Kenya.

Bandeira, R. D. C. C., et al. (2009). Composição volátil dos defeitos intrínsecos do café por CG/EM headspace. *Química Nova, São Paulo, 32*(2), 309–314. Beans. European Food Research and Technology, 220 (3–4), 245–250.

Beresford, T., & Williams, A. (2004). The microbiology of cheese ripening. In P. F. Fox, P. L. H. McSweeney, T. M. Cogan, & T. P. Guinee (Eds.), *Cheese: Chemistry, physics and microbiology* (pp. 287–318). London: Elsevier.

Berg, J. M., Tymoczko, J. L., Stryer, L. (2002). Biochemistry. 5th edition. New York: W H Freeman. Section 17.1, The Citric Acid Cycle Oxidizes Two-Carbon Units. Available from: https://www.ncbi.nlm.nih.gov/books/NBK22427/

Bertrand, B., Vaast, P., Alpizar, E., Etienne, H., Davrieux, F., & Charmetant, P. (2006). Comparison of bean biochemical composition and beverage quality of Arabica hybrids involving Sudanese-Ethiopian origins with traditional varieties at various elevations in Central America. *Tree Physiology, 26*(9), 1239–1248.

Borém, F. M., Figueiredo, L. P., Ribeiro, F. C., Taveira, J. H. S., Giomo, G. S., & Salva, T. J. G. (2016). The relationship between organic acids, sucrose and the quality of specialty coffees. *African Journal of Agricultural Research, 11*(8), 709–717.

Bourdichon, F., Casaregola, S., Farrokh, C., Frisvad, J. C., Gerds, M. L., Hammes, W. P., … Hansen, E. B. (2012). Food fermentations: Microorganisms with technological beneficial use. *International Journal of Food Microbiology, 154*, 87–97.

Brando, C. H. J. (2004). Harvesting and green coffee processing. In J. N. Wintgens (Ed.), *Coffee: Growing, processing, sustainable production* (p. 605714). Wiley: VCH.

Brando, C. H. J., & Brando, M. F. (2014). Methods of coffee fermentation and drying. In R. F. Schwan & G. H. Fleet (Eds.), *Cocoa and coffee fermentations* (1st ed., pp. 367–396). Boca Raton, FL: CRC Press.

Bressani, A. P. P., Martinez, S. J., Evangelista, S. R., Dias, D. R., & Schwan, R. F. (2018). Characteristics of fermented coffee inoculated with yeast starter cultures using different inoculation methods. *LWT, 92*, 212–219.

Buffo, R. A., & Cardelli-Freire, C. (2004). Coffee flavour: An overview. *Flavour and Fragrance Journal, 19*, 99–104.

Bytof, G. (2003). *Einfluss der Nacherntebehandlung auf die Qualit_tsauspr_gung bei ArabicaKaffee (Coffea arabica L.)*. PhD Thesis. TU Brau.

Bytof, G., Knopp, S. E., Schieberle, P., Teutsch, I., & Selmar, D. (2005). Influence of processing on the generation of γ-aminobutyric acid in green coffee beans. *European Food Research and Technology, 220*(3–4), 245–250.

Cabrita, M. J., Palma, V., Patão. R., & Freitas, A. M. C. (2012). Conversion of hydroxycinnamic acids into volatile phenols in a synthetic medium and in red wine by Dekkera bruxellensis. *Food Science and Technology, 32*(1), 106–112.

Campbell-Platt, G. (1987). *Fermented foods of the world: A dictionary and guide* (p. 290). London: Butterworths.

Caplice, E., & Fitzgerald, G. F. (1999). Food fermentations: Role of microorganisms in food production and preservation. *International Journal of Food Microbiology, 50*, 131–149. Retrieved from http://biotecmicro.altervista.org/Prof.%20C.%20Mazzoni_files/MicrorgProduzeConservCibi.pdf

Cardoso, W. S., Pereira, L. L., & Ortiz, A. (2017). Evaluation of the aromatic profile of fermented coffee. In *12 SLACA-Latin American Symposium of Food Science—Food Science and its impact on a changing world, 2017*. Campinas: SLACA.

Carvalho Neto, D. P., Pereira, G. V. M., Carvalho, J. C., Soccol, V. T. & Soccol, C. R. (2018) High-Throughput rRNA Gene Sequencing Reveals High and Complex Bacterial Diversity Associated with Brazilian Coffee Bean Fermentation. *Food technology and biotechnology, 56*(1), 90–95.

Castelein, J., & Verachtert, H. (1981). Coffee fermentation. In H. J. Rehm & G. Reed (Eds.), *Biotechnology: A comprehensive treatise in 8 volumes* (Vol. 5, pp. 587–598). Weinheim, Germany: Verlag Chemie. Chapter 14.

Castellano, P., Aristoy, M. C., Sentandreu, M. Á., Vignolo, G., & Toldrá, F. (2013). Peptides with angiotensin I converting enzyme (ACE) inhibitory activity generated from porcine skeletal muscle proteins by the action of meat-borne Lactobacillus. *Journal of Proteomics, 89*, 183–190.

Chalfoun, S. M., & Fernandes, A. P. (2013). Efeitos da fermentação na qualidade da bebida do café. *Visão Agrícola, USP*, 105–108.

Clarke, R. J. (1985). Green coffee processing. In *Coffee* (pp. 230–250). Boston, MA: Springer.

Clarke R.J. & Macrae, R. (1990). *Coffee chemistry*. Londres: Elsevier Applied Science, V.1, 320p.

Clifford, M. N. (1999). Chorogenic acids and other cinnamates nature, occurrence and dietary burden. *Journal of the Food and Agriculture, 79*, 363–372.

Coghe, S., Benoot, K., Delvaux, F., Vanderhaegen, B., & Delvaux, F. R. (2004). Ferulic acid release and 4-vinylguaiacol formation during brewing and fermentation: indications for feruloyl esterase activity in *Saccharomyces cerevisiae*. *Journal of Agricultural and Food Chemistry, 52*(3), 602–608.

Couturon, E. (1980). Le maintien de la viabilité des graines de caféiers par le contrôle de la teneur en eau et de la température de stockage. *Café, Cacao, Thé, 24*, 27–32.

Crews, C., & Castle, L. (2007). A review of the occurrence, formation and analysis of furan in heat-processed foods. *Trends in Food Science & Technology, 18*(7), 365–372.

Damodaran, S., Parkin, K. L., & Fennema, O. R. (2010). *Química de Alimentos de Fennema* (4th ed., 900p). Artmed: Porto Alegre.

Dart, S. K., & Nursten, H. E. (1985). Volatile components. In R. J. Clarke & R. Macrae (Eds.), *Coffee: Chemistry* (Vol. 1, pp. 223–265). London: Elsevier Applied Science.

De Bruyn, F., Zhang, S. J., Pothakos, V., Torres, J., Lambot, C., Moroni, A. V., … De Vuyst, L. (2017). Exploring the impacts of postharvest processing on the microbiota and metabolite profiles during green coffee bean production. *Applied and Environmental Microbiology, 83*(1), e02398–e02316.

De Maria, C. A., Moreira, R. F. A., & Trugo, L. C. (1999). Componentes voláteis do café torrado. Parte I: Compostos heterocíclicos. *Quimica Nova, 22*, 209–217.

Decazy, F., Avelino, J., Guyot, B., Perriot, J. J., Pineda, C., & Cilas, C. (2003). Quality of different Honduran coffees in relation to several environments. *Journal of Food Science, Chicago, 68*(7), 2356–2361.

Di Cagno, R., Coda, R., De Angelis, M., & Gobbetti, M. (2013). Exploitation of vegetables and fruits through lactic acid fermentation. *Food Microbiology, 33*(1), 1–10.

Dias, A. F. (2009) A reação de Maillard nos Alimentos e Medicamentos (68pp). Available in: https://ufpb.academia.edu/AdersondeFariasDias

Dills, W. L. (1993). Protein fructosylation: Fructose and the Maillard reaction. *American Journal of Clinical Nutrition, 58*(5 Suppl), 779S–787S.

Dorfner, R., Ferge, T., Kettrup, A., Zimmermann, R., & Yeretzian, C. (2003). Real-time monitoring of 4-vinylguaiacol, guaiacol, and phenol during coffee roasting by resonant laser ionization time-of-flight mass spectrometry. *Journal of Agricultural and Food Chemistry, 51*, 5768–5773.

Duarte, G. S., Pereira, A. A., & Farah, A. (2010). Chlorogenic acids and other relevant compounds in Brazilian coffees processed by semi-dry and wet post-harvesting methods. *Food Chemistry, 118*(3), 851–855.

Esquivel, P., & Jiménez, V. M. (2012). Functional properties of coffee and coffee by-products. *Food Research International, 46*(2), 488–495.

Evangelista, S. R., Miguel, M. G. C. P., Cordeiro, C. S., Silva, C. F., Pinheiro, A. C. M., & Schwan, R. F. (2014b). Inoculation of starter cultures in a semi-dry coffee (Coffea arabica) fermentation process. *Food Microbiology, 44*, 87–95.

Evangelista, S. R., Miguel, M. G. D. C. P., Silva, C. F., Pinheiro, A. C. M., & Schwan, R. F. (2015). Microbiological diversity associated with the spontaneous wet method of coffee fermentation. *International Journal of Food Microbiology, 210*, 102–112.

Evangelista, S. R., Silva, C. F., Da Cruz Miguel, M. G. P., De Souza Cordeiro, C., Pinheiro, A. C. M., Duarte, W. F., & Schwan, R. F. (2014a). Improvement of coffee beverage quality by using selected yeasts strains during the fermentation in dry process. *Food Research International, 61*, 183–195.

Farah, A., & Donangelo, C. M. (2006). Phenolic compounds in coffee. *Brazilian Journal of Plant Physiology, 18*(1).

Farah, A., Monteiro, M. C., Calado, V., Franca, A. S., & Trugo, L. C. (2005). Correlation between cup quality and chemical attributes of Brazilian coffee. *Food Chemistry, 98*(4), 373–380.

Feng, X., Dong, H., Yang, P., Yang, R., Lu, J., Lv, J., & Sheng, J. (2016). Culture-dependent and -independent methods to investigate the predominant microorganisms associated with wet processed coffee. *Current Microbiology, 73*(2), 190–195.

Filannino, P., Gobbetti, M., De Angelis, M., & Di Cagno, R. (2014). Hydroxycinnamic acids used as external acceptors of electrons: An energetic advantage for strictly heterofermentative lactic acid bacteria. *Applied and Environmental Microbiology, 80*(24), 7574–7582. https://doi.org/10.1128/Aem.02413-14. Epub 2014 Sep 26.

Flament, I. (2001). *Coffee flavor chemistry*. West Sussex, England: John Wiley & Sons, Ltd.. 424p.

Francisquini, J. D. A., Martins, E., Silva, P. H. F., Schuck, P., Perrone, Í. T., & Carvalho, A. F. (2017). Reação De Maillard: UMA Revisão. *Revista do Instituto de Laticínios Cândido Tostes, 72*(1), 48–57.

Frank, O., Blumberg, S., Kunert, C., Zehentbauer, G., & Hofmann, T. (2007). Structure determination and sensory analysis of bitter-tasting 4-vinylcatechol oligomers and their identification in roasted coffee by means of LC-MS/MS. *Journal of Agricultural and Food Chemistry, 55*(5), 1945–1954. Epub 2007 Feb 2.

Freitas, V. V. (2018). *Tese Avaliação da fermentação do café arábica com uso de culturas starters* (46p). MG: Viçosa.

Gaime-Perrat, J. D., Roussos, S., & Martinez-Carrera, D. (1993). Natural microorganisms of the fresh coffee pulp. *Micología Neotropical Aplicada, 6*, 95–103.

Gest, H. (2004). The discovery of microorganisms by Robert Hooke and Antoni van Leeuwenhoek, Fellows of The Royal Society. *Notes and Records of the Royal Society of London, 58*, 187–201.

Getachew, A. T., & Chun, B. S. (2019). Coffee flavor. *Encyclopedia of Food Chemistry, 2019*, 48–53.

Ginz, M., Balzer, H. H., Bradbury, A. G. W., & Maier, H. G. (2000). Formation of aliphatic acids by carbohydrate degradation during roasting of coffee. *European Food Research and Technology, 211*(6), 404–410.

Giomo, G. S., & Borém, F. M. (2011). *CafÉs especiais no*. Brazil: opção pela qualidade.

Gitonga, K. T. K. (2004). OTA PROJECT Socio-Economics Component An assessment of the primary coffee processing practices in the North Rift Valley region of Kenya.

Gonzalez-Rios, O., Suarez-Quiroza, M. L., Boulanger, R., Barel, M., Guyot, B., Guiraud, J.-P., et al. (2007). Impact of "ecological" post-harvest processing on coffee aroma: I. Green coffee. *Journal of Food Composition and Analysis, 20*, 289–296.

Gruczyńska, E., Kowalska, D., Kozłowska, M., Majewska, E., & Tarnowska, K. (2018). Furan in roasted, ground and brewed coffee. *Roczniki Państwowego Zakładu Higieny, 69*(2), 111–118.

Guizani, N., & Mothershaw, A. (2007). Fermentation as a method of food preservation. In M. S. Rahman (Ed.), *Handbook of food preservation* (2nd ed., pp. 215–236). Boca Raton: CRC Press.

Guzel-Seydim, Z. B., Kok-Tas, T., Greene, A. K., & Seydim, A. C. (2011). Review: Functional properties of kefir. *Critical Reviews in Food Science and Nutrition, 51*(3), 261–268.

Haile, M., & Kang, W. H. (2019). The role of microbes in coffee fermentation and their impact on coffee quality. Journal of Food Quality.

Hassan, F. A. M., Abd El-Gawad, M. A. M., & Enab, A. K. (2012). Flavour compounds in cheese (review). *International Journal of Academic Research, 4*(5), 169–181.

Havare, D., Basavaraj, K., & Murthy, P. S. (2019). Coffee starter microbiome and in-silico approach to improve Arabica coffee. *LWT, 114*, 108382.

Hayes, M., Ross, R. P., Fitzgerald, G. F., & Stanton, C. (2007). Putting microbes to work: Dairy fermentation, cell factories and bioactive peptides. Part I: Overview. *Biotechnology Journal, 2*, 426–434.

HÖltzel, A., GÄnzle, M. G., Nicholson, G. J., Hammes, W. P., & Jung, G. (2000). The first low-molecular-weight antibiotic from lactic acid bacteria: Reutericyclin, a new tetrameric acid. *Angewandte Chemie International Edition, 39*, 2766–2774.

Holzapfel, W. H., & Wood, B. J. B. (2014). Introduction to the LAB. In W. H. Holzapfel & B. J. B. Wood (Eds.), *Lactic acid bacteria biodiversity and taxonomy* (1st ed., pp. 1–12). UK: John Wiley & Sons, Ltd..

Hutkins, R. W. (2018). *Microbiology and technology of fermented foods* (2nd ed.). Hoboken, NJ: Wiley.

Jackels, S., Jackels, C., Vallejos, C., Kleven, S., & Rivas, R. (2005). Control of the coffee fermentation process and quality of resulting roasted coffee: Studies in the field laboratory and on small farms in nicaragua during the 2005–06. In: *21st Int. Conf. Coffee Sci. Montpellier, Fr. 11–15 Sept. 2006* (pp. 434–442). Assoc. Sci. Int. du Café.

Kaanane, A., & Labuza, T. P. (1989). The Maillard reaction in foods. In J. W. Baynes & V. M. Monnier (Eds.), *The Maillard reaction in aging, diabetes, and nutrition* (pp. 301–327). New York: Alan R Liss.

Kim, E. K., An, S. Y., Lee, M. S., Kim, T. H., Lee, H. K., Hwang, W. S., … Lee, K. W. (2011). Fermented kimchi reduces body weight and improves metabolic parameters in overweight and obese patients. *Nutrition Research, 31*(6), 436–443.

Kinyua, A. W., Kipkorrir, K. R., Mugendi, W. B., & Kathurima, C. (2017). Effect of different fermentation methods on physicochemical composition and sensory quality of coffee (*Coffea arabica*). *IOSR Journal of Environmental Science, Toxicology and Food Technology (IOSR-JESTFT), 11*(6), 31–36. e-ISSN: 2319–2402, p ISSN: 2319–2399; Ver. II.

Kleinwächter, M., & Selmar, D. (2010). Influence of drying on the content of sugars in wet processed green Arabica coffees. *Food Chemistry, 119*(2), 500–504.

Knopp, S., Bytof, G., & Selmar, D. (2006). Influence of processing on the content of sugars in green Arabica coffee beans. *European Food Research and Technology, 223*(2), 195.

Kwak, H. S., Jeong, Y., & Kim, M. (2018). Effect of yeast fermentation of green coffee beans on antioxidant activity and consumer acceptability. *Journal of Food Quality, 2018*, 1–8.

Landete, J. M., Hernández, T., Robredo, S., Dueñas, M., De Las Rivas, B., Estrella, I., & Muñoz, R. (2015). Effect of soaking and fermentation on content of phenolic compounds of soybean (Glycine max cv. Merit) and mung beans (Vigna radiata L Wilczek). *International Journal of Food Science and Nutrition, 66*(2), 203–209.

Lee, L. W., Cheong, M. W., Curran, P., Yu, B., & Liu, S. Q. (2015). Coffee fermentation and flavor: An intricate and delicate relationship. *Food Chemistry, 185*, 182–191.

Lee, L. W., Cheong, M. W., Curran, P., Yu, B., & Liu, S. Q. (2016a). Modulation of coffee aroma via the fermentation of green coffee beans with *Rhizopus oligosporus*: I. Green coffee. *Food Chemistry, 211*, 916–924.

Lee, L. W., Cheong, M. W., Curran, P., Yu, B. & Liu, S. Q. (2016b).Modulation of coffee aroma via the fermentation of green coffee beans with *Rhizopus oligosporus*: II. Effects of different roast levels. *Food chemistry, 211*, 925–936.

Lee, L. W., Tay, G. Y., Cheong, M. W., Curran, P., Yu, B., & Liu, S. Q. (2017). Modulation of the volatile and non-volatile profiles of coffee fermented with *Yarrowia lipolytica*: I. Green coffee. *LWT, 77*, 225–232.

Leino, M., Kaitaranta, J., & Kallio, H. (1992). Comparison of changes in headspace volatile of some coffee blends during storage. *Food Chemistry, 36*, 35–40.

Lewis, V. M., & Lea, C. H. (1959). A note on the relative rates of reaction of several reducing sugars and sugar derivatives with casein. *Biochimica et Biophysica Acta, 4*, 532–534.

Lin, C. C. (2010). Approach of improving coffee industry in Taiwan: Promote quality of coffee bean by fermentation. *The Journal of International Management Studies, 5*(1), 154–159.

Lingle, T. R. (2011). *The coffee cupper's handbook: systematic guide to the sensory evaluation of coffee's flavor* (4th. ed., p. 66). Long Beach: Specialty Coffee Association of America.

Lopez, C. I., Bautista, E., Moreno, E., & Dentan, E. (1990). Factors related to the formation of'overfermented coffee beans' during the wet processing method and storage of coffee. In: *13th International scientific colloquium on coffee, Paipa (Colombia), 21–25 August 1989* (pp. 373–384). Association Scientifique Internationale du Café.

Lyman, D. J., Benck, R., Dell, S., Merle, S., & Murray-Wijelath, J. (2003). FTIR-ATR Analysis of brewed coffee: Effect of roasting conditions. *Journal of Agricultural and Food Chemistry, 51*(11), 3268–3272.

Maillard, L. C. (1912). Action of amino acids on sugars. Formation of melanoidins in a methodical way. *Compte-Rendu de l'Academie des Sciences, 154*, 66–68.

Marco, M. L., Heeney, D., Binda, S., Cifelli, C. J., Cotter, P. D., Foligné, B., … Hutkins, R. (2017). Health benefits of fermented foods: Microbiota and beyond. *Current Opinion in Biotechnology, 44*, 94–102.

Marcone, N. F. (2004). Composition and properties of Indonesia palm civet coffee (Kopi Luwak) and Ethipian civet coffe. *Food Research International, 37*(9), 901–912.

Mariscal, R., Maireles-Torres, P., Ojeda, M., Sadaba, I., & Lopez Granados, M. (2016). Furfural: A renewable and versatile platform molecule for the synthesis of chemicals and fuels. *Energy & Environmental Science, 9*, 1144–1189.

Masoud, W., Cesar, L. B., Jespersen, L., & Jakobsen, M. (2004). Yeast involved in fermentation of Coffea arabica in East Africa determined by genotiping and by direct denaturing gradient gel electrophoresis. *Yeast, New York, 21*(1), 549–556.

Masoud, W., & Jespersen, L. (2006). Pectin degrading enzymes in yeasts involved in fermenmtation of Coffea arabica in East Africa. *International Journal of Food Microbiology, Kidlington Oxford, United Kingdom, 110*(1), 291–296.

Mathew, S., & Abraham, T. E. (2006). Bioconversions of ferulic acid and hydroxycinnamic acid. *Critical Reviews in Microbiology, 32*, 115–125.

Matiello, J. B., Santinato, R., Garcia, A. W. R., Almeida, S. R., & Fernandes, D. R. (2010). *Cultura de café no Brasil: Manual de Recomendações*. Rio de Janeiro-Rje Varginha-MG: Gráfica Santo Antônio—Grasal.

Mauron, J. (1981). The Maillard reaction in food: A critical review from the nutritional standpoint. *Progress in Food & Nutrition Science, 5*, 5–35.

Montel, M.-C., Buchinb, S., Mallet, A., Delbes-Paus, C., Vuitton, D. A., Desmasures, N., & Berthier, F. (2014). Traditional cheeses: Rich and diverse microbiota with associated benefits. *International Journal of Food Microbiology, 177*, 136–154.

Moon, J. K., & Shibamoto, T. (2009. PMID:19182948). Antioxidant assays for plant and food components. *Journal of Agricultural and Food Chemistry, 57*, 1655–1666. https://doi.org/10.1021/jf803537k

Moreira, R. F. A., Trugo, L. C., & De Maria, C. A. B. (2000). Componentes voláteis do café torrado. Parte II. Compostos alifáticos, Alicíclicos e aromáticos. *Química Nova, 23*(2).

Nasanit, R., & Satayawut, K. (2015). Microbiological Study During Coffee Fermentation of Coffea arabica var . chiangmai 80 in Thailand. *Kasetsart Journal-Natural Science, 49*(1), 32–41.

Nie, S., Jungen Huang, J., Hu, J., Zhang, Y., Wang, S., Li, C., … Xie, M. (2013). Effect of pH, temperature and heating time on the formation of furan in sugar–glycine model systems. *Food Science and Human Wellness, 2*, 87–92.

Nigam, P. S., & Singh, A. (2014). Cocoa and coffee fermentations. In *Encyclopedia Food Microbiology* (2nd ed., pp. 485–492). Elsevier.

O'brien, J., & Morrissey, P. A. (1989). Nutritional and toxicological aspects of the Maillard browning reaction in foods. *Critical Reviews in Food Science and Nutrition, 28*, 211–248.

Oestreich-Janzen, S. (2010). Chemistry of coffee. In R. Verpoorte (Ed.), *Comprehensive natural products II: Chemistry and biology. Volume 3: Development and modification of bioactivity* (pp. 1085–1117). Oxford: Elsevier.

Papagianni, M. (2007). Advances in citric acid fermentation by *Aspergillus niger*: Biochemical aspects, membrane transport and modeling. *Biotechnology Advances, 25*(3), 244–263. https://doi.org/10.1016/j.biotechadv.2007.01.002

Parker, J. K. (2015). Thermal generation of aroma. In J. K. Parker, J. S. Elmore, & L. Methven (Eds.), *Flavour development, analysis and perception in food and beverages* (pp. 151–185). Cambridge: Woodhead Publishing.

Parras, P., Martínez-Tome, M., Jimenez, A. M., & Murcia, M. A. (2007). Antioxidant capacity of coffees of several origins brewed following three different procedures. *Food Chemistry, 102*(3), 582–592.

Pastink, M. I., Sieuwerts, S., De Bok, F. A. M., Janssen, P. W. M., Teusink, B., Vlieg, J. E. T., & Hugenholtz, J. (2008). Genomics and high-throughput screening approaches for optimal flavour production in dairy fermentation. *International Dairy Journal, 18*, 781–790.

Paula, R. A. O., Salles, B. C. C., Paula, F. B. A., Rodrigues, M. R., & Duarte, S. M. S. (2016). Avaliação do efeito antioxidante da bebida de café solúvel cafeinado e descafeinado In vitro e In vivo. *Journal of Basic and Applied Pharmaceutical Sciencies, 36*(3).

Pereira, G. V., De, M., Neto, E., Soccol, V. T., Medeiros, A. B. P., Woiciechowski, A. L., & Soccol, C. R. (2015). Conducting starter culture-controlled fermentations of coffee beans during on-farm wet processing: Growth, metabolic analyses and sensorial effects. *Food Research International, 75*, 348–356.

Pereira, G. V. D. M., Carvalho Neto, D. P., Medeiros, A. B. P., Soccol, V. T., Neto, E., Woiciechowski, A. L., & Soccol, C. R. (2016). Potential of lactic acid bacteria to improve the fermentation and quality of coffee during on-farm processing. *International Journal of Food Science & Technology, 51*(7), 1689–1695.

Pereira, L. L., Guarçoni, R. C., Cardoso, W. S., Taques, R. C., Moreira, T. R., Da Silva, S. F. E., & Dez Caten, C. S. (2018b). Influence of solar radiation and wet processing on the final quality of Arabica Coffee. *Journal of Food Quality, 2018*.

Pereira, G. V. D. M., Soccol, V. T., Brar, S. K., Neto, E., & Soccol, C. R. (2017). Microbial ecology and starter culture technology in coffee processing. *Critical reviews in food science and nutrition. 57*(13), 2775–2788.

Peres-Locas, C., & Yaylayan, V. A. (2004). Origin and mechanistic pathways of formation of the parent furan—A food toxicant. *Journal of Agricultural and Food Chemistry, 52*, 6830–6836

Perrone, D., Farah, A., & Donangelo, C. M. (2012). Influence of coffee roasting on the incorporation of phenolic compounds into melanoidins and their relationship with antioxidant activity of the brew. *Journal of Agricultural and Food Chemistry, 60*(17), 4265–4275. https://doi.org/10.1021/jf205388x

Pessione, A., Lamberti, C. & Pessione, E. (2010). Proteomic as a tool for studying energy metabolism in lactic acid bacteria. *Molecular bioSystems. 6*, 1419–30.

Petracco, M. (2001). *Technology 4: Beverage preparation: Brewing trends for the new millennium. COFFEE Recent Developments*. London, UK: Blackwell Science Ltd..

Pimenta, C., & Vilela, E. R. (2002). Qualidade do café (Coffea arabica L.) colhido em sete épocas diferentes na região de Lavras - MG. *Ciência e Agrotecnologia Lavras, 26*, 1481–1491.

Pimenta, C. J., Angelico, C. L., & Chalfoun, S. M. (2018). Challengs in coffee quality: Cultural, chemical and microbiological aspects Desafios na qualidade de café: Aspectos cultural, químico e microbiológico. *Ciênc. Agrotec., 42*(4), 337–349.

Prokopov, T., & Tanchev, S. (2007). Methods of food preservation. In A. McElhatton & R. J. Marshall (Eds.), *Food safety: A practical and case study approach* (Vol. 1, 1st ed., pp. 3–25). New York: Springer Science+Business Media.

Puerta, G. I., & Echeverry, J. G. (2015). *Fermentación controlada del café: Tecnología para agregar valor a la calidad.* Retrieved 25 March 2019, from http://biblioteca.cenicafe.org/bitstream/10778/558/1/avt0454.pdf.

Puerta-Quintero, G. I. (1999). Influencia del proceso de beneficio en la calidad del café. *Cenicafé, 50*, 78–88.

Puerta-Quintero, G. I. (2001). Strategies to guarantee the quality of the beverage in Columbian coffees. In *Proceedings of the 19th Intl. Scientific Colloquium on Coffee, 2001 May 14–8; Trieste, Italy*. Paris: Assn. Scientifique Internationale du Cafe. CD-ROM.

Redgwell, R., & Fischer, M. (2006). Coffee carbohydrates. *Brazilian Journal of Plant Physiology, 18*(1), 165–174.

Rezac, S., Kok, R. C., Heermann, M., & Hutkins, R. (2018). Fermented foods as a dietary source of live organisms. *Frontiers in Microbiology, 9*, 1–29.

Ribeiro, D. E. (2017). *Tese Descritores químicos e sensoriais para discriminação da qualidade da bebida de café arábica de diferentes genótipos e métodos de processamento*. Lavras, MG: UFLA. 133 paginas.

Ribeiro, J. S., Augusto, F., Salva, T. J. G., Thomaziello, R. A., & Ferreira, M. M. C. (2009). Prediction of sensory properties of Brazilian Arabica roasted coffees by headspace solid phase microextraction-gas chromatography and partial least squares. *Analytica Chimica Acta, 634*(2), 172–179.

Ribeiro, L. S., Evangelista, S. R., Miguel, M. G. D. C. P., Van Mullem, J., Silva, C. F., & Schwan, R. F. (2018). Microbiological and chemical-sensory characteristics of three coffee varieties processed by wet fermentation. *Annals of Microbiology, 68*(10), 705–716.

Ribeiroa, J. S., Ferreiraa, M. M. C., & Salva, T. J. G. (2011). Chemometric models for the quantitative descriptive sensory analysis of Arabica coffee beverages using near infrared spectroscopy. *Talanta, 83*, 1352–1358.

Rodrìguez, H., Curiel, J. A., Landete, J. M., De Las Rivas, B., De Felipe, F. L., & GÒmez-Cordovés, C. (2009). Food phenolics and lactic acid bacteria. *International Journal of Food Microbiology, 132*, 79–90. https://doi.org/10.1016/j.ijfoodmicro.2009.03.025

Rogers, W. J., Michaux, J., Bastin, M., & Bucheli, P. (1999). Changes to the content of sugar, sugar alcohols, myo-inositol, carboxylic acid and inorganic anions in developing grains frim different varieties of Robusta (Coffea canephora) and Arabica (C. Arabica) coffees. *Plant Science, 149*, 115–123.

Ross, R. P., Morgan, S., & Hill, C. (2002). Preservation and fermentation: Past, present and future. *International Journal of Food Microbiology, 79*, 3–16.

Ruijschop, R. M. A. J., Boelrijk, A. E. M., & Te Giffel, M. C. (2008). Satiety effects of a dairy beverage fermented with propionic acid bacteria. *International Dairy Journal, 18*(9), 945–950.

Saerens, S. M., Delvaux, F. R., Verstrepen, K. J., & Thevelein, J. M. (2010). Production and biological function of volatile esters in Saccharomyces cerevisiae. *Microbial Biotechnology, 3*(2), 165–177.

Saini, R., Saini, S., & Sharma, S. (2010). Potential of probiotics in controlling cardiovascular diseases. *Journal Cardiovascular Disease Research, 1*(4), 213–214.

Santos, T. T., & Varavallo, M. A. (2011). Aplicação de microrganismos endofíticos na agricultura e na produção de substâncias de interesse econômico. *Semina: Ciências Biológicas e da Saúde, 32*(2), 199–212.

Savard, T., Beaulieu, C., Gadren, N. J., & Champagne, C. P. (2002). Characterization of spoilage yeasts isolated from fermented vegetables and inhibition by lactic, acetic and propionic acids. *Food Microbiology, 19*, 363–373.

Schwan, R. F., Silva, C. F., & Batista, L. R. (2012). Coffee fermentation. In Y. H. Hui (Ed.), *Handbook of plant-based fermented food and beverage technology* (pp. 677–690). Boca Raton: CRC Press.
Schwan, S. F., & Wheals, A. E. (2010). The microbiology of cocoa fermentation and its role in chocolate quality. *Critical Reviews in Food Science and Nutrition, 44*(4), 205–221.
Selmar, D., Bytof, G., & Knopp, S. E. (2002). New aspects of coffee processing: The relation between seed germination and coffee quality. In *Dix-neuvie'me Colloque Scientifique International sur le Cafe*. ASIC: Paris, Trieste.
Selmar, D., Bytof, G., & Knopp, S. E. (2008). The storage of green coffee (Coffea arabica): Decrease of viability and changes of potential aroma precursors. *Annals of Botany, 101*, 31–38.
Selmar, D., Bytof, G., Knopp, S. E., & Breitenstein, B. (2006). Germination of coffee seeds and its significance for coffee quality. *Plant Biology, 8*, 260–264.
Selmar, D., Bytof, G., Knopp, S., Bradbury, A., Wilkens, J., & Becker, R. (2005). Biochemical insights into coffee processing: Quality and nature of green coffees are interconnected with an active seed metabolism. In *20ème Colloque Scientifique International sur le Café; 11–15 2004; Bangalore, India*. Paris: Association Scientifique Internationale du Café (ASIC). [Google Scholar].
Sette, L. D., Passarini, M. R. Z., Delarmelina, C., Salati, F., & Duarte, M. C. T. (2006). Molecular characterization and antimicrobial activity of endophytic fungi from coffee plants. *World Journal of Microbiology and Biotechnology, 22*(11), 1185–1195.
Shiomi, H. F. (2004). *Efeito de bactérias endofíticas do cafeeiro no controle da ferrugem (Hemileia vastatrix)*. Botucatu, SP: UNESP. 65p. (Dissertação de Mestrado).
Silva, C. F. (2014a). Microbial activity during coffee fermentation. In R. F. Schwan & G. H. Fleet (Eds.), *Cocoa and coffee fermentations* (pp. 368–423). Boca Raton: CRC Press.
Silva, C. F., Batista, L. R., Abreu, L. M., Dias, E. S., & Schwan, R. F. (2008). Succession of bacterial and fungal communities during natural coffee (Coffea arabica) fermentation. *Food Microbiology, 25*(8), 951–957.
Silva, C. F., Schwan, R. F., Dias, E. S., & Wheals, A. E. (2000). Microbial diversity during maturation and natural processing of coffee cherries of Coffea arabica in Brazil. *International Journal of Food Microbiology, 60*(2–3), 251–260.
Silva, C. F., Vilela, D. M., De Souza Cordeiro, C., Duarte, W. F., Dias, D. R., & Schwan, R. F. (2013). Evaluation of a potential starter culture for enhance quality of coffee fermentation. *World Journal of Microbiology and Biotechnology, 29*(2), 235–247.
Silva, F. (2014b). Microbial activity during coffee fermentation. In R. F. Schwan & G. H. Fleet (Eds.), *Cocoa and coffee fermentation* (pp. 398–423). Boca Raton, FL: CRC Taylor & Francis.
Silva, Harllen S.A., & Bettiol, Wagner (2009). Microrganismos endofíticos como agentes de biocontrole da ferrugem do cafeeiro e de promoção de crescimento. *Embrapa Meio Ambiente-Capítulo em livro científico (ALICE)*.
Sousa-Gallagher, M. J., & Ardö, Y. (2001). Advances in the study of proteolysis during cheese ripening. *International Dairy Journal, 11*, 327–345.
Spark, A. A. (1969). Role of amino acid in non-enzymic browning. *Journal of the Science of Food and Agriculture, 20*, 308–316.
Specialty Coffee Association of America (SCAA) (2013). Retrieved December, 2015, from http://www.scaa.org.
Sunarharum, W. B., Williams, D. J., & Smyth, H. E. (2014). Complexidade do sabor do café: uma perspectiva composicional e sensorial. *Food Research International, 62*, 315–325.
Swain, M. R., Anandharaj, M., Ray, R. C., & Rani, R. P. (2014). Fermented fruits and vegetables of Asia: A potential source of probiotics. *Biotechnology Research International, 2014*, 1–19.
Tamang, J. P. (2014). Biochemical and modern identification techniques. *Microfloras of Fermented Foods. Encyclopedia of Food Microbiology, 1*, 250–258.
Toci, A., Farah, A., & Trugo, L. C. (2006). Efeito do processo de descafeinação com diclorometano sobre a composição química dos cafés arábica e robusta, antes e após a torração. *Química Nova, 29*, 965–971.

Todar, K. (2015). Diversity of Metabolism in Procaryotes in Todar's Online Textbook of Bacteriology. Available in: http://www.textbookofbacteriology.net. accessed in: 2019/08/14

Torino, M. I., Limón, R. I., Martínez-Villaluega, C., MÄkinen, S., Pihkanto, A., Vidal-Valverde, C., & Frias, J. (2013). Antioxidant and antihypertensive properties of liquid and solid state fermented lentils. *Food Chemistry, 136*(2), 1030–1037.

Tortora, G. J., Case, C. L., & Funke, B. R. (2016). *Microbiologia* (12th ed.). Artmed Editora.

Trugo, L. C., & Macrae, R. (1984). A study of the effect of roasting on the chlorogenic acid composition of coffee using Hplc. *Food Chemistry, 15*(3), 219–227.

Van Kranenburg, R., Kleerebezem, M., Van Hylckama Vlieg, J., Ursing, B. M., Boekhorst, J., Smith, B. A., … Siezen, R. J. (2002). Flavour formation from amino acids by lactic acid bacteria: Predictions from genome sequence analysis. *International Dairy Journal, 12*, 111–112.

Vandenberghe, L. P., Soccol, C. R., Pandey, A., & Lebeault, J. M. (1999). Microbial production of citric acid. *Brazilian Archives of Biology and Technology, 42*(3), 263–276.

Variyar, P. S., Ahmad, R., Bhat, R., Niyas, N., & Sharma, A. (2003). Flavoring components of raw munsooned Arabica coffee and their changes during radiation process. *Journal of Agricultural and Food Chemistry, 51*, 7945–7950.

Vaughan, E. E., Heilig, H. G. H. J., Ben-Amor, K., & De Vos, W. (2005). Diversity, vitality and activities of intestinal lactic acid bacteria and bifidobacteria assessed by molecular approaches. *FEMS Microbiology Reviews, 29*, 477–490.

Vaughan, M. J., Mitchell, T., & Gardener, B. B. M. (2015). What's inside that seed we brew? A new approach to mining the coffee microbiome. *Applied and Environmental Microbiology, 81*(19), 6518–6527.

Velmourougane, K., Panneerselvam, P., Shanmukhappa, D. R., Gopinandhan, T. N., Srinivasan, C. S., & Naidu, R. (2000). Study on microflora associated with high and low grown coffee of arabica and robusta. *Journal of Coffee Research, 28*, 9–19.

Vilela, D. M., Pereira, G. V. D. M., Silva, C. F., Batista, L. R., & Schwan, R. F. (2010). Molecular ecology and polyphasic characterization of the microbiota associated with semi-dry processed coffee (Coffea arabica L.). *Food Microbiology, 27*(8), 1128–1135.

Wang, N. (2012). *Physicochemical changes of coffee beans during roasting* (100 p). Guelph, ON: Thesis University of Guelph.

Wang, X. (2014). *Understanding the formation of CO_2 and its degassing behaviours in coffee* (188p). Guelph, ON: Thesis University of Guelph.

Wang, Y., Ji, B., Wu, W., Wang, R., Yang, Z., Zhang, D., & Tian, W. (2014). Hepatoprotective effects of kombucha tea: Identification of functional strains and quantification of functional components. *Journal of the Science of Food and Agriculture, 94*(2), 265–272.

Wang, C., Sun, J., Lassabliere, B., Yu, B., Zhao, F., Zhao, F., Chen, Y. and Liu, S. Q. (2019). Potential of lactic acid bacteria to modulate coffee volatiles and effect of glucose supplementation: fermentation of green coffee beans and impact of coffee roasting. *J Sci Food Agric 99*, 409–420.

Waters, D. M., Moroni, A. V., & Arendt, E. K. (2015). Biochemistry, germination and microflora associated with Coffea arabica and Coffea canephora green coffee beans. *Critical Reviews in Food Science and Nutrition*. https://doi.org/10.1080/10408398.2014.902804

Wong, K. H., Abdul Aziz, S., & Mohamed, S. (2008). Sensory aroma from Maillard reaction of individual and combinations of amino acids with glucose in acidic conditions. *International Journal of Food Science & Technology, 43*(9), 1512–1519.

Wong, S. K., Lim, Y. Y., Ling, S. K., & Chan, E. W. (2014). Caffeoylquinic acids in leaves of selected Apocynaceae species: Their isolation and content. *Pharmacognosy research, 6*(1), 67–72 https://doi.ord/10.4103/9748490.122921.

Wootton, A. E. (1973). *Fifth International Scientific Colloquium on Coffee, 14–19 June 1971, Lissabon* (pp. 316–324). Paris: ASIC.

Yang, J., & Lee, J. (2019). Application of sensory descriptive analysis and consumer studies to investigate traditional and authentic foods: A review. *Food, 8*(54), 1–17.

Yaylayan, V. A. (2003). Recent advances in the chemistry of strecker degradation and amadori rearrangement: Implications to aroma and color formation. *Food Science and Technology Research, 9*(1), 1–6.

Yeretzian, C., Jordan, A., Badoud, R., & Lindinger, W. (2002). From the green bean to the cup of coffee: Investigating coffee roasting by on-line monitoring of volatiles. *European Food Research and Technology, 214*(2), 92–104.

Zhang, S. J., De Bruyn, F., Pothakos, V., Torres, J., Falconi, C., Moccand, C., & De Vuyst, L. (2019). Following coffee production from cherries to cup: Microbiological and metabolomic analysis of wet processing of Coffea arabica. *Applied and Environmental Microbiology, 85*(6), e02635–e0263718.

Chapter 5
Chemical Constituents of Coffee

Patrícia Fontes Pinheiro, Carlos Alexandre Pinheiro, Vanessa Moreira Osório, and Lucas Louzada Pereira

1 General Introduction

Coffee quality is the main factor for its valorization, several factors influence the final product, however it is the chemical constituents that attribute the final flavor and aroma to the coffee. The formation of these chemical constituents in coffee beans may be affected by processing at both the field and industry levels, in a complex and interconnected way, the factors that contribute to this are: genetic, environmental, nutritional, cultural treatments, harvesting techniques, postharvest, drying, processing and storage, roasting and beverage extraction.

This chapter presents a clear and objective view of coffee chemistry, providing groundbreaking reflections on volatile compounds, the perception of organic acids and how they can interact with quality, discussing bioactive compounds in coffee, and also representing the impact of shapes of processing on the final quality of coffee, with a final reflection on the chromatography technique applied to the analysis of the chemical composition of coffee.

The contents and composition of volatile and nonvolatile constituents contribute to the formation and aroma of the coffee beverage, although there are several studies aimed at unraveling the optimal chemical composition for quality coffee, there are still many questions to be debated by science.

In terms of beverage, *Coffea arabica* L. (Coffee arabica) is considered by the market with superior quality compared to *Coffea canephora* (conilon or robusta), these species present differences in the chemical composition of green beans, so

P. F. Pinheiro (✉) · C. A. Pinheiro · V. M. Osório
Department of Physics and Chemistry, Federal University of Espírito Santo, Alegre, ES, Brazil

L. L. Pereira
Coffee Analysis and Research Laboratory, Federal Institute of Espírito Santo, Venda Nova do Imigrante, ES, Brazil

L. Louzada Pereira, T. Rizzo Moreira (eds.), *Quality Determinants in Coffee Production*, Food Engineering Series, https://doi.org/10.1007/978-3-030-54437-9_5

after the roasting step different volatile compounds are formed and their aromatic attributes that generate such distinctions (Couto et al. 2019).

The species of *C. arabica* L. and *C. canephora* presented significant differences in relation to the levels of: trigonelline, sucrose, caffeine, chlorogenic acids and lipids. Figure 5.1 shows some average values found for these constituents (in 100 g^{-1} on a dry basis) in *C. arabica* L. and *C. canephora* raw coffee beans. Regarding the caffeine content *C. canephora* (2.2%) is almost twice that found for *C. arabica* L. (1.2%), just as the values of total chlorogenic acids are higher for *C. canephora*. As for sugar content, sucrose is found twice in *C. arabica* compared to *C. canephora*, and the lipid and trigonelline content are higher for *C. arabica*.

Higher levels of chlorogenic acids in *C. canephora* compared to *C. arabica* may contribute to greater astringency of its drink (Ribeiro et al. 2011), an attribute that is widely discussed in the technical field by professionals who perform sensory analysis of coffee. According to Da Silva Taveira et al. (2014), *C. arabica* has a drink of greater smoothness and sweetness, for this reason has greater consumer acceptance, and the average sucrose content in grains is almost double that presented by *C. canephora*.

However, within the species itself chemical composition and sensory properties may vary, indicating that strategies for genetic improvement and the use of appropriate cultivation and management techniques can contribute to drink quality gains (Martinez et al. 2014).

The geographical location of the coffee crop may also influence the chemical composition of its fruits. Climate, relief and intensity of solar radiation are relevant factors in the production of different quality coffees (Pereira et al. 2018). According to Babova et al. (2016), the chlorogenic acid and caffeine content of green beans of *C. arabica* and *C. canephora* species cultivated in nine countries: Brazil, Colombia, Ethiopia, Honduras, Kenya, Mexico, Peru, Uganda and Vietnam. Compared, for the authors, higher levels of chlorogenic acids and caffeine were found for *C. canephora*

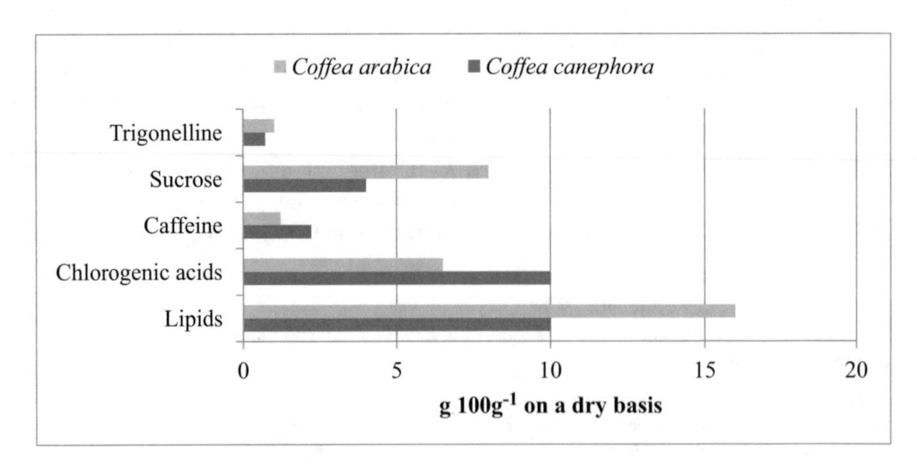

Fig. 5.1 Chemical constituents in g 100 g^{-1} on dry basis in raw coffee beans of commercial varieties: *C. arabica* and *C. canephora*. Source: Adapted from Martinez et al. (2014)

(Vietnam and Uganda) and smaller amounts were observed in *C. arabica* of Ethiopia (Fig. 5.2 and Table 5.1).

Based on the results, the green beans of *C. arabica* from Kenya were considered suitable to be used for dietary applications, due to the high antioxidant capacity and low caffeine content compared to the other studied coffees. Green coffee extract can be used as a nutraceutical food due to antioxidant action, for this reason coffees with higher chlorogenic acid/caffeine ratio are desirable (Babova et al. 2016).

Dias and Benassi (2015) studied analytical methods to differentiate arabica and robusta coffees, for this they made mixtures with different proportions of these coffees in three degrees of roast. Then they evaluated color parameters and the levels of caffeine, trigonelline, chlorogenic acids (5-CQA) and nicotinic. Caffeine content was the best parameter to discriminate coffees, regardless of roasting degree, as it was stable up to 238 °C.

Management can also influence the quality of coffee, highlighting the harvest stage that must be performed properly. The main recommendation at this stage is to harvest only 100% ripe fruits, that is, a selective harvest, aiming to optimize the sensory quality in the postharvest phase.

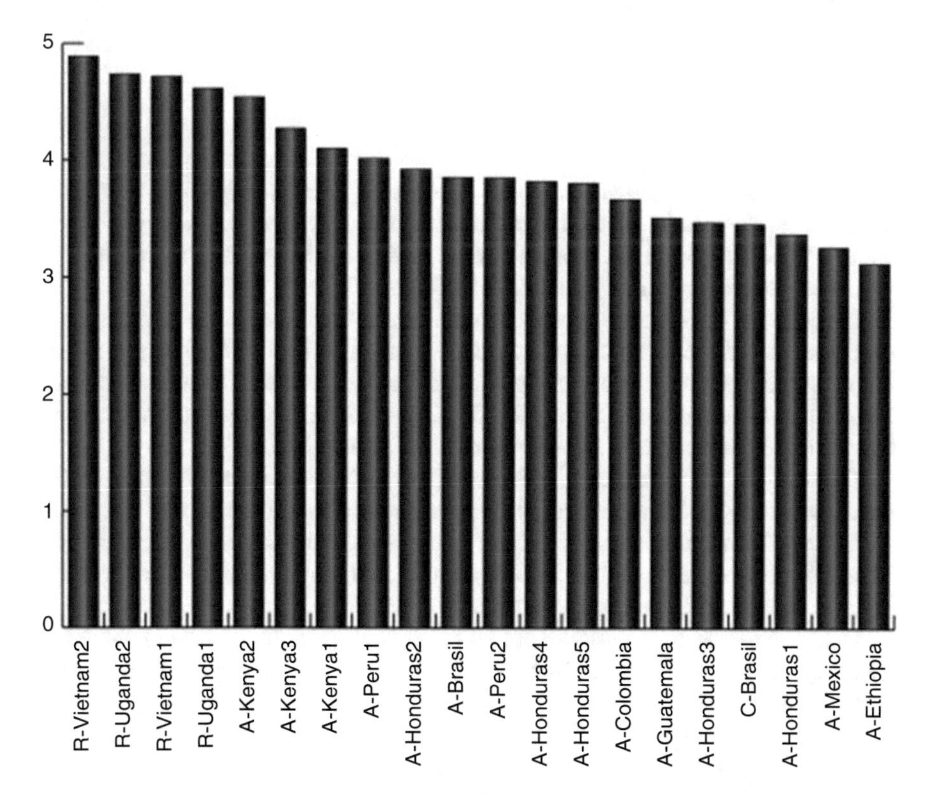

Fig. 5.2 Total content of chlorogenic acids and caffeine (expressed as g kg^{-1} of dry weight g/kg) from *C. arabica* and *C. canephora* of different geographical origin. Source: Babova et al. (2016)

Table 5.1 Origin of coffee samples analyzed

A-Brasil	*C. arabica*	Arabica	Arabica Natural Terraforte	Brasil
A-Colombia	*C. arabica*	Arabica	Colombia Excelso Raphael Lavato	Colombia
A-Ethiopia	*C. arabica*	Arabica	Sidamo Grade 2	Ethiopia
A-Guatemala	*C. arabica*	Arabica	HB ep	Guatemala
A-Honduras1	*C. arabica*	Arabica	HG ep "Margay"	Honduras
A-Honduras2	*C. arabica*	Arabica	HG ep "Margay"	Honduras
A-Honduras3	*C. arabica*	Arabica	Catuahi, Caturra, Icatu	Honduras
A-Honduras4	*C. arabica*	Arabica	HG ep "Margay"	Honduras
A-Honduras5	*C. arabica*	Arabica	Catuahi, Caturra, Icatu	Honduras
A-Kenya1	*C. arabica*	Arabica	Arabica low grade	Kenya
A-Kenya2	*C. arabica*	Arabica	Arabica AK2	Kenya
A-Kenya3	*C. arabica*	Arabica	Arabica AK3	Kenya
A-Mexico	*C. arabica*	Arabica	PW ep	Mexico
A-Peru1	*C. arabica*	Arabica	Jacamar	Peru
A-Peru2	*C. arabica*	Arabica	Tinamous	Peru
C-Brasil	*C. canephora*	Caracol	Moka Fine Crop	Brasil
R-Uganda1	*C. canephora*	Robusta	Jolly Quartz	Uganda
R-Uganda2	*C. canephora*	Robusta	Jolly Quartz	Uganda
R-Vietnam1	*C. canephora*	Robusta	Unwahed Vietnam	Vietnam
R-Vietnam2	*C. canephora*	Robusta	Clean Vietnam	Vietnam

Source: Babova et al. (2016)

At this stage, most coffee beans have maximum maturity, which may contribute to higher levels of sugars and other constituents that may favor desirable characteristics to the quality of the beverage after the roasting of beans, such as: aroma, flavor, sweetness, body, acidity, and balance (Giomo 2012).

Rogers et al. (1999) found changes in the concentrations of mono and oligosaccharides, alcohols, carboxylic and inorganic acids in coffee beans evaluated at different stages of grain development in three *C. arabica* cultivars (Arabica) and two from *C. canephora* (robusta) by High Performance Anion Exchange Chromatography Coupled with Pulsed Electrochemical Detection (HPAE-PED).

The analyzed components were accumulated during the second half of the grain development period. A significant increase in sucrose concentration was observed, which was the main translocation sugar in phloem, which through catabolic reactions can generate energy and carbon source for the biosynthesis of other compounds, including phenols and aldehydes.

Thus, the degree of maturity of coffee beans is of great importance in obtaining a quality drink due to the accumulation of photosynthes during the fruit growth period (Fagan et al. 2011).

After the harvesting stage, the coffee must be immediately processed, fermented and put to an end, so that no deterioration occurs due to the exogenous or endophic microorganisms present in the coffee fruits.

Thus, the drying of coffee contributes to the preservation of beans during storage, being one of the main stages of coffee postharvest when it is desired to obtain a good quality product (Resende et al. 2011).

In one hand, during drying, the water content of coffee beans is reduced from 60% to values in the range of 11–13%, eliminating the risk of oxidation and fungal and bacterial growth. On the other hand, if proper drying techniques are not used, grain quality may be impaired due to undesirable physical, chemical and sensory changes (Borém et al. 2008).

Once the drying step is completed, coffee can be stored on the property or in external warehouses, the second very common in Brazil. Coffee is usually stored in coco,[1] in bulk in wooden bins or in processed coffee burlap sacks, respectively. New technologies are being applied for quality conservation such as paper bags or Grainpro-lined packaging.

On the farms, in warehouses or even roasters, storage locations should be dry and well-ventilated to increase storage time and prevent quality losses. In warehouses, already benefited coffees should be arranged in a structure that provides high conservation and appropriate conditions (Ribeiro et al. 2017).

Post-harvest coffee processing can contribute to obtaining different quality beverages. In Brazil, dry processing is predominant, in which case the beans are dried in natural in sun dried or in mechanical dryers, impurities such as branches, clods and leaves are separated, through washers that can be separated into green, cherry and dry grains providing uniform lots (Giomo 2012).

In wet coffee processing, the bark is removed only from cherry grains, the buoy fruits are separated by density difference and go straight to drying yard, the greens are separated and cherry to be peeled. Coffee in the cherry stage is husked, the green beans have more resistant husks. Using this process can minimize the risks of developing microorganisms responsible for unwanted fermentations (Santos et al. 2009).

During wet processing in the debarking step lots of lower quality green coffees are obtained. Nobre et al. (2011) analyzed green (immature) coffee fruits, processed wet and dry, submitted to different rest periods before peeling with and without water. The raw material used was lots of green arabica coffee obtained in the production of the husked cherry coffee. The immature fruit peeling stage increased the physiological and chemical indicators of green grain quality. Thus, the peeling of immature fruits soon after the first peeling operation of ripe fruits (cherry coffee) did not change the grain quality. The use of water during the resting of immature fruits did not affect the coffee quality.

The roasting stage has a great influence on the coffee drink quality. Green coffee roasting is usually completed at temperatures above 200 °C for 10–15 min. During the roasting, several chemical reactions occur and cause the formation of volatiles that are responsible for the coffee beverage aromas and flavors.

[1] Coffee in coco—natural name used in Brazil to protect the coffee inside the warehouse. This process the coffee bean still with mesocarp, pericarp, parchment and fruit.

In the roasting process, the volume of coffee beans increases by 50% or more, the mass decreases by one fifth, leading to moisture loss and the production of volatiles and carbon dioxide (CO_2) which triggers an increase in internal pressure, the grain expands and cracks occur in the cell wall tissue of the grain, in the phenomenon known as 'crack'.[2] After the desired degree of roasting is achieved, the beans should be cooled rapidly in a chiller. This roasting process has to be well conducted using long roasting times, volatile compounds are eliminated or degraded, so coffee can be obtained with adulterated or quality impairing sensory attributes (Illy and Viani 2005).

De Morais et al. (2008) analyzed the chemical composition of robusta coffee submitted to three types of roasting: light, medium and dark. The total phenol content decreased significantly with the degree of roasting. Proanthocyanidins[3] concentration increased as the degree of roasting increased. Chlorogenic acid levels decreased as the roasting degree increased, and for 5-caffeoylquinic acid (5-ACQ), the differences between roast were significant. The levels of 5-ACQ determined in robusta coffee were higher than arabica coffee in light and medium roasting and lower than dark roasting.

Volatile constituents of robusta coffee were analyzed by gas chromatography coupled to mass spectrometry (GC-MS) after standardized coffee samples were subjected to three degrees of roasting: light, medium and dark. The essential oil yield of robusta coffee subjected to medium roasting was superior to the other types of roasting and the highest content of compounds that provide mild aroma in coffee were found for light roasting coffee (do Nascimento et al. 2007).

In coffee roasting there are several reactions and thus volatile compounds are generated, at this stage there is the Maillard Reaction (condensation of carbonyl of a glycide with an amino grouping of an amino acid) known as caramelization of sugars, degradation of chlorogenic acids, proteins and polysaccharides, reaction of hydroxyamino acids that undergo decarboxylation and dimerization, among others. Coffee, whether *C. arabica* or *C. canephora*, contains several volatile compounds after processing, and these components are superior to any other food or drink (Moreira et al. 2000).

The aromas of raw and roasted coffee are very different, raw coffee has about 250 different volatile compounds, while roasted coffee can have over 1000 of these components. These volatile compounds of roasted coffee are formed during the roasting step by several reactions, as mentioned above, being the Maillard Reactions[4], where the reducing sugars condense with amino acids, responsible for the formation of melanoidins that give dark color to the coffee beans.

---

[2] Crack—expression used by coffee roasters to indicate the point of expansion of the fruit in the roasting process within the roaster.

[3] Proanthocyanidins are a class of polyphenols found in a variety of plants. Chemically, they are oligomeric flavonoids.

[4] The Maillard reaction is a chemical reaction between amino acids and reducing sugars that gives browned food its distinctive flavor. It is named after French chemist Louis-Camille Maillard, who first described it in 1912 while attempting to reproduce biological protein synthesis.

In an attempt to understand coffee quality relationships, cupping taste analysis is a worldwide accepted and applied technique, despite its subjectivity (Pereira et al. 2017). Studies have attempted to find a relationship between physicochemical properties and the quality of the drink may help the sensory analysis in a more standardized and accurate way (Borém et al. 2008; Pereira et al. 2018).

The aspects evaluated in sensory analysis can be compared with chemical analyzes, such as: acidity, which can be assessed by pH measurements, total titratable acidity, greasy acidity; the sweetness can be compared with the total and reducing sugar contents; the body astringency for caffeine content, chlorogenic acids, trigonelline; and the aroma and fragrance by volatile constituent analysis, which can be analyzed by gas chromatography. However, few studies can be precise in these actions, due to the range of interactions that occur during the formation of the fruit until the final consumption of coffee.

Acidity is an important attribute in coffee sensory analysis and its intensity varies depending on the species (arabica or conilon), the fruit maturity stage, place of origin, type of harvest, processing method, drying type and conditions, climate during harvesting and drying (Lima Filho et al. 2015). Increased acidity may be associated with decreased coffee quality, and lower drink coffees may exhibit higher acidity (Lima Filho et al. 2013).

The minimum total titratable acidity found for the red Catuaí variety was 226.29 mL and the maximum observed value was 316.91 mL, among the six ranges studied in the experiments of this thesis. These data are in agreement with values described by Malta et al. (2002).

Voilley et al. (1981) suggest a good correlation between aroma intensity and acidity (beverage), confirming that the higher the total titratable acidity, the better the coffee quality.

Analyzes of total titratable acidity may enable the classification of coffees by quality, giving greater confidence to the ratings made by cupping taste (Malta et al. 2008). The pH value is indicative of possible transformations of coffee fruits, as the undesirable fermentations that occur pre or post-harvest, leading to defects (de Siqueira and de Abreu 2006).

The highest grease acidity values are found for lower quality coffees. According to Pinheiro et al. (2012), high grease acidity values for dry coffee in farmyard compared to the dry value in dryer. Direct exposure to coffee in the sun and excessive light can favor photochemical reactions and increase coffee grease acidity levels. At high temperatures, cell membranes can rupture and lead to fatty acid leakage, which can compromise coffee quality due to the possibility of oxidation (Coradi et al. 2008) and rancification reactions.

Lipid levels in coffee beans affect the quality of the drink and are also related to fatty acids, but there are few studies in this regard (Borém et al. 2008).

Potassium leaching and electrical conductivity tests have been used as possible indicators of cell membrane integrity. Coffees that presented lower quality beverages (riada and rio) had the highest values of potassium leaching and electrical conductivity (Nobre et al. 2011).

Higher values of electrical conductivity and potassium leaching for dry robusta coffee in a direct fire dryer were higher than those found for samples of dry coffee in a greenhouse. Higher potassium leaching, higher ion content and electrical conductivity may be associated with the high temperatures used during drying, which compromises the structure of cell membranes, influencing coffee drink quality (Borém et al. 2008).

The highest values of electrical conductivity and potassium leaching were observed in line with the worsening drink quality of robusta coffee samples, evaluated when kept in bags from 0 to 10 days after harvest (Abraão et al. 2016).

Sugars, also known as carbohydrates or glycids, are organic molecules made up of carbon, hydrogen and oxygen. Carbohydrates can be classified as monosaccharides, formed by a unit of formula $(CH_2O)_n$, where "n" is the number of carbon atoms, examples: glucose, fructose and galactose. Carbohydrates can also be classified as disaccharides, formed by two monosaccharide units, linked by a glycosidic bond, having for example sucrose (glucose + fructose) and, there are polysaccharides, formed by the union of several monosaccharides, having as main examples the cellulose and starch (Lehninger et al. 2013).

Sugars can also be classified as reducing and non-reducing, when there is a free aldehyde group or, from a ketone that can isomerize to an aldehyde in the molecule, sugar is considered reducing. The aldehyde group in the presence of an oxidizing agent such as a metal ion (Cu^{2+} or Fe^{3+}) can be oxidized and the metal ion reduced so that sugar functions as a reducing agent. Glucose is a reducing sugar due to the presence of the free aldehyde group, but there are also examples of disaccharides (Fig. 5.3) (Lehninger et al. 2013).

Sucrose is an example of non-reducing sugar, but after hydrolysis, in acid medium, releases glucose and fructose that have the aldehyde group and are reducing sugars. In cyclic form, reducing sugar is defined as sugar that has free anomeric hydroxyl, as shown in Fig. 5.4 (Lehninger et al. 2013).

To determine the content of reducing, non-reducing and total sugars in foods, traditional methods are based on the determination initially of reducing sugars,

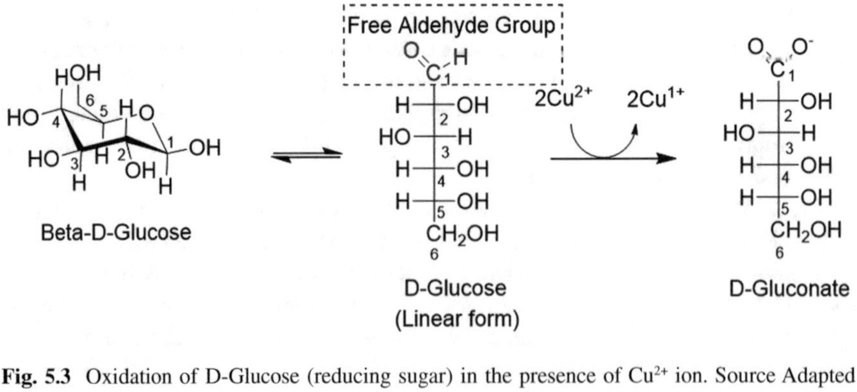

Fig. 5.3 Oxidation of D-Glucose (reducing sugar) in the presence of Cu^{2+} ion. Source Adapted from Lehninger et al. (2013)

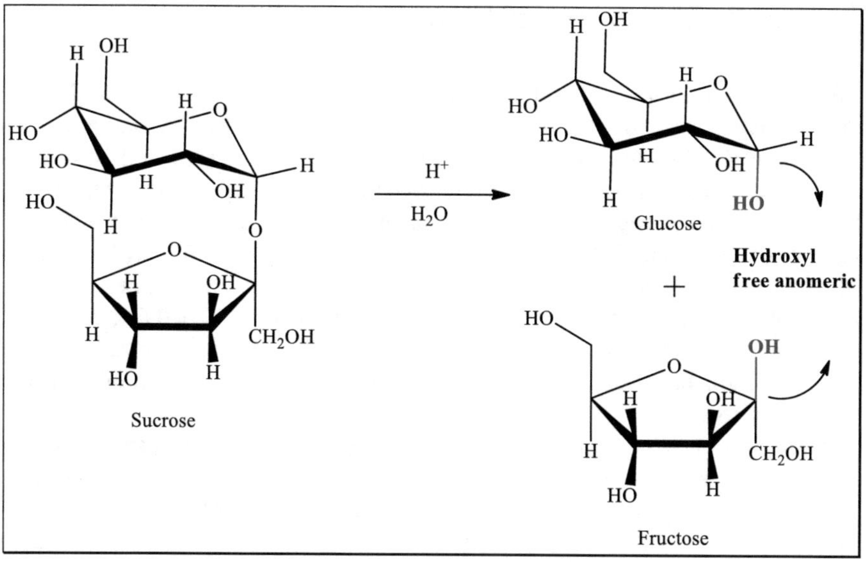

Fig. 5.4 Sucrose hydrolysis and release of reducing sugars, glucose and fructose, containing free anomeric hydroxyl. Source: Adapted from Lehninger et al. (2013)

which are oxidized in the presence of salts containing ions such as cupric (Cu^{2+}), ferric (Fe^{3+}) and silver cation (Ag^{+}) (Demiate et al. 2002; Silva et al. 2003). As not all sugars present in foods are in the form of monosaccharides, such as sucrose (fructose and glucose), in order to obtain the total sugar content, the sample obtained from the food has to be hydrolyzed and in then oxidized in the presence of the mentioned ions (Paula et al. 2012).

Carbohydrates in coffees can be analyzed by high performance liquid chromatography (HPLC) and sucrose, fructose, glucose and others can be quantified separately. Higher sugars in coffee give the beverage a sweeter taste when the roasting process is well conducted. During the roasting process of coffee, the reducing sugars mainly react with amino acids (Maillard reaction), giving rise to desirable colored compounds, responsible for the brown color of the coffee. In these reactions volatile compounds are produced that have great effect on the aroma of the final product, which gives it a better quality (Wang and Lim 2017).

Non-reducing sugars, in particular sucrose, are found in larger quantities in coffee and have great sensory importance. These substances are influenced by roasting, act as flavor precursors, and are responsible for color formation (Crews and Castle 2007).

Thus, the introduction session introduced many points about chemistry structure, discussing that coffee chemistry impacts come from different routes. Now the next chapters introduce the readers a vision about volatile compounds, organic acids and the interaction between quality, bioactivates compounds, environment and processing impacts of chemistry structure and finally, we discussed the chromatography with an analytical analysis to understand coffee quality beverage.

2 Volatile Constituents of Coffee

The volatile constituents of coffee are of great importance in the quality of the beverage, which are responsible for the roasted coffee aroma. The chemical processes involved in the formation of coffee volatiles are as follows: (1) Maillard or non-enzymatic browning reaction between nitrogen containing substances, amino acids, proteins, as well as trigonelline, serotonine, and carbohydrates, hydroxy acids and phenols on the other; (2) Strecker degradation; (3) degradation of individual amino acids, particularly sulfur amino acids, hydroxy amino acids, and proline; (4) degradation of trigonelline; (5) degradation of sugar (caramelization); (6) degradation of phenolic acids, particularly the quinic acid moiety; (7) minor lipid degradation and (8) interaction between intermediate decomposition products (Coffee Research Institute 2018).

During the roasting stage, volatile coffee compounds are formed, and sucrose is an important precursor of these compounds, since in this stage it is dramatically degraded by pyrolysis (caramelization), fragmentation and/or Maillard (sugar) reactions. Reducer + amino acid) (de Maria et al. 1999). Figure 5.5 shows a scheme

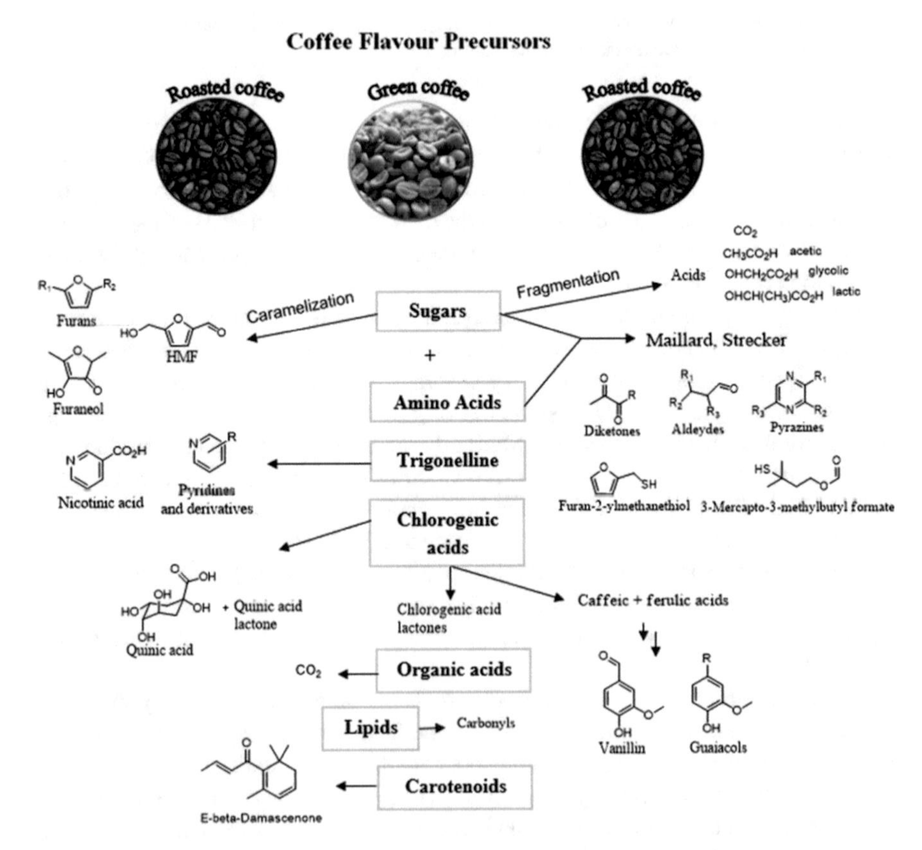

Fig. 5.5 Precursors in coffee flavor formation during the roasting step. Source: Adapted from Yeretzian et al. (2002)

containing a summary of the classes of volatile and nonvolatile compounds generated during the roasting step responsible for the aroma and taste of coffee and other foods (Yeretzian et al. 2002; Kosowska et al. 2017).

The volatile composition of coffee is quite complex, more than 800 compounds have been identified and found in descending order: furans (38–45%), pyrazines (25–30%), pyridines (3–7%) and pyrroles (2–3%), in addition to other classes (carboxylic acids, aldehydes, ketones, sulfur compounds and others) (Nijssen et al. 1996; Uekane et al. 2013).

The Maillard reaction begins when the carbonyl group (C = O) present in reducing sugars is nucleophilic attacked by the amino group (-NH_2) present in amino acids or proteins, leading to the formation of imines, known as "Schiff Bases," due to the presence of the functional group RN = CR'R", which can cyclize and lead to the formation of glycosamine, an unstable, colorless substance that has no taste and aroma (Fig. 5.6) (Davidek et al. 2008; Nursten 2005).

As the stages of Maillard's reaction proceed, Amadori rearrangement from the Immonium ion occurs, leading to the formation of the Amadori Product (Fig. 5.7) (Li et al. 2014; Nursten 2005).

After enolization and oxidative cleavage of aminoketosis (Amadori's product), several smaller molecular weight products can be formed from the α-dicarbonyl compound (Fig. 5.8) (Halford et al. 2010; Nursten 2005).

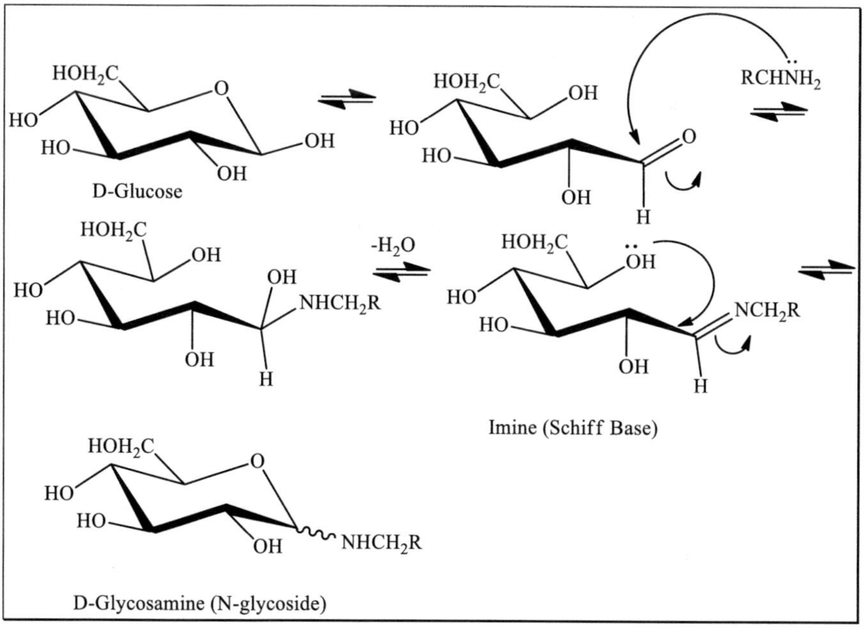

Fig. 5.6 Mechanism of the initial stages of the Maillard reaction. Source: Nursten (2005) and Davidek et al. (2008)

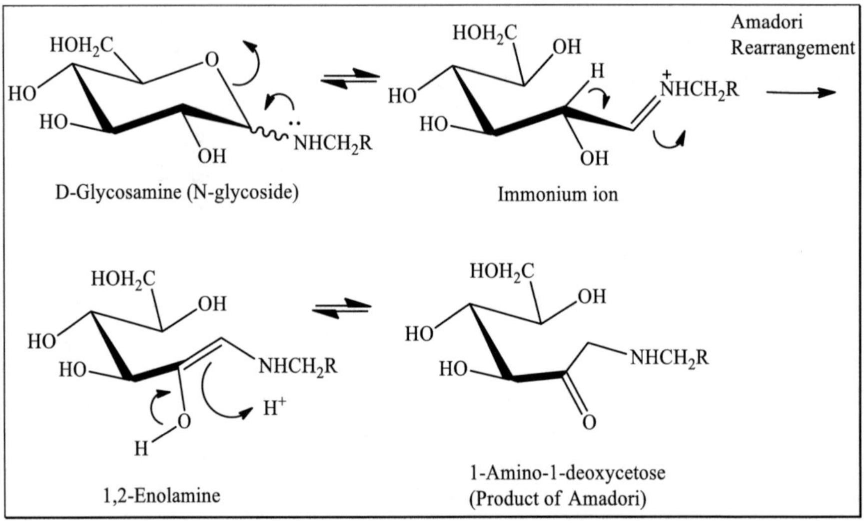

Fig. 5.7 Mechanism for Amadori product formation. Source: Nursten (2005) and Li et al. (2014)

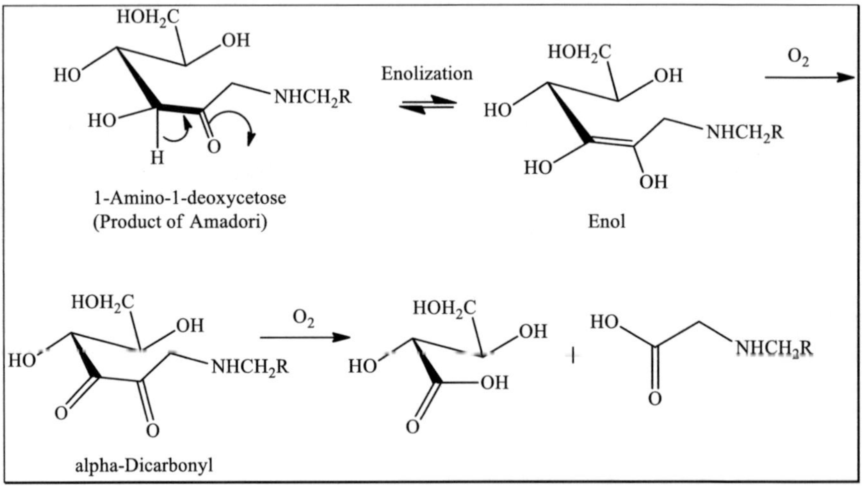

Fig. 5.8 Formation of α-dicarbonyl and lower molar compounds from the Amadori Product (Maillard Reaction). Source: Halford et al. (2010)

In later stages, α-dicarbonyl compounds formed from Amadori Products may react with amino acids, producing α-amino ketones and Strecker aldehyde, this stage of the Maillard reaction known as Strecker Degradation. The mechanism of this step is shown in Fig. 5.9, the reaction between an α-dicarbonyl and an amino acid, with initial loss of water, leads to the formation of Schiff Base, followed by enolization. By nucleophilic attack of a water molecule two products are obtained: α-amino ketone and α-keto acid. The latter eliminating a CO_2 molecule provides the formation of Strecker aldehyde (Fig. 5.9) (Nursten 2005; Van Ba et al. 2012).

Self-condensation and oxidation reactions of α-aminoketones (derived from Strecker degradation) can lead to the formation of pyrazines (Fig. 5.10) (Nursten 2005), compounds that may contribute to coffee aroma (de Maria et al. 1999).

Alkyl substituted pyrazines are formed in the coffee roasting step by the reaction of reducing sugars + amino acids (Maillard) and Streck degradation, as mentioned. Depending on the position and size of the alkyl group chain, pyrazines contribute differently to the coffee flavor. Figure 5.11 presents structures and sensory attributes of compounds belonging to this class, already found in coffee volatiles (de Maria et al. 1999; Lee et al. 2015; Yang et al. 2016).

Gloess et al. (2018) studied the chemical composition of coffee volatiles by ion mobility spectrometry-mass spectrometry (IMS-MS), which allowed an online analysis of the coffee roasting step, the compounds were monitored by positive and negative ion modes and in the positive mode found that the alkylpyrazine isomers exhibited different profiles in relation to time and intensity of roasting.

In another study, alkylpyrazines were found in roasted coffees (arabic and robusta), with 2-methylpyrazine as the major constituent (2000 μg/100 g of coffee beans). could be used to monitor the roasting step of coffees. Pyrazines are generally found in higher concentrations in robusta coffee volatiles than in arabica coffee (Hashim and Chaveron 1995). Ground-negative pyrazines are found to be higher in robusta coffee, which may be one of the reasons why this coffee drink is less appreciated than arabica coffee (Toledo et al. 2016).

In addition to pyrazines, during coffee roasting by the Maillard reaction, compounds belonging to various classes are generated, such as: furans, pyrroles, pyridines, thiazoles, imidazoles, aldehydes and ketones. Substances with beneficial antioxidant activities are generated, however there is also nutrient loss and generation of toxic substances such as 5-hydroxymethylfurfural (5-HMF) and reactive species.

Furans can be obtained during the roasting stage due to caramelization of sugars. Figure 5.12 presents structures and sensory attributes of compounds belonging to this class, already found in coffee volatiles (de Maria et al. 1999; Lee et al. 2015; Yang et al. 2016).

Furans and pyranes are heterocyclic compounds found in large quantities in roasted coffee and include functions such as aldehydes, ketones, esters, alcohols, ethers, acids and thiols. Quantitatively, the first two classes of coffee volatiles are furans and pyrazines, while qualitatively sulfur-containing compounds along with pyrazines are considered the most significant for coffee flavor (Czerny et al. 1999).

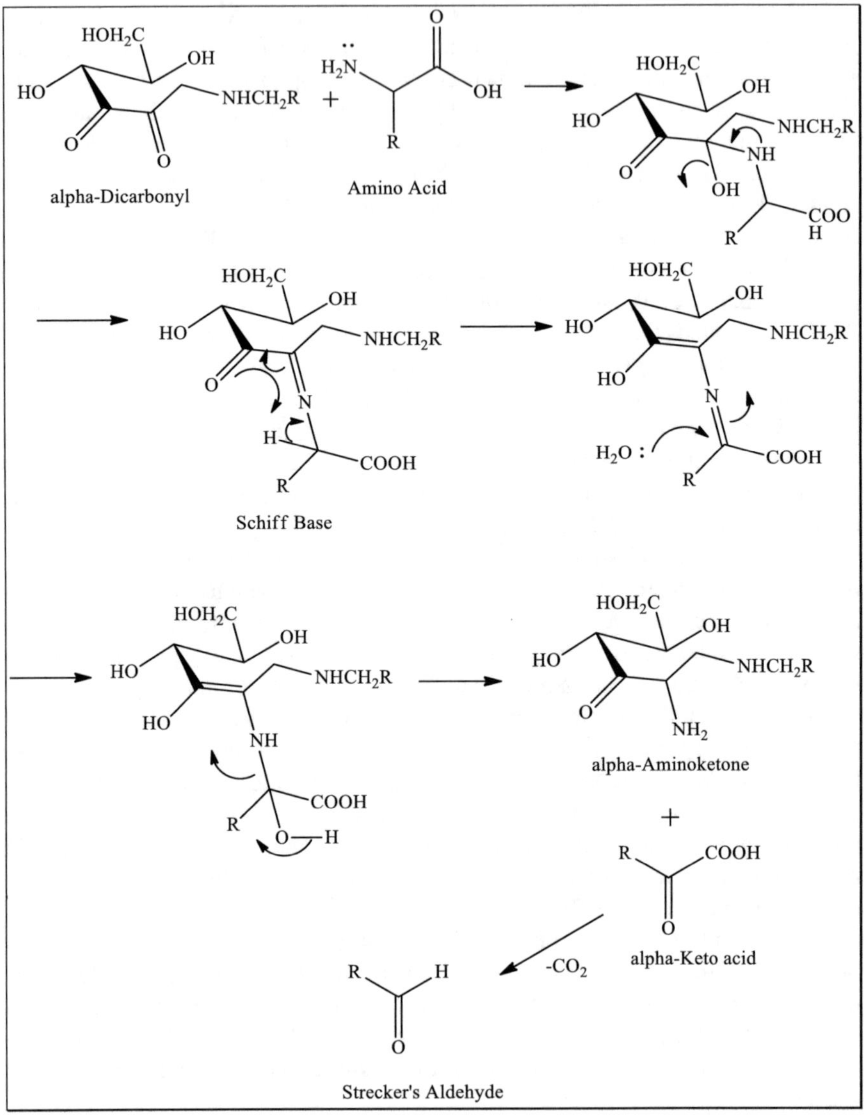

Fig. 5.9 Strecker Degradation Mechanism. Source: Van Ba et al. (2012)

About one hundred furans have been identified in roasted coffee, mainly from the degradation of coffee glycids and characterized by the smell of malt and sweet (Sunarharum et al. 2014; de Maria et al. 1999).

The potential precursors of furan formation in roasted coffee are: sucrose, glucose and linoleic and linolenic acids, these compounds are found in significant amounts in green coffees (Mesias and Morales 2015).

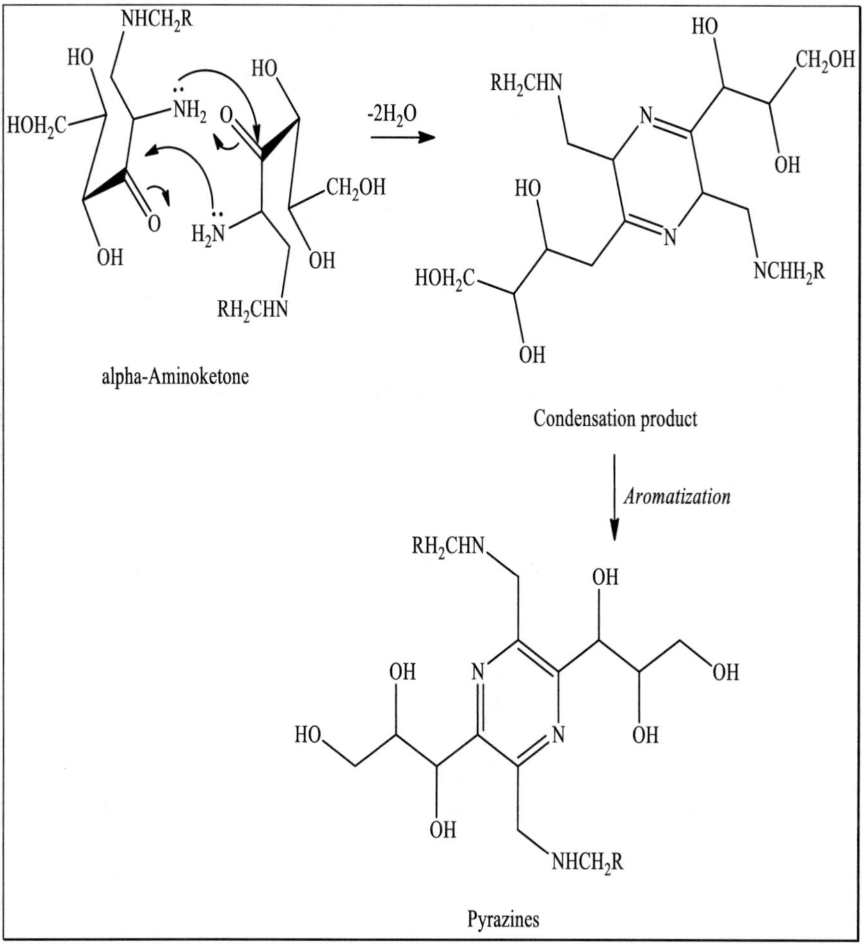

Fig. 5.10 Mechanism of pyrazine formation by the condensation reaction of two α-amino ketone molecules. Source: Nursten (2005)

In a study of the influence of time and temperature during roasting of coffee beans at lower temperatures and longer times, specifically at 140 °C and 20 min, there was a decrease in the final furan content (Altaki et al. 2011). Furans were analyzed in green arabica and robusta coffees produced in Brazil and after toasters in different degrees (light, medium and dark). No furans were detected in green coffees, while in roasted coffees were found in contents of 911 and 5852 μg/kg, the highest furan concentrations were found in darker robust coffees (Arisseto et al. 2011).

The way coffee is brewed influences furan concentration using furan, 2-methylfuran, 3-methylfuran, 2,3-dimethylfuran and 2,5-dimethylfuran, it was

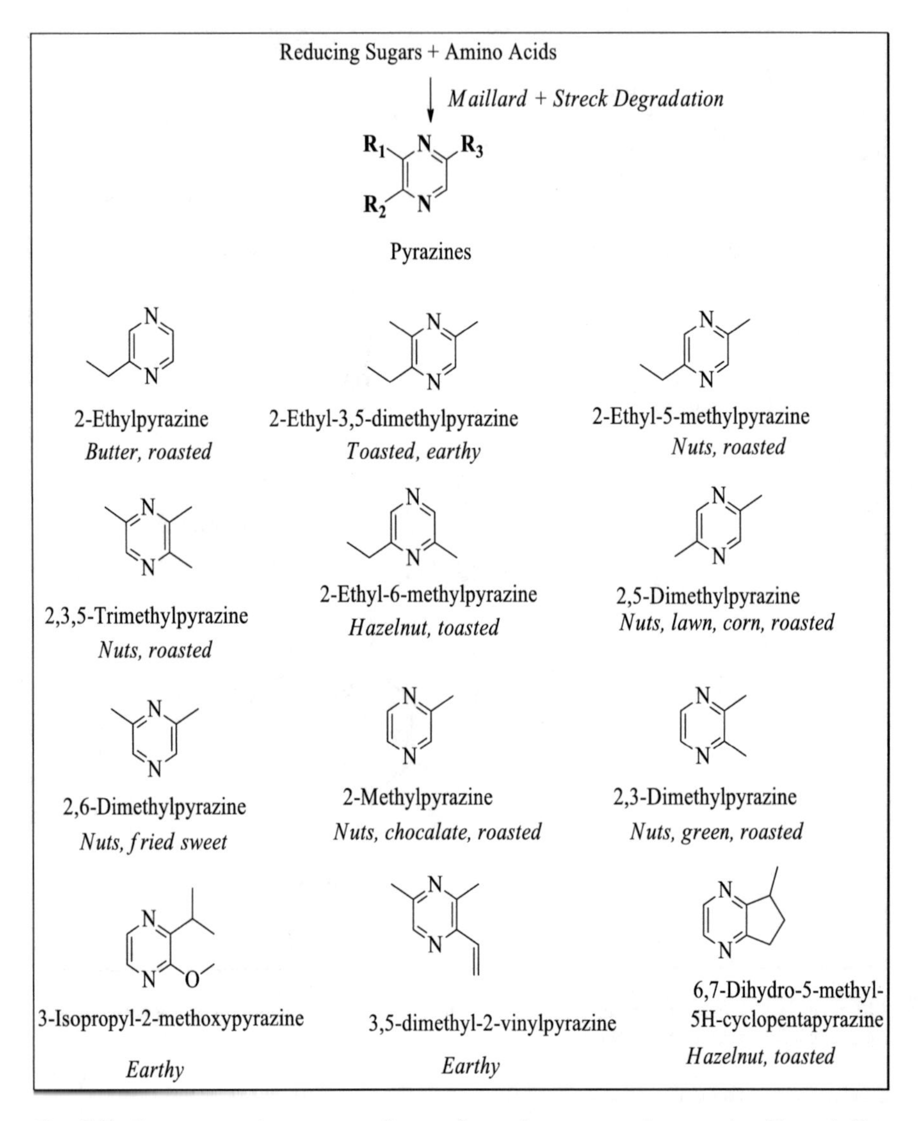

Fig. 5.11 Structures and sensory attributes of pyrazines present in roasted coffee volatiles. Source: Authors

found that coffees prepared using filter paper, fully automatic, capsule machine and instant coffee there were significant differences in the content of these furans.

In instant coffee no detectable levels of furans were found, while coffee obtained from the fully automatic machine had the highest concentrations of the five furans mentioned above. With coffee cooling furan concentrations decreased significantly, with a reduction of 8.0–17.2% on average when coffee reached the temperature in the range of 55–60 °C in ceramic cups (Rahn and Yeretzian 2019).

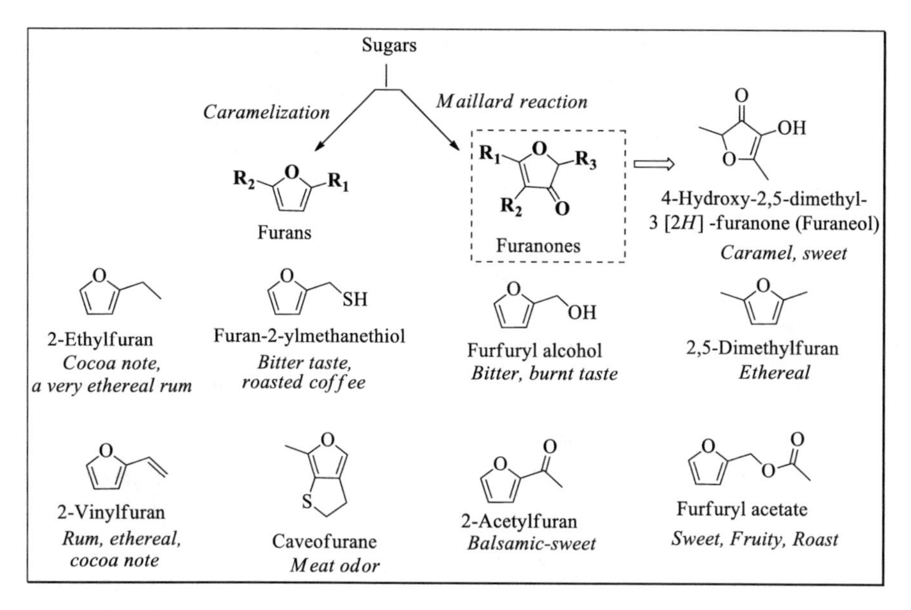

Fig. 5.12 Furan and furaneol structures found in coffee volatiles and their sensory attributes. Source: Authors

Furaneol, which belongs to the furanone class, despite having a caramel and sweet aroma in roasted coffee, this compound is used in the flavoring industry because it has strawberry and pineapple flavor. Its formation occurs via Maillard reaction or non-enzymatic browning (Schwab 2013).

Furan-2-ylmethanethiol is an important component in volatile coffee because it has a characteristic odor of roasted and ground coffee. This compound has been identified in several heat-treated foods such as breads, sesame seeds and meats (Schoenauer and Schieberle 2018). Furans attached to the pyrrol ring may have unwanted coffee odors such as old, green, hay, as shown in Fig. 5.13.

Pyrroles are formed during the Maillard reaction and Streck degradation, and they are closely related to furans, some pyrroles may contribute pleasant and desirable aromas to roasted coffee and others such as alkyl and acetylpyrroles have been considered to have negative odors (Amanpour and Selli 2016). 1-Methylpyrrol is an example of a negative scoring compound and has been found in defective coffee beans (Ribeiro et al. 2012).

The degradation of trigonelline can lead to the formation of pyridine and nicotinic acid. At the beginning of the roasting stage, high concentrations of pyridine are found. (Baggenstoss et al. 2008; Caporaso et al. 2018). Nicotinic acid is formed from trigonelline during the roasting step (Fig. 5.14), the nicotinic acid content depends on the type of roasting.

Pyridines are substances present in roasted coffees, these substances can be generated in addition to thermal degradation of trigonelline, pyrolysis of amino acids, degradation of "Strecker" or via reaction of "Maillard." Pyridine may be considered

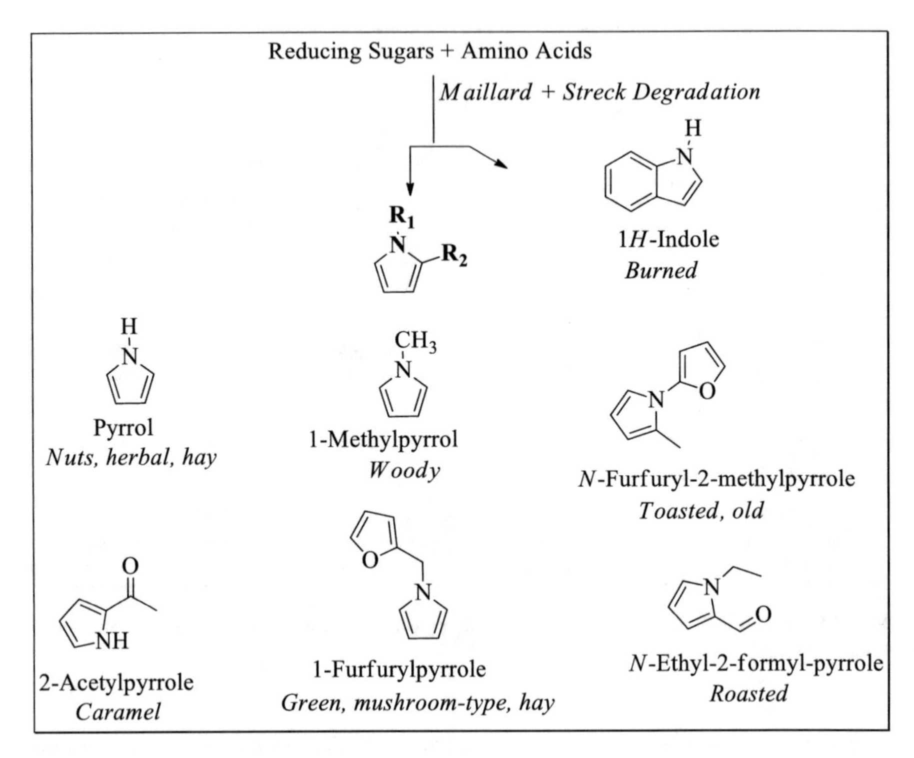

Fig. 5.13 Pyrrol and 1H-indole structures found in coffee volatiles and their sensory attributes. Source: Authors

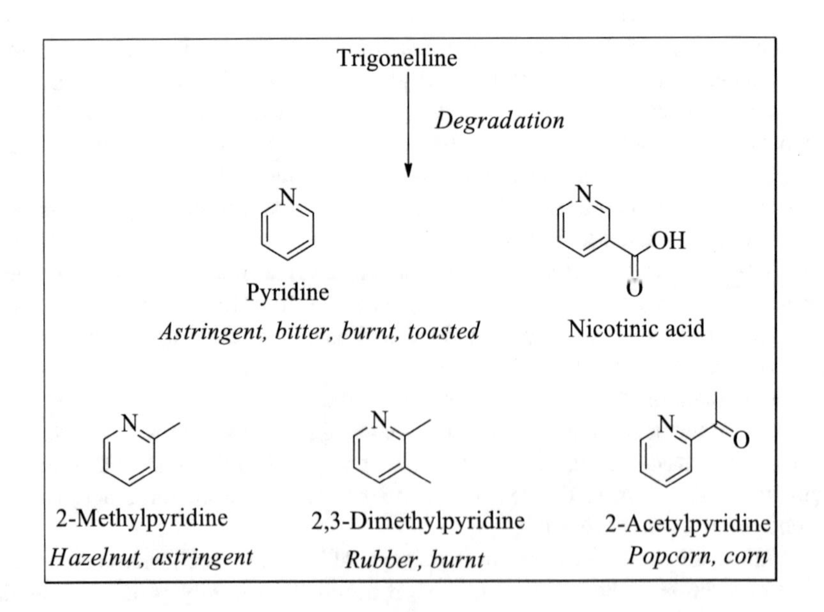

Fig. 5.14 Structure of trigonelline degradation derivatives, pyridine and nicotinic acid. Source: Authors

responsible for the unpleasant odor of old roasted coffee, 2-methylpyridine was responsible for an astringent sensation similar to hazelnut and 2,3-dimethylpyridine for a rubbery and burnt-related odor (de Maria et al. 1999). The 2-acetylpyridine substance may have a corn and popcorn odor, but may also be associated with greasy, dusty and nutty notes in roasted coffees (Amanpour and Selli 2016).

The main pathway for the formation of volatile phenolic compounds in roasted coffees is the degradation of free phenolic acids derived from chlorogenic acids, they are: p-coumaric acid, ferulic, caffeic, chemical, the content of free phenols is small in green coffee beans.

In roasting occurs an increase in the content of phenolic compounds and the formation of these compounds is directly related to the degradation of chlorogenic acids (Fig. 5.15). Phenols found in most roasted coffee are 4-vinyl guaiacol (8–20 mg/kg of roasted coffee), guaiacol (2–3 mg/kg) and phenol (1.2–2.2 mg/kg), in addition to these three components, cresol isomers (o-, m-, p-) are also part of the group of major roasted coffee phenols (Moreira et al. 2000).

According to Arruda et al. (2012), the washed process had the highest volatile phenolic content, followed by fully washed and natural phenols were the third class of major compounds found in roasted coffees (9% on average).

Highlights were 2-methoxy-4-vinylphenol (vanillin) and 4-ethyl-2-methoxyphenol phenols. Guaiacols are the main phenolic representatives of roasted coffee flavor, formed from ferulic acid residues, disruption of lignin structure or decarboxylation of chlorogenic acids, as already mentioned (Arruda et al. 2012).

Other classes of compounds are found in smaller amounts of roasted coffee volatiles, but they also contribute to the aroma of the beverage, such as: carboxylic acids formed from sugar fragmentation, fatty acid degradation or chlorogenic acid (acidic) degradation. Aldehydes and furan (furfural) aldehyde formed by the Maillard reaction and Streck degradation, as already mentioned, as well as α-dicetones, β-damascenone obtained by oxidation of carotenoids and sulfur compounds derived from suffused amino acid reactions (cysteine, cystine and methionine) with reducing and intermediate sugars from the Maillard reaction; Strecker degradation and interactions between intermediate decomposition products (Uekane et al. 2013).

Sensory structures and attributes of compounds of these classes already detected in roasted coffee volatiles were presented in Fig. 5.16.

In green coffee beans they may contain aldehydes and short chain fatty acids that may give the coffee an unpleasant odor and taste. Acetic acid has an unpleasant and pungent odor, propanoic acid has a butter or sour milk odor, butanoic acid has a rancid butter odor, pentanoic acid has an unpleasant fruity aroma, hexadecanoic, heptadecanoic and ocadecanoic acids have a rancid odor (Flament and Bessière-Thomas 2002; Garg 2016).

In roasted coffee, short chain acids may have a cheese, vinegar and foot odor, in low concentrations they do not influence the aroma or the odor of the drink (Moreira and Trugo 2020).

Hexanal can give a rancid taste to coffee and some other aldehydes also derived from the oxidation of polyunsaturated fatty acids, such as linoleic acid, which are abundant in coffee. These compounds showed exponential increases in coffees

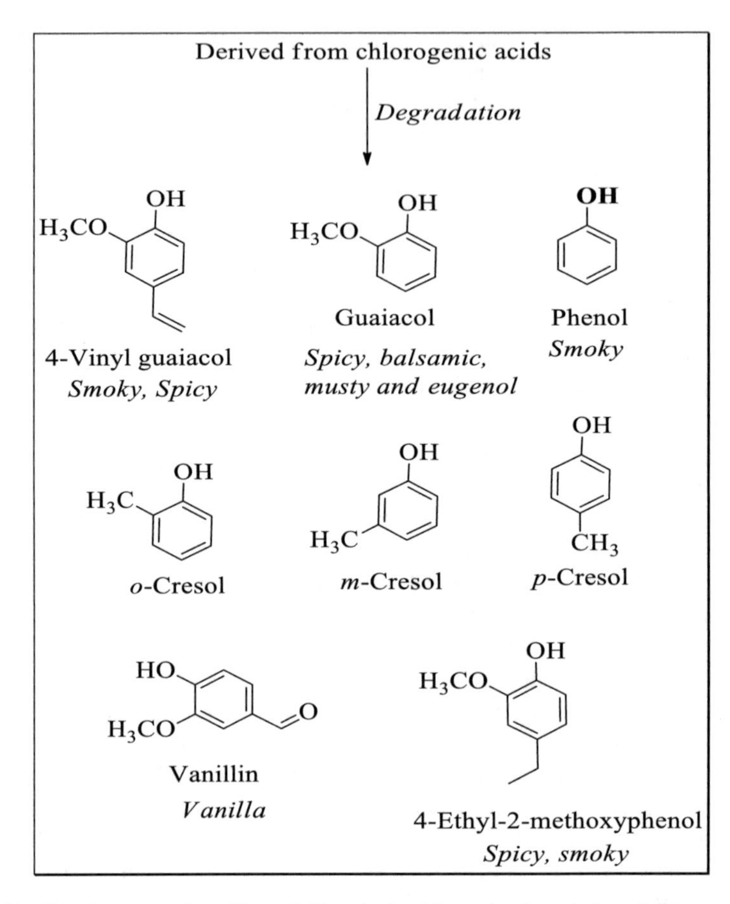

Fig. 5.15 Phenols present in coffee volatiles obtained from the degradation of chlorogenic acid derivatives. Source: Authors

stored under oxidizing atmospheres, and hexanal was suggested as a marker compound for coffee storage (Makri et al. 2011).

The concentration of furfural in the coffee drink depends on the method of preparation, Chaichia et al. (2015) found lower furfural contents after brewing by the boiling method and in the preparation of instant coffee, but its concentration after espresso was found in higher concentration.

The β-damascenone has tea, flower and fruit aroma that roasted robusta arabica, but has low solubility in water and may have no impact on the flavor of the drink (do Nascimento et al. 2007).

Several studies have been conducted in order to find the desired volatile profile for quality coffee, one of the most studied points is the sensory differentiation associated with the chemical composition of arabica and robusta coffee.

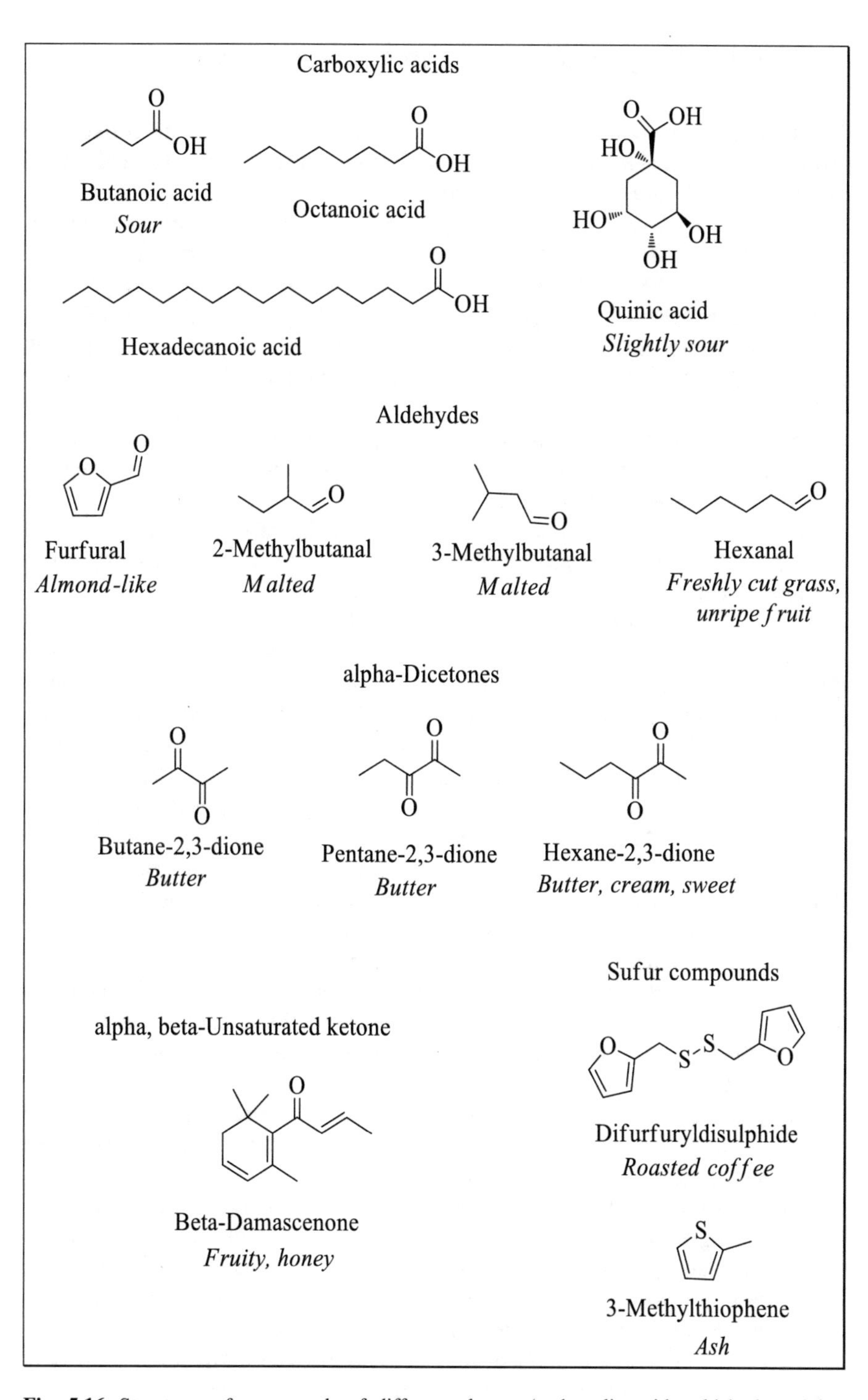

Fig. 5.16 Structures of compounds of different classes (carboxylic acids, aldehydes, alpha-dicetones, alpha, beta-unsaturated ketone and sulfur compounds) and their sensory attributes in roasted coffee. Source: Authors

3 Volatile Compounds of Arabica and Robusta Coffee

Recent discussions about the quality of arabica coffee and robusta coffee have sparked international markets, especially with studies that optimize the final quality of coffee through biotechnological processes.

In this line of thought, robusta coffee presents higher concentrations of pyrazines are found, as for example: pyrazine, ethylpyrazine, 2- and 3-ethyl-2,5-dimethylpyrazine 1-methylpyrazine, 2,6-dimethylpyrazine, 2,5- dimethylpyrazine. Whereas the furfural compounds, 1-(acetyloxy)-2-propanone, 2-acetylfuran, ethyl-6-methylpyrazine propanoate, 2-ethyl-5-methylpyrazine, furanol, 2,3-butanediol, acetoin and 1- hydroxy-2-butanone are found in higher contents in arabica coffees.

Therefore, understanding the volatile composition of both materials that are widely used in the global industry is of utmost importance, therefore, for understanding the final quality of coffee.

Arabica contains higher concentrations of 3-methylbutanal, 2,3-butanedione and 2,3-pentanedione than robusta coffee; and robust may have higher levels of phenols (Caporaso et al. 2018).

Some volatile constituents can be used to discriminate arabica coffee from robusta coffee. Hovell et al. (2010) aiming to discriminate these coffees observed differences between the levels of three phenols (4-ethyl-2-methoxy-phenol, 2-methoxy-phenol and 2-methoxy-4-vinylphenol) already reported in the literature from four of the furans found. in other works (2-acetylfuran, furfuryl acetate, 2-furancarboxaldehyde and 5-methyl-2-furfural), of a terpene alcohol (trans-linalool oxide), an aromatic compound (4-ethenyl-1,2-dimethoxybenzene), pyridine and a fatty acid (hexadecenoic acid).

According to Colzi et al. (2017) found predominantly in arabica coffee 2-acetylfuran, furfuryl alcohol, furfuryl acetate, furan and 2 (5H) -furanone, acetaldehyde and 2-methylbutanoic acid over robusta, all of these desirable flavor compounds such as: notes of sweet fruit, malted, roasted and caramel sweets. In robusta coffee, the compounds with the highest contents were: 1-methylpyrazine, 2-ethenyl-6-methyl-pyrazine, guaiacol and sulfur-containing compounds (methylthiazole, methanethiol and thiazole), these compounds have sensory notes of earth, green and Walnuts.

Thus, large differences in the volatile profiles of arabica and robusta coffees were found, the sweet-roasty and caramel-like attributes predominated in *C. arabica* and the earthy-roasty and spicy attributes in *C. canephora*.

Volatiles were determined for mixtures of arabica and robusta coffee, in the sample containing 80% arabica coffee compounds of various classes were found in greater abundance, such as: alkanes, alkenes, aldehydes, alcohols, acids, ketones, esters, furans, lactones, oxazoles, pyrroles, pyrazines, pyridines, pyranones, thiazoles, thiophenes, sulfur compounds, phenolic compounds, benzene compounds and terpenes, in the sample containing 80% robusta coffee sulfur compounds were found in greater proportions (Sanz et al. 2002).

Sugar roasted coffee, known as Torrefacto[5] coffee is consumed in European countries such as Spain, France and Portugal, so it was used to compare with other aforementioned blends. Higher alkanes, alcohols, ketones, furans, phenolic compounds, pyridines, pyrazines, pyranones and terpenes were found in sample A20: R80 50% Torrefacto compared to the sample containing 80% natural roasted robusta (Sanz et al. 2002).

Kalschne et al. (2018) performed a steam treatment on defective *C. canephora* beans to improve the sensory quality of the coffee and used this vaporized coffee to prepare *C. arbica* blends to determine the volatile profile.

After this vapor treatment there was a change in the volatile composition, the authors found that there was an increase in some constituents, such as benzyl alcohol, acetoin, maltol, 2-furfurylthiol, 5-methylfurfural and 2,6-dimethylpyrazine.

There was a decrease in the contents of other compounds, such as: isovaleric acid, 4-ethylguaiacol, 3-diethyl-5-methylpyrazine, 3-methoxy-3-methylpyrazine, methional and 2,3-diethyl-5-methylpyrazine. A blend of up to 30% of steam treated robust coffee (5 bar/16 min) + 70% consumer acceptable arabica coffee can be obtained.

In this line of reasoning, in order to reduce the differences in flavor between robusta arabica coffee robusta green coffee beans, were pretreated with acetic acid, the coffee samples before and after treatment were analyzed. The robusta coffee submitted to pretreatment had modified levels of pyrazines, furans and sulfur compounds, after sensorial analysis it was confirmed that the robusta coffee drink that had been pretreated with 2% acetic acid had a similar aroma to the one of arabica coffee (Liu et al. 2019).

Another treatment of robusta coffee to improve its sensory acceptance was performed by adding different solutions containing fructose, glucose and sucrose sugars to robusta coffee beans, using concentrations of 0, 3, 6, 9, 12 and 15 g/100 g for 30 min at 100 °C with 2 bar pressure and 1 rpm rotation using a steam retort with four repetitions each. After the treatments, it was observed that there was a significant influence on the volatile composition with changes in the levels of pyrazines, furans, ketones, nitrogenous compounds and organic acid ($p < 0.05$). The most promising treatment was 15 g/100 g of fructose, in which case 80% of robusta treated when mixed with arabica showed no significant differences in aroma when compared to 100% arabica coffee. In addition, robusta-treated fruit coffee presented superior aroma stability than arabica coffee during six weeks of storage (Liu et al. 2019).

In recent years, substantial progress has been made in the scientific field through the introduction of analytical techniques aimed at understanding the precursors of the quality of food products, especially coffee. Differences between the structure of volatile compounds of arabica coffee and robusta coffee have been clearly and objectively described. The scientific progress of the coming decades will certainly

[5]Torrefacto: refers to a particular process of roasting coffee beans, common in Spain, France, Paraguay, Portugal, Mexico, Costa Rica, Uruguay and Argentina.

be concerned with actions aimed at optimizing the processes that can give even more special grades and attributes to the two genetic matrices.

The next chapter introduces the bioactive compounds of coffee, addressing their benefits to human health.

4 Bioactive Coffee Constituents

Coffee has biologically active compounds, which are beneficial to human health, such as chlorogenic acid, trigonelline and caffeine (de Oliveira Fassio et al. 2016).

Chlorogenic acids, in addition to exerting physiological and pharmacological roles as antioxidant activity, also stand out by contributing to the flavor and aroma that characterize the coffee drink. These acids are degraded during the roasting stage, giving rise to the following compounds: caffeic acid, lactones and different phenols through Maillard and Strecker Reactions, resulting in greater bitterness, astringency and aroma (Ayelign and Sabally 2013).

Chlorogenic acids (CGAs) are compounds derived from the esterification reaction between trans-cinnamic acid (caffeic, ferulic or p-coumaric acid) and quinic acid (Fig. 5.17). These acids may be present in red fruits, apples and occur most abundantly in coffee beans.

In the roasting stage, chlorogenic acids are responsible for the formation of phenolic compounds, which can give aroma and flavor to coffee as mentioned above, together with the derivatives of sugars, amino acids and fatty acids (Monteiro and Trugo 2005; Oliveira and Bastos 2011).

The main polyphenols present in coffee are chlorogenic acids, which may vary from 12 to 18% in relation to the dry mass in green coffee. The structures of the main chlorogenic acids found in coffee were presented in Fig. 5.18, these compounds can be grouped into three groups. CQAs (caffeoylquinic acids), the most

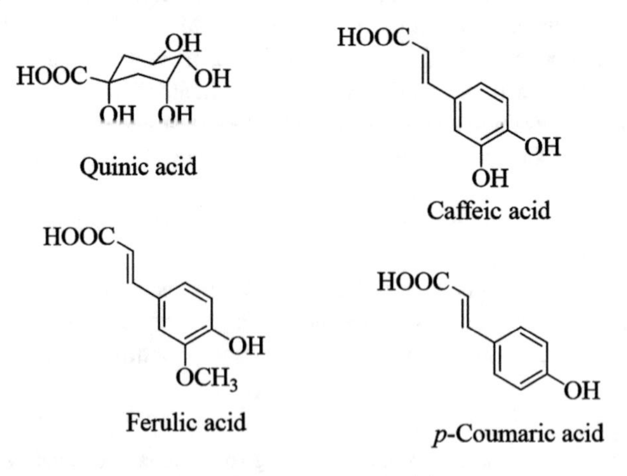

Fig. 5.17 Structures of chlorogenic acid precursors. Source: Authors

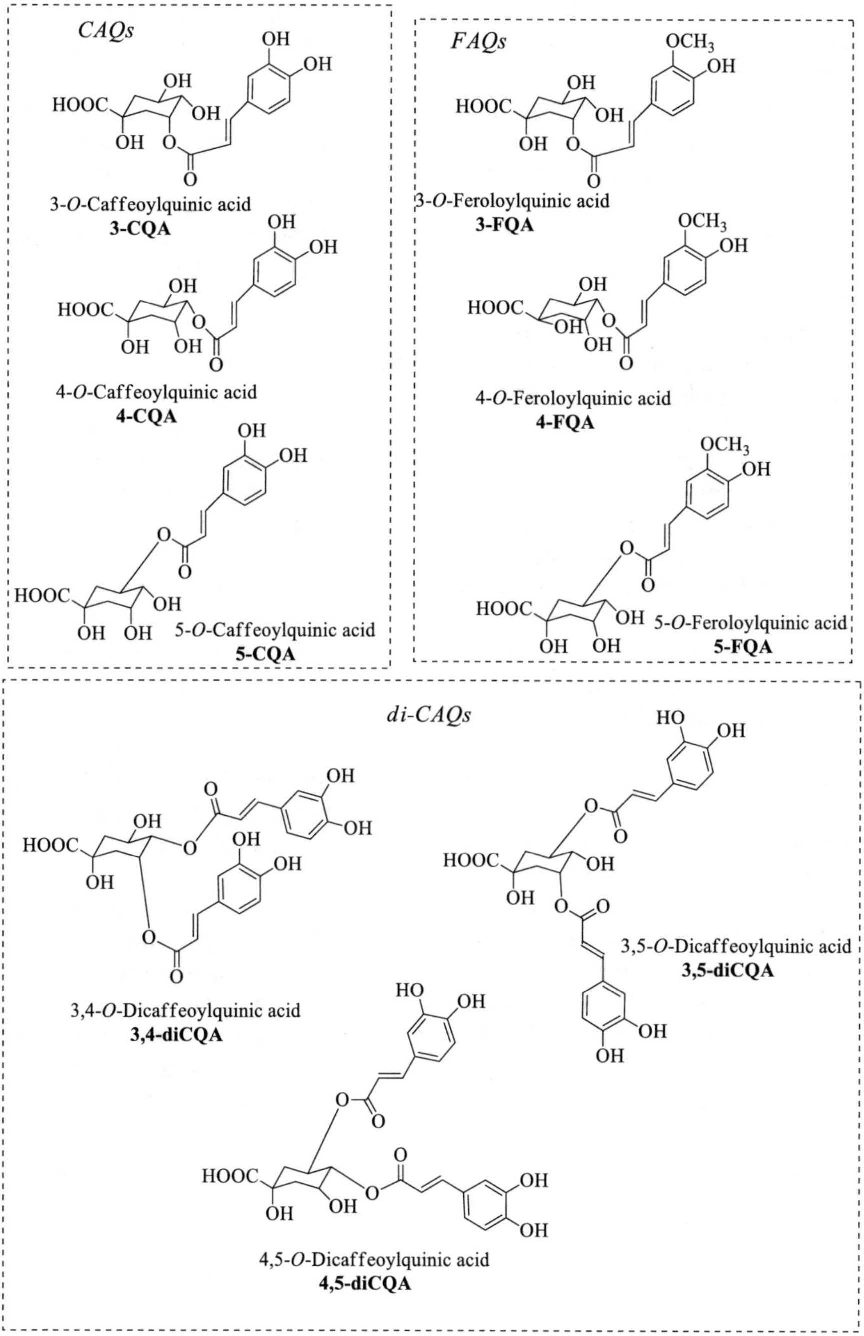

CAQs

3-*O*-Caffeoylquinic acid
3-CQA

4-*O*-Caffeoylquinic acid
4-CQA

5-*O*-Caffeoylquinic acid
5-CQA

FAQs

3-*O*-Feroloylquinic acid
3-FQA

4-*O*-Feroloylquinic acid
4-FQA

5-*O*-Feroloylquinic acid
5-FQA

di-CAQs

3,4-*O*-Dicaffeoylquinic acid
3,4-diCQA

3,5-*O*-Dicaffeoylquinic acid
3,5-diCQA

4,5-*O*-Dicaffeoylquinic acid
4,5-diCQA

Fig. 5.18 Structures of chlorogenic acids that can be found in coffee. Source: Authors

abundant in coffee is 5-O-caffeoylquinic acid (5-CAQ), CQAs (feroloylquinic acids) and di-CQAs (dicafferoylquinic acids) (Clifford and Knight 2004; Ciaramelli et al. 2018).

With roasting, chlorogenic acids can be degraded to lower molar compounds (lactones and phenolic derivatives), can be hydrolyzed or isomerized, contributing significantly to the aroma and taste of the final product and are therefore responsible for the astringency of the product. Drink (Farah and Donangelo 2006).

The levels of 5-CAQ of 3.44–5.61% were found for arabica coffee and 4.42–6.47% for robusta coffee in green beans, após à torra média os valores desse mesmo ácido clorogênico foram de 0.70% e 1.43%, para café arábica e conilon, respectivamente (Toci et al. 2006).

Chlorogenic acids are classified as phenolic compounds, originated from the secondary metabolism of plants, their formation can be influenced by environmental factors and stress conditions (Farah and Donangelo 2006). These polyphenols have important biological activities and therapeutic benefits such as: neuroprotective, nervous system stimulant, antioxity, antimicrobial, antiviral, antipyretic, cardioprotective, anti-obesity, antihypertensive and hepatoprotective (Kwon et al. 2010; Tajik et al. 2017; Naveed et al. 2018).

Trigonelline corresponds to an N-methyl betaine (Fig. 5.19) which may be present in the range of 0.6–1.3% and 0.3–0.9% in green beans of arabica coffee and robusta coffee, respectively (Macrae 1985). During roasting, this substance undergoes demethylation and is responsible for the formation of niacin, also known as vitamin B3, vitamin PP or nicotinic acid (Trugo 2003).

Vitamin B3 is important to humans in maintaining cell health and protecting DNA, can contribute to lower cholesterol levels, helps control diabetes, can prevent diseases such as cataracts, atherosclerosis and Alzheimer. Niacin deficiency can trigger the onset of pellagra, a serious condition that causes darkening of the skin, severe diarrhea and dementia (Zhou et al. 2012; Garg 2016).

In addition to niacin formation, during the roasting process trigonelline can lead to the formation of volatile constituents, such as pyridines and pyrroles, which contribute to the final aroma of the drink (Trugo 1984; Monteiro and Trugo 2005).

The trigonelline content in roasted coffee depends on the roasting step, the more drastic the roasting, the lower trigonelline contents are found in the beverage. In samples of commercial coffees trigonelline contents were found trigonelline contents that ranged from 0.2 to 0.5 g 100 g-1 of roasted coffee (Monteiro and Trugo

O
O⁻
N+
CH_3

Fig. 5.19 Structure of trigonelline. Source: Authors

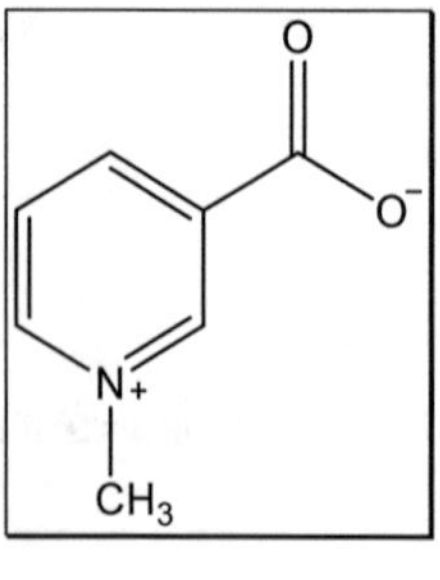

2005). Despite the low concentration of trigonelline in roasted coffees, in some studies it was observed that better quality coffees had higher trigonelline contents (Farah and Donangelo 2006; Alves et al. 2007).

Trigonelline has a low toxicity compared to caffeine, acting mainly on the central nervous system, bile secretion and intestine (Saldaña et al. 1997).

Among known flavor precursors, trigonelline manifests itself after coffee roasting and is responsible for flavor formation, such as pyridine, alkyl pyridines, furans (Ky et al. 2001; Campa et al. 2004). For Clifford and Willson (1985), trigonelline does not contribute to the bitterness present in the coffee drink. Alves et al. (2007) understand that due to the large variation of trigonelline, and the lack of stability during roasting, it contributes to the bitter taste and the formation of aromatic compounds due to pyrazines, pyridines and derivatives.

Caffeine (Fig. 5.20) is an alkaloid present in a range of beverages (teas, coffees, sodas, etc.) and it acts on the human body primarily as a stimulant of the central nervous system and diuretic. Caffeine is free in the cytoplasm in a complex way as potassium chlorogenate, which is poorly soluble and therefore finds some mobility between tissues (Macrae 1985; Farah and Donangelo 2006; McLellan et al. 2016). The main action of caffeine in the human body is characterized by diuretic property. In addition, it excites the central nervous system, acts on the circular muscular system, especially the cardiac muscle. In small doses, it reduces fatigue (Saldaña et al. 1997).

The average caffeine content found in *C. canephora* is around 2.20%, almost double the value found for *C. arabica*, which has an average of 1.20% of this substance (Martinez et al. 2014). During the roasting stage, caffeine is very stable, although it is an odorless substance, has bitterness and may contribute to this sensory characteristic in coffee drink (Monteiro and Trugo 2005).

Among the various compounds it is known that sucrose, caffeine and trigonelline are genetically controlled (Scholz et al. 2013). Several components of coffee, including caffeine, potassium and phenols, have been responsible for the reduction in weight gain, but the causative agents and their mechanisms of action have never been clearly identified (Shin et al. 2010; Ludwig et al. 2014).

In this perspective, chlorogenic acids (CGA), caffeine and trigonelline have been the subject of investigations in view of their potentially positive biological effects in humans (Duarte et al. 2010).

Fig. 5.20 Structure of caffeine. Source: Authors

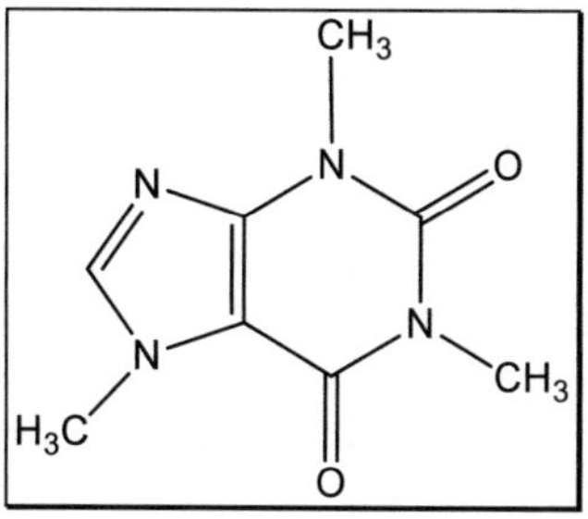

According to Flores et al. (2000), recent epidemiological studies have found a possible association of the benefit of moderate daily coffee intake with a lower incidence of cirrhosis and suicide among adults, as well as a significantly lower incidence of Parkinson's disease.

5 Coffee Acidity and Its Impact on Quality

Coffee acidity in sensory analysis is a very important attribute. In terms of quality, the increase in acidity may be associated with lower (Lima Filho et al. 2013) or higher (Agnoletti 2015).

A well-balanced acidity that interacts with a fruity, aromatic note, rounded by a slight almond aroma, often, it is considered as an important feature of a good coffee (Gloess et al. 2018).

The acidity in coffee has been the subject of several scientific controversies. For Mazzafera (1999), low quality coffee is associated with high acidity, mainly due to harmful fermentation. Franca et al. (2005) suggest that there is a tendency that when acidity increases, coffee quality decreases.

Muschler (2001) showed that shading increased the acidity and sucrose content of arabica coffee, both important ingredients of organoleptic evaluations, generating finer coffees. The results of Bosselmann et al. (2009) point out that acidity, body and sweetness are negatively influenced by the shade coverage in arabica coffee.

The pH of the aqueous extract of coffee is used to specify its perceived acidity, being determined from the hydrogen ion concentration, which is related to the degree of ionization or dissociation of a certain acid present in an acidic aqueous solution or the acid mixture. In coffee, non-volatile organic acids such as citric, malic, oxalic tartaric, and pyruvic acids (Fig. 5.21) can be found (Woodman 1985; Jham et al. 2002). Volatile acids such as acetic, propionic, butyric, and pentanoic (valeric) (Fig. 5.21) may also be present in coffee, these acids may be produced by endogenous routes and/or undesirable fermentations (Martinez et al. 2014).

According to Sivetz and Desrosier (1979) pH variations are extremely important in consumer acceptance of the product and the authors indicate that the ideal pH is from 4.95 to 5.20 to make the coffee palatable.

In addition, acidity may indicate possible changes or deteriorations in coffee beans caused by unwanted fermentations during pre or post-harvest, giving rise to undesirable compounds with an unpleasant taste, resulting in a reduction in pH and a lower quality beverage (de Siqueira and de Abreu 2006).

With increased acidity, Carvalho et al. (1994) observed a decrease in quality when evaluating coffees classified as strictly soft, soft, only soft, hard, riada and rio. In another study, they found higher acidity in rio coffee when compared to better quality coffees (Pinto et al. 2001). However, Pádua et al. (2001) did not observe significant difference when evaluating the acidity of soft drink coffee and rio drink, verifying only difference for samples of hard drink coffee and robusta coffee.

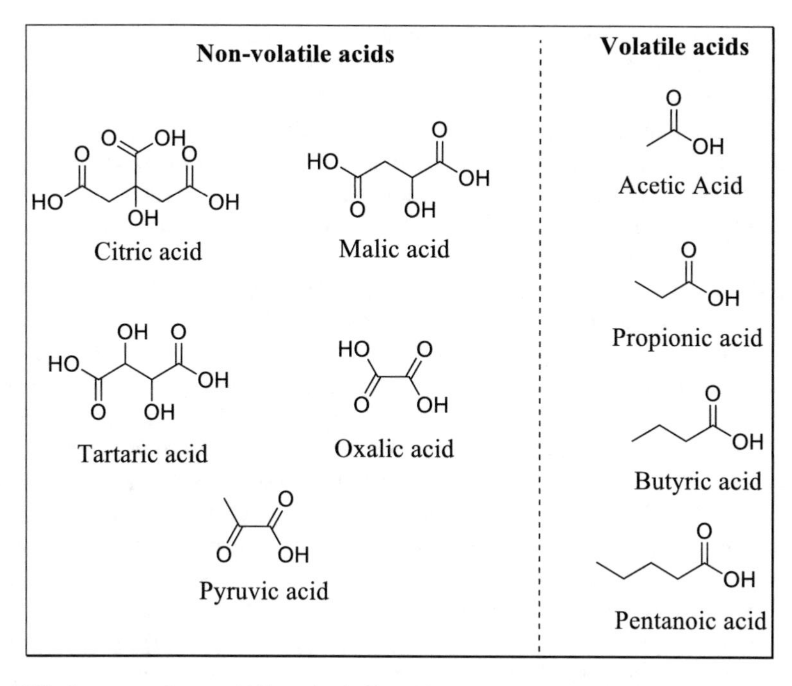

Fig. 5.21 Structure of non-volatile and volatile acids present in coffee. Source: Authors

The pH value = 5.25 was found for the espresso drink from natural coffee beans and pH = 5.31 from husked coffee beans, statistically equal values ($p > 0.05$). In blends of arabica and robusta coffee it was observed that with increasing concentration of conilon there was an increase in pH in the blend, because arabica coffee presents higher acidity than robusta coffee (Lima Filho et al. 2015).

The chemical composition and contents of some acids may influence the taste of the drink, which makes the issue more complex and surrounded by questions. According to Martinez et al. (2014) the acidity resulting from citric and malic acids confer desirable acidity to coffee quality, while acidity resulting from acetic, lactic, propionic and butyric acids produce undesirable effects on coffee quality.

Arabica coffee is more valued and is recognized for the acid taste characteristic of its drink compared to robusta coffee, Rogers et al. (1999) found higher concentrations of citric and malic acid in arabica coffee than in robusta coffee.

6 Environmental and Processing Influence on Chemical Composition of Coffee

One of the factors that can influence coffee quality is the place of cultivation. At higher altitudes, the coffee tree may have greater accumulation of photoassimilates in its leaves and fruits (Laviola et al. 2007). Altitude influences temperature and rainfall; at every 180 m altitude, the temperature decreases around 1 °C and these regions present more rainfall (Fritzsons et al. 2008).

Coffee grown in higher altitude regions has slower maturation, so there may be greater accumulation of sugars in the beans. Recently, Zaidan et al. (2017) evaluated the effects of altitude (range 600–1200 m), mountain slope orientation and varieties of *Coffea arabica* ('red catuaí' and 'yellow catuaí'). The samples were sensorially analyzed and the environmental factors and the variety had an influence on the coffee quality of the region.

In another study, Arabica coffee of the Catuaí variety (red and yellow) grown in the same region (Matas de Minas) at different altitude ranges (below 700 m, 700–825 m and 825–950 m), taking into account crop exposure slopes (north and south) were sensorially analyzed. The mature coffee (cherry) fruits of the yellow Catuaí variety cultivated at higher altitudes after processing were tasted and presented better sensory quality. All factors together contributed to the quality of the drink. Altitude was the factor that most affected the results and the northward orientation contributed to obtain better quality coffee (de Souza Silveira et al. 2016).

Lima Filho et al. (2013) performed the physicochemical and sensory characterization of robusta coffee submitted to three types of processing: dry, wet without fermentation or wet with fermentation. Only cherry grains were used in the processing and all samples presented excellent quality drink patterns. Thus, by using the most economically viable (dry) processing from cherry robusta coffee, unwanted fermentations can be minimized and a quality beverage can be obtained.

According to Pereira et al. (2018) the fruits of the coffee when being processed allow the emergence of a spontaneous or wild fermentation. The sugars and pectins present in the mucilage allow the growth of microorganisms, especially bacteria and yeasts. This fact may have influenced positively the fermentation with water for the experiment located in the South-Southeast and influenced it negatively in the experiment located in the East.

If the environment affects the final quality, consequently, both wet and dry processing significantly influencing the microbial community structures and hence the composition of the final green coffee beans. This systematic approach researches the coffee ecosystem contributes to a deeper understanding of coffee processing and could constitute a state-of-the-art framework for the further analysis and subsequent control of this complex biotechnological process (de Bruyn et al. 2017).

While, on the one hand, many studies assess the impact of edaphoclimatic conditions on coffee quality, few scientific studies analyze the influence of altitude on robusta coffee quality. According to Sturm et al. (2010), to investigate the relationship between altitude and quality of *C. canephora*, used crops with different genotypes of this species, in order to avoid interactions of genotypes with specific environments. The crops are located in the state of Espírito Santo. In this study coffee samples were used from seven planting seasons at different altitudes: below 250 m, 250–500 m and above 500 m. Based on sensory analysis and statistical analysis, there was influence of altitude on the quality of robusta coffee drink, the higher the altitude, the higher quality.

Indicating possibly that robusta coffee may migrate in the near future to areas that are not conducive to arabica coffee production due to weather conditions.

Shading is another factor that can influence the productivity and quality of coffee beans. In Brazil, there is a culture of planting coffee in full sun, especially in the case of *C. canephora*. In other Latin American countries, including Colombia, Costa Rica, Ecuador, and Guatemala, cultivation of C. arabica using shading is a traditional technique for producing specialty coffees (Jaramillo-Botero et al. 2006).

Some studies have been performed in Brazil to verify the viability of coffee being grown in shaded environments. Dandengo et al. (2014) evaluated shading levels on growth and quality of *C. canephora* seedlings and found that seedlings under shaded conditions presented higher growth and better quality than those kept under full sun. In another work, *C. canephora* was cultivated in association with *Gliricidia sepium* and *Erythrina poeppigiana* (arboreal legumes) and a system was cultivated in full sun. In this case, shading provided reduction of soil temperatures, leaf and minimized thermal amplitude (Ricci et al. 2013).

Coffee quality depends on a number of factors; however, it is the chemical constituents that directly influence the taste and aroma of the beverage. The chemical composition of grains may be influenced by environmental factors, crop treatment and processing, but the particular contributing factor in this composition is genetic. The species of *C. arabica* and *C. canephora*, as well as other species of *Coffea* present different levels in relation to the levels of: caffeine, trigonelline, chlorogenic acids and sucrose.

Table 5.2 presents some percentage values found in the chemical constituents of 100 g^{-1} on dry basis in raw coffee beans of commercial varieties: *Coffea arabica* and *Coffea canephora*. Percentages of chemical constituents of non-commercial varieties such as *Cofeea eugenioides, Coffea liberica, Coffea congensis, Coffea kapakata* and *Coffea racemosa* were also presented.

Regarding caffeine levels, different values are found in *Coffea arabica* (1.2%) and *Coffea canephora* (2.2%). While *Coffea canephora* and *Coffea congensis* have similar caffeine contents, the species *Coffea kapakata* and *Coffea racemosa* have similar levels of caffeine to that described for *Coffea arabica* (Table 5.2).

Among the values found for total chlorogenic acids, the highest values are reported in *Coffea canephora*. As for sugar content, sucrose is found twice in *Coffea arabica* compared to *Coffea canephora*, however higher values of reducing sugars are described for *Coffea canephora*. Lignins, lectins and proteins are found in similar levels, with trigonelline being higher in *Coffea kapakata* and *Cofeea eugenioides* (Martinez et al. 2014).

Robusta coffee has higher caffeine and chlorogenic acid contents than arabica coffee, which may contribute to the astringency of the drink. Arabica coffee (*C. arabica*) has a smoother and sweeter beverage, for this reason it has greater consumer acceptance and the average sucrose content in beans is almost double that of robusta coffee (*C. canephora*). However, within the species itself chemical composition and sensory properties may vary, indicating that genetic improvement strategies may contribute to beverage quality gains (Martinez et al. 2014).

Table 5.2 Chemical constituents (g 100 g^{-1} on dry basis) in raw coffee beans

Components	*Coffea canephora*	*Coffea arabica*	*Cofeea eugenioides*	*Coffea liberica*	*Coffea congensis*	*Coffea kapakata*	*Coffea racemosa*
Lipids	10.0	16.0	16.7	13.7	10.7	16.0	11.3
Acids	–	–	–	–	–	–	–
Total chlorogenic	10.0	6.5	4.8	3.3	4.9	4.1	4.4
Aliphatic	1.0	1.0	–	–	–	–	–
Quinic	0.4	0.4	–	–	–	–	–
Caffeine	2.2	1.2	0.93	0.5	2.0	1.1	1.3
Trigonelline	0.7	1.0	1.9	0.5	1.3	2.1	1.3
Ashes (41% K)	4.4	4.2	–	–	–	–	–
Polysaccharides	48.0	44.0	–	–	–	–	–
Sugars	–	–	–	–	–	–	–
Sucrose	4.0	8.0	–	–	–	–	–
Reducers	0.4	0.1	–	–	–	–	–
Amino acids	0.8	0.5	–	–	–	–	–
Lignin	3.0	3.0	–	–	–	–	–
Pectin	2.0	2.0	–	–	–	–	–
Protein	11.0	11.0	–	–	–	–	–

Source: Adapted from Martinez et al. (2014)

In addition to environmental factors, it is known that postharvest condition is one of the determinants of coffee quality at this stage, studies such as Borém et al. (2008) observed that the drying time of coffee is affected by the different types of drying and processing. In this line of reasoning, according to Pinheiro et al. (2012) better quality parameters of robusta coffee were observed for dried coffee samples in suspended cement yard covered with clear plastic tarpaulin (covered yard) when compared to mechanical dryer dried samples.

For these samples, lower values of electrical conductivity, potassium leaching, total titratable acidity and higher levels of reducing sugars were found. Higher grease acidity values were observed for the dried samples in sun dried (common and greenhouse).

The aromas of raw and roasted coffee are very different, raw coffee has about 250 different volatile compounds, while roasted coffee can have over 800 of these components. These volatile compounds of roasted coffee are formed during the roasting stage by several reactions, as mentioned above, being the Maillard Reactions, where the reducing sugars condense with amino acids, responsible for the formation of melanoidins that give dark color to the grains coffee (Nijssen et al. 1996). Table 5.3 shows the main classes of volatile compounds present in roasted coffee.

Table 5.3 Main classes of volatile compounds present in coffee

Compound class	Number
Hydrocarbons	80
Alcohols	24
Aldehydes	37
Ketones	85
Carboxylic acids	28
Esters	33
Pyrazines	86
Pyrroles	66
Pyridines	20
Other bases (quinoxalines, indols)	52
Sulfur compounds	100
Furans	126
Phenolic compounds	49
Oxazols	35
Others	20
	Total = 841

Source: Nijssen et al. (1996)

7 Chromatography Applied to the Analysis of the Chemical Composition of Coffee

The determination of the chemical composition of coffee is of great importance, both in relation to obtaining parameters to correlate with its quality of drink and also being a food product.

Coffee is considered a functional food, and quantifying and analyzing its chemical constituents and antioxidant properties is not only a matter of academic interest, but also important information to be obtained and passed on to consumers of the beverage. Thus, volatile and nonvolatile coffee compounds have been analyzed and quantified by chromatographic techniques (Monteiro and Trugo 2005; Vignoli et al. 2014; Yashin et al. 2017).

Chromatography is a physicochemical method used in the separation of components of a mixture through the distribution of these components in two phases, which are in close contact (mobile phase and stationary phase). Components that are strongly held by the stationary phase move slowly with the flow of the mobile phase. Meanwhile, components that interact weakly with the stationary phase move faster. As a consequence of these differentiated migrations, the various components of the mixture separate into discrete bands and can be analyzed qualitatively or quantitatively (Collins et al. 2006; Lanças 2009).

Chromatography comes from Greek (chroma, color and grafein, spelling). At the beginning of the twentieth century, the technique was created by Mikhail S. Tswett (Russian botanist) who studied leaf pigments extracted from plants using a glass column containing carbonate. Calcium ($CaCO_3$) and the solvent used was petroleum ether. From column chromatography, chromatographic techniques have evolved and currently there are different chromatographic techniques coupled to various detectors that are used according to the nature of the analysis. The choice of the appropriate technique depends on the chemical nature and complexity of the mixture that will be fractionated (Collins et al. 2006; Pacheco et al. 2015).

Modern chromatographs feature automation, modern columns filled with thin films containing stationary phase, sensitive and selective detectors. The gas chromatograph (GC) which has an inert gas as a mobile phase is composed of: injector, column (micrometer thickness), which is in a heating oven (temperature controlled), detector (DIC or FID, MS, MS/MS), the data are recorded and analyzed on the computer, generating the chromatogram. The high-performance liquid chromatograph is composed of an injector, solvent pump, mixer and the most modern ones have degasser, detector (UV, fluorescence, DAD, MS, MS/MS), the data are recorded and analyzed in the computer, generating the chromatogram (Pacheco et al. 2015).

Columns and detectors are used depending on the nature of the analytes. Analytical methods are created by varying the chromatographic conditions to optimize the run, in order to obtain better separation, resolution, shorter analysis time, linearity, selectivity and repeatability (Collins et al. 2006; Pacheco et al. 2015).

The non-volatile constituents, which are thermosensitive, are generally analyzed by high performance liquid chromatography (liquid mobile phase, interacting with the analyte) and the volatile constituents by gas chromatography (inert gas, used as the mobile phase), in which case the samples are injected at high temperatures into the equipment. Chromatography can be used to identify compounds by comparison with previously existing standards; for the purification of compounds by separating undesirable substances; and for the separation of the components of a mixture (Collins et al. 2006; Lanças 2009; Pacheco et al. 2015).

The use of chromatographic techniques to determine the chemical composition of coffee began in the 1980s. Trugo (1984) performed an analysis of nonvolatile constituents (chlorogenic acids) by high performance liquid chromatography coupled with sequential mass spectrometry (HPLC-MS) in coffee samples.

From this work, HPLC analyzes have been used to quantify important constituents of coffees, such as: chlorogenic acids (Clifford 2000; Farah et al. 2005; Pyrzynska and Sentkowska 2015), caffeine (Casal et al. 2000; Shrestha et al. 2016), trigonelline (Casal et al. 2000; Monteiro and Trugo 2005; Vignoli et al. 2014), sugars (Pauli et al. 2011), amino acids (Arnold et al. 1994; Murkovic and Derler 2006), organic acids (Jham et al. 2002) and others.

The volatile constituents of coffee have been analyzed by gas chromatography (GC) and mass spectrometry-coupled gas chromatography (GC-MS). This analysis is of great importance because these low molecular weight compounds are mainly responsible for the aroma and taste of coffee. In addition, the Solid Phase Micro Extraction (SPME) and GC-MS-coupled technique has been used in the analysis of coffee volatiles, having as main advantages: the high sensitivity in the analysis and because it is free from organic solvents (Petisca et al. 2015; Várvölgyi et al. 2015; Bressanello et al. 2017).

Gas chromatography is one of the most useful instrumental tools for separating and analyzing organic compounds that can be vaporized without decomposition. The relative amounts of the components in a mixture can also be determined. In some cases, gas chromatography can be used to identify and quantify various compounds (Collins et al. 2006; Pavia and Engel 1998).

Solid phase microextraction (SPME) is a technique used in miniaturized sample preparation (extraction of organic constituents), without using solvents, for chromatographic or spectrometric analysis. In this technique, analytes are extracted in gas or liquid phase by adsorption or absorption using a thin polymer coating fixed to the solid surface of a fiber, inside an injection needle or inside a capillary (Pragst 2007).

The steps used for SPME analysis are shown in Fig. 5.22. A known amount of sample (liquid or solid) is placed inside a vial (glass vial) (I), in which case it is sealed by a rubber septum contained within of a thread; This vial is heated inside an incubator (II) at the desired temperature and then the fiber is placed inside the vial and exposed only after this step (III).

The fiber may contact the sample by immersion, which is the method used for the analysis of urine, pesticides or semi-volatile substances or the headspace mode (HS-SPME) may be used where the fiber does not contact the sample and adsorbs only the volatiles released by the sample at a given temperature and extraction time (Pragst 2007).

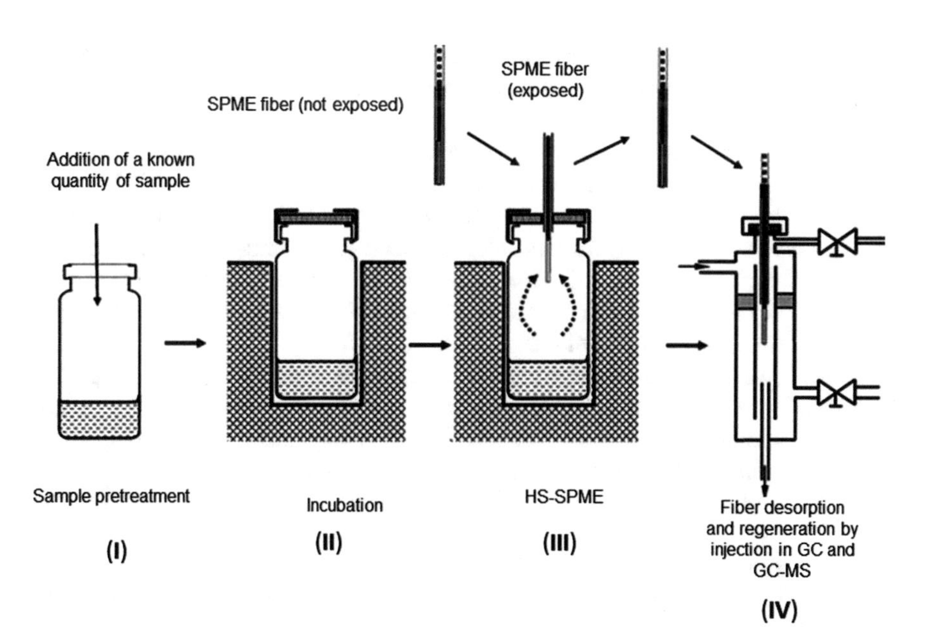

Fig. 5.22 Steps used in SPME volatile analysis by headspace mode (HS-SPME). Source: Pragst (2007) (with modifications)

After this step, the fiber is placed inside the gas chromatograph injector and the volatile constituents are desorbed and injected directly into the column (IV). Using suitable chromatographic conditions, the compounds may be separated and when the analysis is performed by the combination SPME-GC-MS, mass spectra are obtained, which allow the identification of the compounds by comparison with those in the library and or by performing the calculations of retention rate or pattern injections to corroborate the information.

Analyzes of volatile constituents of coffee are generally performed by the HS-SPME technique combined with CG-MS (Budryn et al. 2011; Caprioli et al. 2012; Bressanello et al. 2017) more than 800 volatile compounds in roasted coffee (Kim et al. 2018).

Thus, chromatographic techniques have been of great importance in the studies of the chemical composition of coffee non-volatile (HPLC) and volatile constituents (GC, GC-MS and combination of HS-SPME-GC-MS).

GC is the first analytical method for the separation of volatile compounds. It combines analysis speed, resolution, ease of operation, excellent quantitative results and moderate costs. Requires only micrograms of sample, but provides data for the qualitative identification of unknown compounds (structure, elemental composition and molecular weight) as well as their quantification (Pragst 2007).

The taste and distinctive sensory qualities of coffee vary greatly around the world, due to the influences of genetic strain, geographical location, unique climates, different agricultural practices and variations in the processing method applied, with aroma or odor arguably the component. Most important coffee flavor (Sunarharum et al. 2014).

Volatile compounds are responsible for the characteristic aroma of the beverage and are produced during roasting of green coffee, but they are generally degraded in the roasting process by the Maillard reaction. Therefore, the characteristic volatile compounds of roasted coffee are not normally present in the original matrix, but they are produced during the technological process (de Maria et al. 1999). This aroma will be formed by an extremely complex mixture of numerous volatile compounds that have different qualities, intensities and concentrations. Thus, the contribution of each of these volatile compounds to the final aroma of coffee is quite varied, and there may still be synergistic and antagonistic interactions between these different compounds (Moreira and Trugo 2020).

Volatile coffee compounds comprise various chemical classes that have been identified in roasted beans: furans, pyrazines, ketones, alcohols, aldehydes, esters, pyrroles, thiophenes, sulfur compounds, benzene compounds, phenol compounds, phenols, pyridines, thiazoles, oxazoles, lactones, alkanes, alkenes and acids, such as other bases (e.g. quinoxalines and indoles), furanones, among others (Sunarharum et al. 2014).

For Czerny et al. (1999), the coffee flavor profile is mainly caused by 2-furfurylthiol, 4-vinylguaiacol, various alky pyrazines, furanones, acetaldehyde, propanal and the aldehydes from Strecker degradation through the formation of CO_2, and many aldehydes are important substances that add flavor and aroma to coffee.

Furans and pyranes are heterocyclic compounds found in large quantities in roasted coffee and include functions such as aldehydes, ketones, esters, alcohols, ethers, acids and thiols. Quantitatively, the first two classes of coffee volatiles are furans and pyrazines, while qualitatively sulfur-containing compounds along with pyrazines are considered the most significant for coffee flavor (Czerny et al. 1999). About one hundred furans have already been identified in roasted coffee, mainly due to the degradation of glycids present in coffee and characterized by the smell of malt and sweet (Sunarharum et al. 2014; de Maria et al. 1999).

Pyrazines are in an abundant class of compounds present in coffee, with low concentrations that often determine the sensory threshold for coffee flavor (Sunarharum et al. 2014). They are derived from the product generated by the Maillard reaction (Moon and Shibamoto 2009). This compound can be explained by protein degradation through heat and amino acid residues that participate in the Maillard reaction and contribute to the formation of nitrogen-containing compounds, generating the characteristic caramel aroma (Hwang et al. 2012).

Pyridines are described in coffees with roasting intensities and form from the Maillard reaction between an amino acid and a sugar. Notably, the literature argues that in roasted coffee beans under high intensities, pyridines intensify (Moon and Shibamoto 2009) and contribute to the smoky aroma (Flament 2001; Ludwig et al. 2014).

Ketones of low molecular weight are abundant and, like aldehydes, decrease during storage of roasted coffee. These substances have widely varying sensory properties. Propanone has a fruit odor, but butane-2,3-dione has a butter-like aroma. Cyclic ketones, such as 3-hydroxy-2-methyl-4H-pyran-4-one (maltol) and cyclotene, present odors that may be associated with burnt sugar. β-damascenone has a tea and fruit aroma and is considered one of the impact substances for the final coffee aroma (de Maria et al. 1999). Also, as a product of the Maillard reaction, aldehydes and esters are responsible for fruity flavors and maltose notes in coffee, while diketones contribute to the butter aroma (Ludwig et al. 2014).

Furfural and its derivative, furfuryl alcohol are known to form from monosaccharides, and their flavor characteristics are known to be sweet, sweet breadlike, and caramelized (Hwang et al. 2012). Alcohol is generated by yeast through a metabolite process that reacts with fatty acids to form esters that give the product a tasty odor (Zhang et al. 2014).

Phenolic compounds are formed by the degradation of chlorogenic acids, which are present in large concentrations in green coffee beans (Hwang et al. 2012). Phenol is one of the most volatile in coffee, its degradation route may suffer many interferences, and may generate different volatiles that may or may not be associated with quality, results that may be due to the formation of different precursors (Moon and Shibamoto 2009).

Alkenes or alkenes are hydrocarbons responsible for the formation of aromatic rings in coffee. The relative abundance of alkene aromatic hydrocarbons increases with roasting temperature (Fisher et al. 2015) and its derivatives are associated with coffee aroma.

Coffee plants contain two different types of alkaloids delivered from nucleotides. One type are purine alkaloids such as caffeine (1,3,7-N-trimethylxanthine) and theobromine (3,7-N-dimethylxanthine); The other is pyridine alkaloid, trigonelinic acid (1-N-methylnicotinic acid). The distribution of caffeine and trigonelline in the plant kingdom is different; Caffeine is present in coffee and tea, but trigonelline is found only in coffee (Ashihara 2006).

Finally, some fatty acids and esters have been described in volatiles as responsible for the formation of aromatic fruity rings. Methyl acetate palmitate and ethyl palmitate were detected in aromatic oil extracts as active aromatic compounds. Esters are the main volatile compounds found in most fruits and responsible for fruity notes (Kesen et al. 2013). Most fatty acids are found in the combined state, most are esterified with glycerol in triglycerides, about 20% are esterified with diterpenes, and a small proportion are found in sterol esters (Speer 2001). These two classes are related to the aromatic compounds of coffee.

Many volatile compounds are linked to the definition of specialty as well as non-specialty coffees. Investigations into the formation, origin and chemical mechanisms that form them have been widely debated in the scientific field, with special focus on the formation and structure of volatile coffee compounds, either *C. arabica* or *C. canephora*.

Chemical analysis techniques that optimize the perception of compounds that form the structure and sensory experience of consumers are increasingly applied to the industrial routine, aiming at a clearer understanding about the chemical matrix of coffee.

Chapter 7 discusses the relationship of the roasting process, addressing the respective developments observed in the sector at the industrial and laboratory levels. Thus, describing the impacts of these processes on the final quality of coffee.

References

Abraão, C. V. F., Paulo, S. V., Rodrigues, W. N., Tafarel, V. C., Aldo, L. M., Ferrão, R. G., …, Pinheiro, C. A. (2016). The beverage quality of robusta coffee that is kept in the field after harvesting: Quantifying daily losses. *African Journal of Agricultural Research, 11*, 3134–3140.

Agnoletti, B. Z. (2015) Avaliação das propriedades físico-químicas de café arábica (Coffea arabica) e conilon (Coffea canephora) classificados quanto à qualidade da bebida. Dissertação de Mestrado, Programa Ciência e Tecnologia de Alimentos, Universidade Federal do Espírito Santo.

Altaki, M. S., Santos, F. J., & Galceran, M. T. (2011). Occurrence of furan in coffee from Spanish market: Contribution of brewing and roasting. *Food Chemistry, 126*, 1527–1532.

Alves, B. H. P., do Nascimento, E. A., de Aquino, F. J. T., Chang, R., & de Morais, S. A. L. (2007). Composição química de cafés torrados do Cerrado e do Sul de Minas Gerais. *Ciência & Engenharia, 16*(1/2), 9–15.

Amanpour, A., & Selli, S. (2016). Differentiation of volatile profiles and odor activity values of turkish coffee and french press coffee. *Journal of Food Processing and Preservation, 40*, 1116–1124.

Arisseto, A. P., Vicente, E., Ueno, M. S., Tfouni, S. A. V., & Maria Cecília Toledo, M. C. F. (2011). Furan levels in coffee as influenced by species, roast degree, and brewing procedures. *Journal of Agricultural and Food Chemistry, 58*(7), 3118–3124.

Arnold, U., Ludwig, E., Kühn, R., & Möschwitzer, U. (1994). Analysis of free amino acids in green coffee beans. Determination of amino acids after precolumn derivatization using 9-fluorenylmethylchloroformate. *Zeitschrift für Lebensmittel-Untersuchung und -Forschung, 199*, 22–25.

Arruda, N. P., Hovell, A. M. C., Rezende, C. M., Freitas, S. P., Sonia Couri, S., & Bizzo, H. R. (2012). Correlation between precursors and volatiles in Brazilian arabica coffee processed by dry, semi-dry and wet methods and discrimination by principal component analysis. *Química Nova, 35*(10), 2044–2051.

Ashihara, H. (2006). Metabolism of alkaloids in coffee plants. *Brazilian Journal of Plant Physiology, 18*(1), 1–8.

Ayelign, A., & Sabally, K. (2013). Determination of chlorogenic acids (CGA) in coffee beans using HPLC. *American Journal of Research Communication, 1*(2), 78–91.

Babova, O., Occhipinti, A., & Maffei, M. E. (2016). Chemical partitioning and antioxidant capacity of green coffee (Coffea arabica and Coffea canephora) of different geographical origin. *Phytochemistry, 123*, 33–39.

Baggenstoss, J., Poisson, L., Kaegi, R., Perren, R., & Escher, F. (2008). Coffee roasting and aroma formation: Application of different time– temperature conditions. *Journal of Agricultural and Food Chemistry, 56*(14), 5836–5846.

Borém, F. M., Coradi, P. C., Saath, R., & Oliveira, J. A. (2008). Qualidade do café natural e despolpado após secagem em terreiro e com altas temperaturas. *Ciência e Agrotecanologia, 32*(5), 1609–1615.

Bosselmann, A. S., Dons, K., Oberthur, T., Olsen, C. S., Ræbild, A., & Usma, H. (2009). The influence of shade trees on coffee quality in small holder coffee agroforestry systems in Southern Colombia. *Agriculture, Ecosystems and Environment, 129*, 253–260.

Bressanello, D., Liberto, E., Cordero, C., Rubiolo, P., Pellegrino, G., Ruosi, M. R., & Bicchi, C. (2017). Coffee aroma: Chemometric comparison of the chemical information provided by three different samplings combined with GC–MS to describe the sensory properties in cup. *Food Chemistry, 214*, 218–226.

Budryn, G., Nebesny, E., Kula, J., Majda, T., & Kryslak, W. (2011). HS-SPMJME/GC/MS profiles of convectively and microwave roasted Ivory Coast robusta coffee brews. *Czech Journal of Food Science, 29*(2), 151–160.

Campa, C., Ballester, J. F., Doulbeau, S., Dussert, S., Hamon, S., & Noirot, M. (2004). Trigonelline and sucrose diversity in wild Coffea species. *Food Chemistry, 88*, 39–43.

Caporaso, N., Whitworth, M. B., Cui, C., & Fisk, I. D. (2018). Variability of single bean coffee volatile compounds of arabica and robusta roasted coffees analysed by SPME-GC-MS. *Food Research International, 108*, 628–640.

Caprioli, G., Cortese, M., Cristalli, G., Maggi, F., Odello, L., Ricciutelli, M., …, Vittori, S. (2012) Optimization of espresso machine parameters through the analysis of coffee odorants by HS-SPME–GC/MS. *Food Chemistry, 135*(3), 1127–1133.

Carvalho, V. D., de Rezende Chagas, S. J., Chalfoun, S. M., Botrel, N., & Juste Junior, E. S. G. (1994). Relação entre a composição físico-química e química do grão do café beneficiado e a qualidade de bebida do café. *Pesquisa Agropecuária Brasileira, Brasília, 29*(3), 449–454.

Casal, S., Oliveira, M. B., & Ferreira, M. A. (2000). HPLC/diode-array applied to the thermal degradation of trigonelline, nicotinic acid and caffeine in coffee. *Food Chemistry, 68*(4), 481–485.

Chaichia, M., Ghasemzadeh-Mohammadia, V., Hashemib, M., & Mohammadi, A. (2015). Furanic compounds and furfural in different coffee products by headspace liquid-phase micro-extraction followed by gas chromatography–mass spectrometry: Survey and effect of brewing procedures. *Food Additives & Contaminants: Part B, 8*(1), 73–80.

Ciaramelli, C., Palmioli, A., de Luigi, A., Colombo, L., Sala, G., Riva, C., …, Airoldi, C. (2018). NMR-driven identification of anti-amyloidogenic compounds in green and roasted coffee extracts. *Food Chemistry, 252*, 171–180.

Clifford, M. N. (2000). Review chlorogenic acids and other cinnamates - nature, occurrence, dietary burden, absorption and metabolism. *Journal of the Science of Food and Agriculture, 80*, 1033–1043.

Clifford, M. N., & Knight, S. (2004). The cinnamoyl–amino acid conjugates of green robusta coffee beans. *Food Chemistry, 87*(3), 457–463.

Clifford, M. N., & Willson, K. C. (1985). *Coffee: botany, biochemistry and production of beans and beverage*. Westport, CT: American Edition Published by the Avi Publishing Company, Inc.

Coffee Research Institute. (2018). Coffee chemistry: Coffee aroma. Accessed 30 October 2018.

Collins, C. H., Braga, G. L., & Bonato, P. S. (2006). Fundamentos de Cromatografia. Editora: UNICAMP, Campinas.

Colzi, I., Taiti, C., Marone, E., Magnelli, S., Gonnelli, C., & Mancuso, S. (2017). Covering the different steps of the coffee processing: Can headspace VOC emissions be exploited to successfully distinguish between arabica and robusta? *Food Chemistry, 15*, 257–263.

Coradi, P. C., Borém, F. M., & Oliveira, J. A. (2008). Qualidade do café natural e despolpado após diferentes tipos de secagem e armazenamento. *Revista Brasileira de Engenharia Agrícola e Ambiental, 12*(2), 181–188.

Couto, C. C., Santos, T. F., Mamede, A. M. G. N., Oliveira, T. C., Souza, A. M., Freitas-Silva, O., & Oliveira, E. M. M. (2019). Coffea arabica and C. canephora discrimination in roasted and ground coffee from reference material candidates by real-time PCR. *Food Research International, 115*, 227–233.

Crews, C., & Castle, L. (2007). A review of the occurrence, formation and analysis of furan in heat-processed foods. *Trends in Food Science & Technology, 18*(7), 365–372.

Czerny, M., Mayer, F., & Grosh, W. (1999). Sensory study on the character impact odorants of roasted arabica coffee. *Journal of Agricultural and Food Chemistry, 47*, 695–699.

da Silva Taveira, J. H., Borém, F. M., Figueiredo, L. P., Reis, N., França, A. S., Harding, S. A., & Tsai, C.-J. (2014). Potential markers of coffee genotypes grown in different Brazilian regions: A metabolomics approach. *Food Research International, 61*, 75–82.

Dandengo, M. C. J., de Sousa, E. F., dos Reis, E. F., & de Amaral Gravina, G. (2014). Crescimento e qualidade de mudas de café conilon produzidas em diferentes recipientes e níveis de sombreamento. *Coffee Science, 8*(4), 500–509.

Davidek, T., Gouézec, E., Devaud, S., & Blank, I. (2008). Origin and yields of acetic acid in pentose-based Maillard reaction systems. *Annals of the New York Academy of Sciences, 1*, 241–243.

de Bruyn, F., Zhang, S.J., Pothakos, V., Torres, J., Lambot, C., Moroni, A. V., …, de Vuyst, L. (2017). Exploring the impacts of postharvest processing on the microbiota and metabolite profiles during green coffee bean production. *Applied and Environmental Microbiology, 83*. https://doi.org/10.1128/AEM.02398-16.

de Maria, C. A. B., Moreira, R. F. A., & Trugo, L. C. (1999). *Componentes voláteis do café torrado. Parte I: compostos heterocíclicos* (Vol. 22). São Paulo: Química Nova. https://doi.org/10.1590/S0100-40421999000200013.

De Morais, S. A. L., de Aquino, F. J. T., Nascimento, E. A., Oliveira, G. S., Chang, R., Santos, N. C., & Rosa, G. M. (2008). Bioactive compounds, acids groups and antioxidant activity analysis of arabic coffee (Coffea arabica) and its defective beans from the Brazilian savannah submitted to different roasting degrees. *Food Science and Technology, 28*, 198–207.

de Oliveira Fassio, L., Malta, M. R., Carvalho, G. R., Liska, G. R., De Lima, P. M., & Pimenta, C. J. (2016). Sensory description of cultivars (Coffea arabica L.) resistant to rust and its correlation with caffeine, trigonelline, and chlorogenic acid compounds. *Beverages, 2*(1), 1.

de Siqueira, H. H., & de Abreu, C. M. P. (2006). Composição Físico-Química e Qualidade do Café Submetido a Dois Tipos de Torração e com Diferentes Formas de Processamento. *Ciência e Agrotecnologia, 30*(1), 112–117.

de Souza Silveira, A., Pinheiro, A. C. T., Ferreira, W. P. M., da Silva, L. J., dos Santos Rufino, J. L., & Sakiyama, N. S. (2016). Sensory analysis of specialty coffee from different environmental conditions in the region of Matas de Minas, Minas Gerais, Brazil. *Revista Ceres, 63*(4), 436–443.

Demiate, I. M., Wosiacki, G., Czelusniack, C., & Nogueira, A. (2002). Determinação de açúcares redutores e totais em alimentos. Comparação entre método colorimétrico e titulométrico. Publicatio UEPG - Ciências Exatas e da Terra. *Ciências Agrárias e Engenharias, 8*, 65–78.

Dias, R. C. E., & Benassi, M. T. (2015). Discrimination between arabica and robusta coffees using hydrosoluble compounds: Is the efficiency of the parameters dependent on the roast degree? *Beverages, 1*, 127–139.

do Nascimento, E. A., de Aquino, F. J., do Nascimento, P. M., Chang, R., & de Morais, S. A. (2007). Constituintes voláteis e odorantes potentes do café conilon em diferentes graus de torra. *Ciencia y Engenharia/Science and Engineering Journal, 16*, 23–30.

Duarte, G. S., Pereira, A. A., & Farah, A. (2010). Chlorogenic acids and other relevant compounds in Brazilian coffees processed by semi-dry and wet post-harvesting methods. *Food Chemistry, 118*, 851–855.

Fagan, E. B., de Souza, C. H., Pereira, N. M. B., & Machado, V. J. (2011). Efeito do tempo de formação do grão de café (Coffea sp) na qualidade da bebida. *Bioscience Journal, 1961*, 729–738.

Farah, A., & Donangelo, C. M. (2006). Phenolic compounds in coffee. *Brazilian Journal of Plant Physiology, 18*(1), 23–36.

Farah, A., De Paulis, T., Trugo, L. C. & Martin, P. R. (2005). Effect of roasting on the formation of chlorogenic acid lactones in coffee. *Journal of Agricultural and Food Chemistry, 53*, 1505–1513.

Fisher, A., Du, S., Valla, J. A., & Bollas, G. M. (2015). The effect of temperature, heating rate, and ZSM-5 catalyst on the product selectivity of the fast pyrolysis of spent coffee grounds. *Royal Society of Chemistry Advances, 1*, 1–9.

Flament, I. (2001). *Coffee flavor chemistry*. Chichester, UK: John Wiley & Sons Ltd..

Flament, I., & Bessière-Thomas, Y. (2002). *Coffee flavor chemistry*. New York: Wiley.

Flores, G. B., Andrade, F., & Lima, D. R. (2000). Can coffee help fighting the drug problem? Preliminary results of a Brazilian youth drug study. *Acta Pharmacologica Sinica, 21*(12), 1059–1070.

Franca, A. S., Mendonca, J. C. F., & Oliveira, S. D. (2005). Composition of green and roasted coffees of different cup qualities. *LWT- Food Science and Technology, 38*, 709–715.

Fritzsons, E., Mantovani, L. E., & de Aguiar, A. V. (2008). Relação entre altitude e temperatura: uma contribuição ao zoneamento climático no Estado do Paraná. *Revista de Estudos Ambientais, 10*(1), 49–64.

Garg, S. K. (2016). Green coffee bean. In R. C. Gupta (Ed.), *Nutraceuticals, efficacy, safety and toxicity* (pp. 653–667). London: Academic.

Giomo, G. S. (2012). Uma boa pós-colheita é segredo da qualidade. A Lavoura, p. 12–21.

Gloess, A. N., Yeretzian, C., Knochenmuss, R., & GROESSL, M. (2018). On-line analysis of coffee roasting with ion mobility spectrometry–mass spectrometry (IMS–MS). *International Journal of Mass Spectrometry, 424*, 49–57.

Halford, N., Curtis, T. Y., Muttucumaru, N., Postles, J., & Mottram, D. S. (2010). Sugars in crop plants. *Annals of Applied Biology, 158*(1), 1–25.

Hashim, L., & Chaveron, H. (1995). Use of methylpyrazine ratios to monitor the coffee roasting. *Food Research International, 28*, 619–623.

Hovell, A. M. C., Pereira, E. J., Arruda, N. P., & Rezende, C. M. (2010). Evaluation of alignment methods and data pretreatments on the determination of the most important peaks for the discrimination of coffee varieties Arabica and robusta using gas chromatography–mass spectroscopy. *Analytica Chimica Acta, 678*, 160–168.

Hwang, C. F., Chen, C. C., & Ho, C. T. (2012). Contribution of coffee proteins to roasted coffee volatiles in a model system. *International Journal of Food Science and Technology, 47*(10), 2117–2126. https://doi.org/10.1111/j.1365-2621.2012.03078.x.

Illy, A., & Viani, R. (2005). *Espresso coffee: The science of quality* (2nd ed.). London: Elsevier Academic Press.

Jaramillo-Botero, C., Martinez, E. H. P., & Santos, R. H. S. (2006). Características do café (Coffea arabica L.) sombreado no norte da América latina e no Brasil: análise comparativa. *Coffee Science, 1*(2), 94–102.

Jham, G. N., Fernandes, S. A., Garcia, C. F., & da Silva, A. A. (2002). Comparison of GC and HPLC for the quantification of organic acids in coffee. *Phytochemical Analysis, 13*(2), 99–104.

Kalschne, D. L., Viegas, M. C., Conti, A. J., Corso, M. P., & Benassi, M. T. (2018). Steam pressure treatment of defective Coffea canephora beans improves the volatile profile and sensory acceptance of roasted coffee blends. *Food Research International, 105*, 393–402.

Kesen, S., Kelebek, H., & Selli, S. (2013). Characterization of the Key Aroma Compounds in Turkish Olive Oils from Different Geographic Origins by Application of Aroma Extract Dilution Analysis (AEDA). *Journal of Agricultural and Food Chemistry, 62*, 391–401. https://doi.org/10.1021/jf4045167.

Kim, S. Y., Ko, J.- A.; Kang, B.- S. & Park, H. J. (2018). Prediction of key aroma development in coffees roasted to different degrees by colorimetric sensor array. *Food Chemistry, 240*, 808–816.

Kosowska, M., Majcher, M. A., & Fortuna, T. (2017). Volatile compounds in meat and meat products. *Food Science and Technology, 37*(1), 1–7.

Kwon, S.-H., Lee, H.-K., Kim, J.-A., Hong, S.-I., Kim, H.-C., Jo, T.-H., …, Jang, C.-G.(2010). Neuroprotective effects of chlorogenic acid on scopolamine-induced amnesia via anti-acetylcholinesterase and anti-oxidative activities in mice. *European Journal of Pharmacology, 649*(1–3), 210–217.

Ky, C. L., Louarn, J., Dussert, S., Guyot, B., Hamon, S., & Noirot, M. (2001). Caffeine, trigonelline, chlorogenic acids and sucrose diversity in wild Coffea arabica L. and C. canephora P. accessions. *Food Chemistry, 75*, 223–230.

Lanças, F. M. (2009). *Cromatografia Líquida Moderna*. Campinas: Editora Átomo.

Laviola, B. G., Martinez, H. E. P., Salomão, L. C. C., Cruz, C. D., Medonça, S. M., & Neto, A. P. (2007). Alocação de fotoassimilados em folhas e frutos de cafeeiro cultivado em duas altitudes. *Pesquisa Agropecuária Brasileira*, (1), 1521–1530.

Lee, L. W., Cheong, M. W., Curran, P., Yu, B., & Liu, S. Q. (2015). Coffee fermentation and flavor - An intricate and delicate relationship. *Food Chemistry, 185*, 182–191.

Lehninger, A. L., Nelson, D. L., & Cox, M. M. (2013). *Lehninger principles of biochemistry*. New York: W.H. Freeman.

Li, C., Wang, H., Juárez, M., & Ruan, E. D. (2014). Structural characterization of Amadori rearrangement product of glucosylated n-α-acetyl-lysine by nuclear magnetic resonance spectroscopy. *International Journal of Spectroscopy, 2014*, 1–6.

Lima Filho, T., Della Lucia, S. M., Saraiva, S. H., & Lima, R. M. (2015). Características físico-químicas de bebidas de café tipo expresso preparadas a partir de blends de café arábica e conilon. *Revista Ceres, 62*(4), 333–339.

Lima Filho, T., Della Lucia, S. M., Saraiva, S. H., & Sartori, M. A. (2013). Composição físico-química e qualidade sensorial de café conilon produzido no Estado do Espírito Santo e submetido a diferentes formas de processamento. *Semina: Ciências Agrárias, Londrina, 34*(4), 1723–1730.

Liu, C., Yang, Q., Linforth, R., Fisk, I. D., & Yang, N. (2019). Modifying robusta coffee aroma by green bean chemical pre-treatment. *Food Chemistry, 272*, 251–257.

Ludwig, I. A., Sánchez, L., De Peña, M. P., & Cid, C. (2014). Contribution of volatile compounds to the antioxidant capacity of coffee. *Food Research International, 61*, 67–74. https://doi.org/10.1016/j.foodres.2014.03.045.

Macrae, R. (1985). Nitrogenous compounds. In R. J. Clarke & R. Macrae (Eds.), *Coffee, Vol. 1, Chemistry* (pp. 115–152). London: Elsevier Applied Science.

Makri, E., Tsimogiannis, D., Dermesonluoglu, E. K., & Taoukisa, P. S. (2011). Modeling of Greek coffee aroma loss during storage at different temperatures and water activities. *Procedia Food Science, 1*, 1111–1117.

Malta, M. R., Santos, M.,L. & Silva, F. A. M. (2002). Qualidade de grãos de diferentes cultivares de cafeeiro (Coffea arabica L.). *Acta Scientiarum, 24*(5), 1385–1390.
Malta, M. R., dos Santos, M. L., & de Silva, F. A. M. (2008). Qualidade de grãos de diferentes cultivares de cafeeiro (Coffea arábica L.). *Acta Scientiarum Agronomy, 24*(5), 1385.
Martinez, H. E. P., Clemente, J. M., de Lacerda, J. S., Neves, Y. P., & Pedrosa, A. W. (2014). Nutrição mineral do cafeeiro e qualidade da bebida. *Revista Ceres, 61*, 838–848.
Mazzafera, P. (1999). Chemical composition of defective coffee beans. *Food Chemistry, 64*, 547–554.
McLellan, T. M., Caldwell, J. A., & Lieberman, H. R. (2016). A review of caffeine's effects on cognitive, physical and occupational performance. *Neuroscience & Biobehavioral Reviews, 71*, 294–312.
Mesias M. &, Morales, F. J. (2015). Analysis of furan in coffee. In Preedy VR. (editor), Coffee in Health and Disease Prevention. Academic Press, Elsevier Inc. pp. 1005-1012.
Monteiro, M. C., & Trugo, L. C. (2005). Determinação de compostos bioativos em amostras comerciais de café torrado. *Química Nova, Rio de Janeiro, 28*(4), 637–641.
Moon, J. K., & Shibamoto, T. Y. (2009). Role of roasting conditions in the profile of volatile flavor chemicals formed from coffee beans. *Journal of Agricultutaladn Food Chemistry, 57*, 5823–5831. https://doi.org/10.1021/jf901136e.
Moreira, R. F. A., & Trugo, L. C. (2020). Componentes voláteis do café torrado. Parte II. Compostos alifáticos, alicíclicos e aromáticos. *Química Nova, 23*(2), 195–203.
Moreira, R. F. A., Trugo, L. C., & de Maria, C. A. B. (2000). Componentes voláteis do café torrado. Parte II: Compostos alifáticos, alicíclicos e aromáticos. *Química Nova, 23*(2), 195–203.
Murkovic, M. & Derler, K. (2006). Analysis of amino acids and carbohydrates in green coffee. *Journal of Biochemical and Biophysical Methods, 69*, 25–32.
Muschler, R. G. (2001). Shade improves coffee quality in a sub-optimal coffee-zone of Costa Rica. *Agroforestry Systems, 85*, 131–139.
Naveed, M., Hejazi, V., Abbas, M., Kamboh, A. A., Khan, G. J., Shumzaid, M., ..., Xiaohui, Z. (2018). Chlorogenic acid (CGA): A pharmacological review and call for further research. *Biomedicine & Pharmacotherapy, 97*, 67–74.
Nijssen, L. M., Visscher, C. A., Maarse, H., Willemsens, L. C., & Boelens, M. H. (1996). *Volatile compounds in food. Qualitative and quantitative. Data, 7th edn* (pp. 72.1–72.23). Zeist, The Netherlands: TNO Nutrition and Food Research Institute.
Nobre, G. W., Borém, F. M., Isquierdo, E. P., Pereira, R. G. F. A., & de Oliveira, P. D. (2011). Composição química de frutos imaturos de café arábica (Coffea arabica L.) processados por via seca e via úmida. *Coffee Science, 6*(2), 107–113.
Nursten, H. E. (2005). *The Maillard reaction [electronic resource]: chemistry, biochemistry, and implications* (p. 214). Cambridge: Royal Society of Chemistry.
Oliveira, D. M., & Bastos, D. H. M. (2011). Biodisponibilidade de ácidos fenólicos. *Química Nova, 34*(6), 1051–1056.
Pacheco, S., Borguini, R. G., Santiago, M. C. P. A., Nascimento, L. S. M., & Godoy, R. L. O. (2015). História da Cromatografia Líquida. *Revista Virtual de Química, 7*(4), 1225–1271.
Pádua, F. R. M., Pereira, R. G. F. A., & Fernandes, S. M. (2001). Açúcares totais, redutores e não-redutores, extrato etéreo e umidade de diferentes padrões de bebida do café arábica e do café conilon. In *II Simpósio de Pesquisa dos Cafés do Brasil, 2* (p. 1426). Vitória, Resumo: Vitória- ES.
Paula, B. D., Carvalho Filho, C. D., Matta, V. M. D., Menezes, J. D. S., Lima, P. D. C., Pinto, C. O., & Conceição, L. E. M. G. (2012). Production and physicochemical characterization of fermented umbu. *Ciência Rural, 42*, 1688–1693.
Pauli, E. D., Cristiano, V., & Nixdorf, S. L. (2011). Método para determinação de carboidratos empregado na triagem de adulterações em café. *Química Nova, 34*(4), 689–694.
Pavia, K. & Engel, L (1998). Introduction laboratory techniques: Small scale approach.

Pereira, L. L., Cardoso, W. S., Guarçoni, R. C., da Fonseca, A. F. A., Moreira, T. R., & ten Caten, C. S. (2017). The consistency in the sensory analysis of coffees using Q-graders. *European Food Research and Technology, 243*(9), 1545–1554. https://doi.org/10.1007/s00217-017-2863-9.

Pereira, L. L., Guarçoni, R. C., Cardoso, W. S., Taques, R. C., Moreira, T. R., Ferreira, S., & Schwengber, C. (2018). Influence of solar radiation and wet processing on the final quality of Arabica coffee. *Journal of Food Quality, 2018.*

Petisca, C., Palacios, T. P., Pinho, O., & Ferreira, I. M. (2015). Optimization and application of a HS-SPME-GC-MS methodology for quantification of Furanic compounds in Espresso Coffee. *Arabian Journal for Science and Engineering, 40*, 125–133.

Pinheiro, P. F., Costa, A. V., de Queiroz, V. T., Alvarenga, L. M., & Partelli, F. L. (2012). Qualidade do café conilon sob diferentes formas de secagem. *Enciclopédia Biosfera, 8*(15), 1481–1489.

Pinto, N. A. V. D., Fernandes, S. M., Pires, T. C., Pereira, R. G. F. A., & Carvalho, V. D. (2001). Avaliação dos polifenóis e açúcares em padrões de bebida do café torrado tipo expresso. *Revista Brasileira de Agrociência, Pelotas, 7*(3), 193–195.

Pragst, F. (2007). Application of solid-phase microextraction in analytical toxicology. *Analytical and Bioanalytical Chemistry, 388*(7), 1393–1414.

Pyrzynska, K., & Sentkowska, A. (2015). Recent developments in the HPLC separation of phenolic food compounds. *Critical Reviews in Analytical Chemistry, 45*, 41–51.

Rahn, A., & Yeretzian, C. (2019). Impact of consumer behavior on furan and furan-derivative exposure during coffee consumption. A comparison between brewing methods and drinking preferences. *Food Chemistry, 272*, 514–522.

Resende, O., Afonso Júnior, P. C., Corrêa, P. C., & Siqueira, V. C. (2011). Robusta coffee quality submitted to drying in hybrid terrace and concrete yard. *Ciência e Agrotecnologia, 35*(2), 327–335.

Ribeiro, B. B., Nunes, C. A., Souza, A. J. J., Montanari, F. F., da Silva, V. A., Madeira, R. A. V., & de Piza, C. (2017). Profile coffee cultivars sensory processed in dry and humid via after storage. *Coffee Science, 12*(2), 148–155.

Ribeiro, J. S., Augusto, F., Salva, T. J., & Ferreira, M. M. (2012). Prediction models for Arabica coffee beverage quality based on aroma analyses and chemometrics. *Talanta, 101*, 253–260.

Ribeiro, J. S., Ferreira, M., & Salva, T. (2011). Chemometric models for the quantitative descriptive sensory analysis of Arabica coffee beverages using near infrared spectroscopy. *Talanta, 83*(5), 1352–1358.

Ricci, M. D. S. F., Junior, D. G. C., & de Almeida, F. F. D. (2013). Condições microclimáticas, fenologia e morfologia externa de cafeeiro em sistemas arborizados e a pleno sol. *Coffee Science, 8*(3), 379–388.

Rogers, W. J., Michaux, S., Bastin, M., & Bucheli, P. (1999). Changes to the content of sugars, sugar alcohols, myo-inositol, carboxylic acids and inorganic anions in developing grains from different varieties of robusta (Coffea canephora) and Arabica (C. arabica) coffees. *Plant Science, 149*(2), 115–123.

Saldaña, M. D. A., Mazzafera, P., & Mohamed, R. S. (1997). Extração dos alcalóides: cafeína e trigonelina dos grãos de café com CO2 supercrítico. *Ciência e Tecnologia dos Alimentos, 17*(4), 371–376.

Santos, M. A., Chalfoun, S. M., & Pimenta, C. J. (2009). Influência do processamento por via úmida e tipos de secagem sobre a composição, físico química e química do café (Coffea arabica L.). *Ciência e Agrotecnologia, 33*(1), 213–218.

Sanz, C., Maeztu, L., Zapelena, M. J., Bello, J., & Cid, C. (2002). Profiles of volatile compounds and sensory analysis of three blends of coffee: influence of different proportions of arabica and robusta and influence of roasting coffee with sugar. *Journal of the Science of Food and Agriculture, 82*, 840–847.

Schoenauer, S., & Schieberle, P. (2018). Structure–odor correlations in homologous series of Mercapto Furans and Mercapto Thiophenes synthesized by changing the structural motifs of the key coffee odorant furan-2-ylmethanethiol. *Journal of Agricultural and Food Chemistry, 66*(16), 4189–4199.

Scholz, M. B. S., Silva, J. V. N. D., Figueiredo, V. R. G. D., & Kitzberger, C. S. G. (2013). Atributos sensoriais e características físico-químicas de bebida de cultivares de café do IAPAR. *Coffee Science, Lavras, 8*(1), 6–16.

Schwab, W. (2013). Natural 4-hydroxy-2,5-dimethyl-3(2H)-furanone (Furaneol®). *Molecules, 18*(6), 6936–6951.

Shin, J. W., Wang, J. H., Kang, J. K., & Son, C. G. (2010). Experimental evidence for the protective effects of coffee against liver fibrosis in SD rats. *Journal of the Science of Food and Agriculture, 90*(3), 450–455.

Shrestha, S., Rijal, S. K., Pokhrel, P., & RAI, K. P. (2016). A simple HPLC method for determination of caffeine content in tea and coffee. *Journal of Food Science and Technology Nepal, 9*, 74–78.

Silva, R. N., Monteiro, V. N., Alcanfor, J. D. X., Assis, E. M. & Asquieri, E. R. (2003). Comparação de métodos para a determinação de açúcares redutores e totais em mel. *Ciência e Tecnologia de Alimentos, 23*, 337–341.

Sivetz, M., & Desrosier, N. W. (1979). *Physical and chemical aspects of coffee* (pp. 527–575). Westpor: Coffee Techonology.

Speer, K. (2001). Lipids. In R. J. Clarke & O. G. Vitzthum (Eds.), *Coffee recent developments*. Malden, MA: Blackwell Science.

Sturm, G. M., Coser, S. M., de Senra, J. F. B., da Ferreira, M. F. S., & Ferreira, A. (2010). Qualidade Sensorial de Café Conilon em Diferentes Altitudes. *Enciclopédia Biosfera, 6*, 1–7.

Sunarharum, W. B., Willians, D. J., & Smyth, H. E. (2014). Complexity of coffee flavor: A compositional and sensory perspective. *Food Research International, 62*, 315–325.

Tajik, N., Tajik, M., Mack, I., & Enck, P. (2017). The potential effects of chlorogenic acid, the main phenolic components in coffee, on health: A comprehensive review of the literature. *European Journal of Nutrition, 56*(7), 2215–2244.

Toci, A., Farah, A., & Trugo, L. C. (2006). Efeito do processo de descafeinação com diclorometano sobre a composição química dos cafés arábica e robusta, antes e após a torração. *Química Nova, 29*, 965–971.

Toledo, P. R. A. B., Pezza, L., Pezza, H. R., & Toci, A. T. (2016). Relationship between the different aspects related to coffee quality and their volatile compounds. *Comprehensive Reviews in Food Science and Food Safety, 15*(4), 1–15.

Trugo, L. C. (1984). PhD Thesis, University of Reading, England.

Trugo, L. C. (2003). Coffee analysis. In B. Caballero, L. C. Trugo, & P. M. Finglas (Eds.), *Encyclopedia of food science and nutrition* (Vol. 2, 2nd ed., p. 498). Oxford: Oxford Academic Press.

Uekane, T. M., Rocha-Leão, M. H. M. & Rezende, C. M. (2013). Compostos Sulfurados no Aroma do Café: Origem e Degradação. *Revista Virtual de Química, 5*(5), 891–911.

Van Ba, H., Hwang, I., Jeong, D., & Touseef, A. (2012). Principle of Meat Aroma Flavors and Future Prospect. Disponível em https://www.intechopen.com/books/latest-research-into-quality-control/principle-of-meat-aroma-flavors-and-future-prospect. Acesso em: 08 de janeiro de 2018.

Várvölgyi, E., Gere, A., Szöllősi, D., Sipos, L., Kovács, Z., Kókai, Z., …, Korány, K. (2015). Application of sensory assessment, electronic tongue and GC-MS to characterize coffee samples. *Arabian Journal for Science and Engineering, 40*(1), 125–133.

Vignoli, J. A., Viegas, M. C., Bassoli, D. G., Benassi, M., & De, T. (2014). Roasting process affects differently the bioactive compounds and the antioxidant activity of arabica and robusta coffees. *Food Research International, 61*, 279–285.

Voilley, A., Sauvageot, F., & Simatos, D. (1981). Influence of some processing conditions on the quality of coffee brew. *Journal of Food Processing and Preservation, 5*, 135–143.

Wang, X., & Lim, L.-T. (2017). Investigation of CO2 precursors in roasted coffee. *Food Chemistry, 219*, 185–192.

Woodman, J. S. (1985). Carboxylic acids. In R. J. Clarke & R. Macrae (Eds.), *Coffee: Chemistry* (Vol. 1., cap. 8, pp. 266–289). New York: Elsevier Applied Science.

Yang, N., Liu, C., Liu, X., Degn, T. K., Munchow, M., & Fisk, I. (2016). Determination of volatile marker compounds of common coffee roast defects. *Food Chemistry, 211*, 206–214.

Yashin, A., Yashin, Y., Xia, X., & Nemzer, B. (2017). Chromatographic methods for coffee analysis: A review. *Journal of Food Research, 6*(4), 60–82.

Yeretzian, C., Jordan, A., Badoud, R., & Lindinger, W. (2002). From the green bean to the cup of coffee: Investigating coffee roasting by on-line monitoring of volatiles. *European Food Research and Technology, 214*(2), 92–104.

Zaidan, U. R., Corrêa, P. C., Ferreira, W. P. M., & Cecon, P. R. (2017). Ambiente e variedades influenciam a qualidade de cafés das Matas de Minas. *Coffee Science, 12*(2), 93–100.

Zhang, Y., Huang, M., Tian, H., Sun, B., Wang, J., & Li, Q. (2014). Preparation and aroma analysis of Chinese traditional fermented flour paste. *Food Science and Biotechnology, 23*(1), 49–58. https://doi.org/10.1007/s10068-014-0007-6.

Zhou, J., Chan, L., & Zhou, S. (2012). Trigonelline: A plant alkaloid with therapeutic potential for diabetes and central nervous system disease. *Current Medicinal Chemistry, 19*(21), 3523–3531.

Chapter 6
Relationship Between Coffee Processing and Fermentation

Lucas Louzada Pereira, Dério Brioschi Júnior, Luiz Henrique Bozzi Pimenta de Sousa, Willian dos Santos Gomes, Wilton Soares Cardoso, Rogério Carvalho Guarçoni, and Carla Schwengber ten Caten

1 General Introduction

This chapter presents a review of the different factors inherent in quality, with the initial approach focused on the application of coffee processing and fermentation techniques.

After reading the previous five chapters, the central discussion about coffee fermentation ends, considering that in recent years this theme has grown in the academic and professional environment, seeking for techniques that can act as final quality optimizers of the coffee.

Thus, the cut on the theme of quality is presented on different understandings of the processes that contribute significantly to the final quality of coffee.

In the twenty-first century, the central theme of all production systems has been the relentless pursuit of the production of quality products, the introduction of technical standards, monitoring and verification of production processes, control of

L. L. Pereira (✉) · D. B. Júnior · L. H. B. P. de Sousa
W. dos Santos Gomes
Coffee Analysis and Research Laboratory, Federal Institute of Espírito Santo,
Venda Nova do Imigrante, ES, Brazil

W. S. Cardoso
Department of Food Science and Technology, Federal Institute of Espírito Santo,
Venda Nova do Imigrante, ES, Brazil

R. C. Guarçoni
Department of Statistics, Capixaba Institute for Technical Assistance,
Research and Extension, Vitória, ES, Brazil

C. S. ten Caten
Department of Production Engineering, Federal University of Rio Grande do Sul,
Porto Alegre, RS, Brazil

L. Louzada Pereira, T. Rizzo Moreira (eds.), *Quality Determinants in Coffee Production*, Food Engineering Series, https://doi.org/10.1007/978-3-030-54437-9_6

certifications, among several methodologies that assist production and processing in the production process quality control.

Concerning the food safety of agricultural products, quality control is indispensable and essential, given the marketing and technical requirements imposed by the product maker actors in the global market. Coffee Processing has been widely relativized as a decisive stage of quality for the final composition of the coffee beverage throughout coffee production in the world, various techniques and routines were developed, disseminated, reviewed, and improved.

In general, it is possible to understand that all coffee fruits will undergo some fermentation process, due to the chemical charge (primary compounds) that are converted into secondary compounds, given the action of microorganisms, as widely discussed in Chap. 4 (Biochemical Aspects of Coffee Fermentation) and Chap. 5 (Chemical Constituents of Coffee).

Even with all the scientific-technical apparatus observed in the last decades, several factors need to be widely debated and better understood, such as the real impacts of the coffee's internal microbiota, which are not yet fully understood, the microbial succession during the fermentation stages, droppings generated by the microorganisms during the processing phase, in addition to the process control relationship in the fermentation stage itself.

In this relation, the observation about the condition of the must pH, the water quality, the minerals present, the fermentation time, the temperature, and the gases that are formed in the processing stages, are being studied by several scientists around the world to understand what are the real factors that help in the composition of the final quality of coffee.

One thing is for sure, hundreds of pieces of information on the topic are being swept around the world, within a few years we may have a much broader understanding of the topic in question so that it is possible to reformulate processes that result in quality improvement for producers who are in areas without a terroir and offer a natural and spontaneous specialty coffee, thus introducing processes that ensure food safety, process control, and total hygiene at all stages of processing.

2 Processing and Fermentation, Determining Quality

Brazil is the largest producer and exporter of coffee in the world market and the second largest consumer of this product. The coffee production chain involves approximately ten million people, directly or indirectly, from production to final marketing (Monteiro 2008).

It is well known that coffee is essentially a terroir product, that is, directly influenced by environmental aspects, both natural and human. Indeed, taste characteristics, or simply the production methods used, make the specialty coffee original products that fetch a better price, as they are sought after by roasters and consumers. The emergence of these quality coffees on the market explains why coffee producing countries are showing an increasing interest in environmental factors and local techniques that affect quality, terroir effects (Avelino et al. 2015).

The different cultivation methods, as well as the different harvesting and drying techniques that reflect the local know-how, and the particular conditions of climate, soil, and relief, associated with the genetic characteristics of the different varieties, create the identity of the drink and imply a nonrepetition of harvests, either in the qualitative or quantitative aspect (Alves et al. 2011).

Coffee quality is closely related to the various physicochemical constituents responsible for the flavor and aroma characteristic of the beverage. Among the chemical compounds that stand out are sugars, acids, phenolic compounds, caffeine, volatile compounds, lipids, proteins, some enzymes, whose presence, contents and activities give the coffee a unique flavor and aroma. These compounds may change due to the processing and fermentation routine that the producer chooses to use after the fruit is harvested.

Two coffee species are intended for consumption, namely arabica coffee (*Coffea arabica*) and robusta coffee (*Coffea canephora*) (Silva et al. 2000). In terms of cup quality, arabica coffee is appreciated by consumers due to its better taste and high acidity compared to robusta, famous for its bitterness and intense flavor (Strickler and Mathieu 2015).

Robusta coffee has sensory attributes that normally present neutrality as to the sweetness and acidity; it has a remarkable aroma of roasted cereal, and it stands out for its body more pronounced than the arabica coffee.

The technologies inherent to the harvesting and processing methods dictate the new dynamics of quality research. Quintero (2000) describes that during the fruit ripening process, several metabolic changes and modifications allow the chemical composition of the fruit to reach its ideal harvesting point.

The coffee cherry (Fig. 6.1) is composed of an exocarp, which is an external film, the mesocarp comprising the mucilaginous pulp known as pulp and mucilage, and the endosperm consisting of two grains containing the embryo. Each grain is covered by a sperm and is surrounded by parchment (endocarp). If one grain aborts, its place remains empty, and the other grows in a more rounded shape called peaberry (Wintgens 2004).

It is estimated that 40% of the grain's physical, chemical, and sensory characteristics are defined by pre-harvest factors, and the remaining 60% of the quality indices are determined by the postharvest processing method (Musebe et al. 2007).

There must be a full balance between production conditions, crop management, soil, and plant nutrition, with proper choice of genetic varieties so that the fruits arrive healthy at the processing stage, and maximum quality is extracted.

Harvested coffees have a great diversity of microorganisms, and the predominance of microbiota in coffee fruits occurs due to variations in different sources of nutritional availability of soil, plant, as well as factors such as air, precipitation, animals, crop management (Silva et al. 2000). Thus, microbial and climatic composition (Muschler 2001) may contribute to fermentation during the processing step, either in liquid or solid state (Schwan et al. 2015).

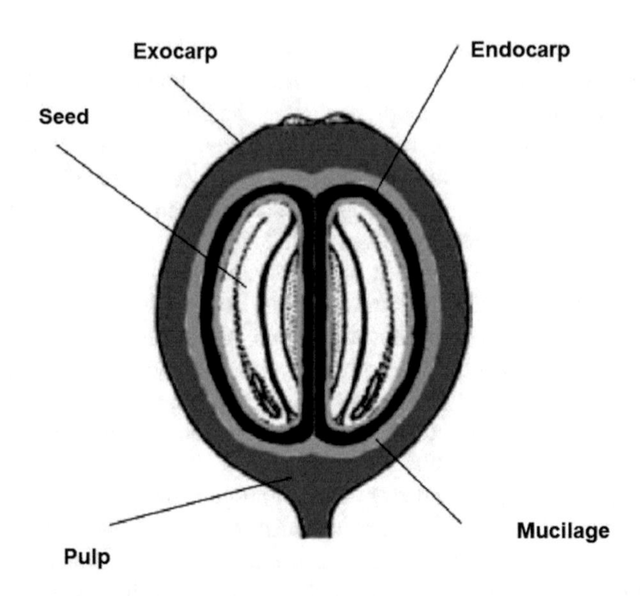

Fig. 6.1 Longitudinal section of the coffee fruit. Source: Adapted from Avallone et al. (2000)

Coffee beans (bark, pulp, and seed) serve as a substrate for the development of bacteria, yeast, and filamentous fungi, supplying them from carbon and nitrogen sources, as they have cellulose, hemicellulose, pectins, reducing sugars, sucrose, starch, oils, proteins, acids, and caffeine, causing biochemical transformations to occur, as discussed in Chap. 4.

Thus, the use of proper harvesting and postharvest techniques must be followed precisely to provide better quality coffees and reduce the risk of unwanted fermentation processes. However, the influence of these factors on the final quality of coffee is not yet well understood (Pimenta 2003; Sunarharum et al. 2014; De Melo Pereira et al. 2019).

Still, from the perspective of processing, arabica coffee can be conducted in different ways, according to the distinctive postharvest methods of each microregion, or according to the rules present in each territory (countries). For Pereira et al. (2017) coffee producers in mountainous regions usually choose to process coffee by the wet processing, it has become common practice that the high moisture load in these regions is responsible for the loss of coffee quality when processed by the dry processing. However, these parameters are being widely revised and modified, given the use of quality optimizing techniques.

After harvesting, coffee cherries go through a series of postharvest processing steps to be processed into a more stable, transportable, and roasted form.

Depending on the nature of the product, the early stages of postharvest processing ensure the safe transformation of highly perishable cherries into green coffee beans with a moisture content of 10% to 12% wet basis, thus being more stable, avoiding unwanted fermentation. (Kleinwächter and Selmar 2010).

There are usually two ways of processing coffee after harvesting; keeping the fruit intact, commonly referred to as natural coffee (Dry natural processing or Dry), or processing it by a wet process, which can be understood and unfolded in three ways: removing only the peel and part of the mucilage, called peeled cherry (PD); removing the cascara and mucilage mechanically (demucilated); or by mechanically removing the cascara and mucilage by (pulped) fermentation (Reinato et al. 2012).

The wet processing technique is widely adopted by several Central American countries, resulting in pulped, peeled, or demucilated coffees, with the presence of the spontaneous fermentation phase (Santos 2008).

Many producers use this technique to avoid harmful or phenolic fermentation during fruit drying, because in this method the removal of green, float, and dried fruits is performed, which, when combined with correct processing, as well as drying, become essential factors for contributing to improving the final quality of the coffee.

At the technological level, the most effective method for removing green, float, and dried fruits is the wet process, where ripe fruits are pulped (Dias et al. 2012), generating coffees with high levels of acidity, floral aroma, and very sweet.

In recent years, substantial progress has been made in understanding the metabolic processes that occur within coffee seeds during the processing and fermentation stages. For example, some studies have shown that seed germination initiates during coffee processing. Since green coffee beans are no longer considered as an inanimate commodity, they are now seen as viable organisms, whose physiological state may offer capacity and potential for quality improvement (Schwan et al. 2015).

For Selmar et al. (2006), these metabolic processes are directly related to the germination processes that occur in fruits after harvest, because the high load of water activity in fruits (52%) (Wintgens 2004) generates an environment favorable to microbial action and interaction.

Thus, Bytof et al. (2007) describe that there is viability in the analysis of factors that occur during wet processing. Since the fruit pulp (mucilage) is mechanically removed, allowing seed germination initiation, consequently, the formation of compounds secondary, due to the biochemical processes that form in fruits that are immersed in water (Bytof et al. 2005).

After harvesting, commonly in mountainous regions in Brazil, producers use wet processing. For Evangelista et al. (2014), wet processing is adopted to remove pulp and/or mucilage, and the grains that are fermented are immersed in tanks with a large volume of water.

Through technology, the controlled fermentation of coffee can increase the flavor curve and add special flavors. In addition, this coffee can receive more added value during roasting, if the process is properly controlled (Centro Nacionale de Investigación de Café – Cenicafé 2015; Lin 2010).

In this perspective, coffee growing is inserted in this universe of transformations; and increasingly new scenarios are inherent to the process of adding value to the image of the coffee farmer and his product in markets spread in the most diverse consumer squares in the world.

3 Spontaneous Fermentation by Wet

Spontaneous fermentation (Fig. 6.2) applied to the wet pathway is the oldest known fermentative process. The process consists of placing freshly pulped cherries in tanks, usually masonry, with water. The main objective is to promote the removal of the mucilaginous layer surrounding with water, rich in simple sugars and pectin (Ukers, 1922).

The fermentation function is often relativized as a goal of mucilage degradation (only for the removal of sugars present in the parchment to facilitate coffee drying), be it either in liquid fermentation when the coffee is processed by wet processing (in tanks), or by dry processing, when the fruits go to natural drying.

Fermentation with water (washed), also called spontaneous or indigenous, occurs to the natural fermentation of coffee Different biochemical processes occur, in which enzymes produced by yeast and bacteria present in the same mucilage, ferment and degrade their sugars, lipids, proteins, and acids, and convert them into alcohols, acids, esters, and ketones (Quintero and Molina 2015).

Producers opt for this processing because of the low infrastructure investment as they use a fruit retention box where the husked coffee is placed and submerged in water. Conventionally, a common sense has been generated that in areas of high relative humidity this process would be more recommended to avoid harmful fermentation of coffee quality. Thus, occurring in a widespread process in Central America and South America.

Since fermentation time may vary by region of use, IOC (2018), this removal of mucilage from most coffees takes 24–36 h, depending on temperature, mucilaginous layer thickness, and microbial concentration. The end of the fermentation is evaluated by touch, because the parchment that surrounds the grains loses its

Fig. 6.2 Spontaneous fermentation tank for the washed method. Source: Authors

viscous texture and gives a feeling of greater harshness, being a simple strategy, that producers use daily.

Laboratory observations indicate that the pH in the spontaneous fermentation phase for 36 h ranged from 5.26 to 4.46 for the washed method, as shown in Fig. 6.3.

Mucilaginous mesocarp composition of mature coffee fruits includes sugars, complex polysaccharides, proteins, lipids, and minerals. Coffee from dry processing have a greater amount of these hexoses, arabinose, and mannose than washed coffee, whereas the levels of arabinose and mannose are intermediate between those in washed and unwashed coffee (Hameed et al. 2018). To the detriment of this chemical composition, they become a favorable medium for the growth of bacteria, fungi, and yeast (Avallone et al. 2000).

Washed processing consists of the removal of the cascara (exocarp) by a mechanical process known as pulping or peeling, and in this action, some variations may occur, such as peeling, removing only the cascara and the pulp; demucilated by mechanically removing the skin, pulp, and mucilage; and pulped, removing the mucilage by fermentation after peel and pulp removal (Borém et al. 2006).

The earliest reports of the use of wet method technology (Wet Method) date back to western India around 1725, and during this period, the most reliable account says that the introduction of the wet method of preparation made manual harvesting unnecessary at that time (Ukers, 1922).

Naturally brewed coffee is known as washed coffee in the international market. Fermentation in coffee simply means the process, which deals with the degradation of mucilage by the combined action of bacteria, yeast, and enzymes, which act as catalysts in the fermentation process, which in the case of spontaneous technique occurs naturally in coffee fruits with the growth of microorganisms (Sivertz and Desrosier 1979).

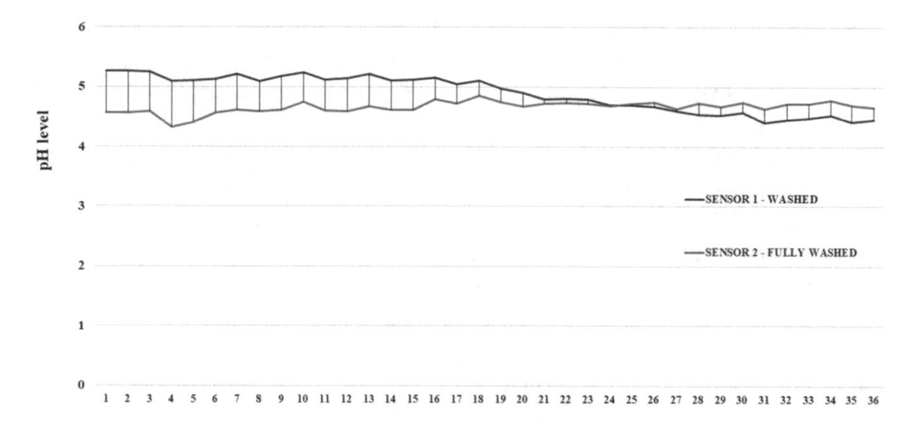

Fig. 6.3 PH monitoring during the spontaneous fermentation phase for the washed method. Source: Authors

After peeling the coffees are transferred to water tanks, where they are allowed to ferment for 6 to 72 h, which depends on the ambient temperature, during which the remaining mucilage is degraded and solubilized. Later the grains are removed from the tanks and dried in the sun (Evangelista et al. 2015).

The perception of exotic notes from spontaneously fermented processing may be associated with specific compounds detected in this process and strongly suggests an important role of wild microflora in the development of these flavors (de Melo Pereira et al. 2015).

To obtain washed coffee, after peeling, the part of the mucilage that is still attached to the fruits is removed in fermentation tanks (Malta et al. 2013). Fermentative degradation of the remaining mucilage is then performed before the grains are dried (Kleinwächter and Selmar 2010). Mucilaginous residues are degraded during the fermentation phase and then washed off. The resulting grains are covered by the endocarp, called parchment.

It is known that the chemical composition of wet and dry-processed coffee may differ significantly for free amino acids, organic acids, and non-structural carbohydrates (Joët et al. 2010), indicating that fermentation may be one of the determinants of quality.

These catabolic processes of oxidation of organic substances, especially sugars, which are transformed into energy and simpler compounds such as ethanol, acetic acid, lactic acid, and butyric acid, are caused by bacteria and yeast, and the end final result of fermentation is dependent on the set of bacteria and yeast present during these processing stages (Quintero et al. 2012).

This suggests that the metabolic processes generated during the spontaneous fermentation phase had a significant effect on the production of some compounds that impart greater acidity to coffee.

Applications for wet processing have historically formed under different conditions, as it was believed that the high load of relative humidity in producing regions would be able to ferment coffee and cause it to lose quality (Ukers, 1922).

The use of wetland technology was mainly adopted in the equatorial regions, where there is continuous precipitation during the harvest period, being considered improper to dry processing (Nobre et al. 2007; Malta et al. 2013; Santos et al. 2009).

Quintero (1996) explains that in the case of dry processing in these regions, there is a greater risk that coffee will contract undesirable fermentations since the fruit stays in contact with the pulp and mucilage for a long time, which represent a barrier to rapid moisture decline, ranging from 60% to 75% at the beginning of the process. The high moisture content and sugar composition of its pulp at the cherry ripening stage turn the coffee into a fruit with all perishable conditions, making its quality to be closely related to the efficiency of the coffee (Nobre et al. 2007).

In addition to avoiding undesirable fermentations, Borém et al. (2006) argue that the recent choice of Brazilian producers for peeled cherry coffee is due to its predominantly ripe fruit (Fig. 6.4), which favors the obtaining of better-quality coffees.

Sucrose is the sugar found in the highest amount in raw grain (Fig. 6.5) and is between 6 to 10% in arabica and 5 to 7% in robusta. Factors such as species, variety, grain maturity stage, and processing conditions interfere with sucrose contents.

Fig. 6.4 Cherry coffee fruits in full ripening stage. Source: Authors

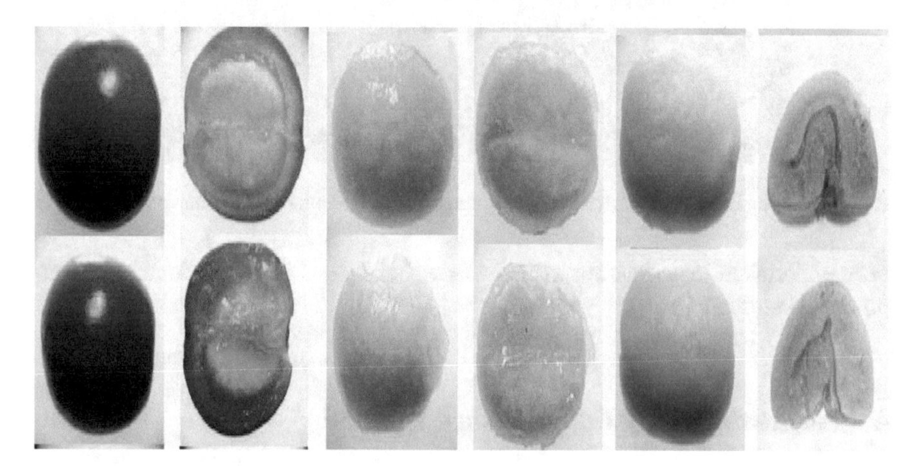

Fig. 6.5 Arabica coffee fruits in full ripening stage. Source: Authors

Reducing sugars range from 0.1 to 1% in arabica coffees and from 0.4 to 1% in robusta. Glucose and fructose present at higher levels and in smaller amounts are stachyose, raffinose, arabinose, mannose, galactose, ribose, and rhamnose (Ribeiro et al. 2012).

At the beginning of coffee fermentation, sugars such as glucose, sucrose, and fructose may be used, thereby decreasing the availability of sugars and other microorganisms (Silva et al. 2008). Metabolic processes occur differently in postharvest, depending on the processing method that is employed. The chemical composition of coffee beans may be altered due to the physical, biochemical, and physiological changes that occur during the processing and drying of beans (Dias et al. 2012).

Spontaneously processed and fermented coffee (Fig. 6.6) through the humid way usually provides characteristic flavors with high acidity, compared to natural coffees with medium body, medium sweetness, and much balance among the other attributes.

Although different typologies exist and each producing region has its characteristics concerning the commonly used methods, a rereading of the optimization has

Fig. 6.6 Coffee in fermentation phase with water, dry, and without cascara. Source: Authors

been undertaken in an attempt to generate sensory gains in the production of wet-processed coffees.

4 Fermentation by Fully Washed Method

For Shuler (2017), fully washed fermentation (Fig. 6.7) consists of the mechanical removal of the exocarp and part of the mucilage, then the remaining mucilage is removed through spontaneous fermentation and subsequent washing.

This fermentation process can be conducted by leaving the coffee itself in a tank to rapidly acidify the environment and prevent yeast. After fermentation, the grains are subjected to a period of water immersion (Clarke and Macrae 1987).

Solid coffee fermentations in closed systems present a more complex beverage, producing a diversity of notes such as fruits, citrus fruits, and chocolates. When brewing coffee in open systems, fruits, chocolates, and sweets are favored, while in closed fruit sweet, hazelnut, and vanilla. However, floral and earthy flavors are also produced (Quintero and Molina 2015).

However, the full oxygenation condition, that is, the fermentation environment with high availability of O_2, ends up being unfavorable for the action of fermentation, in such circumstances, the microorganisms may act in a respiratory and non-fermentative manner, given that a range of microorganisms have optional functions in the presence of O_2, e.g. they may choose to breathe and reproduce rather than ferment and metabolize secondary compounds.

During fermentation, lactic acid bacteria and yeast develop while pectinolytic microflora remains stable. However, at the end of fermentation, yeasts are quantitatively important when pH is lower due to their greater resistance to acidic conditions (Avallone 2001).

In general, microorganisms first consume easily metabolizable substrates such as monosaccharides, also called simple sugars, before hydrolyzing polysaccharides. Due to the high sugar content of mucilage, bacteria preferentially consume them before using pectin decomposition products (Avallone 2001).

After fermentation, fructose, glucose, sucrose, and caffeine concentrations in endosperms decrease significantly. Prolonged fermentation time results in a drop in sucrose concentration and increased concentrations of acetic acid, ethanol, glycerol, glycuronic acid, lactic acid, mannitol, and succinic acid (De Bruyn et al. 2017).

Fig. 6.7 Dry fermentation process—fully washed without water. Source: Authors

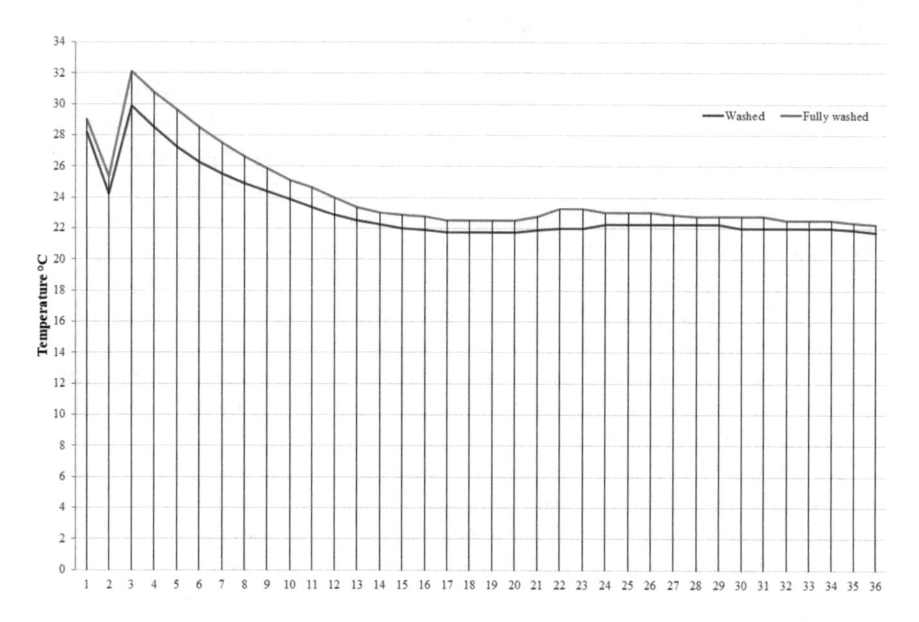

Fig. 6.8 Temperature stage for washed and fully washed methods. Source: Authors

If the natural temperature relationship in the fermentation stage is observed with the washed and fully washed without water method, Fig. 6.8 indicates that the intensity of microbial action occurs in the first hours of fermentation, with a stabilization rate at the end of the process using 36 h without temperature control.

Procedures used with or without water may also result in some changes in amino acid profiles, these are important for protein synthesis and other nitrogen compounds (Dias et al. 2012).

Such compounds, in turn, act as essential substrates in the Maillard reactions that occur during coffee roasting, producing important aroma and taste compounds in the sensory quality of the beverage.

This process has been widely applied in specialty coffee producing countries, however, few studies have been thoroughly developed to understand the quality relationship as a result of this fermentation strategy.

According to Pereira et al. (2020), the environment and process affected the final quality and, consequently, may have influenced the microbial community structures.

Thus, it is understood that the metabolites formed by the microbial communities may be determinant for the final coffee quality as a function of the applied fermentation and processing technique.

5 Spontaneous Fermentation with the Semi-Dry Method

This process started in the 1990s as an intermediate system between traditional dry and wet methods. Originally used in Brazil, it is also called natural pulped in order to clearly identify it from dry and wet processes (Brando and Brando 2019).

The process called semi-dry peeled cherry is in expansion among Brazilian producers, requiring greater research investments, to answer several questions about the quality of the resulting grains from this type of processing (Silva et al. 2004).

According to Vilela et al. (2010) was observed a microbial succession with bacterial species prevailing in the early stages of fermentation, reaching log 7 cfu/g during the first 24 h of fermentation. Yeasts dominated the later stages (as the moisture content decreased) reaching log 6.9 cfu/g after 5 days.

From the perspective of spontaneous fermentation with the semi-dry method, (Pereira et al. 2020) point out that higher altitudes, spontaneous water-washed fermentations, or spontaneous semi-dry fermentations were shown to be more promising. For the specialty coffee (Ribeiro et al. 2017) indicate that using starter cultures in coffee fermented by a semi-dry process, the variety OA showed better sensory characteristics after inoculation.

This systematic approach dissecting the coffee ecosystem contributes to a deeper understanding of coffee processing and could constitute a state-of-the-art framework for the further analysis and subsequent control of this complex biotechnological process (De Bruyn et al. 2017). Indicating that the semi-dry method, in high altitude regions, does not require yeast or bacteria inoculation, but for warmer regions, the inoculation strategy may be favorable for the production of specialty coffees.

The semi-dry process form is a variation of the wet process (Vilela et al. 2010), the mucilage in the parchment is maintained, as little water is used. The fermentation process occurs in the yard hanging under the sun (Vilela et al. 2010). Pereira et al. (2017) observes that coffees processed by the semi-dry method may go through changes in mucilage color ranging from red, black, or yellow, with yellow being more commonly.

These coffees are called by the market as Red Honey, Black Honey, and Yellow Honey (Fig. 6.9). As far as is known and defended, these fruits change color due to the drying process that is affected by the action of polyphenoloxidase or enzymatic browning.

In the case of semi-dry processes, the method does not employ the addition of any microorganism other than those already present in the coffee fruit. The occurrence of this volatile was only present in this method, indicating, therefore, that this compound can also be present in naturally fermented coffees, from natural microbiota (Pereira et al. 2020).

According to (Pereira et al. 2018), the overall quality of the coffees presented the most promising results for wet processing through water fermentation when compared to the no fermentation method (semi-dry) for the experiment located in the South-Southeast region. This indicates that the action of natural microorganisms may be definite for the formulation of coffee quality.

In this method, coffee farmers just wash, float, separate green and ripe fruits, and peel cherries. After the process, the fruits are immediately dried, with all mucilage present on the parchment. The coffee is dried in a thin layer on cement patios or covered terraces for a period of 10 to 15 days to allow greater aerobic degradation

Fig. 6.9 Fresh mucilage of arabica coffee, black, yellow and red honey. Source: Authors

of the mucosa. The fermentation process occurs directly on the parchment (Vilela et al. 2010).

The mucilage remains clinging to the outside of the parchment during drying, or it may be removed immediately via demucilagers. From a cup quality point of view, semi-dry processing with or without mucilage also produces different cup qualities. In semi-dry coffee processing, cup quality also varies based on the decision to eradicate or keep the mucilage clinging to the parchment. (Hameed et al. 2018).

This type of processing (semi-dry) has a range of complexity during the execution phase because the spontaneous fermentation that occurs in fruits happens anaerobically, that is, generating a dependence on the available microbiota in fruits. According to observations of (Pereira et al. 2020), for higher altitudes, spontaneous water-washed fermentations or spontaneous semi-dry fermentations were shown to be more promising.

This discussion generates a new perspective of scientific studies because, according to (De Bruyn et al. 2016), this systematic approach in researching the coffee ecosystem contributes to a deeper understanding of coffee processing and could constitute a state-of-the-art framework for further analysis and subsequent control of this complex biotechnological process.

6 Spontaneous Fermentation by the Natural Method

The dry process (natural) method, with natural, spontaneous fermentation, is widely applied in Brazil and several coffee-producing countries. It consists of a simple but complex process of understanding the metabolite products that form during this processing.

During dry processing, acetic acid bacteria (i.e., *Acetobacter*, *Gluconobacter*) were most abundant, along with non-Pichia yeasts (*Candida*, and 40 *Saccharomycopsis*). Accumulation of associated metabolites (e.g., gluconic acid and sugar 41 alcohols) took place in the drying outer layers of the coffee cherries (De Bruyn et al. 2017).

In the drying method, the wet parchment coffee bean at this stage consists of approximately 57% moisture. The coffee parchment moisture needs to be reduced as soon as possible to an optimum 12.5% either in the sun, in a mechanical dryer, or by a combination of the two. The sun-drying is done on extensive flat concrete or brick areas, known as patios, or on tables made of fine-mesh wire netting. The beans are laid out in a layer of 2–10 cm and frequently turned to ensure even drying. Sun-drying should take from 8 to 10 days, depending upon ambient temperature and humidity.

Coffee dries more quickly if raised on tables because of the upward draught of warm air. The use of hot-air drying machines becomes necessary to speed up the process in large plantations where, at the peak of the harvesting period, there might be much more coffee than can be effectively dried on the terraces. However, the

Fig. 6.10 Dry process (natural). Source: Authors

process must be carefully controlled to achieve satisfactory and economical drying without any damage to quality (Lin 2010).

The processing variables involved in converting coffee cherries into green beans appear to be of major importance. Of these processing variables, natural or sun-drying is the most commonly used, and it is the oldest, cheapest, and easiest way to transform the cherries into green beans (Hameed et al. 2018).

The dry process (natural—Fig. 6.10), which results in so-called unwashed or natural coffee, is the oldest and simplest method of processing coffee. The dry process is often used in countries where rainfall is scarce, and long periods of sunshine are available to dry the coffee properly. The dry method is used for about 95% of Arabica coffee produced in Brazil, most coffee produced in Ethiopia, Haiti, Indonesia, and Paraguay, and some Arabica produced in India and Ecuador. This method involves the fermentation of whole fruit and usually produces coffee that is heavy in body, sweet, smooth, and complex (Silva et al. 2008).

The sucrose accumulated in the beans is one of the organoleptic compounds in coffee. Sucrose plays an important role in the ultimate aroma and flavor that is delivered by a coffee grain or bean. Sucrose is a major contributor to the total free reducing sugars in coffee, and reducing sugars are important flavor precursors in coffee (Somporn et al. 2012).

The main difference between the sugar contents of continuously dried green coffee beans and those dried with pauses—and thereby mimicking a sun drying—is because the observed alterations in the contents of the various sugars are slightly more pronounced. This points out that the metabolic events responsible for these fluctuations in sugar metabolism should also be more distinct. A possible explanation for this effect could be due to a synchronizing effect of the applied day-and-night-rhythm. However, despite these differences occurring in the differentially dried beans, the particular concentration in the resulting dried coffee beans—either continuously dried or with pauses—are more or less identical. Consequently, they are not affected by the drying method applied. Thus, the sugar composition cannot be the direct cause for the observed quality differences in differentially dried coffees (Kleinwächter and Selmar 2010).

Naturals have a greater amount of these hexoses, arabinose, and mannose than washed coffee, whereas the levels of arabinose and mannose are intermediate between those in washed and unwashed coffee (Hameed et al. 2018). According to (Borém et al. 2008), natural coffee presented higher levels of reducing sugars than pulped coffee. This may be justified by the presence of the coffee husk and mucilage during drying.

For the authors Simões et al. (2008), the percentage of cherry fruits, above 90%, is a determinant for the high quality of the beverage because it is influenced by the percentage of verdoengo fruits, which detract from the coffee quality, generating undesirable flavors.

As the coffee tree in the mountainous region of the state of Espírito Santo presents more than one flowering, fruits with various stages of ripeness are generated. This coffee is usually mostly harvested by full melt with the presence of green, ripe or "cherry," overripe or "raisin" fruits, and dried fruits (Krohling et al. 2013).

7 Yeast-Induced Fermentation

Several authors have already described induced fermentation as a fermentation control procedure that naturally occurs in coffee during post-harvest processing (Silva et al. 2013; de Melo Pereira et al. 2015; Pereira et al. 2017).

Besides discussing the impacts of edaphoclimatic conditions as preponderant quality, in recent years there has been a growing search for understanding the composition of the coffee microbiota, according to Silva et al. (2008) and Pereira et al. (2014), there is a significant effect of yeast during the fermentation process as well as bacteria. These microorganisms are detected and quantified during the coffee fermentation process, generating significant impacts on coffee quality (Quintero et al. 2012; Evangelista et al. 2014; Masoud et al. 2004).

The use of optimizing parameters and starter cultures suitable for postharvest fermentation in wet processing may give desirable attributes to the coffee aroma, while uncontrolled fermentation inevitably leads to unpleasant flavors (Jackels et al. 2005). In the line of studies, which indicate that induced fermentation is capable of modifying the taste and quality of coffee, are the studies of Evangelista et al. (2014), Evangelista et al. (2014), Ribeiro et al. (2017) and Pereira et al. (2020).

The use of selected cultures, such as *S. cerevisiae,* may play an important role in the succession of wild yeasts. Inoculation of *Saccharomyce*s during the

Fig. 6.11 Water-free and water-added fermentation must with *Saccharomyces cerevisiae*. Source: Authors

fermentation process (Fig. 6.11) causes an increase in the microbial population compared to other species, due to its overcrowding when added to the fermentation process, thus suppressing non-*Saccharomyce*s indigenous species (Ciani et al. 2010).

In the processing that uses these types of fermentations, the presence of oxygen (aerobic condition) in tanks occurs naturally and simultaneously to the lactic fermentation by *Lactobacillus* spp. and *Streptococcus* spp., and alcoholic fermentation by yeast, mainly Saccharomyces cerevisiae (Quintero and Molina 2015), which is not always feasible for the optimization condition of the microorganism in the fermentation phase.

According to Cardoso et al. (2016), it is suggested the use of 0.1–10% of microorganisms addition as a function of coffee weight, for the formulation of fermentative must with yeast addition, in the specific case of *Saccharomyces cerevisiae.*

Thus, during coffee fermentation, bacteria, yeast, and enzymes act on mucilage degradation, transforming pectic compounds and sugars into alcoholic and organic acids (MartineZ 2010). The results presented by Lee et al. (2015) reinforce the discussion about fermentation, considering that desirable attributes can be optimized during the induced fermentation process. During fermentation, some volatiles were degraded while the generation of some volatiles could be correlated with the metabolism of aroma precursors in green coffee beans by *R. oligosporus*.

The addition of starter cultures helps to control the fermentation process, thus ensuring the formation of desirable aromas and fluids, which increases the possibility of producing specialty coffees (Ribeiro et al. 2017). Important characteristics, especially aroma, body, taste, and acidity, have been modified in coffees processed under fermentation with starter cultures (de Melo Pereira et al. 2015).

Fermentation of coffee pulp sugars by yeast can produce a wide range of volatile metabolites that are well known for their aromatic and flavoring properties (Swiegers et al. 2005).

In the case of coffee fermentation, it is clear how these volatiles can impact the taste of the beverage, since they must diffuse into the beans and through the metabolic excretion processes generated by the microorganisms, thus impacting the coffee quality. As discussed, by Pereira et al. (2020), some volatile compounds found in roasted coffee beans come from specific fermentation processes.

Induced fermentation can also contribute not only to the production of new sensory pathways but also to quality assurance by acting as bioprotectors in processing and preventing microorganisms responsible for quality depreciation from multiplying with excess sugars available in the mucilaginous layer of coffee (Schwan et al. 2015).

Yeast inoculation (Fig. 6.12) during coffee processing significantly reduces the total incidence of *Aspergillus niger* and *Aspergillus ochraceus* fungi, which produce ochratoxin A in coffee parchment and cherry, without affecting the quality of the beverage (Velmourougane et al. 2011).

Thus, the microorganisms present in coffee directly influence the quality of the beverage, either by the degradation of compounds present in the beans or excretion of metabolites that diffuse into the beans, therefore, the knowledge of microorganisms and their role in fermentation is of great importance to obtain a quality product (Vilela 2011).

According to Evangelista et al. (2014), the use of yeasts during coffee fermentation through dry processing provides a distinctive flavor, thus making it an economically viable alternative to obtain a distinctive coffee with a distinctive caramel and fruity flavor, thus adding value to the product and standardizing processes.

In postharvest coffee processing, the selection of indigenous yeast strains with large extents of pectinases, volatiles, and organic acids production for controlled

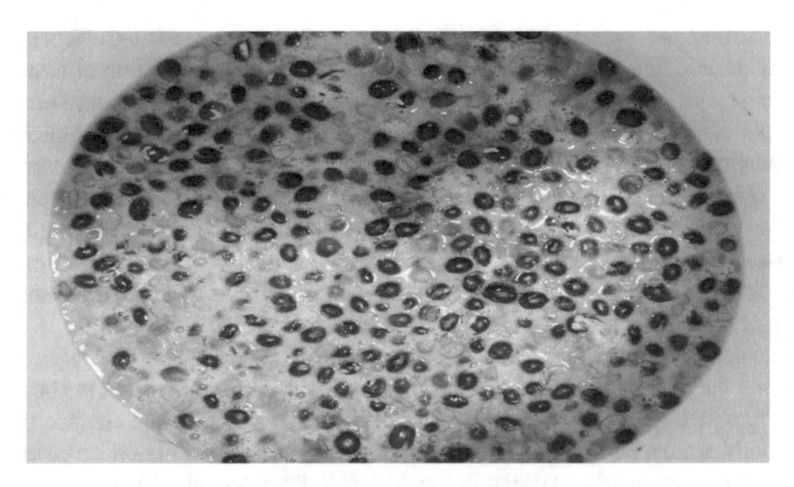

Fig. 6.12 Peeled cherry coffee and bark in induced fermentation process with *Saccharomyces cerevisiae* inoculation. Source: Authors

coffee cherry/coffee parchment fermentation has led to the production of coffees with distinctive aroma profiles (Lee et al. 2016).

Finally, the inoculation of yeast *Candida parapsilosis* and *Saccharomyces cerevisiae* onto depulped coffee cherries in semi-dry processing give coffees caramelic and bitter attributes (Evangelista et al. 2014).

8 Fermentation by Carbonic Maceration

Carbonic Maceration is a process that leads to fermentation involving whole coffee cherries (unruptured cherries) with intact in an Anaerobic (oxygen-free) environment of Carbon dioxide (CO_2) in a closed container (Gudi 2017).

This process is described in the literature as a fermentation that explores the adaptability of coffee berries to a closed, oxygen-deprived, carbon-dioxide-filled environment. Excess CO_2 causes the transition from respiratory anaerobic metabolism to fermentative anaerobic metabolism within each fruit (Tesniere and Flanzy 2011).

In this system, the air within the container is expelled to produce a substantially anaerobic atmosphere in which the grapes undergo intra-cellular fermentation. The containers comprise sealable plastic bags that incorporate a one-way valve to allow release but not the entry of gases. The container preferably contains solid CO_2 to expel air by vaporization of the solid CO_2 (Hickinbotham 1986).

In the condition of full anaerobiosis, microorganisms choose to ferment, transforming the raw material (sugars) into energy or other metabolic products. Fermentation always occurs in the cytoplasm (or cytosol) of the cell with the aid of enzymes, which act as catalysts. Thus, fermentation is an energy production pathway that uses an organic matter such as glucose.

However, more recently, the endophytic microbiota present in coffee plants, and especially in coffee cherries, has received considerable attention, when its diversity and potential contribution to positive attributes of brewed coffee began to be appreciated (Oliveira et al. 2013).

For example, according to (Syed et al. 2012), bacterial endophytic flora from *Coffee arabica* L. was screened and evaluated for caffeine degrading experiments. Among the endophytes isolated bacterium belonging to *Pseudomonas* sp., exhibited 98.61% caffeine degradation. The bacterium was capable of growing luxuriantly when caffeine was supplement as a sole source of carbon and nitrogen.

The possible action of endophytic microorganisms should also be analyzed, since they have already been described in coffee fruits by Genari (1999), Yamada (1999), Sakiyama et al. (2001), and Oliveira et al. (2013), and may be directly interfering with metabolic activity during the fermentation process.

Endophytic microorganisms inhabit the interior of plants, being found in plant organs and tissues. This endophytic community consists mainly of fungi and bacteria, and unlike pathogenic microorganisms, it does not cause damage to their hosts.

Endophytes may play a relevant role in plant health, as they act as controlling agents of phytopathogenic microorganisms (Neto et al. 1998).

Naturally occurring endophytic microorganisms in coffee fruits play an important role in the production of secondary metabolites that positively or negatively interfere with beverage quality. Growth characteristics and induced pectinase synthesis are functional characteristics that possibly contribute to the metabolic processes that result in higher quality coffee precursor compounds (Monteiro 2008).

These recent results provide new insights into the anaerobic fermentation environment for coffee, indicating a long way to study and understand the effects of fermentation on the formation of secondary compounds associated with beverage quality.

The metabolic process of fruits occurs only by intracellular enzymatic kinetics, the action of enzymes present in cherries. Fermentation by carbonic maceration is considered highly desirable because it produces natural aromatic qualities that are generally not produced by the fermentation of crushed grapes. This process produces glycerol and some other constituents, breaks down malic acid, alters the physical appearance of the berries, and produces a more complex flavor (Hickinbotham 1986).

For example, according to (Tesniere and Flanzy 2011), wines produced by carbonic maceration provoke intense fruity and floral notes when young. In general, the best wine structure is obtained when it occurs between 30 and 32 °C for a period of 5 to 8 days. For fermentation at lower temperatures (15 °C), the time extends to 20 days.

To carry out the fermentation system with a carbonic maceration application, it is necessary to use a fermentation system that enables the CO_2 injection and purification of the system, associated with temperature control, as shown in Fig. 6.13.

First, coffee cherries absorb CO_2 gas and begin oxygen-free fermentation that breaks down the sugars in the coffee cherries and lowers the acidity. While this is happening, the anthocyanins and tannin in the skins make their way into the pulp turning giving it a pink, purplish color. At this point, the temperature strategy will be crucial to provide the ideal conditions for microorganisms to act in fermentation.

According to De Bruyn et al. (2017), points to reduced fructose and glucose levels decreased during the substantial accumulation of metabolites associated with microbial activity, including acetic acid, ethanol, glycerol, lactic acid, and mannitol. Accumulation of these compounds begins after processing, and concentrations increase in proportion to the fermentation time.

However, it is evident that there are different discussions regarding the origin of the aromas and flavors described in coffees subjected to different forms of processing that include spontaneous or induced fermentation, developed exclusively for coffee processing or from other products such as coffee wine, for example.

The application of vinification processes has already been described in coffee in an experimental factory in Soubre, Côte d'Ivoire, such fermentation was organized

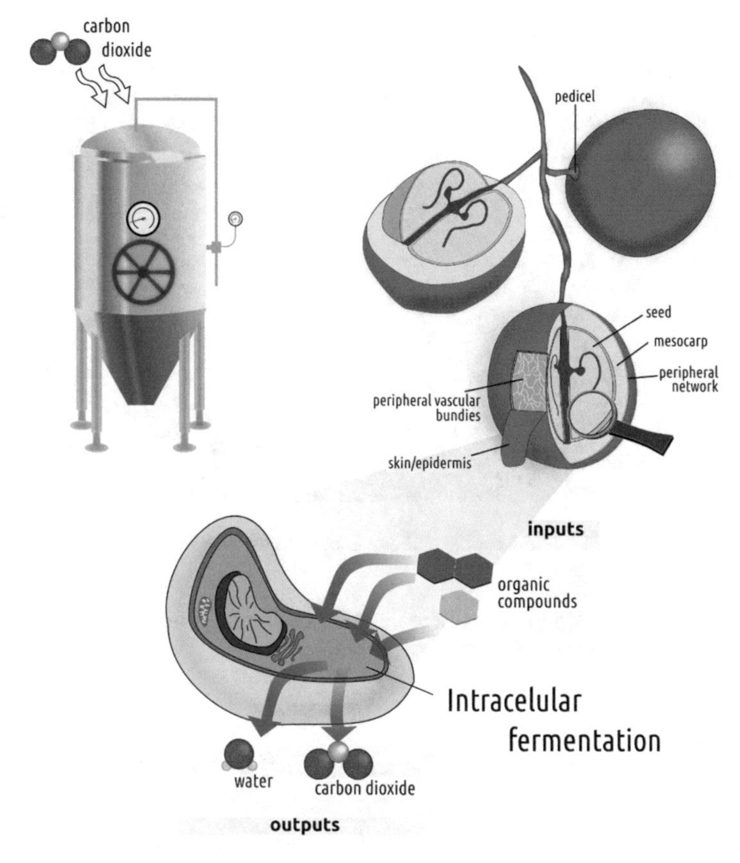

Fig. 6.13 Fermentation system for carbonic maceration. Source: Authors

in vats, where the fermentation time is temperature-dependent. In warmer regions, the fermentation time is shorter, while at higher altitudes, where the climate is milder, fermentation lasts around 48 h (Clarke and Macrae 1987).

The completion of the maceration process depends on the temperature at which the fermentation process will be conducted, i.e. at higher temperatures it is possible to reduce the fermentation time. After that, the coffee cherries can be removed from the tank and follow to the peeled or natural cherry processing. In the case of low-temperature fermentations, it is necessary to extend the fermentation step by 5–8 days. Both methods can expect fruity flavors such as strawberry, raspberry, cherry, and banana, which are trademarks of this process (Gudi 2017).

It is therefore recommended that the carbonic maceration process (Fig. 6.14) be performed with strategies of at least 4 days of fermentation at a constant temperature of 36 °C or 6–8 days with temperatures of 26 °C.

The technique of carbonic maceration fermentation is still recent in the coffee industry, requiring further studies to better understand the phenomena that form during coffee processing under the conditions exposed above. However,

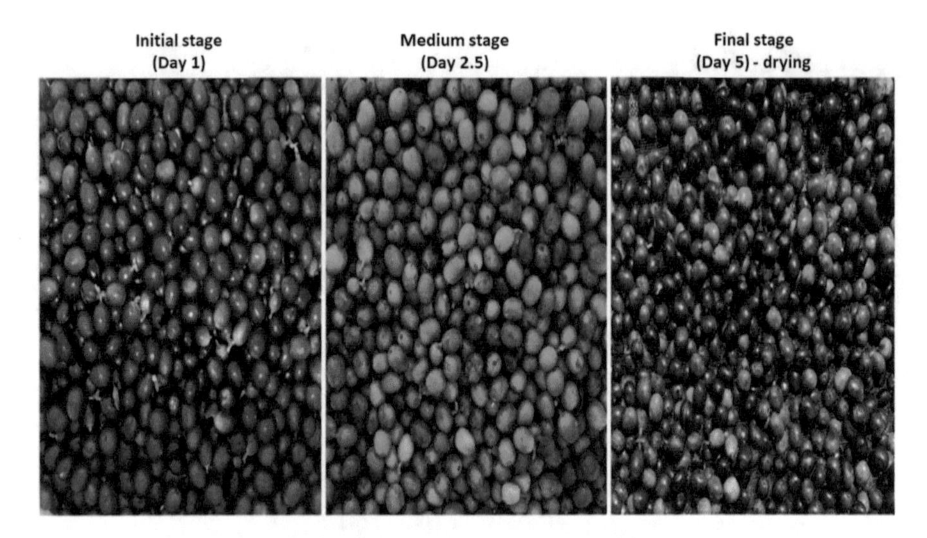

Fig. 6.14 Ripe coffee fruits subjected to carbonic maceration process. Source: Authors

fermentation at this stage is considered a real possibility, indicating a new strategy for the formulation of sensory profiles for coffee.

9 Anaerobic and Aerobic Fermentation in Coffee Process

Catabolic processes of oxidation of organic substances, especially sugars, which are transformed into energy and simpler compounds such as ethanol, acetic acid, lactic acid, and butyric acid, are caused by bacteria and yeast, the final result of the fermentation is dependent on the bacteria and yeast present during these processing stages.

Thus, ecological succession can be defined as a directed change in the composition, relative and spatial abundance of species comprising a community. Fermentation on a solid substrate is performed by microorganisms naturally present or inserted therein. Thus, in natural fermentation, the present microbiota alters the organoleptic and nutritional characteristics, besides providing the inhibition of toxic compounds (Silva 2004).

Producers typically opt for mixed fermentations that use water availability, as seen in wet coffee processing by the washed method. Beans are then put in a fermentation tank with a water stream and allowed to ferment to degrade a hygroscopic mucilaginous layer (inner mesocarp), which constitutes an obstacle to the drying (Avallone et al. 2002).

In this condition, a fermentation must form, that is, in an environment with availability of water (water tank), coffee, sugars, and other organic compounds, which will be consumed by some microorganisms (bacteria and yeast), which will

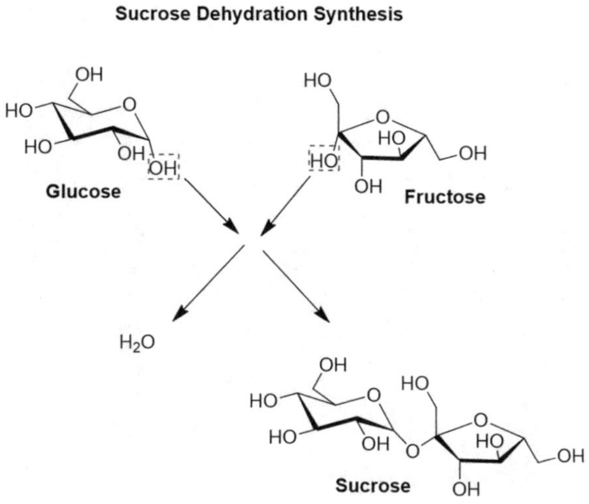

Fig. 6.15 Sucrose dehydration synthesis in washed process. Source: Authors

decompose. Available organic products, that is, break down long-chain organic molecules into smaller, simpler ions or molecules by consuming oxygen. These microorganisms break down the nutrients into smaller molecules and then use these molecules for the synthesis of new cellular components. They release the chemical energy stored in the nutrients and use it later to perform other processes (Abu Shmeis 2018).

In the initial phase, for aerophilic mesophilic microorganisms to obtain the energy needed to maintain their metabolism, one of these processes is necessary: cellular respiration or fermentation.

In these two processes, the sucrose molecule (Fig. 6.15), available in the coffee pulp, is broken down into smaller molecules, releasing some of the energy contained in their bonds to the cell. However, this break occurs differently in these two processes. First, cellular respiration (respiration could be aerobic or anaerobic according to the availability of oxygen), (Abu Shmeis 2018), followed by coffee deposition for fermentation. Sucrose will break down in the presence of oxygen (aerobic) and have, at the end of the reaction, carbon dioxide and water (this carbon dioxide can be used by photosynthesizing cells to form new carbohydrates) (Abu Shmeis 2018).

Oxygen gets into water by diffusion from the surrounding air, by aeration, or as a waste product of photosynthesis. Dissolved oxygen is essential to the survival of organisms in a stream. Thus, organisms that are more tolerant of lower dissolved oxygen levels may thrive in a diversity of natural water systems, including aerobic bacteria (Abu Shmeis 2018).

After this succession, without a supply of oxygen, as in an anaerobic environment, the cell will undergo fermentation, (Abu Shmeis 2018), with a reduction of O_2 in the fermentation environment, converting the available compounds in other

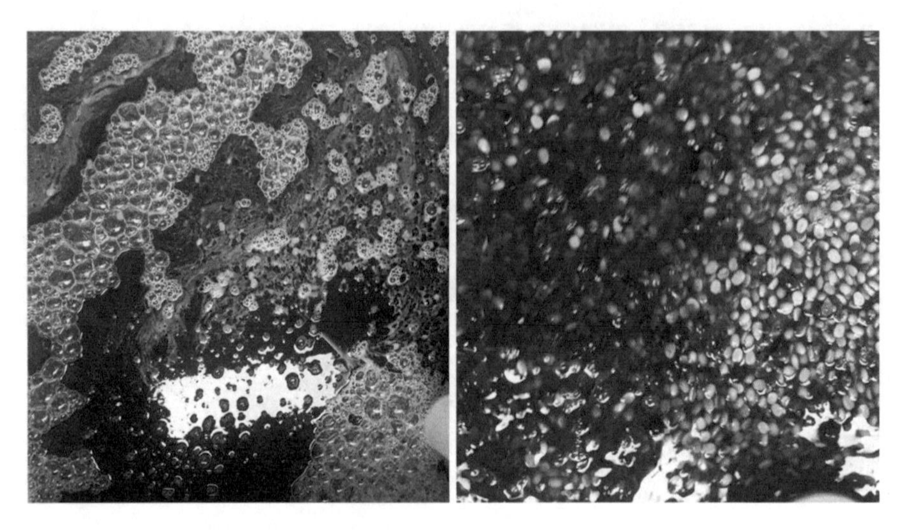

Fig. 6.16 Coffee in spontaneous fermentation—washed process. Source: Authors

secondary that will be reflected in the final consumption of the drink. Therefore, there is a distinction between the sensory profile of washed coffees (Fig. 6.16) and natural coffees.

An understanding of microbial dynamics during natural fermentation should enable more rapid fermentation and better quality of the final product (SILVA et al. 2008). Moreover, Wootton (1974) discusses that a long soaking time, and consequent greater loss of sugars due to their high solubility, might be the reason behind the lower sucrose content in washed coffee, confirming the role of microorganisms in this type of fermentation.

Until now, the evolution of each microflora (aerobic, anaerobic, lactic, yeast, and pectolytic microflora) was not studied as well as the biochemistry of the fermentation (Avallone et al. 2002).

For instance, different microbial groups were associated with wet and dry processing. Additionally, the accumulation of metabolites associated with the respective microorganisms took place on the final green coffee beans (De Bruyn et al. 2017).

Studies on natural coffee microbes always emphasize filamentous fungi isolation and identification, but the predominant microorganisms during the fermentation and drying period are bacteria and yeasts. Traditionally, naturally processed coffees originate from stripping the berries at various stages of ripeness. Microbial succession was established with the predominance of bacteria at the initial fermentation stages and with the presence of filamentous fungi and yeasts throughout the entire process on fermentation days. Gram-negative bacteria predominated in the initial fermentation phases (up to the 12th day—19% moisture) because they are less resistant to low moisture content than Gram-positive bacteria. *D. hansenii* and *Pichia* were the most frequent among the yeast isolates but were still present in smaller populations than bacteria and fungi species. However, the yeasts identified have been reported to inhibit filamentous fungi mycelial growth and could thus be potentially used for biocontrol of filamentous fungi growth. This inhibition of fungal development may be of importance in coffee regions where the atmospheric conditions are adverse during natural coffee fermentation (high humidity, no sunshine, and high rainfall) (Silva et al. 2008).

Fermentation strategies in completely oxygen-saturated environments have increased and become recurrent in coffee growing. Many producers are applying O_2 restriction processes to promote anaerobic fermentation with or without added microorganisms.

In the process of anaerobic respiration, carbohydrate can be metabolized by a process that utilizes oxidative phosphorylation via an electron transport chain, but instead of oxygen serving as the terminal electron acceptor, an inorganic molecule such as nitrate or sulfate is used. Also, other organisms may turn to this form of respiration if oxygen is unavailable (facultative anaerobes). Anaerobic respiration tends to occur in oxygen-depleted environments (Abu Shmeis 2018).

With low oxygen levels (anaerobic stage of fermentation), favor initial colonization by yeasts, which utilize the pulp carbohydrates to produce ethanol. The decline in the yeast population is followed by a phase during which bacteria, principally LAB and AAB, dominate the fermentation (de Melo Pereira et al. 2016).

Finally, there is an increasing structural change in the sensory profile of coffees that undergo fermentation under mixed conditions (aerobic and anaerobic) compared to coffees fermented under anaerobic conditions, indicating a horizon of bioprospecting possibilities for scientific studies.

According to Pereira et al. (2019), the dry fermented coffee beans with cultures of *Saccharomyces cerevisiae* showed a higher sensory profile than all other methods (fully-washed and semi-dry). The advantage of using this technique is directly related to the reduction of water consumption by 89% in the post-harvest stage. All groups of yeast-fermented coffees presented clustering homogeneity, regardless of the experimental range, indicating a potential of preference of this sensory profile for North American graders.

However, concomitant to the sensory results according to the process employed, the regression models indicate that washed fermentation provided improved coffee quality due to altitude, which shows that the microbiota present in the fruits can take charge of the fermentative processes and that the fermentative action occurs to solubilize polysaccharides6 that are present in the coffee pulp. Consequently, during the fermentation, microorganisms will act in the degradation of the sugars present in the pulp, creating metabolic routes and different sensorial patterns. For higher altitudes, spontaneous water-washed fermentations or spontaneous semi-dry fermentations, are more promising (Pereira et al. 2020).

10 Microorganisms Present in Coffee Fruits

The microorganisms present in coffee (Fig. 6.17) directly influence the quality of the beverage either by the degradation of compounds present in the beans or by the excretion of metabolites that diffuse inside the beans. Therefore, knowledge of the microorganisms and their role in fermentation is of great importance to obtain a quality product (Vilela 2011).

Microbial populations develop in various habitats, interacting and modifying chemical and physical aspects of the environment. In this process, they can colonize various substrates, modifying them by excreting their metabolic products.

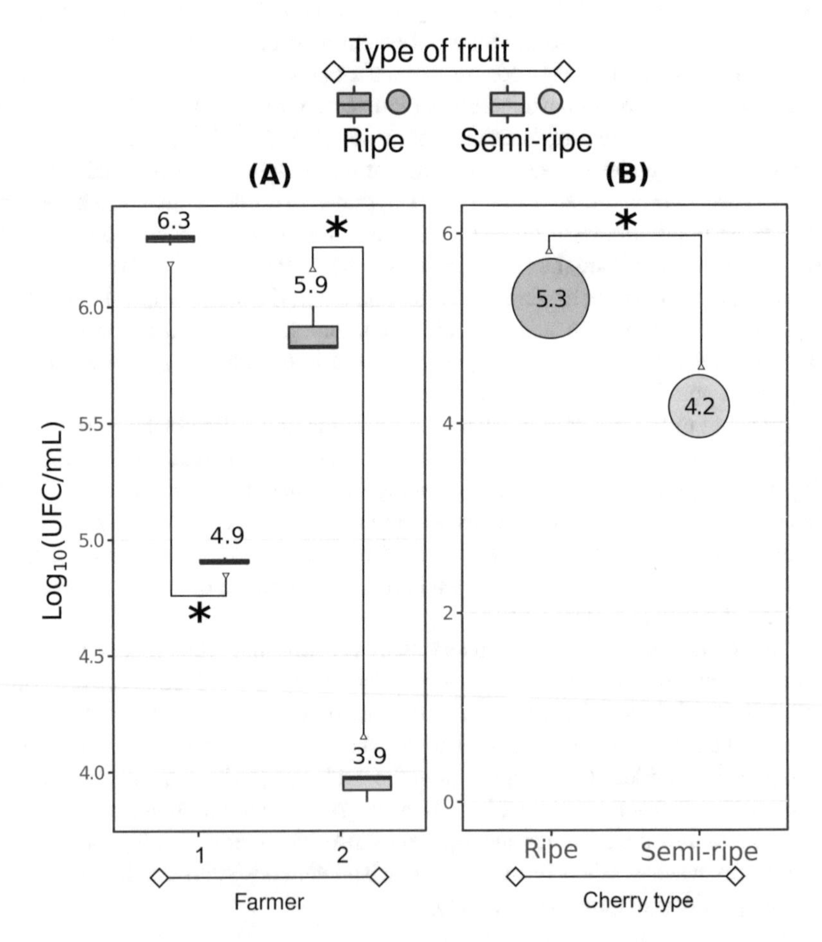

Fig. 6.17 (**a**) Counting the number of colonies in the outer cascara of ripe coffee fruits and verdoengos in two properties. (**b**) Internal count for property 1 pulp. Values are represented in logarithmic basis 10. Asterisks (*) indicate F significance at 0.05%. Source: Adapted from Coffea em stages (2019)

Coffee beans (bark, pulp, and seed) serve as a substrate for the development of bacteria, yeast, and filamentous fungi, supplying them from carbon and nitrogen sources, as they have cellulose, hemicellulose, pectins, reducing sugars, sucrose, starch, oils, proteins, acids, and caffeine.

However, some precautions should be observed when applying fermentation techniques, according to Coffea em stages (2019), the colony-forming units (CFU) isolated from the coffee husk, indicate that in both properties, the number of colonies was higher in ripe fruits compared to verdoengo fruits, and, when contrasting the two properties, we noticed that property 1 obtained 24.1 times more CFU in ripe fruit than in verdoengo and in property 2 this relation was 88.6 times riper compared to verdoengo, that is, the coffee producer must always prioritize the harvesting of fruits with full ripening stage. Thus, for microorganisms isolated from the peel, Log10 values (CFU/mL) were obtained from 4.9 from green fruits and 6.3 from mature fruits.

There are also microorganisms present internally in the fruits, in the case of endophytic bacteria of the genera *Acetobacter*, *Acinetobacter*, *Actinomyces*, *Agrobacterium*, *Bacillus*, *Burkholderia*, *Azospirillum*, *Curtobacterium*, *Pantoea*, *Pseudomonas*, and *Xanthomonas*, among others, have been frequently used to promote growth plants (Dos Santos and Varavallo 2011).

Mucilaginous mesocarp composition of mature coffee fruits includes sugars, complex polysaccharides, proteins, lipids, and minerals. In detriment of this chemical composition, they become a favorable medium for the growth of bacteria, fungi, and yeast (Avallone et al. 2000; de Castro and Marraccini 2006).

When these microorganisms act, they can promote fermentative actions that may or may not be beneficial to coffee quality. About the mesocarp, Yamada (1999) discusses that the action of microorganisms and their metabolic products in coffee fruits can negatively or positively affect the expression of the final quality of the coffee drink, and these epiphytic microorganisms, naturally occurring in coffee fruits, play an important role in the production of secondary metabolites, which positively or negatively interfere with coffee quality (Santos 2008).

Thus, if fermentation is not carefully planned and structured, undesirable microorganism species may be responsible for taste defects such as acidifiers, those that produce acetic acid and molds. This then results in a need to precisely control the growth of polysaccharide-consuming microorganisms and the formation of aromatic volatiles such as phenolics, aldehydes, and ketones (Poltronieri and Rossi 2016).

When detected by the tasters, these flavors demonstrate a quality problem and can be classified as *riado* coffee, since the coffee has a slight iodoform flavor. When such a flavor of iodoform is pronounced, it is denounced coffee rio. The coffee rio zona has to have a very sharp aroma and taste, similar to iodoform or phenic acid, being repugnant to taste (Schmidt and Miglioranza 2010).

Lin (2010), in his study, found that the fungi *Rhizopus oryzae* and *Aspergillus niger* were able to degrade part of the coffee mucilage and pectin in 24 h fermentation to have reduced sugar 10.65% and 11.38%. The presence of *Aspergillus* section *Niger* and *A. westerdijkiae* was related to poor drink quality, presenting a negative sensory evaluation and producing attributes such as moldy and fermented. (Iamanaka et al. 2014).

On the other hand, the effects of *Y. lipolytica* fermentation of green coffee beans on the volatile profiles of roasted coffees were most evident at light roast levels. Some of the fermentation effects, such as the generation of 2-phenylethanol, volatile phenols (4-vinylguaiacol and 4-vinylphenol), and acid metabolism by *Y. lipolytica,* were preserved after light roasting. Furthermore, the levels of ketones and volatile sulfur compounds were modulated by the changes in sugars and amino acid concentrations induced by fermentation, which influenced volatiles formation during roasting. Despite the decreases in sugars and amino acid concentrations after fermentation, similar levels of pyrazines were detected in roasted fermented and unfermented coffees (Lee et al. 2016; Lee et al. 2016).

Yeast classes such as *Debaryomyces hansenii* and *Pichia* may inhibit filamentous fungi micellular growth, so they can potentially be used for the biocontrol of filamentous fungal growth. This inhibition may contribute to the maintenance of quality in coffee regions where atmospheric conditions are adverse during natural coffee fermentation (high humidity, lack of sunshine, and high rainfall) (Silva et al. 2008).

The impact of yeasts on the production, quality, and safety of foods and beverages is intimately linked to their ecology and biological activities. Recent advances in understanding the taxonomy, ecology, physiology, biochemistry, and molecular biology of yeasts have stimulated increased interest in their presence and significance in foods and beverages. This has led to a deeper understanding of their roles in the fermentation of established products, such as bread, beer, and wine, and greater awareness of their roles in the fermentation processes associated with many other products (Fleet 2007).

The most common genera of bacteria present during coffee fermentation are *Lactobacillus, Bacillus, Arthrobacter, Acinetobacter, Klebsiella,* and *Weissella.* Yeasts tend to increase during fermentation/drying and may reach higher values than the bacterial population. Among the yeasts are *Saccharomyces, Pichia, Candida, Rhodotorula, Hanseniaspora,* and *Kluyveromyces*, being the most commonly found yeast genera (Evangelista et al. 2014). Avallone (2001) identified the yeasts *Cryptococcus laurentii*, *Kloeckera apis apicuata*, *Cryptocccus albidus*, *Candida guilliermondii* and *Kloeckera apis apiculata*.

Among the genera of *Kloeckera*, *Candida,* and *Cryptococcus* have a good fermentative capacity of ethanol production. Spiky strains such as *Kloeckera apis apicuata* are usually found in plant fermentation when the alcohol level is low, as observed in coffee fermentation (Avallone 2001). Avallone (2001) identified lactic acid bacteria *Ln. mesenteroides dextranicum* and *Lb. Brevis* and Evangelista et al. (2014) complement that the most common bacterial genera present during coffee fermentation are *Lactobacillus, Bacillus, Arthrobacter, Acinetobacter, Klebsiella,* and *Weissella.*

Microbial succession in the spontaneous fermentation phase maintains the predominance of bacteria in the early stages of fermentation (Silva et al. 2008), regardless of the process the bacterial population is larger than the yeast population at the beginning of fermentation (Evangelista et al. 2014) having the presence of filamentous fungi and yeast throughout the process on the days of fermentation when aw was around 0.8 (Silva et al. 2008).

However, LAB is isolated in high numbers in wet processing due to the anaerobic or low oxygen conditions present, which favor their development. In dry processing, the common species are *Bacillus subtilis*, species of the *Enterobacteriaceae* family, *Debaryomyces hansenii*, *Pichia guilliermondii*, and *Aspergilus niger*. In the wet and semi-dry processing, the species commonly isolated are *Leuconostoc mesenteroides*, *Lactobacillus plantarum*, *Enterobacteriaceae*, *Bacillus cereus*, *Hanseniaspora uvarum*, and *Pichia fermentans* (de Melo Pereira et al. 2016).

Microorganisms, in general, are in large quantities in the coffee bean regardless of the process used. Such microorganisms are directly linked to the final quality of coffee due to the production of its metabolites, new fermentation techniques with the inoculation of microorganisms are being used to enhance the coffee quality.

However, the incorrect application of these microorganisms can cause loss of quality, coffee decay due to the long fermentation time used, generating the formation of mycotoxins that can be harmful to health. Therefore, users of coffee fermentation techniques must have scientific knowledge for the safe use of fermentation procedures, thus generating a risk-free product for human health.

11 Coffee Mycotoxins

Since the rise in food prices in the 2008 global economic crisis, there have been several reports addressing concerns about the challenge of feeding nine billion people by 2050. As a result, several technologies have been created in the fields of plant genetics, plant pathology, irrigation, plant nutrition, area management, and logistics. Such investments are necessary to optimize and make more efficient agricultural activity (Grafton et al. 2015).

Just as important as feeding nine billion people around the world is ensuring that these foods are produced sustainably and distributed following food safety standards. The latter is necessary due to the imminent risk of intoxication resulting from various factors ranging from planting to inadequate transport and storage of agricultural products.

Currently, the control of toxic levels in food is a global concern as it causes economic damage and consumer health. To diagnose and manage food security around the world, an important group of contaminants, called mycotoxins, should be specially considered, given their widespread occurrence on all continents and widespread climate adaptation, harming the world economy, human and animal health.

11.1 Mycotoxins

The term mycotoxin comes from the Greek word "mykes" meaning fungus and from Latin "toxican" meaning toxins. The term is used to refer to a group of compounds produced by some filamentous fungal species during their growth and development, which can cause various pathologies or even death when ingested by humans or animals (Audenaert et al. 2013).

The United Nations Food and Agriculture Organization (FAO) estimates that about 25% of world commodity agricultural production is contaminated with mycotoxins, leading to significant economic losses (Jalili 2016).

Human exposure to mycotoxins from contaminated food consumption is a public health issue worldwide. Mycotoxins are compounds with recognized toxic activity in animals and humans, which may be present in food. As they are natural contaminants, it is not possible to eliminate their presence from food, but they can and should be reduced to levels that pose no risk to populations (Chalfoun et al. 2008).

On the one hand, mycotoxin production is dependent on fungal growth, so it can occur at any time during food development, harvest, or storage. However, fungal growth and the presence of toxins are not necessarily associated, since not all fungi produce toxins. On the other hand, mycotoxins can remain in food even after the fungi that produced them have been destroyed. The genera of fungi most commonly associated with toxins are *Aspergillus, Penicillium,* and *Fusarium* (Chalfoun et al. 2008).

Throughout history, over 300 mycotoxins have been reported and identified. However, some are worth mentioning for being contaminants commonly found in food. These are *aflatoxins, ochratoxins, fumonisins, patulin, zearalenone,* and *trichothecenes* (Alshannaq and Yu 2017).

11.2 Coffee Mycotoxins

During harvesting, processing, and storage, coffee beans are exposed to sudden changes in humidity and temperature, which contribute to fungal development. Several fungi are associated with coffee fruits and beans throughout the production cycle and may cause quality losses, under specific conditions, producing unpleasant odors, tastes, and, in some cases, toxic metabolites (mycotoxins), compromising the safety characteristic of the product and a substantial economic loss. The most common mycotoxin present in coffee is ochratoxin A (OTA), followed by aflatoxin (Chalfoun and Parizzi 2014).

Table 6.1 Structure, formula and other characteristics of ochratoxin A (OTA)

Name	N-[(5-chloro-3,4-dihydro-8-hydroxy-3-methyl-1-oxo-1H-2-benzopyran-7-yl) carbonyl]-l-phenylalanine
Chemical structure	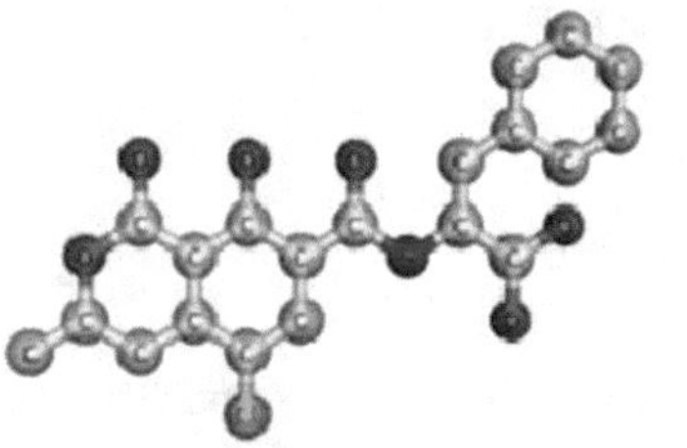
Formula	$C_{20}H_{18}ClNO_6$
Molecular weight	$403.8\ g \cdot mol^{-1}$

Source: Adapted from Leitão (2019)

11.3 Ochratoxin A

Mycotoxin ochratoxin A (OTA) is a low molecular weight ubiquitous secondary metabolite, a weak organic acid consisting of a phenylalanine amino acid and a peptide bond dihydroisocoumarin (Table 6.1).

Ochratoxin A has been the most reported mycotoxin in coffee contamination. OTA was first reported in 1965 (Van der Merwe et al. 1965) and 9 years later was described in coffee (Levi et al. 1974). This mycotoxin has wide toxicity including neurotoxic, teratogenic, immunotoxic, carcinogenic, hepatotoxic, nephrotoxic embryotoxic (Coronel et al. 2010).

Although humans can be exposed to OTA by inhalation or dermal contact, dietary intake is the main source of OTA for humans as it is found in a wide variety of foods. More recently, its presence has also been detected in bottled water, food colorings, and vegetable food supplements (Leitão 2019).

12 OTA Food Safety

Due to its toxic properties, OTA is subject to international regulation. The toxicity of OTA became evident in the late 1970s and its maximum levels regulated in the 1990s. This is in contrast to other mycotoxins, in particular aflatoxins, where in the US the first limits for aflatoxins were established in the 1960s (Do Rego et al. 2019).

Several countries have set maximum OTA levels in food, including Brazil, Israel, Switzerland, Uruguay, and the European Union. In Brazil, the National Health Surveillance Agency (ANVISA) is the body responsible for making this determination. In the European Union, maximum OTA levels in foods were determined by the European Food Safety Authority—EFSA. The European Commission shall set maximum levels of 5.0 μg/kg OTA in roasted and ground coffee beans and 10.0 μg/kg in instant coffee. In Brazil, the maximum limit of OTA is 10.0 μg/kg for all types of coffee. Therefore, to avoid Brazilian coffee export barriers, it must meet the international maximum limits for OTA (Do Rego et al. 2019).

13 Ocratoxin Producers Fungi

The toxicogenic capacity of a fungus is defined in proportion to its ability to produce toxic metabolites (Chalfoun et al. 2008).

In tropical regions, the fungal genus Aspergillus is considered the largest producer of coffee OTA. The species commonly associated with this mycotoxin in these regions are *Aspergillus niger* (Fig. 6.18), *Aspergillus westerdijkiae* (Fig. 6.19), *Aspergillus ochraceus* (Fig. 6.20), and *Aspergillus carbonarius* (Napolitano et al.

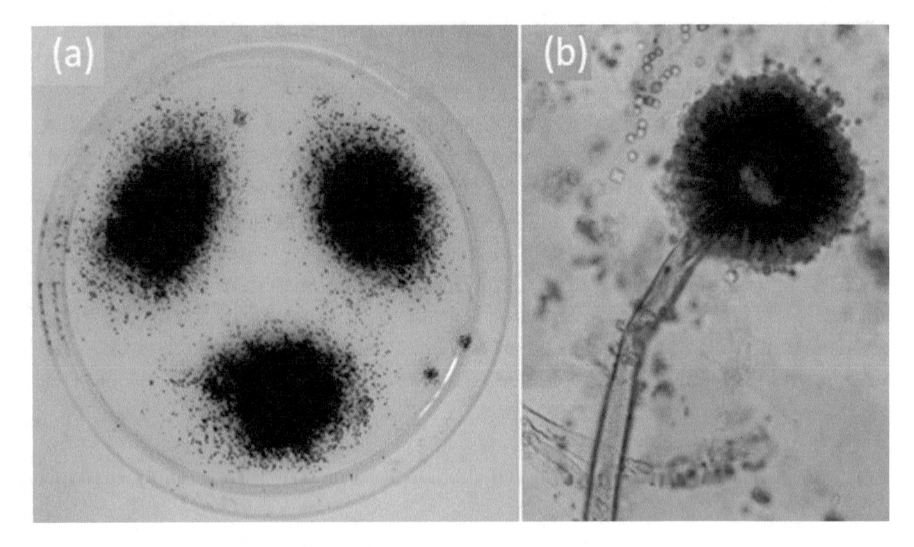

Fig. 6.18 Morphology of *Aspergillus niger*: (**a**) two-week-old colonies growing in minimal media; (**b**) microscopic image of a *conidiophor* producing asexual spores. Source: Svanström (2013)

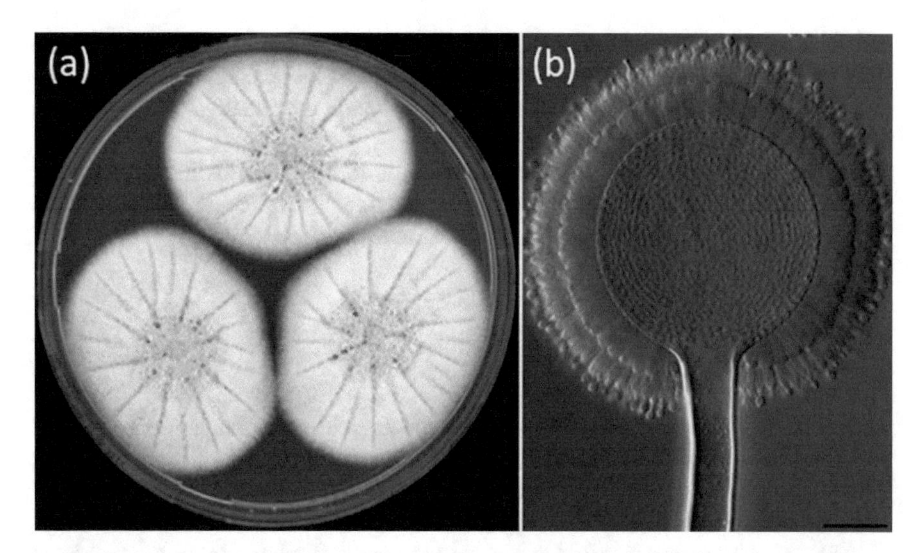

Fig. 6.19 Morphology of *Aspergillus westerdijkiae*: (**a**) colonies of *Aspergillus westerdijkiae*; (**b**) *Aspergillus westerdijkiae* conidiophor, bar = 20 μm. Source: Visagie et al. (2014)

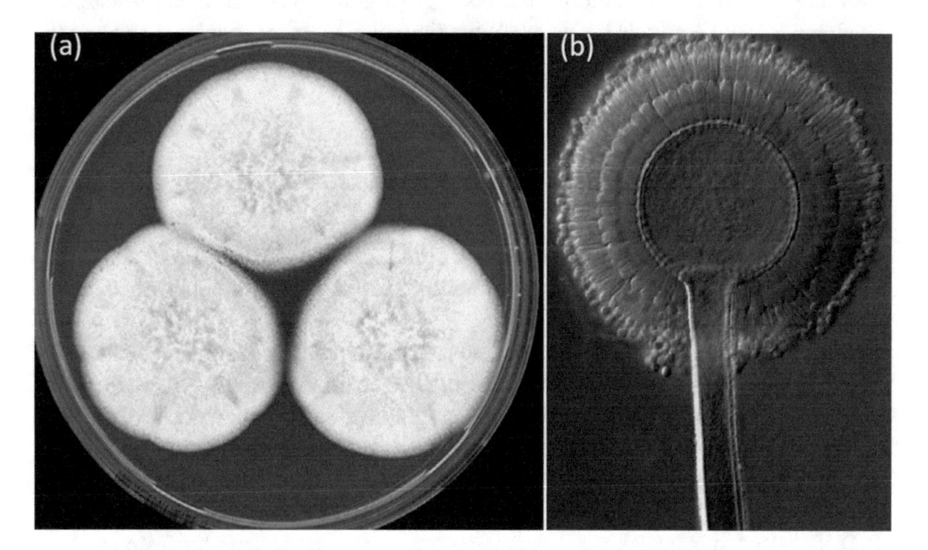

Fig. 6.20 Morphology of *Aspergillus ochraceus*: (**a**) *Aspergillus ochraceus* colonies; (**b**) *Aspergillus ochraceus* conidiophor, bar = 20 μm. Source: Visagie et al. (2014)

Table 6.2 Minimal water content activity (aW) for fungal development and toxigenesis (book)

Events	Water activity (aW)	Humidity (%)
Louzada Pereira_461033	0.76	14.2
Louzada Pereira_461033	0.81	15.5
Louzada Pereira_461033	0.85	20.0

2007). While in temperate regions, the genus *Penicillium,* represented mainly by the species *Penicillium verruculosum*, *Penicillium. brevicompactum*, *Penicillium. crustosum*, *Penicillium. olsonii,* and *Penicillium. oxalicum* are usually found (Alvindia and de Guzman 2016).

Despite the imminent risk of contamination in coffee, the conditions that allow the production of mycotoxins by potentially toxigenic strains are naturally more limited than those that allow fungal growth (Table 6.2).

13.1 Aflatoxin

Aflatoxins (AFs) are considered worldwide the most important mycotoxins in food and feed due to their hepatotoxicity and carcinogenicity. The fungal species most commonly associated with FA production are *Aspergillus flavus, Aspergillus parasiticus,* and *Aspergillus nomius* (Coppock et al. 2018).

Aflatoxin-producing fungi, *Aspergillus* spp. are widespread in nature and have highly contaminated food supplies from humans and animals, resulting in health risks and even death. Therefore, there is a great demand for aflatoxin research to develop adequate methods for its quantification, detection, and control to ensure the health of consumers (Coppock et al. 2018).

14 Conditioning Factors of Micotoxin Occurrence in Coffee

Similar to other crops, coffee is exposed to contamination and consequent colonization by microorganisms during the different stages of development, harvest, transport, and storage of beans.

During the pre-harvest stage, the most critical points considered include the period immediately before harvest, when the coffee tree is subjected to water stress and other injuries from biotic and abiotic origins and thus more susceptible to fungal colonization, and during harvesting, when grain should avoid direct contact with the soil, which is considered an important source of contamination (Chalfoun et al. 2008).

Differences in ochratoxin A levels have been observed in samples from two coffee species of major commercial interest. *Coffea canephora* (robusta) is more susceptible to contamination when compared to *Coffea arabica* L (arabica). Nevertheless, the idea is maintained that this difference occurs mainly because of differences in crop management in the postharvest stages of the crop, promoting greater exposure to the risk of ochratoxin A contamination (Chalfoun et al. 2008).

The postharvest phase is of great importance in preserving the safety characteristics of the product and the hazards, and critical control points are determined for each type of preprocessing, as follows.

15 Fruit Washing and Separation

To get a higher quality drink, you should pick the fruits at the cherry stage, identified by the color red. In practice, fruits are also harvested before and after such a stage. Harvested fruits are processed dry or wet. In wet processing, the fruits pass through the washer, where the buoys of the greens and cherries are washed and separated, and by the peeler, where the cherries are peeled and separated from the greens, thus obtaining the peeled cherry and the peel (Soares et al. 2007).

Buoy beans are made up of fruits that have lower density and therefore float at the time of washing the coffee. Several factors can influence the lower density of coffee fruits, among them the malformation of the beans, injuries caused by insects and pathogenic fungi, fruits that pass from ripe (dried fruits), and dry out in the plant. Thus, this fraction may leave the most vulnerable field in terms of risks of contamination, so it is of great importance to separate these fruits to reduce the risks and to continue the following phases (Chalfoun et al. 2008).

16 Dry Coffee Processing

The dry process is the oldest and corresponds to the simplest and most natural way to process freshly harvested coffee fruits. In this method, coffee fruits are dried with all their constituent parts, giving rise to coffees called natural or terreiro (Silva 2014).

In favorable environmental conditions, it has been reported that this processing method involves a greater likelihood of exposure to mycotoxins. This is because coffee pods tend to have the largest source of mycotoxins for the bean. Proof of this was the work published by Suárez-Quiroz et al. (2004a, b), where they observed a high level of fungal contamination in dry processed grains.

With this in mind, it is recommended that the drying of natural coffee is performed under strict care to avoid the development of pathogenic fungi in the grain husk and consequently in other regions.

17 Wet Processing of Coffee

Wet processing is considered a less contamination-prone method as performing grain debarking significantly reduces the risk of contamination. In a study conducted by Batista et al. (2009), it was found that wet-processed samples significantly reduced grain contamination. This reduction is because mucilage is an excellent substrate for the development of potentially mycotoxin-producing fungi.

In addition to eliminating a significant fraction of OTA-producing microorganisms, grain stripping accelerates drying, reducing the risk of fungal development and OTA production. However, the initial quality of the harvested fruits, the presence of OTA-producing fungi, as well as the conditions of the processing site can certainly contribute to the formation of OTA in wet coffee processing (Bucheli and Taniwaki 2002).

18 Coffee Drying

Drying is one of the most important steps for preserving the quality of the coffee. According to Bucheli and Taniwaki (2002), drying is also considered one of the ochratoxin A contamination pathways. Therefore, harvested coffee must be prepared as soon as possible and subjected to drying to avoid unwanted fermentation processes and quality losses. Thus, correct postharvest management is also essential, particularly regarding the time of exposure to microorganisms, which initiate infection in the plant and persist after harvest, and during the drying period.

Batista and Chalfoun (2007), gave as an example the case of the fungus *Aspergillus ochraceus*, which can grow in a temperature range that varies from 8 to 30 °C, and the optimum growth temperature ranges from 25 to 30 °C and in minimum water activity for its development of 0.76 aW; for ochratoxin A production the minimum activity is 0.85 aW with the optimum range ranging from 0.95–0.99 aW.

Extrapolating these data for fruits and coffee beans, ochratoxin A production occurs when the product has a moisture value above 20% in the dry base. However, with a water activity of 0.80 aW coffee beans are protected from *A. ochraceus* development and consequently from ocratoxin synthesis (Suárez-Quiroz et al. 2004a, b).

Thus, drying conditions, the management of drying, the presence of microorganisms producing ochratoxin A, and the geographic and climatic conditions of the producing area, are more important in the generation of OTA in coffee beans than the drying method itself. Besides, it is important to note that all steps are interconnected and that if drying is not performed correctly, it is more likely to lead to contamination during storage (Batista and Chalfoun 2007). If the coffee is dried efficiently, additional contamination during storage can be minimized by maintaining storage conditions (Paterson et al. 2014).

19 Coffee Storage

Storage conditions are especially related to humidity and temperature to maintain low levels of mycotoxins in coffee. Grain spoilage is considered minimized when the storage environment temperature is kept below 26 °C, and the relative air humidity (RH) ranges from 50 to 70%. Regarding the grain itself, the ideal range of moisture at the end of drying should be 10–12%. This water content is considered unfavorable for the development of mycotoxin-producing fungi in coffee (Paterson et al. 2014).

If contamination of stored coffee batches is suspected, storage conditions should be considered, such as the possibility of sources of rising air humidity conditions.

Then it is suggested to survey the suspicious lots. Once completed, representative batch samples should be collected and sent for analysis to determine the eventual level of contamination. Also, in cases where the coffee is exposed to conditions completely favorable to contamination, the batch should immediately be considered unfit for consumption (Chalfoun et al. 2008).

20 Methods for Determining Ocratoxin A

Given the existing problems with Ochratoxin contamination in food, several analytical methods have been and are being developed to determine OTA in biological materials. The most commonly used and traditional analytical techniques include thin layer chromatography, HPLC, and ELISA (Malir et al. 2016).

Also, other methods used for OTA determination include gas chromatography (GC-MS), fluorometry kits (fluorometer-coupled immunoaffinity columns), fluorescence polarization immunoassay (PFIA), and isotopic dilution. More recent methods for OTA determination include ICP-MS and capillary electrophoresis techniques (Malir et al. 2016).

Regardless of the determination method used, continuous attention should be given to contamination risk factors, with the ultimate goal of protecting public health and preventing economic losses.

21 Methods of Mycotoxin Degradation

Once present in food, mycotoxins become difficult to reduce due to their stability. For this reason, many methodologies based on physical, chemical, and biological processes have been developed in an attempt to decontaminate such products. The objectives of decontamination methods are to destroy or modify mycotoxins, thereby reducing their levels to acceptable and safe levels, avoiding alteration of the nutritional value of the product (Bryden 2012).

22 Roasting and Industrialization

Decontamination studies have already shown that the different groups of mycotoxins are resistant to temperatures between 100 and 210 °C (Milanez and Leitão 1996; Soares and Furlani 1996; Fonseca 1994; Hoseney 1991; Scott 1984) during industrial or domestic food preparation processes. Boiling and frying temperatures at around 100 and 150 °C also rarely contribute to the destruction of mycotoxins.

For coffee, specifically, the roasting process has been considered a significant degrader of ochratoxin. Castellanos-Onorio et al. (2011) studied two different

Table 6.3 Reduction of ochratoxin A levels through the roasting process.

% Reduction	Methodology	Reference
67	Temp = 470 °C; Time = 2.5 min; Lot = 5 kg	Van der Stegen et al. (2001)
63	Temp = 490 °C; Time = 2.5 min; Lot = 5 kg	
74	Temp = 490 °C; Time = 4 min; Lot = 10 kg	
53	Temp = 400 °C; Time = 10 min; Lot = 15 kg	
84	Temp = 425 °C; Time = 10 min; Lot = 15 kg	
79.1	Temp = 260 °C; Time = 5 min; Lot = 0.5 kg	Perez de Obanos et al. (2005)
31.1	Temp = 280 °C; Time = 10 min	Nehad et al. (2005)

Temp temperature

coffee roasting methods at 230 ° C and found that for the fluidized bed technique, the percentage reduction in OTA levels found was 75%. For the rotating cylinder, in turn, the percentage found was 96%. Also, other authors investigated the percentage reduction in ochratoxin levels by roasting (Table 6.3).

However, the authors comment that the consumption of a less roasted coffee is needed to maintain the antioxidant benefits of coffee, as a milder roasting process makes the degradation of said mycotoxin less efficient.

23 Caffeine

Caffeine is a pharmacologically active alkaloid belonging to the xanthine group, and its main dietary sources are coffee, mate, and guarana (Arnaud 1999). Caffeine (1,3,7-trimethylxanthine) has an inhibitory effect on some mycotoxin-producing species, such as *Aspergillus* and *Pericillium,* by reducing the production and growth of aflatoxins, ochratoxin A, sterigmatocystin, patulin, and citrinine (Buchanan et al. 1982; Nartowicz et al. 1979). Caffeine concentration in coffee varies with species. Thus, Arabica coffee (*Coffea arabica*) contains approximately 0–6% caffeine, while Robusta coffee (*Coffea canephora*) approximately 4% (Oestreich-Janzen 2010).

In a study conducted by Akbar et al. 2016, aimed at investigating the influence of caffeine concentration on the ability of colonization of ochratoxigenic fungi to produce ochratoxin A (OTA), it was evidenced that for the studied strains (*Aspergillus westerdijkiae*, *Aspergillus stenyl*, *Aspergillus niger,* and *Aspergillus carbonarius*), there was a significant decrease in ochratoxin A levels as caffeine content increased (Fig. 6.21).

Despite the clear evidence that caffeine may contribute to lower OTA levels, further studies are needed to address a broader spectrum of mycotoxin-producing species. Moreover, the natural caffeine concentration in the arabica (*Coffea arabica*) and robusta (*Coffea canephora*) coffee beans, which are considerably different, should be considered. This could be important in terms of ochratoxygenic fungal colonization and OTA contamination in both types of coffee beans. However, few studies have considered this aspect (Akbar et al. 2016).

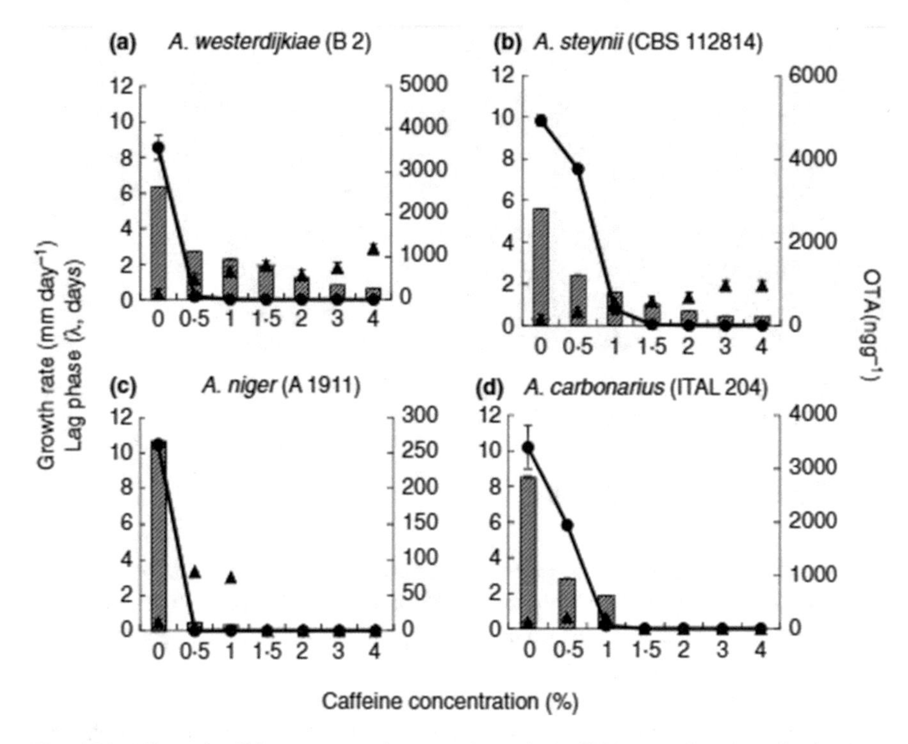

Fig. 6.21 Effect of caffeine concentration on ochratoxin A (OTA) growth and production in 4: *Aspergillus* species: (**a**) *Aspergillus westerdijkiae*, (**b**) *Aspergillus steynii*, (**c**) *Aspergillus niger* and (**d**) *Aspergillus carbonarius*. Source: Akbar et al. (2016)

24 Coffee Bioprotectors

Biological control is a promising option for reducing toxic levels in food. Through this methodology, an undesirable microorganism can interact with others, creating unfavorable conditions for its development. The microorganisms that perform this role are known as bioprotective agents.

The genus *Cladosporium* has been considered a very promising microorganism as a biological agent. This is because this genus produces a metabolite called cladosporol, responsible for its bioprotective effect against fungi that perform undesirable actions on fruits. The first report of *Cladosporium* sp. in coffee fruits was carried out by Bitancourt (1957), who observed the fungus under field conditions in dried fruits and plants.

The high occurrence of *Cladosporium* in samples without previous disinfection demonstrates as characteristic of this fungus to be colonizer of the external parts of fruits and coffee beans (Fig. 6.22). The external growth of this fungus acts as a barrier to the entry of other quality-damaging fungi (Fig. 6.22).

Fig. 6.22 Coffee fruits colonized by the fungus *Cladosporium cladosporioides* (**a**); (**b**) coffee fruits colonized by fungi harmful to coffee quality. Source: Chalfoun (2010)

25 Final Considerations

Whatever processing the coffee producer employs, some fermentation process will occur during the postharvest process. In this context, users of such technologies should consider procedures that do not cause quality loss, nor does it generate food safety risk for the end consumer.

Recent discoveries regarding the optimization of processing and fermentation forms present a new horizon for specialty coffee producers and consumers, who end up benefiting from having better quality products, differentiated taste, texture, acidity in their hands, sweetness, which are processed under different conditions.

Thus, the selection procedures for the production of specialty coffees should consider the final markets, i.e., the producer must prioritize brews according to the existing market in his region, ensuring the maintenance of coffee quality according to the existing supply.

Finally, the maintenance of terroir is a relevant action for the production of coffees from spontaneous fermentation, focusing on friendly and simple processes that guarantee the extraction of the greatest microbiological, biochemical, and sensorial potential that coffee fruits can generate.

References

Abu Shmeis, R. M. (2018). *Water chemistry and microbiology* (Vol. 81, 1st ed.). Amsterdam: Elsevier B.V.

Akbar, A., Medina, A., & Magan, N. (2016). Efficacy of different caffeine concentrations on growth and ochratoxin A production by Aspergillus species. *Letters in Applied Microbiology, 63*(1), 25–29.

Alshannaq, A., & Yu, J. H. (2017). Occurrence, toxicity, and analysis of major mycotoxins in food. *International Journal of Environmental Research and Public Health, 14*(6), 632.

Alves, M. R., Barbosa, J. N., Borém, M. F., Volpato, M. M. L., Vieira, T. G. C., & Lacerda, M. P. C. (2011). *Relações entre ambiente e qualidade sensorial de cafés em Minas Gerais*. Araxá-MG: VII Simpósio de Pesquisa dos Cafés do Brasil.

Alvindia, D. G., & de Guzman, M. F. (2016). Survey of Philippine coffee beans for the presence of ochratoxigenic fungi. *Mycotoxin Research, 32*(2), 61–67.

Andrade, M. A., & Lanças, F. (2015). Estado-da-arte na análise cromatográfica de Ocratoxina A em amostras de alimentos. *Scientia Chromatographica, 7*(1), 31–52.

Arnaud, M. J. (1999). Caffeine: Chemistry and physiological effects. *Encyclopedia of Human Nutrition, 1*, 206–214.

Audenaert, K., Vanheule, A., Höfte, M., & Haesaert, G. (2013). Deoxynivalenol: A major player in the multifaceted response of Fusarium to its environment. *Toxins, 6*(1), 1–19.

Avallone, S. (2001). Guyot B, Brillouet JM, Olguin E, Guiraud JP. Microbiological and biochemical study of coffee fermentation. *Current Microbiology, 42*, 252–256.

Avallone, S., Brillouet, J. M., Guyot, B., Olguin, E., & Guiraud, J. P. (2002). Involvement of pectolytic micro-organisms in coffee fermentation. *International Journal of Food Science and Technology, 37*(2), 191–198.

Avallone, S., Guiraud, J. P., Guyot, B., Olguin, E., & Brillouet, J. M. (2000). Polysaccharide constituents of Coffee-Bean Mucilage. *Journal of Food Science, 65*(8), 1308–1311.

Avelino, J., Cristancho, M., Georgiou, S., Imbach, P., Aguilar, L., Bornemann, G., … Morales, C. (2015). The coffee rust crises in Colombia and Central America (2008–2013): Impacts, plausible causes and proposed solutions. *Food Security, 7*(2), 303–321.

Batista, L. R., & Chalfoun, S. M. (2007). Incidência de Ocratoxina A em diferentes frações do café (Coffea arabica L.) Bóia, mistura e varrição após secagem em sun dried de terra, asfalto e cimento. *Ciência e Agrotecnologia, 31*(3), 804–813.

Batista, L. R., Chalfoun, S. M., Silva, C. F., Cirillo, M., Varga, E. A., & Schwan, R. F. (2009). Ochratoxin A in coffee beans (Coffea arabica L.) processed by dry and wet methods. *Food Control, 20*(9), 784–790.

Bitancourt, A. A. (1957). As ferramentas e podridões da cereja do café. *Boletim da Superintendência dos Serviços do Café, São Paulo, 32*(359), 7–14.

Borém, F. M., Coradi, P. C., Saath, R., & Oliveira, J. A. (2008). Qualidade do café natural e despolpado após secagem em terreiro e com altas temperaturas. *Ciencia e Agrotecnologia, 32*(5), 1609–1615.

Borém, F. M., Ribeiro, D. M., Pereira, R. G. F. A., Rosa, S. D. V. F. D., & Morais, A. R. D. (2006). Qualidade do café submetido a diferentes temperaturas, fluxos de ar e períodos de pré-secagem. *Coffee Science, Lavras, 1*(1), 55–63.

Brando, C. H. J., & Brando, M. F. P. (2009). Methods of coffee fermentation and drying. In R. Schwan & G. H. Fleet (Eds.), *Cocoa and coffee fermentations*. Boca Raton, MA: CRC.

Bryden, W. L. (2012). Mycotoxin contamination of the feed supply chain: Implications for animal productivity and feed security. *Animal Feed Science and Technology, 173*(1–2), 134–158.

Buchanan, R. L., Tice, G., & Marino, D. (1982). Caffeine inhibition of ochratoxin A production. *Journal of Food Science, 47*(1), 319–321.

Bucheli, P., & Taniwaki, M. H. (2002). Research on the origin and the impact of posharvest handling and manufacturing on the presence of ochratoxin A in coffee – Review. *Food Additives and Contaminants, 19*, 655–665.

Bytof, G., Knopp, S. E., Kramer, D., Breitenstein, B. R., Bergervoet, H. W., Groot, S. P. C., & Selmar, D. (2007). Transient occurrence of seed germination processes during coffee post-harvest treatment. *Annals of Botany. Oxford Journals, 100*, 61–66.

Bytof, G., Knopp, S. E., Schieberle, P., Teutsch, I., & Selmar, D. (2005). Influence of processing on the generation of g-aminobutyric acid in green coffee beans. *European Food Research and Technology, 220*, 245–250.

Cardoso, W. S., Pereira, L. L., Aten, C. S. Ten, Guarconi, R. C., Peisino, F. M., Junior, D. B., … Marcate, J. P. P (2016). Processamento de Café Arábica Por Fermentação Induzida via Úmida. *21*.

Castellanos-Onorio, O., Gonzalez-Rios, O., Guyot, B., Fontana, T. A., Guiraud, J. P., Schorr-Galindo, S., … Suárez-Quiroz, M. (2011). Effect of two different roasting techniques on the ochratoxin A (OTA) reduction in coffee beans (Coffea arabica). *Food Control, 22*(8), 1184–1188.

Centro Nacionale de Investigación de Café – Cenicafé. (2015). Avanços técnicos, Programa de Investigación Científica Fondo Nacional del Café, abril de. Disponível em: http://www.cenicafe.org/es/publications/avt0454.pdf.

Chalfoun, S. M. (2010). Controle biológico e metabólitos microbianos bioativos: uma perspectiva da qualidade do café. *Ciên Agrotec, 34*(5), 1071–1085.

Chalfoun, S. M., & Parizzi, F. C. (2014). Toxigenic fungi and mycotoxins in coffee. p. 217–231. In *Handbook of coffee post-harvest technology* (pp. 316–324). Paris: Chimie des Caf'es Verts" ASIC.

Chalfoun, S. M., Parizzi, F. C., & Borém, F. M. (2008). *Fungos toxigênicos e micotoxinas em café. Borém: Pós-colheita do café* (p. 513). Lavras, Editora UFLA.

Ciani, M., Comitini, F., Mannazzu, I., & Domizio, P. (2010). Controlled mixed culture fermentation: A new perspective on the use of non-Saccharomyces yeasts in winemaking. *FEMS Yeast Research, 10*(2), 123–133.

Clarke, R. J., & Macrae, R. (1987). *Coffee: Volume 2: Technology*. Chicago, IL: Springer.

Coffea, C., Em, L., & Estágios, D. (2019). Isolation and counting of coffee fruit (Coffea arabica L.) shell and pulp microbiota in two development stages. p. 1–5.

Coppock, R. W., Christian, R. G., & Jacobsen, B. J. (2018). Aflatoxins. In *Veterinary toxicology* (pp. 983–994). Amsterdam: Academic Press.

Coronel, M. B., Sanchis, V., Ramos, A. J., & Marin, S. (2010). Ochratoxin A: Presence in human plasma and intake estimation. *Food Science and Technology International, 16*(1), 5–18.

da Silva, R. F., Pereira, R. G. F. A., Borém, F. M., & Muniz, J. A. (2004). Qualidade do café-cereja descascado produzido na região sul de Minas Gerais. *Ciência e Agrotecnologia, 28*(6), 1367–1375.

de Bruyn, F., Zhang, S. J., Pothakos, V., Torres, J., Lambot, C., Moroni, A. V., … De Vuyst, L. (2016). Exploring the impact of post-harvest processing on the microbiota and metabolite profiles during a case of green coffee bean production. *Applied and Environmental Microbiology*.

de Bruyn, F., Zhang, S. J., Pothakos, V., Torres, J., Lambot, C., Moroni, A. V., … De Vuyst, L. (2017). Exploring the impacts of postharvest processing on the microbiota and metabolite profiles during green coffee bean production. *Applied and Environmental Microbiology, 83*(1).

de Castro, R., & Marraccini, P. (2006). Cytology, biochemistry and molecular changes during coffee fruit development. *Brazilian Journal of Plant Physiology, 18*(1), 175–199.

de Melo Pereira, G. V., de Carvalho Neto, D. P., Júnior, A. I. M., Vásquez, Z. S., Medeiros, A. B., Vandenberghe, L. P., & Soccol, C. R. (2019). Exploring the impacts of postharvest processing on the aroma formation of coffee beans – A review. *Food Chemistry, 272*, 441–452. Disponível em. https://linkinghub.elsevier.com/retrieve/pii/S0308814618314663

de Melo Pereira, G. V., Neto, E., Soccol, V. T., Medeiros, A. B. P., Woiciechowski, A. L., & Soccol, C. R. (2015). Conducting starter culture-controlled fermentations of coffee beans during on-farm wet processing: Growth, metabolic analyses and sensorial effects. *Food Research International, 75*, 348–356.

de Melo Pereira, G. V., Soccol, V. T., & Soccol, C. R. (2016). Current state of research on cocoa and coffee fermentations. *Current Opinion in Food Science, 7*, 50–57.

Dias, E. C., Borém, F. M., Pereira, R. G. F. A., & Guerreiro, M. C. (2012). Amino acid profiles in unripe Arabica coffee fruits processed using wet and dry methods. *European Food Research and Technology, 234*, 25–32. https://doi.org/10.1007/s00217-011-1607-5

Do Rego, E. C., Leal, R. V., Bandeira, R. D., da Silva, M. R., Campos, E. G., Petronilho, C. F., & Rodrigues, J. M. (2019). Challenges on production of a certified reference material of ochratoxin A in roasted coffee: A Brazilian experience. *Journal of AOAC International*.

Dos Santos, T. T., & Varavallo, M. A. (2011). Aplicação de microrganismos endofíticos na agricultura e na produção de substâncias de interesse econômico. *Semina: Ciências Biológicas e da Saúde, 32*(2), 199–212.

Evangelista, S. R., Miguel, M. G. D. C. P., de Souza Cordeiro, C., Silva, C. F., Pinheiro, A. C. M., & Schwan, R. F. (2014). Inoculation of starter cultures in a semi-dry coffee (Coffea arabica) fermentation process. *Food Microbiology, 44*, 87–95.

Evangelista, S. R., Miguel, M. G. D. C. P., Silva, C. F., Pinheiro, A. C. M., & Schwan, R. F. (2015). Microbiological diversity associated with the spontaneous wet method of coffee fermentation. *International Journal of Food Microbiology, 210*, 102–112.

Evangelista, S. R., Silva, C. F., da Cruz Miguel, M. G. P., de Souza Cordeiro, C., Pinheiro, A. C. M., Duarte, W. F., & Schwan, R. F. (2014). Improvement of coffee beverage quality by using selected yeasts strains during the fermentation in dry process. *Food Research International, 61*, 183–195.

Fleet, G. H. (2007). Yeasts in foods and beverages: Impact on product quality and safety. *Current Opinion in Biotechnology, 18*(2), 170–175.

Fonseca, H. (1994). Aflatoxin removal from peanut meals with commercial aqueous ethyl alcohol. *Revista de Microbiologia, 25*(2), 101–106.

Genari, R. (1999). Características DE Crescimento E Produção de Pectinases Por Klebsiella oxytoca Isolada de Frutos de Café. Viçosa

Gonzalez-Rios, O., Suarez-Quiroz, M. L., Boulanger, R., Barel, M., Guyot, B., Guiraud, J. P., & Schorr-Galindo, S. (2007). Impact of "ecological" post- harvest processing on coffee aroma: II. Roasted coffee. *Journal of Food Composition and Analysis, 20*, 297–307.

Grafton, R. Q., Daugbjerg, C., & Qureshi, M. E. (2015). Towards food security by 2050. *Food Security, 7*(2), 179–183.

Gudi, P. (2017). Carbonic Maceration (A unique way of coffee processing). p. 1–4.

Hameed, A., Hussain, S. A., Ijaz, M. U., Ullah, S., Pasha, I., & Suleria, H. A. R. (2018). Farm to consumer: Factors affecting the organoleptic characteristics of coffee. II: Postharvest Processing Factors. *Comprehensive Reviews in Food Science and Food Safety., 17*(5), 1184–1237.

Hickinbotham, S. J. (1986). Method for producing wine by fall carbonic Maceration Australia.

Hoseney, R. C. (1991). *Princípios de ciencia y tecnologia de los cereales* (p. 246). Zaragozza: Editorial Acribia.

Iamanaka, B. T., Teixeira, A. A., Teixeira, A. R. R., Copetti, M. V., Bragagnolo, N., & Taniwaki, M. H. (2014). Reprint of "The mycobiota of coffee beans and its influence on the coffee beverage". *Food Research International, 61*, 33–38.

IOC – International Coffee Organization. (2018). Série Histórica. 2018b. Disponível em: Acesso em: 30 jul.

Jackels, S., Jackels, C., Vallejos, C., Kleven, S., Rivas, R., & Fraser-Dauphinee, S. (2005). Control of the Coffee Fermentation Process and Quality of Resulting Roasted Coffee: Studies in the Field Laboratory and on Small Farms in Nicaragua During the 2005–06. 21st International Conference on Coffee Science, Montpellier, France, 11–15 September, 2006. Association Scientifique Internationale du Café (ASIC), n. August 2014, p. 434–442.

Jalili, M. (2016). A review on aflatoxins reduction in food. *Iranian Journal of Health, Safety and Environment, 3*(1), 445–459.

Joët, T., Laffargue, A., Descroix, F., Doulbeau, S., Bertrand, B., & Dussert, S. (2010). Influence of environmental factors, wet processing and their interactions on the biochemical composition of green Arabica coffee beans. *Food Chemistry, 118*, 693–701.

Kleinwächter, M., & Selmar, D. (2010). Influence of drying on the content of sugars in wet processed green Arabica coffees. *Food Chemistry, 119*, 500–504.

Kouadio, I. A., Koffi, M. K., & Dosso, M. B. (2014). Effect of Robusta (Coffea canephora P.) coffee cherries storage after harvest before putting out for sun drying on development of toxigenic fungi and the variation of the physicochemical components. *Food and Nutrition Sciences, 5*(02), 117.

Krohling, C. A., Sobreira, F., Costalonga, E. C., Saraiva, U., Moteiro, V. (2013). Avaliação da qualidade da bebida do café arábica na pós-colheita na região de montanhas-es com o uso da cal virgem ou calcário. CBPC (39.:2013: Poços de Caldas, MG) – Anais [280]. Available in: http://www.sbicafe.ufv.br/bitstream/handle/123456789/6996/29_39-CBPC-2013.pdf?

Lee, L. W., Cheong, M. W., Curran, P., Yu, B., & Liu, S. Q. (2015). Coffee fermentation and flavor – An intricate and delicate relationship. *Food Chemistry, 185*, 182–191.

Lee, L. W., Cheong, M. W., Curran, P., Yu, B., & Liu, S. Q. (2016). Modulation of coffee aroma via the fermentation of green coffee beans with Rhizopus oligosporus: I. Green coffee. *Food Chemistry, 211*, 916–924.

Leitão, A. L. (2019). Occurrence of ochratoxin A in coffee: Threads and solutions—A mini-review. *Beverages, 5*(2), 36.

Levi, C. P., Trenk, H. L., & Mohr, H. K. (1974). Study of the occurrence of ochratoxin A in green coffee beans. *Journal of the Association of Official Analytical Chemists, 57*(4), 866–870.

Lin, C. (2010). Approach of improving coffee industry in Taiwan-promote quality of coffee bean by fermentation. *The Journal of International Management Studies, 5*(1), 154–159.

Malir, F., Ostry, V., Pfohl-Leszkowicz, A., Malir, J., & Toman, J. (2016). Ochratoxin A: 50 years of research. *Toxins, 8*(7), 191.

Malta, M. R., da Rosa, S. D. V. F., Lima, P. M., de Oliveira Fassio, L., & Santos, J. B. (2013). Alterações na qualidade do café submetido a diferentes formas de processamento e secagem. *Reveng Engenharia na Agricultura, Viçosa, 21*(5), 431–440.

Martinez, A. E. P. (2010). Estudio de la remoción del mucílago de café através de fermentación natural. Maestria em Desarrollo Sostenible y Medio Ambiente. Universidad de Manizales, II Cohrote, Manizales, Caldas.

Martınez-Rodrıguez, A. J., & Santiago, A. V. C. (2011). Application of the hazard analysis and critical control point system to winemaking: Ochratoxin A. *Mol. Wine Microbiol, 319*.

Masoud, W., Bjørg Cesar, L., Jespersen, L., & Jakobsen, M. (2004). Yeast involved in fermentation of Coffea arabica in East Africa determined by genotyping and by direct denaturating gradient gel electrophoresis. *Yeast, 21*, 549–556.

Milanez, T. V., & Leitão, M. F. F. (1996). The effect of cooking on ochratoxin A content of beans, variety 'carioca'. *Food Additives & Contaminants, 13*(1), 89–93.

Monteiro, T.. (2008). Diversidade Genética de Bactérias Endofíticas Associadas A Frutos de Café (Coffea arabica L.).

Musebe, R., Agwanda, C., & Mekonen, M.(. 2007). Primary coffee processing in Ethiopia: patterns, constrains and determinants, p. 1417–1421. Disponível em: https://www.researchgate.net/publication/228470404%0APrimary.

Muschler, R. G. (2001). Shade improves coffee quality in a sub-optimal coffee-zone of Costa Rica. *Agroforestry Systems, 85*, 131–139.

Napolitano, A., Fogliano, V., Tafuri, A., & Ritieni, A. (2007). Natural occurrence of ochratoxin A and antioxidant activities of green and roasted coffees and corresponding byproducts. *Journal of Agricultural and Food Chemistry, 55*(25), 10499–10504.

Nartowicz, V. B., Buchanan, R. L., & Segall, S. (1979). Aflatoxin production in regular and decaffeinated coffee beans. *Journal of Food Science, 44*(2), 446–448.

Nehad, E. A., Farag, M. M., Kawther, M. S., Abdel-Samed, A. K. M., & Naguib, K. (2005). Stability of ochratoxin A (OTA) during processing and decaffeination in commercial roasted coffee beans. *Food Additives and Contaminants, 22*(8), 761–767.

Neto, A. D. S. P. N., Azevedo, J. L., & Araújo, W. L. (1998). Microrganismos endofíticos. *Biotecnologia Ciência & Desenvolvimento, 29*, 62–76.

Nobre, G. W., Borém, F. M., Fernandes, S. M., & Pereira, R. G. F. A. (2007). Alterações químicas do café-cereja descascado durante o armazenamento. *Coffee Science, Lavras, 2*(1), 1–9.

Oestreich-Janzen, S. (2010). Chemistry of coffee. In *Comprehensive natural products II: Chemistry and biology* (3rd ed., pp. 1085–1117). Amsterdam, Holland: Elsevier.

Oliveira, M. N. V., Santos, T. M., Vale, H. M., Delvaux, J. C., Cordero, A. P., Ferreira, A. B., … Borges, A. C. (2013). Endophytic microbial diversity in coffee cherries of Coffea arabica from southeastern Brazil. *Canadian Journal of Microbiology, 59*(4), 221–230.

Organization, I. C. (2018). Processamento no campo. p. 4–7.
Paterson, R. R. M., Lima, N., & Taniwaki, M. H. (2014). Coffee, mycotoxins and climate change. *Food Research International, 61*, 1–15.
Pereira, G. V. M. et al. (2014). Isolation, selection and evaluation of yeasts for use in fermentation of coffee beans by the wet process. *International Journal of Food Microbiology, 188*, 60–66.
Pereira, L. L. (2017). Novas Abordagens Para Produção de Cafés Especiais A Partir do Processamento via-Úmida. Universidade Federal do Rio Grande do Sul Escola de Engenharia Programa de Pós-Graduação Em Engenharia de Produção.
Pereira, L. L. et al. (2017). Los caminos de la qualidade: um estudio sobre la visión de expertos e produtores rurales a respeto e processos y tecnologias. Ijkem, Int. J. Knowl. Eng. Manage., Florianópolis, v. 6, n. 15, jul./out.
Pereira, L. L., Carvalho Guarçoni, R., Soares Cardoso, W., Côrrea Taques, R., Rizzo Moreira, T., da Silva, S. F., & ten Caten, C. S. (2018). Influence of solar radiation and wet processing on the final quality of Arabica coffee. *Journal of Food Quality, 2018*.
Pereira, L. L., Guarçoni, R. C., Moreira, T. R., Brioschi, D., Jr., Marcate, J. P. P., de Sousa, L. H. B. P., … Ten Caten, C. S. (2019). Sensory profile of fermented Arabica coffee in the perception of American cupping tasters. *Agricultural Sciences, 10*(03), 321–329.
Pereira, L. L., Guarçoni, R. C., Pinheiro, P. F., Osório, V. M., Pinheiro, C. A., Moreira, T. R., & ten Caten, C. S. (2020). New propositions about coffee wet processing: Chemical and sensory perspectives. *Food Chemistry, 310*(2019), 125943.
Perez de Obanos, A., Gonzalez-Penas, E., & Lopez de Cerain, A. (2005). Influence of roasting and brew preparation on the ochratoxin A content in coffee infusion. *Food Additives and Contaminants, 22*(5), 463–471.
Pimenta, C. J. (2003). *Qualidade de café* (p. 304). Lavras: UFLA.
Poltronieri, P., & Rossi, F. (2016). Challenges in specialty coffee processing and quality assurance. *Challenges, 7*(2), 19.
Puerta, G. I. (1999). Influencia del proceso de beneficio en la calidad del café. *Cenicafé, 50*(1), 78–88.
Quintero, G. I. P. (1996). Evaluación de la calidad del café colombiano procesado por vía seca. *Cenicafé, 47*(2), 85–90.
Quintero, G. I. P. (1999). Influencia del proceso de benefício en la calidad del Café. *Cenicafé, 50*(1), 78–88.
Quintero, G. I. P. (2000). Influencia de los granos de café cosechados verdes, en la calidad física y organoléptica de la bebida. *Cenicafé, Bogotá, Colômbia, 51*(2), 136–150.
Quintero, G. I. P., Mejía, J. M., & Betancur, G. A. O. (2012). Microbiología de la fermentación del mucílago de café según su madurez y selección. *Cenicafé, 63*(2), 58–78.
Quintero, G. I. P., & Molina, J. G. E. (2015). Fermentación controlada del café: Tecnología para agregar valor a la calidad. Cenicafé, p. 1–12.
Reinato, C. H. R., Borem, F. M., Cirillo, M. Â., & Oliveira, E. C. (2012). Qualidade do café secado em sun dried com diferentes pavimentações e espessuras de camadas. *Coffee Science, Lavras, 7*(3), 223–237.
Ribeiro, J. S., Ferreira, M. M. C., & Salva, T. J. C. (2012). Chemometric models for the quantitative descriptive sensory analysis of Arabica coffee beverages using near infrared spectroscopy. *Talanta, 83*, 1352–1358.
Ribeiro, L. S., Miguel, M. G. D. C. P., Evangelista, S. R., Martins, P. M. M., van Mullem, J., Belizario, M. H., & Schwan, R. F. (2017). Behavior of yeast inoculated during semi-dry coffee fermentation and the effect on chemical and sensorial properties of the final beverage. *Food Research International, 92*, 26–32.
Ribeiro, L. S., Ribeiro, D. E., Evangelista, S. R., Miguel, M. G. D. C. P., Pinheiro, A. C. M., Borém, F. M., & Schwan, R. F. (2017). Controlled fermentation of semi-dry coffee (Coffea arabica) using starter cultures: A sensory perspective. *LWT - Food Science and Technology, 82*, 32–38.
Sakiyama, C. C. H., Paula, E. M., Pereira, P. C., Borges, A. C., & Silva, D. O. (2001). Characterization of pectin lyase produced by an endophytic strain isolated from coffee cherries. *Letters in Applied Microbiology, 33*(2), 117–121.

Santos, M. A., Chalfoun, S. A., & Pimenta, C. J. (2009). Influência do processamento por via úmida e tipos de secagem sobre a composição, físico química e química do café (coffea arábica L). *Ciência Agrotécnica, Lavras, 33*(1), 213–218.

Santos, T. M. A. (2008). Diversidade genética de bactérias endofíticas associadas a frutos de café (Coffea arabica L.). Dissertação (Mestrado em Microbiologia Agrícola)–Universidade Federal de Viçosa, Viçosa, Minas Gerais

Schmidt, C. A. P., & Miglioranza, E. (2010). Análise Sensorial e o Café: Uma Revisão. *Revista Cientifica Inovação e Tecnologia, 1*(2175–1846), 10.

Schwan, R. F., Fleet, G., & Cocoa, H. (2015). Coffee fermentations. Disponível em: http://linkinghub.elsevier.com/retrieve/pii/B9780123847300000744.

Scott, P. M. (1984). Effects of food processing on mycotoxins. *Journal of Food Protection, 47*(6), 489–499.

Selmar, D., Bytof, S., Knopp, E., & Breitenstein, B. (2006). Germination of coffee seeds and its significance for coffee quality. Short research paper. *Plant Biology, 8*, 260–264.

Shuler, J. D. (2017). Effect of the presence of the pericarp on the chemical composition and sensorial attributes of Arabica coffee Lavras – MG.

Silva, A. V. L. (2010). Camargo. Clima E Qualidade Natural de Bebida de Café NA Região Mogiana do Estado de São Paulo. Dissertação, p. 66.

Silva, C. F. (2004). Sucessão microbiana e caracterização enzimática da microbiota associada aos frutos e grãos de café (Coffea arabica L.) do município de Lavras – MG. – Lavras: UFLA, Tese (doutorado). Universidade Federal de Lavras.

Silva, C. F. (2014). Microbial activity during coffee fermentation. In R. F. Schwan & G. H. Fleet (Eds.), *Cocoa and coffee fermentations* (pp. 398–423). New York: CRC Press.

Silva, C. F., Batista, L. R., Abreu, L. M., Dias, E. S., & Schwan, R. F. (2008). Succession of bacterial and fungal communities during natural coffee (Coffea arabica) fermentation. *Food Microbiology Journal, 25*, 951–957.

Silva, C. F., Batista, L. R., Abreu, L. M., Dias, E. S., & Schwana, R. F. (2008). Succession of bacterial and fungal communities during natural coffee (Coffea arabica) fermentation. *Food Microbiology Journal, 25*, 951–957.

Silva, C. F., Vilela, D. M., de Souza Cordeiro, C., Duarte, W. F., Dias, D. R., & Schwan, R. F. (2013). Evaluation of a potential starter culture for enhance quality of coffee fermentation. *World Journal of Microbiology and Biotechnology, 29*(2), 235–247.

Silva, C. F., Schwan, R. F., Dias, Ë. S., & Wheals, A. E. (2000). Microbial diversity during maturation and natural processing of coffee cherries of Coffea arabica in Brazil. *International Journal of Food Microbiology, 60*, 251–260.

Silva, J. D. S., Moreli, A. P., Soares, S. F., & Vitor, D. G. (2013). Produção de Café Cereja Descascado – Equipamentos e Custo de Processamento. *Comunicado Técnico, 4*, 1–16.

Silva, R. F., Pereira, R. G. F., Borém, F. M., & Muniz, J. A. (2004). Qualidade do café-cereja descascado produzido na região Sul de Minas Gerais. *Ciência Agrotécnica, Lavras, 28*(6), 1367–1375.

Simões, R. D. O., Faroni, L. R. D., & de Queiroz, D. M. (2008). Qualidade dos Grãos de Café (Coffea arábica L.) Em Coco Processados Por via SECA. *Caatinga, 21*(2), 139–146.

Sivertz, M., Desrosier, N. W. (1979). Physical and chemical aspects of coffee. Coffee Techonology, Westpor, p. 527–575.

Soares, L. M. V., & Furlani, R. P. Z. (1996). Survey of aflatoxins, ochratoxin A, zearalenone and sterigmatocystin in health foods and breakfast cereals commercialized in the city of Campinas. In *São Paulo*. Ciencia e: Tecnologia de Alimentos (Brazil).

Soares, S. S., Soares, V. F., Soares, G. S., Rocha, A. C., Moreli, A. P., & Prezotti, L. C. (2007). Destinação da água residuária do processamento dos frutos do cafeeiro. In R. G. Ferrão et al. (Eds.), *Café Conilon*. Vitória-ES: Incaper.

Somporn, C., Kamtuo, A., Theerakulpisut, P., & Siriamornpun, S. (2012). Effect of shading on yield, sugar content, phenolic acids and antioxidant property of coffee beans (Coffea Arabica L. cv. Catimor) harvested from north-eastern Thailand. *Journal of the Science of Food and Agriculture, 92*(9), 1956–1963.

Strickler, S. R., & Mathieu, G. (2015). Differential regulation of caffeine metabolism in Coffea arabica (Arabica) and Coffea canephora (Robusta). *Planta, 241*(1), 179–191.

Suárez-Quiroz, M., González-Rios, O., Barel, M., Guyot, B., Schorr-Galindo, S., & Guiraud, J. P. (2004b). Study of ochratoxin A-producing strains in coffee processing. *International Journal of Food Science & Technology, 39*(5), 501–507.

Suárez-Quiroz, M. L., González-Rios, O., Barel, M., Guyot, B., Schorr-Galindo, S., & Guiraud, J. P. (2004a). Effect of chemical and environmental factors on Aspergillus ochraceus growth and toxigenesis in green coffee. *Food Microbiology, 21*(6), 629–634.

Sunarharum, W. B., Williams, D. J., & Smyth, H. E.. (2014). Complexity of coffee flavor: A compositional and sensory perspective. *Food Research International, 62*, 315–325. Disponível em: https://doi.org/10.1016/j.foodres.2014.02.030.

Svanström, Å. (2013). Trehalose metabolism and stress resistance in Aspergillus niger.

Swiegers, J. H., Bartowsky, E. J., Henschke, P. A., & Pretorius, I. (2005). Yeast and bacterial modulation of wine aroma and flavour. *Australian Journal of Grape and Wine Research, 11*(2), 139–173.

Syed, B., Sahana, S., Rakshith, D., H.U., Kavitha, K. S. K., & Satish, S. (2012). Biodecaffeination by endophytic Pseudomonas sp. isolated from Coffee arabica L. *Journal of Pharmacy Research, 5*(7), 3654–3657.

Tesniere, C., & Flanzy, C. (2011). Carbonic maceration wines: Characteristics and winemaking process. *Advances in Food and Nutrition Research, 63*, 1–15.

Ukers, W. H. (1922). *All about coffee*. Inter-American Copyright Union. By Burr Printing House. 1st edition

Van der Stegen, G. H., Essens, P. J., & van der Lijn, J. (2001). Effect of roasting conditions on reduction of ochratoxin A in coffee. *Journal of Agricultural and Food Chemistry, 49*(10), 4713–4715.

Van der Merwe, K. J., Steyn, P. S., Fourie, L., Scott, D. B., & Theron, J. J. (1965). Ochratoxin A, a toxic metabolite produced by Aspergillus ochraceus Wilh. *Nature, 205*(4976), 1112.

Van Rikxoort, H., Schroth, G., Läderach, P., & Rodríguez-Sánchez, B. (2014). Carbon footprints and carbon stocks reveal climate-friendly coffee production. *Agronomy for Sustainable Development, 34*(4), 887–897.

Velmourougane, K., Bhat, R., Gopinandhan, T. N., & Panneerselvam, P. (2011). Management of Aspergillus ochraceus and Ochratoxin-A contamination in coffee during on-farm processing through commercial yeast inoculation. *Biological Control, 57*(3), 215–221.

Viegas, C., Pacífico, C., Faria, T., de Oliveira, A. C., Caetano, L. A., Carolino, E., … Viegas, S. (2017). Fungal contamination in green coffee beans samples: A public health concern. *Journal of Toxicology and Environmental Health, Part A, 80*(13–15), 719–728.

Vilela, D. M. (2011). Seleção in vitro de Culturas Iniciadoras Para Fermentação de Frutos DE Café (Coffea arabica L.) Processados via SECA E Semi-SECA. Tese, p. 80.

Vilela, D. M., Pereira, G. V. D. M., Silva, C. F., Batista, L. R., & Schwan, R. F. (2010). Molecular ecology and polyphasic characterization of the microbiota associated with semi-dry processed coffee (Coffea arabica L.). *Food Microbiology, 27*(8), 1128–1135.

Visagie, C. M., Varga, J., Houbraken, J., Meijer, M., KocsubÚ, S., Yilmaz, N., … Samson, R. A. (2014). Ochratoxin production and taxonomy of the yellow aspergilli (Aspergillus section Circumdati). *Studies in Mycology, 78*, 1–61.

Wintgens, J. N. (2004). Coffee: Growing, processing, sustainable environment. *International Journal of Food Science and Technology, 40*(6), 683–687.

Wootton, A. E. (1974). The dry matter loss from parchment coffee during.

Yamada, C. M. (1999). Detecção de microrganismos endofíticos em frutos de café. Dissertação (Mestrado em Microbiologia Agrícola) – Universidade Federal de Viçosa, Viçosa, Minas Gerais.

Chapter 7
Roasting Process

Lucas Louzada Pereira, Danieli Grancieri Debona, Patrícia Fontes Pinheiro, Gustavo Falquetto de Oliveira, Carla Schwengber ten Caten, Valentina Moksunova, Anna V. Kopanina, Inna I. Vlasova, Anastasiaya I. Talskikh, and Hisashi Yamamoto

1 From the Raw to the Roasted Coffee Bean

Lucas Louzada Pereira, Danieli Grancieri Debona, Patrícia Fontes Pinheiro, Gustavo Falquetto de Oliveira, and Carla Schwengber ten Caten

L. L. Pereira (✉) · D. G. Debona · G. F. de Oliveira
Coffee Analysis and Research Laboratory, Federal Institute of Espírito Santo, Venda Nova do Imigrante, ES, Brazil

P. F. Pinheiro
Department of Physics and Chemistry, Federal University of Espírito Santo, Alegre, ES, Brazil

C. S. ten Caten
Department of Production Engineering, Federal University of Rio Grande do Sul, Porto Alegre, RS, Brazil

V. Moksunova (✉)
Hummingbird Coffee LLC, Moscow, Russia

A. V. Kopanina
Laboratory of Plant Ecology and Geoecology, Center of Collective Sharing, Institute of Marine geology and Geophysics, Yuzhno-Sakhalinsk, Russia

I. I. Vlasova · A. I. Talskikh
Laboratory of Plant Ecology and Geoecology, Institute of Marine Geology and Geophysics, Yuzhno-Sakhalinsk, Russia

H. Yamamoto (✉)
Unir/Hisashi Yamamoto Coffee Inc., Nagaoka, Japan
e-mail: roast@unir-coffee.com

L. Louzada Pereira, T. Rizzo Moreira (eds.), *Quality Determinants in Coffee Production*, Food Engineering Series, https://doi.org/10.1007/978-3-030-54437-9_7

1.1 General Introduction

In the roasting chapter, the reader is presented with a broad, technical, and practical approach to the observed developments in the sector, the matrices that are employed in the roasting process, as well as the chemical, sensory, and qualitative constraints, considering that such processes can impact on the structure of the factors mentioned.

The taste and distinctive sensory quality of coffee vary widely around the world due to the influences of genetic stresses, geographical location, climatic condition, different agricultural practices and variations in the postharvest processing method, making the aroma or fragrance of coffee arguably its most important component (Sunarharum et al. 2014).

However, after all the postharvest steps are complete, the coffee needs to be roasted. This process takes place at initial temperature of 120 °C and is complete between 180 and 200 °C. In the course of this relatively simple process, a series of events occur in line with the roasting process, causing the green bean to completely change its structure to release the coffee-forming compounds in the cup.

Roasting is a time-temperature-dependent process whereby chemical changes are induced in the green coffee beans, though marked physical changes in the structure of the coffee are also evident. There is a loss of dry matter, primarily as gaseous carbon dioxide and water (over and above that moisture already present), and other volatile products of the pyrolysis (Clarke 2011).

Physical and chemical properties of roasted coffee are highly influenced by process conditions during roasting, in particular by the time-temperature conditions within the coffee bean as a function of heat transfer (Baggenstoss et al. 2008).

Roasting induces a range of physical and chemical transformation to the green coffee. Visible and physical changes include color, texture, density, and size. Furthermore, and most importantly, the typical coffee flavor is generated during the roasting process (Wieland et al. 2012). Physical changes in coffee during roasting include a reduction in mass due to loss of moisture and decomposition of carbohydrates, an increase in the volume of coffee beans, and lowering of density due to the roasting process (Mwithiga and Jindal 2003).

According to Schenker et al. (2002), different time-temperature led to distinct aroma compounds in the coffee profiles industry. Precise control of roasting time and temperature is required to reach a specific flavor profile. The effect of excessive roasting on aroma composition, when compared to low temperature-long time roasting, high temperature-short time roasting resulted in considerable differences in the physical and kinetics properties of aroma formation. Excessive roasting generally takes to decreasing or stable amounts of volatile substances, except for hexanal, pyridine, and dimethyl trisulfide, whose concentrations continued to increase during over-roasting (Baggenstoss et al. 2008).

Endothermic process and reactions (water evaporation) occur in the first stages of the roasting, while the undesirable exothermic pyrolysis of saccharides may occur at the latter roasting stages (Fabbri et al. 2011).

The first phase corresponds to the drying (bean's temperature below 160 °C), and the second phase is the roasting (bean's temperature between 160 and 260 °C). In this last phase pyrolytic reactions start at 190 °C causing oxidation, reduction, hydrolysis, polymerization, decarboxylation, and many other chemical changes, leading to the formation of substances that, among others, are essential to give the sensory qualities of the coffee. After this second phase, the beans must be rapidly cooled to stop the reactions (using water or air as a cooling agent) and to prevent an excessive roast which alters the quality of the product (Hernández et al. 2007).

1.2 Volatile Compounds and Coffee Flavors

During the roasting process, various chemical compounds are transformed and suffer changes in the thermal structure employed in the roasting process. In the roasting process, the formation of CO_2 and other volatile compounds increases internal pressure, causing the coffee beans to expand and crack (Clarke and Vitzthum 2001).

Roasting is a crucial step in coffee processing, which aims to change the chemical, physical, structura,l and sensory properties of green beans through heat-induced reactions. Thus, the roasting process makes the coffee beans suitable for beverage consolidation.

Volatile compounds, products of the roasting process, are responsible for the characteristic aroma of the beverage and are produced during the roasting of green coffee but are generally degraded in the roasting process by the Maillard reaction when they reach uncontrolled levels.

As discussed in Chap. 5, the Maillard reaction is characterized as sugar and amino acids as precursors to the caramelization process that, triggered by the Maillard reaction, will progress during roasting to produce bitter brownish glycosylamine and melanoidins to give the specialty coffee flavor. Finally, this reaction tends to give the coffee drink a balanced performance, flavor, and softness (Lin 2010).

Therefore, the typical volatile compounds of roasted coffee are not normally present in the original matrix but produced during the technological process (de Maria et al. 1999, Moreira et al. 2000). That is, due to the roasting process that develops there are different chemicals (reactions), these phenomena can influence the chemical and sensory composition of coffee.

Volatile coffee compounds comprise various chemical classes identified in roasted beans: furans, pyrazines, ketones, alcohols, aldehydes, esters, pyrroles, thiophenes, sulfur compounds, benzene compounds, phenol compounds, phenols, pyridines, thiazoles, oxazoles, lactones, alkanes (Mondello et al. 2005), alkenes and acids such as other bases (e.g. quinoxalines, indoles), furanones, among others (Sunarharum et al. 2014).

The coffee flavor profile is mainly caused by 2-furfurylthiol, 4-vinylguaiacol, various alky pyrazines, furanones, acetaldehyde, propanal, and the aldehydes from Strecker degradation through the formation of CO_2, and many aldehydes are important substances for adding flavor and aroma to coffee (Czerny et al. 1999). Furans and pyrans are heterocyclic compounds found in large quantities in roasted coffee and include functions such as aldehydes, ketones, esters, alcohols, ethers, acids, and thiols.

Quantitatively, the first two classes of coffee volatiles are furans and pyrazines, while qualitatively sulfur-containing compounds along with pyrazines are considered the most significant for coffee flavor (Czerny et al. 1999).

About one hundred furans have already been identified in roasted coffee, mainly from the degradation of coffee glycids and characterized by the smell of malt and sweet (Sunarharum et al. 2014; de Maria et al. 1999).

Pyrazines are in an abundant class of compounds present in coffee, with low concentrations that often determine the sensory threshold for coffee flavor (Sunarharum et al. 2014). They come from the product generated by the Maillard reaction (Moon and Shibamoto 2009).

This compound can be explained by protein degradation through heat and amino acid residues that participate in the Maillard reaction and contribute to the formation of nitrogen-containing compounds, generating the characteristic caramel aroma (Hwang et al. 2012).

Notably, the literature discusses that in roasted coffee beans under high intensities, various compounds are lost (Moon and Shibamoto 2009), especially those that contribute to aroma (Flament 2002; Ludwig et al. 2014), because the lack of control in the roasting process is a crucial part for the consolidation of the final coffee quality.

Different researches report the impact of the roasting process on the chemical composition (volatile compounds) of coffee by analyzing the exposure of beans to the roasting time and temperature gradient, such as: (Nagaraju et al. 1997; Schenker et al. 2002; Dorfner et al. 2003; Baggenstoss et al. 2008). On the other hand, the coffee roasting process is a highly determining factor in high molecular weight (HMW) compound development (López-Galilea et al. 2008).

Given that the volatile profile changes considerably during roasting and with the original green coffee composition, and also that it presents a direct impact on coffee flavor, it should provide a more reliable measure of the roasting degree (Franca et al. 2009).

With the technological developments proposed in the current century, it is necessary to discuss the impact of the roasting matrix, that is, the mechanisms that are adopted to complete the roasting process, and how such matrices cause impacts on the formation of volatile coffee compounds.

1.3 Roasting Procedures

The coffee roasting process is a relatively simple action, anyone who has a little green coffee in their hands, within the minimum moisture (10–12 min), with a closed or partially closed cylindrical surface, can perform the roasting process, which consists in heating the metal that will heat the grains, leading to the chemical reactions already discussed initially.

Thus, roasting a sample of coffee is a relatively simple process, but with the use of technology and innovation, several processes have been developed to give more consistency to the process of green coffee industrialization.

Some of the roasting machines used include a manually operated rotating drum that is heated externally (Okegbile et al. 2014). Because of this, roasting is a complex process involving both energy (from the roaster to the bean) and mass (water vapor and volatile compounds from the bean to the environment) transfer implied in the main changes of the coffee beans in terms of weight, density, moisture, color, and flavor, Complementarily, the process efficiency and quality of the roasted coffee depend on several factors including gas composition and temperature, pressure, time, relative velocity of beans, and gas flow rate (Fabbri et al. 2011).

Chemical changes induced in coffee by heating, most of which happen in the glucydic fraction are accompanied by physical changes, indicating all those phenomena that do not concern molecular transformation:

Loss of Humidity and Dry Mass (Fig. 7.1) Typically, the coffee bean goes to the drum roaster initially at 11% moisture. In the first minute, the temperature inside the drum system goes down from 150 °C to 80 °C. After the first minute, the temperature increases according to the strategy of the roasters. These processes are responsible for creating the first phenomena inside the roasting process.

With the heating of the coffee beans within the roasting system, the coffee expands because there is a loss of mass due to the evaporation of water retained in the beans. According to (Vargas-Elías et al. 2016), when the grains are heated from 145 °C to 185 °C in the drying stage, they expand linearly to 20% at a rate of 2.6% at 10 °C with a coefficient of determination of 90%. The apparent expansion during drying does not depend on the process temperature, as it ends when the grain temperature is above 185 °C. The drying process of the roasting process resulted in a 10% loss of total mass and an apparent 30% volume increase (Fito et al. 2007).

Traditional coffee bean roasting machines are usually of rotating cylinder type, with internal baffles for mixing and tumbling beans, encased in an electric or gas-fired oven. The basic disadvantage of these traditional machines is that they require **high temperature-long time** (HTLT) to roast the beans.

The consequence of these high temperatures and longer periods of 15–18 min is the scorching of some beans, oil, and char deposits on the cylinder walls, and, invariably, fires when doing a dark roast. Furthermore, the machines are difficult to clean after processing, resulting in roasted beans with an acrid, smoky taste (Nagaraju et al. 1997; Putranto and Chen 2012).

Heat transfers by contact, conduction, radiation, and convection. Although all types of heat transfer take place during roasting, convection is the most effective and appropriate for uniform roasting. Almost exclusively, convective heat transfer is achieved by fluidized bed roasting, which allows fast roasting and results in low density, high-yield coffee. Traditional horizontal drum roasting involves more conductive heat transfer and is slower. Fast roasting yields more soluble solids, less degradation of chlorogenic acids, less burnt flavor, and lower loss of volatiles (Baggenstoss et al. 2008).

However, other points are relevant before deciding the best technologies to be adopted. For example, according to (Castellanos-Onorio et al. 2011), considering the roasting process, the fluidized bed is insufficient for OTA degradation to obtain safe products when the level of green bean contamination is high and the degree of roasting is very dark. Indeed, the OTA degradation rate was higher in the fluidized bed, but the processing time was too short to achieve a secure degradation level, with temperatures up to 230 °C for both roasting processes. In conclusion, the rotating cylinder is more effective for OTA degradation compared to the fluidized bed at the same roasting degree.

Approximately 60–100 kcal are required to roast 1 kg of raw coffee. This energy can be transferred to coffee beans through different physical processes: by **conduction**, through contact with the heated surface of the roasting chamber wall; by **radiation**, by **heating** the surface of the grains because of the proximity to the heated walls of the chamber; by **convection**, through the hot air surrounding the grains forming a laminar and turbulent flow (Silva 2008); by **fluidized bed**; and by **microwave radiation**.

Thus, the next steps introduce the advantages of these technologies of the roasting process.

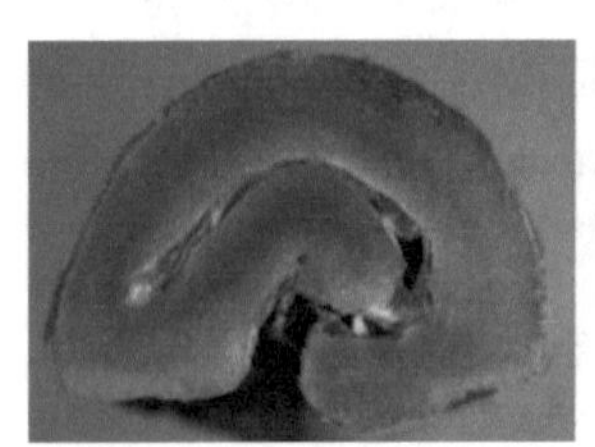
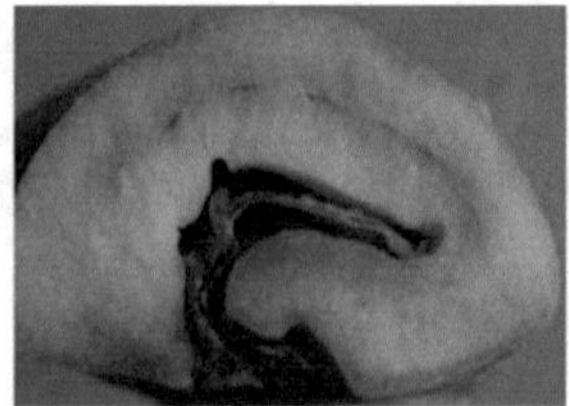
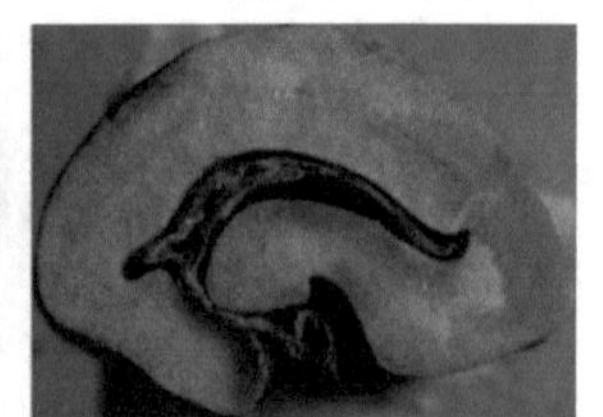

Fig. 7.1 Dehydration in the roasting phase. Source: Authors

Horizontal Drum: Perforated Wall and Solid Wall The Horizontal drum is the most common roaster in the specialty coffee industry. In this system, the coffee beans spin inside the cylinder, and the temperature reaches them performing the roasting process.

Inside the drum, the coffee is mixed homogeneously, allowing the heat emitted by a flame system to reach the mass, resulting in a more uniform, homogeneous and harmonious roasting. This process goes on for 8–14 min, depending on the load and volume capacity of the machine. After this process, the coffee is poured into a cooling compartment that reduces the temperature quickly, thus avoiding the roasting process to continue.

Horizontal drum—Perforated wall roasters are not as widely used today as they were by the coffee industry during the nineteenth century and the first half of the twentieth century.

In the equipment (Fig. 7.2), the fire that is radiated by the firing system reaches the metal wall, consequently reaching the coffee beans, causing chemical actions to trigger events that are not always controllable (Silva et al. 2018). According to Silva et al. (2018), polycyclic aromatic hydrocarbons (PAHs) are organic compounds formed by the incomplete combustion of organic materials.

Fig. 7.2 Perforated wall roaster, flame burner image. Source: Authors

In Brazil and other coffee-producing countries, it is common to find small-scale roasting machines that still use this perforated wall process. However, gradually, this procedure has been completely replaced by the horizontal drum with solid wall.

Horizontal drums are widely used as dryers, grinders, mixers, granulators, extractors, calcinators, and chemical and biochemical reactors (Fernanda et al. 2017).

Roasting by Conduction or Direct Fire This is the oldest way to roast coffee. Thermal transmission occurs by conducting radiation between the flames with the outer drum wall, which in turn conducts it between the inner drum wall and the coffee bean bed, thus reaching the raw coffee bean.

The roasting of coffee by convection consists of upward or downward movement of matter in a fluid causing advection to occur, i.e. for horizontal movement, for air masses.

Thermal convection is an expression that encompasses the sum of the two physical phenomena—convection and subtraction—provided that they are induced by temperature differences in the coffee roaster fluid. At the moment of grain roasting, it occurs due to the dependence of the fluid intensity to the temperature, generating a thermal expansion and the buoyancy rules (less dense rises, denser descends). The internal fins on the roaster drum are responsible for providing such movements.

Although all types of heat transfer take place during roasting, convection is the most effective and most appropriate for uniform roasting. Traditional horizontal drum roasting involves more conductive heat transfer and is slower (Baggenstoss et al. 2008).

In a drum roaster (Fig. 7.3), the coffee beans are placed in a rotating cylinder, which is attached to a hot air inlet. In this roaster, heat is mainly transferred by conduction from bean-bean contact or inlet-bean interactions (Fadai et al. 2017), the conduction generates a heat transfer process that causes the grain to start the roasting process, which generally lasts for 12–15 min.

Roasters dedicated to the construction of sensory profiles have devices that allow a quick, more efficient response to the temperature rising and reduction commands, highlighting the factors linked to the materials that make up these structures, thus providing a wider diversity of features machines to extract the maximum from the raw material in the industrial process.

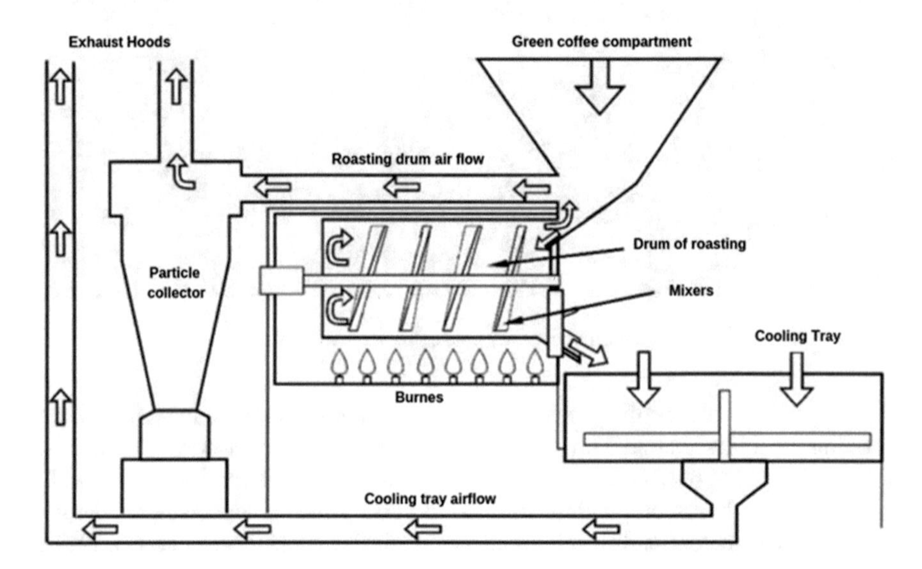

Fig. 7.3 Drum coffee roaster machine. Source: Authors

Preheated Air Cooling Currently, this is the most common method and consists of preheating an airflow with a burner and then is directed to a drum containing the charged coffee. Heat transfer occurs through the convection of laminar flow between air and coffee, and conduction between the beans. During the first minutes, the temperature drops dramatically, and after 2–3 min, it quickly warms up the grains.

Fluidized Bed Roaster It consists of letting the preheated air pass through the bed (drum) where the beans are deposited at speeds fast enough to suspend and give them a fluid appearance. Heat transfer occurs through flow convection, given the force employed in the roasting drum (Basile and Kikic 2009).

Almost exclusively, convective heat transfer is achieved by fluidized bed roasting, which allows fast roasting and results in low density, high-yield coffee. Fast roasting yields more soluble solids, less degradation of chlorogenic acids, less burnt flavor, and lower loss of volatiles (Baggenstoss et al. 2008).

A fluidized bed (Fig. 7.4) is achieved when a fluid (gas, liquid) flows through a solid bulk material and fluidizes the particles. Due to their high mass and heat transfer, as well as their good mixing properties, fluidized beds are often used in industrial processes (Idakiev 2018).

With the fluidized bed roaster, the beans are placed in a chamber with hot air blown vertically through the bed of beans, this causes the beans to become suspended in the air, and the main heat transfer mechanism in this roaster is convection (Fadai et al. 2017).

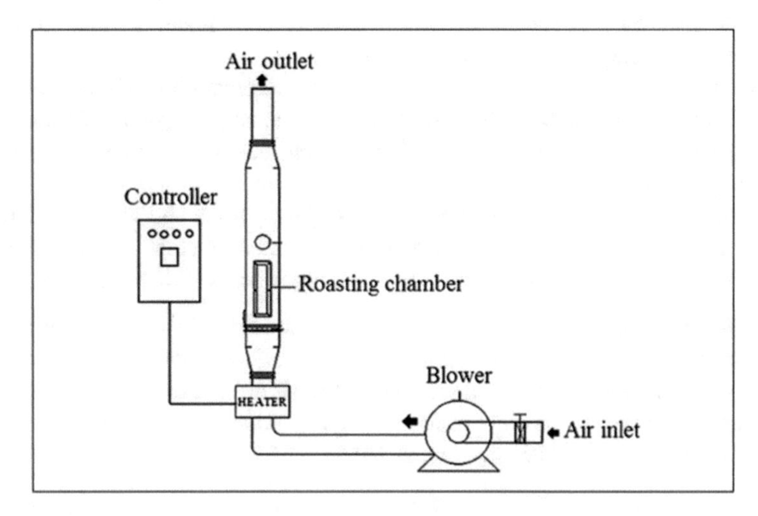

Fig. 7.4 A schematic diagram of hot air fluidized bed roasting system. Source: Adapted from Yodkaew et al. (2017)

An advantage of this method is the high energy input per square meter of the particle surface area, which results in fast heating and cooling. Moreover, the gas temperature inside the fluidized bed chamber is precisely controllable (Idakiev 2018).

The major advantages of fluidized-bed combustion (FBC) are fuel flexibility and low emissions, such as CO_2 (Johnsson 1994). Fluidization can be used as an effective and efficient technique to modify the structure of the grain (Murthy et al. 2008).

For example, when the fluidized bed is applied, the amounts of CO_2 retained in roasted coffee beans at any given roast degree are independent of the roast temperature (230 and 250 °C). However, the CO_2 degassing rates for coffee beans roasted at higher temperatures are significantly faster than those roasted at lower temperatures. As the roasted beans are ground from coarse to fine grinds, 26–59% of CO_2 is lost (Wang et al. 2016).

Structural carbohydrates of the intercellular matrix are also degraded, in part by pyrolysis reactions. CO_2 is produced by these reactions and the bean's porosity increases due to both the destruction of the cells and the degradation of the intercellular matrix (Fadai et al. 2017).

Among these, the fluidized bed roaster is used for large scale roasting of coffee beans for making instant coffee. The advantages of fluidized bed roasters are uniformity of product and better control of process parameters. The fluidized bed method of roasting allows us to precisely control the air temperature surrounding the coffee (Kelly and Scott 2015).

Coffee roasters currently used for large-scale roasting consist of fluidized bed (Castellanos-Onorio et al. 2011). However, these units pose problems when handling medium and small batches (Nagaraju et al. 1997).

Fluid bed roasting has gained new contours and more attention in recent years, given the efficiency of standardization of different raw materials that are always subjected to the same process through automation.

However, these measures are obtained outline. Automation is limited by the lack of captors allowing to follow the quality in real-time and by the process conditions (the mass of beans is always in agitation), which makes instrumentation difficult (Hernández et al. 2007).

Furthermore, different coffee beans have different traits and would require different coefficients; thus, it is necessary to understand all factors inside the roasting to decide the best strategy to conduce the roasting process (Pramudita et al. 2017).

Pressure Roasting Chemical interactions are remarkably complex during the roasting process. During the industrialization process (roasting), the coffee undergoes several modifications that impact the composition of aroma, taste, and acidity. As a direct result of the roasting process, CO_2 is produced and represent more than 80% of the gases formed (Wang et al. 2016).

The mass transfer of CO_2 in roasted coffee matrices involves several phenomena, including Knudsen diffusion, transition-region diffusion, pressure-driven viscous flow, surface diffusion, and desorption from various constituents (Anderson et al. 2003).

Although much of the CO_2 produced is lost during roasting, significant portions of CO_2 remain trapped in the beans, which slowly diffuse out during the subsequent storage. Thus, roasted coffee needs to be tempered to adequately remove the entrapped CO_2 before packaging to prevent package swelling that can lead to unwanted leaking or bursting. Usually, coffees are partially degassed to minimize aroma loss and packaged in active packaging systems that are equipped with a vent valve to allow the release of CO_2 during storage.

The amounts of CO_2 retained in roasted coffee beans, at any given roast degree, are independent of the roast temperature (230 and 250 °C). However, the CO_2 degassing rates for coffee beans roasted at higher temperatures are significantly faster than those roasted at lower temperatures. As the roasted beans are ground from coarse to fine grinds, 26–59% of CO_2 is lost (Wang et al. 2016).

1.3.1 Coffee Industrialization Processes: Roasting Procedures

Roasting is the main process developed for the industrialization of coffee, as it is responsible for determining the physical properties of the bean and creating new flavors. This occurs because, in this process, there is energy and heat insertion that induces dehydration and partial or complete thermal decomposition of specific raw or green grain compounds, giving rise to chemical reactions that generate different compounds and flavors and alter the grain structure, making it brown and fit to be ground for extraction (Basile and Kikic 2009; Schenker and Rothgeb 2017).

However, roasting is extremely complex, as distinct factors are constantly in this phase, such as energy (from roaster to grain) and mass transfer (water vapor and volatile compounds from grain to the environment), which influence the weight, density, humidity, color, and, especially, the final flavor of coffee beans (Oliveros et al. 2017; Hernández-Díaz et al. 2008).

It is because of these complexities and the importance of roasting as a coffee product processing, that roasting has been studied and discussed not only at the academy but also in the research departments of large roasters.

1.3.2 Roasting Procedures of Coffee Bean

Unlike other foods, such as cocoa, coffee needs to be roasted at higher temperatures, so initial roasting temperatures are around 120 °C and final temperatures around 200 °C. The development and evolution of this temperature are followed by the roasting master who will define the time, which can vary from 3 to 20 min, that the bean will be exposed to heat, to have at the end of the process a coffee that stands out in the cup for being flavored, full-bodied, and tasty (Silva 2012).

The roasting process is composed of three main phases, which are dehydration, roasting, and cooling (Silva and Pasquim 2018). Dehydration is the release of water molecules that culminate in mass loss. In roasting, pyrolysis exothermic reactions that change the chemical composition of the grain occur. And cooling is the abrupt reduction in temperature, which prevents the grains' carbonization (Sivetz and Desrosier 1979; Illy and Viani 1995; Schwartzberg 2002).

1.3.3 Dehydration

During the roasting process a forced flow of hot gases, which can be obtained by burning oil or combustible gas, passes through a moving bed to the still raw grain, causing heat to be transferred from the hot gas to the grain, by convective mechanisms and, depending on the technique, also by radiation and/or direct contact with the roaster walls (Fabbri et al. 2011).

The grain (Fig. 7.5) that initially had about 8 to 13% of water, now heated, begins to dehydrate or dry, losing mass and starting to expand its volume due to the rapid release of water vapor.

The highest moisture content is evaporated between the second and fifth minute when the grain reaches temperatures ranging from 127 °C to 150 °C, but depending on the desired roasting curve variation can reach up to the eighth minute at 188 °C. At this point, the color changes from green to yellow, and the coffee loses about 10% of its mass (Venegas 2015).

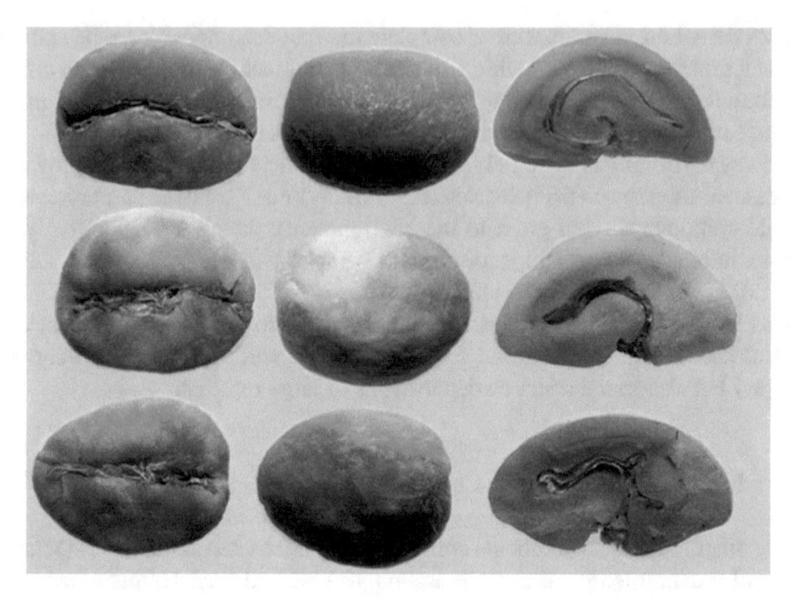

Fig. 7.5 Development of the coffee bean in the dehydration phase. Source: Authors

It is important to emphasize that the water content (Fig. 7.6) varies in the same proportion as the grain mass loss, regardless of the roasting temperature, which is why 90% of the mass loss corresponds to water, but only 72% of it corresponds to the initial grain moisture content of the coffee, the other 18% relates to water formed during pyrolysis reactions (Botelho 2012).

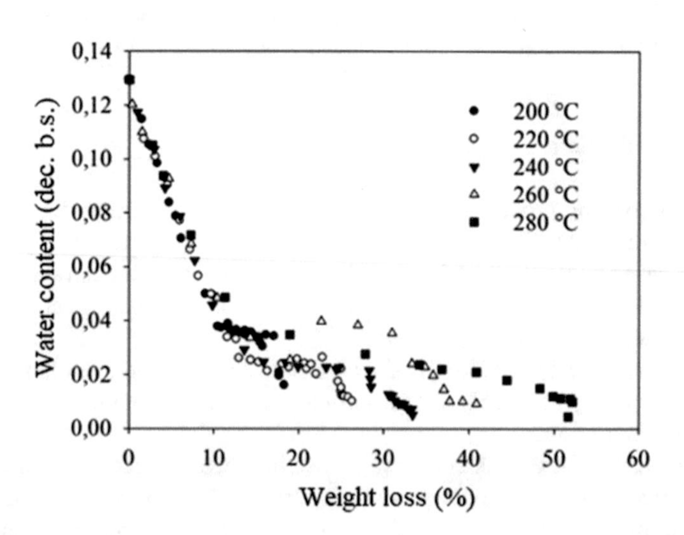

Fig. 7.6 Water content in the grain as a function of mass loss during roasting. Source: Venegas (2015)

The total water content that a coffee bean initially has is fundamental in the roasting process and plays an important role in the development of chemical and physical changes in the bean, as some chemical reactions are interrupted when the moisture content decreases excessively, that is, taste-generating reactions depend on water availability.

The porosity that coffee beans assume after roasted also has its formation in the dehydration process. The coffee cell walls are thick and dense, with intracellular cavities, the heat emitted by the dehydration process starts the destruction of this structure, making the walls thin. The cytoplasm is shrunk and pushed against the wall so that the cavities have a large space. Gases formed, like water vapor, occupy the void in the cavities, forcing the walls to get thinner and thinner (Schenker and Rothgeb 2017). This process increases the grain volume and porosity as demonstrated by Fig. 7.7.

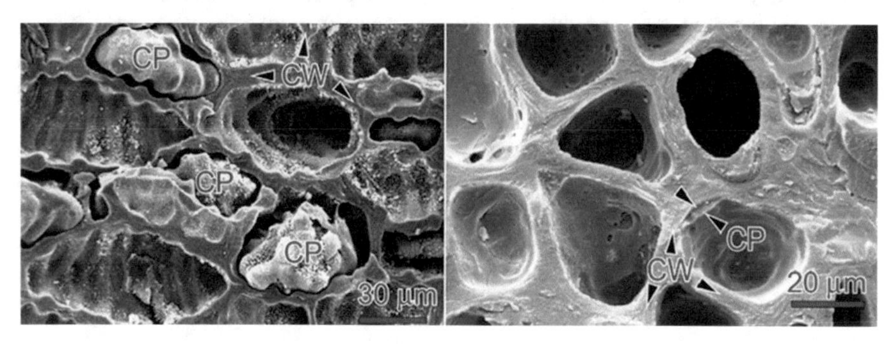

Fig. 7.7 Cryogenic scanning electron microscopy of the tissue structure of a roasted coffee bean. Biological cells show considerable changes in roasting-induced cytoplasm (CP) in surrounding cell walls (CW). Source: Schenker (2000)

1.3.4 Roasting

The yet raw grain has other important constituents besides water, some are soluble as caffeine, trigonelline, niacin, chlorogenic acids, low molecular weight carbohydrates, carboxylic acids, and some proteins and minerals, others insoluble as polysaccharides, cellulose, lignin, hemicellulose, proteins, minerals, and lipids (Borém et al. 2014), and these are some of the constituents that react in the roasting process.

Roasting begins when the grain reaches temperatures above 180 ° C, heat transfer culminates in pyrolytic reactions causing oxidation, reduction, hydrolysis, polymerization, and many other reactions that severely alter the chemical structure of the grain to form new volatile compounds. Nonvolatile factors are responsible for color, aroma, taste, sweetness, acidity, body, and therefore the final quality of coffee (Schwartzberg 2002; Silva 2008; Bottazzi et al. 2012; Venegas 2015). Among these reactions, those that stand out for their importance are the reactions of Maillard, Caramelization, and Pyrolysis (Schenker and Rothgeb 2017).

The Maillard reaction (RM) is represented by a complex sequence of reactions that arise during prolonged heating of the beans, favoring the formation of compounds responsible for the aroma, taste, body, and color of coffee (Francisquini et al. 2017). The reaction between the amino acid and a reducing carbohydrate occurs in it forming compounds such as melanoidins that have the typical dark color. With the continued application of energy, the caramelization reaction occurs, which dehydrates sucrose and condenses the new sugars formed in the grain wall.

The Pyrolysis reaction, on the other hand, is characterized by the degradation and thermal dehydration of sucrose due to the action of high temperatures. In this process, gases such as carbon dioxide and water vapors are released, which culminate in internal pressure in the grain molecules, doubling their volume until the original molecular structure is disrupted. As a consequence, aromatic compounds such as aldehydes are formed, ketones, acetic acid, methanol, triglycerols, and glycerol, many of which are volatilized (Sivetz and Desrosier 1979; Silva 2008).

At this moment, one can observe the first "crack", which is characterized by a distinct sound like small "pops". After the first crack, if still under constant energy, the grain continues to darken, and its aromas are enhanced, carbon dioxide is released more intensely, and a second crack occurs. At this stage, the grain becomes extremely dark, and enhanced flavors have bitter and toasty sensory notes. For this reason, the roasting industry prefers to proceed with roasting curves that generally end between the first and second crack (Fadai et al. 2017).

1.3.5 Coffee Cooling

At the end of the desired roasting curve, the roasting process is abruptly interrupted, and the roasted coffee is subjected to a rapid and successive cooling system to condense the aromatic substances within the grain by the aroma and taste of coffee and paralyze the pyrolysis reaction (Sivetz and Foote 1963; Silva and Pasquim 2018).

The cooling can be done by air or water spray for a time of 5 min. In some cases, where the volume of roasted beans is higher, water is injected into the roasting chamber. It is important to note that the water used for cooling evaporates until the end of the process.

1.3.6 Blending the Coffee

The use of blends is a common practice in the industry, so coffees of different origins and species, commonly Arabica and Robusta, are used in this practice.

Each of these species has its own physical and chemical properties that, when mixed in different proportions, culminate in new possibilities for the development of differentiated and specialized products.

Thus, after establishing and defining the proportion of this mixture, another important decision to make is whether the mixture should be roasted whole, i.e. blend-before-roast, or fractionate the mixture and toast fractions. Individual blend-after-roasts, also known as split roasting, mix the roasted beans (Schenker and Rothgeb 2017).

This decision is fundamental because Arabica coffee beans develop differently from Robusta coffee beans during roasting since their chemical compositions are different (Table 7.1), therefore, if roasted together, such mixture can cause a difference in color and color visible volume (Folmer 2017).

Table 7.1 Chemical composition of green coffee bean

Compounds	Arabica coffee[a]	Robusta coffee
Caffeine	1.2	2.2
Trigonelline	1.0	0.7
Chlorogenic acid	6.5	10.0
Aliphatic acid	1.0	1.0
Quinic acid	0.4	0.4
Sucrose	8.0	4.0
Reducing	0.1	0.4
Polysaccharides	44.0	48.0
Lignin	3.0	3.0
Pectin	2.0	2.0
Protein	11.0	11.0
Free amino acids	0.5	0.8
Lipids	16.0	10.0

[a]Values expressed in g 100 g^{-1}

Source: Adapted from Clarke (2003)

Blend-before-roast (Fig. 7.8a) is the most common among industries, as it is more cost-effective since the blend is roasted at once, in contrast, the roasting will not look homogeneous.

The blend-after-roast (Fig. 7.8b) is based on the application of an optimized roasting but individually applied to parts of the mixture, which is beneficial when looking for specific organoleptic characteristics, such as body, acidity, and intensity of coloring. However, this approach is more complex as it requires more storage silos for roasted coffee and a blending unit.

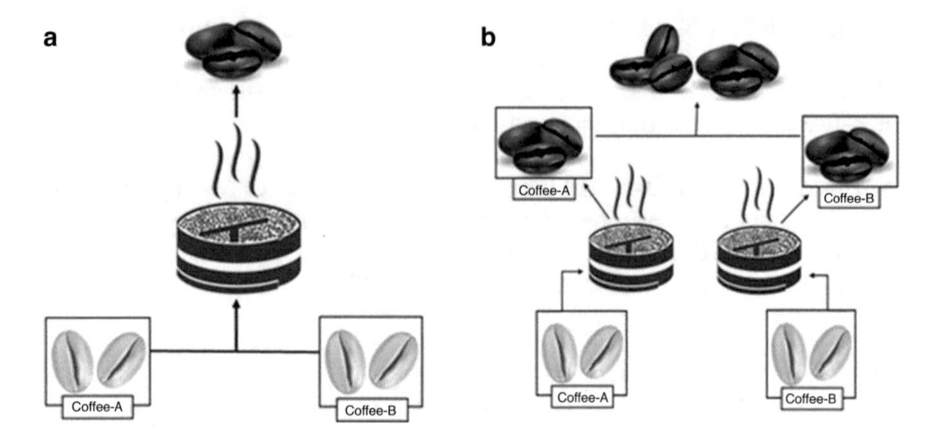

Fig. 7.8 Illustration of blend-before-roast (**a**) and blend-after-roast (**b**) roasting. Source: Authors

1.3.7 Roast Profile

The search to optimize the roasting process has made the roasting industry present its product to the consumer in a simple way. Roasted coffee is described and presented by the degree of roasting: light, medium, and dark roasting (Franca et al. 2009).

Thus, one of the parameters used to identify when to stop the roasting process is the color of the grain, so the Specialty Coffee Association—SCA and the US company Agtron (Fig. 7.9) have developed a standard to monitor the degree of roasting. This is based on a scale from 0 to 100 determined by analyzing the absorption of infrared light by the coffee bean or dust. Based on this, Agtron created color discs according to the standards defined in the scale, which was universalized due to its practicality (Melo 2004).

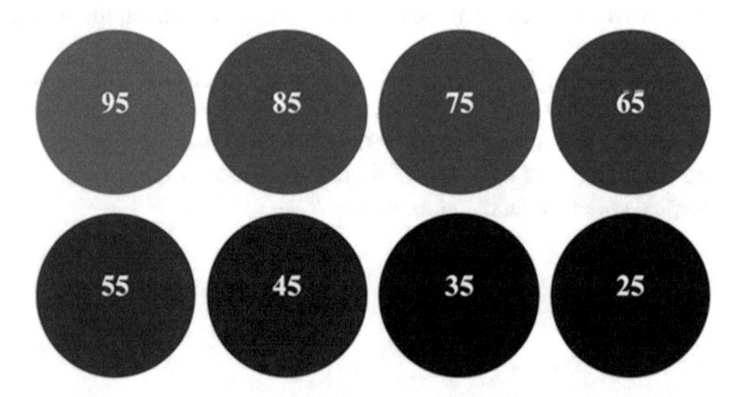

Fig. 7.9 Illustration of Agtron disks. Source: Adapted from Staub (1995)

However, this practice can lead to errors since observation is not objective and the color inside the grain may present small variances concerning the surface color (Venegas 2015), so the roaster must also observe the raw grain (volume, mass, density) and define roasting parameters such as the desired degree of roasting, time, and temperature to which the grain should be exposed, and the relationship between air and grain that is made within the roaster. These parameters together give rise to a curve and the so-called roasting profile (Fig. 7.10) (Schenker and Rothgeb 2017).

Roasting profiles may vary according to the strategy of each company because if elaborated effectively, they can highlight the desired flavors or properties in the coffee.

When the profile for the "Light roast" is developed, the grain loses 15% of its mass and reaches 200 °C. If the grain remains exposed to an increasing temperature up to 213 °C, with about 17% less mass, it reaches the "Medium roast" profile. While at 232 °C, with a dark brown hue and 20% of mass loss, the grain assumes characteristics of the "Dark roast" profile (Sivetz and Foote 1963; Silva 2008; Venegas 2015).

In the roasting process from light to dark roasting profile, the grain increases in size, its porosity develops, and its density decreases, respectively.

Regarding the taste, the brighter the roasting, the more acidity is present; the darker, the greater is the bitterness, which causes the intense taste sensation. However, there is a balance between acidity and intensity of non-bitter but caramelized flavors located in the middle roasting. As for the body, it increases as the degree of roasting grows, although, after a certain moment, it loses intensity again (Schenker and Rothgeb 2017).

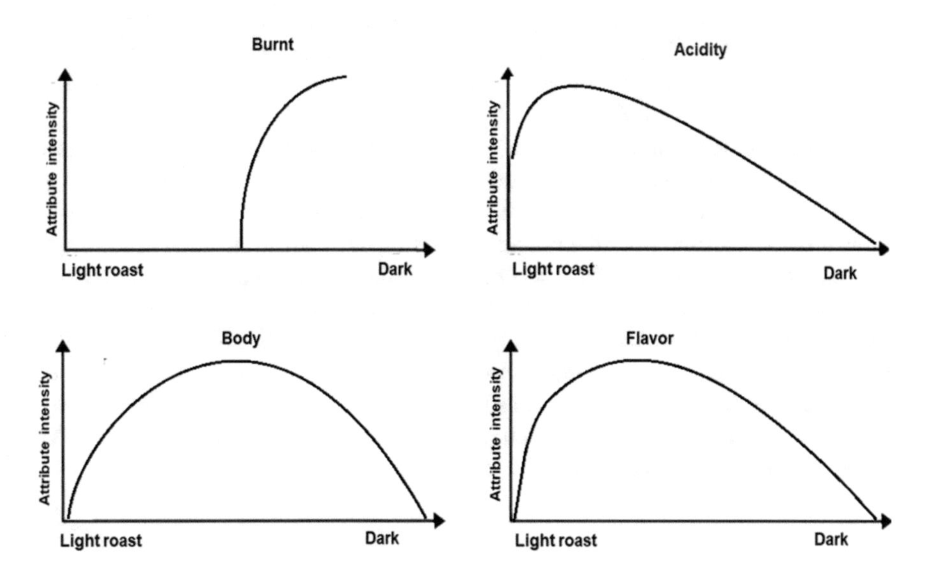

Fig. 7.10 Illustration of roasting curves and their respective sensory attributes. Source: Authors

Thus, during the development of the roasting process and a roasting curve, complex chemical reactions occur and give rise to the characteristic sensory attributes of each profile.

Sucrose, which constitutes 7–8% of the green grain, during the roasting process, undergoes degradation resulting in caramelized products responsible for the color and sweet taste, however, this degradation is influenced by the temperature and the time the grain is exposed (degree of roasting), the longer and darker the color of roasting, the more pentoses such as arabinose and ribose originate from sucrose, and the products that were once caramelized, are charred to an intense taste of toasted almonds (Schenker 2000).

Pentosans are partially decomposed to furfural early in the roasting process, so this compound is present at a very high level in light roasting, being identified by the cereal fragrance (Sivetz and Foote 1963).

Chlorogenic acids also occur with greater intensity in light roast, as it degrades as the roasting degree develops, giving rise to caffeic and quinic acids whose flavors are more bitter and astringent (Fernandes and Pinto 2001). Citric acid also decomposes rapidly during roasting, so its concentration is higher in light and medium roasting degrees (Sivetz and Foote 1963).

The pH and acidity, which are extremely important for the quality of coffee in the cup, are more present in light and medium roast, since they are little modified in the early roasting phases and then fall due to acid formation in the reactions of sugar decomposition (Silva 2008).

Proteins are denatured at temperatures lower than pyrolysis reactions. Hydrolysis of peptide bonds releases carbonyls and amines that culminate in a fishy and ammoniacal odor that are very common in dark roasted coffees (Silva 2008).

In the development of roasting occurs the breakdown of the grain cell structure, which releases the colloidal oils that give rise to reddish smoke and move within the grain. In a dark roast, this oil is physically evidenced by droplets on the grain surface (Sivetz and Foote 1963).

Carbon dioxide is the result of the decomposition of carboxylic acids released during the roasting process and is more present in medium and dark roast.

It is important to emphasize that the first chemical reactions that develop in the grain are endothermic since the grain is absorbing heat, however, at temperatures of approximately 190 °C, the reactions become exothermic and emit heat. Another fact to be pointed out is that these chemical reactions are not completely elucidated due to the difficulty of simulating them in the laboratory (Silva 2008), thus the data obtained are the results of a comparison between the components of raw and roasted coffee that led to the conclusion of reactions such as Maillard, Strecker degradation, pyrolysis, and caramelization, which are of paramount importance to the aroma, taste, and color of roasted coffee (Jansen 2006).

1.3.8 Relation: Time and Temperature

Roasting time and temperature play a key role in the development of good coffee since when roasting profiles with different temperatures and time, the roasted bean has different characteristics in the cup, even at the end of the process, both have identical colors.

Roasting profiles that are developed for a short time need to have higher temperatures, so heat transfer is also more intense, dehydration occurs faster, and chemical reactions develop at a faster rate, which means that it culminates in more intense gas release and consequently early volume increase.

In this type of roasting, the taste is more intense, there is a higher generation of soluble matter, which is beneficial depending on the roasting industry's objective, there is also higher humidity and higher release of colloidal oils in the dark roast (Schenker and Rothgeb 2017).

However, in longer roasting, coffee is exposed to a less aggressive temperature longer, which leads to better development and use of the reactions of Maillard and Caramelization that give more balance to coffee either in terms of taste or body.

Therefore, it is clear that not necessarily shorter roasting will be better than longer ones since they develop aromatic compounds in both of them, but some aromatic compounds are preferably generated in faster roasting, while others in shorter ones. In long roasting profiles, coffee has higher acidity, less body, and a roast note, as high temperatures can result in intense internal heating of the bean that culminates in a characteristic burnt surface.

Coffee with a long roasting profile is more balanced, with medium body, and notes of fruit, caramel, and toasted almonds, however, it is important to emphasize that a very long roasting can result in the cooking of the grain, i.e. the grain is exposed for a long time to temperatures that are not sufficient to fully develop chemical reactions (Schenker and Rothgeb 2017).

There is also the traditional roasting profile, which is characterized by being mixed, that is, it starts with a slow profile and ends with a fast profile, the grain gets heat gradually in the beginning, so the dehydration process is slow and the Maillard chemical reactions start slower.

During the roasting process, the heat transfer increases, especially in the final phase, accelerating the caramelization chemical reactions. The grain of this profile will have more volume, porosity, flavor intensity, and higher extraction yield.

Consequently, it can be stated that what will define which roasting profile to use, short, long or mixed, for a certain degree of roasting (light, medium, dark), is the consumer of this coffee, which through its preference will generate a demand for the roasting industry.

1.3.9 Roaster Profile Stages

The roasting profile defined for a certain degree of roasting (light, medium, dark) (Fig. 7.11) should have in its development some stages that relate directly to Agtron color standards (Melo 2004), as shown in Table 7.2:

Table 7.2 Overview of Agtron roasting stages relating to temperature and color

Phase	Grain properties	Agtron number	Temperature (°C)	Grain appearance
Crude	Raw grain with 12% mass\water.	99–81	Ambient temperature	Green.
Yellow	Moisture loss.		30–100	Yellow coloring, grass aroma.
Cinnamon	Volatile vapors cause grain to expand.	80–75	90–130	Light brown, light body, minimal aroma, tea-like flavor. No oil on the surface of the grain.
American	The beans are still expanding. This is the stage at which the first crack begins. Higher acidity than sugar.	74–65	170–190	Dark brown. Big in size. Evident acidity, grain surface without oil.
City		64–60	210–220	Cracks in the grain due to the release of gases.
Full city	Grain almost at maximum expansion. The first crack stage ends.	60–50	224–230	Chips of grain begin to come loose. Oil is slightly visible. Balanced acidity, fuller color, generally dry grain surface.
Vienna	Maximum grain expansion. Sugar acid balance. The second crack stage starts.	49–45	230–235	Darker brown, grain has oil on it. Slight bitterness. Low acidity, dense body.
Espresso	More gases are released, the second crack stage ends.	44–35	235–246	Black with oil stains, shiny surface. Dominant bitterness.
Italian	Decreases aromas.	24–15	246–265	Black, shiny surface. Burnt flavor predominates.

Source: Adapted from Bald mountain coffee company, apud Melo (2004)

The yellow stage, which starts from the moment the grain receives heat energy and intensifies between 90 °C and 120 °C, is characterized by the loss of moisture that gives the grain a yellow color and the smell of wet grass.

In the cinnamon stage, the grain begins to acquire brownish color and smell of baked bread and begins to expand due to the endothermic reactions that are taking place. Raising the temperature to 130 °C, the American stage is recognized by the first crack, where the grain loses mass and expands to the point of breaking the walls, exothermic reactions have already started and a large amount of moisture has been released. It is important to be careful with the temperature of the roaster at this time so that it is increasing, otherwise, sucrose melting will occur, which happens at approximately 188 °C and is within the coffee caramelization temperature range (170–205 °C). As soon as the temperature decreases in the middle of the caramelization process, the coffee acquires a bitter taste due to the rupture of the long polymeric chains (Melo 2004).

In the City stage, between 205 °C and 213 °C, the crack is closed, and the coffee is brown in color since about 50% of the sugars have caramelized. In this phase, the coffee has a strong flavor. In the Full City stage, the internal temperature of the grain reaches 213–230 °C; there is a lot of internal pressure by stirring the carbon dioxide resulting from chemical reactions. This gas breaks the cellular matrix of the expanding grain to escape, then it begins to crack and release the oil with greater intensity, causing the surface to be shiny. At this moment, the grain assumes characteristics of burnt roasting.

In the Vienna stage, an aggressive roasting occurs, with temperatures from 231 °C to 240 °C. In the Espresso stage, the grain is subjected to high temperatures (243 °C to 265 °C), the caramelized sugar begins to degrade rapidly, and Cellulosic grain structures are carbonized. The bean continues to expand and lose mass, the drink becomes light-bodied as aromatic compounds, oils, and soluble solids are eliminated from coffee compounding the intense smoke and caffeine decrease (Sivetz and Foote 1963; Melo 2004; Silva 2008).

Fig. 7.11 Development of coffee bean during the roasting process. Source: Authors

Finally, there are several strategies implemented to encourage coffee consumption among different social strata. For Spers et al. (2004), the motivation to improve product quality has contributed to new forms of consumption. According to Della Lucia et al. (2007), more recently, there has been the importance of observing what is the consumer criteria based on when choosing, buying, and consuming a product.

Among these factors, the roasting point is directly associated with the final quality of the drink, being the various chemical interactions, as well as the Maillard reaction, the degradation of chlorogenic acids, among other factors, responsible for the formation of aroma and distinctive flavor of coffee. The characteristic aroma of coffee is provided by the presence of volatile compounds mainly in the form of aldehydes, ketones, and methyl esters, which are formed during roasting and are trapped in the cellular structure of roasted beans.

2 Structure Changes of Coffee Bean Cells During Production Roast of Specialty Coffee

Valentina Moksunova, Anna V. Kopanina, Inna I. Vlasova, and Anastasiaya I. Talskikh

2.1 Introduction

The specialty coffee industry, commonly using 1–25 kg gas cast iron drum roasters, has few relevant scientific data on processes inside the bean during the roast. Kelly and Scott (2015), Schenker (2000), and other studies were based on laboratory roasts made by hot air, i.e. these studies analyze the influence of high-temperature airflow on the coffee bean in the roast chamber. Other studies describe results based on bean changes during the roast in an oven with direct heating (Jokanovića et al. 2012). This study describes the impact of energy produced by heating elements without the motion of air. Furthermore, neither of them suggested that time and temperature profiles are used in the specialty coffee industry. However, depending on the design of the roasting equipment, roast profiles, and technical parameters of the production area, critical temperatures on the surface and inside the beans can be different from model parameters and those achieved during experiments in a controlled lab environment.

Illy and Viani (2015) describe supposed profiles of temperature, pressure, and water contents in the bean during the roast. It is suggested that roasting reactions (like browning) start at the bean surface and move towards the inner dry pre-expanded structure of the bean. The roasting itself is described as a counter-current process with heat transport inside and mass outside. It is assumed that a bean is half of ellipsoidal body. Authors have performed math modeling of temperature gradient of the bean with and without the influence of latent energies, displaying the model of heat distribution around the core of the semi-ellipse. Another experiment measured the change of surface temperature, between core and surface, and in the core of the bean for a 600-sec roast (method not mentioned). They found that the roasting process is much faster in the outer sections of the bean compared to the core, probably leading to high thermal stresses in the outer parts of the bean.

However, green coffee beans do not exhibit a uniform and homogenous morphology. At the periphery of the seed, there is one single layer of epidermal cells. The main bean part consists of parenchymatous storage cells (Dentan 1985). In the middle part of a transverse section, one can distinguish a thin layer of mucilaginous material in which is embedded the small embryo (Schenker 2000).

Volume increase, dehydration, and chemical reactions during roasting lead to a profound microstructural change of both the cell wall and the cytoplasm of the green bean. Immediately after subjecting the bean to a high temperature, the cytoplasm is pressed towards the walls and a large void occupies the cell center. The layer of modified cytoplasm becomes thinner in continuation of roasting, cell sizes are increased. Filament-like structures stretching from one cell wall side to the opposite appear later during the roast and are more frequent and typical with higher degrees of roast. The numerous voids in the shape of burst bubbles embedded in the cytoplasm layer are most likely connected with the breakup of oleosomes and the subsequent mobilization of coffee oil (Schenker 2000).

The current study was made to identify key structural changes occurring in the cells of coffee beans of various origin, density, and processing methods during production roast in a specialty gas shop roaster, with the use of light microscopy. The main purpose was to describe the quality and quantity parameters of structural changes of the beans for samples pulled each minute during the roast.

2.2 *Experimental Procedures and Raw Material of the Study*

To select the method of samples preparation two options were checked: samples could be either roasted by identical temperature profiles, with various heat applied to achieve them, or could be roasted using the same energy profile with various temperatures displayed. Since production equipment has a big variance in data transmitted via the temperature probe, it was decided to use the same energy profile, i.e. the same burner setting. In case of a timely stop, the selected roast profile produces an acceptable tasting coffee for each origin.

The roast was performed on February 25, 2015, in the production facility of Hummingbird Coffee, LLC in Moscow. The room temperature was 18 C°. 1000 g of natural Brazil Hummingbird Blend NY2 SS FC 17/18 and 1000 g of washed Kenya Zahabu AB+ were each loaded into Giesen W1A gas roaster at 165 °C bean temperature, the burner was set at 10% and roasted until 212 °C bean/240 °C air temperature. The end temperature was selected as a minute next after the end of the second crack for Brazil and was kept the same for Kenya according to temperature readout. The roasting time of Brazil sample was 10 min, with 11 min in the case of Kenya. Every minute throughout the roast a sample of 1.5–2.5 g was drawn using the trier. For detailed roast profiles please refer to Table 7.3.

Table 7.3 Temperature readout parameters of experiment roast of Brazil and Kenya beans in a Giesen W1A gas roaster

Natural Brazil Hummingbird Blend NY2 SS FC 17/18				Washed Kenya Zahabu AB+		
Time	Bean surface temperature, °C	Exhaust air temperature, °C	Sample taken and other comments	Bean surface temperature, °C	Exhaust air temperature, °C	Sample taken and other comments
0:00	165	183	B0	165	180	K0
1:00	126	177	B1	127	175	K1
2:00	106	176	B2	107	174	K2
3:00	115	184	B3	114	181	K3
4:00	130	191	B4	128	190	K4
5:00	144	199	B5	141	197	K5
6:00	157	207	B6	153	205	K6
7:00	169	215	B7 First crack starts at 7:15	165	212	K7 First crack starts at 7:30
8:00	182	223	B8 Second crack starts at 8:45	176	219	K8
9:00	195	231	B9	187	224	K9
10:00	212	240	B10	97	231	K10 Second crack starts at 10:00
11:00				212	240	K11

Transverse sections of 1–2 coffee beans from each sample were photographed using Canon EOS 600D, Canon lens EF 50 mm 1:1.8 with two extension tube sets (36, 20 and 12 mm rings).

Beans from each sample (B0-B10, K0-K11) were fixed in ethyl alcohol (96%) and glycerin (mixed using 3:1 ratio). Transverse, radial and tangential sections 10–25 microns thick were made using HM 430 Sliding Microtome with a fast freezing unit (Thermo Scientific, USA). The coloring of sections was made with the use of regressive method (Prozina 1960; Barykina et al. 2004). Permanent preparations were made with the use of synthetic mounting solutions. 20–30 sections of each minute sample were prepared. Despite there were 11 cuts made for Kenya, only 10 would be presented in this study, because cell walls destruction at this stage does not allow to accurately measure cell dimensions.

Analytic study was made with a light microscope Axio Scope A1 (Carl Zeiss, Germany) and ZEN Carl Zeiss 40v4.6.3.0. software.

The study focuses on structure changes in epidermal cells and 2–3 layers of parenchyma storage cells right beneath. 32 measurements were made for each type of cells each minute: radial and tangential cell widths, cell wall thickness (inter-pore spaces). Sampling average and confidence intervals were calculated (95% confidence level).

2.2.1 Results and Discussion

Key milestones commonly used by specialty coffee roasters such as color change from green to yellow, beginning of Maillard reaction, first crack and second crack (Rao 2014; Hoos 2015) are well observed on macro-level, proving that there are more events to manage during specialty coffee roast than drying, pyrolysis and cooling stage (Sivetz and Desrosier 1979). It is obvious that beans of Brazil and Kenya (Fig. 7.13) consume energy at various pace; reactions throughout the layers of Kenya beans are less uniform than of Brazil.

Results presented in Figs. 7.12 and 7.13. However, one needs to take a closer look at events on a micro-level to identify which of the macro visual changes correspond to which events on cell level.

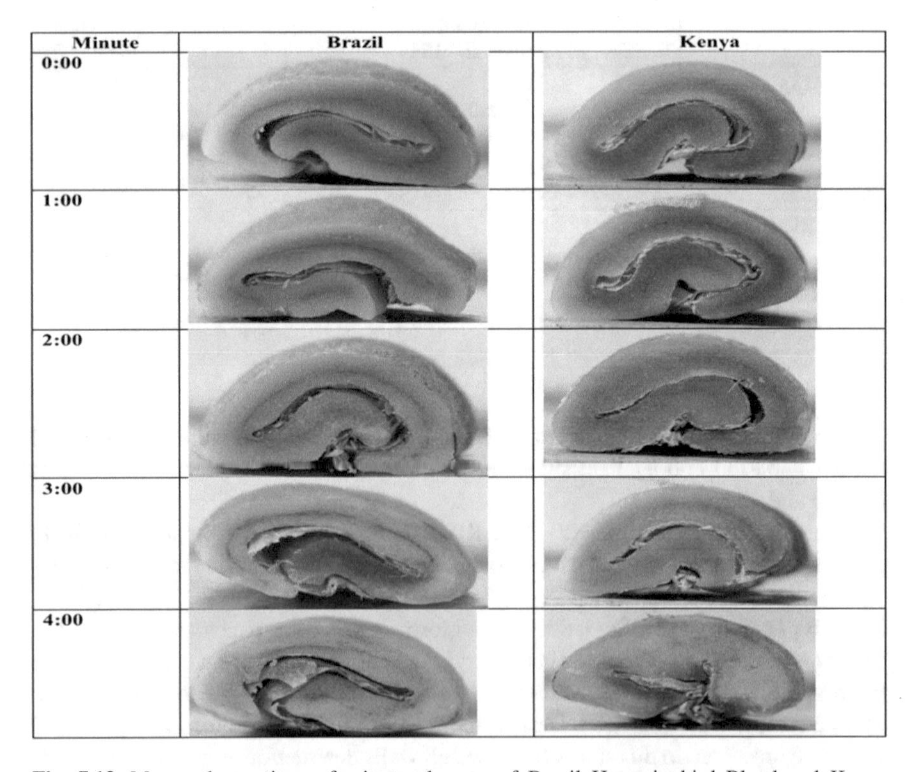

Fig. 7.12 Macro observations of minute changes of Brazil Hummingbird Blend and Kenya Zahabu AB+. Source: Authors

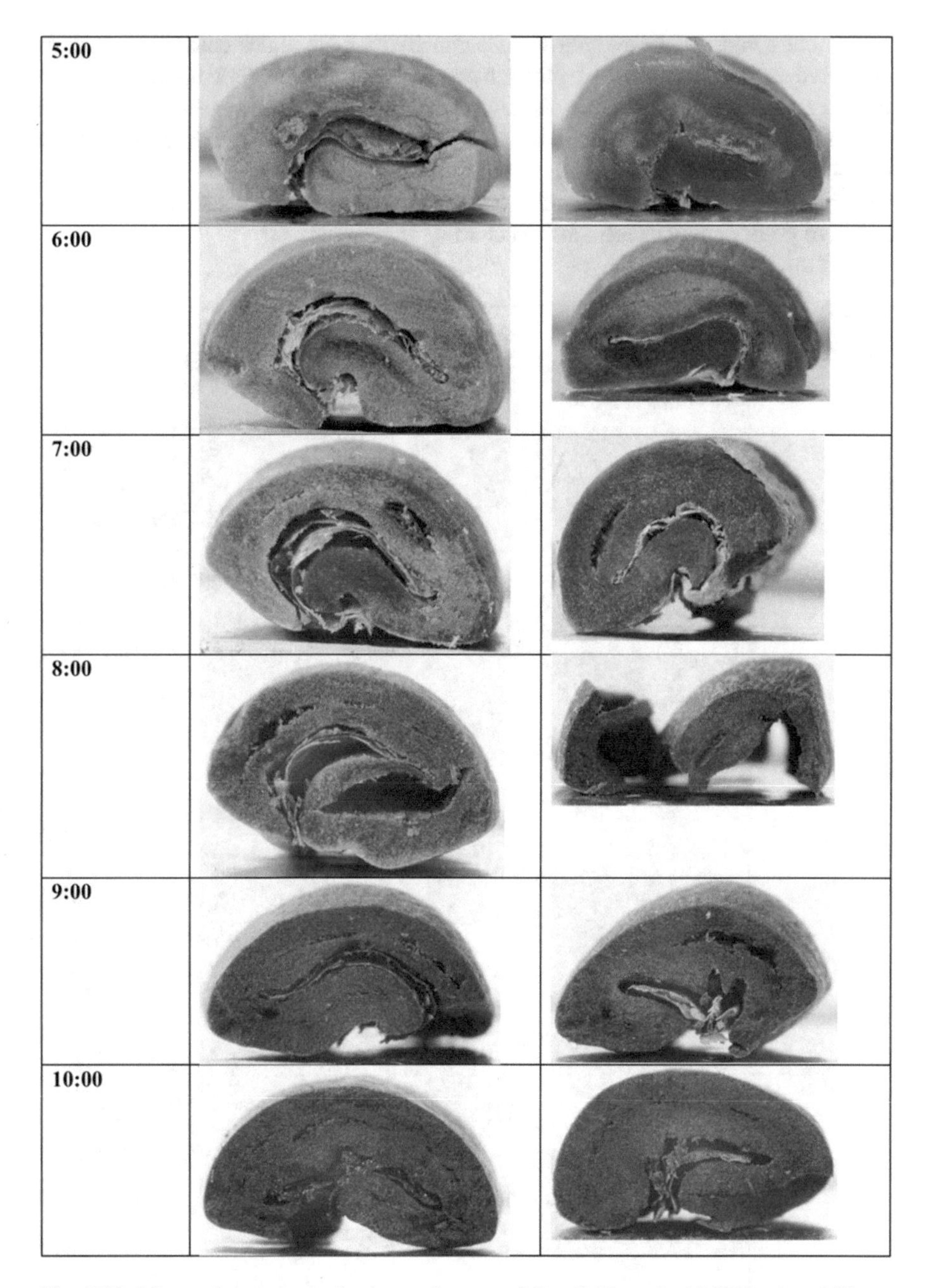

Fig. 7.13 Macro observations of minute changes of Brazil Hummingbird Blend and Kenya Zahabu AB+. Source: Authors

Structure changes in cytoplasm of parenchyma cells under epidermal layer of cells and in deeper layers of parenchyma begin from the first minute of roast onwards (1–3 min). Most cells display plasmolysis (cytoplasm detaches from cell walls). Visual density of cytoplasm increases, which can be partly explained by oleosomes (spherosomes) merging into bigger drops. Cells nucleuses become unobservable. These processes are most clearly visible in Fig. 7.14. At this stage cytoplasm of epidermal cells remains structurally unchanged.

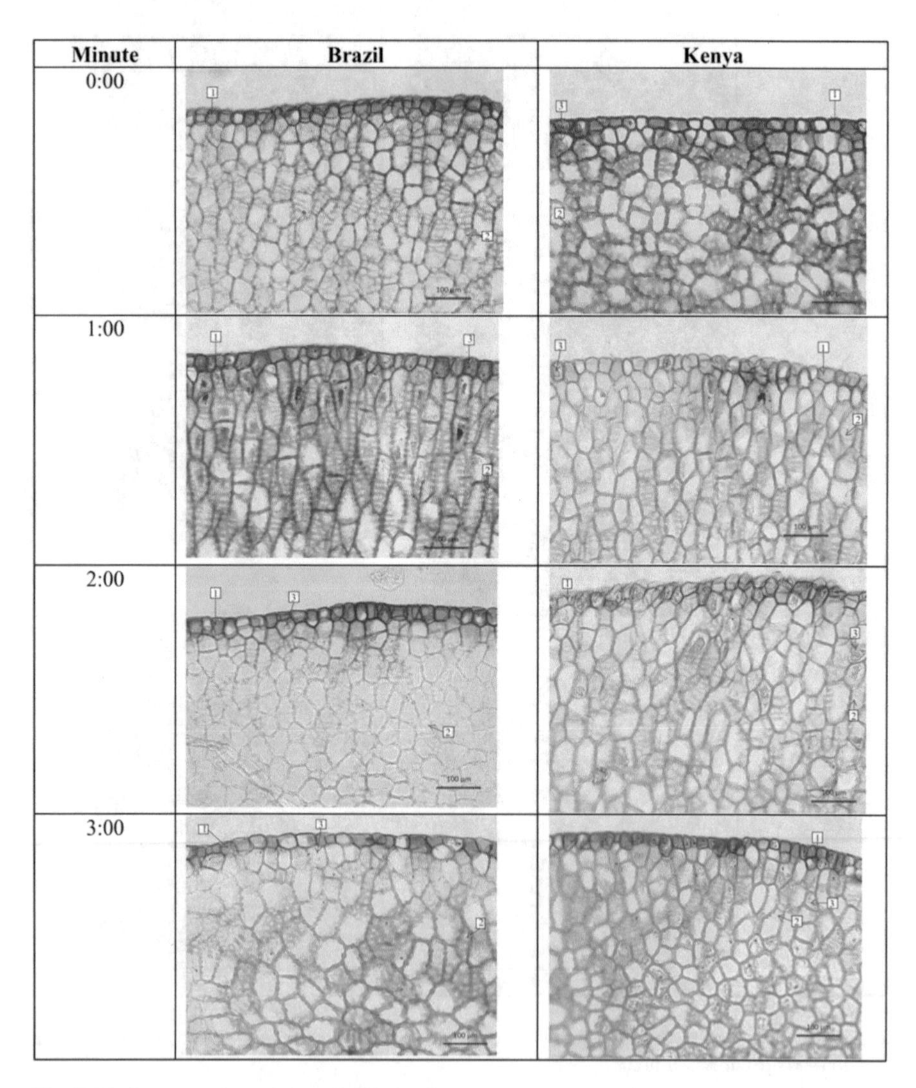

Fig. 7.14 Structure changes in cells of Brazil and Kenya beans during 0–3 min of roast. Source: Authors. 1 – epidermal (outer) layer of coffee bean cells; 2 – simple pore in a cell wall; 3 – cytoplasm

The structure of parenchyma cells changes significantly in samples of Brazil beans at fourth minute of roast. The cytoplasm of these cells loses its structure organization and becomes homogeneous, however plasmalemma preserves its integrity. Epidermal cells and first layer of parenchyma cells under them (seldom second layer) preserve structured cytoplasm. Kenya displays these results at fifth minute of experiment (Fig. 7.15).

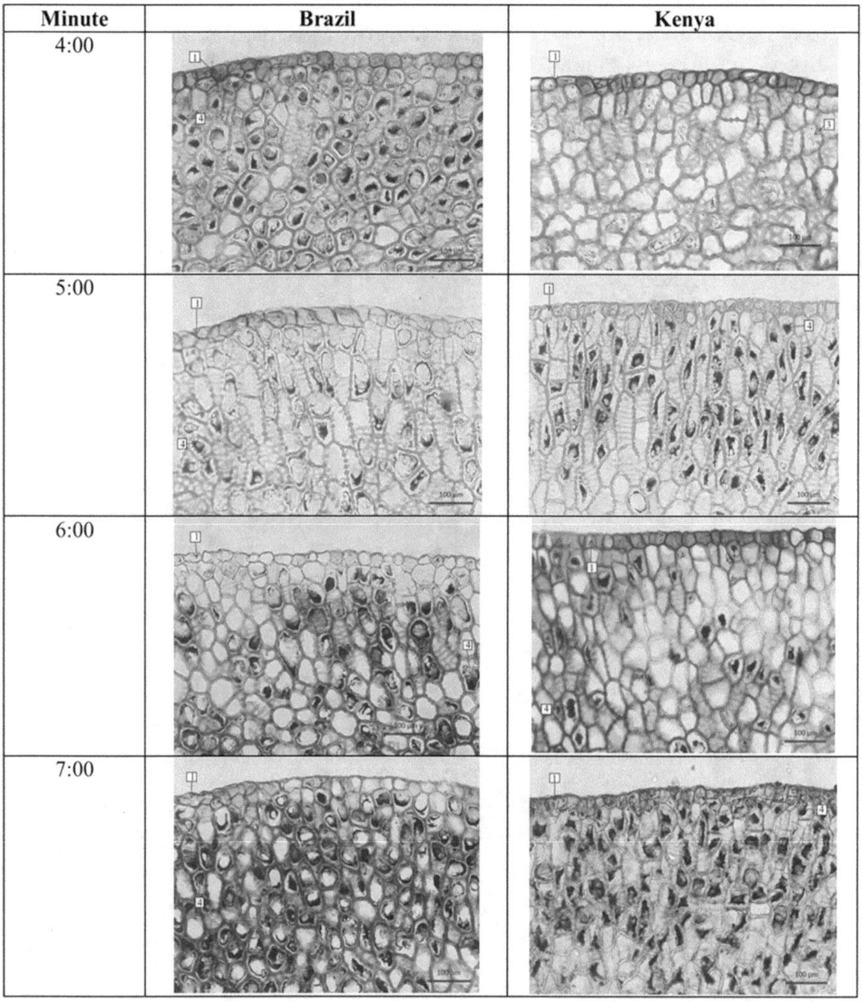

Minute	Brazil	Kenya
4:00		
5:00		
6:00		
7:00		

Fig. 7.15 Structure changes in cells of Brazil and Kenya beans during 4–7 min of roast. Source: Authors. 1 – epidermal (outer) layer of coffee bean cells; 2 – simple pore in a cell wall; 3 – cytoplasm; 4 – remains of the destroyed cytoplasm

Next key stage of cytoplasm transformation occurs in Brazil coffee beans during the eighth minute of roast when, probably, plasmalemma destroys and oxidized contents of cytoplasm spreads throughout all available space of the cell and “sticks” to the inner side of the cell wall (Fig. 7.16). An explosion of cytoplasm is accompanied by the sound of “first crack,” which is commonly used as a benchmark by specialty coffee roasters. At this stage epidermal cells display only partial visual thickening of cytoplasm. In case of Kenya destruction of cytoplasm occurs in tenth minute. In our experiment Kenya displayed remarkably uneven beginning of critical steps of cytoplasm destruction throughout layers of parenchyma cells.

Brazil coffee beans samples from tenth minute of roast display that cytoplasm is completely destroyed in both parenchyma and epidermal cells, the cell wall is significantly deformed, it becomes brittle. Kenya coffee beans reach this stage at 11th minute. This corresponds to the end of “second crack.”

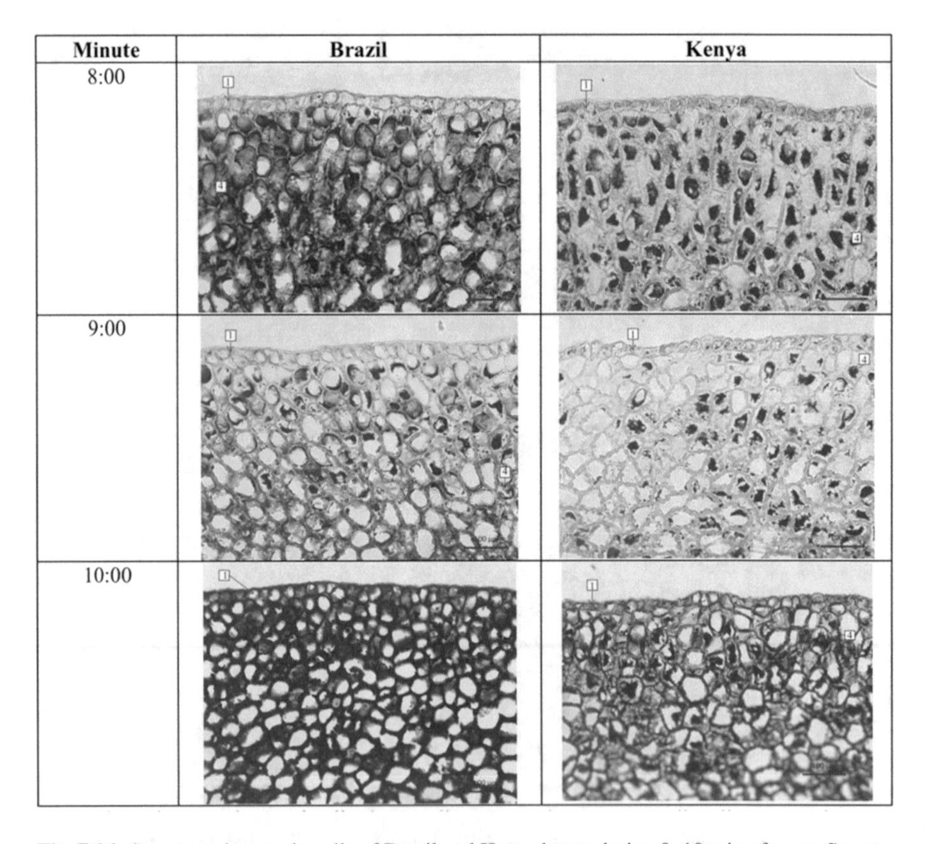

Fig. 7.16 Structure changes in cells of Brazil and Kenya beans during 8–10 min of roast. Source: Authors. 1 – epidermal (outer) layer of coffee bean cells; 2 – simple pore in a cell wall; 3 – cytoplasm; 4 – remains of the destroyed cytoplasm

In our study we did not prove. Illy and Viani (2015) suggestion that the roasting process is much faster in the outer sections of the bean compared to the core, probably leading to high thermal stresses in the outer parts of the bean.

Quantitative analysis of epidermal and parenchyma cells performed during the study shows that cell dimensions and cell wall thickness (interpore spaces) are stable and do not significantly increase during the roast, up to final destruction of cell walls. Tables 7.17 to 7.20 display the results of measurements (Figs. 7.17, 7.18, 7.19 and 7.20).

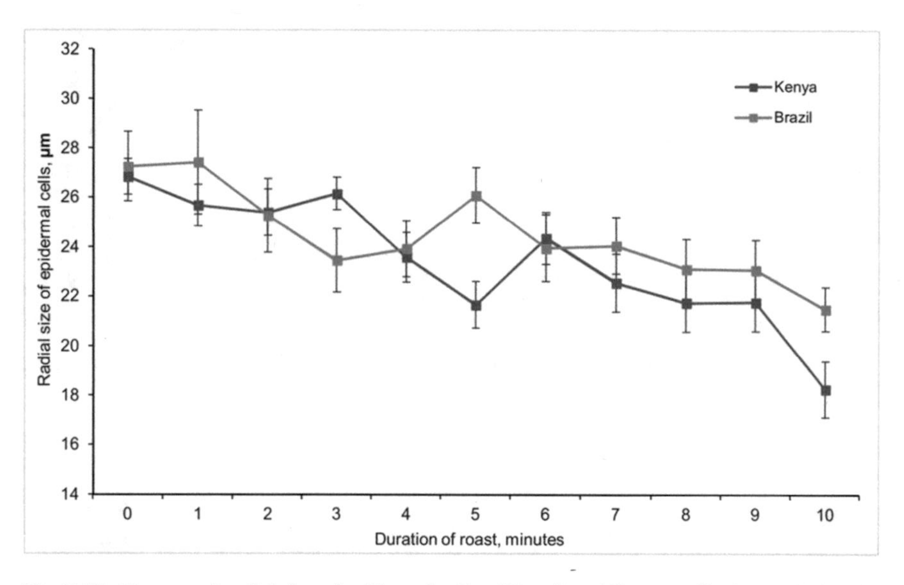

Fig. 7.17 Changes of radial size of epidermal cells of Brazil and Kenya coffee beans during the roast. Source: Authors

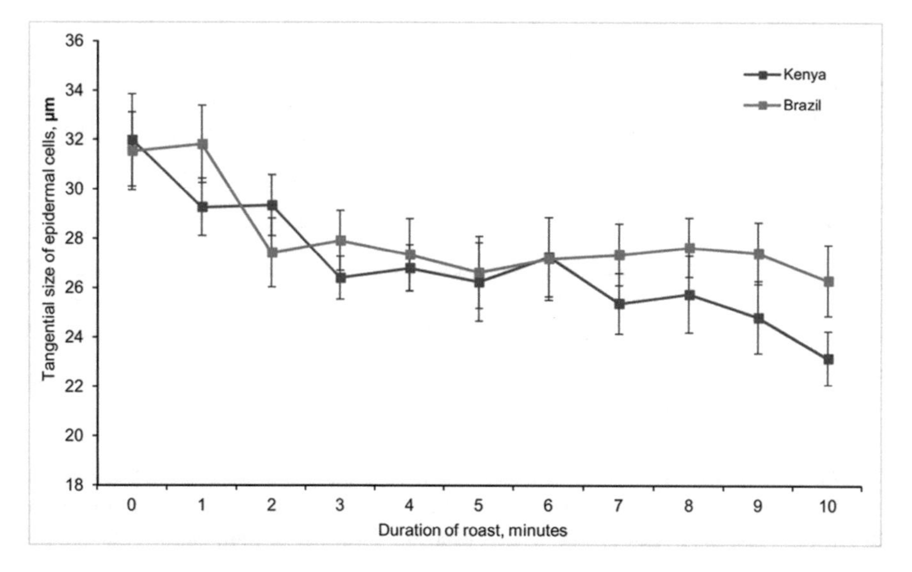

Fig. 7.18 Changes of tangential size of epidermal cells of Brazil and Kenya coffee beans during the roast. Source: Authors

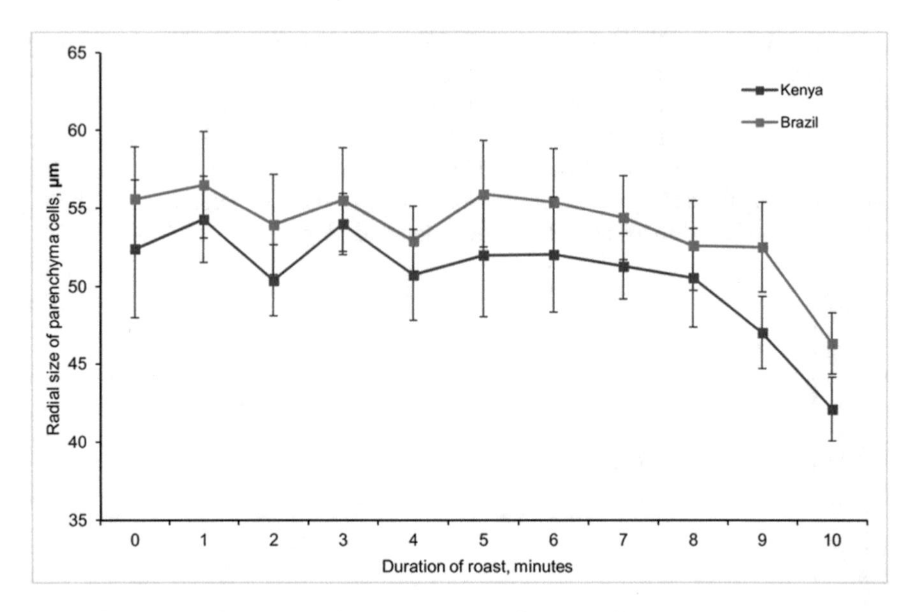

Fig. 7.19 Changes of radial size of parenchyma cells of Brazil and Kenya coffee beans during the roast. Source: Authors

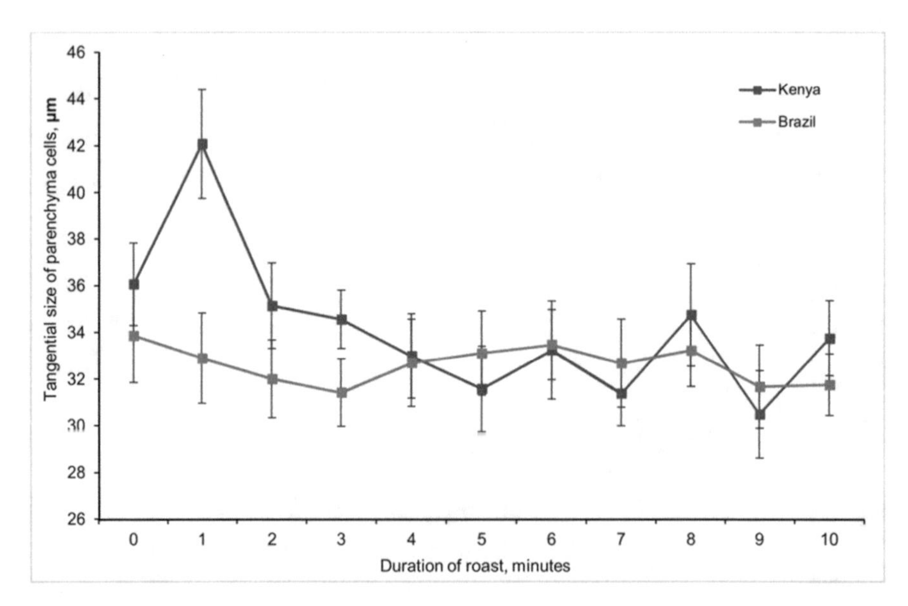

Fig. 7.20 Changes of tangential size of parenchyma cells of Brazil and Kenya coffee beans during the roast. Source: Authors

Studies like Schenker (2000) note that cell volume increases during the roast. Our study does not prove this thesis. Structure changes of cell walls during the roast are associated with deformation of cellulose fibers and hemicelluloses. These changes in cell walls are most apparent in the areas of pores: the thickness of cell wall in these areas decreases during the roast, which can be found on Brazil sample of eighth minute and Kenya sample of tenth minute. See Fig. 7.21.

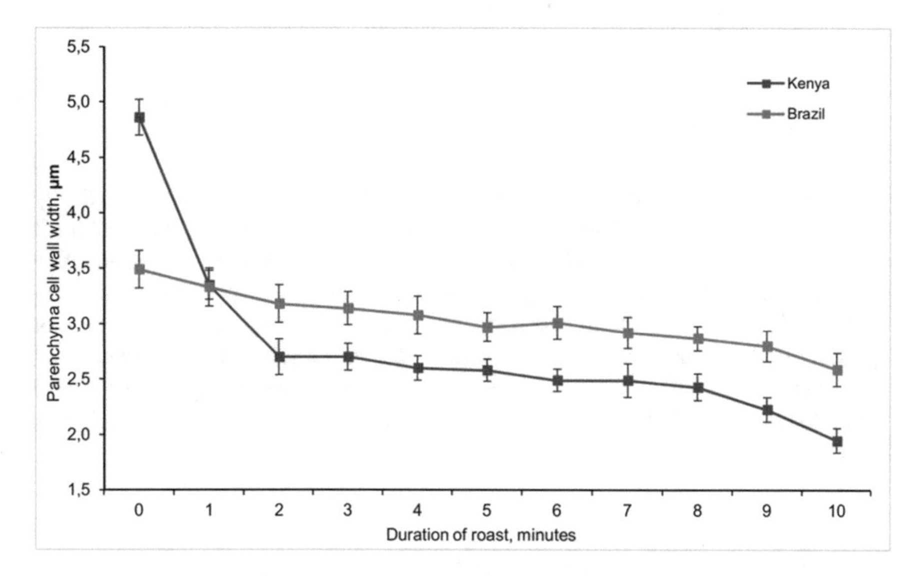

Fig. 7.21 Changes of parenchyma cell wall size of Brazil and Kenya coffee beans during the roast. Source: Authors

2.3 *Final Considerations*

Structure changes in the coffee beans are associated with the destruction of cytoplasm. The rise of temperature in the first minutes of roast leads to plasmolysis in parenchyma cells, followed by loss of structural organization of cytoplasm, the formation of oil drops, and further destruction of plasmalemma and oxidation of cell contents and destruction of cellulose fibers of cell walls.

It was found that structure organization of cytoplasm of epidermal cells remains stable up to second crack. This may be explained by less number and size of pores in walls of epidermal cells. Such isolation of epidermal cells from the remaining parenchyma cells decreases the degree of hot water steam penetration into intracellular space.

The identified structure changes of coffee bean cells vary depending on origin, processing method and other parameters. It was found that destruction of cytoplasm in parenchyma cells of Kenya beans occurs later as compared to Brazil. Besides, Kenya characteristic feature is a non- uniform occurrence of critical stages of cytoplasm destruction in parenchyma cells.

Parenchyma and epidermal cell volume stability probably means that the coffee bean volume increase occurs due to bean fold opening driven by hot gases and vapor moving out of the bean and, probably, deformation of fibers of a coffee bean.

3 Roasting for Specialty Coffee

Hisashi Yamamoto

3.1 General Introduction

The rise of specialty coffee is a major point in being able to write about specialty coffee roasting like this. Although industry is growing, learning about roasting is currently only possible though working as an assistant roaster or self-learning because no comprehensive roasting schools are available. You may think that roasting is just input green beans in a roasting machine and applying heat but roasting for specialty coffee is not that simple. Even as specialty coffee industry is expanding now, specialty coffee roasting is still hard to learn in a logical way. In this book I would like to write about my accumulated experiences which I have learned, heard, and incorporating them into myself.

3.2 Understanding the Raw Materials

This is not only for roasting but is related to all the other things about coffee. It is important to know what the good raw materials are and It also important to use those good raw materials and even more important to make the use of those raw materials at the end.

Firstly, I will talk about understanding the raw materials which also means to consider about the raw materials themselves.

3.2.1 Think About Different Situations in Roasting

There might be many different situations when you roast green beans.

Even though some of you might not roast sample green beans to source green beans, roasting is not only for making product but also useful in many ways to analyze the raw materials.

Let's talk about a little more precise.

There are three large categories to think about the situations.

In Fig. 7.22, it is possible to alter a word "Roasting" to "Cupping." For instance, "Roasting for buying green beans" to "Cupping for buying green beans." In this way those three different situations for roasting is equals to cupping. First scene is "Roasting (=Cupping) for buying green beans." The important thing in here is to know in advance how these green beans are used in your shop. More precisely, if these green beans will use for blend coffee or for highest quality lines at your shop for instance. Normally green buyer will share the idea of the use of green beans but roasters must understand their use and need some ideas beforehand when roasters actually roast the beans. In this first situation, it is recommended to roast (=cupping) considering all the categories on cupping form. Even if for the blend coffee, consider all the eight categories on cupping form which is explained later to roast aiming for no negative impression in taste. Especially it is important to bear in mind to roast to highlight acidity clearly which is important aspect in specialty coffee. Coffee which has good quality of acidity can be useful in many ways even if there is not much characteristic flavors in the coffee. When you roast those green beans, it is also important to bear in mind not to spoil those acidity and avoid over-calorie roast but develop well at the same time. The second situation is "Roasting for assessing the use of long storage green beans." Sometimes roasters have some difficulties in use of longer stored green beans which is not suited to sell as single origin coffee line.

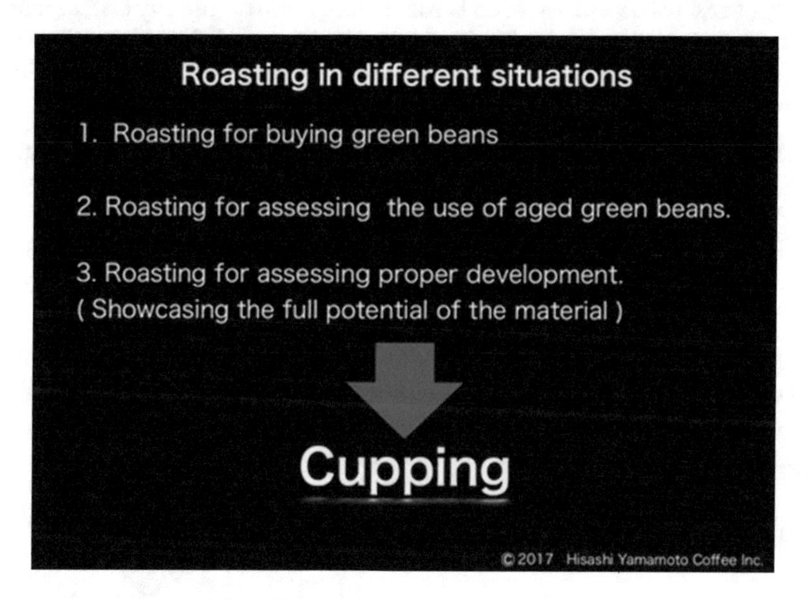

Fig. 7.22 The three large categories to think about roasting. Source: Authors

What is important for roasting in this situation is that no stale flavors are developed or not. It is important to remember that there is always possibility to develop dried wood-like flavor which is a characteristic for stale coffee. It is also recommended to roast considering Clean Cup and Aftertaste attributes in the eight categories on cupping form. I believe if Clean Cup and Aftertaste have 5 or 6 points (on Cup of Excellence Cupping Form), it is good enough to use for blend coffee line even if there is no outstanding flavor and acidity. Cleanliness is the base for specialty coffee and if both Clean Cup and Aftertaste are not good enough there is no use for blending with other coffees which will be ended up specialty coffee lacks cleanliness but with bad aftertaste. The point here is even if the green beans are left longer storage period which already lacks flavor and acidity found when its flesh, it will be still used as long as Clean Cup and Aftertaste are good enough. For roasting it is important to avoid too-fast roasting and over-calorie roasting, rather than try to develop well. This roasting method may not be considered for specialty coffee. But roasters must understand this situation, because sometimes it is unavoidable for all of us. And the last situation is "roasting (=cupping) for proper roast". Which means product roasting and roast (=cupping) for showcasing the potential of the green beans. What is important here is to pay attention to the quality and character of the acidity. That is very important point here. But then, what is the acidity which is one of eight categories on cupping form? The acidity is evaluated only by the quality and not by strength in the cupping form. But what is the quality of acidity then? Acidity is a crucially important aspect in specialty coffee. And it is also very important for espresso taste. I believe it is not adequate to explain this acidity in one word as just "acidity". In Japan, we do not evaluate acidity only by strength. And it is important to make our customer understand the quality of acidity because in the end it leads to the growth of specialty coffee industry. There are various views on acidity, but I recognize it by subdividing it as follows.

There are four categories related to acidity. Namely, Clean Cup, Mouthfeel, Flavor, Aftertaste. And it is explained them as follows:

1. Clean Cup of acidity… Cleanliness of acidity. Crucially important aspect of all.
2. Mouthfeel from acidity…Whether there is smoothness connect to acidity and whether there is any additional positive aspect.
3. Flavor related to acidity…Whether there is any fruit flavor comes from acidity.
4. Aftertaste with acidity… Whether the acidity is lasting long comfortably and finish cleanly.

As you see in Figs. 7.23 and 7.24. When we consider acidity connect to above four categories, we will be able to understand the quality and the character of acidity.

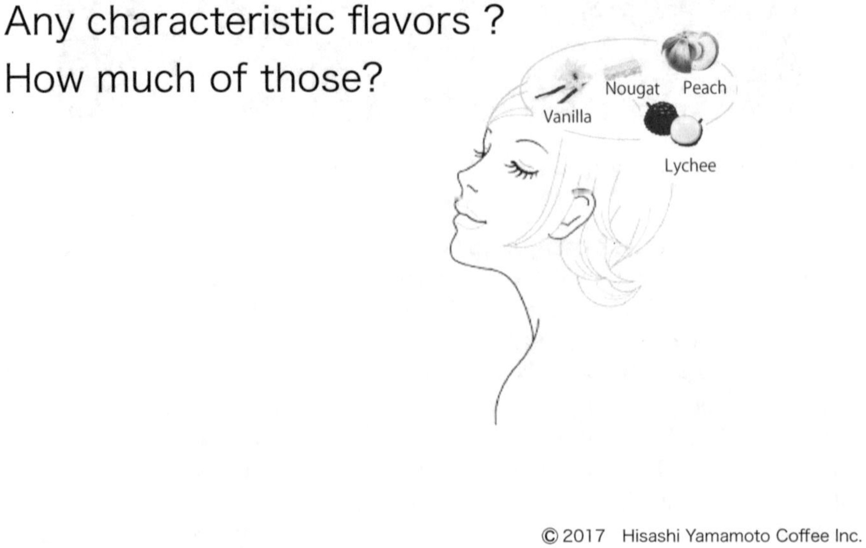

Any characteristic flavors ?
How much of those?

Nougat Peach
Vanilla
Lychee

Fig. 7.23 Attributes of specialty coffees. Source: Authors

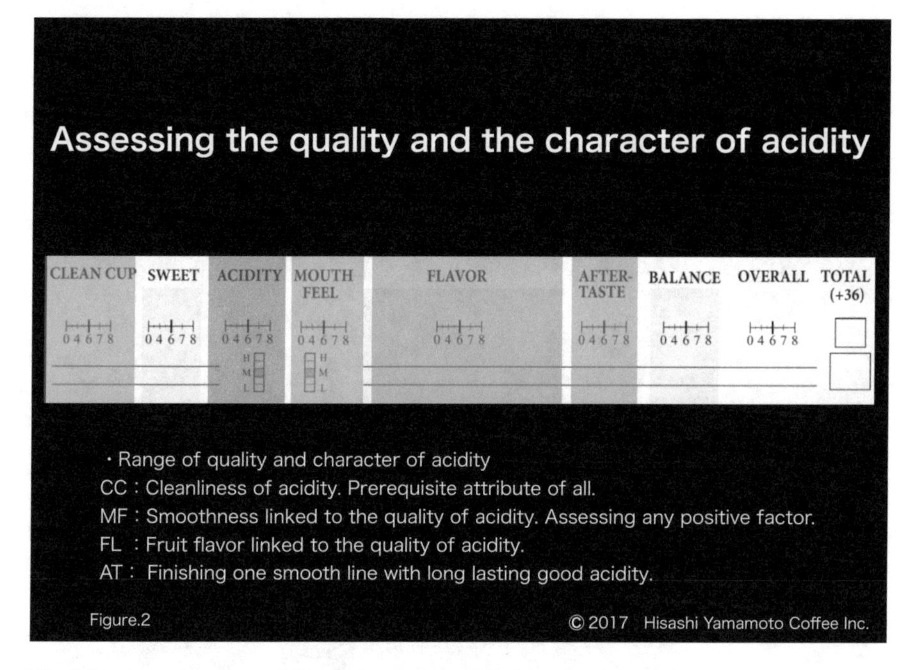

Fig. 7.24 Assessing the quality and the character of acidity. Source: Authors

In summary when roasting green beans roasters need to consider above four aspects of acidity and find which aspect will be highlighted positively and negatively. Next step is to focus on the quality and character of flavor (Figs. 7.25 and 7.26).

Flavor is the one category easy to understand by our customers in specialty coffee market. Then It is important to understand what kind of flavors are and how much of those are found in the coffee. When we share the flavor comments after cupping session, sometimes we hear so many flavor comments and that is nice to hear as positive comments, but in the contrary it is sometimes also important to be more real, exact and precise. Because coffee which has more obvious flavors is more flavorful coffee at the end. In Barista Championship, there is a category in sensory score sheet "Accuracy of Flavor Descriptors" which is times three points category as an important part. This category is to see the accuracy of what a barista mention and judge actually find in the espresso. That is, barista needs to make judges find the same flavor clearly. For this reason, what we normally do to decide the flavor descriptors for the barista championship we firstly noted flavors personally and later share the comments and see which flavors are more common. For roasting, roasters need to reconsider the tendency of the flavor character for your roasting in the way you see in next.

1. Check if it is easily found spicier note or more chocolate and caramel from caramelize or more fruit-like note.
2. If the tendency is more fruit-like. Then check if it is more citric or malic or tartaric or tropical fruit note.
3. And for example if more citric note is found often. Check if it is like lemon or grapefruit or orange.

In this way roasters will be able to assess own roasting tendency.

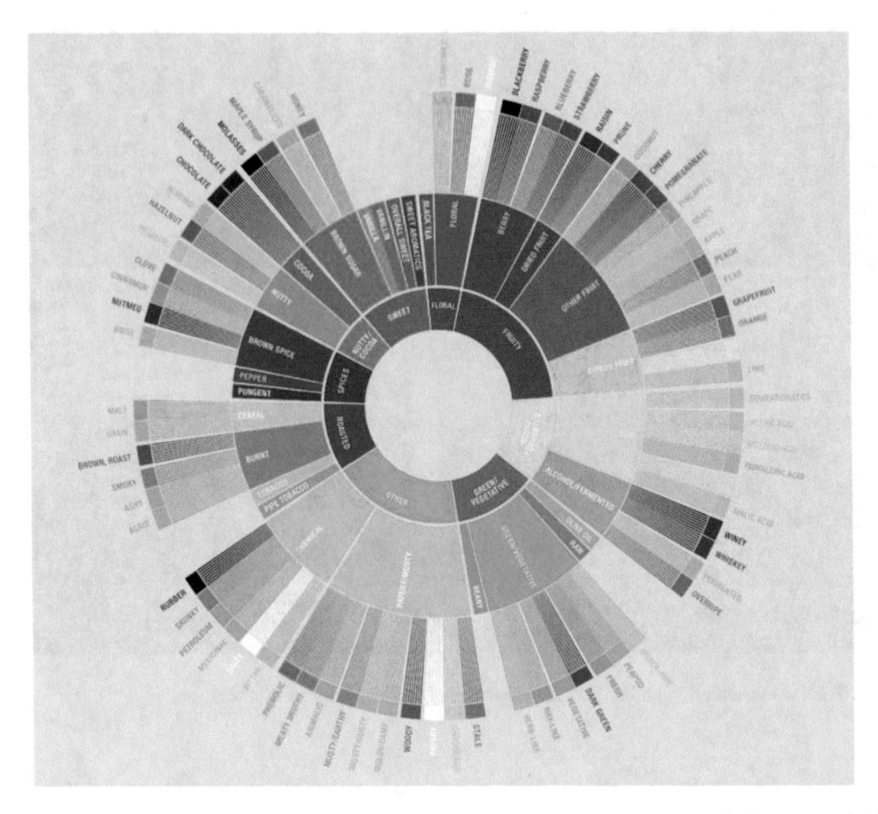

Reference ; SCA

Fig. 7.25 SCA flavor wheel. Source: SCA

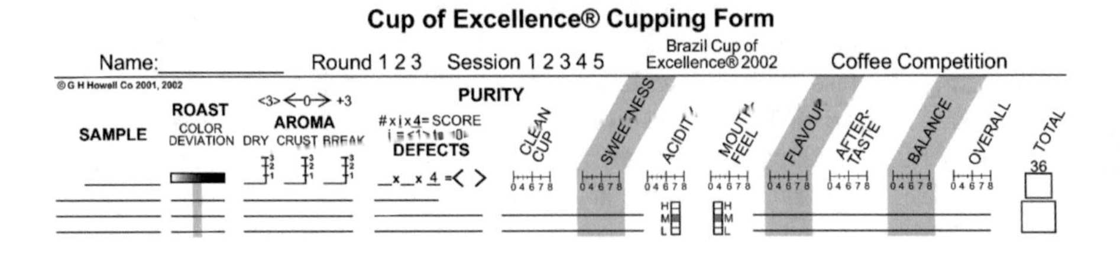

Cup of Excellence® Cupping Form

Name:__________ Round 1 2 3 Session 1 2 3 4 5 Brazil Cup of Excellence® 2002 Coffee Competition

©G H Howell Co 2001, 2002

SAMPLE	ROAST COLOR DEVIATION	AROMA DRY CRUST BREAK	PURITY #x i x 4 = SCORE DEFECTS	CLEAN CUP	SWEETNESS	ACIDITY	MOUTH-FEEL	FLAVOUR	AFTER-TASTE	BALANCE	OVERALL	TOTAL
		<3> 0 +3	_x_x 4 =< >	0 4 6 7 8	0 4 6 7 8	0 4 6 7 8 H M L	0 4 6 7 8 H M L	0 4 6 7 8	0 4 6 7 8	0 4 6 7 8	0 4 6 7 8	36

Reference ; ACE

Fig. 7.26 Cup of excellence score sheet. Source: ACE

3.2.2 The Importance of Cupping

Previously in Sect. 3.2.1 "Think About Different Situations in Roasting," as we consider a word "roasting" and "cupping" equally, cupping skill is a crucial skill for rosters. When we decide if the result of roasting is adequate or not is through cupping skill. Roasters have to understand the importance of cupping. In some companies there might be a roaster, a quality-control and a buyer separately. But they are all connected through cupping skills (Fig. 7.27). For this reason, the importance of cupping skill is more obvious.

There are many different cupping forms and available to everyone, but here I prefer to use this Cup of Excellent cupping form. Cup of Excellence is a contest or competition which is evaluate quality of coffee and praise high quality coffee and this competition is not to value premium brand-focused coffees. Cup of Excellence started in Brazil in 1999 and this year in 2019 is their 20th anniversaries. What they have been achieved are enormously valuable and it is not too much to say that they improve the quality of coffee worldwide. This Cupping form is also used in BSCA (Brazil Specialty Coffee Association) and SCAJ (Specialty Coffee Association of Japan). It is considered as an evaluation form focus on quality. All the eight categories on the cupping form are important and seven categories except overall is important when you buying green beans. Although sometimes it is possible to focus on less categories for a certain situation for buying green beans. Using this cupping form, it is possible to know which aspect was good and bad more precisely later on. When we visit origin countries there are many different lots even in the same coffee like different harvest period of lot. When we cup those similar coffee, if we utilize the cupping form and evaluate all the details. Then it is possible to know the reason to choose the lot in the end. Cupping for roasting is just as important as for buying green beans. Roasters must get used to cupping. It is good to evaluate though all the eight categories when we roast many batches of the same lot or roasting the same coffee over a long period of time through different seasons.

Fig. 7.27 Cupping session at Cup of Excellence. Source: Authors

3.2.3 Coffee Information

Information details of farm is very important for roasters like the area, altitude, variety and process of the coffee. This information is known as a general information. It will be discussed on 3.4.4 "The Importance of Measurement" later on, points in below are also information related to roasting (Figs. 7.28, 7.29 and 7.30).

- Moisture levels
- Density
- Water activity
- Screen size
- Aroma and color, etc.

Fig. 7.28 Coffee drying on raised bed system. Source: Authors

Fig. 7.29 Checking the quality of coffee cherries. Source: Authors

Fig. 7.30 Coffee processing after harvest. Source: Authors

3.2.4 Recently Fermentation Process Affects Roasting Even More

Nowadays anaerobic fermentation process (Fig. 7.31) is widely used in many countries and green beans processed by this method is easy to receive heat on the surface of the beans even when the moisture content is relatively high. For this reason, it can be easily burnt the surface and need to carefully apply calorie to the green beans. Especially it needs to pay full attention from right before the first crack because heat will be rapidly enter the surface of the beans at this stage. For above reason, information from the farm is one of the important factors to understand the raw materials.

Fig. 7.31 Stainless tanks for anaerobic fermentation process. Source: Authors

3.3 Make the Most of Raw Materials

What is the roasting for showcasing the potential of raw materials? I'll explain how I think about it. It can be not possible to apply the same method for all the roasters because it will depend on the roasting machines, facilities, climates and raw materials on each roaster use. But I believe showcasing the potential of the raw materials is the concept of roasting for specialty coffee. I'll explain basic ideas of it in here.

3.3.1 Roast Levels

Have you ever seen like this image (Fig. 7.32) of roast levels before? When I think about what the roast levels means, I believe it is explained as the changes in color caused by time lapse and heat application. For specialty coffee roasting, it is important to understand that the degree of roasting is the result of roasting that showcase the raw material, not judged by the color of the beans.

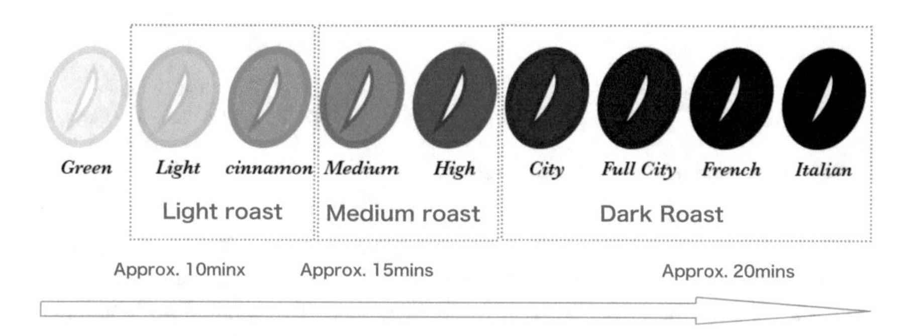

Fig. 7.32 Changes in roaster levels. Source: SCAJ

3.3.2 Flow of Roasting and Condition of Green Beans

Below Fig. 7.33 shows the flow of entire process of roasting.

Flow chart of roasting

Changes during roasting

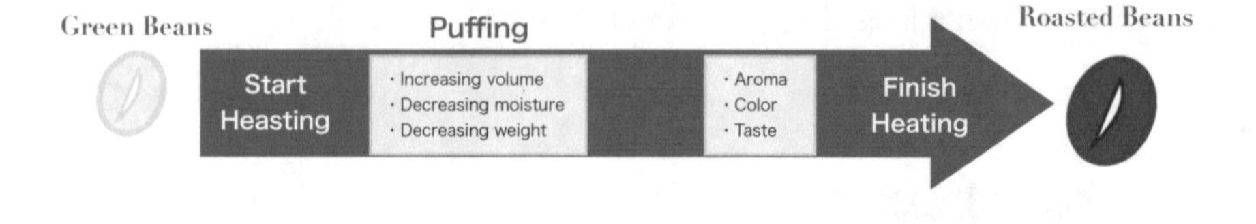

Figure. 4

Fig. 7.33 Flow chart of roasting. Source: Authors

Firstly "puffing" occurs after start heating green beans. It is a phenomenon decreasing moisture and weight but increasing volume in green beans. Then green beans start change the color and create aroma and taste. To explain this phenomenon from the standpoint of roasting, endothermic and exothermic reaction is occurring during roast (Fig. 7.34). This endothermic and exothermic reaction is occurring in different ratio and balance from the beginning to the end of roasting process. These reactions are not stable reactions. Understanding these reactions will lead to roast for showcasing the potential of raw materials.

Understanding how green beans are affected by roasting

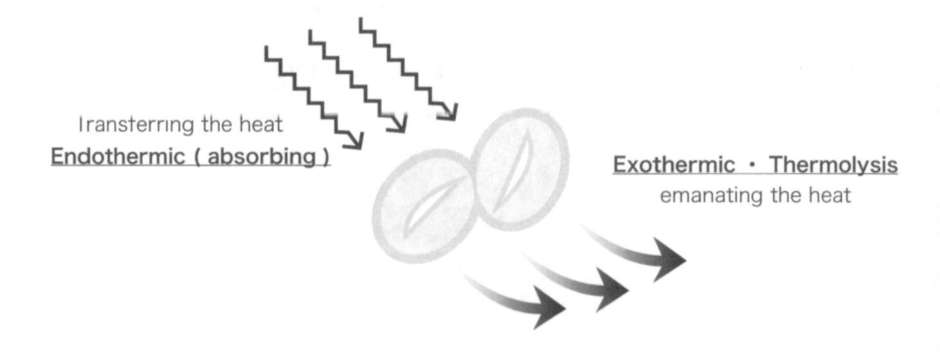

Fig. 7.34 Heat transfer on the coffee bean. Source: Authors

3.3.3 Understanding the Endothermic Reaction

Type of heat which transfer to the green beans is not only one. There are three types of heats affect green beans during roast and they are not occurring equally. They are occurring differently depend on the amount of green beans inside the drum and input temperature. It is important to understand which of these three types mainly use at each stage and how green beans in each stage receive those heat.

The three types of hears are;

1. Radiative heat (far infrared)
2. Convective Heat (hot air)
3. Conductive heat

This Fig. 7.35 is to show these three types of heats visually. There is a bonfire in metal barrel and there are three types of heats transfer to human. First heat is a radiative heat which reach far and feel all around the body softly. Second heat is a convective heat which is transferred with hot air from the fire. Third is a conductive heat which is directly feel from the metal barrel. It is important to consider which of three heats and the balance of those heats are mainly utilize to roast in a roast machine. I believe it is always better not to try to add the taste by roast but to damage less from the heat during the roast for showcasing the potential of raw materials. Those three types have different speed to heat the beans.

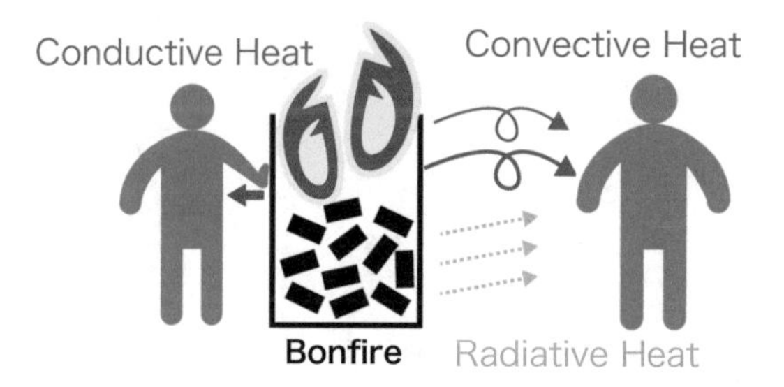

Fig. 7.35 Three different heats on roasting process. Source: Authors

The more quickly transfer the heat the less damage to green beans (Fig. 7.36).

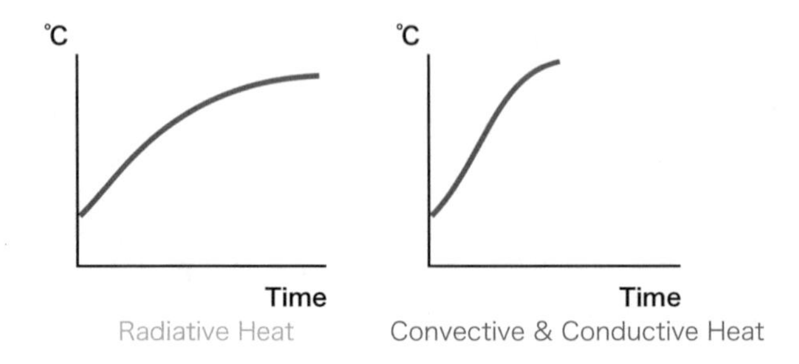

Fig. 7.36 Different curve on heat transfer. Source: Authors

In this way, it is easy to think that convective and conductive heat is better than radiative heat. But conductive heat is actually the most damaging heat of all on the surface of the beans. In summary convective heat is the one least damage on the surface of green beans and able to roast (develop) quickly at the same time. Hot air roast machine I use can be rapidly carbonized after 13mins. Efficient heat transfer and causing less damage on the surface of green beans lead to roast for showcasing the potential as I already explained (Fig. 7.37).

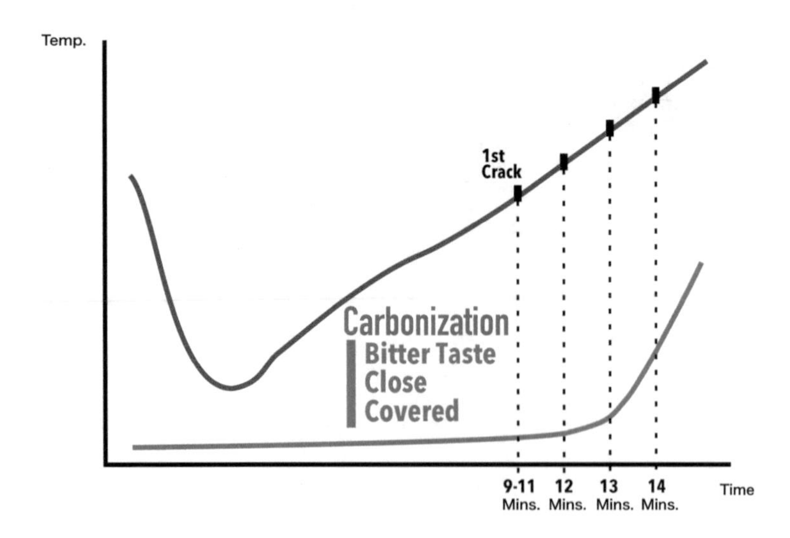

Fig. 7.37 Rapidly carbonized after 13 min. Source: Authors

3.3.4 The Basic Idea of Specialty Coffee Roasting with Utilizing Hot Air

This Fig. 7.38 shows the roast curve (bean temperature) for the basic idea of specialty coffee roasting. First, think about what is happening on green beans during roasting process. In Fig. 7.38 there is 100 °C and 160 °C point. What is happening on both points are follows. On 100 °C the free-water inside the green beans become active. In real sense green beans get moistened. In other words, there will be an inner pressure caused by evaporation of water. And for the hot air roasting, Maillard reaction begins at around 120 °C. The heat creates amino acid. Then caramelize will start later. At this stage inner pressure getting stronger with CO_2 and changes occur more rapidly. The balance of endothermic and exothermic reaction changes during roast as follows.

1. Until 100 °C, roast only by endothermic reaction. Long time ago I read an article says input temperature should be low enough to avoid damage to green beans but this is obviously not true because this stage is the least possible stage to damage green beans as long as the input temperature is not way too high.
2. Start exothermic reaction and balanced with endothermic. But at this stage endothermic is still a little dominant.
3. Balanced both reactions. And roasters need to have an image which from this stage exothermic reaction will be dominant.
4. Exothermic is dominant. Moisture content of green beans is mostly lost.

From above reasons it is easily to understand the importance after around 160 °C stage.

It means roasters needs to control the balance of both endothermic and exothermic and try to efficiently apply heat to green beans. It also means that roasting process to showcase the potential of the green bean is stared from this stage. In another word developing stage starts at this point. The key point is in caramelize stage and it is also means that there are two different kinds of inner pressures around here (pressure from water evaporation and pressure from CO_2) and this stage is close to the point which green beans start to change.

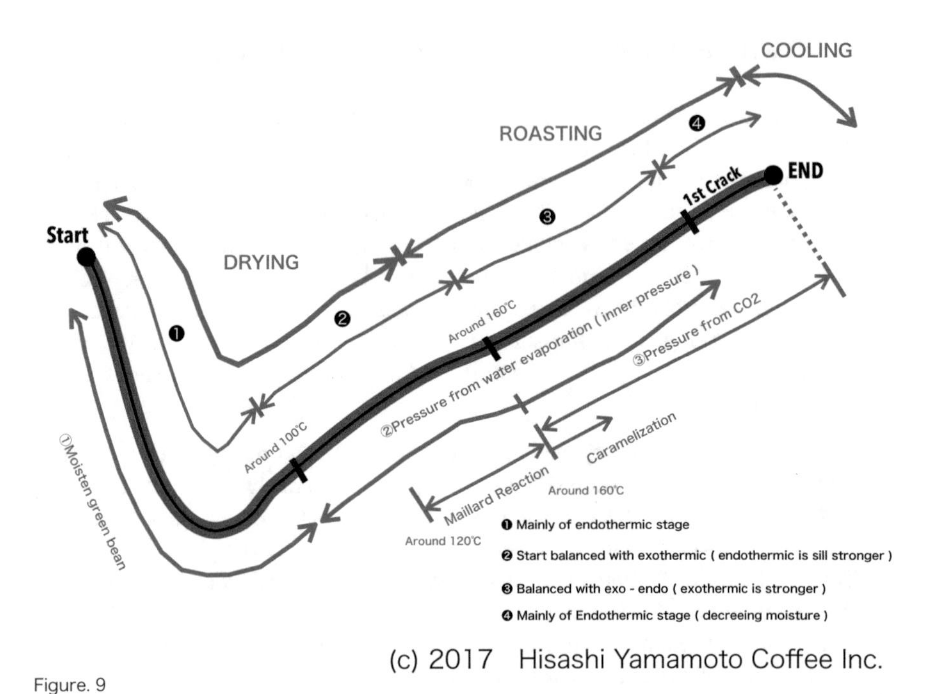

Fig. 7.38 Bean temperature (red line) and a basic idea of specialty coffee roasting. Source: Authors

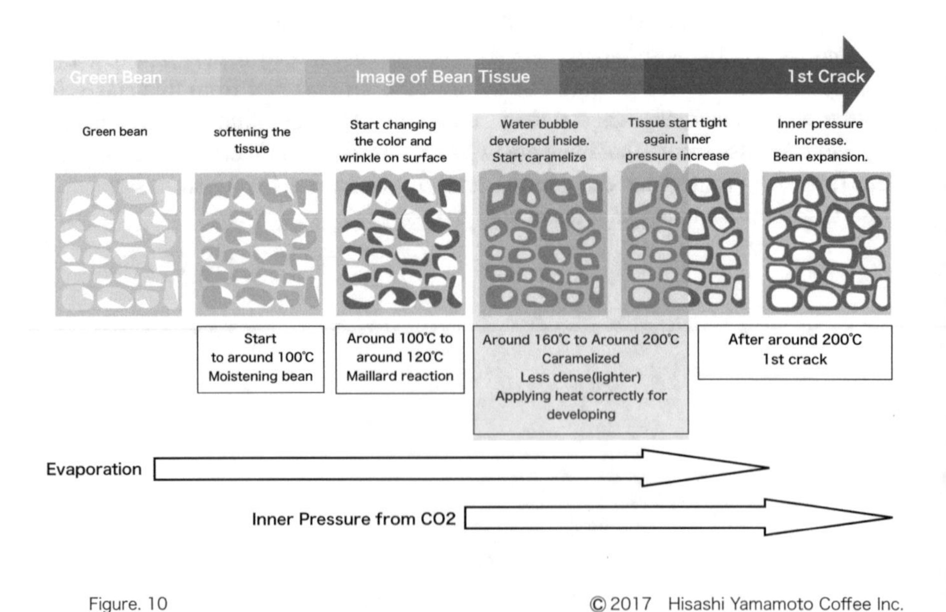

Fig. 7.39 Changes occurring in green beans. Source: Authors

In upper part of Fig. 7.39 is just a common illustrate to show the inside the beans during roast. I added in lower part for relative temperature range and condition of the beans on each stage. It is the same idea with "the roast curve (bean temperature) for the basic idea of specialty coffee roasting" but this is easier to understand with an image of inner structure. It is after around 160 °C to start caramelizing with water bubbles developed inside green beans. Development needs to happen at this stage. At this stage both water evaporation pressure and inner CO_2 pressure are occurring. It is incredibly important that this caramelize stage is the stage to make the use of the potential and fully showcasing the character. Roasters must have an image to take a development action around this point.

3.3.5 Summary of Basic of Roasting

There are basic five key points for roasting (Fig. 7.40). It needs to be done from one to five in numerical order but it might not be able to achieve Point 3 when the bottom temperature is below 100 °C (Point 2) because of the type of roasting machine and environment are different. For this reason, the bottom line can be above 100 °C. It is worse to adjust bottom temperature below 100 °C but not be able to follow Steps 3–5 because of that. Five key points are explained later in Chap. 3 with more details. Figure 7.40 below explains briefly about these key points.

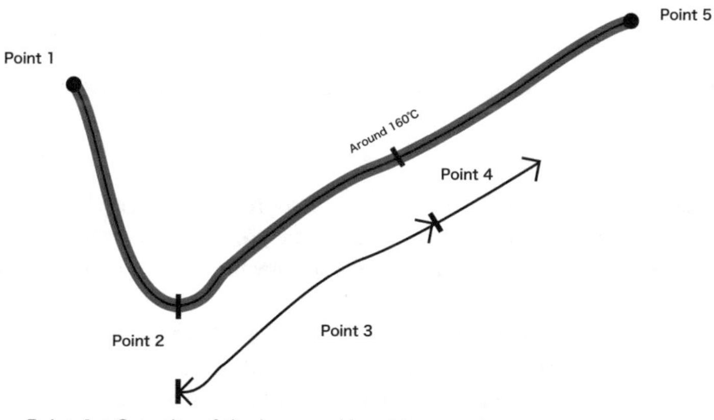

Point 1 : Quantity of the bean and input temperature
Point 2 : ideally below 100℃
Point 3 : Correct heat transferring = Applying correct heat
Point 4 : Applying calorie = Developing
Point 5 : Total time. End Temperature
= decide from the best characteristic of the coffee

Figure. 11

Fig. 7.40 Five basic key points on roasting process. Source: Authors

3.3.6 (For Reference) The Practice of Sample Roasting with The Basic Roasting Method

This section explains four different sample roasting results roasted by the basics of roasting method which is previously explained (Fig. 7.41). The coffee used for these sample roasting is Costa Rica Cup of Excellence 2018 #4 La Minilla. It has a clear definite characteristic flavor of apple pie and sweet cinnamon. By selecting this kind of strong characteristic coffee, it will be easier to analyze if the roasting method is adequate or not. Below are the results of four sample roasting.

sample1 :【Optimal Roasting】 Total time 09:03 - DT 0'50

sample2 :【Over Roasting】 Total time 10:18 - DT 2'07 (127sec.)

sample3 :【Fast Roasting】 Total time 07:49 - DT 0'49

sample4 :【Long Roasting】 Total time 15:44 - DT 0'52

2017 Hisashi Yamamoto Coffee Inc.

Fig. 7.41 Different sample roasting results roasted by the basics of roasting method. Source: Authors

Unfortunately, it is not possible to cup these samples with readers but difference on each sample are huge even not easy to think the coffee was the same. The four sample roastings were roasted as follows. Roast machine for this roast is a sample roaster.

Sample 1 is an appropriate roasting follows the basics of roasting method explained previously. Total roasting time is 9:55 and finish 1:45 after first crack. This roast does not relay on conductive heat and roasted with an image of absorbing heat with hot air during the first stage. Then later during caramelize stage applying more calories and it leads to more conductive heat to the beans. After first crack reducing calories and it leads to more radiative heat to the green beans.

Sample 2 is an over-roast. Total roasting time is not very long 10:40 min roasting but finished longer 1:45 after first crack and drop before second crack. From the point of view of heat transfer, applying more calories after first crack even if the beans already start emitting the heat. It is also explained as heating up the drum and heat transfer from the drum to the bean. That is roast mainly by conductive heat.

Sample 3 is a fast roast. Total roasting time is 6:30 and finished 45 s after first crack the same as Sample 1. Not applying heat when the beans start emitting the heat but applying high calories from the begging. That leads to inadequate changes and not develop well in the end. It has strong acidity but the acidity is not well connected to sweetness. From the point of the view of heat transfer, this is also roast mainly by conductive heat.

Sample 4 is a long roast. Total roasting time is 16:45 and finished 45 seconds after 1st crack the same as sample 1 and 3. This roast is done by more radiative heat and reducing conductive heat with lower heat.

Even if the coffee is top quality coffee, when roaster failed to showcase the character of the green beans results are different like these three samples.

3.4 Practice of Specialty Coffee Roasting

In the previous item 3.2 of this chapter explained the basics of the roasting to showcase the potential of green beans with knowing the information details of the green beans. That is to think about how the green beans need to be handled without damaging by heat. Then following chapter is to explain the idea of appropriate roast plan without damaging beans and idea of measuring and brushing up the sense in daily roasting practice.

3.4.1 Practice of Roasting and The Sense of Speed

RoR (Rate of Rise = Increasing temperature in a certain period of time like 1 min or 30 s) (Figs. 7.42 and 7.43). That is like a speed meter of car. It will help roasters to know the speed of roasting during roasting process. This also helps roasters to know the progress of appropriate roasting. The Term RoR is already widely used and even possible to know in real time during roast through log recording equipment. It is used to be recorded by hand writing in each 30 s or 1 min and adjust roasting according to the results during roast, but this method is to adjust roasting by past RoR found after each 30 s or 1 min. Past RoR is for the results and this is not for controlling roast by knowing RoR at the real time. There is no good or bad for knowing real time RoR or calculating RoR. It all depend on the situation and circumstance if real time RoR is available or not. In this chapter, the process we will take is as follows; roasting by previously planned RoR and measure the beans and cupping the roasted beans, and then make some adjustment for next roasting. What is the appropriate RoR and its range? To know this, roasters must think about which step has higher RoR and need to lower RoR. This will find out by considering the previous endothermic and exothermic reaction section. RoR will be zero from start (input) to bottom point. Then from bottom point to just before caramelize point has higher RoR. After this point to first crack has medium RoR, and then even lower RoR after first crack.

This high RoR ratio is depend on the ratio of the amount of green bean and the capacity of the roast machine (Fig. 7.44). If the amount of green bean is small compare to the capacity of the roast machine, RoR will be easily higher.as I previously explained, the first stage is mainly endothermic stage and green beans have more moisture and also structure of the bean is still hard. I recommend to input smaller amount of green beans to be able to increase temperature even only by the drum temperature to make sure the development on after caramelize stage later on. I normally input 20–50% of green beans compare to the capacity of the roast machine. Enough amount of calorie will be needed after caramelize stage until first crack. RoR in this stage will be not very low but much lower compared to RoR from bottom to caramelize stage. After first crack green beans already lost the most of moisture and are heated mainly by exothermic reaction at this stage. At this stage it needs to adjust lower RoR and not to input too much calorie. These RoR images are the appropriate method to develop the green beans and showcase the potential of the raw materials.

Fig. 7.42 Roasting machine. Source: Authors

Fig. 7.43 Rate of rise. Source: Authors

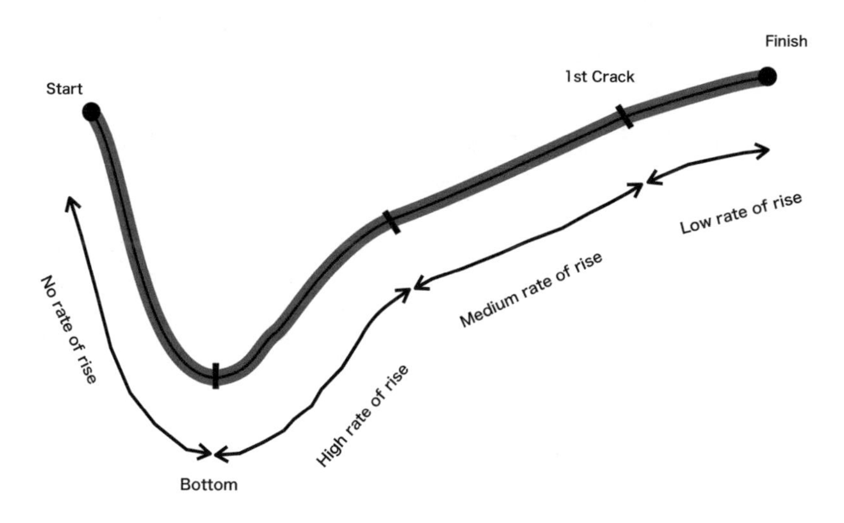

Fig. 7.44 Different RoR during roasting. Source: Authors

Next Fig. 7.45 is to show how much calorie (power) will be input on each stage.

Start from lower input so as not to damage on the surface of green beans. Green beans will be input when the drum is well heated. After bottom point temperature increases even with low calories, and moisture of green beans decrease without damaging the surface of green beans. To think about the effect of the heat to green beans, the first stage before caramelize is roasted with mainly by radiation and conductive heat. Next caramelize stage will need more power to develop. At this stage the temperature of the drum is lower than we think because in the first stage relatively lower power is input and green beans even absorb the heat. Green beans at this stage still need to absorb the heat because there are big changes occurring inside green beans which is caramelize stage. After this stage first crack will start. From this stage green beans need to emit the heat and roasters need to lower the power. In this roasting method, ratio of green beans to capacity of the drum is important. If input the maximum capacity of green beans, this method will be difficult to follow. But if the input is way too small, it will be easier to increase the temperature but will be difficult to decrease the temperature. To lower RoR it needs to lower calorie input, and if the timing is too late, more heat will be added to the beans as an excess heat when they actually need to emit the heat. This leads to over roast because of the excess heat. On the contrary, reducing calories too early it will be difficult to increase the temperature because there is too much space inside the drum. Roasters need some experience to control the heat after first crack.

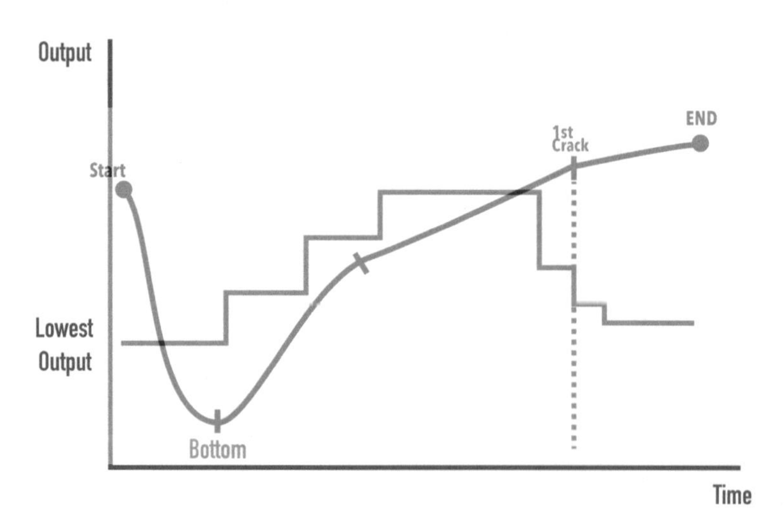

Fig. 7.45 Power output and roast curve. Source: Authors

Let's think about next three stages more specifically.

There are three stages as follows. Drying Stage (until Yellow Point), Roasting Stage, Development Stage. Yellow Point will be explained later on item 4.2 (Fig. 7.46).

Recommended RoR in each stage is as follows.

Drying Stage: around 15–40 °C/min 5:00–6:00 min

Roasting Stage:around 10–15 °C/min 2:00–3:30 min

Development Stage:around 3–10 °C/min 0:30–2:00 min

These ranges will be depending on the roast machine and its setting circumstance. I have used Probat and Loring Smart in the past and the ranges were adequate for those roast machines.

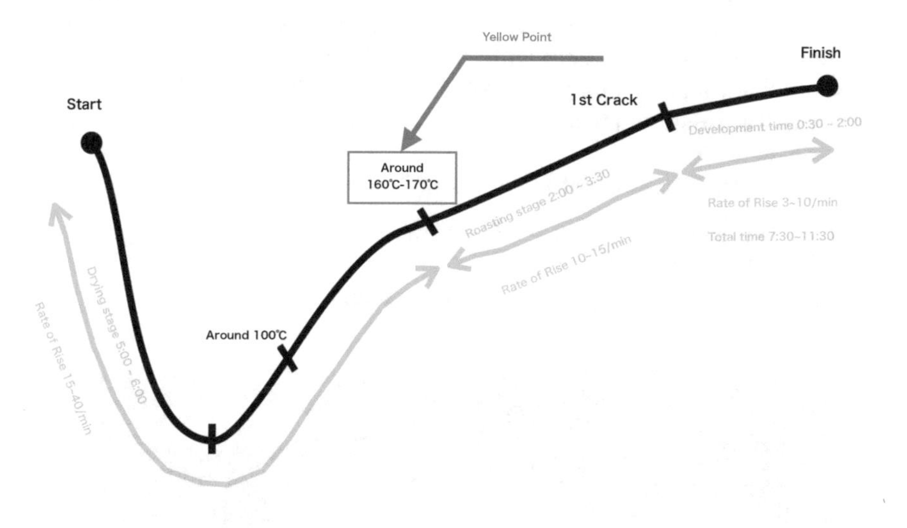

Figure. 14

Fig. 7.46 Three stages on roasting. Source: Authors

3.4.2 Yellow Point

What is Yellow Point?

Roughly speaking, it means Maillard reaction. But this is not the point when Maillard reaction starts. What I mean is that Yellow Point is the stage when Maillard reaction start and all the beans turn yellowish. Each roaster has a slightly different definition for Yellow Point and if you have more than one rosters in your company, it should be careful to talk about this point. Next question is, are Maillard reaction and caramclize the same? They are different.

Let's review the image of green bean structure during roasting. Maillard reaction include Yellow Point and it is occurring just before caramelize stage.

Which means Yellow Point is when all the green beans change the color and ready to be in caramelize stage. It also means Yellow Point is a sign for roasters to start input calorie to develop green beans. Then when is the caramelize point and how roasters find the point. I always find this point by aroma. This caramelize point is not must-check point because roasters already input calorie. But it is good to see the changes as one of key stage for roasting process. This also needs rosters sensory skills. It will be not only roasty aroma but more characteristic aroma and new aromas are coming up. This means development is occurring inside the green beans.

The Fig. 7.47 is to show the Yellow Point roast with product roast machine.

With this roast machine the Yellow Point is just before 170 °C which is 168 °C (Fig. 7.48). There is no partially whitish or greenish color on the surface of the beans but the color is more like evenly light brown at the Yellow Point. Around this stage roasters need to check the color with a sample spoon with constant rhythm. This Yellow Point is not the same with the start of Caramelize Point and the result of test roasting with controlling both Yellow Point and Caramelize Point was very interesting. The results of three sample roast were in a next Fig. 7.49.

<Cupping session>

Three samples with different Yellow point/Caramelization timings

1. Timing between Yellow Point and Caramelization is close
2. Timing is between 1 & 3
3. Timing between Yellow Point and Caramelization is far

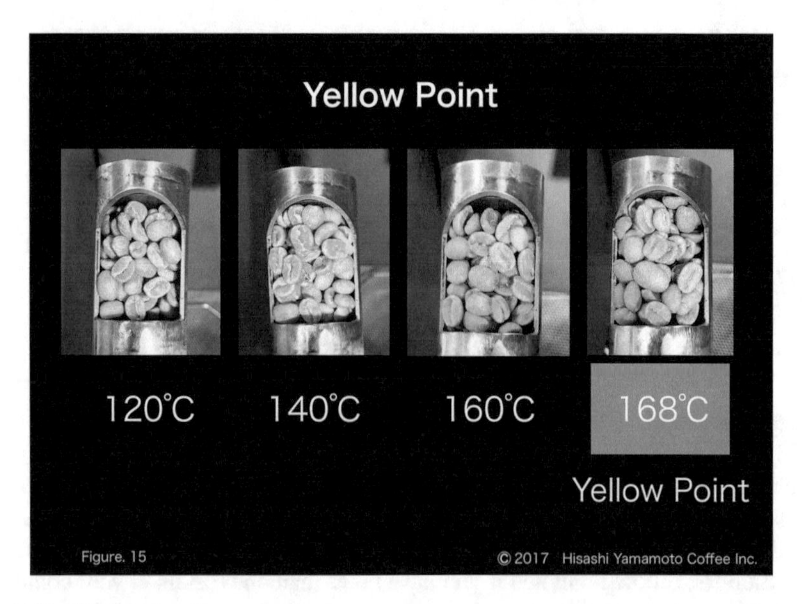

Fig. 7.47 Yellow point. Source: Authors

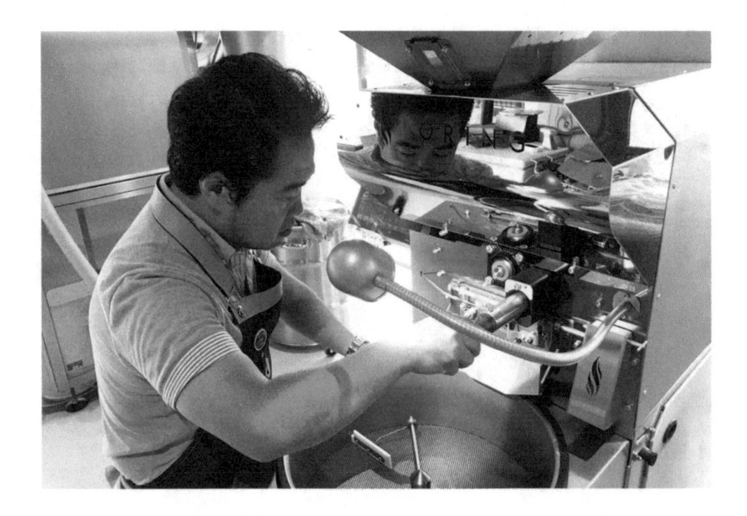

Fig. 7.48 Roaster processing. Source: Authors

Later in this chapter the importance of measuring will be discussed. Here it also shows the color difference between grounds and beans (Figs. 7.49 and 7.50).

name	#	Green bean Moisture Content	Roasted Bean Moisture Content	Green Bean Density	Roasted Bean Density	Green Bean Weight	Roasted Bean Weight	ΔWeight
Colombia 〈 Close 〉	1	9.1	1.4	934	553	0.8	0.7	−0.1
Colombia 〈 In Between 〉	2	9.1	1.4	934	567	0.8	0.7	−0.1
Colombia 〈 Far 〉	3	9.1	1.6	934	580	0.8	0.7	−0.1

name	Start Temp	Bottom Temp	Color Chenge Temp	First Crack Temp	End Temp	Total Time	Bottom Time	Color Chenge Time	First Crack Time	DT
Colombia 〈 Close 〉	130.0	75.5	168.9	210.3	216.1	0:10:15	0:00:41	0:06:20	0:09:25	0:00:50
Colombia 〈 In Between 〉	150.0	79.4	171.0	210.0	216.6	0:09:03	0:00:41	0:05:43	0:08:13	0:00:50
Colombia 〈 Far 〉	200.0	84.3	171.0	210.9	217.1	0:08:00	0:00:42	0:04:23	0:07:11	0:00:49

name	Drying Time ROR	Roasting Time ROR	Development Time ROR	Roasted Bean Surface Color (Whole Bean)	Roasted Bean Inside Color (Ground Coffee)	ΔRoast Value	Δtime
Colombia 〈 Close 〉	16.531	13.427	6.960	74.4	84.5	10.1	0:00:45
Colombia 〈 In Between 〉	18.199	15.600	7.920	76.3	89.0	12.7	0:01:07
Colombia 〈 Far 〉	23.538	14.250	7.592	77.7	95.4	17.7	0:01:37

Figure. 16

Fig. 7.49 Results of the sample roasting. Source: Authors

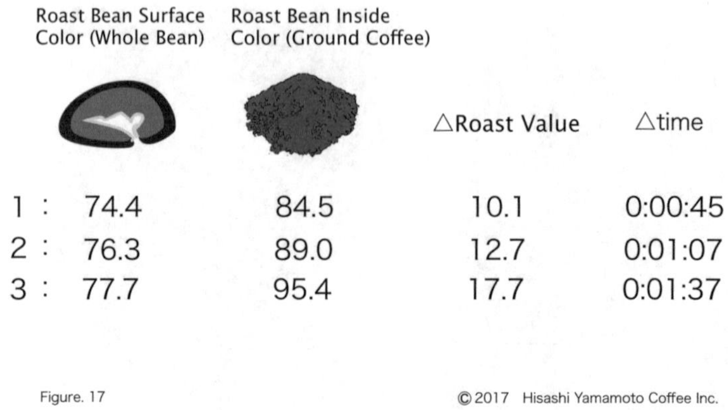

	Roast Bean Surface Color (Whole Bean)	Roast Bean Inside Color (Ground Coffee)	△Roast Value	△time
1 :	74.4	84.5	10.1	0:00:45
2 :	76.3	89.0	12.7	0:01:07
3 :	77.7	95.4	17.7	0:01:37

Figure. 17 © 2017 Hisashi Yamamoto Coffee Inc.

Fig. 7.50 Color difference between grounds and whole beans. Source: Authors

The best results among three samples are Sample 2. Often Sample 1 is considered the best because the Roast Value (color differences) is small, but when we cupped the sample the acidity was dark and bitter in taste even if there are some sweetness. On the other hand, Sample 3 has bright acidity but that acidity was slightly sharp and not unite with sweetness. The point here is to explain the color of inside and outside roasted beans does not have to be the same or close.

3.4.3 The Importance of Dual Pressure

This is already discussed in previously. As in Fig. 7.51 this chapter will explain two different types of pressures are occurring inside the drum and the importance after Yellow Point stage.

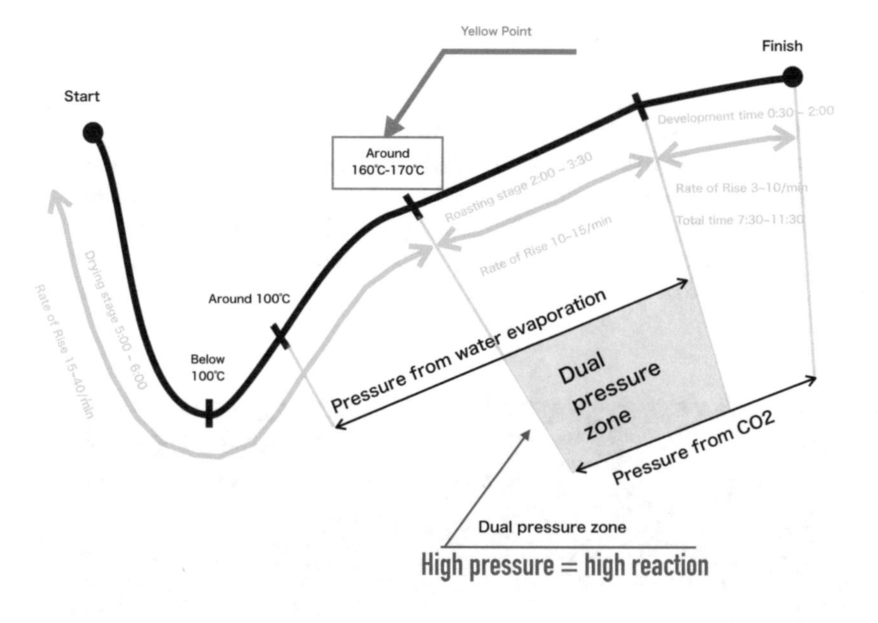

Figure. 18

Fig. 7.51 Dual pressure zone. Source: Authors

Higher Pressure means more changes is occurring inside green beans and it means it should develop well in this Dual Pressure Zone. Especially when roasters take a method to roast with short total time and short develop time, it will need to be well developed in this stage otherwise the results will be undeveloped coffee.

3.4.4 The Importance of Measurement

Both sensory and numerical measurement are important. For example, the situation when roasting the same way but the result is worse—then adjust after checking the numbers. Roasting the same way but the result is better—then check the numbers. In this way, always checking numbers when you get better and worse results will often lead to solve the problems roasters have. It is also important to note that always measure the same way. It means for example measure right after roasting or next day, and need to be the same for the timing of measuring, the amount used and number of times for measuring and the same operation method for using measuring tool. The importance of the same method is also can be apply when roasters check the first crack. When I check with the sample spoon I take out a spoon 3 s every time. Then I define first crack when a bean in the sample spoon popped. I recommend to measure the same timing every time in following measurements.

Moisture Levels and Density

Especially moisture level is must-check number. Storage condition affect the moisture level as well. It should be measured both green beans and roast beans. Timing should be decided for roasting beans for instance measuring after cooling down or after color sorting. It also should be decided how beans are put in the measurement cup. When you measure both green beans and roasted beans, it is also able to calculate the loss of organic substance and it will be useful concept for checking the roast (Figs. 7.52 and 7.53).

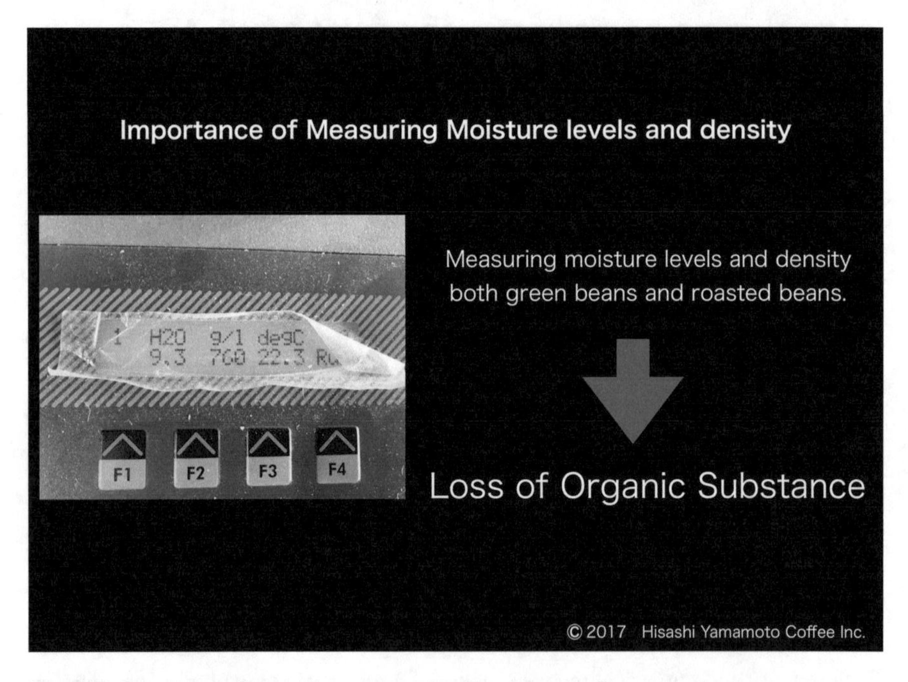

Fig. 7.52 Importance of measuring moisture levels and density. Source: Authors

Fig. 7.53 Measuring process. Source: Authors

This is the formula to calculate the loss of organic substance. Weight of green beans minus weight of roasted beans – weight of water in green beans minus weight of water in roasted beans = loss of organic substance

Roast Color

In first chapter I explained roasting is not to roast by checking color.

Roast color in here is the results of roasting without damaging beans and fully open up the potential. The color of roasted beans should be measured every single time for all the batches. It will be one of reference when the result is different from usual one. There is another reason to check the color. In this picture (Figs. 7.54 and 7.55), measuring both whole beans and ground beans after roasting. Then calculating the differences. It not means that the difference is better in close or wide. It means it will be good to remember the number when you get a good result. This aspect is also useful when roasters need to adjust roast. Since the color of the roasted beans are changing even after cooling down, it also should be decided the timing to measure the color of roasted beans.

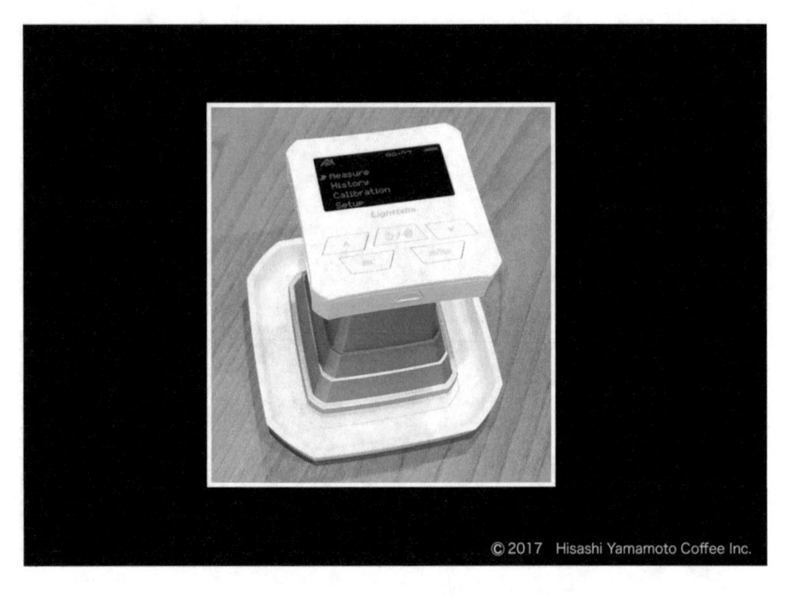

Fig. 7.54 Color measuring equipment. Source: Authors

Fig. 7.55 Formula to calculate the loss of organic substance. Source: Authors

Water Activity

This is not exactly measurement for roasting but it is also good example to explain an importance of measurement (Fig. 7.56). This is about water activity. Water activity is often measured when roasters open the new bags of green beans. In the first place, water activity is related to the water contained in foods such as mold and fermentation. Water is necessary for microorganisms to grow in food and these microorganisms are classified as bound water, dissolved water, and free water. Bound water is bound to the component of food and not available to microorganism. On the other hand, free water is the one evaporates and moves depend on the circumstance and is available for microorganism to grow. And the ratio of free water is measured as Water Activity (Aw). It is usually recommended Aw 0.6 to Aw 0.65 for green beans. And the maximum number will be Aw 0.7 for safe storage. Once we checked newly arrived coffee with vacuum packed and the color of the beans were whitish and quality was very low compare to the coffee cupped at the farm. It lacked of flavor and less clean cup compared to what I cupped in origin. After checking the green beans we found there were fungus on the green beans. Then after this incident we started to check the water activity of green beans. The point here is that it needs to use as quickly as possible when you get high water activity green beans.

Fig. 7.56 Water active in coffee bean. Source: Authors

3.4.5 How to Make and Adjust a Roasting Plan

Roasters can utilize below format (Fig. 7.57) to make roasting plans and adjust them after checking the quality by measuring and cupping. Firstly, fill out the blank on next five sections which are Name of Coffee, Batch Number, Amount of Green Beans, Moisture Levels of Green Beans and Density. There is a table for filling the temperature and input power on the middle of the form.

Then fill out the blank on the roast curve. Input temperature estimates bottom temperature and time from start to bottom, Estimate Yellow Point temperature and time from bottom point, estimate first crack temperature and time from Yellow point, Estimate finish temperature and time from 1st crack. Then roast according to the plan and write down the temperature and the input power per one minute in real time. And write down also the real temperature and time on each point on the roasting curve. By doing this, roasters will be able to find out if RoR on each point was high, medium or low compare to previously planned roasting and check if average RoR is deviate too much from the usual number. Calculation for average RoR is possible as you see in the next Figs. 7.57 and 7.58.

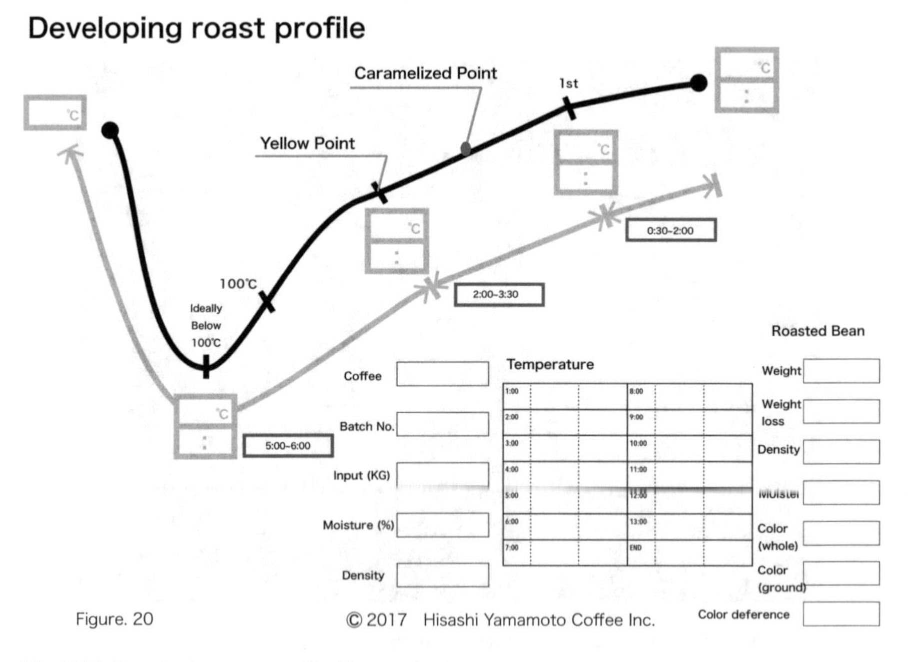

Fig. 7.57 Developing roast profile. Source: Authors

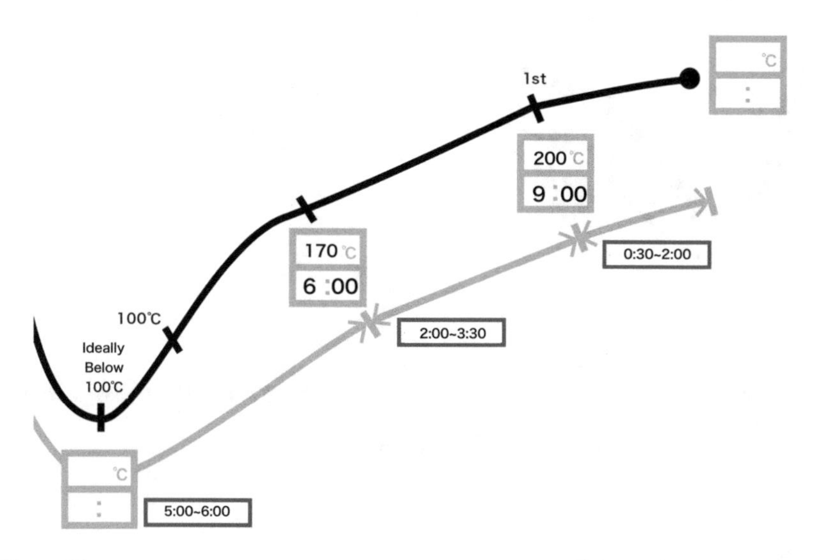

Fig. 7.58 Calculation for average RoR. Source: Authors

I will explain how to adjust the roasting with undeveloped roast which usually found with fast roast. The method for this adjustment is to slightly modify development process after first crack.

As you can see in the Fig. 7.59, RoR for Developing Time is 3–8. But in real situation I recommend 5 to 6 on this stage and time will be around 40 s.

Modification 1.

With the same RoR but longer developing time like 50–60 s.

Modification 2.

If Modification 1 does not work well, try increasing RoR to 8 and back to 40 s developing time.

Modification 3.

If Modification 2 also does not work well, try longer developing time like Modification 1.

Point here is that the roasting process is almost the same way until first crack even though small change can be made depend on the storage condition of green beans and character of green beans. And these modifications are made by changing RoR and the length of developing time after first crack. The one important issue here which discussed previously is that the definition of the point when first crack start. If you have more than one roasters in your company the timing of first crack should be calibrated within the roasters.

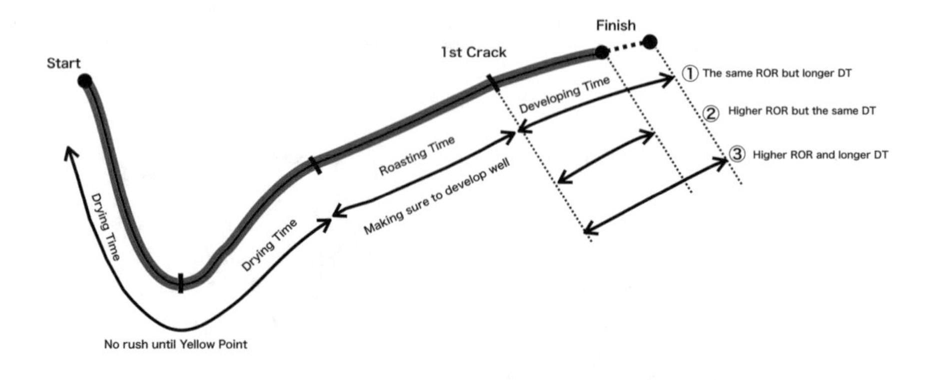

Fig. 7.59 Adjusting RoR and developing time. Source: Authors

3.5 *Final Considerations*

The most important skill for roasters is cupping skill. And required ability for roasters is high sensory skills and meticulousness. In other words, "Sensory and Measuring" is the most important ability for roasters.

I sincerely hope that this article will be useful guide and tips for your "Sensory and Measuring skills for roasting" after reading this article.

I was able to write about this specialty coffee roasting thanks to the pioneers who worked hard to raise the specialty coffee, thanks to many roasters, and thanks to those who developed new technology and equipment.

I was able to experience a lot of them and also think that this is the result of being blessed with people who can share a lot of information with me. I would like to take this opportunity to express my thanks..

And I would like to express my appreciation to Prof. Lucas Louzada Pereira (IFES - Instituto Federal do Espirito Santo). He gave me the opportunity to write this article. He is my best friend and known as professional scientist for coffee worldwide. I would like to also express my appreciation to Valentina Moksunova (Hummingbird Coffee) and Yoshiharu Sakamoto who give me the opportunity to meet Prof. Lucas.

References

Anderson, B. A., Shimoni, E., Liardon, R., & Labuza, T. P. (2003). The diffusion kinetics of carbon dioxide in fresh roasted and ground coffee. *Journal of Food Engineering, 59*(1), 71–78. https://doi.org/10.1016/S0260-8774(02)00432-6

Baggenstoss, J., Poisson, L., Kaegi, R., Perren, R., & Escher, F. (2008). Coffee roasting and aroma formation: Application of different time-temperature conditions. *Journal of Agricultural and Food Chemistry, 56*(14), 5836–5846.

Barykina, R. P., Veselova, T. D., Devyatov, A. G., Djalilova, H. H., Ilyina, G. M., & Chubatova, N. V. (2004). *Handbook of Botany Micro Engineering. Foundations and Methods*. (p. 312). Moscow: MSU.

Basile, M., & Kikic, I. (2009). A Lumped specific heat capacity approach for predicting the non-stationary thermal profile of coffee during roasting. *Chemical and Biochemical Engineering Quarterly, 23*(2), 167–177.

Borém, F., Garcia, T., & Amaral, E. (2014). *Anatomy and chemical composition of the coffee fruit and seed. In Handbook of coffee post-harvest technology* (p. 282). Norcross: Gin.

Botelho, F. M. (2012). Drying kinetics, physical and hygroscopical properties of fruits and characterization of roasting process of Coffeacanephora grain. 2012. 142 f. Tese (Doutorado em Construções rurais e ambiência; Energia na agricultura; Mecanização agrícola; Processamento de produ) - Universidade Federal de Viçosa, Viçosa.

Bottazzi, D., Farina, S., Milani, M., & Montorsi, L. (2012). A numerical approach for the analysis of the coffee roasting process. *Journal of Food Engineering, 112*, 243–252. https://doi.org/10.1016/j.jfoodeng.2012.04.009

Castellanos-Onorio, O., Gonzalez-Rios, O., Guyot, B., Fontana, T. A., Guiraud, J. P., Schorr-Galindo, S., … Suárez-Quiroz, M. (2011). Effect of two different roasting techniques on the ochratoxin A (OTA) reduction in coffee beans (Coffea arabica). *Food Control, 22*(8), 1184–1188.

Clarke, R. J. (2003). In B. Caballero, L. C. Trugo, & P. Finglas (Eds.), *Em encyclopedia of food sciences and nutrition* (Vol. 3, p. 1486). London, England: Academic Press.

Clarke, R. J. (2011). Roasting and grinding. *Coffee*, 73–107.

Clarke, R. J., & Vitzthum, O. G. (2001). Coffee: Recent Developments. In R. J. Clarke & O. G. Vitzthum (Eds.), Wiley Online Library. Blackwell Science Ltd. https://doi.org/10.1002/9780470690499

Czerny, M., Mayer, F., & Grosch, W. (1999). Sensory study on the character impact odorants of roasted Arabica coffee. *Journal of Agricultural and Food Chemistry, 47*(2), 695–699.

de Maria, C. A. B., Moreira, R. F. A., & Trugo, L. C. (1999). Componentes voláteis do café torrado. Parte I: compostos heterocíclicos. *Química Nova, São Paulo, 22*(2). https://doi.org/10.1590/S0100-40421999000200013

Della Lucia, B., Maria, S., Minim, R., Paula, V., Silva, O., Henrique, C., & Antonio, L. (2007). Fatores da embalagem de café orgânico torrado e moído na intenção de compra do consumidor. *Ciência e Tecnologia de Alimentos, 27*(3), 485–491.

Dentan, E. (1985). *The microscopic structure of the coffee bean*. In Coffee (pp. 284–304). Springer US. https://doi.org/10.1007/978-1-4615-6657-1_12

Dorfner, R., Ferge, T., Kettrup, A., Zimmermann, R., & Yeretzian, C. (2003). Real-time monitoring of 4-vinylguaiacol, guaiacol, and phenol during coffee roasting by resonant laser ionization time-of-flight mass spectrometry. *Journal of Agricultural and Food Chemistry, 51*(19), 5768–5773. https://doi.org/10.1021/jf0341767

Fabbri, A., Cevoli, C., Romani, S., & Dalla Rosa, M. (2011). Numerical model of heat and mass transfer during roasting coffee using 3D digitised geometry. *Procedia Food Science, 1*, 742–746.

Fadai, N. T., Melrose, J., Please, C. P., Schulman, A., & Van Gorder, R. A. (2017). A heat and mass transfer study of coffee bean roasting. *International Journal of Heat and Mass Transfer, 104*, 787–799.

Fernanda, É., Bück, A., Casciatori, F. P., Tsotsas, E., & Thoméo, J. C. (2017). Investigation of heat transfer in partially filled horizontal drums. *Chemical Engineering Journal, 316*, 988–1003.

Fernandes, S. M., & Pinto, N. (2001). Teores de polifenóis, ácido clorogênico, cafeína e proteína em café torrado. *Current Agricultural Science and Technology, 7*(3).

Fito, P. J., Castello, M. L., Argüelles, A., & Fito, P. (2007). Application of the SAFES (systematic approach to food engineering systems) methodology to roasted coffee process. *Journal of Food Engineering, 83*(2), 211–218.

Flament, I. (2002). Coffee Flavor Chemistry (I. Flament; & Y. B. Thomas (eds.); 1st ed.). Wiley-Blackwell.

Folmer, B. (2017). *The craft and science of the coffee* (p. 558). Cambridge: Elsevier.

Franca, A. S., Oliveira, L. S., Oliveira, R. C., Agresti, P. C. M., & Augusti, R. (2009). A preliminary evaluation of the effect of processing temperature on coffee roasting degree assessment. *Journal of Food Engineering, 92*(3), 345–352.

Francisquini, J. A., Martins, E., Silva, P. H. F., Schuck, P., Perrone, Í. T., & Carvalho, A. F. (2017). Maillard reaction: Review. *Instituto Laticinios Candido Tostes, Juiz de Fora, 72*(1), 48–57. https://doi.org/10.14295/2238-6416.v72i1.541

Hernández, J. A., Heyd, B., Irles, C., Valdovinos, B., & Trystram, G. (2007). Analysis of the heat and mass transfer during coffee batch roasting. *Journal of Food Engineering, 78*(4), 1141–1148.

Hernández-Díaz, W. N., Ruiz-López, I. I., Salgado-Cervantes, M. A., Rodríguez-Jimenes, G. C., & García-Alvarado, M. A. (2008). Modeling heat and mass transfer during drying of green coffee beans using prolate spheroidal geometry. *Journal of Food Engineering, 86*, 1–9. https://doi.org/10.1016/j.jfoodeng.2007.08.025

Hoos, R. (2015). *Modulating the flavor profile of coffee* (p. 66).

Hwang, C. F., Chen, C. C., & Ho, C. T. (2012). Contribution of coffee proteins to roasted coffee volatiles in a model system. *International Journal of Food Science and Technology, 47*(10), 2117–2126.

Idakiev, V.. (2018). Re/making histories: On historical documentary film and Taiwan: A People's History. Documenting Taiwan on Film: Issues and Methods in New Documentaries, p. 11–37.

Illy, A., & Viani, R. (2015). *Espresso coffee. The science of quality* (2nd ed., p. 398). UK: Elsevier Academic Press.

Illy, A., & Viani, R. (1995). Espresso coffee: The chemistry of quality (A. Press (ed.); American e).

Jansen, G. A. (2006). *Coffee roast magic-art-science physical changes and chemical reactions*. Munich: Corporate Media GmbH.

Johnsson, J. E. (1994). Formation and reduction of nitrogen oxides in fluidized-bed combustion. *Fuel, 73*(9), 1398–1415.

Jokanovića, M. R., Džinića, N. R., Cvetkovićb, B. R., Grujićc, S., & Odžakovićc, B. (2012). Changes of physical properties of coffee beans during roasting. *APTEFF, 43*, 1–342.

Kelly, C., & Scott, J. (2015). Microwave aquametry of roasting coffee beans. Asia-Pacific Microwave Conference Proceedings. *APMC, 3*, 1–3.

Lin, C. C. (2010). Approach of improving coffee industry in Taiwan-promote quality of coffee bean by fermentation. *The Journal of International Management Studies, 5*(1).

López-Galilea, I., Andriot, I., De Peña, M. P., Cid, C., & Guichard, E. (2008). How does roasting process influence the retention of coffee aroma compounds by lyophilized coffee extract? *Journal of Food Science, 73*(3).

Ludwig, I. A., Sánchez, L., De Peña, M. P., & Cid, C. (2014). Contribution of volatile compounds to the antioxidant capacity of coffee. *Food Research International, 61*, 67–74. https://doi.org/10.1016/j.foodres.2014.03.045

Melo, W. L. B. (2004). A Importância da Informação Sobre do Grau de Torra do Café e sua Influência nas Características Organolépticas da Bebida. Embrapa Instrumentação Agropecuária. *Comunicado Técnico*, 4.

Mondello, L., Costa, R., Tranchida, P. Q., Dugo, P., Lo Presti, M., Festa, S., … Dugo, G. (2005). Reliable characterization of coffee bean aroma profiles by automated headspace solid phase microextraction-gas chromatography-mass spectometry with the support of a dual-filter mass spectra library. *Journal of Separation Science, 28*(9–10), 1101–1109.

Moon, J. K., & Shibamoto, T. (2009). Role of roasting conditions in the profile of volatile flavor chemicals formed from coffee beans. *Journal of Agricultural and Food Chemistry, 57*(13), 5823–5831.

Moreira, R. F. A., Trugo, L. C., & De Maria, C. A. B. (2000). Componentes voláteis do café torrado. Parte II. Compostos alifáticos, alicíclicos e aromáticos. *Quimica Nova, 23*(2), 195–203. https://doi.org/10.1590/S0100-40422000000200010

Murthy, K. V., Ravi, R., Bhat, K. K., & Raghavarao, K. S. M. S. (2008). Studies on roasting of wheat using fluidized bed roaster. *Journal of Food Engineering, 89*(3), 336–342.

Mwithiga, G., & Jindal, V. K. (2003). Physical changes during coffee roasting in rotary conduction-type heating units. *Journal of Food Process Engineering, 26*(6), 543–558.
Nagaraju, V. D., Murthy, C. T., Ramalakshmi, K., & Rao, P. S. (1997). Studies on roasting of coffee beans in a spouted bed. *Journal of Food Engineering, 31*(2), 263–270.
Okegbile, O. J., Mohammed, A., & Hassan, A. B. (2014). Fabrication and testing of a combined groundnut roaster and oil expeller machine. *American Journal of Engineering Research, 3*(04), 230–235.
Oliveros, N. O., Hernández, J. A., Sierra-Espinosa, F. Z., Guardián-Tapia, R., & Pliego-Solórzano, R. (2017). Experimental study of dynamic porosity and its effects on simulation of the coffee beans roasting. *J Food Eng, 199*, 100–112. https://doi.org/10.1016/j.jfoodeng.2016.12.012
Pramudita, D., Araki, T., Sagara, Y., & Tambunan, A. H. (2017). Roasting and colouring curves for coffee beans with broad time-temperature variations. *Food and Bioprocess Technology, 10*(8), 1509–1520.
Prozina, M. N. (1960). Botanical microtechnology. Vysshaia shkola.
Putranto, A., & Chen, X. D. (2012). Roasting of barley and coffee modeled using the lumped-reaction engineering approach (L-REA). *Drying Technology, 30*(5), 475–483.
Rao, S. (2014). *The Coffee Roaster's Companion* (p. 89).
Schenker, S. (2000). Investigations on the hot air roasting of coffee beans. A dissertation submitted to the Swiss Federal Institute of technology Zurich for the degree of doctor of technical sciences. Diss. Ethno. 13620. Zurich, p. 174.
Schenker, S., Heinemann, C., Huber, M., Pompizzi, R., Perren, R., & Escher, R. (2002). Impact of Roasting Conditions on the Formation of Aroma Compounds in Coffee Beans. *Journal of Food Science, 67*(1), 60–66. https://doi.org/10.1111/j.1365-2621.2002.tb11359.x
Schenker, S., & Rothgeb, T. (2017). The roast—Creating the Beans' signature. In *The craft and science of coffee* (pp. 245–271). London: Academic Press. https://doi.org/10.1016/B978-0-12-803520-7.00011-6
Schwartzberg, H. G. (2002). Modeling bean heating during batch roasting of coffee beans. In *Engineering and Food for the 21st Century* (pp. 901–920). Boca Raton: CRC Press.
Silva, J. R. (2008). Otimização do processo de torração do café pelo monitoramento de parâmetros e propriedades físicas e sensoriais. Dissertação (Mestrado em Ciências dos Alimentos) – Universidade Federal de Lavras.
Silva, L. C. D. Café: fruto, grão e bebida. Revista: Grãos Brasil: Da semente ao consumo, n° 52, 2012, p. 13-18.
Silva, L. D. S., Resende, O., Bessa, J. F. V., Bezerra, I. M. C., & Tfouni, S. A. V. (2018). Ozone in polycyclic aromatic hydrocarbon degradation. *Food Science and Technology, 38*(Suppl 1), 184–189.
Silva, M. I. A., & Pasquim, T. B. S. S. (2018). Indústria de Café Solúvel Acoffee190 f. Trabalho de Conclusão de Curso 2 (Engenharia Química) – Universidade Tecnológica Federal do Paraná, Apucarana.
Sivetz, M., & Desrosier, N. W. (1979). *Coffee technology* (p. 716). Westport, CT: AVI Publishing Company.
Sivetz, M., & Foote, H. E. (1963). *Coffee processing technology*. Westport, CT: AVI Publishing Company.
Spers, E. E., Saes, M. S. M., & Souza, M. C. M. (2004). Análise das preferências do consumidor brasileiro de café: um estudo exploratório dos mercados de São Paulo e Belo Horizonte. *Revista de Administração, 39*, 53–61. http://www.rausp.usp.br/principal.asp?artigo=1117
Staub, C. (1995). *Agtron/SCAA roast classification. Color disk system.* Chicago, IL: Specialty Coffee Association of America.
Sunarharum, W. B., Williams, D. J., & Smyth, H. E. (2014). Complexity of coffee flavor: A compositional and sensory perspective. *Food Research International, 62*, 315–325.
Vargas-Elías, G. A., Correa, P. C., SOUZA, N. R., Baptestini, F. M., & Melo, E. D. C. (2016). Kinetics of mass loss of arabica coffee during roasting process. *Engenharia Agrícola, 36*(2), 300–308.

Venegas, J. D. B. (2015). Modelagem das propriedades físicas e da transferência de calor e massa dos grãos de café de café durante a torrefação. 65 f. Dissertação de mestrado (Engenharia Agricola) – Universidade Federal de Viçosa. Viçosa.
Wieland, F., Gloess, A. N., Keller, M., Wetzel, A., Schenker, S., & Yeretzian, C. (2012). Online monitoring of coffee roasting by proton transfer reaction time-of-flight mass spectrometry (PTR-ToF-MS): Towards a real-time process control for a consistent roast profile. *Analytical and Bioanalytical Chemistry, 402*(8), 2531–2543.
Wang, J., Zeng, N., & Wang, M. (2016). Interannual variability of the atmospheric CO2 growth rate: roles of precipitation and temperature. *Biogeosciences, 13*(8)., 2339–2352
Yodkaew, P., Chindapan, N., & Devahastin, S. (2017). Influences of superheated steam roasting and water activity control as oxidation mitigation methods on physicochemical properties, lipid oxidation, and free fatty acids compositions of roasted rice. *Journal of Food Science, 82*(1), 69–79.

Chapter 8
Physical Classification and Sensory Coffee Analysis

Lucas Louzada Pereira, João Paulo Pereira Marcate, Alice Dela Costa Caliman, Rogério Carvalho Guarçoni, and Aldemar Polonini Moreli

1 General Introduction

The cupping test appeared in Brazil at the beginning of the twentieth century and was adopted by the Official Coffee and Goods Exchange of Santos, from 1917, a few years after its installation in 1914. However, it has not yet been established a uniform evaluation criterion, varying from entity to entity.

There is no doubt that the most important factor in determining the quality of coffee is the beverage. This evaluation is made by the tasters (Q-Graders), depending mainly on the senses: palate, smell and touch.

In the twenty-first century, the central theme of various production systems has been the relentless pursuit of rigorous quality control, many of which relate to the processing and sensory and physical quality of food (Pereira 2017).

2 Coffee Classification in Brazil

In the classification of Brazilian coffee, the determination of quality comprises three distinct phases:

1. classification by **type or defect**;
2. classification by **quality characteristic**;

L. L. Pereira (✉) · J. P. P. Marcate · A. D. C. Caliman · A. P. Moreli
Coffee Analysis and Research Laboratory, Federal Institute of Espírito Santo, Venda Nova do Imigrante, ES, Brazil

R. C. Guarçoni
Department of Statistics, Capixaba Institute for Technical Assistance, Research and Extension, Vitória, ES, Brazil

L. Louzada Pereira, T. Rizzo Moreira (eds.), *Quality Determinants in Coffee Production*, Food Engineering Series, https://doi.org/10.1007/978-3-030-54437-9_8

3. classification by **quality (drink)**.

In this chapter, we present a description of the type or defect classification procedures, the quality characteristics and the quality of the drink, discussing how the Official Brazilian Classification Protocol (COB) is used for types and defects and the most commonly used sensory protocols around of the world.

The Official Brazilian Classification (COB) of coffee involves both physical aspects (color of beans, number of defects and moisture content); such as drink characteristics (drink quality and roasting result) and grain size characteristics (sieves). This classification is fundamental for establishing export contracts for Brazilian coffee, which is still mostly exported according to official standards (Ponciano et al. 2008).

2.1 *Physical Classification: Types and Defects*

The Technical Identity and Quality Regulation for the Classification of Grilled Raw Coffee, by NORMATIVE INSTRUCTION N°. 8, JUNE 11, 2003 (Brazil 2003).

By this Decree the coffees are now classified by type and equivalence of defects according to the tables adopted by the Official Coffee Exchange of Santos (Table 8.1).

Table 8.1 Official Brazilian Classification—COB

Defects	Types	Points	Defects	Types	Points	Defects	Types	Points
4	2	+100	28	4–5	−5	100	6–10	−110
4	2–5	+95	30	4–10	−10	108	6–15	−115
5	2–10	+90	32	4–15	−15	115	6–20	−120
6	2–15	+85	34	4–20	−20	123	6–25 (6/7)	−125
7	2–20	+80	36	4–25(4/5)	−25	130	6–30	−130
8	2–25 (2/3)	+75	38	4–30	−30	138	6–35	−135
9	2–30	+70	40	4–35	−35	145	6–40	−140
10	2–35	+65	42	4–40	−40	153	6–45	−145
11	2–40	+60	44	4/45	−45	160	7	−150
11	2–45	+55	46	5	−50	180	7–5	−155
12	3	+50	49	5–5	−55	200	7–10	−160
13	3–5	+45	53	5–10	−60	220	7–15	−165
15	3–10	+40	57	5–15	−65	240	7–20	−170
17	3–15	+35	61	5–20	−70	260	7–25 (7/8)	−175
18	3–20	+30	64	5–25(5/6)	−75	280	7–30	−180
19	3–25(3/4)	+25	68	5–30	−80	300	7–35	−185
20	3–30	+20	71	5–35	−85	320	7–40	−190
22	3–35	+15	75	5–40	−90	340	7–45	−195
23	3–40	+10	79	5–45	−95	360	8	−200
25	3–45	+5	86	6	−100			
26	4	Base	93	6–5	−105			

Source: Ministério da Agricultura, Pecuária e Abastecimento—MAPA, BRASIL (2003)

To perform the physical classification procedure by type and defect, the professional working in the field, must have in hand a sample composed of 300 g of coffee, which is representative of the total batch, i.e., depending on the volume of coffee that is unloaded at the receiving unit (warehouse), a sample is taken from all bags or bulk amounts for conference by the company's quality department.

Table 8.2 indicates the list of defects and their respective weight on the coffee classification system, according to the Brazilian normative instruction.

Table 8.2 Defect equivalence for arabica and robusta coffee

N° of grains—"Intrinsic"	Defects	"Extrinsic" (impurities)	Defects
1—Black grain	= 1	1—Natural	= 1
2—Burning grains	= 1	2—Sailor	= 1
3—Shells	= 1	1—Stone or Big Stick	= 1
5—Greens	= 1	1—Regular Stone or Stick	= 1
5—Broken	= 1	1—Stone or Small Stick	= 1
5—Brocades	= 1	1—Big Shell	= 1
5—Water damage	= 1	3—Medium Shells	= 1
		5—Small Shells	= 1

3 Coffee Classification by Type in Brazil

Each type corresponds to a greater or lesser number of defects (imperfect grains or impurities). The classification by type, adopted in Brazil, admits 7 types of decreasing values from 2 to 8, resulting from the appreciation of a sample of 300 g of processed coffee, according to rules established in the Official Brazilian Classification Table (COB), throughout the territory national.

On one hand, defects may come from intrinsic or extrinsic nature. In the case of intrinsic defects, these can be described as: imperfections in the application of the production process, modification in the physiological or genetic origin, or due to errors in the coffee harvesting processes, causing black, burned, water damage, shells, broken, brocade and green coffee (Stinker).

On the other hand, defects of an extrinsic nature, are known as foreign elements benefited from coffee, such as natural, sailor (parchment), shells, sticks and stones.

4 Coffee Defects Default Setting

In order to establish the equivalence of defects, the "black" bean was used, which is considered the defect pattern or capital defect, i.e. the defect with the greatest visual impact on the coffee sample. The others, such as the burned, the brocades, the sticks, the stones, etc., are considered secondary.

Thus, by examining the Table 8.2, it is possible to understand that a black grain is equal to 1 (one) defect.

Type 4 coffee is called "base type" because it corresponds to a large percentage of the coffees that appear in lots exposed to commercialization; mainly by the *commodity* market.

In the classification table there is also a column for "points," which reads the number of points assigned to types and their intermediates. Between one type and another there is a difference of 50 points, subdivided into 5 out of 5 positive and increasing from type 4 to type 2, and increasing negatively from type 4 to type 8. Table points in the classification need to be taken consideration, given that each point has a monetary value, depending on the type considered by the quotation.

As a practical matter, to determine the type of a coffee, proceed as follows (Fig. 8.1):

- The 300 g sample is spread on a table for classification, with white light illumination, on a sheet of black cardboard;
- Then break down by category the defects found.
- Then the classifier must count defects according to the specifications of the Table 8.2 and, according to the number, to determine the type of coffee.

Fig. 8.1 Physical classification process of coffee in Brazil. Source: Authors

Defects compromise the color, appearance, roasting and quality of the beverage, mainly altering its taste and aroma. They may be intrinsic or extrinsic in nature.

Defects of an intrinsic nature appear due to improper conduction of processes during the conduction of the crop, at harvest and post-harvest. They are known as green, black, burnt, water damage, shells, broken, brocade and black-green grains. On the other hand, those of an extrinsic nature correspond to foreign elements or materials other than coffee beans (Silva 2005).

They are represented by coffee in natural, sailor, bark, sticks and stones, known as impurities. The defects that deserve special attention are the green, burned and black. Such defects present different chemical composition from normal grains and, thus, significantly affect the quality (Silva 2005).

4.1 *Coffee Defect: Black Grain*

Black beans (Fig. 8.2) are the most serious defect in coffee. The occurrence of black grains is influenced by the time of contact of the fruits with the soil, considered by the current legislation, as the capital defect (Neto et al. 2013). It originates from prolonged fermentation of the coffee bean in the fields or in drying. It occurs most often in ground-based melt coffee or sweeping coffee. It can be previous crop grain or grain that has remained in contact with the ground for a long time. It may also appear "abnormal dry," sudden passage from green to dry (over ripening) (Faganello and Santa Terezinha 2006).

Fig. 8.2 Black coffee bean. Source: Authors

The influence of "black" beans on coffee quality is considered to be the most intense when compared to the effect of "green" and "burned" beans since significant differences have been found even in subjective analyzes such as cup testing (Pereira 1997).

4.2 *Coffee Defect: Green Grain*

When harvesting is anticipated, harvested green fruits (Fig. 8.3) may result in green and black-green defects. For both situations, when the aspect, type and drink depreciation occur, the production of specialty coffees will be compromised (Ribeiro 2013).

The decision to harvest fruits outside the ideal ripening stage is solely the decision of the coffee producer, who should always choose selective harvesting, avoiding that the fruits outside the ideal ripening stage are removed from the plant before the ideal harvesting time.

According to (Cortez 2001), in warmer climate regions, the intervals between flowering and the maximum grain maturity points may coincide with the end of the rainy season (220 days). In milder climate planting, where the development and maturation phase of grains occurs during the occurrence of lower temperatures (<20 °C), the ripening cycle may take from 250 to 300 days.

Fig. 8.3 Green coffee bean. Source: Authors

Green coffee is classified as an immature bean, with adhered silver film, with closed ventral groove and green color in different shades (Brasil 2003). It originates mainly from the harvest of green beans. This defect also appears in half ripe, ripe, raisin, abnormal dry fruits, fallen fruit on the ground (Carvalho et al. 1970).

The fact that these grains are present in all fractions corresponding to different stages of fruit maturation indicates that, although classified as greenish film, these grains are of more complex origin and must involve different degrees of endosperm deterioration, caused by causes varied. They often appear in fruits classified as abnormal dry coffee. These fruits have a matte black exocarp. This fact confirms the assumption that these fruits went from green to dry without reaching maturity (Silva 2005).

The production of specialty coffees basically involves the work of harvesting ripe cherries, however, the producer is not always able to perform only selective harvesting. Given that harvesting green coffee is a problem, as it causes damage to the type, roasting, quality of the drink and appearance, as a consequence, interferes with the value of the product.

There is still the problem of weight loss, because it has more moisture than the ripe fruit, will give less yield, because it will go more liter of coffee to give a benefited bag; wear of the plant at the time of harvesting because it has to make greater effort in relation to the mature one, causing a great uprooting of leaves and branches, with bigger injuries to the coffee trees (Faganello and Santa Terezinha 2006).

4.3 *Coffee Defect: Burnt Grain*

In this defect, the grain or piece of grain that has a brown color (Fig. 8.4), in various shades, due to the action of fermentative processes (Brasil 2003). Burnt grains of brown or brown endosperm may originate from fallen fruit when the fermentation process begins with rotting processes. Fruits harvested by melting on the ground may favor the addition of fruits remaining from previous crops or that have fallen to the ground, providing an addition of burnt, black defects (Neto et al. 2013). There are indications that, although in a small percentage, this defect is also found in fruits still green, medium ripe, raisins and abnormal dry. In dry coffee in the plant, the amount of burned beans is considerably high (Silva 2005).

Fig. 8.4 Burned coffee bean. Source: Authors

Another factor associated with this defect is that it has a dark brown color and a different smell, which is caused by the lack of movement of the coffee in the yard or when the freshly harvested coffee is left bagged overnight (Pereira et al. 2000).

This defect is found in all stages of maturation (green grain, medium ripe, ripe, raisin and dry). It appears most often in dry grains and those that were in contact with ground. It also occurs from fermentation in sun dried due to the high humidity when kept in a row for long periods without movement (Faganello and Santa Terezinha 2006).

4.4 Coffee Defect: Grain Water Damage

Coffee with a defective water damage grain (Fig. 8.5) of coffee is one with incomplete formation, presented with little mass and sometimes with a wrinkled surface. The origin of this defect is generally attributed to genetic, physiological and climatic factors.

One of the possible causes of intrinsic defects (burnt, black, shells, greens, brocades, and water damage) is useful for cultural handling and crop physiology. Regions added to coffee cultivation by a perennial crop, such as adverse year-round weather conditions in the form of precipitation, temperature variation and relative air temperature, during flowering, fruiting and ripening stages, can cause uneven maturation (Monteiro et al. 2019).

This defect causes problems, especially during roasting, since the cuttle beans are less dense and therefore roast first. In some cases, it makes the roasting very uneven (Silva 2005).

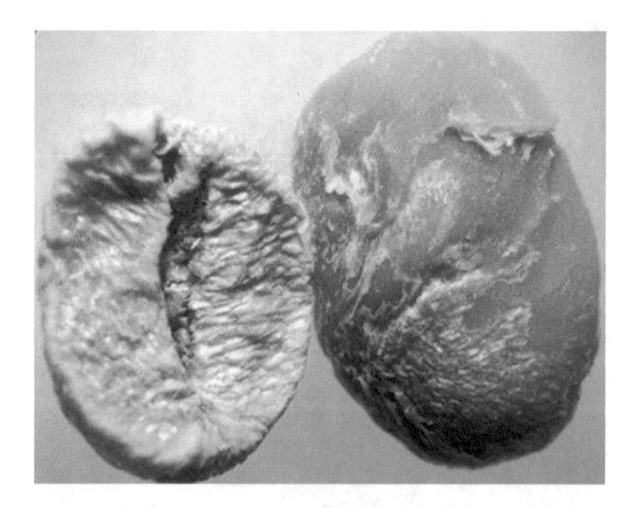

Fig. 8.5 Defective coffee bean water damage. Source: Authors

It can also originate from poor nutrition, early defoliation due to incidence of pests and diseases, occurrence of climate problems (drought). This defect not only worsens the type, but also reduces the income (income) of the coffee. The water damage defect may be related to genetic problems as well (Faganello and Santa Terezinha 2006).

The water damage grains of the trade are nothing more than the inner part of a shell grain, which results from the simultaneous development of two or more eggs in the same ovary store. Grains considered water damage may correspond to remnants of perisperm and not of true endosperm (Carvalho et al. 1970).

4.5 Coffee Defect: Brocade Grain

Brocade coffee (Fig. 8.6) is damaged by the coffee borer with one or more clean or dirty holes. The attack of coffee borer (*Hypotenemus hampei*), when severe, causes significant losses to coffee crop. Such damages compromise the integrity of the fruits and the quality of the drink. The presence of fungi is associated with the attack of drills, since the galleries formed by them inside the fruits act as a gateway to these microorganisms (Silva 2005).

The presence of insect fragments in coffee may be caused by the infestation of grains by various types of pests, such as coffee borer (*Hypothenemus hampei*), also belonging to the order *Coleoptera*, resulting in the presence of broccoli grains that become susceptible infestation by mycotoxigenic fungi such as *Aspergillus spp.* and *Penicillium spp.* (Silva et al. 2019).

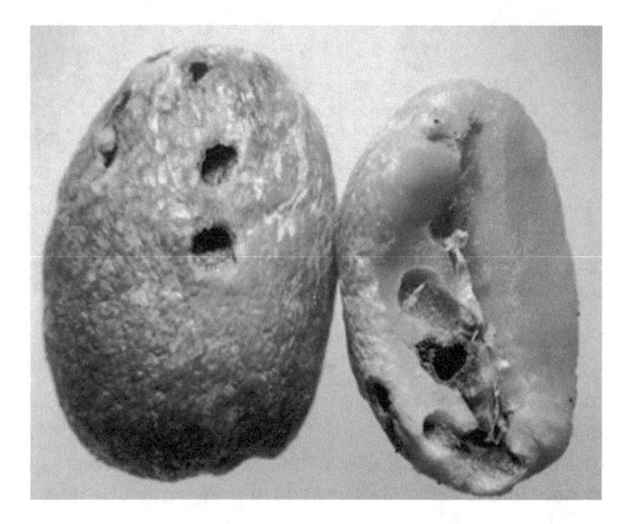

Fig. 8.6 Coffee bean with drill attack. Source: Authors

Coffee that has this defect, with the grain composition damaged by the coffee borer, with one or more clean or dirty holes, is known as:

- Dirty brocade: grain or piece of grain damaged by the coffee bur that has black or bluish parts;
- Lace brocade: grain or piece of grain damaged by the coffee borer that has three or more holes and no black parts;
- Clean brocade: grain or piece of grain damaged by the coffee borer that has up to three holes and no black parts (Brasil 2003).

Losses of drink quality in the dry stages are linked to the physicochemical composition of the fruit and especially the presence of defects such as brocade, burnt and black grains (Monteiro et al. 2019).

4.6 Coffee Defect: Grain Shell

Coffee with shell-shaped grain defect (Fig. 8.7) results from the separation of imbricate beans from the fertilization of two eggs in a single ovary store (Brasil 2003).

Fig. 8.7 Defective grain shell. Source: Authors

Usually this defect is attributed to the genetic origin of the plant, but may be accentuated by drought (drought). The defect is the result of the separation of the "head" grain, the shell and the shell kernel during the coffee benefit.

Some selections of cultivar Icatu present higher frequency of this defect (Faganello and Santa Terezinha 2006). The origin of this defect is also attributed to genetic, physiological and climatic factors. Also, like the water damage, the shells roast faster than normal grains and, thus, may suffer excessive roasting, compromising the quality of the drink. Another factor that should be remembered is that when the shells separate, they suffer injuries that compromise the safety of these grains (Silva 2005).

4.7 *Coffee Defect: Broken Grain*

When the coffee fruits are very abruptly dried or at very high temperatures, the beans go through an irregular drought, which can generate tensions in the fruits, causing the coffee to break down when the coffee is cleaned (Fig. 8.8).

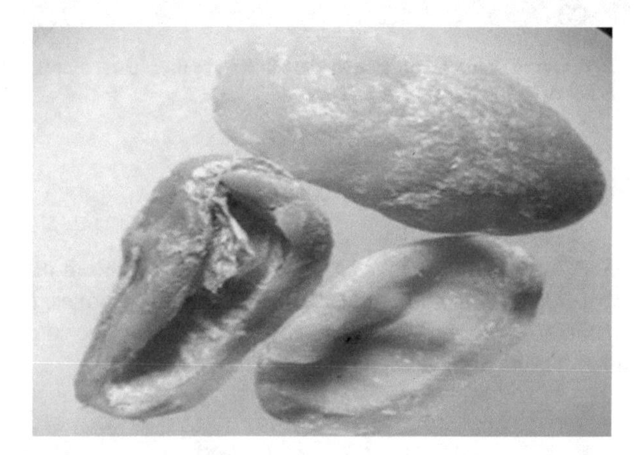

Fig. 8.8 Broken coffee bean. Source: Authors

In this case, this defect is a result of excessive drying of the coffee bean or also by quick drying and mechanical dryers with elevated temperatures (above 45 °C). This type of defect not only makes the type worse, but also increases the amount of choice (benefit residue) that has the lowest commercial value (Faganello and Santa Terezinha 2006). They are the grains broken during the beneficiation operation (Carvalho et al. 1970).

4.8 *Coffee Defect: Natural and Sailor*

It is the result of the poorly conducted benefit, that is, of unregulated machines, which did not peel or partially peel off (Carvalho et al. 1970). Natural (Fig. 8.9) is the grain that did not have the shell removed in the processing. Sailor: grain that, for the benefit, the parchment was not totally or partially removed (Brasil 2003).

Fig. 8.9 Physical defect of natural coffee on the left side and sailor (parchment), right side of the image. Source: Authors

4.9 Coffee Defect: Barks, Stones and Sticks

Of the defects commonly taken into account in the classification of export types, some are easily recognizable and of extrinsic origin, such as stones, clods or sticks of varying dimensions (Fig. 8.10). Others, such as natural coffee, shells and sailor, are in fact imperfections of beneficiation (Carvalho et al. 1970).

Fig. 8.10 Extrinsic coffee defects, (**a**) impurities, (**b**) fruit machining and cleanliness problems. Source: Authors

Peel is understood to be the fragment of the dried fruit peel of coffee, of various sizes, resulting from poor adjustment of the benefit machine, while the stick as a fragment of the coffee branch (Brasil 2003).

5 Classification for Quality Characteristics

To determine the quality of a product, we must analyze the various factors that indicate its degree of acceptance established by the consumer market. When the consumer chooses to purchase a particular product, one must consider several factors that correlate with the physical and sensory quality, generating safety and reliability in the final product to be consumed.

According to Decree N°. 27.173, of 14.9.1949, which approves the specifications and tables for the classification and supervision of coffee, in addition to determining the type and the standard for classification by description, the following specifications for the consumption of coffee are given:

Coffee—sieve—bean—aspect—color—type of drought—preparation—roasting and drinking. These aspects make up the classification by quality characteristics of coffee.

5.1 Structure of Coffee Fruit and the Shape of the Broad Bean

Broad beans are the highlighted grains of fruits and classified according to **shape and size** as large, good, medium and small (broad bean). As for the shape of their beans, the coffees are called flat, mocha and triangular. This denomination is used to make the visual classification and to describe if there was selection of grains by sieves (sieves 15 above, sieves 17), or if the sample is presented without classification, commonly called spout (Cortez 2001).

Flat coffee (Fig. 8.11) consists of beans from normally grown fruits, having proportional dimensions. Its length is always greater than its width; the dorsal part (above) of the grains is convex and its ventral part (below) is flat or slightly concave, with a central groove arranged longitudinally.

The **mocha coffee** (Fig. 8.11) comes from the non-fertilization of one of the fruit eggs that usually has two stores. Thus, only one grain develops, filling the void left by the other and taking the form known as the mocha. The grain called mocha is rounded, also longer than broad and finely tuned at the tips. There is also the central groove in the longitudinal direction.

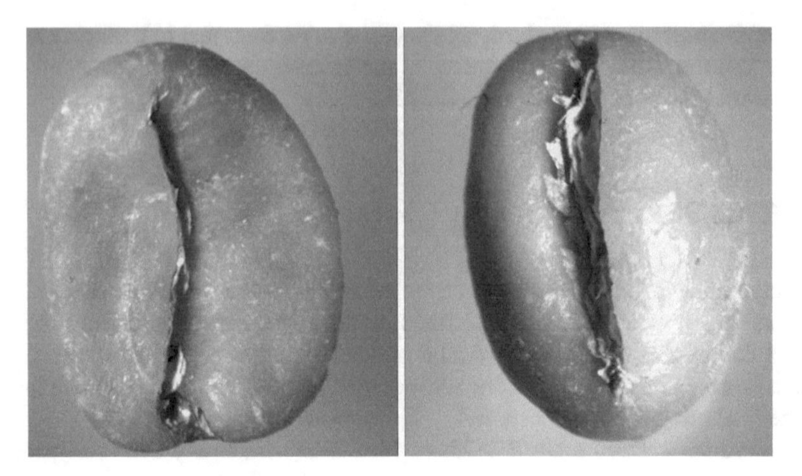

Fig. 8.11 Coffee fruits—Green raw coffee bean flat (left from the image) and coffee mocha (right from the image). Source: Authors

5.2 Sieves: Separation by Grain Size

Regarding their size or sieve, the beans are classified according to the size of the sieves of the official sieves that hold them. These sieves are designated by numbers, which divided by 64, give the indication of the size of the holes, expressed in fractions. The measurements of their sieves are given in fractions of 1/64 in. (Table 8.3)—a number 13 sieve, equivalent to 13/64 in.—ranging from numbers 8 to 20.

There are round sieves for measuring the flat coffees and those for elongated and triangular sieves. From a technical point of view, sieve separation is of paramount importance as it allows the selection of beans by size. This separation into groups makes a more uniform roasting possible.

Table 8.3 Coffee BC—1/64 inch sieves

Coffee—BC—1/64 in.	Processed coffee without separation of sieves
Big flat	Sieves 17 and larger
Medium flat	Sieves 15 and 16
Small flat	Sieves 12, 13 and 14
Big mocha	Sieves 12 and 13
Medium mocha	Sieves 10 and 11
Small mocha	Sieves 8 and 9

In general, only their hybrids reach up to sieve 22. The order of placing (assembling) the sieves for the separation of a "spout" coffee should normally follow the following standardization (Table 8.4).

Table 8.4 Mounting and organization of sieves for official Brazilian classification—COB

Sieves	Form	Broad bean	Sieves	Form	Broad bean
19/20	Flat	Big	15	Flat	Medium
13	Mocha	Big	9	Mocha	Small
18	Flat	Big	14	Flat	
12	Mocha	Big	8	Mocha	Small
			13	Flat	Small
17	Flat	Big	12	Flat	Small
11	Mocha	Medium	11	Flat	Small
			10	Flat	Small
16	Flat	Medium	9	Flat	Small
10	Mocha	Medium			

The Brazilian market tolerates a maximum leakage limit for each 10% sieve. Percentages above this limit become new screens. Milled is a flat coffee mocha alloy in the proportion above 10% flat mocha or vice versa.

6 Sensory Analysis of Coffee, Protocols and Procedures

After classification, separation of defects and sieves, the coffee must be roasted to perform sensory analysis. Currently being the only means of verification for final quality control regarding coffee drink.

Sensory analysis is an important step to validate the processes involved in the stages prior to beverage production. During the tasting process, the evaluator should analyze various aspects such as the fragrance, aroma of the drink, among others (Leme 2016).

From a compositional point of view, volatiles and nonvolatiles have a great influence on coffee taste perception and acceptance (Sunarharum et al. 2014) and may influence the sensorial perception of the evaluators.

Several productive and technological factors may interfere with the final quality of the coffee beverage. However, it is known that climatic conditions, processing methods, the type of roasting that is employed and, especially, the way coffee is tasted, can impact on different sensory perceptions existing between coffees (Sunarharum et al. 2014), that is, coffee quality is directly influenced.

For Feria-Morales (2002), the coffee producer considers that he obtained a good coffee crop when normal production levels are reached and were not affected by the climate. Normal production levels are considered coffees that meet the physical market with quality.

Even though coffee is the second most popular beverage in the world, Bhumiratana et al. (2011) describe that there is no global consensus among evaluators about what a really good cup of coffee really is. Thus, different forms of coffee processing and different beverage extraction methods are observed around the world, making the task of standardization of sensory analysis protocols almost impossible.

Thus, it is the responsibility of sensory scientists to encourage companies to move forward, as the ability to objectively evaluate sensory quality is a key part of providing consumers with quality products (Feria-Morales 2002).

For di Donfrancesco et al. (2014), there is a high inconsistency between taster notes indicating that tasters use different terms to describe the main aroma and taste notes in coffee, leading to confusion about the taste of coffee.

Authors such as de Alcantara and Freitas-Sá (2018) describe that there are limitations that deserve attention, since the necessary training time of the evaluators to define the methodology to be applied directly impacts the perceptions or sensations identified during the sensory analysis.

In addition, they also allow a better understanding of the perception of product sensory characteristics based on consumers' vision and vocabulary. This way you can have a better understanding of how consumers make their choices and how much they appreciate the products (Meiselman 2013).

As an example, the Brazilian Specialty Coffee Association (BSCA) uses the Cup of Excellence (COE) methodology indicated by Howell in 1998, in which each taster assigns grades according to the intensity of the coffee characteristics. In this protocol, the number of cups placed on the table is also different, usually the coffees are analyzed in a mirror format, that is, two to two to analyze the consistency of the evaluator during the sensory analysis.

According to Lingle (2011), one of the most widely used methods for coffee sensory evaluation, which stands out in the main countries involved in the commercialization of specialty coffees—given the consistency of the method in discriminating beverage quality—is the Specialty Coffee Association method (SCA), which is based on a quantitative descriptive sensory analysis of the drink. In this method, the coffees are evaluated with 5 cups arranged on the table, representing a batch of coffee.

The sensory analysis performed with this methodology are evaluated by tasters, called Q-Grader, duly trained and certified by the Coffee Quality Institute (CQI) based on the SCA protocols (SCA 2019).

Both protocols have similar evaluation parameters and at the same time limitations that have already been discussed and proposed by measuring the consistency of the use of the SCA protocol with Q-Graders, and, more recently, the revisions regarding the limitations of the SCA protocol for intermediate coffees, as studies by Pereira et al. (2019).

According to Pereira et al. (2017) the SCA protocol is effective in the use and application of sensory analysis procedures, however, regarding the limit of sensory perception, i.e., the coffee cutoff score, (<80, 00 points), the tasters have some inconsistencies, which can be discussed about the lack of interest in the sensory analysis because the coffee is of low quality. In the authors' study, it was shown that for coffees of grades above 82 points the accuracy level is high and when grades are reduced, errors stand out. Two aspects need to be discussed, the first is that coffees should be analyzed as mixed as possible and that the SCA protocol does not have good descriptors to assist tasters in deciding on intermediate and low-quality coffees (without cups defects).

Thus, mechanisms for standardization of processes and actions that allow greater accuracy in sensory evaluation are indispensable for the coffee to be evaluated effectively and assertively by anyone who evaluates.

6.1 *Sensory Analysis History*

For Lawless and Heymann (2010), the field of sensory evaluation grew rapidly in the second half of the twentieth century, along with the expansion of the processed food and consumer products industries.

According to Caul (1957), the expert taster was first employed in the wine industries, following in the tea and coffee industries. This agent can be considered as the initial step in the development of the analytical field of taste testing as it judges the particular product with a scale of standards empirically calibrated according to the preferences of its tasters, mentally considering the individual characteristics. of product. This includes not only aroma and taste, but color, appearance and texture of all the attributes of a product.

For the food industry, sensory assessment was a natural extension of each company's desire to achieve the highest product quality and thus to gain a dominant role in the market (Side et al. 1993).

There are numerous sources of variation in human responses that cannot be completely controlled in a sensory test. Examples include participants' mood and motivation, as well as their innate physiological sensitivity to sensory stimulation and their past history and familiarity with similar products (Lawless and Heymann 2010).

Sensory evaluation, in this perspective, is a quantitative science in which numerical data is collected to establish legal and specific relationships between product characteristics and human perception.

Sensory methods rely heavily on behavioral research techniques, observation and quantification of human responses (Lawless and Heymann 2010).

From a statistical point of view, sensory evaluation is a scientific method in which experimental results are collected from a set of sampled tasters who express preferences and reactions regarding food and beverage characteristics (Iannario et al. 2012).

Sensory evaluation includes a set of techniques that aim to accurately measure human responses to food, minimizing potential effects such as branding and other information that may influence consumer perception (Lawless and Heymann 2010). Thus, indicating a process full of complexity given the interaction between human preferences, subjectivity and other variables that are not always fully controlled in the study environments and the use of techniques.

6.2 Brazilian Official Classification Method (COB)

The cup tasting appeared in Brazil at the beginning of the twentieth century and was adopted by the Santos Coffee and Goods Exchange from 1917, shortly after its installation in 1914. This evaluation is made by the tasters mainly due to the senses of taste, smell and touch (Teixeira 1999).

Among the various classifications of coffee, (type, color, size, appearance and quality) as a beverage is classified based on the taste detected in the so-called "cup tasting" made by trained tasters (Malta 2011; Teixeira 1999).

This process is complex work that requires a lot of training and knowledge to differentiate the flavors of different coffees (Malta 2011). It should also be considered that in the appreciation of the drink it is possible, according to Monteiro (2002) the occurrence of strange flavors, such as: taste of earth, mold, sour, "rainy,"[1] vinegar, fermented, smoky and others.

The sensory evaluation of the COB method (Fig. 8.12) is performed from a coffee sample consisting of 150 g of beans that are roasted with medium to light roasting, then the beans are ground to medium/coarse particle size, 15 mesh. Then 10 g of this roasted and ground sample are brought to the test table in ceramic or glass pots, to which 100 mL of filtered water is added at a temperature of 90 °C (Paiva 2005).

Fig. 8.12 Coffee tasting table for sensory analysis. Source: Authors

[1] Rain coffee: At the end of the harvest, fruits are detached from the coffee tree and have a prolonged period of contact with the soil, producing fruits with appearance defects, an unrepresentable aspect. and taste strange to the taste, causing in low quality coffees in regions of high relative humidity.

Through the cup test, the sample is classified according to the Ministry of Agriculture, Livestock and Supply (MAPA) regulations, which establishes the following parameters for the sensory evaluation of coffee Tables 8.5 and 8.6:

Table 8.5 Coffee classification by COB methodology

Strictly soft drink	The one that meets all the most pronounced "soft" aroma and taste requirements
Soft drink	The one that has aroma and flavor, pleasant, mild and sweet;
Soft drink only	One that has a slightly sweet and mild flavor but no astringency or roughness in taste;
Hard drink	One that has an acrid, astringent and rough taste, but no strange taste;
Riado drink	One that has a mild taste typical of iodoform;
Rio drink:	The one with a typical iodoform flavor;
Rio zone drink	One that has a very sharp aroma and taste, similar to iodoform or phenic acid;

Source: Brasil (2003)

Depending on the profession, the coffee taster who uses the COB protocol should be aware of the variations of attributes that can form and emerge in the coffee at the time of sensory evaluation. This is a highly subjective protocol that takes into account the learning curve in terms of assimilation for applicability in quality control. Despite the advances observed in the sensory field in recent decades, this protocol is widely used in Brazil for the first routine quality control of companies that buy and benefit coffee.

Table 8.6 Drink quality as a function of sensory characteristics

Sensory characteristics	Sensory quality level	
Coffee powder fragrance	Weak to excellent	Unwanted
Drink aroma	Weak to excellent	Unwanted
Acidity	Low to high	Excessive
Bitterness	Weak to intense	Excessive to nasty
Astringency	None to strong	Excessive
Flavor	Regular to excellent	Unwanted
Residual flavor	Regular to excellent	Unwanted
Grain influence Defective	None to medium interference	Strong interference
Body	Little full-bodied	Very weak
Beverage Quality	Rio zone to strictly soft	Not applicable
Overall drink quality	Regular and excellent	Terrible to bad
Overall drink quality note	4 or more points	Less than 4 points
Type	Unique pattern	Out of type

Source: Adapted from Brasil (2010)

In an auxiliary way, one has to help in the sensorial analysis process a sequential scale between the unwanted attribute, until the excellent attribute, to help the coffee taster moment of the analysis.

In general, the coffee taster using the COB protocol for daily application should be fully aware of the possible sensory variations that may occur during harvesting for processing (Fig. 8.13). It should be able to clearly assimilate the small sensory variations that make up a coffee sample and above all, high sensitivity for blending formulation, generating greater applicability for coffee.

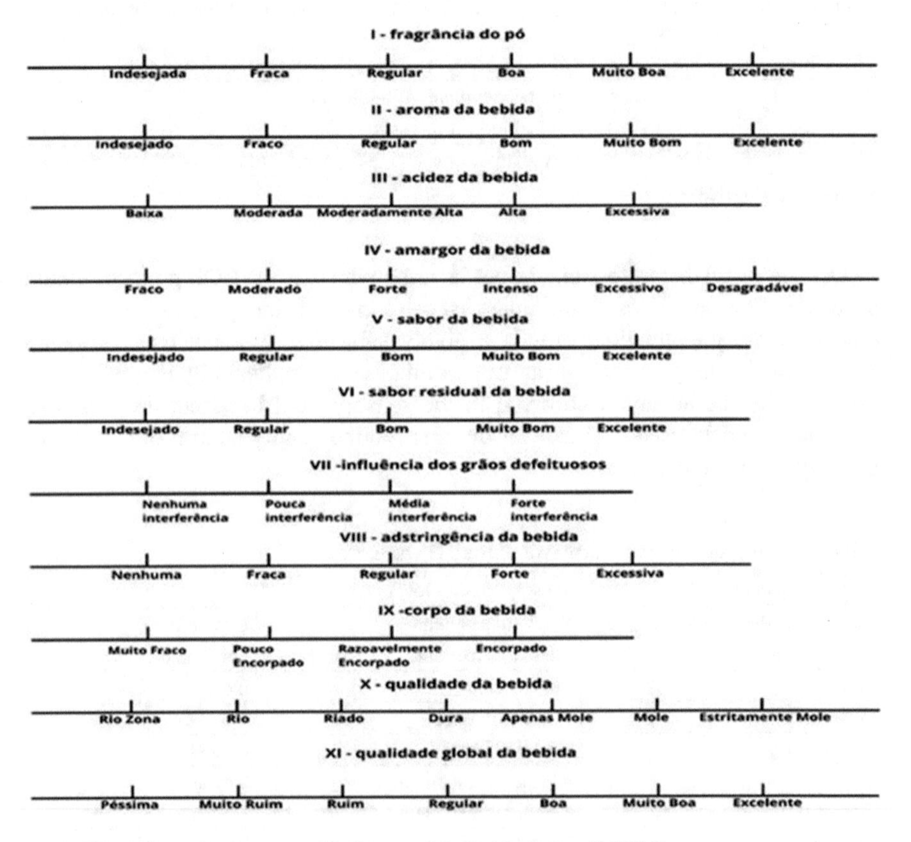

Fig. 8.13 COB evaluation protocol. Source: Adapted from Brasil (2010)

6.3 Evolution of Sensory Analysis for Coffee with the COB Protocol

According to Normative Instruction N°. 8 of June 11, 2003 (Brasil 2003), coffee drink can be classified by tasting samples by tasters, which fit them into classes, being **(1)** superior (strictly soft), soft, and just soft), **(2)** intermediate (hard drink) and **(3)** lower (blended drink, rio or rio zone).

As already discussed, this step is important in the commercial aspect, because from it, the quality of the coffee is determined, which also defines the price and its acceptance in the market, thus indicating a methodology directed to a broader market.

In this case, the use of protocols for coffee sensory analysis is necessary to maintain consistency in the commercial evaluation process. Consistently, sample acquisition, preparation procedure, presentation and evaluation are standardized so that researchers can reproduce results for the lexicon on the panel.

The definition for each term or the evaluation process usually contains instructions for the precise way that panelists evaluate (Lawless and Civille 2013). Therefore, sensory analysis methodologies are important to complement traditional tasting techniques and provide knowledge about the characteristics of coffee, showing what the consumer feels when drinking the beverage (Paiva 2010).

According to Illy (2002), the taster needs to have olfactory and tasting sensitivity to differentiate special nuances, formed in the coffee beverage, accurately identifying its quality. Although presented as a subjective evaluation, sensory analysis is still the most used method of determination in the qualitative characterization process of coffee.

The main sensory attributes analyzed are the aroma, acidity, bitterness, body, taste, sweetness and overall impression of the drink. Thus, the sensory quality of coffee is defined by measuring the intensity and balance between the attributes (Borém 2008).

Thus, we have the COB methodology as one of the first coffee sensory evaluation tools used in Brazil, followed by the most used evaluation protocols in quality competitions, tasting rooms or laboratories for the evaluation of specialty coffees.

6.4 Specialty Coffee Association Protocol—SCA

The Specialty Coffee Association SCA (2018) protocol is based on the "Cup of Excellence" (COE) methodology indicated by Howell in 1998, in which each taster elects grades 6 to 10 for sensory attributes: fragrance and aroma, taste, aftertaste, acidity, body, uniformity, balance, clean cup, sweetness and overall impression, according to their intensities in the sample.

This protocol is internationally recognized in the specialty coffee market. Therefore, coffees that, by sensory evaluation according to the SCA protocol (2018), have a final grade equal to or higher than 80 points are considered special.

Sensory analyzes, carried out in the light of this methodology, are performed by tasters, called Q-Grader, duly trained and certified by the Coffee Quality Institute (CQI), according to SCAA protocols. Periodically, these professionals undergo calibrations and improve their sensory skills, especially olfactory and taste (SCAA 2018).

In addition to the Specialty Coffee Association protocol, coffee tasters have a version of the coffee flavor and flavor wheel in hand to assist them in the coffee description process. This lexicon allows a greater interaction between the coffee sample and the taster, thus allowing the expansion of sensory vocabulary.

This wheel presents the main aromas and flavors found in coffee based on a glossary of scientific-sensory terms. Thus, the flavors are divided into three groups: those of an enzymatic nature, which are the most volatile notes, those resulting from caramelization of sugars and those of a pyrolytic nature or resulting from dry distillation, which are less volatile, which can be found in coffee (SCAA 2018).

Complementarily, this protocol is widely used in special coffee sensory analysis laboratories, in contests, fairs and is easily found on the Internet for use, constituting one of the most widespread protocols for the classification of specialty coffees.

6.5 Application and Use of the Cup of Excellence (COE) Protocol

This methodology was enhanced with the collaboration of Brazilian producers and researchers until it resulted in the evidence sheet that is used by several tasters in the international quality competition, known as COE. In the protocol, tasters describe the scores for each sample on a 0 to 8 points scale (BSCA 2018).

The protocol is specific for coffee tasting and contains a starting and fixed grade of 36 points, which are added to the grades of each attribute evaluated by the taster to obtain the final grade.

If the coffee gets a grade of 8, in all attributes it has a final grade of 100 points. In addition, the file has space for descriptive analysis of the aromas and peculiar flavors found in coffees that can differentiate them. Samples are considered as special coffees when they reach a grade equal to or higher than 80 points (Paiva 2010). The protocol used in the international competition of the Cup of Excellence.

7 Sensorial Analysis Technic

The first method for a panel of trained judges was Flavor Profile R, a method developed by the Arthur D. Little Advisory Group in the late 1940s (Caul 1957).

The formulation of the method involved extensive training of panel members that allowed them to characterize all grades of a food and the intensities of those grades using a simple category scale and noting their order of appearance.

This protocol superseded the reliance on expert judges (brewers, coffee providers, and others) with a panel of individuals, on the understanding that a panel's consensus would probably be more reliable and accurate than single-person judgment (Lawless and Heymann 2010).

For de Alcantara (2017), there are limitations that deserve attention, such as the time required to train evaluators, the definition of reference materials that can translate perceptions or sensations and the limited scope of vocabulary which may not be sufficient to define the quality sensory food.

Considering the economic aspect and the time taken for training of the evaluation team, new studies have presented more versatile methods to meet the needs of the food industry.

Recent studies such as those by Bruzzone et al. (2012), Dehlholm et al. (2012), Cadena et al. (2013), Fleming et al. (2015), Lazo et al. (2016), Vidal et al. (2016), relate sensory profiling techniques applied to consumers with the classic descriptive analysis, known as Check-all-that-apply—CATA (Ares et al. 2010) and the flash profiling technique (Dairou and Sieffermann 2002), followed by Quantitative Descriptive Analysis (ADQ®) (Stone et al. 1974) and Temporal Dominance of Sensations (TDS) (Pineau et al. 2009), which assess the ability to evaluate sensory characteristics of foods for both trained and non-trained tasters trained to measure their performance by applying their methodologies.

7.1 Temporal Mastery of Sensory Sensations

Temporal dominance of sensations (TDS) has been developed to study which among a number (typically no more than 8–10) attributes is perceived as dominant at different times during or after the mastication period (Meyners 2016).

According to Lee and Pangborn (1986), the evolution of sensations in sensory analysis of food products is increasingly studied. To obtain this temporal information, the most frequently used method is the time intensity (TI), which consists in recording the evolution of the intensity of a given sensory attribute over time. Temporal dominance of sensations (TDS) methodology is a fast and effective method to assist the product descriptive profile (Bemfeito et al. 2016).

However, "conscious perception of taste" is like a unified hedonic sensory experience, it can be seen as the result of perhaps more complex integration of multisensory and affective signaling by the brain (Okamoto and Dan 2013).

In studies such as Labbe et al. (2009), Pineau et al. (2009), Meyners (2011), Dinnella et al. (2013), Di Monaco et al. (2014), Galmarini et al.(2017), Simioni et al. (2018) the authors describe that the TDS technique can provide more information than that obtained by regular profiling methods. In addition, it has been shown that the profile (TDS) provides a better understanding of texture, flavor perception and flavor compared to other tests leading to consistency in the described characteristics.

Thus, conventional descriptive sensory techniques, such as the Sensory Profile, require judges to calculate the average time of their perceived sensations by performing only point assessments, thus providing an overall impression of the attribute, maximum intensity, or average intensity rather than how long a sensation is persists (Cliff and Heymann 1993).

7.2 Flash Profile

The Flash Profile methodology emerged from a modification proposed by Dairou and Sieffermann (2002) who suggested a Free Profile modification, called Flash Profile, in which the taster creates his vocabulary to describe and then order comparative products while obtaining the description in a few sessions. Assessors are asked to list the sensory characteristics that best describe the differences between the samples and then rank all the samples for each of their individual attribute lists (Liu et al. 2016). This method has been found to be a suitable discriminative method in dairy products (Lorido et al. 2018).

Flash Profile (FP) or Free Choice Profiling—(FCP) was developed as an original combination of free-choice term selection, with a classification method based on the simultaneous presentation of the entire product set.

Studies have employed this method using more experienced teams to perform the test, as described in some papers, Lassoued et al. (2008), Moussaoui and Varela (2010), Terhaag and Benassi (2010), Kobayashi and Benassi (2012), Gkatzionis et al. (2013), Lorido et al. (2018); highlighting the work done by Terhaag and Benassi (2010); in food, which investigated the sensory characterization of five commercial soybean drinks by the FP descriptive technique.

According to the results, the FP technique was efficient in the discrimination and characterization of the drinks, showing an interesting alternative compared to the conventional descriptive methods.

7.3 Check All That Apply—CATA

The Check-All-That-Apply (CATA) methodology is the most widely used technique for collecting information on consumer perceptions of product sensory characteristics.

The CATA question format allows consumers to choose all possible attributes to describe the product from a list presented (de Alcantara and Freitas-Sá 2018).

Many authors have used the CATA methodology as a simple alternative to obtain consumer perception of a given product, Dooley et al. (2010), Alcaire et al. (2015), Ares et al. (2015), Jaeger et al. (2015). The authors cited above report that some of the terms influence the choice of consumer response and that reviewers tend to use the attributes that are closest to the top of the list proposed by panelists during the first review to describe during the evaluation of the proposed product. Thus, the analysis does not go deeper into more complex terms.

The CATA question format allows consumers to choose all potential attributes from the lists provided to describe the test products. This is different from scaling in that no intensity is given to attributes. In addition, descriptors are not restricted to product sensory attributes, but may also be related to product use.

This type of methodology has the advantage of collecting information about perceived product attributes without requiring scale, allowing a slightly less artificial description of the main sensory properties of the product tested (depending on how terms are created) (Dooley et al. 2010).

According to Alcantara (2017), CATA methodology is described as efficient for describing and discriminating products, its main advantages being the simplicity and speed with which the analyzes are performed. Studies comparing their efficiency in relation to the use of trained evaluators report high correlations detected between evaluations, showing that consumers are able to evaluate sensory attributes in a similar way (Bruzzone et al. 2012; Ares et al. 2010).

7.4 *Quantitative Descriptive Analysis (ADQ)*

The method of quantitative descriptive analysis is based on the principle of a panelist's ability to reliably verbalize product perceptions. The method encompasses a formal screening process and development of training procedures and use of sensory language and the scoring of product trials to obtain a complete quantitative description (Hootman 1992).

This method is a highly detailed and valid method of assessment and is commonly used to profile products' sensory attributes to assist in product re-search and development within the strawberry industry (Braghieri et al. 2016; Oliver et al. 2018). Although QDA can give insights into a higher number of attributes, perception is a dynamic process, involving oral activities affecting flavor and texture attributes (Braghieri et al. 2016).

The studies performed by the authors Moussaoui and Varela (2010), Lawless and Heymann (2010), Albert et al. (2011), Kobayashi and Benassi (2012) describe how ADQ has been used in the consumer-trained food industry and compared it with other techniques for improving descriptions by evaluators. They also discuss how ADQ® has been used in the food industry as an ideal methodology for product stability assessment and quality control (Dairou and Sieffermann 2002).

According to de Alcantara and Freitas-Sá (2018), this methodology involves three fundamental steps: **I**—the survey of attributes and familiarization of the evaluators with the products; **II**—the definition, by consensus with the evaluation team, of the descriptive terms and the establishment of references that will serve as intensity standards (minimum and maximum) for each attribute, and **III**—the evaluation of the samples, normally using an unstructured scale. 9 cm to quantify the intensity of sensory attributes.

For the evaluation of specialty coffees, descriptive methods of sensory analysis have been adopted by which tasters give grades to each attribute of the beverage. Thus, the Quantitative Descriptive Analysis—ADQ describes and quantifies the sensory attributes of a product, as well as measuring the intensity at which they are perceived by tasters. In this case, the description of sensory characteristics with mathematical precision is allowed (Lingle 2001). However, few studies apply these techniques to quality control of specialty coffees.

It is desirable that tasters are familiar with the sensory characteristics of the product as they will be more resourceful during evaluations. It also facilitates the accuracy and detail of sensory perceptions. However, a taster who is familiar with the sensory characteristics of a product is not necessarily an expert, as he is not suitable to participate in the panel (Chaves and Sproesser 1996).

The ADQ method basically has the following steps: taster recruitment and preselection, attribute survey, training, preliminary testing, selection, ADQ test procedure, tabulation and analysis of results (Maretto 2016).

Regardless of the technique associated with sensory analysis, coffee has to be classified to know the real attributes of the beverage, several techniques and procedures are developed to improve understanding of the accuracy and validity of sensory testing. Thus, it is understood as a key task in the coffee industry to study the sensory procedures that use such techniques associated with coffee drink.

8 Preparation of Sensory Profiles for Special Coffee

In recent years, scientific studies have demonstrated the potential of modifying the sensory profile of coffee through process control with the application of fermentation techniques, a topic that has already been discussed in this book in Chap. 4 (Biochemical Aspects of Coffee Fermentation) and in Chap. 6 (Relationship Between Coffee Processing and Fermentation), however, several authors indicate new horizons for the construction and elaboration of sensorial profiles of specialty coffees.

In this scope, we highlight the works of Evangelista et al. (2014), where the authors it is possible to use selected yeasts for the fermentation of natural or dry coffee processing. The inoculated yeasts persisted during the entire fermentation and increased in a beverage with a distinctive flavor (caramel and fruity) and good sensory quality.

In other hand, the starter culture in coffee fermentation during wet processing, with the ability to dominate this process. Its metabolic activity during the fermentation process was shown to influence the final volatile fraction of roasted beans. Coffee beverages with distinctive flavor and high sensory quality were produced from inoculated beans and can be used to acquire different coffee market segments. These results suggest that yeasts have a greater impact on the chemical qualities of coffee than previously assumed in the literature (Pereira et al. 2014).

However, according to Pereira et al. (2020), for higher altitudes, spontaneous water-washed fermentations or spontaneous semi-dry fermentations were shown to be more promising. The use of yeast culture Saccharomyces cerevisiae resulted in an improvement in coffee quality in the two studied groups with lower altitude, indicating potential for quality improvement through induced fermentation.

Thus, it is necessary to understand that the fermentation strategy for sensory profiling should be very well understood by the end users, i.e. the specialty coffee producers.

According to Pereira et al. (2019), based on the different types of processing and forms of use of the fermentations, it was possible to create sensorial routes for the Robusta coffee and to create a possibility of deepening the effects of the induced and spontaneous fermentation due to the different fermentation times, demonstrating new perspectives for the creation of sensory routes of Robusta coffee.

Terroir characteristics must be respected, indicating that technological insertions should be made when the producer has a demand market for this product. Or, that the producer has full knowledge of the edaphoclimatic factors that make up the coffee production zone, as pointed out by Pereira et al. (2018), for the author, the overall quality of the coffees presented the most promising results for wet processing through water fermentation in relation to the non-fermentation method (Semidry) for the experiment located in the South-Southeast region. The lower incidence of solar radiation in the crop had a significant effect on the overall quality of the Arabica coffee, associated with wet processing and water fermentation (Washed). These results demonstrate and reinforce the condition of the environment; that is, the incidence of solar radiation can lead to changes in internal metabolites, creating a stress condition, and consequently different conditions for the development of microorganisms.

Seemingly simple, the fermentation process involves complex biochemical interactions, which are not always clearly exemplified to producers who make use of the technology.

Many sensory results eventually oscillate, generating extremely exotic coffees, with floral, citrus and intense acidity notes, and in other cases, have denser notes of cereals, herbs and chocolate, all due to the spontaneity condition of the fermentation process.

There are still methods that use fermentation, according to some authors, these can provide improvements in the sensory quality of coffee depending on how they are conducted.

The fermentation process can be developed in two forms: aerobic fermentation (called water or dry fermentation) and anaerobic fermentation (water-immersed and oxygen-restricted fermentation).

The ultimate goal is to allow the removal of parchment grain mucilage without undesirable fermentations (e.g., butyric and propionic fermentations) (Chalfoun and Fernandes 2013).

Solid state fermentation plays a prominent role because, due to microbial growth, the synthesis of several compounds occurs, many of which are of great interest to the industrial segment, in addition to the high added value.

In this technique, different types of microorganisms, such as bacteria, yeast and filamentous fungi can grow, biotransforming them into products desired by various industries for pharmacological, food and other applications.

At the beginning of coffee fermentation, sugars such as glucose, sucrose and fructose may be used, thereby decreasing the availability of sugars and other microorganisms (Silva et al. 2008). Silva et al. (2013), De Melo Pereira et al. (2014), Pereira et al. (2019) used *Saccharomyces cerevisiae* strains and observed quality improvements for arabica and robusta coffee in the wet fermentation phase with starter microorganism inoculation.

Thus, it is known that coffee fermentation occurs to solubilize polysaccharides that are present in the coffee pulp, consequently, during fermentation, microorganisms will act on the degradation of sugars present in the pulp, creating different metabolic pathways and sensory patterns.

These catabolic processes of oxidation of organic substances, especially sugars, which are transformed into energy and simpler compounds such as ethanol, acetic acid, lactic acid and butyric acid, are caused by bacteria and yeast, resulting in fermentation dependent on the set of bacteria and yeast present during these processing phases (Quintero et al. 2015).

In addition to bacteria, fungi and yeast, more recently, endophytic microbiota, present in coffee fruits, has received considerable attention regarding its diversity and potential contribution to positive attributes related to coffee quality (Malta et al. 2013).

This interpretation corroborates the conclusions of Bruyn et al. (2016), since, for the authors, further studies should be undertaken, allowing for a better understanding of the impact of microbiota on coffee cup quality in order to provide robust data for the development of early commercial crops.

9 General Considerations About Sensory Profile

Processing order relationships, soil and climatic conditions, microbial interactions between soil, plant and fruit, associated with the technical parameters of postharvest, processing, fermentation, drying and industrialization, are critical points in the production of specialty coffees.

It is evident that the condition of interaction of coffee microorganisms in the course of production needs to be better understood in order to understand the actual interconnected conditioners in the course of production, harvesting, processing, fermentation, drying, storage, roasting and sensory analysis.

Scientific studies that are capable of understanding such phenomena are of paramount importance, so that growers can have consistent processes in place to improve coffee quality.

Fermentation in arabica and robusta coffee is a constant search for improvement regarding processes that lead to drink quality, aiming at process improvement, always aiming at food safety and the development of processing routines that guarantee drink quality, to meet increasingly demanding and selective markets. Thus enabling opportunities for coffee growing in Brazil.

References

Albert, A. et al. (2011). Overcoming the issues in the sensory description of hot served food with a complex texture. Application of QDA_, flash profiling and projective mapping using panels with different degrees of training. *Food Quality and Preference, 22*(5) 463–473.

Alcaire, F. et al. (2015). Comparison of static and dynamic sensory product characterizations based on check-all-that-apply questions with consumers. *Food Research International, 97*, 215–222.

Ares, G., Barreiro, C., Deliza, R., Giménez, A., Gámbaro, A. (2010). Application of a check-all-that-apply question to the development of chocolate Milk desserts. *Journal of Sensory Studies, 25*(1) 67–86.

Bemfeito, R. M., Rodrigues, J. F., e Silva, J. G., & Abreu, L. R. (2016). Temporal dominance of sensations sensory profile and drivers of liking of artisanal Minas cheese produced in the region of Serra da Canastra, Brazil. *Journal of Dairy Science, 99*(10), 7886–7897.

Bhumiratana, N., Adhikari, K., & Chambers, E. (2011). Evolution of sensory aroma attributes from coffee beans to brewed coffee. *LWT - Food Science and Technology, 44*(10), 2185–2192.

BORÉM, F. M. (2008). Processamento do café. In: BORÉM, F. M. Pós-colheita do café. Lavras: UFLA, 5, p. 129–158.

Braghieri, A., Piazzolla, N., Galgano, F., Condelli, N., De Rosa, G., & Napolitano, F. (2016). Effect of preservative addition on sensory and dynamic profile of Lucanian dry-sausages as assessed by quantitative descriptive analysis and temporal dominance of sensations. *Meat Science, 122*, 68–75.

Brasil. (2003). Ministério da Agricultura, Pecuária E Abastecimento. Instrução Normativa n° 8, de 11 de junho de 2003. [Aprova o Regulamento Técnico de Identidade e de Qualidade para a Classificação do Café beneficiado Grão Cru]. Diário Oficial [da] República Federativa do Brasil.

Bruyn, F. D. et al. (2016). Exploring the impact of post-harvest processing on the microbiota and metabolite profiles during a case of green coffee bean production. *Applied and Environmental Microbiology*. AEM 28. https://doi.org/10.1128/AEM.02398-16.

Bruzzone, F., Ares, G., & Giménez, A. (2012). Temporal aspects of yoghurt texture per- ception. *International Dairy Journal, 29*, 124–134.

BSCA. Brazilian Specialty Coffee Association. (2018). Disponível em: http://bsca.com.br/a-bsca.

Cadena, R. S., Cruz, A. G., Netto, R. R., Castro, W. F., Faria, J. A. F., & Bolini, H. M. A. (2013). Sensory profile and physicochemical characteristics of mango nectar swee- tened with high intensity sweeteners throughout storage time. *Food Research International, 54*, 1670–1679.

Carvalho, A., Garrutti, R. S., Teixeira, A. A., Pupo, L. M., & Monaco, L. C. (1970). Ocorrência dos principais defeitos do café em várias fases de maturação dos frutos. *Bragantia, 29*, 207–220.

Caul, J. F.. (1957). The profile method of flavor analysis.

Chalfoun, S.M., FernandeS, A.P. (2013). Processamento Efeitos da fermentação na qualidade da bebida do café. Visão agrícola n°12.

Chaves, J. B. P., Sproesser, R. L. (1996). Práticas de laboratório de análise sensorial de alimentos e bebidas. Viçosa: Universidade Federal de Viçosa. p. 81.

Cliff, M., Heymann, H. (1993). Desenvolvimento e uso da metodologia de intensidade de tempo para avaliação sensorial - uma revisão. *Food Research International*, p. 375–385.

Cortez, J. G. (2001). Efeito de espécies e cultivares e do processamento agrícola e industrial nas características da bebida do café. p. 70.

Dairou, V., & Sieffermann, J. M. (2002). A comparison of 14 Jams characterized by conventional profile and a quick original method, the flash profile. *Journal of Food Science, 67*, 826–834.

de Alcantara, M. (2017). Caracterização Sensorial de Bebidas de Cafés Utilizando Técnicas Sensoriais Baseadas NA percepção do Consumidor: UMA Comparação Com A Análise Descritiva Clássica. tese.

de Alcantara, M., & Freitas-Sá, D. D. G. C. (2018). Metodologias sensoriais descritivas mais rápidas e versáteis – uma atualidade na ciência sensorial. *Brasilian Journal Food Technology, 21*, 1–12.

de Melo Pereira, G. V., Soccol, V. T., Pandey, A., Medeiros, A. B. P., Lara, J. M. R. A., Gollo, A. L., & Soccol, C. R. (2014). Isolation, selection and evaluation of yeasts for use in fermentation of coffee beans by the wet process. *International Journal of Food Microbiology, 188*, 60–66.

Dehlholm, C. (2012).Descriptive sensory evaluations. [s.l: s.n.]. Disponível em: http://www.vtt.fi/files/sites/sw2013/Delholm_PhD_Descriptive_sensory_evaluations.pdf.

di Donfrancesco, B., Gutierrez Guzman, N., & Chambers, E. (2014). Comparison of results from cupping and descriptive sensory analysis of Colombian brewed coffee. *Journal of Sensory Studies, 29*(4), 301–311.

Evangelista, S. R., Silva, C. F., da Cruz Miguel, M. G., de Souza Cordeiro, C., Pinheiro, A. C., Duarte, W. F., & Schwan, R. F. (2014). Improvement of coffee beverage quality by using selected yeasts strains during the fermentation in dry process. *Food Research International, 61*, 183–195.

Di Monaco, Rossella, et al. (2014). "Temporal dominance of sensations: A review." Trends in food science & technology.

Dinnella. C. et al. (2013). A new approach in TDS data analysis: A case study on sweetened coffee. *Food quality and preference, 30*(1), 33-46.

Dooley, L., Lee, Y. S., Meullenet, J. F. (2010). The application of check-all-that-apply (CATA) consumer profiling to preference mapping of vanilla ice cream and its comparison to classical external preference mapping. *Food Quality and Preference, Barking, 21*, 394–401.

Faganello, L. R. & Santa Terezinha, D. I. (2006). Fatores que influenciam a Qualidade do Café no Paraná. Premia Extensão Rural, Santa Terezinha de Itaipu, p. 1–41.

Feria-Morales, A. M. (2002). Examining the case of green coffee to illustrate the limitations of grading systems/expert tasters in sensory evaluation for quality control. *Food Quality and Preference, 13*(6), 355–367.

Fleming, E. E., Ziegler, G. R., Hayes, J. E. (2015). Check-all-that-apply (CATA), sorting, and polarized sensory positioning (PSP) with astringent stimuli. *Food Quality and Preference, 45*, 41–49.

Galmarini, M. V., Visalli, M., Schlich, P. (2017). Advances in representation and analysis of mono and multi-intake Temporal Dominance of Sensations data. *Food Quality and Preference, 56*, 247–255.

Gkatzionis, K. et al. (2013). Effect of Yarrowia lipolytica on blue cheese odour development: Flash profile sensory evaluation of microbiological models and cheeses. *International Dairy Journal, [s.l.], 30*(1), 8–13.

Hootman, R.C. (1992). Manual on descriptive analysis testing for sensory evaluation, ASTM manual series: MNL 13. 15–22.

Iannario, M., Piccolo, D., & Zuccolotto, P. (2012). Sensory analysis in the food industry as a tool for marketing decisions. *Advances in Data Analysis and Classification, 6*, 303–321.

Illy, E. A (2002). saborosa complexidade do café: A ciência que está por trás de um dos prazeres simples da vida. Scientific American Brasil. Disponível em: http://www2.uol.com.br/sciam/reportagens/a_saborosa_complexidade_do_cafe.html.

Jaeger, S. R. et al. (2015). Check-all-that-apply (CATA) questions for sensory product characterization by consumers: Investigations into the number of terms used in CATA questions. *Food Quality and Preference, [s.l.], 42*, 154–164.

Kobayashi, M. L., Benassi, M. de T. (2012). Caracterização sensorial de cafés solúveis comerciais por Perfil Flash. Semina: Ciências Agrárias, [s.l.], 33(2), 3069–3074.

Labbe, D. et al. (2009). Pleasantness, emotions and perceptions induced by coffee beverage experience depend on the consumption motivation (hedonic or utilitarian). *Food Quality and Preference, 44*, 56–61.

Lassoued, N. et al. (2008). Baked product texture: Correlations between instrumental and sensory characterization using Flash Profile. *Journal of Cereal Science, [s.l.], 48*(1), 133–143.

Lawless, H. T. & Heymann, H. (2010). Sensory evaluation of food.

Lawless, L. J. R., & Civille, G. V. (2013). Developing lexicons: A review. *Journal of Sensory Studies, 28*(4), 270–281.

Lazo, O., Claret, A., Guerrero, L. (2016). A comparison of two methods for generating descriptive attributes with trained assessors: check-all-that-apply (CATA) vs. free choice profiling (FCP). *Journal of Sensory Studies, 31*(2), 163–176.

Lee III, W. E., Pangborn, M. (1986). Time-intensity: the temporal aspects of sensory perception. Food technology (USA).

Leme, D. S. (2016). Integração de Dados NA Análise de Cafés Especiais Lavras – MG. Tese.

Lingle, T.R. (2001). The coffee cuppers hand book. Long Beach: SCAA. 47 p.

Lingle, T. R. (2011). The coffee cupper's handbook: a systematic guide to the sensory evaluation of coffee's flavor. Washington (Estados Unidos): Specialty Coffee Association of America Long Beach, CA.

Liu, J., Grønbeck, M. S., Di Monaco, R., Giacalone, D., & Bredie, W. L. (2016). Performance of Flash Profile and Napping with and without training for describing small sensory differences in a model wine. *Food Quality and Preference, 48*, 41–49.

Lorido, L., Estévez, M., & Ventanas, S. (2018). Fast and dynamic descriptive techniques (Flash Profile, Time-intensity and Temporal Dominance of Sensations) for sensory characterization of dry-cured loins. *Meat Science, 145*, 154–162.

Maretto, C. (2016). Cafés da espécie Coffea arabica L. produzidos no Circuito das Águas Paulista: caracterização física, química e sensorial. Universidade de São Paulo Escola Superior de Agricultura "Luiz de Queiroz".

Malta, M. R. et al. (2013). Alterações na qualidade do café submetido a diferentes formas de processamento e secagem. Reveng. Engenharia na agricultura, Viçosa, 21(5), 431–440.

Meiselmun, H. L. (1993). Critical Evaluation of sensory techniques. *Food Quality and Preference, [s. l.], 4*, 353–358.

Meyners, M. (2011). Panel and panelist agreement for product comparisons in studies of Temporal Dominance of Sensations. *Food quality and Preference, 22*(4), 365–370.

Meyners, M. (2016). Temporal liking and CATA analysis of TDS data on flavored fresh cheese. *Food Quality and Preference, 47*, 101–108.

Monteiro, O. L. Schmidt, R., & Dias, J. R. M. (2019). Qualidade física e sensorial de robustas amazônicos em função do genótipo e do estádio de maturação (Physical and sensory quality of amazon robustas as a result of genotype and maturation stadium).

Moussaoui, K., Varela, P. (2010). Exploring consumer product profiling techniques and their linkage to a quantitative descriptive analysis. *Food Quality and Preference, 21*(8), 1088–1099.

Neto, J. C. F., Nadaleti, D. H. S., Mendonça, L.M.V.L., Mendonça, J. M. A. D., & Gonsales, B. F. S. (2013). Influência do tempo de permanência de frutos verdes EM contato com solo NA formação de grãos defeituosos (Influence of time of stay of fruit green coffee in contact with). p. 100–103.

Okamoto, M., Dan, I. (2013). Extrinsic information influences taste and flavour perception: A review from psychological and neuroimaging perspectives. Seminars in Cell and Developmental Biology, p. 247–255.

Oliveira, A. P. V., Benassi, M. T. (2003). "Perfil Livre: uma opção para análise sensorial descritiva." Boletim da Sociedade Brasileira de Ciência e Tecnologia de Alimentos 37. Suplemento.

Oliver, P., Cicerale, S., Pang, E., & Keast, R. (2018). A comparison of temporal dominance of sensation (TDS) and quantitative descriptive analysis (QDATM) to identify flavors in strawberries. *Journal of Food Science, 83*(4), 1094–1102.

Paiva, E. F. F. (2005). Análise Sensorial Dos Cafés Especiais do Estado de Minas Gerais. p. 55.

Paiva, E. F. F. (2010) Avaliação Sensorial de Cafés Especiais: UM Enfoque Multivariado. Lavras - MG.

Pereira, Gilberto Vinícius de Melo et al. (2014). Isolation, selection and evaluation of yeasts for use in fermentation of coffee beans by the wet process. *International Journal of Food Microbiology, [s. l.], 188*, 60–66.

Pereira, L. L. (2017). Novas Abordagens Para Produção de cafés Especiais A Partir do Processamento via-ÚMIDA. Universidade federal do Rio Grande do SUL Escola De Engenharia Programa De Pós-Graduação EM Engenharia DE Produção.

Pereira, L. L., Cardoso, W. S., Guarçoni, R. C., da Fonseca, A. F. A., Moreira, T. R., & ten Caten, C. S. (2017). The consistency in the sensory analysis of coffees using Q-graders. *European Food Research and Technology, 243*(9), 1545–1554.

Pereira, L. L., Carvalho Guarçoni, R., Soares Cardoso, W., Côrrea Taques, R., Rizzo Moreira, T., da Silva, S. F., & Schwengber ten Caten, C. (2018). Influence of solar radiation and wet processing on the final quality of Arabica coffee. *Journal of Food Quality, 2018.*

Pereira, L. L., Guarçoni, R. C., Moreira, T. R., de Sousa, L. H. B. P., Cardoso, W. S., Moreli, A. P., et al. (2019). Very beyond subjectivity: The limit of accuracy of Q-Graders. *Journal of Texture Studies, 50*(2), 172–184.

Pereira, L. L., Guarçoni, R. C., Pinheiro, P. F., Osório, V. M., Pinheiro, C. A., Moreira, T. R., & ten Caten, C. S. (2020). New propositions about coffee wet processing: Chemical and sensory perspectives. *Food Chemistry, 310*, 125943.

Pereira, L. L., Moreli, A. P., Moreira, T. R., Ten Caten, C. S., Marcate, J. P., Debona, D. G., & Guarçoni, R. C. (2019). Improvement of the quality of Brazilian Conilon through wet processing: A sensorial perspective. *Agricultural Sciences, 10*(3), 395–411.

Pereira, R. D. C. A., Souza, J. M. L. D., Azevedo, K. D. S., & Sales, F. D. (2000). Obtenção de café com qualidade no Acre.

Pereira, R. G. F. A. (1997). Efeito da inclusão de grãos defeituosos na composição química e qualidade do café (Coffea arabica L.) "estritamente mole".

Pineau. N. et al. (2009). Temporal Dominance of Sensations: Construction of the TDS curves and comparison with time–intensity. *Food Quality and Preference, 20*(6), 450-455.

Ponciano, N. J., Ney, M. G., Mata, H. T., & Rocha, J. P. (2008). Dinâmica da cadeia agroindustrial do café (coffea arabica l.) brasileiro após a desregulamentação. In: 46th Congress, July 20-23, 2008, Rio Branco, Acre, Brasil. Sociedade Brasileira de Economia, Administracao e Sociologia Rural (SOBER).

Quintero, G. I. P., Molina, J. G. E. (2015). Fermentación controlada del café: Tecnología para agregar valor a la calidad. Cenicafé, [s. l.], p. 1–12.

Ribeiro, D. E. (2013). Interação genótipo e ambiente na composição química e qualidade sensorial de cafés especiais em diferentes formas de processamento. p. 62

SCA. (2019). Protocols & Best Practices.

SCAA - Specialty Coffee Association of America. (2018). SCAA protocols: cupping specialty coffee. Disponível em: http://www.scaa.org/PDF/resources/cupping-protocols.pdf.

Side, J. L., Stone, H., & Pangborn, R. M. (1993). The role of sensory evaluation in the food industry. p. 65–73.

Silva, J. C., Silva, N. A. B., dos Reis Silva, S. L., Silva, L. S., Junqueira, M. S., & Tronbete, F. M. (2019). Avaliação microscópica e físico-química de café torrado e moído comercializado em Sete Lagoas-MG. *Scientia Plena, 15*, 4–11.

Silva, V. A. (2005). Influência dos grãos defeituosos na qualidade do café (Coffea arabica L.) orgânico.

Silva, C. F. et al. (2008). Succession of bacterial and fungal communities during natural coffee (Coffea Arabica L.) fermentation. *Food Microbiology. 25*, 951–957,

Silva, C. F. et al. (2013). Evaluation of a potential starter culture for enhance quality of coffee fermentation. World Journal of Microbiology and Biotechnology, [s. l.].

Silva, A. S. de et al. (2016). Mapping the potential beverage quality of coffee produced in the Zona da Mata, Minas Gerais, Brazil. *J Sci Food Agric, 96*, 3098–3108,

Simioni, S. C. C. et al. (2018). Multiple-sip temporal dominance of sensations associated with acceptance test: a study on special beers. *Journal of food science and technology, 55*(3), 1164–1174.

Stone, H. et al. (1974). Sensory Evaluation by Quantitative Descriptive Analysis. *Food Technology, 28*(1), 24–34.

Sunarharum, W. B., Williams, D. J., & Smyth, H. E. (2014). Complexity of coffee flavor: A compositional and sensory perspective. *Food Research International, 62*, 315–325.

Teixeira, A. A. (1999). Classificação do café. In: Encontro Sobre Produção De Café Com Qualidade, 1., 1999, Viçosa. Anais... Viçosa: Universidade Federal de Viçosa, Departamento de Fitopatologia, p.81-95, 259p.

Terhaag, M. M. (2011). Perfil Flash: uma opção para análise descritiva rápida Flash profile: an alternative for quick descriptive analysis. Braz. J. Food Technol., p. 140–151.

Terhaag, M. M.; BENASSI, M. T. (2010). Perfil Flash: uma opção para análise descritiva rápida. Brazilian Journal and Food Technology, p. 140-151, 19-21 ago. .

Vidal, L., Antúnez, L., Giménez, A., Varela, P., Deliza, R., & Ares, G. (2016). Can consumer segmentation in projective mapping contribute to a better understanding of consumer perception. Food Quality and Preference, 47,64–72.

Chapter 9
Trends in Specialty Coffee

Natalia Li and Yoshiharu Sakamoto

1 Speciality Coffee in China

Natalia Li

1.1 General Introduction

Mingting Li (Natalia), founder of Ingenuity Coffee (Guangzhou Yona Import And Export Co., Limited), has four years of working experience in the Coffee Industry. As a Q-Grader, Natalia has also been invited as an international judge of COE (Cup of Excellence) in Brazil. Ingenuity Coffee is dedicated to seeking for green Specialty Coffee beans globally. Currently, it imports and sells green beans from Brazil, Ethiopia and Colombia, and is committed to promoting Brazilian Specialty Coffee in China.

When talking about China, a place with a long history of tea culture, it doesn't seem to have much correlation with the word "coffee." But nowadays, coffee producing countries from all over the world are starting to focus their attention on the world's most populous country, with the population of 1.3 billion. In such a country with the history of more than 5000 years, the coffee market is boosting at double-digit rates, which has thrilled all the baristas in China.

Four years ago, in Guangzhou, a city located in the south part of China, Pour Over Speciality Coffee shops are less than double digits. While four years later, the names

N. Li (✉)
Ingenuity Coffee, Canton, Guangdong, China
e-mail: natalia@ingecoffee.com

Y. Sakamoto (✉)
Act Coffee Planning, Yokohama, City Hall de Kanagawa, Japan

L. Louzada Pereira, T. Rizzo Moreira (eds.), *Quality Determinants in Coffee Production*, Food Engineering Series, https://doi.org/10.1007/978-3-030-54437-9_9

are already unfamiliar to me most often, when my team's members mention several coffee shops. In the past four years, tremendous Speciality Coffee shops have sprung up, and many of them will do the roasting in their own shops. A lot of my friends have also set up their own roasting studios or run coffee teaching courses. Additionally, abundant shops start to offer Pour Over coffee and various names of the regions have appeared on the menu such as Indonesia Mandheling, Ethiopia Yirgacheffe, etc.

Figure 9.1 is about a home-roasted Speciality Coffee shop that has been opened for six years. There are various stacks of sacks filled with green coffee bean. Lying in this prosperous and noisy city, the shop, however, is concealed itself in a quite block. It is that kind of Japanese-style block, with western-style buildings and emerald-green vines crawling with the wall. Sitting at the log bar, I'm sipping the natural processed coffee from Guatemala's Blueberry Manor in a delicate cup and dish. The clear memory that I first visited this shop four years ago just comes to my mind. All these year, I appreciate a lot for joining in the tide of Chinese coffee at that time. I remember chatting with a roastery owner in Shanghai who said that there was no Speciality Coffee in China a decade ago and few people preferred to drink coffee. He noted that those who purchased for a dozen pounds of beans was treated as an important client at that time. And they would take the subway to deliver the goods to the clients. For different types of coffee bean and various regions, there were very little choices. Only few people have heard about Ethiopia Yirgacheffe at that time, not to mention Pour Over coffee.

Fig. 9.1 Home-roasted Speciality Coffee shop. Source: Authors

1.2 The Story of China and Coffee

According to the data from International Coffee Organization, coffee consumption in developed countries and regions, represented by the European Union, the United States and Japan, grew slowly or stagnated between 2013 and 2017, while in developed countries, such as Switzerland and Norway, witnessed a declined; on the contrary, imports of Chinese coffee have experienced an exponential growth since 2000, especially from 71 thousands tons to 129 thousands tons, an increase of 82% between 2015 and 2017 (Cai, 2019).

According to the report of Frost & Sullivan, in 2018, each of the first and second-tier city has a per-capital freshly brewed coffee consumption of 3.8 cups, which is 2.5 times the per-capital consumption of China (1.6 cups). Driven by urbanization and accelerated social rhythm, the per capital consumption of freshly brewed coffee in China's first and second-tier cities will add up to 11.0 cups by 2023. However, it is still far below the level of Europe, the United States and Japan as well as South Korea. Therefore, with the pursuit of improving quality of life, there are great incremental opportunities in the coffee market. Especially from 2013 to 2017, the market size of coffee shops in China has almost doubled, with a compound annual growth rate of 18%. It is estimated that the market size is expected to reach 7.5 billion dollars by 2020. So, a large country with a population of 1.3 billion, China is regarded as one of the most promising coffee markets in the future.

As an imported product, coffee was first popular along the coastal areas, and Taiwan, an island in the south of China, was the place where Chinese coffee originated. According to the written records, Chinese coffee was first cultivated in Taiwan province in 1884.

However, coffee was introduced into mainland China in 1892, when it was first planted in Zhukula Village, Dali, Yunnan province by Tian Deneng, a French missionary, according to relevant written records.

In 1952, more than 70 kg of coffee cherry were brought back to Lujiangba, Baoshan City for trail planting, by the scientific and technological personnel of Mangshi Agricultural Experimental Site in Yunnan province. It was found that the adaptability was good as well as with high quality. And thus it continued to develop and expand. Even so, in the next hundred years, coffee was only cultivated in a small volume in the vast territory of China. It was not until 1988 when Nestlé set up a joint venture company in China in order to support the development of the local Coffee Industry in Yunnan by launching coffee planting projects, that Yunnan Coffee rose again. Since 1992, Nestlé has set up the Coffee Agriculture Department, which specializes in guiding and studying the improvement and cultivation of Yunnan Coffee, as well as to purchase coffee at the price of the spot market in the United States. Up to now, not only coffee giants such as Nestlé, Maxwell House Coffee, Kraft and Starbucks are engaged in coffee business in Yunnan, but local coffee enterprises are also developing gradually. Nowadays, Yunnan enjoys a good reputation of tea and coffee, accounting for about 95% of China's coffee production. Its coffee planting area has reached 789,000 mu, the output of coffee beans is 58,600 tons, with the total output value of 2.469 billion yuan.

In 2012, Starbucks established its first Asia Farmer Support Center in Pu'er Yunan, China. The rapid development of Yunnan Coffee in recent years is closely related with Starbucks' investment in China. When the Starbucks Yunnan Farmer Support Center was completed, a series of complex certification requirements and systems initially deterred many gardeners and coffee farmers. Starbucks requires not only good coffee quality but also friendly production environment and employment environment. Apart from that, Starbucks also stresses the significant of meeting the standard of environmental protection, with strict use of agrochemical. Besides, every amount of money in and out of the need are requested to have vouchers. Although Starbucks has strict criteria for coffee procurement, once selected, these high-quality and precious good coffee beans and its farmers will reap a good price higher than the average market price, which is the "High Quality and High Price" procurement principle, first promoted by Starbucks. As a result, Pu 'er coffee farmers gradually abandoned their past method of processing all the coffee beans in the same way, but began to grade coffee beans and select out superior one. Thanks for the promotion of the principle of "High Quality and High Price," many plantation owners and coffee farmers' incomes have gradually increased a lot (Yu, 2019).

Figure 9.2 depicts the coffee beans that are transported to Starbucks Coffee Planting Center.

Fig. 9.2 Coffee beans that are transported to Starbucks Coffee Planting Center. Source: Authors

The west and south part of Yunnan province are located at the latitude between 15 °N and the tropic of cancer with the majority of the region in 1000–2000 m above sea level. Most of the areas are mountainous, sloping, and undulating, with fertile soil, sufficient sunshine, and rich rainfall, as well as big temperature disparity between day and night. All these unique natural conditions contribute to form the exoticism of Yunnan Arabica coffee taste, strong but not bitter, sweet and bland, and with slightly fruity.

Coffee cultivation in Yunnan is mainly distributed in Lincang, Baoshan, Pu'er and Dehong, where there are natural resources with low latitude, high altitude and large temperature difference between day and night, promoting Yunnan a golden planting area for producing Arabica (small grain) coffee in high quality.

Pu'er coffee has a history of one hundred years. It started to cultivate at the end of the nineteenth century and developed in industrialization in 1988. At present, the total area of coffee cultivation in the city is 767,000 mu. And Pu'er is known as "the coffee capital of China." In addition to becoming the main producer of coffee in China, Pu'er coffee is also exported to more than 30 countries and regions, such as America, Europe, Asia and so on.

The harvest time of Yunnan coffee is from October to December in each year. In Yunnan, the main coffee processing method is fermentation with water (Washed Process). However, with the development of Specialty Coffee in the consumer market in recent years, more and more Speciality Coffee shops, coffee bean roastery, and cafe chain brands come into view. Speciality Green Bean Chamber of Commerce will pay a visit to Yunnan Region and communicate directly with the plantation owners about the products needed in the market. Therefore, Yunnan Region has derived plenty of new treatment for processing such as Honey Process, Natural Process and Anaerobic fermentation which is popular in 2019, and so on. The level of coffee bean treatments and conditions in Yunnan are also improving day by day, such as stainless-steel sunbed, white ceramic tile processing tank and so on.

In 1991, Nestlé introduced Catimor (with stronger antiviral ability and higher yield), a variety of Arabica species (also known as small grain species), which was the hybrid of Timor and Caturra, thus Catimor shares the characteristic of high yield and dwarf plant which belongs to Caturra and the characteristic of strong antiviral ability that derive from Timor. Later, after being improved and hybrid, Nestlé displaced Catimor with CIFC7963 which is now widely planted in Yunnan. Today, the sales of green coffee beans in Yunnan are still dominated by the export of instant coffee. However, in recent years, we have been informed that a high-quality standard of Speciality Coffee from Yunnan can also be seen on the menu of Pour Over Single Estate in many independent coffee shops in China. Furthermore, the local government is also vigorously promoting the development of Yunnan Speciality Coffee, establishing Yunnan International Coffee Exchange and China Coffee League. And the Yunnan Coffee Cup China Brewers Championship has been held for five years by 2019. The organizers are Yunnan Agricultural Department, Pu'er Municipal Committee of the Communist Party of China, Pu'er Government Department, CQI (Coffee Quality Institute), Pu'er Coffee Association, Yunnan International Coffee Exchange. Apart from that, Best of Yunnan Green Coffee Competition has also been held for 7 years by 2019.

Figures 9.3 and 9.4 depicts the best of Yunnan Green Coffee Competition held in 2019.

Fig. 9.3 Yunnan green coffee competition opening held in 2019. Source: Authors

Fig. 9.4 Yunnan green coffee competition held in 2019. Source: Authors

These competitions have motivated the development of Yunnan Coffee, allowing farmers to pay more attention to the quality of coffee beans during their planting. On the other hand, through Brewers Championship, more roasters and baristas in China can sample the quality of Yunnan Coffee personally and have a deeper understanding of the development trend of Yunnan Coffee. Compared with other coffee bean, Yunnan Coffee enjoys the advantaged of the constant improvement of its cleanness and high-quality standard, competitive market price without the import taxes, and stable supply. Together with the hope to support the development of Coffee Industry in motherland, more and more roasters prefer to add Yunnan green bean in their blend taking place of some Brazilian green bean.

1.3 The Development of Coffee in China's Consumer Market

Shanghai is always at the forefront of China's trend development even if hundreds of years ago. The British, French and Japanese concessions in old Shanghai have given rise to the first city with popular coffee culture. And the development of Shanghai's coffee culture should be said to be the earliest in China. At that time, the coffee shop was an occasion only for foreigners and superior Chinese. In the 1930's, Shanghai's first cafes was opened on the Bund, offering foreign sailors a taste of coffee and perhaps an antidote to homesickness.

Figure 9.5 depicts a traditional cafe in Shanghai.

Fig. 9.5 Traditional cafe in Shanghai. Source: Authors

However, the price of coffee was relatively high when it first entered the Chinese market. At that time, a cup of coffee was worth more than 20 yuan, while the salary of a university professor was about 200 yuan a month. From their perspective, coffee was a symbol of "fashion" and "elegance", and impression on coffee is more related with curiosity (Bo, 2018) (Fig. 9.6).

However, such high-priced imported products were difficult to be popularized in China in the following decades. Until 1989, Nestlé group, the representative of the "The First Wave of Coffee," launched "1 + 2" instant coffee in China, which was also considered to be the beginning of the development of modern Chinese coffee market. In the 1990s and early 2000, instant coffee was widely favored by the students and the office staffs, due to the cheap price which is affordable for people from all level of the society and the slogan "Against sleepiness, a cup of coffee helps you refresh your brain." During that period, the development of instant coffee in China successfully moved into the next rapid stage.

Thirty years later, instant coffee still play a very influential role in China, accounting for 84% of the market share, while fresh brewed only take up for about 16%. However, in global, on the contrary, the fresh brewed accounts for more than 87% of the total coffee consumption, while instant coffee only make up for less than thirteen percent. This phenomenon is closely related to the fast-paced life mode in China's first-tier cities, where efficiency is the top priority of everything for citizens (Wu, 2018).

In today's era of rapid development of Specialty Coffee, instant coffee also witnesses its innovative development. In 2018, Saturnbird Coffee launched its new product, Speciality Instant Coffee, which immediately seized the market, catering to many people who have high requirements for the quality standard of the coffee under the development of Speciality Coffee. Saturnbird Coffee offers various choices for its customers of different degree of roast as well as flavor. Light roast will preserve its original fruity notes, while medium roast emphasizes on its honey sweetness and caramel aroma. In addition, dark roast stresses the flavor of chocolate. And it can be brewed with hot or cold water, which is very suitable for young people who live in fast-paced cities.

Fig. 9.6 Type of specialty cup of coffees in China. Source: Authors

Excerpts from an interview with Saturnbird Coffee:

Question: How did you come up with this new product, the Speciality Instant Coffee, when your company have already launched a popular instant coffee with no loss of flavor?

Answer: In the summer of 2016, Saturnbird Coffee introduced the immersion cold brewed coffee to the market, which is also our original product. We seal the coffee powder in the filter bag, consumers soak the filter bag in their coffee cup after buying it, and then put it in the refrigerator for a few hours to get a nice cup of cold brewed coffee. As soon as we launched the product, it was received a high level of acceptance from the public.

Following with this idea, we developed a more convenient form of cold brewed coffee in 2018, which doesn't need to be soaked for several hours. It only takes 3 s for the special coffee powder to be dissolved into a cup of cold brewed coffee with ice water. In 2019, we continued to upgrade our technology, and the differentiation of the new coffee powder is more obvious. We created different flavors from N°.1 to N°.6, according to the degree of roasting. When customers combine it with ice water, hot water or milk, they will get more brand-new experiences with different combination.

The history of coffee development in China is similar to that of the world's coffee. With the second wave of coffee, the leading international giant, Starbucks, opened its first store in Mainland China in Beijing World Towers in 1998, marking its official entry into the Chinese market. And Chinese consumers are further advanced in the cognition of coffee. The "Third Space" proposed by Schultz, the life and soul of Starbucks, is beginning to take root in China.

The social and leisure functions of cafes make it a place for modern people to meet together and relax or even for business negotiation. More and more consumers consider drinking coffee as a hobby. And Starbucks' coffee, which is relatively expensive, has become a civilian luxury, known as an international brand that ordinary people can afford to consume. And it has become a kind of mass consumer goods, which has spread rapidly in the form of selfies in the Moment of WeChat and social media among many young people.

Leading coffee brands from all over the world are arriving in succession, and all clustered together in Shanghai, opening their first shop there, such as % Arabica, Peet's Coffee, Gloria Jeans (a well-known Australia brand), Tim Hortons (a famous Canadian brand), as well as the Japaneses Doutor Coffee and so on. This manifests that China's coffee market size and potential is huge enough to attract attention from all walks of life. There are also a number of outstanding and distinctive local new coffee shop brands coming on the scene in China, for instance, Seesaw Coffee, Mellower Coffee, Greybox, Manner Coffee, FISH EYE, GEE Coffee etc.

Convenience store is also another influential party in selling coffee, which is always easy to be ignored. When Family Mart first launched Parcafe around 2014, the coffee market was not so mature. By 2016, there were about 900 Family Marts nationwide offering Parcafe, with more than ten million cups sold in that year. While in 2017, it's somewhere between 20 million and 23 million cups. However, by the end of 2018, there were 2300 Family Marts in China providing Parcafe, with a total volume of 50 million cups sold in 2018. Since it launches, the sales volume has doubled in four consecutive years. With the promotion of new retail, in 2018, Parcafe expanded its cooperation with Ele Me, Meituan and other third-party take-out delivery platforms.

At present, many convenience store brands, such as Family Mart and 7–11 and so on, have launched fresh ground coffee businesses, most of which also use Arabica coffee beans, and the price is about 10 to 14 yuan, around 1.5–2 dollars. Since convenience stores are often located in business districts, they are also close to the end market of coffee consumption. Thanks to the low price of coffee in convenience stores and the promotion activities of buying several cups and getting more cups free, convenience stores coffee have become the first choice of many white-collar workers who have a rigid demand of coffee every workday.

With more than 3000 convenience stores, Parcafe, as has mentioned before, has become the chain brand that occupies the biggest coffee market share in mainland China since 2018 (Peng, 2018).

1.4 When Coffee Meets Capital

Since 2018, China coffee market has moved to a more diversified and booming stage of development, under the stimulation of the Internet and venture capital. According to statistics, the popularity of China coffee venture capital market continued to increase from 2015 to 2017, and showed a high growing trend in 2018. As of May this year, the amount of venture capital investment in China coffee market has reached 322 million yuan, twice the total amount raised for the whole year of 2017 (Tu, 2018).

1.4.1 Summary of China Coffee Investment Events

Figures 9.7, 9.8, 9.9; Tables 9.1, 9.2 and 9.3 summarize coffee investment and financing events in China since 2018. According to relevant statistic, in the coffee

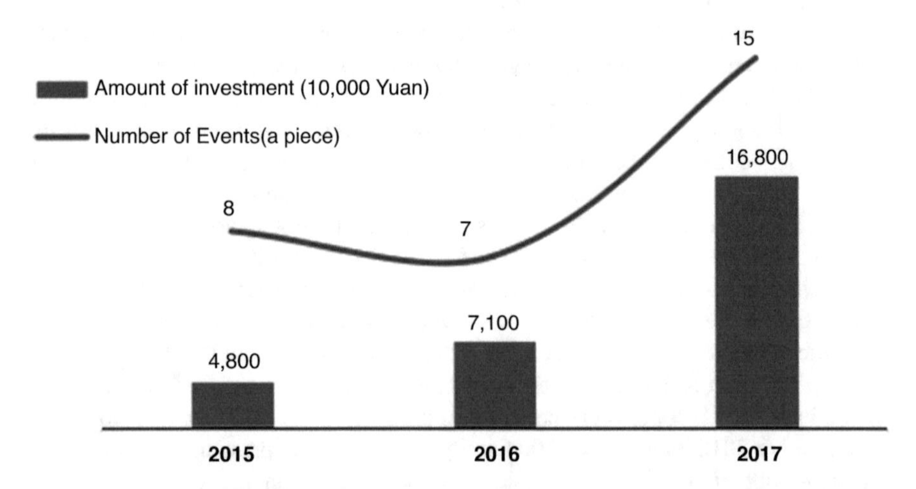

Fig. 9.7 Amount of coffee investment disclosure and number of events in China from 2015 to 2017

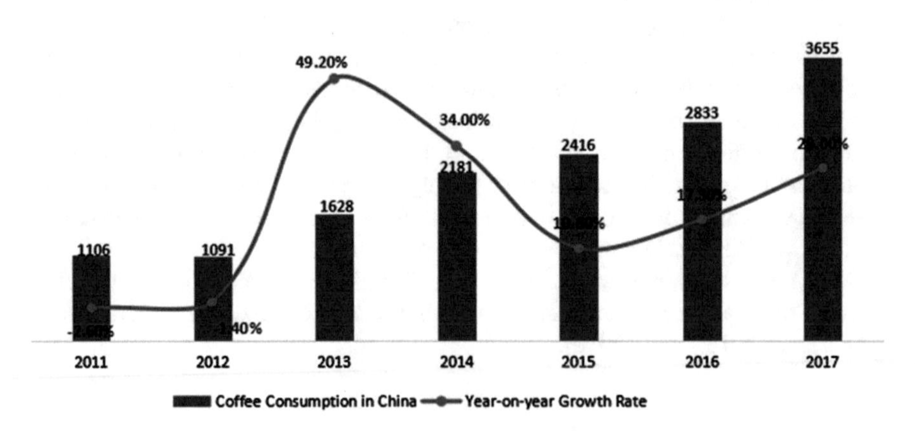

Fig. 9.8 Trends of coffee consumption in China from 2011 to 2017

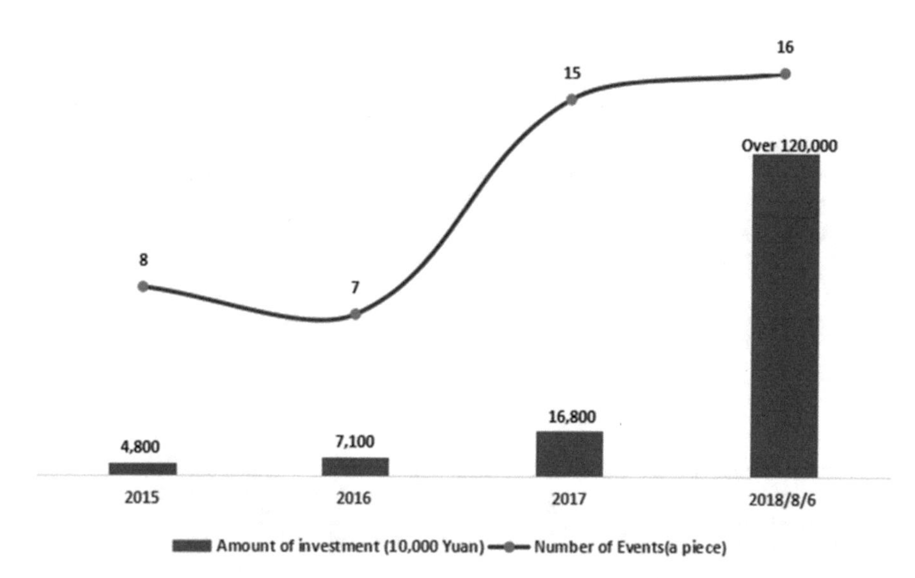

Fig. 9.9 Trend of amount of coffee investment and number of events in China from 2015 to 2017

Table 9.1 Summary of investment and financing events in coffee in China since 2018

Date	Company	Industry	Round	Amount	Investor
2018/01/11	Yours Cup	Local life	Seed Round	1 million RMB	Undisclosed
2018/01/16	Yee Coffee	Local life	Pre-A Round	Tens of millions of RMB	China Equity Group
2018/02/01	Star Okay	Local life	Seed Round	Hundreds of thousands of RMB	Angel Wing
2018/02/01	Mini coffee	Local life	A Round	Tens of millions of RMB	Dark House Venture, FengYun, Nei Gou Web
2018/03/12	Coffee Box	Local life	B+ Round	0.158 billion RMB	QiMing Venture Partner, Banyan Capital
2018/03/29	Uni Coffee	Local life	A Round	Hundreds of millions of RMB	China Growth Capital
2018/03/30	GoGo Store	Local life	Angel Round	Undisclosed	The Arena Capital
2018/04/15	Luckin Coffee	Local life	Angel Round	Tens of millions of RMB	Joy Capital, Zhengyao Lu
2018/05/10	You Coffee	E-commerce	Pre-A Round	35 million RMB	The Hina Group, Banyan Capital
2018/05/11	Yours Cup	Local life	Angel Round	Millions of RMB	Boleyuma
2018/05/24	Onecup	Hardware	A Round	50 million RMB	Capital Today, Xuning Wang

(continued)

Table 9.1 (continued)

Date	Company	Industry	Round	Amount	Investor
2018/06/22	CardQu	Local life	A Round	Undisclosed	Leading Capital, Green Cloud
2018/06/23	Jie Gui	E-commerce	Pre-A Round	Undisclosed	Ultra power fund Capital
2018/07/11	Luckin Coffee	Local life	A Round	0.2 billion dollar	Legend Capital, GIC, Joy Capital, Centurium Capital
2018/07/23	AIBUY	E-commerce	A Round	0.15 billion RMB	Focus Media, 9Fbank, LY

Table 9.2 Summary of investment and financing events in coffee in China since 2018

Date	Company	City	Industry	Round	Amount	Investor
2018/12/12	Luckin Coffee	Beijing	Consumption	B Round	0.2 billion dollar	Joy Capital, Centurium Capital, GIC, China International Capital
2018/10/09	S. Engine Coffee	Shanghai	Life-support service, consumption	Strategic investment	Undisclosed	Co-share Capital
2018/08/13	Tao Cafe	Hangzhou	Consumption	Post-IPO	3 billion dollar	Undisclosed
2018/07/11	Luckin Coffee	Beijing	Consumption	A Round	20 million dollar	Centurium Capital, Joy Capital, GIC, Legend Capital
2018/05/29	Ci Jia	Hangzhou	Consumption, life-support service	Angel Round	10 million	Daocin Capital (led), Qing Venture (followed)
2018/05/11	Yours Cup	Zhejiang	Consumption	Angel Round	Millions of RMB	Boleyuma
2018/04/24	Uni Brown	Shanghai	Consumption, life-support service	A Round	Undisclosed	Inno Angel Fund
2018/04/15	Luckin Coffee	Beijing	Consumption	Angel Round	Undisclosed	Joy Capital, Zhengyao Lu
2018/04/01	You Coffee	Shenzhen	Consumption	Pre-A Round	35 million RMB	Banyan Capital(led), Hina Group (followed)
2018/03/30	GoGo Store	Shanghai	Consumption, life-support service	Angel Round	Undisclosed	The Arena Capital

(continued)

Table 9.2 (continued)

Date	Company	City	Industry	Round	Amount	Investor
2018/03/29	Uni Coffee	Beijing	Consumption, Life-support Service	A Round	0.1 billion BMB	China Growth Capital(led)
2018/03/21	Coffee Now	Shenzhen	Consumption	A Round	60 million BMB	Shenzhen Joint Venture, Shenzhen No.1 Investment Fund, Suzhou Xinghuo Zhongda Industrial Investment Fund, Shang International Group CEO, Hongchun Wan
2018/03/12	Coffee Box	Shanghai	Consumption	B+ Round	0.158 billion RMB	QiMing Venture Partner (led), Banyan Capital (followed)

Table 9.3 Financing situation of coffee industry in China

Company	Date	Round	Amount
Luckin Coffee	2018/04	Angel Round	Tens of millions of RMB
	2018/07	A Round	0.2 billion dollar
Uni Coffee	2018/03	A Round	15 million RMB
Coffee Box	2014/09	Angel Round	Tens of millions of RMB
	2014/10	Pre-A Round	Undisclosed
	2016/04	B Round	50 million RMB
	2018/03	B+ Round	60 million RMB
Coffee 0.8	2015/05	Angel Round	5 million RMB
	2015/11	A Round	30 million RMB
	2017/02	A+ Round	Undisclosed
	2017/12	B Round	Undisclosed
Grey Box Coffee	2017/12	A Round	0.1 billion RMB
Uni Brown	2017/11	Angel Round	Tens of millions of RMB
Laibeikafei	2016/09	Seed Round	Millions of RMB
	2017/03	Angel Round	10 million
	2017/06	Pre-A Round	Tens of millions of RMB
Seesaw Coffee	2017/06	A Round	45 million RMB
Coffee Now	2016/12	Pre-A Round	60 million RMB

capital market, self-service coffee machine and coffee take-out are the two most popular categories, accounting for 50% in the all enterprises that obtain investment (Fig. 9.10).

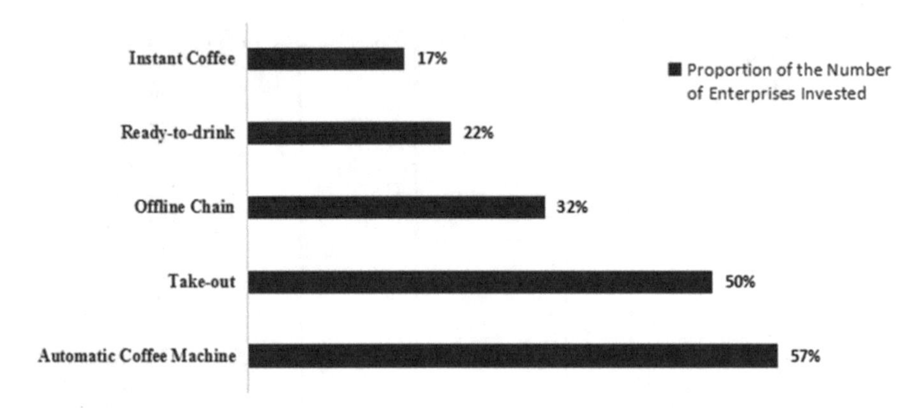

Fig. 9.10 Proportion of investment obtainment in different types of coffee enterprises

1.4.2 Luckin Coffee, Favored by Capital, Has Successfully Raised $0.2 Billion in B Round

In October 2017, Luckin Coffee opened its first store in Beijing SOHO. And then set up several stores successively in thirteen cities for trail operation, such as Beijing, Shanghai, Tianjin etc. In May 2018, Luckin Coffee has completed all its arrangement for 525 stores within the whole nation and officially announced to operate on 8th May, after four month's comprehensive preparation for products, process and operating system.

On July 11, 2018, Luckin Coffee announced the completion of Round A financing of $200 million, valued at $1 billion after the investment. Five months later on December 12, Luckin Coffee declared that they have finished Round B financing of $200 million, with a valuation of $2.2 billion after the investment. The valuation has doubled, indicating that Luckin Coffee is extremely favored by capital. Additionally, its business model, entrepreneurial team and future prospects have also been highly recognized.

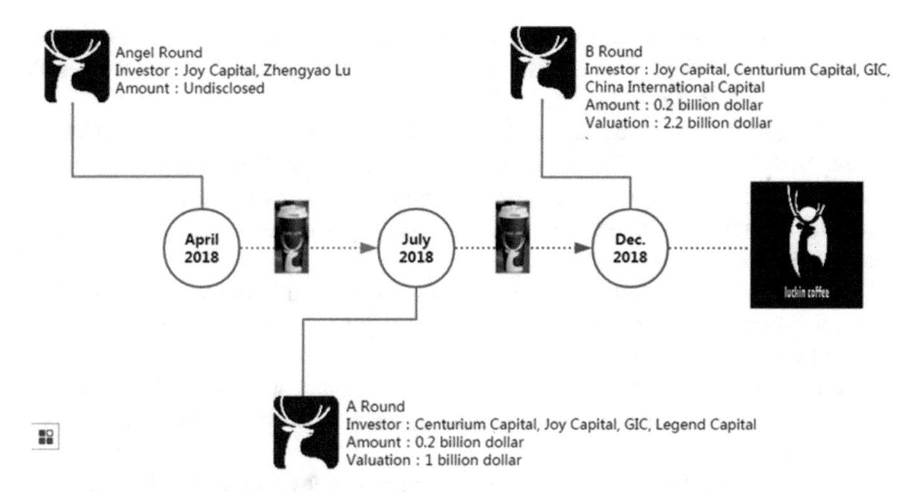

Fig. 9.11 Process of financing for Luckin Coffee

Figure 9.11 depicts the process of financing for Luckin Coffee.

As of mid-December, 2018, there were nearly 1650 stores in 22 cities nationwide, 28 times the number of stores compared to 60 in February. Among them, Beijing, Shanghai, Guangzhou, Shenzhen, Hangzhou and Chongqing have more than 100 stores. It is expected that in 2018, the number of Luckin Coffee stores will reach 2000.

From the above data, we can see that capital began to favor the Coffee Industry in 2017 and 2018, especially in some specific items, which, to some degree, indicates the exciting prospect of this industry. Capital is known as the most powerful data player and analyst. Their willingness of investment in some industry is a strong evidence, manifesting the good speed of the development of this industry. When capital involves in Coffee Industry, it can accelerate the rapid growth of some good coffee brand. However, the entry of the capital also requires a deep understanding and a sense of touch of the market. Capital is only a boost.

We interviewed two coffee brands that have obtained venture capital. One is Saturnbird Coffee, a lifestyle coffee brand focusing on e-commerce platform, and the other is Shanghai Manner Coffee, focusing on coffee retailing. We will quote the original interview text here so that readers can better understand and feel the message they want to convey directly:

The following is an interview with Wu Jun, founder of Saturnbird Coffee from Natalia (founder of Ingenuity Coffee):

Question: What do you think of the development of Specialty Coffee in China in the past five years and what are your prospects for its development in the next five years? How many roasting did you make five years ago? What is the current amount of monthly roasting?

Answer: Compared with the very beginning of this century, the development of China Specialty Coffee is obviously more rapid and diversified. Evidences lie in the mature supply chain, innovative products and novel consumption channel as well as interesting ways of experience. At the same time, Specialty Coffee also witnesses its expansion from cafe to family and outdoors.

In the next five years, Specialty Coffee is likely to show a more popular trend in China, with more affordable prices, more accessible consumption channels, richer and smarter consumption experience and more emphasis on product innovation. And the consumption experience outside Specialty Coffee shops will show in a more convenient trend.

Saturnbird Coffee started to roast its own coffee bean four years ago. At that time, the monthly amount of roasting is 100 kg. But now (August, 2019), we need for 60 tons of coffee bean each month.

Question: How do you see the combination of capital and coffee? For example, since 2017, many enterprises in the Coffee Industry have obtained venture capital, what do you think of it?

Answer: Capital is a subject filled with rigorous business logic. While, coffee, as a commercial consuming good, will definitively combine with capital in some point, especially in China, mainly because the annual coffee consumption in China is less than 5 cups. There is a huge gap on the annual coffee consumption between China and America, Japanese, and Korea. Based on this phenomenon, as for people engaged in Coffee Industry, we expect that more people would like to drink coffee. As for capital, they want to scale up the consumption of coffee from the public. For these two parties, they share the same purpose that is to popularize coffee, which also includes the drinking of Specialty Coffee.

We realize that in the last fifteen years, Specialty Coffee has not grown particularly rapidly. Therefore, taking "popularization of the Specialty Coffee" as the brand positioning, the help from capital may be positive to Saturnbird. According to the actual situation, it really works, not only on the growth of sales, but also on the product research and development, expansion of channel as well as the cooperation with other industry and so on.

Of course, coffee as a consumer product, also plays as a cultural product at the same time. Therefore, plenty of people that are engaged in Coffee Industry prefer to express their understanding in a more personal way to their minor audience, instead of industrialization. We should say this kind of acting is also brilliant and deserves respect. Thus, it is unnecessary for them to combine with capital. So, it is a question of direction and choice, instead of right and wrong, or good and bad.

Question: How do you think of the development of Brazilian Specialty Coffee in China? Can you offer some advice?

Answer: Actually, I am not so familiar with the coffee regions, so I would say my advice is limited. If we just take the purchase of Saturnbird as an example, the basic Brazilian Specialty Coffee does have a high standard of quality and is also very popular. However, for ordinary coffee fan, it may not have obvious characteristics. While those with obvious characteristics require for comparatively high price.

Therefore, we believe that in today's rapid development of Specialty Coffee, products with unique features and popularized price advantage will have more market opportunity and will be easier to arouse amateur' interest and eventually maintain customer loyalty.

Question: In China coffee market, what is the most difficult thing for you in the course of your company's development?

Answer: Well, as for the biggest difficulty, I would say, the new products and concepts which are hard to be accepted by the market and customers.

There is a wide disparity between the understanding of Specialty Coffee in different consumers. On the one hand, for some consumers, they lack of better understanding of the difference between normal coffee and Specialty Coffee. On the other hand, for traditional Specialty Coffee lovers, they are still unwilling to accept this innovative product concept of "New Specialty Coffee." A case in point is our newly launched Instant Specialty Coffee, which requires for abundant and deep cultivation of the market as well as the consumers.

Question: What's your idea about consumers' preference in Chinese market?

Answer: For our understanding, coffee beans with medium roast may be more suitable for Chinese consumers. Additionally, coffee with more characteristics will also attracts young people's interest, for example different process of treatments will result in obvious disparity in flavour. Furthermore, innovative products combined with innovative ways of experience will enjoy more opportunity of spreading, enabling new consumers to enjoy the Specialty Coffee.

Question: Would you mind sharing your future plan for the devise of products with us? Where will you head for?

Answer: In the future, we will mainly have two direction, one is more professional Specialty Coffee products and apparatus, another is innovative Specialty Coffee products with high standard of quality and convenience. We believe that the core of coffee is the users. We provide diverse products while consumers make their own choices. For Saturnbird, we will head for brand positioning in type of lifestyle in the future.

Question: There are comments on the Internet that China will grow into a trillion market volume by 2025. What do you think of this? Can you share your opinion on the development of the coffee market in China with us?

Answer: It is widely believed that the size of China's coffee market in 2018 was around 100 billion, and it is certainly difficult to grow to trillions in a few years. However, in contemporary China, many consumer goods are not developed at multiple levels, thanks to the fact that the country has a mature foundation of "new retail," and the integration of online and offline can bring about very large scale of market development. From my perspective, based on "new retail" coffee mode, it is of high possibility that innovative coffee products and experience can seize the market opportunity in the next few years.

The following is an interview with Mr. Han, founder of Manner Coffee. Manner Coffee opened its first store in Shanghai in 2015 and obtained venture capital in 2018. At present, it has set up 35 coffee shops in Shanghai, selling 500 cups of coffee everyday in each store. Manner Coffee possesses 5 coffee roasters, including 12 kg Probat Roaster, 25 kg Probat Roaster and 20 kg Buhler Roaster.

Question: What's your opinion about the development of Specialty Coffee in China?

Answer: I am very optimistic about the development of Specialty Coffee in the Chinese market. I think at some point, the Chinese market will acquire the ability of identifying different standard of quality of coffee beans. In recent year, China's coffee market has witnessed its rapid growth, especially in first-tier cities such as Shanghai, which has become a strategic deployment place for plenty of internationally renowned brands. For example, Starbucks has opened the world's largest flagship store in Shanghai, which is a strong evidence that there is huge potential in China coffee market. Furthermore, nowadays in Shanghai, many coffee shops are equipped with world class equipment. Take coffee machine as an example, La Marzocco has almost become a necessary for all new-opened coffee shops. And Probat Roaster is also a popular choice for roastery. And Shanghai baristas are known for its leading technique in Latte art globally. In recent years, in the top green bean auction, the participation of Chinese bidding is becoming more and more popular. Our requirements for the standard of quality have also enhanced as time went by. Nowadays, people have more opportunity to travel abroad and taste foreign coffee with the development of economy. In the past, people used to regard foreign brand or international chain brand as the best coffee. Now, people have abandoned this prejudice. And they have learned how to make reasonable comparison and realized that China also have abundant outstanding local brands and some of them even surpass the foreign ones. And Manner shares the same idea. We have opened more than 30 stores and all located in places filled with foreign brands. We offer the opportunity for consumers to differentiate the disparity between our local brands and foreign ones. And they will learn that the standard of quality in local stores are even better with competitive affordable prices. In the past, the premium of coffee in China was too high and a cup of coffee sells at around 30–40 yuan, which was the main disadvantage for the promotion of coffee. Therefore, Manner advocates selling coffee at a reasonable price, which is more beneficial to its rapid promotion. That's what Manner have been working on, just like the slogan, "Manner makes coffee part of our life."

Question: As a retailer, Manner can directly contact with consumers. Can you share with us the preferences of Chinese consumers?

Answer: More and more Chinese are interested in coffee now regarding it as an interesting culture. So far, the majority of Chinese consumers prefer to milk coffee which has high cleanliness, sweetness, and a strong aroma of coffee. 95% of the coffee ordered in our stores are Espresso, while the rest remains to Brewing Coffee. We offer various choices for our consumers with ten types of coffee beans from different regions. Some of our consumers will also purchase the coffee bean and brew by themselves.

Question: How do you think of the development of Brazilian Specialty Coffee in China? Can you offer some advice?

Answer: The geographical conditions of Brazil is not so excellent as that of other regions. It is a country mainly specializing in commercial beans, but the industry chain of Brazil is very complete and has advantages in technology. I think it is possible to pay more attention to its planting and treatments for processing, as Brazil has a rich experience on green beans. I would suggest you a breakthrough here.

Question: There are comments on the Internet that China will grow into a trillion market volume by 2025. What do you think of this? Can you share your opinion on the development of the coffee market in China with us?

Answer: Many Chinese people open coffee shops with their own belief which is beyond profit. I hold a positive attitude towards the coffee market in China. For young people, they are not so obsessed with traditional tea as the old generation. Instead, their attention is attracted by milk tea and fashion tea based drinks. Therefore, compared with brands of tea based drink that are prone to change every few year, we convince that coffee brands will have better inheritance. Apart from that, many people who engage in Coffee Industry in China are keen on training and competitions, showing strong willingness of learning. Moreover, coffee helps refresh our brain and are culturally familiar to Chinese people, thus we are looking forward to its rapid growth in the future. Ten years ago, menu of coffee shops only mentioned about Brazil, Colombia, Blue Mountain Coffee. But now, more information about other foreign country or specific regions are added.

We strongly agree with the idea from Mr. Wu (founder of Saturnbird Coffee).

In fact, the entry of capital into the coffee market, from a long-term macro perspective, is bound to play a positive role in the development of the industry. And we will be full of expectations, hoping that these brands with the wings of capital can bring more innovative ideas and guidance to the development of our industry.

One may focus on the scale expansion and industrialization. While, others may prefer to operate their independent coffee shops with their own spirit and belief in a more personal way. Many of them were engaged in other industries before and then joint into the coffee world. They all run their shop with 100% of love and sincerity. In fact, many people had encountered setbacks and thought of giving up in the course of their operation, but they stuck to it out of love for coffee. In China, we may use the expression "fall in" to describe those who love coffee sincerely and infect people around them with their passion, so that more people can understand Specialty Coffee and fall in love with it as they do. The founder of Clip Joint Coffee is one of them.

Her coffee shop is the representative of the independent cafe in my mind. Ling Xiao, a 40 years old woman, was a professional commercial photographer before. By chance, she got in touch with coffee with her friends and entered this magic world of coffee. Then she opened a coffee shop in the E-commerce Science and Innovation Park in Shenzhen. It is the fifth year since she has established Clip Joint Coffee.

"When I opened the shop at the very beginning, the customers are those who used to drink Starbucks because there's a Starbucks nearby, so a lot of them drank Starbucks espresso. When they came to me to buy milk coffee, I would give them Pour Over Coffee for free, and explained to them what is Specialty Coffee. I stressed the differences between Starbucks' and the taste from diverse regions. My shop is near the office building of Customs, so I also ran to those Customs officers to brew coffee for them for free, taking coffee courses, introducing that the acid of Specialty

Coffee is soft and bright, and teaching them how to taste the beauty of Specialty Coffee. I really enjoy communicating with customers who come to my shop, sharing knowledge about coffee and recommending relevant coffee books to them. Many customers here will find coffee so interesting since then. Sometimes when I drink coffee, I can feel the taste of sugar stir-fried chestnut, reminding me of the taste in childhood. I particularly like this kind of coffee, very distinctive and easy to remember," said Ling Xiao. During the sharing, Ling Xiao's face is filled with happiness. As she said, open a cafe, communicate with different customers, taste and share coffee during the day. At night, after their shop is closed, roast quietly the new season of green coffee beans recently bought under the warm yellow light, explore my favorite flavor, and then storage the beans on the tanks, look forward to what flavor tomorrow. What a happy and interesting life.

In China, there are more than 100,000 coffee shops, while in Shenzhen, there are 3663 coffee shops on Dianping. DouWu Coffee is a local coffee shop and a coffee beans supplier that has been operating for more than 10 years, witnessing the changes of China Specialty Coffee market. The boss of DouWu Coffee is known in the industry as Brother Long, who is very willing to support younger generations. Talking about the development of Specialty Coffee in China, Long thinks that the coffee market is really bigger than before and coffee business is also better. He believes that China Specialty Coffee market will be likely to surpass the United States in the future, because the labor costs of China is not as high as that of foreign countries. And many independent coffee shops are able to make Pour Over coffee on their own. "Over the years, I've been roasting more coffee beans than ever before," said Long. However, Long thinks that the market situation of Specialty Coffee is still quite severe now, because many consumers in the current market are just the beginner. They don't know what Specialty Coffee is, so the way people who engage in the Coffee Industry present will directly affect the customers' understanding. "We hope that they can guide customers in a more correct way. Nowadays, there are a lot of special processed green beans in China, such as Whiskey barrel fermentation, cola honey processing, etc. In fact, these treatments for processing have greatly changed the regional flavor of coffee bean itself, the taste of the essential characteristics of coffee bean, the taste of different varieties and different soil and water. So we open stores, hoping to have more direct contact with consumers and guide them to know what a cup of Specialty Coffee is. For me, Specialty Coffee is a cup of fruit juice or a cup of high-quality tea, which is quite different from the bitter coffee they remember," Long explained.

1.5 The Development of Brazil Speciality Coffee in China

Ingenuity Coffee has been committed to promoting and selling Brazilian Specialty Coffee in China for three years. In 2015, It's rare to see Brazil Specialty Coffee in China. At that time, when talking about Brazil coffee bean, everyone thought that it was used in the blend. Almost no one relates Brazil to Specialty Coffee. In 2015, I went to Brazil to study coffee tasting. During this journey, I visited the coffee farm to learn about planting and Specialty Coffee bean merchants to test with them. I also joint in the local coffee fair, exchanging idea directly with the farmers. I found that the local discussion about Specialty Coffee in Brazil is very enthusiastic. Once they know you are Q-grader they will be very respectful, regarding you as a professional person (an expert). In Brazil I've had found out a lot of good quality specialty coffee that I haven't had at home. I can still clearly remember when I asked one of a well-known local exporter of green beans if any other Chinese had visited him before. And he told me that I was the first Chinese people who have ever visited here. So, at that time, I strongly hope to bring these high-quality coffees to Chinese consumers and change their perception and impression of Brazil.

In 2015, I met my current partner, Ismael, the owner of Andrade Farm (Bros), who is a dedicated farmer of Specialty Coffee. In 2017 we imported a batch of high-quality Specialty Coffee, including some late harvest of high-altitude beans and did a lot of cupping in various China's major first-tier cities. At the meeting (cupping) a lot of people would use the word "compelling" or "amazing" to describe their feelings. We have received comments like, "I didn't expect that Brazil can also grow this kind of coffee, which refresh my impression of the Brazilian coffee bean." Such comment made us feel very delighted. The happiness was far beyond money. It is a kind of sense of mission, because we love this country, Brazil, so we hope more people can dispel their misunderstanding and prejudice about Brazil, and show more acceptance to Brazil Specialty Coffee beans. We hope that people can try to be willing to pay a higher price, so that we can also give back to these farmers who can have the ability to continue to invest and work hard to deal with higher quality coffee beans.

In the past two years of our efforts, many Chinese roasters give priority to Ingenuity when talking about Brazilian Specialty Coffee. As the old saying goes, where there's a will, there's a way. More and more coffee shops will include Brazil as a production region in their menu of Single Estate (Origen Drip Coffee). We are gratified by this, and at the same time we are even more afraid to slacken off. For these two years, of course, we've also encountered with a lot of difficulties. Some customers would question and argued that they could already purchase a good Ethiopian Coffee bean at the same price, which has rich, complex flower and fruit aroma. Often at this time, we would patiently introduce customers how different the Brazil coffee bean is, sending a large number of free samples to them for tasting, or even holding customers sharing cupping in their coffee shops. We tried to infect them with our enthusiasm and most importantly, with our high quality of Brazilian coffee beans.

But at present, it is not so easy to sell those Specialty Coffee bean with more than 100 yuan/kg in the Chinese market, unless it is the COE's winning beans with TOP 10 ranking. From our observation, Chinese customers show more interest in rich fruity aroma, with the characteristics of natural processed beans, which can be clearly remember once they drink it together with its obvious characteristics. Therefore, we are also trying to focus on the study of treatments for processing, hope that we can produce a higher quality of coffee beans through delicate and innovative treatments for processing. In the new production season of 2019, we will continue to refresh people's impression of Brazilian products. Definitively, at the same time, we also have high requirements for cleanliness and sweetness. A cup of Specialty Coffee must be clean, sweet, and has bright acidity with good quality.

With regard to the development of Brazilian Specialty Coffee in China, I strongly agree with Mr. Han of Manner Coffee, that it needs to be promoted through some top international competitions. A case in point is the 2018 WBrC final hosted at Belo Horizonte Brazil. Emi won the crown with Bourbon Pointu Laurina, from Daterra Manor in Brazil. This is a great new(news) for Brazilian Specialty Coffee farmers, as well as an affirmation of Brazilian Specialty Coffee. In addition, I think the way Federación Nacional de Cafeteros de Colombia promotes Colombian Coffee in China is also worth drawing lessons from. They have set up a special office in China, and have sponsored plenty of big competitions such as roasting championship in China. In order to improve their popularity, they also hold touring cup tester meetings of new seasons all over the country. So now there are many roasters in China using Colombian Specialty Coffee, and there are also a lot of roasters using Colombian beans in their blend. There's no doubt that what they have done for Chinese market in these ten years contributes a lot.

1.6 Final Considerations

As a member of the Coffee Industry in China, I share the expectations of many practitioners for the prosperous future development of this industry, and will spare no effort to make my own contribution.

2 Speciality Coffee in Japan

Yoshiharu Sakamoto

2.1 General Introduction

My first encounter with fermentation process coffee was in 2014. It was when I went out to do some barista training for a client. The coffee was a Costa Rican that was purchased by specialty coffee roaster, Unir, which has coffee shops in Kyoto, Tokyo etc. in Japan. They had acquired it to be used as a promising candidate for their next Japan Barista Championship. I still clearly remember aromas I had never experienced before, the outstanding flavors and sweetness, and being surprised by the sensational taste upon taking my first sip, thinking, “Where and how do they make this coffee?" That was my first encounter and first tasting with the clear knowledge that what I was drinking was fermentation process coffee.

The coffee was from a farm called El Diamante (diamond in Spanish) located in the Central Valley area of Costa Rica. There wasn't anything particularly different regarding basic farm information, but when I was told about the process method, there was one keyword that I had never heard before: Anaerobic Process.

The year was 2014, and I think that at that time there probably was hardly any "intentionally fermented" coffee circulating the market, and that very few people even knew about its existence.

I still vividly remember the coffee I drank that day. There were clear cinnamon and apple flavors that I had never tasted before, and they were of such a high quality that no one would deny it. Also, my first impression upon drinking the coffee was the expression "apple pie with cinnamon," and most people would surely have agreed.

Flavor, in competitions such as the WBC, must be declared by the barista before the beverage is served to the judges, and the flavor score is determined by the judge's evaluation of whether it can be experienced, and whether it is of a high quality (Fig. 9.12).

Fig. 9.12 Fermented coffees being used in competitions in Japan. Source: Authors

I felt that this coffee would surely receive an excellent evaluation and high score. The end result was that the competitor who used this coffee placed second in the Japan Barista Championship that year.

The champion that year also was a barista that I trained, which made me very happy, as that meant my baristas monopolized both first and second place in the championship. Something that I only found out later, was that the Ethiopian coffee used by the champion that year was in fact a coffee made with a similar processing method. I didn't realize this at the time due to my lack of knowledge, and also the fact that the company selling the coffee kept this a secret, but both the first and second place coffees of the 2014 Japan Barista Championship were fermentation process coffees. This was all before fermentation processing became a standard at the world level.

Since then, I think I have become somebody relatively more involved with this process in the coffee industry. I have continued to work with fermentation processed coffee at barista competitions and brewers competitions, been in contact with coffee producers, and at times have visited origin, all to delve more into these coffees.

At present, fermentation process coffees are being produced in many different countries, but as far as I know, at that time they were only being produced in the three countries of Panama, Costa Rica, and Ethiopia. Also, the processing methods were very different in each country and farm.

For example, in the aforementioned El Diamante farm, coffee parchment grown in farms at lower elevations were mixed in with the pulp from coffee cherries grown at higher elevations, then put into a tank to be fermented anaerobically such as Fig. 9.13.

Fig. 9.13 Anaerobic system in Central America countries. Source: Authors

On the other hand, at a farm in Panama, the coffee was put into Grain-pro bags as whole cherry, to be processed as a long-term cold fermentation. Both of these had very good cup quality and distinctive flavors, however they both were implemented based on empirical rules and did not appear to have been processed under solid scientific basis. This was still a time when most producers were still trying to get a feel for their methods and relying on their intuition and little experience to make fermentation processed coffees. Still with each passing year such coffees have gradually increased in many countries and their farms.

Though they were only found in Panama, Costa Rica, and Ethiopia at that time, soon coffees like this came up one after another from Central American countries such as El Salvador, Honduras and Guatemala, and South American countries such as Colombia and Brazil. As of 2019, although these coffees are expensive, they have gradually made their way to roasters all around the world, mainly used for competitions or to be served as specially priced coffees.

2.2 *Expanding New Horizons and New Partnerships—Meeting Brazil*

In the winter of 2017, at the invitation of green coffee importer Valentina Moksunova, I was called on to speak at a seminar held in Russia. The event was called Roasters Village and was organized by Valentina, who is one of the few people in Russia that has current up-to-date global knowledge about specialty coffee, where she invited coffee people from Europe, America and Asia, to raise the level of roasters in Russia. While I went as a barista instructor, there was another man speaking at this seminar from a coffee research institute in Brazil named Lucas Louzada Pereira, the editor of this book.

I was the first speaker at Roaster's Village that year. In my seminar titled "The Latest Situations in Specialty Coffee" I was explaining cupping and processing methods mainly focusing on fermented coffees. However, at that time I had little knowledge, and was repeating the same information that I had gotten from coffee producers, and I was talking about some very surface level contents. There were also different methods such as using fruit juice, soil from the farm, milk, etc., and I think I also disclosed this information as it was.

I finished my lecture, and the next instructor was Lucas. I listened to his lecture and it was about fermentation processed coffee and cupping these coffees. As a researcher, he explained from a very scientific point of view how fermentation works in coffee, what happens scientifically, and about aspects of safety.

I remember hearing him say, "Ingredients that cannot be controlled, such as juice or milk should not be used. Not being able to control change means that you can't guarantee safety." While I was very convinced by what he said, I also remember being embarrassed for my ignorance.

Since then, I have continued to visit origin and have seen various processes. The processes that are developed at origin are still often based on rumors, word of mouth, or based on rules of thumb and predictions. Coffee is roasted to temperatures of 200 °C and higher, so although it is safe to some extent, as long as it is something to be consumed by people, safety will always be an important issue. This of course doesn't mean safety is all that matters; without scientific grounds, it would be impossible to reproduce. Lucas' research and lectures were something very important.

What actually impressed me most was his way of thinking. During his lecture, Lucas said, "If you have a high elevation, good soil, and a location where high quality coffee is already being harvested, then there is no real necessity to make fermented coffee. The reason for this is because it is not good to detract from the flavors and tastes that can only be produced at that particular terroir." I asked Lucas why he studies fermentation processed coffee, and his answer was, "In Espírito Santo, where my research institute is located, many producers grow Robusta.

Robusta cannot be expected to have the same quality and price as Arabica. It's also impossible plant to replant these as Arabica trees in terms of climate and environment. If I find a process that works positively for Robusta as a result of my research, I'm sure that would have a positive effect on many Robusta producers" he said. I was impressed by his stance in thinking of the producers (Fig. 9.14) rather than his own interests and this left such an impression upon me, which has now lead to my writing this chapter in this book.

Fig. 9.14 Field visit to producers of special coffee in the State of Espírito Santo, followed by sensory analysis for quality monitoring. Source: Authors

2.3 Understanding Fermentation Coffee

In my country of Japan, fermented foods such as natto and miso are traditionally very abundant. Other fermented foods and ingredients enjoyed around the globe include yogurt, kefir, cheese, kimchi and balsamic. However, the most well-known are probably wine, whiskey and sake. These alcoholic beverages are all made through the fermentation of grapes, barley, and rice, and all have a large point in the substances that are made by fermentation.

This coffee is intentionally fermented by the producer. Fermentation means that microorganisms feed on sugars and produce alcohol, carbon dioxide, and special aromatic components. In other words, the aromatic components are intentionally made within the coffee by inducing fermentation during the processing of the coffee.

Coffee is roasted at a high temperature of 200 degrees or higher, so even if alcohol is generated during the processing stage, no alcohol will remain in the coffee after it is roasted. However, even after the roasting process, there still is one characteristic that can be strongly sensed from the extracted coffee.

This characteristic is a "unique aroma." Aromas such as sweet spices, perfume, flowers, and cinnamon become characteristic in the coffee, and when it undergoes a strong fermentation, it becomes a fragrance that can be immediately confirmed even in the form of green coffee. It is important to bring out the best of this aroma when extracting the coffee.

2.4 The Essence of Fermented Coffee

This special aroma is attractive, but you do have to be careful regarding its perception. Rich, strong aromas do complement some flavors, but that doesn't necessarily mean "strong aroma = high cup quality," so there is a need to evaluate Sweetness, Acidity, Mouthfeel, Balance, etc. separately from the aroma of the coffee.

I often see people swayed by rare aromas when they make purchases for green coffee, especially when these are aromas they have never experienced, and this often leads to their purchasing poor quality coffee. I also notice that many people become so caught up in the aromas that sometimes they do not realize if the coffee is not extracted properly, and these kinds of things really should be watched out for.

When evaluating coffee, it is important to think of the aroma and cup quality separately. In particular, care should be taken in the evaluation of the cleanness of the coffee, as there are many cases where dirty cups are overlooked due to powerful aromas. Having a strong aroma does not mean that the presence of roughness, astringency, and excessive bitterness does not pose a problem as seen in Fig. 9.15.

Fig. 9.15 Cupping process of fermented coffees for technical demonstration. Source: Authors

Unless you are able to properly judge that your coffee has a wonderful aroma that comes from fermentation processing and also has a high cup quality in terms of the cupping score sheet, then (instead of something really special) you will simply just be serving your customers a really peculiar coffee. If a roaster perceives something as a "good quality coffee," which actually isn't "good quality," then the consumers might get the wrong impression that coffee is "too complicated to understand what is quality" or that it is "too difficult."

I will be expanding on this in more detail later, but this is especially relevant in making espresso. Espresso is very expressive in the characteristics and flavors from that particular coffee. Even if the aroma from fermentation is strong, if there are problems with the cup quality, especially with the clean cup, the coffee extracted as an espresso will bring out dirty or rotten tastes so strongly that it can no longer be called a special characteristic.

Be especially careful if you are not familiar with fermented coffee. In specialty coffee it is important to cup and correctly identify the negatives hidden behind the strong aromas and characteristics.

2.5 Brewing Fermentation Process Coffee with Tetsu Kasuya

How should we brew fermentation process coffee and extract it well in a good condition? In this chapter, I would like to talk about the advice of Tetsu Kasuya, who is a world champion of the World Brewers Cup.

Tetsu points out firstly that, "Fermentation processed coffees extract easily." We prepared 2 Colombian coffees for cupping, from the same lot of the same farm, the only difference being that the 2 coffees were processed differently. One was a natural process and the other one was a natural anaerobic process.

Instead of brewing as a pour over, we extracted these using conventional cupping procedures by steeping the coffee. After breaking and removing the crust, we measured the TDS of the two coffees, and found them both to be "0.83," so there was no difference between the two. However, as will be explained later, it is important to note that in pour over coffee, regardless of how you control the pours, the TDS value of fermented process coffees will be higher than natural process coffees.

In other words, it is necessary to keep in mind that "fermentation processed coffees extract easily" and that this is something "difficult to understand just by cupping."

Now, let's take look at how the taste of the coffees changed over a few different extraction methods (Table 9.4).

Table 9.4 Tetsu generally uses this method when he tries brewing a particular coffee for the time

<table>
<tr><th>Process</th><th>Coffee</th><th>Temperature</th><th>Water amount</th><th>TDS</th><th>Taste</th></tr>
<tr><td>Natural</td><td rowspan="2">15 g
A little coarse</td><td rowspan="2">93 °C</td><td rowspan="2">225 g
5Pours</td><td>1.38</td><td>Natural turned out just the same as the cupping</td></tr>
<tr><td>Anaerobic</td><td>1.46</td><td>There is fermented taste, but saltier than natural process</td></tr>
</table>

In the above extractions, the water temperature is kept at 93 °C and poured in 5 separate pours. Despite the fact that the same extraction method was used for both coffees, there is a large difference in TDS values, and the components from Anaerobic fermentation came out stronger. Although the characteristic traits of Anaerobic fermentation were extracted, this method made the coffee taste salty, which is something that must be improved (Table 9.5).

Table 9.5 Improved version of Table 9.4 listed above

Process	Coffee	Temperature	Water amount	TDS	Taste
Anaerobic	15 g A little coarse	93 °C 80 °C	225 g 5Pours	1.45	Though there is hardly any change in TDS, the saltiness disappeared

In pattern 2, the temperature of the hot water was lowered in the final pours. This is a technique often seen recently in the Brewers Cup. In the beginning, the coffee is brewed at a high temperature of 90 °C or higher, but the temperature is lowered for the fourth and fifth pours.

In the beginning of the brew when there are more components in the coffee grounds, higher temperature water is used for higher extraction. Then in the latter half when there are fewer components left in the coffee, lower temperature water is used for a less efficient extraction, in order to avoid over-extraction. This method made it possible to extract the coffee without producing a salty taste.

Next, let's try another method (Table 9.6).

Table 9.6 Extraction using a finer grind

Process	Coffee	Temperature	Water amount	TDS	Taste
Anaerobic	15 g A little fine	93 °C	225 g 1Pour	1.45	Though there is hardly any change in TDS, the saltiness disappeared

This is one of the extraction methods used by several Brewers Cup champions other than Tetsu. Though the grind particle size is smaller, this method achieves appropriate TDS without excessive extraction (Fig. 9.16). A slow, one pour extraction which uses more hot water. This method is characterized by an increased volume of sweetness. In addition to the sweetness, it also portrays more complex flavors when warm, making it an effective means of extracting anaerobic coffee with a rich aroma. The strong sweetness in this method has a tendency to mask negative elements, so in some cases these elements become more apparent when the coffee cools.

Fig. 9.16 Extraction process of fermented coffee by filtration method. Source: Authors

2.6 Espresso Extraction of Fermentation Coffee with Yoshikazu Iwase

How should we brew fermentation process coffee as an espresso and extract it in good condition? In this chapter, I would like to talk about the advice of Yoshikazu Iwase, who won second place at the World Barista Championship. Compared to other baristas, Yoshikazu is relatively well experienced with fermentation process coffee, and has acquired deep knowledge of this coffee through his use of it at the World Barista Championships and also at his company REC COFFEE.

For these tests we will use two Brazilian Geishas, one is a honey process and the other is an anaerobic process. In the cupping of these coffees, they both had Geisha-like fragrance with a Brazilian texture and sweetness, and in the flavor there were floral notes, honey, caramel and so on. In particular, the anaerobic had a strong aroma and fruity characteristics like nectarine and papaya.

Now, let's move on to test these as espressos (Table 9.7).

For the Geisha honey process, we were able to extract characteristic Geisha attributes and more sweetness by using a high dose of coffee and a thorough extraction.

Table 9.7 Coffee used for testing: Geisha honey

Dose (g)	Grind size	Extraction time (s)	Extraction amount (g)	Result
21.5	Fine	16.0	40.0	Good, sweet, flavors characteristic of Geisha

However, extracting the Geisha anaerobic with the same recipe did not bring positive results.

Coffee used for testing: Geisha anaerobic (Table 9.8).

Table 9.8 Same method used for good extraction with Geisha honey

Dose (g)	Grind size	Extraction time (s)	Extraction amount (g)	Result
21.5	Fine	23.0	37.5	Astringent, bitter, Cacao nibs

The coffees were different processes which were both harvested from the same farm, however, even though we tried to make espresso using the same recipe, somehow the extraction was much slower, astringent and bitter notes became stronger, and the flavors that appeared in the earlier honey process were masked and weakened by these negative aspects.

Now, I would like you to take a look at the "Taste Stages in Fermentation Process Coffee," which Yoshikazu and I verified together. This is a table of standards that can be used when extracting fermentation processed coffees to consider what kind of flavors are produced through fermentation and how far we might extract these characteristics (Table 9.9).

Table 9.9 Taste stages in fermentation processed coffee

Stage of fermentation	Main flavors and aromas	
11. Too far	11. Miso, pickles	Numerous opinions of unpleasantness or defect
10. Clearly unpleasant	10. Strong cacao nib	Number of people with unpleasant impressions increase
9. Unpleasantness stands out	9. Winey, cacao nibs	Unpleasant opinions increase—do not extract any further
8. Intense	8. Strong winey	Very strong, opinions of preference are divided
7. Feels strong	7. Winey, dark berry	Can taste a strong fermentation
6. Can show up as a strong characteristic	6. Winey, berry	Can tell that there is fermentation, however at a strength may also be achieved in a traditional natural process
5. Clearly identifiable	5. Floral, strong aroma	Existence of aromas that are difficult to achieve in normal coffee processing
4. Easy to find	4. Alcohol like aroma	Can tell that there is fermentation
3. Can tell that there is fermentation	3. Stone fruits	Depending on the extraction one can tell that the coffee has been fermented
2. Weak	2. Red fruits	Mild enough that depending on the coffee you may not be able to tell there is fermentation
1. Very weak	1. Yellow fruits	Very mild fermentation

Though this can be subject to change depending on the terroir of the coffee and the varietal, as the coffee undergoes fermentation you will see a gradual change in taste and aroma to increase from level one as described in the table above. If the fermentation is weak, the flavor and aroma caused by fermentation do not appear much. Even if the fermentation is strong, it is possible to suppress it to a certain degree through extraction method.

Even in a coffee with flat flavor characteristics, if it is successfully fermented, it can be possible to achieve tastes of yellow fruits and red fruits. However, if the fermentation goes too far, it will turn out to have characteristics that many people find unpleasant such as miso or pickles.

In pattern 1 listed above, level 9 cacao nibs from the table begin to appear. In other words, this coffee is at the level where cases of "Unpleasant opinions increase." The level 9 flavor and aromas usually will indicate that this coffee has undergone a relatively strong fermentation, or that it is a coffee that is more prone to take on and show characteristics of fermentation. In this case, it is necessary to weaken the extraction (Table 9.10).

Table 9.10 Lower the strength and bring out freshness and fruit like flavors

Dose (g)	Grind size	Extraction time (s)	Extraction amount (g)	Result
21.0	A little coarse	20.1	40.0	Can taste fermentation and fruit, a little unclear

We learned that this coffee had a fairly strong fermentation. Therefore, our intention is to eliminate the cacao nibs that we found in pattern 1 and change these into impressions of fruit by lowering the dose, grinding coarser, and making a faster extraction.

As a result, impressions of fruits and fermentation have emerged quite a bit, and it is not unpleasant. Again, when extracting fermented process coffee, in many cases it is important not to extract strongly, and to avoid intensity.

However, possibly due to our aim at an extremely weak extraction, although you do taste fermentation and fruits, it is a little blurry, and the fruits are not quite clear enough to be declared as a tasting note.

Now, let's bring out the fruits more clearly (Table 9.11).

Table 9.11 Clearer fruits and aroma

Dose (g)	Grind size	Extraction time (s)	Extraction amount (g)	Result
21.0	A little course	22.0	41.0	Strong sweetness, melon and peach, sweet liqueur

We increased the dose a little to bring out more fruit.

As a result, impressions of stone fruit were brought out, the sweetness became stronger, and combined with the alcoholic sensations of fermentation it resulted in a liqueur-like flavor (Fig. 9.17).

Yoshikazu listed out some important things to consider when extracting coffee.

Fig. 9.17 Extraction of fermented coffee by the espresso method. Source: Authors

- The stronger the fermentation, the more important it is to avoid an extraction that is too strong
- Fermentation process coffee has a strong flavor, so think about flavor last, and in the beginning you should mostly think about avoiding negative tastes and focus on balance
- Be aware that as a characteristic of the coffee, the extraction time is longer than non-fermentation processes, and that you should adjust the dose and grind size accordingly
- If you know that the coffee has strong flavors from a previous cupping, or if you know the details of the fermentation and know that it is a strong process, then make sure that your extraction is gentle and fast
- If you like fermentation process coffee, then you, personally, may not be bothered even if a coffee is extracted to a degree higher than level 9, however, you should be objective and take care to make sure your extractions are not too close to "bitterness," "astringency," or "unpleasant fermentation" flavors

"How to bring out the flavors from a coffee" is usually a very important point in espresso extraction, however for fermentation process coffee, the stronger the process, the more important it is to find "how to not bring out unpleasant fermentation characteristics."

In fact, even in roasting, if the fermentation is strong, it tends to roast fast and the roasting tends to become dark. I often do see coffees that have been roasted further than actually expected, which makes it easier to produce flavors of cacao nibs and miso.

It is true that this process makes a coffee that tends to have and extract more flavor, but there is a risk that you might extract unintended characteristics. This is the essence of the fermentation process.

2.7 Final Considerations

We tested and collaborated with Tetsu for pour over brew, and with Yoshikazu for espresso, both top baristas in each type of extraction, and the results stunningly pointed in the same direction, which is: Do not interfere with the flavors and aromas of fermentation coffee by making a strong extraction. Keep it as soft and gentle as possible, and by keeping the extraction rate lower, one can fully enjoy the flavors that come from the process. I hope you might use this as a point of reference.

There is something that consumer side, in other words the roaster and barista side who buy this green coffee, must think about it. When a producer makes fermentation process coffee, it takes a lot of work and effort in the fermentation process and he also must make investments in the multiple fermentation tanks according to the scale of his processing (Fig. 9.18).

Fig. 9.18 Fermentation processing to produce specialty coffee. Source: Authors

These, of course, are reflected in the purchase price as costs. This means that when roasters sell coffee beans or a cup of coffee to their customers, the roasters must include that into these prices. So, if the roaster does not solidly bring out and portray the traits and characteristics of fermentation process coffee, consumers may not reach out for this expensive coffee, resulting in the danger that the coffee may not sell despite all of the work and effort that was put into making the coffee. This, of course, means that there is a possibility that the efforts of the producing country may go to waste.

I would be honored if this section might be able to help in some way, so that you might be able to judge whether you might have had a problem with your coffee, and whether that was a problem with the coffee or your extraction approach.

References

Bo, Z. Introduction of the Brief History of Coffee in China. 29 June 2018. 19 August 2019. Retrieved from http://www.lbzuo.com/zixun/show-17768.html

Cai, Y. Warring states period' of Chinese coffee market. 17 March 2019. 19 August 2019. Retrieved from https://baijiahao.baidu.com/s?id=1628256440264030891&wfr=spider&for=pc

Peng, Q. Interview with Parcafe in China. 18 December 2018. 19 August 2019. Retrieved from https://36kr.com/p/5167554

Tu, P. Behind the trillion coffee market. 27 September 27 2018. 19 August 2019. Retrieved from http://www.canyin168.com/glyy/glzx/hyfx/201809/76202.html

Wu, X. In 2018, instant coffee still dominated the Chinese coffee consumer market. 10 September 2018. 19 August 2109. Retrieved from https://www.qianzhan.com/analyst/detail/220/180907-ebd3bd60.html

Yu, H. Domestic Yunnan coffee beans enter Starbucks. 9 March 2019. 19 August 2019. Retrieved from https://baijiahao.baidu.com/s?id=1594451061992353680&wfr=spider&for=pc

Printed in the United States
by Baker & Taylor Publisher Services